진화학

원리 그리고 과정

EVOLUTION: PRINCIPLES AND PROCESSES

김경호 | 김남수 | 박희천 | 배양섭 | 변우현 | 윤명희
윤환수 | 이원구 | 이장훈 | 이종은 | 최태진 옮김

BRIAN K. HALL

홍릉과학출판사

EVOLUTION :

PRINCIPLES AND PROCESSES

by BRIAN K. HALL

ORIGINAL ENGLISH LANGUAGE EDITION PUBLISHED BY

jones&Bartlett Learning

40 Tall Pine Drive

Sudbury, MA 01776

서문

당신이 진화 과학에 대해서 알고 싶어한다면, 생명이 어떻게 시작되고 Charles Darwin이 진화에 대해서 진정으로 무엇을 말하였는지, 왜 곰팡이는 식물보다 사람에 계통 유전적으로 가까운지, 진화는 실제적으로 현재에도 일어나고 있는지, 왜 새를 날아다니는 공룡이라 하는지, 그리고 왜 인간은 다른 생물종의 진화를 조작하려 하는지, 그리고 당신이 진화를 야기한 확실한 처리과정을 원한다면 본 저서는 당신에게 진정한 답변을 줄 수 있다. 본 저서는 화학이나 수학과 같이 기본적인 과학적 지식을 갖추고 진화에 대해서 궁금해하는 사람들을 위하여 집필하였다. 본 저서는 생물학을 전공으로 하는 학생들에게는 진화에 대한 기초를 제공하기에 충분하며 과학 교과목이 필요한 보건업에 종사하는 과학자, 예술, 인문과학, 사회과학자 등 비-생물학 전공자들을 위한 진화 교과목으로 적당하다. 또한 자연선택과 도태 등의 이론에 대한 이해가 필요한 경영학이나 경제학 전공자에게도 적당하며, 전문대학에서 학생들이나 일반대중에게 한 학기 또는 일년 동안의 교재로도 적당하다.

진화는 과학이며 또한 생명의 과학이다. 초기 형태로부터 공통적으로 유전된 것을 기본으로 유사성과 차이점이 설명되므로 문화, 사회, 집단, 생물체, 세포와 조직, 유전자와 기타 분자들이 서로 비교될 수 있다. 진화를 설명하는 과정들은 자연에서 시험될 수 있다. 또한 진화 과정을 야외 실험 포장이나 실내 실험실에서 테스트하여 볼 수도 있다. 진화는 실제적이며 현재도 계속 진행 중이다.

생명이 진화하였다는 것은 18세기부터 주장되었다. 하지만 Charles Darwin이 1859년에 '종의 기원(On the Origin of Species)'을 출판하고 나서부터 진화의 증거들이 거대 스케일로 수집되어 자연선택이라는 진화의 특별한 메커니즘을 뒷받침하였다. Darwin의 진화론은 인간의 존재에 대해서 혁명적인 것이었으며 우리가 세상을 어떻게 보아야 하는가, 우리 인간을 어디에 위치 시켜야 하며, 생명과 살아있는 생물체를 설명하는 데에 대한 개념을 확실하게 바꾸어 놓았다.

생명의 기원과 다양성을 설명하기 위하여 진화생물학의 중심 목표로 다음과 같은 이슈들이 있다.

- 육상에서 걸어 다니던 조상종으로부터 고래는 어떻게 현재의 상태로 진화였는가
- 공룡으로부터 진화한 조류들은 어떻게 날수 있는 능력을 갖추게 되었는가
- 인간은 진화하면서 왜 질병을 일으키는 유전자들을 떨쳐버리지 못하고 현재도 가지고 있는가?
- 인간의 문화적 진화가 생물학적인 진화를 추월할 수 있는가
- 생명의 공통 계통도(Universal Tree of Life, UToL)에는 여러 개의 몸통이 있는가?

이러한 궁금증과 기타의 궁금증들이 진화학에서 질문과 답변을 찾을 수 있다.

본 저서의 목표는 두 가지가 있다: (1) 진화적인 변화를 설명하는 주요한 원칙과 과정을 함께 도출하고; (2) 지난 35억년간 진화를 야기한 생명의 패턴을 검토한다. 이러한 목표를 달성하기 위하여 본 저서의 처음 1/3은 다음과 관련되어 진화를 다룬다:

- 제1장에서는 과학으로서의 진화의 과학적 방법;
- 제2장에서는 물질, 우주, 지구의 기원;
- 제3장과 4장에서는 분자와 세포의 기원, 첫 번째 생물체, 그리고 생명의 성격;
- 제5장부터 7장까지는 Charles Darwin과 Alfred Wallace가 독자적으로 자연선택에 의한 진화적 이론을 주장한 것을 다룬다.

8장부터 11장까지 4개의 장에서는 단세포 생물체가 다세포 생물체(동물, 식물, 곰팡이)로 변형되는 과정을 설명한다. 이 세 다세포 생물체들은 생명 계통 분류에서 중요한 세 개의 계(kingdom)을 이룬다. 12장부터 15장은 다음과 같은 것을 다룬다.

- 유전자, 유전자 조절, 집단 등의 수준에서의 변이 존재와 중요성
- 생식적으로 고립된 집단들이 어떻게 자연선택에 가공되지 않은 재료들을 제공하는지 등을 다룬다.

16장부터 18장에서는 생물체들이 생성되고 사라지는 종들의 구성원이라는 것을 설명한다. 19장부터 21장은 인간 기원과 진화에서 보여지는 진화의 과정과 양상, 문화와 사회의 진화, 그리고 믿음 시스템과 종교의 진화 등을 다룬다.

비록 7개의 부(Parts)를 21개의 장으로 논리적으로 정열 하였지만, 본 저서의 구성은 독자가 어느 부부터 또는 부의 개별적 장부터 시작하여도 되도록 하였다. 예를 들어, 제7부는 제19장부터 제21장까지로서 인간의 기원과 진화를 다룬다. 본 저서를 학습하거나 또는 교육과정을 세우는데 있어서 각 장을 순서적으로 할 필요는 없다.

본 저서는 4-색 이미지로 프린트를 하였으며 다음과 같은 교수학적인 도구를 이용하여 설명하였다.

단원요약으로 각 장의 내용을 서두에 설명하였다. 이들 단원요약을 각 장의 내용을 공부하기 전이나 후에 체크함으로써 독자는 학습하게 될 장의 내용을 볼 수가 있으며 장의 내용을 마스터하는데 도움을 준다. 텍스트와 박스에 있는 중요 요약들은 강조되어 기술되었다.

Boxes는 특정한 토픽에 대해서 주의를 끌 수 있도록 하였으며, 종종 한 개의 장 이상의 내용을 전달하는데 이용하였다.

Marginal notes는 텍스트의 내용에 코멘트를 주거나 더 확장하여 설명하는데 이용하였다. 각 장의 추천문헌은 특정한 토픽들에 대해서 중요한 문헌과 또한 관련 있는 문헌들을 제공하여 더욱 깊이 공부하고자 할 때 이용하도록 하였다.

용어 설명을 본 저서의 마지막에 제공하였으며 별개로 주요한 개념, 원칙, 생물 군 등의 어휘-체크 교차리스트를 제공하였다. 이러한 어휘 교차 체크리스트는 독자가 비슷한 개념이나 반대의 개념을 쉽게 접근할 수 있도록 하였다. 예를 들면, "무생물적(abiotic)"은 "생물적(biotic)"과 "생명(life)" 등과 연결 시켰으며, "적응적 방사(adaptive radiation)"은 "생물지리학(biogeography)", "종분화(speciation)", "동물지리학(zoogeography)" 등과 연결 시켰다. 교차-리스트는 독자가 생각하지 못하였던 것들을 연결시킬 수 있으며, 특히 관련된 토픽을 시험하거나 학습하고자 하는 독자에게 유익하며, 시험 포맷으로 관련된 토픽이나 프로젝트를 학생에게 부여할 때 도움이 된다.

보조 자료

본 교재를 이용하는 강의자를 돕고 학습하는 학생들에게는 최상의 학습을 할 수 있도록, Jones and Bartlett 출판사는 보조 자료를 제공한다.

강의자를 위한 자료

본 교재를 선택한 강의자에게 제공되는 ***Instructor's Media CO-ROM***은 다음과 같은 자료들이 있다.

PowerPoint® Image Bank는 Jones and Bartllet 출판사가 저작권을 가지고 있으며 디지털 자료로 재출판하는 권리를 가지고 있는 본 교재의 모든 삽화, 그림, 표 등을 파워포인트로 전환하였다. 강의자는 쉽게 이미지를 복사하여 파워포인트에 삽입할 수 있으며 이미지들을 PowerPoint Lecture Online Slides에 넣을 수 있다.

PowerPoint Lecture Online Slides는 Idaho 주립대학의 Jeff Meldrum이 준비하였으며, 텍스트와 이미지들을 교육적으로 이용할 수 있도록 하였다 Microsoft® PowerPoint 프로그램을 이용하여, 강의자는 자신의 목적에 맞도록 슬리이드 쇼를 편집할 수 있다.

온라인 ***Text Bank***는 Louisiana State University의 Dalton Gossett가 준비하였으며 평이한 텍스트 파일의 문제들을 강의자의 교과목 소프트웨어에 삽입할 수 있도록 하였다.

학생들을 위한 자료

Jones and Bartlett 출판사는 **Student Companion Web Site**를 http://biologyjbpub.com/hall/evolutionprinciple에 본 교재의 내용에 추가적인 자료를 제공하여 혼자서 학습하고, 검토하고 연구할 수 있도록 하였다.

Integrative Glossary, On-screen **Flashcards**, electronic **Crosswords**는 학생들이

주요한 용어, 개념, 과정 등을 검토하는데 쉽고 재미있게 방법을 찾을 수 있도록 하였다.

개념 이해와 시험 준비를 돕기 위해, Adelphi University의 James K. Dooley 가 만든 **Study Quizzes**를 각 장에 제공하여 web에 기초한 짧은 테스트로 학생들의 내용 이해를 돕도록 하였다.

Web Links는 본 교재에서 다룬 토픽들에 대해서 더 많은 정보를 제공한다. James K. Dooley가 이러한 유익한 자료들을 편집하였다.

사사

본 교재의 내용에 대해서 코멘트를 제공한 아래의 검토자들에게 특별한 감사를 드립니다.

Jeffery Meldrum, Idaho State University
Robert A. Martin, Murray State University
Nicholas J. Cheper, East Central University
Robert P. Benard, American International College
Robert Loiselle, Universitè du Québec à Chicoutimi
Mike Toliver, Eureka College
Moira E. Royston, St. Joseph's College
Dorothy B. Payne, Alabama State University
Jonathan Frye, McPherson College
Lee Christianson, University of the Pacific
Elizabeth L. Rich, St. Joseph's University
Callie A. Vanderbilt, San Juan College
Jay P. Clymer III, Marywood University
Jeffrey D. Sack, Valley Region High School
Raymond Pierotti, University of Kansas
Christian Andrews, The University of Chicago
Dalton R. Gossett, Louisiana State University – Shreveport
Keith W. Pecor, The College of New Jersey
Jeromy Moynihan, Florida State University
Ken Gobalet, California State University, Bakersfield
James K. Dooley, Adelphi University
Elka T. Porter, University of Maryland
Ralph L. Holloway, Columbia University

Brian K. Hall
Dalhousie University and Arizona State University

저자 소개

캐나다 노바스코시아 주의 South Milford에 있는 Milford House에 있는 호수에서 휴식을 취하고 있는 저자

Brian Hall은 호주에서 출생하여 자라고 교육을 받았다. 그는 1968년도부터 캐나다 노바스코시아에 있는 Dalhousie University에서 교수로 재직하였다. 그는 최근에 University Research Professor와 George S. Campbell Professor of Biology를 받았으며 2007년부터는 University Research Professor Emeritus이다.

실험 발생학을 전공한 저자는 연골, 뼈, 척추뼈 시스템의 발달과 진화를 연구하였다. 그는 Evo-devo의 첫 번째 교재인 Evolutionary Developmental Biology (Kluwer Academic Publishers, Nethlands)를 1990년에 초판을 출판하고 1999년에 재판을 출판하여 현재는 진화 발달 생물학 (Evolutionary Developmental Biology; Evo-Devo)이라고 알려진 진화와 발생학을 하나의 통합한 학문으로 기초하는데 중요한 역할을 하였다. 저자와 Benedikdt Hallgrímsson은 Strickberger's Evolution: The Integration of Genes, Organisms, and Populations (Jones and Bartlett Publishers, Sudbury, MA)를 공 집필하였다.

저자는 Royal Society of Canada와 Foreign Honorary Member of the American Academy of Arts and Sciences 멤버이며, 2005년도에 캐나다에서 수여하는 과학상 중 가장 영예로운 상은 Killam Prize in Natural Science를 수상하고, 2009년도에는 Discovery

Centre Hall of Fame (http://www.loudandclear.ca/video/Hall_HQ.mov)에 소개되었다. 그는 진화학 분야에서 복잡한 재료들과 개념을 전문가나 일반대중에게 모두 효과적으로 설명할 수 있는 훌륭한 교수와 멘토로 널리 알려져 있다. 현재까지 그는 11권의 책을 집필하였으며, 30편의 책을 편집 또는 공동-편집을 하고, 세계 여러 곳에서 많은 강의와 워크샵을 개최하였다.

역자 서문

진화를 나타내는 'Evolution'의 사전적인 의미는 '점진적으로 발달하다'라는 뜻의 'evolve'라는 동사의 명사형이다. 하지만 진화는 '발달하다'라는 개념과는 다른 것으로, 집단이나 생물종이 시간을 두고 환경에 적응하기 위해 변화한다는 것이다. 현재 지구상에 존재하는 모든 생명체들은 자기가 서식하고 있는 환경에 가장 적합하게 적응되어 진화된 생명체들로서 땅속에 있는 지렁이나, 하늘을 나는 독수리나, 바다에 사는 고래나 모두 진화적인 지위에서는 동등한 생명체들이다. 따라서 진화의 법칙은 왜 지구 상에 이렇게 많은 다양한 생명체가 존재하며 이들 생명체들의 진정한 존재는 무엇인가와 같은 근본적인 문제에 답을 하여 준다.

진화는 더 이상 이론적인 설이 아니고 실체적인 학문의 한 분야이며 진화학은 많은 사람들이 생각하는 것처럼 생물학의 한 분야가 아닌 독립적인 학문으로서 생물학, 지질학, 사회학, 인류학, 우주학 등의 종합적인 지식을 요구한다. 특히, 최근에는 유전학, 분자생물학, 유전체학, 생물정보학, 컴퓨터학 등에 대한 지식이 쌓이면서 우리들이 생물체들을 바라는 보는 시각도 불과 10여년 전의 시각과는 매우 달라져 있다. 진화는 우리가 알고 있는 생명체들의 모든 현상에 대한 실질적인 과학적 원칙을 설명하는 중요한 분야이지만 국내에 진화학에 대한 적절한 교재는 그리 많지 않아서 1990년에 출판된 '生物進化學' (성기창 외, 형설출판사)와 2004년에 출판된 '진화학' (김창배 외, 월드사이언스), 2012년 출판된 진화학 (허만규 외 역, McGraw Hill Korea ; Evolution Kardong KV, 2005년의 번역본) 등이 있을 뿐이다. 본 교재는 2011년에 출판된 'EVOLUTION, Principles and Process' (Brian K. Hall 저, Jones and Bartlett Publishers)의 완역본으로서 기존의 진화학 개념에 최근의 유전체학 및 비교유전체학 등의 정보를 첨가한 우수한 교재이다. 또한 본 교재의 장점은 교재 말미에 첨가한 900여개의 진화학 '용어정리'와 이들 진화학적인 용어들의 '어휘-체크 교차 체크리스트'를 제공함으로써 강의하는 교수님들이나 학습하는 학생들이 쉽게 용어를 찾아 그 개념을 이해 할 수 있도록 한 것이다. 번역은 원본을 직역하는 것을 원칙으로 하였으나, 우리말로 번역상 표현이 애매한 부분은 원저자의 의도를 해치지 않는 범위에서 쉽게 풀어 해석하였다. 용어들은 한국생물과학협회에서 출판한 '生物學用語集'를 참고 하였다. 본 번역 교재에 참여한 역자들은 대학에서 진화학을 직접 담당하는 교수들이다.

마지막으로 역자들은 본 번역서가 나오기까지 많은 끈기를 가지고 격려하여 주신 홍릉과학의 김기용 이사와 박찬혁 대리, 그리고 편집실 관계자들께 감사드린다.

2015년 5월

대표 역자 김남수

차례

I

과학과
과학으로서의 진화

제1장

과학과 진화의 본질 및 과학으로서의 진화

1 과학과 진화의 본질 및 과학으로서의 진화

단원요약

- 과학은 과거에 일어난 일들을 연구할 수 있다.
- 과학은 진화를 연구할 수 있다.
- 과학적 방법들이 진화에 적용될 수 있다.
- 진화는 과학이다.
- 진화라는 단어는 오랜 시간 동안 다른 의미를 가지고 있었다.
- 진화는 개체와 집단에 작용하지만 다른 방법으로 작용한다.
- 같은 종에 속하는 개체들은 그들의 지리적 범위에 따라 다르게 적응한다.
- 생물체들은 그들이 살아가는 환경을 변화시킨다.
- 유전자는 다양하게 정의되고 연구되어진다.

개요

위 그림: 바람과 물의 냉혹한 작용에 의해 생겨난 경이로움.

과학적 방법은 가설을 제시하고, 실험을 설계하며 가설을 검증하기 위하여 자료를 수집하고 자료들을 과거의 지식과 연계하여 해석하며, 가설을 수용하거나 기각하는 보편적인 과정이다. 새로운 증거들이 기존의 과학적 지식을 지지하기 위하여 추가되거나 기존의 이론을 폐기하고 이것을 우리의 세상을 보는 시각을 바꾸는 새로운 이론으로 대체할 수도 있다. 아이작 뉴턴의 **중력**의 발견과 찰스 다윈의 **자연선택에 의한 진화**의 발견은 세계와 그 안에 사는 생물들에 대한 우리의 이해를 바꾼 이론의 두 가지 예이다.

많은 과학적 연구는 과거에 일어났던 일들과 관련이 있다. 우주의 기원과 화산이 어떻게 형성되는가 하는 것이 그 예이다. 과학으로서의 진화도 다르지 않다. 진화의 과학은 생물들이 어떻게 생겨나서 오랜 시간 동안 변화하는지에 대하여 과거와 현재의 진행과정을 연구한다. 별과 빙하의 기원, 진화의 과정은 과학적인 방법에 의하여 동일한 과정으로 밝혀졌다. 이 장에서는 과학적인 방법들과 과학으로서의 진화를 알아보는 것 이외에, 용어와 개념으로서의 진화의 간단한 역사를 살펴보고 진화의 기초를 이루는 세 가지의 기본원칙과 과정으로서 **자연선택**, **변이** 그리고 **유전**을 소개할 것이다. 진화가 개체와 집단을 보는 다른 방법들을 개략적으로 소개할 것이다. 유전 단위의 유전자의 본질이 소개되어 있으며, 생물이 그들의 환경과 연결된 특별한 방법인 생태적 지위가 소개되어 있다.

◆ 과학적 기법

과학의 본질은 발견을 가능하게 하는 방법—**과학적 방법**—의 적용을 통해서 발견을 하는 것이다. 이러한 발견은 이전에 알려져 있지 않은 대상—해저에서 유래한 예전에 알려져 있지 않은 새로운 종류의 생물—일 수도 있고, 이와 같은 생물이 그와 같이 깊은 곳에서 어떻게 생존하고 진화하였는가와 같은 새로운 설명일 수도 있다.

■ 과학적인 방법에 의한 것이든 연구, 발명 또는 미지의 것을 이해하고자 하는 순수한 열망에 의한 것이든, 발견에 대한 우리의 욕구는 1983년 처음 발간된 *Discoverers*에 대니얼 부르스타인(Daniel J. Boorstein)이 한 만큼 더 대접 받은 적이 없다.

과학적 방법은 다음의 것들로 구성되어 있다.

1. 가설의 설정
2. 통제된 실험의 고안 및 실행 또는 얻으려는 가설과 관련된 자료를 제공할 수 있는 관찰
3. 기존의 지식에 기초한 자료에 대한 객관적인 분석
4. 가설을 수용하거나 기각하는 결론의 도출

이러한 방법의 반복적인 적용을 통하여, 하나의 해석과는 일치하고 또 다른 해석들과는 배치되는 증거들이 축적됨으로서 과학은 발전하게 된다.

가능한 경우라면 실험은 가설을 검증하는 중요한 방법이다. 그러나 실험이 불가능할 경우에는 자료를 수집할 수 있고 가설은 실험적 확인 없이 수용되거나 기각될 수 있다. 그러므로 과학적 방법은 과거의 사건을 설명할 수 있을 정도로 충분히 정확하기 때문에 천문학, 지질학과 과거의 진화학적 사건에 적용될 수 있다. 만약 이러한 해석들이 현재의 사건들과 위배된다면 새로운 가설이 제안되고 자료들이 얻어질 것이다. 따라서 천문학, 지질학과 진화는 과학이다(BOX 1.1).

세심한 관찰, 기록 및 체계적인 분석은 과학적 방법을 적용하는 중요한 방법이다. 많은 관점에서 유사하지만 다른 관점에서 차이가 있는 시스템에 대한 비교분석은 과학적 방법의

또 다른 중요한 적용이다. 따라서 우리는 개미와 흰개미를 두 종류의 사회적 동물로 비교할 수도 있으며, 침팬지와 현대 인류를 가깝게 연관되어 있는 영장류로 비교할 수 있다. 더 나아가 우리는 인류와 개미를 두 종류의 사회적 동물로 비교할 수도 있다. 과학적 방법의 체계적인 적용을 통하여 입증되지 않은 가설은 사라지고 하나의 해석만이 자료에 대한 최적의

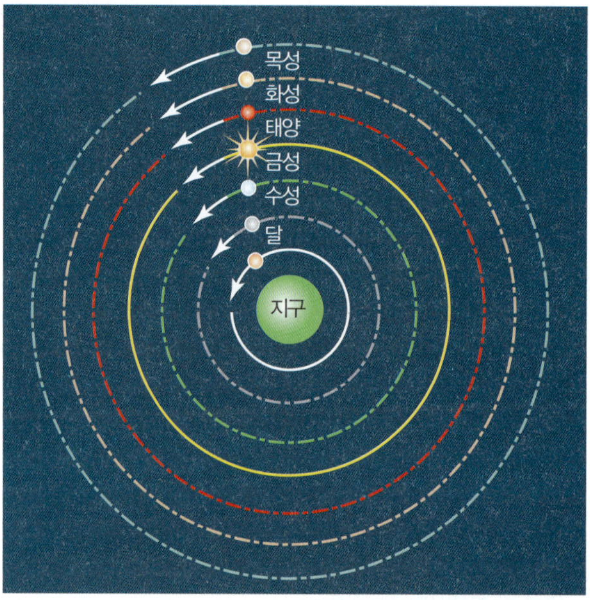

(a)

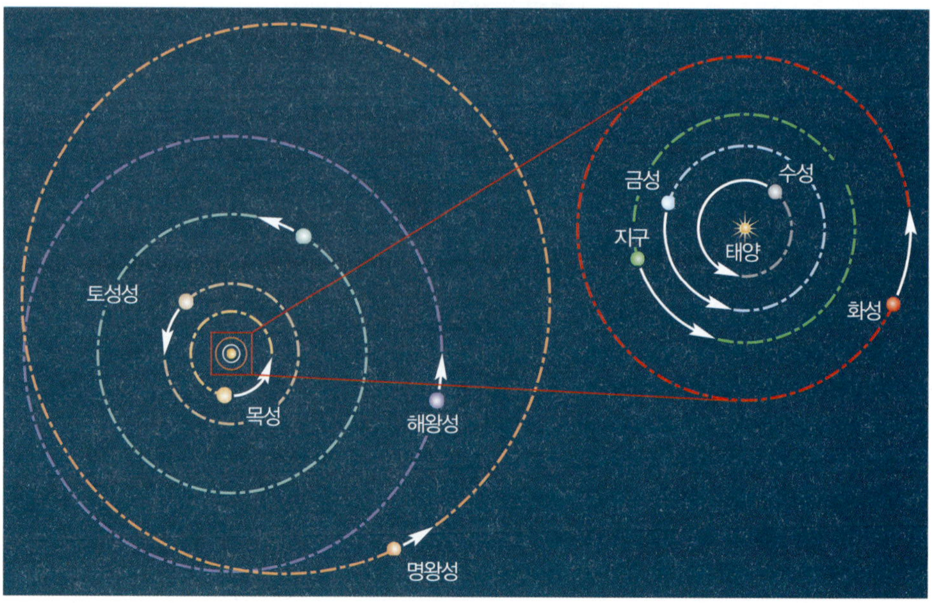

(b)

그림 1.1 행성들의 궤도에 관한 이론을 반영하는 두 개의 가설. 하나는 행성들이 지구를 회전한다는 것이고**(a)**, 다른 하나는 행성들이 태양을 회전한다는 것이다**(b)**.

설명으로 등장하게 된다. 이러한 과정은 지구의 궤도와 다른 행성 및 태양과의 관계를 밝혀내는 경우와(그림 1.1), 데옥시리보 핵산(DNA)이 한 세대에서 다음 세대로 유전 암호를 전달하는 유전에 관련된 분자라는 것을 발견하는 것처럼 수 년 또는 수 세기가 걸릴 수 있다.

다른 발견들은 순간적이거나, 또는 그렇게 보일 수도 있다: 뉴턴의 머리 위로 떨어지는 사과는 그로 하여금 만유인력의 법칙을 발견하도록 하였다; 욕조의 수위의 상승은 아르키메데스가 부력의 원리를 발견하도록 유도하였다. 비록 이와 같은 "유레카 순간"도 과거의 지식이나, 이와 같은 발견이 존재하였던 사회의 사고방식과 격리될 수 없다. 이러한 것은 알버트 아인슈타인이 물질과 에너지는 분리된 것이 아니라 변환이 가능하며, $E = mc^2$(에너지는 질량에 빛의 속도의 제곱을 곱한 것이다)로 표현될 수 있다는 것을 발견한 것처럼, 발견이 우리가 자연 현상을 보는 관점을 완전히 바꾸어 놓는 경우에도 마찬가지이다. 비록 이러한 공식이 우리의 생각에 혁명을 가지고 왔다고 해도 그것은 완전히 단절된 상태에서 온 것이 아니다. 질량과 에너지에 대한 이전의 이론들이 이미 존재하고 있었다. 과학이 지배하고 있는 사회인 환경은—정말로 과학이 전적으로 지배하고 있는가—과학적 방법을 사용한 분석의 적절한 주제들로 간주되는 것들, 과학적 지식들이 이용되는 방법, 그리고 과학적 발견에 종사하거나 혹은 이로부터 이익을 얻는 사람들의 존재 비율들은 현대 인류 사회 내에서, 또 사회들 사이에서 서로 변화가 많다. 1세기 전에는 심리학은 사회과학 그 이상이 아니었다(어떤 사람들은 "사회과학"이란 문구에 과학이라는 단어가 들어가는 것 조차 반대했다). 오늘날에는 심리학자들은 과학적 방법론을 사용하며, 사회적 규범의 변이를 추정하고, 가설을 제시하여 이를 검증하며, 그리고 그들의 결론을 납득시키기 위해 복잡한 통계처리 방법을 사용한다.

■ 아르키메데스(Archimedes)의 원리는 "액체에 전부 또는 일부가 잠겨 있는 몸은 대체된 액체의 무게에 해당하는 힘으로 띄워져 있다"라는 것이다. 뉴턴(Newton)의 만유인력의 법칙은 "행성들을 그들의 궤도에 유지시키는 힘은 이들이 회전하는 중심으로부터의 거리의 제곱에 반비례하여야 한다고 추론한다"는 것이다(Newton, 1687).

◆ 과학과 과거의 사건들

과거에 일어난 사건을 이해하거나 설명하기 위하여 과학적 방법을 적용할 수 있을까? 예를 들어 지구가 어떻게 생성되었는지, 중력은 어떻게 생겨나는 것인지 또는 세포가 어떻게 진화하는지를 조사하기 위하여 실험을 설계하거나 또는 자료를 수집할 수 있을까? 가능하다. 과거에 관련된 과학—천문학, 우주론, 지질학, 고생물학 그리고 진화학—은 제기된 가설을 반박하거나 지지하기 위하여 관찰을 이용한다. 이 책의 전부는 진화, 생물의 진화뿐만 아니라 우주의 진화와 태양계와 지구의 진화의 다양한 측면에 대한 과학적 증거를 얻기 위하여 써졌다.

진화 생물학자이며 과학을 대중화한 굴드(J. Gould, 1941~2002)는 과거의 사건은 현재와 미래의 변화를 조절한다는 개념을 매우 탁월하게 확산시켰다. 역사학의 주제는 우리의 태양계를 탄생시키거나, 남아메리카를 아프리카로부터 분리시키거나, 인류를 유래시킨 사건들이 비록 일회성이며 모든 별이나, 대륙의 분리, 또는 모든 종의 진화에 적용되지 않는다하여도 이러한 주제들을 포함한다. 과거를 다루는 과학은 모든 물질이나 모든 생명체에 일반적으로 적용되는 원리나 규칙뿐만 아니라 중력과 같은 일반적인 법칙, 다양성과 독특함의 원인을 밝히는 것을 목적으로 하는 역학이나 생화학을 이용한다. 모든 생물에 영향을 미치는 과정이나 사건들—변이체의 존재, 돌연변이, 환경의 변화—로부터 추론하거나 과거 역사의 역할을 설명할 수 있는 능력은 진화 연구의 역동적인 다 학문 연계성의 본질에서 중심적인 요소이며, 진화 연구를 확고하며 시험할 수 있는 연구 분야로 만든다. 이러한 것들이 진화를 과학으로 만드는가?

과학으로서의 진화

■ 픽스톤(J. V. Pickstone)이 2001년에 저술한 *Ways of Knowing. A New History of Science, Technology and Medicine*는 이와 같은 비판에 대하여 과학, 기술, 의학에서의 과학적 방법의 발달에 대한 분석—가장 뛰어난 과학과 의학의 역사학자 중 하나인 Roy Porter (1946~2002)에 의하여 기술된 분석—을 "현재 우리가 소유하고 있는 가장 감동적인 창조."라는 일관된 반론을 포함하고 있다.

진화를 과학적 방법을 이용하여 연구하거나 이해될 수 있는 과학으로 여기는 것에 대한 비판은 진화적 설명(가설)이 물리나 화학에서의 가설과 같은 방법으로 연구되거나 입증(또는 반증)될 수 없다는 것이다.

가끔 진화는 과거에 일어났던 사건—일반적으로 실험실에서 재현할 수 없는 사건—을 다루기 때문에 진화생물학은 물리나 화학과 같은 과학의 지위까지 절대 도달할 수 없다는 주장도 있다. 하지만 앞에서 논의하였듯이 우리는 역사적 사건을 우리가 다른 과학적 사건을 설명하듯이 합리적으로 설명할 수 있다. 특히 과거에 일어난 진화는 관찰되고 문서화되고 연구되고 증명할 수 있다. 진화적 가설을 증명하는 증거는 화석의 기록에 존재하며, 진화는 실험적으로 증명할 수 있다.

- 화석 기록에 존재하는 영장류와 유사한 유인원(類人, 인류 및 이들과 가까운 동류)의 연속은 인류가 영장류에서 유래했다는 가설을 증명한다(19장 참조).
- 산소와 결합하고 운반하는 두 종류의 철-포함 단백질인 미오글로빈과 헤모글로빈의 기본적인 화학적 서열의 일치는 이들 간의 진화적 유사성을 증명한다(8장 참조).

이들 가설은 개구리나 파충류와 유사한 유인의 화석화된 조상이나 미오글로빈이나 헤모글로빈과 유사한 화학 서열이 결여된 종류의 발견에 의하여 반증될 수 있기 때문에, 이 가설들은 과학적이다. 과거의 진화적 사건의 진실은 과학적으로 증명될 수 있다.

■ **형질**과 **특징**이라는 용어가 형태적(파란 눈), 행동적(굴 속에 사는), 기능적(산소를 호흡) 또는 분자적(헤모글로빈의 유전자의 보유)와 같은 어떤 동물의 구별이 가능한 특징에 대하여 호환적으로 사용된다.

항상 존재하는 과거의 진화학적 역사의 영향력은 논리적 가정의 범위를 벗어난다. 진화는 실험적으로 증명될 수 있다. 한 예로 여러 집단의 초파리(*Drosophila melanogaster*)가 동일한 과거의 환경으로 되돌려진 후 50세대 이상 번식하도록 한 경우에서 볼 수 있다. 이러한 집단들은 조상들의 상태로 돌아가는 변화를 하게 되지만 모든 집단이 동일한 공통의 상태로 되돌아가는 것은 아니다. 우리가 보는 변화들은 분석되는 특정한 특성에 의존하며, 이것은 동일한 종이 다른 속도로 진화한 모자이크 진화를 반영한다. 이러한 중요한 실험은 우리가 과거의 진화적 역사를 각각의 특성에 기초하여 증명할 수 있다는 것을 보여준다.

제프리 베릭(Jeffrey Barrick)과 그의 동료들이 2009년 10월 29일 네이처 학술지에 발표한 두 번째 예에서는 세균인 *Escherichia coli*에서 20년(40,000세대)에서 일어난 모든 돌연변이가 기록되었다. 2만 세대 이후에, DNA의 복구에 관련된 유전자의 돌연변이는 집단 내

BOX 1.1

환경과 생물 간의 상호 작용

기후, 지형, 먹이와(또는) 포식자는 생물체의 특성에 반영된다. 만약 어떤 종이 남쪽에서 북쪽에 이르는 넓은 범위에 분포한다면, 북쪽 집단의 적응은 우리로 하여금 북쪽의 개체를 남쪽의 개체들과 구분할 수 있게 해준다. 유사한 환경에 대한 적응은 동굴에 사는 동물(그림 1.2 참조)과 같은 지역적 규모나, 미주나 오스트레일리아(호주)의 포유류와 같은 대륙적 규모에서 볼 수 있듯이 서로 다른 종의 같은 방향으로의 진화적 변화를 유도한다.

특정한 환경에 대한 유전적인 특징으로 잘 알려진 것은 **베르그만(Bergman)의 법칙**으로 알려진 온혈 척추동물에서의 몸의 크기와 평균 온도와의 관계이다. 추운 지방에 사는 종의 개체들은 보다 온난한 지역에 사는 동일종의 개체보다 큰 경향이 있다. 이러한 관계는 기본적으로 부피가 큰 몸은 작은 부피의 몸보다 노출되는 표면이 상대적으로 적기 때문에 존재한다. 열의 손실은 표면적과 관련되어 있기 때문에, 크기가 큰 몸체는 좀 더 추운 지역에서 좀 더 효과적으로 체온을 유지할 수 있다. 크기가 작은 몸체는 좀 더 따뜻한 기후에서 열을 좀 더 효과적으로 제거할 수 있다.

적응의 양상도 화석의 기록에서 찾을 수 있다. 털복숭이 꼬리 숲쥐(*Neotoma cinerea*)의 몸 크기는 25,000년 전 마지막 빙하시기로부터 현재에 이르기까지 몸의 크기가 기후의 변화에 밀접하게 연관되어 추운 기간에는 몸의 크기가 커지고 온난한 기간에는 몸의 크기가 작아졌다. 이와 마찬가지로, 근대의 인류 중 가슴이 두껍고 사지가 짧은 이뉴잇족과 적도 지역에 사는 날씬한 아프리카인과 비교할 수 있다.

■ 칼 루카스 크리스티안 베르그만(Karl Georg Lucas Christian Bergmann, 1814~1865), 1847년에 이러한 법칙을 개발한 독일의 해부학자, 생리학자 및 생물학자.

에서 돌연변이가 정착되는데 필요한 속도의 가속—처음 2만 세대에서는 45개의 돌연변이, 두 번째 2만 세대에서는 600개의 돌연변이—을 초래하였다.

다른 종류의 수소 이온들의 특성은 공통적인 물리학의 기초에서 설명될 수 있다. 서로 다른 생물의 특성—이들 구성 요소들의 구조와 기능—은 그들의 역사와 연계하여서만 이해될 수 있으며, 이것은 미래에 가능한 종류의 변화에 영향을 미치거나 미쳐왔던 특정 시기에서의 특정한 생활 습관의 조절을 포함한다(BOX 1.1). 생물의 그들의 환경에 대한 적응(동일한 환경에 있는 다른 생물들의 적응을 포함하여)은 생물학적 특성인 적합성에 의하여 측정될 수 있으며 이것은 각 생물, 집단, 종에 따라 각각 다르다. 그럼에도 불구하고 과거의 조건들이 반복되고 다른 생물들이 동일한 선택적인 진화의 압력에 노출되면 일부 공통된 반응이 예상될 수 있는데, 지리적으로 멀리 격리된 어류, 양서류, 거미와 곤충의 집단이나 종은 동굴 환경에 적응하여, 공통적으로 원시적인 눈과 색소의 결핍을 보여준다(그림 1.2). 예측 가능성은 과학적 이론의 필수적인 요소이다.

■ 적합성은 한 개체가 같은 집단의 다른 개체와 비교하여 생존하고 그들의 유전자(유전자형)을 다음 세대에 전달해 줄 수 있는 상대적인 능력으로 정의될 수 있다(15장 참조).

◆ 이론만으로의 진화

우리가 진화를 눈으로 직접 볼 수 없기 때문에 종종 진화는 "사실"이 아니라 항상 이론으로 남을 것이라는 주장이 제기된다.

과학에 있어서의 기본적인 이론—원자이론, 상대성 이론, 만유인력의 이론—의 어느 것도 우리가 일상생활에서 볼 수 없는 현상들을 설명할 수 없다. 그럼에도 불구하고 우리는

(a) (b) (c)

그림 1.2 암흑에 대한 생물의 적응. **(a)** 표면에 사는(눈이 있고 색체를 띤) 것과 동굴에 서식하는(시력이 없고 색체가 없는) 멕시코 동굴 어류의 형태**(b, c)**, 시력이 없고 체색이 없는(백피증) 동굴에 사는 아홀로틀(멕시코산 도롱뇽)의 위에서 본 모습(b)와 앞에서 본 모습(c). 그림(c)의 아가미를 주의해서 보시오.

이러한 자연의 힘의 영향을 매일 경험한다. 비록 원자는 우리의 맨 눈으로 볼 수 없지만 이것이 화학반응을 설명할 수 있기 때문에 과학자들에게 원자 이론이 받아들여진다. 우리가 중력의 효과를 야기하는 중력 파동을 볼 수가 없지만, 물체들이 지구에 왜 매달려 있는지를 설명하기 때문에 우리는 만유인력의 법칙을 받아들인다.

마찬가지로, 진화의 이론은 생물의 시간에 따른 유전적 특성의 변화를 유도하는 요인의 측면에서 설명함으로써 과거와 현재 생물의 역사적 연계성을 설명한다.

진화의 사실은 생물 간의 해부학적 유사성과 차이점, 이들이 서식하는 곳, 이들이 이용하는 대사 경로, 이들이 발달하는 배발생 단계, 이들이 남긴 화석, 이들을 연결시켜주는 유전적, 염색체 그리고 분자적 특징으로부터 유래한다. 진화의 이론(시간에 따른 유전적 변화)은 돌연변이나 선택, 유전적 부동, 이주와 유전자 조절의 변이와 같은 자연적 과정의 측면에서 생물(실제)의 역사적 과정에 대한 논리적인 설명이다(12장~15장 참조). 이러한 설명은 이제까지 이루어진 모든 관찰과 일치한다. 이러한 접근은 뉴턴이 중력의 이론을 발견함으로써 설명이 가능하였던 사건인, 사과가 뉴턴의 머리로 떨어졌다는 사실과 다르지 않다.

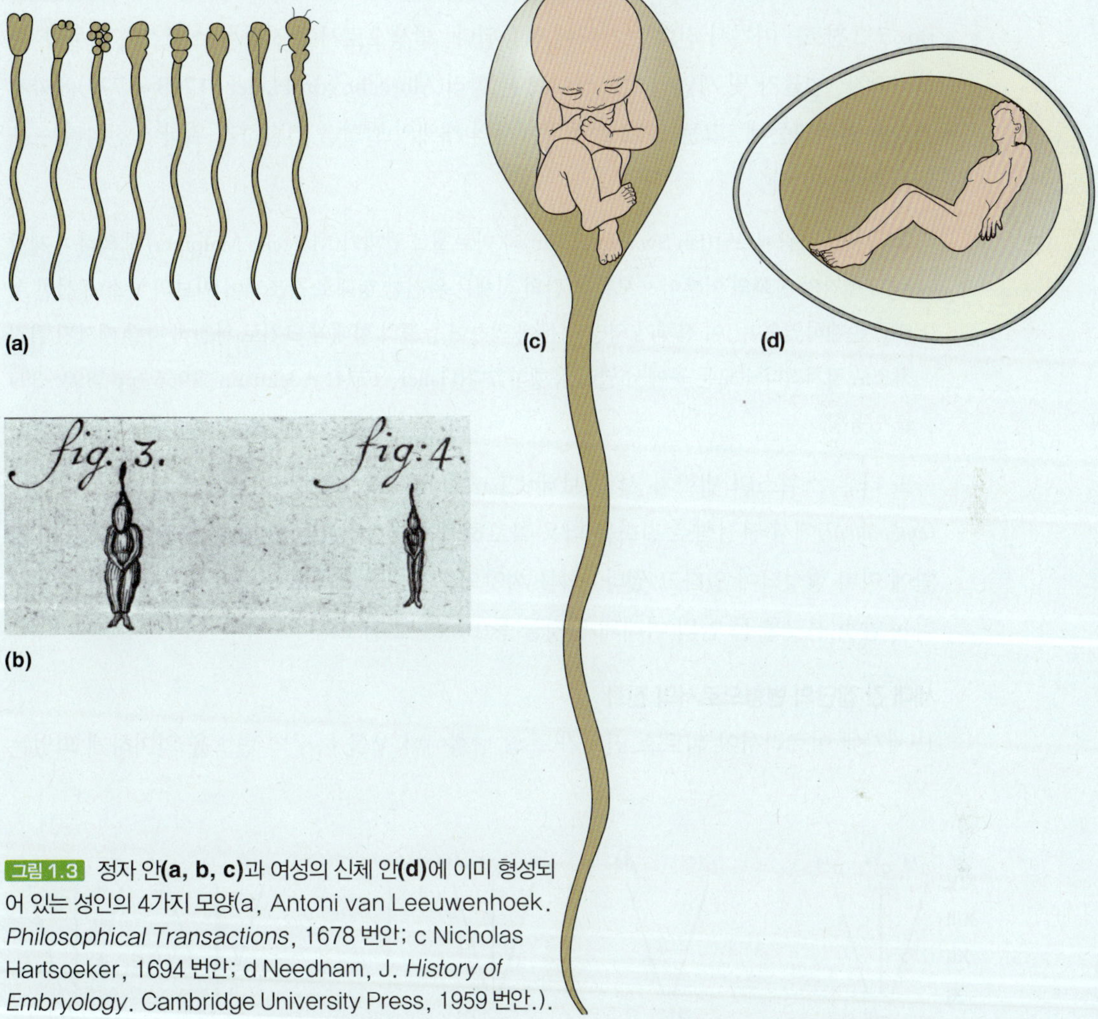

그림 1.3 정자 안**(a, b, c)**과 여성의 신체 안**(d)**에 이미 형성되어 있는 성인의 4가지 모양(a, Antoni van Leeuwenhoek. *Philosophical Transactions*, 1678 번안; c Nicholas Hartsoeker, 1694 번안; d Needham, J. *History of Embryology*. Cambridge University Press, 1959 번안.).

우리들의 목적을 위해, 진화의 과학을 보여주는 것은 진화의 사실—화석, 분자, 생물 등 우리가 얻을 수 있는 역사적 기록—을 문서화 하는 것이며 또한 과학적 방법의 적용을 통해서 진화적 변화에 대한 역사적 기록이 생겨난 과정을 이해하려고 하는 것이다.

적절한 시발점은 진화라는 단어의 의미를 생각해 보는 것이다.

◆ 진화: 용어와 개념의 개관

진화라는 단어는 과거에는 우리가 현재 사용하는 것과는 다른 의미를 가지고 있었다.

개체의 발생으로서의 진화

첫 번째 의미—한 생물체의 발생으로서의 진화—는 17세기에 있던 원래의 정의를 반영하며, 이 시기는 진화라는 단어(펴다를 뜻하는 라틴어의 *evolutio*에서 유래)는 이미 형성된 신체 구조를 보기 위하여 배의 부분이나 기관을 펼쳐보는 것을 의미하기 위하여 이용되었다(그림 1.3, Box 7.2 참조). 여기서 진화는 개체에 적용된다. 발생으로서의 진화는 스위스의 식물학자, 생리학자, 법률가 및 시인인 알브레이트 폰 할러(Albrecht von Haller, 1708~1777)에까지 거슬러 올라가는데, 그는 1774년에 알에서의 개체의 발달을 기술하기 위하여 진화라는 용어를 사용하였다.

> 그러나 얀 스왐메르담(Jan Swammerdam)과 마르첼로 말피기(Marcello Malpighi)에 의하여 제안된 17세기의 진화의 이론이—모든 인간의 신체는 완전한 형태로 창조되어 이브의 난소에 접힌 형태로 존재하였으며, 이 신체가 영양 성분에 의하여 동물의 형태와 크기로 완전히 자랄 때까지 점진적으로 펼쳐진다—모든 곳에서 널리 유행하였다(Haller, 1774; Adelmann, 1966, pp. 893~894를 인용함).

또 다른 스위스의 법학자 샤슬 보네(Charles Bonnet, 1720~1793)는 그의 응축이론(*emboîment*)에서 전성설로 진화를 더욱 확고히 하였다. 보네는 후 세대의 모든 개체들은 알 안에 이미 형성되어 있다고 썼다. 식물 씨앗의 자엽, 번데기 안의 곤충의 성체, 단위 생식하는 암컷 진딧물 몸 안의 미래의 진딧물 등(Box 7.2 참조)

세대 간 집단의 변형으로서의 진화

19세기에 이르러서야 비로소 진화가 종의 변형이나 생물 특성의 변형을 의미하게 되었는

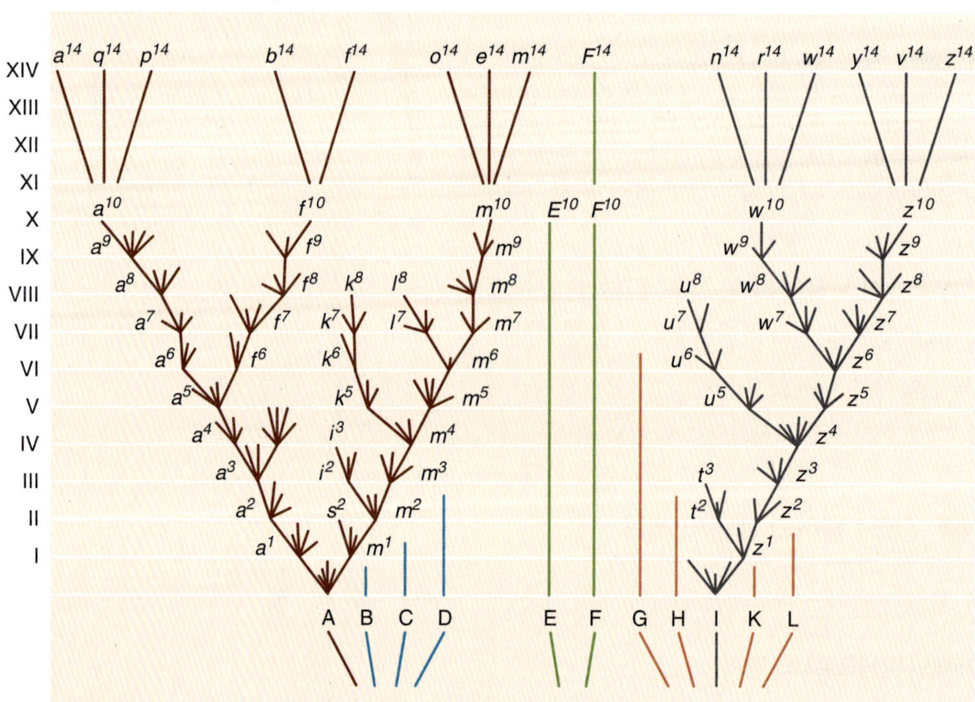

그림 1.4 찰스 다윈(Charles Darwin)이 그의 책 종의 기원에서 사용한 그림. 하나의 종 안에서의 점진적인 분화(a^1-a^{10} m^1-m^{10} z^1-z^{10})와 종들이 다양한 가계로 갈라지는 것을 보여주는 예(S^2, i^2, i^3 from m^1과 m^2).

데, 이 둘은 모두 개체가 아닌 집단 내에서 일어나는 것이다(이 장의 후반부 참조). 우리가 생물학적 진화뿐만 아니라 매우 다양한 관점—논쟁의 진화, 컴퓨터의 진화, 심장 밸브들의 진화—에서 진화라는 용어를 이용하는 것은 변형을 의미하는 것이다. 진화의 이론을 세대에서 다음세대로 변형을 가진 후세대(6장 참조)로 제안하였던 찰스 다윈(1809~1882)은 **종의 기원**으로 명명된 그의 책에서 이와 같은 과정에 대하여 단지 하나의 그림만을 제시하였으며(그림 1.4), 진화라는 단어를 그의 책의 마지막 단어로 한번만 사용하였다.

> 여러 가지 능력을 가지고 있으며, 창조자에 의하여 몇 가지 또는 한 가지 형태로 생겨난 생명체는 위대하며, 반면 이 행성은 고정된 중력의 법칙에 따라 회전을 반복하지만, 아주 단순하게 시작하여 가장 아름답고 가장 훌륭하게 끝없이 진화하여 왔고 진화하고 있다.

지질학자들은 그들이 발견한 증거의 본질에 의거하여 진화라는 용어를 지질학적 시간에 따른 종의 변형과 점진적인 변화에 대하여 진화라는 용어를 처음 사용한 사람들 중 하나이다. 유니버시티 칼리지 런던의 초대 비교 해부학 교수였던 로버트 그랜트(Robert Grant, 1793~1874)는 무척추 생물들의 점진적인 기원에 대하여 진화라는 용어를 1826년 처음 사용하였다. 지질학의 창시자이며 찰스 다윈과 가까운 사이였던 찰스 라이엘(Charles Lyell, 1797~1875)은 수중생물의 육상생물로의 변형과 관련된 점진적인 개선에 대하여 1832년 진화라는 용어를 사용하였다: "해양 중에 유각류[껍질을 가진 동물]가 처음 존재하였고, 이들 중 일부가 점진적인 진화에 의하여 육상에서 살아가는 생물로 개선될 되었다" 여기에서 조차도 그랜트와 라이엘이 진화를 발생과정의 변화라는 의미로 사용하였다는 반론이 가능하다.

변형과 변화를 가진 후손: 1859~현재

이 부분은 진화가 연구되어지는 방법의 변화에 대한 아주 간략한 개관을 포함하며, 이러한 변화는 생물학을 점점 더 깊은 수준으로 이해하는 발전을 반영한다.

1859년 종의 기원의 발간부터 1900년까지 진화는 다음과 같이 연구되었다.

- 종의 기원과 변형(한 종의 말 → 다른 종의 말)
- 생물의 주요 그룹/가계의 변형과 조상의 탐색(무척추 동물 → 척추동물; 어류 → 양서류)
- 생물 계통 안에서의 송곳니(jaws), 갈비뼈, 신장, 신경계 등과 같은 특징의 변형.

■ 기원이라는 용어는 이 책에서 *옥스퍼드 영어사전*의 진화의 정의와 같은 개념, 즉 최초의 등장이나 어떤 것의 시작으로 사용되었다.

진화에 대한 유전학적 접근은 1900년 그레고어 멘델(Gregor Mendel)의 완두콩의 교배실험과 멘델의 유전학(7장 참조)의 재발견 후에 이루어졌다. 유전학자들은 실험실에 유지되고 있는 동물이나 온실의 식물을 이용한 생물의 근친교배에 대하여 연구하기 시작하였다. 돌연변이의—DNA 서열의 변화—발견은 진화과정의 기본 요소로서 유전자에 더 많은 관심을 유도하였다.

20세기 초의 두 가지 발견은 집단 내에서의 진화적 변화의 기작에 대한 강조를 하였다. 1908년 영국의 제프리 하디(Geoffrey Hardy, 1877~1947)와 독일의 빌헬름 바인베르크(Wilhelm Weinberg, 1863~1937)는 각각 독립적으로 자연 선택 하에 있는 자연 집단 내에서의 유전자의 빈도를 계산하는 수식을 유도하였다(곧이어 하디-와인버그의 법칙 또는 원칙으로 명명되었다. 14장 참조). 1918년 아주 명석했던 영국의 수학자 피셔(R. A. Fisher, 1890~1962)는 멘델의 유전과 집단 유전학을 융합시켰다(7장 참조). 1930년대까지 종분화는 유전자 빈도를 반영한 가계 내에서의 유전적 변화의 결과로 인식되었다(14장 참조). 1940년대의 집단 유전학, 계통학, 적응적 변화의 시작은 근대적 창조 또는 근대적 진화 창조로 알고 있는 것들의 기초를 만들었다.

피셔(Fisher)는 그의 동료인 잉글리쉬멘 J. B. S. 할데인(Englishman J. B. S. Haldane, 1892~1964)과 미국의 유전학자 서얼 라이트(Sewall Wright, 1889~1988)와 함께 집단 유전학에 기초를 진화의 현대적 시작의 창시자로 알려져 있다(14장 참조).

그러나 집단 유전학은 진화에 대한 완전한 이론을 제공하지는 않는다. 진화는 현재 계층적인 것으로 인식된다. 유전자, 구조, 집단, 종과 생태계로 여겨지고 있으며 이들은 모두 진화한다. 계보적 진화는 상당한 정도로 생물의 분류체계적 구조를 반영하고 있으며, 이 개념은 Box 4.1에 요약되어 있다.

아마도 가장 잘 정돈된 생명체의 구성적 단계는 다음과 같다.

유전자 → 분자 → 세포소기관 → 세포 → 조직 → 기관 → 생물체 → 집단 → 종

분류 체계는 진화를 도와주고 안정화시키며, 생명체가 진화하고 새로운 기능적 특성을 도입하고 유지하는 것을 가능하게 한다. 진화를 이해하는데 있어서의 분류체계적 접근은 지난 40년간 등장하고 견고화되었는데 특정한 단계의 복잡성에 해당하는 특정 사건에 대한 설명은 보다 기초적인 단계의 설명(으로부터 유도된)으로 축소될 수 있거나 축소되어야 한다고 주장하는 환원주의 접근법을 대체하였거나 적어도 동등하게 유지되어 왔다. 생물학적 분류체계는 각각 독특한 기능적 특성을 가지고 있는 원자에서 분자로, 세포로, 조직으로, 기관으로, 개체로, 집단으로, 종으로, 문화로 다양한 단계로 확장될 수 있다.

진화 생물학자들은 왜 환원론자의 접근까지 축소하지 않는가? 특정 단계의 특징들이 그보다 더 높은 단계의 특징을 설명하는데 충분하지 않기 때문에 새로 나타나는 특징과 증가하는 복잡성을 설명하는 기작의 계보를 조금도 필요로 하지 않는다. 진화는 적어도 네 단계에서 작용한다.

BOX 1.2

유전자란 무엇인가?

여러분들은 유전의 기본 단위에 대한 다양한 정의가 있다는 사실에 놀랄지도 모른다. 이것은 서로 다른 전문가들이 유전자를 다른 방법과 다른 수준에서 연구하였기 때문이다. 이러한 서로 다른 접근을 반영하면 유전자는 다음의 하나 또는 몇 가지로 정의할 수 있다(하나의 예가 제시되어 있다).

- 활성화에 의하여 특성 또는 개성의 변화를 유도하는 DNA의 한 부분(파란색 눈에 대한 유전자)
- 활성화에 의하여 단백질이나 RNA의 형성에 관여하는 DNA의 한 부분(콜라겐 단백질 유전자)
- 암호화 조각과 비암호화 조각(엑손과 인트론)을 포함하는 DNA의 한 부분(진핵생물에만 적용되는 정의)
- 염색체 상에 존재하는 유전의 단위(인간의 근이영양증 유전자는 9번 염색체에 위치함)
- 한 세대에서 다음 세대로 믿을 수 있게 복사되어 전달되는 뉴클레오타이드의 세트(유전의 단위)

1. 돌연변이, 유전자의 수와 조절의 변화, 유전자 네트웍의 변화를 통한 유전자 단계.
2. 적응을 통한 개체의 변이와 다른 정도의 생존 그리고 새로운 구조, 기능과(또는) 행동에서 볼 수 있는 개체 단계.
3. 집단 사이의 유전자 이동을 제한하는 기작을 통하여 작용하는 생물체의 집단에서의 변화.
4. 이후에 나타나는 종의 기원, 확산 그리고 적응.

위의 목록에서 여러분들은 유전자(유전자들)이라는 용어가 수준 1과 3에서 다르게 사용되었다는 것을 발견할 수 있을 것이다: 돌연변이가 일어나는 단위(1)과 집단을 통해서 전달될 수 있는 단위(3). 우리가 유전자라는 용어로 나타내고자 하는 현재의 개념은 BOX 1.2에 요약되어 있다.

진화는 유전자, 개체 그리고 집단 수준에 작용하기 때문에 이상적인 정의는 모든 수준에서의 진화를 반영해야 한다. 많은 관점에서 그림 1.4에 설명되어 있는 다윈의 변형을 가지는 후손이라는 문구는 생물학적 진화에 대한 포괄적인 정의로 남아 있다. 변형을 가진 후손으로서의 진화는 진화를 완전히 이해하기 위해서는 세 가지 단계의 조합이 필요하지만, 유전자, 개체, 집단 단계에서의 진화적 변화를 포함한다.

진화에 대한 우리의 관점이 어떻게 기원하고 변하여 왔는지, 진화가 유전자, 개체, 집단 수준에서 어떻게 작용하는지가 이 책의 주제이다. 앞으로 제기될 주제는 다음과 같다.

- 우리는 이전의 특정 시간에서의 우위를 바탕으로 계속적인 진화적 성공을 예측할 수 없다.
- 절대적인 진화적 장점이 이미 새로운 환경에 적응할 수 있는 특징을 가진 그룹에 생길 수 있다.
- 그룹들 사이의 장기적인 진화적 대체는 예측할 수 없다.
- 새로운 생물학적 구성의 형태는 그룹의 생존을 증대할 수 있다.
- 오랜 기간에 거친 많은 특징의 조화된 변화 때문에 새로운 수준의 구조가 나타날 수 있다.
- 일단 이와 같은 새로운 수준을 얻게 되면 폭 넓은 전파가 종종 시작된다.
- 특정 생물 종이 크고 빠른 환경변화에 적응하는 능력의 한계 때문에 멸종은 피할 수 없는 것은 아니지만 흔한 일이다.

◆ 개체, 집단 그리고 진화

자연선택은 특별한 특징을 가진 개체의 선별적인 생존과 번식을 반영한다. 선별적인 생존과 번식은 진화의 기작이다. 자연 선택은 결과이다. 선택은 개체의 운명을 반영하지만 선택에 대한 반응은 집단 내의 개체의 염색체의 정보량에 달려 있는데, 이러한 정보는 임의의 돌연변이나 임의 과정 때문에 변할 수 있다(6, 12, 15장 참조).

표 1.1 개체와 집단의 특성 비교

특성	개체	집단
수명	한 세대	여러 세대
공간적 연속	제한적	광범위
유전적 특징	유전자형	유전자 빈도
유전적 변이	한 세대 안에서만 발현	진화적 변화로 발현
진화적 특성	변화 없음. 개체는 하나의 유전자형만 가지고 있으며, 한 세대에만 제한되기 때문	진화(유전자 빈도의 변화)할 수 있음. 진화는 세대 간에 일어나기 때문
선택	한 세대의 표현형에 작용	돌연변이에 의하여 세대에서 다음 세대로 변화를 유도
돌연변이	개체의 체세포적 영향	배우체에 의한 유전/배우체의 돌연변이는 생식에 의하여 전달됨
변이	표현형은 전달되지 않으며, 유전자형은 생식을 통하여 전달됨	유전자형의 유전

진화라는 단어가 개체에서 집단으로 변화하였기 때문만 아니라 개체는 선택에 대하여 반응하지만, 집단은 진화하기 때문에 진화라는 측면에서 개체나 집단에 대한 시각을 가지는 것이 중요하다(표 1.1). 이러한 중요성 때문에 진화라는 측면을 고려하였을 때의 개체와 집단 간의 근본적인 차이를 12가지 측면에서 개괄적으로 설명하였다. 각 항목은 사실에 대한 서술로 표시하였다. 각 항목은 결론으로 여겨도 되며, 이들에 대한 증거는 이 책의 나머지 부분에 제시되어 있다. 이들은 또한 진화과정에 대한 요약으로 읽어도 된다.

■ 한 종의 개구리의 경우 성체는 후손을 생산한 직후에 죽고, 후손의 배아 상태의 생명은 연장된다. 그 결과 이 종의 경우 수년간 배아상태로만 존재한다.

1. 생물은 개체로 존재한다. 다세포로 이루어진 개체(동물, 식물, 곰팡이)는 발달하고, 성장하고, 성숙하고, 번식하고, 나이를 먹어 늙게 되며(대부분의 경우), 죽게 된다. 단세포의 개체(흔히 말하는 세균)는 번식하며, 죽는다.
2. 자연선택은 개체에 작용하지만 개체는 진화하지는 않는다. 개체는 이들의 유전자를 이들 유전자에 있는 돌연변이와 함께 다음 세대의 개체에게 전달한다(Box 1.2 참조)
3. 대부분의 단세포와 다세포 종에서, 개체는 특정한 생태학적 서식지에 살아가는 집단에 존재한다(BOX 1.3). 다세포 생물의 집단은 많은 경우 동일 세대에서 나이가 다른 그룹들을 포함하는 구조를 이루며, 특히 세대기간이 짧고 수명이 긴 종에서 종종 여러 세대를 포함하기도 한다.
4. 유성 생식을 하는 생물의 집단들은 서로 **동일하지 않은** 개체—이들은 클론이 아니다—들로 구성된다. 개체들이 출아나 이분법과 같이 무성생식을 하는 집단에서는 집단 내의 모든 개체들이 동일할 수도 있다.
5. 자원은 종종 제한적이어서, 그 결과 집단 내의 모든 개체가 번식을 할 수 정도로 생존하여 다음 세대에 후손의 생산하는데 기여하지는 못할 수도 있다.

BOX 1.3

생태적 지위(niche)란 무엇인가?

생태적 지위는 생태학과 진화 생물학의 문헌에서 다양하게 정의된다. 대부분의 정의는 환경에서의 생물(집단, 종)의 역할을 강조한다. 즉 생태적 지위는 장소가 아니라 상호작용의 단위로 정의된다. 각각은 정의는 특별하게 강조하는 부분이 있으며 이것은 다음의 정의에서 이탤릭체로 표시되었다.

1. 생물이 발견되는 장소와 이들이 거기서 하는 역할(그림 B1.1)
2. 생태계에서 생물이 하는 역할
3. 한 군집 내에서의 종의 역할
4. 생물학적 군집 내에서의 생물의 모든 기능적 역할
5. 군집 내에서의 생물의 특징적인 생태적 역할
6. 집단이나 종의 환경적인 서식지, 이들이 이용하는 자원 및 이들과 다른 생물들과의 상호작용
7. 환경이나 군집이 생물종의 생존에 영향을 줄 때, 그 안에서의 생물의 지위
8. 생태계 군집 내에서의 종의 지위이나 역할
9. 생태계 내에서의 생물의 물리적 및 기능적 역할

그림 B1.1 다양한 종류의 지의류(색, 모양, 크기, 서식지가 구별되는)가 바위의 노출부 위에 있는 서로 다른 생태적 지위를 차지하고 이용하고 있다.

위에서 알 수 있듯이 3번과 8번 정의를 제외하고는 대부분의 정의는 생태적 지위(niche)를 생물과의 관계를 고려하고 있다. 1, 6 그리고 7번을 제외하고 나머지 모두 역할을 정의에서 가장 중요한 요소로 이용하고 있다. 4번 정의는 기능적 역할, 5번은 생태학적 역할, 그리고 9번은 물리적 및 기능적 역할을 강조한다. 1번과 6번은 가장 일반적으로 모든 것을 포함하며, 7번은 가장 특이적이다(이것은 생태적 지위를 종의 생존과 연계한다). 4가지는 군집에 대한 정의 없이 군집이라는 용어를 사용한다. 6번은 정의 없이 서식처를 이용하였다. 그러나 어떻게 정의되던지 간에 생태적 지위는 계통유전학적 분석에 의하여 재구성되고 있으며, 오랜 진화 시간동안 보존된 것으로 보여진다(Donoghue, 2008).

6. 집단이 번식하는 것이 아니라, 개체가 번식하는 것이다. 집단은 번식하는 개체의 일부로부터 유전자 pool을 다음 세대에 전달한다.
7. 변이는 진화가 작용하는데 있어 필수적인 전제 조건이다. 자연선택은 일부 변이형은 살아남도록 하고 나머지는 그렇지 못하게 한다.
8. 자원이 제한적이기 때문에, 자연선택은 개체(변이형)가 존재하는 조건에서 가장 적절한 개체의 번식을 통하여 다음 세대가 생존하도록 한다.
9. 유성생식을 하는 개체들의 유전적 배경이 다르기 때문에, 환경에 대한 적응성에 의하여 선택된 개체들은 그들의 유전자를 다음 세대에 우선적으로 전달할 수 있다. 환경에 잘 적응하지 못하는 개체들은 그들의 유전자를 다음 세대에 전달하지 못하는 경향이 있다.
10. 차별적인 번식 때문에 집단의 유전적 구성은 세대가 지남에 따라 점진적으로 변하게 된다. 유전적 변화는 세대에서 다음 세대로 유전자의 무작위적인 **부동**과(또는) 자연적인 **돌연변이** 때문에 집단의 유전적 구성이 변한다.
11. 집단은 더 작은 그룹으로 **나누어질 수 있다**. 작은 그룹에서 나타는 변화들은 종 분화의 기본이 될 수 있다.
12. 집단 또는 집단의 소그룹은 환경적인 재앙에 의하여 "**급감**"하거나 사라질 수 있다.

추천 문헌

Allen, G., and J. Baker, 2003. *Biology: Scientific Process and Social Issues*. Wiley Blackwell, Hoboken, NJ.

Appleman, P. (ed.), 2001. *A Norton Critical Edition. Darwin: Texts, Commentary*, 3d ed. Philip Appleman (ed.). W. W. Norton, New York.

Barrick, J. E., S. Y. Dong, S. H. Yoon, et al., 2009. Genome evolution and adaptation in a long-term experiment with *Escherichia coli*. *Nature*, 481, 1243–1247. (See pp. 1219–1221 for commentary.)

Biological Sciences Curriculum Study (BSCS) contains much on evolution, including a virtual tour activity of the Galapagos Islands that allows computer-based collection and analysis of organisms. See http://www.bscs.org/.

Boorstein, D. J., 1983. *The Discoverers*. Random House, New York.

Bowler, P. J., 1996. *Life's Splendid Drama: Evolutionary Biology and the Reconstruction of Life's Ancestry*, 1860–1940. The University of Chicago Press, Chicago.

Bowler, P. J., 2003. *Evolution: The History of an Idea*, 3d ed. University of Califo

Donoghue, M. J., 2008. A phylogenetic perspective on the distribution of plant diversity. *Proc. Natl. Acad. U.S.A.*, **105**, 11549–11555.

Mayr, E., 2001. *What Evolution Is. With a Foreword by Jared Diamond*. Basic Books, New York.

Pickstone, J. V., 2001. *Ways of Knowing. A New History of Science, Technology and Medicine*. The University of Chicago Press, Chicago.

II

기원

2 물질의 기원, 우주와 지구

단 원 요 약

- 우주는 약 130억 년 전에 우주의 대폭발(big bang)이후 생성되었다.
- 태양계는 먼지와 가스 성운이 응집되면서 생겨났다.
- 우리가 살고 있는 태양계는 약 46억 년 전에 나타났다.
- 지구는 약 45억 년 전에 생성되었다.
- 운석에 존재하는 무생물 분자는 46억 년 전에 존재하였다.
- 생물이 유기분자를 바탕으로 생성되었다면, 생명체는 무생물적 기원을 갖는 셈이다.
- 지각의 판들의 움직임에서 대륙의 형성, 이동, 분리가 일어나고 바다가 퍼져 나갔다.
- 암석은 지층을 형성하고 지층에 따라 년대가 결정된다.
- 다윈은 지구의 나이를 수억 년으로 추정하였다.
- 암석은 과거 생존 생물의 흔적인 화석을 품고 있다.
- 화석은 시간에 따라 변화한 생물, 즉 진화의 기록이다.

위 그림: 자연의 힘을 보여주는 에너지와 장엄함의 조화

개요

이 장은 다음의 모든 단계를 포함한다. 몇 가지 질문으로 이 장이 시작된다. 지구는 어떤 이유로 생명체들의 생존에 적합하도록 특별한가? 뒷부분에서는 어떻게 약 130억 년 전 **우주의 대폭발**이 시작되고, 우리들의 터전인 지구가 어떻게 이러한 모습을 갖추고, 과정을 겪게 되었는지 다시 풀어본다. 찰나와 같은 시작과 상상도 할 수 없는 일들이 일어나지 않았다면, 원자도 분자도 태양계도 지구도 없었으며, 더더욱 우리가 알고 있는 생명체도 없었다.

인류는 우주의 기원에 대하여 오래도록 추측해왔으며, 근래에는 이러한 이론들을 분석할 수 있는 방법들을 발전시켰다. 오늘날, 우주를 연구하는 우주학은 연구와 발견의 흥분되는 소용돌이이다. 허블망원경, 인공위성, 우주탐사, 지상관측 등을 통하여 우리는 점점 더 과거로 훨씬 더 아득한 과거로 돌아가서 별들을 발견하고 있다. 우리가 알면 알수록, 우리가 우주에 대하여 얼마나 적게 알고 있는지를 깨닫게 된다. 우리가 존재하는 이 우주에서 생명체가 또 다른 어느 별에 살고 있을까?

지구의 특별함은 무엇인가?

무엇이 지구에서 생명체를 살게 하고 진화하고 수십억 년간 번성하게 했는가?

- 수십억 년 동안 방사능 에너지를 마련해주는 적당한 크기의 태양
- 태양으로부터의 적절한 거리의 궤도가 조성하는 적정량의 태양열과 광도, 이에 따른 온화하고 안정된 기후
- 탄소, 수소, 질소, 산소, 인, 황 등의 적절한 원자조합
- 액체상의 물의 존재
- 생명체에 유해한 자외선을 적당히 차단해주는 오존층
- 태양과 우주 방사선의 해로움을 막아주는 거대한 지구자장을 만드는 철성분의 지구핵

지구만이 유일한가? 지난 20년 이상 과학자들은 2009년 6월까지 궤도를 가진 374개의 별들을 찾았으나, 대부분은 거대한 가스층이 있지만 그 중 단지 2개만 지구와 유사할 뿐이었다.

여전히 연구는 계속되고 있으며, 우주에 뿌려진 수십억 만 개의 은하계 속의 별들 어딘가에 생명체가 있으리라 추측하고 있을 뿐이다. 화성에 언젠가 생명체가 있었다는 실마리를 여전히 찾고 있다.

지구 최초의 380,000년

아직도 논쟁이 있지만, 대부분의 우주학자들은 **대폭발** 이후 약 130억 7300만년 전에 우주가 생성되었다는 것에 동의하고 있다. 대폭발이라는 명칭에도 불구하고, 빅뱅은 우주에서 폭발이 일어나거나 어떤 곳에서 시작하거나 퍼져 나간 것은 아니다. 놀랍게도 우주는 한 번

■ 빅뱅이란 용어는 이 이론의 초기 반대자였던 영국의 천문학자인 Fred Hoyle (1915~2001)이 만들었다.

에 전 우주의 모든 곳에 나타났다. 이 최초의 시작으로부터 현재 지구에 존재하는 모든 것이 진화했다. 천억 개보다 많은 은하계에서 수많은 별들과 초기 우주를 구성한 모든 원소들과 그 외에 모든 것이 진화하였다.

■ 미국 우주항공국(NASA)은 우주의 역사에 대하여 재미있게 소개를 하고 있다. http://map.gsfc.nasa.gov/universe/

표 2.1 은 우주에서 최초 100초 동안 일어난 일들을 보여주고 있다. 특히 표의 왼쪽 항은 사건이 일어난 속도와 과정을 보여주고, 오른쪽은 아주 높은 온도(태양의 중심보다 100,000배나 높음)와 냉각률을 보여준다. 크기 성분: 우주는 처음 10^{-35}초 동안에 백억 광년의 빛의 속도로 무에서 10^{24}m크기로 팽창했다. 그때 이후로 우주는 나중에 조금 느려졌지만, 계속 팽창을 하고 있다. 이러한 우주의 팽창은 20세기의 가장 중요한 과학적인 발견의 하나이다.

■ 10^{-35} 초(sec)는 상상할 수 없이 짧은 시간이다. 10^{-1}초는 1초의 1/10초이며, 10^{-2}초는 1초의 1/100초이다. 다른 예로 10^{24} 메터는 멀고 거대한 거리이며, 0이 23개 붙으며, trillion(1조)의 trillion(1조)이다. 미국이 만든 용어로는 septrillion이다.

지구 최초의 맹렬하고, 응집된 팽창은 복합적인 역학으로 계속되고 있으며, 이러한 역학은 이 책에서 다룰 수 있는 범위를 넘어선다. 일단 최초의 팽창이 끝나자 우주에는 전자, 양자, 중성자 등의 다양한 기본적인 원소들이 나타나고, 헬륨과 저분자량의 원소들이 출현하는 단계로 접어들었다(표 2.1). 다음 단계는 대폭발 20분 후에 핵의 융합이 일어났지만, 매우 높은 온도에도 불구하고 핵융합이 계속되기에는 온도가 낮았다. 최초의 중요한 변화 속에서 우주에는 가장 중요한 4가지의 기본적 역학이 나타나 중력, 전기자장이 생성되었으며 물질, 공간, 시간 모두가 이제 존재한다.

■ 수소는 통상 1개의 양성자로 되어있으며, 초기우주를 우점하고 있었으며, 현재도 여전히 존재한다.

그러나 여전히 원자도 없고, 긴 시간도 존재하지 않으며, 그저 뜨거울 뿐이다. 대신에 빛과 전기자장 방사입자인 **광자**(photons)가 우주를 점령하고 있었다. 자유 전자는 광자를 효과적으로 분산시켜서, 누군가 그때에 관찰이 가능하였다면, 구름 속처럼 짙은 안개와 같이 흡수되었을 것이다. 이것은 매우 중요한 이론으로 전자가 중성적 수소원자를 만들기 위해 양자와 결합하거나, 중성적 헬륨 원자를 만들기위해 헬륨 핵과 결합하였다. 마침내 대폭발 후 380,000년경 우주는 투명해지고, 광자는 전진해 나아간다. 오늘날 우주는 최초의 대폭발 후 방사능의 잔존물질인 광자의 균질한 바다에 잠기게 된다. 이러한 우주 **미립자파의 과**

표 2.1 우주의 진화–최초 100초 동안

시간(초)	사건	온도(℃)
0	우주의 탄생	
0^{-43}	양자 중력과 외계역학의 시기	0^{32}
0^{-45}	우주의 지수적 팽창	0^{28}
0^{-11}	전자기력, 약력의 분화	10 quadrillion(1000조)
0.1 microsecond		20 trillion(1조)
1 microsecond		6 trillion
10 microsecond	quark의 양성자와 중성자결합	2 trillion
100 second	helium 핵의 형성, 수소로부토 다른 원소출현	1 billion

거장(CMB, cosmic microwave background)에서 소규모의 파동에 대한 발견은 가치 있는 것인데, 이것은 우리에게 과거의 우주에 대한 정확한 기점을 던져 준다.

◆ 우주의 진화

그림 2.1 은 시간에 따른 3차원적 변화를 종 모양으로 추천한 것으로 우주의 진화를 시간대별로 보여준다(우주는 실제 편평하며, 종모양이 아니다). 그림 2.2a 는 왼쪽 부위는 대폭발로 인한 순간적인 우주의 팽창과 미립자파의 과거장 여파를 보여준다. 다음은 암흑기로 표시된 밴드역이 나타난다. 2억 년 동안 우주에는 빛을 내는 별들이 전혀 없어서 암흑으로 보인다. 다음으로 중력이 나타나고, 물질이 응축되면서 점점 더 큰 물체로 자라고 결국 깜박이는 별들이 처음으로 나타났다. 이것은 별들의 잔혹사가 되는데, 별들의 핵융합반응으로 생성된 화학적 요소들은 별들이 죽는 날까지 우주로 흩어져 나간다.

■ *진화*란 용어는 천문학과 우주학에서는 생물학과는 다른 의미를 가진다. 천문학에서는 진화가 개개의 물질과 체계의 변화를 말한다. 이 변화는 물리학 법칙으로 설명할 수 있다. 생물진화에서 우연이 주요한 역할을 한다. 우주학에서는 확실하지 않다.

이것은 여러 종류의 별들과 많은 시간이 걸리는 복잡한 이야기이다. 크고 뜨겁고 짧은 수명의 초기세대 별들은 산소, 네온, 실리콘, 마그네슘, 황 등의 무거운 요소들을 생성하였다. 결과로 지금의 후기 별들은 무거운 원소성분을 포함하고 있다. 이러한 축적과정을 통하여 자연계의 원소들이 형성되었다. 우리의 태양계는 충분한 원소들을 가지고 있으며, 초기 별들의 잔존물에서 기원되었다.

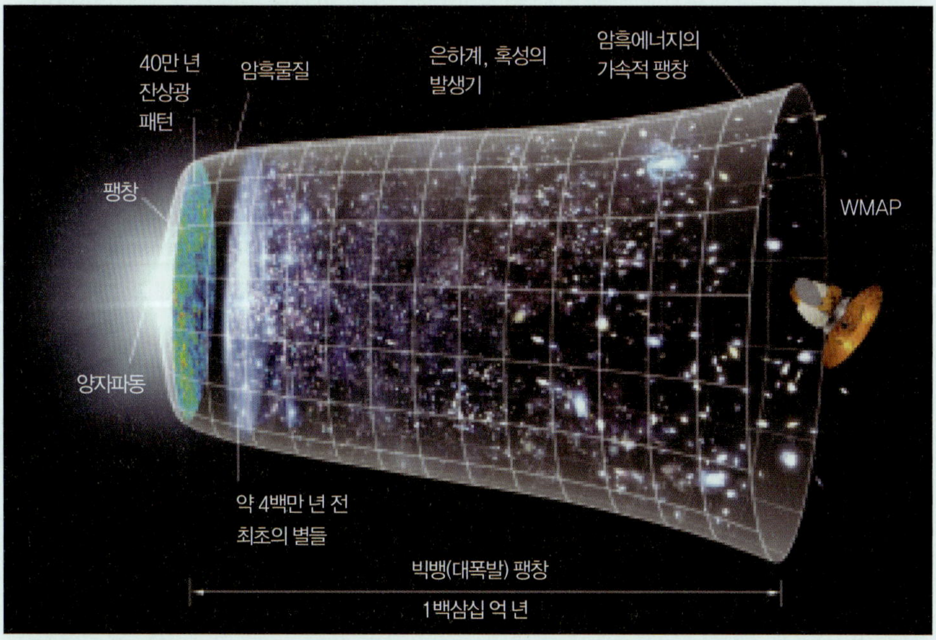

그림 2.1 우주의 연대표. 대폭발로부터 현재까지 시간대별로 3차원구조로 보여주기 위해 가정한 종 모양. 1초의 10^{-35}순간에 최초의 팽창(왼쪽)은 암흑에너지의 결과로(종의 끝자락) 현재 가속화되고 있는 팽창의 훨씬 적은 비율로 대체되었다. 이것으로 우주는 영원히 팽창할 것을 암시한다. WMAP(윌킨슨 미세파장 이방성 탐사체)는 우주항공국(NASA)에서 조종하는 현재의 탐사체를 의미한다.

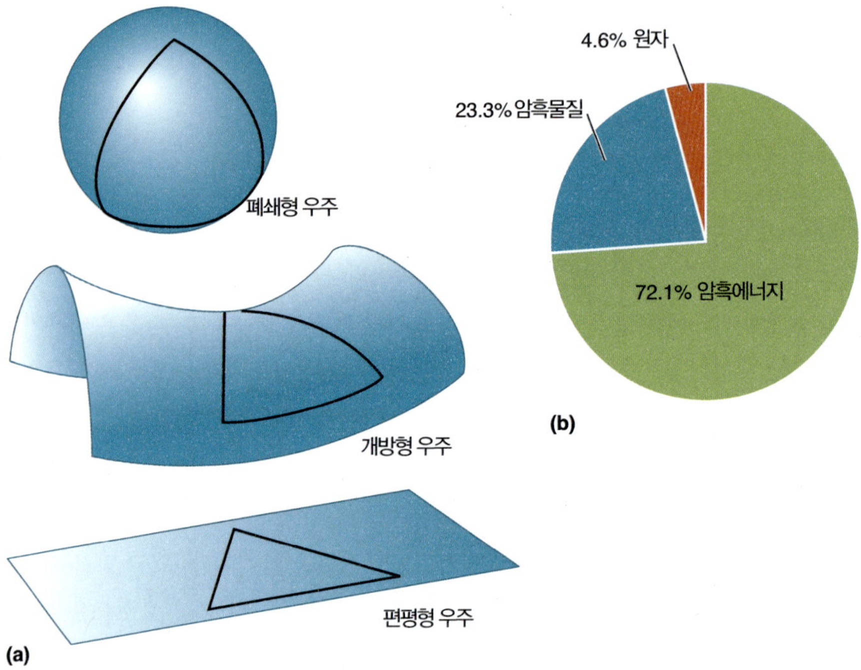

그림 2.2 우주는 구형(폐쇄형) 또는 말 안장형(개방형)보다 편평하며**(a)**. **(b)**에서 보는 비율처럼 원자, 암흑물질, 암흑에너지로 구성되어있다. 그러나 실제는 우주의 대부분은 허공상태이다.

■ 블랙홀, 항성, 초신성 등의 구역에서 모든 종류의 물질들이 사라지고 있다.

현재 우주는 은하계에서 태양계 안에 항성과 달과 같은 위성들로 대부분 구성되어 있다. 또한 우주는 크고 거품방울 같은 여러 개의 항아리 모양의 은하계들은 납작하거나 긴 실모양으로 뻗어난 속에서 혹이나 덩어리모양으로 보이는 초성운과 성운들을 만들기도 한다. 이렇게 수많은 물질들 가운데, 수소가 주성분이다. 우리의 은하계에서 수소는 약 74%를 이루며, 24%는 헬륨이며, 산소가 1%, 탄소가 0.46%, 나머지는 소량이다.

그것이 전부가 아니며, 정상적인 우주에서 탄소는 우주물질의 4.6%를 구성한다(그림 2.6). 빛을 내거나 흡수하지 않는 가상의 암흑물질과 암흑에너지가 나머지 우주의 내용물이다. 암흑물질은 정상적인 물질에서 중력작용을 한다. 그림 2.1과 우주의 팽창에 관한 토픽으로 돌아가 암흑에너지에 대해 살펴보자. 종모양의 우주는 시간이 가면서 계속 팽창하고, 종의 입구가 벌어지는 것은 우주의 팽창이 가속화되고 있는 것으로 최근에 새로운 발견이다. 암흑에너지가 이러한 증가를 조절하는 것으로 추측된다.

우주의 팽창은 무엇인가? 최초의 폭발이 일어난 1초 내에 어떻게 우주는 초고속으로 팽창하였으며, 광속을 넘는 속도(1초당 299,792,458m 1년에 9.46조 km)로 빠르게 팽창할 수 있었는가? 해답은 시간-공간 그 자체는 팽창하고 있으며, 그 속에 있는 물질들은 그저 이동하고 있을 뿐(우주는 여전히 팽창중)이다. 의심없이 난해한 개념이지만 중력은 계속 작동하고 있다는 것을 기억해야한다. 물질은 중력에 의하여 뭉치며, 은하계나 초성운은 영향을 받지 않는다.

우주의 미래

많은 물질들이 있음에도 우주의 밀도는 극도로 낮으며, 평균 1m³당 수소원자 6개가 존재하는 정도에 해당한다. 실제로 우주는 텅 비어 있다. 그러나 만일 우주가 지금보다 더 많은 물질을 가지고 있었다면 스스로 붕괴하였을 것이며, 포함하는 물질이 더 적었더라면 계속 팽창하고 아마도 별들이 생성되지 못하였을 것이다. 과학자들은 우주의 모양과 미래를 위해서 이런저런 지식을 이용한다.

현재 여러 가지 과학적 증거들로부터 보면 우주는 과거에 생각했던 굽은 말 안장형이기보다 종이처럼 납작한 모양이다(그림 2.2a). 우주는 보이지 않는 암흑에너지의 압력으로 계속 팽창하고 있다. 그러나 불타는 별들이 이용할 수 있는 수소와 같은 에너지의 양은 한계가 있다. 결국 이런 시나리오에 의하면, 모든 은하계는 연료가 고갈되고, 모두 암흑으로 돌아갈 것이며, 별들의 차가운 찌꺼기만 남을 것이다(금방은 아니지만).

태양계의 기원

1990년 2월 14일 우주선 Voyager I호에 실어 보낸 카메라들은 64억 km 떨어진 우주에서 최초로 촬영한 태양계의 모습을 보내왔다.50~60억년 전에 그 카메라들이 그것에 있었다면 거대한 먼지와 가스의 구름(태양계 성운)이 자체의 질량 때문에 응축되어 우리태양계로 진화를 시작하는 태양계 초기모습을 목격할 수 있었을 것이다.

46억 년 전에 먼지구름의 한가운데 물질들이 응집하면서 별, 즉 태양이 형성되었다. 주변에 남아있는 물질들이 회오리모양의 밀집디스크를 만들고(그림 2.3), 물질이 냉각되면서 점점더 작게 응집하게 되었다. 먼저 작은 먼지입자들이 뭉치고, 직경 1 km 정도로 커지면 중력이 작동하고, 많은 덩어리들이 충돌하고, 뭉치면서 결국 **원시 혹성**과 항성으로 자라게 되었으며, 8개의 별들이 생기는데 수억 년이 걸렸다.

혹성들이 형성되면서 원소들의 분포에도 급격한 변화가 일어났다. 결과 4개의 태양계 내부의 육지화한 작은 별들(수성, 금성, 지구, 화성)은 암석, 금속으로 구성되고 있으며, 이들 사이에 3개의 위성만 가진다. 4개의 가스성이며 태양계 외부의 궤도에 위치한(목성, 토성, 천왕성, 혜왕성) 등은 기본적으로 헬륨과 수소성분이며, 주위에 고리모양과 **달**을 여러 개 가진다. 전체구성은 소행성, 혜성, 행간먼지, 그리고 명황성과 같은 왜소혹성으로 완성된다. 명왕성은 2006년 8월24일 국제천문학회에서 태양계의 별들에서 제외되었는데, 이것은 이례적으로 투표로 결정한 과학적 결론이었다.

■ 명왕성은 태양의 궤도를 돌고 있는 천체이지만, 강한 중력의 힘을 갖지 못하며-별을 인식하는 두 가지 기준 -세 번째 기준-궤도의 이웃에 있는 별들 압도하거나 혹성, 혜성, 그 밖의 천체물질들을 합치거나 쓸어낼 정도의 중력을 가지지는 못한다.

태양은 지난 46억 년 동안 진화를 계속하고 점점 더 따뜻해지고, 이런 결과로 지구의 초기동안 태양계 내에 있는 지구의 이웃 별들은 점점 차가워지고 어둡게 되었다.

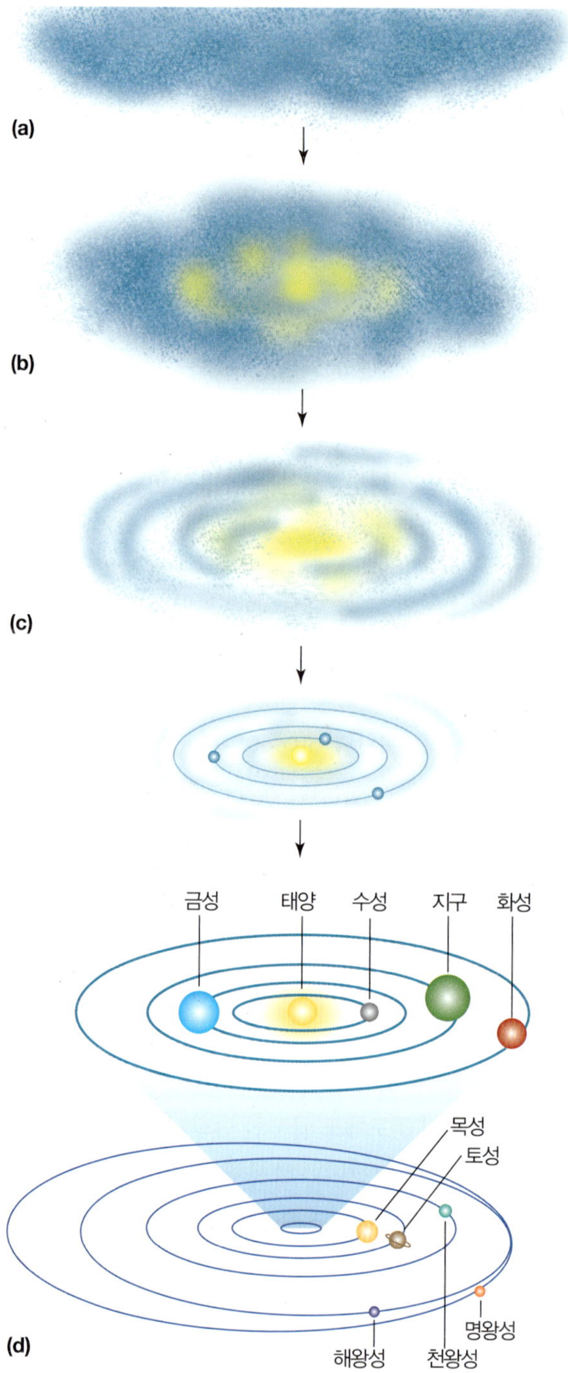

그림 2.3 태양성운이 태양항성계로 응축하는 단계. **(a)** 성간운의 절편화. **(b)** 태양성운이 수축과 편평화. **(c)** 성운물질의 응축과 원시항성과 작은 소혹성의 형성. **(d)** 항성의 고형화와 현재의 궤도. 네 개의 내항성을 외항성보다 크게 그렸음.

◆ 지구의 구조와 달의 기원

지구는 수많은 지각판의 돌에 따라 대량의 열이 발생하고, 이 열로 인하여 용해되어 가면서 내부의 물질들이 이동을 하게 되었다. 중력에 따라 철과 같은 무거운 물질은 지구의 내부로 가라앉고, 가벼운 물질은 지구의 표면으로 이동하였다.

■ 이미 존재한 상대적으로 수명이 짧은 방사성물질에서 방출된 열은 이때의 지구의 온도를 높이게 하였다.

현재의 지구는 몇 개의 층으로 구성되는데, 동심원 모양의 층을 형성하였다(그림 2.4) 중심부로부터 보면

- **내핵**: 가장 안쪽의 뜨거운 부위로 철과 니켈 같은 고형물질이 위치
- **외핵**: 용해된 층으로 철과 황 또는 실리콘 등이 분포
- **맨틀**: 지구 용량의 4/5를 구성하는 암석층이며, 용해와 결정을 반복하였다. 부분적으로 가소성이거나 연성이다.
- 지각: 2가지의 지각층이 있으며, 두꺼운 대륙지각층은 오래된 층이며, 여러 개의 단단한 지각판으로 구성된다. 얇은 지각층은 젊은 해양의 지각층을 구성한다. 두 개의 지각층은 장소에 따라 두께가 달라지는 **암권**(lithophere)을 형성한다.

■ 암석층의 두께는 산맥아래서는 150km 혹은 그 이상 이고 대양의 중앙 해령에서는 수 km로 변화가 많으며 일반적으로 대양의 지각에서는 수십 km 정도의 두께를 갖는다.

지구의 지각층의 발달은 현재의 잘 알려진 이론에 따르면 약 45억 3천만 년 전에 형성되었으며, 현재 선호하는 이론에 따르면, 화성 크기의 물체가 지구에 사각으로 충돌하면서 폭발하여 양쪽으로부터의 방대한 양의 충돌 물질들이 궤도 속으로 진입하고 충돌(흔히 대충돌로 불리우는)이 너무 파국적이어서 지구와 우주공간으로부터의 침입물체 양쪽이 모두 녹았을 것이다. 우주공간으로 뿌려진 일부 잔해들은 응축되어 지구궤도에 묶인 채 남아 달

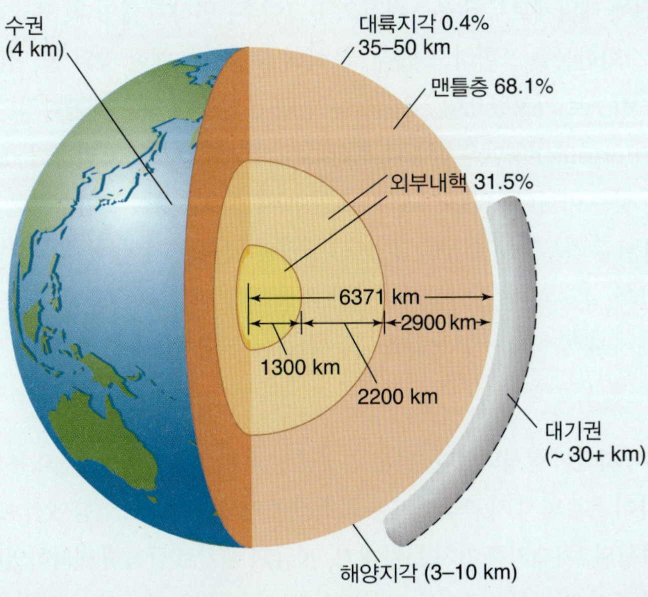

그림 2.4 지구의 절단면. 암석과 같은 지각과 아래쪽 맨틀의 일부로 구성된 암석권은 비교적 단단한 판으로 되어 있으며 해양분지에서는 96km, 대륙에서는 96~145km에 이른다. 암석권 아래는 가소성과 변형가능성이 더 큰 층이어서 이것이 암석권판의 이동을 가능케 한다.

■ 채집한 달의 암석은 31억 6천~45억 년의 나이를 가지고 있으며, 달의 가장 젊은 암석은 분화로 생긴 것으로 나이는 12억년 정도일 것이나 그 정도의 나이의 암석을 지구로 가져 오지는 못하였다.

■ 달에 많은 충돌 분화구는 이 시기에 형성되었으며, 지구의 영향, 다른 별들의 영향으로 생겼다.

이 되었다. 침입물질의 대부분은 지구로 합쳐졌을 것이다.

지구 초기시대의 암석이 남아있지 않다는 것은 놀랍지 않다(지금까지 발견된 가장 오래된 암석은 약 40억 3천만 년 전의 것이다). 달은 우리에게 이런 사실의 시기와 성질을 많이 보여준다. 첫째, 1960년대 후반과 1970년대 초반과 중반에 미국 유인우주선과 소련 무인 우주탐사선이 지구로 가져온 암석 표본을 분석하였다. 달(지구)은 적어도 45억 년이 되었다. 달에는 지구보다 훨씬 적은 철이 존재하는데, 이것은 지구에 철이 지각의 중심으로 들어온 이후에야 달에 충돌 현상이 일어났음을 알려주고 있다.

지구의 진화

지구의 역사와 달의 탄생에 관하여 아는 것이 별로 없다. 최근까지 지구는 탄생 이후 약 5억 년간 마그마가 들끓고 있는 장소였으며, 지옥의 시기(Hades Era)라는 명칭이 어울릴 정도의 시기로 추정하고 있었다. 그러나 2000년대 초반에, 서부 호주에서 44억 년정도의 나이를 가진 지르콘 결정이 발견되자, 과학자들은 다시 지구에 대하여 생각을 하게 되었다. 지르콘 결정이 생성이 되기 위해서는, 저온상태와 액체가 필요하기 때문에, 지구는 우리가 생각했던 것보다 빠른 시간에 충분히 냉각되었고, 지각도 형성되었다. 41억 년에서 38억 년 전 사이에 지구표면은 **운석**과 혜성의 강력한 충돌로 거의 멸균 상태였으므로, 현재의 생물은 하데스 대 이전에는 시작되지 않았다.

운석은 지구로 떨어지는 별들의 파편이며, 별똥별로 알려진 암석체다. 운석은 여러 가지 변이가 있으며, 생명의 이야기를 가져온 **석질운석**이 유명하다. 이 운석들은 45억 6천만년에서 46억 년전에 태양계로부터 응축된것으로 그이후, 변하지 않았다. Box 3.1에서 언급한 것처럼, 탄소화합물을 포함하고 있다. 운석의 충돌은 거대한 양의 물, 질소, 유기물과 같은 요소들을 지구로 가져왔으며, 유기물은 생명이 만들어 지는 생물학적인 목적으로 이용되었다. 유기(organic)란 말은 탄소를 포함하는 다양한 분자들을 말하며, 반드시 생물합성을 의미하는 것은 아니다. 처음 이 말이 쓰인 19세기에는 생물의 합성물을 의미했다. 운석에서 발견되는 유기분자는 비생물적이다. 생명의 기원을 설명하는 외계 생물체와 연계시킬 필요는 없다. 유기분자는 생명의 기원에 우선한다. 이는 우주에 생명체가 어떻게 생겨날 수 있었는가에 대해 엄청난 중요성을 갖는 간단한 설명이다(3장 참조).

지구의 대기

지구가 식으면서 지각이 형성되었다. 물은 엄청난 양의 비를 만들었다. 큰 대륙사이에 바다가 생겨났다. 시간이 흐르면서 지구의 대기는 최초에 존재하던 수소와 헬륨에서 42억 년과 38억 년 전 사이에 형성된 2차대기를 거쳐, 3차대기, 지금의 대기로 급격히 변화하였다(그림 2.4).

2차대기는 수증기와 이산화탄소로 구성되었으며, 이들은 화산의 분출과 운석과 혜성이 가져 온 대량의 분출가스의 덕택이다. 많은 가스 중에 메탄이 있는데, CO_2와 같이 **온실가**

스이다. 이 두 가지 가스는 따뜻한 담요 역할을 하며, 태양열이 지금의 80%정도로 온도가 낮아 지구의 기온이 낮아지는 것을 막아 주었다. 적어도 일부의 메탄은 단세포 미생물인 **메탄생물체**(methanogens)의 대사산물로 생성된다(4장 참조).

일단 물이 생성되고 나서, 바다에서 가스는 흡수되고, 규산염과 반응하여 탄산염을 만들어졌다. 30억 년 전의 남아프리카의 강바닥에 침적된 규산염의 증거를 다른 곳에서도 볼 수 있는 데, 이런 침적물은 산소가 있는 곳에서는 불안정한 화합물을 포함한다.

3차와 현재의 대기는 대부분 질소와 산소로 구성되어 있다. 지구화학자들은 대기 속에 자유산소가 약 23억 년 전에 증가하기 시작하였다. 이러한 산소의 증가에는 남조류가 작용하였으며(4장 참조), 남조류는 35억 년 전에 시작하여, 생물 중에서 최초로 화석을 남겼다. 대기의 건설가로 알려진 남조류는 수서이며, 태양광에서 얻는 에너지를 얻어 광합성을 하였다(4, 8장 참조). 수억 년에 걸친 일련의 단계를 거쳐 산소가 대기 속에 축적되기 시작하였다. 이 과정의 두 가지 결과는 광합성의 결과로 CO_2의 용량이 감소하였으며, 대기 속에 높은 산소에 자외선 조사를 통하여, 오존층이 생성되었다. 오존층이 제공하는 자외선의 제공이 없다면 육지에서 생물의 생존은 불가능하다. 나아가, 산소는 생물에게 큰 영향을 주었다(3, 4장 참조).

■ 메탄과 이산화탄소 같은 온실가스에 대하여 최근 뉴스에 많이 나온다. 햇빛 에너지를 잡아서 우주로 나가지 못하게 하면, 지구는 따뜻해지고, 생물에게 살기적당하게 된다. 화석 연료의 태움, 육지의 벌목, 다른 것들로 이 가스들이 대기 속에서 증가하고, 지구 온난화가 된다.

◆ 지구의 암석과 화석

지구상의 생물의 시간표가 만들어지기 전에, 지구의 나이를 측정하고, 과거에 생존하였던 생물들의 년대를 측정하는 능력이 필요하다. 20세기 중반에 과학자들은 결론을 얻기 위해 암석층을 비교하는 외에 다양한 방법을 사용하였다. BOX 2.1에 나온 것처럼, 암석의 나이에 대한 계산은 실제상황과는 다른 연대를 내놓았다.

BOX 2.1

지구의 나이에 대한 초기의 시도

아이작 뉴턴(1643~1727)은 지구만한 별이 현재의 온도까지 내려가는데, 약 5만 년이 걸린다고 계산하였다. 그의 지구 나이 계산은 유대교와 크리스트교의 성경에 나오는 5000년 정도의 지구 역사와 상치되었으므로, 종교적인 이유로 뉴턴은 스스로 지구 나이에 대한 계산을 포기하였다. 프랑스의 박물학자인 Goerge-Louis LeClerc(Compte de Buffon, 1707~1788, 보통 Buffon으로 알려짐)은 대략 75,000년(정확히는 74,382년)으로 지구의 나이를 계산하였다. "35,000년간 지구는 다가갈 수 없을 만큼 열과 불 덩어리였다. 그리고 15,000~20,000년은 지구의 표면은 단지 바다였다."

다윈의 시대에, William Thomson(켈빈 경, 1824~1904)은 수직갱에서 관찰되는 온도 구배, 암석의 열전도율, 태양의 예상 온도와 냉각율을 이용한 온도지수를 재평가하고, 지구의 나이를 약 1억 년으로 계산하고, 2천~4천만 년이면, 지구는 생물이 살만큼 충분히 냉각된다고 하였다. 1860년에 John Phillip(BOX 2.2 참조)은 켈빈의 방식으로 비슷하게 9천 6백만 년으로 계산하였지만, 이 년대는 다윈의 생물의 진화를 설명하기에는 짧은 기간이었다. 켈빈은 방사성의 붕괴가(19세기 말에 발견됨) 이 지구의 냉각율을 감소시키는 열의 자원이 된다는 것을 알지 못하였다.

BOX 2.2

다윈과 지구의 나이

일반적으로 수용된 견해에도 불구하고, 다윈은 진화에 필요한 긴 시간의 문제를 다룰 수 없었다. 실제, 엄청난 지질시대를 보여주는 침식의 비율에 기초를 두고 계산을 하였다. 켈빈이 추정한 1억 년이 아니라(Box 2.1 참조), 그보다 3배나 길었다. 다윈은 이것도 실망스러웠다.

다윈은 자기가 계산한 지구 나이를 기원 책 1판과 1판에서 기록했지만, 이후 판부터는 빼버렸다. 과학적 사고를 가진 많은 친구들의 반대에 의하여 2판(강조를 추가)의 일부에서 길지만 의미 있는 전체 문장을 소개한다.

> 나는 다른 케이스인 웰드(Weald-영국 남부의 켄트와 이웃군인 남 다운(south down)과 북 다운(north down) 지역 사이에 있는 구릉지대) 지방의 침식에 대하여 쓰려고 시도한다. Ramsey 교수가 이것을 주제로 쓴 논문에서 약 3,000m의 두께를 가진 고생대층과 비교하면, 남 다운지방의 침식은 아주 사소한 것이었다. 북쪽 다운지역에서서 남쪽 다운을 내려다보면 훌륭한 공부가 된다. 서쪽은 멀지않고, 남쪽과 북쪽 경사는 가까이 만난다. 「백악층이 형성된 나중의 시기에 짧은 시간동안 웰드 지방을 돔처럼 덮은 커다란 암석을 그려보라.」 북쪽에서 남쪽 다운지방까지 22마일이며, 내가 램지교수에게 알려준 것처럼, 여러 지층의 두께는 1,100피트이다.
>
> 그러나 일부의 지질학자들이 제안한 것은 오래된 지층이 웨일드 밑을 통과하고, 위쪽의 퇴적층은 다른 곳보다 얇은 층을 가지고 있다. 위의 추정은 잘못 되었다. 의문은 아마 서쪽 끝지역까지 뻗치면, 크게 잘못되지 않는다. 어떤 높이의 절벽을 바다가 끊어 가는 속도를 알고 있다. 물론 이것을 실행할 수는 없지만, 주제의 주요한 기본 개념을 형성할 수는 있는 데, 「바다가 500피트(150m)의 절벽을 끊어 간다고 가정해보면, 1세기에 1인치(25.4mm) 비율로 높이가 낮아진다.」 처음에는 대단히 작지만, 매 22년 만에 1야드씩 해안선이 뒤로 물러나는 것과 마치 절벽 높이가 1야드씩 낮아지는 것과 같다. 백악층처럼 부드러운 어떤 바위가 개방된 해안에서 이런 비율을 낼지는 모르지만, 절벽의 높이는 떨어지는 바위로 더 급하게 부서질 것이다. 한편 10~20마일의 어떤 해안선이 똑 같은 속도로 전 길이가 퇴행한다는 것은 믿을 수 없다. 많은 지층이 단단한 층과 결절을 가지며, 저부에는 충돌하는 물이 있다. 따라서 정상적인 환경에서, 「높이 500피트의 절벽은 세기당 1인치의 침식이 일어난다. 이런 비율로 웰드의 지층의 침식은 306,662,400년(3억 년)이 걸렸을 것이다. 세기당 2~3인치가 더 안전하다면, 1억 5천만~1억 년으로 감소된다.」 2기의 후반부에 3억 년보다 긴 시간이 걸렸다는 것은 증명하기가 어렵다(다윈의 종의 기원 2판, 285쪽).

1860년, 런던 지질학회 회장 연설문에서 지질학자, 고생물학자, 런던 지질학의 리더인 John Phillip(1800~1874)은 간지스강의 퇴적률(다윈은 침식률을 기초로 함)과 지층의 두께를 중심으로 지구의 나이를 추정하였다. 필립은 9천 6백만년으로 추정하였다.

다윈의 지층의 시간에 대한 측정은 그를 걱정스럽게 만들었다. 어떻게 영국의 시골 지방이 켈빈이 추정한 지구의 나이보다 세배나 오래된 것으로 나오는지? 켈빈은 물리적 계산을 하고(Box 2.1 참조), 다윈은 "등 주머니" 계산을 계산하였다. 다윈이 근심하는 내용은 2장의 편지로 절친한 친구이자 후원자인 찰스 라이웰에게 쓴 내용으로 볼 수 있다. 1860년 1월 10일 라이웰이 1판을 수정하도록 바라는 제안에 대하여 다윈의 답장은 이러하다.

> 「내가 모든 수정에 대하여 신세를 지고 있음은 확실한 진실이며, 여러 가지 용어들도 당신과 친구들에게; 나는 그것을 받아 주신 당신에게 감사합니다. 그러나 단 2가지 내용은 나를 괴롭히고 있습니다. 수백만 년(아마도 틀렸다고 생각한다)과 요약에서 책의 끝부분에 월레스에게 내가 언급하지 않았던 것, 아무도 나에게 주의를 주지 않았던 것입니다.」

같은 해 11월 20일에 다음 판에서 수정하기를 원하는 라이웰의 편지에 답하면 주를 달았는데, 다윈이 쓰기를 "중요한 웰덴의 계산은 충격적이었다. *토요 리뷰*에서 발표의 부정확한 것과 필립의 논문 표*에서 그가 착각하고 있다는 것을 알았다". 다윈은 다시는 지구의 나이를 부끄러운 일로 여기며, 쓰지 않았다.

얼마 동안은 그의 지구의 나이에 대한 추정은 가장 정확한 것으로 우뚝 섰을 것이다.

* 다윈이 언급한 표는 1860년 필립이 인쇄한 강의내용이며, 제목은 "지구 위의 생명체; 그 기원과 천이"(필립 1860년).

다윈이 1844년에 낸 논문에서 지적한 것처럼, 자연선택을 통한 진화이론에서(6장 참조) 다윈은 지구의 나이는 지금까지 나온 어떤 결과보다 더 오래된 것으로 믿었다.

> 생각만으로는 백만 년 또는 몇 억 년이라는 기간의 진정한 의미를 바로 납득할 수가 없으며 결과적으로 거의 무한 세대를 통해 축적된 지속적인 작은 변이의 효과를 이해하거나 인식하기기 힘든다.

다윈은 진화는 시간-정말 긴 시간, 지금까지 지구의 나이를 추정한 것보다 훨씬 더 긴 시간(BOX 2.2 참조)-이 필요하다는 것을 인식하였다. 다윈은 자신이 계산한 지구의 나이(수억 년)를 **종의 기원** 책의 초판과 2판에서 사용하였다.

■ 다윈의 저서의 첫 5판까지는 제목이 "자연도태" 혹은 생존경쟁에서 유리한 혈통의 보존에 의한 종의 기원에 대하여(*On the Origin of Species by Means of Natural Selection, of the Preservation of Favoured Races in the Struggle for Life*).였었다. 다윈은 1872년에 출판된 6판에서부터 제목에서 "대하여"(on)을 없앴으며 따라서 제목이 "종의 기원…"(*The Origin of Specied....*)으로 알려지게 되엇다.

암석의 나이를 측정하는 방법을 이야기하기 전에, 지각을 만드는 세 가지 주요 암석의 종류를 살펴 볼 필요가 있다.

1. **화성암**(지각의 65%)은 지각내 용암이 굳으면서 형성된 암석이다. 지구 깊숙한 내부에서 천천히 식으면, 화강암처럼 거친 입자를 가진 광물질의 결정이 된다. 용암은 지표에 퇴적되며, 화산에서 분출한 용암은 재빨리 식으며, 현무암 같은 세밀한 입자로 된 암석이 된다.
2. **퇴적암**(지각의 8%)은 화산이 내놓은 잔재, 빙하, 물, 바람에 의해 암석의 퇴적, 이동, 기상에 의해 형성된다. 사암과 석회암은 25억 년 전에 쌓인 가장 오래된 퇴적암의 예이다.
3. **변성암**(지각의 25%)은 암석이 열, 압력 및 화학작용에 영향을 받아 형성된다. 예를 들어 석회암은 점판암과 대리석으로 변형한다.

시간이 흐르면서 위의 세 종류의 암석들은 서로 서로 변형이 되고(그림 2.5) 이동을 하게 되는데 특히 대륙판이동을 거치면서 상당한 거리를 이동하게 된다 (아래 설명 참조). 실제로 지구의 이러한 역동성의 본질은 지구상의 어느 곳에서도 무슨 일이 일어났는지에 대한 연속적인 흔적을 찾을 수 없다는 것을 의미한다. 그럼에도 불구하고 이와 같은 역동성은 생명의 역사에서 흥미로운 대단히 중요한 세 가지의 분명한 원칙을 유추 할 수 있게 한다.

1. 퇴적암에 대하여, 가장 오래된 지층은 가장 아래에 있으며, 가장 젊은 지층이 제일 위에 위치한다. 이러한 관찰은 네델란드 지질학의 아버지인 Nicholas Steno(1638~1686)가 최상위의 법칙으로 인증되었다.
2. 지층은 그 내부에 있는 화석을 기초로 동정되어 진다. 세기, 년, 달, 일과 유사하게 지질시대를 이언(eon), 대(era), 기(periods), 세(epochs)의 순으로 배열한다. 영국 지질학의 아버지인 William Smith(1769~1839)가 처음으로 지질 지도를 만들었다.
3. 지질층의 최상위층에 있는 화석은 하층에 있는 화석보다 현생생물에 가깝다고 고생물학의 아버지인 Goerge Cuvier(1769~1832)가 분명하게 제안하였다.

지질학적 기록의 모습을 정립하기 위해, 다른 지역의 지층(다른 대륙의 지층)과 지층을 비교하는 데, 현재도 이 방법을 쓰고 있다. 다윈과 동료들은 기본적으로 지구 나이의 추정

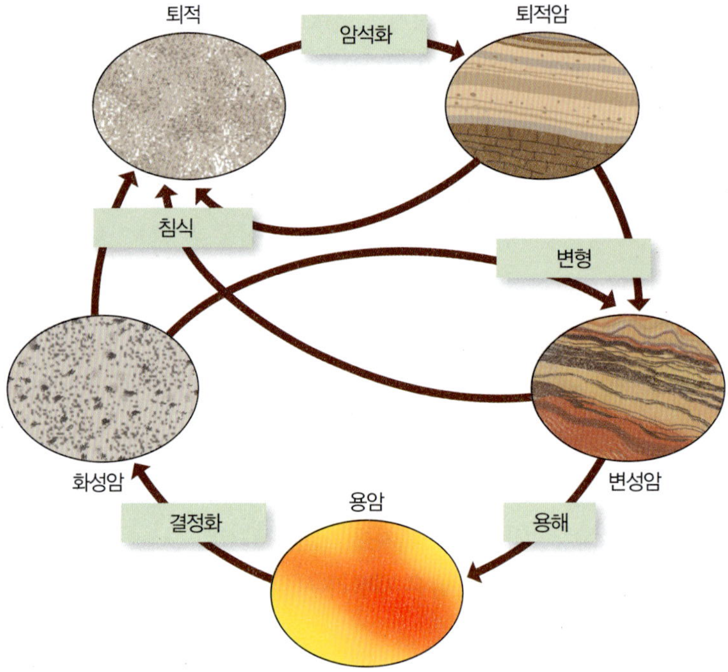

그림 2.5 암석의 순환과정의 그림. 어떤 지각의 암석은 몇 번씩이나 순환한다. 다른 암석은 처음 생성된 모습을 유지한다. 모든 지각의 암석 절반은 지난 6억 년 동안에 형성되었다고 지질학자들은 추정한다.

과 화석의 나이 추정을 하였다(Box 2.2). 21세기에는 방사성 동위원소의 반감기를 바탕으로 방사성 연대 측정(radiometric dating)을 통하여 정확한 연대를 측정하는 화학과 물리학의 도구를 이용하고 있다(BOX 2.3).

표 2.2는 생물 진화에서 주요한 사건들을 나열하는 지구의 초기부터 상세한 시간대를 마련하고 있다.

화석과 지질학적 변화

한때 생존했던 생물체의 물리적 증거인 **화석**은 쌓이는 방법 때문에 퇴적암에서 보통 발견되고, 때때로 변성되긴 하지만 대리석에서도 나타나고, 화성암에서는 나타나지 않는다. 지층을 쌓인 연대별로 배열하면 깊은 층일수록 표면층보다 연대가 오래다. 깊은 층에 있는 화석이 얕은 층에 있는 화석보다 현생종에 큰 차이를 보이는 것은 시간에 따른 변화를 의미한다.

화석이 된 동물의 뼈가 현재의 생물종과 다르며, 산꼭대기에서 이상한 조개류가 발견된다는 것은 오래 전부터 알려져 있다(5장 참조). 옛날 그리스에서는 그러한 화석을 알고 있었으며, 헤로도토스(484~425 B.C) 같은 작가들은 이러한 분포가 바다와 육지의 위치변화로 설명하였다. 아리스토텔레스에게는 이러한 변화가 매우 오랜 기간 동안에 걸쳐 일어난 것에 대한 의문이 없었다.

지구의 전 생명화 과정은 매우 점진적이며, 우리 생물의 시간과는 비교가 안되는 긴 시간이므로 이

표 2.2 지질시대와 연관된 생물의 변화

<table>
<tr><th>이언</th><th>대</th><th>기</th><th>세</th><th>현재이전</th><th>기간(백만년)</th><th>생물의 주요변화</th></tr>
<tr><td rowspan="19">현생이언</td><td rowspan="7">신생대</td><td rowspan="2">4기</td><td>현재 5000년</td><td>0.01</td><td>1.8</td><td>인류의 출현</td></tr>
<tr><td>홍적세</td><td>1.8</td><td></td><td></td></tr>
<tr><td rowspan="5">3기</td><td>플라이오세</td><td>5.3</td><td>3.5</td><td>포유류와 조류의 번성</td></tr>
<tr><td>중신세</td><td>23.8</td><td>18.5</td><td>경골어류의 번성</td></tr>
<tr><td>점신세</td><td>34</td><td>10.2</td><td>현생포유류와 무척추동물의 출현</td></tr>
<tr><td>에오세</td><td>55</td><td>21</td><td>현화식물의 우점</td></tr>
<tr><td>팔레오세</td><td>65</td><td>10</td><td>원시포유류의 방산진화</td></tr>
<tr><td rowspan="3">중생대</td><td>백악기</td><td></td><td>142</td><td>77</td><td>공룡의 멸종, 꽃피는 식물의 출현</td></tr>
<tr><td>쥬라기</td><td></td><td>206</td><td>64</td><td>거대공룡의 출현, 최초의 조류</td></tr>
<tr><td>삼첩기</td><td></td><td>248</td><td>42</td><td>고사리류의 발달</td></tr>
<tr><td rowspan="9">고생대</td><td>페름기</td><td></td><td>290</td><td>42</td><td>초기무척추동물의 절멸, 파충류의 분화</td></tr>
<tr><td rowspan="2">석탄기</td><td>펜실바니아세</td><td>320</td><td>30</td><td>초기파충류의 출현</td></tr>
<tr><td>미시시피세</td><td>354</td><td>34</td><td>양서류와 곤충의 발달</td></tr>
<tr><td>데본기</td><td></td><td>417</td><td>63</td><td>최초의 육상동물, 어류의 출현</td></tr>
<tr><td>실루리기</td><td></td><td>443</td><td>26</td><td>최초의 육상식물, 육상무척추동물</td></tr>
<tr><td>오르도비스기</td><td></td><td>495</td><td>52</td><td>무척추동물의 우점,
최초의 척추동물</td></tr>
<tr><td>캠브리안기</td><td></td><td>545</td><td>40</td><td>무척추동물문의 가파른 증가</td></tr>
<tr><td colspan="6"></td></tr>
<tr><td colspan="6"></td></tr>
<tr><td rowspan="5">전캠브리아 이언</td><td rowspan="3">원생대</td><td>상층기</td><td></td><td>900</td><td>355</td><td>다세포생물의 출현</td></tr>
<tr><td>중층기</td><td></td><td>1,600</td><td>700</td><td>진핵세포의 출현</td></tr>
<tr><td>하층기</td><td></td><td>2,500</td><td>900</td><td>플랑크톤 원핵세포 출현</td></tr>
<tr><td>아르키안대</td><td></td><td></td><td>4,000~
4,400</td><td>1,400</td><td>퇴적암의 출현, 스트로마톨라이트,
베틱 원핵세포출현</td></tr>
<tr><td>하아디안대</td><td></td><td></td><td>4,560</td><td>160~560</td><td>지구의 형성에서 첫퇴적암의 출현,화석유기물은 없음</td></tr>
</table>

note: 연대는 대부분 Gradstein 등에서 인용함. A Geological Times Scale, 캠브리지대학 출판사, 2004.
그리고 2010년 1월 http://www.stratigraphi.org

러한 변화는 관찰이 안 된다. 전 지구의 변화과정이 시작과 끝까지 기록되기 전에 전 생물은 멸망하고 파괴될 것이다(*Treatise on Meteology*).

한번 화석생물의 존재와 멸종이 있었다면, 하나의 형태가 다른 형태로 치환되는 “천이의 법칙”을 받아들이는 것이 가능하다. 그러나 지질학적인 기록과 화석의 기록간의 공백이 이

BOX 2.3
방사선 연대의 측정

암석, 화석, 옛날 유물들의 정확한 년대를 측정하는 방법은 방사선 연대 측정이다. 모든 특정물질의 원자는 양성자와 중성자를 가지고 있으며(물질의 원자량) 변화한다. 물질의 다른 형태는 동위원소로 알려져 있는데, 시간에 따라 자연적으로 붕괴되며, 새로운 동위원소를 만들고, 에너지를 방출한다. 방사성 동위원소의 붕괴는 질서가 있기 때문에, 수십억 년 된 암석의 조각으로부터 지질학자들은 암석의 년대를 측정할 수 있다. 예를 들면 방사성 동위원소 우라늄-238(U-238)은 대부분의 화성암에 있는 지르콘 결정에 분포한다. 약 45억 년 동안 우라늄의 반은 납으로 변형되는 비율로 U-238이 분해되어 납 동위원소 Pb-206으로 변형된다. 암석속의 두 방사성 동위원소의 상대량으로 1억 년 이상 오래된 암석의 년대를 정확히 측정할 수 있다.

지질학자들은 화성암에 이 방법을 적용하지만, 화석이 있는 퇴적암도 두 암석의 상대위치와 퇴적암의 층별로 들어 있는 화산암층과 재의 년대를 측정한다. 이 방법은 생물의 잔존물에도 사용할 수 있다. 탄소-14(C-14)는 특히 유용하다. 생물의 잔존물은 5만 년까지 측정할 수있다. 지구의 지층을 측정할 때, 캐나다 서북지역에 있는 Slave lake(43억 년), 그린란드 서부지역은 37~38억 년, 35억 년 이상 된 암석은 모든 대륙에서 발견된다. 더 오래된 암석은 호주서부에서 지르콘 결정에서 발견된다.

태양계의 나이와 지구의 나이는 지구에 떨어진 운석과 별들의 조각을 가지고 분석을 한다. 우리의 태양계에서 가장 오래되고, 가장 원시적인 물체는 운석이다(원시적이란 용어는 태양계에서 기원되고 가장 덜 바뀐 것을 의미한다).

가설의 주요 문제점으로 제시되었다.

1700년대 후반에서 1800년대 초반에 이런 갭의 차이를 천변지이설로 설명하였는데, 이 이론은 프랑스의 재능 있는 비교해부학자이며, 고생물학의 창시자인 Goerge Cuvier(1769~1832)의 추종자들에 의해 보급되었다. 그러한 갭은 빙하, 홍수, 화산활동의 천변지이현상에 의한 갑작스런 대변동으로 보았다. 화석은 현재 생존하고 있는 생물종의 멸종된 것으로 파괴되거나 다른 것으로 대체된 것으로 보았다.

이런 관점에 대하여, 프랑스의 박물학자인 Jean-Baptiste Lamarck(1744~1829)는 지질학적인 불연속성은 생물종이 노출되었던 환경과 기후에 점진적인 변화가 나타난다고 제안하였다. 생물종에 미치는 이러한 환경의 변화가 종이 변화하도록 영향을 주었다고 하였다. 자연의 힘이 확고한 균일성을 가지고 활동한다는 **균일설** 개념은 앞서서 Buffon 등(Box 2.1)에 의해 지구의 형태를 설명하였다. 1830년 출판된 "지질학의 원리"에서 Charles Darwin과 동시대의 지질학자인 Charles Lywell은 아래의 논점을 가지고 천변지이설에 대하여 보편적인 대답을 하였다.

1. 광범위한 지층을 검사하면 정확하게 천변지이적인 불연속성은 없다. 넓게 분포하는 지층은 구조나 구성에서 상당한 규칙성을 보여준다(Box 2.2). 특정지점에서 급격한 이동이 국지적인 변화로 나타난다.
2. 지질학적인 기록의 변화는 비와 바람, 화산분출, 홍수의 침·퇴적 등과 같은 침식성의

그림 2.6 폐허가 된 이탈리아, Pozzuoli의 "Temple of Serapis"에 있는 세 기둥의 그림은 해수면의 상승과 저하를 보여주고 있다. 검은 3m 부위는 바다생물로 구멍이 나있어 과거 바다 밑에 잠겼다는 증거가 되고 있다.

자연적인 힘에 의해 일어난다(Box 2.2). 자연적인 사건들을 지배하는 운동과 중력의 법칙은 시간에 따라 일정하다. 화산활동은 과거에 일어난 것처럼, 현재에도 사건을 만드는 같은 힘에 의해 일어난다. 이것은 모든 자연현상의 원인이 초자연적이며, 이것을 설명하기 전에 조사를 해야 한다.

3. 많은 지질학적인 변화가 점진적인 과정으로 일어났고, 지구는 매우 오래되었다.

라이웰은 지질학, 식물학, 동물학을 융합하였다. 그의 논문의 제목은 "지질학의 원리, 지질학의 예시로 본 지구와 서식자의 현재적 변화"였다. 그는 최초로 동물과 식물의 지리적인 분포를 그들이 발견되는 지역에서 비교의 중요성을 예로 들었으며, 비이글호를 타고 영국을 떠난 후에 이 책을 읽었던 찰스 다윈에게 상당한 영향을 주었다(5장 참조). 라이웰의 책의 첫 그림은 해수면의 과거 변화에 따라 폐허가 된 이탈리아, Pozzuoli의 "Temple of Serapis"의 세 기둥의 그림이었다. 기둥의 3m 부위에 해양생물로 인해 부식된 구멍이 있는데, 이 기둥은 과거에 바다 밑에 잠겼었다(그림 2.6). 라이웰은 점진적인 지질학적인 변화의 사례로 이 책의 12판에서 이 기둥의 그림을 사용하였다.

균일성은 급격한 지질학적인 변화, 홍수, 화산분출, 지진 충격같은 변화를 배제하지 않는데-일반적인 현상이든 기록된 지식이든-천변지이와 같은 현상도 자연적으로 야기되며, 합리적으로 설명할 수 있다는 견해가 나왔다. 천변지이설로부터 균일성으로 변화는 중요

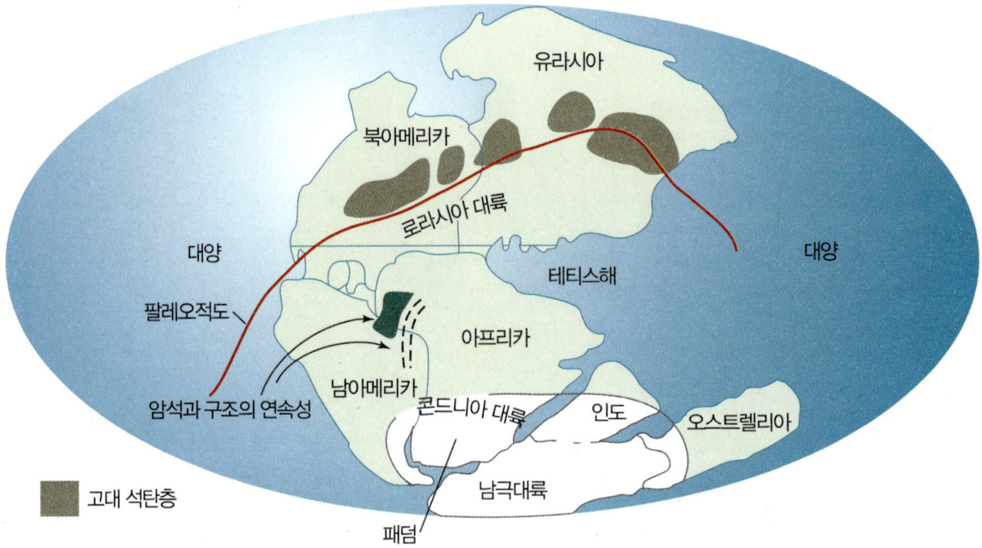

그림 2.7 대서양의 반대편에서 500fathoms(915meter)의 깊이에 있는 대륙판의 조합

한 영향을 끼쳤는데, 이것은 고정된 지구개념에서 역동적이고 더 역사적으로 이해할 수 있는 자유로운 과학적인 사고를 도왔다. 대륙이 지구의 진화동안 먼 거리를 이동했다는 발견보다 더 놀라운 것은 없다.

◆ 대륙판이동

대륙은 현재의 장소에 늘 있었던 것은 아니다. 대륙은 분리되고 이동하였다. 1960년대까지는 아니었지만, 이것은 현재 폭넓게 받아들여지고 있으며, 이 현상이 발견되었다.

그러나 과학자들은 오랫동안 남아메리카와 아프리카의 대륙 경계면이 손과 장갑처럼(그림 2.7) 서로 맞아 들어가는 것이 오랫동안 혼란스러웠으며, 장갑의 다른 부분도 그렇게 가깝지 않지만 짝이 맞았다. 더욱이 지질학자들은 남반구 대륙들 사이에 지질학적인 형성과 화석들의 유사성이 있다는 것을 발견하였다. 지질학자들은 다양한 관심을 가지고, 이러한 현상을 설명하고자 시도를 하였는데, Alfred Wegener(1880~1930)는 **대륙이동설**을 내었다. 1912년에 Wegener는 과거에 한 개의 대륙이 있었으며–**판게아(Pangea)**–이것이 여러 조각으로 분리되면서 이동하였다고 주장하였다. 그의 이론은 논란이 되었지만 쉬이 받아 들여졌으며, 그의 생전에 이론을 뒷받침할 많은 증거를 모았다. 그러나 이것의 생성 기작을 내놓을 수 없었다.

지금으로부터 2억 5천만 년 전에는 한 개의 대륙 판게아가 존재하였으며, 수천만 년 전에 부분적으로 분리되면서, 많은 변화를 거치며, 오늘의 위치로 천천히 이동하였다. 남아프리카의 지리학자이며 Wegener의 강력한 지지자인 Alexander L. Du. Toit(1878~1948)의 제안에 감사해야 한다. 판게아는 두 개의 큰 대륙으로 떨어져, **Gondwana**(곤드와나)대륙은 현재의 남미와 아프리카, 남극 대륙, 호주, 인도 대륙(그림 2.7)이 되었으며, Lauracia(로라시아)는 북미와 유라시아 대륙으로 분리되었다. 실제로 대륙들은 지구 초기에도 존재했었다.

20세기 중반에 두 가지의 중요한 발견은 대륙판 이동의 가설을 증명하는 증거를 마련하였는데, 두 가지는 암석 내에서 **철의 자기화**와 **해저판의 이동**이었다.

고자기화

용암이 식으면서 새로운 암석이 생기면, 암석 내 철성분이 자기를 띠게 되고, 자기화의 방향은 광물의 형성때 자기장의 위치와 강도에 달렸다. 만일 자기장의 위치와 강도가 일정하다면, 지속적으로 침적된 광물질은 처음에 형성된 암석처럼 자기장의 방향이 같아야 한다. 지구의 자기극은 시간에 따라 변하며, 수천 킬로미터를 이동하며, 180도 바뀌기도 한다. 이것은 그렇게 중요한 증거가 아니라는 발견(그림 2.8)과 대륙의 이동이 극에 대해 대륙간에 비례하는 것을 잘 설명한다.

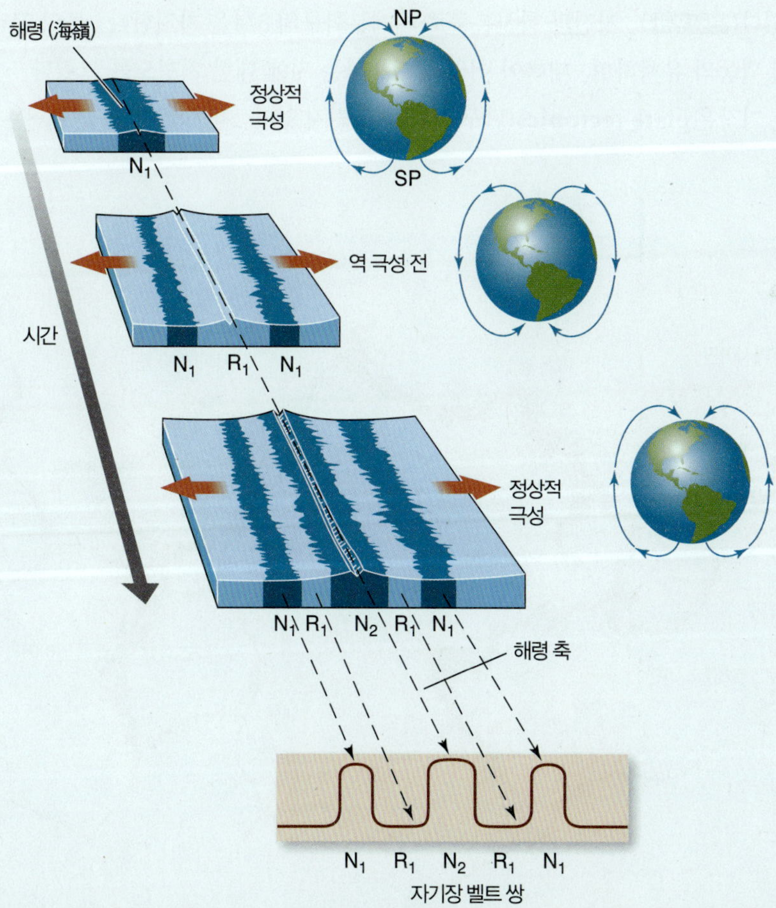

그림 2.8 해양산맥을 통하여 어떻게 해양판이 퍼져 나가는지 자기장의 벨트를 다르게 생성하는지, 정상(normal), 역전(reversed) 그 성질을 보여주는 그림. 뜨겁게 용해된 물질은 멘틀로부터 산맥으로 추가되어 양쪽방향으로 떨어져 나가며, 용암이 식으면 우세한 자기장의 방향으로 자기를 띠게 된다. 시간이 지나면 자기의 강도와 방향이 변화한다. 새로운 물질이 산맥에 추가되면 주변과는 다른 한 쌍의 벨트가 생긴다.

해상판의 확장이동

어떤 해양의 중앙부를 내려가면(예, 대서양) 해양산맥이 있는데, (1960년대에 발견된) 자기장의 방향이 교대로 바뀌는 해양지각이 평행으로 달리는 밴드가 있다(그림 2.8). 산맥으로부터 멀리 이동하면 암석은 점점 더 오래되었으며, 자기장의 극이 과거에 역전된 것과 산맥을 따라 새로운 해양판이 추가된다.

1950년대 이래로 중앙해양산맥은 거대하고, 세계의 해양을 통과하는 연결체계를 형성한다. 실제로 산맥은 녹은 용암이 용출하는 거대한 틈새로 새로운 해양판을 만든다. 시간이 흐르면서 많은 물질이 추가되면, 해양판은 폭이 넓어지고, 양방향으로 퍼져 나간다(그림 2.8). 북대서양 산맥에서는 1년에 1cm, 남대서양 산맥에서는 1년에 3cm, 동태평양산맥에서는 1년에 9cm 씩 넓어진다.

판구조론(Plate tectonics)

우리의 지구에 가장 분명한 모습의 하나는 "불의 고리" 태평양을 둘러싸는 말발굽모양의 고리가 있다(그림 2.9). 지진과 화산분출로 세계분화구의 3/4을 차지한다. 불의 고리는 지질학적인 활동과 유사하며, 대륙이 어떻게 이동하는 지에 대한 지형도를 그렸다. 이것이 일어나는 기작은 **plate tectonics**(판구조설)로 알려져 있다. 지구의 지각–암권–은 8개의 거

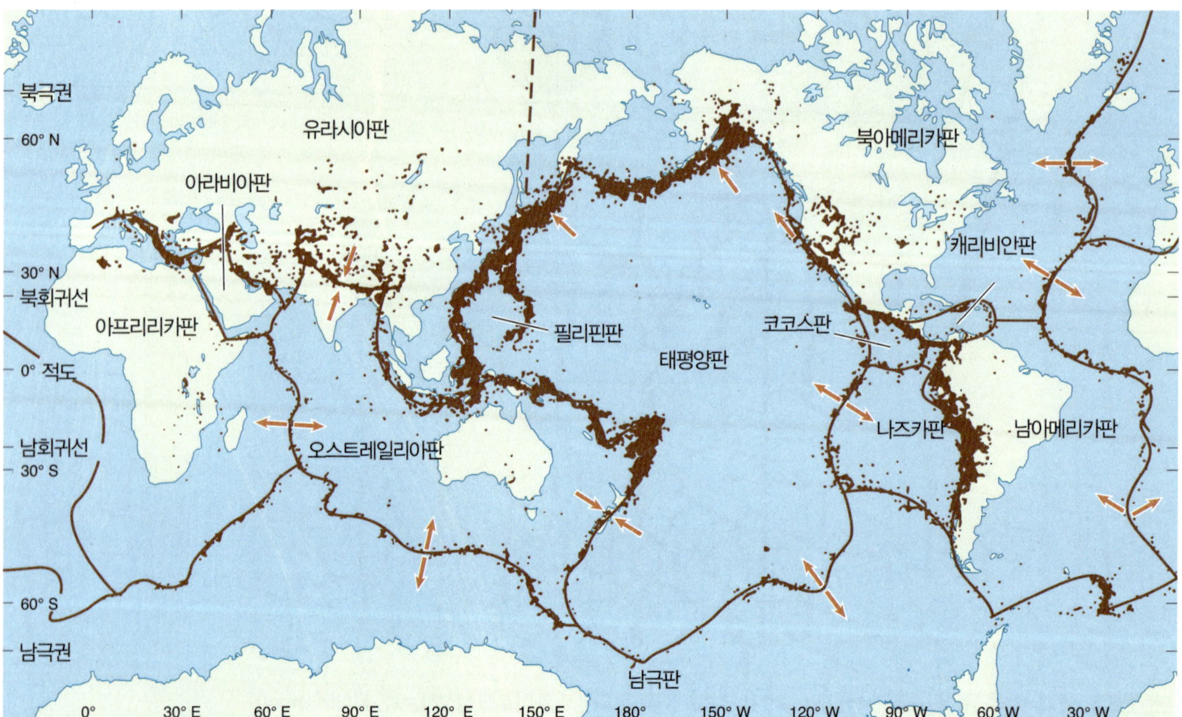

그림 2.9 구조판 사이에 경계부(어두운 갈색부위)(예, 호주와 태평양판 사이), 활발한 화산의 분포(경계부를 따라 밀도와 암갈색의 양으로 표시), 판의 이동방향은(2중의 밝은 화살표) 판구조활동의 역동성을 보여준다.

그림 2.10 곤드와나대륙간의 여러 화석동물의 분포. 페름과 삼첩기동안 대륙경계부의 맞춤을 보여준다. Glossopteris 화석 잎, 초기 페름기에 살았던 식물로 곤드와나대륙의 형성기에 발견된다.

대한 판과 작은 판들로 되었으며, 서로 분리하거나, 미끄러져 통과하거나, 서로 합쳐 지기도 한다(그림 2.9). 이들이 거대하고 천천히 움직이는 운동은 대륙판을 이동하게 하고, 왜 지진층이 자기판의 경계부에 생기는지 설명해준다. 3가지 주요한 운동은,

- **해상판의 이동**
- 지층의 주름에서 판의 **미끄러짐**. 가장 유명한 예는 태평양판이 북미판을 캘리포니아에 있는 산 안드레아를 따라서 이동하는 것이다. 이들 지각판이 1년에 3.5cm 이동하면서 추가된다. 천만 년 전에 Los Angeles에 있던 판은 San Francisco를 현재 점하고 있다.
- **침강**(다른 판의 하부로 미끄러저 들어감)을 한 위치에는 지각이 부서지고, 맨틀로 되돌아온다(그림 2.9).

대륙의 판구조론은 대륙을 새로운 기후대로 이동시키고, 새로운 지리적인 유대를 갖게 하며, 거기에 살고 있는 생물에게 다른 진화적인 적응을 하게 한다. 과거 25억 년 동안의 대륙의 이동, 분리, 재결합은 육상식물과 육상동물과 같은 모든 생물의 분포에 중요한 영향을 주었으며(그림 2.10), 18장에서 토픽으로 논의한다.

만약 대륙이 떨어져 나간다면, 과거에 연결되었던 생물은 다른 진화적 경로를 가게 된다. 반대로 대륙이 결합한다면, 이제까지 분리되어 있던 식물과 동물은 새로운 경쟁을 하게 된다. 이들 생물은 상호작용을 하고, 어떤 그룹은 복잡성을 다른 그룹은 멸종으로 이끈다(18장 참조). 대륙의 진화는 동물과 식물의 생물 진화에 주요한 영향을 미친다. 생물분포(생물지리학)와 생물진화에 가장 중요한 사례는 호주와 남미에서 발견된 독특한 포유류

의 분포이다(18장 참조). 이 장을 다시 정리하거나 보면, 몇 가지 이정표적 기원과 출현의 추정시간을 보면:

- 130억 7천 3백만 년-우주의 기원
- 46억 년-47억 년-태양계의 기원
- 35억 년-38억 년-단세포의 기원
- 2십억 년-다세포생물의 기원

추천 문헌

Davies, P., 2006. *The Goldilocks Enigma: Why Is the Universe Just Right for Life?* Allen Lane, London.

Hawking, S. W., 2001. *The Universe in a Nutshell*. Bantam Books, Toronto.

Hogan, J., 2007. Unseen universe: Welcome to the dark side. *Nature* **448**, 240–245.

Lineweaver, C. H. and T. M. Davis, 2005. Misconceptions about the Big Bang. *Sci. Amer.* **292**(3), 24–33.

Loeb, A., 2006. The dark ages of the universe. *Sci. Amer.* 292(1), 46–53.

National Aeronautics and Space Administration (NASA), 2008. *Cosmology; The Study of the Universe* (Web site devoted to the Wilkinson Microwave Anisotropy Probe.) Available at http://map.gsfc.nasa.giv/m_uni.html.

Phillips, J., 1860. *Life on the Earth: Its Origin and Succession*. Macmillan, London. (Reprinted 1980, Arno Press, New York.)

Riordan, M., and W. A. Zajc, 2006. The first few microseconds. *Sci. Amer.* **294**(5), 24–31.

Rudwick, M. J. S., 2005. *Bursting the Limits of Time. The Reconstruction of Geohistory in the Age of Revolution*. The University of Chicago Press, Chicago.

Saal, A. E., E. H. Hauri, M. L. Cascio, et al., 2008. Volatile content of lunar volcanic glasses and the presence of water in the Moon's interior. *Nature* **454**, 192–195.

Tarbuck, E. J., and F. K. Lutgens, 2006. Earth Science, 9th ed. Prentice Hall, Englewood Cliffs, NJ.

분자들의 기원과 생명의 본질

3

단원요약

- 초기 지구는(탄소 기반의) 유기 분자들의 생성에 필요한 전제조건을 가졌다.
- 초창기 지구의 물은 분자들이 생성되는데 필요한 용매를 제공하였다.
- 열수구와 화산은 분자들이 기원했을 장소로 추정되고 있다.
- 분자들의 기원은 실험실에서 재현될 수 있다.
- 운석의 분자들이 지구의 분자들에 기여할 수도 있었을 것이다.
- DNA, RNA와 단백질, 지질과 당은 생명의 분자들이다.
- 최초의 분자 세계는 RNA 세상이었다.
- 단백질은 RNA 다음으로 생성되었고 DNA는 단백질 다음으로 생성되었다.
- 유전 암호는 분자들이 이미 존재한 후에 발생하였다.
- 철과 같은 원소들은 화학반응을 촉진시키는 촉매로 작용할 수 있다.
- 효소는 철을 끌어들였으며 결국 유기 분자는 비생물학적인 구성요소를 가지게 되었다.
- 본 장에 나오는 증거를 종합하여 분자와 생명의 본질에 대한 4가지의 결론을 얻을 수 있다.

위 그림: 새로운 분자가 형성되는 현대의 황 웅덩이.

개요

분자들의 기원을 이해하는 데는 네 가지 주제가 관련이 되어 있다. 하나는 분자들이 생기는데 필요한 전제조건이다. 다른 하나는 실험실에서 이들 분자가 생성되는 것을 재현할 수 있는가 이다. 세 번째는 분자가 지구에서만 생성이 되었는지 아니면 태양계의 다른 곳에서도 생성이 되었는가 이다. 마지막으로 분자가 대양이나 화산과 같은 지구상의 특정한 곳에서만 생성이 되었는가에 대한 것이다.

본 장에서는 이러한 네 가지 주제 또는 질문들에 대해서 이야기 될 것이며 그런 다음 생명과 가장 밀접하게 관련 있는 DNA, RNA, 단백질과 같은 분자들의 기원을 다루게 될 것이다. 이들 분자들은 세포의 작용에 의해서 생성되는 유기분자들이기 때문에 이들의 기원에 대해 다루는 것은 세포 또는 생물의 기원에 대해서 다룬다고 생각할 수 있다. 그러나 '유기' 분자들이 생명체가 나타나기 이전에, 아마도 생명체가 생성되기 10억 년 정도 전에, 생명이 없는 상황에서도(비생물적으로) 생성될 수 있다는 것을 알게 될 것이다. 이런 발견은 생명의 정의에 대해서 생각하도록 만들 것이다. 과연 생명은 38억~35억 년 전에 세포의 생성과 함께 발생하였는가(4장 참조) 아니면 대략 45억 년 전에 유기분자의 생성과 함께 발생하였는가?(3장 참조) 분자의 기원과 생명의 본질에 대한 결론은 이 장의 끝에서 제시될 것이다.

분자들의 기원의 전제 조건

지구상에 생성된 탄소 함유 분자류는 일련의 조건에 대한 반응의 결과로 나타났다. 이러한 조건 중 어느 하나라도 없었다면 분자들은 전혀 생성되지 않았을 것이며 우리가 알고 있는 생명은 존재하지 않았을 것이다. 대신에 생성된 분자들은 지금의 것과 매우 달랐을(예를 들자면, 많은 무기물에서 발견되는 규소를 기반으로 할 수도 있는) 것이며 이런 경우에 나타났을 생명과 생명체의 형태 또한 현재의 것과 매우 달랐을 것이다. 태양계가 생성된 이래로 무기물의 가짓수는 증가해 왔기 때문에 Robert Hazen과 그 동료들과 같은 지구 과학자들은 무기물의 진화와 그 진화에 대한 생명체의 역할에 관한 증거들을 제시해 오고 있다.

우리의 태양계의 진화는 생명의 기원과 지속에 필요한 많은 **필수적인 조건**을 제공했다. 태양과 화학적 다양성, 물, 지구의 공전 궤도 등은 최소 조건이다. 이들 중 **태양**의 크기와 지구의 **공전 궤도**의 두 조건은 지구가 포함된 태양계의 특성에 기인한 것이다. 화학 원소의 생성과 물의 존재는 지구가 생성되고 진화해 온 결과에 기인한다.

■ 태양의 지름은 1,392,000 km(정확히는 1,391,980 km)이며 지구 지름의 110배이다. 태양을 가득 채우기 위해서는 백삼십만 개의 지구가 필요하다. 알려진 가장 큰 항성은 큰개자리의 VY Canis Majoris로 우리 태양의 21,000배 가량 크다.

우리 태양과 지구의 공전 궤도

우리 태양은 항성 중에서 중간 정도의 크기이며 나이가 많다. 결과적으로 오랜 기간 **탄소**를 포함하는 분자들을 파괴할 수 있을 큰 사건 없이 45억 6천만년 동안 일정한 빛을 꾸준히 방출하고 있다(2장 참조).

지구는 생성된 이래로 태양에서 일정한 거리를 유지해 왔으며 공전 궤도는 거의 완벽한 원에 가깝다. 시간당 108,000 km의 속도로 365.25일만에 한 회 공전을(결과적으로는 4년에 한 번씩 윤년이 존재함) 한다. 균일한 지구의 공전 궤도 때문에 극심한 기온 변화가(없었던 것은 아니지만, 11장의 눈천지 지구 참조) 최소화 되었으며 이런 환경에서 새롭게 형성된 분자들이 파괴되지 않게 되었다.

화학원소들

지구 생성 초창기부터 지구는 수소, 질소, 황, 탄소, 인 등으로 화학적으로 다양성을 가지고 있었으며 모든 원소들 사이에는 단순하거나 복잡한 다양한 화학 반응이 일어나고 있었다.

산소 농도가 증가하면서(2장 참조), 새로운 종류의 화학반응이 일어나게 되었으며 이러한 반응의 상당 부분은 **탄소**에 기반을 두었다. DNA가 생명의 분자라면(생명을 세대간의 유전 정보의 전달로 정의 내린다면) 탄소는 구조, 생리, 대사작용을 유지하는 생명의 분자라고 할 수 있다.

생물에 의해서 생산된 분자들은 유기물(생물적 분자)이고, 반면에 비유기물이나 비생물적 분자들은 그렇지 못하다. 탄소를 기반으로 한 유기 분자들은 유기체 또는 지구에만 존재하는 것이 아니다. 유기분자들은 항성과 행성의 시작점인 성간 구름에 존재한다(그림 3.1). 그러므로 유기분자들은 생명이 존재 없이 무생물적으로도 생성될 수 있다.

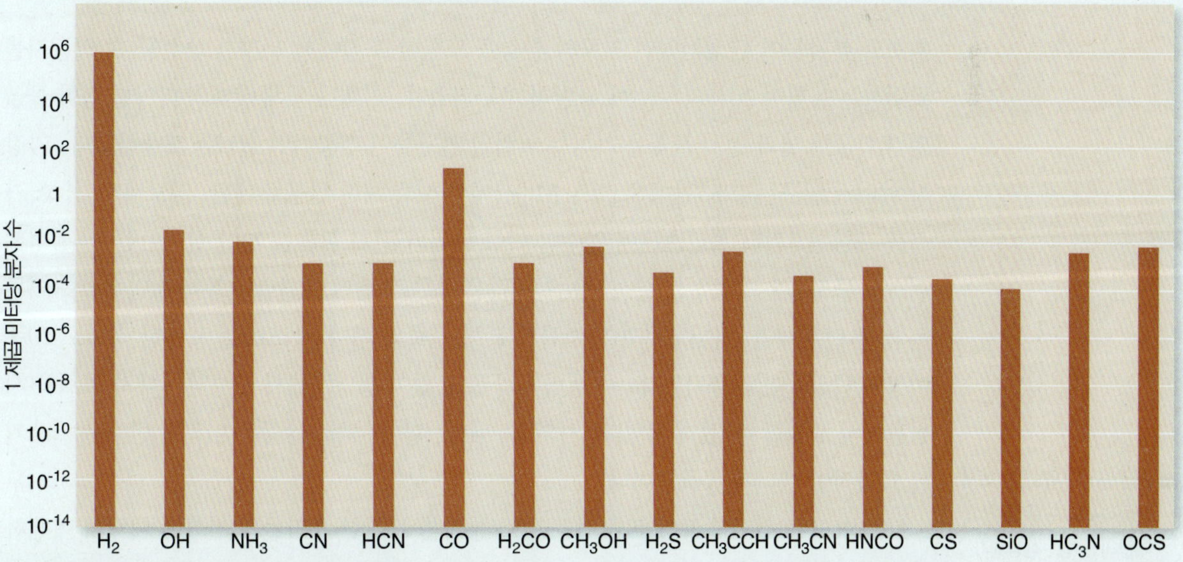

그림 3.1 우리 은하계의 분자운에 존재하는 다양한 분자들의 밀도. H_2 = 수소, OH = 수산기, NH_3 = 암모니아, CN = 시아노겐, HCN = 시안화수소, CO = 일산화탄소, H_2CO = 포름알데이드, CH_3OH = 메틸알콜, H_2S = 황화수소, CH_3CCH = 메틸아세틸렌, CH_3CN = 시안화메틸, HNCO = 이소시안산, S = 일황화탄소, SiO = 일산화규소, HC_3N = 시안노아세틸렌, OCS = 황화카르보닐(Buhl, D. *Origins of Life*, **5**, 1974:29~40에서 개작)

물

분자적 진화, 특히 생물적 분자 진화에 있어서 네 번째 전제조건은 분자나 물질들을 용해시킬 수 있는 다량의 용매이며 물이 바로 그 용매이다. 지구화학적 증거들을 보면 물은 지구가 생성된 시기인 냉각되는 미행성(planetesimal) 시기에서부터 존재해 왔다. 화산작용은 초기 대기에 좀 더 많은 양의 물을 배출하였다(2장 참조).

물은 종종 궁극의 용매(universal solvent)라고 일컬어지고 있다. 물은 많은 분자들을 용해시킬 수 있다. 물은 0도에서 100도까지의 넓은 범위에서 액체 상태로 존재할 수 있으며 염분을 포함하고 있을 경우에는 더 낮은 온도에서도 액체 상태로 존재할 수 있다. 염분을 포함하는 물의 중요한 특징은 영하로 온도가 내려가도 얼지 않는다는 점이다.

평균적으로 현재 바닷물은 3.5%의 염분을 가지고 있으며 섭씨 영하 2도에서 언다. 이를 이용하여 추운 지방에서 소금을 인도나 도로에 뿌려 어는 온도를 낮추어 준다. 23.3%의 염분 농도에서 어는 점은 섭씨 영하 21.1도까지 낮아진다. 물은 궁극적인 용매일 뿐만 아니라 태양계의 시초에서도 존재했다. 화성의 물의 존재는 2001년에 나사(NASA)의 화성 위성 오디세이의 관찰에서 추정이 되었으며 2008년에 나사의 화성 탐사 로봇 피닉스가 Martian polar ice caps에서 얼음을 확인 하였을 때 확인이 되었다. 지하에 존재한 얼음은 화성 탐사 로봇에 의해 채굴된 후에 수일간(고체에서 기체로 변하여) '녹았다'.

실험실에서 최초 분자의 생성을 재현

최초로 분자들이 탄생되었던 지구의 환경을 모방한 조건에서 분자가 생성될 수 있는지를 확인하는 실험이 20세기 중반에 활발히 연구되었다. 기체나 액체 상태의 다양한 화학 물질의 혼합물에 열과 전기 불꽃을 가하는 일련의 연구들이 성공적인 결과를 도출하였다. 가장 잘 알려진 연구는 1953년에 Stanley Miller에 의해 행해진 연구로 메탄, 암모니아, 수소 가스를 포함한 5리터 플라스크에 일주일 이상 증기와 전기 불꽃을 가한 실험이었다. 생성된 휘발성 물질들은 응축시켜 분석되었으며 많은 종류의(펩티드 결합을 통하여 단백질을 이루는 기본 단위체인) 아미노산과(단백질의 분해 산물의 하나인) 요소를 포함한 적어도 20종 이상의 물질들이 검출되었다. 즉 생명체의 존재 없이 생명체에서 생성되는 대사 물질을 시험관에서 생성할 수 있게 되었다. 자외선, 베타, 감마, 엑스선 등은 이러한 반응을 일으키는 효과적인 에너지 공급원이다.

■ 2장에서 고대의 암석에서 생물적 그리고 무생물적 메탄의 존재는 생명체가 언제 최초로 생성이 되었는지 해석하는데 어려움을 주고 있다는 것을 확인하였다(4장도 참조)

이러한 연구 결과를 토대로 우리는 탄소 분자를 포함한 분자들의 진화에 대해서 이해하기 시작하였다. 21세기에 들어와서는 분자들의 기원에 관한 실험실 연구는 새로 생성된 아미노산의 분해를 막아 주는 완충 용액을 사용하여 초기 연구에서 검출할 수 없었던 많은 새로운 아미노산을 검출할 수 있게 되었다.

◆ 지구상에서 최초의 분자가 발생이 됐을 만한 후보지

대양의 열수공, 비등점 온천 등과 같은, 최근 20년 간 밝혀진 많은 생물들이 사는 독특한 환경들은 생명이 가장 가혹한 환경에서도 유지되고 번창하며 과거에 분자들과 생명이 그러한 환경에서 발생했을지도 모른다는 것을 보여주고 있다.

열수공

끓는 점을 훨씬 넘는 수온에서 **호열성 생물**들이 발견되고 있다. 일부는 섭씨 350도의 높은 온도의 물이 뿜어져 나오는 **열수공**이 있는 수심 1,000미터나 그 이하의 해저에 살고 있다. 열수공에서 분출하는 과열된 물기둥은 많은 양의 암모니아를 만들어 내며 중합체를 생산할 수도 있다. 비슷한 형태의 단위들이 반복적으로 연결되어 있는 분자인 중합체는 생명체의 산물로 여겨졌다. (1977년에 최초로 발견된) 열수공은 분자들이 최초로 만들어졌으며 나중에는 세포 형태의 생명이 발생했을 만한 장소로 여겨지고 있다. 세균과 고세균 같은 단세포생물(8장 참조)에서 발견되는 특이적인 지질(4장 참조)이 27억 년 된 호열성 환경에서 발견되었다.

■ 8장에서 논의되는 생명의 세계(kingdom)에 대한 인식은 열수공과 같은 극한 조건에서 살고 있는 생명체를 연구하고 나서야 시작되었다.

열수공은 특히 바보의 금이라고도 불리는 황철광이나 제2철이온(Fe^{3+})과 같은 금속 이온이 풍부한 환경이다. **효소와 에너지 전달**에서 좀 더 자세히 다루어지겠지만, 수용액 상태에서 제2철이온은 촉매로 작용하며 화학반응을 촉진시킨다. 이러한 제2철이온의 촉매활성은 한계가 있으나 생명체는 이러한 특성을 이용, 발전시켜 철을 많은 효소의 활성에 필수적인 요소로 만들었다. 후에 살펴보겠지만 효소는 매우 효율적인 촉매다. 이러한 과정은 유기분자들과 생명이 어떻게 무기적인 과정에서 발생을 했는지를 보여주는 예라고 할 수 있다.

1990년대 후반의 실험에서 열수공과 비슷한 온도, 압력을 가진 조건에서 펩타이드와 (식초의 주성분인) 초산과 (동물 폐기물의 부산물인) 암모니아가 생성되었다. 암모니아는 질소와 질소산화물이 철이나 다른 무기물 촉매와 반응하여 생성되었다. (발효과정에서 중간산물로 생성되는) 피루빅산과 아미노산인 알라닌을 함께 반응시켰을 때 과거에는 오직 생물의 작용에 의해서 생성이 될 것이라고 생각되었던 짧은 펩타이드가 생성이 되었다.

화산

화산지역 인근의 표면이나 얕은 해양의 열수기둥에서 아미노산이 축합될 수 있을 정도의 온도가 유지될 수 있다. 화산 퇴적층에서 생성된 스폰지 형태의 광물(제올라이트) 내부에서 유기분자들이 보존되고 생성될 수 있다. 지구의 초기의 대륙의 상당부분은 화산섬으로 이루어졌으며 화산 작용으로 생성된 대기 중 높은 농도의 이산화탄소에 의한 온실효과에 의해 높은 온도가 십억 년 이상 유지되었을 것이라는 가설은 화산 작용에 의한 물질의 생산을 설명한다.

■ 몬모릴로나이트는(규산알루미늄의) 부드러운 광물로 프랑스의 12세기 도시인 몬모릴론의 이름을 따왔다. 몬모릴로나이트는 토양에 수분을 보존하는 농업용, 천공 작업에 점성을 제공하는 천공용, 진흙댐과 주조 공장 모래용 진흙을 만들 수 있는 1 μm의 크기의 결정 형태로 되어 있다.

점토

어떤 연구자들은 몬모릴로나이트와 같은 층상화된 점토가 폴리펩타이드와 핵산 사슬이 중

BOX 3.1

운석에 존재하는 분자들

본문에서 논의 되었듯이 운석은 기존에는 오직 생물의 활성에 의해서만 생성되었을 것으로 생각되었던 분자들을 포함하고 있다. 운석이 지구에 무수히 충돌하였던 것을 고려할 때 생명이 발생하는데 필수적인 분자들이 운석 특히 **탄소질 콘드라이트라고** 불리는 탄소를 함유한 운석에서부터 왔을 수도 있었다고 주장되었다.

그러나 - 외계 구조와 과정을 다룰 때는 언제나 "그러나"가 존재한다 - 탄소 기반 분자들이 탄소질 콘드라이트에 존재함에 불구하고 그런 분자들의 기본적인 특성들은 현생 생물에서 발견되는 분자들과 다르다. 분자들이 빛을 비껴가게 하는 방식, 즉 분자비대칭성 또는 손대칭성이 그것이다. 분자들은 빛을 왼쪽(좌선성)이나 오른쪽(우선성)으로 비껴가게 한다. 각각의 종류가 같은 양이 존재하는 경우에는 손대칭성이 나타나지 않는다.

탄소질 콘드라이트의 아미노산은 좌선성이나 우선성이 같은 양으로 존재한다. 그러므로 광학적 활성이 없거나 거의 없다. 무엇보다도 운석에서 발견되는 많은 아미노산들은 유기성 단백질에서 발견되지 않는다는 것을 고려하면 운석의 분자들이 생명에 기여한 것은 최소이거나 거의 기여하지 않았을 것이다. 지구가 생명의 기원이라는 것이 훨씬 더 가능성이 높다.

■ 폴리펩타이드는 서로 연결된(10에서 100개 정도의 길이를 가진) 아미노산 사슬로 단백질의 구성 요소이다. 뉴클레오티드는 DNA와 RNA와 같은 핵산의 구성 요소로 각각의 뉴클레오티드는 화학염기(퓨린과 피리미딘), 인산기, 당으로 이루어져 있다.

합되는 주형으로 작용하였다는 가설을 주장하였다. 열과 점토와 다른 축합작용제들에 의해서 폴리펩타이드, 다당류, 지질 그리고 아마도 폴리뉴클레오티즈가 초창기의 지구에 존재할 수 있게 하였으며 초기의 생명체와 비슷한 반응과 구조가 만들어지는데 사용되었을 것이다.

운석에 존재하는 분자들

무생물환경에서 유기분자들의 형성은 운석이나 성간운에서 분자들이 발견되는 역설적인 발견을 설명해 준다(그림 3.1). 운석은 46억 년 전에 생성되었기 때문에 초기의 태양계의 형성기에도 분자들이 존재했다는 것을 증명한다. 이들은 탄소를 포함하는 분자들을 가지고 있는 탄소질의 운석(콘드라이트)이다. 그러므로 유기분자들은 지구에 생명이 발생하기 적어도 10억 년 전에 생성되었으며 외계에서 생물이 유래했다는 가설이 제안되었다(BOX 3.1).

연구가 많이 된 탄소질 운석인 Murchison 운석은 1969년에 호주에 떨어졌다. 아미노산을 포함하는 80 kg의 탄소성 물질들이 분리되었으며 탄소 8개 길이의 지방산도 분리되었다(지방산은 세포막을 이루는 인지질의 구성 성분이다). 위에서 논의되었듯이 대양저산맥에 흔히 존재하는 열수공의 높은 온도와 압력은 지구상에서 지방산이 합성되기에 적당한 조건을 제공한다.

DNA, RNA, 단백질

■ 생명의 정의의 개념은 본 장과 다음 장의 말미에 정리되어 있다.

DNA, RNA, 단백질은 생명을 구성하는 세 가지 주요 분자들의 종류이다.

생명은 여러 가지로 정의될 수 있지만 **생명의 연속성**은 세포 내의 데옥시리보뉴클레오티드(DNA)의 존재와 작용 및 복제가 기반이다. DNA와 세포는 모두 생명의 정의에 필수

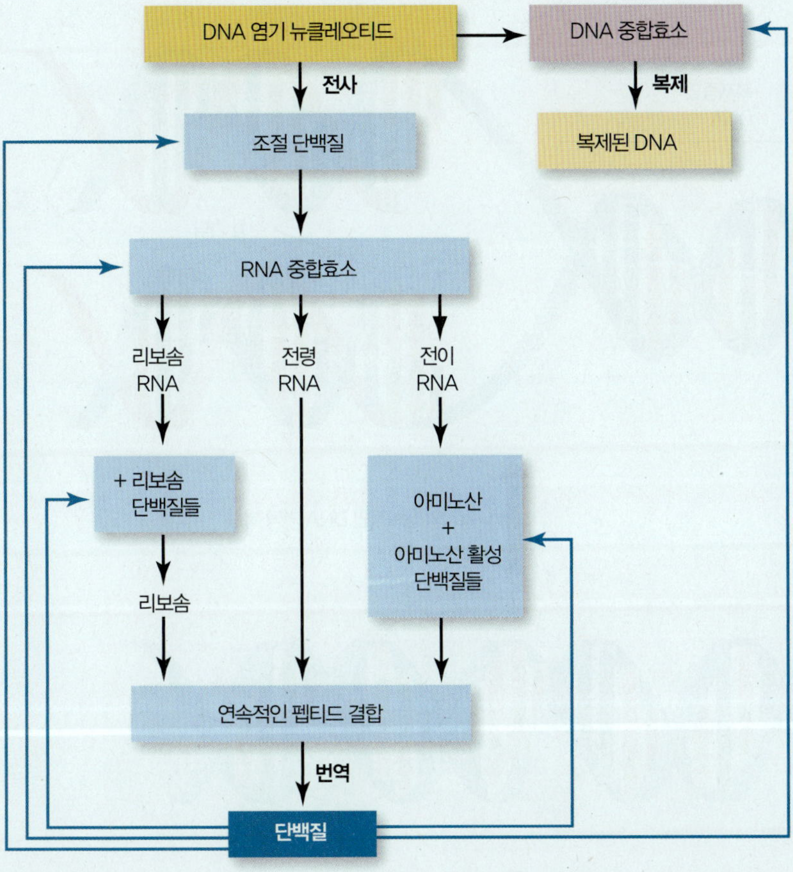

그림 3.2 정보와 기능의 상호 의존성을 보여주는 개략도. 정보는 염기서열에 존재하고 기능은 단백질에 의해서 수행된다. 검은 선은 정보가 전달되는 일반적인 방향을 보여주고 파란 선은 이러한 과정에서 형성된 단백질을 표지한다. 염기서열의 정보는 단백질의 아미노산 서열을 결정하고 단백질은 다시 염기정보의 이동을 조절하고 주관한다. 두 과정은 상호 의존적이다.

적이다. 그 이유는

- DNA가 다른 종류의 핵산인 리보핵산(RNA)로 전사되지 않는 한 세포가 제 역할을 할 수 없다.
- RNA가 단백질로 번역되거나 다른 DNA, RNA 또는 단백질을 활성화 시키는 역할을 하지 않는 경우에는 세포가 제 역할을 할 수가 없다(그림 3.2).

비록 현재는 어떤 RNA는 단백질로 번역되지 않고 그 역할을 할 수 있다는 것을 알고 있지만 1960년대에 DNA → RNA → 단백질로 역방향 없이 한 방향으로만 변화한다는 발견은 생물학의 중심원리가 되었다.

DNA, RNA와 단백질 사이의 필수적인 기능과 상호작용의 특성은 다음과 같이 3단계로 이루어져 있다.

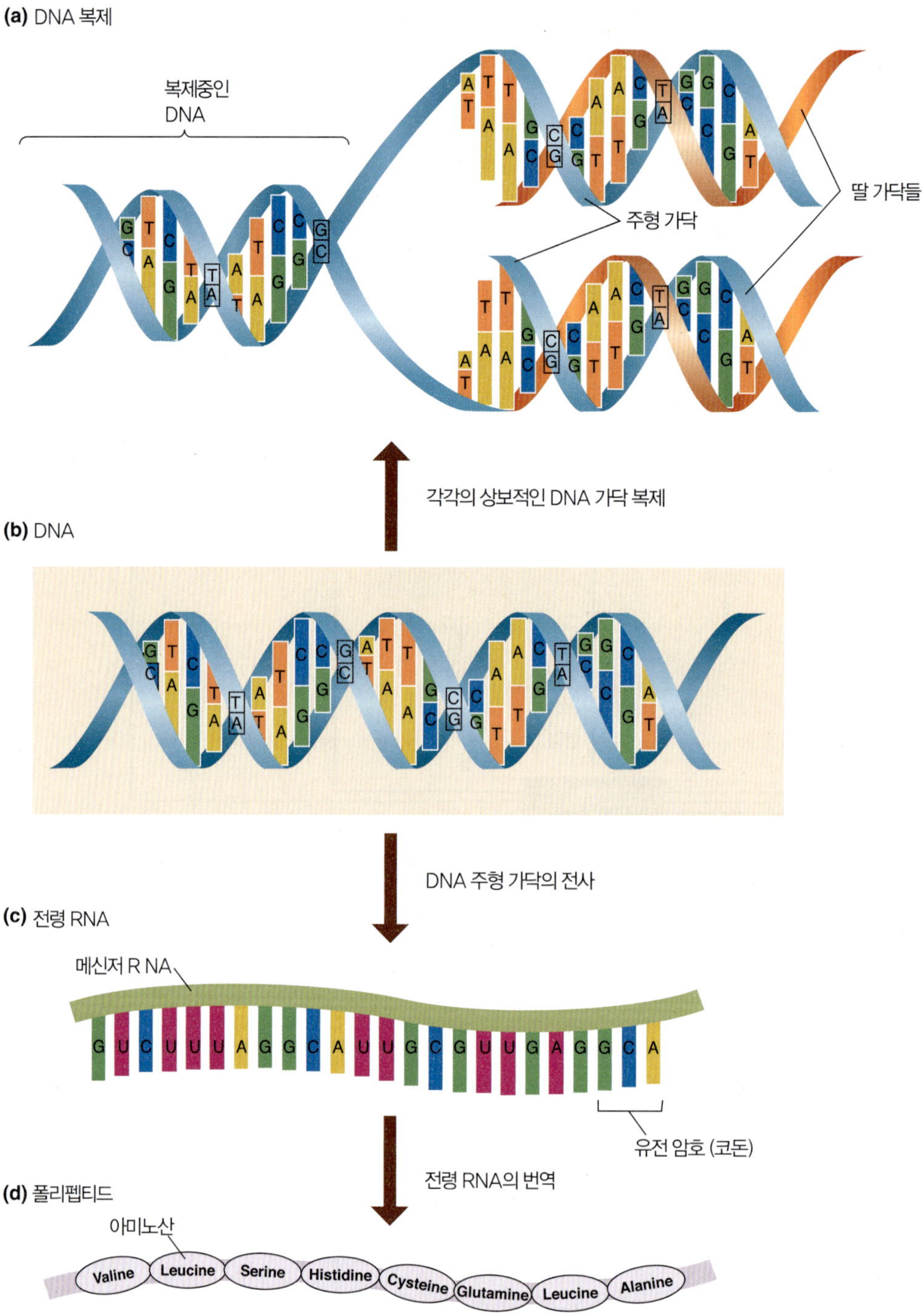

그림 3.3 DNA가 복제되고 정보가 DNA에서 RNA로 다시 단백질로 전달되는 과정. (**b**에서 **a**로) DNA 복제의 경우, 일련의 단백질들은 염기쌍의 수소결합을 깨서 두 개의 주형 가닥으로 풀리게 한다. 풀린 각각의 가닥은 새롭게 합성되는 상보적인 가닥의 주형으로 작용한다. 결과적으로 두 개의 이중결합의 DNA 분자가 형성이 되며 각각은 처음의 이중나선의 정확한 복제품이다. (**b**에서 **c**로) 전사과정에서 두 DNA 가닥 중 하나는 전령 RNA(mRNA)의 주형으로 작용한다. (**c**에서 **d**로) 이 전령 RNA는 다시 단백질로 번역되는 과정의 주형으로 작용한다. **(c)** 전령 RNA는 그 DNA 주형과 정확하게 상보적이며 전령 RNA의 세 개의 염기는 하나의 아미노산에 대응한다.

- **복제**(Replication), DNA가 다른 DNA 한 벌을 만드는 과정으로 DNA → DNA와 같이 나타낼 수 있다(그림 3.3).
- **전사**(Transcription), DNA에 암호화되어 있던 정보가 RNA에 전달되는 과정으로 DNA → RNA와 같이 나타낼 수 있다.
- **번역**(Translation), RNA에 존재하는 정보가 단백질을 구성하는 펩타이드에 번역이 되는 과정으로 RNA → 단백질과 같이 나타낼 수 있다(그림 3.3).

■ 우연의 일치를 좋아하는 사람을 위하여, Charles Darwin의 마지막 논문은 그가 죽기 13일 전인 1882년 4월 6일 Nature에 출간이 되었다. 그 주제는 민물 조개가 수서 곤충의 다리에 붙어서 하나의 웅덩이에서 다른 웅덩이로 이동을 하고 이를 통해 새로운 개체군이 개시된다는 것이었다. 이 논문에 사용된 표본은 Francis Crick의 할아버지인 W. D. Crick에 의해 Darwin에게 보내졌다.

◆ DNA, RNA, 단백질 중 어떤 분자가 최초로 생성되었나?

DNA가 먼저다

몇몇 매우 흥미로운 예외를 제외하고는 단백질 합성은 RNA와 DNA가 있어야 하기 때문에 오랜 동안 생명의 기원을 찾은 연구는 핵산이 단백질 이전에 생성되었을 것이라는 가정을 기반으로 수행되었다. 생명의 과정이 오랜 기간 보존 되어야 한다는 논리에 따라 DNA가 RNA나 단백질 이전에 진화되었다는 가설이 지지를 받게 된다. 초창기의 지구는 "**DNA 세상**(DNA World)"이었을 것이다.

단백질이 먼저다

앞부분에서 DNA와 RNA가 존재하지 않는 환경에서 아미노산이나 요소가 생성이 되는 실험을 고려하면, 단백질이 최초로 진화했다는 가설이 타당하다. 이러한 시나리오에 따르면 초창기의 지구는 "**단백질 세상**(Protein World)"이었거나 최소한 "아미노산 또는 폴리펩타이드 세상" 이었을 것이다. 우리가 생명과 관련된 분자들을 역사적인 관점으로 본다면 초창기의 단백질 세상은 상당히 타당성이 있다.

20세기의 전반에는 DNA와 단백질은 모두 "생명의 물질"의 강력한 후보군이었다. DNA는 1869년에 발견되었으며 뉴클레인(nuclein)이라고 불렸으며 이는 현재 핵산(nucleic acid)이라는 이름에 남아 있다. 1952년이 되어서야 단백질이 유전물질이 아닌 것으로 밝혀졌다. James Watson과 Francis Crick은 1953년에 DNA의 이중 나선 구조를 추측했다(그림 3.4). 소련에 의해서 최초의 위성인 스푸트니크호(Sputnik)가 발사된 4년 후에 DNA를 복제하는 단백질이 처음으로 분리되었다. Watson과 Crick은 DNA의 반대 가닥의 퓨린과 피리미딘 염기 사이의 상보적인 짝짓기는(그림 3.5) DNA 염기서열의 복사를 가능하게 하고 DNA가 유전물질을 복사할 수 있게 하는 작용원리라고 인식하였다(유전자 특성 연구의 주요 사건들은 표 7.1 참고). 두 가닥의 하나가 새로운 가닥을 형성하는 주형으로 작용하기 때문에 DNA가 복제가 가능하다. 새로운 가닥의 염기 서열은 주형 가닥과 상보적이다.

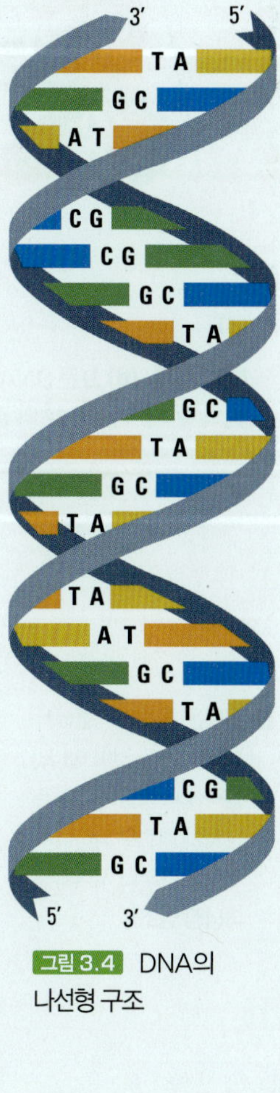

그림 3.4 DNA의 나선형 구조

RNA가 먼저다

초창기의 세계는 DNA나 단백질이 아닌 "**RNA 세상**(RNA World)"이라는 데 대한 충분한 증거들이 존재한다. 무엇보다도, RNA는 초창기의 지구에서(현재는 단백질이 담당하는) 효

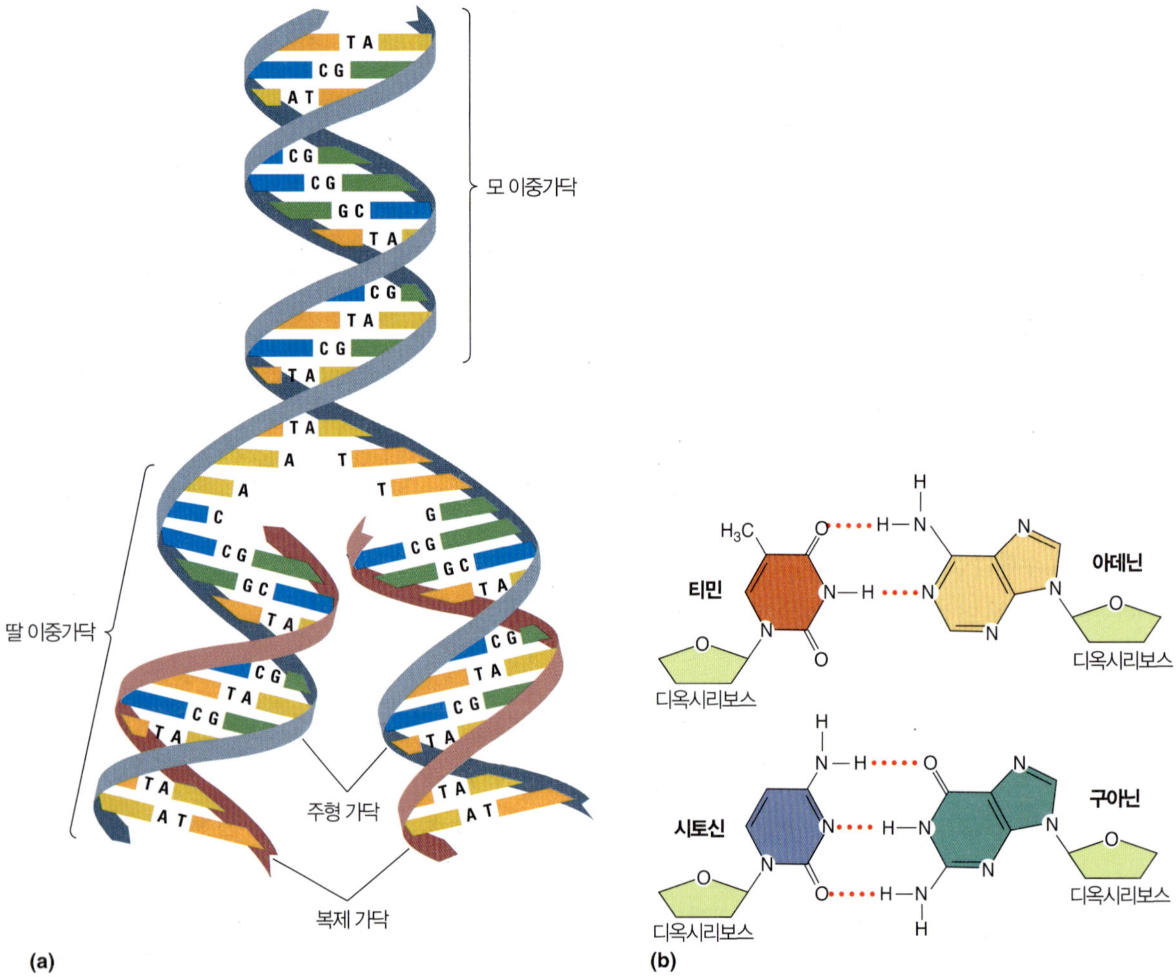

그림 3.5 **(a)** 표준 DNA 이중 나선의 Watson-Crick 모델, **(b)** (아데닌과 티민, 구아닌과 시토신) 염기사이의 수소결합의 예. 이중 나선의 두 가닥은 3.4Å의 간격으로 쌓여있는 뉴클레오티드 염기쌍의 평행한 열들로 연결되어 있다. 1Å은 0.0000001 mm.

소의 역할을 하기도 하고 스스로 복제할 수도 있었다고 여겨지고 있다. DNA와 RNA는 구조는 아니지만 그 상호작용과 기능에서 매우 놀라운 진화적 변화를 보여주었다(BOX 3.2).

■ 선택은 최초의 생물에서부터 시작된 것이 아니라 용액에서 동일하지 않은 분자가 최초로 나타나기 시작한 때부터 시작되었다(4장 참조).

처음에는 RNA 그 후엔 DNA

두 명 이상의 개인이나 단체가 동시에 같은 발견을 하는 것은 과학사에서 놀랄 만큼 흔하다. 현재 인정을 받고 있는 최초의 화학적 세계는 RNA 세상이라는 가설은 1982년초에 Leslie Orgel과 Francis Crick과 Carl Woese가 독자적으로 제안하였다.

이는 RNA가 초기에는 오늘날의 효소처럼 화학작용을 촉매하고 오늘날의 DNA처럼 복제를 할 수 있었다는 가설이다. 시간이 지남에 따라 RNA 사이의 상호작용과 진화하는 아미노산과 단백질은 선택의 과정을 거치게 되었다. 효소활성과 복제의 두 가지 기능은 각각

BOX 3.2

리보핵산(RNA)

RNA의 기본 단위는 코돈으로 알려진 세 개의 연결된 뉴클레오티드(염기들)이다. 각기 상이한 서열의 삼중자 뉴클레오티드(코돈)은 20개의 아미노산 중 하나를 암호화 하고 있다.

하나의 RNA 각각의 뉴클레오티드는 인산기를 매개로 당과 연결되어 있는 퓨린과 피리미딘의 질소성 염기로 이루어져 있다. 퓨린염기인 아데닌(A)과 구아닌(G)과 피리미딘 염기인 시토신(C)는 DNA와 RNA 모두 동일하다. 그러나 두 번째 피리미딘은 DNA와 RNA가 차이가 있다. DNA에는 티민(T)이고(그림 3.5) RNA에는 우라실(U)이다. RNA의 뉴클레오티드는 데옥시리보오스 당 대신에 리보오스 당을 가지고 있다.

RNA는 다세포 생물에서 다른 종의 RNA가 다른 소기관에서 다른 역할을 하는 여러가지 형태로 존재한다.

- **구조** 또는 저장 **RNA**: 약자로 **sRNA**라고 하며 핵에 정보를 보관한다.
- **전령 RNA**: 1960년에 발견되어 약자로 **mRNA**라고 한다. 유전적 정보를 DNA에서[**리보좀 RNA**(**rRNA**, 그림 3.2)를 포함하는] 리보좀에 있는 단백질 합성 기구의 아미노산 서열로 전달하는 역할을 한다.
- mRNA는 정보를 전달하고 아미노산을 폴리펩타이드로 운반하는 **운반 RNA**(tRNA)에 의해 운반되는 각각의 아미노산들의 위치를 지정하여 폴리펩타이드를 신장시킨다(그림 3.2).

리보좀의 진화는 하나의 같은 리보좀이 여러 mRNA를 번역할 수 있도록 만들었다. 어떤 단백질을 만들지 조절하는 것은 전사과정에서 결정이 되도록 바뀌었다. 말하자면, 이제는 저장된 유전물질에서 특정 mRNA 분자들을 전사함으로 특정한 단백질을 선택할 수 있게 되었다는 점이다. 이는 결국 세련된 조절 체계를 형성하게 된 과정이다. 이런 혁신에 의해 단지 몇 개의 효소와 단백질에 의존하였던 것이 제한된 기능과 높은 결합 특이성을 가진 많은 단백질을 이용할 수 있게 변화되었다.

■ 리보좀 RNA는 원핵생물의 16S rRNA 분자와 진핵생물의 18S rRNA 분자를 포함한다. 둘 모두 리보좀 단백질의 합성에 필수적이다. S는 10^{-13}초 동안 원심분리했을 때의 분자의 Sverberg 침강 단위이다. 이는 스웨덴의 화학자이자 노벨상 수상자인 Theodor Sverberg (1884~1971)의 이름을 딴 것이다.

단백질과 RNA이 담당하도록 나뉘어졌다. Joyce와 Orgel은 1993년 논문에서 복제와 촉매활성의 두 기능이 핵산과 단백질에 나뉘어져 있다면 두 기능을 수행하기 위해서 40~60개 정도의 좀 더 적은 수의 RNA 분자들이 필요할 것이라고 입증하였다. 이러한 개수는 가장 작은 세균 중의 하나인 *Mycoplasma genitalium*에 존재하는 40에서 60개의 RNA 분자들, 30개의 DNA 분자들, 그리고 90개의 상이한 단백질들과 같이 하나의 생명체가 가질 수 있는 가장 작은 정보량과 비교해 볼 수 있다.

■ *Mycoplasma genitalium*은 영장류의 호흡기나 생식기에 기생하며 521개의 유전자를 가지고 있는 가장 작은 유전체를 가지고 있는 세균이다. BOX 1.3에 언급된대로 유전자를 정의하는것은 생각만큼 쉽지 않다.

초창기의 RNA가 촉매와 복제 기능을 모두 할 수 있다는 Joyce와 Orgel의 가설은 아래에 언급된 1980년 대 후반과 1990년대의 몇 가지 발견에 의해서 상당한 탄력을 받게 된다.

- RNA는 복제할 수 있다. 짧은 길이의 RNA는 리보자임(ribozyme)이라는 효소로 염기서열을 자르고 이어서 상보적인 RNA 서열과 결합된 주형을 형성하게 한다.
- 뉴클레오티드는 촉매로 작용할 수 있다. 다른 뉴클레오티드의 결합을 촉매하는 뉴클레오티드가 분리되어 생명체의 주된 에너지 전달 물질인 ATP(8장 참조)에서 에너지를 얻을 수 있는 것이 확인되었다.

■ "이것은 생명의 자연 발생설의 증거가 아닌가" 하는 생각을 할 수도 있을 것이다. 자연발생설에 대해서는 6장을 참조하시오.

• RNA의 촉매 활성은 선택적이거나 항상 될 수 있다. 훨씬 높은 촉매 활성을 가진 분자들이 실험실에서 생성이 되었다.

고대 RNA가 뉴클레오티드 서열에 정보를 보관하고 폴리펩타이드를 만들 수 있었다면 어떻게 DNA가 생성이 되었을까? 현대의 생물에서 DNA와 비슷한 물질들은 RNA에서부터 합성이 됐을 것이다. 그래서 RNA는 DNA의 기질로서 작용하는 것을 관찰할 수 있다. 또한 일단 RNA가 만들어졌다면 정보의 저장/복제와 단백질 제작의 두 가지 기능을 다르지만 서로 연결된 분자들에 할당하는 것은 선택적 장점을 가지게 될 것이다. 이러한 선택이 없다면 복제되는 DNA와 폴리펩타이드를 생성하는 RNA는 다른 종류의 분자적 활성으로 남았을 것이며 생명의 형태는 매우 달랐을 것이다. 일단 DNA가 나타난 후에 선택압력에 의해 DNA는 유전자 암호로 진화를 하였으며 RNA는 현재의 모습 그대로 남아있게 되었을 것이다.

유전 암호

모든 현존하는 생명체의 핵산과 단백질 사이의 정보 전달은 유전 암호에 따른다(BOX 3.3). 유전 암호는 단백질의 특정 아미노산을 전령 RNA(mRNA)의 세 뉴클레오티드에 의해 결정한다. 그 암호는 몇몇 예외를 제외하고 모든 생명체에 동일한 20개의 아미노산을 암호화하기 때문에 **보편적**이다. 비록 과거의 암호의 원형이 밝혀지지는 않았지만 이러한 유전 암호는 초기에 좀 더 간단한 형태에서 진화되었을 것이다. (몇몇 예외를 제외하고)유전암호의 보편성은 단지 20개의 아미노산을 암호화하는 조상만이 살아 남았다는 것을 의미한다.

■ 미토콘드리아 DNA(mtDNA)는 박물관의 표본, 멸종된 생물, 심지어는 화석에 있는 고대의 DNA를 분석하는데 매우 유용한 것으로 밝혀졌다(BOX 9.2 참조).

■ 각각의 세 개의 뉴클레오티드는 A, G, U가 아니라 AGU와 같이 중간에 쉼표 없이 읽는다.

BOX 3.3

유전 암호

현존하는 생명의 유전 암호의 5가지 주요 성질

- 전령 RNA는 아데닌(A), 구아닌(G), 우라실(U), 그리고 시토신(C)의 단지 4종의 뉴클레오티드 염기로 이루어져 있고 이들을 이용하여 다양한 길이와 서열의 사슬을 만든다.
- 각각의 아미노산은 mRNA의 코돈으로 알려진 삼중자 뉴클레오티드에 의해서 결정된다. 단어가 문자의 서열에 의해서 만들어지듯이 각각의 아미노산에 하나의 코돈이 적용된다.
- 암호는 보편적이며 이는 아주 오래 전부터 내려왔음을 나타낸다. 모든 생명체는 몇 가지 예외를 제외하고 같은 아미노산에 같은 코돈을 사용한다. 몇 미토콘드리아 유전자는 같은 아미노산에 대해서 핵의 유전자에 사용되는 것과 다른 코돈을 사용한다. 이는 미토콘드리아와 핵의 유전자가 독자적인 진화의 역사를 가지고 있다는 것을 반영한다(9장 참조).
- 20개 중 18개의 아미노산이 둘 이상의 코돈에 의해서 특정되지만 같은 코돈에 의해서 다른 아미노산이 특정되지는 않는다.
- 각각의 코돈은 한 방향으로 연속된 끊기지 않는 서열로 번역된다.

효소와 에너지의 전달

에너지의 전달과 이용 및 생화학적 활성의 조절은 아미노산 서열의 기능이라는 것은 매우 명백하다. 어떤 단백질의(3차원 구성을 포함한) 특정한 구조와 특성들과 기능이라도 단백질을 이루는 특정한 아미노산의 선형 서열에 의해 결정된다. 단백질이 **효소**인지 아니면 다른 기능을 하는지를 결정하는 것도 마찬가지이다.

생명의 정의 중 하나는 대사작용과 성장 및 발달을 위해 외부의 물질과 에너지 자원을 변환시키는 것이다. 화학반응을 촉매하는 분자인 효소가 생성되고, 진화하는 세포의 특정환 분획에 격리되는 것(9장 참조)은 초기 생명의 물질과 에너지의 흡입, 변환, 이용의 효율성을 증가 시킬 수 있게 하였다.

생물학적 유기 분자들만 효소로 기능하는 것만은 아니었다. 생명체는 효소를 개발하지 않고 이미 존재하지만 약한 활성을 가진 이온을 이용하였다. 분자들 기원의 유력 후보지로 열수공에 대해 논할 때 철은 초기 암석의 일반적인 원소였다. 철이온(제2철이온, Fe^{3+})은 많은 생물 반응의 효율성을 증가시키며 실제로는 그 반응들에 필수적인 존재이다. 그 예로 제2철이온은 헤모글로빈 단백질이 산소를 전달하는 것과 많은 종류의 호르몬의 기능에 필수적이다. 적절한 수준의 철 농도를 유지하는 것은 대부분의 생물계에 필수적이다. 한 생명체의 철의 양은 많은 다른 종류의 유전자에 의해서 조절을 받는다. 최초의 생물은 제2철이온의 촉매 작용 능력에서 많은 이득을 얻었으며 이를 진화하는 효소와 결합시켜 좀 더 효율적으로 만들었다. 결국에는 제2철이온은 많은 효소작용에 필수적이게 되었다. 제2철은 생명의 필수적인 원소가 되지 않았는가?

◆ 분자들과 생명

"생명이란 무엇인가"라는 질문의 탐구와 관해 본 장에 제시된 증거들로부터 다음과 같은 결론을 얻을 수 있다.

- 생명과 가장 밀접한 관계를 가진 분자들은 DNA, RNA, 단백질이다. 모두 안정적으로 유지되는 구조를 가지고 있으나 그 상호작용과 기능에 있어서 주목할 만한 진화적 변화를 보여주었다.
- DNA는 생명은 세대에서 세대로 상속되는 정보의 전달이라는 생명의 정의에 비추어 볼 때 생명의 분자이다. 탄소는 생명을 구조적, 생리학적, 대사적인 기본으로 정의하는 것이 비추어 생명의 원소이다.
- 생명체에 의해 생성되는 동일한 분자들이 생명체가 생성되기 이전의 환경에서도 무생물적으로 생성될 수 있다. 그렇기 때문에 무생물적 분자들의 생성과 최초의 생명은 연속되어 있다고 판단할 수 있다.
- 결론적으로, 다음 장에서는 대략 45억 년 전에 어떻게 분자들이 기원하였으며 38억

년 전에서 35억 년 전 사이에 최초의 생명체와 더불어 세포가 어떻게 시작이 되었는지 논의할 것이다.

세포의 구성과 관련하여 생명의 본질에 대한 몇 가지 결론은 다음 장의 끝에 나열되어 있다.

추천 문헌

Hazen, R., D. Papineau, W. Bleeker, et al., 2008. Mineral Evolution, *American Mineralogist* 93, 1693–1720. (See also *Nature*, 2008 **456**, 456–458.)

Joyce, G. F., and L. E. Orgel, 1993. Prospects for understanding the origin of the RNA world. In *The RNA World*. R. F. Gesteland and J. F. Atkins (eds.). Cold Spring Harbor Laboratory Press, Cold Spring Harbor, New York, pp. 1–25.

Loomis, W. F., 1988. *Four Billion Years: An Essay on the Evolution of Genes and Organisms*. Sinauer Associates, Sunderland, MA.

Maynard Smith, J., and E. Szathmáry, 1995. *The Major Transitions in Evolution*. Freeman, Oxford, England.

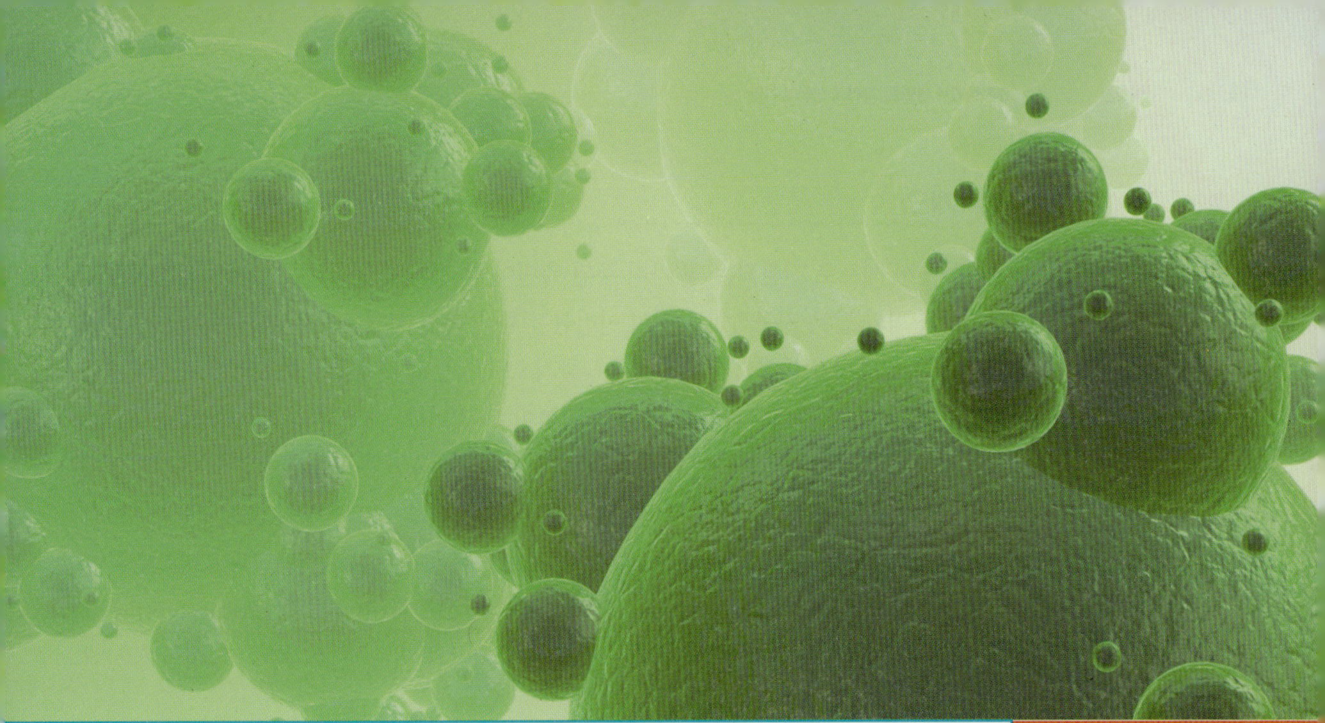

분자들에서 세포로, 그리고 선택의 기원

4

단원요약

- 지구는 두 종의 대기를 가지고 있었다. 그 중 첫 번째는 46억 년에서 42억 년 전까지의 산소가 없었던 초기 대기였다.
- 두 번째 대기는 42억 년에서 38억 년 전 사이에 생성되었으며 세포가 생성되기 이전까지는 거의 산소가 없었다.
- 최초의 물질은 짧은 사슬 형태이자 선형 분자였다.
- 선형 분자 는 막소포체(vesicles) 형태로 변화였으며 이는 최초의 원세포(protocells)로 전환되었다.
- 막을 가지고 있는 구조(소포체와 원세포)는 지구의 초기 조건을 흉내낸 실험 조건에서 재현될 수 있다.
- 개체군에서 새로운 종류의 소포체들이 생성되면서 변이가 생겨났다.
- 개체군에서 새로운 종류의 소포체들이 생성되자 선택이 비롯되었다.
- 38억 년에서 35억 년 전 사이에 생성된 최초의 세포는 핵이나 세포 소기관이 없었다.
- 이러한 세포들에서 세포 분열이 시작되었다.
- 생명은 세포를 기반으로 하여 가장 정확하게 정의될 것이다.

위 그림: 분자들이 원세포가 생성된 마이크로스피어(microsphere)를 형성한다.

개요

분자들에서 세포로 전환되는 몇 가지 주된 측면이 본 장에서 논의된다. 우선 어떻게 지구 대기의 진화와 같은 지구적인 사건이 이러한 전환을 촉진 시켰는지로부터 시작한다. 최초의 전환은 생명체가 생성되기 이전에 무생물적으로 생성된 분자들이 최초의 세포막의 원형이 되는 시트나 작은 방울과 같은 형태로 변형이 된 것이다. 이러한 분자들에 선택이 작용하였을 것이다. 두 번째 전환은 막에 둘러싸인 방울의 농축된 분자들이 어떻게 최초의 원세포를 생성하였는지에 대한 것이다. 이러한 원세포에서도 선택이 작용하였을 것이다. 38억 년에서 35억 년 전 사이에 원세포는 DNA를 포함하는 중심부위과 단백질과 RNA를 포함하는 주변부위로 조직화 되었다. 이는 핵이 없는 단세포생물(원핵생물, prokaryotes)의 기본적인 조직이다. 25억 년 전에 단세포 생물에서 핵막과 세포 내 소기관이 형성되어 진핵생물(eukaryotes)의 세포가 생성이 되었다.

생명은 유전 정보를 그 자손에게 전달하는 정확성과 항상성에 의존하나 진화는 유전적 변이가 없이는 일어날 수가 없다. 유전형질은 변화하거나, 하지 않던 간에 한 세대에서 다음 세대로 세포 분열을 통하여 전달된다. 생명은 미래 세대에게 그들의 유산을 전달할 수 있는 상속 기구를 가진 세포에 기반을 두게 되었다.

지구 대기와 최초의 세포 및 생명체

지구는 그 역사상 적어도 두 가지 다른 대기권에 둘러싸였었다. 수소와 헬륨으로 이루어진 **최초의 대기**는 46억 년 전에 지구가 생성된 이후로 약 5억 년 정도 지속되었다. 지구의 낮은 중력과 매우 강한 태양풍과 지구와 태양에 의해서 생성된 열과 같은 이유들 때문에 원시 대기가 소멸 되었을 것이라고 추정되고 있다. 생명체는 이러한 초기 대기의 생성과 소멸에 아무런 영향을 주지 못하였다.

40억 년 전에 최초의 화산과 온천이 대기에 가스를 뿜어 내었다. 지구에 충돌한 운석도 지구에 가스(특히 수증기)를 공급하였다. 이러한 사건들에 의해서 주로 이산화탄소와 수증기를 포함하고 작은 양의 수소, 일산화탄소, 질소, 암모니아, 메탄, 염산, 황화수소를 포함한 **두 번째 대기**가 형성이 되었다. 42억 년에서 38억 년 전 사이 생성된 이러한 대기는 산소가 거의 없거나 아주 조금 포함하고 있었다.

최초와 두 번째 대기는 모두 생명체가 기원하기 이전에 생성되었다. 아마도 38억 년 전에 기원한 최초의 생물에 의해서 메탄이 발생되어 35억 년 전까지 대기중의 메탄의 농도가 증가하게 되었다. 이들은 산소가 없는 환경에서만 살아남을 수 있는 **단세포 메탄생성균**(methanogens)이었다.

메탄생성균은 화석화된 세포의 발견으로 알려진 것이 아니며 분자 화석(35억 년 전의 바위의 생물기원 메탄)의 존재에 의해서 알려지게 되었다(메탄생성균은 대사과정의 부산물로 메탄을 생성한다. 반추동물인 소처럼 인간들도 장내의 메탄생성균의 작용에 의해서 메탄을 생성하고 있다). 이런 바위의 메탄이 모두 생물 기원인지 아니면 그 중 일부는 지질-화학적 작용에 의해서 생겼는지를 확인하는 것은 쉽지가 않다.

메탄은 현재 **온실가스**로서 인식되고 있다. 산소가 없는 초기의 대기에서 메탄이 축적되어 단열층을 형성하여 지구의 표면 온도를 증가시켜 얼음이 형성되는 것을 방지하였을 것이다. 35억 년에서 30억 년 전 사이에 지구의 표면 온도는 감소하였으며 액체상태의 물이 형성되었으며 이산화탄소의 농도가 감소하였다. 30억 년 역사를 가진 하천의 철, 납, 아연의 황화물로 이루어진 모래알갱이의 퇴적층은 30억 년 전에 대기에 산소가 존재하지 않았다는 것을 입증한다. 황화물은 산소가 있는 환경에서 생성되지 않기 때문이다.

■ 이산화탄소와 메탄과 같은 온실가스는 적외선을 흡수하여 지구 표면의 열손실을 감소시켜 지구 온도를 증가시킨다.

◆ 산소와 시아노박테리아

물질대사에 산소를 필요로 하는 생명체가 출현하기 이전에 발생된 산소는 대기 중의 다른 원소나 바위표면의 광물들과 반응하였을 것이다. 이러한 화학작용은 최초의 바위의 풍화작용을 일으켰으며 끊임없는 작용으로 현재의 토양을 형성하게 되었다.

대기 중의 산소 농도는 현재 21%이다(그림 4.1). 지질학자들은 산소의 점진적인 증가가 23억 년 전부터 시작이 되었다는 것을 밝혀 내었다. 증가된 산소의 대부분은 새롭게 진화

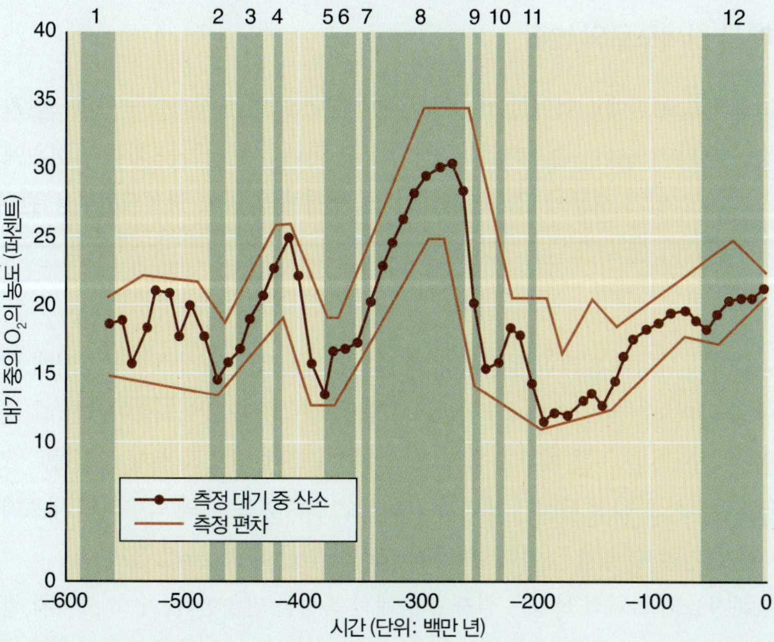

그림 4.1 과거 6억 년 간의 대기 중 산소 비율의 변화. 위와 아래의 선은 예측된 산소 농도의 예상오차. 1에서 12까지의 숫자는 중요한 진화적 사건들이다. 예를 들어 (1) 동물 체제의 출현, (12) 포유류 크기의 증가 등은 높은 산소 농도와 관련이 있다. 대량 멸종 사건(5, 9, 11)은 낮은 산소 농도와 연관이 있다.(Berner, Robert, A., et al., Science 316[2007]: 557에서 개작 [http://www.sciencemag.org]., AAAS의 허락을 받음

■ 식물 세포의 에너지 생산 소기관인 엽록체는 식물의 조상이 시아노박테리아를 삼켜 이를 엽록체로 변화시킨 것이다(제10장 참조).

■ 탄소 이외의 것을 기반으로 한 생명체가 발생하고 진화할 수 도 있으며 그랬다면 지구는 다른 진화의 과정을 거쳤을 수도 있었다는 것을 인식하는 것이 중요하다. 그런 형태의 생명체를 발견할 수 있느냐는 다른 문제이다.

■ 지구 온난화, 대기 이산화탄소의 증가와 오존층의 감소는 인류의 활동에 의해 영향을 받은 세 가지 주된 대기의 영향력이다.

한 생명의 대사활성에 기인한다. 생물은 물과 탄소원으로부터 유기탄소를 생성, 합성하는 **광합성** 과정에서 산소를 생성하였다. 광합성과정에서 물에서 수소이온이 제거되면서 산소 기체가 발생하게 된다. 현재 지구의 주된 광합성 생물은 현화식물이다.

화석으로 발견된 최초의 생물은 **시아노박테리아**라는 수생 단세포 광합성 원핵생물이다. 시아노박테리아 화석 중 가장 오래된 것은 35억 년 전 것이다. 35억 년 전에 시아노박테리아가 존재했고 23억 년 전에 대기 산소 농도의 증가한 것을 고려할 때 시아노박테리아가 대기의 조성에 영향을 미칠 때까지 12억 년이 걸렸다고 결론 내릴 수 있다. 광합성은 이산화산소를 소모하기 때문에 시아노박테리아가 많아질수록 대기 중의 이산화탄소 농도는 감소하고 산소는 증가한다. 시간이 흘러 광합성 생물이 증가하고 대기 중의 산소 농도가 증가함에 따라 이산화탄소 농도는 현재 수준인 0.04%까지 감소하였다.

산소 기체는 대기의 상층부까지 이동하였다. 대기 상층부의 산소기체가 자외선 조사에 의해서 오존으로 바뀐 것은 현재 우리가 알고 있는 생명이 발생하기 위해 필요한 사건이다. 형성된 오존은 오존층을 형성하고 지구의 표면과 하층의 대기를 자외선으로부터 보호하게 되었다. 오존층은 현재까지 남아 있다.

산소의 농도가 증가하고 이산화탄소의 농도가 감소함에 따라서 새로운 분자들이 형성되기 시작하였고 새로운 형태의 분자적 조직이 발생하였다. 이들의 기원과 **생명의 기원으로 변환**은 이장의 나머지 부분에서 다루어진다.

막에서 원세포로의 변환

세포가 기원되기 이전에—어떠한 세포의 존재의 증거도 없는 시기에—아미노산과 지방산 그리고 작은 펩타이드들이 존재하였다(3장 참조). 이러한 분자들은 화학적 정의에 따르면 탄소를 포함하고 있기 때문에 **유기분자**들이나, 생명체의 의해 생성되었냐는 관점으로는 유기분자가 아니라 할 수 있다.

막

35억 년 전 어느 시기에 이러한 **무생물 유래 유기분자**들은 구조적으로 뭉쳐지게 되고 지방산의 사슬과 아미노산이 연결된 폴리펩타이드들을 형성했을 것이다. 이러한 긴 사슬 형태의 분자들은 뭉치거나 구를 이루지 않고 그 3차원 구조에 맞도록 선형 분자들로 조직화하였다. 이런 단순한 화학적 사실은 생명이 최초로 기원하였을 때 왜 막구조인 세포에 기반을 두었는지를 설명할 수 있을 것이다. 어떻게 그러한 막들이 형성되었을까?

이러한 분자들의 화학적 특징은 원자 수준에서 특성을 반영한다. 수소 사이의 결합의 형성, 물에 용해하고 수소이온을 내는 능력 등의 근본적인 특성은 분자들이 형성된 이래로 거의 변화가 없다. 한 줄로 연결되고 분자 사슬이 늘어나게 되면 분자 내 구조 및 초분자 구조 형성을 안정화시키게 된다.

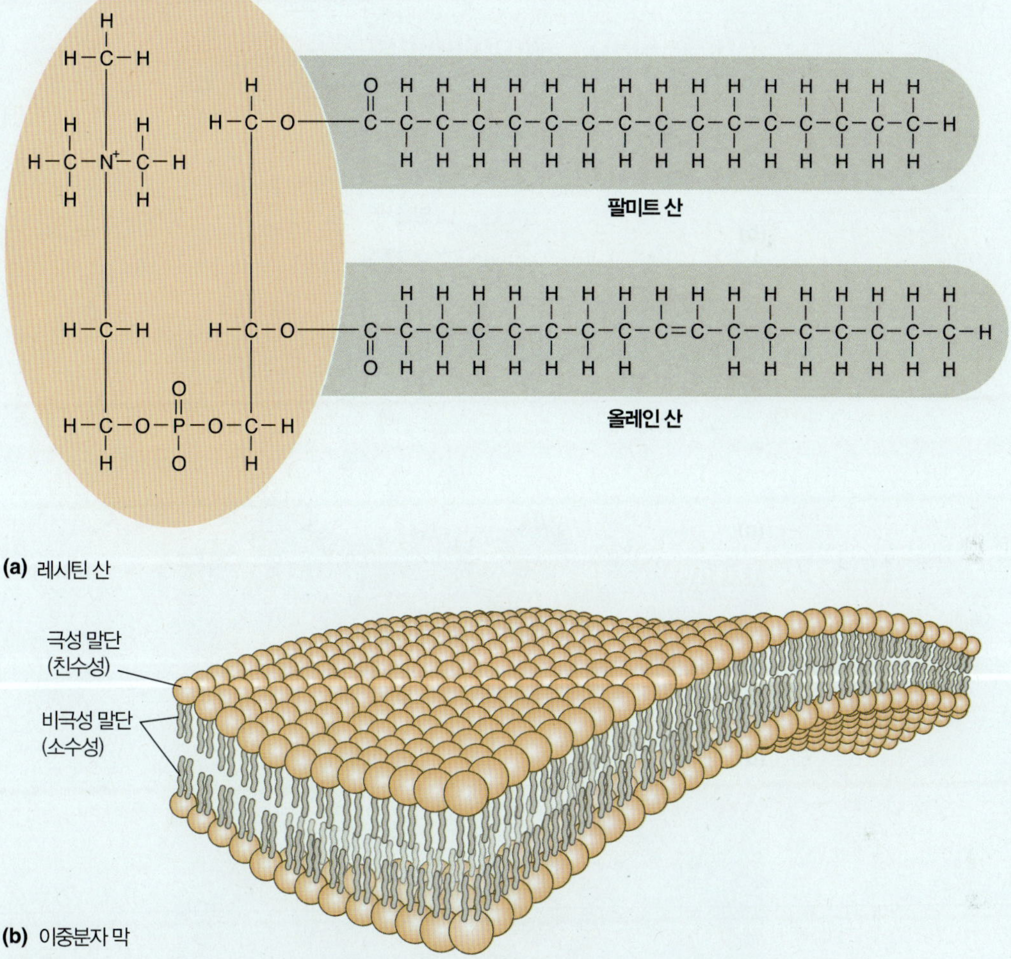

그림 4.2 **(a)** 인지질 분자인 레시틴. **(b)** 물과 접해있는 친수성의 인산기 머리(채색된 구)와 서로 접해있는 소수성의 탄화수소 꼬리에 의해 자가 조직화를 하는 이분자 시트 형태의 인지질의 이중 층의 입체도

인지질은 한 끝에는 인을 포함하고 있는 극성기를 가지고 다른 한 끝에는 비극성 지방산기를 가지는 지질(지방)이다(그림 4.2). **세포막**은 인지질 이중층으로 구성되어 있다. 인지질을 물에 넣으면 극성 말단은 물로 향하고 비극성 말단은 물의 반대방향으로 향하게 된다. 결과적으로 인지질 분자들은 함께 모여서 정렬하여 막을 형성하게 되고 결국 구를 이루고 소포체가 된다(그림 4.2).

원세포

지질 소포체에 붙어 있는 분자들은 소포체 안으로 갇히게 되고 **막으로 이루어진 방울**을 형성하게 된다. 이러한 방울의 형성은 세포의 진화에 중요한 역할을 하였을 것이다. 방울은 많은 양의 지방산을 추가하거나 기계적인 교반에 의해서 크기가 커지게 되며(그림 4.3), 이러한 사건은 고대의 웅덩이이나 연못에서 일어났을 것이다. 크기가 커짐에 따라서 소포체

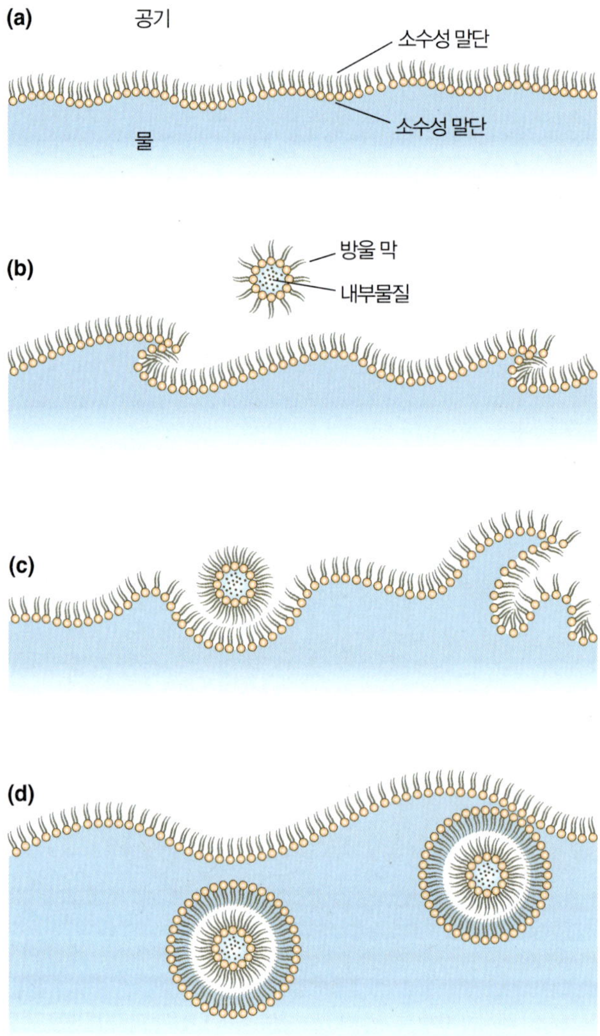

그림 4.3 **(a)** 한 쪽 끝은 물 쪽으로 향하고(친수성) 반대편 끝은 물과 반대편으로 향하는(소수성) 분자들을 포함하는 표면 막. (**b**와 **c**) 교란에 의해서 방울이 형성됨. **(d)** 이중층 소포체의 형성. 이중막 구조는 하나의 이중층 소포체 안에 다른 소포체가 들어가 형성된 것임.

는 막을 사이로 농도의 구배가 유지될 수 있을 만큼 커지게 된다. (pH로 측정되는) 수소이온, 이산화탄소, 산소와 같은 분자들의 농도 구배는 소포체의 안과 밖이 차이가 나도록 만든다. 본질적으로 이러한 소포체에서 다양한 외부 환경에 맞서 그들의 내부 환경을 유지시킬 수 있는 생명의 형태인 최초의 **원세포**가 생겼을 것이다.

원세포 내부의 분자들의 농도 증가는 세포의 진화의 다음 단계를 촉진시켰다. 만약 분자들이 용액에 있었다면 그 진화는 일어났다 할지라도 아주 훨씬 느리게 일어났을 것이다. 그러므로 막에서 원세포가 된 것은 세포 생명의 주요한 특성—원세포가 생존을 위하여 외부의 에너지를 흡수하여 내부 화학 작용을 추진하는 것—이 확립되도록 만들었다.

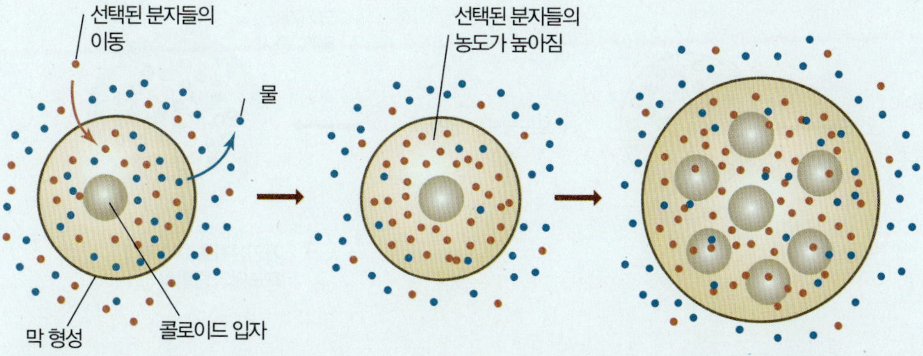

그림 4.4 (뭉쳐진 콜로이드(황갈색 원들)에서 물분자(파란점)의 제거에 의한 코아세르베이트의 형성. 내부의 물은 (염분농도가 증가하는 등의) 탈수작용에 의해 제거되거나, (히스톤과 같은 콜로이드는 염기성이고 핵산과 같은 콜로이드는 산성이기 때문에) 다른 극성의 전하를 가진 콜로이드 입자들이 서로 끌어들이는 과정에서 제거가 된다. (Kenyon, D. H. and G. Steinman. *Biochemical Predestination*. McGraw-Hill, 1969에서 개작)

실험실 연구결과

분자들의 기원을 이해하기 위한 연구(3장 참조)와 함께 막소포체의 형성과 성장에 관한 실험이 1920년대에 시작되었다. 그 형성과 성장이 모두 실험실에서 확인되었다. 분자들을 포함하는 용액을 탈수시키면 방울들이 형성되고 **코아세르베이트**(coacervates, 그림 4.4)로 응집되었다. 중요한 사실은 이 실험에서 방울과 코아세르베이트는 시간에 따라 크기가 증가하였다는 것이다. 방울들에 의한 조직의 형성은 다름이 아닌 이차원 표면에서 생명의 진화에 있어서 결정적인 단계였을 것이다. 이러한 연구의 선구자는 러시아의 생화학자 Aleksandr Oparin(1894 – 1980)이다. 1924년에 Oparin은 현재 생명의 기원에 관한 현대적 이론을 확립하는 논문을 작성하였다. Oparin의 이론은 생명의 기원에 관하여 근본적으로 새로운 관점을 열어주었다. 그의 말에 따르면, "생명체와 무생물간의 근본적인 차이는 없다. 형질과 징후의 복잡한 조합과 같은 생명의 특성은 물질의 진화 과정에서 비롯되었음이 틀림없다."

■ 코아세르베이트는 액체 현탁액에 존재하는 콜로이드 입자들의 구형 집합체이다.

Oparin은 최초로 코아세르베이트를 만들었을 뿐만 아니라 그것들이 성장하는 것을 보여주었다. 또한 방울에 주입된 효소가 과거에는 세포만이 할 수 있는 것으로 여겨졌던 녹말의 합성과 가수분해와 같은 대사작용을 할 수 있는 것을 보여 주었다(그림 4.5). 이것이 중요한 점이다. 생명체 내에서 만들어진 단백질에 의한 것이었던 효소의 기능이 다른 곳에서 합성이 되었다. 무생물적 분자들과 막에서부터 세포가 기원 되었다는 가설이 현실화 되었다. 다시 Oparin의 말을 빌리자면,

> 처음에는 유기물질의 간단한 용액만이 존재하였다… 구성 원자들의 특성에 좌우되어… 점차적으로 크기가 커짐에 따라 분자들의 복잡성이 커지고 새로운 특성들이 창출되었으며 새로운 콜로이드 화학적 질서가 도입되었다. 이런 과정에서 생물학적 질서 정연함은 이미 현저하게 증가되었다. 경쟁, 성장의 속도, 생존 경쟁 그리고 최종적으로 자연 선택은 현재의 생물이 가지고 있는 특성인 어떤 형태의 물질적 조직을 구성하였다.

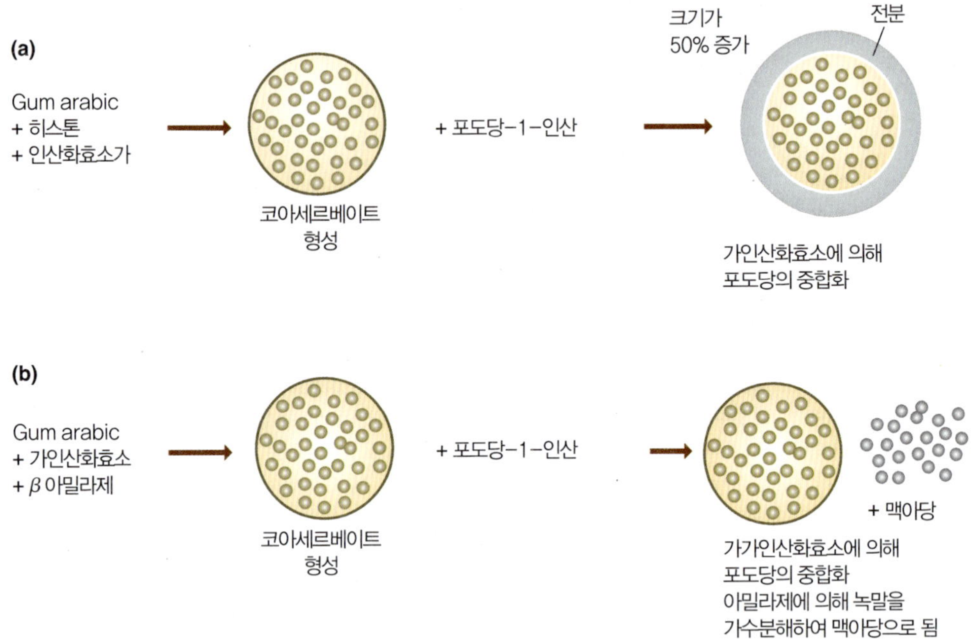

그림 4.5 효소가 방울에 존재하는 코아세르베이트 체제에서 녹말의 합성과 가수분해. **(a)** 가인산분해효소(phosphorylase)는 인산화된 글루코스를 중합하여 녹말을 합성하였다. **(b)** 형성된 녹말은 녹말분해효소(amylase)에 의해서 맥아당(maltose)으로 분해되었다.

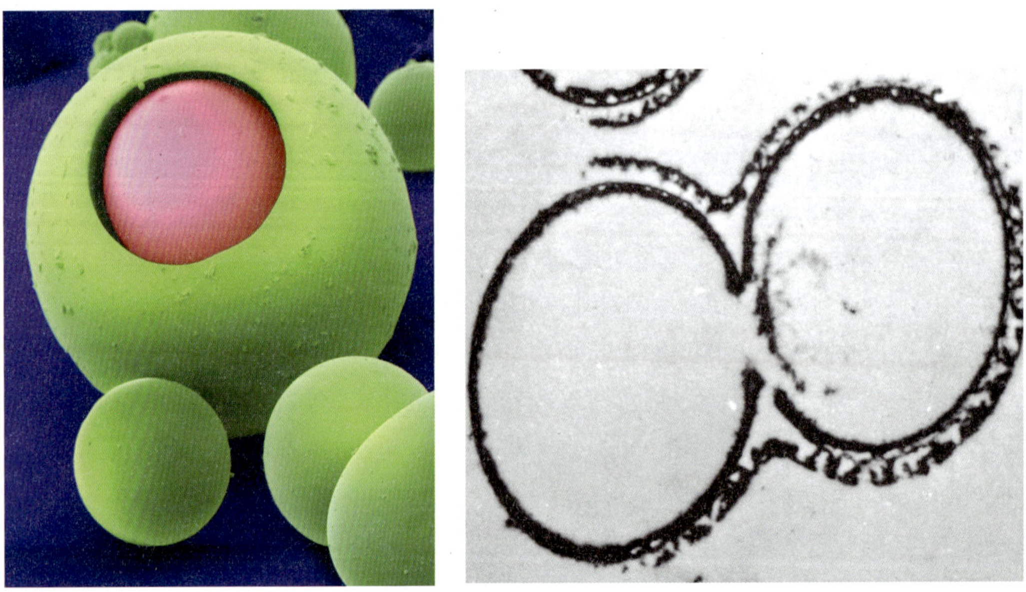

(a) **(b)**

그림 4.6 실험실에서 제조된 미립자. **(a)** 약품을 전달하는 중합체 미립자. **(b)** 프로테노이드 미립자가 이중막을 형성하고 출아를 하고 있는 전자현미경 사진

수십 년 후에 미국의 생화학자 Sidney Fox(1912~1998)는 1g의 중합체를 가열하고 식히면 이중 막을 가진 수억개의 작은 **미립자**들이 형성되는 것을 보여 주었다. 이러한 미립자들의 일부는 세포가 하듯이 분열과 출아를 하였다(그림 4.6). 막소포체, 원세포 및 코아세르베이트처럼 이들 미립자는 배지에서 어떤 것을 받아들이고 다른 것은 배출하여 화학물질을 선택적으로 흡수하였다. 코아세르베이트처럼 미립자는 크기가 커졌으며 생명의 기원의 후보를 연구할 수 있는 실험 재료를 제공하였다.

◆ 선택

선택이 생명의 필수적인 단위와 어떤 관계가 있는지를 조망하는 것은 **개체**, **개체군**, 변이, 선택의 개념을 소개하기 위해 필요하다. 1장에서 소개된 것과 같이 세포보다 상위의 두 가지 기본적인 생명 조직체는 개체들과 개체군들이다. 개체들은 발달하고 성장하고 분열하지만 결국 죽는다. 각 개체는 단지 한 세대 동안 존재하기 때문에 개체들은 진화를 하지 않는다(1장 참조). 하지만 각각의 세대 내의 개체들은 자연선택에 반응을 한다.

■ 선택은 재생산을 통한 개체군의 증가와 한정된 자원, 개체군 내 개체간의 변이, 시간에 따른 환경의 변화 때문에 살아있는 계를 특징 지운다.

생물의 개체군 내에서 상속되는 변화는 시간에 따라 그들 사이의 차이를 이끌어 내는 생물학적 진화의 중심이다. 하나의 개체군은 한 종의 기본적인 생태학적, 생식적 단위이다(1장 참조). 변이는 진화에 원재료를 공급한다(12장 참조). 한 세대에서 다음 세대로 가는 개체군 내의 개체들의 생존과 생식의 격차는 선택의 기본적인 기초가 된다(15장 참조). 한 개체군 내의 개체들 간의 **유전자**(**유전형질**)는 세대에서 세대로 전달이 되며 생명체의 계속된 세대들 내의 개체들의 그 형질(**표현형질**)은 진화한다(1장 참조). 여러세대에 걸친 표현형 선택에 대한 반응의 유전적 축적은 진화를 야기한다 – 다윈의 수정된 상속 – 이는 1장에 간략히 서술되었으며 6장에서 좀 더 깊이 다루어질 것이다.

■ 선택은 유전자의 생식적 성공에 영향을 주는 생식 기작과 생존 기작의 합이다(15장 참조).

선택의 기원

앞부분에서 논의된 실험에서 하나의 중합체 같은 큰 분자에서 형성된 미립자들은 다른 중합체에서 형성된(수백만의) 미립자들과 차이가 있다. 두 개의 특정한 화합물을 섞어 생성된 원세포는 두 개의 다른 화학물질을 섞어 생성된 원세포와 다르다. 미립자들이나 원세포의 각 세트는 다양한 모습의 개개의 미립자나 원세포로 구성되어 있는 하나의 개체군이다(그림 4.6). 무엇보다도 선택이 작용하는 변이가 이러한 개체군 내에 존재했을 것이다.

변이와 선택이 실험실이나, 동물 또는 식물의 인공적인 번식의 결과나, 약품이나 살충제에 노출이 되었을 때 일어나는 것을 **인위선택**이라고 한다. 자연에서 변이와 선택이 일어 난 경우에는 **자연선택**이다. 근본적으로 그 과정들은 동일하다. 선택의 진화와 관련하여

- 선택은 균질하지 않은 최초의 분자들의 개체군이 지구상에 나타났을 때부터 시작되었을 것이다. 이를 분자 선택이라고 부른다.
- 원세포 간의 선택은 최초의 균질하지 않은(크기가 다르고 에너지를 얻고 이용하는 효

율이 다른) 원세포의 개체군이 출현하였을 때부터 시작 되었을 것이다. 이를 원세포 선택이라고 한다.

- 자원이나 에너지가 제한이 되어 있다면 맬더스 선택의 전형적인 조건이다 – 이 선택은 Charles Darwin에의 해서 자연계에 적용됨에 따라 생명을 위한 투쟁이 되었다(제6장 참조).

선택과 상속

우리는 이러한 분자적, 원세포적인 수준에서의 선택은 유전적 상속 체계를 가지고 있지 않는다는 것을 깨닫게 될 것이다. 생존력의 차이와 유전은 별개이다. 알다시피 대물림은 생명에 필수적이기 때문에, 이러한 분자들/원세포와 이들의 차등생존의 존재만으로 이런 초기 형태를 최초의 생명이라고 하기에는 의문이 든다. 재생산되지 않는 분자들과 원세포의 시간에 따른 구성의 변화는 생물학적이 아닌 화학적 진화를 대표하며 이는 생명이 아니라는 의견이 있다. 여기에 관련되는 분자들과 원세포들는 살아있는 것이 아니다. 그들은 생물학적인 존재가 아니다. 생물학적 진화는 유지되고, 재생산되는 생명체들 사이에서 상속되는 차이에서 비롯되는 변화이다.

선택의 유무로 막소포체의 구조화된 화학 활성들이 생물인지 무생물인지를 결정하기에 충분하다는 것은 주관적이다. 이는 우리가 분자, 세포, 에너지 전달, 상속에 의해서 생명을 정의하기 때문이다. 이러한 원세포들이 살아 있는지 죽어있는지는 중요하지가 않다. Oparin이 1920년대에 깨달았듯이 선택은 분자들과 생명체들을 연결시키는 필수적인 과정이다. 실험실에서 몇단계의 선택과정에 의해 수조개의 무작위 RNA 분자들에서부터 특정한 리보자임이 얻어졌다는 사실은(3장 참조) 선택은 상위 단계의 구조체 없이도 분자들에게 작용한다는 것을 보여준다.

선택과 생명의 세포적 기반

선택은 부적합한 것에서 적합한 것으로, 열등한 것에서 우수한 것으로 변화시키는 단순한 수동적인 기제가 아니다. 오랜 지속성 때문에 선택은 계속적인 적응을 가능케 하여 새로운 조직체가 생성, 유지 될 수 있게 한다.

■ 한 쌍의 염색체만 가지고 있는 유일한 진핵생물은 호주 고유종인 잭 점퍼 불독 개미(*Myrmeciapilosula*)이다. 일배체인 수컷들은 하나의 세포에 하나의 염색체만 가지고 있다.

어떤 의견에 따르면 **세포적 수준의 조직체**는 생물을 무생물과 구분 짓는 기준이며, 이에 따라 바이러스는 생물과 무생물의 경계에 있는 존재로 놓아 둔다(아래 참조). 다른 사람들은 유전암호를 필수 조건으로 이야기 한다. 다른 의견으로는 유전 암호는 선택의 결과를 미래 세대에 전달하고 세포 분열 과정을 제공함으로서 세대 간의 전달에 영향을 준다고 한다. 중요한 점은 생명의 출현은 각각의 단계에서 새로운 수준의 활성과 조직이 나타나는 점진적이고 증분되는 과정이라는 점이다.

염색체와 세포 분열

생명의 가장 기본적인 특성 중에 하나는 생존과 복제에 필요한 반응을 할 수 있는 능력이다. 유전자가 **염색체**(세포 분열 시 복제되는 핵 내 구조)로 뭉치는 것은 세포 분열과 유전을 결부시키는 물리적 기전을 제공한다. 염색체에 배열된 뉴클레오타이즈의 집합(유전자들)으로 된 유전 정보의 전달은 세포 분열과 함께 일어 난다(7장 참조). 유전자들이 염색체에 나뉘는 것은 원핵생물과 진핵생물에 따라 다르다. 원핵생물은 하나의(종종 원형의) 염색체로 이루어져 있으며 진핵생물의 경우 단지 하나의 예외를 제외하면 적어도 두 개(한 쌍)에서 1,260개(630쌍)가 있다. 세포 분열 과정 또한 원핵생물과 진핵생물은 차이가 있다.

■ 가장 많은 수의 염색체는 살모사 혀 고사리(*Ophioglossumreticulatum*)가 가진 1260개이다. 중생대까지 거슬러가는 오랜 진화의 역사를 가진 쇠뜨기(*Equisetum arvense*, 그림 10.8)는 216개의 염색체를 가지고 있다. 동물에서는 아메리카가재, *Cambarus clarkia*가 200개, (개미 중에 가장 많은 수를 가진) 브라질개미, *Dinoponera lucida*가 106개의 염색체를 가지고 있다.

박테리아와 같은 **원핵 세포**에서는 분열은 **이분열**에 의해서 일어난다. 세포막과 붙어있는 하나의 원형 염색체가 복제가 되어(DNA가 두 배로 복사되고) 각기 따로 세포막에 결합되어 있는 두 개의 염색체가 생성된다. 분열된 세포는 각기 하나의 염색체를 가지고 있는 두 개의 딸 세포가 된다. 원핵 세균 세포는 20에서 30분만에 이분열을 할 수 있어서 무섭게 증식할 수 있다. 이상적인 조건에서 20분에 한번 분열하는 하나의 세균 세포에서 7시간 만에 백만개 이상의 세균을 생산할 수 있으며 5.5억 개 이상의 세균을 10시간 만에 생산할 수 있다.

진핵생물의 세 주요 집단인 진균류, 식물(10장 참조), 동물(11장 참조)에서 볼 수 있는

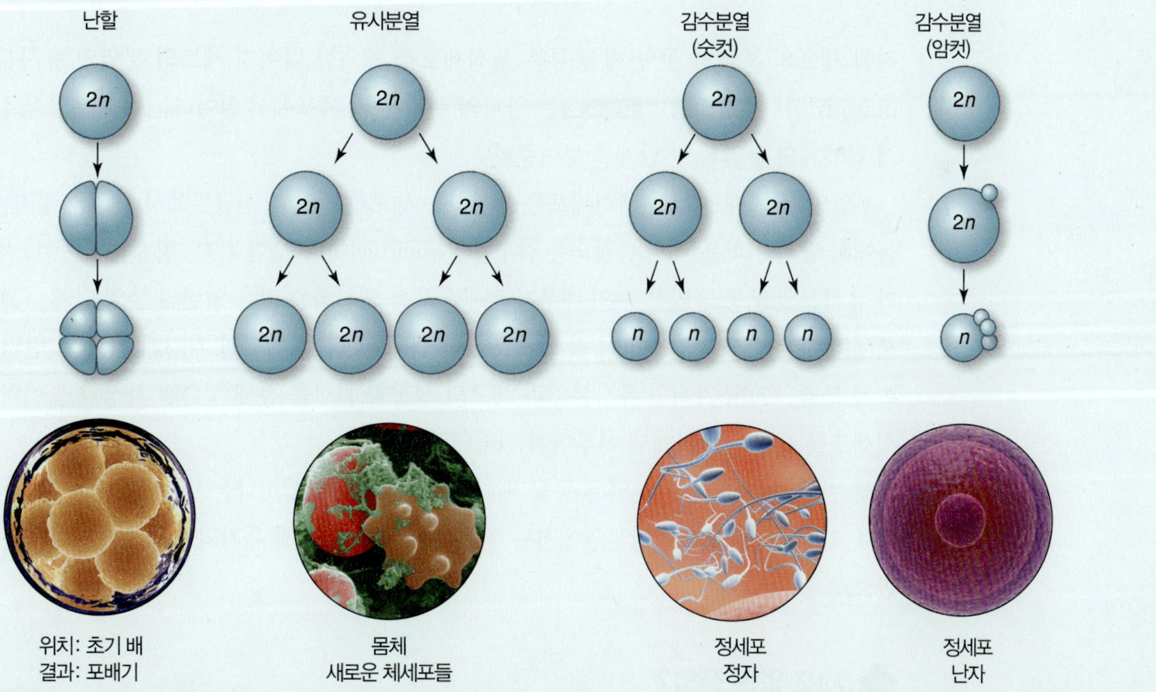

그림 4.7 세 종류의 세포 분열(난할, 유사분열, 감수분열)의 세포의 크기와 염색체의 수에 따른 기본적인 차이점. 수정란의 난할에서는 세포의 크기는 각각의 분열에서 세포질의 균등 분할에 의해 감소하고 서로 인접되어 다세포 형태의 배아를 형성한다. 모든 세포는 이배체(2*n*)이다. 체세포의 유사분열에서는 세포가 생장하여 새로운 세포질이 형성되기 때문에 세포의 크기는 분열 후에도 동일하게 유지되며 모든 세포는 이배체(2*n*)이다. 감수분열과정에서 염색체의 감소 방법은 자웅 생식 세포 모두 동일하나 그 운명은 다르다. 수 생식 계열에서는 세포질의 균등한 배분으로 같은 크기의 네 개의 정자 세포(정세포)가 만들어진다. 반면에 암 생식 계열에서는 비균등한 세포질의 배분으로 인하여 하나의 큰 세포와 세 개의 작은 세포가 생성이 되고 큰 세포만 난자가 된다. 암수 생식계열모두 감수분열은 염색체의 수를 이배체(2*n*)에서 일배체(*n*)로 줄여준다.

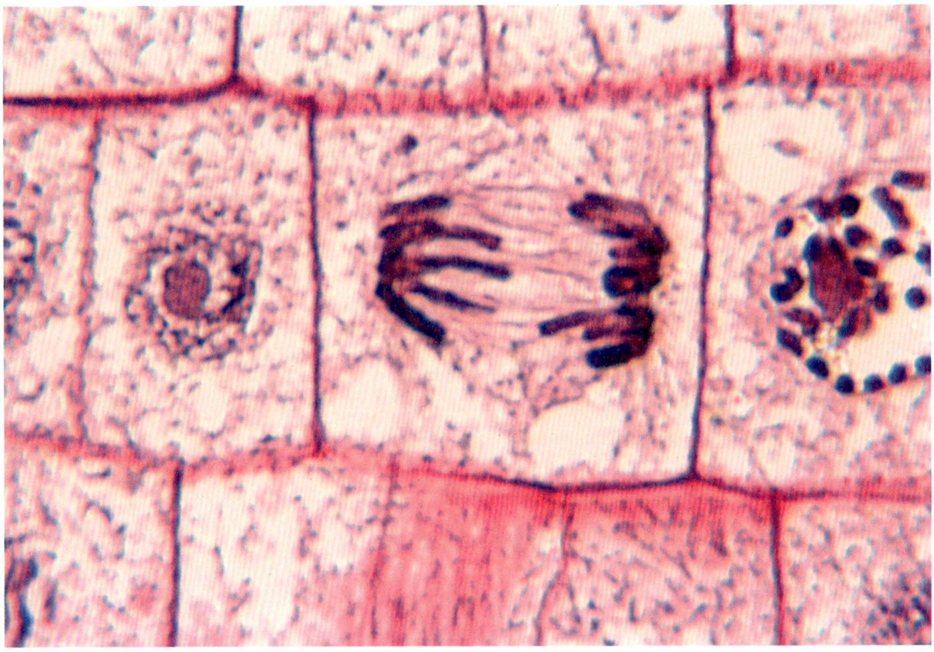

그림 4.6 양파의 뿌리의 말단의 세포에서 일어나는 분열과정에서 방추체에 의한 염색체의 분배 (가운데 그림)

진핵 세포의 분열의 첫 번째 종류는 생식세포를 제외한 나머지 세포의 분열인 유사분열(mitosis)이다(그림 4.7). 그림 4.8는 양파의 뿌리 말단 세포에서 일어나는 유사분열 과정에서 염색체의 분열의 한 단계를 보여준다.

분열의 두 번째 종류는 생식세포를 생산하는 세포주(동물과 진균류에서 난자와 정자, 식물에서 밑씨와 화분)에서 관찰되는 **감수분열**(meiosis)이다(그림 4.7). 감수분열은 (1) 세포가 유사분열을 통해 많은 수의 배우자 전구세포를 생산하는 많은 일련의 분열 단계, (2) 염색체의 수가 반으로 감소하여 각 딸세포가 염색체 한 쌍 중 하나만 가지게 되는 두 번의 연속적 분열, (3) 추가적인 유사분열과 세포의 성장과 분화를 통해 성숙된 자성과 웅성의 생식세포를 생산하는 단계로 이루어져 있다(7장 참조).

세 번째 종류의 세포 분열은 동물 배아의 발달 초기에 일어나는 **난할**(cleavage)이다(그림 4.7). 유사분열과 난할분열에서는 염색체 수는 동일하게 유지되며 감수분열에서는 절반으로 줄어든다.

세포 없는 생명?

생명체의 기반이자 유전정보를 세대간에 전달할 수 있는 수단을 제공하는 염색체, 세포 조직, 세포 분열의 중요성에 대한 배경지식은 두 개의 비세포 형태의 존재가 살아있는지, 아닌지를 결정할 수 있게 한다. 이들은 바로 **프라이온**과 **바이러스**이다.

프라이온

프라이온은 DNA나 RNA를 포함하지 않는데도 불구하고 생명체와 어울려 살아있는 존재로서 기능을 한다. 프라이온은 단백질 분해 효소 감수성 세포막 프라이온 단백질인 PrPc에서 유래한 가장 작은 감염체로 알려져 있다. 프라이온은 세포 단백질을 새로운 단백질로 변형시킬 수 있는 살아 있는 세포에 존재할 때만 기능을 한다.

프라이온 단백질 PrP는 용해성, 단백질 분해 효소 감수성 형태(PrPc)와 비용해성, 단백질 분해 효소 저항성 형태(PrPSc)의 두가지 형태로 존재한다. PrPc에서 PrPSc로 전환은 PrPSc에 의한 감염성 획득과 뇌의 아밀로이드 섬유 덩어리의 침전과 관련이 있다. 비록 프라이온 단백질의 서열은 유전적으로 결정이 되지만 그 구조를 변화시키는 상호작용은 추가적인 유전 정보 없이도 세포와 개체들 사이에서 전달되고 재생산된다.

프라이온 단백질은 일반적으로는 무해하나 3차원 구조에서 병원성 변화를 일으켜 다른 프라이온 단백질을 자기와 같은 형태로 변화시킨다. 이러한 도미노 효과를 통하여 **프라이온병**은 급속하게 진행된다. 프라이온은 프라이온 단백질을 계속적으로 병원성 형태로 변화시키면서 비핵산 감염체로 놀랄만큼 잘 작용한다. 프라이온은 뇌 세포에 침투하고 단백질 합성을 장악하여 사람의 신경퇴화(크로이펠트-야콥병)와 소의 광우병(우해면상뇌증)를 야기하는 원인체로 여겨지고 있다.

■ 프라이온 단백질(PrPSc)와 같은 서열을 가지고 있는 프라이온이 다른 질병 상태를 야기할수 있다. 이는 프라이온의 아직까지 밝혀지지 않은 기능의 한 단면이다.

프라이온은 또한 죽은 친척의 뇌를 먹는 풍습을 가진 뉴기니의 포레부족의 "웃다 죽는 병", 쿠루병의 원인체로도 알려져 있다. 전염성해면상뇌증인 쿠루병은 신체 협응력의 상실, 치매, (역설적이게도) 과다 웃음 등이 질병의 진행을 알려주는 증상이다.

바이러스

독소와 독을 의미하는 라틴어인 virus를 어원으로 바이러스는 생명체 차체라기보다는 생명체와 관련된 존재를 일컫는다. 전형적인 정의는 "바이러스는 숙주 세포 밖에서는 성장하거나 복제되지 않는 현미경으로 관찰되지 않는 감염체" 나 "바이러스는 숙주 세포의 내부에서만 복제되는 비세포성 존재" 이다. **담배모자이크바이러스**(TMV)는 1899년 최초로 발견된 바이러스이다. 그 이후 모든 생명체에서부터 5000개 이상의 바이러스가 서술되었다. 모든 바이러스는 단백질 외피와 DNA 또는 RNA로 이루어진 유전자를 가지고 있어서 **DNA 바이러스와 RNA 바이러스**라고 하기도 한다.

■ 이는 왜 컴퓨터를 감염시키고 재생산되고 큰 피해를 입히고 숙주 프로그램을 파괴시키기까지 하는 소프트웨어 프로그램을 *바이러스*라고 하는지에 대한 이유이다.

2003년도에 발견되고 *Acanthamoeba polyphaga* mimivirus(APMV)라고 명명된 아메바를 감염시키는 새로운 종류의 바이러스인 **미미바이러스**(mimivirus)는 바이러스 중 가장 크며 (900개의 단백질 유전자를 가진) 가장 큰 유전체를 가지고 있다. 또한 21개의 유전자를 가진 작은 바이러스가 아메바의 미미바이러스과 관련되어 발견되었는데 아메바를 감염하지 않고 미미바이러스를 감염하는 것으로 밝혀졌다. APMV는 아직까지 이런 특성을 가진 유일한 바이러스지만 바이러스를 감염시키는 바이러스는 생물과 무생물의 연결 고리에 관한

■ 호주의 토끼와 점액종 바이러스와 상호작용과 공진화는 14장에서 다루어진다.

새로운 관점을 제시한다. 바이러스는 일견 작은 양의 정보에서 얻을 수 있는 3차원 구조의 세련됨에 대해서 많은 이야기를 해 줄 수 있을 것이다.

인공적으로 만들어진 가장 간단한 세포 생명체는 대략 300개의 유전자를 가지고 있다(유전자의 정의는 Box 1.3 참조). 쉽게 이용할 수 있는 DNA를 이용하여 세균을 감염시키고 죽일 수 있는 5,386개의 염기쌍을 가진 바이러스가 실험실에서 만들어 졌다. 물론 이는 현대 생명체의 특성인 DNA-단백질 체제를 이용해서 생산이 된다. 이런 간단한 생명조차(선택이 작용했을) 최초의 생명체 보다 매우 훨씬 복잡했을 것이 틀림없다.

생명

프라이온과 바이러스가 세포 밖에 있는 경우 살아 있다고 할 수 있는가? 세포는 생명의 구성단위라는 생명의 정의에 따르면 그렇지 않다. 프라이온은 잘 못 형성된 단백질이며 세포의 생산물로 살아 있는 세포 안에 있지 않으면 기능을 하지 못한다. 이러한 점은 프라이온(과 바이러스)을 생명의 경계에 있다라고 할 수 있게 한다.

바이러스와 프라이온에 대한 논의는 3장의 끝에 서술된 생명의 속성에 다음과 같은 문장을 추가 하도록 만들었다.

1. 세포는 생명의 구성단위이며 생명은 막 구조를 기반으로 한다. 최초의 원세포는 생명의 기원을 대표하며 프라이온과 바이러스는 살아 있지 않다.
2. 생명은 내부의 화학 작용을 추진하기 위해 외부에서 에너지를 얻는데 관여한다.
3. 생명체는 생존과 복제에 필요한 반응을 수행할 수 있다.
4. 개체와 개체군은 세포 수준 이상의 생명의 필수적인 두 조직체다.

"생명이란 무엇인가?", "생명은 언제 출현했는가?"의 두 질문에 답하는 과정의 요약으로 이 네 개의 관점은 3장의 말미에 제시된 생명의 속성에 관한 관점과 함께 BOX 4.1 에서 통합되었다. 3장과 본 장에 제시된 결론과(아래에 서술된) 철학자인 Robert A. Wilson이 2005년에 피력한 생명의 기준을 비교하는 것은 유익할 것이다. 생명체란

- 비균질하고 특화되어 있는 부분을 포함한다.
- 다양한 내부 기전을 가지고 있다.
- 핵산과 단백질을 포함한 다양한 유기 분자들을 가지고 있다.
- 성장하고 발달한다.
- 재생산한다.
- 손상됐을 때 스스로 수리한다.
- 대사활동을 한다.
- 환경에 적응한다.
- 적합환 환경(니치)을 만들 수 있다.

BOX 4.1

생명이란 무엇인가?

생물과 무생물을 구분 지을 수 있도록 하는 생명의 정의의 속성은 다음과 같다. 이러한 결론에 대한 증거들은 3장과 4장에 제시되어 있다.

1. 생명은 DNA, RNA, 단백질의 세 종의 분자들과 연결되어 있다. 그러나 바이러스는 DNA와 단백질 또는 RNA와 단백질로 이루어져 있다. 단백질은 시험관에서 생성될 수 있다. 아미노산은 운석에서 발견되었으며 생명의 우주에서 아주 초기부터 존재하였다.
2. 생명이 세대에서 세대로의 유전 정보의 전달로 정의 되면 핵산(DNA와 RNA)는 기본적인 생명의 분자들이다.
3. 생명이 탄소를 기반으로 한 구조, 기능, 물질 대사의 조직화로 정의되면 탄소는 생명과 생물체의 원소이다.
4. 생명은 외부의 물질과 에너지를 물질대사, 성장, 발달과 같은 과정으로 변환시켜주는 능력으로 정의 될 수 있다.
5. 세포는 생명의 단위이며 생명은 막구조를 기반으로 한다. 따라서 바이러스와 프라이온은 살아있지 않다.
6. 생명체는 생존과 복제에 필요한 반응을 수행한다.
7. 생명체는 개체와 개체의 집단(개체군)으로 존재한다.

언제 생명이 발생했는가?

아래에 제시된 답은 생명의 정의에 의존한다. 이러한 결론에 대한 증거는 3장과 4장에서 발견할 수 있을 것이다.

1. 45억 년 전 경에 최초의 분자들이 생성이 되었고 38억 년에서 35억 년 전에 최초의 세포나 최초의 생명체가 생성되었을 것으로 여겨지고 있다.
2. 생명체에 의해 생성되는 분자들(생물학적 유기 분자들)이 생명이 없는 환경에서 무생물적으로 형성될 수 있거나 생명체의 기원 이전에 형성될 수 있기 때문에 무생물적 분자들의 생산과 최초의 생명 사이에 연속체가 있을 것이다.
3. 생명은 세포 조직을 필요로 하기 때문에 생명은 최초의 원세포에서 생성되었다.

진화를 할 수 있는 능력 또한 또 다른 중요한 생명의 기준이다.

Wilson은 이 아홉 개의 기준에 두 개의 기준(재생산되는 혈통에 포함될 것과 최소한의 기능적 자율성을 가질 것)을 추가하여 생명체를 정의하는 목록을 늘렸다. 다음 장에서 논의될 것과 같이 Charles Darwin은 재생산되는 혈통으로서의 생명체는 공유하는 진화적 역사를 통해서 서로 연관이 되어 있다는 것을 입증하였다.

추천 문헌

Chela-Flores, J., G. Lemarchand, and J. Oró (eds.), 2002. *Astrobiology: Origins from the Big Bang to Civilization*. Kluwer Academic Press, Dordrecht, The Netherlands.

Knoll, A. H., 2003. *Life on a Young Planet: The First Three Billion Years of Evolution on Earth*. Princeton University Press, Princeton, NJ.

Miller, G., 2009. Could they all be prion diseases? *Science*, **326**, 1337–1339.

Morowitz, H. J., 2002. *The Emergence of Everything: How the World Became Complex*. Oxford University Press, New York.

Oparin, A. I., 1952. *The Origin of Life*. New York: Dover (first published in 1938).

Rasmussen, B., I. R. Fletcher, J. J. Brocks, and M. R. Kilburn, 2008. Reassessing the first appearance of eukaryotes and cyanobacteria. Nature **455**, 1101–1104.

TIME Magazine, 2006. Nature's Extremes. Inside the Great Natural Disasters That Shape Life on Earth. Time, New York.

Wilson, R. A., 2005. *Genes and the Agents of Life: The Individual in the Fragile Sciences*. Cambridge University Press, Cambridge, England.

III

다윈, 월레스, 자연선택과 유전

5 다윈과 비이글호의 항해

단원요약

- 찰스 다윈은 부유한 중상류의 영국가정출신
- 찰스 다윈의 조부 에라스무스는 생물은 시간에 따라 변한다는 것을 신뢰
- 다윈은 변변치 않은 의학도였지만 훌륭한 지질학자이며, 박물학자였다.
- H.M.S. Beagle 호를 타고 1831년에 여행할 기회는 다윈에게 굉장한 자연의 변이에 노출
- 1836년에 다윈은 귀환하고 결혼하고 독자적인 박물학자로서 생물에 대한 몰입
- 다윈은 인생의 후반부를 병명을 모르는 질병으로 고생
- 다윈은 하나의 조상에서 유래한 공통의 자손으로부터 생물종 사이의 유연관계를 설명
- 다윈은 자연도태에 의한 진화이론을 제안
- 화석기록, 생물의 지리적인 분포, 가축화는 다른 이론의 증거

위 그림: Galapagos 군도에 있는 바다 이구아나.

개요

1831년 12월말 경 비이글호를 타고 찰스 다윈은 그의 유명한 항해를 하였다. 그때에 이미 지구는 오래되었으며, 화석은 멸종된 종을 대표하며, 많은 종들은 서로 유연관계를 나누며,

많은 이들은 생물종들은 이전에 존재하던 종들의 후손이라는 것을 알았다. 생물종들 사이에 유사성이나 차이에 대한 기본은 알려져 있지 않으며, 어떻게 종들이 시간이 흐르면서 변화하는 기작에 대해서는 설명하기가 어렵다. 다윈은 훌륭한 박물학자이며 지질학자였다.

비이글호를 타고 5년간 항해를 하는 동안, 지구 암석의 과거의 변형의 증거를 마련해주는 지질학적인 형성과 마찬가지로 생물종들의 지리적인 분포와 종들의 밀접한 유사성에 주목하였다.

그는 많은 화석과 현생종들의 표본을 수집하였으며, 자연을 밀접하게 관찰하고 생물종들이 어떻게 형성되었는지 질문을 하였다. 영국으로 돌아온 몇 개월 후에, 종의 분포와 변이에 대한 최초의 정리를 시작하고, 이러한 변화 현상은 종들이 시간에 따라 변화할 수 있다는 것으로만 설명이 가능하다는 것을 인식하였다. 많은 시간을 종의 성질에 대하여 고찰하였지만, 종의 변화가 어떻게 일어날 수 있었는지 모든 조각들을 맞출 수는 없었다. 20년 이상 해답을 찾으면서, 다양한 이론과 가설들을 섭렵하였다. 가장 확고한 이론중의 하나는 Jean-Baptiste Lamarck가 완성한 앞 세대에서 용-불용설에 기초한 형질의 유전에 대한 이론이었다. 우리는 이것을 라마르크의 유전으로 알고 있다. 다윈이 자기의 자연선택 이론을 발전시키면서(6장 참조), 용-불용으로 인하여 구조가 남거나 없어지며, 또한 획득형질이 유전될 수 있다는 라마르크의 개념을 채용하였다.

19세기 초까지 지구에 생존하는 생물의 다양성을 과학적으로 설명하기 위한 많은 개념들이 나타났다.

- Scotsman James Hutton(1726~1797)과 같은 지질학자는 지질학적인 년대에 대한 개념을 발전시켰고, 다윈은 지구의 나이를 수백만 년으로 생각하였다(Box 2.2).
- 자연사학자와 많은 대중들은 화석종의 존재를 인식하였다(BOX 5.1).
- 계통분류학자, 비교해부학자와 발생학자들은 많은 다른 종들 사이에 밀접한 유연성을 정리하였다.
- 전부 다는 아니지만 과학자들은 생물종은 이전에 생존했던 생물종으로부터 유전을 통해 유래하였다는 것을 확신했다.

3가지 가장 중요한 의문이 남아있었다. 종을 어떻게 생각할 것인가? 자연의 어떤 원인과 메카니즘이 생물을 변화시키는가? 어떤 유전 메카니즘이 새로운 종을 만들어 내는가?

1895년에 다윈은 진화생물학에 기초를 둔 생물과학적으로 자연사를 변형시키는 생물의 변화에 대한 이론을 마련하였다.

20세기 초까지 유전의 법칙은 알려지지 않았다. "종의 기원"이 출판된 이후에 오스트리아의 신부인 Gregor Mendel(1822~1884)이 완두콩을 이용한 유전실험에서 생물학적 유전의 기본물질에 대한 핵심적인 기초를 마련하였다(7장 참조). 7장에서 언급하는 것처럼 Mendel의 실험은 40년간 알려지지 않았다. 세포학적으로 세대간에 전달되는 유전물질에 대한 정보는 더욱이 알려지지 않았다. 염색체는 1888년까지 발견되지 않았으며, 1910년까지 개개의 생물종의 세포내에 일정한 수의 염색체가 알려지지 않았고, 유전에서 염색체의 기능은 한참 뒤까지 발견되지 않았다.

BOX 5.1

화석

과거에 생존했던 생물 사이에 진화적인 유연관계와 과거 생물의 긴 역사를 이해하기 위해서 가장 중요한 기초는 남아있는 화석을 연구하는 것이었다.

16세기와 17세기동안 화석(돌로 불렸음)은 많은 이들이 이것을 신의 창조물로 간주하거나, 인간의 존경의 표시로 지구에 존재하는 물질로 여기거나, 신에 의해 자연적으로 만들어진 것으로 생각하였다(그림 B5.1). 어떤 이는 화석을 어떤 생물종의 멸종의 원인으로, 자연의 계획상 실패를 보여주는 것으로 추측하기도 했다. 그들에게 화석은 lusi naturae("자연의 우스개")였다.

농학자, 식물학자, 화석수집가 그리고 미국의 제3대 대통령이었던 Thomas Jefferson (1743 ~ 1826)은 멸종된 발톱나무늘보의 화석(*Megalonix jeffersoni*)을 발견했을 때, 그는 이 화석생물이 미국 내에 아직 발견되지 않았지만 여전히 살아있는 거대한 사자로 생각하였다(그림 B5.2). 다른 사람들처럼 제퍼슨도 이들 종들이 멸종된 것이 아니라 아주 희귀한 생물종으로 생각하였다. "그들은 자연의 경제적 산물이며, 신이 만든 동물들 중의 어느 하나도 멸종되도록 허락된 사례는 없으며, 신이 만든 큰 작품 속에 연관된 산물로 쉽게 부서질 만큼 대단히 약한 것들이다." 다른 이론은 화석은 창세기에 나오는 노아의 홍수로 인하여 생긴 것으로, 지구를 만들 때 종교적으로 인간의 신앙을 시험하기 위해 갖다 놓은 존재로 설명하였다. 다른 반대 이론들은 화석의 존재를 제시했고, 화석의 기원을 자연사적으로 설명하려는 시도를 했다. 2장에 설명한 것처럼, Cuvier는 젊은 암석의 화석이 오래된 암석의 화석보다 현재의 생물과 유사하다는 것을 관찰하였다.

다윈의 시대에는 화석기록은 매우 드물고 우연히 발견되었다. 화석은 해양, 호수, 강바닥, 사막 등에서 퇴적으로 생긴 퇴적암에서 많이 발견되었다.

화석은 어떤 지역에는 알려져 있지만 다른 지역에서는 없었다(그림 B5.3). 비록 퇴적 환경이었지만, 많은 생물의 사체가 분해되거나 화석이 되어도 암석이 침식으로 부서지기 때문이었다.

집단의 고립이 계속되면서, 변이가 계속 나타났다. 같은 장소에서 같은 종의 중간형질들은 드물게 발견되었는데, 위에 언급한 것처럼 이것이 제퍼슨의 딜레마였다. 한 장소에서 조상형에서 자손형까지 진화의 진행과정을 보여주는 화석이 완벽하게 나타나지 않았다. 그럼에도 불구하고, 화석은 확실한 진화의 증거를 마련하였으며, 이 화석증거를 Charles Darwin은 생물종들 사이에 역사적인 변화를 합리적으로 설명하는 증거로 사용하였으며, 후손들의 집단은 진화로 모두를 연결시킬 수 있다는 증거로 사용하였다.

(계속)

BOX 5.1

화석 (계속)

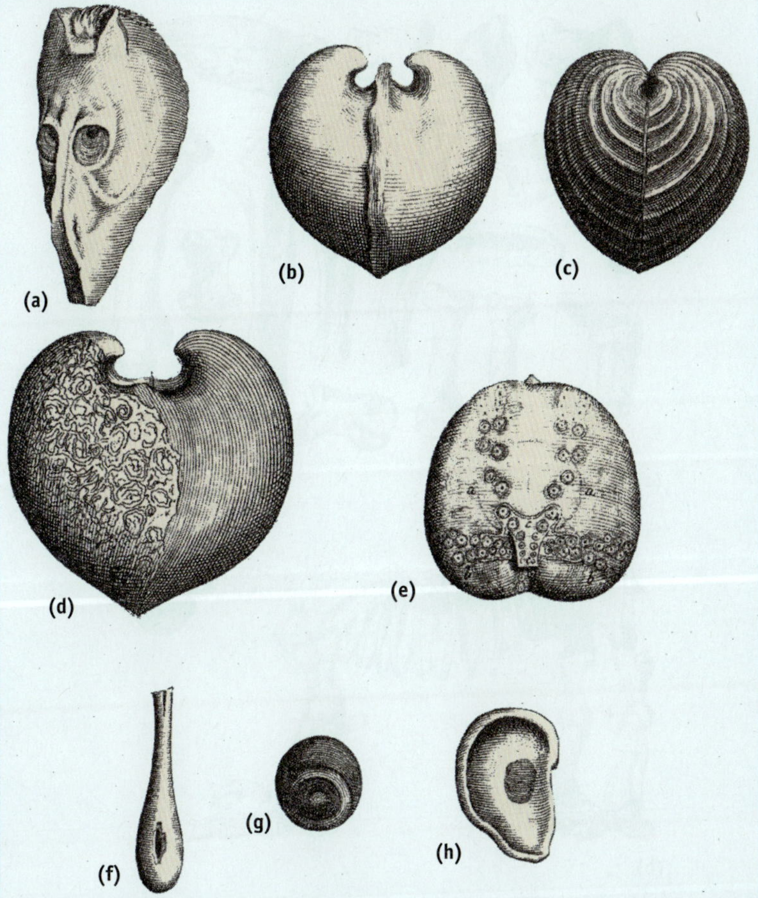

그림 B5.1 Robert Plot(1676)이 쓴 "*Natural history of Oxfordshire*"의 그림 7의 한 부분으로 자연적으로 형성된 돌들을 사람의 신체의 일부로 해석한 모습, 심장(a–d), a의 구멍을 심장의 심실로부터 혈관이 나오는 것으로 해석; 뇌(e, 소뇌 celebellum, 연수 Medulla oblongata); 신경(f, 후각신경 olfactory nerve); 백내장에 의해 불분명해진 눈(g);외이(external ear, pina)(h) *Natural history of Oxfordshire*에서 7도판을 일부변경, 1676).

(계속)

BOX 5.1

화석 (계속)

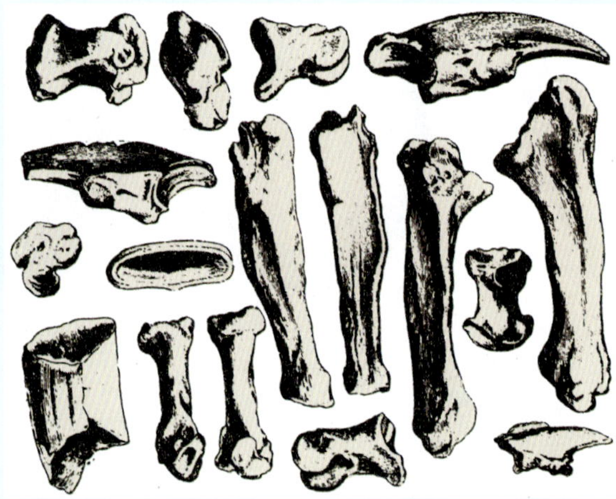

(a)

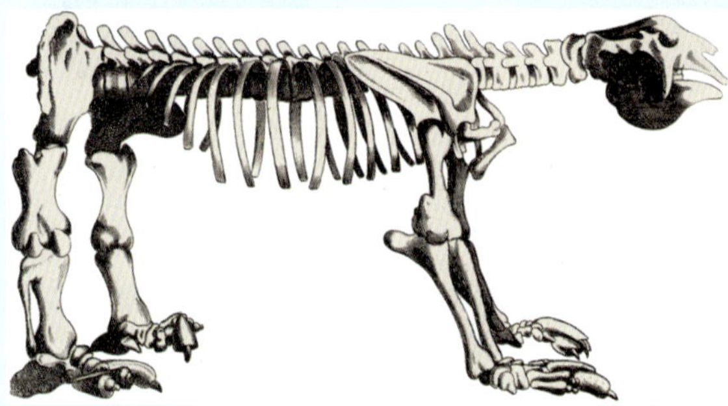

(b)

그림 B5.2 **(a)** 1796년 서부 버지니아에서 발견된 멸종된 거대 나무늘보의 일부 뼈들, *Megaronix jeffersoni*. **(b)** Cuvier가 조립한 유사한 남미 거대나무늘보의 골격, *Megetherium*. 두 종의 나무늘보는 빈치류로 잘라내는 이빨이 없으며, 발톱을 가진 포유류이다.

(계속)

BOX 5.1

화석 (계속)

그림 B5.3 청소동물로부터 시체를 보호하는 물환경 속에서 한 동물이 죽은 후 화석이 되는 과정. 깊은 물 속에서는 산소가 적어지면서 부패를 방지한다. 시체는 토사에 점점 파묻히고(3), 흙이 여러 층으로 쌓이면서, 퇴적암으로 굳어진다(5). 침식으로 화석의 표면이 노출된다(6).

종의 정의

종을 어떻게 인식할 것인가 하는 문제는 이미 수천 년간 지속되었다. 수십 년간 그 문제에 대하여 노력했음에도 다윈은 종의 속성에 대한 문제를 풀지 못하였다. 왜 그랬을까?

지난 2천년동안 서유럽을 지배한 플라톤(Plato)의 **형이상학적 철학**은 이상적인 미지의 세계의 진정한 본질은 불완전하게 표현한 것이라는 개념이었다(BOX 5.2). 플라톤의 이념에 따라 아리스토텔레스(Aristotle)은 종은 불변이며, 가장 불완전한 종으로부터 가장 완벽한 종까지 계층적 순위가 있는데, 이 개념은 수 세기동안 "Great Chain of Being–**존재의 큰 사슬**"이라는 뜻으로 정의되어 왔다(BOX 5.3).

본질의 세계는 완전하며, 모든 변화는 환상(illusory)이라는 개념의 철학이 유지되었다. 이러한 불변의 순서는 우주는 불완전하다는 것을 제안한 Gottfried Leibniz(1646~1716)와 같은 철학자들이 자연의 사슬에 설명할 수 없는 틈이 있다는 것을 주장할 때 까지 불문율로 남아있었다. Leibniz에게 종의 진화는 우주가 완전함을 향해 전진하는 한 부분이었다. 그의 철학은 완벽한 우주라는 개념으로 부터 완벽한 우주로 진행하고 있다는 개념으로 주요한 발상의 전환점이었다.

자연주의자이며 역사학자인 Charles Bonner(1장 참조)는 완전한 종을 향한 진전에 대하여 설명하기를 어떤 생물종의 종자로부터 발생은 이전 세대들의 종자 내에 물려진 사전에 형성된 계획을 펼치는 것이라는 개념이었다. 진전의 개념은 어떤 특별한 종말을 향하여 필요성과 방향성은 목적론의 구성이었다.

종의 개념

다윈 이전의 종의 개념은 위에 언급한 내용과 Box 5.2에 언급한 개념으로 나타났다. 현재는 3개의 주요한 종의 개념이 있다. 이 개념은 아래에 소개하며, 14장에서 더 자세히 설명하고자 한다.

■ 1장에서 언급한 것처럼, 형질(*feature*, *character*)이란 용어는 생물종을 식별할 수 있는 속성들 가리키며, 형태적(푸른 눈), 행동적(굴착행동), 기능적(산소호흡) 또는 분자적(헤모글로빈 유전자) 형질 등이 있다.

- **형태학적 종**(morphological species 때때로 형태적 종:morphospecies)은 다른 생물종이 공유하는 형질보다 종 내에 공유하는 형질을 가진 개체들끼리의 모임을 바탕으로 한다.
- **생물학적인 종**(Biological species)은 개체군사이에 생식 가능한 자손을 가지며, 다른 개체군 집단사이에서는 생식이 불가능(생식적 고립) 한 경우이다. 이러한 속성 때문에 생물학적 종의 개념은 화석종이나 단세포생물에게는 적용할 수 없다. 잡종의 생성 때문에, 이 개념은 식물이나 균류에게 적용하기 어려운 경우도 있다.
- **진화학적 종**(paleontological species)은 형태, 유전, 분자, 행동 및 생태학적 특징을 사용하여 서로 간에 진화적 고립성을 바탕으로 설명한다.

네 번째 종의 개념으로 형태학적 종의 아류로 고생물학적 종(paleological species)이 있다. 생식적 고립은 화석으로 결정할 수 없기 때문에, 고생물학적 종은 생물학적 종이 아니다. 일련의 고생물학적 종은 조상형이나 자손형으로 동정될 수 있는 상황에서는 고생물학적 종은 진화적 종으로 인식될 수 있다(16장 참조).

BOX 5.2
플라톤, 이상주의, 종의 개념

논리와 사고를 통하여, 합리적으로 세계를 이해하려는 시도들이 그리스에서 기원전 5세기 부터 시작되었다.

서양적 사고에 엄청난 충격을 주었던 Aristotle을 이은 플라톤(428~348 B.C)은 세상에서 우리들의 경험은 모든 시간동안 진리와 영원한 이상(ideal)이 지배하는 그림자에 불과하다. 플라톤에 따르면, 우리가 **형이상학**(idealism)으로 알고 있는 철학으로 대부분의 사물은 원래 그 같은 영원한 이상의 형태이다.

플라톤과 추종자들은 이상적 일반성만이 진실이며, 그 밖의 것은 모두 단순히 환상으로 가정하였다. 플라톤은 "공화제; 정치- The Republic"라는 어록에서 비유를 들면, 철학을 잃어버린 인간은 동굴에 갇힌 죄수와 같으며, 벽에서 흔들리고 일그러진 그림자 또는 직접 볼 수 없는 물체의 그림자와 같다. 이러한 굴레는 빛을 향하여 머리를 돌리지 못하도록 방해한다. 결국은 보고 있는 일그러지거나 그림자를 진실로 오해한다. 그러나 변하지 않는 인간과 사물은 진정한 "본질" 또는 "형"이다.

인간사회에 대한 플라톤의 목표는 이상적인 완전성을 얻고 이해하기 위한 경험을 사용하는 것이다. 플라톤의 저술에서 아름다움, 진실, 공정함의 중심에 있다는 믿음과 모두가 이런 목표를 이룰 수 있는 사회를 만드는 형태의 필요성을 목표로 가지고 있다. 천체의 움직임을 설명하는 완벽한 원형의 개념, 완벽한 숫자 6(1 + 2 + 3)과 10(1 + 2 + 3 + 4), 그리고 모들 물질이 환원되는 4가지 요소-흙, 물, 불, 공기-들은 완벽함을 위한 탐구에 들어 있다. 이 주제에 대한 변이는 다양하다. Empedoceles(C.490~430 B.C)는 두 가지 원리를 추가하였는데, 사랑 모든 요소들을 함께 하도록 하는 것이며, 미움은 이 모두를 분리시킨다. 독일의 자연철학자인 Lorenz Oken(1779~1851)은 신비로운 수자를 존중하면서, 가장 이상적인 수학적인 개념은 영(0-zero)이며, 따라서 신 또는 "지고의 이상"은 영이라고 제안하였다.

넓은 의미에서, 형이상학은 경험으로부터 선별한 관념의 실행이다. 고양이는 모든 고양이를 포함하는 개념으로, 특정한 동물을 의미하지 않는다. 관념은 우리의 경험을 일반화시키고, 고양이와 호랑이를 구분하며, 고양이는 귀여우며, 호랑이로부터 도망치고, 이러한 일반적인 개념이나 우주와 소통하며, 상징적인 언어를 통해 다른 것과 소통한다.

이러한 관념에도 불구하고, 일반성은 항상 신뢰할 수 없다. 경험은 일반성을 변화시키는 데, 고양이와 호랑이는 항상 같지 않다. **자연과학자들**의 큰 딜레마는 항상 한 집단의 구성원간의 차이의 실체를 인식하고, 집단 자체의 실체를 인지하는 것이었다. 형이상학은 진리의 두 가지를 실질적으로 조화시키는 것이다.

우리가 어떤 새로운 일반성을 인식하자마자 우리들의 원래의 개념을 수정하는 많은 사례들을 발견한다. 플라톤에게 물체의 모습은 그것의 기능으로부터 이해할 수 있는데, 기능이 모습을 지배한다. 우주의 형태는 외부의 창조자가 불어넣은 선과 조화의 기능으로부터 유래하였다. 생물학의 창시자로 존경받는 아리스토틀은 생물의 배(embryo)의 초기 발생과 마지막 단계인 성체를 지적하면서 미성숙 형태에서 일어나는 변화를 설명하고, 이러한 개념을 수정하였다. 이러한 설명은 **목적적**(목표를 지적함)이었는데, 성체는 배아의 마지막 목표를 표시한다.

■ 자연과학자(*natural scientists*) 또는 자연사학자(*natural historian*)의 용어는 20세기전의 학자들이 사용하고, 과학자(*scientists*)의 용어는 1830년부터 쓰였다.

■ 발생학(*Embryology*) 20세기 중반까지 배 발생의 연구에 사용되었으며, 발생학은 20세기 초에 형태 또는 실험 부분으로 구분되었으며, 다른 과목으로 배웠다. 1950년대에 발생학(Embryology)은 발생생물학(*Developmental Biology*)으로 이름을 바꾸었다.

찰스 다윈(Charles Darwin)

진보적인 개념과 그 방법을 정리한 찰스 다윈에 대하여, 사회와 종교적으로 반항적인 그에 대하여 많은 자서전이 쓰였다(그림 5.1). 다윈에 대해 자서전을 쓴 많은 전기작가들처럼 Adrian Desmond와 James Moore(1991)에게 불가사의한 것은

> 어떻게 30세의 야망을 가진 남자가 비밀의 책을 공개하였으며(1837), 대지주의 아들이며, 캠브리지대학에서 공부하고, 한때 성직자가 되기를 희망하였으며, 전 가족이 과격하거나 급진적인 깡패를 미워했던 사람으로서, 겁도 없이 머리 없는 연체동물이 인류의 조상이라고 제안하였는가?

■ 이것은 흥미로운 언급이다. 일부 학자들은 ErasmusDarwin(다윈의 조부)을 성급하며 과격한 급진주의자로 생각하였다.

다윈의 일생은 빠른 변화가 진행되는 사회에 살았으며, 호기심과 행동적이고 지적으로 창의적인 사람으로 용감했지만 겁도 많았다.

다윈은 유복한 의사였던 부친인 Robert Darwin(1766~1848)과 조부인 Erasmus Darwin(1731~1802)이 물려준 재산이 많아 부유한 중상류의 영국가정에서 태어났다. Erasmus는 진화에 대하여 초보적으로 생각하였으며 작가였다. 그의 동년배들은 다윈을 다양한 과학자로 생각하였으며, Herbert Spencer는 생존경쟁—생존을 위한 투쟁(struggle for existence)의 용어를 만들었으며(6장 참조)—Erasmus의 견해에 영향을 받았다. 진화에 대한 많은 탐색을 하면서, 비록 어떤 역사학자들은 초기의 진화에 대한 그의 생각은 다윈의 진화론의 발전에 적은 영향을 주었다고 믿고 있지만, 다윈은 조부의 진화에 대한 생각을 인식하였다.

16세에 문법학교를 떠나 의학공부를 위해 에딘버러대학으로 갔다. 당시의 수술과정은 참혹할 정도로 잔혹하였다. 2번의 수술을 본 후-한 번은 어린이 수술-다윈은 결코 의사가 되고 싶지 않았다. 다윈은 영국 성공회의 목사가 되기 위해 캠브리지대학으로 옮겼다. 그렇지만 그의 관심은 학문이나 종교적인 추구보다 수렵, 채집, 자연사, 식물학 및 지질학 등을 좋아하였다. 다윈은 정형화된 고지식한 강의를 싫어하고, 더 이상 의학도도 아니었다. 아버지는 다윈이 가족의 신뢰와 근면한 직업관을 배신했다고 생각하여 "너는 사격, 개, 쥐잡기를 제외하면, 의미가 없는 일을 하고 있어, 자신과 가족의 명예를 떨어뜨리고 있다"고 책망하였다.

■ 호위함은 두 개의 돛대를 가지고 네모난 돛을 가진 호위함(그림 5.2).

1831년에 John Henslow(1796~1861), 캠브리지대학의 식물학과 Regius 교수와 Josiah Wedgewood(1769~1848)의 추천을 받아 다윈은 정부를 위해서, 더 깊은 연구를 시작하였는데, *H.M.S. Beagle*호(그림 5.2)를 타고 세계를 향한 유명한 항해를 시작하였다. 비이글호는 10문의 대포를 가지고, 27미터의 길이와 240톤의 무게를 가진 호위함이었다. 1831년(다윈이 항해를 시작한 해)에 항해는 세계 일주항해로 경도를 측정하거나 남아메리카의 연안의 해도를 그리는 것이었다.

다윈의 직책은 박물학자가 아니라 광범위한 지리적 조사를 하는 해군 함정에서 영국해군

본부가 만든 특수 무급직이었다. 항해를 하는 동안 다윈의 첫 번째 역할은 함장인 Robertz FitzRoy의 식사 동반자였으며, 박물학조사는 그의 두 번째 임무였다.

■ Robertz FitzRoy (1805~1865)는 경험이 많은해군 사관으로 부함장이었다. 유능한 항해자인 그는 지진예찰 전문가였으며, 대기압을 측정하기 위한 기압계를 창안하였다. 그는 2년간 뉴질란드의 제독을 수행하였다.

해군본부는 다윈을 학문적으로 저명하거나 캠브리지에서 학업을 마친 중요한 인물로 취급하지 않았다. 솜씨가 좋은 사격, 신사, 운동가로서 충분하였다. 이미 해군이 임명한 박물학자이며, 배의 의사로 Robert McCormick(1800~1890)가 있었다.

5년간(1831년 12월~1836년 10월), 비이글호를 타고 탐사동안 다윈은 아마추어에서 헌신적인 지질학자와 박물학자로 변화하였다. Henslow에게 보낸 다윈의 편지에서 보면 그

BOX 5.3

생명체의 대사슬

한때는 종의 이상적 개념으로 종을 설명할 때, 신으로부터 기원되고, 자연의 디자인이라는 개념에 몰입되었다. 플라톤은 종은 최초의 종의 틀에서 나중에 복제가 된 종으로 정의하였으며, "이 세상을 가장 공정하고 가장 완벽한 지적인 생물체로 만들기 위한 신의 바람은 자연에 존재하는 다른 생물체와 같이 살아있는 가시적인 생물체를 만들었다." 아리스토텔레스는 생물종은 각각의 형태를 갖춘 하나의 긴 사슬-**자연의 척도**(Scale of nature)라는 관점으로 발전시켰다. 즉 각각의 형태는 가장 완벽하지 못한 형태로부터 가장 완벽한 형태로 발전되는 과정까지 이어지는 것으로 보았다(그림 6.1 참조). 이러한 개념은 유럽 사고의 역사에서 오랫동안 계속되었으며, 나중에 **자연의 사다리**(ladder of Nature)와 **생명체의 긴 사슬**(Great chain of Being)이라는 생각으로 이어졌으며, 이러한 관점은 나중에 **생명체의 나무**(tree of life) 또는 **생명체의 생명체 공통계통도**(universal tree of life)와 같은 개념으로 발전되었다(Utol-8장 참조).

철학적으로는 아주 만족스러운 결과였지만, 인간을 자연의 사다리에서 가장 상위에 놓지는 않았다. 인간과 완벽한 존재인 신(God)과의 사이에 많은 단계가 있었으며, 매우 낮은 단계에 인간이 위치하는 것으로 절망을 느꼈으며, 인간보다 하등한 생물이 많다는 점에서 위안을 하였다. 18세기에는 이러한 생명체의 사다리 개념이 받아 들여졌다.

형태학(morphology)의 용어를 창안하고, 박식한 학자였던 Johann von Goethe(1749~1832)는 모든 생물체가 기본설계(Bauplan-Archetype)를 바탕으로 기원되었다고 생각하였다. 괴테는 식물의 형태는 하나의 조상형 식물(Urpflanze-ancestral plant)에서 유래했으며, 잎(leaf)처럼 가장 기본적인 기관(organ)에서 줄기, 뿌리 및 꽃 등의 구조가 유래된 변이로 보았다(그림 B5.4).

동물도 마찬가지로, 두개골(skull)은 척추뼈(vertebra)의 변형이며, 척추뼈는 가장 원시골격(Urskeleton)으로 동물의 기본틀을 구성한다고 생각하였다(그림 B5.4b).

생명체의 사다리 개념을 주장하는 사람들은 생물체사이에 일정한 관계와 질서를 가지며, 사회와 정치적 질서를 지지하고 정당화하는 데도 이러한 관계를 강조하였다. Voltaire란 필명으로 잘 알려진 Francoirs-Marie Arouet(1694~1778)는 이러한 자연의 사다리 개념에 이의를 제기하면서, 종들 사이의 간격은 불완전과 완전함 사이에 발전을 연결하는 많은 계단들과 일치하지 않는다고 보았다. 이러한 간격을 채워주는 살아있는 생물종은 없었기 때문에 Voltaire는 이 간격이 생물종의 멸종으로부터 생겼다고 제안하였다. 생물체의 대사슬 개념은 동물과 식물 분류에 큰 영향을 끼쳤으며, 생명체의 사다리에 빈 계단을 채우는 많은 생물종을 찾고자 하였다. 이러한 이상적인 자연에 대한 관점에도 불구하고, 완벽한 생물종사이에 많은 중간 단계가 존재한다는 생각이 있었다. 19세기 초반까지 진화의 기본 개념은-한 종이 다른 종으로 변화-생명체 긴 사슬의 수많은 계단사이에는 철학적인 개념의 실제적인 변화를 요구하였다.

■ 다윈의 진화이론을 뒷받침하는 분류학이나 진화로 생물의 기본적인 분지에 대한 개념이 과소평가되고 있다(참조 Winsor, 2009).

가 채집한 식물, 동물, 화석, 광물 표본 등과 수많은 관찰 결과를 심지어는 그가 영국으로 돌아오기 전에도 과학적으로 흥미로운 지식을 재평가하고 있었다. 다윈의 항해내용은 *Journal of Research*에 "*FitzRoy* 선장과 세계일주 비이글호에서 방문한 지역의 지질학과 자연사"라는 제목으로 발표하였다.

비이글호의 항해에 대한 요약본은 19세기 초반에 발간된 탐험의 기록으로 가장 인상적인 책의 하나이다. 비이글호의 항해는 단순한 순회나 여행이 아니었다.

1995년에 발간된 책에서 Keith Tompson은 "비이글호는 매우 복잡하고, 시대적인 기대가 컸지만, 매우 협소한 곳이었다. 배의 크기는 야구장 베이스 두 개의 길이로 27.4 m였으며, 다윈은 배의 용골 선미에 있는 선실에서 다른 2명의 사관과 함께 잠을 잤다. 이 선실에는 3*1.8 m의 해도가 놓인 책상이 있었고, 많은 지도와 표본과 장비를 넣는 책장이 있었다. 다윈은 그저 몸을 돌아설 수 있는 정도의 공간만을 가졌다."

BOX 5.3

생명체의 대사슬 (*계속*)

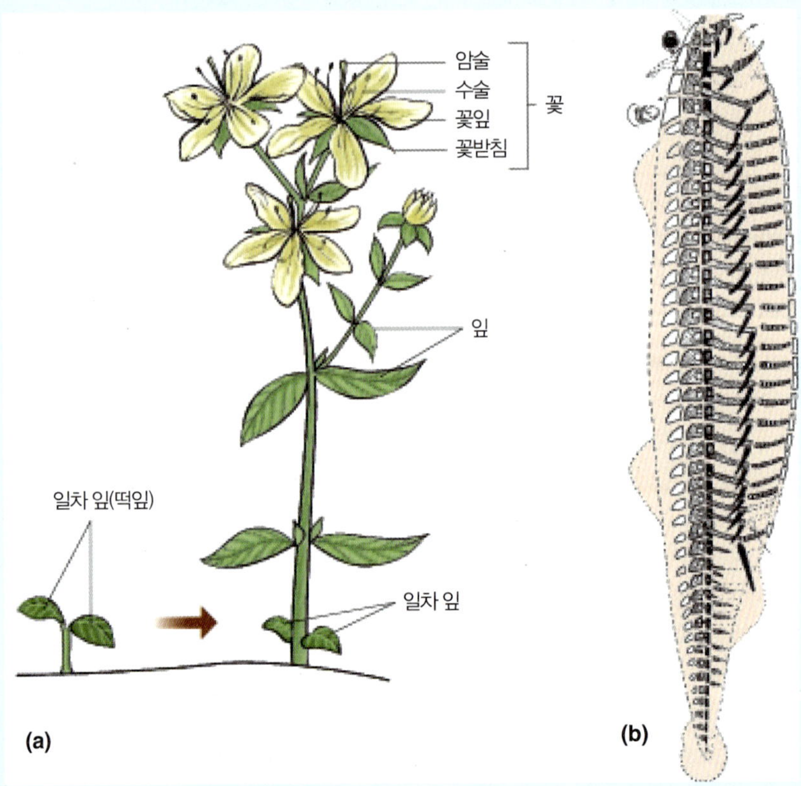

그림 B5.4 식물과 동물이 원형. 이상적인 식물**(a)**은 잎으로부터 모든 식물의 부분들이 파생한다는 괴테의 개념을 보여준다. Owen이 그린 척추동물 골격의 체절**(b)**은 머리부터 꼬리까지 유사하다.

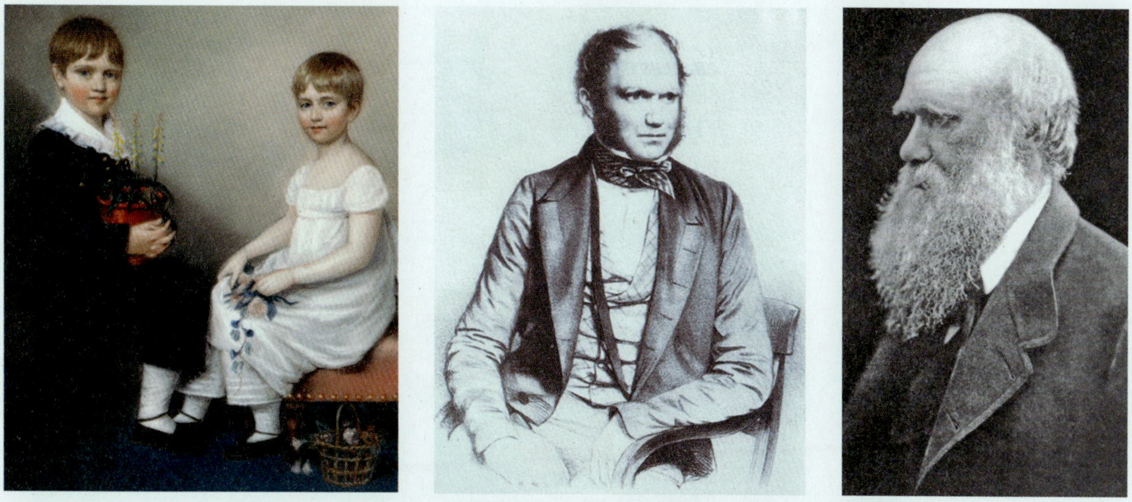

(a) (b) (c)

그림 5.1 찰스 다윈의 모습. 8세**(a)**, 40세**(b)**, 이후**(c)**.

영국에 돌아오면서 다윈에게 생긴 큰 수입과 유산은 직업을 갖지 않고, 생물학에만 전념할 수 있게 하였다. 사촌인 Emma Wedgewood(1808~1896)와 결혼하고, 1842년에 런던에서 23 km 떨어진 켄트(Kent)에 정착하고 큰 가족을 이루는 가정을 꾸렸다.

1882년 그가 사망할 때까지 40년간을 집에서 거주할 때, 심장박동(심계항진)이 빨라지고, 발진, 위장장애 등을 가진 환자로서 살았다. 그의 질병에 대한 원인은 알려지지 않았다. 다윈의 질병에 대한 원인의 추정은 사람마다 달랐는데, 심장과 소화기에 감염하는 트리파노조마(Chagas deases)와 같은 기생충 감염증, 당시의 치료법인 중금속 투여로 인한 혈액중독, 공황장애로 인한 심리적인 질병 등이었다. 다윈은 다정다감한 성품으로 가족을 대하였으며, 부인의 성심어린 위안으로 평안함을 얻었다. 때때로 사람들은 다윈은 완벽한 환자였으며, 부인인 엠마는 완벽한 간호원으로 평했다. 질병으로 인하여 세상과 격리되었지만, 그는 편지와 저술을 통해 사회와 학계와 박물학자, 학자, 사육가들과 광범위한 소통을 하였다. 이러한 아이디어의 교류는 그의 연구에 정말 중요하였다. Janet Browne(2006)이 주장한 것처럼, 1660년대에 창설된 당시 영국의 잘 발달된 우편체계가 다윈의 성공을 위한 결정적 기초가 되었다.

비이글호의 항해

5년간 비이글호(그림 5.3)를 타고 한 항해는 다윈에게 광범위한 생물종들과 지질학적 형성에 대하여 관찰하고 생각하게 하였다. 그는 브라질 열대 숲속에서 새, 곤충, 거미, 식물 등을 채집하였다. 아르헨티나 해안의 Punta Alta에서는 6m가 넘는 화석 나무늘보 *Megetherium* (그림 5.2)의 뼈화석을 발굴하였으며, 코뿔소와 비슷한 말굽동물인 *Toxodon*, 거대한 아르마

(a)

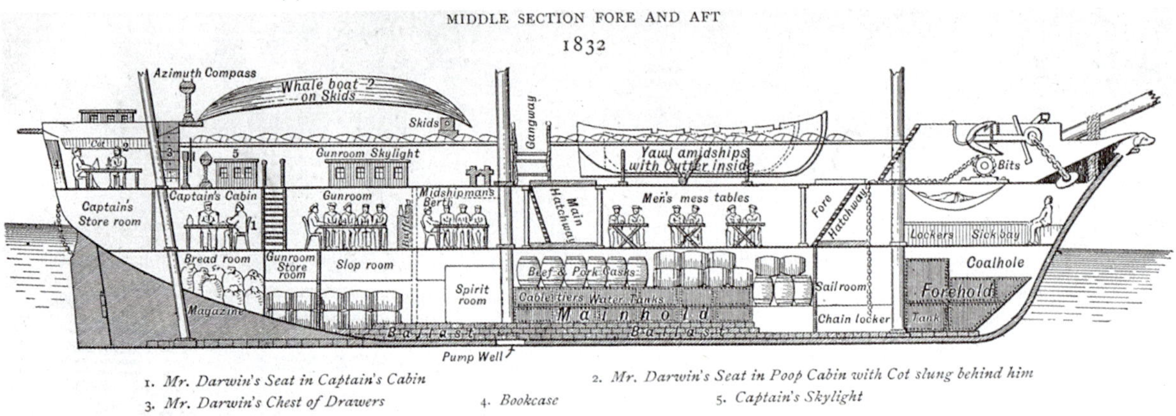

(b)

그림 5.2 **(a)** 남아메리카 말단의 마젤란 해협에 정박한 *H.M.S.*Beagle 호. (H.M.S. 는 His Majestic's Ship의 약자임). **(b)** 다윈의 동료 선원이 그린 Beagle호의 내부 모습. 배의 일반적인 선실들과 70명의 선원들이 생활하는 배 내부 비좁은 공간.

딜로 *Gryptodon*(그림 B18.2), 그리고 현생동물과 닮았지만, 동정이 어려운 많은 동물들의 화석을 발견하였다. 남미의 남단에 있는 Tierra Del Fugo 인디안의 원시성과 야생성, 특히 이들이 힘들고 혹독한 환경 속에서 생존을 하는 모습에 깊은 인상을 받았다.

항해 동안 피츠로이 함장이 준 Challes Lyell의 "지질학의 원리"의 초판을 가져 갔다. 그가 답사한 여러 곳의 지형들의 지질학적 특징을 부지런히 정리하였다. 남미의 지형적 경관을 만드는 지질학적 특징을 설명하기 위해 지형의 융기과정(라이웰의 책 표지 그림 인용, 그림 2.6)을 설명하는 해수면 위의 여러 지역에서 바다조개의 껍질이 분포하며, 대지가 융기한 후 침식된 지형의 단면 등의 많은 증거를 수집하였다. 다윈이 칠레의 연안 Coception

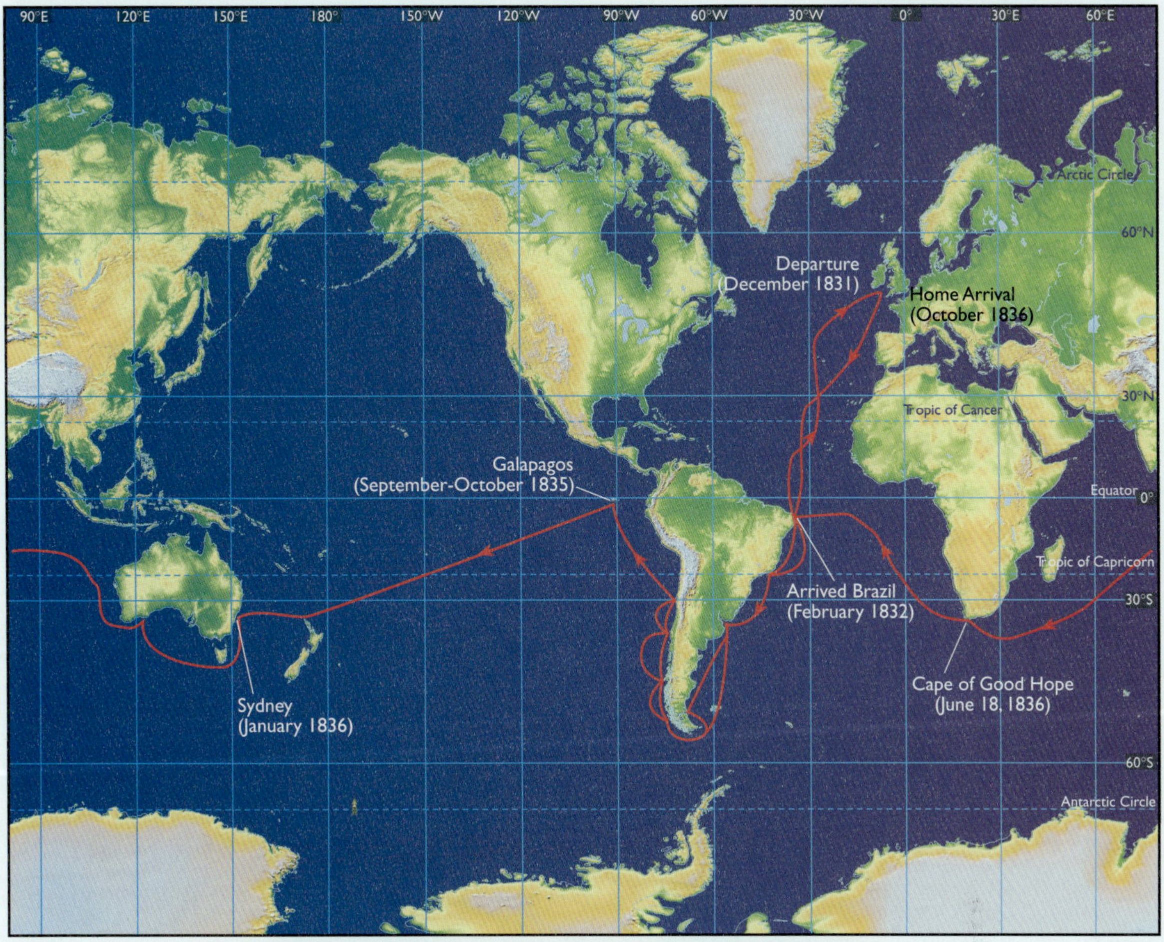

그림 5.3 1831년 12월 영국의 Plmouth에서 출발하여 1836년 11월에 영국의 Falmouth에 도착한 비이글호의 5년간의 항해경로. 거의 4년간은 남미에서 그중 몇 개월은 갈라파고스섬들(1835년 9월~10월)에서 보냈다.

Bay에 있을 때, 지진이 일어나 지층이 1~3 m가 오르는 경험을 하였다. 이러한 경험은 다윈이 가지고 있던 통일성이나 점진성에 대한 믿음을 흔들지는 못했지만 큰 영향을 주었다.

> 한 때의 심한 지진이 우리들의 연결을 깨지는 못하였다. 단단함의 상징인 지구는 물위에 떠 있는 껍질처럼 우리의 발밑에서 움직였다. 짧은 시간에 마음속에서 불안함이 일어나고, 한동안 반응을 할 수 없었다.

에쿠아도르의 연안에서 떨어진 황량하고 용암이 덮고 있는 갈라파고스 섬들에서 보낸 경험은 몇 년 뒤 진화에 대하여 다윈에게 큰 영향을 주었다. 대륙으로 800 km 떨어진 여기서 다윈은 갈라파고스 큰거북, 등에 독특한 돌기가 난 대형 열대 도마뱀 1m 길이의 바다 및 육지 이구아나(그림 5.4와 이 장의 표지그림)와 많은 독특한 식물, 곤충, 바다조개 등의 생물을 채집하였다.

다윈이 대륙에서 주목한 것처럼, 환경적으로 지리적으로 다른 지역에 있는 유사한 섬들

그림 5.4 갈라파고스의 육지 이구아나

에서 항상 유사한 종들이 살고 있는 것은 아니었다. 다윈은 갈라파고스 섬들에서 다른 종의 거북이 각 섬마다 살고 있다는 사실에 특히 충격적이었다. 곤충을 먹는 휘파람새와 딱따구리는 없었으며, 다양한 핀치새가 살고 있었는데, 대부분 종자를 먹는 핀치새가 분포하며, 곤충을 먹는 핀치새는 없었다(그림 5.5). 각 섬마다 섬만의 고유한 종들이 살고 있다는 것에서 다윈에게 의문이 생겨났다. 생물종의 이러한 분포를 어떻게 설명할까? 다윈은

> 여러 섬들은 섬마다 고유한 거북, 지빠귀, 핀치새, 수많은 식물들이 분포하며, 이들 고유한 종들은 유사한 서식지를 가지고, 비슷한 위치에 있으며, 갈라파고스의 자연경제에서 같은 장소를 채우고 있다는 상황은 나를 경이롭게 하였다.

분리되고 다른 창조가 이곳에 한 종을 딴 곳과 다른 종을 만들었는가? 왜, 더욱 중요한 것은, 어떻게 이런 일이?

다윈이 쓴 비이글호의 항해 내용은 1838년에 출판되었으며, 나중에 일부 수정을 하였다. 조류학자인 David Lack과 다윈의 많은 전기작가들은 다윈이 Journal of Researches에서 진화에 대한 생각을 서둘러 표현했지만, 갈라파고스 섬과 다른 지역에 대한 관찰의 중요함은 영국에 돌아와서 한참 후까지 분명하지 않았다고 지적했다. 이것은 영국의 조류학자인 John Gould(1804~1881)가 처음으로 여러 종의 갈라파고스섬의 핀치새를 분류할 때까지, 다윈에게 각기 다른 섬에서 온 핀치새는 다른 형태를 가지고 있었으며, 모든 핀치새들이 서로 관련이 있다는 것을 지적할 때까지 이런 진화에 대한 생각이 드러나지 않은 것은 사실이었다(BOX 5.4). 다윈은 어떤 섬에서 어떤 종이 서식하는지 주목하지 않았으며, 지리적인 고립의 중요성을 당시에 알 수 없었다.

비이글호의 항해는 다윈을 자극했다. 1837년에 다윈은 종간의 상호돌연변이를 정리하기 시작하였다. 종들 사이에 변화에 대한 관찰을 설명하면서 현재의 종들은 과거의 종들을 닮았으며, 다른 종들은 유사한 구조를 공유하고 있다는 생각을 갖게 되었다. "우리가 알고 있는 각 개체들이 갖는 유사성의 유일한 원인은 그것의 유연관계에 있다" 지리적으로 다른 지역에서 나타나는 동물상과 식물상의 차이는 모든 식물과 동물이 보편적으로 분포하는 것이 아니기 때문이라고 생각하였다. 예를 들면 갈라파고스섬들 때문에 다윈은 의문을 갖기 시작하였다.

> 바다 한가운데 있으며, 용암으로 덮여있으며, 남아메리카와 다른 특징을 가지고, 기후가 매우 다르며, 지질학적으로 최근에 형성된 이 조그마한 섬들은 남아메리카에서 기원된 생물종들을 가지며, 왜 그들만의 고유종들을 가지는지?

그림 5.5 다윈이 갈라파고스섬에서 관찰한 핀치새의 종들(왼쪽이 수컷, 오른쪽은 암컷; 실제 크기의 약20%). (a–f) *Geospiza* 속의 핀치새. (g–l) *Camarhyncus* 속의 핀치새. (m) *Certhidia olivacea* 휘파람새. (n) *Pinaroloxias inomata* 코코스핀치새. 그림 B6.3에 핀치새들의 진화적 유연관계를 보여준다.

갈라파고스섬들은 섬까지 도달할 수 있는 생물종만을 포함하며, 진화는 이 종들에게 이용할 수 있도록 변형이 일어났다. "작고 매우 계통적으로 가까운 조류의 무리에 구조의 변이와 퇴화가 일어난 것을 보면서, 갈라파고스섬에 계통적으로 매우 적었으며, 한 종이 자리잡고 다른 종으로 변화했다는 것은 정말로 흥미로운 것이다." 종의 변형의 기작을 밝히는 것은 어디에도 없었으며, 그러한 변형이 일어났다는 분명한 인식도 없었다.

왜 종은 변화하는가? 그 답을 찾아 20년 이상 다윈은 수많은 다양한 이론들을 탐색하였다. 그중의 가장 확실한 이론의 하나는 Jean Baptise Lamarck(2장 참조)가 발전시키고 프랑스와 미국에서 추종된 이론이었다. 그것은 *Lamarckian inheritance*(라마르크의 유전–용불용설)이다.

라미르크식의 유전

2장에서 언급한 것처럼 찰스 다윈의 조부인 에라스무스와 라마르크는 처음으로 진화를 활발하게 옹호한 최초의 그룹에 속하였다. 화석을 보고 종의 멸종을 보면서 라마르크는 시간이 지나면서 점진적인 변이를 통한 종의 연속성을 제안하면서 지식의 도약을 만들었다.

19세기 초반에는 대부분의 박물학자들은 획득형질의 유전, 형태의 유용성(적응성)과 변화에 대한 내적 동력의 개념을 받아들였다. 어떻게 개선이 일어났으며, 생물들이 환경을 이용을 통하여 강한 유연관계(적응)를 설명하기 위해 라마르크는 아래와 같이 제안하며 확인하였다.

- 생물종들 사이에 변이는 환경 요구에 대한 생물종들의 반응 때문에 기원한다.
- 특정한 방향으로 반응하는 능력은 새로운 형태의 적응과 다음세대로 전달을 설명하고 있다.

예를 들면 라마르크는 왜가리나 백로와 같은 물가에 살고 있는 새의 긴 다리는 다음과 같은 기작을 통하여 일어났다고 제안하였다.

> 물가에 사는 새들은 수영하지 못하지만, 먹이를 얻기 위해 물가에 갈 필요가 있었지만 뻘에 빠질 가능성도 있다는 것을 보았다. 이 새는 이러한 식으로 행동하려고 노력하고, 몸이 물에 빠지지 않으려 다리가 길어지게 되었다. 이 물가의 새가 획득한 서식지는 다리를 계속 뻗고, 늘이는 노력이 필요하며, 이런 보행을 하는 새들은 받침대 위를 걷는 것처럼 되었으며 점점 긴 다리를 얻게 되고 허벅지나 그 위까지 털이 없어지게 되었다.

라마르크 이론의 핵심적인 것은 생물종이 새로운 환경을 만나면, 생물종은 새로운 환경을 학습하고, 개선하며, 미지의 내적인 완벽함을 추구하는 원리에 따라 알맞게 변화할 수 있다. 이 특별한 힘은 환경의 요구를 감지하고, 간단한 구조를 복잡한 구조로 알맞은 적응 방향으로 새로운 형질을 발전시키도록 반응한다. 그러한 방향성의 원천은 라마르크에게 분명하지 않았으며, 전향적인 개선으로 이끌 수 있는 자연선택과 비교할만한 기작은 없었다.

때때로 라마르크는 진화적 "진전"에 대한 그의 믿음을 생명의 내적인 활력성(*feu éthéré*,

BOX 5.4

다윈의 핀치새

젊은 찰스 다윈은 짧은 갈라파고스섬의 방문동안 그가 관찰했던 야생생물들의 다양성에 깊은 인상을 받았다. 이 대륙에서 먼 섬들에서 관찰은 진화에 대한 후일의 생각에 기초를 마련했는지는 몰라도 다윈은 종의 기원에서 중요한 예로서 들었다, 중요한 사례는 다윈이 갈라파고스섬에서 가저 온 새들이었으며, 실제의 분석은 영국의 저명한 조류학자인 John Gould가 행하였다. 다윈은 자기가 수집한 조류들을 다른 종으로 분류하였다. 다윈은 갈라파고스에서 조류들이 채집된 섬들을 기록하지 않았다.

다윈의 시종이며 사냥을 한 Syms Covington(c.1816~1861)은 자신이 조류 표본을 수집하고, 각 조류가 채집된 섬지역을 조심스럽게 기록하였다. Gould는 다윈에게 각각 다른 종으로 분류한 조류 표본들이 실제는 핀치새의 다양한 변이형이라고 말했다. Covington이 채집한 표본들을 검사하면서, Gould는 다양한 핀치새들이 부리의 변이(그림 B5.5), 몸의 크기 변이 등이 크지만 이들이 각각의 다른 섬에서 채집되었다는 것을 보여주었다.

일단 이 중요한 관찰을 이해하면서, 동일한 핀치새 개체군들이 대양에서 분출한 화산작용으로 만들어진 섬들에 정착을 하였으며, 다른 섬마다 다른 형태로 진화하였는 것을 인식하기 시작하였다.
이렇게 다윈이 갈라파고스섬들에서 관찰한 갈라파고스 핀치새와 다른 생물그룹들이 어떻게 지리적 격리가 새로운 종의 형성에 관여하는지 다윈의 생각에 영향을 주었다(다윈의 핀치새의 현대적 연구, Peter와 Rosemary Grant 40년전에 시행된 연구는 Box 14.2에서 논의한다).

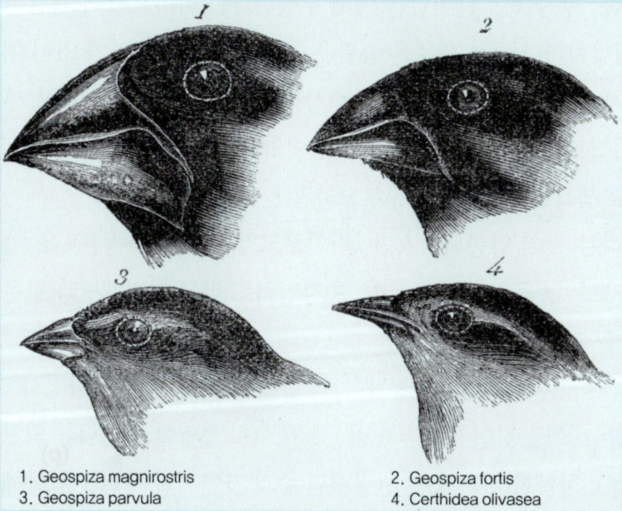

그림 B5.5 다윈이 그린 핀치새 4종은 크기와 부리 형태에서 변이를 보여주고 있다.

etherial fire, 천상의 불)으로 묘사하였다. 어떤 때에는 그 같은 초자연적인 원인을 부정하였다. 진화의 방향성이 자연적이든 초자연적으로 일어나든 생물의 변화 기원과 다음세대로 전달은 2개의 **자연법칙**으로 규정한 2개의 자연적 과정 속에 있는 2개의 보편적 기작에 의해 도움을 받는 것으로 라마르크는 생각하였다. 2개의 법칙은 다윈의 조부인 Erasmus Darwin이 즐겨하던 연구로 *zoonomia*에 통합되었다.

1. **사용과 불사용의 원리** 모든 동물은 발생동안 어떤 한계를 넘지 않는다. – Linnaeus와 같이 라마르크는 생물은 어떤 내부적인 원리를 통하여 진보한다고 보았다. – 어떤 기관은 더 자주 그리고 지속적으로 사용하면 점진적으로 강해지고, 기관이 발달하고 확대되며, 기관을 사용한 시간만큼 비례하여 힘을 가진다. 어떤 기관을 영구적으로 사용하지 않으면, 회복불능일 정도로 약화되고, 퇴화된다. 그리고 축소되며, 마침내 사라진다.
2. **획득형질의 유전** 획득한 것이나 소실된 모든 것들은 개체에 환경의 영향을 통하여 나타난다. 기관의 집중적인 사용 혹은 영구적인 불사용의 영향을 통하여, 새로운 개체들에게 생식을 통하여 전달되고, 획득한 개선형질은 자손을 생산하는 개체나 양쪽성 개체들에게 나타난다.

어떤 이는 라마르크의 세 번째 이론으로 **완벽함을 향한 운동**을 들고 있다.

라마르크에 의하면, 종은 변화의 과정에서 각기 다른 단계에 있는 생물종들 사이에 단지 연속성을 보여주는 것이다. 그의 생각으로는 화석종은 진짜로 멸종된 것은 아니며, 시간에 따라 변형된 것이며, 나중에 점점 복잡한 생물이 된다.

Goerge Cuvier(2장 참조)는 라마르크의 진화적 이론에 대하여 논쟁을 주도하던 사람이다. 종 사이에 간격을 연결하는 생존종이든 화석종이든 중간 종은 없다. 노새처럼 잡종은 항상 불임이 된다. 생물종이 완벽함을 향해 투쟁한다는 라마르크의 개념은 터무니없는 것이다. 날거나 헤엄치거나 하는 새로운 습관은 이미 존재하는 구조가 없이 이런 기능을 가진 기관이 어떻게 생긴단 말인가? 큐비에가 주장하기를 4,000년 역사동안 새로운 종은 진화하지 않았다. 이집트의 무덤에서 발견된 고양이와 밀은 현재의 고양이와 밀과 같다. 왜 그들이 변화했다고 생각하는가? 자식이 부모를 닮는 것처럼.

나중에 틀렸다는 것이 입증되었지만, 라마르크가 내놓은 과정은–용. 불용의 효과, 획득형질의 유전–모든 종들이 보편적이며, 초자연적 그리고 천지개벽과 같은 사실로 설명하지 않은 점에서 큰 진전을 이루었다.

진화에 대하여 물질론적인 설명을 통해(획득형질의 유전), **생물과 환경사이에 일어나는 밀접한 관계**로 설명, 진화를 자연적 사건과 같은 모양으로 **설명할 수 있다는 의견을 발전**시켰다.

비이글호를 타고 항해를 하는 동안 관찰했던 종과 자연적인 사건들을 통해 다윈의 생각은 생물종의 변형에 대하여 자리 잡았다. 자연선택에 의한 진화에 대하여 열대지역을 여행한 다른 박물학자들이 비슷한 이론을 내놓았다는 것은 다음 장에서 설명하고자 한다.

◆ 추천 문헌

Appleman, P. (ed.), 2001. *A Norton Critical Edition. Darwin: Texts, Commentary*, 3d ed. W. W. Norton, New York.

Browne, E. J., 1995. *Charles Darwin: Voyaging*. Alfred A. Knopf, New York.

Browne, E. J., 2002. *Charles Darwin: The Power of Place. Volume II of a Biography*. Alfred A. Knopf, New York.

Darwin, C., 1845. *The Voyage of the Beagle* (originally published as Journal of Researches, it has now appeared in numerous editions).

Darwin, C., 1859. *On the Origin of Species by Means of Natural Selection or the Preservation of Favoured Races in the Struggle for Life*. Murray, London.

Desmond, A., and J. Moore, 1991. *Darwin*. Warner Books, New York.

Fortey, R., 2002. Fossils: The Key to the Past. Natural History Museum, London.

Rudwick, M. J. S., 2005. *Bursting the Limits of Time. The Reconstruction of Geohistory in the Age of Revolution*. The University of Chicago Press, Chicago.

Stewart, P. D., 2007. *Galápagos; The Islands That Changed the World*. Yale University Press, New Haven, CN.

Thomson, K. S., 1995. *HMS Beagle. The Story of Darwin's Ship*. W. W. Norton, New York.

Winsor, M. P., 2009. Taxonomy was the foundation of Darwin's evolution. *Taxon* **58**, 43–49.

6 다윈과 월레스의 자연선택과 진화

단 원 요 약

- 찰스 다윈은 자연선택에 의한 진화이론을 제안하였다.
- Alfred Russel Wallace도 매우 비슷한 이론을 제안하였다. 두 이론은 1858년 7월 1일 린네학회의 발표장에서 교류가 되었다.
- 인공선택의 생각은 다윈 이전, 수세기 전에도 있었다.
- 다윈은 그의 이론에 인공선택을 많은 이용하였다.
- 다윈은 자연에서 작고 계속적인 변이의 중요성을 관찰한 첫 번째 학자이다.
- 다윈은 전적응의 개념을 인용하면서, 어떻게 선택이 시작되는지 많은 생각을 하였다.
- 맬서스(Thomas Mathlus)의 책은 다윈과 월레스에게 어떻게 제한된 식량자원을 두고 경쟁이 일어나는지를 보여주었다.
- 경쟁은 어떤 개체들이 다른 개체들보다 더 많은 자손을 갖도록 한다.
- 자연선택을 통해 점진적으로 식량자원과 환경에 잘 적응한 개체수를 증가시킨다.
- 적자생존(survival of the fittest).
- 다윈은 그러한 느린 변화가 새로운 종의 탄생으로 이끌 수 있다는 것을 관찰하였다.

위 그림: 갈라파고스 군도에 서식하는 붉은 바위 게, Grapsus grapsus.

- 다윈은 종분화의 필수로 지리적인 격리(계절, 서식지, 행동, 성적인 도태)외에도 이것이 일어나는 메카니즘을 강조하였다.
- 다윈은 변화가 어떻게 유전되는지에 대한 기작은 알지 못하였다.
- 1859년에 종의 기원을 출판하면서 생물종들의 유연관계(relationship)와 어떻게 생물종이 생기고 사라지는지를 이해하는 데, 큰 변혁을 일으켰다.
- 종의 기원 책은 사회에 대한 과학의 역할과 위치, 과학에 관심을 갖는 대중에게 폭넓은 논의를 시작하도록 하였다.

◆ 개요

동물 사육자들이 수행한 인공선택을 바탕으로, 다윈은 자연선택에 의한 진화이론을 제안하였으며, 이 이론은 라마르크의 사용과 불사용의 메카니즘을 따랐다. 다윈은 과도한 자손의 개체수가 이들 사이에 제한된 자원의 경쟁을 일으키는 것, 생존과 생식능력에서 차이를 나게 하는 경쟁이 개체군내에 변화를 일으키는 과정으로 보았다.

주변의 환경에 더 적합한 형질을 가진 생물들은 주변의 환경에 덜 적합한 생물들보다 더 많은 자손을 남기는 경향이 있다. 결과적으로 적합한 형질은 덜 적합한 형질들보다 다음 세대에 더 높은 비율로 전달된다. 이런 방법으로 개체군은 변화하는 환경에 적응한다. 변화하는 환경에 대응하지 못하는 개체군들은 감소하고, 멸종하게 된다. 생식적으로 성공하는 것은 생존에 대한 최상의 평가이다. 가축이나 재배식물의 바람직한 형질들이 지속되는 것은, 사람들이 진화적으로 매우 짧은 시간에, 자연적이 아닌 인위적이라 할지라도, 급격한 형질의 대체를 하기 때문이라고 다윈은 생각하였다. 다윈이 분석한 엄청난 양의 데이터와 사례들은 진화이론을 뒷받침하는 증거가 되었다.

우연히, 적도에서 생물종의 다양성을 폭넓게 접하면서, Alfred Russel Wallece는 독자적으로 유사한 진화의 메카니즘을 제안하였다. 1858년 7월 1일 런던의 린네학회에서 두 개의 논문이 발표되었으며, 다윈의 자연선택의 통한 종의 기원은 1년 뒤에 출판되었다. 다윈은 이전의 저술에서는 진화에 대하여 단 한마디도 언급하지 않았다. 다윈도 알고 있었지만, 1855년에 Wallece는 이미 지리적인 격리에 의한 종의 기원에 대한 한 편의 논문을 발표하였다. 다윈은 큰 분량의 진화에 관한 논문을 쓰기 시작하면서 월레스가 앞서 발표하는 것에 반응하기 시작하였다.

1858년 6월에 월레스의 논문이 접수되면서 다윈은 종의 기원, 한 권의 책을 내기위해 열정적으로 작업을 하였다.

자연선택

우리가 생물종은 시간이 흐르면서 변화가 가능하다는 생각을 받아들이면서, 그러나 5장에 나온 라마르크의 생물종의 변화에 대하여, 일생동안 생물종은 사용과 불사용에 따른 영향을 받는다는 설명을 폐기한다면, 어떻게 생물종이 변화하는지, 가장 주요한 의문이 된다.

다윈은 –**자연선택**–진화적 메카니즘에 정성을 들였지만, 생물종이 선택을 한다 생각은 그가 처음은 아니었다. Empedocles(c. 490~430 B.C.)는 생물은 처음에 자유롭게 돌아다니는 기관들과 절편들로 이루어지며, 전체의 생물을 만들기 위해 함께 결합한 것이다. 어떤 목적에 적응한 생물은 살아남고, 적응하지 못한 생물들은 멸망하거나 멸망중이다.

아리스토텔레스는 Empedocles의 무작위개념과 선택의 개념에 반대하였으며, 이것은 종종 이후에도 논쟁이 되었다. 아리스토텔레스에 따르면 다른 목표지향적인 과정과 같이 자연의 사다리의 낮은 계단으로부터 높은 계단으로 정해진 단계별 진전을 통해 상승한다(그림 6.1). 선택이 필요한 이 상승에서 인위적이거나 자연발생적인 것은 있을 수 없다.

18세기에 Buffon은 가축이나 재배식물

그림 6.1 아리스토텔레스와 그의 자연의 사다리

이 인간에 의해 인공선택이 일어난다면, 종의 멸종에 대한 책임은 자연선택에 있다고 보았다. 그렇지만, 새로운 종의 세대에 대하여 자연선택이 책임이 있다고 보지는 않았다. 뷰폰은 새로운 종은 자연발생적으로 생기며(BOX 6.1), 자연발생을 지배하던 어떤 조건이 종들 사이에 차이를 만들었다고 믿었다.

라마르크는 물질론자였으며, 그는 결코 신비적인 운동이나 활력에 대한 개념을 완전히 포기하지 않았지만, 18세기 후반에 자연적인 현상에 대하여 계통성과 광범위한 물질론적 설명을 추구한 박물학자들 가운데 한 사람이었다. 라마르크의 관점은 환경의 영향이 어떤 적응적 방향으로 발생하는 변이를 주도하는 것으로 생각하였다(5장 참조). 생물종들은 항

■ Matthew는 목재소에서 사용하는 통나무의 속성에 대한 논문을 썼으며, 그가 1831년에 자연선택설을 유도했다고 주장하였다.

BOX 6.1

자연발생

생물은 자연발생적으로 발생한다는 옛날의 개념은 곤충은 땀에서, 악어는 진흙에서, 곤충의 유충은 봉해진 항아리에서 생길 수 있다고 하였다. 19세기 중반까지 일반적으로 대형의 생물은 성적인 수단을 통해 번식하며, 작은 생물종은 자연발생적으로 진흙이나 유기물에서 생길 수 있다고 믿었다. 일부의 민간학자들은 대형 동물이 죽으면 분해되어 작은 동물이 된다고 하였다. 마술적인 변형으로 종의 개체가 다른 개체로 바뀐다고 하였으며, 인간이 늑대인간이 된다는 예도 들었다.

약 300년 전에 물리학자이며 화학자인 Johann von Helmont(1577~1644)는 자연발생의 대표적인 설명을 하였다.

만일 당신이 땀과 흙이 범벅이 된 내의를 밀과 함께 항아리에 넣고 열어놓으면, 약 21일 후에 냄새가 바뀌며 발효가 되고, 밀은 겉껍질을 뚫고 내의를 뚫고 나오며, 밀은 쥐로 변한다. 쥐는 암수가 생겨서 자연스럽게 새끼가 생겨 나온다. 특별한 것은 의복과 밀을 뚫고 나온 쥐가 작거나 유산된 쥐가 아니라 커다란 쥐가 나온다는 것이다.

진화이론의 개념 발달에 두 종류의 심각하고 논쟁적인 장애물이 동시에 생겨났다. 린네가 종의 불변성(항상성-5장 참조)에 대한 개념이 종의 기원에 대한 의문을 일으켰으며, 종의 불변에 대한 주장은 진화적인 변형에 대한 고찰을 방해하였다. 자연발생에 대한 믿음은 반대로 생물종들의 영속성과 지속성에 대하여 의문을 던졌다. 만일 종이 어느 순간에 새롭게 생겨나거나 다른 종으로 변화한다면, 새로운 종이 나타나는 순서나 기원을 설명하는 합리적인 메카니즘은 있는가?

17세기 후반에 일부의 실험주의학자들은 적어도 곤충이 자연발생적으로 생기지는 않는다는 것을 밝혔다.

1668년에 구더기는 알에서 나오고 파리는 구더기에서 생긴다는 것을 실험하였다. 고기를 밀봉하면 구더기나 파리는 생기지 않았다. 1년 뒤 식물의 흙에서 곤충이 낳은 알로부터 유충이 생겨나오는 것을 확인하였다. 1세기 이내에, Anton von Leeuvenhook(1632~1723)는 발효액이나 부패된 용액 속에서 미생물들을 보여주면서 생물은 이전에 존재했던 물질로부터 생겨난다고 하였다. Abbe Spallanzani(1729~1799)는 여러 종류의 수프를 밀폐된 그릇에 넣고 끓인 후에 작은 생물체가 나타나지 않았으며, 밀폐된 그릇을 공기 속에 개방하면 생물체가 나타나는 것을 보여주었다.

저온살균법(pasteurization)이란 명칭을 만든 프랑스의 화학자이며, 미생물학자인 Louis Paster(1822~1895)와 여러 학자들은 1860년대 생명의 기원에 대한 메카니즘으로 자연발생을 받아들였다. 파스퇴르의 증거는 맥주와 포도주를 만드는 발효의 과정을 이해하기위하여 행한 실험으로부터 왔다. 공기를 막은 유리그릇에 맥주 즙을 밀봉하면 아무 것도 자라지 않았다.

상 획득형질의 유전에 의해 환경의 변화에 대해 스스로 적응할 수 있기 때문에 불완전한 종이나 결함을 가진 종의 멸종은 없다고 하였다.

라마르크에게 변이는 진화와 다른 것이 아니었으며, 따라서 우연이란 없다. 그래서 선택은 적응형질의 출현에 필요가 없었다. 19세기 초반에 생리학자인 William Wells(1757~1817)와 스코틀랜드의 원예학자이며 자칭 진화이론가인 Patrick Matthew(1790~1874)등의 자연사학자들은 변이를 유지하는 힘인 변이의 기원과 종내의 변화를 설명하는 자연선택의 개념을 분리하여 보았다. 증거를 충분히 마련하지 못하였기 때문에 출판되었을 때, 그들의 아이디어는 매우 추상적인 것으로 보였다. 그들의 논문은 후일 연구자들의 주목을 끌지 못한 잡지에 실렸다.

인공선택과 자연선택

진화적 변화에 대한 다윈의 이론을 뒷받침하기 위해, 자연적 선택에 인간의 선택을 포함하였지만, 선택에 의한 진화의 많은 사례들에 대하여 토론하였다.

인공선택에 대하여, 육종가들은 개, 고양이, 비둘기, 소, 말, 콩, 또는 밀이든, 각 세대별로 바람직한 부모들을 선발하고, 바람직하지 못한 형은 도태시킨다. 선택된 부모들은 많은 자손을 가지며, 육종가는 특정한 방향으로 흥미있는 형질이 지속적으로 나타날 때까지 선택을 계속한다(그림 6.2). 예를 들면 수천년 동안 인간은 개를 선발하였는데, 모든 품종들은 한 종인 개(*Canus rupus*)의 변이이다. 개들은 세인트 버나드로부터 치와와까지 크기가 다양하다. 몸의 형태는 불독부터 그레이 하운드까지 있다(그림 6.3). 개는 개체의 형태를 조절하는 유전자가 소수이기 때문에 선택에 빠르게 반응한다. 소수의 개 품종들에서 몸의 크기를 조절하는 유전자는, Sutter와 동료들에 의하면, 단지 1개의 유전자로 조절된다는 것을 확인하였다. 반면 개의 80품종에서 피부색은 Cadieu와 동료들이 3개의 유전자로 조절되는 것을 확인하였다. 오래도록 비둘기를 사육한 애호가들은 부리, 몸의 모양, 깃털 패턴에 다양한 변이가 있다는 것을 보여주고 있다(그림 6.2). 양, 소, 잡종 옥수수, 잡종 밀을 포함한 우리의 점식식사로 소비하는 많은 재배식물과 사육동물들의 경우에도 같은 결과가 나타나고 있다.

다윈은 책을 효율적으로 저술하였는데, 그 중의 하나는 서술하는 스타일, 언어의 사용, 독자들에게 친밀한 개념 등이었다. 다윈은 상사, 자신이 직접 읽은 인공선택과 자연선택, 초기 데이터를 얻은 많은 연구에 대하여 토론을 하였다. 다윈은 비둘기 사육자가 머리가 매우 커서 날 수 없는 품종을 몇 세대 내에 육종할 수 있다는 것을 알았다. 그러한 "취미"와 변이는 몇 세대 동안에 보유하고 있는 집단으로부터 상당히 달랐으며, 만일 야생에서 보았더라면 다른 종으로 생각했을 것이다. 다윈은 삼림지대를 개방하여 진화가 일어날 만큼 충분한 시간을 주었을 때, 계산이 가능하다는 것을 주목하였다(Box 2.1). 인공선택을 계속하

그림 6.2 찰스 다윈이 확인한 비둘기의 변이 품종들, *런던 일러스트레이트 뉴스*에서.

면, 대부분의 종들에게 눈에 띄는 변화를 일으킬 만큼 충분한 힘을 가지고 있었다는 것을 다윈과 다른 사람들에게 보여주었다. 특별한 환경에 대한 자연선택은 인공선택보다 더 큰 변화를 수행하고, 종의 분화로 이끌며, 합리적이며, 자연선택으로 나타나는 뚜렷한 진화

(a) (b) (c) (d)

그림 6.3 인공육종에 의한 개의 4가지 품종의 머리 모양 **(a)** 독일 짧은 털 포인터, **(b)** 치와와, **(c)** 영구 불독, **(d)** 독일 세퍼드. 미토콘드리아 DNA를 이용한 분자적 증거에서 개는 개과의 다른 종보다 회색늑대에 가깝다는 것을 보여주었다. 가축화가 10,000~15,000년전에 여러 경로로 독립적으로 시작되었다는 것을 의미한다.

의 역사를 우해서는 더 긴 시간이 필요하였다. 다윈은 선택과 생존이 멸종보다 중요하다는 것을 보았다. 인공선택의 많은 증거를 수집하고 분석하였다. 사육하는 가축종들에 대한 이러한 데이터와 조사에서 다윈은 선택(인공선택)이 유전효과가 나타난다는 분명한 증거를 얻었다. 다윈은 손쉽게 재배식물과 육종동물을 바꿀 수 있다는 것과 짧은 세대동안에 그렇게 할 수 있는 것에 놀랐다. 그는 계속하여 인공선택과 자연선택을 저서에서 언급하였다.

- 인공선택을 통한 효과적인 변화의 손쉬움
- 지질학적인 시간의 방대함
- 통일성 원리의 적용, 어떻게 현재 추정된 시간까지 되돌릴 수 있는가
- 자연선택 인자의 동정-계속되는 제한된 자원의 압력-빛나는 직관

생식적 선택으로 작용하는 선택은 생존의 기회를 증가시키며, 이런 개체들과 형은 개체군의 조성을 바꾼다. 우리가 알고 있는 선택의 무작위성이 가진 결함은 인공선택이나 생물 자체에 나타나며, BOX 6.2에서 간단한 예를 사용하여 정리한다. 눈이나 뇌와 같은 복잡한 기관은 자연선택으로 생기며, 지속적으로 보전을 위해 적응한다. 선택이 작용하는 변이는 드물다(Box 6.2의 단어들, 돌연변이는 다른 것이며, 적응과 부적응). 그러나 여러 세대동

BOX 6.2

선택, 무작위, 기회

우연한 사건이 일어났지만, 진화는 역사적인 과정이다. 진화는 이전에 진화한 것에 의존하며, 여전히 존재하고, 더 많은 선택에 의해 개선된다. Box 6.3에서 눈에 대하여 정리한 것처럼, 복잡한 구조는 사건의 행운의 조합으로부터 한 번에 모든 것이 이루어지지 않는다. 진화는 오래전 구조로부터 새로운 구조를 만든다. 예를 들면 한 개의 큰 공속에 10개의 다른 글자가 있다면(A, C, E, I, L, N, O, T, U, V), 각 글자는 똑같은 빈도였으며, 이 중 9개의 글자를 무작위로 끄집어내면 수백만가지로 배열이 가능하다. 9글자의 EVOLUTION을 무작위적으로 끄집어낼 확률은 매우 낮다. $1/10^9 = 0.000000001$이다. 만약 어떤 조합을 지속하는 선택 메카니즘이 있다고 가정한다면, EVOLUTION 단어의 혁신적인 획득은 우연한 조합보다 훨씬 높아진다. E는 자체로 생존하는 유일한 글자로 가정한다면, 그릇에서 E를 끄집어낼 확률은 평균 1/10이다. 다음에 V가 E와 조합하는 V의 생존값은 E의 다음값을 가진다 가정해보자. EV를 달성할 확률은 1/10이다. 비슷하게 다음의 적응 조합은 EV에 O를 추가하면, 다음 다음의 연속 조합은 강화된 생존율(적합도)로 인하여 강한 선택이 된다. 각각의 단계별로 적응한 완전히 기회적인 어떤 요인의 방해를 받지 않고, EVOLUTION의 전 단어가 결국 상대적으로 높은 확률을 가지고 선택된다. 유사한 선택의 메카니즘이 있기 때문에 이 그릇내의 글자는 비슷한 확률로 EVOCATION 또는 ELEVATION 등으로 단어를 만들 수 있다. EVOLUTION처럼 단 한 개의 선택적 사건에서 무작위적으로 9개의 단어를 선택할 때 그 단어가 걸릴 확률은 매우 적다. 그러나 적응조합을 이용하여 계속적인 선택을 한다면, 그 글자는 쉽게 나올 수 있다. 자연선택에 의한 진화는 이전에 발생한 사건에 기인한다는 점을 주목하자. 그러한 연속적인 사건들은 조직적인 구조를 만들 수 있고, 복잡성이 증가한다. 아미노산의 비유기적 합성(무생물)과 다른 기초 유기분자(3장)는 그러한 분자가 어떻게 만들어 지는지 쉽게 보여주고, 자연선택은 그들의 복잡성과 조직화를 증가시키도록 작용한다. 선택은 하나하나의 사건을 연속적으로 묶어주며, 연속적인 묶음에 있는 특별한 단계를 이어지도록 한다. 시각에 대한 선택은 시각도구를 개선하도록 유도한다(Box 6.3). 청각에 대한 선택은 청각도구를 개선한다.

■ 일단 E가 선택되고 이것이 계속 생존한다면, EV 조합의 확률은 V가 선택될 확률의 1/10이며 EV가 함께 선택될 1/100은 아니다.

안 선택으로 나타난 구조는 역사적인 틀을 가진다. 1930년 집단 유전학자인 R.A. Fisher에 의하면, "자연선택은 높은 불가능성을 만드는 메카니즘이다." 바꿔 말하면, 분자생물학자인 Jacques Monod에 의하면, 돌연변이는 무작위적인 소동을 마련하고, 선택은 비 무작위적인 음악을 이끌어 낸다.

◆ 변이와 변화의 시작

"다윈은, 상상에 있는 멀고 귀찮으며 쓸데없는 혼란이 아니라, 현실의 한 복판에서 활동하는 사물들 사이에 실제적인 변이들을 끄집어내는 자연의 연구를 혁신시켰다."

작은 연속적 변이들

1836년에 시작된 붉은 노트북에서 다윈은 어떤 경우에는 종간에 차이가 너무 크기 때문에 큰 건너뛰기를 해야만 이어질 수 있다고 확신하였다. 1859년 종의 기원 책에서 자연의 선택에 의한 종의 기원은 작고 연속적인 변이에서 기인한다고 정의하였다. 다윈은 "자연은

■ 붉은 노트북은(다윈이 부른 이름은 아님) 다윈이 진화의 이론을 적은 최초의 노트북이었다. 1836년 비이글호 항해를 하면서 처음 적은 노트북은 1837년 초반까지 적었다.

■ 다윈의 진화에 대한 변이는 개체군보다 개체의 변이에 집중하였다. 현재는 개체보다 개체군의 속성으로써 변이를 인식한다. 변이에 대한 최근의 관점은-개체군은 선택이 작용할 수 있는 개체수준의 변이들을 포함하는 저장그릇들을 포함하고 있다-1930년대와 1940년대의 견해들과 현대의 관점을 모두 통합하고 있다.

■ 현재 많은 형질들은 작은 유전적인 변화로부터 유래하였으며, 작은 영향력을 가진 여러 다른 유전자에서 기인한다는 것을 알고 있다.

건너뛰기를 하지 않는다"는 격언을 사용하여 초기 판에서 보다 많은 변이들을 유용하지 않은 것으로 배제하였다.

크게 비정상적이거나 불임의 변이들을 제외하면, 대부분의 관찰되는 변이들은 작은 변화를 가지며, 종의 패턴에서 달라지지 않는다. 그렇다면 새로운 종은 어떻게 생기는가? 다윈은 변이에 한계는 없으며, 한 종의 진화에서 각 단계별로 선택이 작용하는 많은 변이들을 수반한다. 한 개의 동시다발적인 변이들이 생기는 게 아니라 시간이 흐르면서 연속된 변이들이 종의 차이를 나타나게 한다.

다윈의 이론이 가지고 있는 어려움은 선택이 작은 변이를 어떻게 인식하는지에 어렵다는 것이다. 크기와 같은 형질처럼 작은 변이가 생물종에게 유익하다고 말하기는 충분하지 않지만, 큰 변이는 잘 선택될 수 있다.

다윈은 이러한 토론에 잘 대응하지 못하였지만, 작은 변이들의 점진적인 획득이라는 개념을 고집스럽게 유지하였다. 1900년에 멘델의 사육실험이 재발견되고, 유전자의 개념이 발전하면서(Box1.2, 7장, 13장 참조), 작은 변이에 대한 것은 아니지만, 점진적인 변화에 대하여 상당한 지지를 하게 되었다. 멘델의 실험은 큰 스케일의 형질들을 대상으로 하였다(7장 참조).

선택의 시작

문제는 형질이나 기관이 선택의 목표치에 도달하는 적응수준(목표치)을 결정하는 것이었다. 선택이 형질에 작용하기 전에 이미 그 형질이 존재한다면, 앞으로 진화에서 그 형질의 양적인 표현을 충분히 할 수 있다. 큰 눈은 작은 눈보다 더 좋은 기능을 할 것이다. 그러나 형질이 아예 존재하지 않거나 거의 없다면, 선택은 어떻게 작용할 것인가? 눈 또는 뇌와 같은 구조는 초기에(BOX 6.3, 그림 B6.1) 거의 기능이 없었으며, 선택도 작용하지 못하였으리라고 생각하는 비판론도 있었다. 눈, 뇌, 다리, 혹은 날개의 반쪽에 있는 단지 한 개의 세포에서 적당한 적응기능을 상상하는 게 가능할까?

반쪽의 날개라는 말은 영국 생물학자인 St. George Mivart(1827~1900)가 1871년 다윈의 진화론에 반대하면서 이 용어를 사용하였다. Mivart는 "반쪽의 날개가 무슨 소용이 있는 가?" 날개의 중간형이 가지는 적응적 가치에 의문을 가지는 데, 반쪽 날개는, 새의 비상이 시작될 때, 이동 행동을 하는 파충류의 다리가 하늘에서 날 수 있는(비상) 날개로 변형이 가능한지 의문이었다(18장 참조). 최근의 실험에서 어린 새들을 경사면이나 수직면에서 날렸을 때, 나는 행동으로 날개를 펄럭이는 동작을 하였는데, 이것은 반쪽날개의 적응적 가치를 설명하는 데 도움이 되었다. 만약 펄럭이는 어린 새들의 행동이 기본적인 특징이라면, 반쪽의 날개의 기원에 대한 진화적인 설명이 가능하다.

BOX 6.3

눈의 진화

그림 B6.1에서 다양한 연체동물 종류들은 가장 간단한 눈으로부터 가장 복잡한 눈까지 광범위하게 빛을 모으는 기관인 눈의 차이를 갖고 있다. 6가지를 그림 B6.1 에서 보여준다.

(a) 동물계에서 신경과 연결되고, 가장 간단한 빛의 모음 장치인 안점(색소 점)을 가진 것이다. 안점은 소수의 세포-이론적으로 1개의 세포-로 구성된다.

(b) 색소세포들이 접히면서 빛을 모으는 활동이 가운데로 집중되는 것으로 빛의 방향에 개선되고 있다.

(c) 색소세포들이 둘러싸고, 밀폐형으로 물이 가득 찬 공간이 있으며, 핀홀 카메라처럼 색소층에 상이 비친다.

(d) 세포가 분비한 물보다 투명한 액체-액체성 세포외 기질-가 외부의 충격으로부터 색소층(망막)을 보호하는 장벽을 만든다.

(e) 얇은 막이나 투명한 피부가 또 하나의 보호층을 만들며, 전체의 눈을 덮는다. 눈의 내부에 세포가 분비한 세포외 기질의 일부가 단단해지면서 볼록한 렌즈를 만들고, 이 렌즈는 망막에 빛의 초점을 개선한다.

(f) 오징어에서 볼 수 있는 복합형 눈으로 조절이 가능한 조리개와 초점형 렌즈를 가진다.

■ 지금 우리는 이것이 4개의 렌즈단백질, 크리스탈린의 기능이라는 것을 알고 있다,

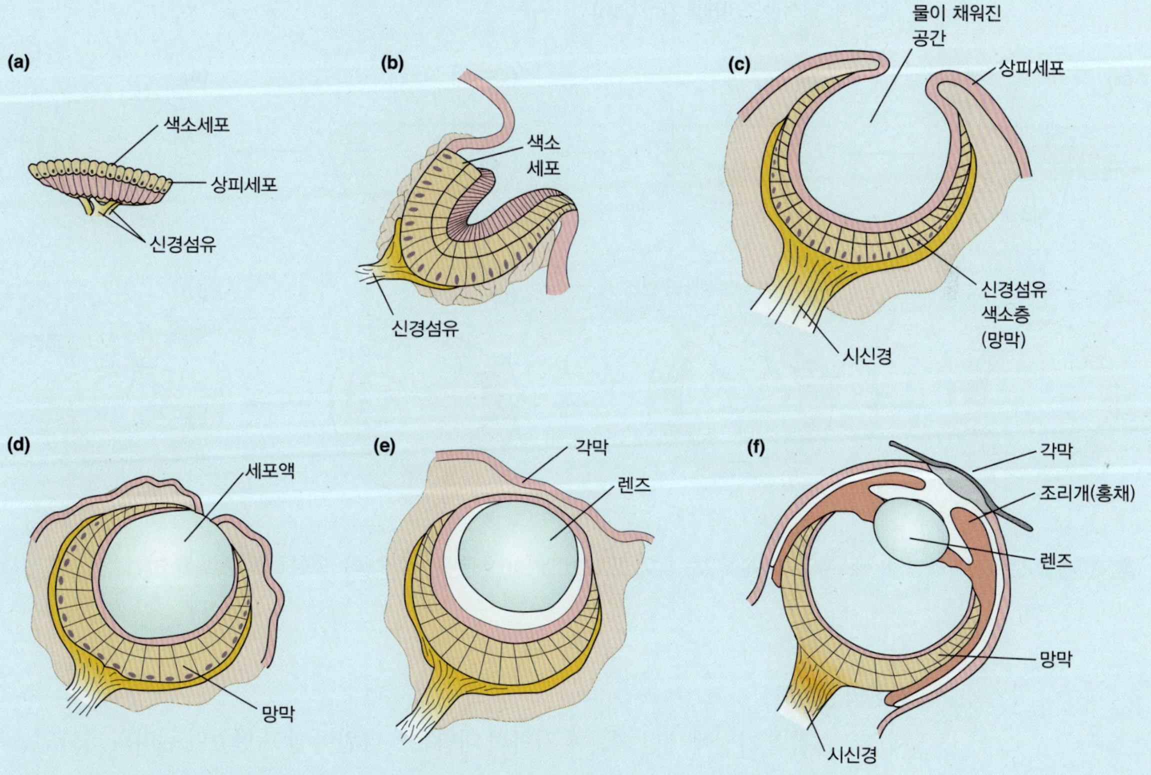

그림 B6.1 신경섬유가 연결된 단순한 안점(a)으로부터 오징어의 복합형 눈(f)까지 빛을 모으는 기관

(계속)

BOX 6.3

눈의 진화 (계속)

흥미로운 것은 유전학 연구에서 유사한 유전인자(*Pax-6-gene*)가 무척추동물과 척추동물의 앞쪽 감각기관의 발생을 조절한다.

어떤 공통의 조절구조에도 불구하고, 배에서 눈의 발생에 관여하는 특수세포는 척추동물과 오징어가 다르게 나타난다. 오징어의 광수용세포는 상피세포에서 생기고, 척추동물의 망막은 중추신경계에서 생긴다.

수렴진화에 대하여 설명하면(16장 참조), 오징어와 척추동물의 눈이 구조적으로 유사한 것은 연체동물과 척추동물의 최근 공통조상에서 유래한 조상형 시각구조에서 공통으로 만들어진 것은 아니다. 유사한 선택압력이 시각의 예민함을 가진 유사한 기관으로 만들어주는 수렴진화의 덕택이다. 그러한 형태적인 수렴구조는 유사한 선택압력에 따라 많은 동물계열에서 독립적으로 나타난 것이다. 공통으로 소유하는 것은 후생동물 조상에서 오래된 것이며, 빛을 모으는 세포나 기관을 만드는 능력이다. 그림 B6.2에서 보여주는 모습들은 눈의 구조의 무작위적인 변화는 예민한 시각을 위한 선택압에 따라 생겨나며, 컴퓨터 모델로 그린 눈의 진화 단계를 보여준다.

색소층이 있는 빛에 예민한 피부의 중간층을 가진 시작(a), 눈의 속성을 개선하는 연속적인 선택압으로 빛의 모음이 강화된 오목한 굴곡이 생긴다(b–e), 초점렌즈(f, g), 렌즈와 망막사이의 거리가 렌즈의 초점거리와 같으며, 납작한 조리개를 가진 눈(h).

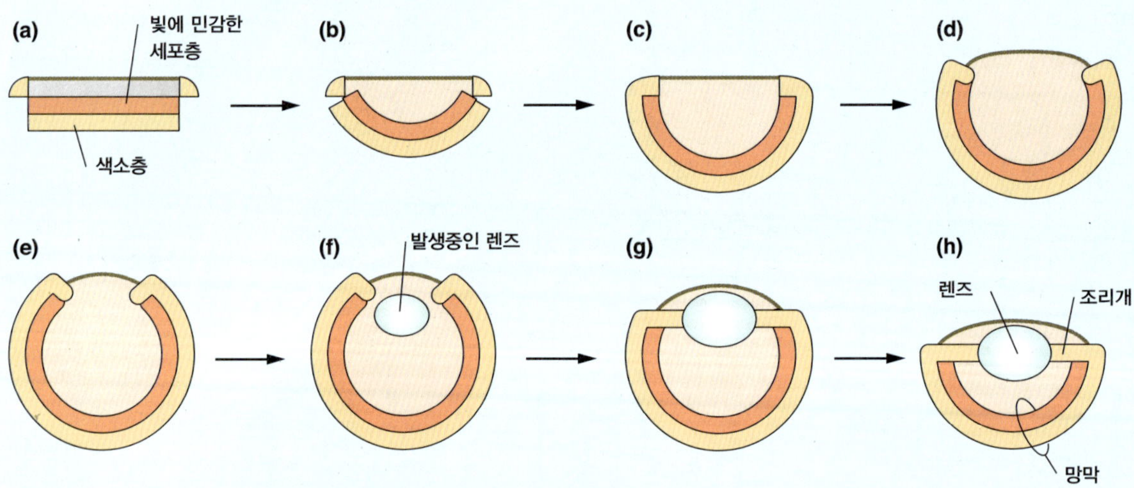

그림 B6.2 눈의 진화의 단계; 색소층이 아래쪽에 있는 빛에 민감한 피부**(a)**, 내부로 굴절**(b-e)**, 초점 렌즈의 진화**(f-h)**.

진화의 실마리

새로운 형질의 기원에 대한 의문에 진화적 대답은—다윈이 알고 있었던 원리의 하나인—전적응(preadaptation)에 있다. 전적응에 따르면, 새로운 기관은 완전히 새롭게 생성되는 것이 아니라, 생물체내에 이미 존재하고, 나중에 선택 작용이 일어나면 그 기관은 목적을 위해서 사용된다.

비상을 위해서 전적응한 파충류의 다리가 하나의 예이다(20장 참조). 다윈은 다른 예를

그림 6.4 행성들의 궤도에 관한 이론을 반영하는 두 개의 가설. 하나는 행성들이 지구를 회전한다는 것이고**(a)**, 다른 하나는 행성들이 태양을 회전한다는 것이다**(b)**.

인용하였다. 따개비(barnacle)에 대한 논문에서, 현재 따개비가 바닥에 부착하는 메카니즘은 따개비의 수란관이 알을 코팅하던 메카니즘에 관계가 있다고 하였다. 수난관의 진화가 일어난 이후에, 따개비의 부착 메카니즘은 따개비 자체의 부착에 적응하였다. 물고기의 부레에서 허파가 진화했다는 것을 예로 들면서, "원래 한 가지 목적으로 만들어 진 기관(부레)이 완전히 다른 목적(호흡)으로 바뀔 수 있다". 이러한 개념의 최근의 증거로, 장님인 동굴동물의 시신경은 더 이상 시각을 위해 쓰이지 않으며, 냄새나 촉각을 위해 사용될 수 있다. 다른 감각구조에 대한 기능의 강화를 위한 선택으로 동굴 어류의 눈이 퇴화되거나 소실되었다(그림 6.4). 환경적 압력이나 선택이 계속된다면, 진화적 중간형은 보통 예상된 형태이다. 고도로 특수화된 척추동물의 눈은 한 번에 생기지 않았으며, 이전부터 있던 빛을 모으는 기관과 몇 개의 세포로 된 부속조직이 연속적으로 변화한 것이다. 20세기의 전환기에 비슷한 단계의 그림들을 그림 B6.2에서 보여 주었다. Box 6.3에서 정리한 것처럼, 한 덩어리의 편평하고 빛에 민감한 세포들이 약 50만년 전에 굴절이 가능한 초점렌즈를 가진 정밀한 오징어 눈으로 변화하였다. 작은 변이에 대한 연구에서 다윈은 색의 차이, 구조의 유.무, 구조의 수효 등과 같은 분명한 차이를 가진 변이들에 대하여 강조하였다. Thomas Henry Huxley가 제안한 것처럼, 많은 생물학자들은 큰 변이가 선택에서 매우 중요하다고 하였다. 흥미롭게도 Mendel은 유전법칙을 설명하기 위해 식물의 큰 형질을 사용하였다(7장 참조). 20세기가 될 때까지는 다윈주의자들이 변이가 어디서, 어떻게, 얼마나 유래하였는지에 대한 문제를 풀지 못하였으며, 이것은 다윈의 이론이 가장 많은 공격을 받았던 이슈였다.

■ 영국의 과학자이며, 철학자, 과학사학자인 Williamhewhell (1794~1866)이 도입한 생물학자란 용어는 20세기까지 많이 쓰이지 않았다.

◆ 멜더스와 다윈

많은 종들의 개체들은 생존할 수 있는 것보다 많이 태어난다. 따라서 생존을 위한 경쟁이 일어난다. 그렇지만 약간의 유리한 변이를 가진 개체들은 더 많은 생존의 기회를 가지면, 선택이 일어나고 자손을 남긴다. 이 간단한 설명에는 다윈이 평생을 조사한 복잡한 이유가 있다. 다윈은 종은 자원의 유지보다 더 많은 자손을 놓는 데—개체군의 경쟁과 선택—이것은 생물학 문헌이 아니라 그 시대의 사회학에 나타나고 있었다. 산업혁명이후에 가난한 사람

■ 멜서스가 개체와 식량 자원간의 관계를 주목한 사람은 아니다. 멜서스의 논문의 첫 페이지에 Benjamin Franklin이 같은 제안을 하였다고 인용하였다.

들의 수효가 급격히 늘어남에 따라, 빅토리아 여왕시대에 사회적 및 경제적 문제가 많이 일어났다. 가난의 물결은 수공업의 기반이 궁핍화로 시작되었으며, 소농들은 토지수용법령에 의해 자기들의 토지로 부터 계속 밀려났다. Thomas Malthus(1766~1834)의 표현에 의하면, 가난한 사람들의 운명은 피할 수 없고, 그들의 자손수가 많음은 생계의 지탱을 어렵게 하였다. 식량의 공급은 토지의 점진적인 확대와 농업기술의 개선에 의해서도 산술급수적으로 증가한다(1 → 2 → 3 → 4 → 5...). 그렇지만, 부모들은 2명이상의 아이들을 가지며, 인구수는 기하급수적으로 증가한다(2 → 4 → 8 → 16..). 기아, 전쟁, 질병은 피할 수 없는 인구성장의 제한 요인이 되었다. 아래의 발췌내용에 정리한 것처럼, 이 논문을 읽으면, 인구증가뿐만 아니라, 동물과 식물에게도 그의 논리성을 응용할 수 있음을 보여주고 있다.

> 나의 명제가 인정된다면... 첫째, 식량은 인간에게 필요하다. 둘째, 성별사이에 열정이 필요하다. 그리고 현재의 상태로 남아 있을 것이다. 인구수의 힘은 사람의 식량을 생산하는 지구의 힘보다 크다. 인구수는 조절하지 않으면, 기하급수적으로 늘어난다. 자원은 단지 산술급수적으로 늘어난다. 말하자면, 인구수가 약간 늘어나면 인구수의 파급력이 자원의 파급력보다 무한정 커지게 된다. 인간의 삶에 필수적인 식량을 생산하는 자연의 규칙에 따르며, 인구수와 식량자원의 파급력, 이 두 가지 힘의 불균형이 균일하게 되도록 한다. 이것은 인구수가 증가하면 식량의 부족에 대한 어려움을 강하고 지속적으로 조절하여야 한다. 이것은 어떤 지역을 어려움에 빠트리고, 이것은 많은 인류가 심각하게 느끼게 된다. 동물과 식물에 의하여, 자연은 폭넓고 자유로운 손을 가지고, 생명의 씨앗을 다른 지역으로 퍼트린다. 생명의 씨앗들은 비교적 골고루 면적을 차지하며, 씨앗이 자랄 만큼 충분한 영양분을 가지고 있다. 충분한 식량과 충분한 면적을 가진 이 땅에 존재하는 생명의 씨앗들은 수 천년동안에 수백만이 생존하게 가득 채운다. 자연의 압도하는 모든 법칙의 필요성은 이미 존재하는 지역 내에 살도록 제한한다. 식물과 동물의 품종들은 이 거대한 제한 법칙 밑에서 쪼그라든다. 인간도 어떤 이유든 이 법칙에 벗어날 수 없다. 식물과 동물사이에는 이러한 법칙에 따라 잉여의 씨앗, 질병, 미성숙 개체의 사망 등으로 나타난다. 인류에게도 비참함과 악덕함으로 나타난다(Malthus, 인구론, 10판,1803).

멜서스는 가난함을 벗어나는 유일한 희망은 자기절제, 결혼의 연기, 성적인 절제 뿐이라고 하였다. 또 다른 해법인—생활조건의 개선, 부의 재분배, 가난과 부의 법칙—등은 그의 생각에는 불충분하였다. 이러한 방법은 가난한 사람들의 인구수만 증가시키고, 기아, 전쟁, 질병이 재발하게 한다.

그 시대의 다른 사람들처럼, 멜서스가 진화론은 옹호하지 않았지만, 그의 이론에 깊은 인상을 받았다. 멜서스는 인구성장을 제한하면, 진화적인 변화를 막을 수 있으며, 정상적인 인구집단으로부터 떨어진 개체들은 쉽게 절멸에 이른다는 생각을 1830년대에 발표하였으며, 이것은 많은 생물학자들에게는 아주 쉽게 받아들일 수 있는 생각이었다. 다윈에게 멜서스의 인구론이 중요한 점은 개체군의 식량자원이 제한적이며, 개체군의 지속적인 생식압력사이에 갈등이 존재한다는 것이었다.

인구증가의 충격을 완화하기 위한 멜서스의 제안에 대하여, 다윈은 동물과 식물에게는 그러한 대체수단이 없다는 것을 지적하였다. "인위적인 식량의 증가나 결혼의 제한도 할 수 없다. 그러므로 멜서스는 다윈이 진화적 변화의 메카니즘으로 자연선택을 생각해 내도록 중요한 역할을 하였다. 다윈은 그의 자서전에서 다음과 같이 말했다.

> 나는 곧 동물과 식물의 유용한 품종을 만드는 데, 선택이 핵심이라는 것을 알았다. 그러나 어떻게 선택이 자연상태에 살아있는 생물들에게 응용될 수 있는지는 한 참 시간이 걸렸으며, 이 시간은 나에게 고난의 순간이었다. 1838년 10월에 내가 체계적인 조사를 시작한 뒤 15개월 후에 나는 우연히 "멜서스의 인구론"을 즐겁게 읽고, 동물과 식물의 행동을 오랫동안 관찰하면서, 모든 곳에서 생존경쟁이 어떻게 일어나는지를 잘 마련해 주는데 대하여 감사하였다. 이러한 환경속에서 적합한 변이는 보존되고, 부적합한 변이는 도태가 된다는 것은 나에게 영향을 주었다. 이것의 결과는 새로운 종의 탄생이었다. 그리고 여기서 나는 작용하는 방법을 얻게 되었다.
>
> 그러나 나는 편견을 갖지 않도록 조심스럽게 있었으며, 이것에 관한 간단한 기술조차도 한동안 하지 않았다. 1842년 6월에 처음으로 내 이론에 대한 간단한 초록을 연필로 35페이지를 쓰기 시작하였다. 1844년 여름동안 230페이지까지 분량을 증가하였으며, 필사본을 만들고 이것을 아직도 가지고 있다.

■ 주: Herbert Spencer가 사용한 용어 및 비유인 "적합자의 생존"을 다윈이 받아들이는데 한 참의 시간이 걸렸다(15장 참조). 여러 번의 편지에서 월레스는 자기가 사용한 이 용어를 다윈이 확신하고 사용하도록 노력하였다. 다윈은 종의 기원 책이 7판이 나온 후에야 이 용어를 한 세대에서 다음 세대로 생물종의 차별적인 생존으로 이끄는 과정에 대하여 쓰기 시작하였다. 다윈은 토마스 헉슬리에게 편지에서 자기는 생존경쟁보다 생식경쟁의 용어를 더 좋아한다고 하였다.

생명 창조의 자연사적인 흔적들과 다윈의 출판 지연

1838년에 멜서스의 인구론을 읽고, 1842년에 35페이지의 초록을 기록하고, 1844년에 230페이지의 원고를 썼지만, 다윈은 그의 이론의 출판을 지체하였다.

왜 다윈은 1842년 초록과 1844년의 원고를 출판하지 않았는가? 그의 발표의 연기는 이론의 보편성에 대한 어떠한 반대론도 극복할 수 있는 충분한 증거를 많이 확보하고자 하는 다윈의 바램이었다. 그의 이론을 대중들이 수용하는 데 조심스럽게 만든 주요한 원인은 1844년에 발표된 "생명 창조의 자연사적 흔적들" 책의 출판에 있었다. 이 책은 스코틀랜드의 저명한 출판사의 회원인 Robert Chambers(1802~1871)가 저술하였다. 무기물이든 유기물이든 모든 물질은 양분이나 환경적 변화에 의해 일어난 우연한 돌연변이의 축적에 의하여 무기물 분자로부터 진화하였다고 하였다. 한동안 굉장히 인기가 있었지만, —영국에서 14판이 발간되자, 특히 화실이나 술집에서 많은 대중들의 논쟁이 일어났다.— 이 책에 대한 종교적으로 과학적으로 심각한 비난이 있었다. 다윈은 이러한 비난을 보면서 그의 이론에 대하여 비난할 수 있는 사람들에게 공개하기가 두려웠다. 그의 이론을 정리한 긴 에세이를 준비하였지만, 멀리 두고, 출판하지 않았다. 흔적에 대한 책을 읽고 나온 반응을 보면서, 대중의 철저한 조사 앞에 자기 이론을 내놓기 전에 가능한 많은 증거들을 모을 필요가 있다는 것을 확신하였다.

다윈은 이후 10여년(1844~1855)을 자연에 나타나는 변이들을 모으고 품종과 종들의 차이를 기록하면서 인공선택에 대한 사례, 변이, 생물의 지리적인 분포에 대하여 모았다. 그동안 다윈은 진화이론에 대하여 한 단어도 발표하지 않았다. 어떤 이는 이러한 지연발표가

1852년까지 또는 이후까지 다윈의 자연선택이 종의 분화가 일어나는 메카니즘이라는 이론이 불충분하였기 때문이라고 한다. 1855년 초에야 다윈은 종의 기원 책에서 단 한 개의 그림으로 표현한 **분지의 원리**(principle of divergence) 창안하였다(그림 1.4). 그렇지만 1855년까지, 진화는 다윈에게 실망과 굴욕적인 분위기에 쌓여 있었다. 이때 경쟁자가 나타났다. 영국의 또 다른 박물학자인 Alfred Russel Wallace(1823~1913)은 종의 변형을 이해하고자하였다. 찰스 다윈과 알프레드 월레스가 종의 기원에 대하여 1858년 7월 1일 런던의 린네학회에서 어떻게 공동논문을 발표하였는지 이야기는 복잡한 내용이다.

- 처음에 발표자 누구도 학회에 나타나지 않았다. 알프레드 러셀은 자기 논문이 린네학회에 발표되었는지도 몰랐으며, 자기 원고가 학회잡지에 다윈의 25년간의 연구 요약과 함께 미국 식물학자에게 편지형식으로 공동 발표될 것이라는 것도 알지 못하였다.
- 각자는 독자적으로 자연선택에 의한 종의 변형 이론에 도달하였으며, 두 사람 모두 광범위한 자연속의 변이들을 분석한 결과였다.
- 두 사람 모두 멜서스에게 영향을 받았으며, 자원에 대한 경쟁의 중요성에 주목하였다.
- 다윈은 인공선택이 자연선택을 이해하는 데 중요한 핵심이며, 월레스는 인공선택은 불충분한 방법이었다.
- 다윈의 분지 원리는 소규모 개체군 사이에 경쟁이 존재하는 한, 소규모 개체군은 특수화되고, 종의 분화까지 분지한다는 것을 주장하였다. 이 이론에 따라 경쟁이 가장 강력한 선택압이라는 관점을 다윈은 유지하였다. 지리적인 변이를 다윈은 월레스보다 덜 중요하게 생각하였다. 자연선택에 의한 진화 이론을 두 사람 모두 내어 놓았지만, 두 사람의 이론은 같지 않았다.
- 마지막 복잡한 내용은 다윈이 1858년 6월에 월레스로부터 논문을 받았을 때, 행동을 취하였다.

Alfred Russel Walles

이들 두 영국 박물학자의 삶과 상황은 다르지 않았다. 다윈은 부유하고 중상위 집안의 자손이었다. 캠브리지에서 공부하고 박물학자로 외국을 여행하였으며 돈은 풍족하고 재정적으로 안정적이였으나 계속 병을 달고 산 학자였다.

월레스는 웨일스에서 태어나고 가난한 중산층 가족이었다. 아버지의 재정문제로 13살때에 학교를 떠났다. 탐사자로 형에게 일을 배웠다. 런던의 기술 연구소에서 강의에 참석하여 독학을 하였으며, 20살까지 탐사가로 활동했다. 가장 친한 박물학자는 미래의 탐험가, 베이츠 의형(닮음 꼴)의(15장 참조) 발견자인 Henry Walter Bates(1825~1892)였으며, 월레스는 다윈의 Journal of Research를 읽었고 박물학과 탐험과 채집에 관한 많은 잡지들을 읽었으며, 월레스와 베이츠는 1848년에 브라질로 곤충을 채집하여 박물관과 영국의 수집가들에게 팔거나 종의 변형에 대한 증거를 찾았다.

월레스의 모든 채집표본과 일기, 채집기록 등은 1852년 6월 12일 영국으로 돌아가는 배가 화재로 바다에 침몰하면서 모두 잃어버렸다. 반대로 다윈은 당시의 많은 전문가들에게 분배한 많은 표본들을 가지고 영국으로 돌아왔으며, Journal of Research에 기고를 하면서 박물학자로 명성을 얻었다. 월레스는 6년(1854~1862)을 더 탐험하고, 지금의 말레이지아와 인도네시아에서 채집을 하였는데, 이 때 125,000점의 표본을 모았으며, 그 중에 1,000종의 신종이 있었다. 동물의 분포(동물 지리학)에서 그의 획기적인 연구의 기반을 이루었다. 월레스 선은 인도네시아를 포함한 동아시아의 종들과 호주의 종들이 서로 분리되는 선이었다.

월레스는 브라질로 떠나기 전에 멜서스의 논문을 읽었다. 그와 베이츠는 토론을 하고, 종의 변형에 대한 이론을 탐색하였다. 1855년에 월레스는 지리적인 분포에 연관된 종의 분포에 관한 1편의 논문을 발표하였다. 이 논문을 다윈은 알고 있었으며, 그의 논문에서 월레스는 "모든 종은 매우 가까운 종들과 공간과 시간 양 쪽을 함께 하는 존재이다."라고 결론지었다.

1858년에 월레스는 동남아시아 섬들에서 조류, 곤충, 포유동물 들을 채집하고, 진화의 메카니즘을 찾고자 하였다. 중요한 것은 다윈이 20년전에 멜서스가 월레스를 위해 같은 기능을 하였다는 것이다.

> 그 당시에(1858년 2월), 나는 말루카스의 터내이트에서 간헐열(intermittent fever)로 고통을 받고 있었다. 멜서스가 "인구론"에서 언급한 내용을 긍정적으로 검토하기 시작하였다. 수년 전에 읽었던 이 내용은 내 마음에 깊고 오랫동안 인상을 남겼다. 이들 억제요인들-전쟁, 질병, 기아 및 그러한 것들, 이런 것들이 내게도 일어났으며, 인간과 마찬가지로 동물에게도 작용한다. 그 당시에 동물은 굉장히 빠르게 늘어난다고 생각하였다. 이 같은 억제요인들은 사람들의 경우보다 동물에서 훨씬 더 효력을 발휘한다. 이러한 사실에 몰입하고 있는 동안 갑자기 적자생존이라는 생각이 떠올랐다. 이들 억제요인에 의해 제거된 개체들은 생존한 개체들보다 열등하다. 나의 논쟁이 끝나기 전 두 시간동안에 이론의 전부를 생각해내었으며, 그날 저녁에 내 논문의 초안을 스케치하였다. 이틀 동안에 전부를 정리하였으며, 다음 편지로 다윈에게 보냈다(자연의 선택과 적도의 자연, 2장의 서문, 개정판, 1891).

핵심적인 형태로 자연의 선택 이론을 기술하였으며, 출판을 위한 원고를 월레스는 다윈에게 보냈는데, 이 이론에 대하여 다윈은 고찰하고 있었다. 덧붙인 편지에서 월레스는 다윈에게 원고를 보내면서, 이 내용이 가치가 있다고 생각하면, 린네학회에 출판해주기를 원했다. 역사는 완전히 다른 전환을 가져왔다. 만약 원고가 린네학회나 다른 학회나 잡지에 직접 보냈다면, 학회는 심사를 하고, 출판하거나 거절하거나 하였을 것이다. 분명히 그런 환경에서 다윈이 원고의 심사를 하였다면, 원고를 분명히 추천하였을 것이다. 20년 동안 다듬어 왔던 다윈의 이론은 사라졌을 것이며, 다윈이 아니라 월레스의 이론이 되었을 것이다. 그렇지만 고학의 역사에서 가장 중요한 "그렇지만"의 하나이다. 월레스가 보낸 원고를 다윈은 학회에 보내지 않고, 절친한 친구인 찰스 라이웰에게 보내면서 어떻게 하는 것이 좋

■ 다윈은 린네학회에서 낭독한 그의 편지와 기록들이 출판될 때까지 종의 변형에 대한 문제에 관하여 한마디도 출판하지 않았다.

■ 그래서, 이전의 개념을 참고하면, 종의 변화에 대하여 출판물에서 한 번도 쓰지 않았다는 것은 논쟁거리다.

■ 다른 이들의 연구에서 언급된 데이터를 포함하여 증거를 모았지만, 다윈은 자기가 모은 증거들의 출처를 밝히지 않았다.

을 지를 물었다. 다윈이 진화의 자연선택을 제안하는 데, 선취권을 잃어버리는 것을 막기 위해, 친구인 찰스 라이웰과 조셉 후커는 월레스에게 연락하지 않고, 런던 린네학회에 공동논문으로 1858년에 두 저자가 없이 발표하고 출판하였다. 그러한 행동은 오늘날 비윤리적인 것으로 판단된다. 어떻든 다윈의 명성은 라이웰과 후커에 의해 손상되지 않았다. 월레스는 논문의 조정에 대하여 들었을 때, 다윈과 공동으로 발표한 논문과 다윈이 모은 증거들을 기뻐하였다. 인생의 후반에 월레스는 더 의미가 있는 의견을 내었다. 1858년 7월 1일에 발표한 논문은 실로 이상하였는데, 다윈이 미국식물학자인 Asa Gray에게 1857년에 보낸 편지(후커가 그 내용을 알리지 않기를 요구하는 내용)와 1847년에 다윈이 후커에게 보낸 기록과 월레스의 논문을 조합하여 만들었다. 놀랍게도, 공동논문은 과학계와 비과학계에서 반응이 크지 않았으며, 아마도, 이론 자체는 뒷받침하는 증거도 없었으며, 대규모의 진화 현상을 나열하지도 않았으며, 진지한 관심도, 위협적인 견해도 없었다. 1859년 11월에 다윈의 출판에서 엄청난 증거들을 가지고 더 확대된 논문인 "자연선택에 의한 종의 기원 또는 생존 경쟁에서 우수한 품종의 보존"에서 세상은 주목하기 시작하였다. 초판 출판 후 몇 시간 만에 1,500부가 팔려나간 것은 보통이다. 실제는 389부의 책은 출판사에서 기증되었거나 다윈이 홍보를 위해 준 것이다. 1,111부는 서점에서 샀으며, 공식적인 출판일 전에 서점에서 샀다.

다윈과 월레스가 발표한 진화의 이론은 그림 6.5 에서 정리되었다. 2가지로 제안된 과정을 요약할 수 있다.

1. 과도한 생식 + 제한된 자원들 – 경쟁, 자연적 변이와 자연선택이 잘 적응된 변이들이 현재의 형질들을 다음세대로 전달한다.
2. 환경변화 + 유전적 변이 + 자연선택은 현존 형질 또는 잘 성립되고, 종 또는 개체군 내에 분포되는 결과를 낸다(그림 6.4).

진화는 연속되는 과정이라는 것을 주목하라: 어떤 개체의 강한 생식능력은 제한된 자원으로 경쟁을 일으키며, 다음세대에게 더 자연선택을 일으킨다. 물론 우연한 변화가 작용한다. 어떤 개체가 넘어지는 나무에 죽는다면, 그 개체가 환경에 잘 적응하든 아니든 생식은 없다. 각각의 진화 단계는 이전의 진화단계를 바탕으로 일어난다. 이 과정은 어떤 특별한 환경을 위해 개선된 적응으로 나아간다. 다윈과 월레스가 내놓은 이론이 동일하다는 생각을 해서는 안 된다. 그 둘은 같은 이론이 아니다. 그들은 스펜서의 용어 "생존경쟁"을 사용하는데 차이가 있었다. 더 기본적으로 월레스는 인공선택의 유용성을 자연선택을 이해하는 수단으로 신뢰하지 않았으며, 다윈에게는 필수적인 내용이었다. 월레스는 다윈보다 지리적 격리를 더 중요하게 생각하였다.

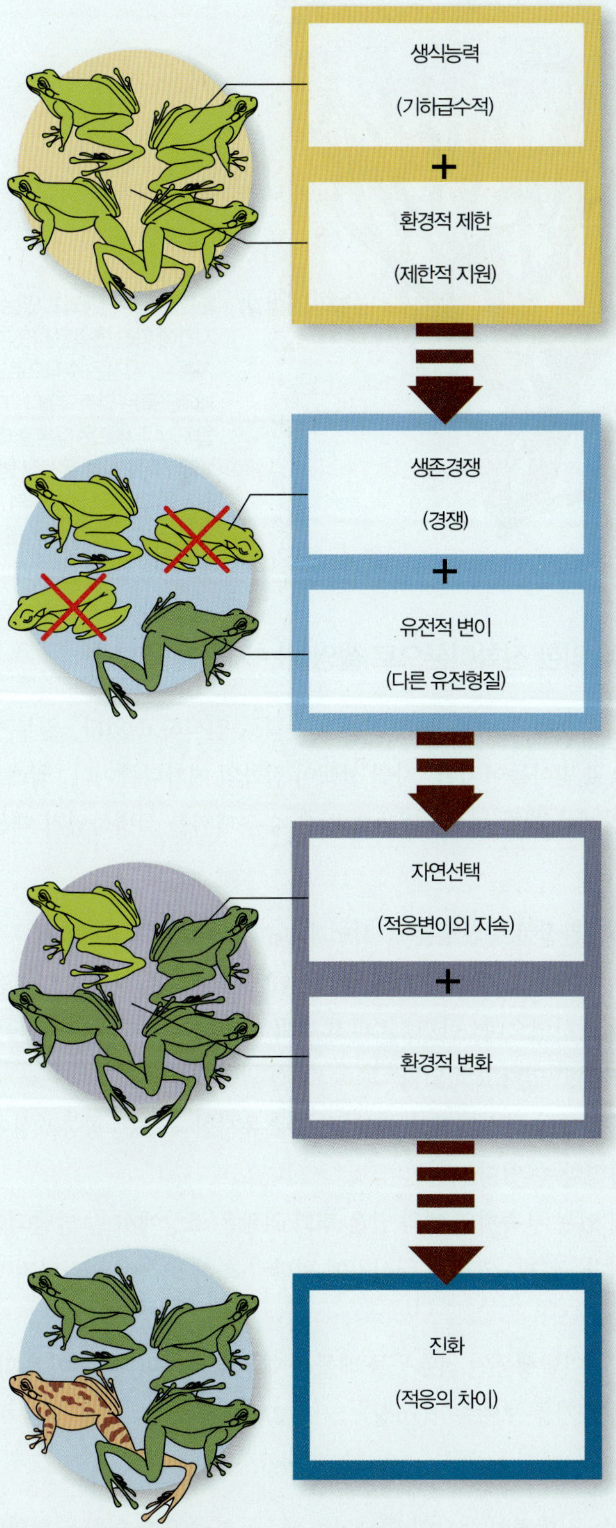

그림 6.5 찰스 다윈과 알프레드 러셀 월레스가 내놓은 자연선택에 의한 진화의 개념을 그림으로 표시.

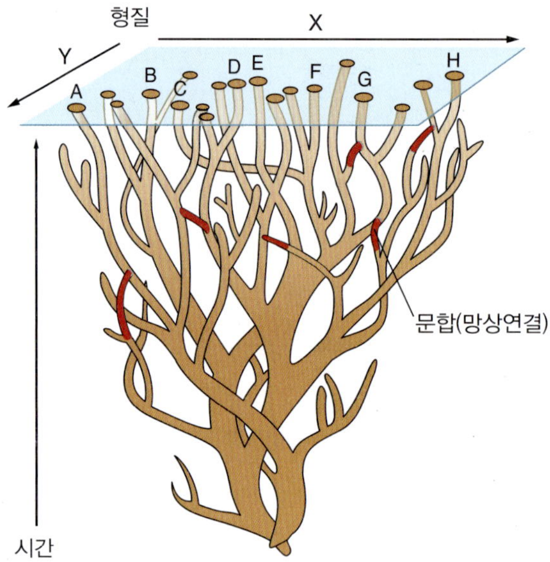

그림 6.6 진행되고 있는 진화적 변화를 시간에 따라 연속된 나뭇가지들로 묘사한 계통수. 시간은 수직으로 표시하였다. 어떤 개체군들은 멸종되었다. 다른 개체군들은 합치거나 새로운 다른 형태로 분지하였다. X와 Y축은 다른 유전적 형질이나 표현형을 표시한다. A와 H 사이의 차이는 각각의 분류군임을 충분히 보여준다.

자연선택에 의한 진화이론으로 설명하는 자연계의 모습

지구에서 종의 다양성의 원인을 많은 이들이 진화로 인식하고 있다. 일부가 받아들이고, 여러 가지 수준으로 받아들이지만, 자연 선택이 진화의 메카니즘이다. 월레스와 다윈이 제안한 이론이 자연계에 대한 박물학자들의 많은 수수께끼를 설명하였기 때문에 진화를 사실로 받아들였다.

- 분류학자들이 관찰한 중간형은 종 사이에 천이로서 설명할 수 있다.
- 진화이론은 왜 유사한 형질을 가진 생물종들이 서로 지리적으로 가까운 지역에 나타나는 지를 설명하였으며, 반면, 지리적 장벽에 의하여 격리된 그룹들은 보다 적은 공통 형질을 가지고 있다고 하였다.
- 다른 생물종들에서 발견되지만, 기본적으로 유사한 구조는 공통조상에서 유래한 유연관계로 설명할 수 있다.
- 뱀과 고래에 있는 부속지의 뼈와 같은 퇴화 기관은 조상에서 잘 발달되고 존재했던 기관의 흔적이다. 실제, 고래의 배시기에 뒷다리 초기 조직이 나타나지만, 초기발생동안 퇴화한다(16장).
- 척추동물의 초기발생동안 척추동물 배들은 매우 유사하며, 기관이 퇴화했을 때도, 공통의 진화적 과거를 보여준다(16장).

화석

화석기록의 증거는 진화적인 생각이 확산되는 데, 특히 중요한 역할을 하였다.

다윈과 월레스의 일생동안에, 몇 가지의 고생물학적인 발견들은 개선된 후손들에 대한 이론을 강하게 지지하였다. 그 중 하나의 발견이 1861년 파충류와 조류사이의 중간형으로 해석된 진정한 "잃어버린 고리"였다. 그림 18.6에서 시조새화석 Archaeopterix 는 21개의 척추뼈를 가진 꼬리뼈와 이빨 등의 파충류의 특징을 가지고 있으나 조류모양의 깃털과 차골(wishbone)을 가진다(18장). 파충류(공룡)로부터 조류까지 이어지는 "사촌"이었다. 그러한 "원시형"은 이론을 증명할 수 있는 진화의 예측이 가능한 결과였다. 말의 화석들은 어떤 동물의 진화를 완전하고 지속적인 화석기록을 마련하였다. 현존 말들은 작고 4개의 발가락을 가진 형태에서 크고 1개의 발가락을 가지며, 억센 풀을 씹을 수 있는 계속 자라는 이빨을 가지고 있어, 이러한 말의 여러 화석들은 종분화와 멸종의 모습을 긴 진화과정을 통하여 보여주고 있다(그림 B16.1, B16.2, Box 16.1).

지리적 분포와 분류

1859년 이후에 분류학적 관찰을 통해 서로 다른 종들이 점차 증가하면서, 간단한 것이 복잡한 것으로, 어떤 형이 다른 형으로 변화하는 것은 진화적 유연관계로 설명하는 것이 가장 합리적이었다(그림 6.7, BOX 6.4). 모든 생존종과 멸종된 생물종들은 계통진화(진화적 역사)를 가지고 있으며, 오로지 단 하나의 계통진화적 역사를 가진다. **계통진화**는 생겨났다. 분류는 생겨난 것이 아니며, 진화결과를 순서와 배열하는 방법이다(Box 6.4, 16장 참조). 분류는 우리들의 마음속에 생기고, 존재한다.

많은 이들이 진화적으로 가까운 생물종 그룹은 보통 지리적으로도 연결되어 있다는 것을 알게 되었다. 바다나 산맥같은 큰 지리적 장벽은 생물그룹을 서로 격리시키고, 다른 군

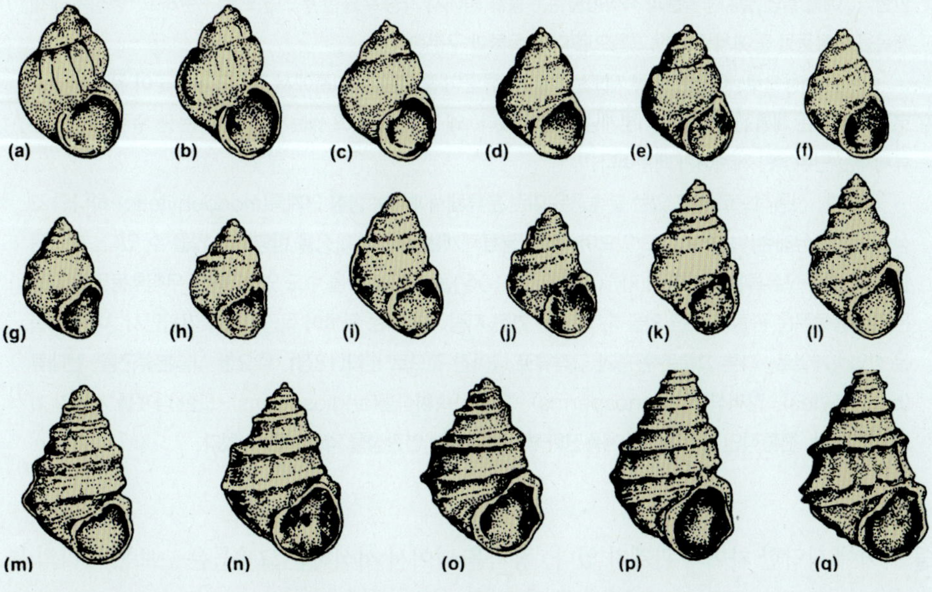

그림 6.7 연체동물 속인 *Paludina*의 화석종들 사이에 진화적 관계를 보여주는 19세기의 그림, 가장 오래된 종 *P. neumayrhdg*)로부터 가장 젊은 종인 *P. hoenesi*까지 다양함. 다윈과 다른 학자들은 "느낄 수 없는 연속성으로 서로에게 섞임; 연속성은 활발히 전달되는 생각으로 마음에 강한 인상을 남기게 된다".

■ **문**(식물에서는 division)은 전통적인 동물의 분류체계에서는 계의 바로 밑 계급으로 같은 문일 때, 다른 문의 그룹보다 진화적으로 더 근친이다.

■ 이런 형식의 분류체계를 표현하는 가장 좋은 방법은 다른 분류체계에 있는 분류군을 말하는 것이다.

BOX 6.4

분류학

이상적으로 생물종의 특별한 개체군에 대한 가장 자세한 계통적인 모습은 조상종과 현생종을 연결하는 가지들이 무성한 모양을 갖는 부분이며, 유연관계의 정도에 따라 다른 모든 개체군들을 연결하는 것이다(그림 B6.3). 그렇지만, 현재 1천만~3천만 종들이 존재한다. 어떤 종들은 동정이 되고 학명도 갖고 있지만 많은 종들은 아니다. 과거에는 수억만 종들이 존재했을 것이다. 현재 학명을 가진 종들만을 포함하는 생명의 계통수를 만드는 시도는 할 수 있지만, 불가능한 일로 보인다. 그렇지만 약 20년 전에는 생물종들의 제놈(genome)의 염기서열을 만드는 것도 불가능한 일로 여겼다.

분류학자들은 **분류군**(taxon, 복수 **taxa**)별로 분류를 하는 것을 요구하는 데, 어떤 특별한 종인지, 속, 목, 심지어 목인지, 그리고 분명한 학명을 주고자 한다. 분류군은 분류계급별로 하위의 분류군 1개 이상을 포함한 상위의 분류군으로 배열된다. 현대인류(*Homo sapiens*)와 초파리(*Drosophila melanogaster*)를 계급이나 분류군으로 배열한 것은 그림 B6.4 에 나타난다. 그림에서 배열은 계통수는 아니며, 단지 분류가 어떻게 지정된 계급을 만드는지 보여준다.

약 2백만 종들의 동물종들은 16~18장에서 예를 든 약 37개문으로 나눌 수 있다. 어떤 문은 굉장히 많은 종을 포함하고 있다. 절지동물문(Phylum Arthropoda)은 약 1백만 이상의 종들을 갖고 있다. 선형동물문(Nematoda)은 약 50만종을 가진다. 아주 극단적인 예로 편평동물문(Phylum Placozoa)은 *Trichoplax adhaerans*라는 한 종으로만 구성되어 있는데 *T. adaerans*는 길이가 300 um (짧다고 표현해야 할지 모르지만 이것은 좌우대칭이 분명치 않다) 정도로 작으며 12개의 염색체를 가지며 유전체 DNA양이 적지만 11,514개의 단백질 암호화 유전자를 가지는데 이들 유전자들 대부분이 다른 동물들도 가지는 것들이다 (18장 참조). 구륜동물문(Phylum Cycliophora–라틴어에서 작은 수레바퀴를 가짐)은 단 1종만을 가지며, 이 미세한 해산종 *Symbion pandora*은 일생동안 노르웨이 바다가재 *Nephrops norvegicus*의 입과 다리에 기생하여 살아간다. 이런 모드의 분류는 종을 동정하고 많은 수의 종들을 정렬하는 간단한 제도를 제안한다. 예를 들면 절지동물문과 척삭동물문은 동물 중에서 가장 주요한 두 그룹으로 구분하고, 영장목과 설치목을 포유동물 중에서 주요한 그룹으로 다른 목들과 구분한다.

중요한 내용으로, 이러한 분류 제도는 어떤 분류군이 포함된 한 그룹에서 각각의 분류군이 유래한 것으로 여겨진다는 계통진화학적인 기본개념을 깔고 있다. 왜 "여겨진다"고 썼는지, 그 이유는 종 수준 이상의 분류계는 인위적인 체계이기 때문이다.

나아가, 전통적으로 알고 있는 분류군은 이런 분류체계에서는 항상 단계통(monophyletic–하나의 조상으로부터 유래한)이 아닐 수도 있으며, 이런 분류체계는 진화적 과정을 반영하지 않을 수 있다. 오랫동안 알고 있는 포유류는 다계통의 기원(그림 8.2, 18장)을 가지고 있을 수도 있다. 어떤 무척추동물 학자들은 절지동물문은 관절을 가진 외골격, 체절을 가진 지렁이와 같은 동물이 독립진화를 거쳐면서, 어떤 그룹은 삼엽충계열로, 다른 그룹은 곤충과 갑각류로 나아간 것으로 본다(18장). 주요한 식물분류군들–선태류(bryophytes), 겉씨식물(gymnosperms), 그리고 속씨식물(angiosperms)–또한 **다계통** 기원일 가능성도 있어, 전통적인 분류체계와 계통진화적인 체계간에 연관성을 약화시킬 수 있다.

들 사이에 상당한 차이와 관계가 있다. 장벽을 넘어서 서식하는 그룹들은—보통 격리의 특정 모드—종종 새로운 그룹이나 계통의 조상이 된다. 갈라파고스섬들에 정착한 단 한 종의 핀치새가 소수의 개체로부터 폭넓은 방사진화를 보여주었다. 정상적인 대륙의 핀치새가 갈

BOX 6.4

분류학 (계속)

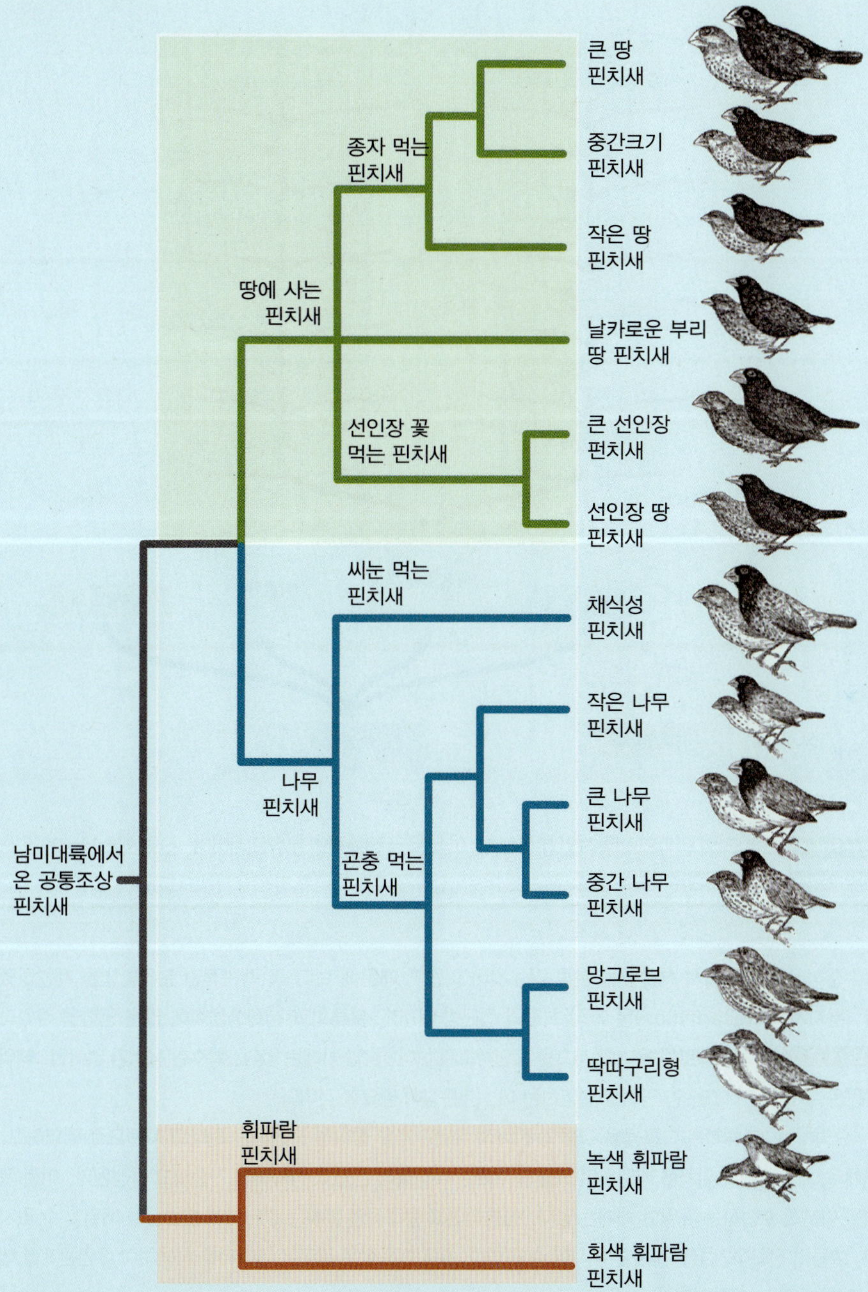

그림 B6.3 여러 종들의 핀치새가 부리의 적응을 보여주는 다윈 핀치새의 진화계통수. 1999년에 발표된 분자적 연구도 이 계통을 지지하고 있었다. 미토콘드리아DNA를 사용한 비교연구에서, 각 소그룹내에서 종들 사이의 분리는 아직 분명하지 않았다. 이 분자적 연구는 이 핀치새들이 1 종으로부터 기원했음을 보여주고 있는데, 휘파람새의 한 형으로 "어두운 색깔의 초식성 목도리 참새"에서 기원하였다.

(계속)

BOX 6.4
분류학 (계속)

■ 주: 분지계통학(Cladistics)은 전통적인 분류학(taxonomy)으로부터 계통진화적으로 구분하는 것이다.

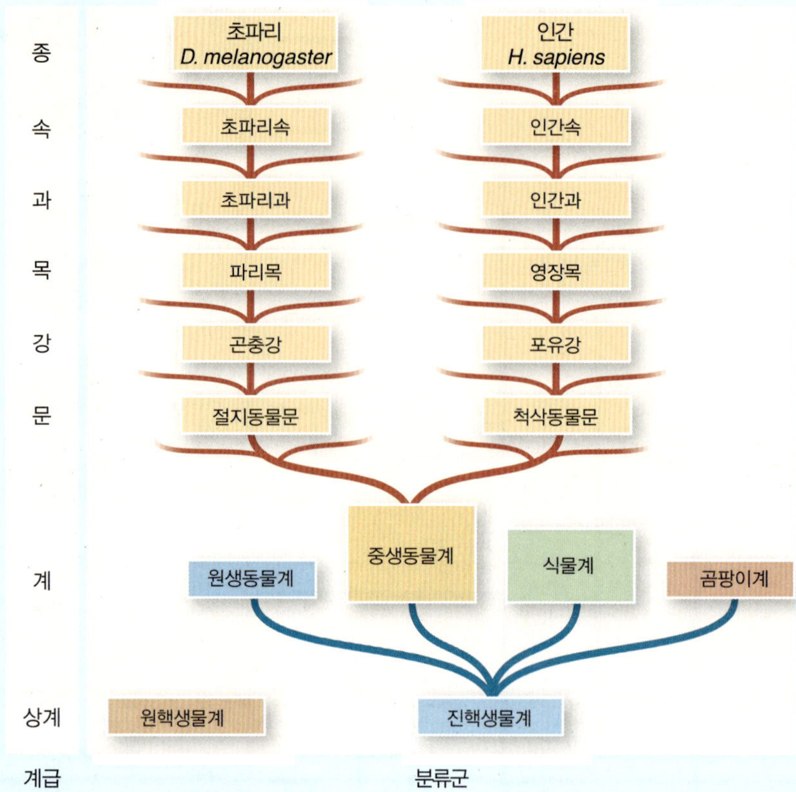

그림 B6.4 초파리와 인류의 전통적인 분류체계. 이 내용은 전통적인 분류체계이며, 진화계통수는 아니다. 계와 상계에 대하여 8장과 9장을 참조.

종수준이상의 계급에서 생물들을 분류하는 것이 어렵기 때문에 보다 더 객관적인 분류방법을 제안하였다. **분지계통학**(Cladistics)은 가장 최근의 접근방식이며, 분류학과 진화생물학에 많은 영향을 주었다(BOX 6.5). 나는 새로운 용어와 사고를 도입하고자 한다. 방법 밖에는 없다. 특수한 용어가 없다면, 책의 분량은 두 배로 커지고, 한 단어를 설명하는 데, 긴 문장이 필요할 것이다.

요약하면, 분류학은 그룹들을 그들의 진화적 유연관계를 정확히 표현하는 하나의 패턴으로 배열하고, 체계 속에 그룹들의 위치를 배열하여 그들의 주요한 특징들이 손쉽고 정확하게 기술되고 동정된다. 이런 목적을 충분히 수행하는 유일한 체계는 없다. 전통적이고 형태적인 분류는 간단하게 분류군을 배열할 수 있지만, 그들의 진화적인 유연관계를 무시할 수도 있다. 분지계통학은 새로운 데이터를 사용하여 유연관계를 테스트 할 수 있는 이론이다.

BOX 6.5
분지계통학(Cladistics)

분지계통학은 분지에 의존하는 분류학적 접근법이다. 이 방법의 원래 제안자는 독일 곤충학자이며, 분류학자인 Willi Hennig(1913~1976)로 분지계통학을 창설하는 데 핵심적인 역할을 하고, 분지계통학의 전문가들의 학회인 The Willi Hennig 학회 회원이었다.

분지계통학은 새로운 파생형질(apomorphic-derived)과 조상형질(plesiomorphic-ancetral)을 구분하는 것을 강조하며, 파생형질이 계통진화를 만드는 것으로 강조한다. 파생형질의 공유(synapomorphy-sharing of derived characters)가 계통진화를 이끌어 간다.

예를 들면 종 A. B. C가 어느 정도 유연관계를 갖는 지는, 새로운 형질을 공유하는 지에 달려있다(그림 B6.5). 형질 X를 종 A와 C가 공유한다면, 갖지 않은 B보다 두 종은 유연관계가 가깝다. A와 C종은 공통 조상에서 분지하였다. 반면 종 B는 독립적으로 나왔다(그림 B6.5a,b). 공유파생형질에 대한 강조는 어떤 종이 조상형인지 모를 수도 있다. 실제, 진화패턴이 그물처럼 될 수도 있는데-각각의 분지점에서 두 개의 가지가 나오는 나무보다 각 분지점에서 여러 가지가 나오는 관목처럼(그림 6.6), 2개의 가지로 분지하는 방법은 진화과정을 지나치게 단순화시킬 수 있는데, 많은 종들을 가지거나 급격한 진화를 거친 진화에서는 더욱 그렇다. 각 계통진화의 계통수는 계통유연관계에 대한 하나의 가설이며, 다른 가설처럼 일정한 테스트를 거쳐야 한다는 점을 유념해야 한다.

모든 중요한 진화단계는 2개의 가지로 분지하는 과정을 겪었으며, 2개의 유전적으로 다른 자매군(sister taxa)을 만들고, 이 두 분류군은 계급이 동일하다. 예를 들면 조류와 악어는 하나의 공통 파충류 조상에서 파생되었으며, 분지계통학자들은 이 두 군이 포함된 파충류군보다는 하위에 위치하는 최초의 파충류(Archosaurs-원시공룡)에 들어가는 자매군으로 동일한 계급으로 고려하였다. 오랫동안, 고래류는—고래, 돌고래, 상괭이—독립된 포유류였다. 최근의 화석, 형태, 분자적(12S,16S 리보조말 RNA)연구에서 현존하는 유제류(편평한 발톱 유제류)인 낙타, 돼지, 코뿔소, 다른 유제류 등과 유연관계를 갖는다. 초기의 고래화석은 형태적으로 유제류에 닮아 이 이론을 지지한다. 나아가, 미토콘드리아, 핵, 염색체 DNA 연구에서 고래류는 유제류에 가깝기도 하지만, 유제류에 깊이 포함된다.

지금까지 매우 좋다. 위에 언급한 것처럼, 지금까지 전통적인 생물군들은 단계통이 아니며, 정확한 진화적 계통이 아니다. 절지동물이 그러한 그룹의 예이다.

아마 우리가 머리를 절레절레 흔들 정도로 어려운 변화는 조류이다. 우리 모두 조류가 어떤 생물군이지는 알고 있다. 조류의 동정 형질들(깃털, 비행, 날개)은 무엇이며, 그들이 어느 정도 유연관계인지는 역시 알고 있다. 그렇지만 분지계통학은 조류(Aves)를 파충류(Reptilia)로부터 분리하는 전통적인 분류를 따르지 않는다.

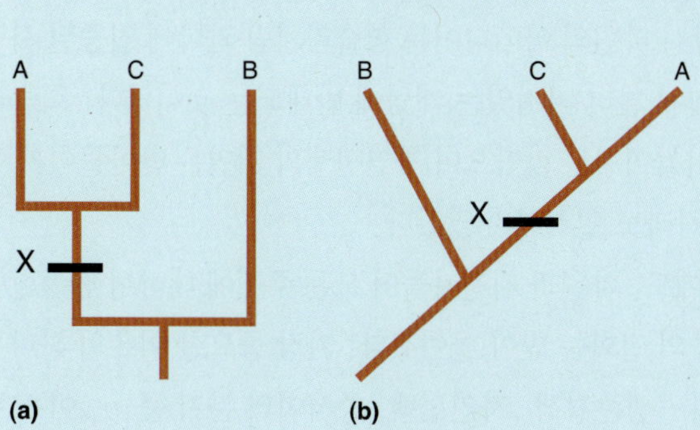

그림 B6.5 3종간의 유연관계에서 2종은 분지계통학에서 언급한 것**(a)**처럼 새로운 파생형질(X)을 소유하고, 더 전통적인 계통수에서 나타난 것처럼 조상관계를 만들지 않는다**(b)**. 종 B는 2종 A와 C보다 조상형에 속한다. 2가지 계통수에서 종 A와 C는 종 B보다 더 가깝다.

(계속)

BOX 6.5

분지계통학(Cladistics) (*계속*)

분지계통학에서는 한 공통조상에서 유래한 후손들을 모두 포함하지 않는 생물군, 즉 측계통군(paraphyletic)으로 파충류는 그들의 포유류 자손과 조류로 분리되는 자손들을 포함하지 않기 때문에 정당한 분류군이 아니다. 비슷하게 분지계통적 분석에서는 상사와 독립진화로 이루어진 절지동물과 다른 분류군 같은 **다계통군**(polyphyletic)을 배제한다. 분지계통분석에서 단계통군일 때 하나의 분류군(clade)은 분류학적인 위치(taxonomic state)를 가질 수 있다(그림 B6.5). 하나의 분지계통적 분류군은 공통조상과 그 조상의 모든 후손들을 포함한다. 그러므로 조류는 공룡의 유연관계이고, 공룡의 자손으로 공룡이다(그리고 파충류). 조류를 독립된 분류군으로 취급한다면, 조류형-파충류와 비조류형-파충류로 구분할 수 있으며, 이것은 조류로 분지하는 파충류와 조류로 분지하지 않는 파충류를 의미한다.

■ **미세진화**는 때때로 한 종 내에 적응방사에 대하여 사용되어지며, **대진화**는 종이상의 진화를 나타낸다.

파고스섬에서 새로운 핀치새들로 진화하였다(그림 B6.3, Box 5.4, 14.2, 그림 B14.1).

적응방산(radial evolution)은 하나의 지리적 지역에 한 형 또는 여러 형으로 확장되는 종분화를 말한다. 호주에 서식하고 있는 유대포유류의 적응방산(그림 6.8)은 대륙간의 격리가 태반 포유류와 경쟁을 피하게 하는지 보여주고 있으며, 기능과 먹이 습관(채식성-육식성) 및 다른 대륙의 태반포유류와 다른 독립진화가 일어나 종이 다양한 방향으로 진화가 일어났다.

종의 기원, 그 폭넓은 충격

20년간 생각하고, 기록한 다윈의 자세하고, 섬세한 진화이론의 발표를 간과하기가 어렵다. 사회에서 과학의 역할과 위치 및 과학에 대한 관심을 대중들이 논의하는 출발점이었다.

토마스 헉슬리(1825 ~ 1895)는 후에 다윈을 대중으로부터 적극 방어하였는데, 그도 "…그런 것을 생각하지 못하였다니 내가 바보스럽다"라고 서술하였다. 이 자주 인용되는 학슬리의 서술은 헉슬리가 다윈의 이론에 대한 본질과 중요성을 곧 알아 차렸다는 것을 의미한다. 그러나 자주 인용되지 않는 문장의 첫 부분은 "내가 종의 기원에 대한 중심적 전문가라고 생각한 것이 얼마나 어리석었던가…"이다. 헉슬리는 다윈의 아이디어를 이해하기 위하여 열심히 공부하여야 하였다. 이 당시 다윈의 아이디어는 헉슬리처럼 과학에 집중된 사람들에게도 혁명적이고 당대 사람들에게 널리 퍼져있는 개념에 반대되는 것이었다. 헉슬리는 다윈의 이론을 무비판적으로 받아들이지는 않았으며 자연선택의 개면은 받아들이기 어려우며 종의 실체에 대한 다윈의 생각과도 일치하지 않았다.

비판론자들이 다윈을 반대하였음에도, 다윈과 지지자들이 모든 주제에 대하여 만족할만한 정보를 주지 못했지만, 다윈의 종의 진화는 받아 들여졌다. 가장 중요한 이유의 하나는 다윈이 많은 메카니즘을 내놓았는데—생존경쟁, 자연선택, 종사이의 분지 등—, 이 모두가 변이의 존재와 자연적 과정을 바탕으로 관찰을 통해 착실하게 이루어졌기 때문이다. 이 같은 자연적인 과정은 이전의 라마르크처럼(5장 참조) 관찰이 어려운 추상적인 진화이론과

그림 6.8 호주 유대류 동물의 다양성. 많은 다양한 형태가 독립적으로 진화하였으며, 다른 대륙에 살고 있는 태반류사이에 나타나는 평행진화로 비슷한 서식환경에서 생존을 위한 선택이 평행진화 나 수렴진화를 일으킬 수 있었다.

비물질을 대상으로 하는 이론들과는 크게 달랐다.

자연선택에 의한 진화이론의 또 다른 매력은 신성한 존재로 여겼던 인간은 그동안 다른 동물과 분리하여 취급하였는데, 인간을 포함한 모든 생물종들 사이의 유연관계를 포함하는 생물학의 역할 확장에 있었다(Box 6.4). 인류학, 식물학, 고생물학, 동물학으로부터 다윈은 새로운 사고방법과 새로운 조사지역에 대한 길을 열었다.

개인들의 질문은 예를 들면

- 다른 세포사이, 세포의 다른 부분, 다른 꽃들 사이에 유연관계는 무엇인가?
- 난의 다양한 꽃가루받이는 어떻게 진화했는가?
- 순환계와 신경계와 같은 기관들의 진화단계는 무엇인가?
- 왜 어떤 종은 다른 종을 흉내를 내는가?
- 어떻게 불임의 일벌과 같은 곤충의 계급이 진화했는가?
- 특수한 생물종의 지리적인 분포를 어떻게 설명하는가?

각 토픽에 대한 특별한 기술이나 연구가 요구됨에도, 어떤 토픽은 현재에 이해가 가능하지만, 모두 개선된 후손들의 배경에 접근해야만 이해될 수 있다. 적응과 진화의 전면적인 견해에서 보면, 다윈과 월레스는 모든 생물학분야를 어우르는 기초이론의 틀을 마련하였다. 많은 면에서 직접과 간접 증거들의 축적은 진화적 견해를 지지하기 시작하고, 이 책의 후반부에서 많은 것들을 논의할 것이다.

자연선택에 의한 진화이론에 반대하는 논쟁이 생겨나다

자연선택에 의한 진화나 진화를 반대하는 주요한 이유는

- 개체의 형질은 부모의 형질이 혼합된다는 생각이 앞서기 때문에(7장), 형질이 어떻게 선택되는지 보기가 어렵다.
- 지질학자들은 여전히 지구의 거대한 유물들이 분명히 만들어진 것으로 보았기 때문에, 진화가 일어날 수 있는 충분한 시간이 있었다는 것을 볼 수 없었다.
- 진화의 힘이 작고 계속적인 변이에 작용한다고 다윈이 주장하였으므로, 선택은 그런 작은 변이를 인식할 수 없으며, 그럼으로 신종의 형성으로 이끌 수 없다고 비판하였다. 선택은 한 종에서 다른 종으로 진화한다고 설명하는 반면, 어떻게 많은 종들이 한 종에서 생겨났는지 이해할 수 없었다.

또 다른 문제는 새로운 형질의 출현으로, 다윈은 존재하는 구조가 새로운 이용으로 전환되거나 전적응으로 형성되었다고 생각하였다. 진화의 분지 패턴은(그림 B6.4) 서로 다른 그룹으로 격리에 의해 나타난다고, 다윈은 강조하지 않았지만, 월레스, 구릭, 와그너 등은 강조하였다. 지리적 격리는 종분화의 이론(17장)에서 큰 역할을 하였으며, 이것에 대하여 더 자세히 살펴보고자 한다.

지리적 격리

계통진화 과정을 통해, 한 종이 다른 종으로 변한다는 것을 다윈이 강조하자 비판이 일어났다(16장).

다윈의 접근은 시간에 따라 특별한 종이 진화한다고 설명하자, 지리적 공간에서 한 종이 여러 종으로 분리되는 것을 쉽게 이해할 수 없다고 비판하였다. 한 오래된 종의 변형보

BOX 6.6

지리적 격리에 의한 진정한 아빠

잘 알려지지 않았지만, 19세기와 20세기 초반에 John Gulik 목사는 세계에서 가장 알려지고 영향력 있는 진화생물학자였다. 구릭의 나이 20대인 1850년대 초반에, 구릭은 200종의 *Acathinela* 속에 속하는 육상 달팽이를 아버지가 선교사로 근무했던 하와이의 오아후에서 채집하였다(그림 B6.6). 존 역시 선교사로 일생을 보냈다. 각 종의 지리적 분포가 제한적인 것에 대하여 구릭의 분석은 –특정 계곡 또는 계곡의 한 지역–1872년에 결과에 대하여 출판을 시작하면서, 다윈의 진화 이론에서 빠진 메카니즘, 지리적 격리(geographical isolation)에 관해 많이 고찰했다. 하나 또는 여러 개체가 그룹으로부터 격리되고, 그 자손들은 소속 개체군으로부터 분지하여 별개의 종으로 되었다. 1세기 후에 진화생물학자인 Ernst Mayer(1904~2005)는 이 과정을 **창시자 효과**(founder effect)라고 불렀으며(17장), "최초의 저자는 우연한 변이에 기초를 두고 진화 이론을 발전시킨 것"으로 감사하고, 인정하였다.

그림 B6.6 Nestegis sandwicensis 나뭇잎 위에서 나무달팽이 Achatinella mustelina 는(오리브그룹에 속하는 하와이 고유식물종) 오아후 섬에 마카하 계곡. 지그재그 마크는 달팽이가 먹이로 먹은 것.

■ 이 달팽이는 자웅동체로 한 개체면 집단을 이룰 수 있다.

다 새로운 많은 종의 기원을 어떻게 설명할까? 독일의 박물학자이며, 지리학자인 Moritz Wagner(1813~1887)는 다른 학자들 중에서 특히 존 구릭(John Gulik)은 다윈이 한 종이 새로운 종으로 진화를 충분히 설명할 수 없었다고 하였다. 가장 중요한 문제는 한 종이 부모가 진화한 같은 장소에서 어떻게 신종으로 진화하는지 였다.

> 오래되고 잘 바뀌지 않는 품종이 가진 새로우 변종들 간의 자유교배를 통해 원래의 형으로 반전을 일으킬 수 있다. 동물과 식물의 인공선택이 보여주는 것처럼, 자유교배는 새로운 품종의 생성을 불가능하게 하며, 새로 형성된 개체변이를 파괴한다.

그러한 비판은 근거없는 것은 아니었다. 1859년 다윈의 논쟁에서 빠진 것은 다른 그룹 사이에 유전물질의 교환을 막는 장벽이 있다는 것의 강조가 없었으며, 각각의 격리된 그룹은 자신만의 진화경로를 따른 다는 것이다. 계절, 서식지, 행동, 성적 선택, 교미의 불완전성, 종의 불임은 나중에 18장에서 논의하고자 한다.

다윈은 진화의 일차적 원인으로 집단사이의 격리를 강조하지 않았기 때문에, 개별적으로 진화한 집단의 불임성은 유익하였다는 사실을 간과하였다. 자연선택의 공동 발견자인 알프레드 월레스는(집단내 개체들 사이에는 그럴 필요가 없지만) 격리된 개체군들 사이에는 불임성이 큰 이익이 될 수 있으며, 특별한 적응력을 가진 각각의 개체군은 그들이 교배를 하면 불임의 잡종을 만들며, 불임성으로 각 개체군이 얻은 독특한 적응력을 희석하지 않도록 한다고 하였다. 다윈이 불임성은 일시적이라고 주장하면서, 지속적으로 근연의 종들의 분지진화를 설명하는 데 중요한 이 중요한 격리적 장벽을 사용하거나, 잡종에게 불임성이 강하게 나타나는 현상을 설명하는 것이 어려웠다.

다윈은 격리가 개체군의 진화에 중요할 수 있다는 것을 알았지만, 종의 분화는 격리가 없이 시간에 지남에 따라 일어날 수 있다는 것이 더 중요하다고 생각하였다. 그러므로 후일의 진화생물학자들은 종의 형성에서 격리의 역할을 탐색하는데 많은 일을 하였다(17장 참조). 더욱이 다윈은 무작위 변이와 지리적 격리를 바탕으로 진화이론을 발전시킨 최초의 학자는 아니었다. 선교사이며 진화생물학자인 John Gulik (1832~1933)은 다윈의 저술에 많은 영향을 받았고 그를 추앙하였다. Gulik의 연구는 BOX 6.6 에서 정리되어 있다.

다윈의 이론은 설명이 가능한 메카니즘을 바탕으로 한다는 것에 있으며, 자연선택의 특징을 풍부한 데이터를 기반으로 성공적으로 설명하였다.

추천 문헌

Appleman, O. (ed.), 2001. *A Norton Critical Edition. Darwin: Texts, Commentary*, 3rd Edition. W. W. Norton, New York.

Cadieu, E., M. W. Neff, P. Quignon, et al., 2009. Coat variation in the domestic dog is governed by variants in three genes. *Science* **326**, 150–153.

Darwin, C. R., 1859. *On the Origin of Species by Means of Natural Selection or the Preservation of Favoured Races in the Struggle for Life*. John Murray, London.

Lewontin, R., 2000. *The Triple Helix: Gene, Organism, and Environment*. Harvard University Press, Cambridge, MA.

Malthus, T., 2008. *An Essay on the Principle of Population*, edited by G. Gilbert. Oxford University Press, Oxford, England.

Mayr, E., 1988. *Toward a New Philosophy of Biology. Observations of an Evolutionist*. The Belknap Press of Harvard University Press, Cambridge, MA.

Quammen, D., 2006. *The Reluctant Mr. Darwin*. W. W. Norton, New York, 304 pp.

Raby, P., 2001. *Alfred Russel Wallace, A Life*. Princeton University Press, Princeton, NJ.

Shermer, M., 2002. *In Darwin's Shadow: The Life and Science of Alfred Russel Wallace*. Oxford University Press, New York.

Slotten, R. A., 2004. *The Heretic in Darwin's Court: The Life of Alfred Russel Wallace*. Columbia University Press, New York.

Sutter, N. B., C. D. Bustamante, K. Chase, et al., 2007. A single IGF1 allele is a major determinant of small size in dogs. *Science* **316**, 112–115.

Wallace, A. R., 1889. *Darwinism: An Exposition of the Theory of Natural Selection, with Some of Its Applications*. Macmillan, London.

다윈, 멘델, 유전 이론

7

단 원 요 약

- 다윈과 월리스 모두 자연에서 변이가 어떻게 발생하는지 알지 못했다.
- 유전에 대하여 받아들여진 이론은 각 세대에서의 부모 형질의 혼합과 획득된 특징의 유전이었다.
- 다윈은 라마르크의 유전원리를 견지하고 있었다.
- 유전의 또 다른 이론을 찾는 과정에서 다윈은 제뮬(gemmules)이 생식세포로 축적되기 위하여 모든 기관으로부터 이동한다는 범생설(pangenesis)을 부활시켰다.
- 생식 세포질과 체세포질의 분리에 대한 발견은 라마르크의 원리와 범생설 모두를 반증하였다.
- 그리고 멘델의 완두콩을 이용한 교배 실험은 후에 유전자로 알려진 특정한 요소의 유전 기작을 제공하였다.
- 멘델은 후에 유전학으로 알려진 두 가지 법칙을 제시하였다: 현재는 유전자로 알려진 유전 단위의 분리의 원칙과 독립적 유전의 법칙
- 많은 종에서의 두 가지 성별의 존재와 성 결정의 다양한 기작의 발견은 유전, 환경, 환경-유전의 상호작용의 역할을 증명하였다.

위 그림: 닮은 것이 닮은 것을 낳는다는 것이 유전 원리의 기본이다.

개요

자연선택은 종이 어떻게 생존하였는지를 설명하고, 종 안에서의 변화들을 설명할 수 있지만 한 종이 다른 종으로 어떻게 변형되었는지는 해결되지 않고 남아 있었다. 다윈과 월리스의 자연선택설은 선택이 작용할 수 있는 유전되는 변이에 근거를 두었다. 다윈이나 월리스 그 누구도 이와 같은 변이가 어떻게 생기는지는 알지 못했다. 20세기 초에 유전학이 발달하여 유전되는 변이의 원인이 유전자 안에 존재한다는 것을 알았으나, 유전자도 변형이나 종의 기원에 관련된 모든 과제들을 해결할 수 없었다.

다윈은 널리 퍼져 있는 혼합 유전적 관점의 문제점을 알고 있었는데 여기에서는 후손들은 그들 부모의 특성들의 혼합된 복제본을 나타내는 것으로 여겨졌다. 19세기의 대부분의 생물학자들은 혼합 유전을 옹호하고 있었다. 그러나 만약 혼합 유전이 작용하면 자연선택은 몇 세대 이상 그 특징들을 유지할 수 없게 된다. 따라서 혼합 유전의 생각들은 진화 이론과 복잡한 수수께끼와 같이 부딪히게 된다. 만약 어떤 특징이 한 개체가 그 집단에 속하는 다른 개체와의 교배 과정에서 섞이게 된다면 어떻게 유용한 형질이 자연선택에 의하여 유지되겠는가? 다윈은 많은 시간을 혼합유전의 대체이론을 찾는데 보내고 범생설에 의존하였으나 이 이론은 체세포질로부터의 생식 세포질의 분리가 발견됨으로서 반증되었다.

1860년대 중반에 그레고 멘델은 혼합 유전에 반대되는 유전의 두 가지 원리를 제창하였다. (1) **분리의 법칙**—한 유전자의 대립유전자들은 별개의 실체로서 서로 분리하여 배우체로 들어간다—과 (2) **독립 유전의 법칙** – 생식 세포로부터 형성되는 배우체 안에 있는 서로 다른 염색체 위의 유전자들은 서로 독립적으로 분리된다. 일부 유전자의 표현형적 효과는 다른 유전자의 표현형과 섞일 수 있지만, 유전자는 서로 다른 유전자와 섞이지 않는다.

20세기 초의 처음 20년간은 유전학과 유전의 방법에 대한 지식의 폭발을 경험하였다. 여기에서 "형태"라는 단어를 사용한 것은 일부 유전은 핵 외의 요인에 의한 것이고 일부는 성을 결정하는 유전자와 연결되어 있는 것이 밝혀졌기 때문이다. 놀랍게도, 일부 그룹에서는 성이 성 염색체에 있는 유전자에 의하여 결정되는 것이 아니라 다양한 환경적 신호의 배열에 의하여 결정된다(환경적 성 결정). 따라서 유전자–환경의 상호 작용은 생물학적 구조의 중요한 요소로 등장하게 되었다.

유전 기작의 탐색

다윈의 가장 기초적인 관찰은 집단 내 개체 간의 작은 차이는 진화의 기본 소재가 된다는 것이다(제6장 참조). 그의 시대와 그 이전에는 대부분의 학자와 다윈의 견실한 지지자였던 토마스 헉슬리(Thomas Huxley) 조차도 **격변**(도약: 생물이나 생물체의 일부의 커다란 비연속적 변화)이 진화와 가장 밀접하게 관련된 변화라는 관점을 가지고 있었다. 작은 차이와 큰 차이 사이의 중요한 문제를 해결하는 것은 진화의 기작을 이해하지 못하였기 때문에 불가능 하였다.

라마르크의 유전설

진화적 과정이 기초를 두고 있는 것은 선택이 작용할 수 있는 새롭고 유전성이 있는 변이의 지속적인 유입이다. 다윈은 유전이나 변이의 생물학적 기초를 알지 못했다. 그 결과, 그의 주장은 이 부분에서 가장 취약하였다.

가끔 다윈은 환경적인 변화, 큰 개체수의 증가, 생식 기관의 장애 등이 집단 내 개체의 변이를 증가시킬 수 있다고 주장하였다. 또 다른 경우에는 6장에서 설명한 라마르크의 용불용설적 관점을 차용하기도 하였다. 우리는 몇 가지 중요한 쟁점에 대한 견해를 통하여 다윈과 라마르크의 변이와 유전에 대한 접근을 이해할 수 있다.

- 다윈과 라마르크 모두 종의 다양성은 동일한 조상에서 유래된다고 생각하였다. 즉 둘 다 진화를 믿었다.
- 왜 일부 특징은 없어지고 일부는 남는지에 대하여 라마르크는 용불용설과 획득형질의 유전을 주장하였다. 다윈은 **자연선택**을 주장하였다.
- 새로운 변이가 왜 생기는지에 대해서 라마르크는 용불용설을 주장하였다. 다윈도 마찬가지였으나 후에 용불용설보다는 환경적 변화에 중심을 두게 되었다. 다윈은 환경적 변화에 의하여 일어나는 방향성을 보지 못하였으며 진화의 기본 원리로 자연선택을 제창하였다.

혼합 유전

동시대의 다른 사람들과 마찬가지로 다윈의 기본적인 문제는 후손들이 그들 부모 양쪽의 완전한 또는 혼합된 복제물로 생각되었다는 것이다. 혼합된 일부분들은 두 무모의 평균에 해당하는 특징—마치 흑과 백을 혼합하면 회색이 되는 것처럼—을 나타내어야 되기 때문에 **혼합 유전**은 변이와 유전을 서로 반대의 위치에 두게 하였다.

1850년대에 널리 유행한 유전의 개념은 아버지와 어머니의 영향이 자손에서 섞인다는 것이었기 때문에 새로운 변이가 상호교배의 각 세대에서 연속적으로 희석된다는 것에 대하여 만은 비평가들이 반대하였다. 이러한 논쟁에 의하면, 자연선택은 특정 형질을 수 세대 이상 지속할 수 없다. 다윈은 다양한 답변/응답/반박들을 만들었는데 이들 중 아래에 제시된 다섯 가지가 가장 흥미로운 것이다.

만약 개체가 집단의 나머지들과 분리된다면 유리한 특징은 유지될 수 있다. 다윈은 동물 육종가들 사이에 새로 나타나는 "변종"과 그들의 후손들을 분리해 내는 방법을 지적하였다. 이러한 기법은 가축화된 동물이나 식물의 새로운 계통을 개발하는데 일반적으로 이용되었다. 다윈은 그의 자연선택설의 개념을 지지하는 증거로 사람들이 고안한 인위적인 선별에 크게 중점을 두었다(6장 참조).

일부 특징은 대단히 우세하여 후세대에서도(현재 **우성**이라고 부른다) 희석되지 않고 나타난다. 새로운 특징은 한 번만 집단에 나타나지 않는다. 오히려, 이러한 특성은 상당히 자주 발생해야하며, 대부분의 집단에서 아주 많은 변이를 목격한다. 변이는 공통적인 것이기 때문에 그것이 드물게 나타날 때처럼 희석되어 없어지지 않을 거라는 논란을 야기하였다. 더 나아가 다윈은 특정한 변이를 가지는 특정한 형태는 동일한 변이가 다시 생기도록 하는 경향을 다음 세대에 전달된다고 믿었다.

자연 선택은 유리한 변종의 생식 성공을 강화하고 바람직하지 못한 것들의 생식 성공을 감소시킨다. 따라서 유리한 변형의 빈도는 불리한 변종이 없어짐에 따라 증가하여 유리한 변형이 희석되어 사라지는 것을 감소시킨다.

아래에 설명한대로 다윈은 사용 여부에 영향을 받는다고 믿는 형질의 유전에 대한 설명을 돕고 유전의 매개물을 결정하는데 있어 일관성을 제공하기 위하여 제뮬(gemmules)에 의한 범생설의 개념을 개발하였다(6장 참조). 각각의 특정 형질들에 대해서는 아마도 많은 제뮬이 있으며, 이들의 수는 한 세대에서 다음 세대로 전달되는 과정에서 변할 수 있으며 이것은 변이의 원천을 제공한다. 제뮬은 "혼합"에 의하여 없어질 수는 있으나 변하지는 않는다.

범생설

혼합 유전의 대안으로 **종의 기원**이 발표된 10여년 후 다윈은 이전의 이론인 범생설에 대하여 다시 주목하였다.

범생설에 의하면 제뮬 또는 판겐(pangenes)으로 알려진 작은 입자가 부모의 모든 조직으로부터 생성되고 성숙하고 있는 난자나 정자에 포함되었다. 수정이 일어나고 부모의 배우체가 합쳐지면 자손의 조직을 생성하기 위하여 제뮬이 퍼진다(그림 7.1a). 조직의 구조는 그대로 유지되면서 특정한 제뮬의 빈도에 의하여 변화가 생기게 된다고 제시하면서, 범생설은 사용 여부의 영향과 모든 특징이 혼합되지 않는다는 것을 설명하는데 도움이 되었다.

그러나 범생설에 대한 확고한 증거는 존재하지 않았다. 독일의 생물학자이며 진화의 이론가인 어거스트 와이즈만(August Weismann, 1834~1914)은 22세대 동안 쥐의 꼬리를 자르고, 꼬리의 길이가 각 세대에서 추상적인꼬리 제뮬의 손실에 의하여 꼬리의 길이가 영향을 받지 않는다는 것을 보여줌으로 범생설을 반증하였다고 믿었다. 이것은 획득형질의 유전에 대한 반증이었으나 기껏해야 범생설에 대한 간접적인 증거였다.

더 나은 실험이 다윈의 사촌인 프란시스 갈톤(Francis Galton, 1822~1911)에 의하여 행하여 졌는데, 그는 서로 다른 품종의 토끼의 혈액을 이들의 자손의 특징을 바꾸지 않고 수혈하였다. 다윈의 반응은 제뮬이 혈액 안에 순환한다고 주장하지 않았다는 것이었다. 그러나 그는 토끼를 이용하여 범생설을 연구하였다.

19 세기 라마르크 학도들은 "획득 형질"은 각 세대에서 생식세포로부터의 조절 없이 재생될 수 있는 체세포적 특징이며 체세포나 배아 세포를 통해서 전달될 수 있는 것으로 이해하였다. 와이즈만은 생식 조직(정소와 난소)만이 모든 생물의 유전 요소를 전달한다는 **생식 세포질**

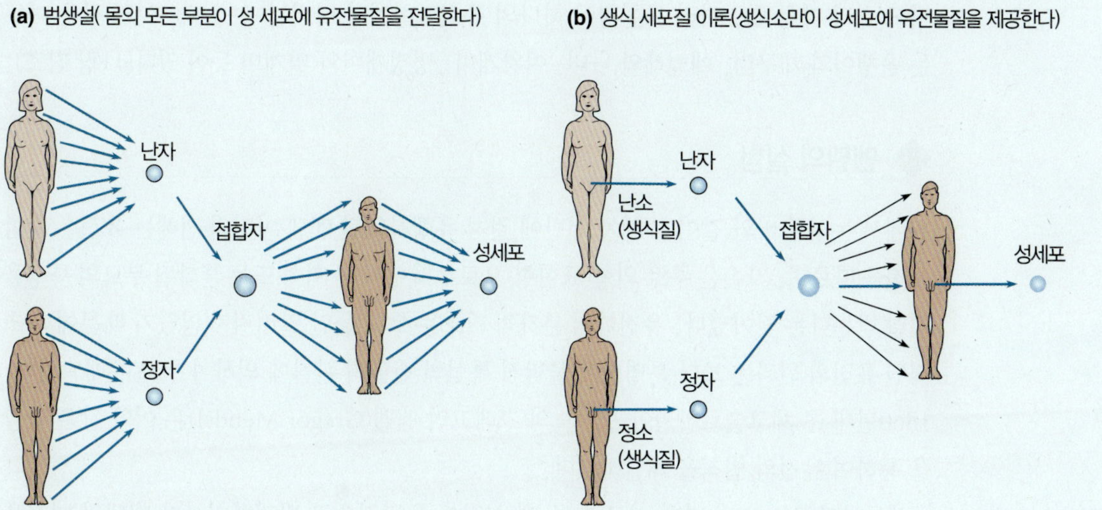

그림 7.1 사람의 범생설**(a)**과 생식 세포질 이론**(b)**의 비교. 범생설에서는 몸 전체의 모든 구조와 조직은 입자(판겐 또는 제뮬)로부터 생식세포를 만드는데 기여한다. 생식 세포질 이론에서는 성세포만이 다음 세대에 유전단위(유전자)를 전달하는데 관여한다(출처: Genetics, 제3판, Monroe W. Strickberger 저. Prentice Hall, Inc., Upper Saddle River, NJ.의 허가에 의하여 인용).

이론을 제안하였으며, 이에 따르면 비 생식성의 체세포에 생긴 변화는 전달되지 않는다(그림 7.1b). 따라서 유전의 변화는 획득형질의 유전이나 사용 여부에 의하여 설명될 수 없다.

유전 물질이나 유전과 관련하여 1900년대 멘델의 업적에 대한 재발견은 멘델학설 지지자들을 탄생시켰으며, 이들 중 많은 사람들은 다윈의 이론, 특히 그의 자연 선택의 기작에 반대하였다. 진화는 이들에게 무엇인가 매우 다른 것을 의미하였다. 다윈이 직면하였던 많은 어려움들이 해결된 것은 1930년대와 1940년대였다.

■ 와이즈만(Weismann)의 생식 세포질의 영속성에 대한 이론은 마치 이것이 모든 생물에 적용되는 것처럼 너무 지나치게 비판없이 적용되었다. 생식세포질과 체세포의 분리는 동물계의 고등 문(門)의 일부에만 사실이며 식물, 곰팡이, 원생생물에서는 사실이 아니며 이들 생물에서는 새로운 개체가 몸체의 어느 세포에서나 생겨날 수 있다.

◆ 항상성과 변화

생물의 진화는 유전적 또는 생물학적인 두 가지 기본적인 요소, 항상성과 변이에 의존한다. 항상성은 같은 것이 같은 것을 낳는다는 관찰에 의존한다. 항상성은 모든 생명의 과정은 앞 세대로부터의 정보의 전달에 의존한다는 유전학적 중요성을 가지고 있다. 반면에 변화는 같은 것이 닮지 않은 것을 생산한다는 관찰에 의존한다.

생물학적 정보의 복제는 항상 일정하거나 정확하지는 않다. 이것은 유전자의 DNA 변화(돌연변이)가 배우체를 만드는 세포에서 생기게 되면 다음 세대로 전달되기 때문이다(12장 참조). 유전적 변이의 진화학적 중요성은 그것이 진화를 가속시킬 수 있는 가능성 때문이다.

항상성과 변화는 생물의 특성(표현형)을 일차적으로 결정하는 유전적 정보(유전자형)을 통하여 진화과정에 지워지지 않게 연결되어 있다. 그러나 유전자형과 표현형 사이에는 1:1의 대응은 없다. 발달 과정 또는 환경적인 신호가 특정 시간 또는 발달 단계에서 어떤 유전자, 유전자 경로와 유전자 네트워크가 발현되는가에 형향을 주기 때문에(아마도 결정하기도 하기 때문에), 여러 표현형이 하나의 유전자형에서 나타날 수 있다. 이와 같은 예로는 올챙이와 개구리, 애벌레와 나비, 여왕개미, 병정개미와 일개미 등이 있다(11장 참조).

멘델의 실험

위에서 논의한 바와 같이 19세기 전반에 걸쳐 유행하였던 멘델 이전의 견해는 유전은 혼합유전을 따르며, 자손은 주로 외형(표현형)으로부터 유래된 희석 또는 혼합된 부모의 특성을 전달 받는다는 것이었다. 유전학의 분자적 기초는 오랜 동안 알려지지 않았기 때문에 기초적인 유전의 원리는 보다 분명한 생물학적 특성의 전달의 관찰에 의하여 주로 유래되었다. 1860년대 초 체코슬로바키아 브르노의 그레고리 멘델(Gregor Mendel)은 이와 같은 관찰을 통하여 유전의 법칙을 개발하였다.

생물학자들은 1900년에 서로 다른 세 사람이 독립적으로 발견하기까지 멘델의 업적을 알지 못하였다. 1900년 직후 멘델의 요소와 감수분열 기간의 염색체의 분포 사이의 관련성에 대한 발견은 새로운 과학으로서의 유전학의 기초를 형성하였다. 멘델의 뛰어난 공헌은 생물이 특별한 유전 시스템(현재 유전형으로 알려짐)을 가지고 있으며, 이것은 다른 유전자의 존재에 의하여 회석되지 않고 남아 있는 분리된 단위(현재 유전자로 알려짐)를 통하여 생물학적 특징을 전달한다는 것을 보여준 것이다. 이와 같은 지식에 이르도록 한 연대표가 표 7.1에 개략적으로 나타나있다.

표 7.1 현재의 유전자의 본질에 대한 개념을 유도한 주요 발견

년도	발견
1856	그레고리 멘델(Gregor Mendel)의 완두콩을 이용한 최초의 교배실험
1865	2월 8일과 3월 8일, 멘델이 그의 결과를 오스트리아-헝가리의 브룬(현재의 체코공화국 브르노)에서 *Naturforschenden Vereins* [자연과학회] 월례 회의에서 발표함
1866	멘델의 논문이 자연과학회 학술지에 "Versuch uber Pflanzenhybriden"("식물의 잡종 실험") 으로 발표됨; 그의 업적은 관심을 끌지 못함
1869	프리드리히 미셔(Friedrich Miescher)가 핵으로부터 뉴클레인(DNA)을 분리함으로써 현재 우리가 핵산으로 알고 있는 것을 처음으로 발견
1900	멘델의 1866년 실험이 세 사람에 의하여 독자적으로 재발견되고 윌리엄 베이트슨 베트슨(William Bateson)에 의하여 발표됨
1902-03	윌리엄 써튼(William Sutton)과 테오도르 보베리(Theodor Boveri)에 의하여 각각 독자적으로 유전의 염색체설이 제안됨
1909	아치벌드 개로드(Archibald Garrod)가 사람의 일부 질병은 대사의 근본 적인 이상에 의한 것이며, 멘델의 열성 형질로 유전된다는 것이 증명됨
1910-11	토머스 헌트 모건(Thomas Hunt Morgan)에 의하여 X-염색체, 반성유전, 초파리의 눈 색깔 돌연변이 유전자 등이 발견되었으며, 그는 교차에 의한 염색체 단편의 교환을 제안함

표 7.1 현재의 유전자의 본질에 대한 개념을 유도한 주요 발견 (계속)

년도	발견
1913	염색체는 유전자를 선형 배열로 가지고 있다는 것이 밝혀짐
1927	허먼 멀러(Hermann Muller)에 의하여 X선이 초파리 유전자의 돌연변이를 유도한다는 것이 밝혀짐
1941	곰팡이 *Neurospora*에서 효소를 암호화하는 유전자가 발견됨; 조지 비들(George Beadle)과 에드워드 타툼(Edward Tatum)에 의하여 1 유전자-1 효소가설이 제안됨
1943-44	세균이 유전자를 가지고 있다는 증거; DNA 분리 및 DNA가 유전 물질이라는 것이 밝혀짐
1952	단백질이 유전자의 기간에서 제외됨
1953	로절린드 프랭클린(Rosalind Franklin)과 모리스 윌킨스(Maurice Wilkins)로부터 받은 발표되지 않은 X-선 결정 자료를 기초로, 제임스 왓슨(James Watson)과 프란시스 크릭(Francis Crick)이 DNA의 3차원적 이중나선 분자 구조제안
1957-58	프란시스 크릭(Francis Crick)이 DNA → RNA → 단백질의 분자생물학의 중심 원리 제안
1950s	프랑수아 자코브(Francois Jacob)와 자크 모노(Jacques Monod)가 염색체 상에서 위치하는 유전자의 발현을 켜고 끄는 기능 확립
1958	최초의 DNA 복제 효소 분리
1960	세균 세포에서 mRNA 발견
1961	자코브(Jacob), 크릭(Crick), 시드니 브레너(Sydney Brenner)와 그 외의 사람들에 의하여 유전자 코돈의 삼중성, DNA 정보의 mRNA로의 전사, mRNA의 단백질로의 번역이 밝혀짐
1962	유전자 코돈을 밝히기 위하여 합성 RNA 이용(유전 정보는 3개의 염기 세트로 이루어진 64개의 코돈에 의하여 운반되며, 각 코돈은 20개 아미노산 중 하나를 암호화); 억제자와 전사 단계에서의 유전자 조절 발견
1964	크릭의 중심 원리가 바이러스에서는 적용 되지 않음이 밝혀짐
1966	코돈을 아미노산으로 번역하는 유전자 코돈 완성
1975	mRNA로부터 DNA 복제(cDNA)
1983	호메오틱 유전자의 기본 요소로서 호메오 박스(homeobox) 발견; 특정한 돌연변이 대립유전자(겸상 혈구)로부터 염기서열 직접 검출
1989	첫 번째 인간 유전자의 염기서열이 밝혀지고 유전산물의 결함이 낭포성 섬유증의 "원인"이라는 것이 밝혀짐
1999	인간 염색체의 염기 서열 분석(20장 참조), 초파리(*Drosophila melanogaster*) 게놈의 완성
2001	인간 게놈 프로젝트와 셀레라 제노믹스 독자적으로 최초의 인간 게놈 염기 서열의 초안 완성
2003	인간 게놈 염기서열 전체의 90%가 99.9%의 정확도로 완성
2006	인간 게놈 염기서열 분석 완료; 인간 게놈에서p53 전사요소 결합 부위에 대한 전체적인 위치도와 애기장대(*Arabidopsis thaliana*) 게놈의 DNA 메틸화 지도가 발표됨

■ 시토신의 메틸화는 유전자 침묵이나 기능 조절의 중요한 방법이다. 메틸화는 애기장대에서 발현되는 유전자의 삼분의 일 이상의 전사되는 지역에서 발견되며, 애기장대는 진화과정에서 반복되는 전체 게놈의 반복을 진행하여 왔다.

BOX 7.1

과학에서의 스타일; 멘델과 다윈

멘델의 논문 구성에 대하여 간단하게 언급할 가치가 있다. 설명 없는 최소한의 자료 분석을 포함하는 다윈의 "자연사"적인 장황한 문장과 달리, 멘델의 논문은 자료, 분석, 비율, 과거 결과의 인용, 그리고 좀 더 직설적인 스타일을 포함하는 식물 교배의 전통에 따른 것이었다(멘델이 식물 교배를 최초로 한 것은 아니다). 우성 형질에 대한 S, 열성에 대한 s, 잡종에 대한 Ss 표기는 멘델의 논문 전체에서 이용되었다. 다윈 또한 식물 교배 실험을 하였고, 일부 특징에 대하여 3:1의 비율을 보고하였으며(멘델이 한 것처럼) 그의 분석에서 통계적인 방법을 이용하였다. 다윈이 최후의 "고전 스타일"의 박물학자였고 멘델이 최초의 "새로운" 계량적 생물학자였는지는 학기 소론의 흥미로운 주제가 될 것이다. 보다 많은 정보를 위해서는 멘델 웹사이트(http://www.mendelweb.org/)를 참고하기 바란다.

멘델은 완두콩, *Pisum sativum*의 여러 특징을 이용하여 실험하였는데, 각 특징들은 매끄럽거나 주름진 씨앗, 노란색 또는 녹색 씨앗, 키가 크거나 작은 식물 등 서로 상반되는 2 종류의 생김새(특성)을 가지고 있었다. 멘델은 완두콩을 수 세대에 거쳐 교배하면서 생김새를 관찰하고 각 세대에서 많은 식물에 대하여 서로 다른 특성을 가지는 개체수를 조사하였다.

멘델은 아주 주의 깊은 실험자였다. 어떤 사람들은 멘델을 생물분야에서 최초의 위대한 근대 실험가로서, 그리고 다윈을 최후의 위대한 서술적인 박물학자로 비교하였다(BOX 7.1). 멘델은 그의 식물이 실제적으로 교배가 일어나도록 확실하게 하면서 1856년부터 1958년을 보냈다, 그는 제 1장에서 개괄적으로 설명된 과학적 방법을 이용하고 있었다. 이것은 그가 선택한 특성들 때문에, 그리고 그는 이 한 종의 식물로부터 37 품종을 가지고 일하고 있었기 때문에 매우 중요하다. 만약 당신이 멘델의 실험 중의 일부를 반복한다면, 그가 가장 뚜렷하고 구별하기에 가장 쉬운 것으로 알아낸 특징들은 다음과 같다.

- 씨앗 모양 – 둥글거나, 모가 나있거나 주름이 있음
- 씨앗 색깔 – 옅은 노랑/밝은 노랑/오렌지색 또는 녹색
- 씨껍질의 색 – 흰색 또는 회색/회갈색/가죽 갈색; 자주색 점의 존재 여부
- 성숙한 씨 꼬투리 – 부풀러 있거나 깊게 잘록하고 덜 주름짐
- 곤추선 꼬투리의 색 – 엷은 녹색에서 짙은 녹색 또는 선명한 노란색
- 꽃의 위치 – 중심 줄기를 따라 있거나 줄기의 끝
- 줄기 길이 – 0.3에서 2.1 m

1856년부터 1863년까지 완두콩을 교배하고 특징을 기록하고 비율을 계산하여 얻은 결과로부터, 멘델은 두 가지 기본적인 **유전의 원칙, 분리의 법칙과 독립 유전의 법칙**을 개발하였다.

분리의 법칙

하나의 특성에 대한 서로 다른 표현형을 가지는 두 식물을 교배하면 잡종 제 1세대(F_1)는 이들 형질에 대한 각각의 유전자를 보유하게 된다. 멘델이 이용한 특징 중의 하나는 씨앗 껍질(씨앗의 외피)의 "감촉"으로 매끄럽거나 주름진 것이다.

■ 교배 실험에서 부모(부모세대) 는 부모(P) 세대로 표시된다. 부모의 교배로부터 얻어진 자손은 잡종 제 1세대(F_1)라고 하며 여기에서 잡종은 후대를 의미한다. F_1세대 2 개체의 교배로부터 얻어진 세대는 잡종 제 2세대(F_2)와 같은 식으로 표시한다.

우리는 현재 각 완두콩 식물체는 씨껍질의 구조에 대한 한 쌍의 유전자뿐만 아니라 씨앗의 색이나 식물의 크기와 같은 다른 특징을 결정하는 한 쌍의 유전자를 가지고 있다는 것을 알고 있다. 완두콩은 이배체로서 암컷 부모로부터 받은 유전자 복사본 하나와 수컷 부모로부터 받은 유전자 복사본 하나를 가지고 있다. 현대의 용어 정의에서 특정한 유전자 쌍(예를 들면 매끄럽거나 주름진 씨앗의 유전자)의 두 개의 구성 요소는 이 유전자의 대립유전자

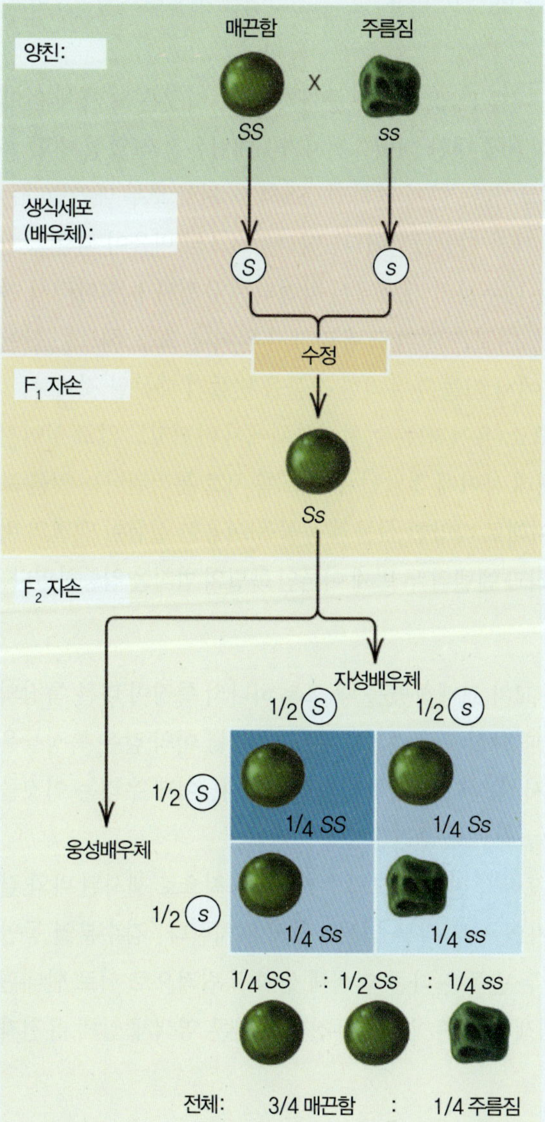

그림 7.2 동형접합인 매끈한 씨앗(SS)과 동협접합의 주름진 씨앗(ss)을 부모로 시작한 교배에서의 완두콩(*Pisum sativum*)의 씨앗의 모양 – 매끈한 것(S) 또는 주름진 것(s)의 유전에 대한 멘델의 결과의 해석으로 여기에서 S 대립유전자는 우성이고 s 대립유전자는 열성이다. 잡종 제 1세대(F_1)으로부터의 Ss 배우체의 자가수분은 잡종 제 2세대(F_2)에서 매끈한 씨앗과 주름진 씨앗의 3:1 비율의 결과를 나타낸다.

로 알려져 있다. 각 유전자는 적어도 3개의 대립유전자를 가지고 있으나, 많은 대립유전자를 가질 수도 있으며, 이는 한 쌍의 대립유전자에 의하여 제공되는 것보다 많은 변이의 요인을 크게 증가 시킨다.

유전학자들은 대립유전자를 구별하기 위하여 기호를 이용하며. 이것은 멘델 자신이 도입한 것이다(BOX 7.1). 간단하게 하기 위하여 멘델이 이용한 체계에 따라 우리는 매끈한 것과 주름진 대립 유전자를 각각 S와 s로 표기할 것이다. 이들 대립유전자들은 F_1세대의 배우체로 분리될 것이며, 만약 이들을 교배하면 예상되는 1 SS : 2 Ss : 1 ss의 비율로 F_2를 만들기 위하여 합쳐질 것이다. 이와 같은 실험에서 멘델은 주름진 씨앗 한 개당 평균 2.96개의 매끈한 씨앗을 얻었다. 꽃의 색—붉은 색과 흰색—이 관련된 두 번째 실험에서 그는 하나의 흰 꽃에 대하여 평균 2.89개의 붉은색 꽃을 얻었다. 이와 같은 두 가지 특성 및 다른 다섯 가지의 특성이 관련된 실험은 평균 2.98:1의 비율, 또는 소수점을 반올림하여 3:1의 비율을 보였다. 왜 3:1의 비율인가?

■ 하나의 특징에 대한 두 가지 대립유전자(Ss)를 가지는 개체를 **이형접합체**라 한다. 동일한 2개의 대립유전자를 가지는 개체(SS, ss)는 **동형접합체**이다.

그림 그림 7.2에 나타난 것과 같이, 이들 F_2의 비율이 증가하는데, 이것은 Ss 개체 안에 두 대립 유전자가 모두 존재할 때, S형질에 대한 대립유전자가 s 대립유전자(**열성** 대립 유전자로 알려짐)에 대하여 **우성**이기 때문이다. 다시 말하면, SS와 Ss 씨앗 모두 매끄럽다는 것이다. 주름진 씨앗은 ss 유전형질을 가진 씨앗들뿐이다. 따라서 3:1의 비율이 되는 것이다. 일반적으로, 자연계에서 발견되는 대부분의 개체에서 발견되는 유전자형은(따라서 **야생형 대립유전자**로 알려진) 우성이며, 이것은 아마도 유리하지 않거나 또는 해로운 산물을 만드는 다른 대립형질들의 존재 하에서 이들은 유리한 산물을 만들기 때문일 것이다.

멘델의 실험은 유전의 원인이 되는 요소(유전자)는 이형접합체에서 바뀌지도 않고 섞이지도 않으며, 분리되고 일정한 입자로 세대 사이에 전달될 수 있도록 서로 분리된다는 것을 보여주었다. 1900년의 재발견 후 수 년이래로 다양한 식물과 동물을 이용한 실험이 멘델의 비율과 변이를 입증하였으며, 분리의 법칙과 멘델의 두 번째 이론인 독립의 법칙을 입증하였다.

독립의 법칙

멘델이 두 가지 특징을 가지는 식물을 교차 교배하였을 때 그는 하나의 특징이 다른 특징의 분리에 영향을 주지 않는다고 가정할 때 예상되는 결과를 관찰하였다. 이와 같은 특징들은 개개로 이루어진 섞이지 않는 유전에서 예상되는 것처럼 행동하였다. 이제 우리는 이것을 다른 특징에 대한 유전자들은 서로 독립적으로 분리된다고 말한다.

이와 같은 독립적인 분배에 대한 세포학적 설명은 그림 7.3에 도식적으로 제시된 바와 같이 두 가지 특징에 대한 각각의 유전자의 서로 다른 염색체상의 위치한다. 감수분열 동안(제 4장 참조), 한쌍의 상동염색체의 두 반쪽은 다른 염색체 쌍과 독립적으로 서로 반대편 극으로 이동한다. 그 결과, 하나의 염색체에 존재하는 유전자는 다른 염색체 상의 유전자의 분리와 독립적이다(그림 7.3).

◆ 멘델 유전으로부터의 예외

멘델 연구의 재발견 후 수 십년 이내에 멘델의 유전의 두 가지 중요한 예외가 분명해졌다. 하나는 **핵외 유전**이며, 다른 하나는 **예상치 못하였던 대립유전자의 분리**였다. 이 모두 유전적 진화적 결과를 가진다.

핵외 유전

최초의 예외적인 발견은 일부 특성의 경우 유전에서 핵에 의한 유전의 방식을 따르지 않고 알의 세포질을 통해서 전달된다는 것이었다. 이와 같은 핵외 유전(세포질 또는 모계 유전이라고도 함)은 다음과 같은 원인에 의하여 나타난다.

- 동물의 미토콘드리아나 식물의 엽록체와 같은 세포질의 기관들은 자기 자신의 유전 물질(DNA; 10장 참조)을 가지고 있다.
- 암컷 배우자는 알이 생성되는 동안 유전자 물질(단백질, mRNAs)을 알에 축적한다.

동물의 발달 과정 동안, 실제로 미토콘드리아, 리보좀과 같은 접합체의 모든 세포질은 암컷으로부터 유래한다(그림 4-7 참조). 정자는 핵의 유전물질과 기껏해야 몇 개의 미토콘드리아를 제공한다. 미토콘드리아, 핵과 세포질막, 그리고 접합체의 미세구조 모두는 각 세대가 시작할 때 알의 세포질 안에 존재한다. 이와 같이 유전된 구조들은 우리가 전성설의 개념을 완전히 버려서는 안 된다는 증거를 제시한다(BOX 7.2; 제 1장 참조).

반성 유전자와 유성 생식

멘델의 유전으로부터 두번째 비정상적 이탈은 – 이탈보다는 좀 더 정밀함 – 만약 유전자들이 동일한 염색체에 연관되어 있다면 이들은 서로 간에 반드시 독립적으로 분리되지는 않는다는 것이다. 유전자의 연관은 다양한 관점에서 이해할 수 있는데, 아마도 가장 관련이 있는 것은 집단에서의 **두 가지 성**(암컷과 수컷)**의 진화와 유지** 및 암컷과 수컷이라는 성의 진화를 동반하는 **유성생식**이다. 실제로, 독립 유전이 존재하지 않는다는 것은 일부 유전자—**성염색체 – 연관**—는 X 또는 Y 염색체에 존재하며, 이들은 암컷과 수컷으로 균등하게 분리되지 않는다는 것을 발견한 때이다.

유성 생식은 새로운 유전적 변이의 두 가지 기초를 제공하며 이들 모두 환경이 변화할 때 유리한 점을 제공한다. 첫 번째로, **재조합 또는 유전자 교환** 때문에 염색체의 일부가 교환되고(교차로 알려짐), 그로 인하여 다른 염기서열의 직선적 배열을 형성한다. 유전자는 염기서열로 이루어져있기 때문에(Box 1.2와 9장 참조), 재조합은 염색체 상에서 다른 유전자의 조합을 생성할 수 있다. 사람의 경우 23쌍의 염색체를 가지고 재조합 하나의 기작에 의하여 수백만 개의 서로 다른 종류의 배우체를 만들 수 있다.

20개의 서로 다른 가설에도 불고하고, 우리는 성의 근원과 유전자 재조합의 진화가 서로 연관되어 있는지와 왜 이것들이 지속되는지 완전히 이해하지 못하고 있다. 우리는 자연선택이 개체의 적응에 유리한 대립유전자간의 연관을 유지할 것으로 예상한다. 그러나 유성생식은 새로운 조합을 형성하며, 유전자 재조합은 이들 대립유전자를 분리한다.

진화의 근원과 관련하여, 하나의 제안은 성(여기에서는 감수분열의 기원을 고려함, 제4장 참조)은 재조합에 의한 DNA 복구 기작을 이용하여 DNA의 손상을 극복하는 방법으로 유래하였다는 것이다. 결과적으로 발생하는 유전적인 변이는 우연히 발생하는 부산물로 여겨진다. 그러나 재조합이 DNA 복구 기작으로 시작되었다고 하더라도, 유전적 변이의 생성은 성이 지속되는 중요한 이유이다.

유성생식의 지속(그리고 그에 따른 재조합)을 설명하는 많은 이론들 중에, **유해한 돌연변이의 제거**가 아마도 가장 합리적인 것이다. 물벼룩(*Daphnia pulex*)는,—유성생식에서 무성생식으로 방법을 바꿀 수 있다—보다 많은 돌연변이가 유성생식보다는 무성생식에서 축적된다. 또한 성은 변화하는 환경에 존재하는 생물에 유리한 것으로 알려져 있으며, 트랜스포존이나 플라스미드와 같은 기생성 요소들은(12장 참조) 다른 세포를 감염하는 기작으로 성적 융합을 시작하거나 촉진하는 것으로 제안된 바 있다.

많은 집단 유전학자들이 유성생식의 원인을 찾기 위하여 개체보다는 집단에 중점을 두고 있다. 가장 많이 알려진 제안은 집단 내에서의 유성생식은 교배와 재조합으로부터 다른 개체의 서로 다른 유용 돌연변이를 하나의 개체에 합병하는 것을 가능케 한다는 것이다. 성이 없을 경우 이와 같은 유용한 돌연변이의 재조합은 달성하기가 더 어렵다. 더 나아가, 유성생식에서의 교배와 재조합은 이미 존재하는 돌연변이의 혼합을 상대적으로 빨리 일어나게 해준다. 두 가지 경우에서 모두 얻을 수 있는 장점은 변화하는 환경에서 집단이 지속될 수 있도록 하여주는 추가적인 유전적 변이를 포함한다. 예를 들면 기생체는 그들 숙주의 저항에 대처하기 위하여 보다 빠르게 진화하고, 숙주는 기생체의 감염성에 대처하기 위하여 빠르게 진화한다는 것이다. 이와 같은 "**군비 확장**"은 성적 재조합을 통한 빠른 진화를 조장한다.

성 결정

유성 생식은 두 개의 서로 다른 성으로 분화하는 과정이 관여하며 여기에서 번식은 접합체를 이루기 위한 두 개체의 배우체의 결합에 의하여만 이루어진다(그림 4.7 참조). 이와 같은 간단한 설명은 성의 결정 기작의 놀라운 범위를 설명할 수 없으며, 이들 중 몇 개는 BOX 7.3에 개괄적으로 설명되어 있다. 유성생식에 의하여 만들어지는 유전 및 표현형의 변이는 변화하는 환경에 직면하는 그룹들의 장기적인 생존에 필수적인 것으로 여겨진다.

성 염색체

20세기 초반에, 유전학자들은 특정한 유전자들이 성을 결정하는 데 관여하는 염색체, **성 염색체** 상에 존재한다는 것을 발견하였다.

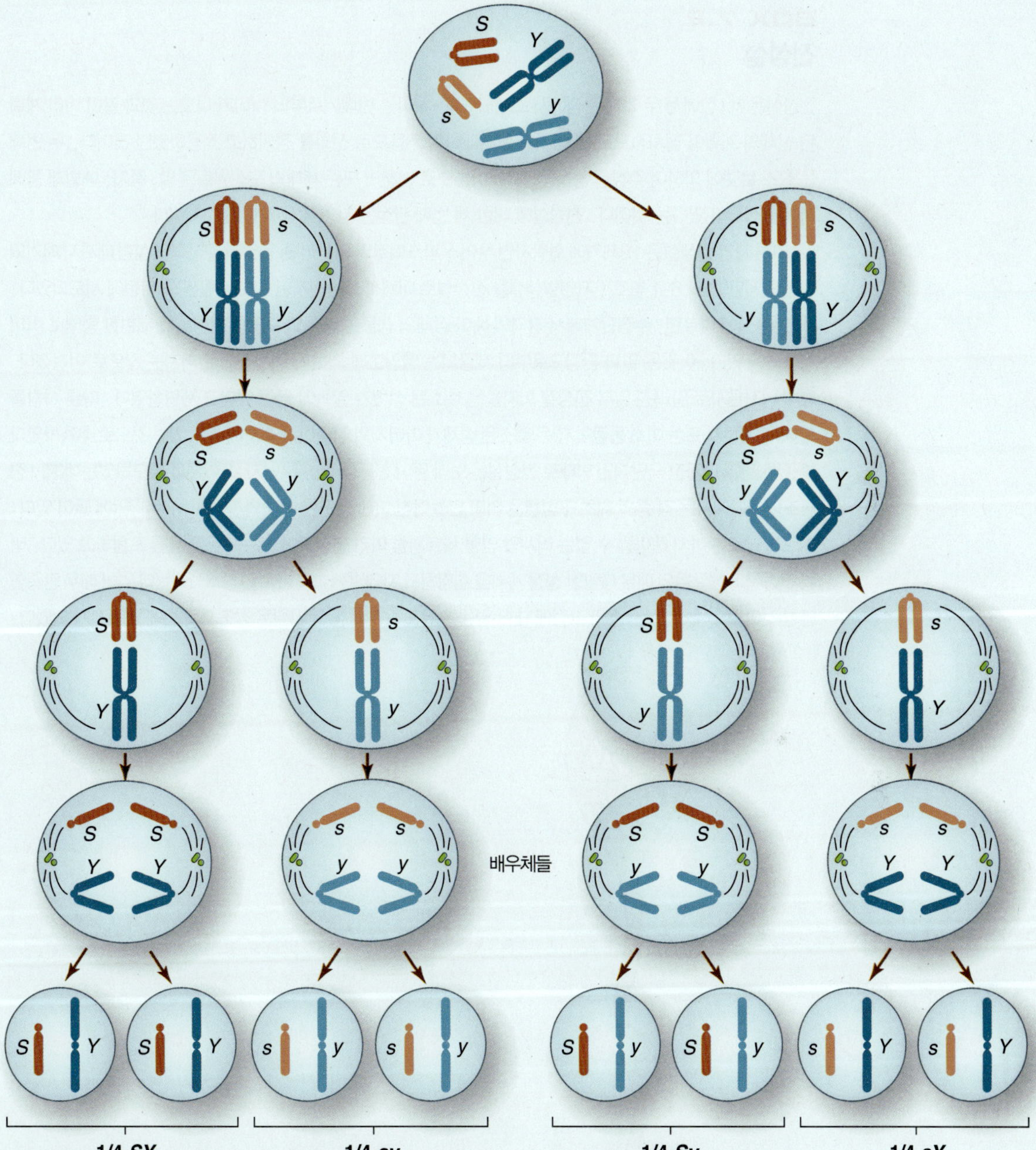

그림 7.3 다른 염색체에 존재하는 유전자의 관점(S, s와 Y, y)에서 멘델의 실험에서의 씨앗의 표면구조와 색을 이용한 분리와 독립의 설명. 감수분열에서의 4 단계에서의 독립적인 분배 때문에 배우체 안의 염색체의 4가지 조합은 유전자 S와 s(매끈하거나 주름진 씨앗), 그리고 Y와 y(노란색 또는 녹색)의 모든 4가지 가능성에 해당한다. 우성-열성의 관계 때문에 배우체의 4분의 3은 매끈하며 노란색의 씨앗을 생산하며, 4분의 1은 주름지고 녹색인 씨앗을 생산하여 멘델이 얻었던 전통적인 3:1의 비율이 된다(출처; Strickberger, M. W. 유전학, 제 3판. Macmillan, 1985).

BOX 7.2
전성설

전성설은 제1장에서 두 가지 관점에서 소개되었다. 하나는 번데기로부터 나비가 나오는 것과 같이 미리 계획된 신체의 계획이 점차적으로 펼쳐지는 것에 대하여 처음으로 진화를 정의하고 적용하였던 것이다. 두 번째는 찰스 보넷에 의하여 주장된 응축(형상화) 이론으로 미래의 모든 세대의 구성원들은 알, 종자, 애벌레 등에 이미 형성되어 있다는 것이다. 전성설에 대한 세 번째 관점은 자연 발생에 대한 대체이다.

비록 자연 발생설은 19세기에 화학자인 루이스 파스퇴르와 의사인 죤 틴달의 결정적인 실험 때까지 폐기되지 않았지만(Box 6.1 참조), 자연발생설을 전성설로 대체하려는 진지한 시도는 훨씬 그 이전에 시도되었다.

전성설에 따르면, 수정단계에서 각각의 배아 상태의 생물은 성체의 구조를 완벽하게 재현한 형태로 이미 형성되어 있고, 이것은 알과 환경으로부터 제공되는 영양분에 의하여 점차적으로 커지는 것으로 여겨졌다. 현재 난자론자로 알려진 일부 전성설 학자들은 축소된 성체가 알속에 들어 있다고 제안하였다. 다른 사람들(현재 정자론자 또는 미소 동물학자)은 축소된 성체가 아버지의 정액이나 정자에 들어 있는 것으로 추측하였다(그림 B7.1). 가장 극단적인 형태로 전성설은 보네 등이 신봉한 형상화(난자설) 이론을 유도하였는데(제1장 참조), 여기에서는 각 종의 최초 구성원은 미리 만들어진 미래의 모든 세대의 "기원(germ)"안에 들어 있다: 이브의 난소는 마치 헤아릴 수 없는 러시안 인형 세트처럼 미리 형성되어 있는 모든 인류를 포함하고 있다. 비록 전성설이 생물들의 매우 다양한 성장 계획을 설명하고 자연발생설의 가치를 감소시키는데 있어 매우 만족할 만한 것이었으나, 이것은 종의 고정에 대한 믿음을 유도하였고 종의 기원은 창조자의 손에 맡겨지게 되었다.

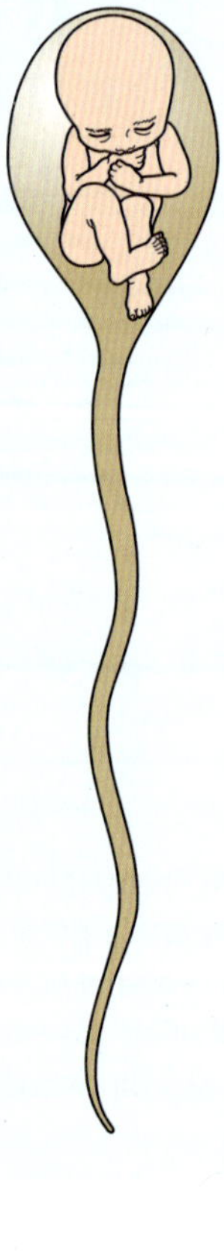

그림 B7.1 정자의 머리 안에 들어 있는 완전히 형성된 사람(태아)(출처: Nicholas Hartsoeker, 1694.)

BOX 7.3
성 결정의 방식

동물에서의 성을 결정하는 기작의 범위가 다섯 가지 예를 들어 설명되어 있다.

편형동물의 페니스 펜싱

이들은 비록 자웅 동체—암 수의 조직이 한 개체에 모두 존재—이지만 해양의 편형동물 종인 *Pseudobiceros hancockanus*는 교미를 위해 사냥을 하고 싸운다. 교미를 하고자 하는 다른 개체를 발견하면 이들은 페니스 펜싱을 시작한다. 실제로 일부 개체는 두 개의 음경을 가지고 있어, 이들에게 결정적으로 유리하다.

왜 자체적으로 수정이 가능한데 귀찮은 과정을 거쳐야 하는가? 자가 수정의 분명한 불이익 이외에, 이러한 동물들이 알고 있지 못하는 불이익은 이들의 성은 개체가 상대방(배우자)에게 먼저 음경을 삽입하느냐에 따라 결정된다는 것이다. 처음 이렇게 하는 개체는 수컷으로 작용하여 두 개의 머리를 가지는 정자 덩어리를 다른 개체에 전달하며, 이 개체는 강제적으로 암컷이 되어 알 생산을 위하여 양분을 투자한다.

온도-의존형 메카니즘

악어와 다른 많은 종류의 파충류의 성은 알이 형성되는 시기의 온도에 의하여, 배발생 단계에서 온도에 의하여 결정된다. 일부 종에서는 높은 온도가 수컷을 하는 반면 다른 종에서는 낮은 온도에 의하여 수컷이, 높은 온도에서 암컷이 결정된다.

성체에서 성을 바꾸는 어류

환경에 방출될 경우 수컷 동물에서 암컷의 특징이 나타나도록 하는(자성화) 여러 가지 화학 물질을 알고 있을 것이다. 그러나 많은 사람들이 대부분의 열대 산호초 어류가 일생동안 성을 바꾸며, 많은 경우 몇 시간 사이 일부는 수컷에서 암컷으로 일부는 암컷에서 수컷으로 바뀌며, 일부의 경우 서로의 성에 영향을 주지 않고 자웅동체가 된다는 것을 알지 못할 것이다.

아마 이러한 신호는 호르몬에 의할 것으로 추측되지만 연구가 필요하다: 비록 실험적 조작이 필요하고 자연계에서는 일어나지 않지만 호르몬 변화는 조류의 성전환에 필요하다.

닭에서의 보상 기작

수탉은 좌우에 비슷한 크기의 고환을 가지고 있으며 이것은 척추동물의 정상적인 경우이다. 암컷의 경우 좌우에 비슷한 크기의 생식선의 기반을 가지고 있으나, 왼쪽 것만이 기능을 가지는 난소가 되고 오른쪽 것은 미발달의 상태로 남아 있게 된다. 만약 기능을 가지는 난소가 제거되면 남아 있던 것이 발달하는데 어떤 때는 난소로, 어떤 때는 정소로 발달하며 경우에 따라서는 양쪽성의 특징을 모두 가지는 "난정소" 로 발달한다. 여기에서 호르몬이 자극제로 작용한다: 암컷을 에스트로겐으로 처리하면 "난정소" 발달을 유도한다.

수정란과 무정란

마지막 예로서, 수컷 꿀벌 —실제로는 모든 막시류의 곤충— 은 무정란으로부터 발생하며 따라서 이들은 반수체이고 암컷은 수정란으로부터 발생하며, 따라서 이들은 배수체이며, 이것은 **반수이배체(haplodiploidy)**로 알려진 성 결정 방식으로, 이것은 하나의 암컷만이 여왕벌이 되어 알을 낳는 군거성의 진화를 촉진하였다. 다른 모든 암컷들은 여왕벌의 알을 기르는 것을 도와줌으로 간접적이긴 하지만 여왕벌의 생식 성공에 공헌하며, 이것은 혈연선택이라고 하는 현상으로 Box 15.1에 논의되어 있다. 여왕벌은 단순히 이들 불임의 일꾼들의 노력에 대한 단순한 수혜자는 아니다: 여왕벌은 이들 일꾼들의 번식력을 억제하는 호르몬을 분비한다(15장 참조).

BOX 7.3

성 결정의 방식 (*계속*)

반수이배체의 막시류 체계는 다양한 환경 요인에 따라 다른 성 비율을 나타낼 수 있지만, 창고 바구미 *Sitophilus granaries*의 유충에 기생하는 기생 말벌 *Lariophagus distinguendus*의 경우 암컷은 유충 숙주를 포함하고 있는 곡식 밀알의 크기에 따라 성이 다르게 결정된 알을 낳는다. 만약 밀알이 상대적으로 크면 창고 바구미의 유충에 하나의 수정된 암컷 알을 삽입하고, 밀알이 상대적으로 작으면 수정되지 않은 수컷의 알을 삽입한다. 이와 같은 차이는 수컷과 암컷 후손의 번식력에 필요한 자원의 양으로 거슬러 올라간다: 큰 낱알 속의 유충 숙주는 큰 낱알이 보다 많은 영양분을 공급하기 때문에 암컷 후손을 좀 더 다산성으로 만드는 반면, 크기가 작은 낱알의 유충 숙주는 그래도 수컷 후손이 많은 수의 활성 있는 정자를 생산하기에는 충분한 영양분을 공급한다.

많은 생물에 있어, 특히 포유류의 경우, 성의 결정은 두 성간의 염색체의 차이와 연관되며, 일반적으로 XX는 암컷이고 XY는 수컷어미, 여기에서 Y 염색체는 종종 작고 웅성을 결정하는 유전자와 웅성의 번식력에 관련된 유전자를 제외하고 대부분 불활성이다. 독립적으로 진화한 XX:XY 체계의 성 염색체가 초파리에도 존재한다(아래 참조). 그러나 XX:XY 염색체는 염색체에 의한 성 결정의 유일한 체계는 아니다. 꼬마 선충, *Caenorhabditis elegans*의 암컷은 XX이고 수컷은 XO이다. 뱀과 조류는 각자 ZZ:ZW 체계를 진화시켰는데, 여기에서 암컷은 ZW이고 수컷은 ZZ이다.

단공류들은 약 1억 7천에서 2억 1천만년 전 사이에 태반 포유류로부터 분화하였다(18장 참조). 오리너구리, *Ornithorhynchus anatinus*는 다섯 개의 X와 다섯 개의 Y 염색체를 가지고 있는데, 포유류의 X 염색체 체계로부터 부분적으로 변형되었고 부분적으로는 보다 오래된 파충류(그리고 조류)의 성 결정 체계의 일부를 가지고 온 것으로 여겨진다. X 염색체 중 하나는 성을 결정하는 총괄 유전자 *doublesex*와 *mab-3* 관련 전사인자 1(*Dmrt1*)을 가지고 있는데 이것은 조류의 Z 염색체 상에 존재한다. 실제로 오리너구리의 전체 X 염색체는 Z 염색체에 동등하다.

■ 혈우병은 두 가지 형태가 있기 때문에 설명된 것보다 좀 더 복잡하다: 혈우병 A는 혈액 응고 인자 VIII의 결핍에 의한 것으로 사람, 개, 말에 영향을 주며 응고 요소 IV의 결핍에 의한 혈우병 B는 사람, 개, 고양이, 생쥐 등에 영향을 준다.

이와 같은 다양한 발견이 제시하는 많은 질문들은 어떻게 성 결정이 성 염색체와 연관되게 되었는가; 어떻게 단지 하나의 X 염색체(XY 또는 XO)를 가지는 성이 두 개의 X 염색체를 가지는 성을 상쇄하는가; 대부분의 종에서 성비가 1:1이 되는 것이 선택적 장점이 있는가의 여부 등이다.

흥미롭게도, 많은 동물에서 성 결정에 관련되지 않은 유전자들도 성 염색체와 연관되어 있다. 더 나아가 현대의 인간에서 발견되는 많은 성-연관 유전자들은 다른 포유류에서 성과 연관되어 있다. 세 가지 예로는 사람, 생쥐, 개의 근육 영양 장애; 사람, 개, 고양이 말의 혈우병; 사람, 소, 개, 쥐, 침팬지의 고환여성화 증후군이다.

분명한 예로는 "출혈성" 질병인 혈우병으로, 이 질환의 유전자는 사람, 개, 말의 X 염색체 상에 존재하는데, 이들 동물에서 수컷은 XY이고 암컷은 XX이다. 수컷은 X 또는 Y 염색체 중 하나를 가지는 정자를 생산하며, 암컷은 X만을 가지는 알을 생산한다. 암컷이 하나의 X 염색체만을 가지며 대부분의 경우 Y 염색체는 불활성이기 때문에, X 염색체 상에 존재하는 대립유전자는 암컷에서는 열성이라 하더라도 수컷에서 그 효과가 나타난다. 따라서 수컷의 XY의 X 염색체 상에 존재하는 하나의 출혈 유도 대립유전자는 전형적인 혈우병을 유도하며, 반면에 XX인 암컷의 경우 혈우병이 나타나기 위해서는 두 개의 대립유전자가 존재하여야 하는데 이는 매우 희귀하게 나타난다. 사람의 X염색체는 특별이 집중적으로 연구되었다. 사람의 X 염색체의 크기가 약 165 Mb이며 1,000여개의 유전자를 가지고 있는 반면, Y 염색체는 크기가 약 60 Mb에 불과하며, 훨씬 적은 유전자를 가지고 있다.

Y 염색체 상에 존재하는 유전자들은 포유류의 게놈에 있는 다른 유전자들보다 특별한 선택 압력과 높은 수준의 돌연변이, 결실, 삽입에 노출되어 왔고 현재도 그러하다는 것이 분명해지고 있다. 흥미롭게도, 그리고 우리에게 아주 특별한 것을 말해주는 것은 현화 식물에서 꽃가루의 돌연변이 비율이 씨방에서 보다 높다는 것이다.

따라서 사람의 Y 염색체가 거의 사라질 지경에 이르렀다고 여겨질 때까지 포유류의 X 염색체의 체계적이고 지속적인 퇴화가 진행되고 있다는 것을 발견하는 것은 역설적인 것처럼 보인다. 다른 포유류 – 실제로는 다른 척추동물–는 Y 염색체 소멸이 이보다 훨씬 많이 진행되어 왔다: 두 종의 두더지들쥐(엘로비오스 속)의 수컷과 일본의 류큐 가시 쥐 *Tokudaia*는 이들의 Y 염색체를 잃어 버렸으며, 성을 결정하는 유전자가 비성염색체(상염색체)로 이동하였다.

상염색체와 성 결정

유성 동물에서의 거의 일반적인 성 염색체의 존재가 이들이 유일하게 성의 발달을 결정하는 염색체라는 것을 반드시 의미하지는 않는다. 성은 많은 비–성관련 염색체(**상염색체**) 유전자의 영향을 받는 복잡한 분화 특성이다. 예를 들면 **초파리**에 있어서 개체의 성은 상 염색체(A) 세트에 대한 X 염색체의 비율에 의하여 결정된다. 암컷은 X/A의 비율이 1(2X/2A)이며, 수컷은 0.5의 X/A 비율(1X/2A)을 가진다. 성 염색체의 기능이나 X/A의 비율은 암컷 또는 수컷으로의 분화를 유도하는 "스위치"의 일부로서 작동하도록 되어 있다. 1 또는 0.5과 다른 비율은 성적 비정상과 연관되어 있다. 예를 들면 X/A의 비율이 0.66(2X/3A)인 3배체는 간성이다.

많은 종에서 발견되는 또 다른 변형은 성 염색체의 총량에 상관없이 수컷이나 암컷이 되는 가능성은 수정시기에 결정되는 것이다. 사람의 고환여성화증후군을 일으키는 유전자는 Y 염색체가 존재하더라도 XY 접합체를 여성으로 전환시킨다. 이 장의 마지막 부분에서 검토할 진화적 변화는 많은 분류군과 가계에서의 염색체에 의한 성 결정이 환경에 의하여 유도되는 성 결정으로 대체되는 것이다.

환경적 성 결정

성 결정에서의 유전적 기작과 상대적으로, **환경 의존적인 성 결정 기작은** 성이 분리되어 있는 많은 동물과 대부분의 식물에서 일어난다. 유성 생식의 측면에서 생물과 환경 또는 개체간의 상호작용의 영향은 성 결정 문단의 초기에 개략적으로 설명되었다. 환경에 의한 성 결정은 **유전자-환경 사이의 상호작용**의 중요성을 보여준다. BOX 7.4에 있는 다섯 가지의 예가 엄청나게 다양한 범위의 환경 의존적 성 결정 기작의 간단한 맛보기를 제공한다.

만약 분리된 암컷과 수컷의 형성 - 유전적 또는 환경적으로 정해졌든 간에 - 으로 정의한다면, 성 결정은 식물에게 적용되지 않는다, 90퍼센트 정도의 식물이 암 수 배우체인 꽃가루와 씨방을 모두 생산한다. 더욱이 5퍼센트 정도의 적은 식물 종이 암 수가 구분된 자웅이체 식물로서 이들은 성염색체를 가지고 있다. 흥미롭게도, 살아 있는 식물 중 가장 원시적인 것 중의 하나인 *Ginkgo biloba*가 성 염색체를 가지고 있다. 성 염색체가 없이도 성 결정은 유전적 또는 환경적일 수 있다. 우리는 대부분의 종에 대하여 알지 못할 뿐이다.

흥미롭게도, 염색체에 의한 성 결정은 XY 또는 XX 개체의 한 쪽 또는 양쪽이 온도나 호르

BOX 7.4

환경적 성 결정

동물에서의 환경적 성 결정의 방법의 범위가 다섯 가지의 예로 설명되었다.

보넬리아

녹색 의충동물, *Bonellia viridis*의 유충은 자유 유영을 하며 해저에 가라앉으면 10~20 cm 길이의 몸과 1 m 길이의 주둥이를 가지는 암컷으로 분화한다(그림 B7.2). 암컷의 주둥이에 내려앉은 유충은 소화 기관이 없는 1 mm 길이의 작은 수컷으로 분화하여 암컷의 생식기 안에 삽입된 기생충으로 존재하며, 정자 생산 이외에 아무 것도 하지 않는다.

그림 B7.2 10~20 cm 길이의 암컷 녹색 의충동물 *Bonellia viridis*(사진)은 1 mm 길이의 수컷(보이지 않음)을 작게 보이게 한다.

BOX 7.4

환경적 성 결정 (*계속*)

좀비벌레

Osedex 속(屬)에 속하는 15~20 종의 서관충 집단은 수심 3,000 m 이하에서 분해되고 있는 고래의 뼈를 먹는 암컷 집단으로 구성되어 있다(그림 B7.3a,b). 암컷은 소화 기관이 없으며 뼈의 소화에 관여하는 효소를 분비하는 것으로 알려진 내부공생 세균을 포함하고 있다. 암컷은 끈끈한 캡슐로 싸여 있으며, 이들은 수백 개의 작고(길이 1 mm 이하), 어린 시기의 형태를 가지고 있으며 먹이를 먹지 않는 수컷으로 싸여 있다(그림 B7.3c). 뼈에 내려앉은 유생은 암컷으로 분화하는 반면 암컷에 내려앉은 유충은 유충기에서 발달이 멈춘 작은 크기의 수컷이 된다.

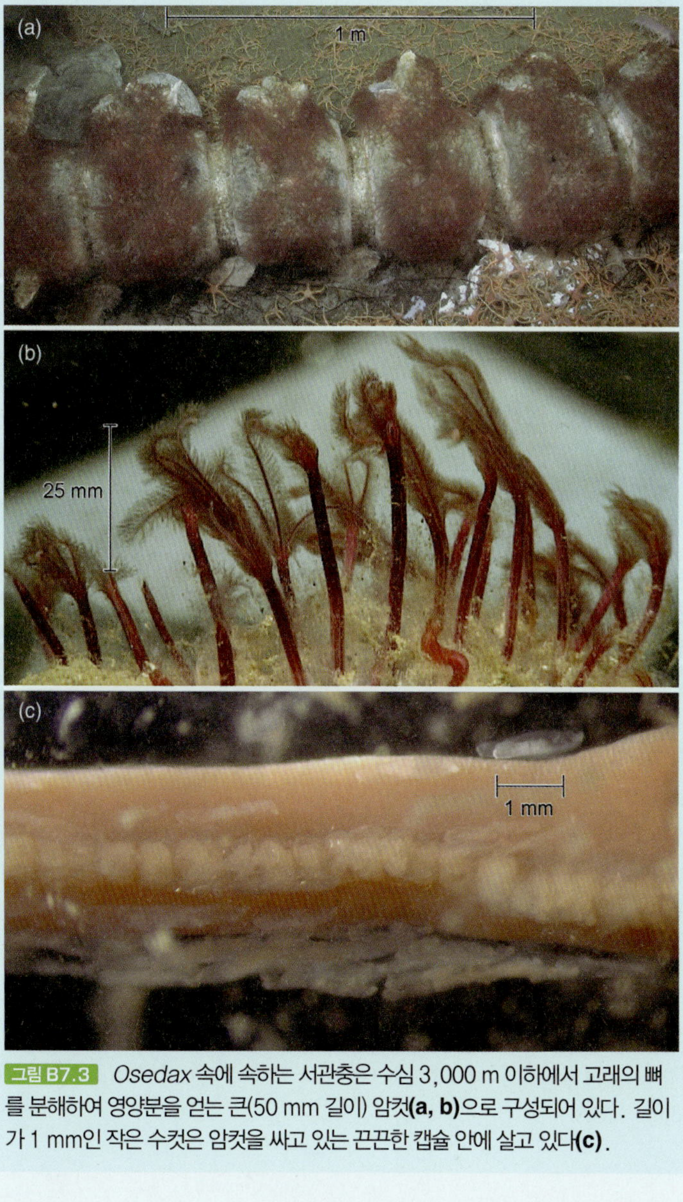

그림 B7.3 *Osedax* 속에 속하는 서관충은 수심 3,000 m 이하에서 고래의 뼈를 분해하여 영양분을 얻는 큰(50 mm 길이) 암컷**(a, b)**으로 구성되어 있다. 길이가 1 mm인 작은 수컷은 암컷을 싸고 있는 끈끈한 캡슐 안에 살고 있다**(c)**.

BOX 7.4

환경적 성 결정 (계속)

비단 거북

앞에서 소개 하였듯이 많은 종류의 파충류에서 높은 포란 온도는 수컷의 생산을 유도한다. 비단 거북 *Chrysemys picta*의 예와 같은 다른 분류군에서는 높은 온도는 암컷의 생산을 유도한다.

사회성 어류

일부 어류에서는 사회적 행동이 성에 영향을 미칠 수 있다. 한 그룹에서의 우세한 수컷의 손실은 이 그룹의 우세한 암컷의 수컷으로의 전환을 유도한다. 일부 산호초 어류에서 성 변화는 시각적인 자극의 결과로 나타나는 것으로 여겨진다: 암컷은 주위에 그룹안의 주변에 있는 물고기들이 상대적으로 작을 때 수컷이 된다.

기생성 말벌

일부 말벌은 그들의 알을 곤충의 애벌레에 낳는다. 암컷 기생 말벌은 크기가 큰 애벌레에는 암컷으로 발달할 알을 낳고 좀 더 작은 애벌레에는 수컷으로 분화할 알을 낳는다. 이러한 기작은 암컷이 크기가 큰 숙주에서 좀 더 큰 크기로 자라서 더 많은 알을 낳을 수 있도록 하여준다. 크기가 큰 것과 작은 숙주는 말벌에 의하여 이용할 수 있는 애벌레의 상대적인 특성에 따라 인식되어지는 것으로 여겨진다; 크기의 차이가 있는 한 말벌은 이들을 구별할 것이다. 한 예로 창고 바구미 *Sitophilus granaries*의 유충에 기생하는 기생성 말벌 *Lariophagus distinguendus*가 Box 7.3에서 논의되었다.

몬과 같은 요인에 대한 민감성 때문에 역전될 경우 환경에 의한 성 결정으로 전환될 수 있다.

성비에 대한 환경적 영향의 예가 1997년 세이셸 솔새 *Acrocephalus sechellensi*의 연구에서 보고되었는데, 이 새는 추가적인 새끼를 키우는데 일반적으로 그들의 암컷 자식을 "보조원"로 활용한다. 먹이가 충분할 때는 보조 역할을 하는 암컷 자식들은 부모의 번식 능력을 증가시키며, 암컷과 수컷의 비율이 6:1에 이르는 한배의 새끼들을 생산한다. 먹이가 부족하면 이들 보조 암컷 자식들은 제한된 먹이에 대한 경쟁으로 부모의 번식 성공률을 방해하여 암컷과 수컷의 비율이 약 1:3까지 떨어진다.

추천 문헌

Fisher, R. A., 1958. *The Genetical Theory of Natural Selection*, 2nd ed. Dover, New York.

Grutzner, F., W. Rens, E. Tsend-Ayush, N. El-Mogharbel, et al., 2004. In the platypus a meiotic chain of ten sex chromosomes shares genes with the bird Z and mammal X chromosomes. *Nature*, 432, 913.917.

Hallgrimsson, B., and B. K. Hall(eds.), 2003. *Variation: A Central Concept in Biology*. Elsevier/Academic Press, Burlington, MA.

Hartl, D. L., and E. W. Jones, 1998. *Genetics: Principles and Analysis*. Jones and Bartlett, Sudbury, MA.

Mendel, G., 1866. *Versuch uber Pflanzenhybriden. Verh. Natur. Brunn*, 4, 3.47.(This is Mendel's classic paper, originally published in the *Proceedings of the Brunn Natural History Society*. It was translated into English by William Bateson in 1901 under the title *Experiments in Plant Hybridization*.) Available at http://www.mendelweb.org/Mendel.html.

IV

생명의 공동적 계통 유전도

단세포생물에서 생물계까지

8

단 원 요 약

- 최초의 생명체는 메탄을 생성하는 단세포생물로 약 35억 년 전에 출현하였다.
- 최초의 화석은 단세포 남세균(Cyanobacteria)으로 35억 된 스트로마톨라이트에서 발견되었다.
- 메탄생성균(Methanogen)과 남세균은 지구의 대기층을 변화시켰는데, 이 결과 대기 중 산소는 증가하고 이산화탄소는 감소하였다.
- 생물체, 종분화, 그리고 생태계는 35억 년 전부터 발달하기 시작하였다.
- 핵막과 세포소기관을 갖는 진핵세포는 25억 년 전에 출현하였다.
- 각각의 기능을 수행하는 세포소기관의 형성은 진핵생물의 기원과 다양성의 주요인이다.
- 50년 전까지, 생물은 식물계와 동물계로 분류되었다.
- 50년 전까지, 생물은 세포의 특성에 따라 원핵생물계과 진핵생물계로 분류되었다.
- 약 30년 전, 생물은 분자적 증거에 근거하여 세 개의 계; 진정세균계, 고세균계, 진핵생물계로 재분류되었다.
- 생물은 다양한 생물계로써 분류될 수 있으나, 모든 생물은 생명체 공통적 계통 유전도(UToL, Universal Tree of Life)의 공통조상(a common universal ancestor)에서 분지된 여러 개의

위 그림: 다윈의 위대한 비유: 진화는 가지를 내뻗는 나무와 유사하다고 보았다.

가지처럼 서로 연관되어 있다.

- 기본적 세포의 구조, 대사과정, 그리고 유전자를 공유한다는 점은 UToL의 세 가지 증거이다.
- 원핵생물을 포함하는 생명계통수(Tree of Life)를 구축하는 것은 불가능할 것 같은데, 이는 생명계통수 전반에 걸쳐 유전자 수평 이동(HGT, Horizontal Gene Transfer)이 빈번하기 때문이다.

개요

화석자료에 근거하면, 원핵생물은 35억~38억 년 전부터 존재하였으며, 그로부터 20억 년 후(15억~18억 년 전) 진핵생물로 진화하였다(9장). 현존하는 원핵생물에는 진정세균과 고세균이 있다. 원핵생물은 작고(약 1 um), 핵막, 세포골격 또는 복잡한 세포소기관이 없고, 이분법으로 분열한다. 스트로마톨라이트라 알려진 복잡한 구조를 형성하는 화석화된 원핵세포(남세균)는 적어도 35억 년 전의 암석에서 발굴되었다.

원핵생물과 진핵생물 혹은 생물의 세 가지 계(진정세균계, 고세균계, 진핵생물계)는 하나의 공통조상으로부터 기원하였다고 알려지고 있다. 진정세균과 고세균 세포의 구조적 유사성에도 불구하고, 고세균은 진핵생물과 몇 가지 중요한 유사성을 가지고 있다. 원핵생물에서 유전자 수평 전이는 일반적으로 나타나며, 이로인해 **전체생명계통수(UToL, Universal Tree of Life)**를 구축하는데 어려움을 야기한다. 이러한 이유로 원핵생물의 생명계통수를 구축하는 것은 불가능할지도 모른다.

모든 생물은, 우리가 생명계통수(Tree of Life) 위에 어떻게 동정, 명명, 분류를 하던간에 네 가지 중요한 사실로 인해 서로 유연관계를 가지고 있다.

1. 생물은 공통의 유전물질을 공유한다.
2. 생물은 그들의 유전적 변화를 축적하기에 충분한 역사를 가진다.
3. 생물들 간에 찾을 수 있는 유연관계는 모두 진화의 산물이다.
4. 발견 가능한 모든 생물학적 과정은 생물이 어떻게 기원하고, 진화과정에 따라 어떻게 변화하였는지를 설명하여 준다.

비록 이러한 견해들은 오랜 기간 연구되고 논의되어왔지만, 19세기 중반 찰스다윈이 진화론을 정립하여 발표한 이후에 과학계에서 받아들여지기 시작하였다. 생물이 시간을 거치면서 변화할 수 있다는 것을 받아들임으로서, 우리가 자연을 바라보는 시각과 자연현상을 설명하는 방법에 있어 엄청난 변화를 초래하였다.

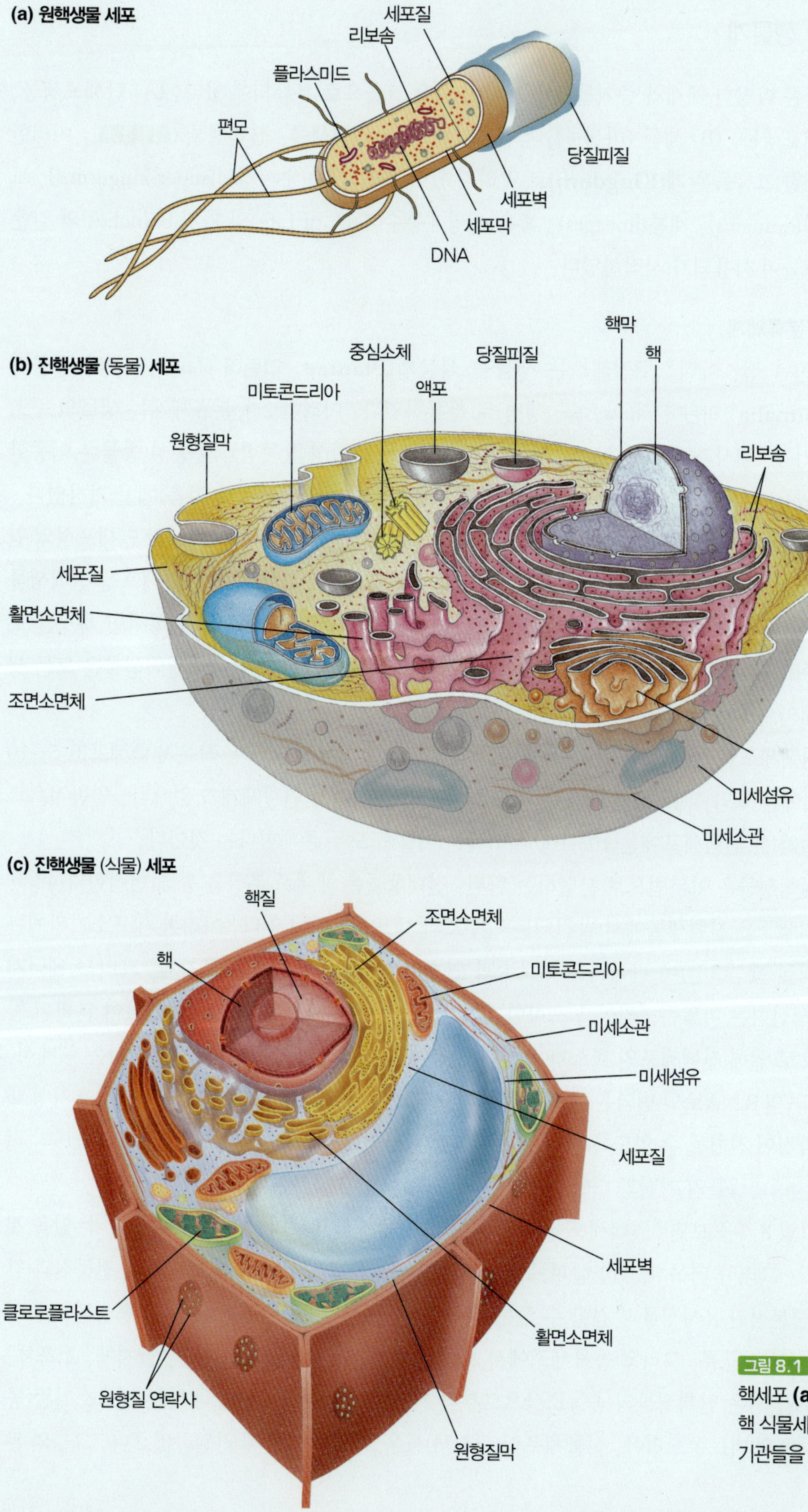

그림 8.1 도식화하여 표현한 일반적인 원핵세포 **(a)**, 진핵 동물세포 **(b)**, 그리고 진핵 식물세포 **(c)**의 횡단면으로 주요 세포소기관들을 보여주고 있다

생물계

■ *광합성*이라는 대사과정 동안에 빛을 에너지원으로 사용하는 것은 모든 식물의 특징이다.

생물은 다양한 체계와 증거들에 근거하여 주요 그룹으로 분류되어 왔다: (A) 단세포생물, 다세포생물; (B) 세균 (미생물), 동물, 식물; (C) 원핵생물, 진핵생물 (그림 8.1). 이러한 거대한 그룹들은 **계(Kingdom)**로 알려져 왔다. 최근에는 수퍼킹덤(super-kingdoms), 도메인(domains), 계통(lineages), 혹은 생명계통수(Tree of Life)의 가지(branches)와 같은 용어들이 사용되기 시작하였다.

2계 분류체계

2000년 전, 아리스토텔레스는 생물을 **식물계(Plantae**: 라틴어 *planta*, 식)와 **동물계(Animalia**: 라틴어 *anima*, 숨, 생명)로 분류하였다. 이러한 2계 분류체계는 생물의 구조와 기능, 대사과정(식물은 광합성을 하나, 동물은 광합성을 못함), 운동성(동물은 이동할 수 있으나, 식물은 비록 종자나 포자를 분산시키기는 하나 운동성이 없음)에 근거하였다.

20세기 중반 생물은 2개의 도메인(domain), 즉, 35억~38억 년 전 발생한 단세포성의 **원핵생물(prokaryotes)**과 약 15억 년 전 원핵생물 조상으로부터 기원한 다세포성 **진핵생물**(eukaryotes)로 분류되었다. 그림 8.1은 원핵생물과 진핵생물 세포의 전형적인 특징을 보여주고 있다. 균류는 동물이나 식물과 같은 진핵생물이다. 원핵생물과 진핵생물은 모든 생물계의 주요한 두개의 그룹이었다.

원핵세포와 진핵세포의 가장 뚜렷한 차이점(그림 8.1; 4장 참조)은 작은 원핵세포(0.5~10 um)에는 핵막, 세포소기관 또는 세포골격과 같은 내막성 연결체계가 없으나, 일반적으로 크기가 큰 진핵세포에는(10~100 um)에는 이들이 모두 존재한다는 것이다.

원핵생물은 이분법으로 분열하는 한편, 진핵생물은 체세포 분열을 통해 번식한다(4장). 원핵생물은 진핵생물에서 발견되는 막구조와 세포소기관이 없다. 이러한 세포소기관에는 단백질 합성(3장)에 관여하는 리보솜과 연계된 소포체, 분비체인 골지체, 그리고 에너지를 생산하는 미토콘드리아를 포함한다(그림 8.1b, c). 이렇듯 막으로 둘러싸여 분획된 공간으로 인해 진핵세포의 효소가 특정한 반응에만 작용하도록 하여, DNA 전사는 핵에서, DNA의 RNA로의 번역은 세포질에서 진행되도록 하였으며, 미토콘드리아에서 호기성 대사과정이 진행될 수 있도록 격리시키는 역할을 하였다. 세포 내에서 이러한 구획화로의 진화는 진행생물의 기원과 다양성에서 주요한 과정 중에 하나였다.

그림 8.1을 보면, 원핵세포에 비해 식물과 동물 진핵세포의 복잡성을 확인할 수 있을 것이다. 그러나 더욱 자세히 살펴보면, 세 가지 세포유형 모두에서 세포막과 유전물질과 같은 근본적인 유사성을 발견할 수 있는데(상동성; 16장) 이는 수십억 년 전에 형성된 것들이다. 식물, 균류, 그리고 동물세포에서 보이는 세포소기관들(핵, 리보솜, 골지체, 소포체, 세포골격)은 진핵생물의 공동조상으로부터 기원한 것들이다. 그 밖의 다른 세포소기관(동물세포의 미토콘드리아, 식물세포의 색소체)들은 조금 더 최근에 기원하였으나, 그들의 본

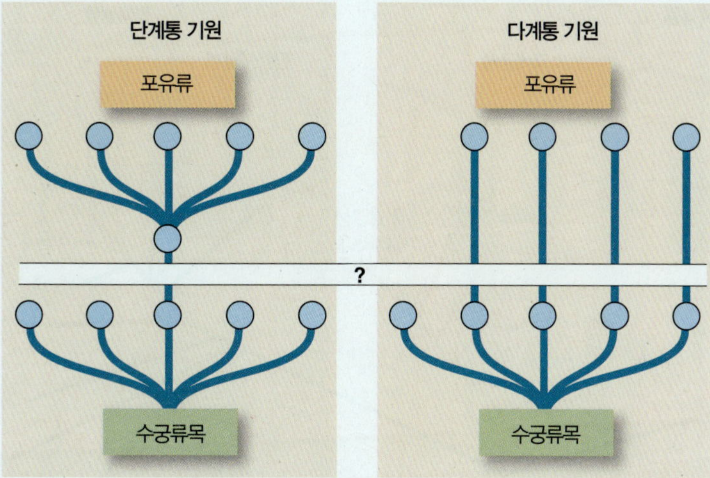

그림 8.2 수궁류목 파충류로부터 포유류의 진화를 설명하기위해 사용된 단계통과 다계통 기원의 도식. 단계통 진화에서는 단 하나의 파충류 그룹만이 포유류 분화의 조상형이 되었다. 다계통 도식에서는 두 개 이상의 그룹들이 포유류로 진화되었다.

질적인 유사성은 식물과 동물세포들이 공동조상으로 기원하였다는 것을 반영한다. 이러한 깊은 구조적 상동성은 유전적, 분자적 상동성과 더불어 생명의 근간을 이룬고 있다고 결론지을 수 있을 것이다(3장과 4장 참조).

◆ 계에서 5계 분류체계로의 변화

최근 우리는 원핵세포와 진핵세포의 두 도메인은 엄밀하게 두 가지 형태의 세포구조를 반영할 뿐, 생물의 계통수에서 단계통이 아니라 다계통임을 알게되었다(그림 8.2). **단계통**(하나의 기원)이라는 용어는 하나의 공통조상을 공유하는 생물들의 계통을 지칭할 때 사용한다. 이와는 다르게 **다계통**(다수의 기원)이라는 용어는 하나 이상의 독립적인 기원을 갖는 그룹들을 의미한다.

모든 단세포생물들은 그들은 단계통이 아니기 때문에 서로 계통적으로 밀접하게 연관되어 있는 것은 아니다. 놀랍게도 몇몇 단세포생물들은 다른 단세포생물 보다는 다세포생물과 더욱 밀접한 유연관계를 보이기도 한다. 원핵생물과 진핵생물의 두 도메인 체계는 이러한 진화적 유연관계를 반영하지 못하고 있었다.

원핵생물과 진핵생물의 두 개의 도메인 체계는1959년 미국의 식물생태학자인 Robert Whittaker(1920~1980)의 5계 체계(five kingdoms) 제안으로 변화를 맞게 되었다. 즉, 원핵생물과 진핵생물의 구분 보다는 원핵생물계, 원생생물계, 균계, 식물계, 동물계의 **5계 체계**가 자연을 더욱 잘 반영한다는 증거를 제시하게 되었는데, 이는 기존의 진핵생물 도메인이 4개의 계로 세분된 결과였다(Box 9.1). 이러한 분류체계는 분자계통유연 연구가 적용되기 전까지 약 25년간 유지되었다.

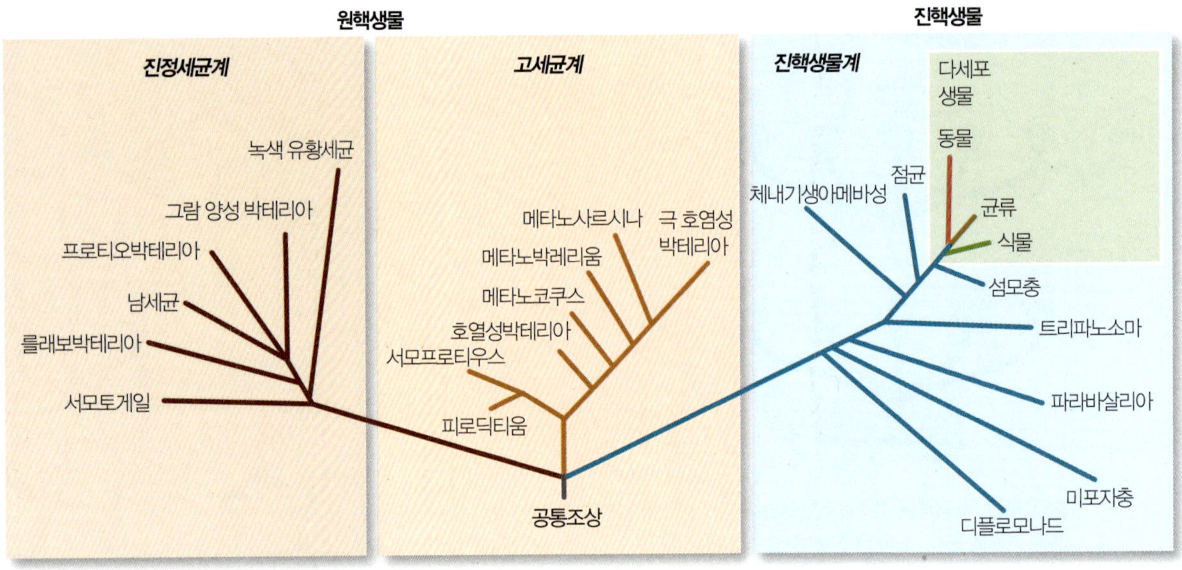

그림 8.3 생물의 세가지 도메인, 진정세균, 고세균, 진핵생물을 단순화하여 표현한 그림으로 진핵생물 내의 몇몇 대표 그룹들을 보여주고 있다.

5계에서 3계 분류체계로의 변화

■ 대양에서 빛이 투과하는 지역에 생육하는 약 10퍼센트에 달하는 단세포성 생물은 고세균이지만, 이들에 대한 이해가 부족하여 고세균을 배양하기는 어렵다.

■ 생물을 3개의 계로 분류하는 체계를 너무 믿지 않기를 바란다. 최근에는 진핵생물을 5개 혹은 6개의 계로 세분하고 있다.

1980년대 미국의 미생물학자 Carl Woese는 rRNA 염기서열 분석결과 **고세균(archaebacterium)**이 다른 원핵생물과 차이가 있음을 발견하고, 이들을 원핵생물과 다른 고세균(*Archaea*) 도메인 또는 고세균문으로 분류체계를 바꾸었다. 유전체 분석같은 추가적인 분자연구를 통해 원핵생물계와 진핵생물계의 분류체계가 모두 인위적임을 발견하였다. 이에 따라 생물을 3개의 계(three kingdom)로 분류하는 체계가 제안되었다. 원핵생물을 하나 이상의 계로 나누어, **진정세균계(Eubacteria)**, **고세균계(Archeae)**, **진핵생물계(Eukarya)**의 3개의 계로 구분하였다(그림 8.3). 진정세균계에는 대부분의 세균과 가장 오래된 화석을 찾을 수 있는 남세균(4장)을 포함하고 있다.

- 고세균계는 진정세균계와는 다른 분자로 이루어진 세포막을 갖는 단세포성 생물이다. 이들은 주로 고온의 유황온천이나 고염과 같은 극한의 환경에서 생육한다(그림 8.4).
- 진핵생물계는 단세포성 생물(점균류, 섬모충류, 트리파노소마 등)과 균류, 식물, 그리고 동물과 같은 다세포성 생물을 포함하고 있다.

우리는 원핵생물이 왜 세분화 되었는지 알기 위해, 메탄을 생성하는 세균인 *Mathanococcus jannaschii*의 유전체를 분석하였다. 이 생물은 해저 2,600 m 아래의 대기압 200이 넘는 곳에서 발견되었다. 원래 *Mathanococcus jannaschii*가 포함된 진정세균계는 히스톤단백질이 없는 생물들의 모임으로 제안되었으나, 유전체분석 결과 *M. jannaschii*에서 히스톤단백질 유

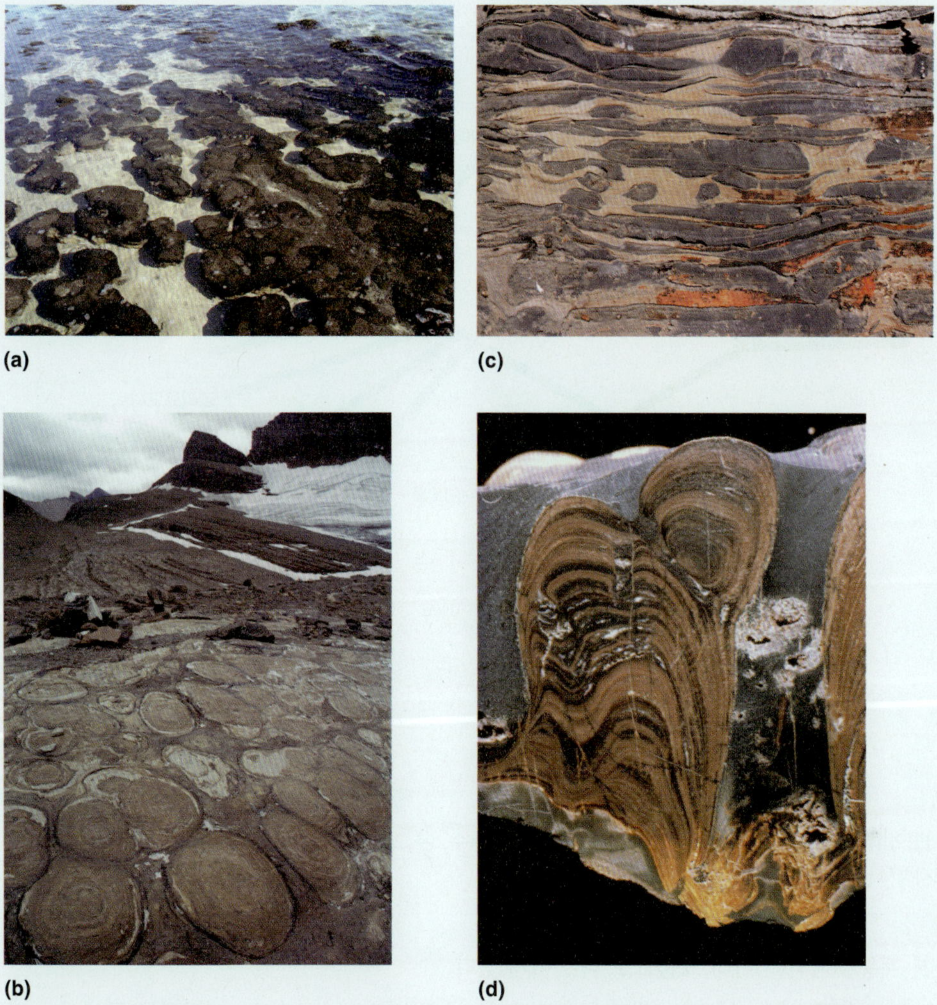

(a) (c) (b) (d)

그림 8.4 남세균에서 분비된 탄산칼슘으로 침적된 스트로마톨라이트들은 가장 오래된 (35억 년) 그리고 가장 오래 살아남은 생물들이다. 나미비아의 살아있는 스트로마톨라이트 **(a)**, 몬타나주 글레이시아 국립공원의 헬레나 지층으로부터의 20억 년 된 스트로마톨라이트 **(b)**, 나미비아 스트로마톨라이트의 절단면 **(c)**, 그리고 화석 스트로마톨라이트의 절단면 **(d)** 비교를 통하여 탄산칼슘으로 구성된 내부구조가 매우 유사함을 보여주고 있다.

전자가 발견되었다. 더욱이 *M. jannaschii* 유전체의 56%는 진정세균의 다른 그룹에서는 발견되지 않았다. 이를 근거로 *M. jannaschii*와 유사한 생물들은 고세균계라는 새로운 생물의 도메인으로 분리하였으며, 이들은 진정세균류 보다 진핵생물에 가까운 유연관계가 있다고 알려지고 있다(그림 8.3).

■ 몇몇 해조류나 원생생물은 광합성과 동시에 비광합성 대사활동을 할 수 있다.

진핵생물계(그림 8.3)에는 광합성, 비광합성 원생생물과 조류, 다세포성 식물 및 동물, 그리고 균류가 포함된다(그림 8.1, 그림 8.5). 그림 8.5의 계통수를 보면 몇 가지 흥미로운 특징들을 발견할 수 있는데, 동물은 균류와 밀접한 유연관계를 보여주고 있으며, 전통적으로 하나의 그룹으로 분류되어오던 진핵생물들(예, 편모충류, 섬모충류, 중복편모충류)이

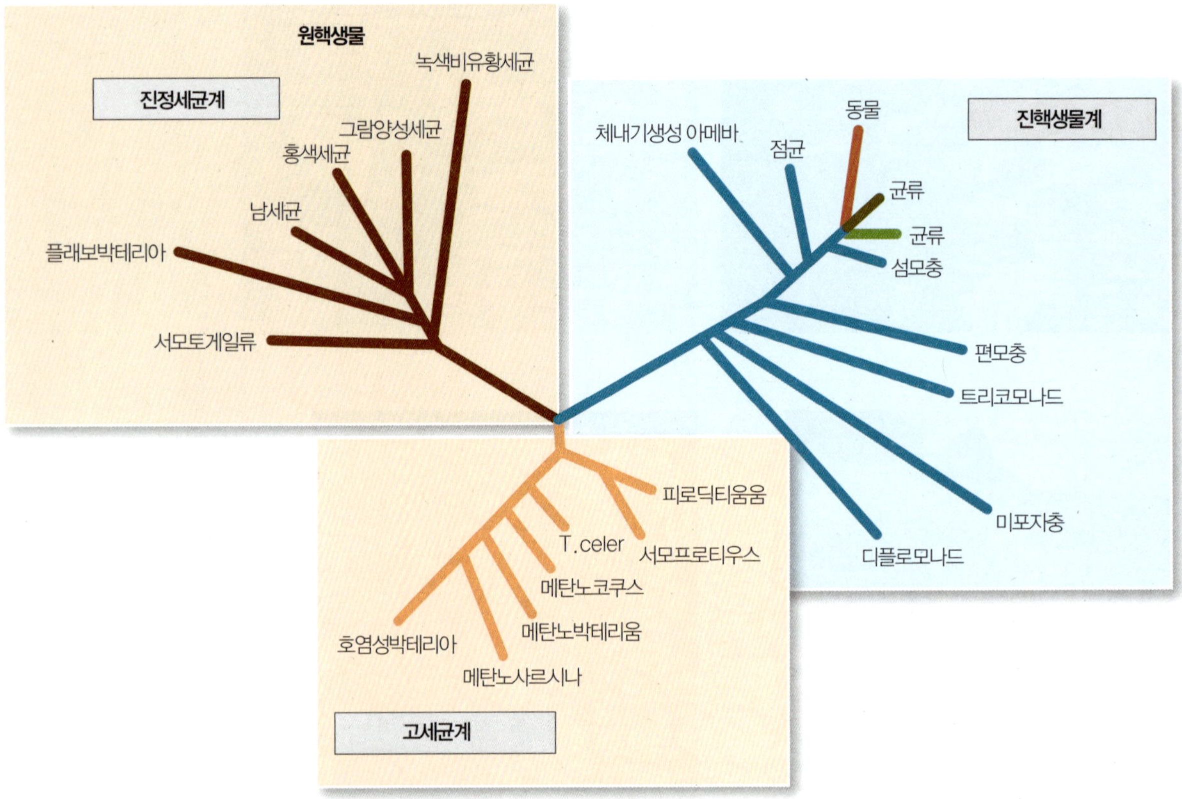

그림 8.5 16S rRNA 염기서열의 유사성에 근거하여 구축한 하나의 가능한 생물계통수. 본 그림에서 계통수는 "unrooted"로써, 이들 모두의 기원에 특정한 조상형을 표시하지 않았다는 것을 의미한다.

■ *람플편모충(Giardia lamblia)*은 인간을 포함한 포유류와 조류의 내장에 기생하면서 편모충증(비버 열병)을 일으킨다. *람플편모충*은 휴면포자를 형성할 수 있기때문에 매우 차가운 물 속에서 오랫 동안 생존할 수 있다. 이들로 오염된 물로부터 포자를 섭취하는 것은 가장 흔한 감염 경로이다.

본 계통수에서는 여러 그룹으로 나누어져 있다.

람플편모충(*Giardia*)으로 대표되는 중복편모충류(diplomonads)는 진핵생물 중에서 가장 먼저 분지된 원생생물이라는 것이 DNA 염기서열과 아미노산서열 분석에 의해 지지되고 있다. 비록 **람플편모충**에서 미토콘드리아가 없다고 알려져 왔지만, 최근에는 **람플편모충**과 전세계적으로 5,000만명에게 감염된 기생성 원생동물인 *Entamoeba histolytica*에서 발견되었다.

진핵생물은 동일한 세포분열과 단백질합성 메카니즘을 가지고 있다. 거의 대부분의 진핵생물은 산소를 이용하는 호기성 생물이지만, 일부는 공기가 없어도 기능을 수행할 수 있는 혐기성 생물도 있다. 예를 들어, 효모균인 *Saccharomyces*의 개체들은 배양액의 표면 아래 산소가 거의 없는 곳에서 생육하며 혐기성 대사과정을 유지하지만, 이들의 돌연변이 개체들은 산소를 이용할 수 있는 배양액의 표면에서 발견되기도 한다.

이러한 단세포, 다세포생물의 분류체계와 계통적 유연관계를 근간으로하여, 우리는 지구상 최초의 단세포 및 다세포 생물의 흔적을 탐색할 수 있을 것이다.

최초의 화석화된 세포/단세포성 생물체

화석으로 보존된 최초의 세포는 원핵생물의 특징을 보이는 단세포 생물로써 현재 진정세균계로 분류되고 있다. 위에 논의한 것처럼, 원핵생물은 하나의 단계통이 아니다(그림 8.2). 원핵생물이라는 용어는 구조적으로 DNA를 세포질(핵형질)로부터 격리시켜주는 핵막이 없는 단세포 생물들을 통칭하는데 가장 적합하게 사용되어왔다.

■ **규질암(cherts)**은 결이 고운 침전물로 이루어진 암석으로 바다의 밑바닥에 석영이나 이산화규소 등이 응겨 붙어 형성된 화학적 결정체이거나, 또는 미세 해양생물의 골격이 응결된 결정체이다. 따라서 규질암은 생물학적 혹은 무생물적 기원을 갖을 수 있어, 몇 십억 년 전의 화석을 찾는데 매우 중요한 부분이다. 규질암은 호미니드 인류가 석기도구를 만드는데 이용되었다.

남세균과 스트로마톨라이트

선캄브리아기 시생대(25~38억 년)인 35억 년 전의 규질암에서 높은 함량의 탄소와 함께 진정세균이 발견되었다(그림 8.6). 시생대의 가장 오래된 매장층 중 하나인 와라우나층군에는 **스트로마톨라이트**로 알려진 생물유기체층이 발견되었다(그림 8.4, 그림 8.7).

우리는 어떻게 생물의 매장층과 세포의 나이를 알 수 있을까?

보통 우리는 유기물의 나이를 측정하기 위해 탄소동위원소를 이용한다. 특히, 탄소동위원소 C-14는 반감기 5,730년 동안 질소동위원소(N-14)로 붕괴되어 생물연대 추정에 유용하다(박스 2.2). 초고층 대기에서 연속적으로 형성되는 C-14는결국 광합성을 통해 식물로 축적된 후, 동물로 도입되며 일정한 비율로 비방사능 탄소로 변환된다. 생물이 죽은 후, C-14는 천천히 감소하여 지질연대 측정을 가능하게 한다. 이러한 방법을 통해 우리는 이집트의 미라, 맘모스, 고대 나무 등의 연대를 추정할 수 있다. 그러나, C-14의 반감기인 5,730년은 시생대 지층의 연대를 추정하기에는 너무 짧다.

서로 다른 동위원소인 C-13과 C-12는 세포 대사과정에서 각자의 역할이 다르므로, C-13과 C-12의 비율은 스트로마톨라이트가 생물에서 기원한 것인지를 알려줄 수 있다. 35억 년 전 또는 그 후에 형성된 거의 모든 스트로마톨라이트의 탄소동위원소 비율은 석탄기 이후의 지층이나 다른 화석이 존재하는 지층의 것과 유사하다.

■ DNA는 고대 유기물으로부터 추출할 수 있으며, 각각의 유전자를 찾는데 이용되기도 하며, 아주 최근에는 유전체를 해독하는데 이용되기도 한다.

스트로마톨라이트는 다른 생물이 진화하는 동안 사라지지 않았다. 스트로마톨라이트는

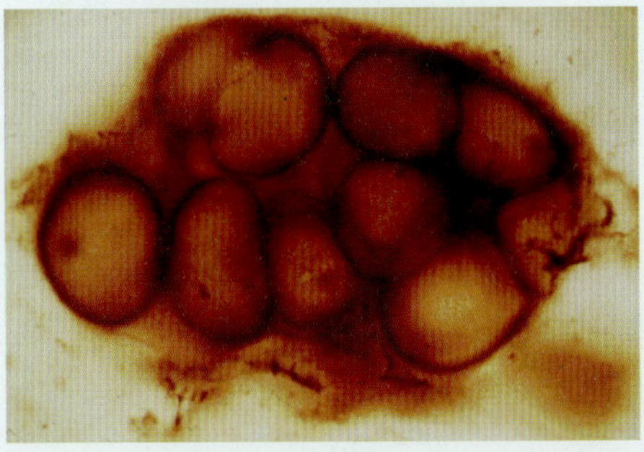

(a)

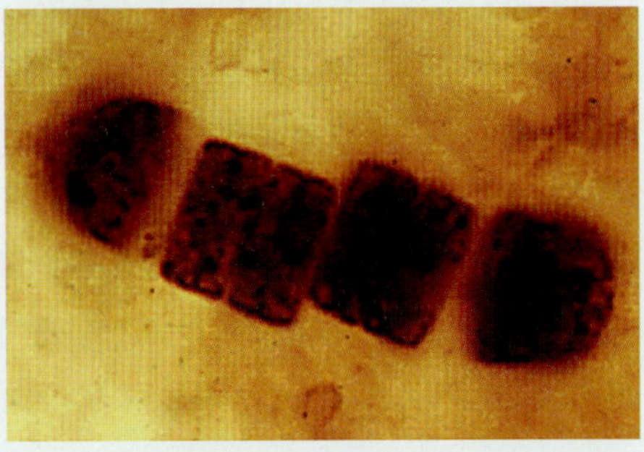

(b)

그림 8.6 고대 화석 세균. 호주 중부의 비타스프링스의 규질암에서 발견된 두 종류의 남세균 화석으로이 지층의 연대는 원생대 후기 8억 5천만 년 전의 지질이다. **(a)**는 군체성 크로코칼(chroococcalean) 형태이며, **(b)**는 사상형의 *Palaeolyngbya*이다.

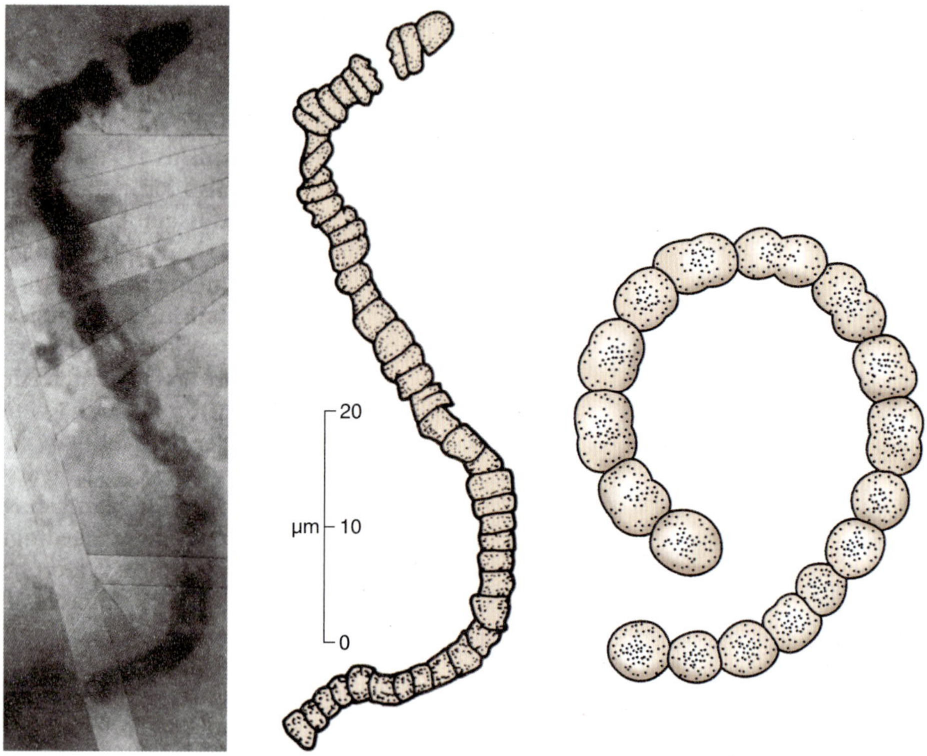

그림 8.7 **(a)** 호주 서부의 35억 년 된 와라우나층의 스트로마톨라이트 규질암에서 발견된 사상형 단세포성 화석을 얇게 자른 절단면. **(b)**이 화석을 재구성한 도식. **(c)** 도식화한 현존하는 사상형 남세균 세포의 위상차 광학현미경적 구조. 현존하는 원핵생물 중 미세화석 (a)와 구조적으로 유사한 세균은 유황-유영균과 녹색유황균이 있다.

오늘 날까지 존재하는데, 수성의 침전물에 미세생물층으로 단단히 붙어 겹겹이 쌓인 손잡이 모양의 구조를 형성한다. 그림 8.4에서 보여주는 것과 같이, 보통 스트로마톨라이트초 또는 스트로마톨라이트 복합체라 불리는 살아있는 구조는 화석 스트로마톨라이트 또는 화석화된 산호초 복합체와 매우 유사하다. 더욱이 스트로마톨라이트에서 발견되는 많은 화석 생물들은 현존하는 원핵생물과 유사하다.

살아있는 스트로마톨라이트에는 두 가지 남세균(4장)이나, 다른 종류의 세균류, 그리고 다양한 진핵생물 조류들이 쌓여 있다. 호기성 남세균과 혐기성 세균은 서로 다른 집광성 색소를 가지고 스트로마톨라이트에 공존하고 있다. 산소를 생성하는 남세균은 상층에 생육하며, 산소를 생성하지 않는 형태는 아래에 생육한다. 현존하는 스트로마톨라이트는 염도가 두 배이고, 수온이 65°C 이상의 생육하기 어려운 극한환경에서 살아가는데, 이는 결국 포식자로부터 스트로마톨라이트 생물들을 보호하는 역할이 되고 있다. 고대의 스트로마톨라이트는 지금보다 더 넓은 곳에 분포하였는데, 그 이유가 고대의 바다에는 경쟁자나 포식자가 없었기 때문이라고 추정한다.

두 가지 대단히 흥미로운 발견이 호주 서부로부터 2006년에 동시에 발표되었는데, 초기 시생대 생물 연구에 획기적인 매우 중요한 결과들이었다.

1. **미생물 기원의 메탄(methane of microbial origin)**이 시생대 지층 단면의 이산화규소층에 포함된 극미한 액체 안에서 발견되었다. 생물적, 무생물적 메탄의 차이점(4장)에 대한 자세한 분석과 더불어, 동일한 지층에서 발견된 사상형 단세포 원핵생물을 근거로하여, 원핵생물이 35억 년 전부터 존재하였으며, 이들이 물질대사과정을 하였을 것이라는 강한 증거를 찾았다. 더 나아가 이러한 발견을 한 과학자들은 단세포 생물에 의해 생성된 메탄이 35억 년 전 시생대의 기후 변화에 중요한 역할을 하였을 것이라 주장하였다(4장).
2. 두 번째 연구는 해안 10 km를 따라 얕은 해수에 노출되어 있는 34억 년 된 암초를 따라 발견된 **일곱 가지 종류의 스트로마톨라이트(seven types of stromatolites)**들이다. 현존하는 스트로마톨라이트가 서로 다른 종이 침적되어 서로 다른 모양의 스트로마톨라이트를 형성한다는 사실을 고려한다면, 우리는 34억 년 전 이미 다양화(종분화)된 원핵생물이 존재하였으며, 또한 구조화된 생물학적 생태계가 있었다고 결론지을 수 있다. 따라서, 생물, 종분화(서로 다른 형태를 다른 종으로 가정한다면), 생태계, 환경적 변형 등이 34억 년전에 이미 존재하였을 것이다.

◆ 조상형 생물과 모든생물의 생명계통수

고세균, 진정세균, 그리고 진핵생물과 같은 모든 생물은 **전체생물공통조상(LUCA, Last Universal Common Ancestor)**로 알려진 하나의 공통조상세포로부터 기원하였다는 설이 일반적으로 받아들여지고 있다. 그러므로 전체생명계통수(UToL, Universal Tree of Life)인 하나의 계통수 만이 존재한다. 이러한 가설을 지지하는 증거로는 모든 3개의 계가 본질적인 특징을 공유하고 있다는 것인데, 공통의 유전암호, DNA 복제 유형, 단백질 합성체계, 많은 대사과정, 인지질 이중막구조, 그리고 능동적 수송으로 알려진 막간 물질수송 체계들이 매우 유사하다는 것이다. 이러한 유사성이 독립적으로 여러 분류군에서 나타나는 것은 매우 어려운 일이다.

■ 이것은 어떠한 방법으로 병원성 세균이 새로운 항생제에 대응하여 내성의 범위를 넓히면서 빠르게 적응하며 진화하는가를 설명하는 것이다. 1장에서 소개한 것 처럼 병원성 세균은 1~2년 내에 항생제 내성을 갖을 수 있는데, 년간 10,000~15,000 세대의 교번을 한다.

이러한 **깊은 상동성(deep homology**, 16장)과 더불어, 현재 상태에서 이용 가능한 모든 정보 즉, DNA, RNA, 단백질서열, 유전자 활성을 조절하는 분자 등의 방대한 자료(BOX 8.1)를 이용하여 구축된 계통수에서도 이들의 유연관계가 밝혀지고 있다(13장).

1990년대, Carl Woese와 그 동료들은 3개의 계를 대표하는 생물에서 리보솜의 16S rRNA의 다양한 염기서열 유무와 빈도를 정리하였고(그림 8.5), 그들의 명확한 차이를 밝혔다(그림 8.4). 비록 이러한 분자 및 다른 정보들이 고세균이 진정세균과 진핵생물의 진화적 중간 단계에 있다는 점에도 불구하고, 이러한 정보들은 그들의 공통조상의 기원을 밝히기에는 역부족이었다. 모든 생물은 단 하나의 계통을 갖는다는 가설이 있는데, 과연 그것은 사실일까?

유전자 수평 이동

최근 생명계통수를 구축하는데 주요한 문제가 부각되고 있다. 이는 많은 곳에서 발견되고 있는 **유전자 수평 이동(HGT, Horitontal Gene Transfer)**으로, 이는 한 개체 혹은 한 종의 DNA가 다른 개체나 다른 종의 DNA로 전이하여 결합하는 것을 의미한다. 유전자 수평 이동은 원핵생물 사이에서 또는 원핵생물로부터 진핵생물로 일어난다. 이러한 현상은 예전에는 불가능한 것으로 생각되었으며, 그 후에는 가능하더라도 무의미한 현상으로 치부되었다. 그러나 현재에는 단세포 생물의 초기 진화과정에서부터 오늘날까지도 지속되어 일어나고 있다고 알려지고 있다. 개체 사이에서 일어나는 유전자 수평 이동은 세대 간에 수직적으로 일어나는 유전과는 매우 대조적이다. 이러한 이동의 증거들은 모자이크 특징을 보이는 진핵생물의 핵 유전체로서, 고세균이나 진정세균의 유전자와 유사한 많은 유전자들이 진핵생물의 핵 유전체에 포함되어 있다(9장). 이러한 유전자들은 전체생물공통조상으로부터 세 계통이 나뉘어지기 전에는 존재하지 않았을 것이다.

유전자 수평 이동은 바이러스나 전이될 수 있는 외래유전자를 포함하고 있는 **플라스미드**라 알려진 작은, 원형의 DNA에 의해 영향을 받는다. 항생제 저항성 유전자는 균주 사이에서

■ 16S rRNA 분자는 리보조말 단백질 합성에 필수적이다. 5S rRNA와 같이 이들의 염기서열은 다양한 생물군에서 변하지않고 보전적이다. 원핵생물의 16S rRNA 분자에 대해 진핵생물의 18S rRNA는 서로 상보적이며, 이 둘을 일컬어 SSU rRNA(small subunit ribosomal RNA)라 한다.

BOX 8.1
유전자와 유전자산물에 근거한 계통수 구축

수세기 동안 우리는 생물 간의 유연관계를 밝히고 **형태적인 정보(morphological information)**를 이용하여 계통수를 구축하였다. 초창기 동물학실험 시간에 우리는 동물학과 뒤의 언덕에서 동물들을 채집을 하고 그들을 이분법적 분류키—머리가 있다/없다, 다리가 있다/없다—를 이용하여 분류하였다. 이와 같은 간단한 특징을 이용하여 생물의 중요한 특징을 빠르게 배울 수 있다는 것은 놀라운 일이었다.

우리는 또한 폴리펩타이드와 단백질의 아미노산 서열, 핵, 미토콘드리아 그리고 다양한 형태의 RNA의 염기서열, 그리고 유전체 정보를 이용하여 생물을 분류하고 계통수를 구축할 수 있다. **분자 자료(molecular data)**를 이용하는 기본적인 배경은 모든 생물은 유전된 수많은 가닥의 분자서열과 이들의 변이에 의해 유전 법칙을 따라 진화하면서 서로 연관되어 있다는 것이다(그림 B11.3). 분자적 연구방법의 장점은 원핵생물과 같이 형태적으로나 생리적으로 종간 차이가 매우 적거나 없어서 동정하기가 어려운 생물들을 서로 비교할 수 있게 한다는 것이다.

각 종으로부터의 DNA 염기서열과 현재 증가하고 있은 전체 유전체 서열은 각 계통의 진화 역사 탐구는 물론, 전체생명계통수(UToL)을 구축하는 것과 같이 오래된 진화의 역사를 밝혀줄 수 있다.

진화적 관점에서, 염기서열 분석기술의 진보와 생물의 전체 유전체 분석은 헤아릴 수 없는 많은 분자 정보를 제공하고 있으며, 비교유전 연구의 기회를 제공하고 있다. 우리는 원핵생물 유전체 염기서열의 비교를 통하여 수많은 유전자 수평 전이를 발견하는 등 중요한 진화적 특징들을 발견하였고, 고세균 단백질 서열이 진핵생물의 단백질보다 진정세균과 유사성이 높다는 사실과, 세균 *Baccilllus subtilis* 유전체의 25% 정도의 유전자가 유전자 중복(duplicatioin)을 통해 기원하였다는 특징들을 발견하였다.

이러한 기작을 통해 **전이**된다. 다른 유전자좌 사이에서 전이될 수 있는 염기서열인 전이인자(transposon) 역시 유사한 성질을 가지고 있다(12장). 진핵생물에서 두 번째 유형의 유전자 수평 이동은 세포 사이의 공생(숙주에 무해) 또는 기생(숙주에 유해)을 통해 이루어진다.

단세포 생물간의 유전자 전이

성공적인 유전자 전이는 대부분 근연의 단세포 생물 사이에서 일어난다. 많은 세균의 클론들과 자매종(*Escherichia*, *Salmonella*, *Shigella*)들은 유전자 수평 이동을 나타내는 유사한 유전자와 염기서열을 가지고 있다. 새로운 숙주가 형성되었을 때, 유전자 수평 이동으로 인한 돌연변이는 새로운 유전정보와 새로운 형질을 획득할 수 있는 잠재적인 원천이 된다. 유전자 수평 이동 이후 빠른 적응진화의 주요한 예들은 많은 병원성 세균들로부터 찾을 수 있는데, 이들 병원성 세균은 10여년 이내에 항생제로부터의 저항성을 높이고, 유전자 수평 이동을 통해 매우 빠르게 저항성 범위를 확대하는, 극적인 진화의 예로 알려지고 있다.

유전자 수평 이동의 양과 비율이 측정되었다. 대장균은 살모넬라 계통으로부터 약 1억 년 전에 분기되었다. 1억 년 전부터 오늘날까지 200개 이상의 유전자 수평 이동이 일어났으며, 이는 대장균 유전체의 20%에 해당한다. 이러한 유전자 수평 이동은 계통적유연관계를 모호하게 하는데, 공통조상으로부터 유전자를 받기보다 유전자 수평 이동을 통해 유연관계가 먼 생물들 간에 유전자나 염기서열을 획득할 수 있기 때문이다. 유전자 수평 이동의 추정은 현재까지 해독된 많은 유전체 자료의 분석을 통해서 가능하게 되었다. 여기 두 가지 좋은 예가 있다.

■ 염기서열 자료는 바이러스에서 진핵생물까지 5,287종으로부터 이용 가능하다. 이들의 정보는 GenBank (hppt://www.ncbi.nlm.nih.gov/Genbank/)에서 얻을 수 있다. 전체 860개의 생물(83 진핵생물, 55 고세균, 723 진정세균)들로부터 완성된 유전체 서열의 정보 또한 GenBank로부터 찾을 수 있다.

2005년 출판된 연구에서, 144종의 유전체에서 22만개의 단백질들이 비교 분석되었다. 유전자 공유 패턴은 매우 흔하여 연구자들이 이를 "유전자 공유의 고속도로"이라고 할 정도로 일반적이었다. 분석의 한 부분으로, 근연의 분류군 간에 비교를 수행하였고, 수평진화를 규명하고자 유연관계가 멀지만 유사한 환경에서 생육하는 생물들에 대하여 비교연구를 수행하였다. 그 결과 16S rRNA, 세포벽, 세포분열 및 리보솜 단백질 유전자는 유전자 수평 전이를 통해 이동되는 빈도가 매우 낮음을 확인한 반면, 나머지 유전자들은 수평 이동이 많이 일어났다는 것을 발견하였다. 전체적으로 원핵생물 유전체의 삼분의 일 정도는 수평 유전차전이를 통해 획득되었다.

다세포 생물로의 혹은 다세포 생물간의 유전자 전이

오늘 날까지 진핵생물 사이에서 연구된 수평유전자 이동은 담륜충(bdelloid rotifers)과 무성생식 담수 무척추동물에서 보고되었다. 담륜충인 *Adineta vaga*는 세균, 균류, 그리고 식물로부터 유전자를 획득하였다. 이 종은 유성생식을 하지 않음에도 불구하고, 유전자 수평 이동을 통해 유전적 다양성을 촉진시키고 있다. 최근 수행된 8,000개의 단백질 패밀리 연구결과에 따르면, 고세균의 50%, 세균의 30~50%, 그리고 10% 이하의 진핵생물에서 생물계 사이에 또는 생물계 내의 유전자 수평 이동에 의해 하나 이상의 단백질 패밀리를 획득하였다고 분석하였다. 해양 녹조류인 *Ostreococcus tauri*는 유전자 수평 이동을 통해 하나의 염색체를 통째로 획득하였다. 보다 극적인 예로, 초파리인 *Drosophila ananassae*는 유전자 수평 이동을 통해 세균성 기생생물(*Wolbachia*)의 전체 유전체를 획득하였다.

만약 고세균과 진정세균이 가지고 있는 많은 DNA와 유전자들이 그들의 공통조상으로부터가 아니라 유전자들의 수평 이동을 통해 획득되었다면, 분자연구를 통해 이들 간의 유연관계를 규명하고 계통수를 구축하는 것은 불가능한 일이 될 것이다. "Unrooted" 생물계통수(그림 8.5)처럼 조상형을 설정하지 않는 방법 조차도 불가능할 것이다.

유전자 수평 이동은 진핵생물의 진화에 중요한 요인이 아니기 때문에, 진핵생물의 계통수를 구축하는 일은 현실적으로 보다 쉬운 일인듯 하지만, 그러나 여전히 쉽지 만은 않은 일이다. 생물계통수나 전체생물계통수(UToL)를 구축하는 일은 원핵생물 사이의 유전자 수평 이동으로 인해 어려움이 있다. 사실 원핵생물 유전체의 삼분의 일 이상이 원핵생물 간 유전적 교환의 산물이기 때문에, 원핵생물의 진화를 보여주는 계통수를 구축하는 기본 개념 조차 부적절한 일일 것이다.

추천 문헌

Knoll, A. H., 2003. *Life on a Young Planet: The First Three Billion Years of Evolution on Earth*. Princeton University Press, Princeton, NJ.

Maynard Smith, J., and E. Szathmáry, 1995. *The Major Transitions in Evolution*. Freeman, Oxford, England.

Morowitz, H. J., 2002. *The Emergence of Everything: How the World Became Complex*. Oxford University Press, New York.

Wilson, R. A. 2005. *Genes and the Agents of Life*. The Individual in the Fragile Sciences. Cambridge University Press, Cambridge, England.

Woese, C. R., O. Kandler, and M. L. Whellis, 1990. Toward a natural system of organisms: Proposal for the domains Archaea, Bacteria and Eucarya. *Proc. Natl. Acad. Sci. USA*., **87**, 4576–4579.

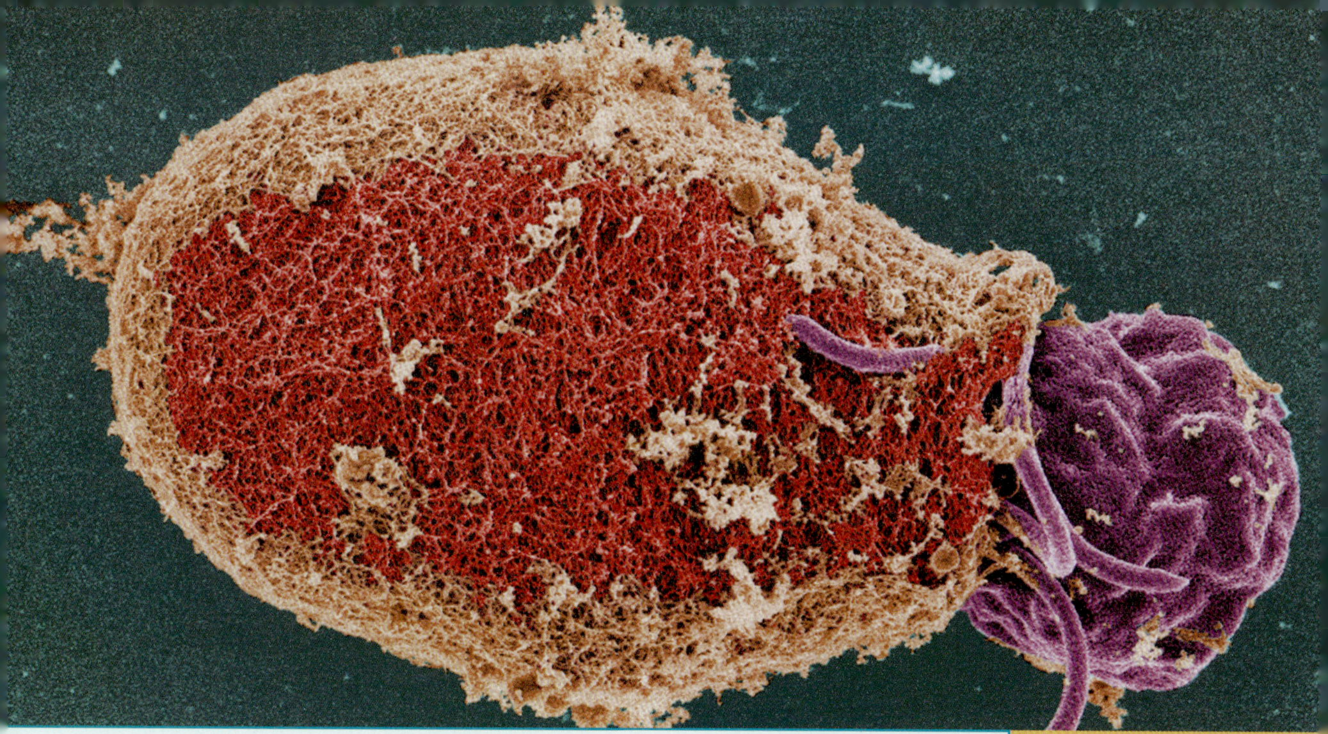

진핵 세포와 다세포 생물

9

단 원 요 약

- 대부분의 진핵 세포는 다세포성이며, 모두 핵막과 세포소기관을 가지고 있다.
- 단세포 진핵생물(원생생물)은 16~18억 년 전에 기원하였으며, 조상형인 원핵 세포와 다세포성 진핵생물을 연결하고 있다.
- 진핵생물을 5개의 수퍼그룹으로 분류하는 체계가 제안되어 기존의 동물, 식물과 같은 분류체계를 대체하고 있다.
- 5개의 수퍼그룹들은 원시색소체생물(Archaeplastida, Plantae), 엑스카바타(Excavata), 크롬알베오라타(Chromalveolata), 라이자리아(Rhizaria), 단편모생물(Unikonta)이다.
- 진핵 세포 대부분 염색체를 가지며 유전자는 인트론을 포함하고 있다.
- 핵막을 포함한 세포소기관들은 원핵생물이 섭취(내공생)되어 세포소기관으로 변환되는 과정을 통해 기원하였다.
- 내부공생은 몇 번의 과정, 즉, 미토콘드리아와 색소체의 기원이 되는 일차내공생과정, 진핵생물이 다른 진핵생물에 섭식되는 과정을 통한 이차 및 삼차내공생과정을 통해 일어났다.
- 동물세포의 미토콘드리아나 식물세포의 색소체와 같은 세포소기관은 그들 고유의 DNA를 간직하고 있어 진핵생물의 추가적 유전체로 제공되고 있다.

위 그림: *람플편모충 Giardia*(인위적 색상을 입힘)으로, 수퍼그룹 엑스카바타에 속하며, 장질환 편모충증(여행자설사증)을 일으킨다.

- 몇몇 유전자들은 세포소기관에서 핵으로 이동되었고, 반대로 몇 유전자는 핵에서 세포소기관으로 이동하였다.

개요

앞 장에서 우리는 최초 단세포생물의 기원을 원핵 세포의 구조에 근거하여 살펴 보았다. 본 장에서는 약 25억 년 전, **다세포생물로의 진화**를 가능하게 한 **진핵세포**의 기원에 대해 알아 보겠다. 진핵생물의 5개 수퍼그룹이 현재 알려지고 있다.

진핵생물은 원핵생물보다 크고, 대부분 다세포성이며, 호기성이며 좀더 복잡한 구조를 가진다. 진핵생물은 세포소기관, 내막, 세포골격, 그리고 세포 유사분열에 관계한 미세소관을 포함하고 있다. 핵막과 세포소기관의 진화는 진핵생물의 핵심적인 특징으로, 에너지 생산을 미토콘드리아와 색소체에서, 단백질 합성을 리보좀, 단백질 성숙은 골지체에서와 같은 세포 내 일정한 곳에서 기능적으로 일어나도록 하였다. 8장에서 토의한 원핵생물의 기원과 유사하게, 대기 변화 같은 범지구적 사건들은 진핵 세포 구조의 진화를 가능하게 하였다.

진핵 세포 내의 많은 양의 DNA는 여러 개의 선형 염색체로 분산되었는데, 이와 다르게 원핵세포는 하나의 원형 염색체를 갖고 있다. 진핵생물의 유전자에는 대부분 인트론이라 알려진 단백질로 전사되지 않는 염기서열이 포함되어 있다. 원핵생물의 유전자에는 인트론이 포함되어 있지 않다. 유사분열은 거의 대부분의 진핵생물에서 이루어지기 때문에, 진핵생물의 진화 초기에 유사분열이 시작되었을 것이다.

우리가 세포소기관을 포함하고 있는 진핵생물 자체의 기원보다 미코콘드리아나 엽록체와 같은 세포소기관의 기원에 대해 더 잘 알고 있다는 것은 역설적이다. 원시 혐기성 진핵세포가 원핵생물을 내공생과정을 통해 섭취함으로써 원핵생물과의 공생관계를 확립하게 되었다. 이에따라 원핵생물은 미토콘드리아와 색소체 같은 세포소기관으로써 유지되었고, 진핵세포에 추가적인 DNA를 제공하였다. 미토콘드리아, 색소체 및 남조세균의 공통적 특징들은 남조세균이 이들 세포소기관의 일차적 기원이라는 증거이다. 몇몇 진핵생물은 그들의 색소체를 다른 진핵생물(조류)로부터 진화역사의 후기 동안에 획득하였다.

진핵세포의 진화

최초의 진핵생물은 약 15억 년 전의 화석에서 발견되는데(그림 9.1), 35~38억년 전의 최초의 원핵생물 화석으로부터 20억 년 동안, 진핵세포의 기원과 관련된 세포의 구조 및 기능에 있어 엄청난 변화가 있었다는 것을 의미한다.

8장에서 토의한 것 처럼, 유전자와 유전자의 산물들은 생물 상호 간의 유연관계를 밝히거

(a) (b) (c)

그림 9.1 원생대 지층에서 발견된 진핵생물이라 추정되는 미세화석들. **(a)**와 **(b)**의 세포들은 현재까지 알고 있는 원핵생물보다 수 배 이상 크며, 매우 복잡한 구조를 가지고 있다. **(c)**에서 보이는 여러 그룹의 세포들은 사면체배열이라는 특징이 있는데, 이들이 진핵세포의 감수분열이나 체세포분열을 통해 형성된 것임을 제시해 주고 있다.

나 계통적 역사를 알아내는 데 널리 사용되고 있다. 1979년 **생명계통수(Tree of Life)**가 30여 종의 진핵생물과 원핵생물의 5S rRNA 염기서열을 이용하여 구축되었다. 이에 따르면, 원핵생물과 진핵생물은 약 20억 년 전에 분기하여, 동물, 식물, 균류, 세균과 같은 뚜렷한 생물군으로 나누어졌다(그림 9.2). 그림 9.2의 계통수에서 초기 원핵생물과 초기 진핵생물의 분기점은 균류(예, 효모)와 동물 및 식물의 분기점보다 약 50% 더 일찍 분기한 것으로 보인다. 균류로부터 동물 및 식물의 분기를 약 12억년 전으로 학자들이 추정하기 때문에, 초기 원핵생물과 진핵생물의 분기점은 약 18억으로 추정할 수 있으며, 이는 진핵생물-타입의 화석이 원생대에서 발견된 사실로 지지되고 있다(그림 9.1, 4장).

비록 커다랗고 여러 세포 타입과 조직으로 분화된 다세포성 진핵생물의 화석이 선캠브리아기 후기에 뚜렷하게 발견되지만, 작은 다세포성 진핵생물은 약 10억 년 전에 진화하였다. 캠브리아기 전기인 약 5억 4천 5백만 년 전에 수 많은 종류의 다세포성 무척추동물이 화석으로 발견되었다(18장). 약 1천만 년 이후에 진핵생물의 폭발적 방사진화가 일어나 수 많은 동물의 계통들이 출현하였다.

◆ 단세포 진핵생물: 원생생물

초기 진핵생물은 단세포성 혹은 단순한 사상형 생물이다(그림 9.1). 오늘날, 대부분의 진핵생물들은 **다세포성**이다. 앞선 장에서 토의한 분류체계의 변화는 생물을 단순하게 단세포성에서 다세포성 생물들로 나눌 수 없다는 사실을 반영하고 있다. 8장에서 소개한 5계 체계에서 모든 단세포성 진핵생물을 하나의 **원생생물**계로 분류하고 있는데, 이는 광합성조류와, 음식물을 직접 섭식하는 부생성 균류를 포함하고 있다. 원생생물은 100,000종 이상

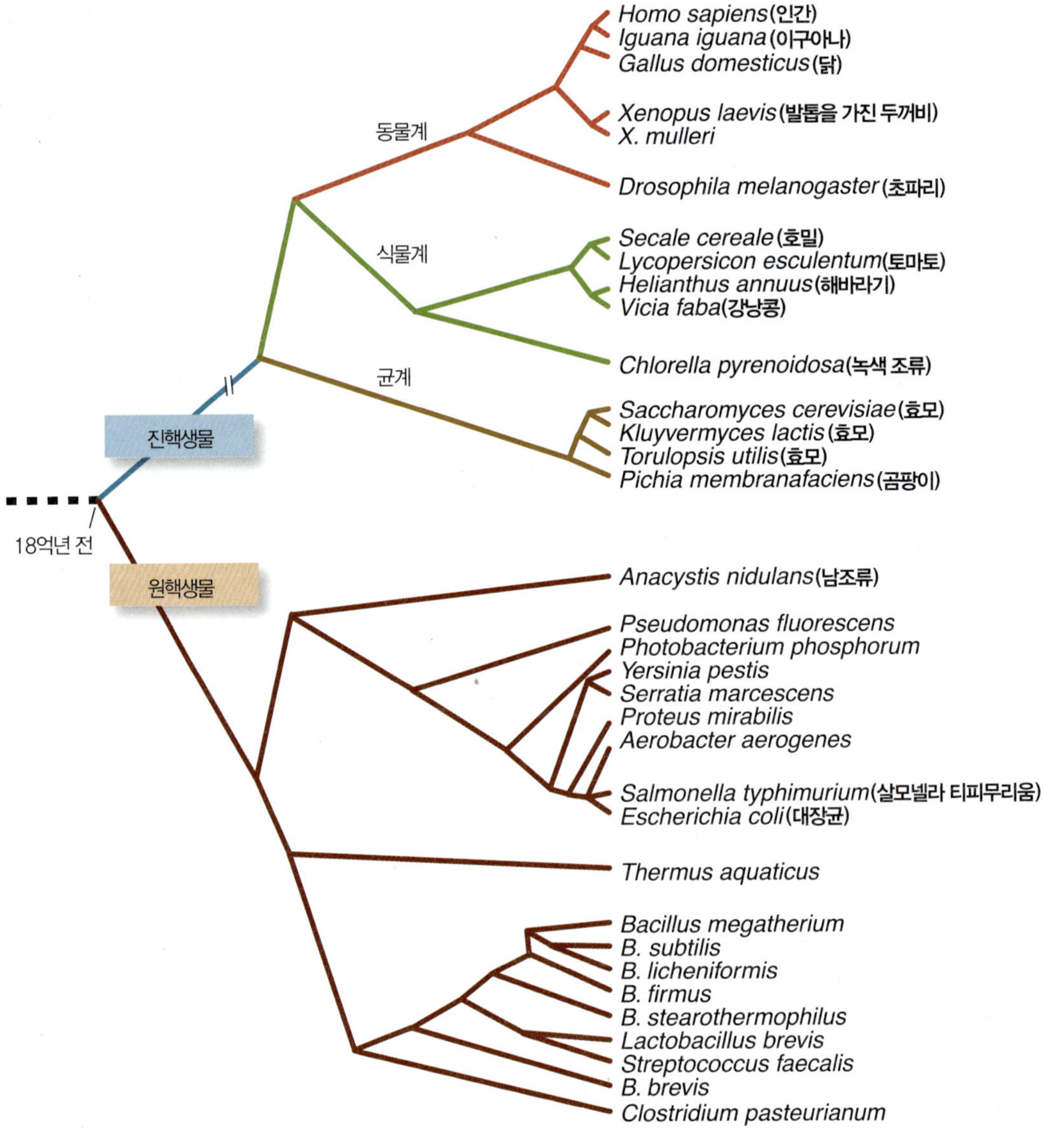

그림 9.2 30여 종의 5S rRNA 염기서열 비교 분석에 근거한 계통수. 진핵생물과 원핵생물 사이의 분기는 약 20억 년 전으로 보인다. 57개 원핵생물과 진핵생물 효소의 아미노산 서열 비교에 근거한 연구는 두 그룹이 약 20억년 전에 하나의 공통조상을 공유하였다는 것을 보여주었다. (근거: Hori, H. and S. Osawa, *Proc. Natl. Acad. Sci. USA* **76**, 1979: 381–385.)

을 포함하는 거대한 그룹으로 최근에 제안된 생명계통수 5개(또는 6개) **수퍼킹덤** 중 하나이며, BOX 9.1에서 소개되었다. 진화적으로 원생생물의 조상은 약 16~18억 년으로 오래되었다. 원생생물과 다세포 진핵생물 간의 조상-자손의 관계는 잘 정립되었다. 원생생물의 다양한 구조와 다른 생물에 다양한 영향을 준 것 이외에, 원생생물은 원시 단세포생물과 모든 다세포성 진핵생물들 사이에서 중요한 연결이 되고 있다(식물, 동물, 균류의 다세포성 진핵생물의 기원에 대해서는 10장과 11장에서 논의되었다).

BOX 9.1

진핵생물 생명계통수의 5개 또는 6개 수퍼그룹 체계

"생물계"라는 제목 아래 8장에서 우리는 생물 간의 유연관계를 더 잘 이해해 가면서 이를 반영하는 또한 발전하는 것을 살펴 보았다. 분류체계는 생물을 하나의 문(division)에서 2개의 문(원핵생물문, 진핵생물문)으로, 2개의 계(kingdom, 식물계, 동물계)로, 5개의 계(원핵생물계, 원생생물계, 균류계, 식물계, 동물계)로, 현재는 3개의 계 또는 도메인(진정세균, 고세균, 진핵생물, 그림 8.3 참조)으로 발전하였다.

4개의 진핵생물의 계통인 원생생물, 균류, 식물, 그리고 동물은 오래 전부터 알려져 왔다(8장, 10장, 11장 참조). 그러나 지난 20여년 동안, 분자생물학자와 진화생물학자들이 새로운 종류의 데이타와 더 많은 생물들을 분석하면서, 4개의 진핵생물계 체계가 진핵생물의 진화적 관계를 정확하게 반영하지 못한다는 점을 지적하게 되었다. 예를 들어, 원생생물계는 동물(깃편모충, choanoflagellates)과 유연관계를 갖는 종, 식물(예, 홍조류)과 가까운 종, 그리고 계통적으로 매우 멀리 떨어져 있는 주요 생물군들이 모두 포함되어 있다(예, 섬모충류와 점균류는 모두 원생생물로 분류되지만, 이들의 유연관계는 동물과 균류와의 관계보다 훨씬 더 멀리 떨어져 있다. 그림 8.5, 그림 B9.1과 그림 B9.2).

분자 자료, 유전자 및 유전자 네트워크, 형태 및 발생 자료의 분석으로 진핵생물 4개의 계는 **5개 수퍼그룹**으로 대체되었다(그림 B9.1). 수퍼그룹 간의 유연관계는 아직 완벽하게 밝혀지지 않았다. 이에 관하여 전문가들은 5개 수퍼그룹 중 하나를 둘로 나눈 **6개 수퍼그룹** 체계를 제안하였다(그림 B9.2). 이렇듯 두 개의 분류체계를 제시할 수 있다는 것은 생물의 분류체계 분야가 유동적이며, 또한 변화할 것이라는 사실을 반영한다. 생명계통수 내에서 5개(혹은 6개) 수퍼그룹이 어떻게 나뉠지 분명하지 않지만, 각각의 수퍼그룹 내의 생물의 유사성은 수퍼그룹 간의 다른 생물과의 관계보다 훨씬 높다. 꾸준히 축적되는 계통적 유연관계에 대한 정보와, 분류체계나 명명법의 유동적 변화들을 반영하고 있는 두 수퍼그룹의 체계는, 결국 생물 상호 간의 관계와 기원, 그리고 진화에 대한 우리의 지식이 변화하는 것처럼 발전 할 것이다.

진핵생물의 5개 수퍼그룹

- **원시색소체(Archaeplastida, Plantae**라 알려짐). 홍조식물, 육상식물을 포함한 녹조식물, 그리고 회조식물을 포함하는 수퍼그룹으로, 일차내공생 과정을 통하여 기원한 색소체가 주요 특징이다. 이들 그룹의 조상형은 최초의 광합성 진핵생물로 알려졌다(4장).
- **엑스카바타(Excavata)**. 이전에 **원생생물**계로 분류되었던 생물들이 포함되었다. 일반적으로 알려진 엑스카바타로는 장질환 편모충증(비버열병, 여행자설사증)을 일으키는 *람플편모충(Giardia)*, 수면병을 일으키는 *Trypanosoma brucei*, 트리코모나스감염증을 일으키는 *Trichomonas* 등이 포함된다. 엑스카바타는 단일 분자적 혹은 형태적 특징으로 묶이지 않지만, 미세구조나 여러 분자 자료들에 의해 10개의 내부 계통들을 포함하는 계통군을 이룬다(그림 B9.1). 결론적으로 엑스카바타 수퍼그룹과 유동적인 유연관계에 대해서는 상당한 논란이 있는데, Hampl과 동료들이 제시한 최근의 분석은 엑스카바타 단계통을 지지한다.
- **크롬알베오라타(Chromalveolata)**. 23개의 생물군이 포함된 수퍼그룹으로, 이차내공생 과정을 통하여 획득한 색소체를 가지고 있는 여러 종류의 광합성 조류들(대형 다시마류, 와편모조류, 장구말류)과, 말라리아를 일으키는 *Plasmodium falciparum*(그림 15.10)과 같은 기생생물들과 섬모충류를 포함하는 비광합성 생물군이 포함된다. 하나의 하위 그룹인 섬포충류, 와편모조류 등을 포함하는 **알베오라타(alveolata)**의 단계통성은 핵 유전자를 이용한 계통수에서 잘 지지되고 있으나, 수퍼그룹 크롬알베오라타 자체의 단계통성은 논란이 있다.

(계속)

■ 수퍼그룹의 이름이 익숙지 않을 것 같아 조심스럽다. 이들을 익히는 수밖에는 다른 대안은 없는 같다. 한편, 여러분의 친구가 장미를 식물이라 말할 때, 여러분은 "이것은 식물이 아니고 원시색소체에 속하는 생물이야" 라고 정정해 줄 수 있을 것이다.

BOX 9.1

진핵생물 생명계통수의 5개 또는 6개 수퍼그룹 체계 (*계속*)

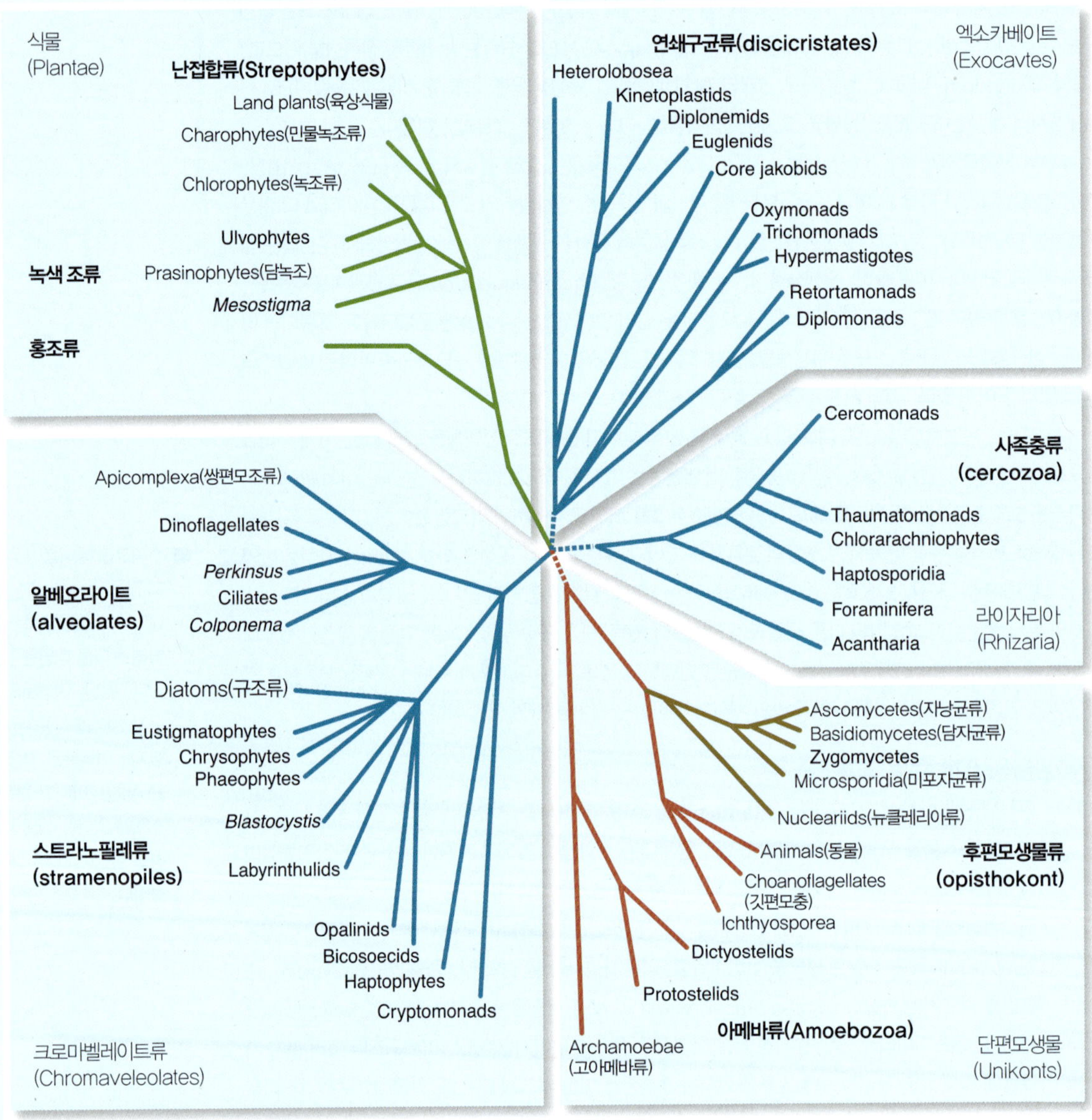

그림 B9.1 5개 수퍼그룹으로 표현된 진핵생물의 계통수. 5개의 수퍼그룹 사이의 관계는 뚜렷이 밝혀지지 않았다. (수정, Keeling, P.J. *Trends Ecol. Evol.*, **20**, 2005:670–676.)

BOX 9.1

진핵생물 생명계통수의 5개 또는 6개 수퍼그룹 체계 (계속)

- **라이자리아(Rhizaria)**. 분자 자료 만을 근거로하여 Tom Cavalier-Smith에 의해 알려진 진핵생물군이다. 이는 분자적 방법이 생명의 다양성을 연구하는데 효과적이란 점을 보여주는 반면, 생물군은 형태적인 특징을 공유해야한다는 관점을 지지하지는 않는다. 모두는 아니지만 대부분의 라이자리아 생물은 원핵생물이나 다른 진핵생물을 포식하여 소화하는 종속영양을 한다. 아마 가장 잘 알려진 라이자리아는 약 4,000종 이상의 유공충과 방산충으로, Ernst Haeckel이 이들의 멋진 모습을 자세하게 그려 놓았다(그림 B9.3).
- **단편모생물(Unikonta)**. 가장 놀랄만한 수퍼그룹으로, 기생성 원생생물, 깃편모충(8장), 균류(10장), 그리고 동물(11장)을 하나의 그룹인 **후편모생물(opisthoknots)**로 묶는다(그림 B9.2). Whittaker의 5계 체계 중 3개의 계에 포함되었던 생물군이다. 두번 째 단편모생물의 그룹은 **아메바생물(amoebozoans)**로써, 점균류와 여러 종류의 전형적인 아메바를 포함한다. 동물을 1880년대 Ernst Haeckel의 계통수와는 뚜렷이 다르게, 5개 단편모생물 중 하나이면서 깃편모충의 자매군으로 인식하는 뚜렷한 변화는 생명계통수 연구에서 좀처럼 찾아보기 어렵다(그림 B9.2).

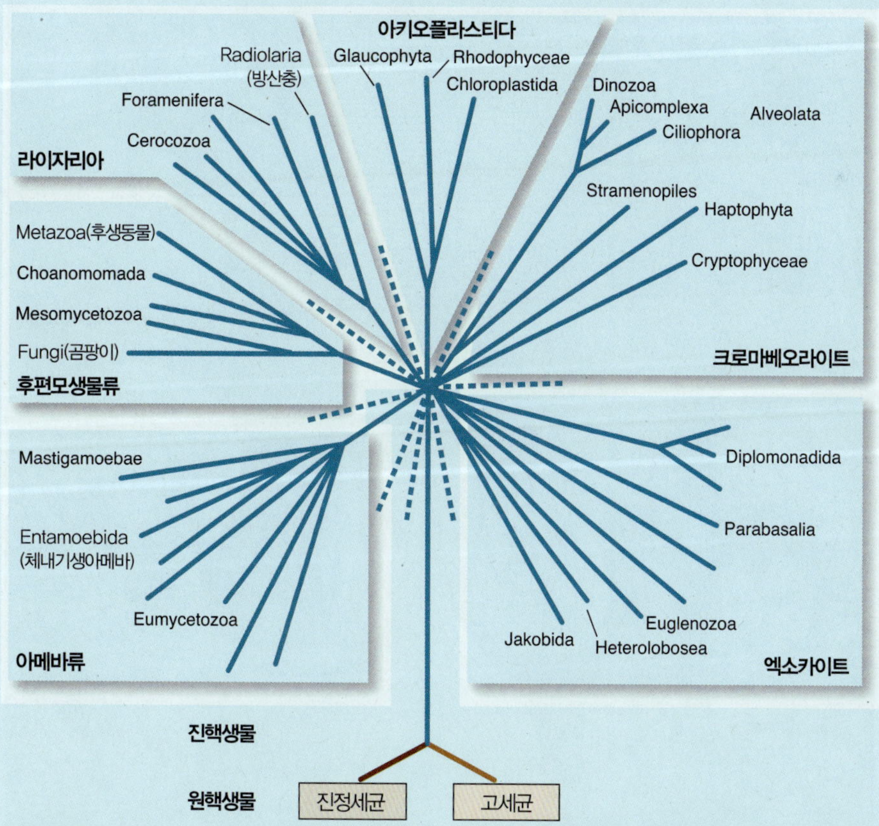

그림 B9.2 6개 수퍼그룹으로 표현된 진핵생물의 계통수. 유연관계는 뚜렷이 밝혀지지 않았다. (편집, Adl, S.M. Simpson, A.G.B., et al. J. *Eukaryot. Microbiol.*, **52**, 2005: 399-451.)

(계속)

BOX 9.1

진핵생물 생명계통수의 5개 또는 6개 수퍼그룹 체계 (*계속*)

진핵생물의 6개 수퍼그룹

5개 수퍼그룹 체계에서 후편모생물과 아메바생물은 단편모생물로 함께 묶어 놓았다. 균류, 조류, 기생생물 전문가들의 깊이 있는 토의 이후, 국제원생생물학회 소위원회에서는 후편모생물과 아메바생물 사이에 뚜렷한 차이가 있음을 근거하여, 이 둘을 각각 독립된 수퍼그룹으로 분리하여 6개 수퍼그룹체계(그림 B9.2)를

그림 B9.3 Ernst Haeckel에 의해 그려진 다양한 유공충의 형태. (재인쇄, E. Haeckel, *Art Forms in Nature*. New York: Dover Publications, Inc., 1974.)

BOX 9.1

진핵생물 생명계통수의 5개 또는 6개 수퍼그룹 체계 (*계속*)

설립하였다. 따라서 후편모생물과 아메바생물은 단편모생물을 대체한다.

- 원시색소체생물, 엑스카바타, 크롬알베오라타, 그리고 라이자리아 (위와 동일)
- **후편모생물**[**Opisthoknota**, 동물, 균류, 해면류, 깃편모충류, 메소미케토조아류 mesomycetozoa), 중생동물, *판형동물*(*Trichoplax*)]
- 아메바생물(Amoebozoa, 대부분의 아메바류, 점균류, 몇몇 아메바편모충, 미토콘드리아가 없는 수 종)

5개 혹은 6개 수퍼그룹 체계 모두에서 식물(Plantae)의 개념은 확장되어 원시색소체로 명명되었고, 홍조식물과 녹조식물과 근연에 있는 몇몇 단계통 원생생물들이 포함되었다(10장). 이들 두 분류체계 모두에서 **동물, 식물, 균류의 세개의 다세포성 생물**은 단계통 원생생물로부터 기원하였다는 것을 알았다: 동물과 균류는 후편모생물 내에서, 육상식물은 윤조식물(charophyta)로부터, 다세포 생물들은 원시색소체 내에서 기원하였다. 또한 두 분류체계의 다섯 혹은 여섯 수퍼그룹 사이의 유연관계는 밝히지 못하였다. 그림 B9.2는 진정세균과 고세균으로부터의 대략적 조상형 관계 만을 나타내고 있는데, 이는 (a) 계통분석의 방법론, (b) 확실한 유연관계를 판단하기위해 이용된 통계적 방법, (c) 조상형을 찾는데 어려움을 주는 유전자 수평전이 등에 관련된 불확실성 때문이다.

내부공생(다음 구절 참조)은 원생생물로 하여금 미토콘드리아, 색소체, 및 다른 세포소기관들을 갖게하였다(10장). 이들 세포소기관 이외에 원생생물은 다른 진핵생물과 핵막, 섬모와 편모 등의 형질들을 공유하고 있다.

거의 모든 진핵생물에 세포골격의 미세소관이 존재한다는 것은 원핵생물의 염색체 분열을 대체하는 핵염색체 분열(유사분열)이 있다는 것을 반영한다. 진핵생물의 유사분열 진화 이후 얼마되지 않아 생식세포분열(감수분열)이 뒤따랐을 것이라는 두가지 이유는, (1) 감수분열과 유성생식은 거의 모든 주요 진핵생물군에서 나타나며, (2) 모든 무성 다세포 진핵생물은 감수분열을 하는 유성생식 생물로부터 분화하였기 때문이다(4장).

■ 7장을 기억해 보면, 원핵생물에서 분열하고 있는 염색체들은 각각 길게 늘어나고 있는 세포막에 붙어 있는데, 염색체의 분열이 있은 이후 다른 세포로 분리되는 것이다.

모든 진핵 세포의 기본적 유전자 구조는 **엑손**(**exons**, *expressed sequences*)과 **인트론**(**intron**, *intervening sequences*)으로 나누어진 **분할 유전자**라는 공통적 특징이 있다. 하나의 분할 유전자 안에는 아미노산이 암호화된 염기서열(엑손)과 수백 개의 염기 길이의 인트론이라 알려진 비암호화된 부위로 나뉘어진다. mRNA가 폴리펩타이트로 해독되기위해서 엑손과 인트론은 pre-mRNA로 함께 전사된다. 분할유전자는 DNA에서 RNA로 염기서열을 전사하지만, RNA는 인트론이 제거되면서 엑손만 함께 결합되는 과정을 거친다. 은색과 빨간색의 종이클립을 이용하여 체인을 만드는 것을 상상해 보라. 일단 체인이 만들어졌을 때 빨간색 클립은 제거되어 은색 클립만이 함께 결합된다.

미토콘드리아와 색소체의 기원과 진화

역설적으로, 우리는 세포소기관을 포함하고 있는 진핵생물 자체의 기원보다 미코콘드리아나 엽록체와 같은 세포소기관의 기원에 대해 더 잘 알고 있다.

원시 혐기성 진핵세포가 분자들과 거대분자 복합체들을 세포 내로 **내포(endocytose**, 세포내이입) 할 수 있도록 진화하였을 것이란 가설은 제안할 당시보다 현재 여러 증거에 의해 강하게 지지되고 있다. 이렇듯 새로이 얻은 능력으로 진핵세포들은 원핵생물들, 즉, 산소를 이용하여 대사과정을 할 수 있는 호기성미생물과, 광합성을 할 수 있는 남조세균을 세포 내로 섭식하였다. 이는 이상한 일이 아니라 현재 몇몇 생물에서도 발견할 수 있다. 예를 들어 몇몇 짚신벌레는 수백 개의 단세포조류를 섭식하여 세포 내에 유지하기도 한다(그림 9.3).

1982년 Barnabas와 동료들은 5S rRNA 염기서열과, 페레독신과 c-타입 씨토크롬 효소의 아미노산 서열을 근거로 포괄적인 생명계통수를 제시하였는데, 이 계통수는 **세포소기관 기능의 공생설(symbiotic theory of organelle function)**을 강하게 지지하고 있다. 이러한 내공생 사건은 한번 이상 일어나었으며, 몇몇 진핵 조류들은 그들의 색소체를 다른 진핵생물로부터 이차내공생 과정을 통해 획득하였다.

일차내부공생에 따르면, **첫번째 공생**의 관계는 진핵생물과 미토콘드리아와 유사한 호기성 세균 간에 일어났다(그림 9.4). 그 후, 이런 과정을 통해 기원한 새로운 호기성 진핵생물은 광합성 남세균과 공생관계를 확립하여, 궁극적으로 다양한 진핵 조류와 식물로 진화하

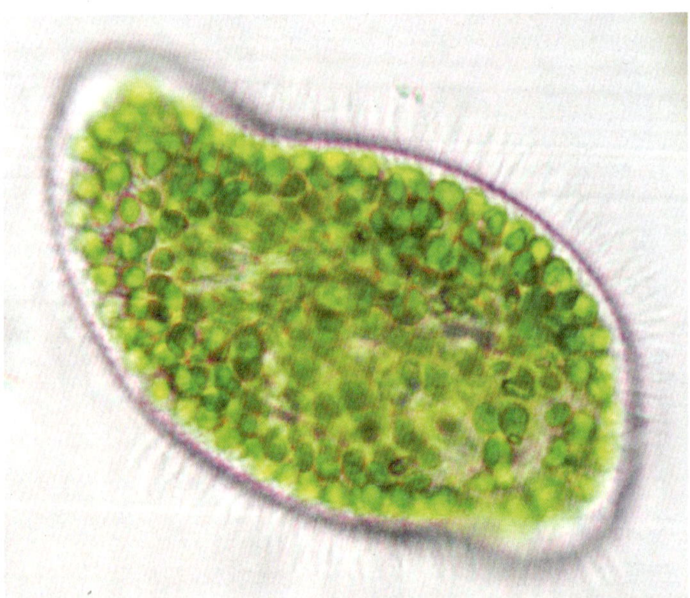

그림 9.3 한 진핵생물과 광합성 소기관 사이의 공생 관계. 원생생물 *섬모충류 짚신벌레(Paramecium bursaria)*는 수백 개의 공생 녹조류를 세포 내에 포함하고 있는데, 이들 공생체는 세포로부터 분리되어 독립적으로 배양이 될 수 있다.

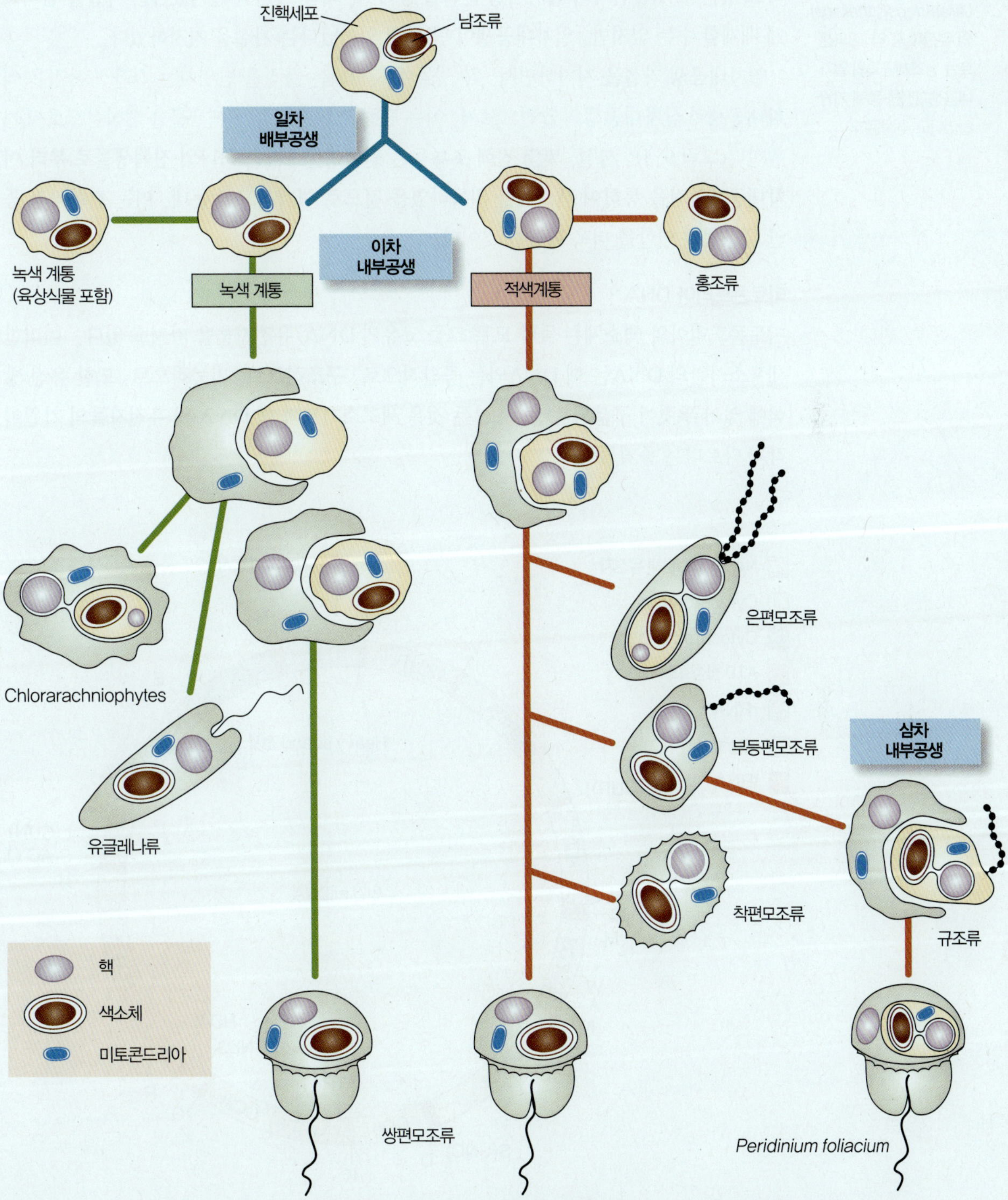

그림 9.4 조류, 육상식물, 와편모조, 은편모조 등을 포함한 다양한 진핵생물 계통들의 일차, 이차, 삼차 내공생과 세포소기관의 기원. 본문에서 논의한 것처럼 여러 계통들 사이의 유전자 수평 전이는 세포소기관 진화에 관한 계통수 구축을 복잡하게 한다(Cracraft, J. and M.J. Donoghue [Eds.], *Assebling the Tree of Life*. Oxford University Press, Oxford, 2004.)

■ 현화식물 중에 가장 잘 연구가 된 *애기장대*(*Arabidopsis thaliana*)의 유전체 중 약 18퍼센트는 남조세균과의 일차 내공생과정을 통해 기원하였다고 추정된다.

게 된 것이다(그림 9.4, 10장 참조). 단백질 합성에 쓰이는 폴리펩티드 신장인자를 암호화하고 있는 *tufA* 유전자의 염기서열 분석을 통하여, 비록 여러번 일어났다는 가설을 완벽하게 배제할 수는 없지만, 일차내공생이 단 한번 일어났다는 가설을 지지하였다.

일차내공생 가설을 지지하면서, 각 생물에 축적되는 장점을 반영하는 진화적 사건은 **이차내공생**과 **삼차내공생**의 발견으로써, 이는 진핵 조류가 다른 진핵생물을 섭식함으로써 기원한다(그림 9.4). 사실, 몇몇 진핵 조류들은 원핵생물보다는 하나의 **진핵생물로 부터 이차내공생과정**을 통하여 색소체를 획득하였을 것으로 여겨지고 있는데, 이는 진화과정 동안 내공생의 역할을 더욱 확장한 것이다.

미토콘드리아 DNA

미토콘드리아와 색소체는 둘다 모두 그들 고유의 DNA/유전자들을 가지고 있다. 이러한 세포소기관의 DNA는 핵 DNA와는 공간적으로, 구조적으로, 기능적으로, 또한 유전 방식에 있어 뚜렷이 구분되는데, 이 모든 것은 세포소기관과 핵 DNA 및 유전자들의 기원이 각각 다르다는 증거들이다.

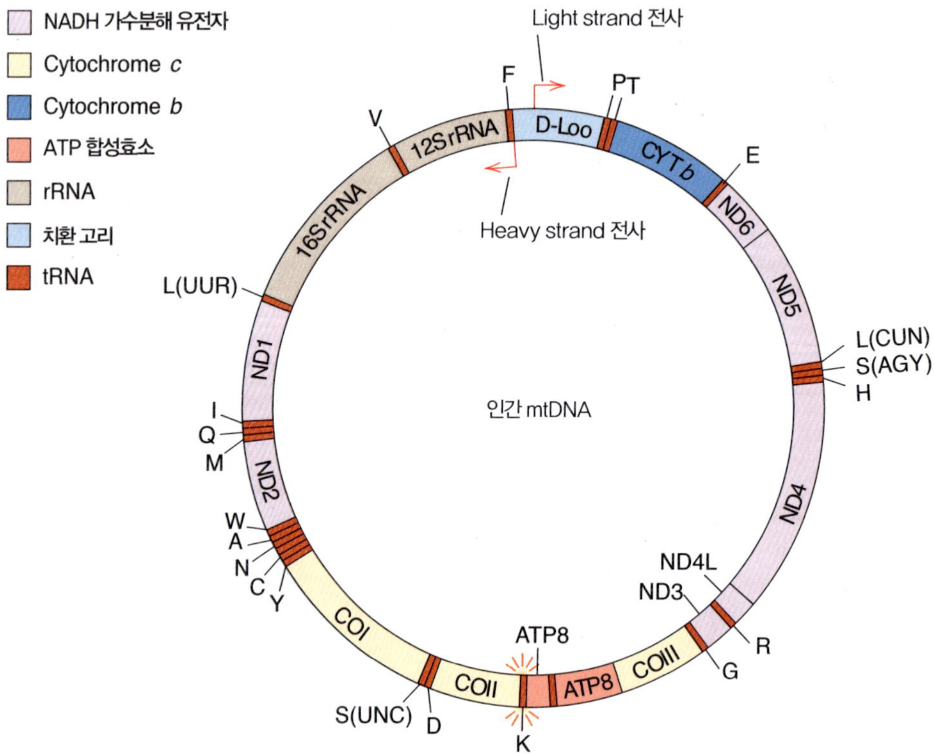

그림 9.5 인간 미토콘드리아 유전체의 유전적 구성을 원형의 DNA 내에 7개 종류의 유전자들을 동일한 색으로 표시하여 이들의 위치를 보여주고 있다. 대부분의 유전자들은 light strand를 따라 시계 방향으로 전사되며, 몇몇은 반시계방향으로 heavy strand를 따라 전사된다 (붉은 화살표로 표시함). (*Annual Review of Genetics*, Volume 29, 1995에서 재인쇄 허가를 받음.)

BOX 9.2
원시 DNA (계속)

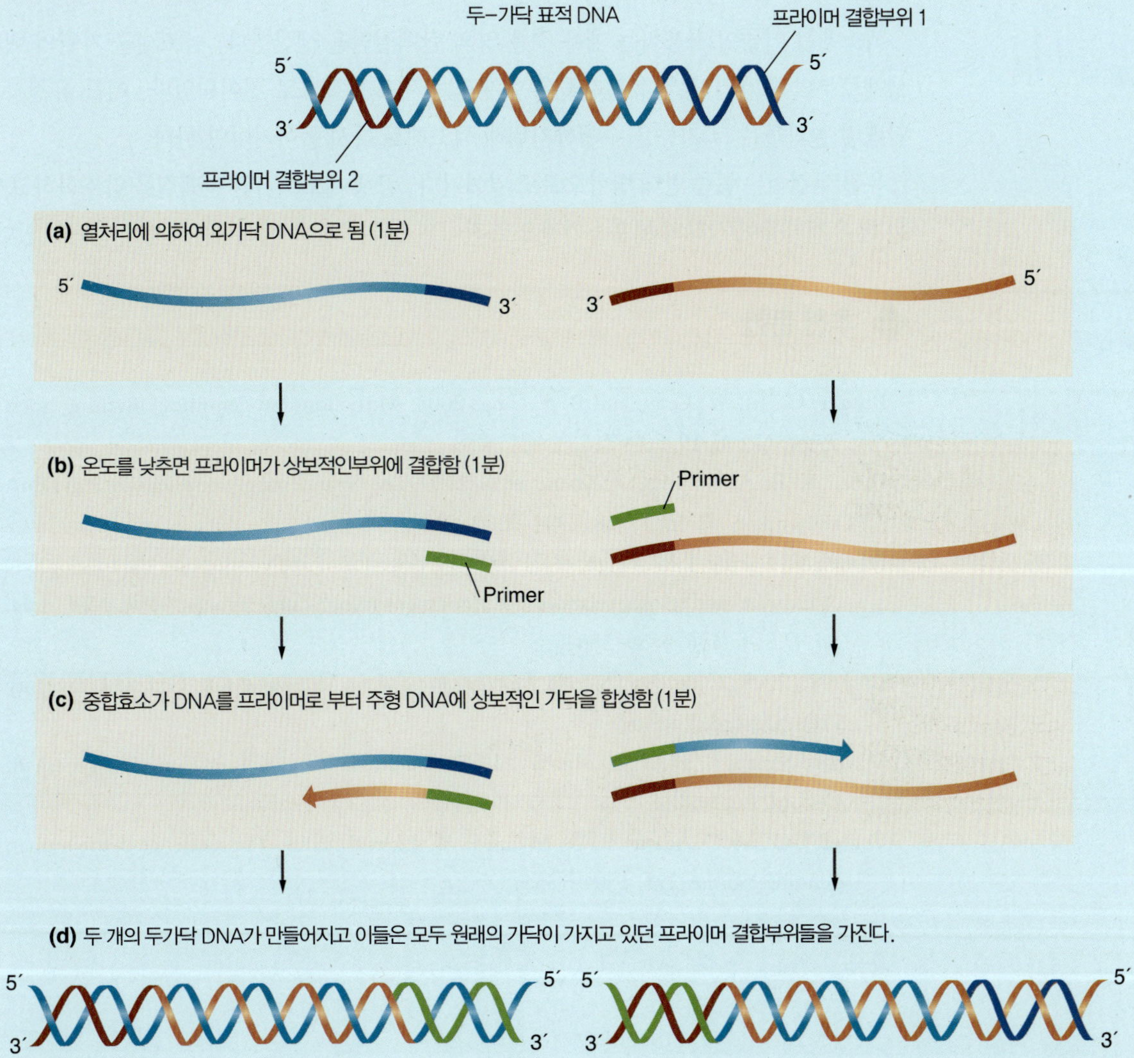

그림 B9.4 중합효소연쇄반응(PCR)을 간단하게 도형화한 그림으로, 타겟 DNA 서열을 복제하는 기본 과정을 보여주고 있다. **(a–c)**는 하나의 PCR 사이클을 나타내고 있다. 타겟 서열의 각 말단부에 짧은 프라이머 부위가 표시되어 있으며**(a)**, DNA가 단일 가닥으로 "분리, melting" 될 때, 프라이머 부위에 상보적으로 쌍을 이루는, 주로 20개의 염기쌍의 합성된 프라이머가 보인다**(b)**. 내열성의 DNA 중합효소는 프라이머로부터 각각 상보적인 가닥(**c**, 화살표)으로 염기를 합성하여, 원래의 타겟 DNA와 동일한 이중가닥의 복제 서열을 만든다**(d)**. 가열과 냉각이 반복되면서, 각 사이클(**a–c**)은 기하급수적으로 타겟 DNA를 복제한다. 최초의 염기서열은 25 사이클 동안에 최소 100만 배로 증폭될 수 있다.

전체를 가지고 있기때문에—인간의 세포에 8,000카피 이상의 미토콘드리아 유전체를 포함하고 있으며, 식물세포에는 그 이상의 색소체 유전체 카피를 포함하고 있다—소실이나 핵으로의 전이로 인한 세포소기관 유전자 수의 감소는 매우 선택적이다.

색소체는 이들이 사용하는 매우 적은 양의 단백질만을 생산한다. 남조세균 기원의 내공생체로부터 도입된 많은 유전자들은 현재 식물세포의 핵으로 전이되었다. 이들 유전자의 단백질 결과물은 그 기능을 수행하기위해 색소체로 다시 돌아가야만 한다.

유전자 전이는 종종 반대 방향으로도 일어난다. 공생 세포소기관 단백질을 암호화하고 있는 핵 유전자들이 각각의 세포소기관으로 전이된 경우가 많은 진핵생물에서 발견되고 있다.

추천 문헌

Burger, G., M. W. Gray, and B. F. Lang, 2004. Mitochondrial genomes: anything goes. *Trends Genet.*, **19**, 709–716.

Green, R. E., A. W. Briggs, J. Krause, et al., 2009. The Neandertal genome and ancient DNA authenticity. *EMBO J.* **28**, 2494–2502.

Hampl, V., L. Hug, J. W. Leigh, et al., 2009. Phylogenomic analyses support the monophyly of Excavata and resolve relationships among eukaryotic "supergroups." *Proc. Natl. Acad. Sci. U.S.A.*, **106**, 3859–3864.

Lane, N., 2005. *Power, Sex, Suicide. Mitochondria and the Meaning of Life*. Oxford University Press, Oxford, England.

Maynard Smith, J., and E. Szathmáry, 1995. *The Major Transitions in Evolution*. Freeman, Oxford, England.

Venter, J. C., M. D. Adams, E. W. Myers, P. W. Li, et al., 2001. The sequence of the human genome. *Science*, **291**, 1304–1351.

식물과 균류의 진화

10

단 원 요 약

- 다세포생물은 식물계, 균계 그리고 동물계로 구성되어 있다.
- 다세포는 세포분열후 분리에 실패하거나 또는 두 개 혹은 그 이상의 세포의 집합에 의해 여러 번 진화되었다.
- 육상식물은 오늘날의 녹조류에서 발견되는 약간의 특징을 가진 조상으로부터 약 4억 6천만 년 전부터 진화했다.
- 유전자 수평이동, 내부공생설 그리고 체세포와 생식세포의 분열은 육상식물의 진화에 매우 중요한 과정이다.
- 육상식물에 나타나는 수많은 적응은 물에서 육지로의 이행을 반영하고 있다.
- 잎은 서로 다른 그룹에서 독립적으로 수차례 진화하였다.
- 양치류의 커다란 잎은 석탄기 동안 생겨났다.
- 식물과 곤충의 수분은 공진화의 결과이다.
- 균류는 단순한 식물이 아니라 동물과 자매그룹이다.

위 그림: 곤충과 꽃의 공진화: 수분의 정교한 과정을 보여줌

개요

육상식물은 현존하는 일부 녹조류와 유사한 생물로부터 진화한 것으로 알려져 있다. 50만 종 이상의 육상식물과 녹조류는 녹말을 저장하며, 세포분열시 세포판을 형성하며, 광합성을 통해 에너지를 얻기 위해 엽록소a와 엽록소b를 사용한다. 다른 육상식물은 조류(藻類)와 유사한 조상이 가진 배수체세대와 반수체세대의 세대교번과 포자를 생산하는 특징을 가진다. 단순한 이끼나 선태류에서 범위보다 더 복잡한 현화식물(피자식물)과 육상식물은 발달된 배우자를 보호하는 한 개 또는 그 이상의 다세포층으로 구성된 생식구조에 의해 구별된다. 이러한 층들은 난자에 필요한 영양분을 공급한다.

초창기의 육상식물은 생명의 특징은 가지고 있지만, 물이나 영양분을 공급하는 단순한 조직을 가지고 축축한 곳에서 사는 기원이 불명확한 선태류였다. 선태류는 이배체세대(포자체)에서 반수체세대(배우체)로 이행하는 독특한 생활사를 가진다.

초기 관속식물—석송류, 속새류와 양치류—는 잎과 뿌리가 없다. 진화적 경향으로 보아 이 식물들은 두가지 형의 포자를 가지는데, 하나는 큰 잎을 형성하고, 나머지 하나는 정교한 뿌리로부터 물을 운반하는 목부와 잎으로부터 영양분을 운반하는 사부관속조직으로 분화된다.

식물은 육상식물로 진화하면서 발달된 구조와 기능을 이용하여 수분 손실을 최소화 하였다. 식물의 배아가 물로부터 완전히 자유로워졌을 때, 침엽수나 상록침엽수 같은 나자식물(노출된 씨와 구과(毬果))에서처럼 씨는 둘러싸이게 되고 배우체는 크게 감소되었다. 그리고 육상 현화식물인 피자식물은 씨가 덮여있다. 정교하게 만들어진 꽃의 구조는 곤충과 새들의 수분을 유도하게 되었다.

균류는 더 이상 엽록소가 없는 단순한 식물이 아니며, 동물과 자매그룹인 다세포생물체(비록 일부는 단세포이지만)의 3번째 중요한 분류군이다. 엽록소의 결여는 균류의 생활방식을 반영하고 있다. 즉 균류는 살아있는 기주에 기생하거나 죽은 생물체를 소화하여 영양분을 얻고 있다.

불가사의

1억 3천 6백만 년 전인 백악기 전기의 화석 속에서 발견된 화분은 현화식물(**피자식물**)의 기원으로 알려졌다. 생식기 구조의 성공적 진화, 특히 수분 메카니즘과 그 속의 씨를 보호하는 씨방의 형성 등이 피자식물이 다양한 환경에서 우세하게 된 이유이다. 미국 식물원이 제공한 24개 과의 육상식물의 계통수는 그림 10.1과 같다. 이 계통수가 본 장을 이해하는데 도움이 될 것이다.

육상식물의 기원에 대한 관심은 오래전부터 진행되었다. 1879년 찰스 다윈은 식물기원을 매우 이상한 불가사의라고 불렀다. 우리가 판단할 수 있는 최근의 지질학적 시간 안에서 일어나는 모든 고등식물의 급속한 발달은 매우 이상한 불가사의이다. 육상식물의 기원에 대한 불가사의는 비록 그 기원이 녹조류라고 최근까지 지지를 받는 오래된 가설이긴 하지만 아직까지 불완전한 해결책으로 남아 있다.

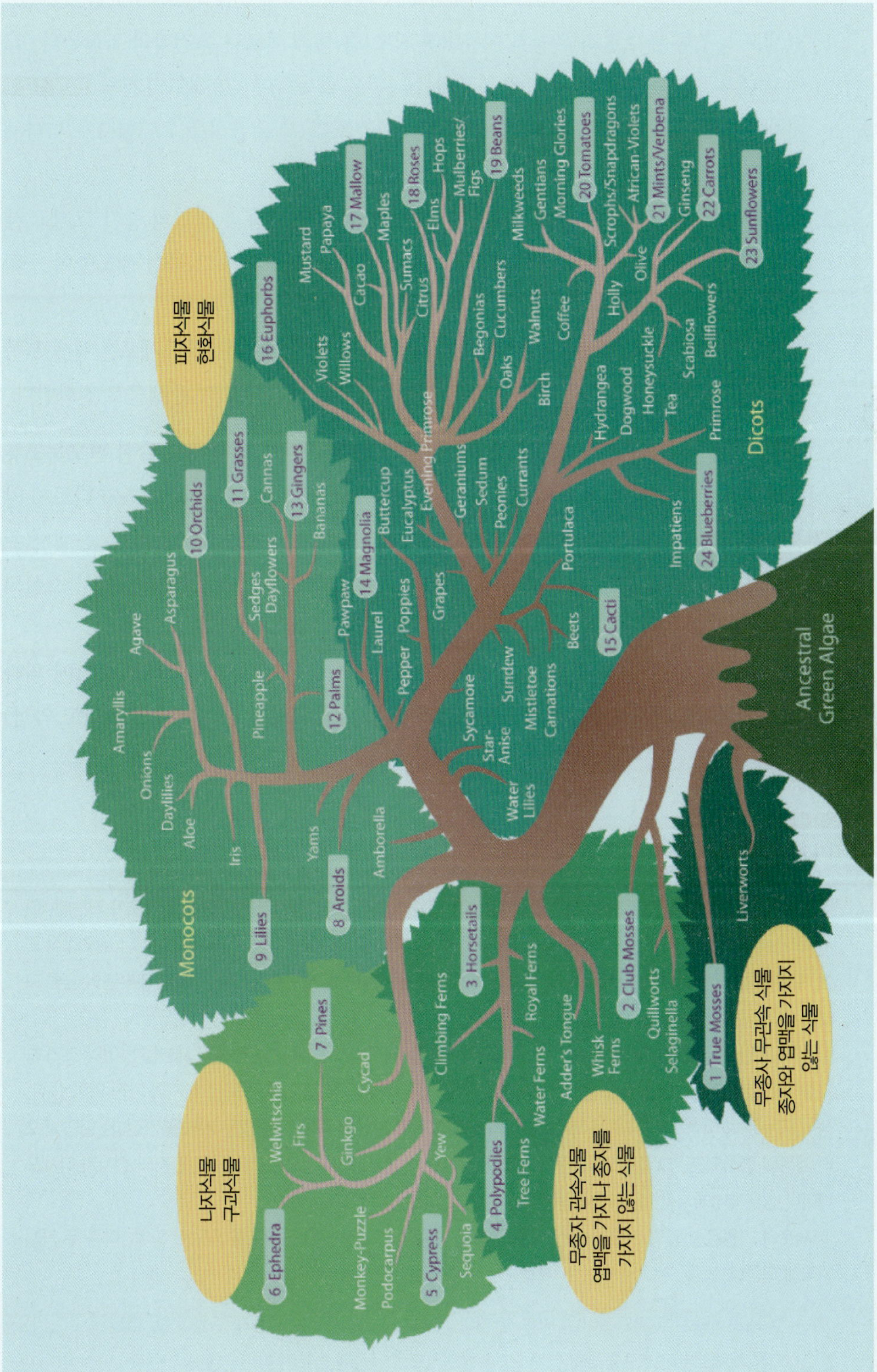

그림 10.1 관속식물, 비관속식물, 나자식물 그리고 현화식물(피자식물)을 포함한 24개과 식물에 대한 계통수(미국식물원).

조류(藻類)의 조상

분자적 증거를 통한 육상식물의 기원은 다음과 같다.

1. **단세포 녹조류**는 수평적 유전자 이동(8장 참조)를 통해 새로운 유전자와 조합된다. 그리고 내부공생(9장 참조)에 의해 세포내 소기관을 획득하여, 각 세포의 분열(BOX 10.1 다세포생물 발생에 대한 이론)후에 분리되는 것보다 더 유합력을 유지함으로써 **다세포 광합성 생물**로 변형된다.
2. 이러한 초창기의 작은 다세포 "식물"은 수평적 유전자 이동과 크기의 증가 그리고 세포소기관과 게놈 복합체에 의해 추가적인 유전자를 획득하여 그 구성 세포들이 구획되고 분화가 가능하게 된다.
3. 생물의 대부분 또는 모든 세포는 완전한 몸을 만들 수 있으며, 대부분의 세포는 체세포(몸을 구성하는 세포)와 단지 수개의 배우자를 형성하는 생식세포로 된 생물로 진화한다.

초미세구조에 대한 연구에 의하면 육상식물의 조상은 현재까지 **단세포로 된 편모녹조류**는 상대적으로 육상식물에 가까운 현존하는 수중 편모조류인 *Mesostigma viride*와 다르지 않은 것으로 생각된다. 식물은 이러한 진핵 조류 세포들이 원핵세포 엽록체 같은 공생자(위의 1번 및 9장 참조)의 침입에 의해 시작되었다. 수중조류의 편모는 진화과정에서 소실되었고, 줄기가 없는 생물로 진화되면서 육상식물의 계통이 시작되었다.

이러한 변화는 한번 이상 일어난다. 18S rRNA를 이용한 분자계통학적인 증거에 의하면, 효소 리블로즈 비스포스페이트카르복실라아제(이 효소의 유전자를 rbcL이라고 약함)

BOX 10.1
다세포

생물체의 크기가 증가하면 대체로 상대적 적합성에 매우 효과적이다. 크기가 증가하여 다세포가 되는데, 다세포라는 용어는 우리가 단세포 이상으로 구성된 개체를 언급할 때 사용한다. 우리가 게놈이나 세포조직 또는 계통관계를 실험할 때, **다세포**는 무수히 진화하였다는 사실을 알게 된다. 식물, 동물, 대부분의 균류 그리고 갈조류는 다세포생물이다.

단세포 조건을 극복한 다세포의 장점은 단세포의 부피와 체적의 비율에 의해 정해진 제한을 벗어나 크기 증가를 위한 잠재력, 특별한 세포 형태로의 분화, 각각(생물체내의 각 세포의 구획)은 각자가 가진 먹이 섭취, 생식 또는 특히 미성숙 시기에 포식자로부터의 보호 그리고 분산의 증가 같은 많은 기능을 가진다. 일단 세포의 계통이 형성되면, 그 다음으로 선택(도태)이 작용한다. 다세포의 중요한 혁신은 유전자의 전사가 다세포 배아나 생물체내에서 언제 어디서 일어나는가를 조절하는 능력이다.

다세포의 기원은 분열되고 쪼개진 한 개의 단세포 생물에 의해 생산된 단세포를 필요로 하며, 다음 두 가지 기작에 의한다.

- 두 개의 세포로 분열되는 것을 막아 한 개의 생물을 만드는 세포는 유전적 구성이 같거나,
- 다른 개체로부터 세포들과의 쉽게 모여, 잠재적으로 유전적 성분이 다른 생물을 만든다.

의 큰 서브유니트 그리고 핵과 미토콘드리아 게놈의 배열을 위한 엽록체 유전자는 육상으로 침입한 수중 조류의 계통을 나타낸다. 이러한 계통들 중 하나의 변형은 **녹조식물문**과 **차축조식물문**이라는 2개의 중요한 계통을 형성한다. 녹조류(녹조식물문)는 이 두 개의 중요한 계통으로 재분류되었다.

녹조식물속에 속하는 5개 종은 수중식물에 착생식물(공기 식물)해서 살아가는 육상녹조류인데, 이것은 담수산녹조(stonewort)(대형 녹조류를 일부 포함)와 **관속식물**인 현생 조류와 가장 가까운 것으로 밝혀졌다. 관속이란 통도조직(**목부**)을 가진 것을 뜻하며, 목부는 물을 식물의 직립부위에 도달하도록 하고, 2차조직(**사부**)은 잎과 줄기로부터 영양분을 분배해주는 역할을 한다. 녹조류와 육상식물은 그들의 공통기원이 같기 때문에 다양한 유사성을 가진다.

■ 이러한 조류와 육상 식물 사이의 관계는 미국 국립과학재단 프로그램의 "생명의 계통수"(http://atol.sdcs.edu/)참조

■ 착생식물(공기 식물)은 비록 다른 식물에 의존하지만 숙주식물이 아닌 공기와 비로부터 물과 영양을 얻는다.

- 녹조류는 탄수화물을 녹말형태로 저장한다.
- 많은 녹조류는 육상식물처럼 섬유소가 발달된 견고한 세포벽을 가진다.
- 녹조류와 관속식물은 대사과정에서 녹색 엽록소(a와 b) 그리고 녹황색 카로티노이드(α, β) 같은 유사한 색소 타입을 사용한다.

쉽게 발견할 수 있는 또 다른 유사성들은 평행현상이다(16장 참조). 파래(*Ulva* sp.)와 razor algae(*Caulerpa* sp.)는 막 형태를 하고 있는데, 이것은 일부 관속식물(그림 10.2)의 형태와 유사하지만, 조류같은 필라멘트 단계를 거침으로써 그들의 진화적 조상과는 분리되어 있다. 해수조류에서 육상 조류로의 변형은 4억 6천만 년 전 오르도비스기에 일어났으며, 해수면이 낮아져 수생식물이 해안선으로 노출되어 건조에 견디기 위해 선택압이 작용된 결과이다. 수생식물이 육상으로의 이동에 결정적인 역할을 한 환경 요인은 대기중에 산소가 증가되어 만들어진 오존층 형성(8장 참조)이다.

그림 10.2 잎처럼 생긴 녹조류, *Caulerpa*

선태류

습한 환경에 제한적으로 분포하는 가장 단순한 육상식물을 **선태류**라 한다. 선태류는 단계통그룹에서 중요하지는 않지만 수 개의 계통에 걸쳐 17,000종이 알려져 있다. 태류(7,000종), 선류(10,000), 석송류, 뿔이끼류(100종)(그림 10.1과 그림 10.3 참조). 선태류와 더 복잡한 육상 관속식물은 모두 다세포 생식 구조와 큐티클 보호 조직과 대기 사이에서 이산화탄소와 수증기와 물의 이동을 가능하게 하는 기공이라 불리는 구멍을 가진다. 선태류는 관속식물이 가지고 있는 통도조직인 사부와 목부가 결여되어 있다.

최초에 출현한 선태류는 화석 기록에 의하면 4억 2천만 년 전 데본기의 태류, 3억 5천만 년 전 석탄기의 선류이다.

화석에 의한 육상관속식물은 출현은 4억 4천만 년 전 실루아기 초기이다. 형태적 특징에

(a) (c) (b)

그림 10.3 대표적인 태류, *Marchantia*(a), 이끼의 대표적인 서식처 전경(b), 뿔이끼류(c)

근거한 최근의 계통분석 연구에 의하면 태류는 다른 육상식물과는 자매그룹이며(그림 10.1) 뿔이끼류는 관속식물과 자매분류군인 것으로 나타났다. 이 결과가 나타내는 중요한 암시는 선태류는 다음의 두 가지 중요한 이행단계를 가진다는 것이다. 즉 물에서 육지로 그리고 반수체 배우체가 우세한 생활환에서 이배체 포자체가 우세한 생활사로 이행한다(그림 10.4)는 것이다. 이에 대한 내용은 BOX 10.2에 있다.

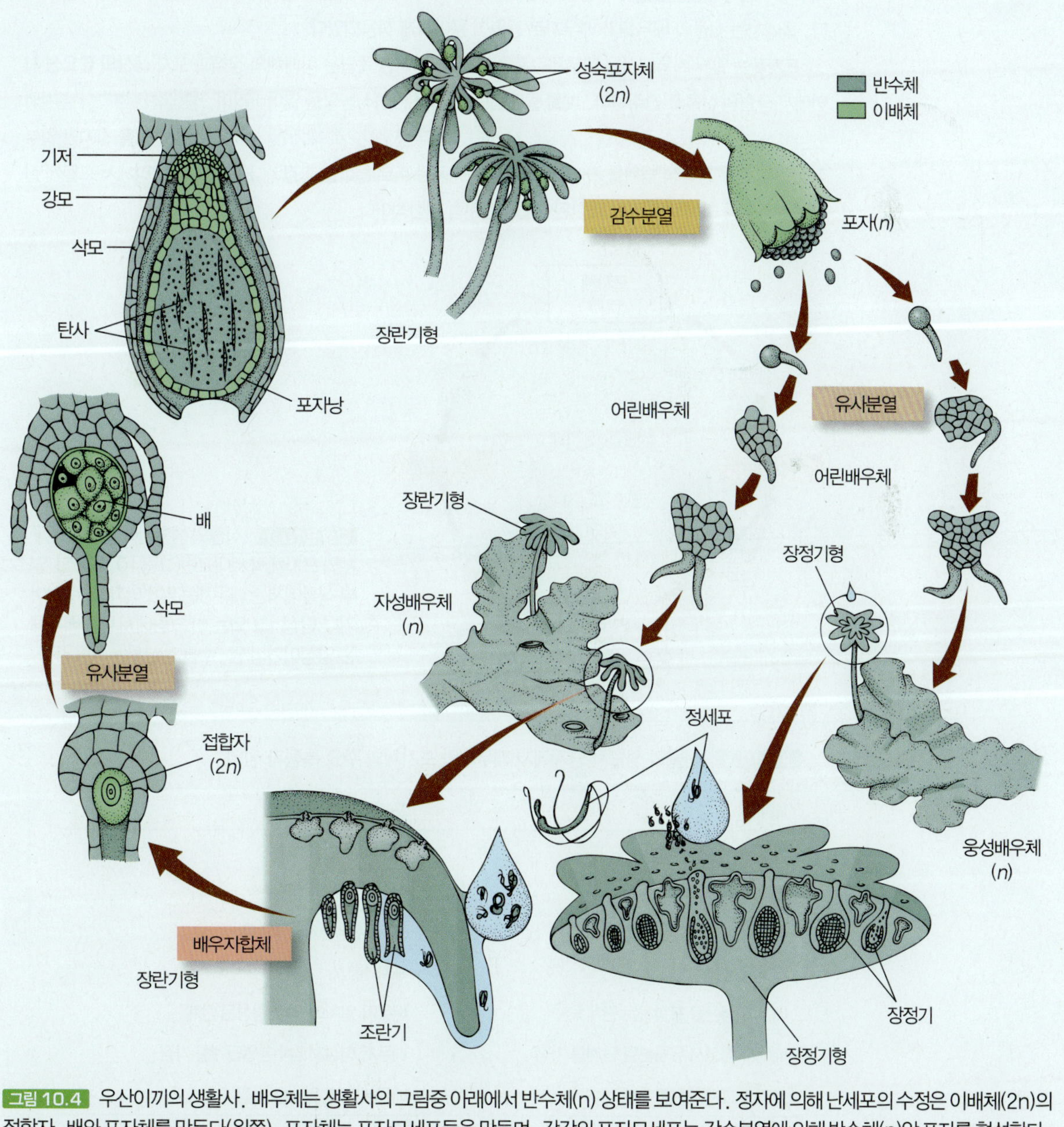

그림 10.4 우산이끼의 생활사. 배우체는 생활사의 그림중 아래에서 반수체(n) 상태를 보여준다. 정자에 의해 난세포의 수정은 이배체(2n)의 접합자, 배와 포자체를 만든다(왼쪽). 포자체는 포자모세포들을 만들며, 각각의 포자모세포는 감수분열에 의해 반수체(n)안 포자를 형성한다. 포자의 발아(오른쪽 아래)는 배우체로 이어지며, 생활사는 다시 시작된다. 그림 B10.1에 배우체와 포자체 사이의 세대교번을 설명하였다.

BOX 10.2
세대교번

모든 식물은 자유생활 반수체 **배우체**세대와 이배체 **포자체** 세대사이의 **세대교번**의 생활형을 가진다(그림 10.4 참조). 배우체와 포자체의 생활사 단계는 표 B10.1과 같다.

식물에 있어서 배우체 포자체의 세대교번(그림 B10.1)은 오랫동안 수수께끼였다. 포자체가 가진 장점은 생활환의 이배체단계의 유전적 재조합을 통해 다음세대에 영향을 미치도록 하는 것이다. 포자체는 건조에 강하여 분산 가능한 포자를 생산하는데, 감수분열을 통해 포자는 반수체인 배우체로 되고, 이것은 나중에 배우자가 된다(표 B10.1). 육상의 조건에서 배우자의 약점은 식물에 있어서 배우체 단계로 유지되는 것이다. 물에서는 식물의 배우체가 배우자로 전환이 용이하게 적응되었다.

포자체는 일부 계통에서는 배우체로 독립되었다. 이러한 독립은 이배체의 장점과 포자 생산의 필요성 사이에서 타협의 산물로 간주된다. 예를 들면 많은 식물들은 생식능력을 잃어버리며, 생식력은 뿌리나 줄기의 번식력 또는 단위생식, 길고 일부 동물에서 나타나는 무성생식으로 대치된다. 비록 무성생식을 하지만 일부 식물은 꽤 넓은 지리적 범위를 가지지만, 그들의 성공은 주로 특이한 환경이나 긴 진화의 과정에서 드물게 살아남은 무성종 그룹처럼 극히 제한된 교잡조건처럼 제한적이다.

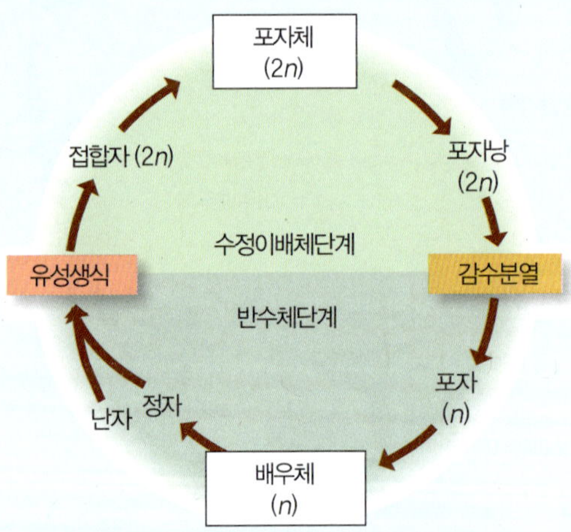

그림 B10.1 식물의 생활환에 있어서 배우체와 포자체의 세대교번(그림 10.4 참조). 일부 식물에서는 배우체는 암컷이거나, 수컷이거나 단성. 그 외는 이 그림에서처럼 배우체는 양성이거나 암, 수를 생산하는 자웅양성.

표 B10.1 식물의 생활사 단계에서 배우체와 포자체의 주요 특징과 정의

배우체	포자체
반수체(n) 염색체수	배수체(2n) 염색체수
반수체 단계의 생활환	배수체 단계의 생활환
배우자 생산 단계의 생활환	포자 생산 단계의 생활환
배우자 생산	포자 생산
배우자 생산을 포함하는 단계	배우자 일치에 의해 형성된 단계
배우자 형성시 유사분열 단계를 가짐	배우자 형성시 감수분열단계를 가짐
포자체 교번 단계를 가짐	배우체 교번 단계를 가짐

그림 10.5 초기의 두 개 화석 식물과 현존하는 솔잎난류의 포자체. **(a)** 모식도는 소형의 실루리아기 식물, *Cooksonia caledonidca*는 노출되어 있으며, 가지는 양분되고 말단에는 포자낭이 있다. **(b)** *Psilophyton princeps*, *Cooksonia* 후 천만 년 전에 나타난 가시가 있으며, 잎이 없는 화석식물로서 주축 줄기에 가지가 있으며, 말단에 포자낭이 있다. **(c)** 착생 솔잎난류인 *Psilotum nudum*. 단순한 줄기를 가지며, 식별이 불가능한 잎과 근계가 없으며, 화석 식물과 유사하다.

비록 선태류와 다른 그룹이며, 다른 조류 조상에서 독립적인 기원을 가지지만, 조류에서 포자형성과 배우자형성 조직과 사상(실모양)의 성장 패턴을 가지는 녹조류와 가지모양의 사상 단계를 가지는 많은 선류 사이의 유사성은 선태류의 조류 기원과 일치한다. 또한 선태류의 포자체 세대는 영양분에 의존하며, 관속식물에서 포자체 기간중 배우체로의 유지는 독립적이므로 선태류와 관속식물은 아마 다른 조류의 계통으로부터 유래되었을 것이다.

◆ 초기 관속식물

실루리아기 초기의 식물 화석은 쿡소니아 속으로 분류되는 잎이 없는 줄기를 가진 일부 단순한 관속식물을 포함한다. 25 mm 또는 이 보다 조금 더 큰 *Cooksonia caledonica* 같은 소형 식물은 뚜렷한 잎이나 뿌리가 없다(그림 10.5a). 유사한 화석은 스코틀랜드 라이니의 데본기 암석에서 발견되었으며, 리니아문 또는 리니아형 식물로 분류되어왔다. 첫번째 잎이 없는 육상식물은 데본기에도 나타났는데, *Zosterophyllum*이 바로 그 종이다(그림 10.6a).

화석에 의한 관속식물의 기원은 4억 만 년전에 나타난 후, 급속한 진화적 방사가 일어났다. 데본기 초기에 존재하던 형성층에 비해 데본기 중반에서 후반기에 형성층의 크기가 더 크게 진화했다. 형성층은 식물 조직의 직경을 증가시키는 새로운 세포로 구성된 조직이다.

■ 관속식물의 줄기 끝과 뿌리의 성장은 분열중인 세포들의 정단 분열조직이다. 곁가지의 성장은 측단 분열조직이다.

그림 10.6 데본기 식물의 재구성. **(a)** *Zosterophyllum myretonianum*(약 10.5 cm). **(b)** *Asteroxylon mackiei*(약 0.6 m). **(c)** 인목속(*Lepidodendron*)의 종(약 46 m). 줄기 상단부에 나타나는 상처 모양의 흔적은 가늘고 긴 잎이 성장 초기에 달려있던 흔적이다.(a,b는 Foster A.S 와 E.M. Gifford의 Comparative morphology of vascular plants, 2nd edition, Freeman, 1974에서 그리고 c는 Stewart W.N과 G. Rothwell의 Paleobotany and the evolution of plants, 2nd edition. Cambridge university Press, 1993에서 발췌)

그림 10.7 난자를 가진 배우체로 발달하는 거대 포자의 진화단계. 데본기 나자식물 씨의 재구성, *Archaeosperma arnoldii*(오른쪽). 이러한 경향의 선택 우위는 큰 난자의 발달은 배아의 영양분을 증가시켰다.(Niklas, K.J의 The evolutionary biology of plants. University of Chicago Press, 1997에서 발췌)

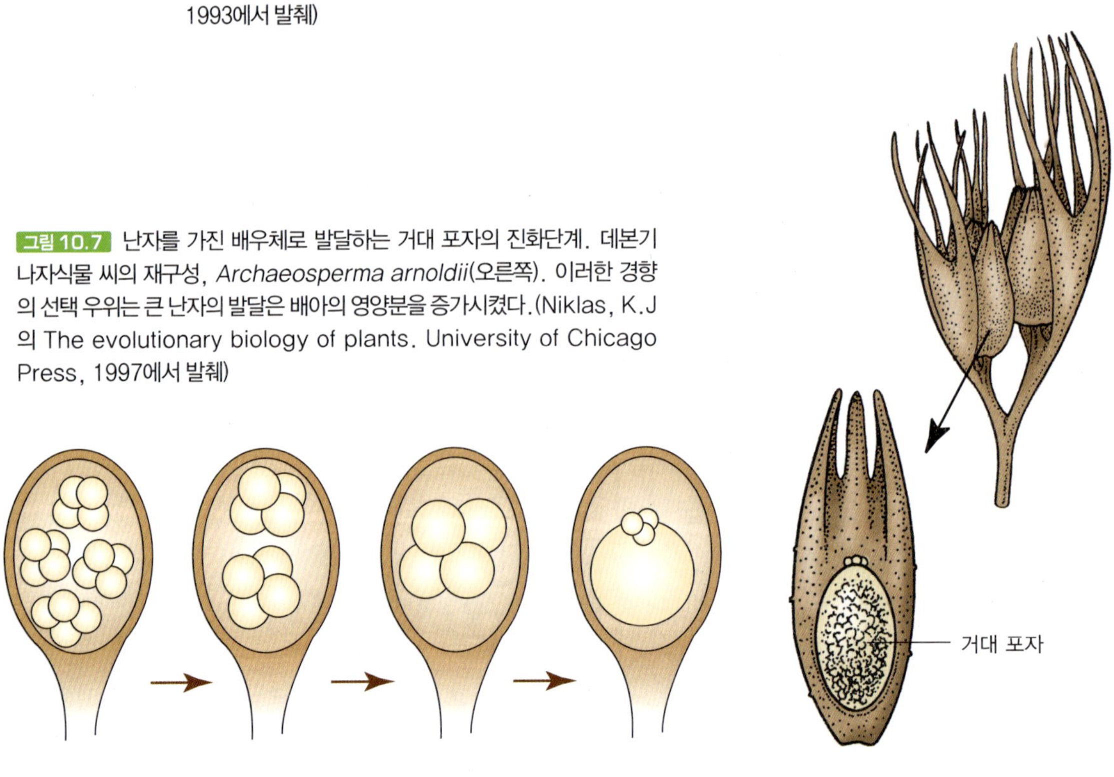

그림 10.8 속새류의 과거와 현재의 모습. **(a)** *Calamites*의 재구성, 석탄기에 높이 27~30 m, 줄기 0.6 m 두께의 일반적인 나무. **(b)** 현존하는 속새류, *Equisetum arvense*, 무성하게 성장하는 새잎들.(a는 Niklas, K.J.의 The evolutionary biology of plants. University of Chicago Press, 1997에서 발췌)

식물 줄기의 구조가 통기, 지지, 저장조직으로 더 복잡해지면 식물의 수직성장을 촉진시켜 큰 나무나 관목으로 진화하게 된다. 데본기 말기에 숲은 매우 다양한 잡목들이 형성되었다. 3억 5천만 년(석탄기 초기)전에 번성한 숲은 북미의 동부 연안 그리고 이와 유사한 유럽과 북아프리카 연안을 따라 광대한 열대 습지로 발달되었다. 이 숲은 죽거나 침수되거나 썩어서 엄청난 석탄층을 형성하였다. 이러한 육상식물은 물을 운반하는 목부와 영양분을 운반하는 사부로 진화가 이루어졌다. 형성층에서 목부와 사부의 생성은 식물이 다양하게 진화한 핵심요인이다. 초기 식물의 진화는 **포자 크기의 분지진화에 의해 특징지어진다**(그림 10.7).

데본기에는 sphenopsids(속새류; 그림 10.1), 마디진 줄기를 가진 식물과 잎과 가지가 윤생(그림 10.8a)인 식물의 기원도 나타났다. 속새류는 중생대까지는 일반적이었으며, 엄청난 나무들은 석탄기 석탄 숲 형성에 크게 기여하였다. 단지 속새 속(그림 10.8a)만이 약 25종의 초본류 종으로 남아있다.

양치류

양치류는 약 12,000종이며, 제대로 된 잎을 가진 관속식물이다. 양치류는 자유생활의 배우체와 포자체 사이에서 세대교번을 한다(그림 10.9). 양치류는 꽃과 씨가 결여되어 있으

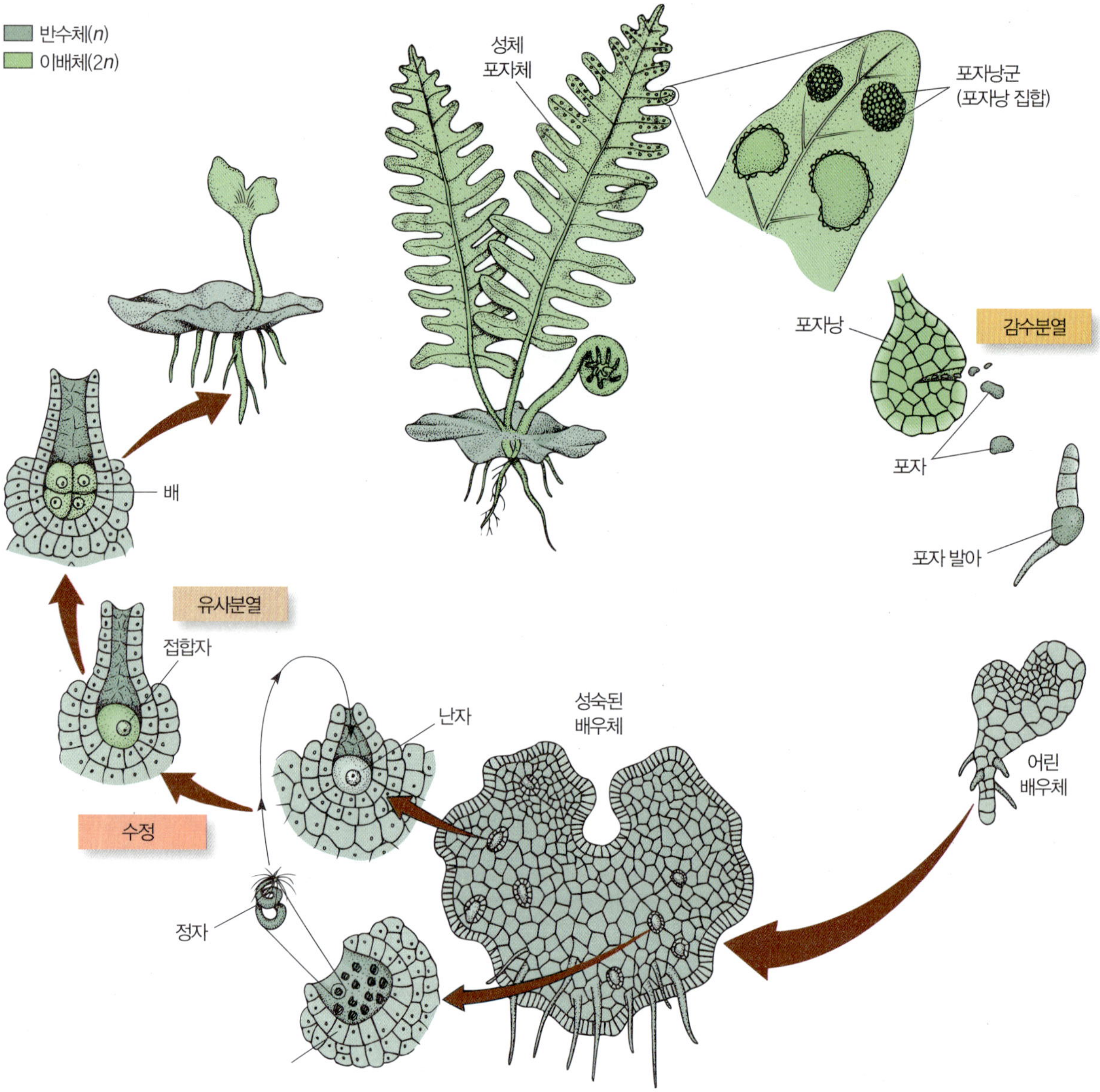

그림 10.9 일반적인 양치식물인 *미역고사리(Polypodium vulgare)*의 생활환. 반수체 세대인 배우체세대와 이배체 세대인 포자체 세대의 세대 교번을 보여줌. 그림 10.4의 우산이끼 생활환과 그림 B10.1의 관속식물 생활환과 비교하여 보아라.

며, 육상식물과는 다른 계통으로 진화하였다.

이들의 기원은3억5천만 년 전 석탄기 초기인데, 양치류는작은것과큰 나무모양(그림 10.10)을 하고 있다. 나무형태의 양치류에 대한 미토콘드리아 유전자와 형태적 진화는 과거 2억 5천만 년 동안 매우 느려서 나무형태의 양치류가 화석속 살이 있는 분자로 간주되었다.

양치류는 백악기 말 약 7천만 년 동안 범위를 확장하였다. "양치류의 시대"에서 네 개의 주요 계통과 현존하는 수개의 과가 생겨났다. 양치류는 크게 돌출된 잎으로 진화된 첫 번째 식물이었다.

그림 10.10 약 7.6-m에 달하는 석탄기의 나무고사리류인 *Psaronius*의 재구성. 일찍이 서서히 줄어드는 엽상체에 의해 남긴 엽흔은 나무의 주동체의 상단에서 볼 수 있다. 기부 방향으로 두께가 증가하는 주변을 둘러싸는 부정근은 나무의 주동체를 긴 피라미드 형태로 만드는 원인이다.

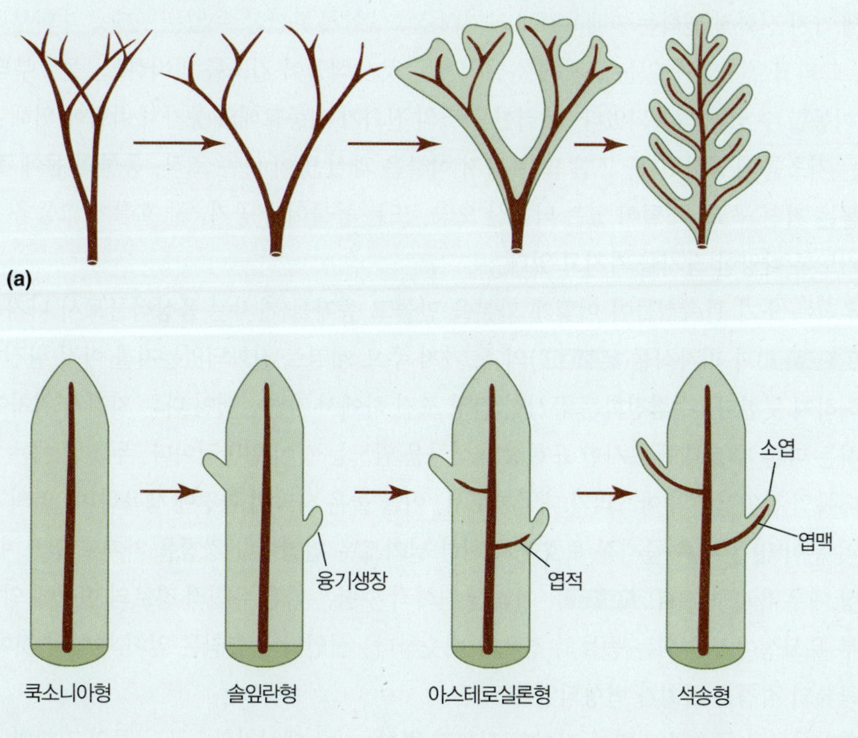

그림 10.11 잎의 기원에 대한 두가지 가설의 개략적인 모식도. **(a)** 텔롬 가설에 따른 가지 체제가 편평해지는 것으로서, 가지 사이가 망상으로 편평해지고 엽맥이 있는 큰 잎이 만들어진다. **(b)** 엽상돌기 가설에 따른 소엽의 진화

■ 잎 모양의 진화적 기원이 여전히 풀리지 않고 있지만, 잎 형태에 대한 호르몬 및 유전적 정보는 알려졌다. DNA와 결합하는 전사인자가 DNA와 결합해서 유전자를 활성화 또는 억제 시킨다. 전사인자인 일군의 분절유전자의 유전자는 잎의 형상을 조절하는 식물호르몬인 옥신의 구배에 의해 정착된다. 분절유전자 군의 구성인자들은 잎과 줄기를 성장을 조절하는 정단조직을 활성화 시킨다.

잎의 기원

잎의 진화적 기원에 대한 두 가지 중요한 가설은 현존하는 식물의 잎의 발달에 대한 우리의 이해에 근거하고 있다(그림 10.11). 텔롬(1개의 포자낭과 관다발을 가진 말단의 가지로 관다발식물의 형태학적 단위) 가설은 가늘고 편평한 가지(텔롬) 사이에서 망으로부터 첫 번째 잎과 같은 구조가 생겨나는 것이다. 융기생장 가설(그림 10.11b), 줄기 사이 조직의 확장이나 작은 덮개로부터 최초의 잎이 생겨나는 것이다.

육상식물 진화의 분자계통학적 재구성에 근거하면 잎은 여러 번에 걸쳐 진화했다는 사실을 알 수 있다. 따라서 잎의 기원에 대한 두 가지 양식은 서로 다른 시간 또는 서로 다른 계통을 유발한다. 계통분석에 의하면 잎의 진화적 기원은 적어도 여섯 번 독립적으로 일어났다.

- 세 번의 배우체 세대: 두 번은 태류, 한 번은 선류에서 일어난다.
- 세 번의 포자체 세대: 한 번은 석송류, 한 번은 양치류, 나머지 한 번은 종자식물

육지로 이동

석탄기 식물들은 이전에 성공적이었던 것처럼, 운동성이 있는 화분은 물을 통해 자성배우자체까지 헤엄을 쳐야하기 때문에 습기가 많은 환경으로 서식처가 제한되었다.

세 가지 진화적 변화는—배우자체 크기의 감소, 쉽게 분산할 수 있는 형태로의 화분의 진화, 그리고 종자안에 있는 포자체를 둘러싸는 것—식물이 건조를 방지하고, 물로부터 멀리 이동할 수 있게 허용되었다. 이러한 구조의 진화가 이종교배와 종자가 바람에 의해 분산되는 기초를 제공하였다. 또한 많은 육지 식물은 과실 맛이 나는 조직, 동물의 몸에 잘 달라붙는 거친 구조, 깃털이 있는 낙하산 모양, 또는 동물이나 공기, 물 흐름에 그들을 산포시키도록 다양한 장치를 가지고 있다.

■ 피자식물의 진화그룹은 피자식물분류의 최신판(AGP II, 2003)을 포함하는 웹사이트(http://www.f-lohmueller.de/botany/apg/apg_ii.htm)를 참고하시오.

우리는 초기 관속식물이 어떻게 화분을 만들고 종자를 가지는 육상식물로서 **나자식물**(그림 10.12)과 **피자식물**(표 10.1)의 두 가지 주요 계열로 진화되었는지를 아직 완전하게 이해하지 못한다. **수렴진화**는 유사한 환경 조건 하에서 자연선택인 다른 지리적 위치에 생육하는 다른 계열 내에 유사한 표현형의 식물을 만드는 것이 일반적이다. 뚜렷한 예는 일부 신대륙의 선인장류와 아프리카 대극류로서, 이들 둘은 사막의 환경에 생육하며, 열의 분산과 수분이 많은 다육 줄기를 보호하기 위한 날카로운 엽침이나 경침을 가지고 있으며, 외관상 매우 유사하다(그림 10.13). 이러한 진화적 수렴은 다른 유전적 경로의 변형에 의하여 일부 유사성이 발현되는 동물의 경우와 비슷하다. 선인장의 엽침은 잎이 변형된 것이고, 대극류의 경침은 가지가 변형되었다.

피자식물의 급속한 진화에 기여한 진화적 변화는 (1) 생식기관으로서 꽃의 진화와 정교함 그리고 (2) 곤충이나 새가 피자식물들을 수분하고 종자를 분산할 수 있도록 꽃 구조의 진화가 현저한 진화적 변화이다(그림 10.14).

(a) (b)

그림 10.12 **(a)** 약 2~3m 높이의 원나자식물인 *Archaeopteris*의 재구성. **(b)** 인도의 쥐라기 암석으로 부터의 소철류 나자식물인 *Williamsonia sewaraiana*.

표 10.1 육상식물의 주요 두 계열인 피자식물과 나자식물을 구분하는 구요 특징

나자식물	피자식물
나출된 종자를 갖는 식물	
꽃이 피지 않는 식물	꽃이 피는 식물
구과 안에 숨겨진 종자	유전자
자방으로 싸여져 있지 않은 종자	자방에 싸여있는 종자
보호하는 열매에 싸여 있지 않은 종자	보호하는 열매에 싸여있는 종자
예: 소나무, 구과식물	예: 단풍나무, 장미
중복수정	유전자

[a] This criterion applies to other plants such as bryophytes and ferns.

식물과 곤충의 공진화된 적응은 현화식물의 수분을 수월하게 해 주었으며, 이는 찰스 다윈이 많은 관심을 보였던 주제로서, 그는 특히 난초와 나방의 관계에 관심이 있었다(BOX 10.3). 잎의 꽃받침과 꽃의 꽃잎으로의 진화와 함께 수분매개자를 위한 경쟁이 발생하였다.

그림 10.13 미국 선인장과의 대표적인 사막의 종인 미국 사와로 선인장**(a, b)**과 아프리카 대극과 두 종**(c, d)**의 수렴진화

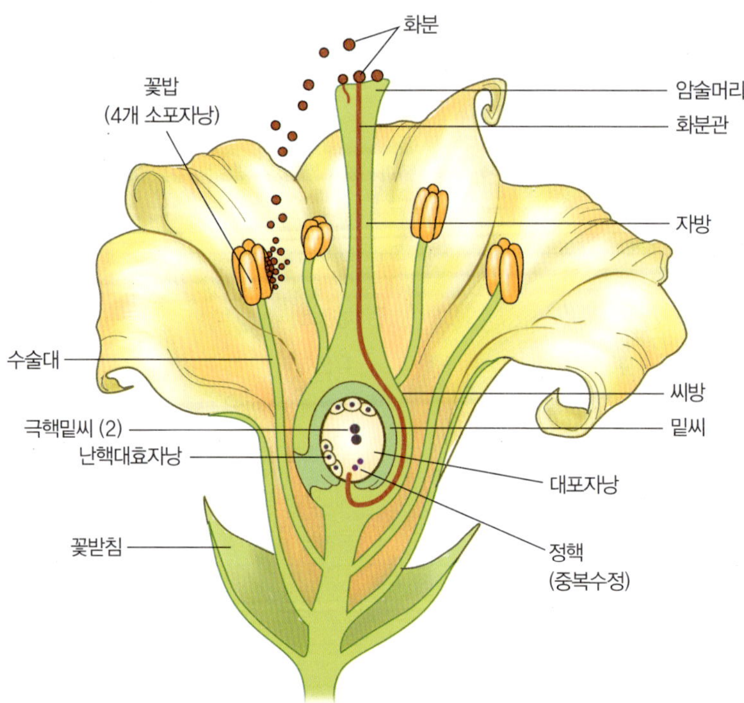

그림 10.14 전형적인 피자식물의 수정 후 모식도. 자성배우자체는 배주 안에 있다. 웅성배우자체는 화분관에 있다. 웅성배우자체는 두 개의 정핵을 생성한다. 한 개는 난핵과 수정하여 접합자를 형성한다(2*n*), 나머지 한개는 두 개의 극핵과 수정하여 배유를 형성한다(3*n*). 꽃잎은 꽃의 색채가 보다 풍부한 부분이며, 돌려나는 부위는 화관으로 불린다.

BOX 10.3

식물과 곤충의 공진화

꽃과 수분매개자 사이의 공진화는 다윈에 의해 비록 가장 비정상적인 난꽃에 적합한 수분매개자가 있을 것으로 가정했지만 수분매개자가 밝혀지지 않은 특이한 난꽃(그림 B10.2)의 다양성을 파악함으로써 명확해졌다.

그림 B10.2 헤켈이 그린 다양한 난꽃(Art Forms in Nature. Dover 출판사, 1974)

BOX 10.3
식물과 곤충의 공진화 (*계속*)

다윈이 생각하고 논의하였던 난은 마다가스카르의 별모양난(*Angraecum sesquipedale*)의 꿀샘은 25 ㎝ 길이의 긴 화관 관 바닥에 있다(그림 B10.3). 따라서 이와 유사한 긴 주둥이를 가진 수분매개자가 존재해야 한다는 다윈의 예언은 1세기가 지난 후, 거대 박각시-자기 몸길이보다 긴 약 30 ㎝ 길이의 주둥이를 가진 모간스핑스나방(*Xanthopan morgani prawdicta*)이 발견되면서 입증되었다(그림 B10.4).

그림 B10.3 마다가스카르의 별모양난(*Angraecum sesquipedale*)은 25 cm 길이의 긴 화관 관을 가지고 있다.

그림 B10.4 모간스핑스나방(*Xanthopan morgani prawdicta*)은 긴 30 cm 길이의 긴 주둥이를 가지고 있다.

(계속)

BOX 10.3

식물과 곤충의 공진화 (계속)

박각시는 엄청나게 긴 주둥이를 가진고 있으며, 사용하지 않을 때는 머리 아래쪽에 말아둔다. 공진화의 패턴에서 일부 박각시는 꽤 긴 주둥이를 가지는데, 이처럼 특별한 박각시에 의해 화관 관이 긴 별모양난을 선택할 수 있도록 진화되었다.

박각시와 마다가스카르의 별모양난의 놀랄 만큼 평행적인 공진화는 2006년에 기록되었다. 관입술넥타박쥐(*Anoura fistulata*)의 혀와 에쿠아도르 안데스산의 클라우드 숲의 식물인 *Centropogon nigricans*의 화관의 길이와의 공진화가 바로 그 주인공이다. 이 종과 같은 속에 속하며, 근연관계인 넥타박쥐는 혀를 39~39 mm까지 늘릴 수 있다. 그러나 관입술넥타박쥐의 혀는 85 mm까지 늘릴 수 있으며, 이는 자신의 체장의 1.5배나 되는데(그림 B10.5), 이러한 멋진 연기는 카멜레온에 버금간다. 그리고 넥타박쥐가 혀를 사용하지 않을 때에는 혀를 가슴에 있는 특별한 관 속에 넣어둔다.

자가수정의 이런 멋진 기작의 극적인 예는 완전한 순환(중력에 대항해서)을 통해 화분을 자신의 주두에 넣어 자기 스스로 수정하여 다른 양성화로 변하는 분홍꽃난(*Holcoglossum amesianum*)이 2006년에 발견되었다. *H. amesianum*는 난꽃이 피는 건기인 2월에서 4월 동안 바람과 잠재적인 곤충 수분매개자가 없는 중국 운난성의 1,200에서 2,000 m 고도나무의 줄기에서 자란다.

그림 B10.5 관입술넥타박쥐(*Anoura fistulata*)의 혀는 85 mm까지 늘릴 수 있으며, 이는 자신의 체장의 1.5배나 된다.

곤충 수분매개자와 식물 진화의 광범위한 분석을 통해 곤충들에 의해 수분된 식물 그룹들의 기원 직후에 바로 곤충 수분매개자의 기원이나 방사가 일어나 것을 강력하게 암시하고 있다. 줄흰나비, 배추흰나비가 포함되는 흰나비과의 곤충은 양배추 등 십자화과 식물에 자신의 알을 낳는다. 식물들은 잎이 손상되고 화학성분이 방출될 때 살충제 역할을 하는 화학성분을 진화시켰다. 나비들은 식물의 화학성분을 무독화시키는 화학경로를 진화시켰으며, 이 공진화는 천만년에 걸쳐 일어났다.

동물 수분매개자는 특정한 꽃을 먹기에 용이한 기작을 가지는 방향으로 공진화하였다(그림 10.15, 박스 10.3). 현존하는 16,000 종류 이상의 벌에 대한 분자생물학 및 형태학이 결합된 최근의 분석은 매우 이른 백악기 중기 계열이 피자식물 진화에 있어 조상형질로서 숙주식물의 특이성을 지지 하는 숙주식물 특이 개체를 포함하는 것으로 나타났다. 기본

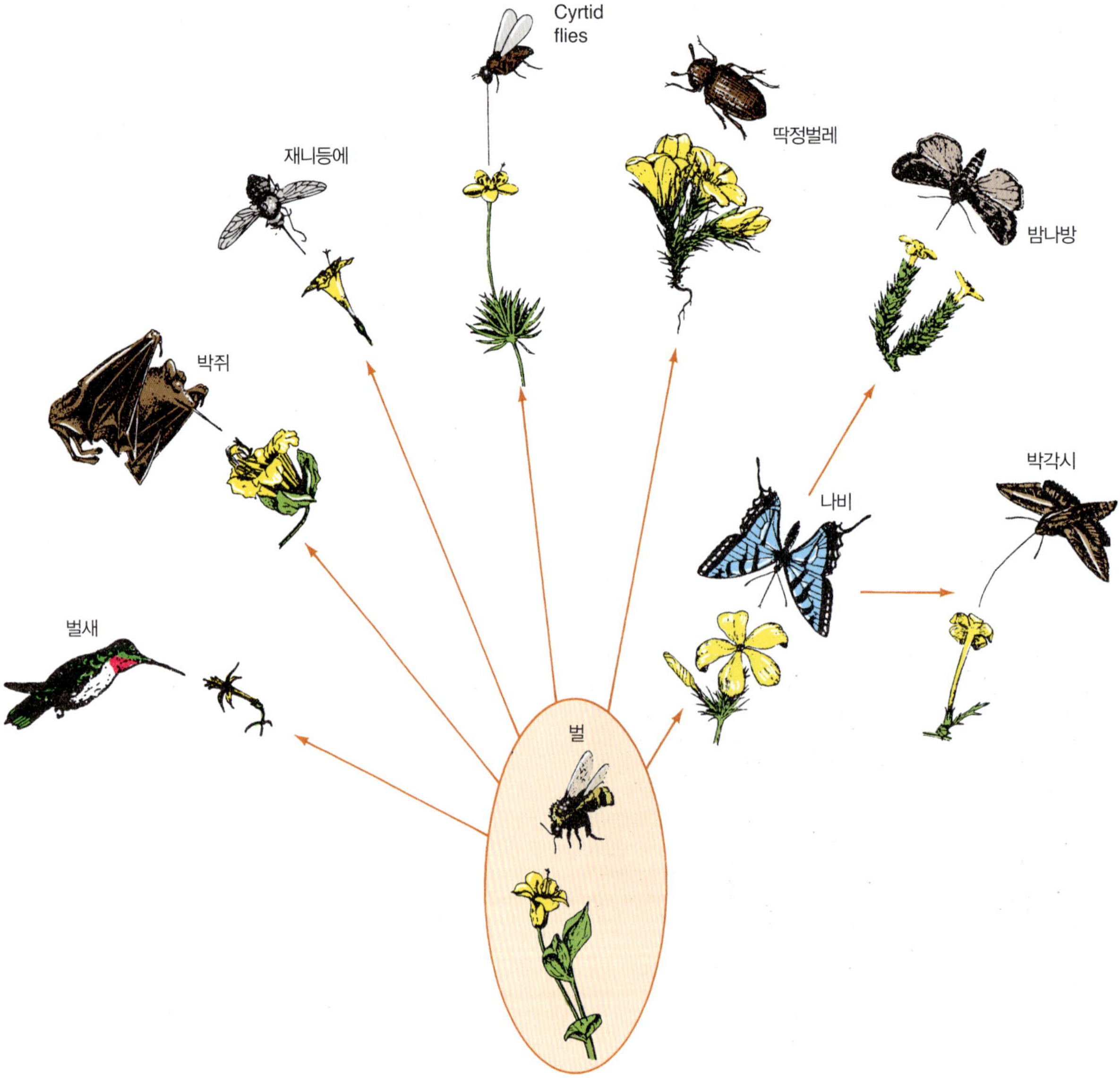

그림 10.15 꽃고비과에서의 꽃의 유형과 동물 수분매개자의 범위. 상대적으로 매우 작은 돌연변이로 인하여 벌에 의해 수분이 일어나던 것이 벌새에 의해 수분이 일어나는 새로운 종으로 변하게 된다. 좀 더 특이한 예로, 서로 다른 식물이 동일 종의 동물수분매개자의 몸의 서로 다른 부위에 꽃가루를 묻혀서 다른 식물에 수분이 되도록 한다 (Grant V, K.A. Grant, *꽃고비과 꽃의 수분*, 컬럼비아 대학 출판사, 1965).

적인 유전자 수준에서, 자가수정을 방지하기 위한 매우 중요한 기작은 자가불임성(또는 자가임성)의 대립 유전자를 발달시키는 것이다. 자성배우자체의 배주와 같은 대립유전자를 갖는 화분이 자성배우자체의 암술대에서 자랄 수 없다. 이러한 체제는 근친 교배를 피하고, 유성생식에 의해 생성된 유전적 변이를 보호하는 결과로 나타났다.

그림 10.16 뉴칼레도니아에서 발견되는 작은 관목류인 *Amborella trichopoda*.

현화식물의 관계

피자식물에 있어서 불가사의중 하나는 그들의 진화적 관계에서 초기의 계보에 속하는 것이다.

피자식물의 계통분류학적 접근에서 현화식물 그룹에 대한 연구에서 현화식물의 구조는 현재의 진화적으로 덜 파생된 목련처럼 보인다(그림 10.1). 피자식물의 계통을 규명하는데 있어서 최근에 화석 씨앗, 잎 그리고 꽃에 대한 고해상 분석과 새로운 화석의 발견 그리고 MADS box 의 분자적 분석 그리고 엽록체 유전자, 비록 이러한 증거들이 피자식물의 기원을 하나의 가설로 입증하진 못하고 있지만 이에 대한 연구는 계속 진행되고 있다.

■ 식물, 균류 그리고 동물에 있어서 MADS box는 전사 요인으로 작용하는 단백질이 결합된 DNA 유전체에 의해 DNA 배열이 공유된다.

다음의 현존하는 두 개의 분류군은 피자식물 계통수의 기초가 된다. 물수련과 더 작은 관목인 *Amborella trichopoda*는 남태평양 뉴 칼레도니아의 습한 산림지역에서 발견된다(그림 10.16). Amborella는 다른 일반적인 식물이 가지고 있는 물관이 관속이 결여되어 있다. 1억 3천만 년 전의 퇴적층에서 발견된 꽃은 양쪽 속과 기본적으로 유사하며, 형태의 기본적 특성도 일치한다. 그럼에도 불구하고 현화식물 기원과 계통의 불가사의는 여전히 풀리지 않고 있다.

◆ 균류

BOX 10.1에서 설명한 것처럼 다세포의 유리한 점은 단세포생물과 다세포생물의 특징을 함께 가지고 있는 그룹인 균류가 그 사실을 증명하고 있다. 비록 화석기록의 해석에 의하면 균류는 선캄브리아기 바로 뒤에 나타나 것으로 알려져 있지만, 균류는 4억 4천만 년 전 실루리아기에 첫번째 관속식물과 함께 출현하였다. 고생대(5억 5천만 년 전)에 균류는 현존하는 균류형태에 의해 대부분의 계통(직계)으로 진화되었다(그림 10.17).

■ Arms race는 구소련이 1949년 8월 29일 원자폭탄 시험 후에 미국과 구소련의 군비경쟁에서 유래되었다. 이 용어는 무한경쟁을 뜻하며, 승리는 결코 선택사항이 아니다. 1983년의 영화 War games에서 육군대장인 Matthew Broderik과 Ally Sheedy는 군비경쟁의 무익함을 보여준다.

생물학자들은 균류가 엽록소가 결여된 단순한 식물임에도 불구하고 세포벽이 있고 포자를 생산하기 때문에 식물계에 포함시켰다. 엽록소의 결여는 영양분을 살아있는 숙주에 기생하거나 죽은 생물체를 소화를 통해 얻는 균류의 생활사에 반영되어 있다. 모든 균류가 다세포는 아니다. 약 120,000종의 균류 가운데 효모는 단세포이지만, 다른 균류는 균사로

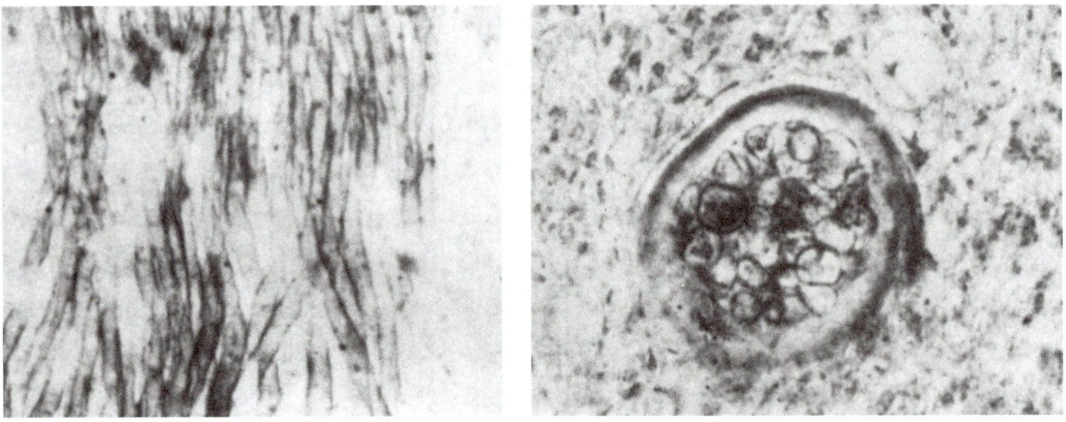

그림 10.17 데본기 균류의 일종인 *Palaeomyces gordonii*의 서로 다른 부분의 화석.(좌)균

불리는 다세포나 다핵의 사상체 형태의 균사로 이루어져 있으며, 이 균사가 덩어리로 모여 균사체를 형성하기도 한다.

살아있는 기주에서 생존하는 기생자의 적응은 초기의 수생 균류(아마 현존하는 종인, 물곰팡이)에 좋은 기회를 제공하였다. 기주인 육상식물 조직의 건조에 저항하기 위해서, 부수적으로 공기 중에 포자를 퍼트리는 형태로 진화하였다. 최근에 200종의 균류의 유전자에 대한 집중 연구에 의하면 유영에 사용되는 포자 편모는 포자의 새로운 분산 기작의 진화에 동반하여 균류의 진화기간 동안에 4번이나 독립적으로 소실되었다. 기생성 균류는 이른바 기주와 기생자 사이의 **군비경쟁**처럼 여전히 유전자 수준에서 진화 중이다. 균류기생자에 대한 저항성을 가진 기주의 각각의 새로운 유전적 변이는 기주 감수성이 증가하는 균류의 유전적 변이의 빈도 증가의 선택에 의해 주로 극복된다.

균류의 형태학, 분자적 그리고 유전자에 관한 지식이 축적되면서 균류는 다세포생물의 중요한 세 번째 그룹으로 재분류되었다. 따라서 균류는 (1) 동물의 조상처럼 입금편모충목의 특징을 공유하고 있다. (2) 식물보다 동물과 더 밀접한 관계가 있다. (3) 균류는 식물처럼 단순하지 않으며, 동물과 자매그룹이다(BOX 9.1과 그림 9.4 참조).

다세포생물의 진화적 장점 등 동물의 진화에 대한 좀 더 심도 있는 내용은 다음 장에서 다루기로 한다. 표면적의 증가와 먹이를 모으는 면적의 발달되면서 안정적인 먹이 공급이 가능하고 다세포생물이 단세포생물에 의해 흡수되었던 것보다 더 큰 입자의 먹이의 소화도 가능하게 되었다. 다세포는 한 계통의 각 부분을 조화롭게 제어할 수 있는 신호체계의 발달도 촉진시켰다(13장 참조). 다세포생물의 각 부위는 각각의 조직에 맞는 기능을 가지도록 분화되었다. 정교한 조절기작은 형태적 뿐만 아니라 보호, 분산, 먹이 취득, 생식, 배설 그리고 다른 기능 등 다양한 영역에 걸쳐 기능적으로 진화되었다.

■ 8장에서 원핵생물이 다른 단세포를 흡수하여 진핵생물로 성장하는 것을 상기하라.

◆ 추천 문헌

Alcock, J., 2006. *An Enthusiasm for Orchids: Sex and Deception in Plant Evolution*. Oxford University Press, Oxford, England.

Darwin, C., 1862. *On the Various Contrivances by Which British and Foreign Orchids Are Fertilized by Insects, and on the Good Effects of Intercrossing*. Murray, London, England.

Donoghue, M. J., 2008. A phylogenetic perspective on the distribution of plant diversity. *Proc. Natl. Acad. Sci.* U.S.A. 105, 11549–11555.

Frohlich, M. W., and M. W. Chase, 2007. After a dozen years of progress the origin of angiosperms is still a great mystery. *Nature* **450**, 1183–1189.

Gensel, P. G., and D. Edwards (eds.), 2001. *Plants Invade the Land: Evolutionary and Environmental Perspectives*. Columbia University Press, New York.

Kenrick, P., and P. Davis, 2004. *Fossil Plants*. Natural History Museum, London, England.

Margulis, L., and K. V. Schwartz, 1998. *Five Kingdoms. An Illustrated Guide to the Phyla of Life on Earth*, 3rd ed. Freeman, New York.

Niklas, K. J., 1997. *The Evolutionary Biology of Plants*. University of Chicago Press, Chicago.

Thompson, J. N., 2005. *The Geographic Mosaic of Coevolution*. The University of Chicago Press, Chicago.

Wang, H., M. J. Moore, P. S. Soltis, et al., 2009. Rosid radiation and the rapid rise of angiosperm-dominated forests. *Proc. Natl. Acad. Sci. U.S.A.* **106**, 3853–3858.

Waser, N. M., and Ollerton, J. (eds.), 2006. *Plant–Pollinator Interactions: From Specialization to Generalization*. The University of Chicago Press, Chicago.

Willis, K. J., and McElwain, J. C., 2002. *The Evolution of Plants*. Oxford University Press, Oxford, England.

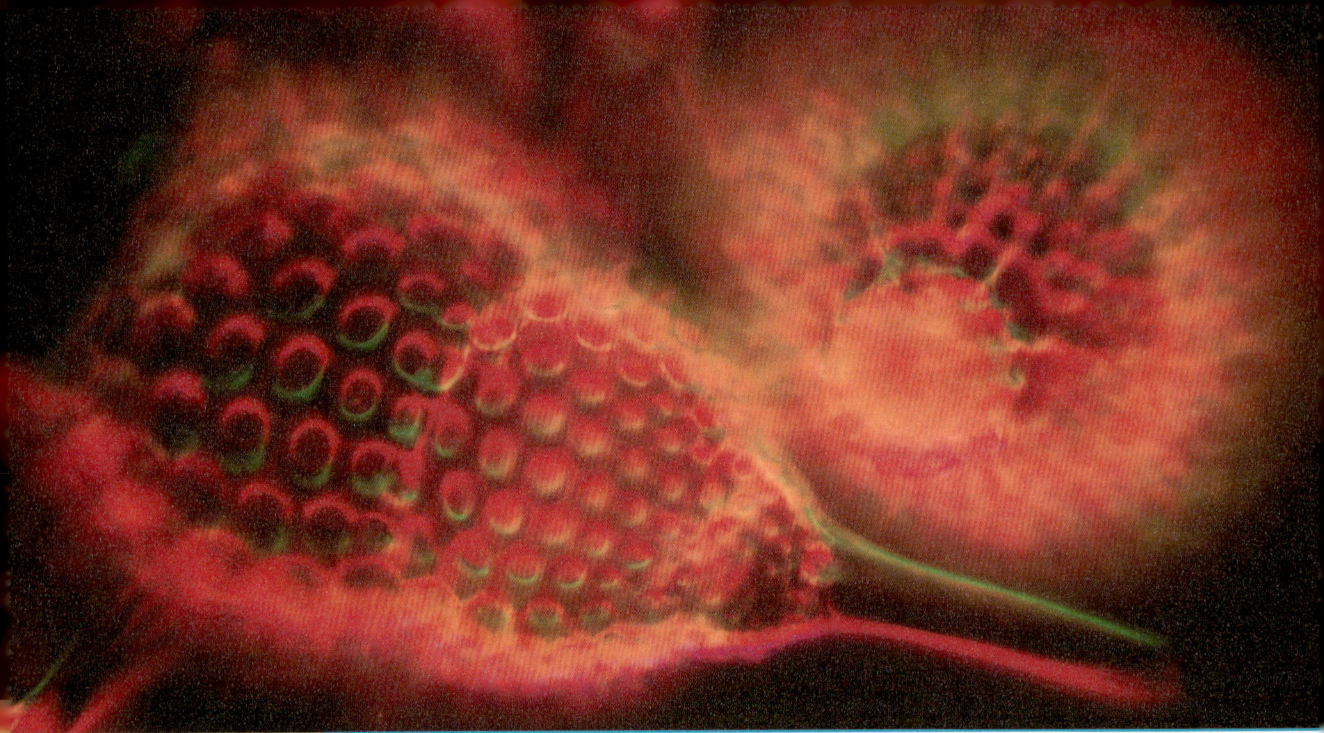

11 동물의 진화

단 원 요 약

- 7억 2천 5백 만 년 전부터 6억 3천 5백만 년 전 사이에 전 지구는 2~4회에 걸쳐 1 km 두께의 얼음으로 둘러싸였었다(눈 덩어리 지구).
- 동물이 화석기록으로 나타나기 전인 약 5억 6천 5백만 년 이전의 선캠브리아기 후기에 불가사이한 생물 군집—에디카라 생물상(Ediacaran Biota)—이 존재했었다.
- 분자수준의 증거에 기준하여 우리는 동물들이 7억년 내지 7억 5천만 년 전의 선캠브리아기에 생겨났다고 추론할 수 있다.
- 주요 문(phyla) 소속 모든 동물들은 5억 4천 5백만 년 전의 초기 캠브리아기 버지스 이판암층(Early Cambrian Burgess Shale)에서 처음 화석으로 나타나며 같은 동물상이 전 세계에 퍼져 있었다.
- 따라서 동물 문(phyla)의 주 분류군들은 선캠브리아기 만큼 오래 되었음이 틀림없다.
- 동물의 기원에 대한 추론에는 유전자의 정교함과 배 발생, 환경과 기후의 변화, 또 대기 중의 산소농도 변화도 포함된다.
- 동물체의 형체를 정하는 호메오박스(homeobox gene)는 동물, 식물, 및 균류가 분리되기 전 부터 존재하였다.

위 그림: 동물 진화의 많은 가지 중의 하나인 방선충류

◆ 개요

에디카라 생물상으로 알려진 불가사이하고 또 우리의 관심을 끄는 한 생물 집단은 선캠브리아기 후기에서 캠브리아기 전기인 5억 6천 5백만 년 전에 나타났다. 다양한 종류(domain)로 분파된 이들 생물은 복잡한 생태계를 형성하였으나 캠브리아기 초기에 사라졌다. 이 생물과 우리가 알고 있는 어떤 다세포성 후생동물과의 관계도 밝혀내지 못하였고 아마도 현재는 관련 생물이 존재하지 않는 것 같다.

■ 후생생물(*metazoa*)과 동물(*animal*)의 두 용어는 이 장 전체를 통해 같은 의미로 서로 혼용하여 사용되었음.

5억4천5백만 년 전, 캠브리아기 초기 연한(연질) 조직과 딱딱한(경질) 조직을 같이 갖는 다세포성 동물들이 폭발적으로 생겨났음이 화석에 기록되어 있다. 다세포화는 개체 내 세포들의 특성화를 가능케 하고 또한 개체간의 신체 구조 차이, 먹이채집 방식의 진화, 그리고 개체 크기의 막대한 증가도 가능케 하였다. 캐나다의 버지스 이판암층의 동물상(fauna)과 중국의 쳉지앙 동물상(Chengjiang fauna)이 캠브리아 생물상 대폭발의 주된 기록이지만 그렇다고 이들 장소에만 한정된 것은 아니다. 이들 최초의 동물들은 널리 분포되어 있었다. 원핵 생명체가 생겨 난지 10억년 혹은 그보다 더 이후의 동물의 극적인 출현은 동물의 기원에 관한 주요한 의문을 제시한다.

캠브리아 동물상은 파생된 분류군으로 구성되어 있다. 따라서 동물은(이보다 앞선) 선캠브리아기의 줄기 분류군으로부터 유래되었다. '눈 덩어리' 지구로 알려진 지구기후 변화는 아마 선캠브리아기의 진화를 제한했을 것이다. 단지 천만년도 안 되는 기간에 수많은, 완벽한 신체구조를 가진 동물들의 출현은 초기 캠브리아기의 분화와 다양화가 어떻게 그렇게 신속하게 일어 났을까에 대한 의문을 야기한다. 제시되는 설명에는 대기산소의 증가, 지질학적 특징의 변화, 눈덩어리 지구로 부터의 회복, 배 발생의 시작과 그 정교함, 유전자 조절기구의 다양화, 그리고 새로운 생태지역의 노출에 따른 먹이-천적간의 상호관계 진화 등이 포함된다.

◆ 동물의 기원

앞 장에서 우리가 균류와 식물로 인식하고 있는 다세포성 진핵생물들이 약 4억 4천만 년 전 생겨났다는 것을 알았다. 우리가 동물로 알고 있는 다세포성 진핵생물은 어떠한가?

8장부터 10장 사이에서 논의한 바처럼 단세포성 진핵생물 화석은 16억년에서 18억 년 전까지 거슬러 추적할 수 있다(그림 9.1). 21억년 혹은 그이전의 진핵세포성 조류(藻類)의 존재에 대한 주장은 일반적으로 널리 인정받지는 못하고 있지만 약 10억 년 전의 화석 기록에는 다양한 다세포성 조류가 존재한다. 단세포성 생물에서 다세포체로의 진화는 한번 이상 일어나서 여러 다른 계통의 생물들—군체성 섬모원생동물(원생생물, protist); 다양한 조류군, 식물과 균류(9장과 10장)—과 그리고 이 장에서 다루게 될 동물들이 생겨났다.

원생생물 조상은 적어도 20억 년 전으로 거슬러 올라간다(9장). 원생생물과 동물을 포함한 다세포성 진핵생물 간의 조상-후손 관계는 16S rRNA, 알파튜브린(alpha tubulin) 그리고 열충격단백질-90의 유전자 염기서열 분석으로 잘 확립되어 있다. 이 자료는 **단세포성 깃편모충류**(choanoflagellate)가 동물의 조상이거나 또는 깃편모충류와 동물이 공통의 원생생물의 조상으로부터 유래하였다는 것을 보여주고 있다. 세포 부착물질 분자들 중 식물이나 균류에는 없고 현존하는 깃편모충류인 *Monosiga brevicollis*에만 존재하는 분자의 발견은 이들이 동물의 조상이라는 추측과 일관성을 갖는다.

동물들의 기원에 대해 논의하기 전에 불가사이한 채로 남아있는 별다른 종류의 다세포성 생물들을 소개하고자 한다. 그것들은 남부 호주의 에디아카라 언덕에서 발견된 **에디아카라 동물상**(Edicaran fauna)이다. 뒤늦은 생각이지만 동물상이라는 용어는 이들, 또 이들과 연관이 있는 다른 생물들을 기술하는 가장 적절한 용어는 못된다. 동물상은 어느 지역 혹은 특정 시간에 발견되는 동물생명체를 일컫는다. 플로라(flora)는 지역과 시간에 따른 식물을 지칭하는 유사한 용어이다. 에디카라 생물들은 동물이 아니기 때문에(아마도 한 개의 예외는 존재) **동물상**이라는 용어는 적절하지 않다. 생물상(biota)이 특정 지질시대 특정 지역에서 발견되는 생물들에게는 더 적절한 용어이다. 따라서 우리는 **에디아카라 생물상**(Edicaran Biota)이라고 부르고자 한다.

에디아카라 생물상

다양하면서 불가사이한 생물들의 집단인 에디아카라 생물상(그림 11.1)은 선캠브리아기로부터 초기 캠브리아기에 존재했다.

호주 남부의 선캠브리아기 에디아카라 지층에서 발견된 연질 신체 화석— 최근에는 지구 여러 곳의 퇴적층에서 추가로 발견—은 매우 신기하다. 뉴퍼들랜드(Newfoundland)에서 실수로 선정된 장소의 두꺼운 화산재 밑에서 화석들이 발견되었으며 이들은 5억 6천 5백만년(±3백만년) 전의 것으로 추정되었다. 가장 오래된 에디아카라 생물들 중에서도 이들 화석 군집들은 **선캠브리아 생태계**에 대해 놀라운 통찰력을 제공하였다(아래 그림참조).

에디아카라 생물들과 다른 다세포성 생물들 사이의 어떤 연관성도 찾기 힘든데 이는 아마도 에디아카라 생물상이 독립된 진화 실험군이기 때문일 것이다. 여기서 계통이라는 표현대신 '실험군(experiment)'을 쓰는 것은 이 생물상(집단)의 서로 간의 관계가 이들과 다른 다세포성 생물들과의 관계만큼이나 모호한 여러 계통의 생물들을 포함하고 있기 때문이다. 심지어 우리는 그들의 세포 구성이 진핵세포인지 아닌지도 확신할 수가 없다. 이 생물들은 그들 개체의 체형 설계만큼이나 세포 진화도 독립 실험군이었을 것이다.

그림 11.1에서 보듯이 어떤 에디아카라 화석은 표면적으로는 해파리와 닮았다. 다른 것들은 체절성 벌레와 유사하며 좀 멀게는 연체동물이나 극피동물과의 유사성도 있다. 이런

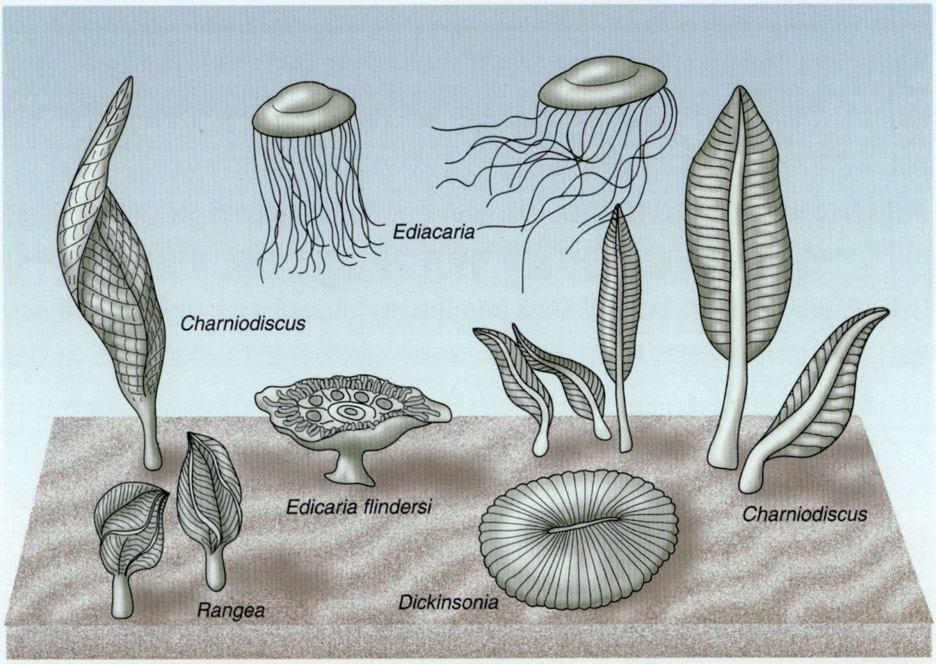

그림 11.1 전 지구에 10개 이상의 장소와 남부 호주의 에디아카라의 조간대 바닥 층에 갈아 앉아 발견된, 약 5억 4천 5백만 년 전의 선캠브리아기 연질신체 동물의 가상 파노라마. 에디아카리아(Ediacaria)는 현생 해파리와 유사함. *Rangea*(그림 11.2)와 *Carniodiscus*같은 종류는 양치 엽상체와 비슷하며 현생동식물 어느 것과도 유사성이 없음.

유사성이 에디아카라 생물들(혹은 다른 에디아카라 계통)이 동물이라는 것을 의미하는가 아닌가는 전혀 다른 문제이다. 고생물학자들은 어느 에디아카라 화석에서도 아무런 동물 해부학적 기본 구조—눈, 입, 항문, 내장, 그리고 운동기관—를 발견할 수 없었기 때문에 이들과 캠브리아기 동물들과의 관계는 모호한 채 남아 있다.

에디아카라 생물상에 대한 많은 설명들이 제시되어 있다. 그 어느 설명에서도 **줄기 분류군**(stem taxa)과 **정점 분류군**(crown taxa)은 구분되어야 한다. 줄기 분류군은 계통을 대표하는, 가장 처음 나타난 분류군들이다. 한 계통에는 단 하나의 줄기 분류군만 있을 수 있다. 정점 분류군은 줄기 분류군에서 시작된 계통의 마지막 가지이다. 한 계통은 한 개 이상의 정점 분류군을 가질 수 있다. 줄기 분류군은 이 용어의 정의와 진화과정을 감안할 때 이 분류군으로부터 진화된 정점 집단이 갖는 모든 특징을 갖고 있지는 않는다. 에디아카라 화석에 속한 다양한 계통의 생물들의 존재는 러시아의 백해(White Sea) 에디카라 생물상에서 *Kimberella*를 확인하고 재구성함으로서, 또 코헨과 그 공동연구자들이 이를 휴지기 상태의 동물로 확인함으로써 실증화 되었다. *Kimberella*는 연체동물 및 그 유관 무척추동물의 공통 조상으로서의 특성을 확실하게 갖는 것으로 인식되어 왔다. 독일 고생물학자인 아돌프 자일라셔(Adolf Seilacher)와 다른 일부 과학자들은 에디카라 생물들을 어떤 다른 동물

■ 프랙탈(fractal)은 부분으로 나누어지는 형태가 원래의 것과 같은 모양인 형체. 양치식물의 잎이 프랙탈의 예임.

들과도 관련지을 수 없는 **벤도조아**(Vendozoa)라는 독특한, 독립된 진화 실험군으로 지칭하였다. 먹이섭취와 관련된 공통적인 신체적 특징이나 소화관의 결여는 많은 에디카라 생물들이 광합성 내지 다른 종류의 생합성에 의존 했을 것이라는 가정을 하게 한다(현생 지의류가 조류와 균류의 공생으로 이루어져 있는 것처럼).

캐나다 고고학자인 가이 나르본(Guy Narbonne)은 초기 에디아카라 생물의 주된 집단으로서 그가 랜지오몰프(rangeomophs)라고 명명한 종류를 동정하기 위한 분석에서 양치 엽상체의 프랙탈 반복에 기초하는 **반복구조(modularity**; box 18.1)를 찾아내었다. **랜지오몰프**는 적어도 하나 이상의 영양단계를 갖는 복잡한 생태적 군집으로 존재했었다. 뉴펀들랜드의 드룩 지층(Drook Formation in Newfoundland)에서 발견된 *Charnia wardi* 종은 크기가 2미타까지 자랐고 이 집합종 중에서는 가장 오래된 것으로서 5억 7천만 년 내지 5억 7천 5백만 년 전에 살았었다. 나르본은 랜지오몰프가 동물이었는지 아니면 다세포화 진화 실험군의(초기)대안이었는지에 대해서는 언급을 자제하였다.

*Funisia dorothea*는 남부 호주의 천해성 에디아카라 동물상 중 가장 흔한 종의 하나이다. 길이 30cm, 폭 12mm의 관으로 구성된 *Fusinia*는 순차적으로 반복된 요소(체절)에 의한 단위(module)로 구성되어 있으며 흡착 기관을 통해 미생물 바닥 층(mat)에 고착되어 있다(해초의 부착과 유사하게). *Fusinisia*와 가장 유사한 동물은 자루해면이나 해파리이지만 현 단계에서는 단지 추측에 불과하다. 랜지오몰프와 *Funisia*의 대조적인 신체 형태나 생태는 선캠브리아기의 종 다양성과 생태계를 증거하고 있다.

그들의 유사성과는 별도로 에디카라 생물상의 형태적 다양성은 캠브리아기로의 경계 및 캠브리아기 내에서의 체형과 개체 형태의 다양성으로 연결되었으며 이들은 결국 상당한 선캠브리아기적 역사성을 갖고 있었다. 그러나 비록 캠브리아기에서 살아남은 생물들도 종국적으로는 멸종하였다. 그 이유는 아직 모른다. 한 가지 가정은 그들이 딱딱한 외피를 갖고 있지 않았기 때문에 초기 캠브리아기에 출현한 운동성의 천적에게 쉽게 잡아 먹혔을 것이라는 것이다. 또 다른 가정은 선캠브리아기 후기의 눈덩어리 지구 시에 살아남지 못해서 캠브리아기로 진입하지 못했을 것이라는 것이다(BOX 11.1).

그림 11.2 랜지오몰프(rangeomorph)의 양치 엽상체 소엽은 중앙 자루에서 반복적인 가지치기를 한 모습을 보여주고 있음. 그림 11.1의 양치 엽상체 유사 형태와 비교하기 바람.

동물의 발생

우리는 동물의 기원으로 이끈 진화적 변화가 무엇인지 아직 모른다. 우리가 아는 것은 5억 4천 5백만년 전 캠브리아기 초기 수많은 형태의 동물이 존재했고, 인식 가능하며 따라서 이들의 그 체형차이를 근거로 분류될 수 있다는 것이다.

아마도 천만년 정도의 비교적 짧은 지질학적 기간 내에 폭발적인 방사 분화가 일어나 결국 지금 알려진 모든 동물 문을 상징하는 많은 수의, 분명히 구별되는 서로 다른 체형 구도가 생겨났었다(그림 11.3 과 11.4). 우리는 이들 생물들을 동물로 확인할 수 있을 뿐만 아니라 그들이 갖고 있는, 현존하는 그들의 후손들에서 보이는 문(phylum) 특이적 특성을 근거로 문이나 그보다 낮은 분 류군으로 소속시킬 수 있다. 동물의 주된 종류들은 이들이 화석기록에 나타나기 전에 생겨나서 잘 정착한 것들이다. 실제로 선캠브리아기 내에서의 2억년 동안의 진화는 동물의 화석기록보다 앞서 갔을 것이다.

버지스 이판암 동물군

캠브리아기 생물들이 보존되어 있는 가장 잘 알려진 지층은 두께 160 m, 길이 20 km에 달하는 캐나다 브리티쉬 콜럼비아의 요호 국립공원 내의 **버지스 이판암층**이다. 버지스 이판암 동물들은 중기 캠브리아 기 초기의 한 격리된 진화실험군도 아니고 그렇다고 그 시점의 일반적 상황을 반영하지 않는 것도 아니다. 적어도 다른 12개 장소에서 이들과 동등한 체형구도를 갖는 동물들이 발견되었는데 여기에는 펜실바니아, 북 그린랜드, 중국, 스페인, 폴란드의 동물상, 그리고 버지스 이판암 동물상보다 약 천만년 거슬러 올라간 중국 쳉지앙 동물상이 포함된다.

1909년 발견되었으나 1960년 발굴이 시작되면서야 버지스 이판암은 그 진짜 내력, 124속과 140종에 대한 내력을 드러내었다. 속(genera)의 삼분의 일 이상은 절족동물(특히 삼엽충)이었으나 해면동물, 완족동물, 다모류 환형동물, 극피동물, 자포동물과 연체동물들도 모두 나타났다. 버지스 이판암 동물상의 유명세 때문에 몇몇 종의 학명은 고생물학 이외의 분야에도 알려지게 되었는데 – *Marrella splendens*와 *Canadapsis perfecta*(절족동물) 그리고 벨벳 벌레인 *Hallucigenia spaarsa*(그림 11.5) 등이며 아마 여러분에게도 익숙할 것이다.

버지스 이판암의 생물들에 대해 문과 같은 분류 단위를 부여하는 우리의 기량은 다음 세 가지 중요하고도 서로 연관된 결론을 위해서는 선택의 여지가 없이 일단 채택할 수밖에 없는 증거이다.

1. 이들 생물들은 현존 동물문을 정의하는, 이미 진화 특성을 갖는 정점 분류군이다.
2. 형태적 격차가 이들 정점 분류군들을 분리시킨다.
3. 줄기 분류군으로부터의 문의 시작은 더 오래된 지층의 더 앞선 형태에서 찾아야 한다.

형태의 평가

초기 캠브리아기 생물을 확인하고 분류하는 유일한 증거는 형태이다. 우리는 어떻게 이들 개체들을 정점 분류군으로 나누며, 또 캠브리아기 동물들의 형태적 범위가 현존하는 같은 종류의 구성원들의 형태적 유사성 범주 안에 들어가는지 아닌지를 결정해야하는가? 한 가지 접근 방법은 그 모양의 크기를 측정해서 3차원적 좌표로 표시하는 것이다.

모든 포유류의 신장, 체중, 및 체 직경을 세 축으로 사용하여 모든 현대 인간의 신장, 몸무게, 그리고 허리 측정치를 3차원적 좌표로 표시한다고 상상해보기 바란다. 만약 어떤 사람들이 코끼리만큼 크거나 혹은 생쥐만큼 작다면 전체 3차원 공간이 모두 채워질 것이다. 그러

■ 프랙탈(fractal)은 부분으로 나누어지는 형태가 원래의 것과 같은 모양인 형체. 양치식물의 잎이 프랙탈의 예임.

BOX 11.1
눈덩어리 지구

선캠브리아기 동물들의 증거 결여에 대한 비교적 최근의 가설은 6억 3천5백만 년 전 지구전체가 1km 두께의 얼음으로 덮여 있던 '눈덩어리 지구' 때문이라는 것이다. 이 얼음은 약 1천만년동안 존속했고 그 기간 동안 전 지구상의 온도는 약 섭씨 −40° 전후로 추정되고 있다. 관련 연구에서 7억 2천 5백만 년 전부터 6억 3천 5백만 년 사이에 적어도 2회 내지 많게는 4회의 눈덩어리 지구 상태가 더 있었다는 것이다.

1964년 현재 나미비아(그림 B11.1)의 열사의 사막에서 6억 년 전의 빙하 퇴적물이 발견되기 전까지는 적도 지역의 과거에 그 같은 빙하기가 있었다는 사실에 대해 알려진 바 없었다. 현재의 모든 대륙에서 유사한 빙하 퇴적물이 발견되면서 긴 기간 동안 전 세계가 심한 저온에 노출되었었다는 가설이 제기 되었다. 1970년 개발된 수학 방식은 어떻게 특정 조건하에서 전 혹성의 갇잡을 수 없는 호한이 불가피한 가를 보여 준다.

지구와 지구에 살던 진화과정 중의 생물들이 긴 기간 전 지구적인 섭씨 −50°의 낮은 온도에서 어떻게 회복할 수 있었을까? 이에 대한 가설은 다음과 같다.

- 분출하는 화산의 막대한 열이 얼음을 관통하여 온실가스로 알려진 탄산가스를 방출케 하여 대기온도를 증가시켰다.
- 대기온도가 너무 낮아 비가 올 수 없었기 때문에 탄산가스가 녹아 씻겨가지 못해 그 농도가 증가하였다.

그림 B11.1 눈덩어리 지구의 얼음이 녹으면서 퇴적되어 생긴(인디아나 대학의 루디 라프교수가 가리키고 있는) 나미비아의 탄소암석.

BOX 11.1

눈덩어리 지구 (계속)

- 결국 대기 중 탄산가스가 아주 높아져서-현재의 농도보다 260배 높은 약 10%정도 까지 높아졌을 것으로 추정-그 온실효과로 수천 년에 이르는 단 기간 내에 얼음이 녹아 사라질 정도의 수준으로 온도가 상승하였다.

지질학자들이 위 사실을 근거로 나미비아의 또 다른 수수께끼, 즉 빙하 퇴적층의 바로 위에 물속에서 그리고 매우 빨리 형성되었다는 확실한 흔적이 있는 두꺼운 탄소함유암석의 존재를 설명하고 있다(그림 B11.1). 다시 언급하지만 이 탄소함유 암석은 전 세계에 걸쳐 발견된다. 이 발견으로 눈덩어리 지구로 부터의 복귀 가설이 지지받게 되었다.

- 지구가 겪었던 가장 혹한의 조건(−50°C)에서 가장 혹서의 조건(+50°C)으로까지 온도가 계속적으로 상승하면서 대양으로부터의 증발이 일어났고 그 결과 수세기에 걸친 폭우가 뒤따라 지속되어 대기 중의 탄산가스를 씻어 내렸다.
- 물에 녹은 탄산가스는 약산인 탄산이 되었다. 엄청난 양의 탄산에 전 지구가 잠기게 되었고 이 탄산은 폭우에 침식되어온 암석의 입자들과 반응하였다. 생성된 탄산염은 지질학적 기록과 그림 B11.1에서 보는 바처럼 빙하 잔존물 위에 침전되어 덮개 층을 형성하였다. 종국에는 과거 5억년내지 6억년에 걸친 지구의 전형적인 온도와 탄산가스 농도의 조건으로 복귀했을 것이다.
- 비록 눈덩어리 지구 이후에도 대양 심층수는 무산소 상태였지만 최근의 연구에서 눈덩어리 지구이전에 비해 높아진 대기 중 산소와 해수 황산염 농도가 약 6억 3천 5백 만 년 전부터 5억 4천만 년 사이에 일어났을 것으로 알려진 선캠브리아(에디아카라) 생물상의 입식을 가능케 한 해양환경과 일관성이 있는 것으로 밝혀졌다.

■ 오늘날 지구 기후의 변화가 탄산가스 농도의 증가에서-산업혁명 이전의 0.03%이하에서 현재 0.038%-기인하는 것으로 간주되고 있다면 탄산가스 농도 10%의 영향을 상상해보시오. 걷잡을 수 없는 지구 온난화는 선택의 여지가 없는 논리적 일 결론일 뿐임.

나 사람은 동물체 크기의 작은 부분만을 대표하기 때문에 3차원 공간의 일부만 사람이 차지하게 될 것이다. 코끼리가 한쪽 극단에 무리를 짓고 생쥐는 다른 극단에 자리 잡을 것이다.

1966년 미국 고생물학자이자 고생물학자인 데이빗 라웁(David Raup)은 생물체의 형태를 3차원적으로 표시하는, 그가 **몰포스페이스**(morphospace)라고 명명한 기법을 개발하였는데 여기서 그는 생물들을 축을 따라 다른 모양으로 나타나는 육면체로 표시하였다(그림 11.6) 몰포스페이스는 본질적으로 모든 가능한 형태의 공간이다. 만약 모든 형태가 가능하다면 육면체(몰포스페이스)는 꽉 채워질 것이다. 멸종 형 혹은 현존 형이 몰포스페이스의 오직 일부만 점유하는 것은 단지 형태의 부분집합만 가능하다는 것을 의미한다. 라웁의 분석에서 단단한 각을 갖는 무척추동물(쌍각류, 완족류, 두족류, 복족류)의 알려져 있는 형태는 몰포스페이스의 한 지역에서 이들 생물들의 체형의 범위를 한정해 주는 무리로 위치하고 있다. 비 점유 몰포스페이스는 불가능한 형태, 적응불능 형태, 내지 형태에 대한 강제성을 의미할 것이다.

두 번째 종류의 형태적 증거는 선캠브리아기 후기에서 캠브리아기 전기의 암석에 보존된 **난할기 동물의 배**(embryo)에서 얻어졌다. 오히려 거대 세균과 같은 이들 배의 화석에

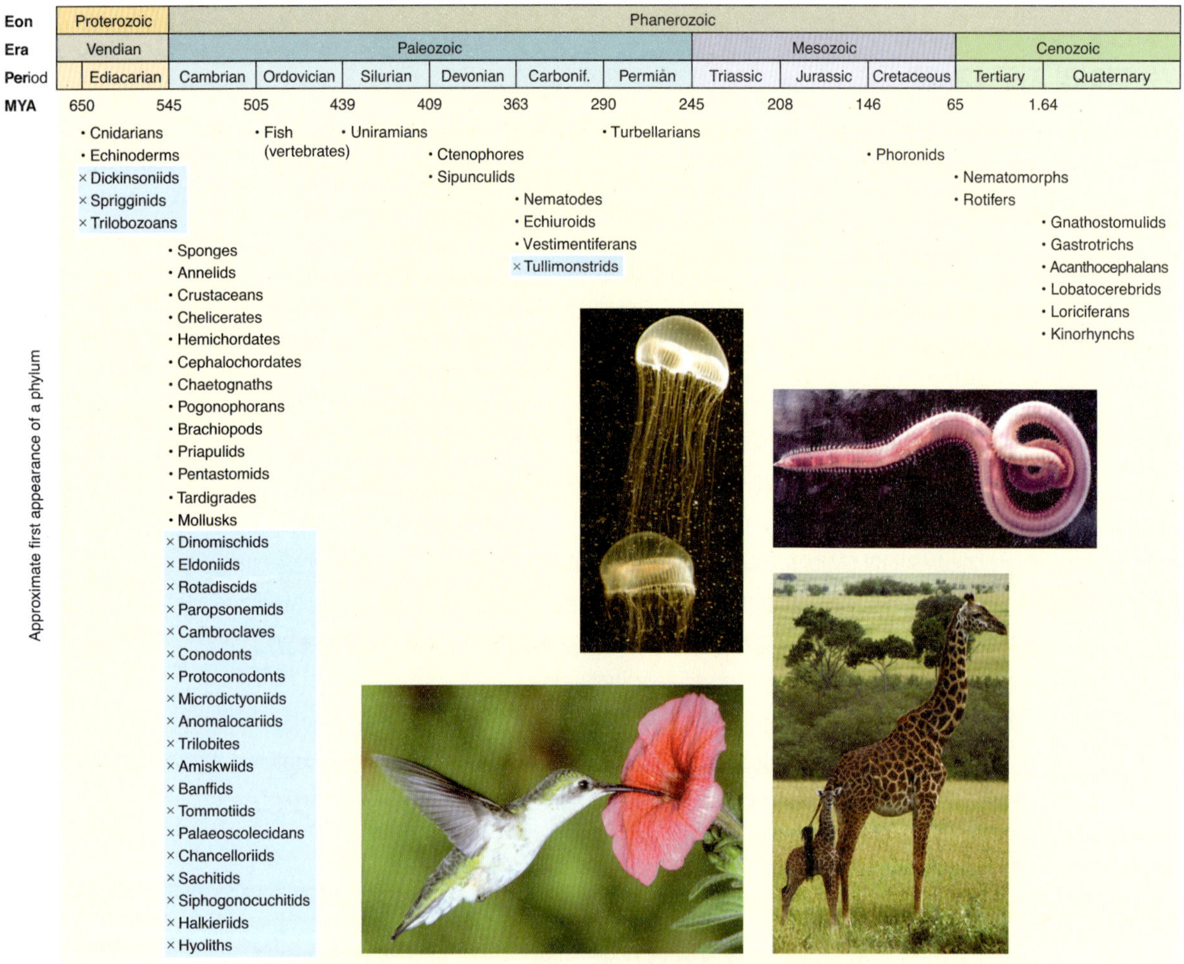

그림 11.3 여러 주요 후생생물 계통이 처음 화석기록으로 나타난 대략의 시기. 속이 찬 원으로 표시된 종류들은 비록 이들이 오래전 전멸했지만 현재 그 후손을 갖고 있는 것들임. x로 표시된 것들은 멸종한 분류군(목 혹은 문)으로 현재 생존한 후손들이 알려지지 않은 것들임.(Conway Morris, Nature 361(1993): 219~225와 Conway Morris. *The crucible of Creation: The Burgess Shale and the Rise of Animals*. Oxford University Press, 1998에서 인용)

■ 직접 발생(Direct development)은 유충기를 거치지 않는 생활사를 말함. 인간이 그 좋은 예임. 간접 발생(Indirect development)은 유충기를 거치는 생활사를 지칭하며 나비가 그 좋은 예임.

대한 해석은 시료에 대한 X-선 단층촬영과 같은 첨단 기술의 적용으로 더욱 사실화 되었다. 많지는 않지만 그래도 이들 시료는 우리로 하여금 5억 3천만 년 전의 해파리의 발생과 초기 배에서의 체절의 존재를 희미하게나마 감지할 수 있게 하였다. 화석화된 유충기가 발견되지 않은 것은 초기 동물이 유충기를 거치지 않고 직접 발생했다는 것을 강력하게 제시하고 있다.

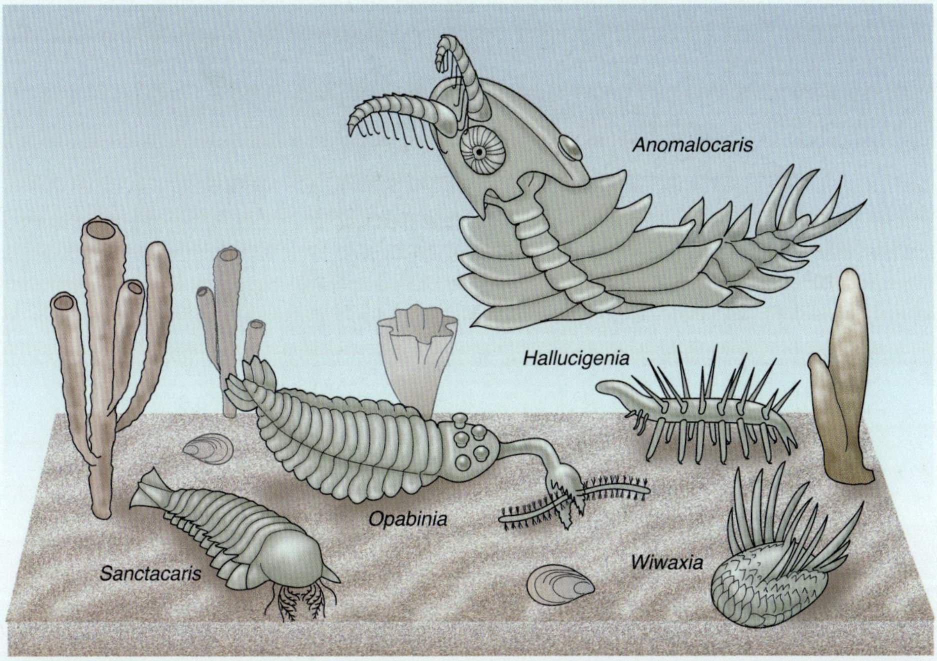

그림 11.4 캐나다 브리티쉬 컬럼비아 버지스 이판암 중의 캄브리아기 동물 다양성의 일부. 많은 수가 절족동물로서 삼엽충-유사 동물(*Sanctacaris*), 거대 Anomalocaris, 및 먹이섭취용 전방 부속지를 갖는 *Opabinia*가 포함되어 있음. *Hallucigenia*는 또 다른 초기 절족동물로서 아마도 onychophora(벨벳 벌레)와 관련이 있는 조상 절족동물 계통에 속한 동물임.

◆ 캄브리아기 대폭발?

어떻게 그 많은 체형들이 생겨났을까 그리고 초기 캄브리아기 이후에는 그렇게 적은(만약 생겨났다 해도) 이유는 무엇인가?

캄브리아기 생물의 다양성은 적응적 방사화(adaptive radiation)로 설명될 수 있는데 이는 변화하는 환경을 활용하고 소유하기 위한 다양한 진화 역량을 갖는 생물들에게 이들이 이용할 수 있는 많은 새로운 생태적 기회가 만들어졌기 때문이다(그림 11.4). 만약 자원이

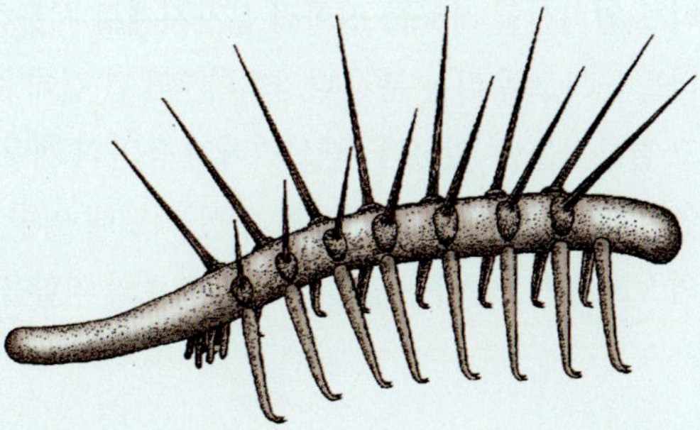

그림 11.5 버지스 이판암으로부터 재구성한 *Hallucigenia sparsa*은 벨벳 벌레(onychophorans)나 초기 절족동물과 연관되어 있다고 생각됨.

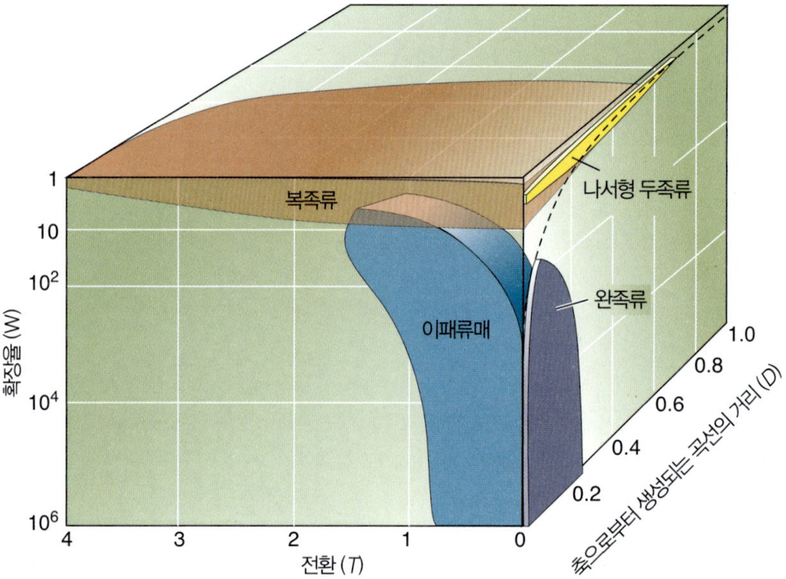

그림 11.6 이매패, 복족류, 완족류 및 나선형 두족류의 알려져 있는 껍질 형태가 몰포스페이스(3차원적으로 표시된)의 이용 가능한 범위 중 일부분만을 점유하고 있음. 축은 형태/생장의 세 측정치를 나타냄.(Raup, D. M., J. Paleontol., 40. 1966: 1178~1190의 자료를 수정한 Hall, B. K. *Evolutionary Developmental Biology, Second edition*. Kluwer Academic Publishers, 1999 에서 인용)

한정되어 있을 경우 많은 집단 간의 자원을 위한 경쟁의 증가가 그들 간의 선택으로 이어지게 했을 것이다. 뿐만 아니라 어느 생물의 전체 집단이나 전 생태계가 지질학적 사건으로 없어질 수도 있었을 것이며 다른 경우 선택과 우발적 요인이 같이 작용하여 멸종이나 적응, 생존, 또는 가능한 종 다양화로 연결시켰을 것이다.

비록 선조와의 연계는 불분명하지만, 캠브리아기에 존재했던 체형들이 전부는 아니라도 많은 수가 선캠브리아기 줄기 분류군의 새로운 적응적 방사화를 확실하게 보여주고 있다. 각 체형들은 캠브리아기에 기원을 둔 화석기록의 모양에 비해 너무 특성화 되어있다. 이들 초기 연질 체형의 줄기 분류군들은 Kimberella와 에디아카라 생물상중 동물의 초기 단계의 것을 제외하고는 화석기록으로 남아있지 않다.

이들 생물(혹은 사실 어떤 형태든지)이 기원한 시점을 찾아내는 한 가지 방법은 뉴클레오티드 염기서열 자료를 **진화적 분자시계**로 시용하는 것이다(BOX 11.2). 엄청난 양의 데이터를 근거로 우리는 분기 다양화가 7억 년 전에 주된 캠브리아 계통들 사이에서 시작되었다고 결론지을 수 있었다. 캠브리아기 동안의 개량은 경질화 부분의 첨가와 골격의 무기질화였는데 이는 진화하는 근육을 위한 지렛대 역할, 신체 기관들의 지지, 아가미와 여과기구의 보호덮개, 방어용 껍질과 침 등으로의 역할을 하였다.

BOX 11.2

진화적 분자시계

분자적 특성에 기초한 계통수는 형태와 상관없이 생물 간의 유연관계를 확립할 수 있게 한다. 형태와 분자적 특성을 조합해서 사용한 선조 상태의 재구성은 새로운 자료로서 검증될 다른 가설들을 제시하게 된다.

어떤 계통수든지 분자적 특성에 근거해서 이를 재구성할 때 이 과정이 갖는 고유성은 (1) 생물 간의 진화적 차이는 분자적 차이와 관련되어 있다는 것과 (2) 일반적으로 두 생물 간의 분자 간의 차이가 많을수록 두 생물 간의 진화상 거리가 멀다는 것이다. 과거의 많은 계통수에서는 진화적 시간의 척도를 설정 할 때 돌연변이의 상이성을 사용하였다. 여기에서의 대 전제는 돌연변이가 시간의 경과에 따라 상당히 일정한 비율로 고정되어야 한다는 것이고 그래서 이를 **분자시계**라고 알려진 진화적 시간의 척도로 사용할 수 있다는 것이다.

기본적 가정은 뉴클레오티드 자료를 이용할 수 있는 어떤 단백질(유전자)로도 분자시계를 표준 조정할 수 있다는 것이다. 이는 어떤 계통에서든지 그 진화 역사를 통해 어느 단백질에 축적되는 돌연변이의 비율과 다른 단백질에의 돌연변이 축적 비가 같이 유지되어야 한다는 것을 의미한다. 그러나 분자시계는 어느 단백질에서나 같은 속도로 흘러가는 것은 아니다. 단일 비율을 얻기 위해 서로 다른 유전자간의 변화를 평균화할 수 있지만 이를 조심스럽게 운용을 해야 하는데 왜냐하면 모든 뉴클레오티드 서열에 같이 적용할 수 있는 분자시계는 없기 때문이다. 분자시계는 어떤 분류학적 집단에서도, 어떤 유전자들 또 어떤 단백질에서도 같은 속도로 째깍거리기지 않기 때문이다.

◆ 캠브리아기 방사화의 원인

캠브리아기 방사화를 통한 다세포성 동물들의 진화적 폭발을 설명하는 적어도 다섯 가지 가설이 제창되었고 또 수많은 증거들이 쌓여 있다.

1. 지질학적, 환경적 그리고 기후적 조건
2. 산소(O_2)농도의 변화
3. 천적-먹이 관계
4. 배 발생의 진화와 체형 설계의 특이화
5. 유전적 변이의 새로운 근원과 유전자수와 조절방법의 변화

1번에서 4번까지에 대한 증거는 바로 다음에서 논의될 것이다. 유전적 변이의 근원(5번)은 12장에서 검토될 것이다.

지질학적 조건

산소농도의 변화는 캠브리아기 대폭발을 용이하게 만든 것으로 추정되는 몇 몇 주요한 요인 중의 하나이다. 선캠브리아기 암석에서 동물화석이 잘 발견되지 않을 수 있는데 이는 지질학적 조건이 화석화를 방해했고 당시 존재하던 화석마저도 파괴했기 때문이라는 것이다. 선캠브리아기 산악 형성에 작용한 열과 압력이 화석화를 제한한 중요한 요인으로 작용했을 것이라고 주장되고 있다. 그럼에도 불구하고 진핵, 원핵생물(그리고 에디아카라 생물상)

들은 선캠브리아기 지층에 포함되어 있다. 그러므로 캠브리아기 동물의 단절은 실제가 아니고 단지 지질학적 변성이나 불완전한 화석화 때문이라는 것은 맞지 않는 것 같다. 캠브리아기 대폭발의 설명으로 제시되는 또 다른 물리적 원인은 지각변동(2장)과 그에 따른 해안선의 모양, 넓이 및 위치변경, 또 환경과 기후변화이다. 빙하화를 동반한 해수위의 변화도 새로운 환경이 만들어지는데 중요한 역할을 했을 것이다.

산소농도의 증가

4장에서 논의된 바처럼 산소(O_2)는 캠브리아기의 10억년 이전에 남세균이 생겨나고 널리 분포해 자라면서 축적되기 시작하였다. 산소가 주로 선캠브리아기 동안 증가하였다는 증거도 존재한다. 산소는 오존 보호담요(4장)를 형성하여 얕은 물속, 조수 웅덩이, 그리고 인근 바위표면에서 다세포성 동물이 증식하고 또 방사화가 쉽게 일어날 수 있게 하였을 것이다.

캠브리아기 생물들의 후손에 대한 지식으로부터 우리는 산소에 의존하는 호기성 대사가 새로운 에너지원을 이용할 수 있게 하였고 이는 신체 크기의 증가로 이어졌으리라고 추정할 수 있다. 호기성 대사는 아마도 현재 대기 중 산소농도의 1% 정도에 달하는 산소농도가 요구되었을 것이다. 캠브리아기 초기의 대기는 그 정도가 되었을 것이라고 추정된다(4장). 산소를 이용할 수 있었던 초기 캠브리아기 동물들은 분자상태의 산소를 날라다 주는 헤모글로빈을 포함한 공통의 유전자 세트를 갖고 있었을 것이라고 확대 추정할 수 있다.

천적-먹이의 관계

생물상의 다양화를 초래한 또 다른 생물학적 요인은 산소농도 증가에 의해 용이해진 먹이 섭취 방법의 변화이다.

천적은 가장 흔한 **먹이 종**을 잡아먹는데 먹이 종의 개체수가 줄어들면 주된 먹이 종만의 선택적 섭취에서 다른 종의 먹이화로 확대 된다. 우리는 현재의 식물군집에서 어떤 우점 식물이 천적에 의해 제거될 경우 그전까지 낮은 개체수로 존재하던 식물, 혹은 서식지에서 증식이 배제되던 식물, 내지 그곳으로 새로 옮겨온 식물들이 기회를 갖게 되는 것을 보게 된다. 먹이종의 다양화는 천적의 다양화로 이어진다. 천적-먹이의 관계는 소위 **끊임없는 무기경쟁 공진화**(co-evolving arms race)의 특성 상태로 돌입하게 하는데 이는 먹이생물의 방어적 고안에 대한 천적의 성공적 선택과정, 이에 뒤따르는 천적의 고안에 따른 먹이생물의 적응, 즉 다양화의 증진으로 이어진다.

배 발생 과정의 공유와 체형설계의 특이화

거의 모든 동물 성체의 가장 분명하고 구별되는 형태적 특징은 다음 것들이다.

- **전후**(anterior-posterior, A-P), **등배**(dorso-ventral, D-V) **및 좌우**(left and right, L-R)를 가르는 대칭축
- 쌍을 이룬 부속지들
- 서로 비슷한 조직과 기관

이런 정확하고 반복적인 특징들은 유전적 경로의 제어에 근거한 정밀한 순서의 배 발생을 통해 생겨난다. 동물의 기원을 이해하기 위한 가장 유용한 접근수단의 하나는 서로 다른 동물들의 배 발생 과정을 유전적, 세포적 수준에서 이해하는 것이다. 유전자 발현, 자연 돌연변이 및 유발 돌연변이의 기구와 그 양상의 분석으로부터 우리는 모든 동물의 발생을 관장하고 있는 유전자들이 같은 뉴클레오티드의 서열을 공유하고 있고, 비슷한 연관 순서를 갖고 있으며 심지어 유사한 발생 표적을 갖고 있다는 것을 알게 되었다. 다음 절에서 논의되겠지만 예를 들면 **호메오박스**(homeobox) 유전자는 신체 부위의 원형을 만들거나 또 날개나 다리 같은 특정 부위를 만들기 위한 최초의 신호를 제공하고 또 그 경로를 시작하게 한다.

전후(A-P)와 등배(D-V) 형체화

알에 축적된 모계유전자 산물이 부위별로 불균등하게 분포되어 있다가 발생의 출발 시점에서 지역적 차이가 확립된다. 이중 많은 분자들을 **형태발생물질**(morphogen)이라고 부르는데 이들이 특정 형태로의 발생과정을 활성화시키기 때문이다. 초파리 유전자 바이코이드(bicoid)와 구르켄(gurken)에 의한 A-P와 D-V 각각의 형체화를 그림 그림 11.7에 예시하였다.

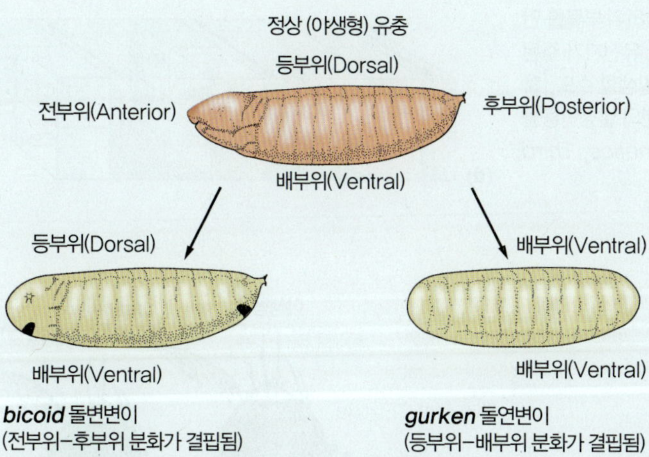

그림 11.7 초파리(*Drosophila melanogaster*)에서 바이코이드(bicoid)와 구르켄(gurken) 유전자의 돌연변이가 신체 축 형성에 미치는 영향. 바이코이드 mRNA는 높은 농도에서 알의 전방*을 결정해 주며 장축을 따라 농도가 낮아진다. 유전자 바이코이드에 돌연변이가 일어나면 A-P 결정이 방해를 받아 머리가 없는 개체가 생성된다; A-P 신체 축이 P-P축이 된다. 구르켄 mRNA도 비슷한 방법에 의해 D-V 축의 형성을 결정한다. 유전자 구르켄에 돌연변이가 일어나면 등 조직이 없는, D-V축이 V-V축으로 되어 배로만 된 유충이 만들어진다.(Ephrussi, A., and R. Lehman, Nature 358, 1992: 387~392. 에서 인용)

| 역자 주 |
*전방: 원본에 posterior(후방)으로 되어 있으나 이는 전방(anterior)의 잘못으로 판단되어 수정, 번역함.

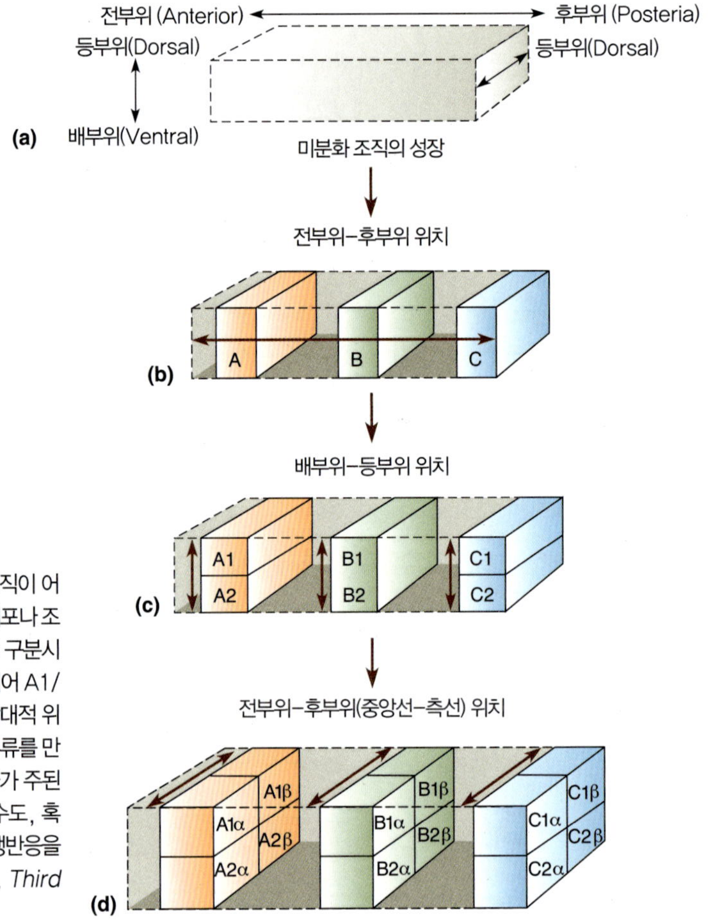

그림 11.8 발생과정에서 신체 축을 따라 있는 세포와 조직이 어떻게 농도 차에 반응하는가에 대한 설명. 농도구배**(a)**는 세포나 조직을 그들의 상대적인 전후 위치정보에 따라 A, B와 C로 구분시킨다**(b)**. 이어지는 생장과 분화에서 등배의 정보가 첨가되어 A1/A2, B1/B2, 및 C1/C2가 생겨난다**(c)**. 이들 조직의 상대적 위치의 원근에 따른 연속된 세포분열이 다시 α와 β의 하위 부류를 만들어낸다**(d)**. 지리적 위치와 선택유전자—호메오 유전자가 주된 부류—의 활성에 따라 A 조직은 B나 C조직으로 발생할 수도, 혹은 같은 A내의 다른 하위 조직의 발생과 다른 일련의 발생반응을 거칠 수도 있게 된다(Strickberger, M. W. *Genetics, Third edition*. Macmillan, 1985.에서 인용).

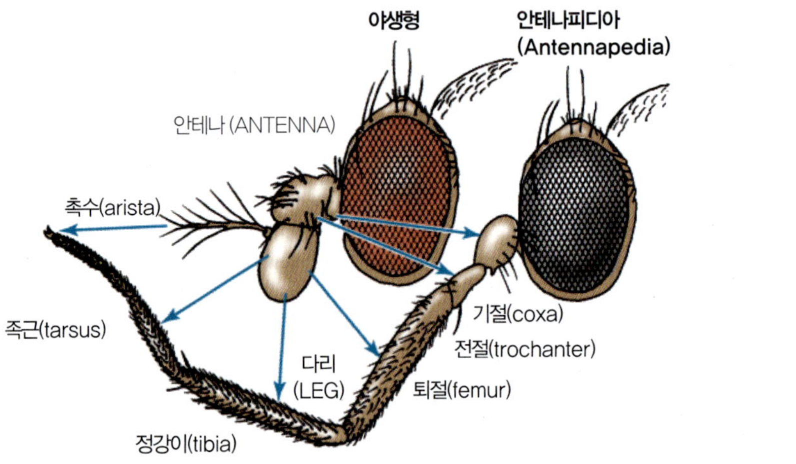

그림 11.9 호메오성 안테나페디아(Antennapedia) 돌연변이를 갖고 있는 초파리(*Drosophila melanogaster*)에서 다리와 더듬이의 위치적 상응부위. 돌연변이에 의해 다리 조직으로 치환된 더듬이 조직이 파란 화살표로 표시되어 있다; 예를 들어 말단 부위의 세포는 발목부위로 전환되어 있고 기부의 세포는 기부절(coxa)과 제2관절(trochanter)로 각각 전환되어 있다.

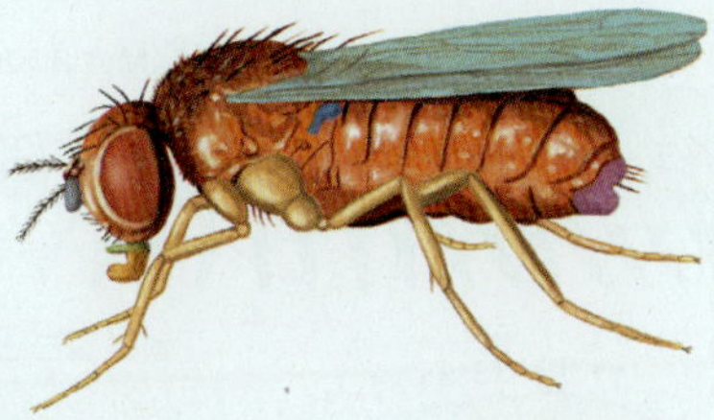
(a)

(b)

그림 11.10 초파리에서 바이소락스(bithorax) 유전자에 돌연변이가 일어난 경우 네 날개를 갖는 성체가 만들어질 수 있다. **(a)** 모든 쌍시류에서처럼 초파리도 세 흉절 중 가운데 체절에 한 쌍의 날개만을 갖는다; 둘째 쌍의 부속익은 균형을 유지기관인 평형곤(halteres)으로 진화하였다(날개 아래의 파란색 구조). **(b)** 어떤 바이소락스 돌연변이에서는 제3 흉절이 완벽한 날개를 갖는 제2 흉절로 전환되어 네 날개를 갖는 선조파리와 같은 상태가 되었다.

지역적 고유성

그림 11.8 은 어떤 세포나 조직이 어떻게 화학물질의 농도 차에 의존하여 그들의 역할에 대한 정보를 얻는가를 표시하고 있다. 발생단계별 사건의 순서가 같은 종의 각 개체마다 동일 한 것은 조절 단계의 순서가 개체 마다 꼭 같다는 사실 때문이다. 예를 들면 돌연변이에 의해 그 순서가 달라질 경우 그 돌연변이가 아주 미약하거나 혹은 보상될 수 없는 정도라면 결과도 달라진다. 초파리 돌연변이 안테나페디아(Antennapedia)는 정상적으로는 더듬이가 형성되는 시각반구(imaginal disc)에서 다리를 발생시킨다(그림 11.9). **안테나페디아 복합체**(Antennapedia complex)라고 불리는 여섯 개의 안테나페디아-연관 유전자 집단도 유사한 조절기능을 갖는다. 이런 돌연변이들은 **호메오성**(homeotic)이라 부르는데 왜냐하면 이들은 특정 신체 부위의 특정기관을 정상적인 개체에서는 신체 중심축을 따라 다른 장소에 존재하는 기관과 유사한 것으로 바꾸기 때문이며 이런 형태의 변화를 **호메오시스**(homeosis)라고 부른다.

초파리의 안테나페디아 복합체에서처럼 세 개의 유전자로 구성된 **바이소락스**(bithorax) 복합체도 흉부 제2체절의 후방부에서 복부의 끝까지의 여러 구조의 운명을 관장하는 많은 유전자를 조절함으로써 호메오성 변화를 촉발시킨다. 복부의 앞부분에서의 정상적인 울트라바이오소락스(Ultrabiothorax) 유전자의 발현이 결여될 경우 이 부위는 복부라기보다는 마치 흉부인 것처럼 발생한다(그림 11.10).

그림 11.11에서 보는 바처럼 곤충의 배(胚)의 체부는 A-P 축을 따라 순차적으로 발생하게 될 체절로 구분되어 있다. 초기 캠브리가기 버지스 이판암 중의 정점 분류군에서 발견된

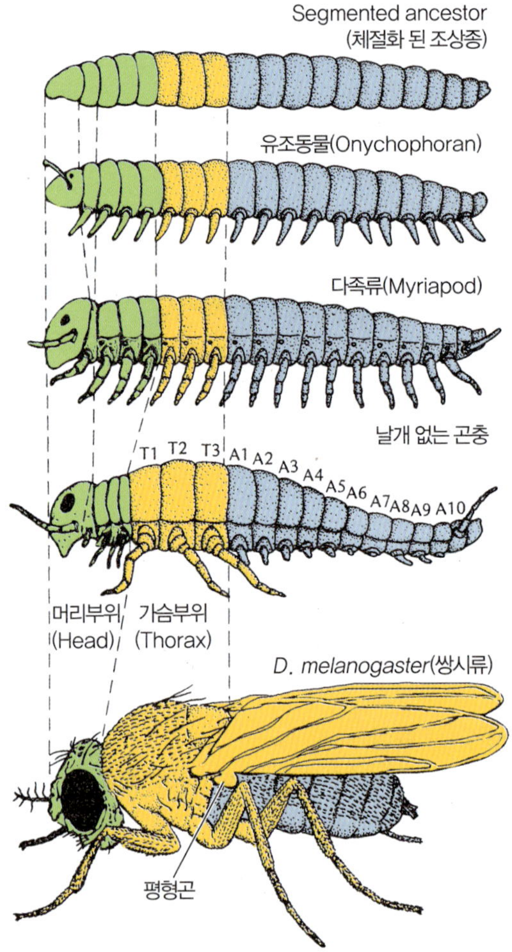

그림 11.11 서로 다른 곤충 집단의 유형화로 제안된 곤충 체절 체계화의 진화 단계. 세 개의 흉부 체절은 두부와의 경계에서부터 T1, T2, 및 T3의 순서로 명명되었다. 처음에 비교적 균일했던 체절은 다른 계통으로의 진화에 따라 점차 복잡해 졌다. 초파리와 같은 쌍시류 곤충에서는 체절이 별도의 복잡한 구조를 갖게 되었다; 제2 흉절(T2)은 날개를, 제3 흉절(T3)은 평형곤(halteres)을 갖는다. A1–A10은 여덟 개의 복부체절로 흉부와의 경계에서부터 순차적으로 번호가 부여되었다.(Strickberger, M, W. *Genetics*, *Third edition*. Macmillan, 1985.에서 인용).

동물들에서 A–P축, D–V축, 그리고 체절이 존재하는 것으로 보아 이런 특색들을 만들어 내는 기작은 이미 선캠브리아기에서 기원했음이 분명하다. 곤충 진화는 균등체절을 갖는 선조 곤충에서 *Drosophila*속 초파리의 더 복잡한 체절로의 진화 같은, 잘 연구된 예를 제공하고 있다(그림 11.11). 이 형태적, 발생학적 증거는 분자 수준의 자료를 이용하여 만들어진 동물의 계통수에 의해 뒷받침되고 있는데, 이 계통수는 캠브리아기의 광범한 기간에 걸쳐 다양화된 동물 문들을 포함하는 계통수와 일치한다.

호메오박스 유전자

초파리 배의 신체 축 형성능을 갖는 **바이소락스**(bithorax)와 **안테나페디아**(antennapedia) 에 대한 고대 진화적 기원의 의미는 모든 동물에서 신체 축 확정 기작이 공통적인 유전적 기반에 근거할 것이라는 것이다. 만약 그렇다면 공통의 유전적 체계도 다른 계통에서는 다른 방식으로 나타난다는 것이다. 어떤 경우 날개가 다른 경우에서는 다리로, 어떤 경우 체절이 다른 경우 체절의 결여로 각각 나타나게 된다. 어떻게 이러한 유전적 체계가 구축될 수 있었을까?

DNA상의 서열로서 서로 밀접하게 관계가 있는 **호메오박스**라고 부르는 유전자군의 발견이 이 질문에 대한 해답이다. 호메오박스 유전자(호메오박스를 갖는 유전자)들은 **초파리** 유전체에서 **바이소락스**와 **안테나페디아** 복합체를 포함한 여러 장소에서 발견되었다. 각 호메오상자 유전자는 호메오도메인이라고 부르는 약 60개의 아미노산으로 구성된 폴리펩티드 서열을 암호화하고 있다. 호메오도메인은 전사요인의 일부로서 DNA에 결합하여 mRNA의 생산을 조절하게 된다.

동물의 유전체들에서 50개 혹은 그 이상의 호메오박스 유전자 군이 확인되었다. 비록 다른 분류군에서는 다른 구조로 발현되고 있지만 A-P와 D-V 형체화는 전 동물계에서 호메오상자 유전자에 의해서 조절되고 있다. BOX 11.3에서 **혹스 유전자 군**(Hox gene family)이라고 부르는 척추동물의 호메오박스 유전자들이 소개되고 있다. 현화식물과 균류(10장)에서도 보존적인 호메오박스 유전자가 발견되는데 이들도 동물의 것과 매우 유사한 호메오도메인 단백질을 생산한다. 그러므로 호메오박스 유전자들은 동물, 식물, 균류가 갈라지기 전인 진핵세포역사의 이른 시기에 그 기능을 갖기 시작했음이 틀림없다. 호메오박스 유전자는 공통의 조상유전자에서 중복된 후 다세포성 생물의 진화과정에서 다양화 했을 것이라고 가정되고 있다. 반 드 피엘(Van de Peer)과 공동연구자들에 의한 최근의 총설에서 논의된 바처럼 이들 유전자와 유전자 복합체의 초기 중복 및 뒤 이은 각 복사본의 기능분화는 신체의 다른 장소들을 특이화 시켰을 것이다. 척추동물의 혹스 유전자 진화와 관련한 유전자 중복은 BOX 11.4에서 논의될 것이다.

놀랍게도 호메오박스를 포함하고 있는 유전자들인 **초파리의 안테나페디아-바이소락스**(antennapedia-bithorax) 집단의 연관 순서는 초파리 배에서의 A-P축을 따른 발현 순서와 일치한다(그림 B11.2). 전 동물계의 호메오박스(Hox) 유전자에서 같은 호메오도메인이 같은 연관 순서로 나타난다는 것(그림 11.12와 11.13)은 서로 다른 계통에서의 특이적인 체형설계가 공통적인 고대 진화 기원을 갖는다는 것을 의미한다.

뿐만 아니라 특정 호메오상자 단백질은 다른 생물 내에서도 같은 기능을 수행할 수 있는데 예를 들면 초파리 호메오상자 유전자 **안테나페디아**가 초파리 내에서 하는 기능의 전부 혹은 거의 모두를 생쥐의 상동염색체 *Hoxb*에서 생산된 단백질이 떠맡을 수 있다. 체절 내에서 칸막이를 구획하는 **엔그레일드**(engrailed)같은 상동성 발생 유전자는 전 동물계 내에서 작용한다.

동물계내의 유전자 구조와 기능에 관한 비교 연구로 몇 가지 주요한 결론이 얻어졌다.

- 이들 중요한 발생(조절)유전자들은 모두 공통성, 높은 보존성, 그리고 전사요소로서의 **진화적 고대역할**을 **공유**한다.
- 동물의 체형설계를 확립하는 기본 발생과정은 **공통 유전적 진화**의 기원에 근거한다.
- 진화과정을 통해 **변화된 것은 경위**이다. 이들 보존성 조절물질의 특이적 기능은 세포의 계통에 따라, 조직에 따라, 기관에 따라, 또 발생과정의 시간경과에 따라 서로 달라진다.

BOX 11.3
혹스 유전자와 척추동물의 기원

척추동물에서 호메오상자를 포함하고 있는 유전자를 혹스 유전자(Hox gene)로 부르는데 Ho는 호메오도메인(homeodomain)에서 그리고 x는 척추동물에서 각각 취한 것이다. 척추동물의 Pax-6는 초파리의 paired rule(Pa) 유전자와 상동성인 것인데 x를 첨가하여 Pax로 만들었다. 6의 숫자는 Pax-6가 명명될 시점에서 이미 5개의 Pax 유전자 가족이 알려져 있었다는 것을 의미한다. 관행적으로는(모든 경우 관행이 적용되는 것은 아니지만) 유전자산물인 단백질과 구분하여 유전자 이름은 이탤릭체로(Pax-6), 또 인간의 혹스 유전자들은 대문자 이탤릭체(PAX-6)로 각각 기술한다. 혹스 유전자의 중요성의 인식(13장 참조)은 척추동물 기원의 탐색 역사에서 매혹적인 일화를 남겼다.

초파리 두 유전자 울트라바이소락스, 안테나페디아와 상동성 서열을 갖는 척추동물의 호메오 박스(Hox) 유전자들은 일련의 전사요인들로서 척추동물의 네 개 염색체 상에 호메오박스 유전자군으로 자리 잡고 있다. 초파리에서와 마찬가지로 유전자군 내에서의 혹스 유전자들의 순서는 발현의 전방-후방 순서와 나란하다. 형체화에서의 혹스 유전자의 역할은 생쥐에 혹스 유전자를 결손 시키거나 집어넣어서 그 기능을 제거하거나 증진시킴으로써 소위 호메오성 전환이라고 부르는 두개골, 척추 혹은 다른 기관들을 전방부로 전환시킴으로 증명되었다(13장 참조). 재생되고 있는 양서류 사지를 혹스 유전자를 조작함으로써 두 개로 만들 수가 있었다. 어떤 개구리 종에서는 절단된 꼬리가 복제될 때 호메오적으로, 꼬리가 아닌, 사지와 함께 완전한 골반부가를 갖는 신체 후반부가 만들어지게 할 수 있었다. 결과적으로 척추동물과 초파리 유전자의 역할의 보존성은 초파리 유전체에 삽입된 생쥐의 Hoxb-6 유전자가 초파리의 더듬이 자리에 다리를 유도해 내는 것을 보여주는 연구로 증명되었다.

호메오박스 유전자의 카피수는 척추동물 사이에서 다양하다. 생쥐에서는 네 개의 유전자군에 37개 카피, 칠성장어에서는 세 유전자 군, 경골어류에서는 7개의 유전자 군까지 존재한다. 네 개 유전자 군의 존재에 대한 현재 가장 유력한 설명은 척색동물이 생겨날 당시의 유전체의 중복 때문이라는 것이다. 중복이 미래의 구조적, 기능적 다양화 가능성과 함께 유전자 복사본 간의 기능적 특이화를 가능케 하였다. 서로 배타적이지 않은 네 가지 가능성이 유전자 기능의 진화적 변화를 설명할 수 있다.

두 가지는 혹스 유전자 군 자체의 카피 수이든 유전자 군 내의 유전자 카피 수이든 유전자 카피 수의 변화가 연루된다. 경골어류가 생겨나기 전에 혹스 유전자 군이 중복으로 - 아마도 염색체의 큰 부분이나 염색체 전체의 중복과 연결된 - 네 개에서 8개로 만들어졌을 것이다. 여기서 한 개 유전자 군의 결실이 일어났다면 경골어류인 제브라 피시에서의 7개 유전자 군의 존재를 설명할 수 있을 것이다.

나머지 두 가능성은 개별 혹스 유전자들의 기능적 변조나 유전자 네트워크사이의 상호작용의 복잡성 증가에 의한 기능 변경이 관련되는데 이는 혹스 유전자를 조절하는 유전자(상위 유전자로 불리는 유전자)혹은 혹스 유전자에 의해 조절되는 유전자(하위유전자로 불리우는 유전자)의 변화로 연결된다.

발생과정의 변화와 진화

발생에 관여하는 유전자들의 높은 보존성, 그리고 그들의 일관된 보존적 기능에 근거한 안정성을 기정사실화 하려면 어떻게 발생의 다양화 변이가 유전자적 수준에서 조정되었는지를 이해할 필요가 있다. 다음 장에서 논의될 것이지만 유전자 조절은 발생적, 진화적 변화를 설

BOX 11.4

유전자 중복과 다양화

서로 다른 헤모글로빈 사슬의 서열 유사성 관찰에서 얻어진 결론은 서로 다른 유전자들이 그 서열과 기능이 수렴되어 비슷하게 되었다기보다 글로빈 형(type) 시원 유전자의 중복으로 헤모글로빈과 마이오글로빈 같은 다른 **글로빈 유전자**가 생겨났다는 사실을 강하게 제시하고 있다. 서로 다른 두 가지 형의 유전자 **중복**을 의미하는 유전자 용어가 채택되었다.

- **직렬상동유전자(paralogous genes, paralogues)**는 종 내에서의 중복(예, 인간의 α, β 그리고 γ헤모글로빈) 유전자를
- **병렬상동 유전자(orthologous genes, orthologues)**는 공통조상을 갖는 서로 다른 종 들이 공유하는 유전자(예, 말과 사람의 α-헤모글로빈)를 각각 지칭한다.

글로빈 유전자의 진화과정에서 언제 중복이 일어났는지를 두 분자간의 아미노산 차이로부터 계산할 수 있다. 어떤 두 사슬간이든지 아미노산의 차이가 클수록 중복이 일어난 시기가 더 과거로 거슬러 올라간다. 그림 B11.2는 다섯 개의 글로빈 유전자에서 아미노산 차이를 초래할 뉴클레오티드의 개수 차이에 근거한 유전자적 계통수를 나타내고 있다. 얼마나 오래전에 돌연변이가 일어났는지 계산할 수 있기 때문에 추론되는 각각의 중복 발생 시기도 그림 그림 B11.2 에 같이 표시되어 있다.

세 자료 세트로 다섯 개 글로빈 유전자의 진화 단계를 순서대로 배치할 수 있었다. (1) 마이오글로빈 사슬은 다른 모든 글로빈 유전자와 100개 이상의 아미노산에서 확실하게 다르다. (2) 헤모글로빈의 α와 β사슬은 서로 77개의 아미노산에서 차이가 있다. (3) 헤모글로빈 β사슬은 γ사슬과는 39 장소에서 달랐으나 δ와는 단지 10곳에서만 서로 다르다.

가장 거리가 먼 미오글로빈유전자는 그 중복이 가장 일찍 일어났다. 그 후의 중복으로 두 개의 α헤모글로빈 유전자가 생겨났는데 그중 하나는 β헤모글로빈 유전자로 진화되었다. β와 γ헤모글로빈 사슬은 차이가 가장 적으며 따라서 그 분리도 가장 최근의 중복에 의해 생겨났다(그림 B11.2). 뒤이은 다른 형의 중복, 즉 바로 붙어 있는, **종(직)렬로의 중복**이 β의 두 복사본(α1과 α2)를 생겨나게 했다. 몇 번의 β의 세로중복에 의해 유전자 군 또는 **다유전자 군**(gene or multigene family)이라고 불리우는 7개의 β유전자가 생겨났다(그림 B11.3).

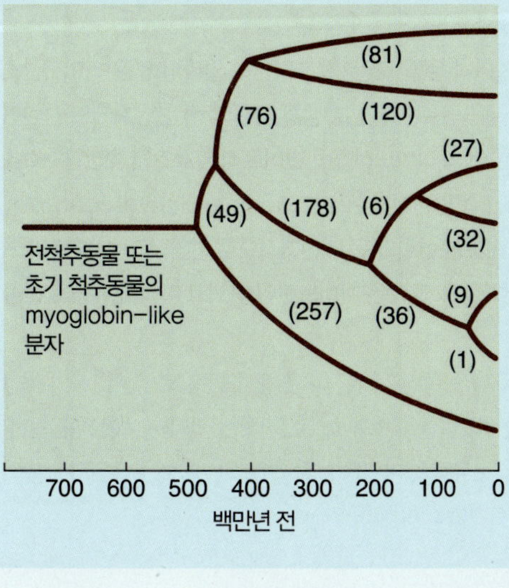

그림 B11.2 사람 글로빈형 단백질들이 서로 간 분리되었을 것으로 추정되는 시간을 보여주는 계통적 관계. 각 계통의 가지에서 확인된 아미노산의 변환이 일어나려면 뉴클레오티드의 치환이 필요한데 그 예상 숫자가 괄호 안에 표시되어 있다 (Strickberger, M, W. *Genetics, Third edition*. Macmillan, 1985. 에서 인용).

BOX 11.4
유전자 중복와 다양화 (*계속*)

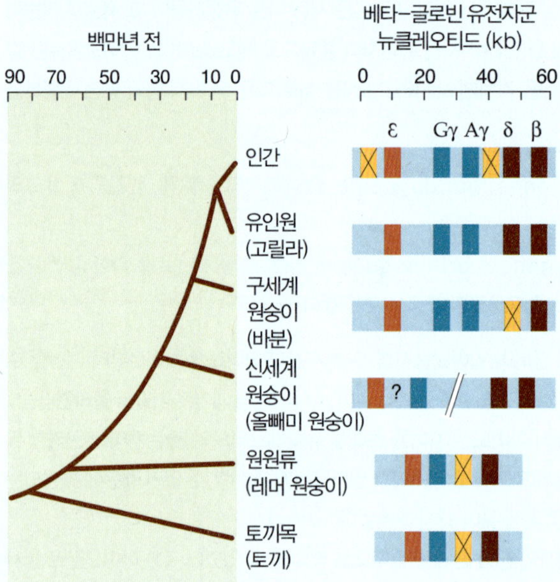

그림 B11.3 다섯 가지 서로 다른 영장류와 토끼에서의 β-글로빈 형 유전자들의 집단 구성(clustered organization)을 보여주는 그림과 더불어 같이 제안된 이들 유전자들의 진화수(evolutionary tree). 각 집단내의 유전자들은 같은 염색체에서 서로 연관되어 있다. 직사각형으로 표시된 각 유전자는 왼쪽에서 오른 쪽 방향으로 전사된다. 배 발생과 태아 발생에 관련된 유전자들은 왼쪽에(*옅은 색깔*), 성체 β-글로빈을 생산하는 유전자들은 오른쪽에(*짙은 색깔*) 각각 자리하고 있다. 지운 표시가 있는 유전자들은 기능이 없는 위유전자(pseudogene)들이다(Strickberger, M, W. *Genetics*, *Third edition*. Macmillan, 1985.에서 인용).

유전자 군 내에서의 기능적 다양화

어떤 경우 유전자 군 내의 모든 유전자에 동일한 혹은 유사한 기능의 활성이 남아 있는 수가 있다. 또 다른 경우에는 중복된 유전자가 기능을 잃고 **위유전자**(pseudogene)로 유지되는 수도 있다(그림 B11.3); 위유전자가 생기는 원인인 유전자 복사체 내의 유해 돌연변이는 초기 척추동물들 사이에서도 일어났을 것으로 추정될 뿐 아니라 다른 한편 복사체 유전자들에게 기능적 발산을 허락했을 것이다. 진화적 관점에서 복사체 유전자의 가장 의미 있는 점은 이들이 새로운 기능을 갖도록 진화하는 것인데 이에 대한 고전적인 예는 투명한 렌즈 수정체 단백질 유전자이다. 동물에서 알려진 10개의 수정체 단백질은 비록 각각의 유전자 구조는 보존적이지만 그 산물은 다른 효소와 결합하여 다른 기능을 나타낸다.

복사체 유전자가 기능적 발산을 하는데 시간이 얼마나 걸릴 것인가는, 당연히 얼마나 많은 아미노산의 치환이 필요한가에 달려있지만 한편 다른 유전자에 일어나는 변화와 그 생물 자신의 적응/진화에도 관련이 있다. 진화적 변화 속도에 관한 인상적인 예는 단지 한 개의 아미노산 돌연변이로 대사효소인 젖산탈수소효소(lactate dehydrogenase, LDH)가 다른 효소, 즉 말린산탈수소효소(malate dehydrogenase, MDH)로 바뀐 경우이다. 여기서는 기능의 변화가 아미노산 변화와 동시 진행적으로 일어났다. 대부분의 기능 변화는 매우 느리게 일어나며 그 과정에서 구조 변화를 위해 많은 아미노산이 바뀌고 따라서 유전자 산물의 기능에도 변화가 오게 된다.

유전자 중복 현상의 존재에 의해 제기된 중요한 문제점, 특별히 유전체 전체가 중복되는 경우에 이 현상이 새로운 기관, 새로운 생물, 또 적응적 방사화 등의 시작을 용이하게 해주는가하는 것이다. 육상식물과 경골어류의 기원은 유전체 중복과 관련이 있으나 조류와 포유류의 기원은 그렇지 않다는 사실은 유전자 중복이 새로운 분류집단의 기원에 꼭 요구되는 것은 아니라는 것을 의미한다.

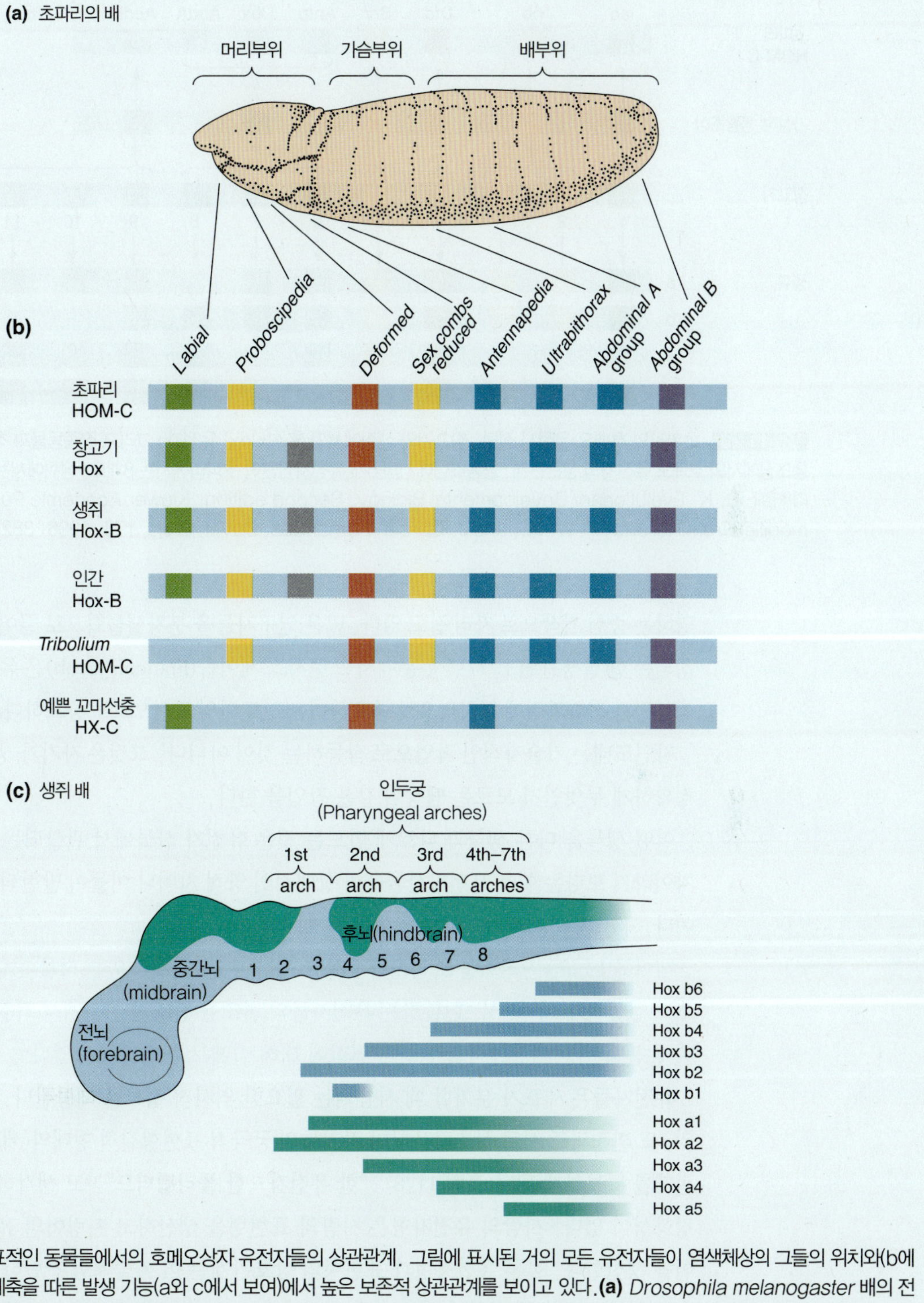

그림 11.12 대표적인 동물들에서의 호메오상자 유전자들의 상관관계. 그림에 표시된 거의 모든 유전자들이 염색체상의 그들의 위치와(b에서 보여줌)) 전후 체축을 따른 발생 기능(a와 c에서 보여)에서 높은 보존적 상관관계를 보이고 있다. **(a)** *Drosophila melanogaster* 배의 전후 축을 따른 호메오상자 유전자의 활성 영역에서 라비알(labial) 은 주로 전방부에, 애브도미날B(Abdominal B) 집단은 주로 후미부에 작용한다. **(b)** 초파리, 창고기(두색류), 포유류(생쥐와 사람의 Hox-B), 붉은밀가루갑충(거짓쌀도둑거저리, *Tribolium castaneum*, red flour beetle), 그리고 예쁜꼬마선충(*Caenorhabditis elegans*) 의 호메오상자 유전자 집단. 상동유전자(병렬 상동유전자)들은 수직으로 맞추어 배열되어 있다. **(c)** 생쥐 배 전방부에서의 Hoxa와 Hoxb 유전자의 발현. 각 막대의 왼쪽 말단은 해당 유전자가 발현하는 전방부 한계를 표시하는데 이는 인두궁(pharyngeal arches) 1에서 7까지의 위치에 따른 경계, 후뇌 내부의 1에서 8까지 구분의 경계, 그리고 이동하는 신경관세포 집단 간의 경계의 같은 중요한 경계를 결정한다.

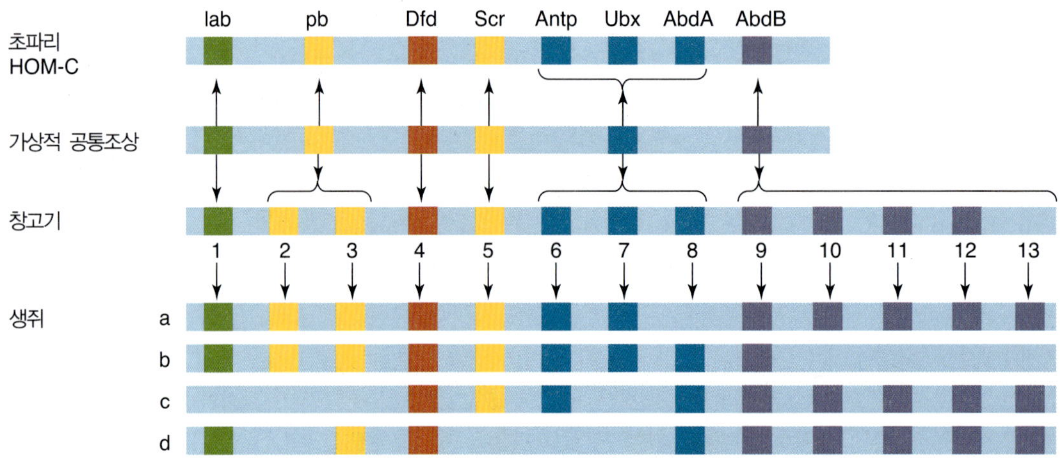

그림 11.13 초파리의 호메오 유전자 집단, 창고기와 생쥐에서의 혹스(Hox) 유전자, 그리고 절족동물과 척삭동물의 가상 공통조상에서의 호메오 유전자의 상관관계. 공통조상에서의 6개 유전자집단이 초파리에서는 8개로, 생쥐에서는 13개로 확장되었다(Hall, B. K. Evolutionary Developmental Biology, Second edition. Kluwer Academic Publishers, 1999; modified from Holland, P. W. H., and J. Garcia-Fernandez, Devel. Biol., 173, 1996: 382-395).

명하는 중심 기작으로 자리 잡고 있다. 많은 연구자들을 분자생물학으로 끌어들인 것으로 인정되는 한 발생관련 1977년 논문에서 프랜시스 제이콥(Francois Jacob)은 유전자 조절이 발생과정과 진화과정에 결정적으로 중요하며 자연도태의 표적으로도 중요하다고 제창하였다.

자연도태는 기술자적인 작업으로 작동하는 것이 아니다. 그것은 자기가 생산하려는 것이 정확하게 무엇인지 모르는 땜장이 같은 작업을 한다.

어떤 생물을 다른 생물과 다르게 만드는 것은 유전자 산물에서 관찰되는 사소한 구조의 차이라기 보다는 이들 유전자산물들의 상대적인 양적 차이나 이들이 발현되는 시기의 차이이다. 구조의 문제라기보다는 조절의 문제이다.

제이콥(Jacob)은 진화를 **브리콜라주**(bricolage, 아무렇게나 만든 작품, 서투른 땜질)이라고 표현했는데 이 용어는 현존하는 유전자들의 변조를 강조한 관점에서 적절하게 붙여졌으며 유전자 수준 이상에서의 진화적 변화에 대해 실제로 채택되어 왔었다.

유전자들은 세포가 분화할 때 사용되는 필요한 역사적 정보를 제공한다. 세포는 세포끼리, 또 환경과도 서로 상호작용하여 자기들의 궁극적 표현형질적 형태와(세포사이의) 유연관계를 확보하게 된다(그림 11.8). **"한 유전자 - 한 폴리펩티드"**라고 생각하려는 필연적인 경향성이 있다. 사람의 유전자형은 사람의 표현형을 생산하고 지렁이의 유전자형은 지렁이를 생산한다. 물론 유전자형과 표현형의 상호관계는 이 기술처럼 간단하지 않은데 당신을 그렇다고 믿도록 이끌려 가고 있을 것이다.

나비의 유전자형은 애벌레와 나비성체, 즉 두 표현형을 만든다. 개구리의 유전자형은 역시 올챙이와 개구리의 두 표현형을 만든다. 개미의 유전자형은 여왕벌, 병정개미, 대두 노동자 개미와 소두 노동자 개미의 네 표현형을 나타내는데 어떤 종은 매 세대마다 이를 표현한다. 비록 네 표현형을 생산할 수 있는 능력이 한 유전자형 내에 잠재되어 있지만 집단 내의 노동자와 병정의 수는 환경적 요인들 간의 균형, 현재의 노동자와 병정의 개체 수, 그리고 유전적 잠재력에 의해 결정된다(14장 참조). 단일 종의 생활사에서 한 가지 이상의 체형이 생산되는 실례들이 아주 잘 알려져 있어서 우리들은 어떻게 단일 유전체가 올챙이와 개구리, 많은 무척추동물에서의 유생과 성체, 사회적 곤충에서의 병정과 여왕을 생산해 낼 수 있는지에 대해 깊이 생각하지 않고 당연한 것으로 받아들이고 있다.

◆ 추천 문헌

Ayala, F. J., A. Rzhetsky, and F. J. Ayala, 1998. Origin of the metazoan phyla: Molecular clocks confirm paleontological estimates. *Proc. Natl. Acad. Sci. U.S.A.*, 95, 606–611.

Chen, J-Y., D. J. Bottjer, L. Gang, et al., 2009. Complex embryos displaying bilaterian characters from Precambrian Doushantuo phosphate deposits, Weng'an, Ghizhou, China. *Proc. Natl. Acad. Sci. U.S.A.*, **106**, 19056–19060.

Clapham, M. E., G. M. Narbonne, and J. G. Gehling, 2003. Paleoecology of the oldest-known animal communities: Ediacaran assemblages at Mistaken Point, Newfoundland. *Paleobiology* **29**, 527–544.

Cohen, P. A., A. H. Knoll, and R. B. Kocher, 2009. Large spinose microfossils in Ediacaran rocks as resting stages of early animals. *Proc. Natl. Acad. Sci. USA*, **106**, 6519–6524.

Erwin, D. H., and E. H. Davidson, 2002. The last common bilaterian ancestor. *Development*, **129**, 3021–3032.

Hall, B. K., 1999. *Evolutionary Developmental Biology*, 2nd ed. Kluwer Academic Publishers, Dordrecht, Netherlands.

Hoffman, P. F., A. J. Kaufman, G. P. Halverson, and D. P. Schrag, 1998. A Neoproterozoic snowball Earth. *Science*, **281**, 1342–1346.

Hou, X-G., R. J. Aldridge, J. Bergström, D. J. Siveter, and X-H. Feng, 2004. *The Cambrian Fossils of Chengjiang, China: The Flowering of Early Animal Life*. Blackwell Science, Oxford, England.

Valentine, J. W., 2004. *On the Origin on Phyla*. The University of Chicago Press, Chicago.

Van de Peer, Y., S. Maere, and A. Meyer, 2009. The evolutionary significance of ancient genome duplications. *Nature Reviews Genetics* **10**, 725–732.

V

진화의 원칙과 과정

개별적 유전 변이와 유전자 조절

12

단원요약

- 변이가 없으면 진화적인 변화가 없다.
- 진화 가능성과 유전적 변이는 동일한 진화라는 동전의 양면이다.
- 한 가지 수준에서의 변이(예, 유전자–유전자형)가 다른 수준에서의 변이(예, 조직이나 기관–표현형)에 관련이 되는가는 진화생물학에서 가장 풀리지 않은 문제 중의 하나이다.
- 유전자 수준의 변이가 복대립유전자, 돌연변이, 염색체 수의 변이, 유전자 발현 조절의 변형으로부터 생긴다.
- 새로운 식물 종들이 염색체 수의 중복에 의해 생겼다(적어도 지난 30,000년 동안 재배되어 오고 있는 여러 종의 밀들이 좋은 예이다).
- 전체 게놈의 중복은 어떤 종의 계통들에서 종의 분화를 가능하게 하였지만 어떤 종들에게는 그러하지 못했다.
- 모든 종류의 유전자 발현조절 변이는 종 진화의 주요한 요인이었다.
- 유전자 발현은 전사조절, 번역 조절, 번역 후 조절 등 여러 단계에 걸쳐서 조절된다.
- 게놈 내에서 위치를 이동시킬 수 있는 전이인자들은 유전자 활성 조절의 중요한 인자이다.

위 그림: 변이는 우리의 삶을 풍요하게 한다.

- (i) 유전자/염색체 중복, (ii) 돌연변이, (iii) 유전자 조절 변이, (iv) 전이인자, (v) 유전자 수평 이동 등은 **원핵 세포**가 새로운 유전 정보를 획득하는 다섯 가지의 중요한 기작이다.
- 위의 vi는 I부터 v와 결합하여 세포 내 공생(endosymbiosis)에 의한 진핵생물 세포 내 기관의 기원(그리고 그 유전자들) 등은 **진핵세포**가 새로운 유전 정보를 획득하는 중요한 기작이다.

개요

자연선발이 현존하는 표현형 변이에 작용한다. 대부분의 집단에서 최대 3분의 2 이상의 유전자들이 대립유전자를 하나 이상 갖는다. 이렇듯 집단에는 변이의 양이 대단히 많으므로 돌연변이에 의해 새로운 변이가 없어도 집단은 진화적인 압력에 반응할 수 있다. 이외의 유전 변이의 원인으로 염색체의 수의 변이가 있는데—특히 식물에서—염색체 세트 전체가 변할 수도 있으며 염색체의 내의 구조적 변이로 결실, 중복, 역위, 전좌 등이 있는데 이러한 염색체 구조적 변이는 하나 이상의 유전자에 영향을 줄 수 있다. 이외에도 변이가 유전자 중복(전체 개놈의 중복을 포함하여)이나 DNA, RNA 또는 단백질 수준에서 조절하는 유전자 기능을 변형으로부터 유래될 수도 있다.

돌연변이들은 작으며, 염기서열의 국지적인 변이로서 이들은 유전자나 유전자 산물에 영향을 줄 수 있다. **조절돌연변이**(regulatorymutation)이라는 용어는 때로 유전자 경로나 네트워크 조절에 영향을 주는 변이를 지칭하는데 이용된다. 전형적인 예로 조절 유전자의 변이로서 박테리아의 젖당 분해 효소들을 코딩하고 있는 유전자 발현 조절이다. 이러한 변이들의 발견이 유전자 조절에 대한 현재의 우리들의 이해에 대한 기초를 제공하였다. 유전자들과 그들의 대립유전자들이 적응적인 기능에 대해서 선발되는 다른 유전형질들이 다세포 생물들의 발달이 역사적인 진화적 가정의 결과라는 것을 보여준다. 새로운 돌연변이들이 성공적으로 남겨지는 것은 이들이 기존의 유전적 경로와 발달과정에 얼마나 잘 상호작용 하는가에 달려 있다. 이러한 상호작용들이 생물 발달에 기여하며 돌연변이 기존의 유전자 경로들은 진화적 변화에 제한을 주거나 진화적 변화를 만들 수도 있다.

변이: 다섯 가지의 중요한 의문

변이의 원인에 대한 연구는 변이가 자연 선발의 원래의 원인이므로 중요하다. 20세기 진화학자들 중 가장 선두 주자 중의 한 사람인 Ernst Mayr는 변이가 진화의 소재를 제공한다는 것을 초기에 인지하고 이에 대해서 60여 년을 연구하였다.

진화를 연구하는데 있어서 자연 집단에서 존재하는 변이가 어느 정도로 무시당하는지는 실로 놀라울 정도이다. 변이가 없이는 자연선발이 무의미하므로 이것은 놀라운 사실이다. 이러한 결론은 내가 변이의 생성이 자연선발 과정의 한 과정으로 고려하도록 하는 아이디어를 제공하였다(Mayr, 2005, p. xviii).[1]

■ 20세기 진화생물학에 가장 영향력을 끼친 인물의 하나인 Ernst Mayr는 현대 합성설(Modern Synthesis)에 대하여 확고한 방어자로서 그는 현대합성설(Modern Synthesis)을 창시하는데 중요한 역할을 하였다. 그가 저술한 마지막 저서인 *What Evolution Is*(진화란 무엇인가)에서 진화 생물학을 자세하고 매우 사려있게 설명하였다.

유전변이와 진화적 잠재성은 진화라는 동전의 양면이다. 이번 장과 다음 장의 주제인 "유전 변이와 집단에서의 변이가 어떻게 생성되는가?"는 진화의 두 가지 중심이며 진화 메커니즘들 중에서 가장 적게 이해되고 있는 분야이다. 여기에서 "메카니즘들"이라고 한 이유는 변이는 여러 가지 방법으로 생성되며, 아래의 네 가지 의문점으로 요약할 수 있으며 13장에서부터 15장에 이른 동안 자세하게 설명된다. 이들 의문점들 중 어느 한가지만을 다루는 것도 아주 훌륭한 강의 프로젝트나 발표 주제가 될 수 있다.

1. 한 세대에서 다음 세대로 전달되는 **유전자형**의 유전변이와 선발의 직접적인 타깃이 되는 **표현형**의 변이와는 어떤 관계가 있는가? 이에 대한 의문은 진화적 발달생물학의 주요한 쟁점의 하나이다(evo-devo).
2. **돌연변이**와 **유전자 조절의 변형**이 변이의 원인이 되는 메커니즘은 무엇인가? 이들이 표현형을 유지시키고 새로운 표현형의 기원에서 표현형을 변형시키는데 있어서의 역할은 무엇인가? 이번 장에서 논의하게 될 이러한 도전적인 분야는 왜 진화과정 중에 어떤 구조적/기관/생물종이 다른 것들보다 더욱 변하게 되는 이유를 이해하도록 한다.
3. **집단에서 변이를 발생시키는 다른 원인**들로는 어떤 것들이 있는가? 이러한 원인들 중에서 두 가지인 다른 집단으로부터 유전자의 도입과 집단 내에서 유전자의 임의적 부동에 대해서 13장에서 학습하게 된다.
4. 종들에서 표현형적인 변이의 **생태학적** 그리고 **발생학적** 결정인자들은 무엇인가? 이것은 몸체의 크기, 지리학적 분포, 서식지의 크기와 분포, 니치(niche)의 폭, 생활수명, 환경적인 스트레스, 집단 크기, 집단의 밀도 등이 집단이 표현형작인 변이를 나타내는 경향에 영향을 주는가 등의 문제를 포함한다(14장 참조).

전체 염색체 수준에서 변이부터 우선 시작하기로 하자.

◆ 염색체 수의 변이

염색체 수적 변이에는 두 가지 종류가 있다.

- 염색체 **전체 세트 수**의 변이
- **단일 염색체 수**의 변이

염색체 수가 많다는 것은 유전적 교차가 빈번히 일어나서 유전 변이를 많이 만들어 내어 환경 변화에 대처하는데 이득을 준다. 역으로 말하면, 적은 수의 염색체를 가진 생물도 유

---

1 *Variation: A central Concept in Biology* [B. Hallgrimsson, and B.K. Hall(eds), 2005, Elsvier/Academic Press, Burlington, MA]의 서언에서 발췌

전적 교차가 일어나서 지속하며 특정한 환경에 오랜 기간 동안 생존한다.

반복적인 염색체 수 배가로 **염색체 수**가 이배체 조건보다 많은 수로 존재하여 정상적인 정수성 보다 더욱 많은 염색체 세트를 갖는 **배수체**가 되어 삼배체는 3n 사배체는 4n 등의 염색체 수를 갖게 된다. 뒤에 설명하는 것처럼, 염색체 수 증가로 인한 밀이나 담배 등의 진화를 들 수 있다. 유관속 식물에서 염색체 수의 배가로 80배체를 갖는 식물이 존재하기도 한다. 전체 식물의 약 40에서 70퍼센트 정도가 배수체로 추정된다. Wood 등(2009)의 연구에 의하면 속씨식물의 15%와 양치식물의 31%가 배수성을 가지며, 이러한 배수성은 세포나 생물체의 크기, 게놈이나 조직/기관 특이적인 유전자 발현의 안정성 등에 진화적인 이점을 준다.

염색체 수가 어떤 생물 종들에서는 **줄어든** 것들도 있다. 예를 들면 유럽의 **야생 쥐**(Mus musculus)집단 중에는 정상적인 염색체 수가 20쌍에서 12쌍으로 줄어든 것들도 있다. 대조적으로 염색체 수의 보존은 다른 포유동물 군에서는 보존적이 것들도 있다. 예를 들면 3천만 년에 멸종된 아시아 낙타(*Bactrian*)와 아프리카 낙타(dromedary) 및 남미의 guanaco, vicuna, llama, alpaca 등은 모두 74개의 염색체를 갖는데 이들 염색체들은 크기 등의 외형적인 특징이 모두 동일하다.

염색체 수의 변이는 또한 어떤 특정 염색체가 첨가되거나 소실되는 변이도 있다. 동물에서 이러한 변이들은 종종 기형의 표현형을 유발하기도 하지만 식물에서는 이러한 변이는 매우 빈번하여 동물보다 염색체 수의 변이에 대해서 견디는 힘이 높으며, 이러한 수의 변이에 의해 종종 새로운 종이나 계통이 생성되기도 한다. 유사한 동물 종 간의 염색체 수의 변이는 어떤 때에는 적응적 특징의 기원에 연루되기도 한다. 오랜 기간 동안 가물어 건조하거나 이외의 환경적인 어려움에 의한 생태적인 조건이 염색체 수의 변이를 초래하기도 하는데 예를 들면 이스라엘과 터키의 **뒤 쥐**(*Spalax*)는 염색체 수를 증가시켜서 유전 변이를 증가시키므로 생태적인 변이에 대응할 수 있는 잠재력을 높이기도 한다.

밀의 진화

잡종의 결과로 만들어지는 배수체의 생성은 식물의 진화에서 매우 빈번하게 일어나서, 이끼류, 사과, 배, 바나나, 토마토, 옥수수 등이 모두 이러한 종류에 속한다. 배수체들은 다른 종의 식물들이 야생이나 실험실에서 인공적인 교잡에 의해 생성된다. 자연적인 잡종이나 실험실에서 행한 교배에 의한 잡종으로 좋은 예가 **빵밀**(*Triticum aestivum*)이다. 염색체 배가를 수반한 밀의 진화는 인간 농업의 기원과 팽창과 관련이 있다. 결과적으로, 밀의 진화는 유전학, 식물 육종학, 농학, 고고학, 그리고 인류학 등 여러 분야의 연구자들에게 매력적인 분야이다.

■ 초승달지대(Fertile Crescent)는 면적이 약 1천3백만 헥타아르 정도 되는 초승달모양의 지중해에 인접한 지역이다. 나일강으로부터 시작하여 티그리스와 유프라데스강 유역의 계곡까지 이어지는데 이 지역이 농업의 개시 지역으로 알려져 있다.

약 30,000년 전에 서남아시아의 비옥한 초승달 지대(Fertile Crescent)에서 야생의 초본류 식물인 *Triticum monococcum*(야생 einkorn)과 *Aegilops*속에 속하는 식물(goat grass)와 잡종이 생성되었다. 이들 두 식물은 각각 7쌍의 염색체를 가지고 있으며 잡종은 14쌍의 염색체를 갖는다. 수렵-채취 인류는 당시에 생성된 28개의 염색체를 갖는 **잡종 식물**(*Triticum* *dicoccoides*, 야생 emmer wheat)을 몇 천년 동안 수확하였다. 빙하기가 끝날 쯤인 10,000년 전쯤 인간들은 emmer 밀을 재배하기 시작하였다. 9,500여 년 전쯤에는 이들 야생 식물들로부터 가장 우수한 형질을 가진 식물을 선발하였는데 이때 선발된 **재배 emmer 밀**은 새로운 종으로 취급되고 있다.

재배종 emmer 밀은 근동지방에서 이집트에 이르는 지역에서 약 7,000년 간 중요한 작물이었다. 약 9,000년 전쯤 emmer 밀이 카스피해 부근까지 이르게 되었을 때, 이것은 다시 야생 goat grass인 7쌍의 염색체를 갖고 있는 *Aegilops squarrosa*와 야생교잡되었다. 이렇게 생성된 새로운 잡종은 **spelt**(*Triticum spelta*)로서 21쌍의 염색체인 42개의 염색체를 갖게 되었다(그림 11.1). Emmer 밀이나 spelt 밀도 수확하기가 쉽지 않았지만, 약 500년 후에 우연히 돌연변이가 생성되어 밀 이삭의 성질을 변형시켜 쉽게 탈곡이 가능한 종피를 생성하였다. 생성된 새로운 식물인 **빵밀**(*Triticum aestivum*)은 더 이상 야생에서 자연적으로는 생존할 수 없게 되었다.

■ 많은 식료품점에서 **트리티케일**(triticale)을 판매한다(19장 참조). 이것은 밀과 호밀간 교배에 의한 배수체로서 인간이 만들어낸 새로운 종이다.

이후로 빵 밀은 상당한 변형을 거치게 된다. 수천 년 동안 농부들은 이전에 수확한 종자를 다시 뿌려서 재배하여 오며 국지적인 환경에 적응된 수많은 '지역종(land races)'들을 만들게 되었다(그림 13.11). 좀더 최근에는, 농학자들은 밀 품종을 개량하여 수량을 획기적으로 높일 수 있게 되었다. 약 7,000년 전쯤, 재배종 emmer 밀은 새로운 돌연변이들이 만들어져서 자연탈곡이 되는 종자가 만들어져서 두 번째 방향으로 진화하여 농업의 전파 속도를 빨리 하게 하였다. Emmer 밀로부터 직접적으로 진화하여 현재 재배종인 염색체가 28개를 가진 *Triticum durum*(**마카로니** 또는 **더럼밀**)이 만들어졌다.

그림 12.1 Spelt(잡종 밀)의 이삭 모습

실험실에서 악마 잡초를 육종

실험실에서 만들어진 첫 번째(아마도 유일한) 종이 담배 속 식물인 48개의 염색체를 가진 *Nicotiana tabacum*과 24개의 염색체를 가진 *N. glutinosa*를 교배하여 만들어졌다. 이 잡종 식물(그림 12.2)의 불균형적인 염색체 수는 감수분열시 정상적인 염색체 대합을 이루지 못하므로 종자를 맺지 못하는 불임이다. 그러나 이 잡종 담배 식물은 꺾꽂이 방식의 영양번식으로 계속 재배할 수 있다. 이후에 생긴 일은 예상을 하였거나 계획된 것도 아니었는데, 결과적으로 우연히 염색체-배가(chromosome-doubling)이 일어나 72개의 염색체를 갖는 식물이 탄생되어 정상적인 감수분열을 하는 식물이 만들어졌다(그림 12.2). 이렇게 탄생한 식물이 *Nicotiana digulta*로서 이 식물은 자식성으로서 종자를 맺을 수 있는 임성을 가진다.

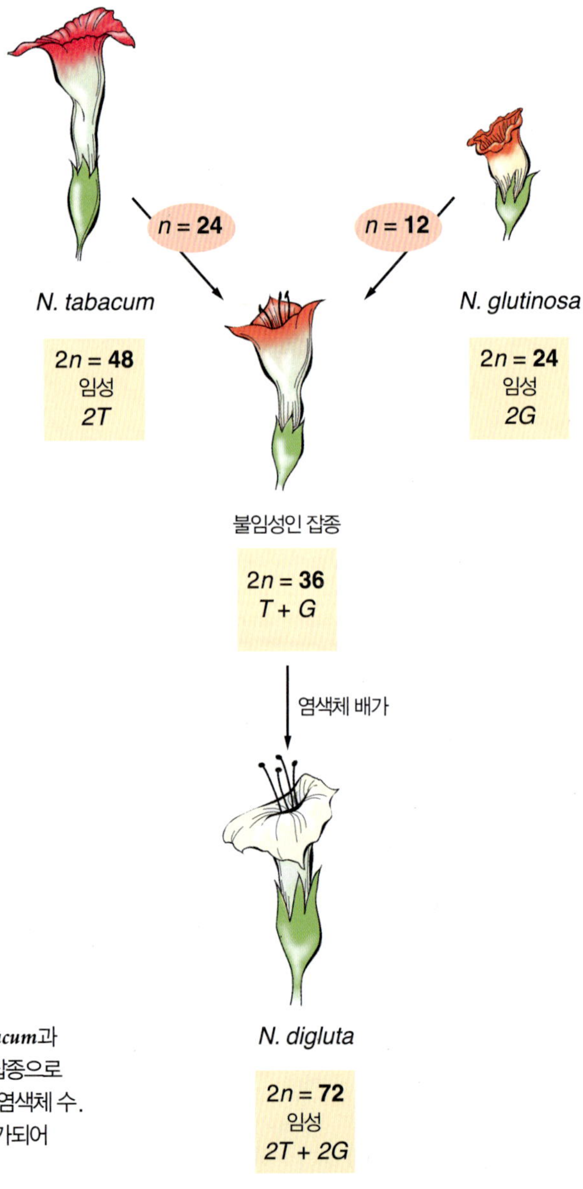

그림 12.2 이배체 담배, ***Nicotiana tabacum***과 ***N. glutinosa***, 그리고 이들 두 식물 간의 잡종으로 생성된 새로운 종 ***N. digluta***의 꽃 모습과 염색체 수. 두 식물간의 잡종은 불임으로 염색체가 배가되어 임성을 갖는 새로운 식물이 탄생하였다.

여러 형태의 염색체 구조적 변이들

그림 그림 12.3에 여러 형태의 염색체 구조적 변이를 나타내었다. 이러한 변이들은 염색체 모습의 변화이므로 어떤 형질을 비교할 때 개인의 표현형에 대해서 말하는 것처럼 이러한 변이들도 염색체의 표현형으로 말할 수 있다.

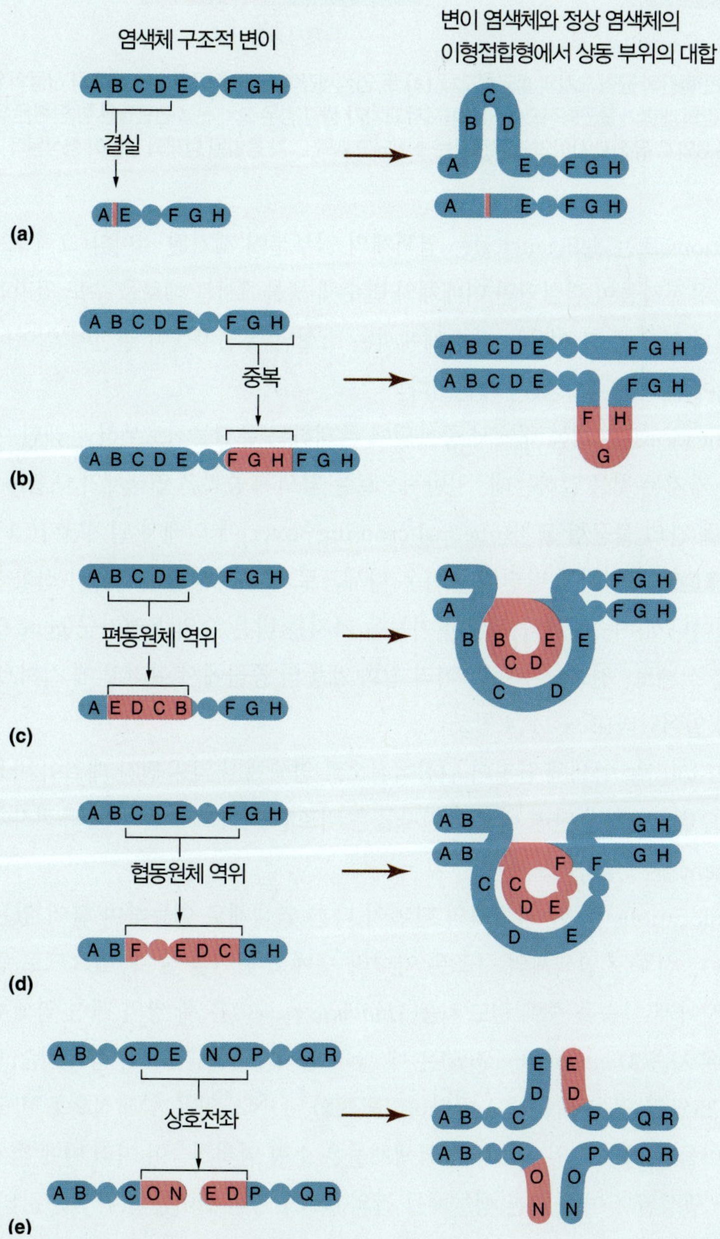

그림 12.3 주요한 염색체 구조적 변이(붉은색)과 이러한 변이를 이형접합으로 가지는 경우 정상 염색체와 전좌 염색체의 상동부위 간의 염색체 대합(자세한 내용은 교재 참조).

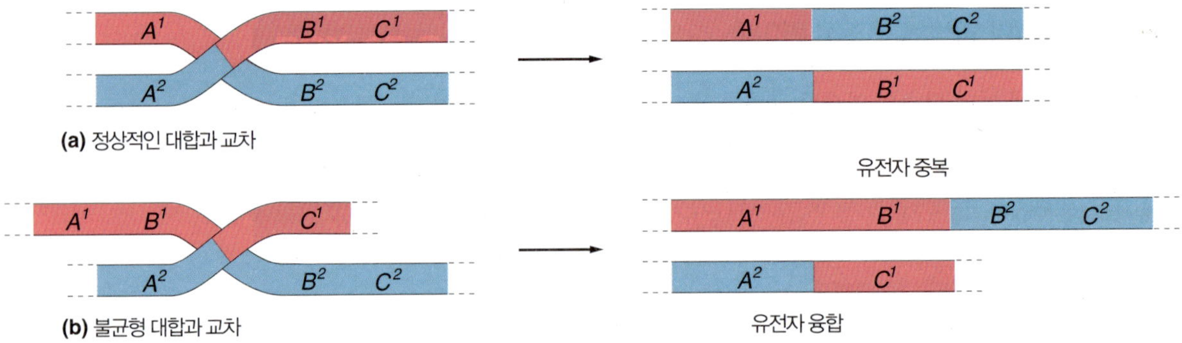

그림 12.4 세 개의 유전자를 가진 염색체 단편들간의 균형 교차와 불균형교차. **(a)** 두 염색체간에 대합 후 균형교차 시 교차 산물의 염색체들은 같은 양의 염색체 단편을 가짐. **(b)** 두 염색체 간의 대합이 불균형적으로 이루어져서 교차가 생길 경우 교차 산물 단편들은 한 단편은 유전자 중복(본 경우에는 유전자 B가 중복됨) 다른 단편은 B와 C 유전자 사이의 B 유전자는 소실되고 A와 C 가 융합된 형태의 단편이 형성된다.

결실(deletions 또는 deficiencies)는 염색체의 일부분이 제거된 것이다(그림 12.3a). 만약에 기능적 유전자들이 결실되면 이배체와 반수체 생물에서는 해로울 수도 있지만 배수체에서는 그렇지 않은데 그 이유는 배수체에서는 소실된 유전자들이 결실이 일어나지 않은 다른 염색체에 존재할 수도 있기 때문이다.

중복(duplications)은 게놈 내에서 중복되어 존재하는 유전물질로부터 유래한 여분의 염색체 단편을 가지는 것을 말하는데, 일반적으로는 염색체 중복은 염색체가 대합(pairing)시 상동염색체들 간의 불균형 교차(unequal croosing-over)에 의해서 일어난다(그림 12.3b와 그림 그림 12.4). 염색체 단편의 중복은 다세포로 이루어진 생물체들이 진화하는 동안 빈번하게 일어나서 비슷하게나 동일한 기능을 가지는 많은 수의 **유전자군**(gene family)을 생성하였다. 실제로, 진화하는 동안 여러 진화 계통의 종들에서 여러 번에 걸쳐서 전체 게놈의 중복이 일어났다(Box 11.4 참조)

역위(inversions)는 염색체 단편이 뒤집혀짐으로 염색체 내의 유전자 배열이 바뀐 것이다(그림 12.3c, d). 역위된 단편 내의 유전자들은 비조환 블록으로 한 개의 유전자처럼 행동하는 supergene을 생성하기도 한다.

전좌(translocations)는 한 염색체의 단편이 다른 염색체로 이동하여 붙어 있는 것이다(그림 12.3e). 전좌는 염색체의 구조뿐 아니라 수에도 변이를 줄 수 있으므로 변이를 유도한다. 아시아계 사슴들 중에 **인도 사슴**(*Muntiacus reevesi*)은 세 쌍의 대형 염색체를 가지는 반면, **검은 사슴**(*Muntiacus crinifrons*)은 네 쌍의 염색체들을 가지며, **중국 사슴**(*Muntiacus muntjac*)은 23쌍의 염색체를 갖고 있다(그림 12.5). DNA 양은 상대적으로 비슷한 양의 DNA들을 이들은 가지고 있으며 대형 염색체들은 소형 염색체들이 여러 번에 걸쳐서 전좌가 일어나서 생성된 것이다(다른 생물체들 간의 DNA 양의 변이는 소위 “C-값의 역설”이라는 설이 나오게 되었다).

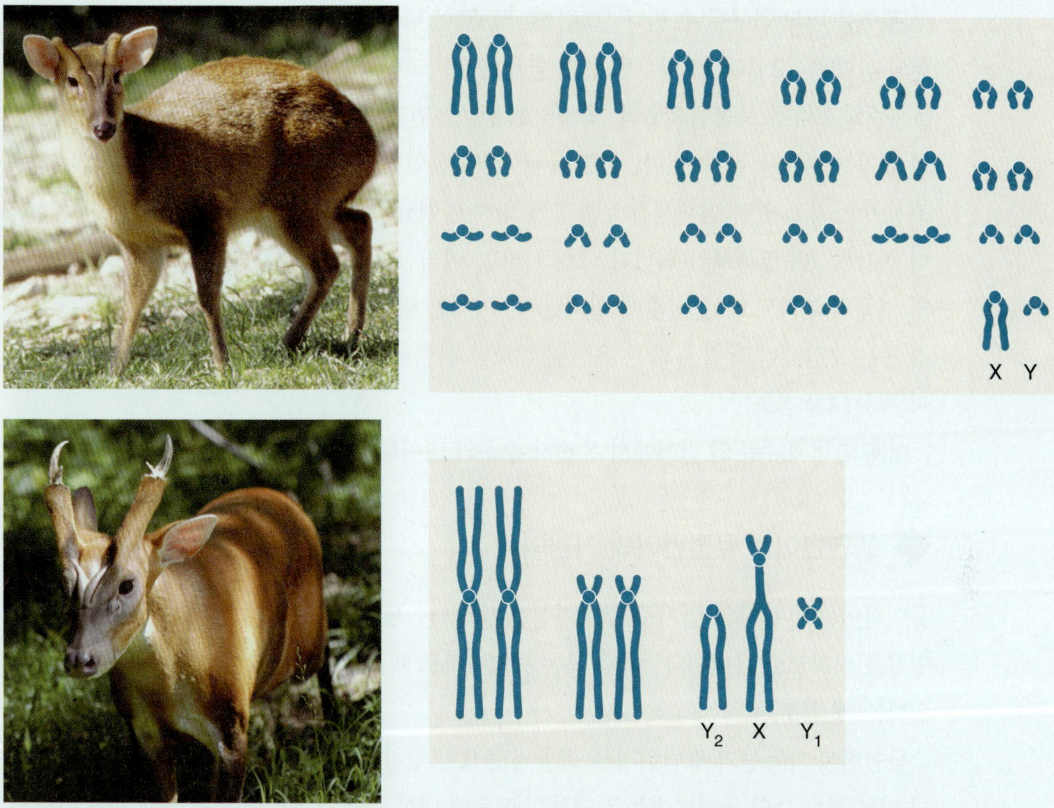

그림 12.5 중국 사슴(*Muntiacus muntjac*, 위)은 23쌍의 염색체를 가지고 있는 반면 인도 사슴(*Muntiacus muntjac*, 아래)는 3 쌍의 염색체를 갖는다. 인도 사슴(*Muntiacus reevesi*, 아래)은 동물들 중에서 염색체 수가 가장 적은 동물이다(염색체 모습은 Austin, C.R., 과 R.V. Short, 1976, The Evolution of Reproduction, Cambridge University Press, Cambridge, England의 그림을 편집하였음).

◆ 초파리와 영장류의 염색체 진화

염색체가 구별 가능한 독특한 분염 패턴을 가지므로 염색체의 길이를 따라 구분이 가능한 경우 염색체의 진화에 대해서 아주 자세하게 연구가 가능하다. 여기에서 관심은 두 가지 레벨에서 볼 수가 있다. 한 가지는 염색체 진화 자체를 생물체의 형질로 보는 것이고 다른 한 가지는 염색체 진화가 어떻게 다른 형질에도 영향을 미치는 가를 보는 것이다.

초파리와 다른 곤충 종들에서 타선과 다른 조직의 염색체들은 여러 번 복제 후 이들이 분리 하지 않고 협착한 상태로 존재한다. 결과적으로 매우 커다란 염색체를 형성하여 이러한 염색체를 **다사염색체**(polytene chromosome)이라 부르는데, 이들은 염색체 전체 걸쳐서 아주 많은 수의 띠를 가지고 있어서 작은 수준의 염색체 변이도 쉽게 분석할 수 있다. 유전학자들은 여러 종의 파리류들의 진화에서 염색체 변이에 대해서 분석하였다.

비록 다사염색체는 없을 지라도, 포유류 동물들은 염색체 분염법에 의해 염색체들의 세부 구조를 비교 연구할 수 있다. 그림 그림 12.6에 나타내고 있는 G-분염 기법으로 현대 인류와 침팬지, 고릴라, 오랑우탄 등의 염색체를 비교할 수 있다. 분염된 염색체들을 보면 이들 4종의 포유류 동물들의 6번, 13번, 19번, 21번, 22번, X 염색체 등은 분염 양상이 거의 일치하는 것을 볼 수 있다. 인간(n = 23)와 유인원(n = 24)의 염색체 수의 차이는 공통 조상이 가지고 있던 염색체간의 융합에 의해 일어났는데 침팬지의 염색체 두 개가 융합되어 인간의 2번 염색체가 되었다(그림 12.6). 이러한 융합은 인류-침팬지 공통조상으로부터 인류가 분화되고 난 직후에 일어났다. 이러한 염색체 분염 양상의 비교로 인류는 고릴라 또는 오랑우탄과 같은 다른 유인원 류보다 침팬지와 진화적으로 더욱 가깝다는 것을 보여준다(14장 참조).

이제 염색체 수준의 변이에서 유전자 수준의 변이로 관심을 돌려보자.

돌연변이는 유전변이의 기원이다

돌연변이는 유전자의 염기구조에 영향을 미친다. 새로운 돌연변이들은 이들이 표현형에 영향을 미치므로 감지된다. 아주 작은 돌연변이도 때로는 아주 심각한 표현형적 변이를 보인다(아래 참조).

돌연변이 가능성의 광범위성은 생물에 중요한 영향을 미친다. 너무 많은 수의 돌연변이나 너무 적은 수의 돌연변이들은 생물의 적응에 대한 기본인 유전변이에 대한 자연 선발 효과를 방해할 수 있다(13장 참조). 너무 많은 수의 돌연변이는 이미 환경에 적응된 생물체에 대해서 연속적인 실수를 생산하게 된다. 돌연변이 수가 너무 적으면 적응으로 이르게 하는 변화를 개시하는 자연선발의 기회를 낮추게 한다. 돌연변이가 전혀 없다면, 우리는 생각 없는 단세포 원형질 덩어리이거나 원시 생명의 수프에 떠다니는 몇 개의 분자에 지나지 않았을 것이다.

돌연변이는 일반적으로 유전자 활성에 두 가지 수준 중 하나에 영향을 미친다.

- 유전자 산물내의 변화, 예를 들면 아미노산의 조성이나 특정한 단백질의 차이(본 장), 또는
- 유전자나 유전자 산물의 조절의 변화(13장 참조)

돌연변이는 유전자 산물인 단백질을 생성할 것인가에 영향을 미치기보다는 생성되는 단백질의 양이나 비율에 영향을 미칠 수 있다. 예를 들면 돼지에서 인슐린 의존형 성장인자 2(Insulin dependent growth factor 2)유전자 *Igf2*의 돌연변이를 들 수 있다. 이 돌연변이를 가지는 돼지는 Igf-2의 생산이 3배 정도 증가되어 근육질에 마른 형의 모습을 나타내게 된다. 육종가들은 이러한 돌연변이들을 이용하여 시장의 수요에 적합한 품종을 만들어 내고, 때로는 시장의 수요에 영향을 미칠 수 있는 품종을 창성하기도 한다.

다른 종류의 돌연변이들은 유전자 산물을 생성할 것인가와 생성률 등을 결정하는 것들도

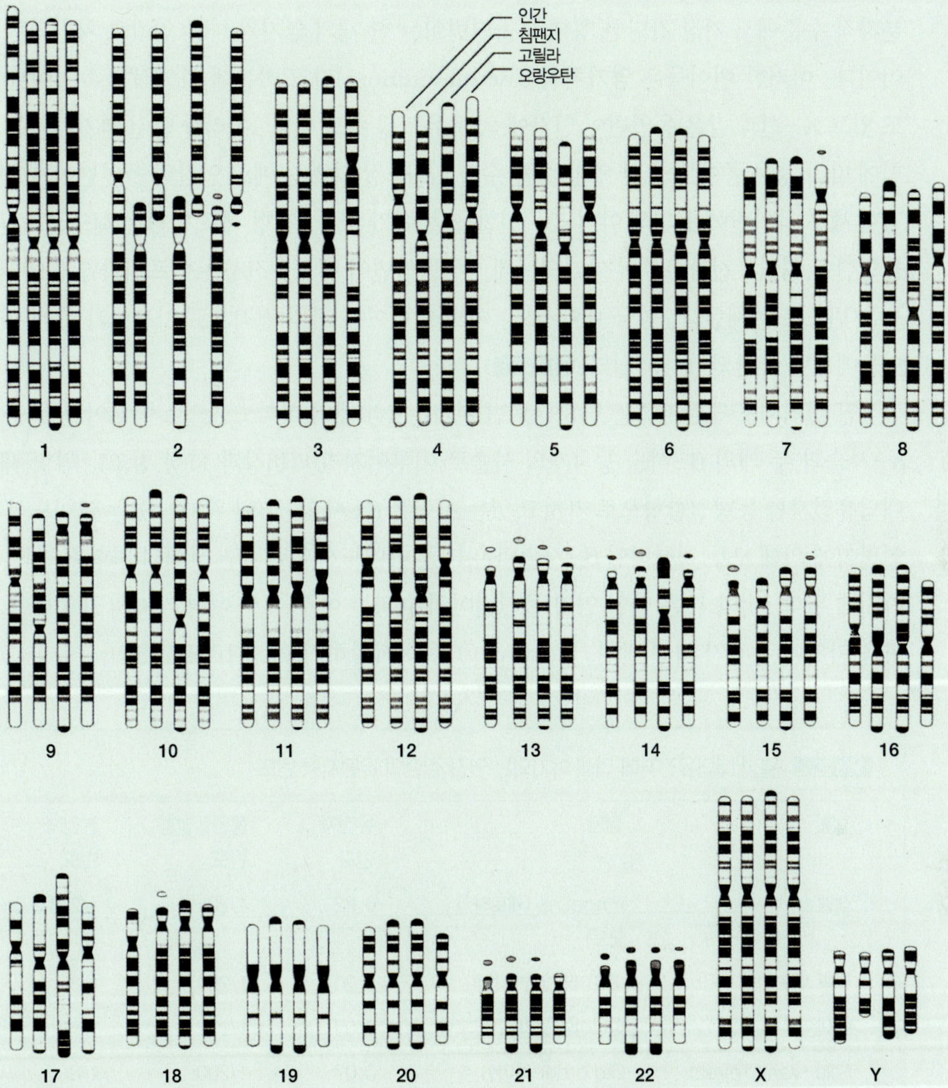

그림 12.6 왼쪽부터 오른쪽 순서로 인간, 침팬지, 고릴라, 오랑우탄 염색체의 분염 양상. 전체적으로, 이들 분염의 염색체 분포를 보면 인간은 진화적으로 침팬지에 더 가까우며 그 다음으로 고릴라에 가깝고 오랑우탄과는 멀다는 것을 보여준다.(Yunis, J.J., and Prakash, O. Science 215, 1982:1525~1530. AAAS로부터 허락 후 게재).

있다. 예로서 지중해성 빈혈인 탈라세미아(thalassemias)를 들 수가 있는데, 이것은 α- 또는 β-헤모글로빈 사슬을 생성하지 않거나 생성하여도 적은 수의 사슬을 생성하는 유전적 돌연변이이다. 아래에서 거론하는 겸형 세포 대립유전자와 같이 이러한 돌연변이들은 동형접합형으로 존재하면 사망하게 되지만 이형접합형으로 가지고 있는 경우에는 말라리아에 저항성을 가지게 된다. 탈라세미아 이형접합형의 특별한 이득은 왜 이들 돌연변이 대립유전자들이 아직도 인간들에게 많이 존재하는지를 설명한다.

겸형 세포 빈혈

분자적 수준에서 가장 간단한 형태의 돌연변이는 한 개의 염기가 다른 염기로 치환되는 변이이다. 이러한 변이들은 **염기치환**(base substitutions)라고 하는데 자연적으로 일어날 수도 있고 X-선과 같은 돌연변이 인자에 의해 유도될 수도 있다. 이러한 단일 염기치환은 위치에 따라 생물 종에 중요한 영향을 줄 수가 있다. 잘 알려진 예로 인간의 돌연변이 중에서 **겸형 세포** 돌연변이에 의해 야기되는 빈혈을 들 수가 있다. **겸형 세포 빈혈**은 헤모글로빈의 돌연변이 대립유전자로부터 야기되는데, 이 돌연변이 대립유전자는 아프리카 인들에게는 높은 빈도로 존재한다. 미국 내에서도, 이 돌연변이는 거의 전적으로 아프리카 유래 미국인들에게만 국한되어 나타난다(표 12.1).

성인 혈액세포에 존재하는 헤모글로빈 분자는 140개의 아미노산으로 이루어진 두 개의 α-사슬과 두 개의 β-사슬 등 4개의 사슬로 이루어져 있다(8장과 11장 참조). 겸형 세포 대립유전자를 동형접합형으로 가지고 있는 사람은 β-사슬이 6번 위치에 있는 아미노산 돌연변이에 의해 모두 정상적인 β-사슬과는 다른 아미노산으로 바뀐 상태의 변형 β-사슬을 가지게 된다. 이와 같은 단일 염기 돌연변이의 효과는 아주 커서 여러 가지의 표현형에 영향을 미치며(유전자 다면 발현, pleiotropy) 종종 사망하기도 한다(그림 12.7).

■ 한 유전자가 서로 연관되어 있지 않은 여러 가지의 유전형질의 표현형에 관여하는 현상을 유전자 다면발현(*pleiotropic*)이라고 한다.

표 12.1 열성 대립유전자에 의해 야기되는 인간 질환의 유전자형 빈도

질환	집단	유전자 빈도	동형접합형 빈도	본인자 빈도
색맹	PingeLap (캐로라인 군도)	0.22	1/20	1/2.8
겸형 세포 빈혈	아프리카(일부 지역)	0.20	1/25	1/3
백색증	파나마(산블라스 인디안)	0.09	1/132	1/6
Ellis-van Creveld 증후군	Old order 아미쉬	0.07	1/200	1/8
겸형 세포 빈혈	아프리카 유래-미국인	0.04	1/625	1/13
낭포성 섬유증	유럽 유래-미국인	0.032	1/1000	1/16
테이삭스 병	애쉬키나지 유태인	0.018	1/3000	1/28
백색증	노르웨이	0.010	1/10000	1/50
페닐케토뉴리아	미국	0.0063	1/25000	1/80
시스티뇨증	영국	0.005	1/40000	1/100
갈락토스혈증	미국	0.0032	1/100000	1/159
알캅토뇨증	영국	0.001	1/1000000	1/500

출처: Genetics, 3판, 저자 W. Strickberger. Copyright 1985 Monroe W. Strickberger, Prentice Hall, Inc의 허락 후 게재

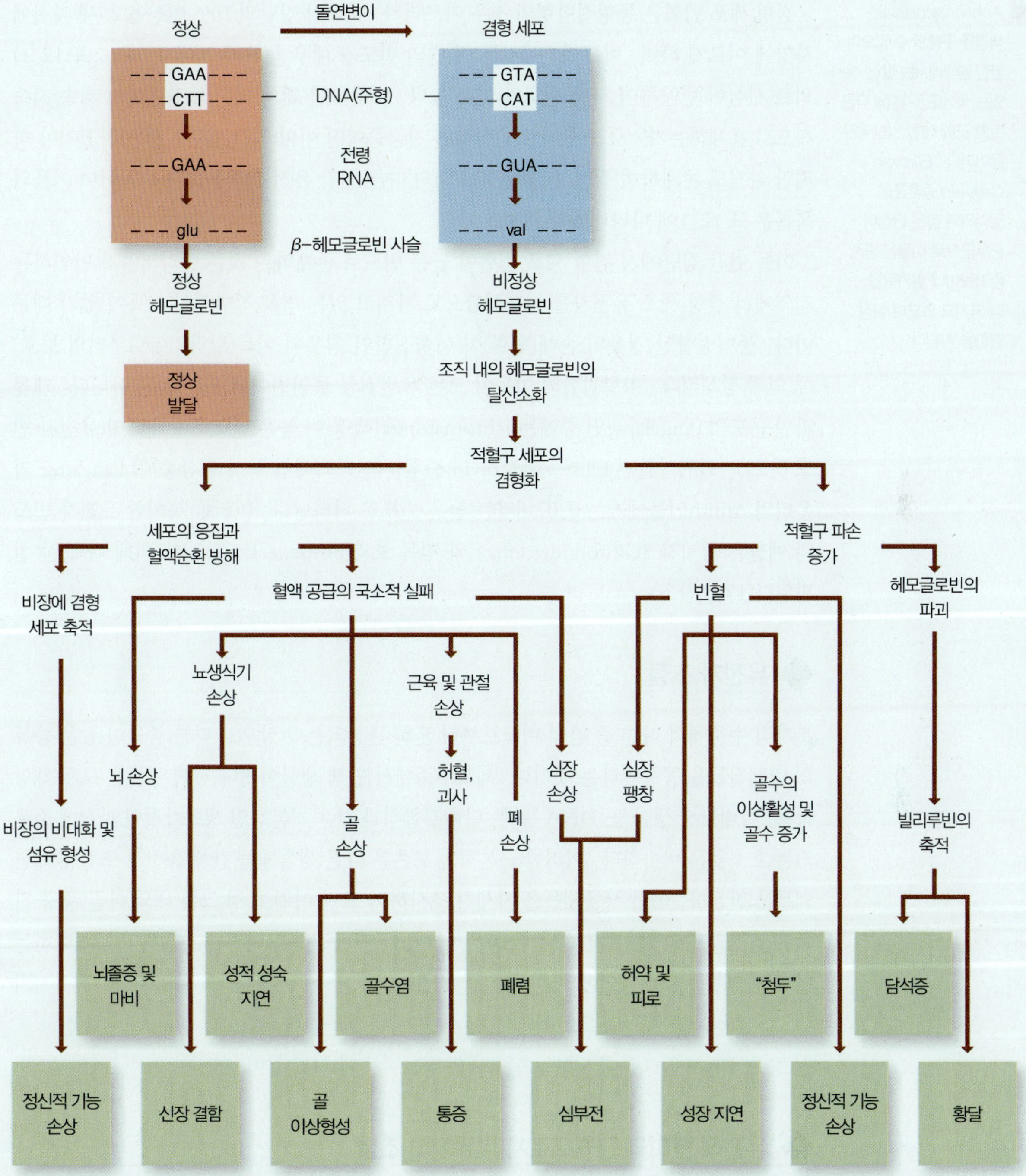

그림 12.7 β–헤모글로빈 유전자의 DNA 주형에서 티민이 아데닌으로 변형되어 시작된 겸형세포 돌연변이의 다양한(다면발현) 효과. 변이의 결과 생성된 전령 RNA 상의 GUA 코돈이 정상적인 글루타민산(glu)로 번역되는 대신 밸린(valine)으로 번역되어 돌연변이를 동형접합으로 가지고 있을 경우 매우 심각한 발달 장애를 가지고 오게 된다(Strickberger의 *Genetics*, *3판*, Macmillan, 1985에서 변형 후 인용).

*Achromatopsia*는 색깔을 구분할 수 없으며 환한 불빛에서는 잘 볼 수 있는 적어도 5가지의 다른 질환 군에 대한 일반적인 용어이다. *Ellisvan Creveld* 증후군은 팔다리가 짧은 난장이 증후군으로 이들은 종종 손가락이나 발가락을 더 가지고 있으며 심장 결함을 가진다.

겸형 세포 빈혈은 **동형접합형**의 경우 아프리카-미국인 집단의 10% 이상을 20세 이전에 사망에 이르게 하며, 아프리카에서는 이 병의 빈도가 매우 높고(0.2 대 0.04%; 표 12.1) 의료 시설이 빈약하여 사망 빈도가 더욱 높다. 그렇다면 왜 이러한 돌연변이가 계속 지속적으로 존재하는가? 사망에 이르게 한다면 지금쯤이면 이미 인간 집단에서 사라졌어야 하지만 아직도 존재하며 겸형 빈혈 유전자 외의 다른 인간 유전 질환들도 지속적이며 이들의 목록은 표 12.1에 나타내었다.

이들 인간 집단에서 겸형 세포 빈혈이 높은 빈도로 존재하는 것은 말라리아가 만연하는 지역에서 겸형 세포 유전자를 **이형접합**으로 가지고 있는 경우 선발적인 이득이 있기 때문이다. 동형접합인 경우의 손해(빈혈)이 이형접합인 경우의 이득(말라리아로부터의 보호)에 의해 상쇄된다. 이형접합의 이득이 모든 유전질환 돌연변이에 있는 것은 아니다. 캐롤라인 군도의 Pingelapse인 중에는 achromatopsia(색맹)이 높은 빈도로 존재하며(유전자 빈도 0.22), 회귀질환인 Ellis-van Crevid 증후군(연골외배엽 형성 이상증)이 Lancaster 카운티의 Amish인들에게는 0.07이라는 높은 빈도로 나타난다. 이러한 특이한 유전자 빈도의 예들은 창시자 효과(founder effect)와 병목 효과(bottleneck effect)에 의해 더욱 잘 설명된다(17장 참조).

유전자 조절

분자적 수준에서 다른 종 간의 비교로부터 흔히 관찰되는 현상으로 다른 종들이 같은 종류의 단백질들을 공유한다는 것이다. 세포수준에서 원핵 생물이거나 진핵 생물은 모두 해당작용, 아미노산 생합성, DNA 복제, 단백질합성과 같은 기본적인 생화학적인 과정에 소요되는 효소들은 비슷하다. 이러한 근본적인 보존은 다른 생물체들 간에 유전적 조절에 대한 의문을 만든다. 이들 생물체들을 자세히 조사하여 보면 어떤 특정 그룹 내의 다른 종들 간의 구조적 특징의 차이들은 이들이 공유하고 있는 단백질들을 어떻게 조절하고 조직화하는 단백질들의 종류와 차이에 비해 차이점이 덜하다. 어떤 유전자를 전령 RNA로 전사시키고, 어떤 전사물을 단백질로 번역하며, 어떤 단백질들을 활성화할까 등은 다른 유전적 조절 경로나 네트워크를 개시하는 신호들의 상호작용에 의해 일어난다.

유전적 변이의 근원으로서의 유전적 조절

지난 20여 년 동안 진화생물학의 놀라운 발달 중의 하나는 유전자의 염기서열이나 유전자 산물인 단백질의 아미노산 조성에 영향을 주는 돌연변이들은 유전자가 어디에서 언제 어떻게 발현되는가에 영향을 주는 변이만큼 중요하지 않다는 것이다. 유전 조절 경로와 네트워크인 유전자 조절 그리고 이들 유전자들의 시간적 그리고 공간적 특정한 활성은 다세포 생물체에서 여러 다른 종류의 세포들에 중요한 역할을 한다. 이러한 결과는 유전자 복제로부터 여러 단계의 유전자 활성 수준에서 정교하고 민감하게 조절된다(표 12.2). 장기간에 걸쳐서 이들 유전자들에 행해지는 선발 과정은 표현형의 모습, 기능, 방향 등을 결정한다.

조절유전자의 돌연변이가 진화에 매우 중요하다는 설에 대해서는 많은 설득력 있는 이유들이 있다. 한 가지 이유로 유전자 서열과 유전자 산물의 보존성이 종들 간에 상대적으로 높다는 것이다. 이것은 유전자의 구조적이며 기능적인 변이가 대부분 생물체들의 다양성을 설명한다는 것을 예상하는 것과는 정 반대이다. 두 번째 이유는 후생동물들이 우리가 생각했던 것보다 훨씬 적은 수의 유전자를 가지고 있으며, 대부분의 유전자들이 여러 가지 기능을 수행한다. 유전자 산물의 구조에 영향을 미치는 돌연변이들은 그러므로 상대적으로 적으며; 이러한 돌연변이들은 여러 표현형에 영향을 주는데 종종 전혀 관련이 없는 표현형에 영향을 주기도 한다. 반대로, 조절에 영향을 주는 돌연변이들은 생물체의 다른 부분이나 세포주기 동안 다른 시기에 유전자의 다른 기능을 전혀 방해하지 않는 표현형의 부분에서 유전자의 기능에 영향을 준다. 유전자 조절의 변이는 어떻게 적은 수의 유전자들이 자연계에서 보여지는 무수한 종들을 개시시켰는지를 설명하는데 도움을 준다.

배 발달—난 세포으로부터 다세포 생물의 성체로 이르는 과정—은 유전자와 세포 활성의 차이적 조절에 대한 결과의 대부분을 차지하며 이러한 것들은 시간적이고 공간적으로 조절된다. 유전학적 변형은 전사 및 번역을 시키는 신호를 받아서 조절 인자들과 조절 과정에 영향을 미치므로 각 발달단계를 조절하는데 Francois Jacob은 이러한 과정을 *tinkering*이라고 하였다.

비록 조절유전자 돌연변이에 대한 아이디어는 1970년 중반에도 있었지만, 지난 10여 년

표 12.2 유전자 변이가 유지되는 방법과 개별적인 유전자 수준에서 변화를 줄 수 있는 방법

변이의 형태	장 또는 Box 번호
유전자, 염색체, 또는 게놈 전체의 중복	(12)
중복된 유전자의 기능 변화	(12)
유전자들간의 엑손의 섞임	(9)
게놈 전체에 많은 반복 서열 염기들의 존재, 종종 이들은 많은 양의 DNA를 차지함	(9)
전이인자들이나 유전자 수평이동에 의한 새로운 변이 생성	(Box 12-2; 8)
단일 유전자로부터 한 개 이상의 유전자 산물이 생성되어 유전자 조절	(Box 12-1)
단일 유전자로부터의 mRNA가 대체적 스플라이싱으로 여러 개의 mRNA를 생성함	(Box 12-1; 9)
RNAi나 번역 후 변형으로 한 개의 유전자가 생산하는 산물의 증가	(Box 12-1)

간 실험적이며 생물정보학적이고 개념적인 진보의 조합은 조절에 대한 주류를 가지고 왔다. 이것이 왜 유전자 조절이 본 교재의 여러 장에 걸쳐서 다루어지고 있는지를 설명한다. 본 교재에 대해서 많은 학습을 하지 않아도 진화의 많은 부분이 같은 것이다. 우리를 흥분하게 하는 진화의 여러 관점들은 생물체의 새로운 특징이나 형태의 진화를 포함하는 것으로서 이러한 것들은 조류, 포유류, 인간 그리고 어떤 생물체이던 간에 특징이다. 유전자 조절에서 진화적인 변화는 새로운 계통이나 특징의 기원에 중심으로 인식되고 있다.

다음의 두 절은 진핵 세포와 원핵 세포의 유전자 조절의 복잡성과 이의 진화적 잠재성에 대해서 설명한다.

대장균 박테리아의 유전자 조절

바이러스와 원핵생물들은 유전자 조절 메커니즘에 대한 많은 정보를 제공하였다. 프란시스 제이콥과 작크 모나드(1910–1976) 등은 1961년에 **대장균**(*Escherichia coli*)의 젖당 대사에 관련된 효소 등을 연구하여 유전자 조절에 대한 첫 번째 보고를 하였다(표 7.1의 유전자 기능에 대한 주요한 발견 참조). 이러한 기초적인 발견으로 제이콥과 모나드와 이들이 연구를 수행한 연구소인 파스테르 연구소의 소장인 안드류 로후(1902–1994)는 1965년도에 노벨 의학 및 생리학상을 수장하였다.

대장균은 일반적으로 젖당을 영양원으로 하지 않으므로 억제단백질이 젖당분해 효소 유전자의 전사를 억제한다(그림 12.8a,b). 그러나 배지에 젖당이 존재하면 젖당은 유사젖당체(allolactose)로 전환되어 이것은 억제단백질에 결합하여 유도인자로 작용하여 젖당 대사에 관련된 유전자들을 전사시킨다(그림 12.8c). 억제인자는 조절단백질로 작용하는 것이다. 유도인자가 억제인자에 결합하면 DNA의 결합부위의 구조가 변형되어 억제인자를 무력화 시킨다.

환경변화에 적응하는 이러한 능력은 박테리아들이 항생제에 저항성을 갖게 하는데 이용되기도 한다. 대장균에서 β–lactase를 암호화하고 있는 유전자는 *lac z*이다. 앰피실린이 존재하면 대장균은 β–lactase를 생산하여 앰피실린을 불활성화 시켜 저항성을 가진다.

진핵세포의 유전자 조절

원핵생물 유전자들의 조절에 비하여 진핵생물 유전자 조절은 놀라울 정도로 많은 조절단계들과 많은 수의 조절 기작에 의해 조절된다(표 12.2). 후생생물의 단백질 생성과 기능적 다양성을 만드는데 중요한 역할을 하는 메커니즘들은 DNA 전사 네트워크와 전사 후 또는 RNA 번역 조절 등에 관련된 조절 코드를 다음과 같이 확립하였다.

1. **DNA에서 mRNA로 정보**가 전달되는데 있어서 3가지의 주요한 조절 메커니즘이 있다. 이들은 ***cis*–**, ***trans*–**, **RNAi**–조절 등으로서 박스 12.1에 설명하였다. 네 번째 메커니즘으로 게놈 내에 전이인자의 삽입으로(8장 참조) 본 장의 후반부에 설명하였다.
2. 진핵생물 유전자들은 mRNA가 생성된 후 **전사후변형**(번역 조절이라고도 알려짐)

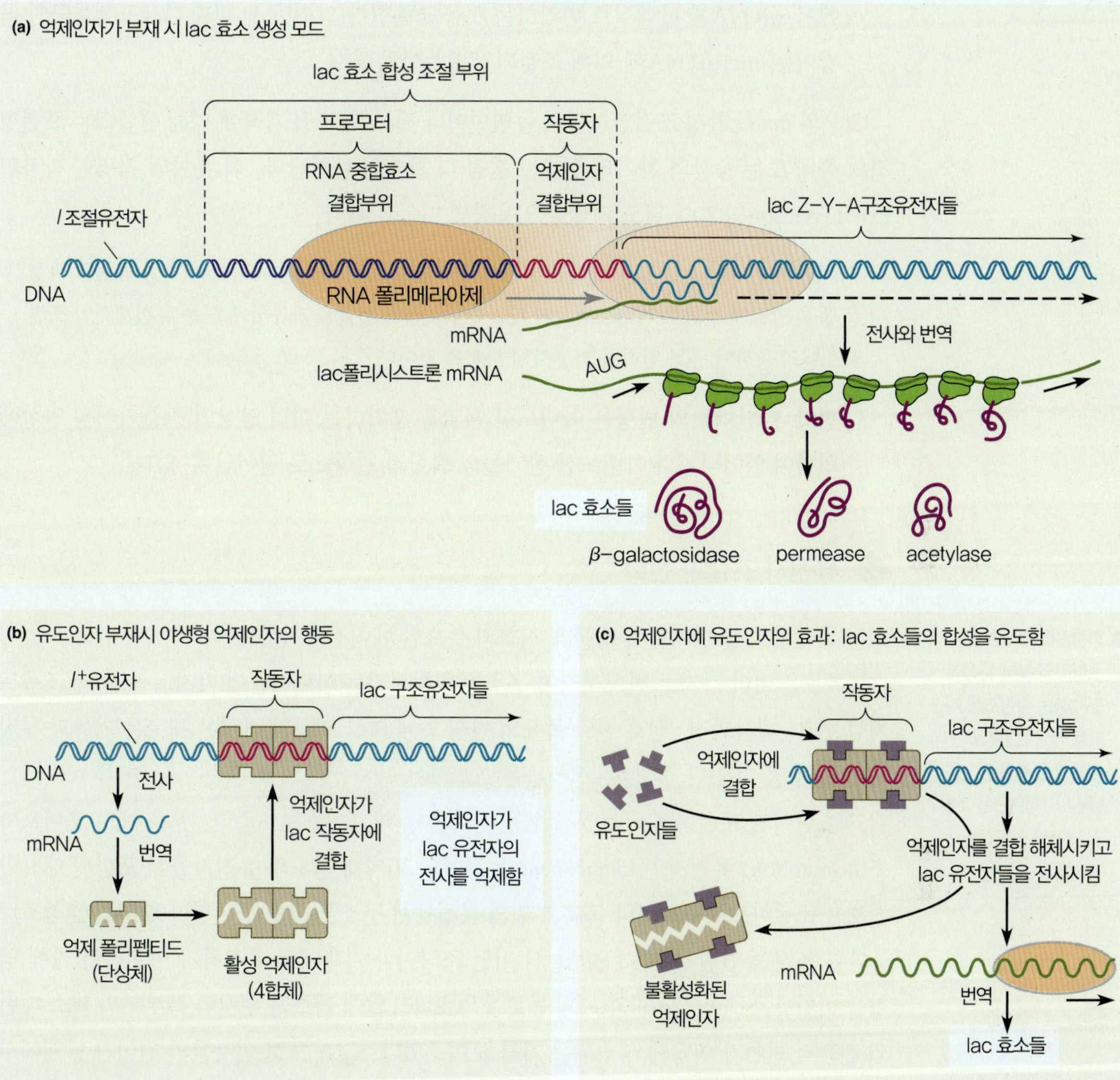

그림 12.8 대장균의 lac 효소 합성과 유도적 시스템에서 억제인자의 기능이나 비기능의 효과에 대한 일반적인 모식도. **(a)** lac 구조 유전자인 Z, Y, A 유전자들의 전사조절에 관여하는 DNA 부위는 작동자(operator)와 프로모터(promoter) 등 두 곳의 조절 부위를 갖는데 이 부위는 각각 특정한 단백질과 결합한다.(진핵생물 유전자의 프로모터는 그림 B12.1에 있음). 억제단백질이 없으면 RNA 중합효소는 작동자에 결합하여 전사를 개시하는데 작동자에는 억제 단백질도 결합 가능한 부위이다. lac유전자의 전사와 번역에 의해 세 가지의 lac 효소가 생성된다. **(b)** I+유전자의 전사와 번역에 이해 정상적인 억제 단백질이 만들어지는데 억제 단백질은 lac 유전자의 작동자에 결합하고 lac 유전자의 전사를 억제한다. 이러한 억제 상태에서는 정상적인 대장균은 젖당이 함유되지 않은 배지에서 생육하지 못한다. **(c)** 박테리아를 젖당이 함유된 배지로 옮기면 유사젖당체가 분자가 생성되어 작동자에 결합한 억제단백질을 결합을 해체시키게 되어 lac 구조 유전자들의 전사를 허용하게 되고 결국 lac 효소들이 만들어 진다. 여기에서 억제단백질은 조절단백질로 작용한다. 유도인자가 억제인자에 결합하여 DNA에 결합하는 부위의 구조를 변형시킴으로써 억제인자를 불활성화시킨다(Strickberger, M. W. Genetics, 3판, Macmillan, 1985를 일부 변형함).

에 의해 조절되기도 한다. 선택적 스플라이싱이나 mRNA의 전사 후 편집 등은 단백질 생성을 변경시키거나 하나의 mRNA 에서 여러 개의 단백질을 생성시키기도 한다(BOX 12.1). 최근에 알려진 소형 RNA(small RNAs)인 **microRNA**가 식물과 동물에서 mRNA를 단백질로 번역하는 것을 조절한다(그러나 세 번째 다세포생물군인 곰팡이는 microRNA에 의해 조절되지 않는다).

Cis-와 *trans*-활성 조절인자들의 돌연변이나 전사 후 조절 기작에 의해 생산되는 표현형적의 종내 또는 종간의 차이의 정도는 점점 더 확연히 나타난다. 이 분야의 저명한 학자인 Eric Davidson의 2006년도 저술을 인용하면 다음과 같다.

> "내 생각에는 *cis*-조절 정보의 과정과 유전자 조절 네트워크 순환 과정에서의 정보 전달 과정은 동물 발달에 정말로 비밀스런 일이다. 아마도 정보 전달을 가능하게 하는 유전체적인 조절 시스템의 출현이 동물 진화를 가능하게 하였을 것이다."

3. **번역 후 단백질의 변형**은 아미노산 서열을 제거하는 여러 양상의 스플라이싱 양상에 의하여 일어나거나 아미노산 잔기들의 화학적 변형으로 일어날 수 있다.

유전자 조절과 진화

■ 평형곤(halteres)는 초파리의 복부 분절에 존재하는 평형조절 기관으로 짝으로 존재하는데 이곳에 곤충의 뒤 날개가 달린다. 평형곤은 조류의 뒷 날개와 상동성을 가진다.

모든 종류의 조절 변이들이 생물체 진화의 주요한 에이전트이었다.

블록들을 여러 가지로 변형시키며 구조를 변형시키는 어린이들이 가지고 노는 레고 세트처럼 신호, 대사과정, 신호 전달 목표의 변형 등에 의한 조절의 변형은 새로운 기능과 특징을 만들어 낼 수 있다. 다른 유전자들을 조절하는 한 유전자의 조절 변이는 한 유전자 네트워크의 변이가 표현형에 극적인 결과를 나타내게 하는가를 보여준다. 좋은 예로 호미오박스(homeobox) 유전자인 *Ultrabithorax*는적어도 30여개 정도의 유전자들이 포함된 대사와 신호를 조절하므로 초파리의 복부 부위의 분절에서 구조 발달을 조절한다(그림 12.9 참조).

다른 조절 돌연변이들은 胚발달 시 어떤 조직이나 기관에서 유전자가 발현하는 가에 영향을 미친다. Sean Carroll과 그의 동료들은 초파리 날개 색소와 수컷의 복부부위 색소 패턴의 진화적 변이가 어떻게 생성되는 가를 보여주었다. Cis-조절 인자들의 변이가 날개에서 발현되는 *yellow*유전자의 날개에서의 공간적 분포를 결정한다. *yellow*유전자의 *cis*-조절부위에 호미오박스 단백질의 결합은 복부부위에서 발현되도록 한다. 시간이 흐르면서 이러한 변이들은 초파리(*Drosophila melanogaster*)의 날개에 있는 점 5개를 종 내에서 독립적으로 각각 소실하게 하였으며, *D.obscura*에서는 두 개의 점을 각각 획득하도록 하였다.

■ 돌연변이에 의해 두 번째 날개 쌍이 자연상태에서 나타나도록 하므로 곤충학자들이 곤충의 목(目) 분류를 가능하게 한다 (11장의 고등생물 분류 참조).

유전자 조절의 가장 극적인 예는 생물체 전체 부위의 발달을 변화시키는 돌연변이를 들 수가 있다. 예를 들면 초파리의 *bithorax* 유전자는 가슴부위의 특정한 분절을 지정한다. bithorax유전자 돌연변이는 날개를 한쌍 더 가지도록 하는데 이것은 배 부위의 분절이 가슴 분절로 전환되고 가슴부위 부속물인 평형곤(haletere)을 가슴부위의 부속물인 날개로 전환 시킨다(그림 12.9).

유전자 조절에 의한 진화는 진화적 수렴이 찬스에 의하여 일어났을 가능성보다 더욱 일

BOX 12.1

진핵생물 유전자 조절의 주요 기작

전사조절

진핵세포에서 DNA → mRNA로 전사되는 과정을 조절하는 3가지 주요 기작: cis-, trans- 그리고 RNAi-조절. 이러한 용어는 기술적인 것으로서, 그렇지 않으면 이것은 cis-조절이나 RNAi-중재 조절 등에 관하여 논하고자 할 때 사용된다. 독자들이 이들 세 가지의 용어들과 이들의 의미를 기억할까 두렵다. 장기간의 이점은 cis-전사나 miRNA를 본 교재를 접하지 않은 동료들과 일상적인 대화로 격하 시키는 것이다. Cis-조절과 miRNA 조절의 더욱 중요한 것은 이들이 진화적 변이의 주요한 작동자들이라는 것이다.

Cis-조절과 trans-조절

유전자 조절의 이 두 가지 기작은 조절하는 유전자로부터 인접한 부위(cis-)의 DNA 인지 아니면 멀리 떨어진 부위(trans-)의 DNA 인지이다.

Cis-조절 인자들은 이들이 조절하는 유전자의 포로모터 부위에 인접한 짧은 부위의 DNA들이다(그림 그림 B12.8a). 유전자 조절은 프로모터와 cis-조절 인자들간의 상호작용으로 일어난다. Cis-조절의 변형은 진화에서 표현형의 변이로 이르게 하는 중요한 기작이다(본문 참조).

두 번째 단계의 조절은 CAAT와 TATA 박스라고 불리는 특정한 부위의 DNA에 전사인자의 결합 조절이다(그림 12.1b). 전사인자들은 그들이 조절하는 유전자가 있는 염색체와는 별도의의 염색체에서 전사될 수도 있으며 이러한 경우를 **trans-조절인자**라고 부른다. 실제로 모든 유전자는 하나 혹은 그 이상의 전사인자들에 의해 조절된다.

RNA 간섭

RNA 간섭에 의한 전사조절은 최근에 발견된 small interference RNA(siRNA)에 의한 조절이다.

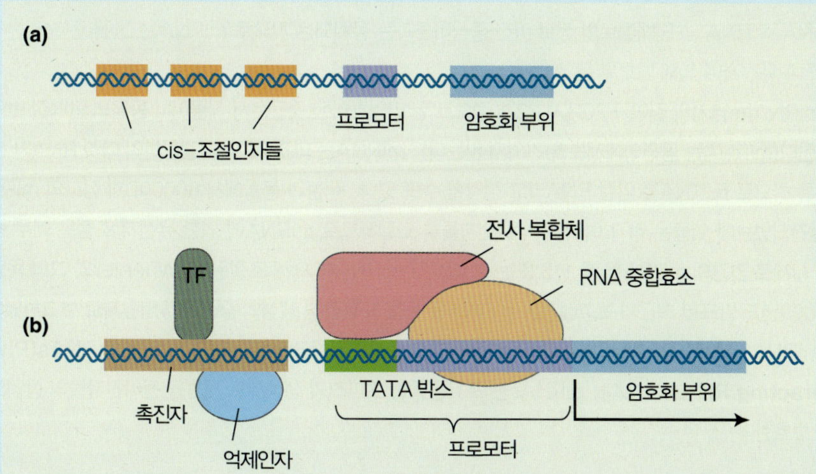

그림 B12.1 동물의 cis-조절인자들과 trans-조절인자들과 유전자 전사. (a) 프로모터와 단백질 암호화 부위 상위에 존재하는 세 개의 cis-조절인자들의 위치. (b) 전사인자(TF)는 조활성자(coactivator, 그림에서는 안 보여줌)와 협력하여 cis-조절 부위에 결합한다(억제인자도 조억제인자와 함께 같은 작용을 함). 전사인자들은 RNA 중합효소 II와 함께 프로모터의 TATA 박스에 전사복합체를 형성한다(화살표). [From Caroll 등의 DNA to Diversity, 2판, Blackwell 출판사, (2005)의 자료를 변형하였음].

BOX 12.1
진핵생물 유전자 조절의 주요 기작 (*계속*)

RNAi는 식물의 색소를 형성하는 유전자를 식물체 내로 한 카피 더 넣었을 때 예상과는 전혀 다르게 색소가 발현이 저해되는 것을 보여준 실험으로 증명되었다. RNAi는 수가 많으며 매우 보전적으로서 수 백 가지의 RNAi가 동정되었다. 초파리 게놈에는 적어도 100개의 RNAi가 있으며 인간의 게놈은 800개 이상의 RNAi를 암호화 하고 있다. 중요하게도 하나의 RNAi가 RNA 간섭 과정에서 여러 개의 유전자를 조절한다. RNAi가 세포에서 가장 중요한 두 가지 과정인 세포분열과 분화를 조절하므로 RNAi의 조절 역할은 막대하다. RNAi의 활성에 영향을 주는 돌연변이들이 진화적으로 의미있는 변이들의 중요한 원천으로 나타나고 있다.

■ 동물에서 RNAi의 연구로 미국의 과학자들인 Andrew Fire와 Craig Mello는 2006년에 노벨 의학 및 생리학상을 받았다.

전사후 조절

스플라이싱의 다양성과 mRNA 분해

전령 RNA의 전사 후 변형은 하나의 미성숙 mRNA에서 여러 개의 성숙 mRNA를 생성할 수 있는 **스플라이싱의 다양성**을 통해 일어나는데 이러한 기작으로 염기전이, 염기 삽입이나 결실 등에 의한 mRNA 뉴클레오티드의 변형(**RNA 편집, RNA editing**)이 있다. **엑손 배열과 인트론의 제거**가 매우 가변적이므로, 단백질의 서브유닛을 암호화하고 있는 엑손들은 **모듈**(module)이나 도메인(domain)으로 작용을 하는데 이들은 여러 가지 방법으로 조합하여 새로운 유전자를 만든다. 단일 유전자들은 **교호적 스플라이싱**(alternate splicing)에 의해 엑손들의 배열에 따라 다른 단백질을 만든다. 재배 벼(*Oryza sativa*)의 진화과정에서 변형된 인트론 스플라이싱으로 *Waxy* 유전자의 단일염기 변형을 초래하여 waxy 단백질을 적게 만들어 내도록 이르게 하였다.

전령 RNA의 단백질로의 번역은 mRNA 분해 속도를 조절하거나 mRNA에 특정한 상보적인 RNA나 단백질이 결합하여 번역을 **방해**하므로 조절된다.

위에서 기술한 전사조절처럼, 전사 후 조절도 microRNA라 불리는 특수한 종류의 RNA 에 의해 조절되는데 miRNA는 mRNA를 분해시킨다. miRNA는 단백질을 암호화 하고 있지 않는다. 역설적으로 그리고 DNA → RNA → 단백질로의 정보 이전 중심이론과는 상치되는 것으로 miRNA는 DNA로부터 전사되는 RNA 유전자에 의해 암호화 된 것이다.

■ 인간과 침팬지의 뇌에서 447개의 새로운 miRNA의 발견하였으며, 해면동물과 해파리 류를 제외한 모든 동물의 기본적 miRNAs 세트, 인간의 miRNA가 선발에 작용한다는 증거 등을 발견하는 등 miRNA 의 연구는 매우 활발하다.

miRNA는 염기의 길이가 20에서 22개 정도로 된 비암호화된 것들로서 식물이나 동물의 단백질 번역을 조절한다(miRNA는 곰팡이에서는 발견되지 않는다). miRNA는 타깃 RNA에 결합하여 타깃 RNA가 분해되도록 하므로 miRNA를 암살 RNA라고 생각할 수도 있다. 식물과 동물에서 6000여 개 정도의 miRNA가 발견되었는데 이들은 각각 여러 개의 유전자들을 조절하므로 miRNA에 의한 유전자 조절은 매우 중요하며 실제로 인간의 mRNA들 중 1/3 또는 그 이상이 miRNA에 의해 조절된다. Wheeler와 그의 동료들이 2009년도 발표한 최근의 보고에서는 miRNA를 동물의 복잡성 생성의 중심적인 역할자로 보고하였다.

miRNA와 함께 최근에 발견된 것으로 길이가 20~30 뉴클레오트드 정도가 되는 **piRNAs(Piwi-interacting RNAs)**가 있다. piRNAs는 포유동물과 초파리의 생식세포 게놈을 전이인자들의 삽입으로부터 보호한다.

반적인가를 설명한다. 복잡한 발달적 과정은 각 개별 유전자나 단백질의 발현의 상향조절이나 하향조절 등으로 조절되거나 각 부위의 운명을 결정하는 일련의 반응들을 켜거나 끄는 방법으로 조절된다. 보존적인 유전자 단계들이나 네트워크의 조절 변이는 유사한 진화적 변이들의 발생이 반복적으로 생성되는 것을 설명한다.

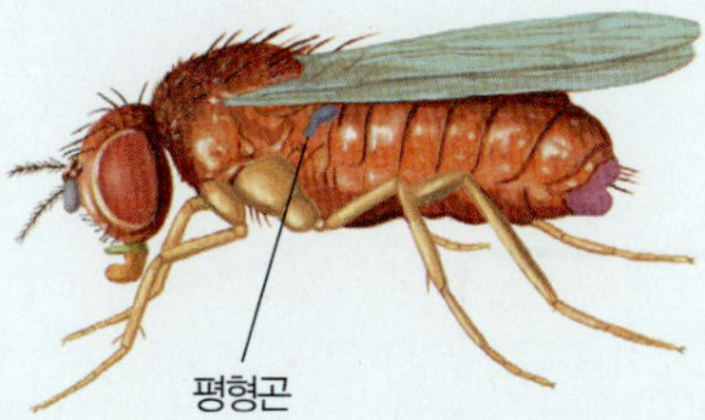

(a)

(b)

그림 12.9 **(a)** 야생형 초파리는 가슴부위에 한 쌍의 날개가 있으며 복부 분절에 평형곤(halters)이 부착되어 있다. **(b)** 네 개의 날개를 가진 초파리. 이것은 bithorax 유전자의 돌연변이에 의한 것으로 평형곤을 가진 복부 분절을 날개를 가진 가슴분절로 전환시킨다.

조절 단계들이 확장, 변화, 상호 반응하므로 생물체의 통합이나 복잡성이 증가된다. 이것이 배 발달시의 변화들이 다세포 생물체들의 초기 진화에서 일어났다는 것을 설명하는 주요한 이유 중의 하나로서, 이러한 변이들은 이미 멸종된 생물체들의 연속적인 발달과 호환이 되지 않는 것이다(11장 참조).

유사한 유전자 네트워크가 한 개체의 다른 기관들에 의해 이용되지만 선발에서는 다르게 반응한다. 한 예로 *Sonic hedgehog*(*shh*), *Pax*−6 그리고 호미오 유전자인 *Prox1*(*prospero-related homeobox1*)에 의해 조절되는 네트워크를 들 수가 있다. 이 네트워크는 여러 생물체들의 감각 기관의 발달에 관여한다. 여기에서는 어류인 멕시코 *Astyanax mexicanus*의두가지형태(morphs) 형성을 예로 든다. 한 형태는 보통의 연못서 사는 것들은 정상적인 눈을 가지고 있는 것이고, 한 형태는 동굴에서 발견되는 것으로 완전히 눈이 먼 상태이다(그림 12.10).

(a)

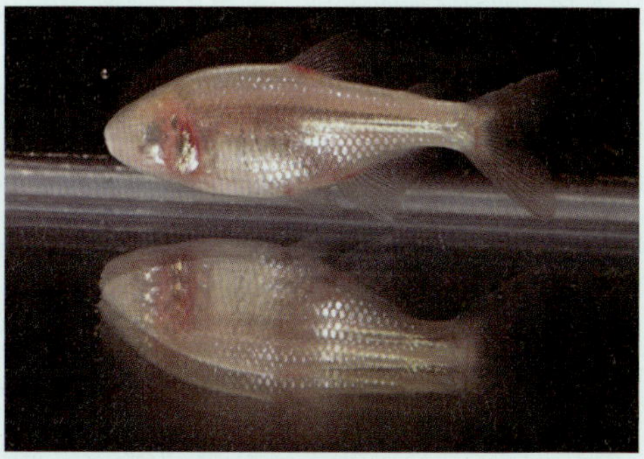

(b)

그림 12.10 지상 연못의 *Astyanax mexicanus* **(a)**와 동굴 연못의 *Astyanax mexicanus* **(b)**. 동굴의 *Astyanax mexicanus*는 눈 발달이 되어있지 않으며 색소가 결핍되어 있다.

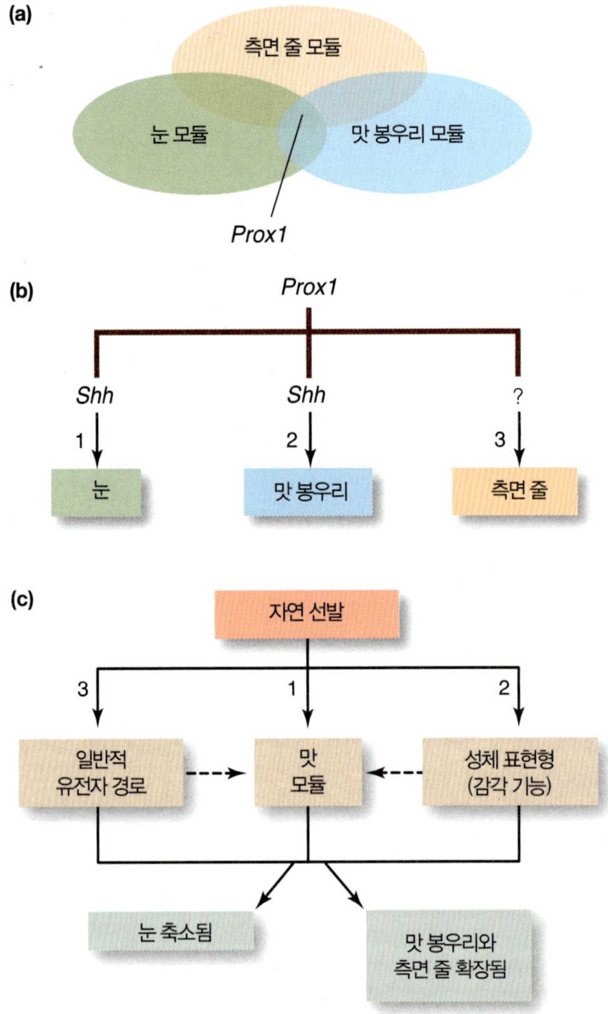

그림 12.11 **(a)** 멕시코산 *Astyanax mexicanus*의세가지모듈(측면 줄, 맛봉우리, 눈)은 유전자 발현단계의 상위 조절인자(Pax1)를 공유한다. **(b)** Prox1은 신호를 Sonic hedgehog(Shh)를 통하여 두 가지 경로로 보낸다. **(c)** (b)에서 보여준 공통적인 상위의 유전자 조절은 선발이 성체 표현형(감각 모듈)에 가해 지거나 공통적 유전 경로에 가해지도록 하여 측면 줄과 맛 봉우리 모듈을 확장시키고 눈 모듈은 축소시키도록 한다(Franz-Odendaal T.A.와 Hall B.K.의 Evol & Devel 8, 2006: 94-100 을 변형함).

눈이 먼 동굴 서식고기는 눈의 흔적만을 가지며 색소가 없지만 맛 봉우리(taste bud)와 감각 시스템이 고기의 신체 부위를 따라 일렬로 배열하여 측면으로 발달되어 있다.

Shh/Pax-6에 의해 개시되는 유전자 네트워크는 눈과 맛 봉우리 모두에서 작동한다(그림 12.11). 보통 연못에 사는 고기에서 Shh 유전자의 과면 발현은 눈의 발달을 축소시키지만 맛 봉우리의 수를 증가시킨다. Shh 유전자를 망가뜨리면 눈 발달이 증가하고 맛 봉우리의 수는 축소된다. 상위 유전자로서 Shh 유전자는두기관시스템으로부터의반응을유도한다. 선발은 감각 모듈이나 일반적인 유전자 네트워크에 작용하여 성체 동굴고기의 표현형에 적용된다(그림 12.11).

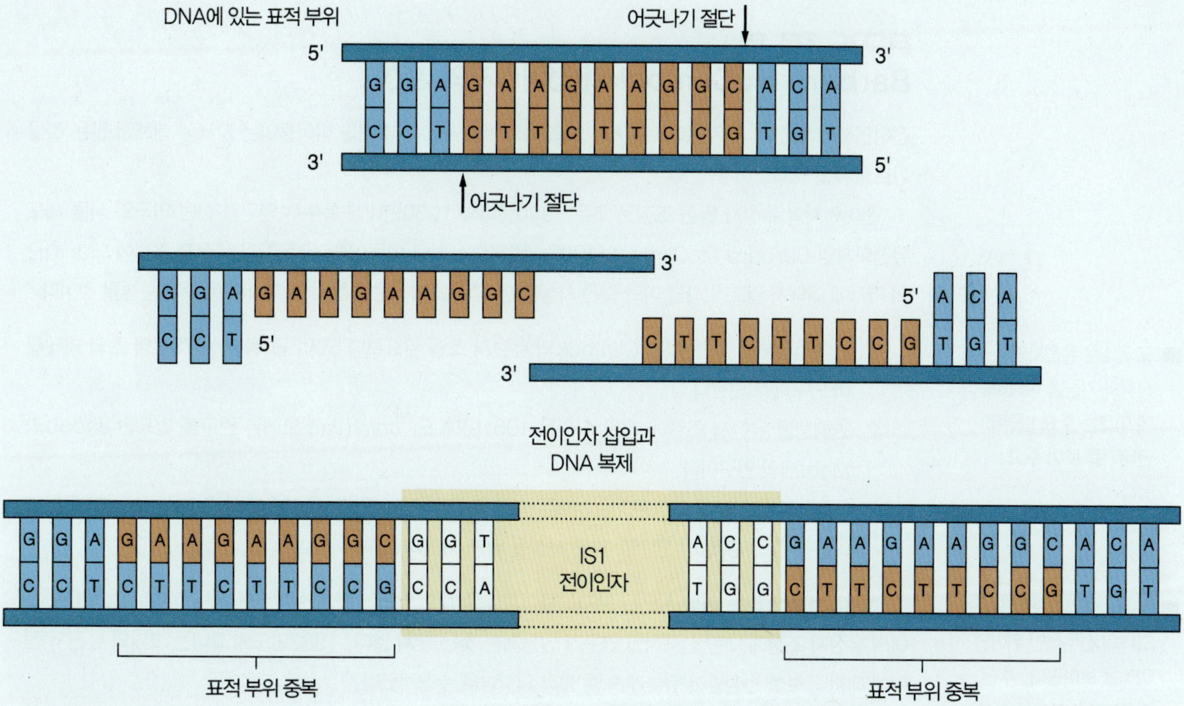

그림 12.12 *E. coli*-유래 전이인자 IS1의 옥수수 게놈 내로의 삽입. IS1 전이인자는 갈색으로 나타낸 특이적인 9-bp를 인지하고 이 부위를 화살표로 나타낸 부위를 절단하여 틈새를 만든다. IS1 염기서열(노란색)이 틈새로 삽입되고 생성되는 외가닥 DNA 부위는 상보적인 염기들로 채워진다. 이러한 삽입 과정은 전이인자의 양 말단에 9-bp의 동일한 염기서열을 역 반복으로 생성시킨다(Strickberger M.K.의 Genetics 3판, Macmillan Co, 1985의 자료를 변형함).

전이인자

원핵생물과 진핵생물의 진화적인 변이의 또 다른 원천으로 전이인자가 있다. 전이인자는 게놈 내에서 자신의 위치를 이동시킬 수 있는 염기들을 지칭한다. 8장에서 이미 전이인자들은 생물체들 간에 유전 물질을 횡적 이동을 시킬 수 있는 인자라고 소개한 바 있다.

전이인자는 생물체의 핵 내에 있는 여러 종류의 타깃 부위 내로 자신의 카피를 삽입시키도록 하는 전이효소라는 특이한 효소를 만든다. 예를 들면 옥수수 게놈 내에서 길이가 768-bp인 *E. coli*의 *insertion sequence 1*(*IS1*)염기는 옥수수 게놈 DNA를 9-bp의 어긋나기 절단을 하고 자신의 카피를 절단 부위의 틈새로 삽입시킨다(그림 12.12).

전이인자들은 원핵생물체 한 종에서 다른 종으로 이동이 가능하고 원핵생물에서 진핵생물로도 이동이 가능한데 후자에 대해서는 8장에서 유전자의 수평 이동과 이로 인한 원핵생물체의 진화 계통도를 만드는데 어려움에 대해서 논의하였다. 전이인자들은 진핵생물체들 간에도 이동이 가능한데 예를 들면 *P* 전이인자는 원래 *Drosophila willistoni*라는 종에 있었는데 50여 년 전에 *Drosophila melanogaster*의 게놈 내로 이동을 하여 *D. melanogaster*의 야생형에서 모두 발견된다. *P* 전이인자가 횡적 이동을 하였다는 증거는 이 두 종은 약 2천만 년 전에 분기되어 핵 유전자들이 상당히 다른데 *P* 인자는 오직 단일 염기만이 두 종 사이에

■ 표 7.1은 유전자의 성격과 기능을 이해하는 데 이르는 주요 발견의 연대기를 보여 주고 있다.

■ 같은 해에 발간된 전기는 그녀의 선두적인 뛰어난 업적을 보여준다. 추천 자료에 있는 Keller(1993)을 참조할 것.

BOX 12.2

Barbara McClintock와 전이인자의 발견

전이인자의 발견은 매우 흥미로운 사건으로 과학계에 새로운 발견을 받아들이는 자세에 대해서 많은 것을 가르쳐 주고 있다.

전이인자와 유전자 발현 조절은 모두 1940년대와 1950년대에 옥수수 연구를 하던 미국의 식물 세포 유전학자인 Barbara McClintock(1902–1992)에 의해 이루어졌다. 독자가 유전자 조절에 대한 최근의 역사에 대해서 알고 있다면 이와 같은 사실은 본 장의 초기에 언급한 세 가지 이유로 독자는 놀랄 것이다.

1. 전이인자들의 발견은 McClintock의 유전자 조절 발표보다 30여 년 뒤진 1970년대 초의 박테리아 연구에 기인한다.
2. 원핵생물 유전자 조절에 대한 지식은 1961년에 *E. coli*의 *lac* 오페론 연구를 발표한 Jacob과 Monad의 연구이다.
3. 진핵생물 유전자가 조절된다는 사실은 더욱 최근에 알려졌는데 특히 초파리 *Drosophila*와 작은꼬마선충 *C. elegans* 연구로 많은 사실을 알게 되었다.

McClintock라는 이름은 모든 분자생물학자들은 알고 있어야 하며 실제로도 어느 정도는 그렇지만 그녀의 유전자 조절에 대한 선구적인 연구가 인용되는 것은 흔치 않다. 1983년도에 그녀는 그녀의 유전자 전이에 대한 공로를 인정받아 뒤늦게 노벨 생리 의학상을 수상하였다.

그녀의 많은 업적 중에는 감수분열 중에 교차에 의한 유전자 재조합을 증명하였으며 옥수수에서 첫 번째로 유전자 지도 작성을 하여 염색체의 특정 부위에 있는 유전자가 특정한 표현형을 관장한다고 하였다. 게놈 내에서 유전자의 전이에 대한 그녀의 발견은 1944년도와 1953년 사이에 주로 이루어졌다. 유전자의 전이는 옥수수 종자 색소의 얼룩 반점의 불안정한 유전현상으로부터 이루어졌다(그림 B12.2). McClintock는 두 개의 우성의 서로 상호작용하는 유전자 Ac(Activator)와 Ds(Dissociator)를 발견하였는데, Ds는 Ac가게놈 내에 존재하면 인접한 유전자의 발현에 영향을 주는데 여기에서 더욱 예상치 않은 사실은 Ds와 Ac는 염색체에서 자신의 위치를 이동시킬 수 있다는 것이다. 게놈 내에서 자신의 위치 이동(전이)은 완전히 임의적이므로 어떤 세포는 색소를 만드는데 반해 어떤 세포는 색소를 만들지 못하여 결국 옥수수 종자의 색소가 얼룩이로 나타나게 된다는 것이다(그림 B12.2).

1940년대 말에 McClintock는 유전자와는 별개의 두 개의 조절인자인 이동 인자를 보고하였다(이들이 현재는 전이인자로 불림). McClintock는 그녀의 결과를 모든 다세포 생물체의 유전자 조절 이론에 적용하였다. 그러나 3장에서 논의한 것과 같이 이 당시 생물학은 DNA 이전의 시대로서 분자 이전의 세대로서 유전물질이 무엇인지 아직 모르던 시기였다. McClintock의 다이내믹 게놈의 이론은 유전자가 세포의 프로그램된 지침을 제공한다는 당시의 이론으로는 받아들일 수 없었다.

1961년도에 lac *오페론이론*이 발견되었을 때 McClintock는 박테리아와 옥수수의 유전자 발현 비교를 보고하였다. 그러나 1960년대 말에 전이인자들의 발견으로 그녀의 이전에 발표한 유전자의 이동에 대한 발견이 재조명되었다. 그녀의 유전자 조절에 대한 선구적인 연구는 지금까지도 과소평가되고 있다.

Barbara McClintock는 생물학 분야에서 시대를 앞서간 학자였다. 실제로 그녀의 결과는 그 당시에는 존재하지 않았던 분자유전학의 도래를 예측하게 한다. 비록 그녀가 연구 결과를 주요한 과학잡지에 발표하고 과학자 모임에서도 발표하고 많은 과학자들을 가르쳤지만, 그녀의 "동료"들은 그녀의 발견에 대해서 너무 회의적이어서 1953년도에는 그녀는 유전자 전이에 대한 논문 발표를 중지하고 대신에 옥수수 세포 유전학과 남미 옥수수의 민족식물학에 대해서 발표를 하였다. McClintock는 1973년 9월에 그녀를 초빙한

BOX 12.2

Barbara McClintock와 전이인자의 발견 (*계속*)

(a)

(b)

그림 B12.2 옥수수 이삭의 종실 색깔의 패턴**(a)**과 인디언의 재래종 옥수수**(b)** 이삭으로 종자들의 다양한 색소 생성을 보여주고 있다.

영국 Leeds 대학에 있는 유전학자에게 초빙을 사양하며 보낸 편지에 그녀의 당혹함을 적었다. 이 편지에 그녀는 "1950년대 유전학자들에게 유전자의 행동이 조절되어야 하며 조절되고 있는 것을 설득시키기 위한 나의 시도'라고 적고 있으며 그녀는 계속해서 "많은 사람들이 옥수수에 조절인자들이 있으며 이러한 조절인자들의 행동을 가지고 있다는 가정의 고정성을 인식하는 것이 아직도 어렵다. 사람은 개념이 바뀌는 데에는 적절한 시간을 기다려야 한다"라고 적고 있다.

차이가 난다. 최근의 연구에 의하면 *P* 인자들은 *Drosophila* 속에서 종간의 장벽을 여러 번에 걸쳐서 이동하여 여러 종으로 전파되었는데 이러한 것은 새로운 유전변이의 원천이 되었다. 전이인자 매개 유전자의 이동 동물들 간에도 일어났다는 증거들이 있으며 식물의 미토콘드리아 유전자들 간의 이동도 있었으며 최근의 사건으로 기장과 벼 사이에 핵 유전자의 이동을 매개 하였다는 증거가 있다. 전이인자들의 발견 역사는 발견자들이 시간을 앞서서 이들의 존재에 대한 생각을 가졌다는 것을 받아들이기가 어렵기까지 하다(BOX 12.2).

유전자의 횡적 이동에 의해 전이인자의 획득의 중요한 이점은 종 간의 생식적 장벽을 넘어서 유전자의 이동을 가능하게 하여 어떤 종이 멸종하여도 유전자의 수직 이동에 의해 유전자의 멸종을 회피시킬 수 있다는 것이다. 그러므로 게놈 내에서 우리는 많은 종류의 전이인자들이 존재하리라는 것을 추측할 수 있으며 이것은 때로는 사실이다. 예를 들면 영장류에서 전이인자와 같은 성격을 가진 300-bp의 *Alu*라는염기조각은인간의이배체게놈내에

백만카피이상이존재한다(*Alu*제한 효소에 의해 인식되어 절단 되므로 *Alu*라는 이름을 갖게 됨). 13장에서 설명한 이보다 더 짧은 반복서열 DNA 들이 여러 종의 진핵생물 게놈에 존재한다. 하지만 이것이 항상 맞는 것은 아니다. 예로 *Drosophila* 게놈에는 약 30에서 50 카피 정도의 *P* 인자를 가지며 *white*(w^a)유전자 좌의 돌연변이를 유발 시킬 수 있는 *copia* 전이인자도 *P* 인자와 비슷한 수로 존재한다. 전이인자 내의 조절 인자들이 게놈 내에서 이들의 카피 수를 조절하여 전이인자에 의한 돌연변이 효과를 제한시키는데 이것은 기주의 생존을 가능하게 하여 선발되는 특징으로서 결국은 전이인자 자신들의 생존을 가능하게 한다.

추천 문헌

Carroll, S.B., 2005. *Endless Forms Most Beautiful*. W. W. Norton, NewYork.

Carroll, S.B., J.K. Greiner, and S.D. Weatherbee, 2005. *From DNA to Diversity. Molecular Genetics and Evolution of Animal Design*, 2nd ed Blackwell Publishing, Malden, MA.

Davidson, E.H., 2006. *The regulatory Genome: Gene Regulatory Networks in Development and Evolution*. Elsvier/Academy Press, Burlington, MA.

Hallgrimsson, B., and B.K. Hall(eds), 2005. *Variation: A Central Concept in Biology*. Elsvier/Academic Press ,Burlington, MA.

Jacons, F., 1977. Evolution in tinkering. *Science*, **196**, 1161-1166.

Jacons, F., and J. Monod, 1961. Genetic Regulatory Mechanisms in the synthesis of Proteins. *J. Mol. Biol.*, **3**, 318-356.

Keller, E.F., 1993. *A Feeing for the Organism: The Life and Work of Barbara McClintock*, 10th Anniversary Edition. W. H. Freeman, New York.

Mayr, E., 2001. *What Evolution Is*. With a Foreword by Jared Diamond. Basic Books, New York.

Wheeler, B.M., A.M. Heimberg, V.N. Moy, et al., 2008. The deep evolution of metazoan microRNAs. *Evol. Devel.* **11**, 50-68.

Wood, T.E., N. Takebayashi, M.S. Barker, et al., 2009. The frequency of polyploidy speciation in vascular plants. *Proc. Natl. Acad. Sci. U.S.A.* **106**, 13875-13879.

집단에서의 유전 변이

13

단 원 요 약

- 변이가 없다면 진화적 변화도 없을것이다.
- 돌연변이는 유전변이의 재료를 제공한다.
- 돌연변이는 완전히 임의적이지 않다. 유전체의 어느 부위는 다른 부위에 비해 돌연변이에 더욱 취약하다.
- 유전자 좌에서 다형화의 많은 것들은 각 세대마다 일어나는 상대적으로 적은 새로운 돌연변이들에 비해 유전 변이에 더욱 많은 재료를 제공한다.
- 집단 수준에서 대립유전자의 빈도는 유전 변이 측정으로 사용된다.
- 집단내의 유전적 부동과 집단 간의 유전자 이동은 유전변이의 재료를 제공한다.
- 유전변이는 자연선택에 반응할 수 있는 진화적인 변이의 기초재료를 제공한다.
- 종의 대규모의 지리학적 분포 양상은 집단의 유전 역사를 결정하는데 이용될 수 있다.

위 그림: 야생에서 발견되는 변이: 알비노 사슴

개요

12장에서 논의된 다단계 유전자 조절과 연관시키면 유전적 변이가 여러 경로를 통해 집단 내로 도입될 수 있다는 것이 명백하다. 돌연변이, 집단 내에서의 유전자 빈도의 임의적 부

동(유전 부동), 집단 간의 유전자의 이동 등은 집단의 변이를 높인다. 유전변이의 또 다른 원인으로 여러 유전자들의 블록으로 이루어진 **양적 유전자좌**라 불리는 염색체 내의 특정한 부위의 변이가 있는데 양적 유전자좌들은 크기나 무게와 같은 연속적 변이의 형질에 영향을 미친다. 돌연변이의 임의성, 유전자들이나 종들 간의 돌연변이율의 변이, 집단에서의 대립유전자의 빈도, DNA의 수선 능력(돌연변이의 부정적인 효과를 감쇄시킴) 등은 모두 집단내의 유전적 다양성(유전적 다형성)의 유지에 영향을 미친다. 유전변이는 진화적 변이에 새로운 재료를 제공하여 자연선발이 집단에 영향을 미치도록 한다.

돌연변이

개별적 유전변이 원으로 돌연변이들은 전 장에서 이미 기술하였다. 돌연변이는 또한 집단의 중요한 속성이다

특정한 환경에 이미 오랜 동안 확립되어 지속되어 온 집단은 그 환경에 적응된 많은 유전자들을 가지고 있다. 선발에서 중립적이지 않은 새로운 돌연변이들은 이미 존재하는 유전자에 비해 양성적 효과를 가지는 것들은 매우 드물어 대부분 부정적인 효과를 보이는데 이것은 어떤 확립되고 조직화된 컴퓨터나 자동차와 같은 시스템에 임의적으로 새로운 변화를 주었을 때 주는 손상과 별로 다르지 않다. 다세포 생물체들은 이들의 진화적 내력에 의해 제약을 받는다(15장 참조). 결과적으로 유리한 돌연변이는 일반적으로 여러 가지의 발달 과정과 기능 중에서 몇 개 정도에 한정적이다. 예를 들면 식물과 동물은 10억년 전 이전에 이미 서로 분지되었지만 DNA에 결합하여 접힘을 유도하는 히스톤 4 단백질의 100개 아미노산 중 오직 2개의 아미노산만이 동물과 식물 간에 차이가 난다. 이와 같이 진화적으로 매우 중요한 유전자들은 보전적인 염기서열을 일반적으로 가지고 있어서 존립 가능한 돌연변이가 좀처럼 일어나지 않는다.

다른 유전자들과 기능에서 환경 조건의 변화는 가능한 유전변이에 기초한 유전적 반응을 유도한다. 전에는 낮은 빈도로 존재하던 대립유전자들이 이제는 상대적으로 높은 적응력을 갖게 되었을 수 있다. 이러한 것으로 다음과 같은 것을 들 수 있다.

- 디디티(DDT)나 디엘드린과 같은 살충제에 노출된 곤충 집단들의 많은 것들에서 일어나는 급격한 유전 변이(그림 13.1). 여기에서 저항성 유전자들은 모두 주요 염색체에서 나타남(그림 13.2).
- 산업화 된 지역에서 *Biston betularia* 회색가지 나방의 집단에서 검은 대립유전자의 빈도수 증가(그림 15.12 참조)와 미국 서남부에 서식하는 바위주머니쥐 *Chaetodipus intermedius*의 밝은 계통들의 색소세포에서 수용체 증가(15장 참조).
- 제초제와 금속 독소에 노출된 식물집단에서 저항성 유전자 빈도 증가, 그리고
- 그림 15.10에 나타낸 인간 집단에서 말라리아 저항성을 갖도록 적혈구 세포 생리를

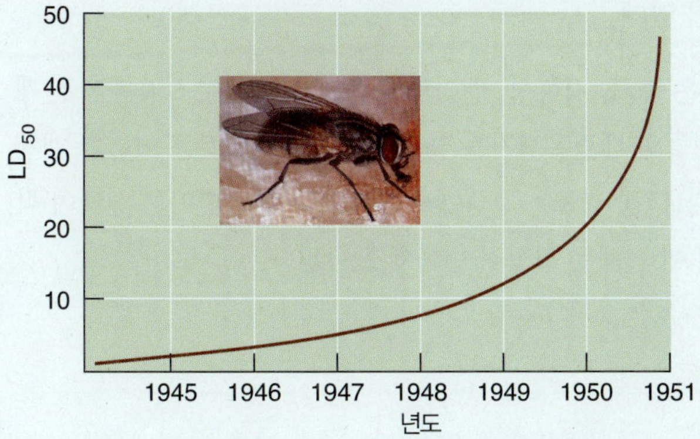

그림 13.1 DDT 사용이 증가된 1945년에서 1951년도 사이에 일리노이주 농장에서 수집한 집파리(*Musca domestica*)의 DDT 저항성. 측정치는 파리의 50%를 죽일 수 있는 치사량이다(LD50로 알려져 있음).(Strickberger M.W. Genetics, 3판, Macmillan, 1985의 내용 수정; Decker G.E.,와 Bruce W.N., *Amer. J. Trop. Med. Hygiene* 1, 1952: 395-403 의 자료에 기초함)

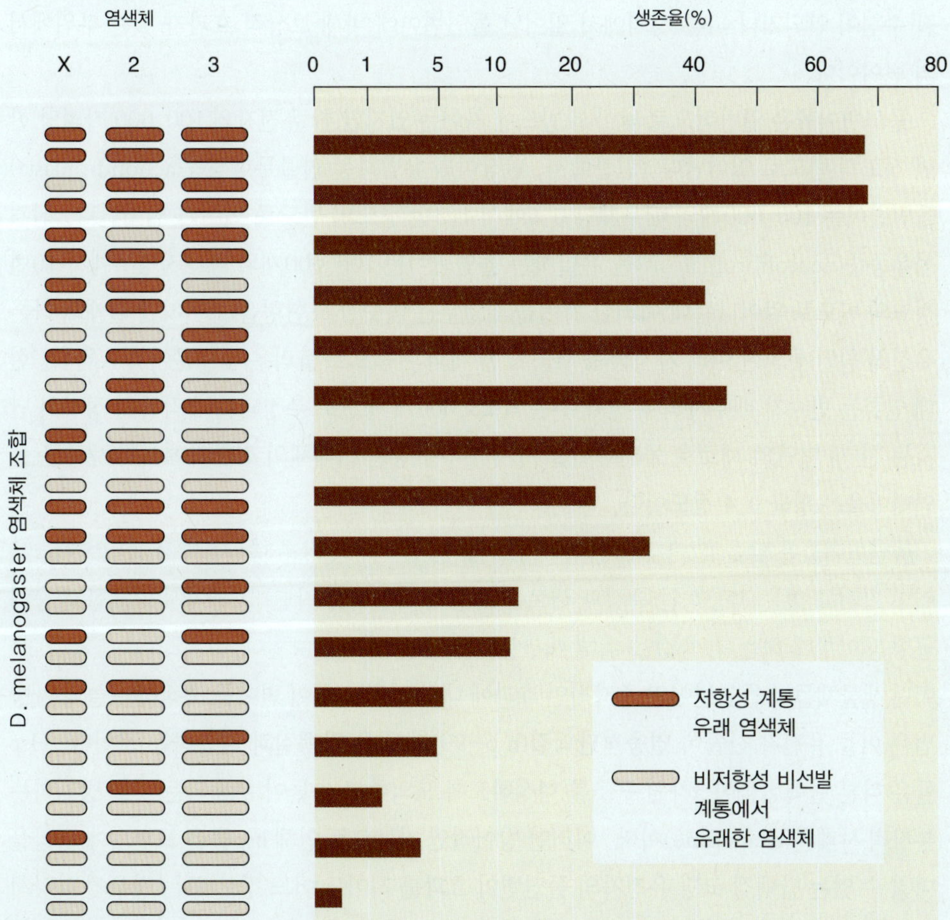

그림 13.2 동일한 양의 DDT에 노출된 후 생존한 저항성과 비저항성 초파리(*Drosophila melanogaster*)의 16가지 염색체 양상. 각 초파리 집단은 DDT-저항성과 DDT-비저항성 계통으로부터 유래한 한 쌍의 X, 2, 3번 염색체를 가지고 있다. DDT 저항성(오른쪽 막대 그래프에서 진한 갈색으로 생존율을 표시함)은 저항성 계통으로부터 유래한 염색체수가 증가하므로 저항성 증가가 나타났다.(Crow J.F. Ann. Rev. Entomol. 2: 227-246의 자료 수정).

변조하는 유전자의 증가 등이 있다.

대부분의 집단에서 많은 개체들은 죽고, 저항성, 멜라닌 또는 보호 대립유전자를 가진 개체들은 살아남아서 다음대로 자신들의 대립유전자를 물려준다. 중요한 것은 이러한 개체들이 다음 세대의 창시자들이 된다(17장 참조). 그럼에도 불구하고 돌연변이는 선택이 작용하는 변이의 중요한 공급원이며 이 선택은 진화적 변화에 포함된다.

돌연변이율

독자는 아마도 돌연변이는 나쁜 것이라고 생각할지 모르지만, 적정한 돌연변이율은 오히려 이득이 된다. 흥미로운 것은 특정한 염기 부위는 평균 돌연변이율보다 돌연변이가 높은 빈도로 일어난다는 것이다. **돌연변이 핫스팟**이라 불리는 이러한 지역은 변이 염기가 잘 수선이 안되거나 다른 지역에서 일어난 돌연변이에 비해 보상적 효과가 있는 부위에서의 변이이다.

돌연변이율은 일반적으로 낮아서 빈도에 차이는 있지만 한 유전자의 100,000 카피당 한 번 정도의 빈도로 일어난다. 인간에서, 난장이를 유발하는 연골무형성증(achondroplasia) 돌연변이는 100,000개의 배우체당 0.6에서 1.3번 정도의 빈도로 변이가 일어난다. 신경섬유종증(neurofibromatosis)을 유발하는 돌연변이는 100,000개의 배우자당 5에서 10번 정도의 빈도로 일어나는데 이러한 차이들의 일부는 비슷한 표현형을 보이지만 별개의 다른 유전적 원인에 의한 여러 가지의 증후군이 한 개의 이름으로 불리우기 때문이기도 하다. 현대 인류는 반수자 배우자의 유전자 수는 약 25,000개 정도로 추정되는데 각각의 정자와 난자는 한 개 미만의 새로운 돌연변이를 가지거나 수정된 이배체의 접합자에서의 새로운 돌연변이율은 평균 0.4 정도이다.

돌연변이율은 낮을 뿐 아니라 일정하지도 않다. 필수적인 다른 형질들에서 돌연변이율은 이미 가지고 있는 적응적인 특징과 새로운 특징의 기원이 될만한 것 사이의 미묘한 적응적 균형을 이루게 하는 최적 값을 위해 대부분 선발되는 것처럼 보인다.

어떤 생물체들이 돌연변이의 즉각적인 효과에 대한 경험도 없이 변이를 축적하는 놀라운 방법은 이들 유전자 산물이 **열충격단백질**(hsp-90)과 같은 단백질과 결합하는 것이다. Hsp들은 다른 단백질들이 3차원 구조를 형성하도록 도와주고 이들이 분해되는 것을 방지하는 분자적 샤페론(chaperone)이다. 이러한 방어적인 기능으로 인해 hsp들은 표현형에 영향을 미칠 수 있는 단백질 코딩 유전자의 돌연변이 효과를 적어도 어느 정도 또는 경우에 따라서는 상당히 상쇄한다. 보호적인 hsp 단백질이 손상을 받으면 많은 대립유전자들이 노출되어 생물체는 온도나 염 농도와 같은 환경 변화에 노출되게 된다. 발현되는 단백질들의 새로운 양상과 조합은 발생에 큰 영향을 주게 되며 이러한 것 중의 어느 것은 적응적으로 유리한 것도 있고 어떤 것은 새로운 진화적인 기회를 갖게 될 수도 있다.

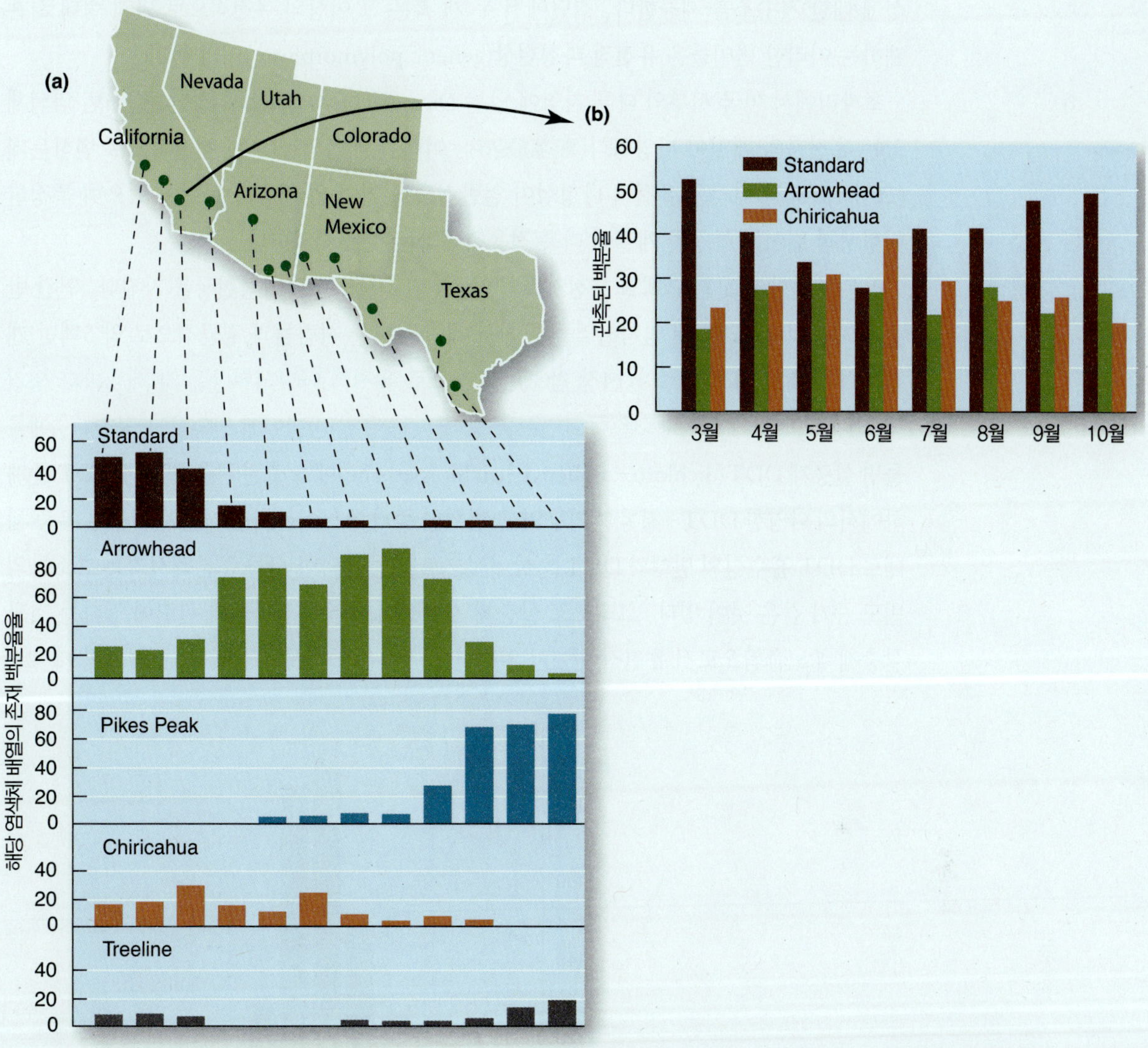

그림 13.3 **(a)** 미국과 멕시코 국경을 따라 동서의 12곳에서 발견되는 *Drosophila pseudoobscura* 집단들의 3번 염색체 역위의 5가지 유형. **(b)** 캘리포니아 Mount San Jancito에 서식하는 초파리의 계절에 따른 3번 염색체 역위의 종류별 퍼센트. 이러한 염색체 역위들은 특정한 유전자 조합을 가능하게 하여 유전자들의 대립유전자들 간의 적응적 상호작용(epistasis, 유전자 상호작용)을 가능하게 한다. (a. Dobzansky T.의 *Carnegie Inst. Wash. Publ*, 554, 1944: 47-144를 발췌하여 수정함. b는 Dobzansky T. *Heredity* 1, 1947: 53-64를 수정함).

◆ 신다윈주의와 유전적인 다형성

진화적인 가능성과 유전적 변이는 진화라는 동전의 양면이다. 생물체에 즉각적인 효과를 가지는 새로운 돌연변이는 일반적으로 매우 희귀하다. 전장에서 논의한 것처럼 어떤 돌연변이는 효과가 중립적이거나 이들이 낮은 빈도지만 동형접합으로 가질 때 해로운 효과를 가진다. 중립적인 돌연변이나 해로운 열성 돌연변이는 집단에 축적되고 유전 변이의 가능성에 대한 저수조를 제공한다. 집단에서 두 개 혹은 그 이상의 유전적으로 별개 형태로 존재하는 이러한 변이들은 **유전적 다형현상**(genetic polymorphism)이라 한다.

초파리에서 미국 서부의 다른 지역에 있는 *Drosophila pseudoobscura* 집단들은 3번 염색체 있는 유전자의 배열이 다양하다(그림 13.3a). 이러한 배열의 빈도는 계절적으로 변하는데(그림 13.3b), 이것은 유전적 다형성이 일반적으로 이 종의 적응과 관련이 있으며 특정한 다형성적 변이는 특정한 계절에 더욱 적응적이라는 것을 시사한다.

많은 종들에서 모든 단백질 유전자좌의 약 3분의 2 정도는 다형성현상을 가진다. 인간 반수체 게놈의 약 30억 개 염기서열들 중에서 개인은 다른 사람들과 평균적으로 약 5백만 개 정도의 부위가 서로 다르다(14장 참조). 그러므로 유전적 다형성현상은 각 세대마다 생기는 상대적으로 소수의 새로운 돌연변이들 보다 더욱 유전적 변이의 원인을 제공한다. 예를 들면 살충제 DDT(dichloro-diphenyl-trichloroethane)에 노출된 곤충 집단은 DDT 존재 하에서의 다양한 DDT-저항성 기구의 광범위한 증가를 보이는데 이러한 변이들로 곤충 체내로 DDT 흡수성의 변이와 DDT를 상대적으로 독성이 약한 산물로 분해시키는 효소들의 빈도 증가 같은 것이 있다. 그러므로 살충제 저항성이 여러 유전자들과 관련이 있다는 것과 살충제에 노출됨으로서 유전적 변이가 일어난다는 것은 놀라운 사실이 아니다(그림 13.2).

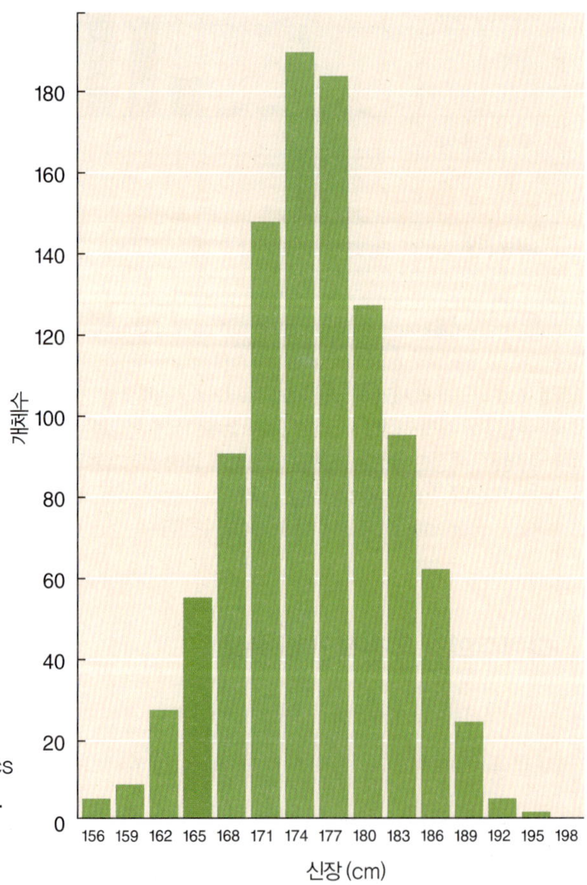

그림 13.4 18~25세의 하바드 대학 학생 1000명의 신장 분포(Castle, W. E., 1932. Genetics and Eugenics, Fourth edition. Harvard University Press, 1932.)에서 발췌 수정.

◆ 연속변이

Charles Darwin으로부터 지금까지 많은 진화생물학자들은 유전 가능한 작은 변화들이 자연선발이 가해지는 대부분의 변이들을 제공하였다고 말하고 있다. '종의 기원(The Origin of Species)'에서 다윈은 다음과 같이 서술했다.

> 한 종의 구조와 습관에 아주 작은 변형은 종종 다른 종에게 이득을 주게 되고, 같은 종류의 더 많은 변형은 이득을 종종 더욱 증진시킨다 …… 자연상태에서 구조나 구성의 아주 작은 차이는 생존을 위한 투쟁에서 잘 조화된 규모로 바뀌고 또한 잘 보존된다.

그림 13.5 네델란드 토끼의 흰점. 흰점이 오직 앞발의 발톱 부위에만 있는 것(grade 1)으로부터 온 몸이 하얀 것(grade 18)까지 여러 등급으로 나눌 수 있다(*Genetics and Eugenics: A Text for Students of Biology and a Reference Book for Animal and Plant Breeders*, Wright W.E, p. 281, Cambridge, Mass.: Harvard University Press, Copyright 1916, 1920, 1924, 1930 by the President and Fellows of Harvard College의 내용을 허가 후 게재함).

작물의 크기나 수확량, 동물의 크기/길이 또는 체중과 같은 측정 가능한 많은 형질들에서, 연구자들은 보통 작은 규모의 변이나 **연속변이**에 초점을 두는데 이러한 연속 변이들은 인간 신장의 예에서와 같이 종 모양의 분포를 보인다(그림 13.4). 진화적인 관점에서 작은 표현형적인 차이의 많은 유전적 차이들이 선발을 통하여 축적되어 상당한 양적인 차이를 보이게 된다는 것이다. 네덜란드 토끼의 흰 반점의 존재 유무의 선발은 완전히 검은 종이나 완전히 흰종으로 이르게도 하는데(그림 13.5) 이것은 이전의 숨겨진 유전적 변이의 존재를 보여주는 결과이다. 이러한 차이의 유전적 원인들은 이중적으로 관련된 것들이다. 작은 표현형적 효과의 유전자들이 연속변이의 중요한 공여자들이다. 이러한 유전자들은 **양적 유전자좌**(**quantitative trait** loci, **QTL**)라고 불리며 염색체의 커다란 부위에 존재한다. QTLs 분석은 개체와 집단에서 유전적 변이의 통합을 보여주는 좋은 예이다.

양적 유전자좌

양적 유전자좌(*QTL*)라는 용어는 표현형의 양적인 관점, 즉 크기, 모습, 또는 크기나 모습에 영향을 미치는 성장과 형태형성 과정 등과 같은 형질에 영향을 주는 유전자들이 있는 염색체의 특정한 부위를 말한다. 개별적인 QTL들은 개체 전체에 영향을 줄 수도 있고(성장과 같은 형질) 개체의 특정한 부위에 영향을 줄 수도 있으며(꼬리 성장이나 다리의 성장 등), 전혀 다른 형질에 영향을 줄 수도 있다(간과 신장 등).

그림 13.6 큰가시고기(*Gasterosteus aculeatus*)가 각 개체들을 뼈가 들어날 정도로 다듬은 후 염색한 사진. a부터 c 개체들은 요대(pelvic girdle)가 잘 발달되지 않은 개체**(c)**와 배판(dermal plate)이 6개로 줄어들은 것**(b)**과 5개로 줄어들은 것(c)을 완전한 세트의 배판을 갖는 개체**(a)**와 비교할 수 있다.

QTL 분석으로 개체 발생의 특정한 발생 단계에서 표현형의 특정한 부분에 영향을 미치는 유전자들을 분리하여 이들의 상대적인 영향을 결정할 수 있다. 예를 들면 선별된 순계의 쥐를 이용한 최근의 실험에서 꼬리의 길이와 체중에 영향을 주는 4개의 QTL을 분리하였다. 한 개의 QTL은 발달 전 단계에 걸쳐서 꼬리 성장과 체중에 상당한 영향을 주었다. 두 번째 QTL은 발달 후기에는 많은 영향을 주지만 전기에는 별로 영향을 주지 못한다. 세 번째 QTL은 이와는 반대의 영향을 주는 것이고 마지막의 네 번째 QTL은 발달 단계 중 한 번 또는 두 번의 단계에서 약한 영향을 미친다. 이러한 QTL 분석으로 발달 특징과 발달 시간에 따라 이들의 영향이 다른 염색체 부위를 동정할 수도 있었다.

두 번째 예로 카나다 브리티쉬 롤럼비아의 호수에 사는 **큰가시고기**(*Gasterosteus aculeatus*)의 자연 집단을 들 수 있다. 큰가시고기는 등뼈, 피부의 뼈와 같은 판들(dermal armor), 세 부분의 요대, 아가미속의 뼈와 같이 딱딱한 아가미 갈퀴 등 복잡한 골격 구조를 가지고 있다. 그림 13.6에서 보는 것과 같이 다른 조건하에서는 배부위 등뼈의 길이, 뼈판 수, 아가미 갈퀴 수 등의 변이가 있는데 이러한 것들은 QTLs에 의해 영향을 받는다. 한 개의 QTL 이 판의 수 변이를 조절하고 두개의 다른 QTLs들은 아가미 갈퀴 수의 66% 정도를 설명한다.

과거에는 작은 효과를 주는 많은 수의 유전자들의 누적적인 효과가 전체적인 *QTL* 효과에 영향을 줄 것이라고 생각하고 있었다. 하지만 *Drosophila*, 생쥐, 어류 등의 최근 연구에 의하면 QTL 내의 작은 수의 유전자들이 QTL 효과에 불균등하게 영향을 준다는 것이 밝혀졌다. QTL 분석에 의하면 작은 효과를 내는 많은 유전자들이 작용을 하지만 동시 이들 유전자들이 존재하는 염색체 부위에 커다란 효과를 내는 유전자들도 같이 존재한다는 것을 보여 주고 있다.

큰가시고기로 다시 돌아가서, 바다에 사는 집단으로부터 담수에 사는 큰가시고기들이 나타났다. 바다에 서식하던 큰가시고기의 엑토다이플라신 유전자의 조상 대립유전자인 *complete* 대립유전자가 뼈판을 유지시키는데 관련이 있다. 담수 가시고기에서는 *complete*로부터 유래한 *low* 대립유전자가 판들의 상실에 관련이 있다. *low* 대립유전자는 서로 다른 담수 가시고기 집단들에서 독립적으로 고정되었고 판 수를 줄어드는 결과를 초래하여 선발되도록 하는 QTL의 주요한 유전자가 되었다.

QTL 분석으로 환경적인 조건들이 진화가 매우 정확하게 진행되도록 한다는 것을 볼 수 있다. 환경적인 조건들의 다양한 영향을 분류하여 다양한 환경적인 조건에 대한 유전적인 반응과 환경적인 상호작용에 의하여 유전자는 많은 진화 생물학자들과 양적 유전학자들의 주요한 관심거리가 되고 있다.

◆ 집단 유전학과 집단에서의 유전자(대립유전자) 빈도

다윈은 자연선발은 작은 규모의 연속적이며 유전적인 변이에 작용한다고 하였다. 그의 사촌인 Francis Galton과 당시의 다른 사람들도 진화를 받아들였지만 변이는 아주 명백하고

■ 진화의 신다윈주의적인 (*neo-Darwinism*) 진화설로서 집단유전학과 진화의 병합은 계통분류학과 고생물학이 진화적 원리의 구성분으로 추가된 현대 통합진화학(Modern Synthesis)와 같은 것은 아니다.

불연속적이라고 믿었다. 이러한 의견 차이는 각각 작은 효과를 갖고 있는 여러유전자들이 어떤 한 가지의 표현형에 영향을 줄 때 커다란 효과를 가진다는 사실(polygene)로서 풀리게 되었다. 1930년대 경에 유전학 전반을 통하여 다름과 같은 사실이 받아들여 졌다.

1. 진화는 한 집단의 현상이다.
2. 이러한 현상은 돌연변이, 선발, 유전적 부동과 같은 다양한 자연적인 원인에 의해서 일어나는 유전자(현재의 개념으로 대립유전자) 빈도의 변이로서 대변되는데
3. 이러한 변화는 집단 간의 차이, 종간의 차이, 고차원의 분류 군의 차이 등으로 이르게 한다. 진화의 집단 유전학적인 견해는 **신다윈주의**로불리게되었는데 이러한 견해에는 집단에서의 유전자 빈도 변화를 진화적인 변화의 기초로 보고 있다.

집단유전학은 유전자를 대립유전자로 취급하며 유전자 빈도를 대립유전자 빈도로 취급한다. **대립유전자 빈도**—개별적인 대립유전자 빈도—와 **유전자 풀**(gene pool)—집단에서의 모든 개체들이 가지고 있는 모든 대립유전자들—와 같은 개념이 집단의 주요한 특징으로서 유전자 풀은 잠재적으로 서로 교배가 가능한 집단으로 한정된다(본 장의 후반부 설명과 14장 참조). 유전자 풀은 현재 세대의 모든 변이를 대변하며 돌연변이가 일어나지 않는 한 다음 세대로 전달이 가능한 모든 변이들이다.

집단유전학은 복잡한 통계학, 수학, 및 추론 등이 필요하다. 아래의 설명에서 독자는 집단적인 사고, 집단 빈도의 개념, 유전자 풀, 집단의 유전적인 속성 등에 매우 축약적인 서론을 만나게 될 것이다.

영국 학자인 죠프리 하디(1877~1947)과 독일 학자인 빌헬름 바인버그(1863~1937)등이 독자적으로 고안한 **하디-와인버그**라는 원리에 의하면 개체들 간의 교배가 임의적인 집단에서는 대립유전자 빈도는 외부적인 요인이 집단에 가해지지 않는 한 보존적이며 평형을 이룬다(그림 13.7). 돌연변이율은 $5x10^{-5}$이나 이보다 낮은 비율로 나타나므로, 평형으로 향한 이동은 매우 느리게 되며 특히 돌연변이율이 항상 일정하지 않기 때문에 돌연변이 평형은 거의 일어나지 않으며 평형에 이른다 해도 매우 느리다. 하디-와인버그 **원칙**은 집단유전학의 기본적인 정리(定理)이다. 이 원칙의 바탕적인 가정은 커다란 집단에서 교배가 임의적이며, 대립유전자의 빈도가 평형을 이루고 집단 간에 유전자의 이동이 없다는 것으로서 원칙적으로 유전자 빈도의 순차적인 변이가 집단에서 일어난다는 것은 그림 13.7에 요약하였다.

자연집단에서 유전자형의 빈도와 염색체와는 별개로 대립유전자의 수가 한정적으로서 이상적으로는 두 개의 대립유전자를 가진 단일 유전자의 하디-바인버그 평형을 결정할 수 있다. 유전자 쌍이 많으면 많을수록 평형에 도달하는 데에는 오래 걸린다.

집단, 대립유전자 빈도, 그리고 유전자 풀

유전학자들은 **집단**이란 유성적으로 서로 교배가 가능하거나 잠재적으로 교배가능한 개체들로 이루어진 집단이라고 정의한다. 상호 교배 가능한 집단의 크기는 다를 수 있으나, 임

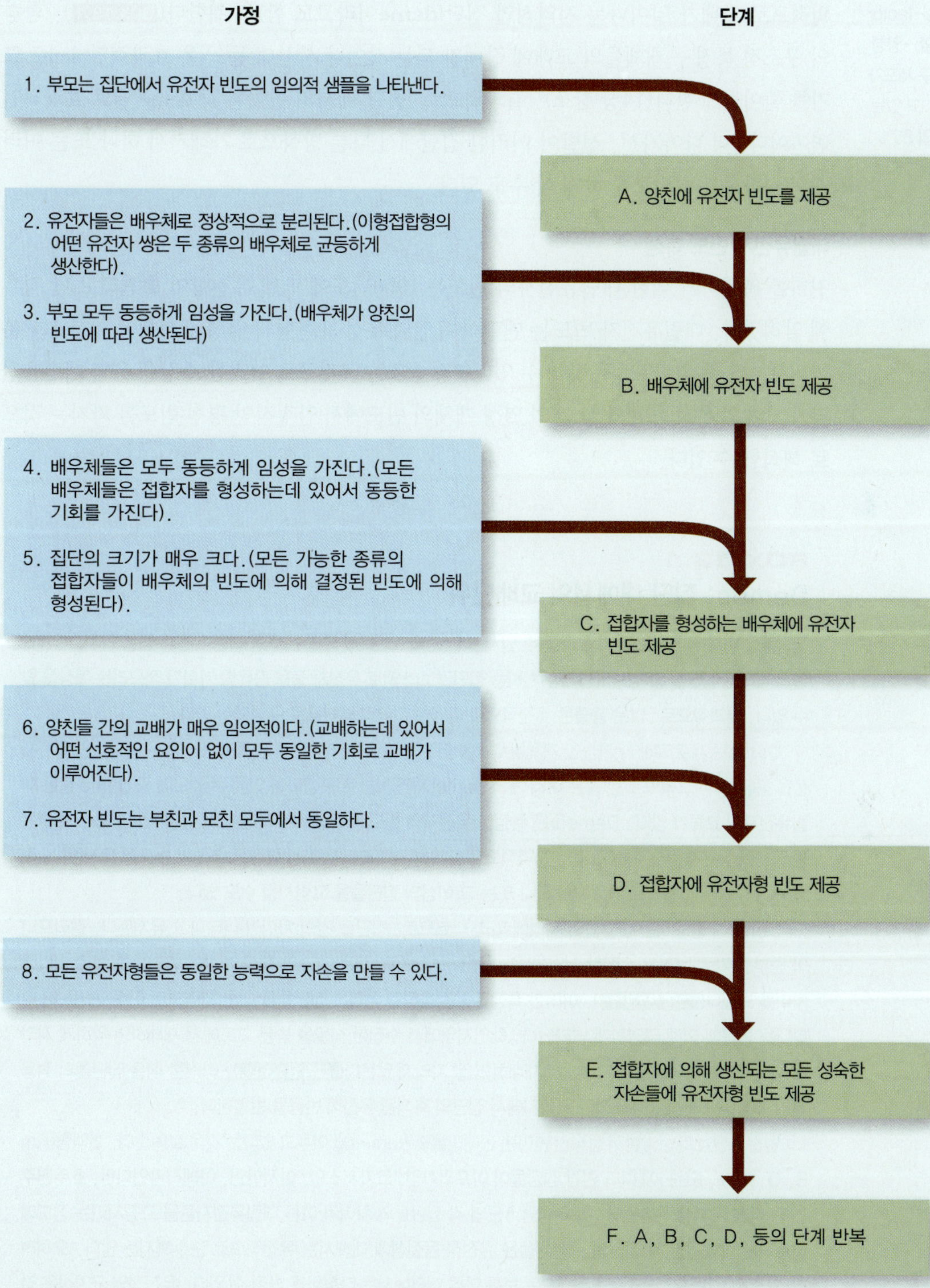

그림 13.7 하디-와인버그 평형의 가정과 단계들(Falconer D.S. 와 T.F.C. Mackat의 *Introduction to Quantitative Genetics*, *4판*, Longman, 1966를 수정함).

■ Rh는 Rhesus-factor의 약자이다. Rh-양성 혈액형은 적혈구 세포가 Rh 항원을 가지고 있는 것으로 우리들의 85% 정도는 Rh-양성이다.

의적으로 교배가 일어나는 지역적인 집단(**deme**이라고도 함)을 취한다(BOX 13.1). 환경의 구조적 특징—개체들의 교배에 장애가 되는 강이나 산사태 등—은 효과적인 deme 크기를 줄어들게 한다(14장 참조). 결과적으로 "집단"에서의 변이는 각 deme 별로 효과적인 변이이다. 더 나아가서, 선발이 이러한 집단에서 다른 방향으로 가해져서 하나 또는 여러 개의 집단을 고립되도록 하게 할 수도 있다.

대립유전자 빈도 측정

진화를 측정하기 위한 대립유전자의 빈도는 1900년도에 멘델 유전학이 발견되고 난 직후에 알려졌다. 대립유전자 빈도는 멘델식 유전의 우성 표현형의 열성 표현형에 대한 3:1 분리비로부터 즉각적으로 측정할 수 있다(7장 참조). 그러므로 이러한 주장은 우성 대립유전자가 세개의 우성 개체와 한 개의 열성 개체의 빈도에서 안정적인 평형 빈도를 가지는 것으로 해석할 수 있다.

BOX 13.1

Demes: 집단 내에서의 교배단위

집단들은 비록 유전적으로 서로 다를 수 있지만 한 종의 모든 구성원들은 공통적인 유전자 풀을 가지고 있다. 멀리 격리된 집단들 간에는 가깝게 위치하는 집단들보다 서로 유전자 풀을 공유할 기회가 적으라는 예상을 할 수 있다. 결과적으로, 많은 종들은 유전적으로 다양한 지역적 집단들로 구성되어 있다.

Deme은 서로 교배가 가능한 개체들로 이루어진 한 종의 지역적인 집단들로서 이들은 특징적인 유전자 풀을 공유한다. 그러므로 한 종은 여러 개의 deme(지역종)들로 구성되어 있을 수 있으며 각 deme 들은 대립유전자의 교류가 없다. Deme들은 특정한 유전자의 빈도에 따라 서로서 분화가 될 수 있다. Deme들은 종 전체에 유전자 풀을 제공하지만 지역적으로 충분히 격리되어 있어서 특정한 유전의 빈도를 유지한다. 선발이 각각 다른 방향으로 가해져서 하나 또는 그 이상의 집단들을 고립시킬 수도 있다.

Deme에 행해지는 선발압이 지역에 따라 다르므로, 집단들 간의 차이가 나타나고 유지된다. 캘리포니아 중부를 가로 질러서 수집한 서양톱풀(yarrow)(*Achillea*)은 고도와 생식 계절에 따라 집단별로 커다란 차이를 보인다(그림 B13.1). 이러한 특징들의 적응적인 성격은 집단들을 다른 지역으로 이주시켰을 때 나타나는 반응에 의해 극명하게 난타난다. 해안지역에서 수집한 식물을 높은 고도에서 재배하면 약하게 자라며, 높은 고도의 식물을 저지대에서 재배하면 잘 자라지 않는다(그림 B13.2). 이러한 식물 집단들의 적응적인 특징들은 특정한 생태적인 서식지에서 집단의 축적된 유전적 반응을 반영한다.

인간 집단들의 상당한 유전적인 변이는 현대인들도 demes을 이루고 있다는 것을 보여준다. 혈액형(Am B, O, Rh+, Rh-)에 따라 인간 집단들이 아프리카인, 코카서스인, 아시아인, 아메리카인디안, 호주원주민 등 다섯 가지로 구별된다. 비록 이들 5군의 각 집단들의 차이가 다른 대립유전자들을 고정시키는 정도에 이르지는 않았지만 각 집단의 구성원들은 유전적 동질성에 대해서는 유전적으로 순수하지는 않다. 오히려 한 집단에서 고정된 어떤 대립유전자는 보통 다른 집단에서는 다형화를 가질 수 있다. 유전적인 균일성은 같은 가족이나 친척들의 구성원들 간에도 존재하지 않을 수도 있다. 인간들이 지니고 있는 유전적인 다양성의 84% 정도는 개인들 간의 차이이거나 같은 군의 구성원 간의 차이이다. 인간들의 변이 중 16% 만이 위에서 들은 5군의 군들 간의 차이이다.

BOX 13.1

Demes: 집단 내에서의 교배단위 (*계속*)

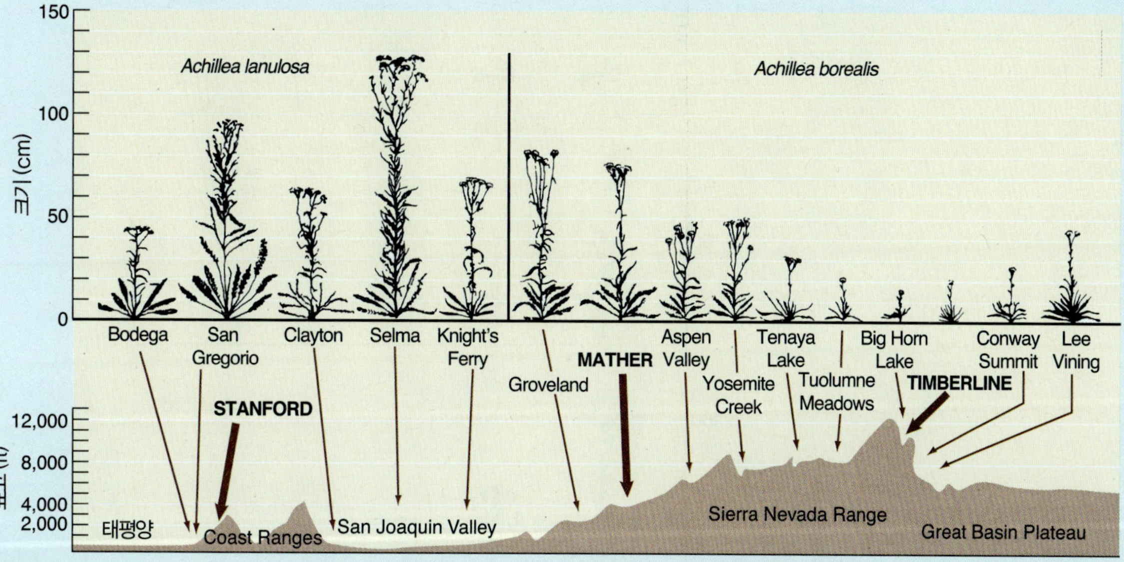

(a)

(b)

(c)

그림 B13.1 중부 캘리포니아를 횡으로 가로질러서 여러 지역으로부터 수집한 서양 톱풀(*Achillea*)집단을 Stanford에서 동일한 조건 하에서 재배하여 나타나는 식물들의 대표적인 모습. 식물체의 크기, 잎 모양 이외의 다양한 특징들의 차이와**(a)**에서 보여준 *A. lanulosa*와 *A. borealis* 간의 변화가 지역적인 집단에 관련되어 있음을 보여주며 이들 간에 유전적인 차이가 진화되었음을 보여준다. *Achillea borealis*와 *A. lanulosa*의 예들은 **(b)**와 **(c)**에 각각 보여 주고 있다(a. Clausen J.D., Keck D, and Hiesey W.M.의 *Carnegie Inst. Wash. Publ.*, **No. 581**, 1948: 1-219를 수정함).

BOX 13.1

Demes: 집단 내에서의 교배단위 (*계속*)

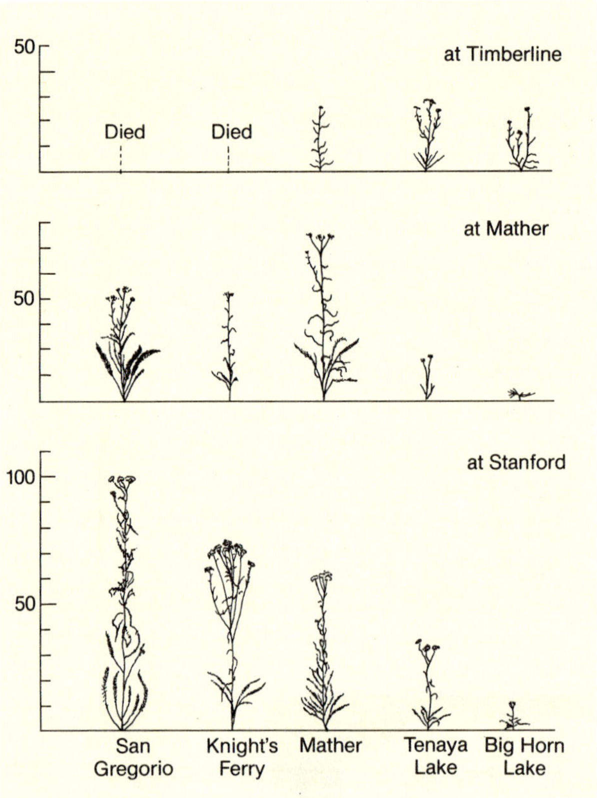

그림 B13.2 캘리포니아 5 지역으로부터 수집한 서양톱풀 클론들을(해수면, Stanford; 1,400 m, Mather; 3,050 m, Timberline) 등 세 가지의 고도에서 재배 시 나타나는 다양한 반응. 지역종들은 그림 B13.1a에 나타내었음(Clausen J.D., Keck D, and Hiesey W.M. 의 *Carnegie Inst. Wash. Publ.*, **No. 581**, 1948: 1–219를 수정함).

구성원은 독자적으로 대립유전자의 빈도는 우성이나 열성에 의존하지 않지만(즉 유전자형의 빈도는) 한 세대에서 다음 세대로 전파될 때 교배가 임의적이고 모든 유전자형이 동일하게 생존을 한다면 본질적으로 변하지 않는다는 설을 주장하였다. 그러므로 관심을 유전자형 보다는 대립유전자에 한정한다면 미래 세대에서 대립유전자와 유전형 빈도는 첫 세대부터 하디–와인버그 평형으로 남아 있어서 모두 동일하다는 것을 예측할 수 있다. 형질은 서로 섞이지 않으며 각 세대를 거듭하며 연속적으로 묽어지는 것이 아니고 형질은 평형상태로 남아 있게 된다. 이것은 하디–와인버그 평형이 확립된 이상적인 상황은–유전자들은 다른 염색체들에 존재하고 각 유전자는 적어도 두 개의 대립유전자가 존재하며 집단의 효과적 크기는 충분히 크며 자식열세가 없다는 상황–자연 상태에서 거의 볼 수 없다는 것을 나타낸다(14장 참조).

◆ 집단에서의 변이의 첨가적인 원인들

이론적인 발전과 생물정보학과 같은 컴퓨터를 이용한 새로운 연산법 등의 발전으로 집단 생태학은 집단유전학과 결합하여 집단의 구조에 대한 기초적인 것들과 집단 내와 집단 간의 상호작용등에 대한 우리의 지식을 깊게 하였다(14장 참조).

14장에서 논의하는 생태학적인 접근과 대조적으로 유전학자들은 집단에 존재하는 변이의 종류와 양 등을 계산하며 자연 집단에 대한 관찰을 집단 유전학적 구조의 모델과 융합한다. 이러한 연구들은 1920년대와 1930년대에 특별한 주목을 받았다. 위에서 정리한 것과 같이 유전(대립유전자) 변이의 많은 부분이 실제적으로 모든 자연 집단에 존재하고 유전 진화적인 차이들이 진행되도록 허락한다. 그러나 자연적인 집단에서 유지되고 있는 많은 유전자들은 이들 유전자들을 유지하고 있는 생물체의 생존력이나 산란력 등을 구성할지도 모른다. 그림 13.2에서 보는 것처럼 선발은 오랜 동안 유지되어 온 집단이라 할지라도 불완전한 개체들은 상당량 도태시킨다.

최적의 유전적 조성으로부터 벗어난 집단의 정도를 **유전적부하**(genetic load)라고 하며, **유전치사**(genetic death)를 통하여 어떤 개체들의 소실에 의해 유전적 부하는 알 수 있다. 유전 치사는 생식기가 되기 전에 죽는 실제적인 죽음은 아니다. 유전 치사는 불임, 배우자를 찾는데 실패, 어떤 원인이건 생식 능력을 저하시키는 행위 등으로 나타날 수 있다. 이러한 것들은 선발에 의해 도태되는 개체의 비율, 유전자의 신속한 소실 또는 완만한 소실 등을 반영하는 선발 계수 등으로 나타낼 수 있다.

모든 집단은 아닐지라도 대부분의 집단은 한 개 또는 다른 종류의 유전적 부하를 가지고 있다. 환경은 시간에 따라 변하며 다른 유전자들의 이점도 따라서 변한다. 그러나 상대적으로 높은 유전적 부하를 가지는 집단은 이전에는 해로운 대립유전자가 역으로 생존에 도움을 주는 적응을 허락하는 새로운 환경을 만날 수 있다.

유전자 이동

돌연변이만이 집단에 새로운 대립유전자를 도입시키는 것은 아니다. 한 집단은 인접한 집단으로부터 **유전자의 이동**(gene flow)에 의해 새로운 유전자를 가지게 되며 때로는 집단간에 개체들의 **이주**(migration)에 의해 이들이 가지고 있는 새로운 유전자 받게 된다. 유전자의 이동은 때로는 비슷한 대립유전자 빈도를 가진 집단 간에 일어날 수도 있고, 대립유전자의 빈도가 다른 집단들 간에 일어날 수도 있다. 이때 다음의 세 가지 인자들이 수여 집단에 영향을 미친다.

- 두 집단들 간에 **유전자의 빈도가 다를 때**
- **이주 유전자**들이 각 세대로 포함되는 정도
- **유전자 이동의 경향**이 한 번인지 아니면 시간을 두고 연속적인지 등이다.

DNA에 대한 지식을 알기 이전부터 우리가 알고 있는 유전자 이동의 한 가지 예는 아프리카 유래 미국인과 유래 미국인들 간의 혈액형 유전자의 빈도로서 두 집단들 간에는 유전자의 교환이 일어났다. 이들 두 집단 간의 유전자 교환을 측정하는 더욱 최근의 분석으로 유럽에서 유래된 9개의 상염색체 DNA 마커들을 미국에 살고 잇는 아프리카 유래 미국인 집단 10개를 대상으로 분석한 것이다. 유럽 유래 유전자의 공여는 이들 10개 아프리카 유래 미국인 집단들에서 적게는 7퍼센트에서 많게는 23퍼센트에 이르고 있다. 결과적으로 10개 아프리카 유래 미국인 집단들의 퍼센트는 77(100 – 23)퍼센트에서 93(100 – 7)퍼센트에 이른다.

■ 약한 선발은 더욱 일반적으로 일어나는데 대립유전자 빈도 변화를 천천히 이르도록 하며 유전적 부동보다 종종 더 효율적이다.

지역적 조건에 적응하지 않은 집단들로부터의 유전자 침투에 따른 유전자 이동은 지역에서 의 진화적 변화를 방해할 수도 있다. 예를 들면 화산의 용암으로 고지대의 배경이 어두운 곳에 사는 검은 털을 가진 어떤 포유 동물 집단이 밝은 주위 환경에 살아 밝은 털을 가진 이주 집단으로부터 유전자를 수여받았을 때이다. 대조적으로 점무늬 나비, *Euphydryasenditha*는 표현형적으로 다른 집단으로부터 유전자 이동에 의해 유전자를 수여 받아도 표현형적으로 변화가 없다.

유전자 부동

돌연변이와 유전자 이동과 같이 지금까지 다루어 온 두 가지의 요인들은 한 가지의 중요한 질적인 요인을 공유한다. 만약에 이들이 세대를 통하여 연속된다면, 이들은 방향성을 줄 수 있는 유전자의 빈도로의 점진적인 변화가 나타나는 결과를 초래한다.

부언하여 돌연변이와 유전자 이동은 세대를 통하여 일관성이 없고 방향을 예상할 수 없는 변화이다. 이러한 임의적이고 비-방향성을 가진 요인들 중에서 가장 중요한 요인 중의 하나인 **유전자부동**(genetic drift)는 작은 집단들에서 일어나는 유전자 빈도의 임의적인 변동이다. 커다란 집단들에서는 유전자 부동은 선발에 의해 상쇄된다.

■ Sewall Wright는 영국의 진화 유전학자인 R. A. Fisher(1890~1962)와 J.B.S. Haldane(1892~1964)와 함께 집단 유전학에 기초한 신다윈 주의적인 진화 이론의 창시자로 인정받고 있다.

이러한 간단한 요약에도 불구하고, 유전자 부동은 다른 사람들에게는 다른 의미를 가진다. 유전자 부동의 7가지 정의를 표 13.1에 나타내었다. 박스 1.3에 설명한 니치(niche)에 대한 정의와 비교하면 한 가지의 주요한 차이를 발견할 수 있다. 니치의 다른 정의는 공통적인 주제에 대한 변이들인 반면, 유전자 부동은 표 13.1에 나타낸 정의의 각각에 의해 다른 것들을 나타낸다. 어느 것도 진화적인 변화를 유발 할 수 있는 과정으로서의 유전자 부동을 나타내지 않는다. 어떤 정의들은(정의 1, 2, 4-7 번 등) 유전자 부동을 그룹, 집단 또는 종의 유전자 변이의 변동을 이러한 변화들이 진화적인 변화를 유발시키는 요인인지를 지정함이 없이 나타낸다. 두 가지의 정의(3번과 5번)는 유전자 부동을 작은 집단으로부터의 작은 수의 개체들을 샘플링하여 나타난 거짓이라고 보고 있다. 그렇다면 유전자 부동이란 무엇인가? 읽어 보아라.

유전적 부동에 대한 모든 정의에서 집단의 크기를 포함시키는 것은 **집단의 효과적 크기**(**effective population size**, N_e)를 강조하기 위한 것으로서 집단의 효과적 크기는 $4N_fN_m/(N_f + N_m)$으로 계산하는데 여기에서 N_m은 모친의 수이고 N_f는 부친의 수이다. 집단의 효

표 2.1 유전적 부동의 정의와 설명

정의	설명
1. 집단에서 유전자 빈도의 임의적인 변화	1. 왜 너무 광범위하며 비특이적인가
2. 시간을 두고 종 내의 유전적 구성의 변이로서 종종 환경적인 변화나 고립 등의 결과로 나타남	2. 환경적인 변화가 유전자 빈도에 어떻게 영향을 미치는가? 종, 집단, 개체들의 일부?
3. 한정된 집단에서 샘플링에 의해 발생하는 확률적인 변동	3. 유전적 부동이 샘플링의 변칙이라고 가정하라
4. 작은 집단에서 자연선발이 아닌 우연에 의한 유전자 빈도의 변화	4. 유전적 부동을 선발로부터 별개로 보아라. 이때의 선발은 선의적이지만 작은 집단에서만 일어나는 것으로 한정
5. 작은 집단의 유전자 풀에서 자연 선발이라기 보다는 임의적 사건에 의해 발생하는 집단의 유전자 빈도의 변화로서 특히 샘플링실수에 의해 발생함	5. 부동이 임의적이지만 자연적인 과정이 아닌 샘플링 문제로서 부동을 한정함
6. 유전자 빈도의 임의적인 변동으로 작은 집단에서 특히 잘 일어남	6. 작은 집단에서만 일어나는 것으로 한정하지 않음
7. 돌연변이의 적응적인 가체에 관계없이 돌연변이에 의해 집단에서의 유전자의 빈도 변화	7. 유전적 부동을 돌연변이와 구별하지 않음

과적 크기는 다음세대로 유전자를 실제적으로 전달하는 양친의 수이다. 만약에 집단의 개체가 1000에서 수컷 3마리가 300마리의 암컷과 교미하여 다음 세대를 이루었다면 집단의 효과적 크기는 6 보다는 크지만(3마리 수컷이 3마리 암컷과 교미) 303보다는 작다(3마리 수컷이 300마리 암컷과 교미). 이번의 예에서 N_e는 11이다 [4(300)(3)/(303)].

Sewall Wright(1889~1988)은 집단의 효과적 크기가 작을 때 집단들간의 대립유전자 빈도의 변화에 유전적 부동이 더욱 효과적이라고 하였다. 그의 주장은 균형이론의 변천(shifting balance theory)라고 불리는데 BOX 13.2에 요약하였다. 이 이론을 지지하는 자료들 중에는 *brown*유전자 좌의 *bw*와 bw^{75} 대립유전자를 초기에는 각각 50%의 빈도로 가지고 있는 107개의 독자적으로 분리된 *D. melanogaster*의 각 계통들을 연구한 것이다. 이들 계통들을 연속적으로 19번의 세대 동안 임의적으로 세대마다 8마리의 암컷과 8마리의 수컷을 임의적으로 선발하여(즉 $N = 16 = 32$ *brown* 대립유전자) 이들 두 대립유전자의 빈도를 조사하였다. 그림 13.8에서 보는 것과 같이 초기 세대부터 이미 최초의 bw^{75}의 50% 빈도를 벗어 난 것을 볼 수 있다. 유전적 부동은 계속적으로 증가하여 19세대에서는 107개의 집단들 중에서 절반 이상이 *bw*나 bw^{75} 대립유전자로 고정되어 있었다. 이러한 유전적 차이에도 불구하고 모든 집단을 합쳐서 계산하면 *brown* 대립유전자의 전체적인 빈도는 0.5로서 이 값은 초기의 유전자 빈도라는 것을 주목하라. 유전적 부동은 집단간에 변이를 증가시키지만 평균적으로는 어느 특정한 방향으로 이르게 하지 않는다고 결론을 내릴 수 있다. 이러한 결과들은 또한 유전적 부동으로 인해 작은 집단에서 선발은 아주 강한 선발이 아니면 해로운 대립유전자의 빈도에 영향을 미치지 않거나 아주 미미한 영향을 미친다는 것

BOX 13.2

Sewall Wright가 제안한 균형이론 변천

아래의 6가지 설명은 sewall wright가 1931년에 제안한 집단 구조의 균형이론 변천의 요약이다.

1. 다양한 유전자좌에 작용하는 유전적 부동은 여러 개의 뎀(deme, 최소교배단위)에서 대립유전자 빈도의 변화를 초래한다. 이러한 뎀에서 적응의 변화들은 적응적인 지형의 다른 지역에 대한 비적응적인 계곡으로 이동을 하는 것으로 볼 수 있으며 이에 대해서는 15장에서 설명한다.
2. 선발은 이러한 뎀을 대립유전자의 빈도를 더욱 변화시킴으로써 가용한 적응적인 절정으로 밀어 부친다.
3. 다른 유전자좌의 변이는 집단을 더욱 높은 적응 절정으로 유전적 부동을 이동 시키는 기회를 제공한다(15장 참조).
4. 고도의 적응 계수를 가진 뎀은(높은 적응 절정에 도달한 뎀) 규모를 크게 하거나 밖으로 비산하거나 이주 등으로 다른 뎀의 유전적 구조를 변형 시키는 행위 등으로 적응력이 낮은 뎀을 대체한다.
5. 지진대와 같은 환경적인 변화는 환경을 집단이 적응하거나 사라져야만 하는 환경으로 변화시킴으로써 집단에 영향을 미친다(15장의 적응적인 지형 참조). 새로운 방향으로의 맞추어 가는 선발은 집단의 유전적 구조를 계속적으로 변천시킨다. P.R. Grant 와 B.R. Grant가 Galopagos 군도에서 다윈의 핀치새의 적응적인 변화에 대한 오랜 연구 후 결론을 다음과 같이 내렸다(BOX 5.4와 17장 참조). "집단은 변동하는 환경에서 적응적인 지형의 최적 적응의 이동을 가지며, 집단의 표현형적인 차이 내에서 최적의 적응을 가진 개체가 한 개 이상이 존재한다."
6. 비록 유전적 부하와 환경 변화가 최적의 유전자형으로 이르는데 방해가 되기는 하지만 선발, 시간, 유전적 사건 등이 최적의 유전자형을 가지도록 한다(15장 참조).

을 암시한다(14장 참조).

돌연변이, 선발, 유전자 이동, 유전적 부동이 서로 조화적으로 영향을 준다는 최근의 연구가 집단의 분열화가 진행되었다는 조건하에서 유전적 부동과 유전자 이동간의 상호작용에 대한 일련의 시뮬레이션 연구로부터 나왔다. 종의 아집단들 간의 어떤 형태의 연결들이 지역적인 적응에 방해가 된다는 전통적인 가정은 작은 빈도의 유전자 이동은 미미한 집단의 적응을 향상시킨다는 것으로부터 생성되지 않았는데 이것은 유전자 이동, 돌연변이율, 아집단 크기, 종의 분포 등의 복잡한 상호 작용이 있음을 암시한다. 선발에 대해서 15장에서 다룬다는 것을 염두에 두어라.

선택, 변이와 적응 향상

만약에 유전적 변이가 존재한다면 표현형에 대한 선택은 유전적 변화의 유일한 결과가 될 것이다. 선택에 반응한 유전자 빈도의 변화는 환경변화에 직면한 거의 모든 생물들의 변함없는 특징이다. 집단들은 자신들이 처한 환경에서 적응력을 높이는 방형으로 유전적으로 변하는 경향이 있으며 이것은 자연 집단에서 반복적으로 증명되고 있다. 집단유전학의 창시자인 R.A. Fisher는 1930년도에 이러한 원칙을 수학적으로 공식화하였는데 이에 의하

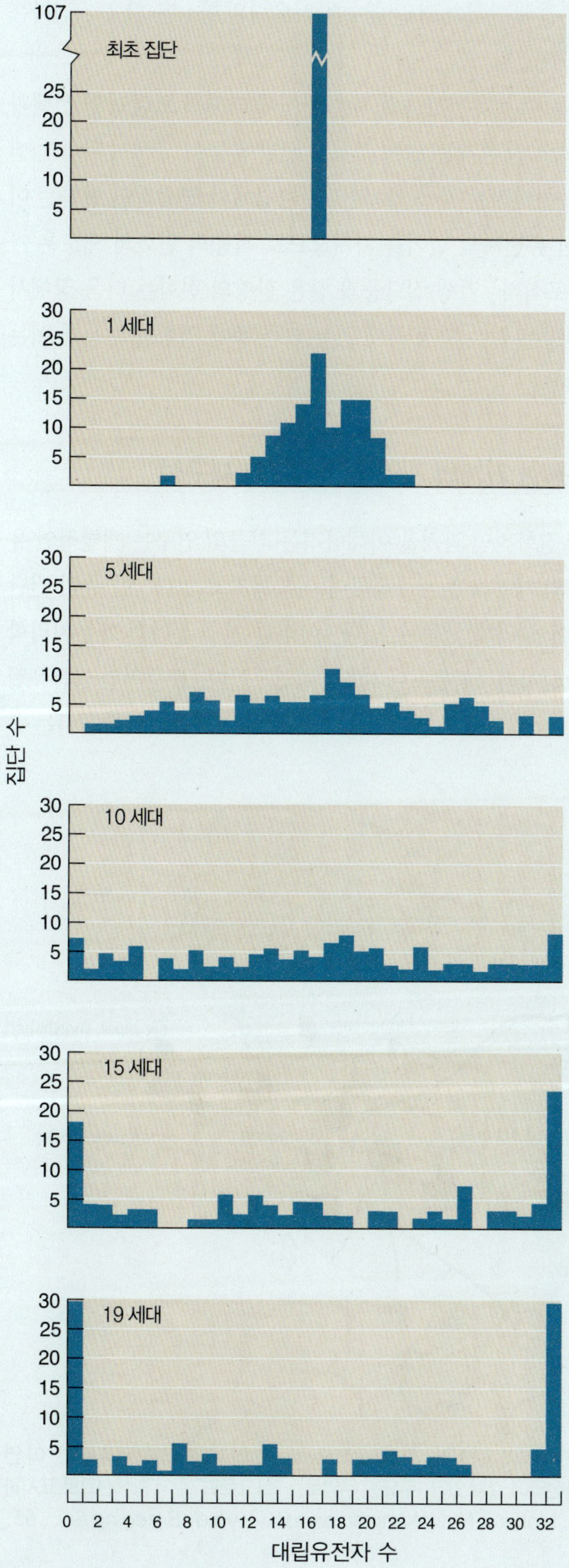

그림 13.8 brown유전자좌의 bw^{75}의빈도가 0.5이었던 *D. melanogaster* 107개 집단에서 bw^{75} 대립유전자의 빈도 분포. 19세대 동안 이 집단들은 연속되었는데 각 세대는 다시 8마리의 암컷과 8마리의 수컷으로 지속되었다. 19세대가 지나는 동안 bw^{75} 대리유전자는 30개 집단에서 완전히 사라졌으며(0 대립유전자) 28개 집단에서 고정되었다(출처 Buri, P.의 *Evolution*, 10, 1956:367−402).

면 적응에 대한 선발이 행해지는 유전적 변이가 크면 클수록 적응력의 향상은 더욱 커진다는 사실을 설명하는 기본 정리를 제공하였다.

결과적으로 집단은 적응에 영향을 주는 유전자들의 적은 변이에 대해서 오랜 동안 선택과 정을 거쳤다. 그러므로 선발의 연속적인 존재는 변이 자체가 선발에 놓여 있으며 따라서 변이의 경향성은 생물체의 중요한 속성이라는 것을 암시한다. 환경에서 연속적인 변화는 이전에는 선발 효과의 대상이 아니던 유전자의 변이를 가져오므로 적응의 변화의 새로운 가능성을 제공한다. 자원, 폐기물, 포식자, 기생 집단등과 같은 환경의 변화는 다음 장에서 논의한다. 더욱이 한 종에 대한 선발은 같은 환경 하에 있는 다른 종에 영향을 주는데 이는 Red Queen 설로 15장에서 설명한다.

계통지리학: 유전학을 이용한 가계의 지역적인 역사의 재구성

집단의 지리학적인 분포에 관련한 진화적인 과정을 이해하려는 최근의 연구는 개별적인 유전자, 일군의 유전자들 또는 집단의 계통도를 재구성하며 이루어지고 있다. 한 종의 집단들 간의 차이는 유전자 빈도의 차이에 의해 찾을 수 있다. 이러한 연구 분야를 **계통지리학**이라고부르는데이분야에서는집단의지리적인분포에기초하여연구한다. 표준적인 집단유전학 연구에서 행해지고 있는 방법인 한 집단에서 샘플링을 하기 보다는 계통지리학에서는 종

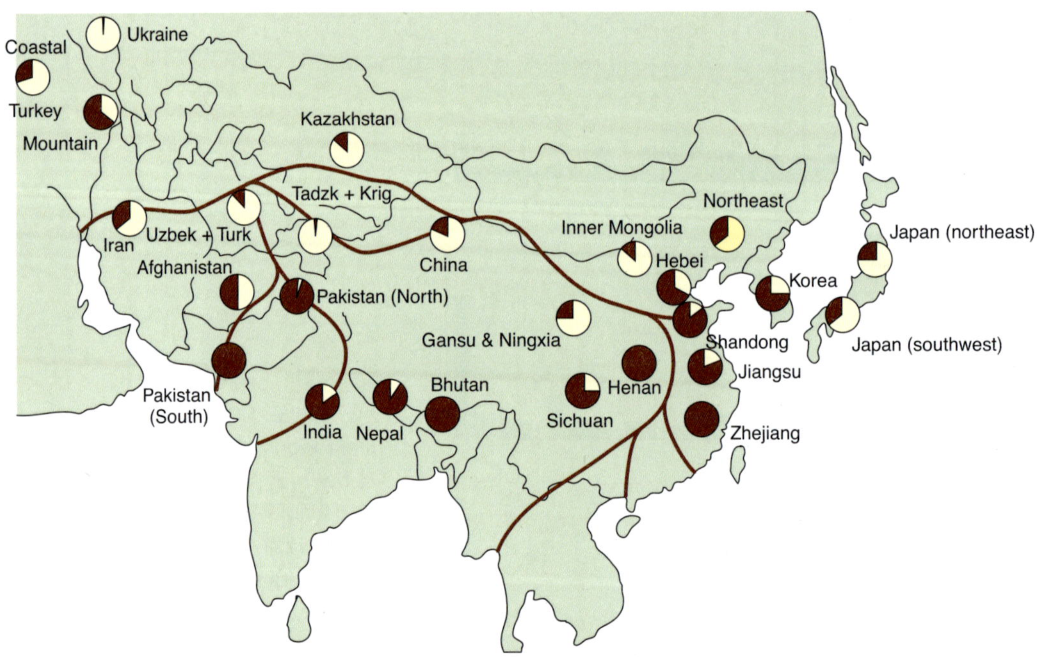

그림 13.9 동위효소 연구 결과에 기초한 아시아 일반 밀, *Triticum aestivum*의 계통지리학적인 분석. 이 연구에 이용된 집단들의 수집 장소는 아시아 전역에 걸쳐 있다. 주요한 무역로는 "실크로드" 로서 황색선으로 표시하였다. (Ghimire, S.K., Y. Akashi, C. Maitani, N. Nakanishi, aand K. Kyoto, *Breeding Sci.*, 55. 2005: 75-185. 변형 후 인용).

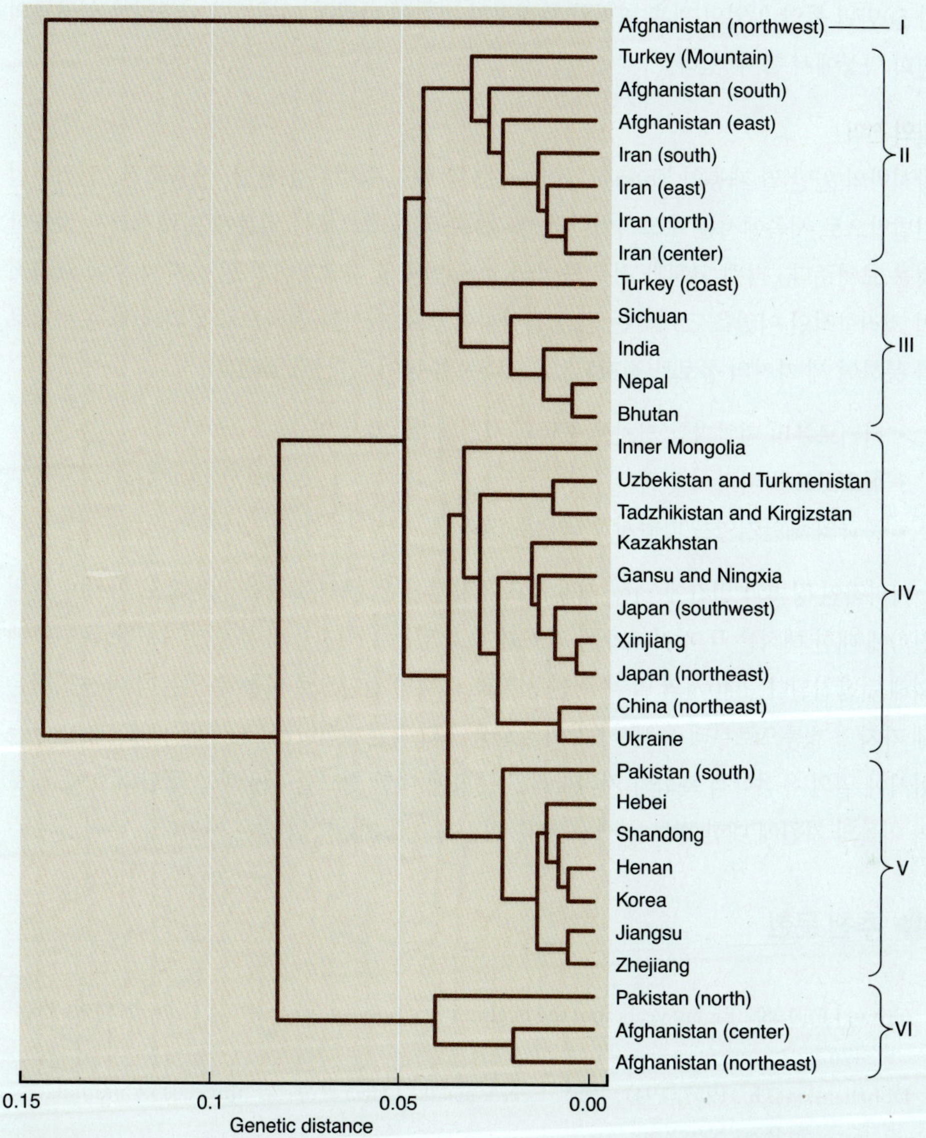

그림 13.1 그림 13.9에서 보여준 아시아 일반밀의 33개 집단은 세 개의 계통으로부터 유래한 6개의 클러스터(I–VI)로 나누어진다.

내의 다른 집단들을 조사한다. 결과적으로 과거의 이주 패턴에 대한 정보는 현재의 지리적 분포와 종의 아군을 그룹으로 나누는데 이용된다. 계통지리학에서는 군, 집단, 종의 역사를 분석하는데 예로서 밀 계통들의 현재의 분포에 대해서 이를 설명한다.

기후적인 변화에 대한 반응으로 변천하는(행동적인 적응) 특정한 생태시스템에서 남아 있는 이주가 형태적인 변화가 없이도 일어날 수 있다. 이곳은 마치 종이 적응하지 않는 것처럼 보이지만 적응은 큰 규모의 일시적이고 공간적인 연구로 알아낼 수 있다. 이러한 변화는 종이 존재하는 오랜 기간 동안 일어나는데 예로서 2백 5십만 년 전에 있었던 빙하기 중

약 50만년 동안 있었던 기후 변화와 환경적인 변화에 따라서 이주하던 아프리카 영양들의 변화 양상에서 볼 수 있다.

밀의 전파

아시아의 일반 밀 계통인 *Triticum aestivum*은 한 종이 광범위한 환경, 생육조건, 인위적인 선발압으로 서쪽에서는 우크라이나와 터키로부터 동쪽으로는 일본에 이르기까지 적응한 것을 보여준다. 티벳 고원과 서부 중국의 넓은 면적의 사막지대가 밀 종자 이주에 효과적인 지리학적인 이었을 것이라는 점을 감안하여 동부 아시아 지역으로 밀의 전파는 무역로를 통하여 세 가지의 통로로 전파되었으리라는 주장이 있다(그림 13.9).

- 터키로부터 미얀마를 거쳐서 중국의 사천지방으로 전파
- 실크로드를 따라서 전파
- 중국의 해안지역을 따라서 한국으로 전파

지리적인 장벽과 인간에 의해 개발되고 유지되어 온 무역로 등을 기반으로 아시아 밀의 전파에 대한 해석은 두 가지 효소를 암호화 하고 있는 유전자들의 분포에 기초한 두 연구에 의해 뒷받침된다. 640개의 밀 계통 연구 결과 33개의 집단으로 나눌 수 있는데 이들 집단은 세 가지의 계통으로부터 유래한 6가지의 클러스터로 분류된다(그림 13.10). 이러한 연구는 아시아 밀의 유전학적 분화와 지리학적인 분화에 대한 정보를 제공하고 집단의 이주 경로와 이들의 기원에 대한 정보를 제공한다. 이것은 계통지리학의 좋은 예이다.

추천 문헌

Crow, J.F., 1988. Eighty years ago: the beginning of population genetics. *Genetics*, **119**,473-476.

Dobzhansky, Th., 1937, 1941, 1951. *Genetic and the Origin of Species* (threeeds.).ColumbiaUniversityPress,NewYork.

Gillespie, J.H., 2004. *Population Genetics: A Concise Guide*, 2nd ed. Johns Hopkins University Press, Baltimore, MD.

Hedrick, P.W., 2000. *Genetics of Populations*, 2nd ed. Jones and Bartlett, Boston, MA.

Mackay, T.F.C., 2004. The genetic architecture of quantitative traits: lessons from Drosophila. *Curr.Opin.Genet. Dev.* **14**, 253-257.

Pagel, M. (ed. In chief), 2002. *Encyclopedia of Evolution*, 2 Volumes, Ooxford University Press, New York.

개체군 생물학

14

단 원 요 약

- 집단 내부에서 개체의 상호작용이 일어나고, 또한 개체는 환경 안에서의 다른 생물들, 다른 요소들과 상호작용 한다.
- 집단들은 그들 주변의 물리학적, 생물학적인 환경을 변화시킨다.
- 집단 내에서 효과 단위는 상호교배 집단이다.
- 경쟁과 포식은 종을 공진화 단위로 묶는다.
- 종에 따라 생식 전략이 다르며 자손의 수에도 차이를 보인다.
- 기생자와 숙주 사이, 혹은 수분곤충과 숙주식물 사이에서 보이는 공진화는 자연에서 흔히 볼 수 있다.
- 많은 종은, 숙주, 포식자, 환경으로부터 받는 신호에 반응하여 형태를 바꿀 수 있다. 이러한 과정을 표현형 적응성이라고 한다.

위 그림: 집단은 세대 (generations)가 다른 모든 개체들을 포함한다.

개요

거의 한 세기 동안 진화의 핵심은 집단에서 일어나는 개체간 상호작용, 개체와 환경간의 상호작용의 분석이었다. 생물학적, 생태학적, 유전학적 상호작용은 집단에 영향을 미치는 광범위하고 중복되는 상호작용들의 유형이다. 지역 환경에의 적응은 생식적 격리와 종 분화를 일으킬 수 있는 첫 번째 장벽을 형성하는 것이다.

경쟁, 포식, 공진화와 같은 집단 사이의 상호작용은, 특정 형질의 선택과 유지에 영향을 준다. 경쟁은 지역집단(최소교배단위 또는 지역교배집단이라고도 함) 간의 생태적 지위(niche)와 형질 차이를 일으켜서, 어떤 경우에는 한 집단 전체가 없어지기도 한다. 포식은 피식자와 포식자, 양쪽 개체군 모두의 크기와 구조에서 복잡한 영향을 준다. 다른 계를 포함하는 다른 계통 간의 종의 공진화는 포식과 곤충-숙주의 상호작용으로 설명된다.

집단의 구조는 복잡하다. 측정될 수 있는 하나 특징은 집단의 성장이다. Malthus와 Darwin과 Wallace가 알아낸 것처럼 집단의 무제한 성장은 지수함수적이 된다(7장 참조). 환경에 의한 제약 때문에 집단은 한계수용력(carrying capacity, *K*)이라고 불리는 크기(개체 수)로 안정화 될 것이다.

자연에서 관찰되는 집단의 구조와 관계는 복잡한 조건에서 형성되며, 이해하기에 간단한 집단의 진화적 행동을 유발할 수 있는 여러 이상적인 조건과는 상당한 차이를 나타낸다. 집단은 일정한 크기를 가지지 않으며 공간에 균일하게 분포하지도 않는다. 또한 다양한 수준의 돌연변이, 이주, 선택에 영향 받는다. 더욱이 물리적 생물학적 환경(온도, 빛의 양, 먹이, 포식자)도 일정하게 유지되지 않는다. 더욱 중요한 것은 집단은 환경적, 생태학적 정보, 즉 변화에 수동적이지 않다. 한 집단은 생리적 생물적 환경을 변화시킴으로써 자신과 다른 집단들의 자원을 줄이거나 증가시킬 수 있다. 이러한 모든 상호작용에 의한 변화 때문에, 집단은 "같은 위치를 유지하기 위해 계속적으로 뛰어야만 한다"라는 말이 있다(15장의 붉은 여왕 이론 참조).

일반적으로, 간단하게 이 장의 첫째 둘째 소단원(sections)에서 간략히 검토된 생물학적 생태학적 접근은 어떻게 집단이 환경과 다른 종들에 대하여 반응하는지를 강조한다(BOX 14.1, 개체와 집단에 대하여 1장 참조). 이러한 집단의 반응은 개체수로 평가된다. 동물과 식물의 개체군은 교배, 선택, 돌연변이, 이동, 유전적 부동에 반응하여 공통된 특징을 나타낸다. 그렇지만, 압도적인 대다수의 집단에서 어떻게 이런 변화(개체수 변화)가 돌연변이, 선택, 유전적 부동과 같은 진화적 작용기작과 관련되는지 여부를 설명할 수 있는 유전적 정보를 찾는 것은 어렵다. 즉 진화적 작용기작(evolutionary mechanisms)에 따른 집단의 변화에 영향을 미치는 유전적 정보를 알아내는 것은 어렵다.

BOX 14.1
개체들은 집단을 떠나서 살 수 있을까?

1장에서 단세포, 다세포 생물에 속하는 대부분의 종에서 개체는 집단으로 존재하며, 각 집단은 별개의 생태적 지위를 갖는다고 주장했다(Box 1.3). 이에 대한 예외는 많은 수는 아니지만, 많은 기생생물(parasite)들이 단독생활로 지낸다. 단일 개체 내에 양성(both sex)을 다 가지고 있는 자웅동체 생물들 중, 많은 종이 홀로 살고, 생식하고 죽는다(예, 단독생활형 벌(solitary wasps).

단독으로 생활하는 종의 예를 접하게 되면서, 그러면 대부분의 경우 단독생활 보다는 오히려 집단을 형성하며 살아가는 여부가 궁금해지기 시작했다. 즉 대부분의 종이 단독생활형인지, 개체군을 형성하면서 살아가는지 여부에 대한 궁금증이 생긴다. 배우자를 필요로 하는 유성생식 종(sexually reproducing species)이 대부분 개체로 존재한다는 개념은(설득력이 없기 때문에) 지속될 수 없어 보인다. 그래서 나는 진화생물학을 연구하는 나의 동료들에게 그들의 생각을 물어보았다. 그들의 대답은 다양했지만 공통점을 보여준다. **종은 개체들은 집단으로서 존재해야 한다.** 나는 이것은 아주 흥미로운 이슈라 생각되기 때문에 아래에 몇몇 답변을 요약(outline)했는데 아마도 흥미로운 토론 주제가 될 것이다.

자웅동체 물고기는 집단을 형성하여 존재한다. 플로리다에서 브라질까지 아메리카대륙의 북, 중, 남부의 동부연안에 분포하는 고유종인 길이 75 mm의 mangrove killifish(*Rivulus marmoratus*)는 예외적인 측면을 보인다. 교과서에 따르면 이것은 체내에서 자가수정을 할 수 있는 유일한 어류이며 아마도 유일한 척추동물이다. 그러나 자가수정이 의무적인(obligatory) 것은 아니란 것이 판명되었다. 분리된 성이 생길 수 있다고 한다. 생태학과 자연사에 일가견이 있는 동료가 자신의 의견을 아래와 같이 말하였다. "자웅동체 생물도 대개 같은 속(genus)에 속해있는 종의 서식처에서는 먹이(feed), 산란 행동을 하지 않는 등 그 종의 다른 개체를 고려하여 그들의 움직임을 결정한다."

진화식물학자 동료가 나의 발언의 "미비함에 대하여" 친절히 조언해주었고, 대부분의 관속 식물은 자웅동체이지만 자가수정을 막기 위한 메커니즘을 갖도록 진화하였음을 상기시켜주었다(10장 참고). 따라서 개체는 집단의 구성원이다. 이 결과는 또 다른 진화식물학자의 공감을 얻었으며, 그는 "많은 식물들(대부분)은 자웅동체이다. 많은 식물들은 자가수분을 아예 하지 않는다, 그리고 자가수정만 하는 식물은 떠올릴 수도 없다."라고 하였다. 또한 그는 종은 집단으로 존재해야 한다고 강조하였다. "나는 이것이 진화에 있어서 필요한 조건이라고 생각한다, 왜냐하면 진화는 하나의 생물이 하는 것이 아니라 그 집단이 하는 것이기 때문이다."

그는 이 문제(집단이 진화하나?)를 "집단"과 "종"의 개념에 적용 될 수 있는 많은 다른 정의(**definitions**)들에 연관시켰고, 우리가 본 것 또한 유전자에 관하여 그러하였다(유전자에 경우에도 유사한 문제점이 발견된다. box 1.2 참고).

> 나는 네가 생물에 있어서 아주 성가신 사실을 부각시켰다고 생각한다, - 즉 가장 유용한(혹은 가장 많이 사용되는) 하나의 정의는 일관성 있게 정의 될수 없다. 이것은 "종"의 경우에도 그렇다. 단일 정의가 통하지 않는다. 따라서 실제로 우리는 다른 상황마다 다른 개념을 사용한다. "집단"이란 용어의 경우에는 더 심하다. 왜냐하면 이것은 전적으로 인간구성개념이기 때문이다. 우리는 집단을 먼저 구역(지리적 분포)으로 나눈다, 다음으로 표현형적, 유전적 분화, 유전자 흐름 등의 측면을 분석한다. 하지만 우리는 표현형, 유전적 다양성, 유전적 흐름 등에 기초하여 집단을 정의하고 지리적 분포를 따져서 집단을 정의할 수도 있다. 나의 간결한 대답은 이러하다, 맞다, 모든 생명체는 집단을 이루며 산다. 하지만 같은 종이라 하더라도 각 개체가 경험하는 환경은 상당히 다르다.

한 해양생태학자는 이러한 의견에 동조한다. "나는 또한 모든 종의(자웅동체와 기생충을 포함하여) 개체는 집단(어떤 수준에서는)으로 존재한다고 믿는다. - 이것은 규모(scale)의 문제일 뿐이다."

집단 내에서 생물학적 상호작용

생존, 성장, 번식 측면에서, 한 종의 개체수가 약간 증가하더라도 다른 종의 수적 증감에 영향을 미칠 수 있으며, 또는 구별할 수 없을 만큼의 미미한 효과를 나타낼 수도 있다.

두 종간의 상호작용은 표 14.1에 정리된 용어에 따라서 분류될 수 있다. 그림 14.1에서 관련 종 쌍방간에 영향이 없는 중립적 상호작용, 두 종 상호간에 최대의 영향이 나타나는 경쟁까지 설명되고 있다. 이런 세 가지 상호작용의 주요한 특징은 아래에서 논의되는데, 경쟁, 포식, 공진화이다.

각각의 상호작용은 종들의 오직 단일 조합으로 나타나는데, 공간적 제한, 기후조건, 토양 영양성분, 그리고 군집 내 다른 종의 영향 등을 포함해서 개체군의 과거 진화 역사를 반영한다. 각각의 상호작용은 다른 것들로부터 분리되어야 하고 개별적으로 조사되어야 한다. 그들의 다양한 형태, 그들 사이의 상호작용을 통해, 이런 과정들은 집단의 단위인 지역 개체군(deme), 집단, 종 등의 역동성을 결정한다.

표 14.1 두 종의 집단 사이에서 발생할 수 있는 잠재적 상호작용

형태	상호작용의 성격
중립	집단이 서로 어떠한 영향도 주지 않음
편리공생	한 종이 이익을 얻는 동안 다른 종은 아무런 영향을 받지 않는다.
상리공생	두 종 모두 이익을 얻음. Müllerian 의태에서 볼 수 있음(그림 15.11 참고).
포식자-피식자 유발 다형성	두 종 모두 이익. 표현형의 적응성에서 볼 수 있음(그림 14.5와 그림 13.6 참고).
공진화	두 종 모두 이익
포식	포식자는 피식자를 희생시킴으로써 이익을 얻음.
기생	기생자는 숙주로부터 이익을 얻음
경쟁	각각의 종은 서로 다른 종을 저해함.

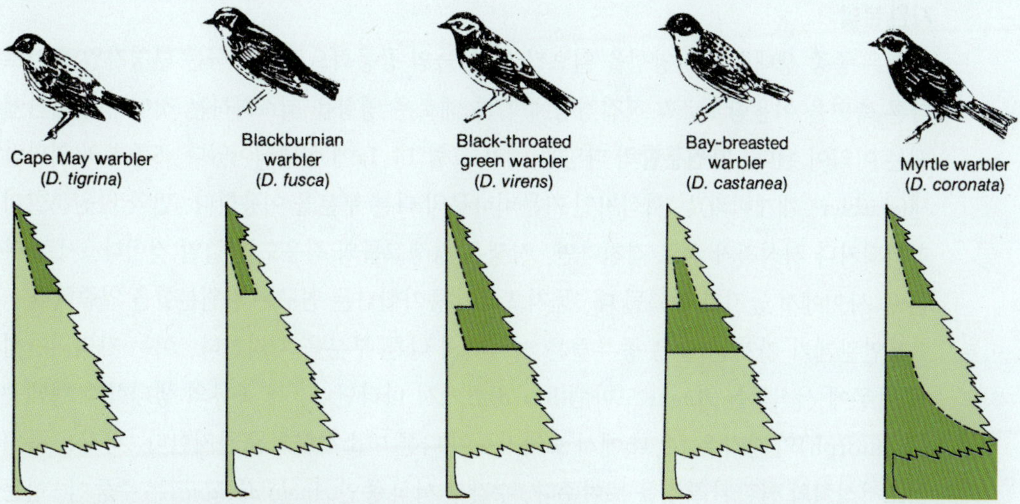

(a)

(b)

그림 14.1 **(a)** 가문비 나무에 서식하는 5종의 휘파람새(Dendroica)들의 포식지역의 분할(진한 녹색)로 보여주는 자원 분할의 예. Cape May 휘파람새는 많은 수의 곤충이 출현하지 않으면 개체수가 매우 적다. Myrtle 휘파람새는 구과식물들로 된 대부분의 숲에서 가장 흔하게 볼 수 있고 먹이특이성이 낮다. 일반적으로 볼 수 있는 Blackburnian, Bay-Breasted, Black-Throated Green 등의 휘파람새종들은 섭식선호구역이 잘 분리되어있어 같은 숲에서 공존할 수 있다. (Krebs, C.J., Ecology: The Exprimental Analysis of Distribution and Abundance, 5판, Benjamin Cumming, 2001의 자료를 수정하여 인용함). **(b)** 아날도마뱀들의 생태형태종들은 다른 서식지 (나무, 숲, 초지)에 서식하며 서로 다른 특징적인 형태를 가진다.

◆ 경쟁

경쟁은 두 집단이 제한된 같은 환경자원을 이용할 때 발생한다. 그래서 각각의 집단은 다른 집단의 구성원 수를 줄어들게 하고, 종종 다른 집단의 생태적 또는 행동에 중요한 영향을 미친다. 경쟁에 의한 세 가지 결과는 아래와 같다.

자원 분할

경쟁은 종종 생태학적 다양성을 일으킨다. 그들의 공통적으로 사용하는 환경자원의 서로 다른 측면을 이용함으로써 직접경쟁에 따른 해로운 영향을 최소화하는 것이 경쟁집단에게는 이익이 된다. **자원분할**의 다양한 예가 그림 14.1a에 설명되어있다. 5종류의 휘파람새(warbler, 개개비과)는 서식처인 가문비나무의 다른 부분을 이용한다. 만약 자원분할이 파괴되거나 서식지가 서로 겹친다면, 경쟁은 경쟁그룹의 적응도를 줄일 것이다. 서로 다른 종 사이에서 둥지가 중복될 때, 둥지포식이 증가한다는 연구는 자원분할을 입증한다.

유연관계가 가까운 같은 종류들은 서식지의 다른 부분을 차지한다. 이는 카리비안섬의 나무에 서식하는 *Anolis* 도마뱀(lizard)류에서 나타난다. 세 종류의 생태학적 형태종(ecomorph)의 각각은 14.1b에서 보여지듯이 다른 미소서식처를 차지한다. 각각은 특정 미소서식처와 연관된 특징을 보여준다. 수간부 서식 종인 *Anolis distichuss*는 주둥이-항문

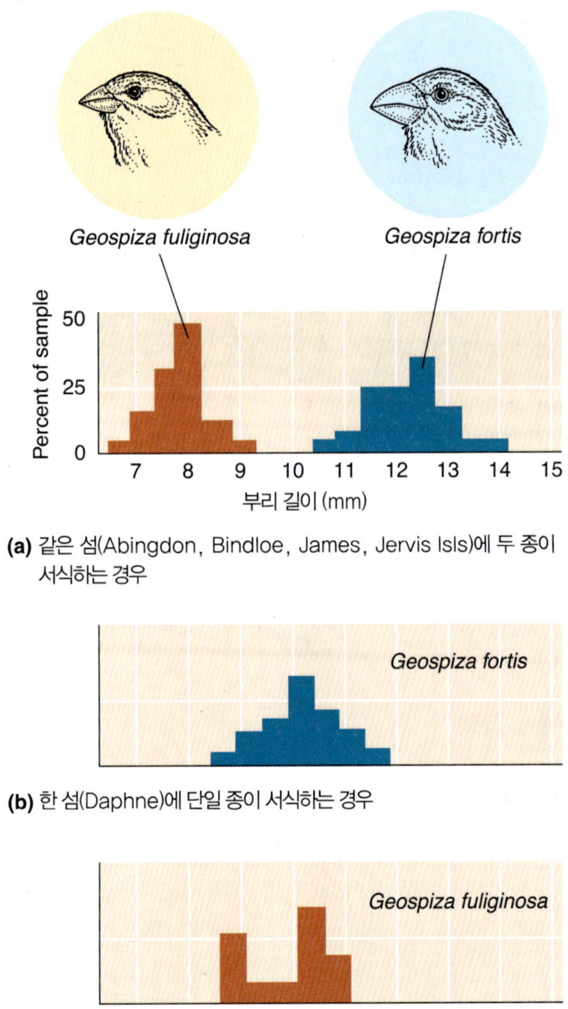

그림 14.2 갈라파고스 섬에 서식하는 되새류(다윈의 finches) 두 종류의 부리 두께(mm)를 사용하여 설명된 형질대치. 그림**(a)**의 X축 척도는 세 개의 그래프 모두에 적용된다. **(a)** 4개 섬에 공존하는 *Geospiza fuliginosa*(갈색)와 *G. fortis*(파랑색)는 부리의 크기(8 vs 12.5 mm)에서 큰 차이를 보이며, 부리의 크기 차이는 각 종이 다른 크기의 씨앗을 먹이로 이용하는 것을 가능하게 한다. 하지만 두 종이 각각 다른섬(**b**, **c**)에 고립해서 존재하는 경우, 부리 크기는 중간 크기(섬 c 안에서 두 가지 분포 패턴을 보이지만, 대략 10 mm)로 나타나며, 먹이인 종자의 자원분할 없이 먹이 획득이 가능하다. (출처: Adapted from Givnish, T. J. and K. J. Sytsma(eds.). *Molecular Evolution and Adaptive Radiation*. Cambridge University Press, 1997; based on Grant, P. R. *Ecology and Evolution of Darwin's Fiches*. Princeton University Press, 1986.)

BOX 14.2

되새류와 어류의 턱

되새류(Darwin's finches)는 Box 5.4에 소개되며, 종 변화의 증거로 찰스 다윈이 사용한 중요한 종의 무리이다(그림 14.2와 그림 5.5, 5.10과 6.10참조).

진화를 이해하는데 있어서, 13종의 무리 중요성은 1973년부터 지속적으로 다윈의 핀치새를 연구한 피터와 로즈마리 그런트의 연구에 의해서 더욱 증대되어 왔다. 그들의 연구는 행동의 진화를 환경변화와 관련 지어 기록하였다. 환경변화는 여러 세대 동안에 걸쳐서 부리의 크기와 몸의 크기의 진화적 변화를 일으키는 것으로 조사되었다. 피터 그런트(Peter Grant)와 그의 동료들이 1976년 출판한 초기 연구에서 Leigh Van Valen에 의해 만들어진 예측을 확인하였는데, 중요한 환경적 요소의 변화 정도는 이들 요소와 관계되는 형태학적 특징에서 나타나는 변이량에 반영되어야 한다는 내용이다. 따라서 크기와 견고성에서 상당한 변이를 보이는 먹이에 대하여 부리 형태는 더 많은 변이를 가져야 한다. 각 종 내에, 새들은 그들의 부리에 적당한 크기와 단단함을 가진 먹이를 선택했다.

그들의 연구가 진전되고 오랜 기간에 걸쳐 얻어진 자료가 구축됨에 따라서 그런트 부부는 자연선택은 매우 빠르게 진화적 변화를 만들 수 있다고 보고하였다. 그들은 또한 놀랍게도 특정 집단의 선택 방향은, 환경조건이 불규칙하게 변동함에 따라서, 빈번하고 예측 불가능하게 변할 수 있음을 보여 주었다(그림 14.2 참고). 자연 집단에서 나타나는 행동의 진화를 자료화 함으로서, 이 연구는 우리의 진화과정에 대한 이해를 높이는데 상당한 기여를 했다.

되새류(다윈의 핀치새)의 진화에 관한 그런트의 연구의 결과로부터 생기는 의문점은, 유전적, 발생학적 관점에서, 어떻게 진화가 그렇게 빠르게 일어날 수 있을까 하는 점이다. 만약 부리의 크기와 모양의 변화가, 여러 유전자의 기능 혹은 이들의 형질 발현의 변화를 유발하는 선택을 필요로 한다면, 진화적인 변화는 지난 30년간의 되새류의 진화처럼 빠르게 일어날 수 없을 것이다.

이 질문에 대한 통찰은 2004년 Arhhat Abzhanov와 그의 동료들의 '다윈의 되새류의 부리 크기와 모양의 변이에 대한 발생학적 유전적 기초'에 대한 연구에서부터 시작되었다. 놀랍게도, 단일 유전자(*Bmp-4*)가 발현되는 부위와 유전자량은 다윈의 되새류의 여러 종들의 부리의 크기, 모양과 상호 관계를 나타낸다(그림 B14.1). 뒤새류의 경우처럼, Malawi 호수에 서식하는 시클리드 어류(cichlid fish) 경우도 *Bmp-4*량의 증가는 조류(algae)를 섭식하는 방식(물고, 부수어 먹는 행동)과 관련되는 것으로 나타났다(그림 B14.1). 같은 호수에 서식하는 다른 시클리드 종은 낮은 *Bmp-4*량을 나타내는데, 플랑크톤을 빨아들여 섭식 방식을 보여, *Bmp-4* 유전자의 양적 차이에 따라 먹이 섭식 방식 달라짐을 비교할 수 있다. 먹는 방식은 턱과 이빨에 영향을 받는다.

*Bmp-4*의 형질발현은 치아형성 부위에서 유지되지만(물고기 3종: Zebrafish, Japanese medaka, Mexican tetra), *Bmp* 유전자는 치아가 없는 부위의 턱에서는 형질이 발현되지 않는다. 이는 유전자가 치아의 도태, 치아와 턱의 유전자 조절에 관여함을 말해준다.

■ 이 갈라파고스 섬의 되새류 집단은 1936년경 David Lack에 의하여 다윈의 핀치새라고 처음 불리었다(박스 5.4 참고).

■ 최근 발매된 책인 '*어떻게 그리고 왜 종들은 번식하는가? 다윈의 되새의 방산(Radiation)*(2008)'에서 Grant 부부는 종 분화(speciation)에 대한 뛰어난 설명을 제공하였다.

BOX 14.2
되새류와 어류의 턱 (계속)

이러한 결과을 통해서 얻을 수 있는 내용은 다음과 같다. 다윈의 되새류(또한 다른 계통의 조류에서)의 부리, 물고기의 섭식방법과 관련된 턱과 치아 등에서 나타나는 빠른 진화는 비교적 간단한 발생유전학적 메커니즘에 근거한다. 이러한 메커니즘으로 부리, 턱과 치아 형태와 크기에서 나타나는 변이의 조화 패턴이 만들어질 수 있다. 종분화에 내재된 다른 유사한 발생유전학적 메커니즘에 대하여는 17장에서 다루어진다.

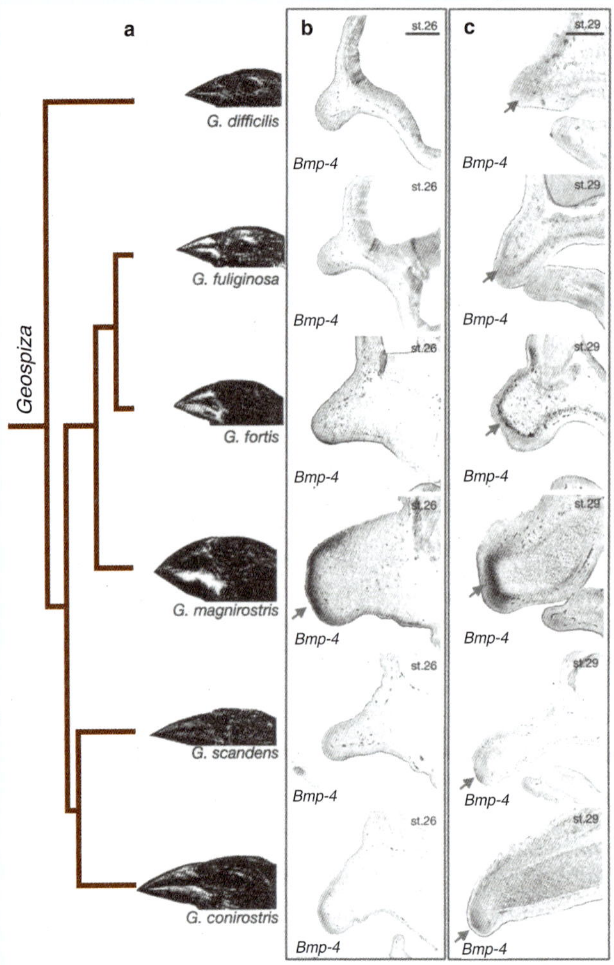

그림 B14.1 다윈의 되새류 6종에서 나타나는 진화적 관계**(a)**, 부리 형태, *Bmp-4* 형질발현의 변이**(b, c)**들의 관계. 조직 단편은 발생 중인 부리로부터 채취한 것이다. 두 종류 표본은 배 발생 단계 26**(b)**와 29**(c)**에서 각각 나온 것이다. 어둡게 염색된 부분은 *Bmp-4*의 형질발현이 높은 수준임을 나타낸다. (Abzhanov, A., Protas, M., Grant, B. R., Grant, P. R., and Tabin, C. J. 2004. *Bmp4* and morphological variation of beaks in Darwin's finches. *Science*, **305**, 1462~1465 에서 복사되었으며, AAAS의 허가로 재판되었다.)

까지의 길이가 40~58 mm이고, 짧은 꼬리와 체색은 회색이다. 수관부 서식종인 *Anolis ricordiis*는 주둥이-항문의 길이가 130~190 mm이며 긴 꼬리와 체색은 연두색이다.

형질대치

경쟁에 대한 더 진전된 진화 반응이 **형질대치**이다. 형질대치로 나타나는 표현형의 차이가 공존 집단간에 자원분할이 일어나게 된다.

■ 경쟁이 자원분할이나 자원변동에 의하여 조절되지 않을 때, 두 경쟁종이 동일한 환경에서 똑같은 자원을 이용할 때, 그들은 같은 생태적 지위(niche)를 차지하는 것이다.

한 가지 좋은 예가 갈라파고스 섬에 서식하는 다윈의 되새류에 대한 연구이다. 그 곳에서 공존하는 종들은 부리 크기에서 큰 차이를 보이는데, 부리 크기의 다양성은 다양한 크기의 씨앗을 먹이로 이용하는데 기여한다. 이와는 대조적으로, 다른 섬에 고립되어 있는 종들은 중간 크기의 부리를 갖는데, 종자 자원을 분할하지 않고도 먹이를 획득할 수 있다. 같은 섬에서 공존하는 *Geospiza fuliginosa*와 *G. fortis*의 경우 부리 치수는 각각 8 mm와 12 mm로 측정되었는데, 이들 종이 섬에 서로 떨어져 서식하는 경우 부리의 치수는 10 mm로 측정되었다(그림 14.2).

자연 개체군에 대한 지속적인 근접관찰로부터 얻은 진전은 프린스턴 대학교의 Peter와 Rosemary Grant(Peter Raymond Grant and Barbara Rosemary Grant, 진화생물학자 결혼 커플)에 의해 40년간 지속된 다윈의 되새류에 대한 연구에 나타나 있다. 수많은 발견 가운데 하나로써, 그런트 부부는 경쟁적 상호작용과 형질대치로 시작된 일련의 과정은 관련 종 중 한 종에서 진화적 변화를 일으킨다고 기록하였다(BOX 14.2).

경쟁적 배제

Box 1.3에서 약술된 생태적 지위(niche)에 대한 여러 다른 정의에는, 한 종의 생태적 지위(niche)는 그 종에 의하여 이용되는 모든 환경적 자원 뿐만 아니라, 자원을 이용하는 방식을 포함한다는 개념이 내포되어있다. 미국의 진화생물학자인 Richard Lewontin 생태적 지위의 본질과 생물과 그 생물에 의하여 조성된 환경과의 관계의 본질을 그의 2000년 출판된 저서(*Triple Helix*: *Gene, Organism, and Environment*), "삼중 나선(The Triple Helix): 유전자, 생물과 환경"에 수록하였다. "생태적 지위는 생물출현 이전에 존재하는 것이 아니라, 생물 그 자체의 생명력의 결과로써 존재하게 된다….."라고 하였다.

두 종이 같은 생태적 지위를 차지하는 실험실 조건의 실험에서, 보통 한 종은 소멸하기 때문에 **경쟁적 배제**의 원리 입증한다(그림 14.3). 이 원리는 다윈의 종의 기원에서 이미 나타나 있다.

> 모든 생물체의 높은 기하학적 증가율 때문에, 각 서식지는 서식생물로 꽉 채워져 있다. 적응도가 높은 생물들이 수적으로 증가함에 따라서, 적응도가 낮은 생물들은 감소하거나 희귀해진다.

경쟁적 배제는 외부환경요소에 민감하게 반응할 수 있다. 그림 14.3에서, 한 짚신벌레, *Paramecium caudatum*는 다른 짚신벌레, *P. Aurelia*보다 물질대사의 부산물에 민감함을 나타낸다.

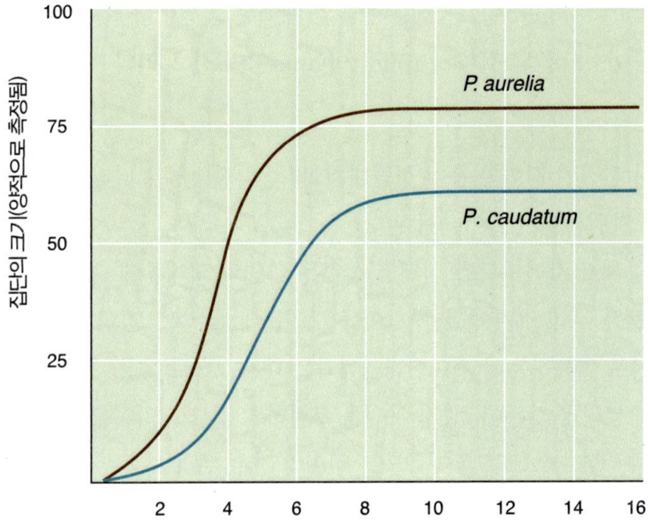

(a) 격리 배양한 두 종

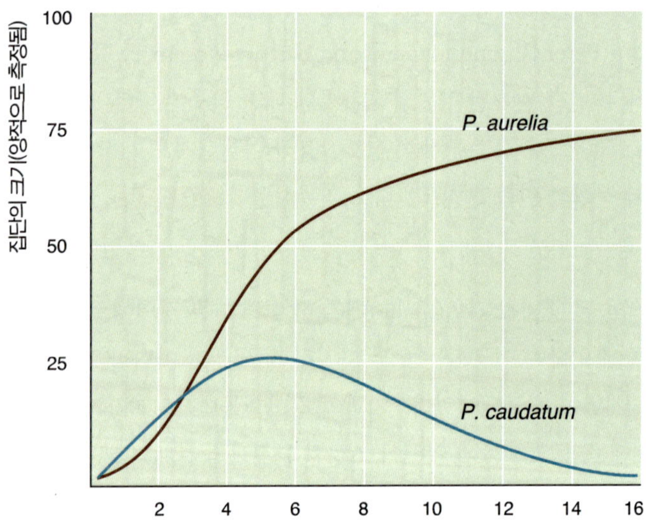

(b) 혼합 배양한 두 종

그림 14.3 *짚신벌레*의 성장. **(a)** 격리배양. **(b)** 혼합배양. 혼합배양에서 *P. Aurelia*은 *P. caudatum*을 대체한다. 어떤 혼합배양의 경우 *P. caudatum*은 *P. Aurelia* 보다 훨씬 빨리 증식한다(Adapted from Gause, G. F. *The Struggle for Existence*. Williams & Wilkins, 1934).

진화생물학자는 경쟁적 배제(competitive exclusion)만이 공존하는 생물 간의 차이점을 설명하는지 여부에 대하여 심각한 의문을 제기해왔다. 즉 형질대치 혹은 근연종과 잠재적으로 경쟁관계에 있는 종이 다른 서식지를 차지하고 있기 때문에 이러한 의문을 갖게 되었다. 현재 공존하는 종 사이에 나타나는 형태적 차이는 이들 종들이 과거에 경쟁이 없었던 장소에서 진화해 왔다고 할 수 있다; 다른 서식처를 차지하고 있는 근연종의 분기는 경쟁 때문에 일어난 것이 아니라, 먹이, 은신처(둥지) 등의 선호도의 차이 때문에 일어날 수 있다.

◆ 포식

포식은 경쟁하며 공존하는 종들 사이에 경쟁적 배제를 줄이는 중요한 요소이다. 포식자들은 우점종의 환경 수용력을 줄임으로써, 다른 경쟁자들에게 공간을 제공한다.

포식자는 먹이 전체 혹은 일부를 소비하는데, 이는 피식자의 개체 수에 영향을 준다. 포식자의 먹이에 대한 직접적인 의존성은 포식자를 먹이가 상대적으로 풍부한 곳으로 이끈다. 먹이 수의 증가는 포식자의 증가를 이끌고, 차례로, 먹이가 감소하고, 포식자의 수도 감소한다. -군비경쟁과 유사하다. 그림 14.4 는 개체군 수의 순환적 변동에서 특히 단일 종

(a)

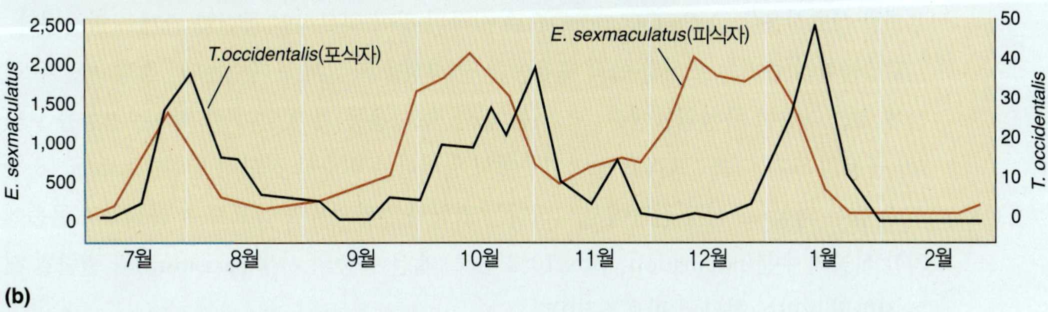

(b)

그림 14.4 알려진 조건으로 통제된 환경 내에서 관찰되는 진드기 두 종의 개체군 변동(세주기, Three cycles). 서부 포식성 진드기의 한 종인 *Typhlodromus occidentalis* **(a)**는 포식자이다. 초식성인 여섯점박이 진드기, *Eotetranychus sexmaculatus*(**b**)의 모든 성장단계는 먹이가 된다. 각 주기(cycle)(밤색)에서 먹이의 수가 증가함에 따라서 포식자(흑색)의 수적 변화가 이어지는데, 먹이 개체군의 붕괴는 포식자 개체군의 붕괴를 일으킨다(Adapted from Huffaker C. B. *Hilgardia* **27** 1958: 343-383).

을 먹이로 하는 포식자와 상관관계를 나타낸다.

그러나 이러한 단순한 규칙은 없다. 일부 포식자는 먹이가 풍부할 때, 먹이를 실질적으로 감소시키지 않는다. 북미산 순록 떼를 포식하는 늑대를 보면, 늑대는 대부분 어린 순록이나 나이가 들어 약한 혹은 병든 순록을 먹이로 삼는다(이들은 늙은 순록보다 번식 잠재력이 낮고 먹이로 더 적합함).

게다가, 한 종 이상의 먹이가 이용될 때, 포식자의 수는 먹이의 밀도에 덜 영향을 미친다. 이러한 완충효과는 포식자 개체군 크기의 변동폭을 줄이고, 포식의 효과가 희석되어 결과적으로 먹이의 개체군 크기 또한 안정적으로 유지된다. 새로운 포식자가 생태계에 도입되었을 때, 보상성의 혹은 부가적인 사망률이 관찰된다. 늑대와 사자가 **뮬 사슴**(*Odocoileus hemionus*, mule deer) 개체군에 도입되었을 때, 늑대가 아닌 사자만이 주로 사슴의 사망에 영향을 주었다.

요인들의 다양한 조합으로 **멧토끼의 일종**(Canadian snowshoe hares, *Lepus americanus*) 집단의 광범위한 차이를 만든다. 실제로 그 차이는 각 요인의 단독 역할로 예상되는 것보다 훨씬 큰 차이를 보인다. 포식의 감소 혹은 먹이공급의 증가(단일요인)로 이 멧토끼의 개체 수는 2-3배로 증가하며, **누적증가는 4배에서 6배**에 이른다. 그러나 두 요인(포식의 감소 와 식량공급의 증가)를 조합하면 **11배의 수적 증가**를 일으킨다. 분명히, 먹이가 풍부하고 포식이 낮을 때는, 먹이가 풍부하고 포식자가 많을 때 혹은 포식자와 먹이가 적을 때 보다 확실히 다른 상호작용이 발생한다.

공진화

집단 상호작용은 많은 다양한 결과를 야기하는데, **공진화**는 집단상호작용의 가장 일반적 결과 중 하나이다. 많은 종들 간에 나타나는 밀접한 생태학적 관계는 공진화적 사건으로부터 파생된다. 한 종의 적응된 변화는 다른 종들의 적응 변화로 일으킨다. 서로 다른 두 종간의 우연한 상호작용(casual interactions)으로 시작된 것이 의무적인 공진화 관계로 발전된다.

고생물학적 증거는 초식과 육식 포유동물 간 경쟁을 확실히 보여주는데, 경쟁 동안 두 집단에 속한 다양한 구성원들에서, 크기(몸체)와 속도(운동)가 잇달아 증가하는 경향을 보였다. 공룡의 크기, 속도 그리고 방어기구에서 일어나는 비슷한 진화적 변화(Chapter 18 참조)는 많은 피식-포식자 집단에서 나타나는 경향과 일관성을 보였고 또한 공진화가 곤충에 의한 식물의 수분(pollination, Box 10.3 참조) 혹은 곤충의 기생(parasitism)과 관련될 때는 진화적 변화는 하나의 필요조건이다.

기생

공진화의 주목할 만한 예는 기생충 혹은 병원체와 그들의 숙주 사이의 관계에서 나타난다. **아마식물**(*Linum usitatissium*)의 27개의 유전자는 곰팡이 녹병균에 대한 저항성을 가지고 있다. 반대로 그 병원체는 비슷한 개수의 유전자를 보유하고 있어서, 숙주 유전자가 제공하는 저항성을 극복할 수 있게 해준다. 이러한 경우에, 숙주세포에서 나타나는 저항성돌연변이의 빈도증가로 숙주의 저항성을 극복하는 하나 이상의 돌연변이 유전자의 빈도 증가에 대한 선택이 병원체에서 발생했다고 주장할 수 있다.

숙주와 기생자 사이에 일어나는 공진화는 더욱더 복잡해 지고, 기생자의 병원성을 줄이는 경우도 있다. 이것에 대한 두드러진 예로는 **점액종 바이러스**(*myxoma virus*)가 있는데, 이 바이러스는 **유럽토끼**(*Oryctolagus cuniculus*)의 집단의 급속한 증가를 조절하는 위하여 남아메리카에서부터 호주로 수입된 바이러스이다. 비록 바이러스가 남아메리카의 토착종인 솜꼬리 토끼(*Sylvilagus brasilensis*)에 대해서는 약한 질병을 일으키지만, 호주 토끼들에게는 사이에서 매우 치명적인 병원체로 작용한다. 이 병원체는 모기를 통해서 일차적으로 전염된다. 1950~1951년에는 감염된 토끼에서 바이러스에 의한 치사율이 99%까지 이르렀다. 바이러스에 의해서 호주 토끼의 집단들이 거의 사라졌으며, 적은 수의 개체만 존재하는 것처럼 여겨졌다. 하지만 이러한 예측은 들어맞지 않았다. 비록 일부 호주 토끼들에서 바이러스에 대한 저항성을 증가 하였지만, 바이러스의 자체의 독성이 약화되는 경우가 나타났다. 모기는 살아있는 토끼에서 흡혈을 하기 때문에 바이러스가 직접 접해있는 숙주를 너무 빨리 죽인다면 모기에 의한 바이러스의 전파율은 떨어지게 된다. 숙주사망이 모기에 의한 전파를 불가능하게 만들기 때문이다. 그러므로 고 병원성이며, 빠르게 복제하는 바이러스 계통은 도태된다. 그러므로 병원성이 약화된 바이러스 계통은 선택되고, 저병원성 바이러스에 감염되어도 토끼의 수명은 비교적 오랫동안 유지되어, 바이러스가 더 수월하게 전파하게 된다.

흥미롭게도 이 숙주-병원체 관계는 안정적이지 않다. 토끼가 바이러스에 대한 저항성이 증가함에 따라서, 높아진 바이러스의 병원성은 선택 형질이 될 수 있다. 따라서 호주에서 바이러스와 토끼와의 관계는 결국 남아메리카에서 둘 사이의 관계처럼 변화 할 것이다. 남아메리카에서는 병원성 바이러스는 토착종 숙주에만 부분적으로 해로운 영향을 끼치는 것으로 알려져 있다. 이러한 진화적 결과들은 드물지 않다.

그러나 기생자의 병원성 감소는 경쟁관계에 있는 계통의 기생자에 대해서 항상 성공적인 선택이 되지는 못한다. 앞서 언급한 바와 같이, 기생 감염과 기생 병원성은 양의 상관관계를 가진다. 경쟁관계에 있는 계통의 기생자들의 성공은 빠른 복제능력에 달려있다. 이러한 빠른 기생자의 복제는 병원성을 일으키는 주요한 요소이다. 숙주의 염색체로 합체된 바이러스들은 세대들 통해서 수직감염 전달된다. 이런 방법으로 생존한 바이러스는 감소된 병원성을 갖는 것으로 선택 받아 왔다. 그 이유는 바이러스의 생존은 숙주 의존적이기 때문이다. 반면에, 다른 숙주들로부터의 수평감염을 통해서만 생물체 내로 들어가는 바이러스들은 신속한 복제로 감염성이 높이도록 선택되었고 결과적으로 대부분이 숙주 파괴를 일으킨다.

■ 윤충류는 민물에 서식하는 동물성 플라크톤이며, 토양유기물분해와 수서생태계의 주요 먹이자원으로 중요한 역할을 한다.

곤충과 숙주식물

곤충, 나방 혹은 벌과 숙주 식물 사이에 존재하는 많은 특이성의 경우는 공진화의 예로 나타난다. 대부분의 경우 곤충-숙주식물 특이성은 공진화로 설명되나 그렇지 않은 경우도 일부 존재한다. 공진화 여부는 곤충과 식물의 계통발생을 비교해봄으로써 알 수 있다.

핵 DNA를 이용하여 100여 종의 잠엽-나방들의 분자 계통연구를 하여 나방류 종들의 기원 시기를 측정하였다. 나방류의 숙주 식물의 화석상 기록에서 나타나는 분포시대의 비교는 *Phyllonorycter* 속 나방류의 주요 방산이 27.3백만 년에서 50.8백만 년 전에 일어났다는 결론에 도달하도록 한다. 나방류의 방산은 84,000,000 to 9,000,000년 전에 나타났던 숙주식물의 방산보다도 훨씬 뒤에 일어났다. 나방류들의 종의 방산은 엄밀한 의미에서 공진화의 예는 아니며 오히려 숙주 식물들이 나타나서 우점하는 시기가 지연되어서 나타났다고 할 수 있다: "후속하여 일어나는 진화"

공진화의 범위

경쟁, 포식과 기생은 "이빨과 발톱이 붉은 자연 즉 흉폭한 자연"라는 잘 알려진 개념을 반영하긴 하지만, 협동과 상리공생의 예는 충격적인 자연에 대한 생각을 수정케 한다. 집단선택(15장), 표현형 적응성(14장), 공생관계에서 논의된 협력관계는, 세포소기관과 진핵세포성 숙주인, 조류와 곰팡이와의 관계, 흰개미의 내장에 서식하면서 셀룰로오스를 분해하는 원생생물(원생생물과 흰개미 공생관계) 등에서 나타나는 이종간 협력관계를 의미한다. 오랜 공진화로 의무적(절대적) 관계와 수분곤충과 식물의 관계처럼 선택적 관계가 생겼다. 선택적 관계에서는 두 종간의 의존관계가 생존과 직결되지 않는다. 경작 방식으로 인위적으로 만들어진 협력관계로는 난장이 야자나무(*Chamaerops humilis*)와 바구미 *Derelomus chamaeropsis*가 알려져 있는데, 식물원 경작지에 바구미를 투입하여 얻어지는 두 종간의 상리공생이다.

개념을 어떻게 정의하는가에 따라서 달라지기 때문에, 위에 언급한 것들 이외에도 많은 다른 예들이 공진화에 포함될 수 있다. 모델의 진화를 쫓아서 단계적으로 진화하는 의태생물, 균류와 동반하여 종이 분화된 개미(개미들은 양식을 위해 균류를 사육한다), 경쟁을 줄이기 위하여 경쟁종간의 나타나는 진화적 변화(예, 형질대치) 그 외에도 다양하다.

표현형 적응성

하나의 유전형에서 하나 이상의 표현형이 나타날 수 있다는 개념의 예들이 생활사가 둘 이상의 발육단계로 구성된 종들에게서 나타난다(11장). 애벌레/나비와 올챙이/개구리에서 나타나는 두 생활사형의 형성은 개체군이나 환경적인 신호와는 무관하다(12장, 13장 참고).

이형의 신체 체형이 단일종 안에서 나타나기 때문에, 이들이 단일 개체군의 구성원으로 합당한가? 에 대한 문제가 제기된다. 형태는 포식자, 먹이, 개체군 밀도, 환경 자극과 같은 외부의 신호에 대한 반응으로 발생한다. 이러한 형태의 발생은 어떻게 개체군의 생태

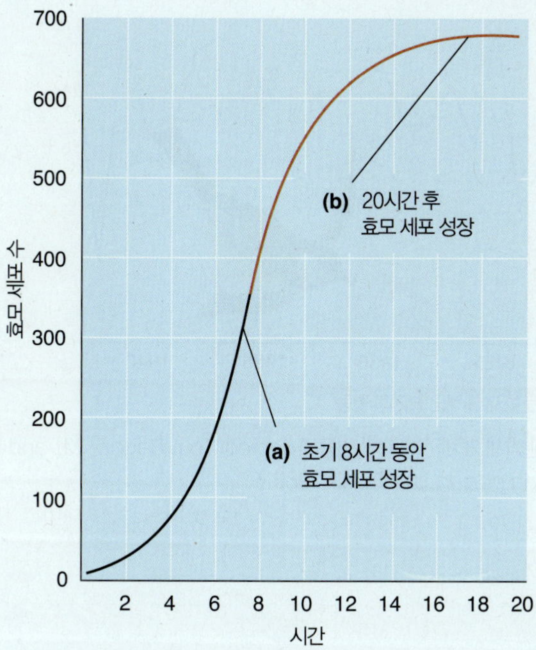

그림 14.7 일정 부피의 배양액에서 발아중인 효모 세포 수(최초 체적당 약 10개의 세포를 접종)**(a)** 최초 8시간 동안 기하급수적 성장**(b)** 20시간의 성장기 동안 S자형 성장곡선(Data from Carlson, T., *Biochemische Zietschrift* **57**, 1913: 313-334).

개체군의 크기는 단기간 동안에도 네덜란드에 서식하는 조류인 *Parus major*의 경우에서처럼(그림 14.8) 급격하게 바뀔 수가 있다. 많은 매개변수들은 이러한 개체군의 수적 변동에 영향을 미친다. 기후와 같은 밀도 독립 요인은 개체군 크기와 밀집도와 무관하게 개체군의 밀도에 영향을 주는 요인이고, 밀도 의존 요인은 개체군의 크기와 가용공간의 조합에 따라 달라진다. 기후에 대한 적응의 예는 Box 1.1에 요약된다.

세균, 잡초식물 등의 생물경우 변동하는 환경에서 개체군은 빨리 성장하며, 낮은 개체군 밀도에서는 빠른 증가율(r)을 보인다. 다윈이 언급했듯이 "급변하는 먹이의 양에 의존하는 종에 있어서 한꺼번에 많은 양의 알을 낳는 것은 이렇게 함으로써 신속하게 수적 증가가 일어날 수 있기 때문이다." 큰 척추동물의 경우 균일하고, 예상 가능한 환경에 서식하므로 한계포용력(K)에 가까운 개체군 크기를 갖는다. 이러한 번식패턴이 갖는 선택 이점은 자원사용의 효율성 제고와 새끼들이 경쟁할 수 있는 단계로 성장시킬 수 있는 가능성 제고이다.

집단의 밀도 또한 집단의 성장을 변화시킬 수 있다. 초파리의 자연 집단들에서 신호전달에 과정에 사용되는 인산화효소 단백질을 생산하는 먹이 획득 유전자의 차이는 먹이 행동에 영향을 미친다(13장 참조); 즉, '유랑'하는 개체들은 '정주'하는 개체들보다 이동 거리가 길다. 이러한 먹이 획득 활동의 차이는 집단 밀도의 차이로 인해 선발되는데 유랑자들은 애벌레가 먹이를 획득하기 위해서 먼 거리를 이동하므로 고밀도에서 적응성이 높으며, 정주성 개체들은 먹이가 가용한 곳에서 낮은 밀도로 적응성을 보인다.

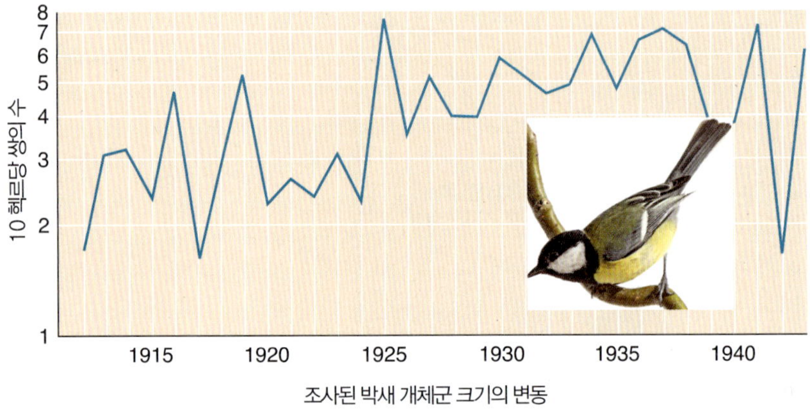

그림 14.8 네덜란드(1912~1943)에서 조사된 박새 개체군 크기의 변동(Adapted from Begon, M. and M. Mortimer. *Population Ecology, Second edition*, Blackwell, 1986.)

추천 문헌

Abzhanov, A., M. Protas, P. R. Grant, and C. J. Tabin, 2004. *Bmp4* and morphological variation of breaks in Darwin's finches. *Science*, **305**, 1462–1465.

Albertson, R. C., J. T. Streelman, and T. D. Kocher, 2000. The beak of the fish: genetic basis of adaptive shape differences among Lake Malawi cichlid fishes. Assessing morphological differences in an adaptive trait: a landmark-based morphometric approach. *J. Exp. Zool.*, **289**, 385–403.

Fox, C. W., D. A. Roff, and D. J. Fairbairn (eds.), 2001. *Evolutionary Ecology. Concepts and Case Studies*. Oxford University Press, New York.

Grant, P. R., 1986. *Ecology and Evolution of Darwin's Finches*. Princeton University Press, Princeton, NJ. [Reissued in 1999 with a Foreword by J. Weiner.]

Grant, P. R., and B. R. Grant, 2008. *How and Why Species Multiply: The Radiation of Darwin's Finches*. Princeton University Press, Princeton, NJ.

Hall, B. K., 1999. *Evolutionary Developmental Biology*, 2nd ed. Kluwer Academic Publishers, Netherlands.

Hall, B. K., and W. M. Olson (eds.), 2003. *Keywords and Concepts in Evolutionary Developmental Biology*. Harvard University Press, Cambridge, MA.

Lewontin, R., 2000. *The Triple Helix: Gene, Organism, and Environment*. Harvard University Press, Cambridge, MA.

Losos, J. B., 2009. *Lizards in an Evolutionary Tree. Ecology and Adaptive Radiation of Anoles*. University of California Press, Berkeley, CA.

Petrusek, A., R. Tollrian, K. Schwenk, et al., 2009. A "crown of thorns" is an inducible defense that protects *Daphnia* against an ancient predator. *Proc. Natl. Acad. Sci. U.S.A.* 106, 2248–2252.

Rockwood, L. L., 2006. *Introduction to Population Ecology*. Blackwell, Malden, MA.

Rose, M. R., and L. D. Mueller, 2006. *Evolution and Ecology of the Organism*. Prentice-Hall, Upper Saddle River, NJ.

Tatarenkov, A., S. M. Q. Lima, D. S. Taylor, and J. C. Avise, 2009. Long-term retention of self-fertilization in a fish clade. *Proc. Natl. Acad. Sci. U.S.A.* **106**, 14456–14459.

Thompson, J. N., 2005. *The Geographic Mosaic of Coevolution*. The University of Chicago Press, Chicago.

West-Eberhard, M. J., 2003. *Developmental Plasticity and Evolution*. Oxford University Press, Oxford, England.

15 자연선택

단 원 요 약

- 자연선택은 표현형에 작용한다: 구조, 생리, 행동과 관련된 표현형을 말한다.
- 선택에 대한 반응은 자연 환경과 혹은 실험적인 조건하에 조사 추적될 수 있다.
- 선택은 표현형을 유지하거나 변화시킬 수 있으며, 주변의 환경 변화 패턴에 부분적으로 영향을 받는다.
- 유전자형 변화로 표현형 선택을 추적할 수 있는데, 표현형의 선택이 유전자의 유전적의 변화를 일으키기 때문이다.
- 선택은 배우자의 생활사의 어떤 단계에도 전반적으로 작용할 수 있다.
- 선택은 번식의 차이를 일으키기 때문에, 생물이 생식하기 전에 선택이 작용하면, 아주 큰 영향을 준다.
- 한 종에 작용하는 선택은 다른 종의 진화에 영향을 미칠 수 있다. 이러한 영향은 특히 의태에서 잘 나타나지만 하지만, 한 종의 선택이 다른 종의 진화에 미치는 영향은 의태에 국한되지 않는다.
- 선택에 의한 변화는 제약 없이 나타나는 것이 아니다. 유전적, 발생학적인 과정에서 일어나는 제약에 의해 영향을 받는다.

위 그림: 유사성과 변이는 자연선택의 결과이다.

개요

선택은 다양한 표현형질에 따른 적응도의 차이에 작용해서, 최소 4가지 방식으로 개체군에 영향을 준다: (1) 안정화 선택으로 평균에 가까운 표현형이 유지된다, (2) 방향성 선택은, 극단의 표현형이 적응하게 되거나, 유해한 돌연변이가 급속히 제거될 때 나타난다, (3) 분단성 선택은 분열성 선택으로도 알려져 있으며 서로 다른 표현형이 특정 환경에서 더 잘 적응 했을 때 일어난다, 그리고 (4) 성 선택은 선택이 한 종의 암컷과 수컷에 서로 다르게 작용할 때 나타난다.

표현형에 대한 체계적이고 지속적인 선택이 여러 세대에 걸쳐서 작용할 때 대립유전자 빈도는 변하게 되는데 이것이 바로 유전자형의 변화이다. 개체군에서의 유전적 변이가 존재하기 때문에, 유전이자형은 선택에 반응한다. 낫형 적혈구 빈혈증처럼 이형 접합자가 동형 유전형보다 더 높은 적응을 보이거나, 대립유전자 빈도가 적응도에 영향을 미치는 경우, 개체군에서의 유전적 다양성은 보존된다. 영국의 후추나방(자나방과: 회색가지나방이라고도 함)(peppered moth, Bistonbetularia)의 집단이나 미국 남서부의 굴주머니쥐, *Chaetosipus intermedius*의 경우처럼 환경에 따라 대립유전자 빈도는 달라진다. 유리한 유전자형은 적응 정도(degree of fitness)에 따라 다양한 값의 적응정점을 차지한다는 것이 알려져 왔다.

종들은 포식자와 피식자의 관계처럼 의태와 다른 생태학적 상호작용에 의해 포식자와 피식자로 서로 묶여져 있다. 결과적으로 한 종에 대한 선택은 다른 종에 필연적인 영향을 미칠 수 있다. 그러나 선택은 무제한으로 일어나지 않는다. 유전적, 발생학적 과정에 나타나는 역동성과 제약은 선택과 함께 작용하여 진화적 변화를 경로화하여 감소시킨다. 이 상호작용은 자연에서 발견될 수 있고 실험실에서 재현될 수 있다. 이 경우 진화적 변화에 대한 한 생물의 반응은 표현형 표준변이으로 측정된다. 표현형 표준변이의 수가 많으면 많을수록 생물은 환경에 대하여 다양한 반응을 보이는 것이다.

이 문제는 여전히 풀리지 않았지만 유성생식과 이타적인 사회 행동의 특징을 나타내는 개체군의 예에서, 선택은 개체의 유전적 미래에는 해가 될 수 있지만 집단의 이익을 위해 일어나는 것처럼 보인다. 개체군에서 진화가 일어나기 위해서는 즉 유전자 빈도변화가 일어나기 위해서는 돌연변이로 개체군을 구성하는 개체의 대립유전자의 뉴클레오티드 변화가 일어나야 한다. 그러나 단순히 새로운 대립유전자의 출현은 이 새로운 유전자가 지속되거나 다른 대립유전자 보다 우세하다는 것을 의미하지 않는다. 많은 돌연변이의 지속성과 빈도 증가의 원인은 돌연변이 그 자체보다도 다른 요인에서 찾아볼 수 있다.

진화가 표현형 변화로 나타나지만 이런 변화의 세대 간 전달은 유전으로 일어난다. 물려받은 유전자형은 선택된 개체의 유전자형과 다를 수 있다; 유전자형 유전은 직접적이고 간접적이다. 부모의 유전자(모계 유전자 영향)와 다른 생물 유전자의 표현형질 혹은 환경에 의한 후생유전학적 영향도 세대간에 전달된다(13장). 학습능력은 유전적, 문화적으로 전

■ 대부분의 동물들과 식물들의 선택은 이배체 접합자 그리고 접합단계 후 배아, 유생과 성체 단계에서 일어난다.

달된다(20장 참조). 따라서 선택은 성체의 표현형에 국한되지 않는다. 다세포생물에서, 선택은 배우자(配偶子), 배아단계와 유충기, 배아 단계 혹은 유충기에 변화를 일으킬 수 있는데, 그 변화는 생활사의 단계별로 다르게 나타난다. 즉 생활사 단계에 따라 생존과 번식력에 미치는 선택의 영향이 다르기 때문이다(그림 15.1).

적자생존

진화는 적자생존으로서 묘사되는데 자연선택이 작용하기 때문이다. Herbert Spencer에 의해 만들어진 그 용어(적자생존)는 Wallace에 의해 사용되었다(그리고 후에, 다윈이 '종의 기원'에서 사용하였다. 그러나 다윈은 생식을 위한 투쟁이 자연선택에 의한 진화를 설명하는 더 적합한 용어라고 생각했다).

다윈의 관심은 다른 사람들의 주목을 불러일으켜 왔다. 그 주장은 살아남는 이들을 적자(fittest)로, 적자를 살아남는 존재로 정의하기 때문에 적자생존은 윤회적, 반복적, 입증될 수 없는 어구이므로 버려져야 한다는 주장이다. 하지만 그 용어와 개념은 최소 세 가지 중요한 이유 때문에 적절하다.

1. 선택은 단일 세대 내에서 살아남은 표현형의 범위를 바꾼다.
2. 표현형의 특징에 작용하는 자연선택은 유전자 빈도 변화의 원인이 될 수 있다.
3. 유전자와 표현형들의 비율이 변하기 위해서는 선택은 여러 세대 동안 같은 방향으로 진행 되어야 한다.

유전자형의 상대적 적응도는 분명히 유전자형의 생존에 기여하는 유일한 요소는 아니다. 예를 들어 만일 이형접합의 이점으로 해로운 열성 대립유전자의 빈도는 그 대립유전자의

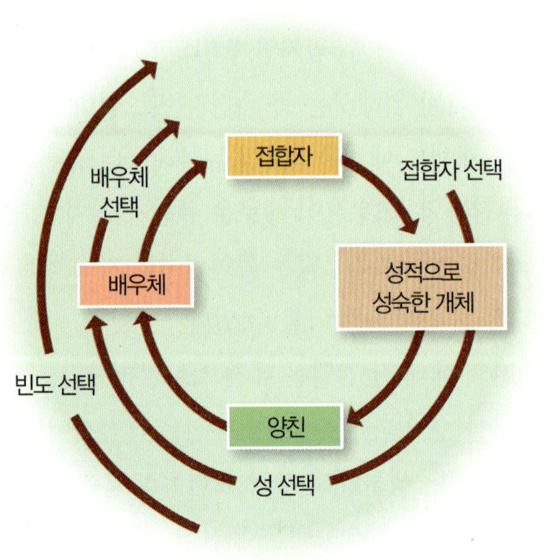

그림 15.1 단일세대 동안, 접합자로부터 접합자에 걸쳐서 다세포생물의 생활사 단계에 작용하는 여러 종류의 선택을 보여주는 단순화된 도표. (Adapted from Christiansen, F. B. The definition and measurement of fitness. In *Evolutionary Ecology*, B. Shorrocks(ed.), Blackwell, 1984

동형접합에 대한 도태압에도 불구하고 안정적으로 남을 수 있다. 진화적 이론은 적자생존 그 이상의 것을 포함한다. R. A. Fisher는 그의 유명한 논문(1930) "자연선택의 유전적 이론"(The Genetical Theory of Natural Selection)은 "자연선택은 진화가 아니다"라는 문구로 시작한다. 자연선택은 다양한 진화과정에 적용되는 포괄적 용어이다. 자연선택의 결과는 차별적 생식과 생식이다.

선택의 종류

선택은 항상 최적을 위한 것이어서, 강한 것과 약한 것은 제거된다고 생각되고 있다. 넓은 의미로 다음과 같이 일반화된다. 선택은 최적자의 생존과 연관되나, 선택은 최소한 4가지 방식으로 표현형에 영향을 주는 다양한 과정에 주어진 이름이다.

- 안정화 선택은 평균에 가까운 표현형을 유지한다.
- 방향성 선택은 극단의 표현형이 적응가치를 가질 때, 혹은 해로운 돌연변이를 제거하기 위하여 일어난다.
- 분단성 선택으로 각기 다른 표현형이 특정한 환경에서 더 잘 적응한다.
- 성선택은 한 종내에서 암수에 달리 작용한다.

대개의 경우 단기간 동안에도 환경조건은 변화하기 때문에, 이들 여러 유형의 선택은 분리되어 존재하는 것이 아니라 여러 방식으로 조합되어 작용한다.

집단 선택은 선택 중에서 가장 논쟁의 소지가 많은 것으로 집단 의 구성원 개체의 희생으로 집단(보통 개체군)에게 이익을 주는 선택을 말한다.

개체가 개체군을 위하여 자신을 희생하는 상황은 집단 선택의 작동원리에 대한 대표적 예이다. 4가지 유형의 선택에 대한 간략한 설명은 다음과 같다. 집단선택은 적응 지형도의 맥락에서 이 단원의 뒷부분에서 논의된다.

안정화선택

선택이 여러 세대에 걸쳐 특정 형질에 대하여 작용하면, 대부분의 개체군은 최적이 아니더라도 그들이 처한 환경에 잘 적응하는 표현형을 획득하게 된다. 많은 표현형들은 높은 적응도 수치를 나타낸다. 이러한 최적의 표현형에서 벗어난 개체는 표현형 가치에 있어서 최적에 가까운 개체들보다 더 낮은 적응도를 나타낼 것이다.

자연에서 나타나는 안정화 선택에 대한 유명한 연구는 미국 로드 아일랜드섬의 Providence에서 1898년 심한 폭풍우 후 찾아온 맹추위가 있었던 1898년 2월의 첫날에 시작되었다. Brown대학교의 비교해부학자인 Hermon Bumpus는 육지에서 사망 혹은 기절한 상태의 136마리의 참새(*Passer domesticus*)를 발견했다. 72마리의 참새는 살았지만 나머지 64마리는 죽었다. Bumpus는 치밀하게 새들의 무게를 재고, 날개의 폭을 측정했으며, 몇몇 중요

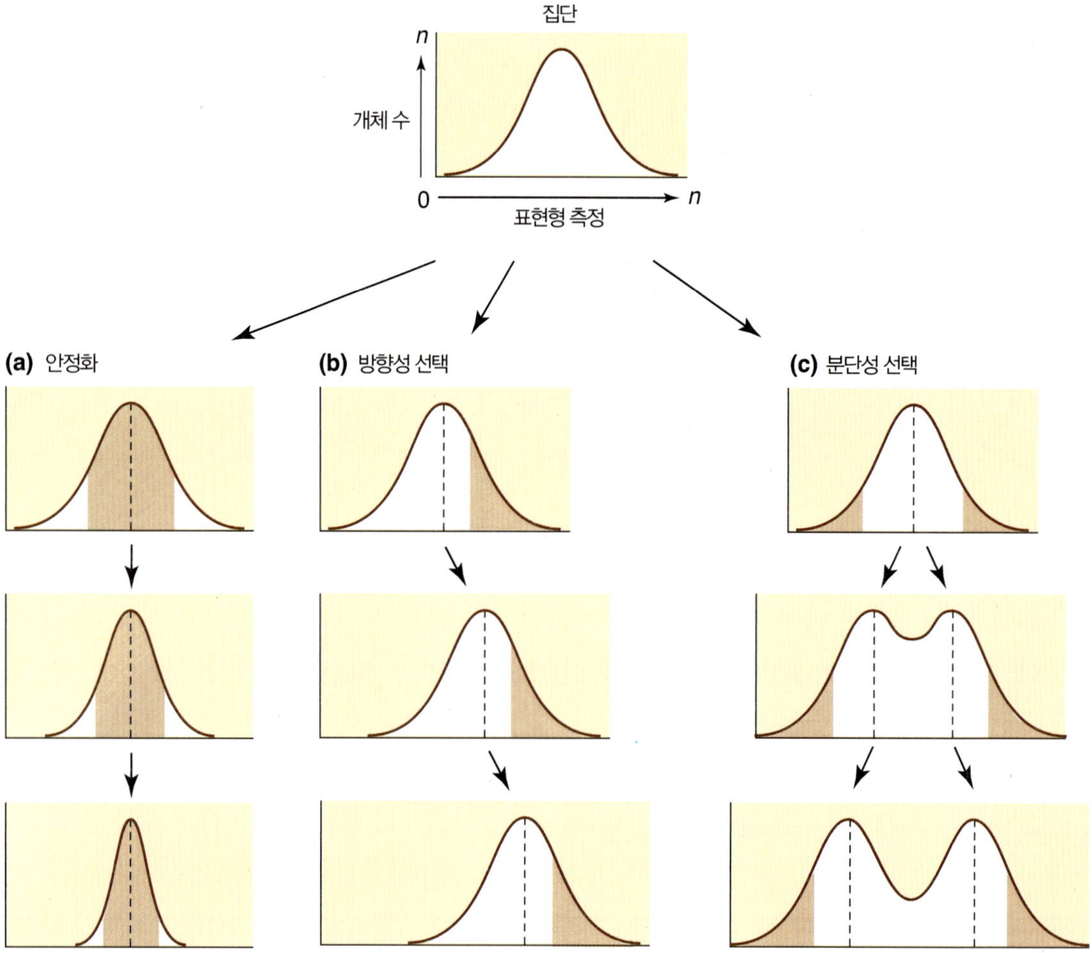

그림 15.2 3종류의 선택과 이들이 평균값(점선)과 정규 분포하는 양적 특징의 변이에 미치는 영향. 종형 곡선의 X축은 형질의 측정치를 나타낸다. 세로축은 각 측정치에 해당하는 개체 수를 나타낸다. 어두운 부분은 각 유형의 선택을 설명하기 위한 실험에서 부모로 선택된 개체를 나타낸다.

한 뼈의 길이를 측정하기 위해 그들의 골격을 분리했다. 폭풍에서 생존한 참새들의 측정치는 대부분 평균에 가까운 값을 나타내었다(그림 15.2a 의 점선). 폭풍으로부터 살아남지 못한 참새들의 측정치는 같은 특징에 대하여 분포도의 양극단에 밀집 분포하였다. 그림 15.2c에서 그림자로 처리 된 부분이다. Bumpus가 이러한 자료들을 통해 결론지었듯이, "어떤 기준보다 두드러지게 낮은 것도, 기준보다 현저하게 높은 것만큼 매우 위험하다."

Bumpus는 암컷과 수컷을 나누고, 1890년대에 이용가능 했던 좀 더 효과적인 통계적 분석을 사용하여, 측정된 결과를 재분석 하였다. 안정화 선택은 암컷에 작용하는데, 이 암컷은 수컷보다 몸 크기가 작고, 몸 크기에 있어서 큰 변이를 나타낸다. 안정화 선택은 중간크기의 암컷을 선호하여 이루어진다. 따라서 표준에 가까운 몸 크기를 유지한다(그림 15.2a). 선택의 두 번째 형태로, 방향성 선택은 몸체 크기는 더 크고 변이가 작은 수컷에 작용한 것이다(그림 15.2b). 이 두 가지 방식의 선택에 대한 민감도는, 표본으로 추출되는 암수간 몸 크기의 차이가 고려될 때 강화된다. 수컷의 몸무게는 29.41±0.86 g이고, 암컷은 28.49±1.72g으로, 차이점이 육안으로는 구별되지 않지만(그림 15.3), 선택 방식에 의해서는 구별된다.

방향성 선택

모든 형질선택이 안정화로 진행되는 것은 아니다. 생물의 표현형 분포가 한 방향 혹은 반대 방향으로 이동하면서 선택에 의해서 극단적 표현형이 나타날 수도 있다(그림 15.2b). 동식물 육종 종사자들은 수확량, 생산성, 질병에 대한 저항성 등에서 최고를 선택한다. 이들은 이러한 방향성 선택을 통상적으로 실행한다(그림 15.4). 진화에서 방향성 선택의 역할은 개체군의 환경이 변화하거나 또는 일부의 표현형이 새로운 환경에 적응될 때 특히 중요하다.

방향성 선택과 안정화 선택은 서로 다른 유전자형이 단일 표현형을 생산하는 상황에서 순차적으로 일어날 수 있다. 그림 15.5는 1967년 렌델에 의하여 고안된 체계를 도표화 한 것이다. 유전학자 제임스.M.렌델은 영국에서 태어났으나 오스트레일리아에서 자란 유전학자이다(1915~2001). 초파리 집단에서 scute 유전자 돌연변이에 의하여 강모의 수의 변이의 방향성 선택으로 강모 수 변이 집단으로 만들 수 있다. 그리고 이후 실시된 안정화 선택은 강모 수의 새로운 변화를 유지한다(그림 15.2). 선택은 형질의 변이와 형질의 변이 패턴 모두에 영향을 미친다.

분단성 선택

안정화 선택 혹은 방향성 선택이든 간에, 선택적 환경이 균일하다면 선택은 일정한 방식으로 작용할 것이다. 하지만 조건이 변화할 때, 개체군은 발산하거나 주기적으로 변화하는 환경에 놓이게 된다. 이 경우 개체 사이에 존재하는 여러 다른 유전자형을 가진 개체들이 변화하는 환경에 가장 적합하다. 다양한 유전자형을 갖은 개체군이 발산하거나 주기적 변화를 겪을 때 나타나는 선택은 분단화 혹은 다양화라고 알려져 있다. 이러한 선택은 개체군 안에서 다른 최적 조건을 형성한다(그림 15.2c).

환경적 다양성 혹은 변화하는 다른 생물학적 조건 때문에 한 유형의 선택은 중지되고, 다른 유형의 선택이 뒤이어 일어나거나 혹은 다른 유형의 선택과 중복되어 나타날 수도 있다. 분단성 선택이 일어난 후 이어서 방향선택이 일어날 수 있으며, 안정화 선택으로의 변화도 가능하다.

성 선택

짝짓기방식은 종의 행동 미치는 가장 중요한 영향 중 하나이다. 다윈은 암컷이나 수컷에 대하여 차별적 또는 우호적 선택이 있을 경우를 성선택이라 하였다.

만약 자손의 생존으로 두 성에게 모두 이익이 되더라도, 번식의 비용은 수컷과 암컷 동물에게서 종종 다르게 나타난다. 번식 활동을 하는 암컷은, 수컷의 정자 생산과 비교할 때, 난자를 생성하는데 더 많은 자원을 투자한다. 따라서 만약 암컷이 상대적으로 비용이 많이

그림 15.3 수컷(상단)과 암컷(하단) 참새(*Passer domesticus*), 육안으로는 동일한 크기로 보이지만, 수컷의 평균 체중에서 나타나는 변이(±3%)는 암컷(±6%), 비하여 낮다. 이러한 차이는 수컷체중에 대해서는 안정화 선택, 암컷 체중에서는 방향성 선택이 나타나고 있음을 보여준다.

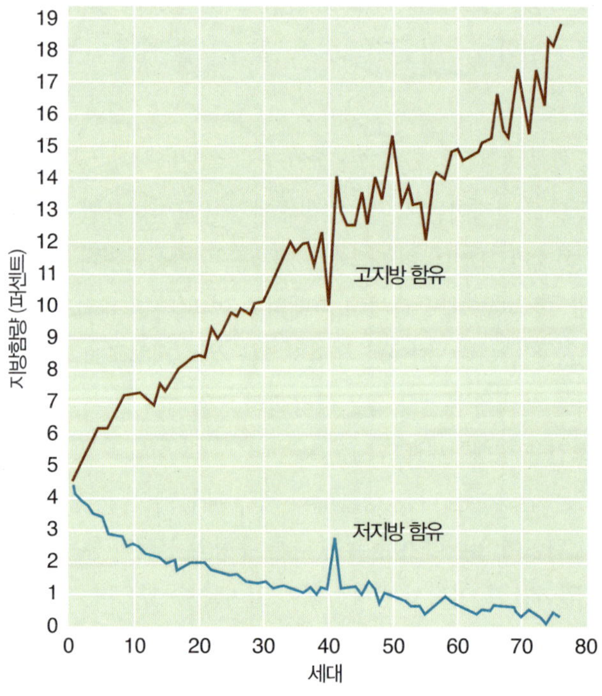

그림 15.4 옥수수알갱이의 지방함량(고지방 vs 저지장)의 선택의 결과. 이 실험은 1896년 시작되어 80년 동안 일리노이(Illinois) 대학에서 계속되었다. 고지방함량의 선택은 지속되어 증가하게 된다. 반면에 저지방함량의 선택효과는 0% 낮은 한계에 도달하면서 약화된다(Adapted from Dudley, J. W. "Seventy-six generations of selection for oil and protein percentages in maize." *In Proceedings of the International Conference on Quantitative Genetics*, E. Pollack et al.(eds.), Iowa State University Press, Ames, 1977).

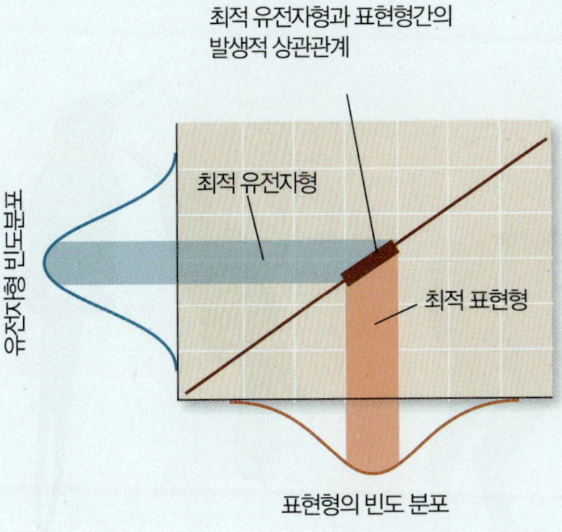

(a) 경로화 선택 이전

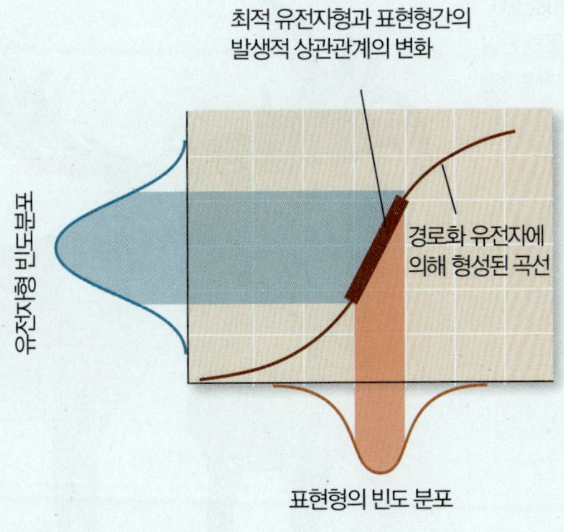

(b) 경로화 선택

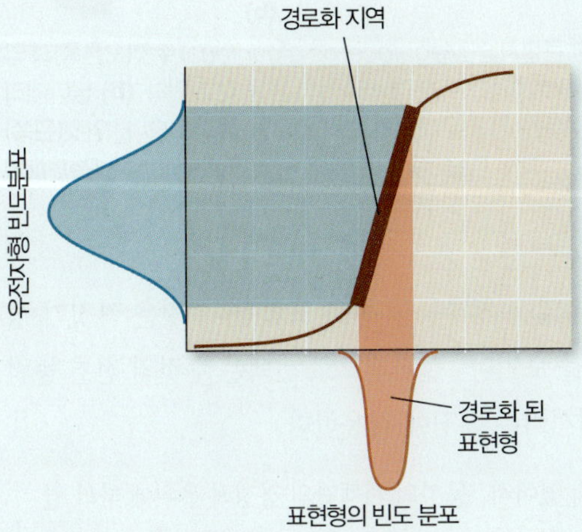

(c) 경로화 선택 완성 이후

그림 15.5 경로화된 표현형의 선택 순서 대각선은(왼쪽 아래에서 오른쪽 윗쪽으로 향하는), 유전자형(수직축)과 표현형(수평축) 사이의 발달 관계를 나타낸다. 발달곡선이 가파르면 가파를수록 같은 표현형을 생산할 수 있는 더 많은 유전자형이 존재한다. (**a**) 경로화 선택이 일어나기 전에는 유전자형의 일부만이 최적의 표현형을 생산한다.(**b**와 **c**) 경로화에 대한 선택이 진행됨에 따라서, 발달곡선은 S자형에 더 가까워진다. (**c**)의 경로화 지역에 나타난 대로 더 많은 유전자형의 변이가 최적의 표현형을 생산한다. (Adapted from Strickberger, M. W. *Genetics, Third edition*, Macmillan, 1985.)

드는 난자를 보호하기 위해서 배우자를 식별하여 선택한다면 암컷의 유전자는 이익을 획득하게 된다. 같은 이유로 암컷은 그들의 자손에게 투자를 많이 하는 수컷을 구함으로 이익을 얻는다. 이 전략은 특히 상대적으로 그들의 자손을 위한 긴 기간 동안의 헌신이 번식성공을 좌우하는 포유류와 조류 사이에서 주목된다.

대조적으로 수컷은 상대적으로 값싼 더 많은 양의 정자를 배치하는데 낭비적일 수 있다. 수컷에 의해 전달되는 유전자는 가능한 많은 암컷을 수정시켰을 때 이익을 얻는다. 대개의 경우 수컷은 상대를 가리지 않는다. 암수 사이의 이해상충은 다양한 요소에 의존하는 여러 가지의 짝짓기 패턴을 생기게 한다. 난자 혹은 새끼의 생존에 필요한 보살핌의 수준, 그리고 부모 중 어느 쪽(또는 부모 모두)이 보살핌을 주는가? 등이 다양한 요소에 포함된다. 암

■ Monogamous(일부 일처)란 일생 동안 단일 배우자와 짝짓기를 하는 상황을 말한다.

(a) (b)

그림 15.6 성적이형의 두 가지 예**(a)** 멸종된 성숙한 큰뿔사슴(*Megaloceros giganteus*) 수컷(오른쪽)과 암컷(왼쪽)의 비교. 수컷은 2미터의 키(어깨높이), 폭 3.3 m 이상, 무게 약 45 kg의 뿔을 갖고 있다.**(b)** 남아메리카 휘파람새(Spathura underwoodi), 수컷(오른쪽)은 긴 좌우대칭의 꼬리 깃털을 갖고 있으나, 암컷(왼쪽)에게는 없다. (a and b Adapted from Darwin, C. *The Descent of Man and Selection in Relation to Sex*. John Murray, 1871.)

컷이 주로 양육에 책임을 가진 집단 내에서(많은 척추동물 종을 포함됨) 수컷은 짝짓기 성공을 위해서 다른 수컷들과 경쟁하는 경향을 보인다. 결과적으로 선택은 수컷의 전투 능력의 증강 혹은 암컷을 유혹하는 능력의 증대시키는 특징에 작용한다.

> 다윈이 말했듯이, 성선택은 종의 번식하는데 있어서, 동성의 개체간의 경쟁적 우위에 따라 결정되고, 반면에 자연선택은 생명의 전반적 조건과 관련해서 모든 연령대의 양쪽 성 모두의 성공에 달려있다. 성의 투쟁은 두 종류가 있다. 한 가지는 동성의 개체들 사이에서(일반적으로 수컷들 사이에서) 나타나며, 경쟁자를 쫓아버리거나 죽이고 이때 암컷은 수동적 행동을 보인다. 두 번째 경우 이성(주로 암컷)을 흥분시키거나 관심을 끌게 되면 수동적인 입장을 벗어나 더 어울리는 파트너를 선택한다.

한 수컷이 많은 암컷과 교배하는 종에서 수컷간 경쟁에 대한 많은 근거가 있다. 수컷은 암컷에 접근하기 위해 뿔과 사슴뿔과 같은 특별한 경쟁을 위한 무기를 가질 수 있다. 이러한 무장화는 뚜렷한 성적(자웅) 이형을 일으킨다(그림 15.6a). 수컷 쇠똥구리의 긴 뿔은 연구가 잘된 예이다(그림 15.7). 이러한 집단에서 수컷은 암컷보다 일반적으로 크다. 수컷 코끼리 바다표범(*Miroungaleonine*, *elephant seals*)과 수컷 북방 물개(*Callorhinus ursinus*, *northern* fur seals)는 각각 암컷보다 여덟 배, 일곱배 크다(그림 15.8).

암컷의 선택 때문에 수컷의 외모 장식은 공작새, 휘파람새, 천상조 등의 인상적인 깃털에서처럼 화려하다(그림 15.6b). 공작의 꼬리처럼 과장된 특징은 적응과 자연선택의 현상이

(a) (b) (c) (d)

그림 15.7 쇠똥구리의 성적이형의 예. 뿔 있는 수컷 3종 쇠똥구리**(a–c)**, **(d)**뿔 가진 수컷(left)과 뿔 없는 암컷(right).

그림 15.8 북방물개(*Callorhinus ursinus*)의 성적이형. 크고 어두운 빛깔의 수컷(340 kg에 달함)과 이 수컷이 거느리는 체중 30~50 kg의 암컷들.

다. 그 이유는 신호 송신자가 이러한 특징을 만들고 유지하기 위한 여분의 에너지를 소비할 만큼 충분히 좋은 상태임을 상대에게 알려주는 기능을 하기 때문이다. 그러나 수컷의 화려한 특징은 번식성공을 높이기는 하지만 포식자에 대한 피식 가능성을 높이게 된다(나무 가지에서 주로 서식하는 연작류 새의 수컷의 밝은 색은 기생충 감염 저항성과 관련이 있음).

이러한 특징의 선택으로 생물은 환경의 급격한 변화에 대응할 수 있다. 일부일처를 유지하는 헛간 제비(*Hirundo rustica*)의 경우, 가장 바깥쪽 꼬리 깃털은 암컷보다 수컷에서 20% 이상 길다. 이십 년(1984~2003년)동안 봄철 이주 경로의 심한 환경변화에 반응하여, 수컷의 깃털길이는 11 mm까지 증가하였다. 그러나 암컷의 경우 깃털의 길이의 증가는 3 mm에 불과하다. 이러한 사실은 두 이성에게서 발견되는 특징이 선택에 대하여 다르게 반응함을 보여주고 있다.

로널드 피셔(Ronald Fisher)의 결론에서와 같이, 이 상황이 존재하는 이유는 이러한 개체군내에서 자손에게 전해지는 매력적 특징을 소유한 수컷을 선택해서 암컷이 지속적으로 교배를 하며, 이 암컷의 딸은 엄마의 취향 즉 표현형에 있어서 과장된 수컷에 대한 선호도를 물려받기 때문이다. 성적 매력에서 "패션"으로 시작된 것이 극단적 한계로 발전될 수 있다. 그 이유는 선택 주기는 우선적으로 짝짓기 성공으로 집중되기 때문이다. 여기서 주기는 더욱 과장된 표현형과 과장된 짝짓기 선호도를 암호화한 유전자들에 의해서 지속적으로 되먹임 되는 특징을 보인다.

붉은등거미(red back spider) 수컷에서 성선택의 극단적 습성이 관찰된다. 이 거미 수컷은 짝짓기할 때 몸체의 위치가 암컷 턱에 인접해 있어서 짝짓기 중 또는 짝짓기 후에 암컷에 의하여 잡아 먹히게 된다. 짝짓기와 관련된 자살행위는 적응된 특징을 보인다. 이 경우 수컷은 교배 시 포식되지 않은 경쟁 수컷과 비교 할 때 더 오랫동안 짝짓기로 더 많은 알을 수정시킬 수 있기 때문이다. 비적응적 특징을 보이는 수컷에 대한 암컷의 선택은 흔하지 않다; 몇몇 연구에서 보여주듯이 과실 파리와 노랑나비류의 암컷도 그들의 자손에게 많은 적응도를 제공하는 수컷과 짝짓기 하는 것으로 나타났다.

한 종에서의 선택이 다른종에 영향을 미침

생물 종들은 자원를 얻기 위해서 서로 경쟁한다; 한 종에 있어서의 이점 혹은 적응도의 증가는 다른 종에게는 환경의 저하와 적응도의 잠재적 저하를 의미한다. 1976년 미국인 진화생물학자 Leigh van Valen는 Lewis Carroll의 소설 "이상한 나라의 앨리스" 속편 "거울을 통하여"에서 앨리스가 만나는 붉은 여왕의 다음과 같은 이야기와 종의 생존 사이의 유사성을 찾아냈다. "여기서는 같은 자리에 머물기 위해서 죽도록 달려야 한다."

붉은 여왕의 이론에 의하면 경쟁하거나 공진화하는 두 종 중 한 종에 일어나는 선택으로 경쟁적인 이익을 얻는다. 한종이 선택되면 상대 종의 적응도는 낮아지게 되나, 선택을 유발

시킴으로써 얻어지는 경쟁에 따른 이익이다. 그러므로 변화하는 생물 환경에서 공진화하는 종들은, 포식자와 피식자간의 공진화에서 가장 명백하게 나타나는 군비경쟁에 직면하게 된다. 붉은 여왕 통치의 장기적인 결과는 상호작용하는 각 개체군들의 경쟁적 적응도의 증가이다. 혹은 다윈이 "종의 기원"에서 쓴 것처럼 "많은 종들의 일부가 변화되고 향상된다면 다른 종들은 그에 상응하는 정도로 향상되어야 할 것이며, 그렇지 않으면 그들은 멸종될 것이다."

선택과 발생의 제약

조절 경로를 갖고 있는 발생 체계의 존재(13장 참조)는 발생이 구조와 기능적 변이를 경로화 시키고 제약을 높이게 되는지 여부와 미래 진화에 어떻게 영향을 미치는지 대한 의문을 불러 일으킨다. 예를 들면 다리의 수가 많건 없던 간에 관계없이 운동이 일어났을 때, 왜 곤충은 6개, 육상척추동물은 4개의 다리를 가졌는지에 대한 의문을 갖게 된다. 곤충과 척추동물의 다리의 수를 결정하는데 있어서 발생의 역동성이 무슨 역할을 하며, 이러한 작동원리는 어떻게 자연선택과 관련되는 걸까? 비록 발생이 명백히 자연선택이 만드는 형태의 범위를 제한하더라도 그 답은 전적으로 단순하지 않다(그림 11.7 참조).

제약(constraint)은 선택의 효과를 경로화하는데 작용하는 어떤 영향이다. 제약과 관련된 예로 목이 짧던(고래) 길던(기린) 간에 실제로 모든 포유동물에서 발견되는 7개의 척추골이다. 진화적 보존이나 표현형의 변화를 이해하기 위해서 제약의 근간이 되는 과정과 자연선택의 역할은 통합되어야 한다. 제약은 선택의 반대가 아니다. 제약은 선택과 상호작용해서 진화적 변화를 경로화(협량화 또는 운명진화라고도 함)한다. 유전적 발생학적 작용 기작에 의하여 표현형의 변이가 제한되는 것을 경로화라고 한다.

개구리의 진화적 변화와 태반을 갖는 포유동물들 사이의 비교는 표현형의 **진화능력**의 차이점을 설명한다. 두 계통에 아직 밝혀지지 제약의 차이가 표현형에 영향을 주었을 것이다. 2억 만 년 전 트리아식기 지층에서 발견된다. 약 9천만년 전 백악기에 비로소 포유동물이 출현했다. 그들의 고대 화석의 역사와 그들의 수많은 종의 다양성에도 불구하고, 개구리는 진화 과정에서 표현형 변화를 거의 나타내지 않았다. 이는 태반 포유류의 엄청난 적응방산과 대조를 보인다. 3,000여종 이상의 개구리류에서 매우 흡사한 외부 형태가 관찰되어, 파충류학자는 이들을 단일분지(clade)인 양서류로 분류한다. 4,300여 종의 태반 포유류(이중 2,000여종은 설치류)는 광범위하게 발산되어 박쥐, 영장류, 고래에 이르기까지 약 18개의 목으로 분류된다.

여러 발생의 변화(developmental changes)도 일어날 수 있지만, 이중 몇몇 변화의 상당부분은 대부분 치사에 이르기 때문에 다른 발생 체계와 성공적으로 통합될 수 없다. 통합의 필요는 발생학적 제약을 필요로 한다. 즉 발생학적 제약으로 통합이 이루어질 수 있으며 각각의 발생체계는 유기적인 관계를 갖게 된다. 상호작용이 많이 일어나는 배아 단계의 발생은 상호작용이 덜 일어나는 다른 단계에서보다 훨씬 더 제약을 많이 받게 됨으로 적은 변이가 허락된다. 안정화 선택과/혹은 차등생존은 제약에 의하여 얻어질 수 있는 결과이다.

이전에 일어난 선택 역사와 발생과정에서 나타나는 유전적 상호작용의 복잡하고 안정화된 네트워크는 진화를 계속적으로 일어나게 만든다. 새로운 표현형 특징과 구축된 유전적 네트워크와의 조화는 강력한 선택 메커니즘으로 작용한다. 선택 자체는 제약으로 작용할 수 있다. 왜냐하면 다음에 일어나는 선택방식에 대한 반응이 과거의 선택에 의한 영향을 받아 조정될 수 있기 때문에 선택 자체는 제약으로 작용할 수 있다. 헤엄치는 행동에 대한 선택은 달리는 행동을 강화시키는 특징에 영향을 미칠 것이다. 모든 가능한 우발적 사건에 성공적으로 대응할 수 있는 적응은 단일계통에서는 획득되기 어렵다. 현재의 '보는 것'에 대한 선택이, 미래에는 최적의 선택이 아닐 수도 있다. 생물의 경우 한 "분야의 달인" 이 되도록 유도하는 선택은 "만물박사"가 되는 것을 제한한다. 반대의 경우도 성립한다.

그럼에도 불구하고, 제약은 넘어설 수 없는 장벽이 아니다. 예를 들어 충분한 시간과 새로운 기회를 통해서, 척추동물 계통은 물고기에서 기어 다니는 육상동물 형태로, 후에 바다를 헤엄치는 형태인 어룡으로, 그리고 또한 새로운 공중을 비행하는 형태로도 진화 했다(새와 박쥐같이). 몇몇 포유류 종은 7개의 척추 뼈로 된 경추의 일반적 특징을 벗어났다. 세발가락 나무늘보는 8개나 9개를, 바다소류는 6개의 척추 뼈로 구성된 경추를 갖고 있다. 따라서 발생적 제약은 진화적 변화를 막지 않는다. 제약은 변이 폭을 줄이지만 변화를 막지 않는다. 어떻게 **변이에 대한 제한**이 확립되었는가에 대한 정확한 이해의 중요성에 대한 예를 제공한다(12장 참조).

반응 기준, 발생경로화, 유전적 동화

어떤 종은 환경이 바뀌면 하나 이상의 표현형을 나타냄으로써 반응할 수 있다. 그러한 **표현형 적응성**은 14장에서 논의되었다.

일찍이 멘델 유전학에 소개된 용어를 따라, 하나의 유전자형이 환경 변화에 반응하여 여러 다른 표현형을 나타내는 능력은 표현형 반응 준기로 표현될 수 있다. 표현형 반응 기준은 다른 발생환경 변화에 처한 표현형에 적용된다. 표현형 반응 기준은 개체를 다른 환경(다른 온도, 포식자의 밀도 등등)에서 생육함으로써 탐지 될 수 있다. 즉 표현형 반응 기준은 관심의 대상이 되는 특징을 각각 특정 조건하에서 측정하고, 환경 변수에 따른 표현형 변이를 좌표로 나타냄으로써 실험적으로 찾아낸다. 따라서 표현형 반응 기준은 생물과 환경 상호작용의 지표이면서 한편으로는 유연성/ 적응성(flexibility/plasticity) – 발생경로화(협량화)/발생제약에 대한 지표이기도 하다.

단일 계통이란—단일 표현형 변이—경로화 반응으로 일관된 양상으로 표현됨을 의미한다.

■ 영국의 발생학자이자 유전, 진화와 이론 생물자인 Waddington은 그의 모든 연구에 철학적, 통합적 접근방법을 강조하였다. 그는 마지막 르네상스 생물학자로 묘사된다.

Conrad Waddington(1905 – 1975)은 표현형이 한 종류가 아니며, 그렇다고 해서 무

한하지도 않은 이유를 설명하기 위하여 발생경로화를 소개했다. Waddington에 따르면,

> 경로화 혹은 발생경로화(발생세분화)는 배 발생(embryonic development)과정 동안에 나타나는데, 이러한 발생경로화가 존재함으로써 발생의 변이를 초래하는 모든 유전적, 후성유전학적, 환경적인 영향에도 불구하고 하나 혹은 몇몇 안정적인 표현형이 생성하게 된다. 발생경로화가 일어나지 않으면 발생의 편차가 나타날 수 있다.

1966년에, Waddington와 Robertson은 발생경로화가 선택되는 실험결과를 보고했다. 표현형에 대한 선택이 일어나고, 발생경로화가 선택될 수 있다면, 경로화된 형질과 경로화 선택이 일어나야만 한다.

> 경로화 선택은 형질의 발현을 제한한다. 환경에 대한 표현형 반응을 확대할 수 있는 유전자형을 제거함으로써 이러한 제한이 이루어진다고 여겨진다. 표형형질의 발현 변이를 일으킬 수 있는 모든 후생유전학적 혹은 환경영향에 대하여 개체가 반응을 나타내도록 하는 유전인자를 제거함으로써, 나타날 수 있는 확장된 형질발현을 제한하는 것을 의미한다.

경로화 발생에 대한 Waddington의 실험에는 초파리를 대상으로 실연한 것이 있다. 이 실험에서 초파리가 환경 스트레스를 경험 할 때, 정상 Ultrabithorax 유전자가 표현형적으로 균일하게 형질을 발현하는 것은 다른 “배경”유전자의 영향 때문인 것으로 보고하였다. 이렇게 일정한 형질발현의 유전학적 원리는 Ultrabithorax 전사 안정성을 도와주는 특정 유전좌위가 밝혀짐으로써 드러나게 되었다.

환경자극에 의한 발생형질인 초파리의 Ultrabithorax 혹은 날개의 Crossveinless 등은 일단 형질이 발현된 후부터는 유전적으로 반영되어 환경자극 없이도 발생과정에 나타난다. 이것을 진화적 과정에서 나타나는 유전적 동화라고 한다. 이것은 환경의 직접적 영향에 따른 라마르크적 과정이 아니라, 반응할 수 있는 유전인자의 선택 때문에 일어난다. 생물 적응성과 환경 변화가 근사하게 맞추어지는 것은 근간이 되는 유전적 구성요소들의 영향 때문이다. 담배 각시나방(*Manduca quinquemaculata*)에서 나타나는 체색의 다형성으로 아주 잘 설명된다. 색의 다형성은 유충 호르몬의 조절의 결과로서 환경 신호에 반응하여 일어난다. 열충격하에서 여러 세대 동안 선택과정을 거쳐서 성립된 다형성 계통은 열 충격이 없이도 환경에 반응하여 다른 체색을 생산한다. 환경적으로 유도된 형태가 유전적으로 동화되었다는 뜻은 여러 세대의 선택과정을 거친 후에 그 형태가 환경신호 없이 생긴다는 뜻이다.

◆ 선택과 적응도

유전적인 전파는 유전자형을 통해 이루어지지만, 선택은 표현형에 작용한다. 유전자형의 변이는 표현형의 차이를 일으키게 되고, 이러한 표현형들의 차이는 생존능력과 번식력에 차이로 이어지기 때문에 다시 유전자형의 빈도에 영향을 준다.

개체군내 특정 형질에 대한 선택의 결과는 번식 성공 또는 적응도로 측정된다. **적응도**와

선택은 한 표현형에 의하여 생산된 자손 수와 다른 표현형으로부터 생산된 자손의 수를 비교하여 간단한 방식으로 측정된다. 특정 표현형에관한 지속적인 선택은 세대에 걸쳐서 유전자의 빈도 변화를 일으킬 수 있다. 선택의 효과는 **선택계수(selection coefficients)(s)**로 기록되는데, 적응도에 주는 최대의 영향에 대하여 수치 1을 부여한다. 가장 낮은 선택계수는 0이 될 것이고, 적응도에 영향이 없음을 의미한다. 그러나 적응도 0의 가능성은 거의 없다.

선택계수가 변하지 않는 한, 두 대립유전자 사이에 평형은 새로운 돌연변이가 없이는 불가능하다. 그러나 이형접합자가 두 동형접합자에 대하여 우월한 번식 적응도 갖는 것을 **이형접합성 우세**, **잡종강세**라고 하는데, 이 경우 두 대립유전자사이의 평형은 유지된다. 이형접합성 우세는 적응도에 영향을 주는 특징인 수명, 생산된 자손의 수, 질병에 대한 저항성으로 종종 표현 되기 때문에, 적응도는 일부 자세하게 연구되어 왔다. 자주 인용되는 예는 선택된 순계 계통들간의 교배에 의한 잡종 곡물에서 얻어진 농업 생산성의 극적인 증가이다. 1920년대 에이커당 25부셀의 평균 생산성이 에이터 당 140부셀로 생산성 증가를 이루었다.

■ 빈도의존적인 적응도나 적응적 동태(adaptive dynamics)의 분석은 게임이론에서 기원되었다. 이는 수학적으로 명백한 것이 아니다.

적응도에 영향을 주는 요인들의 상호작용의 예는 대립유전자 변이가 흔하거나 거의 없는 경우, 적응도가 종종 **빈도 의존적**인 경우 나타난다. 빈도 의존적인 적응도는 단일진화사건(단일 돌연변이의 기원과 전파)의 모형화와, 이 단원 후반부에서 논의될 진화적 안정화전략과 비교를 가능케 한다. 따라서 빈도 의존적 적응도에 대한 이해는 진화분기점에 대한 정보를 얻는데 있어서 중요하다. 또한 빈도의존적 적응도에 대한 이해는, **적응 지형도**에서 적응정점이나 골짜기를 점유하는 개체군 관점에서 선택과 적응도를 검토하는 하나의 접근 방법이 된다.

적응 지형도와 평형이론의 이동

집단내에서의 대립형질을 유지하기 위한 Sewall Wight의 평형이론의 이동은 13장에서 요약된 바 있다. 이 이론에 따르면, 한 좌위에 위치한 각각의 유전자형은 적응 지형도의 적응정점을 차지하는데, 적응정점이란 특정 환경과 연관된 높은 적응도를 보이는 위치가 된다. 다른 요인들이 이들 유전자형의 적응도를 변화시키지 않는 한 그림 15.9에 제시된 6개의 피크는 같은 높이가 될 것이다. 개체군이 이들 유전자형들 중 하나로 형성된다면, 그 개체군은 이러한 표현형의 적응도에 있어서 최고치를 성취할 것이다.

적응 정점의 개수는 유전자 좌위 수와 대립유전자의 개수가 늘어남에 따라 천문학적으로 증가할 것이다; 하나의 단일 유전자 좌위에 4개의 대립 유전자가 관여한다면 10개의 유전자 조합을 만들며, 100개의 유전자위와 4개의 대립 유전자는 10,100개의 유전자 조합을 만든다. 그러므로 유전자 조합의 일부가 적응했을 지라도, 한 종이 한 시점에 차지 할 수 있는 것보다도 더 많은 가능한 적응정점이 존재한다. 집단이 최고점을 찾기 전까지 정점에서 정점으로 이동하기 위해서는 집단이 적응지형의 더 낮은 적응 골짜기를 차지하는 유전자형

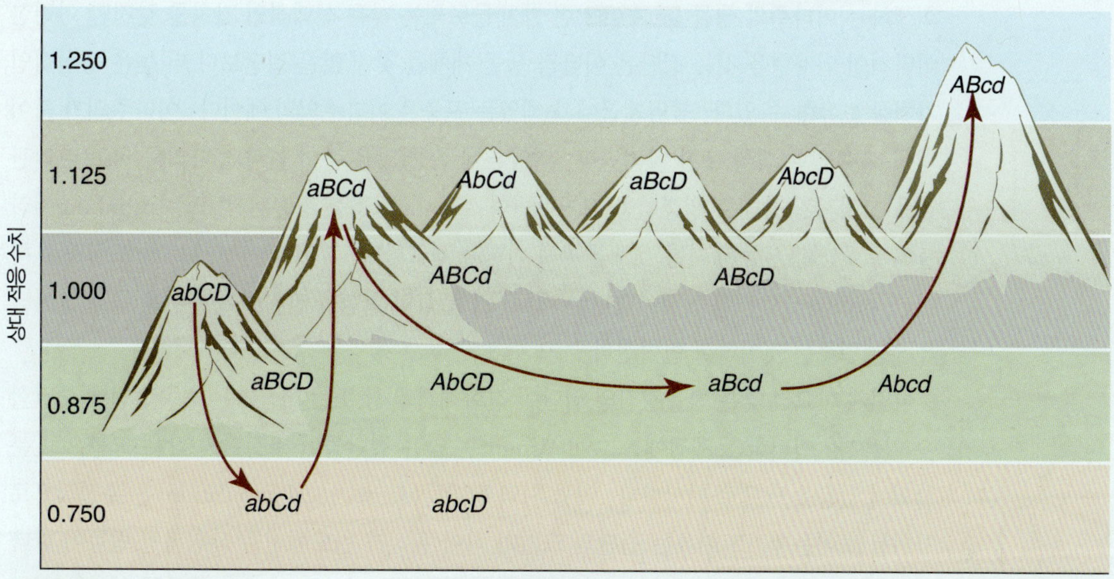

그림 15.9 4개의 유전좌위에서 나타나는 동형접합유전자의 적응지형. 6가지 인자형은 두 개의 유전좌위에 대문자 대립유전자에 대하여 동형접합자이고(abCD, aBCd, AbCd, aBcD, AbcD, ABcd) 비교적 높은 상대 적응도 수치를 얻는다. 그들 사이에 차이는 Aa 와 Bb 좌위에 있는 다른 대립인자의 적응도에 의하여 발생한다. 이들 좌위에 더 많은 대문자를 갖고 있는 인자형은(for example, aBCd) 그렇지 않은 것(for example, abCD) 보다 더 높은 상대적응도 수치를 갖는다.(Adapted from Wright, S. Genic interaction. In *Methodology in Mammalian Genetics*, W. J. Burdette(ed.). Holden-Day, 1963.)

을 통하여, 여행하는 것이 필요하다. 그림 15.9에서의 화살표는 적응도의 감소를 나타내는데, abCD유전자형을 가지는 개체군이 ABcd유전자형을 가지는 가장 높은 정점에 도달하기 위하여 밟아야 하는 일반적인 경로를 보여준다.

정점에서 정점으로 집단의 이동은 다양한 요인에 영향을 받는데 특히 개체군의 크기가 많은 영향을 준다. 작은 집단에서 유전자 빈도의 무작위 변동이 일어나기 쉽기 때문에(유전적 부동; 12장 참조), 그들의 빈도는 큰 집단에서 보다 더 쉽게 달라진다. 환경이 변함에 따라, 유전자형의 상대 적응도는 바뀐다. 새로운 대립유전자의 도입됨에 따라서, 일어나는 다른 대립유전자와의 상호작용인 상위(epistasis)는 대립유전자가 아닌 두 개의 유전자가 같이 있을 때 표현형으로 나타나는 형질을 지배하는 유전자를 의미하는데 그들의 상대 적응도를 바꾼다. 한 시기에 "골짜기"가 되었다고 다른 시기에 골짜기가 될 필요가 없고 따라서 적응 지형도에서 집단의 위치는 변동할 수 있다. 일단 그러한 적응 지형도가 진화한다면, 그 이후의 진화는 새로운 선택 환경과 적응정점에 기반 할 것이다. 그러나 조건이 빠르게 변하지 않을 경우, 같은 세트의 적응정점은 오랜 시간 동안 유지될 수 있다.

개체군의 잠재적 높은 적응정점은 그 개체군 내의 어떤 유전자형의 높은 선택정점과 일치할 필요가 없다. 이러한 불일치는, 유전자형의 선택적 가치가 다른 유전자형과의 경쟁에 기초하기 때문이다. 그렇다고 해서 유전자형의 선택적 가치가 개체군에 미치는 유전자형의 영향을 의미하는 것이 아닐 수 있다. 유전자형을 공유하는 동종의 개체의 이득을 위해 희생하는 **이타주의 생물**(BOX 15.1)은 개체들로써는 낮은 선택적인 가치를 갖지만 이러한 이타적인 인자형을 갖는 집단은 이타적 생물 개체를 갖지 않은 집단보다 더 높은 생식적인 가치를 보유할 수 있다. 불임계급에 속해있는 곤충은 이타주의의 예이다. 이타주의가 불이익이 되지 않는 상황 또한 알려진다. 영양류에 속한 많은 종이 놀라면 다리를 펴고 다리관절을 고정시킨 상태로 껑충껑충 뛰어다닌다. Stotting(껑충 껑충뛰기) 또는 pronking이라 불리는 이러한 행동은 다른 개체들에게 위험을 경고한다. 그러나 이것은 또한 포식자로 하여금 "pronker(껑충껑충 뛰어다니는 개체)"가 포식의 위험을 인지하여 손쉬운 목표가 아님을 일깨워주는 것이라고 반박한다.

어떻게 비교적 낮은 적응정점의 집단이 진화해서 최상 또는 버금가는 적응정점에 도달할 수 있을까? 이러한 문제점에 Sewall Wright는 많은 집단들이 소집단의 작은 그룹으로 분할되어 있음을 답으로 제시한다. 이들 지역 집단들(deme, local population)은 유전적으로 차이를 보이는데, 그 이유는 집단의 크기가 작아 유전자 빈도에서 무작위적인 변동이 나타날 수 있기 때문이다(유전자부동; 12장 참고). 그러나 집단들 사이의 완전한 격리는 일어나지 않기 때문에 새로운 유전적 변이의 도입과 유전자 교환이 일어날 수 있다. 그러므로 적응 환경(적응지형)은 지역 집단(demes)의 연결망으로 채워져 있으며, 집단 별 적응도의 차이를 보인다. 선택은 지역 집단(deme) 내 경쟁 유전자형간에 일어날 뿐 아니라 일반 환경 내에서 지역 집단군 사이에도 나타난다. Sewall Wright 지역 집단군에 작용하는 진화의 힘의 변화무쌍한 패턴을 평형과정의 이동이라 불렀으며, 가장 간단한 형태로 요약하였다(BOX 13.1). 대조적으로 Ronald Fisher는 대부분의 집단들이 크고 균일하며, 자연선택은 각각의 새로운 대립형질을, 집단내 모든 다른 대립유전자와 경쟁관계에서 독립적으로 시험한다고 하였다. 이러한 커다란 집단은 기본적으로, 조금씩 부가적으로 일어나는 선택단계에 의하여 적응도가 높아진다.

Wright와 Fisher에 의해서 제기된 이론들에 대한 연구는 계속되고 있다. Wright의 평형과정의 이동에 대한 강한 반박은 유전자빈도에 영향을 주는 요인들에 대한 뒷받침 되지 않은 가정에 근거하고 있다는 점을 지적하고 있다(12장 참조). 반면에 Wright의 이론을 지지하는 입장에서는 지역집단들의 구조와 집단들 간 선택의 예를 제시한다. 더 확실한 증거가 나타날 때까지 Fisherian과 Wrightian의 집단은 크고 균일하거나 때로는 작은 규모로 분리된 상태로 존재하는 것으로 여겨져야 할 것이다. Wright가 언급했듯이 아마도 집단의 다른 양상은 다른 이론적 접근을 필요로 하는 것일 지도 모른다.

Wrigh의 평형변이이론의 한가지 중요한 결과는 오직 개체에서 보다 개체군간 멸종이나 생존의 차이를 강조한다. 개체보다는 집단에 대한 선택을 강조하는 것처럼 보인다.

BOX 15.1

이타주의, 혈연 선택, 상호이타주의

이타주의(Altruism)

사회적 상호 작용은 상호작용에 참여하는 개체에 대해 긍정적이거나 부정적인 결과를 초래할 수 있는데, 그 범위는, 행위자에게는 긍정적인 이익으로 작용하지만 피행위자에게는 이익이 없는 경우, 행위자에게는 이타적 희생에 따른 부정적 영향이 미치지만, 다른 개체에게는 이익이 되는 경우 나타난다. **이타주의**가 이타주의자의 적응도에 미치는 효과는 이기주의에 비해 마이너스가 될 수도 있지만, 집단의 다른 개체에게는 긍정적인 영향을 미칠 것이다.

■ 개체가 개체군으로부터 분화될 있는 여러 방식이 1장에 요약되었다.

자기 자신이 희생되더라도, 유전자 수준에서는, 이타주의자는 실제로 친족과 공유하고 있는 어떠한 유전자에 대해서도 실제 혜택을 제공한다. 따라서 사회적으로 상호 작용이 일어나며, 많은 이타주의자들이 포함된 집단에 속한 개체(높은 적응도 달성으로)는 상황이 더 유리할 수 있는데, 그것은 많은 이타주의자가 있는 집단에서 이타주의자들이 타개체(집단구성원)에 미치는 영향이, 이타주의자가 적은 집단에서보다 더 좋기 때문이다. 따라서 집단의 성공은 단일 개체에 국한된 특성 보다는 오히려 집단의 속성에 달려있다.

> 다윈이 인간에 대하여 말하기를, 비록 높은 도덕성이 각 개인이나 그의 자식들에게 혜택을 주지 못한다 하더라도, 기부자의 증가와 도덕성 수준의 진보는 한 부족을 넘어서 다른 부족에 이르기까지 확실히 막대한 이익을 줄 것이라는 것을 절대 잊어서는 안 된다고 했다.

개인에 의하여 제공된 정보가 집단의 다른 구성원들의 생존 영향을 미치는 경우, 원숭이가 표범을 마주쳐서 시끄러운 비명소리로 반응할 때 극단적으로 들어난다. 이 신호작용작용으로 집단 내 다른 원숭이들이 피난처로 피신하게 된다. 이 경고 신호는 "비명을 지르는 원숭이"에게 포식자의 주의를 끌기 때문에 자신의 생존 기회를 감소시키지만, 그 효과는 해당 원숭이가 관련되어있는 집단의 다른 구성원들을 보호하는데 도움이 된다.

아직은 완전히 밝혀지지 않았지만, 예를 들면 이타적 사회 행동과 유성생식을 하는 집단에서 선택은 집단의 이익을 위해 일어나는 것으로 보인다. 이타주의는 개체의 유전적인 미래에 해가 되더라도 실제로 존재한다. 1930년대 초반 이래로, 집단 유전학자들은 이타적인 행동에는 유전적 이점이 있다고 제안했다. 이타적 행동이란 유연관계가 가까운 유전자형을 가진 개체들을 위하여 자신의 생존을 위태롭게 하는 것을 말한다. 어리쌀 도둑 거저리충(flour beetle, *Tribolium confusum*)의 경우 유충이 알을 섭식하는 동족포식이 나타나는데, 유전적으로 가까운 알만을 먹어 집단의 수를 감소시킴으로써 집단에서 일어나는 알을 먹는 동족포식을 감소시킨다. 이러한 동족포식을 억제하는 이타적 행동은 선택되어 유전되는데, 이타주의의 부재에서 먹이 감으로 간주될 수 있는, 집단구성원의 생존을 높이기 때문이다.

1964년, William Hamilton(1936~2000)은 혈연 선택(kin selection)이라는 이름으로 이러한 협력 과정을 널리 알렸다. 그리고 혈연선택의 혜택을 평가할 수 있는 수학적 공식을 만들었다. John Maynard Smith(1920~2004)가 20여 년 후에 지적한 것처럼, "혈연선택이 협동의 진화의 중요한 메커니즘이라고 생각하는 주된 이유는 대부분의 동물사회가 사실 동족으로 구성되어 있기 때문이다"(18장 참조).

혈연 선택

혈연 선택의 이점은 벨벳 원숭이(*Chlorocebus pygerythrus*)의 경고 울음 및 벨딩땅다람쥐(*Spermophilus bedingi*)에서 볼 수 있다. 이 울음 소리는 호출자의 위험을 증가 시키지만, 집단구성원에 위험을 알려 도움으로써 경고울음의 당사자에게 간접적인 이익을 제공하는 결과를 얻는다.

선택이 일부 생물에서는 개체군 수준에서 작용하는 것처럼 보이기 때문에, 혈연선택은 벌목(hymenoptera) 곤충(개미, 벌, 말벌)의 일부 계통에서 보여지는 사회적 행동을 설명하는데 사용된다. 이런 사회성 곤충에는 반수체 수컷과 이배체 암컷이 존재하며, 이런 상황을 반수-이배체성(haplodiploidy)이라 한

BOX 15.1
이타주의, 혈연선택, 상호이타주의 (*계속*)

다(Box 18.4 참조). 한 쌍의 부모로부터 태어난 모든 암컷들(자매들)은 엄마와 딸 사이 보다 더 밀접한 관계를 유지하고 있다. 혈연 집단으로서의 자매들의 유전자형은 자신들의 생식능력을 희생하는 암컷 노동자(일벌)로부터 이득을 본다. 생식을 하는 대신에, 일벌(암컷 노동자)들은 자신들의 딸을 생산하는 대신 그들의 자매들을 키움으로써 그들의 생식능력은 모체의 생식능력에 의존한다.

상호 이타주의

개체들이 오직 협력관계에 있는 개체들하고만 협력하는 현상을 **상호 이타주의**이라고 한다. 이 개념은 1985년에 Rovert Trivers에 의해 소개되었다.

Trivers는 이타주의가 개체 사이에서 정착될 수 있는 조건에 대한 가설을 세웠는데, 상호작용 빈도가 높고 이타주의적 행동의 수혜자가 이타주의적 행동을 베푼 개체에게 이타주의적 행동을 되돌려 줄 수 있을 만큼 수명이 충분히 긴 집단 안에서 이타주의가 수립될 수 있다는 가설을 세웠다. 이타주의는 주고받는 관계가 있을 때 이타주의자에게 상당한 이득을 줄 수 있기 때문에, 상호이타성에 참가하는 개체들의 이득은 비용보다 더 훨씬 크다. 집단(사자, 영장류, 소떼, 새, 기타 등등)의 구성원들에 의해 수행되는 공동 방어 역할들은 공유된 유전자의 생존을 수반한다. 물고기는 떼를 지어 뭉쳐 다니는데, 무리 속 개체들은 고립된 개체들과 비교했을 때 포식자의 공격을 방어하는데 더 유리하다.

비슷한 유형의 선택이 맛없는(혐오스러운) 먹이 종에서도 일어난다. 이 맛없는 먹이 종의 개체들에서 **경계색 패턴이 나타난다**. 일부 종에서는 모든 개체가 경계 색을 가지고 있다: 노랑색과 검정색 줄무늬의 말벌이나 밝은 색을 띤 독 개구리와 독 뱀의 경우이다(그림 B15.1). 경고색 패턴은 이 종들을 더 포식되기 쉽게 만들지만, 자신이 죽음으로 해서 같은 패턴을 갖는 관련된 유전자형을 보호한다.

■ *Aposematic*이란 용어는 경고색을 의미하는 용어로, 독성을 갖거나, 맛이 없는 동물들이 포식자의 눈에 더 잘 띄도록 만든다.

(a)

(b)

그림 B15.1 노랑과 흑색 줄무늬로 나타나는 경고색**(a)**, 노랑 밴드무늬 다트 개구리(*Dendrobates leucomelas*)**(b)**.

집단 선택

앞에서 논의 되고, box 13.1에서 요약된 Wright's 평형 이론의 이동의 중요한 결과는 개체간이 아닌 집단들 사이에서의 생존이나 사멸에서의 차이점을 강조한다는 것이다. 집단 내에서 집단 간의 선택은 집단군을 단일 적응정점으로 밀어주는 보전력이다(그림 15.9). 집단 간의 선택(유전적 부동에 따른)으로 집단은 높은 적응정점을 차지하게 되고 낮은 적응정점에서는 개체군이 다른 개체군으로 대체되거나, 멸종, 또는 개체군이 다른 개체군에 의하여 점유되는 개체군의 식민지화가 일어난다.

진화생물학자들은 집단선택이 일어나는 범위와 집단선택이 조금이라도 발생하는지 여부를 오랫동안 검토해왔다. 집단 적응이 개체 사이의 선택으로 생긴다는 주장은 집단 선택에 대한 주요 반박 주장중의 하나이다. 수학적 모델은 집단간의 선택이 나타나기 위해서는 높은 멸종율과 사실상 유전자 흐름의 중단이 필요하다는 것을 보여준다. 그럼에도 불구하고, 대부분은 집단선택은 최소한 이론적으로는 가능해서, 집단선택이 과거보다 더 관심을 끌고 있다. 그 이유는 부분적으로, 집단 선택과정을 개체나 집단 이외의 수준으로 확장해서 생각하기 때문에, 개체군 선택과정에는 종 선택(*species selection*) 혹은 종간 차등생존을 초래하는 재앙과 같은 우발적 요인이 포함된다. 기생충감염에 대한 저항성이나 민감성 같은 대량집단의 상호작용은 또한 집단의 생존이나 멸종에 관계된다.

세 가지 주요 상황이 집단 선택으로 설명될 수 있다.

1. **유성생식**에는 위험요소 뿐만 아니라 많은 자원소모가 일어나서, 개체가 상당한 불이익을 당하는 경우도 매우 많다. 유성생식의 진화에서 얻어지는 이익은 전체적으로 유성생식 개체군에게 얻어지는 변이와 관련 지어 생각하는 경향이 있다.
2. **혈연 선택**은 개체군 생물학자들이 개미, 벌, 말벌 등의 여러 계통(벌목곤충(hymenopteran insects); Box 15.1 and see Box 18.4)에서 나타나는 사회적 행동을 설명하는데 이용된다.
3. **이타주의**와 **상호이타주의**는 개체들이 협력하는 대상들과 서로 도우며 사는 상황이다(Box 15.1).

집단 선택의 중요성은 밝혀지지 않았지만, 유성 생식 개체군과 이타적 사회행동습성을 가진 개체군의 경우, 집단 선택이 심지어 개체 자신의 유전적 미래에는 해가 될 수 있지만 집단의 이익을 위해서 일어나는 것처럼 보인다. 이러한 상황은 행동이 다양한 방식으로 적응도에 영향을 미칠 수 있다는 사실을 보여준다. 구애행동과 짝짓기 행동, 부모가 아닌 다른 개체들에 의한 급식, 조류(鳥類)에서 나타나는 보살핌 관리, 이타주의, 행동 모방, 무리 형성, 군무, 집단공격성 등이 그 예이다. 이러한 관계는 **진화적 안정화 전략**의 개념으로 요약된다.

진화적 안정화 전략

■ 이론가들은 인간의 행동과 문화에 대한 사회적(사회생물학적) 결정요인들의 관계를 활발하게 평가해왔다(20장 참조).

집단 혹은 종 내의 구성원들은 번식, 급식, 방어 등을 위해 상호작용을 하면서 사회적 관계를 갖는다. 이러한 사회적 관계는 진화의 관점에서 많은 관심을 받아왔다. 영장류에서 나타나는 사회적 상호관계와 관련된 행동들은 20장에서 다뤄지나, 협력이나 지배관계와 같은 행동 습성들은 다른 사회적 집단에도 적용된다. 왜냐하면 집단들 사이의 경쟁에서 나타나는 진화적으로 안정된 투자는 집단 내의 경쟁이 많아짐에 따라서 증가하기 때문에, 진화적으로 안정화된 전략들은 복잡한 수준의 상호작용을 일어나게 할 수 있다. 예를 들면 사회적 곤충들은 복잡한 상호작용으로 형성된 대표적인 초유기체이다.

개체 간의 사회적 상호작용을 평가하는데, 개체 활동의 이익과 상충되는 협력의 이익을 다루는 여러 모델들이 제시되어 왔다. 예를 들어 두 개체가 집단사회 내에서 서로 마주쳤을 때, 협력(각 개체들은 어떤 이익을 얻는다)과 개인의 행동(하나의 개체가 협동에 의하여 얻을 수 있는 것보다 훨씬 많은 즉각적 이익을 얻게 된다) 사이의 이해 상충이 발생 할 수 있다. 협력은 심지어 낯선 사이에서도 특별히 효과적인 전략이 될 수 있다. 진화적으로 안정화된 전략들 중 하나는 **"맞대응(tit for tat)"**이라고 불리는데, 여기서 개체는 "게임"의 처음 움직임 혹은 상호작용에서 협력적으로 행동하며, 그 다음 상대방의 이전 행동을 반복한다. 그렇게 되면 이기적으로 행동하는 적은 이기적 반응에 의하여 벌을 받고, 협력적 행동은 협력적 반응으로 보상된다. 1993년에 지적된 것처럼, "맞대응의 장점은 신속하게 보복하고, 빠르게 용서한다는 것이다." 그러나 맞대응 전략에는 위험이 따른다. 상대의 반응을 이기적이라고 오판하게 되면 보복행동이 반복될 수 있다. 이러한 보복행동은 협력을 재확립하는 무작위 교정이 일어날 때까지 반복된다. **관용적 맞대응**으로 불리는 한가지 해결책이 있다. 이 해결책에서 이러한 실수에 대한 교정확률은 기회 가능성보다 훨씬 크다. 상대방은 때때로 이기적 반응을 간과하기 때문이다. "맞대응"의 전략을 이행하는 과정에 생기는 어떠한 오류에 상당히 피해 받기 쉽다. 따라서 상대방 참가자에 의한 실수가 발생하면 그 전략은 실패할 것이라고 주장한다.

이런 개념이 개체의 한 쌍 또는 더 많은 쌍 사이의 반복적인 상호작용으로 확장될 때 상호 이타주의와 같은 더 진보된 전략으로 발전 할 수 있으며, 이 경우 개체는 그들에게 협력하는 개체들하고만 협력하게 된다.

선택과 평형다형성

다형성은 12장에서 소개되었다. 다른 유전자형(대립유전자)의 유지와 관련된 이형접합체의 이점은 **평형다형성**의 예이다. 평형다형성이란 용어는 생태학자인 E. B. Ford(1901~1988)에 의해서 도입된 개념으로써 선택을 통한 유전적 변이의 보존을 설명하기 위하여 사용되었다. 만약 대립유전자가 두 개가 존재할 때, 그리고 두번째 대립유전자가 나타날 빈도가 적어도 1%가 된다면 유전자 좌위는 다형성이다(세 개 이상의 대립유전자 존재할 때 최소 빈도를 나타내는 대립유전자의 빈도가 1% 이상일 때). 12장에서 다뤘듯이, 다형성은 조사된 모든 개체군에서 아주 흔하다.

다형성에 대해서 가장 잘 알려진 예로는 인간에서 나타나는 겸상적혈구 빈혈증 유전자을 예로들 수 있다. 겸상적혈구 빈혈증의 이형접합체를 가지는 경우 동형접합체를 가지는 것보다 말라리아 기생에 의한 생존율이 더 높다. **그림 15.10**에 나타나는 것처럼, 겸상적혈구 빈혈증 유전자는 말라리아가 풍토병으로 나타나고 있는 지역에서 주목할 정도로 빈도가 유지되는 것이다. 그림 15.10에서 또한 나타난 것처럼 다른 유전자(대립유전자)는 말라리아에 대한 저항성을 제공하는 것으로 나타난다. 물론, 말라리아 기생충은 숙주세포의 면역반응을 회피할 수 있는 여러 유전자의 진화를 발전시켰다. 예를 들면 **말라리아 원충**(*Plasmodium*

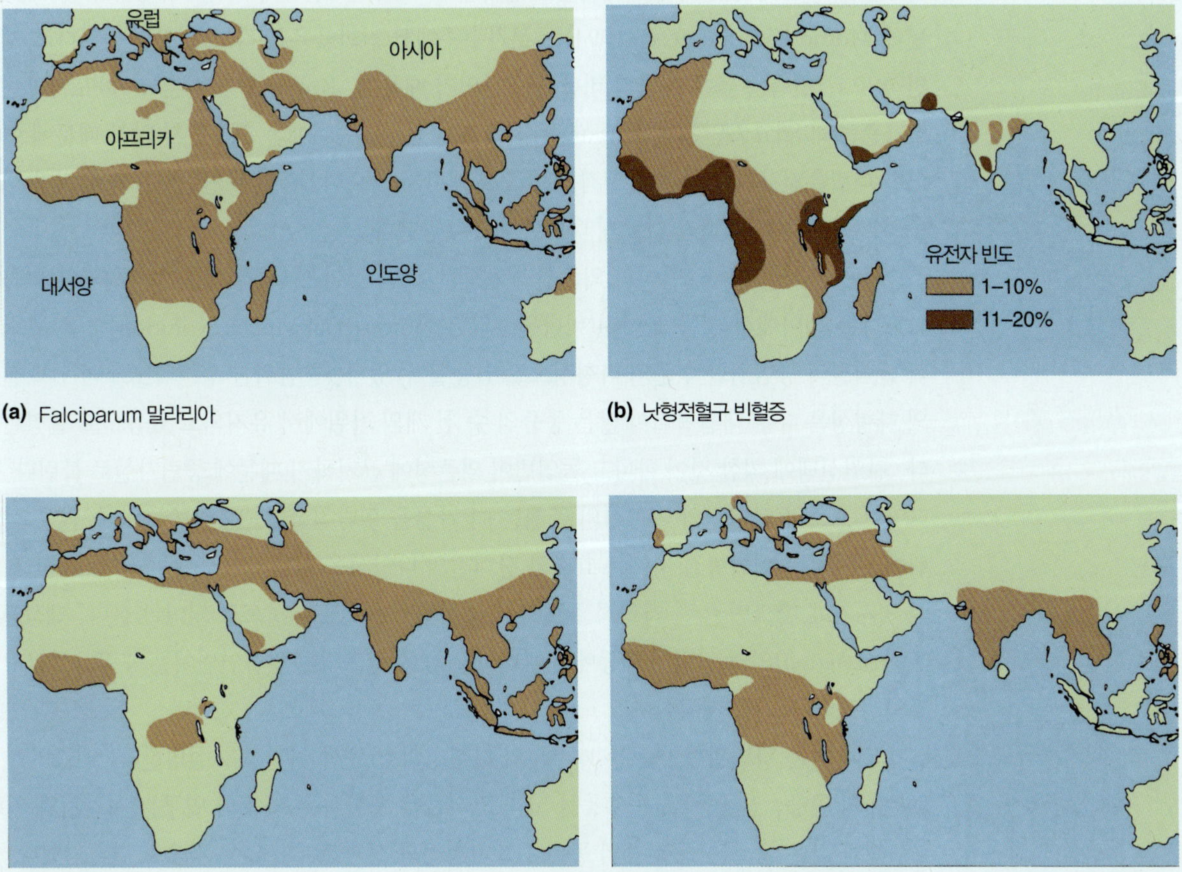

(a) Falciparum 말라리아

(b) 낫형적혈구 빈혈증

(c) 베타–지중해 비혈

(d) 포도당–6–인산탈수소효소 결핍증

그림 15.10 **(a)** 1930 이전 유라시아와 아프리카에서의 falciparum 말라리아 분포. **(b)** 낫형적혈구 빈혈증(sickle cell anemia(Hb^S, Hemoglobin S disease)) 유전자의 분포. **(c)** β–thalassemia(β 지중해빈혈)의 유전자의 분포. **(d)** 포도당–6–인산탈수소효소결핍증(glucose–6–phosphate dehydrogenase deficiency)의 분포. 성연관 된 유전자(sex–linked gene)로 남자에서 나타나며 2%를 상회하는 빈도를 보인다(Adapted from Strickberger, M. W. *Genetics, Third edition*. Macmillan, 1985.).

falciparum)한 개체는, 이러한 하나의 면역회피 단백질을 코딩 하는 60여 개의 유전자를 갖는다. 다른 개체는 다른 유전자변이를 갖고 있어, 기생자-숙주간의 군비경쟁에 있어서 기생자에 의해서 취해질 수 있는 멋진 무기를 공급하는 중요한 원천이 된다.

표현형 수준에서 본 두 번째의 예로는 어치(*Cyanocitta cristata*)에 의한 나방(주변 배경과 구분하기 어려운 나방의 변이를 일컬음)의 선택을 예로들 수 있다. 어치는 먹이의 포식과 소비에 있어서, 그들의 좀더 흔한 표현형을 먹잇감으로 선호 한다. 그리고 어떠한 먹잇감의 풍부도 변화에 반응하여 포획전략을 바꾼다.

선택과 평형다형성은 실험실에서 실험을 통해서도 증명할 수 있다. 당이 제한된 최소 배지에서 두 종류의 *E. coli*를 배양하게 될 때, 각각의 상대 빈도는 빈도의존적이다. 낮은 빈도에서 유리한 각각의 *E. coli*들은 개체군 내에서 평형다형성(balanced polymorphism)을 유지한다.

모든 다형성이 꼭 선택에 의해서만 나타나는 것이 아니라는 연구가 발표된 바 있다. 1979년에 Motoo Kimura(1924~1994)는 분자수준에서 진화율은 생각보다 훨씬 빠르다고 제안하였다. 선택은 높은 에너지 비용과 연관되기 때문에, Kimura는 **대부분의 아미노산의 변화가 중립적이라고 제안했다.** Kimura는 선택은 중립돌연변이에는 작용하지 않기 때문에 이러한 대립유전자의 고정은 유전적 부담을 초래하지 않으며, 단지 돌연변이율과 유전자 빈도의 무작위 변화에 따라 다르게 나타난다고 주장했다.

중립주의 가설—돌연변이의 의존성과 선택에 의한 것이 아닌 것 때문에 다윈의 진화와 다르다는 의미에서 이름 붙여진 비다윈주의 진화(non-Darwinian evolution)—은 효소와 단백질의 광범위한 수준의 다형성으로 입증될 수 있다. 광범위한 수준의 효소와 단백질의 다형성은 다른 대립형질이 많은 종들의 수 천 개의 좌위에서 유지되고 있음으로 설명된다. 자연선택에 의한 것이 아니고 돌연변이 의존성에 근거하기 때문에 중립가설로 불린다. 다양한 효소와 단백질의 다형성의 존재는 이 가설을 뒷받침한다. 많은 종들의 수 많은 좌위에 존재하는 대립형질 차이는 효소와 단백질의 다양성을 설명하기 때문에 Kimura와 그의 지지자에 따르면 이런 다형성은 반드시 중립돌연변이로 구성으로 되어야 한다. **대장균**(*Escherichia coli*)의 돌연변이 계통에서 나타나는 높은 빈도의 중립돌연변이는 중립가설지지자의 주장의 근거를 제공한다.

그러나 최근 광범위한 연구는 대부분의 다형성의 기능적 연관성을 설명한다: 이스라엘로부터의 곤충, 연체동물, 척추동물 그리고 식물을 포함하는 35종의 연구는 서식지와 기후환경과 같은 요소는 특정 종의 동위효소 다형성과 상관관계가 있는 것으로 결론지었다. 아마도 더 놀라운 발견은, 도마뱀에서 사람에 이르기까지의 다양한 동물의 내장에서 분리된 대장균의 클론의 경우, 뉴기니와 아이오아에 걸친 광범위한 지역으로 부터 분리된 대장균에서 공통 동위효소의 빈도가 유사하였다는 점이다. 다섯 종류의 효소에 대한 비교조사에서, 하나의 특정 전기영동 밴드는 모든 샘플에서 자주 관찰 된다. 이런 단백질의 다른 동위효소의 존재 때문에, 좁은 범위로 분포하는 알로자임의 발견은 자연선택 이외의 다른 설명을 어렵게 한다.

단백질을 코딩하지 않는 많은 유전자가 존재한다는 발견은 중립가설를 지지하지 않는 대부분의 진화생물학자들도 인정한다. 일반적으로, 염기서열 분석은 아미노산서열을 결정하는 DNA서열에서 보다 그렇지 않은 DNA 서열에서 다형성이 훨씬 높게 나타남을 보여준다. 이러한 발견은 자연선택이 아미노산 코딩부위의 변이를 감소시킨다는 사실을 뒷받침한다. 왜냐하면 이러한 서열은 DNA의 코딩부위가 아닌 곳에서 보다 코딩부위에서 더 많은 영향을 주기 때문이다. 같은 부위에서도, 엑손에서 보다 아미노산을 암호화되지 않는 인트론에서 많은 다형성이 나타난다. 이러한 예상은 초파리(*D. melanogaster*)의 알코홀 탈수소화 유전자의 경우에도 들어맞는다. 6퍼센트의 다형성이 인트론에서, 7퍼센트의 다형성이 세 번째 코돈 위치에서 발생했으나 엑손에서는 다형성이 거의 나타나지 않았다.

무작위 이벤트는 다형성의 뚜렷한 차이를 설명할 수 없기 때문에 자연선택이 구별 인자임에 틀림 없음을 보여준다. 자연선택이 이 구별인자가 어떤 뉴클레오타이드의 염기치환이 기능적으로 다른 DNA 서열로 고정될 것인지는 선택에 의하여 결정하기 때문이다. 즉 돌연변이로 나타난 어떤 염기서열의 변화가 다른 기능을 나타내는 DNA 서열로 고정될 것인지는 선택에 의하여 결정된다는 의미이다.

■ 엄밀히 말하면 선택은 돌연변이(유전자)에 작용하지 않는다. 중립이든 아니든 돌연변이로 인한 유전자의 표현형(incorporation of mutations)에 작용한다. 돌연변이가 유전자로 고정되어 표현형으로 나타나면 여기에 선택이 작용한다는 뜻이다. 따라서 기무라의 가설은 선택에 의존적이 아니라고 말할 수 있다.

■ 알로자임은 같은 유전자의 다른 대립유전자에 의하여 만들어지는 같은 효소의 다른 형태.

■ 특정 DNA 서열은 돌연변이율과 돌연변이의 방향에서 다른 DNA 서열과 다를 수 있다. 그것은 염기 서열구성이 다르기 때문이다. 염기서열이 구성이 다르면 돌연변이율과 돌연변이 방향이 다르다.

선택과 의태

다형성에 원인이 되는 다른 조건들은 선택계수의 변화를 포함한다. 따라서 때에 따라서 치명적인 유전자가 이점이 될 수 있다. 유전자들에 대한 선택은 그것의 빈도에 의존적으로 변화할 수 있으며, 그렇지 않으면 혹은 유전자가 제거될 수 있기 전 낮은 빈도수를 보일 때 선택될 수도 있다. **빈도의존선택**의 예는 **베이츠 의태(Batesian mimicry)**이다. 이 메커니즘은 탐험가 Henry Bates(6장 참조)로 부터 제안된 것으로 맛없는 모델을 모방한 피식자 종이 포식자로부터 보호된다는 것이다(그림 15.11a).

일반적으로 모방 당사자의 빈도가 높을수록 모델의 빈도는 낮아지게 되어, 포식자가 의태생물를 공격할 기회는 더 많아지게 된다. 반대로 의태생물의 빈도가 모델에 비해서 낮으면 낮을수록 의태생물이 보호될 가능성은 더 높아진다. 곤충의 경우 의태는 일찍 진화되었으며 의태는 상당히 안정화되어 왔다. 4천7백만년전 에오신 시기 때 생존했던 나뭇잎을 모방한 대벌레 곤충인 *Eophyllium messelensis*는 현존하는 곤충의 의태와 상당히 비슷하다. 더욱이 이 곤충은 여러 타입의 식물 잎을 모방했다(도금양과, 월계수, 알파파 등). 이러한 사실로 미루어 복잡한 형태의 의태는 에오신 시기(신생대 3기)에 정착되었다.

15.11b 그림에서 나타내듯이, 다른 종들 사이에 나타나는 **뮬레리언 의태**는 피식자, 포식자 양쪽 모두의 종에게 이점을 준다. 먹을 수 있으나 맛이 없는 모든 종에 적용되는 한가지 경고패턴을 포식자가 학습할 수 있도록 한다. 맛이 없는 개체에서 나타나는 뚜렷한 경고패턴이 드물게 일어난다면, 이러한 경고패턴은 피식자에 대한 보호기능 하지 못한다. 왜냐

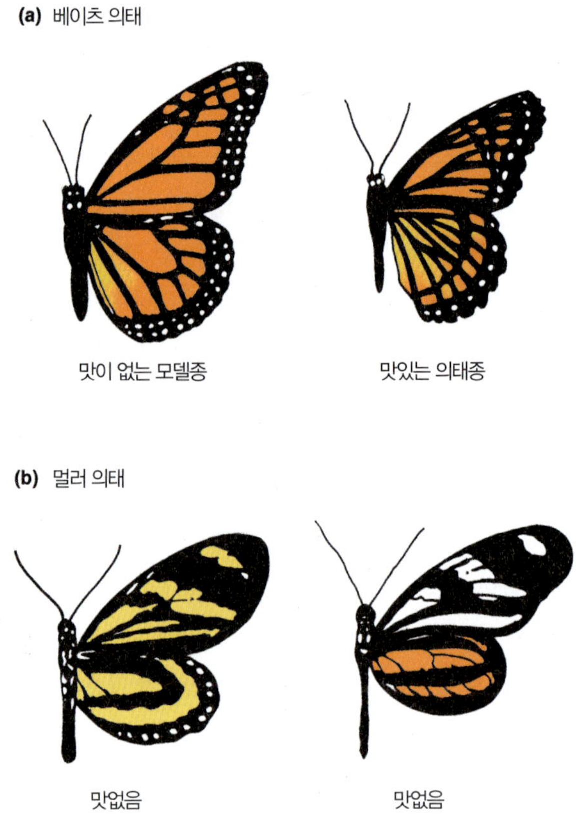

그림 15.11 나비 여러종에서의 의태. **(a)** 북미 종의 베이츠 의태 맛있는, 부왕나비(viceroy butterfly)(오른쪽)는 맛없는 황제나비(monarch)(*왼쪽*)를 모방. **(b)** 맛없는 남미 나비류 2종 *Heliconius eucrate*(Nymphalidae), *Lycorea halia*(Nymphalidae)이 나타내는 공통의 경고패턴은 이 두 먹이 종이 포식자로부터 보호되도록 돕는다. (뮬레리 의태안). 베이츠 의태와 뮬레리안 의태는 수렴진화의 확실한 예이다.

하면 포식자들은 불쾌한 맛을 배울 기회를 거의 갖지 못하기 때문이다. 독특한 패턴을 보이면서 동시에 불쾌한 맛을 내는 피식자가 높은 밀도로 존재할 때 이 독특한 패턴은 피식자에게 보호를 제공한다. 이 사실은 진화생물학자 Gregory Swords에 의하여 알려졌다. 그가 조사한 텍사스 메뚜기(*Schistocerca emarginata*)는 단독으로 성장할 때 주변 식생과 유사한 색깔을 보이나 이 메뚜기가 집단으로 성장할 때, 포식자에게 독성을 나타내는 식물을 먹는다면 노랑과 검정 경고색을 발달시킨다.

선택과 산업화 멜라니즘

개체군은 널리 퍼져 분포하여 여러 환경을 차지하고 있기 때문에, 특정 서식지에 우세한 다양한 유전자형을 보유할 수 있다. 개체군은 적응전략으로써 유전적 다형성에 의존한다. 개체군의 유전적 다형성에 대한 의존 정도는 시간과 공간의 조합인 환경에 영향을 받는다. 개체군의 서로 다른 구성 개체들이 각각 다른 경험을 하게 되는 불균일 환경(Coarse-grained environments)은 모든 개체가 환경적 차이를 경험하지 못하는 균일 환경(fine grained environments)에서보다 훨씬 더 유전적 다양성을 촉진 시킨다. 두드러진 예는 **산업화 멜라니즘**와 관련된 다형성이다. 19세기에는 특정 나방과 나비에서 어두운 색을 띠는 개체(그림 15.12)의 빈도 상승이 관찰되었고, 이런 변화는 대기 오염으로 석탄 연기가 식생에 착색 된 잉글

(a) (b)

그림 15.12 어두운 빛깔과 밝은 빛깔의 수간부, **(a)** 암형(melanic) 후추나방 **(b)** 비 암형(non-melanic) 후추나방(가지나방)(*Biston betularia*)(자나방과) 간의 대조를 보여준다. 밝은 빛깔의 수간부는 여기에 서식하는 지의류에 의해서 형성된다. 나무는 보통 휴식처로써 보여지지만, 실제 휴식을 위한 서식처는 알려지지 않음.

랜드의 산업지역에서 나타났다.

1970년대 초반 공업 도시, 버밍엄에서, 버나드 Kettlewell(1907~1979)등은 밝은 색과 어두운 색(melanic)을 띠는 **후추나방**(*Biston betularia*) 개체에 대한 수적 정보를 발표했다. 방사 후 재 포획 된 개체를 조사한 결과 밝은 색 보다는 어두운 색 개체가 훨씬 더 많이 재 포획된 것으로 나타났다. 그들의 자료에 따르면 오염으로 주변이 어두운 색을 띠는 곳에서는 밝은색 보다는 어두운 색의 후추나방이 포식자로부터 보호되는 유리한 환경에 서식하여, 포식자의 눈에 잘띄는 밝은 색의 나방보다 생존율이 높아 재 포획률이 높은 것으로 나타났다. 암형(melanic morphs 어두운 형태)의 상대 적응성으로 어두운 빛을 띠는 나뭇가지나 수간부에서 포식조류의 눈을 피해 은신할 수 있다(그림 15.12). 이와는 대조적으로 비 산업지역에서는 나무들은 오염되지 않아 원래의 회색을 띠는 이끼류로 덮여있어 주변환경과 유사한 색을 나타내는 밝은 색의 후추나방은 포식천적의 눈에 덜 띄게 된다.

■ 공업암화의 예를 보여주는 대표적인 영상자료의 일부가 연출된 것 이지만 — 나방을 나무에 놓고 촬영한 것 — 진화메커니즘은 사실이며 여러 예로 입증된다.

환경적 위장이든 다른 요인이든 간에 후추나방의 영국 개체군은 여러 형태적 다형성을 보이는데 산업지역에선 대부분이 어두운 형태의 나방이 조사되었으나 시골지역에서는 거의 관찰되지 않았다. 아마추어에 의하여 채집된 자료, 박물관 기록자료를 근거로, 1년에 1세대 발생하는 것으로 가정하면 19세기 동안 40세대가 경과했을 것으로 추산되며 비암형의 경우 그 시기 동안 98퍼센트에서 5%로 감소하였다. 산업지역 중 한 곳에서 조사된 비암형 유전자(non-melanic gene)에 대한 선택 계수는 보통 이상으로 0.2 또는 그 이상이었다. 1956년 영국에서의 청정공기 법안의 통과로 여러 오염지역에서의 산업스모그는 감소하였다. 오염의 감소는 자연선택의 변화를 일으켰으며 암형의 후추나방과 다른 곤충류의 감소가 극적으로 나타났다.

이와 유사한 상황이 미국남서부에 서식하는 **바위주머니쥐**(*Chaetodipus intermedius*)의 밝은색과 어두운색의 바위주머니쥐 에서 조사된다. 밝은 모래색의 털을 가진 바위주머니쥐

(a) (b)

그림 15.13 모래판에서 먹이 활동을 하는 바위주머니쥐(*Chaetodipus intermedius*) 모래 빛깔의 털을 가지며**(a)**, 검은 용암에서 활동하는 것들은 검은 빛깔의 털을 갖는다**(b)**.

는 모래지역에서, 어두운 색 털의 쥐는 검은 용암발생지역에서 서식하며(그림 15.13), 이들 서식환경에서 시각(vision)을 이용해서 먹이사냥을 하는 올빼미, 맹금류, 포유동물들의 포식을 피하도록 적응하였다. 두 가지 털 색상을 유지하는 능력을 멜라노코르틴-1-수용기(melanocortin-1-receptor)를 코딩하는 유전자(*MC1R*)로 조사하였다. *MC1R* 유전자는 멜라닌 입자(melanin granules)가 바위주머니쥐와 다른 여러 동물의 털에 침착하도록 중요한 역할을 한다. 4종의 아미노산 차이가 밝은색과 어두운 바위주머니쥐에서 나타나며, 바위주머니쥐와 들쥐(*Mus musculus*)에서는 63가지의 아미노산이 차이가 나는 것으로 조사되었다. 해변쥐(*Peromyscus polionatus*)의 경우 단일 아미노산이 치환됨으로써 변화하는 환경에 적응하였음을 알 수 있다. 작은 유전적 변화가 상당한 표현형의 변화를 초래할 수 있으며, 자연선택과 진화의 작용을 설명한다고 결론지을 수 있다.

추천 문헌

Endler, J. A., 1986. *Natural Selection in the Wild.* Princeton University Press, Princeton, NJ.

Fisher, R. A., 1930. *The Genetical Theory of Natural Selection.* Clarendon Press, Oxford, England(2nd ed., 1958, Dover, New York).

Gillespie, J. H., 2004. *Population Genetics: A Concise Guide*, 2nd ed. Johns Hopkins University Press, Baltimore, MD.

Grant, P. R., and B. R. Grant, 2008. *How and Why Species Multiply: The Radiation of Darwin's Finches.* Princeton University Press, Princeton, NJ.

Hallgrímsson, B., and B. K. Hall(eds.), 2003. *Variation: A Central Concept in Biology.* Elsevier/Academic Press, Burlington, MA.

Kettlewell, H. B. D., *1973. The Evolution of Melanism.* Clarendon Press, Oxford, England.

Majerus, M. E. N., 1998. *Melanism: Evolution in Action.* Oxford University Press, Oxford, England.

Williams, G. C., 1996. *Adaptation and Natural Selection.* Princeton University Press, Princeton, NJ.

VI

종의 기원과 자연

16 종과 유사성: 약간 다르긴 해도 같음

단원요약

- 종의 본질과 실재성을 이해하기 위해서 오래 동안의 논쟁이 있었다.
- 종은 생물학적 단위이며, 분류는 종과 종을 서로 연관시키는 방식이다.
- 종은 형태를 바탕으로 분류되어있으나, 점차 형태적 및 분자적 연구 자료를 같이 이용하여 종들을 비교하게 되었다.
- 종은 생물학적인 개념에서는 번식 가능한 구성단위로, 진화적인 개념에서는 진화적으로 격리된 구성단위로 규정한다.
- 어떠한 생물학적인 구성단위라도 두 구성의 비교는 그들간의 관계에 대한 잠재적 서술이다.
- 상동성은 최근의 공통 조상에서 비롯된 유사성을 의미한다.
- 평행진화는 서로 가까운 계통들에서 어떤 형질이 서로 유사하게 진화한 것이다.
- 수렴진화는 각기 다른 계통들에서 어떤 형질이 서로 다른 방식을 이용해서 유사하게 진화한 것을 말한다.
- 이와 같은 다른 부류의 유사성들을 식별하고 분리해 내는 것은 진화적 기원과 연관성을 결정할 때, 그리고 계통수를 만들 때 매우 중요하다.

위 그림: 종은 이 푸른발 부비새 (bluefooted booby, *Sula hebouxis*)가 뚜렷이 구분되듯이 독특하다. 이 새의 이름은 스페인어로 bobo, 즉 어리석은 녀석이라는 말에서 유래했다.

◆ 개요

종의 본질에 대한 의문이 수천 년이나 지속된 논쟁거리였다는 것에 대해 많은 사람들이 놀라워한다. Darwin 이전에는 생물체의 기원은 고려하지 않고 생물체 간의 유사점과 차이점만을 관찰하여 생물을 분류하였다. 그러나 Darwin 시대부터는 생물체 간의 유사성과 진화적 연관성이 반영되어 종들이 정리되었다.

종의 개념에는 여러 가지가 있는데, 각각 종(그리고 종분화)의 다른 면을 반영한다. 다세포생물(식물, 균류, 동물)의 경우, 형태학적인 형질은 형태학적인 종(형태적 종)을 규정할 때 사용된다. 종의 동정에는 아직도 여전히 형태적 형질이 더 중요시 되고 있지만, 분자계통학이 발전하면서 종과 계통은 형태와 분자적 특징을 이용하여 계통수로 정렬되었다. 서로 교배해서 살아있는 자손을 낳을 수 있는 개체군의 능력이 생물학적 종의 개념을 이용해서 종의 경계를 결정짓는 일차적인 기준이다. 진화적인 종의 개념에서는 종들이 서로 진화적으로 격리되어 있는지에 근거하여 종을 규정하는데, 이를 위하여 형태학적, 유전학적, 행동학적, 그리고 생태학적 자료를 이용한다. 다른 종의 개념과 마찬가지로 진화적 종의 개념도 식별(동정)이나 연관성에 대한 모든 문제를 해결하지는 못한다. 예를 들면 모든 형질이 같은 속도로 또는 동시에 진화하지는 않는다(모자이크 진화).

생물의 형태를 비교할 때 유사해 보이는 형태가 공통조상에서 갈라져 나온 결과인지 아닌지를 결정하는 것이 중요하다. 표현형(형태)이 유사한 이유는 이들이 최근에 같은 조상에서 갈라져 나왔기 때문일 수도 있고, 가까운 계통 간에서 서로 유사한 형질들이 발달되었을 수도 있으며(평행진화), 서로 다른 계통에서 다른 방식에 의해서 유사한 형질들이 진화했을 수도 있다(수렴진화).

생물체의 형태나 기능에 대한 유사성과 차이점을 기재하고, 기록하고, 비교하는 것은 전통적인 **분류학(classification**, 6장 참조)의 분야이며 두 가지 역할이 있다.

■ Systematics(계통학), classification(분류) 및 taxonomy(분류학)는 종종 구분되지 않고 사용된다.

- 분류학의 기본 단위인 **종(species)**을 동정하고 기재하는 역할
- 종들을 **분류 계통(classigicatory systems)**에 맞게 정렬하여 **계통수(phylogenetic tree)**로 연결시키는 역할

이 장에서는 "종은 무엇인가?"에 대한 다른 개념들과, 연관성과 계통발생이 어떻게 결정되는지에 대하여 다룬다.

■ 두 생물체를 비교할 때는 그들의 본질적 유사점, 즉 상동성에 대하여 생각하게 된다. 상동성이 중심에 있는 것이다. 즉 사과는 사과, 오렌지는 오렌지이지만, 새는 박쥐가 아니다.

유사한 것끼리의 비교, 즉 사과들과 개구리들 사이의 비교를 위해서 **상동성**에 대하여 어느 정도 상세히 다룬다. 상동관계로부터 그래니스미스사과는 골든딜리셔스사과와 같다고 분류되고, 녹색두꺼비와는 같지 않다고 분류된다. 그러나 우리가 다룰 것은 이와 같은 비유처럼 쉬운 것은 아니다.

분류와 종의 실재

한 종이 다른 종과 얼마나 다른지를 식별해서, 그 종의 가장 뚜렷한 형질과 연관성을 반영하는 집단에 배치하기는 상당히 어려운 일이다. 분류에 대한 논리적인 체계가 세워져 있지 않은 상태에서 많은 종들 사이의 진화적 관계를 확립하기는 불가능했다. 그럼에도 불구하고 종이 생물학적으로 중요하다고 인식되기까지는 많은 시간이 걸렸다. 수 세기에 걸쳐 내려온 종의 본질에 대한 견해의 변화의 문제점이 Box 5.2와 5.3에서 소개되어 있다. 종은 진정한 본질의 불완전한 표현체(플라톤) 또는 생명체의 대사슬(아리스토텔레스)의 변하지 않는 구성원으로 인식되어 온 것이다.

중세의 유럽에서는 종이 요리나 의학적 특성을 토대로 수집되고 기재되었다. 그러나 16세기와 17세기에 전 세계에 걸친 탐험과 무역이 증가한 결과, 신대륙, 새로운 식물군과 동물군, 그리고 새로운 동·식물 종의 발견으로 많은 생물들이 알려졌고, 이들의 연관성에 대한 문제가 제기되었다. 16세기의 뛰어난 영국의 곤충학자 Thomas Moufet(1553~1604)는 메뚜기를 다음과 같이 묘사하고 있다.

> 어떤 것은 녹색이고, 어떤 것은 검정색, 어떤 것은 푸른색이다. 어떤 것은 한 쌍의 날개로 날고, 다른 것은 더 많은 날개를 가진다. 날개가 없는 것은 뛰고, 날거나 뛰지 못하는 것은 걷는다. 어떤 것은 긴 정강이를 가지며 어떤 것은 짧다. 우는 것도 있고 울지 않는 것도 있다. 자연에는 많은 종류가 있어 이들의 이름은 거의 무한정으로 많지만, 자연주의자들의 무관심으로 인해서 쓰이지 않게 되었다.

■ Carl von Linné는 라틴어화된 이름인 Carolus Linnaeus로 알려져 있다. 루터교도 목사였던 아버지 Nils Ingemarsson Linnaeus로부터 그의 이름과 식물을 사랑하는 마음을 물려받았다.

계통분류학의 창시자인 Carl Linnaeus(1707~1778)에 의해서 고안된 분류방법은 각 종에 대하여 세밀하게 기재한 후 형태별로 유사한 종들을 모아 한 개의 **속(genus, 복수는 genera)**으로 묶는 것이다. Linnaeus는 여러 개의 속을 **목(order)**으로, 여러 개의 목을 **강(class)**으로 묶어 **이명법(binomial nomenclature)**의 체계를 확립했다. 이 체계 안에서 각 종의 이름은 한 속에 속하는 구성원임을 나타내며, 특징적인 이름과 신분을 가진다. 예를 들어 *Homo sapiens*는 현대의 사람을 의미한다. Linnaeus는 종을 분류의 기본 단위로 규정함으로써 이전의 여러 분류법에 비해서 더 자연스럽게 연관성 있는 구성원들끼리 묶을 수 있게 되었다. 그의 분류체계가 종을 이상형(ideal forms)으로 간주하기는 했지만(Box 5.2 참조), 그의 분류는 생물체들의 자연적인 진화적 연관성을 나타내는 데 있어 매우 중요한 한 걸음을 내디딘 것이었다(6장 참조).

■ Linnaeus가 과학적 원리에 따라 스웨덴의 경제체계를 세우기 위해서 많은 시간을 보냈다는 것은 잘 알려져 있지 않다. 그는 쌀이나 차와 같은 곡물이 극지방의 툰드라에서 자라도록 적응시켰으며, 엘크, 버팔로 또는 기니피그를 농장에서 기를 수 있게 가축화하였다.

Linnaeus는 만년에 **종간 이행(transitions between species)**에 대한 개념에 대하여 생각하였지만 그의 생애 대부분의 기간 중에는 종을 변하지 않는 존재라고 생각했다. 그러나 그는 종내 변이체가 상당히 큰 차이를 나타낸다는 것을 알고 있었다. 한 가지 예를 들면 그는 1758년에 현대인을 네 인종, 즉 아시아인, 아메리카인, 유럽인 및 아프리카인으로 나누었다. 또 다른 예로서, 1753년에 사탕수수(*Beta vulgaris*)를 경작해서 개발한 품종들을 근대

(spinach beet), 비트(fodder beet), 사탕무우(sugar beet) 등으로 불렀으며, 바다 비트(sea beet)의 학명을 *Beta vulgaris perennis*라고 했다.

Linnaeus의 영향을 받아 많은 종들이(주로 발생학적인 부분에 근거하여) 기재되고, 여러 집단으로 분류되면서 분류학이 빠르게 발달하였다. 학자들은 이상주의자들의 개념에 동의하여 각 종이 종의 특징을 결정짓는 독특한 "본질(essence)"를 가진다고 생각하였다(Box 5.2 참조). 이 본질주의자들의(유형학적) 견해는 분류학자들에 의하여 지지되었는데, 분류학자들은 기준표본을 다른 표본들을 분류할 때의 기준으로 사용하기 위하여 박물관이나 식물표본실에 보관했다.

Linnaeus는 종을 실질적인 분류 단위라고 특별히 강조했지만, Buffon(2장 참조)은 "종은 자연에 존재하는 유일한 생물학적 단위이다"라는 개념을 성문화했다. Buffon은 또한 종의 구별은 종 사이의 생식적 장벽의 여부에 근거해야한다는(현대적인) 개념을 도입했다(임성이 있는지, 또는 불임인 잡종이 태어나는지의 결과로 입증).

두 동물이 교배를 통하여 다음 세대로 계속 이어가고 그들의 서로 닮은 형질이 계속 유지된다면 이 두 동물은 같은 종으로 간주해야 한다. 그러나 만일 두 동물이 교배했을 때 자손을 생산할 수 없으면 다른 종으로 간주해야 한다.

Buffon의 의견에 의하면, 한 종에 속하는 개체들 사이에 큰 규모의 변이가 일어날 수 있고, 아마도 새로운 변이체도 탄생할 수 있다. 그러나 이러한 변이에도 불구하고 한 종은 다른 종과 영원히 구별된다는 것이다.

이상하게 들리겠지만, 18세기에 진화를 받아들이지 못한 큰 장벽은 **종의 실재성**이었던 것 같다. 만약 종이 실제로 존재한다면 아마도 전혀 변하지 않을 것이다. 어떻게 새로운 종이 생겨나겠는가? 우주론적이며 지질학적인 면에서 진화론을 제안한 Buffon은 생물학적인 진화에 대항하여 세 가지를 주장했다. 이 주장들은 진화론을 반대한 학자들에 의해서 수용되어 19세기에도 이어졌다.

1. 유사이래로 신종이 나타난 적은 없다.
2. 다른 종 사이에 교배가 일어나면 자손이 생산되지 않거나 불임인 자손이 생산되지만, 이 기작은 같은 종에 속하는 개체들 간에는 적용되지 않는다. 한 종에 속하는 개체들이 어떻게 여러 무리로 나뉘어 새로운 종으로 될 수 있겠는가?
3. 만약 종과 종 사이에 이행이 일어났다면 실존하는 종들 사이의 단절고리들은 모두 어디에 있는가?

이 주장들은 Darwin 이후까지 반박되지 않았다. 따라서 Darwin 이전에 생물학적 진화의 지지자로서 최초로 주목받은 학자 중의 한 사람인 Jean-Baptiste Lamarck가 진화의 가능성을 정립하기 위해서 종의 불변성의 개념을 없애야 한다고 주장한 것은 놀라운 일이 아니었다. 종들 간의 차이, 속들 간의 차이, 과들 간의 차이, 등등은 이론적일 뿐 실재하지 않았다. 당연히 쉽게 발견되지는 않았지만, 모든 중간형들이 지구 어딘가에 존재한다고 생각했다. Lamarck는 종이(생명체의 대사슬 the Great Chain of Being에 포함되어 있으므로) (Box 5.3 참조) 소멸하지 않는다고 생각했지만, 종이 독립적으로 창조되기 보다는 진화하는 것으로 생각했다. 그의 동물 계통수(그림 16.1)는 불완전한 것에서 완전한 것으로 향한다는 자연의 사닥다리(Scale of Nature)에 직접 도전을 한 것이다(Box 5.3 참조).

Lamarck는 종은 변하지 않는 것이 아니라고 생각했지만, 종의 정체성에 대한 문제는 회피했다. 즉 종은 인위적인 단위로서 실재하지 않으므로, 종 사이에는 반드시 중간형이 있을 것이라고 했다. 종에 대한 Lamarck의 견해는 Charles Darwin과 매우 달랐다. 만약 종이 인위적인 것이라면(Larmarck), 종은 절대로 소멸하지 않으며 대신 다른 "종"으로 진화한다는 것이었다. Darwin 이전 시대의 분류는 생물체들의 기원과는 상관없이 이들의 유사점과 차이점을 관찰하는 것이었다. 그러나 Darwin 이래, 종은 진화적인 연관성을 반영하는 방식으로 정렬되었다.

분류와 계통관계

박물학자—20세기 초기에 생물학이나 생물학자라는 단어가 통용되기 시작하기 이전에 생물학자들은 이렇게 불렸다—들은 진화 과정에서 생겨난 유사성이나 상이성의 개념을 받아들이기 훨씬 전에 생물을 분류하는 규칙을 만들었다. 예를 들면 물고기와 고래, 나비와 새, 다람쥐와 원숭이가 각각 한 집단으로 분류되었는데, 각각 수영, 비행, 털이 있는 점, 수상생활이 각 집단을 규정하는 기준이 되었다.

모든 생물들이 하나의 생물 계통수(7장 참조)를 나타낸다는 Darwin의 이론이 주목을 받으면서, 박물학자들은 진화적 연관성을 반영하는 분류법을 사용해야 할지 말지를 결정해야했다. 서로 유사한 점이 많으면 같은 집단으로 간주되므로, 같은 집단에 속하는 종들은 같은 조상으로부터 유래했을 것이라는 의견이 강했다. 그러나 이런 결정은 진화적 분류의 한 면만을 나타내었다. 다른 한 면으로는, 아마도 소수의 형질만을 공유했었을 것으로 생각되는 집단들 중에서 **혈통(lines of descent)**을 알아내는 것이었다. Darwin은 "우리가 분류체계를 만들어낸다면 우리의 분류가 계통도로 될 것이다. 오랜 기간에 걸쳐 유전되어 온 형질들을 이용해서, 우리가 만든 자연의 계통도 내에서 분화된 계통들을 많이 발견하고 추적해 내야 한다."라고 말했다.

고생물학자들이 형태적인 자료를 이용해서 계통관계를 결정하기 어려운 이유는 조상과 다른 집단 사이의 알려지지 않은 연관성을 찾기 어렵기 때문이다. 화석 기록은 어떤 집단의 경우는 꽤 완전하지만 그렇지 않은 경우가 많다. 오래되고 완전한 한 가지 기록으로서 6,000만 년 전의 말의 진화에 대한 것이 있다(BOX 16.1).

현존하는 생물 중 많은 종류들이 계절적 또는 행동적 장벽에 의해서 격리되어 있다. 따라서 화석종도 계절적 또는 행동적 장벽에 의해서 번식이 방해됨으로써 여러 아종으로 나뉘어 있었을 지도 모른다. 현존하는 속과 종의 분자적 자료를 이용하여 계통수를 만들어 화석 자료와 비교할 수 있다. 화석은 생물 진화에 대한 형태적 자료, 형질들의 획득이나 퇴화에 대한 시대적 순서, 분자자료에 근거한 계통수 보정을 위한 기초자료를 제공하는 중요한 역할을 한다.

지식은 불변하는 것이 아니며, 생물의 분류도 시간이 흐르면서 달라진다. 한 개의 속인

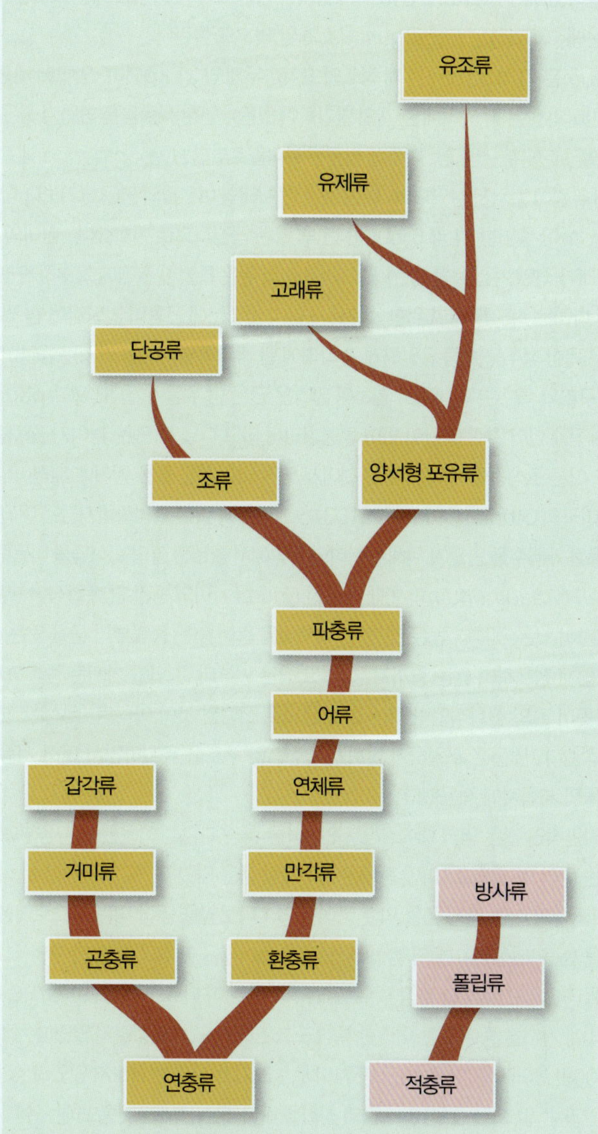

그림 16.1 18세기 후기와 19세기 초기에 Jean-Baptiste Lamarck에 의해서 제안된 의견에 따라 동물들의 진화적 관계를 나타낸 그림.

*Rubus*속(blackberry, raspderry, loganberry)은 한 식물학자에 의해서 500종으로 분류되었으나, 다른 분류학자는 200종으로, 또 다른 학자는 25종으로 분류하고 있다. 따라서 항상 가장 최근의 분류가 어떤 것인지를 알아야 하지만, 분류학적 분석은 여전히 중요하다.

■ *Eohippus*는 *Hyracotherium*의 또 다른 속명으로서 나중에 붙여진 이름이다. 따라서 *Hyracotherium*에 선취권이 있다.

BOX 16.1

말의 진화

종의 기원이 출판된 다음 해에 Richard Owen은 말처럼 생긴 화석 중 가장 오래된 화석인 *Hyracotherium*에 대해서 보고했는데, 이 화석은 *Eohippus*(최초의 말)라고도 불린다.

*Hyracotherium*은 키 약 50 cm(큰 개 정도의 크기), 무게 약 23 kg이며, 앞발에 네 개, 뒷발에 세 개의 발가락을 가졌고(현대의 말은 각 다리에 한 개의 발가락이 있음), 연한 식물을 뜯어먹기 좋은 단순한 구조의 이빨을 가졌었다(그림 B16.1, B16.2). 이후에 발굴된 화석들로부터 *Hyracotherium*에 속하는 많은 초식성 종들이 북미로부터 유럽에 걸쳐서 살았으며, 어떤 것은 현 시대의 여우들의 평균 크기보다 작았음이 밝혀졌다.

*Hyracotherium*이 출현한 지 약 6,000만 년 후 말은 급진적으로 변화했다. 현대의 말들은 굳어진 땅 위에서 달리고, 모래가 섞인 거친 풀을 씹는다. 그리고 이와 같은 특별한 환경에 특수하게 적응되어 있음을 보여준다. 이들의 긴 다리는 속도를 내기 위한 것으로서 다리 윗부분에 근육이 발달하여 힘 있고 빠르게 달릴 수 있다. 오늘날, 말은 육상 척추동물 중 유일하게 각 다리에 한 개씩의 발가락을 가지는 동물이다(그림 B16.2). 이와 같은 다리의 구조와 특수한 인대들로 인하여 말들은 굳은 땅 위를 달릴 때 포고(pogo-stick, 기다란 막대기 아랫부분에 용수철이 달린 발판이 있어 콩콩거리며 타고 다닐 수 있는 놀이기구)처럼 뛰어 오를 수 있다. 이들의 이빨도 다른 초식동물에 비해 훨씬 길어서 딱딱하고 거친 풀을 씹기에 제격이다.

1870년대에 미국의 Othniel C. Marsh(1831~1899)와 같은 고생물학자들은 여러 이행 단계를 보여주는 최초의 척추동물 계통수를 만들기 위해서 북미와 유럽에서 출토된 말의 화석들을 이용했다(그림 B16.1, B16.2). 놀랍게도 *Hyracotherium*과 현대의 말인 *Equus* 사이의 중간 단계 화석이 모두 알려졌는데, 이들 화석 중에는 치관이 낮은 것부터 높은 것까지, 나뭇잎을 뜯어 먹는 종류부터 풀을 먹는 종류까지, 터벅터벅 걷는 형부터 가볍게 점프하며 걷는 형까지, 그리고 작은 뇌부터 큰 뇌를 가지는 종류까지를 포함한다. 그림 B16.1에서 보듯이 말의 진화적인 변화는 한 방향으로 진행된 것이 아니며, 무성한 가지라고 표현할 수 있는 가계도를 형성한다. 말들은 소멸하기 전까지 특징적인 구조를 유지하면서 여러 계통으로 나뉘어 서로 다른 방법으로 그들의 서식지에 적응했다.

모든 말들이 일반적인 같은 영역 내에 있었지만, 다른 환경 자원을 이용했다(*자원분배*). 어떤 종들은 관목이나 나무의 잎을 뜯어 먹게 되고, 어떤 종들은 예전처럼 풀을 먹었다. 또 어떤 종들은 나뭇잎도 뜯어 먹고 풀도 먹었다. 플로리다의 어떤 종은 풀을 먹는 종이었으나 나뭇잎을 뜯어 먹는 종으로 바뀌기도 했다. 식이습성의 차이는 풀을 뜯을 때 생긴 이빨의 흠집, 나뭇잎을 뜯어먹을 때 생긴 이빨의 구멍, 그리고 풀과 관목의 탄소 동위원소 비율($^{12}C/^{13}C$)로부터 추정할 수 있다. 식이습성이 다르면 이빨의 $^{12}C/^{13}C$ 비율이 달라진다.

가계도의 여러 개 가지들 중에 있는 어떠한 특성도 그 진화속도는 일정하지 않았다. 예를 들어 말의 진화 기간 중 처음 3,000만 년과 마지막 몇 백만 년 사이에는 크기가 거의 변화하지 않았다. 진화가 빨리 진행된 중신세에도 작은 말과 큰 말 모두 진화했다. 말의 진화를 나타내는 상세한 계통도에는 수백 종의 화석이 포함되어 있으며, 이 계통도는 진화 과정 중의 실질적인 적응방산과 복잡성을 가장 잘 나타내는 것 중의 하나이다.

(*계속*)

분류학적 동정, 비교 및 분류는 건강, 환경, 공업 그리고 보전에 대한 분야를 연구할 때 기본이 된다. 진드기가 라임병(Lyme disease)의 보균체인가? 외래어종이 현지의 어종을 몰아낼까? 이 딱정벌레가 산림산업을 망치겠는가? 이들 질문에 대한 답을 얻기 위하여 다른 분야의 과학적 연구를 한다고 해도 생물체의 정확한 동정은 모든 경우에 기본이 된다.

BOX 16.1

말의 진화 (*계속*)

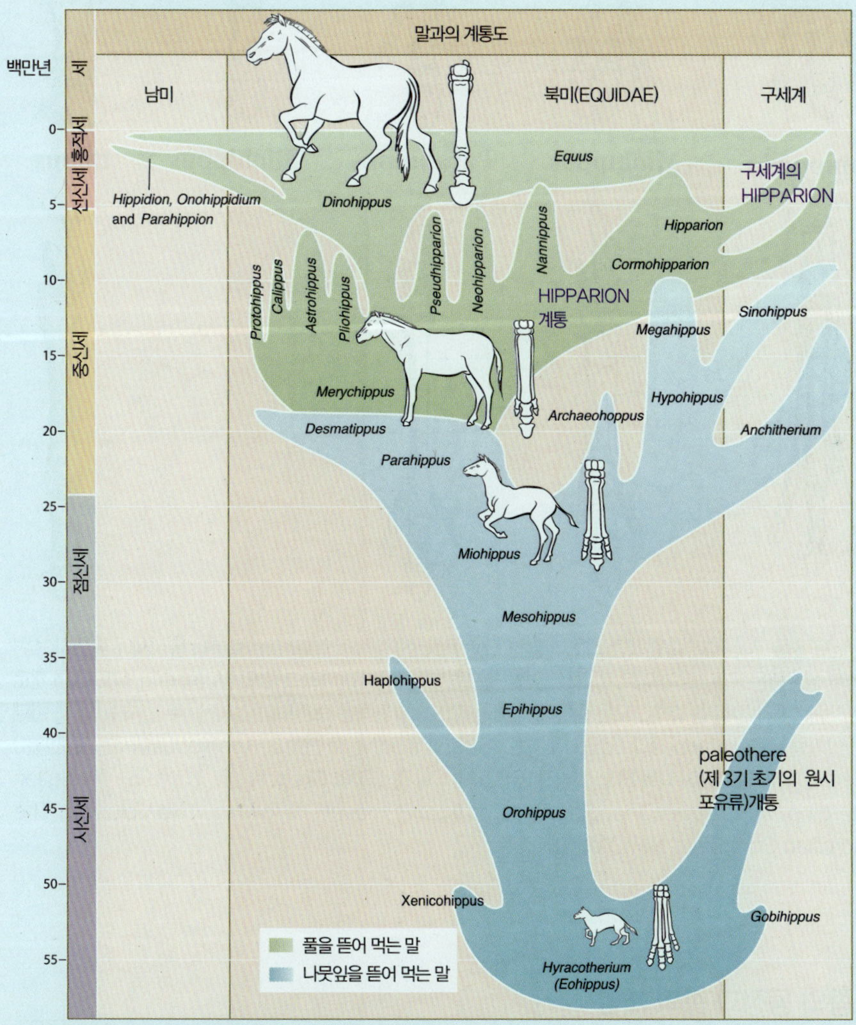

그림 B16.1 특히 북미와 구세계에 분포하는 종류에 대한 진화적 연관성. 일부 말 화석과 현존하는 *Equus*의 뒷발에 있는 발가락 형태를 복원해서 제시하였다. 발가락 수는 진화과정에서 4개에서 1개로 감소했다. 이 계통도는 한 계통이 가지를 치는 진화의 패턴과 가지를 치지 않는 진화의 패턴을 모두 보여준다. 그림 B16.2도 참조할 것.(출처: MacFadden, B. J. Fossil Horses: Systematics, Paleobiology and Evolution of the Family Equidae. Cambridge University Press, 1992.)

BOX 16.1

말의 진화 (*계속*)

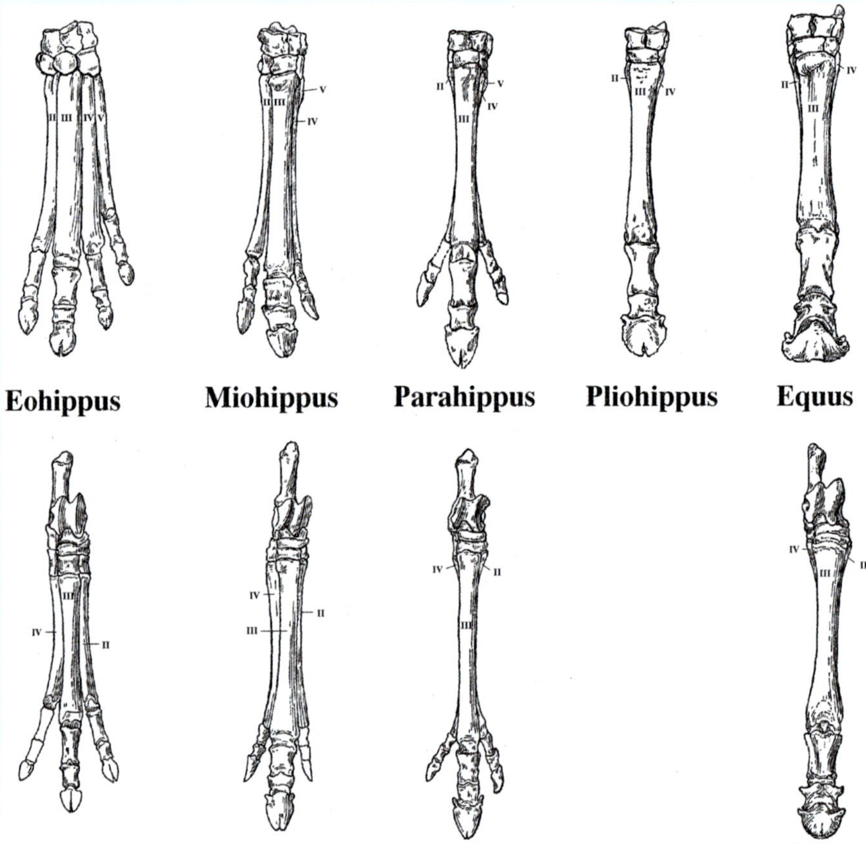

그림 B16.2 시신세에 출현했던 최초의 말인 *Eohippus*(*Hyracotherium*)로부터 홍적세에 출현하여 현재까지 생존해온 *Equus*에 이르기 까지, 앞발(윗그림)과 뒷발(III)(아래그림)의 발가락 수가 4개에서 1개로 감소하는 것을 보여주는 그림. 모든 종류에서 세 번째(III) 발가락은 보존되어 있지만, 두 번째(II)와 네 번째(IV) 발가락이 *Parahippus*와 *Equus*에서는 비골(splint bone)로 변했고, *Miohippus*에서는 첫 번째(I)와 다섯 번째(V) 발가락이 퇴화했다. 그림 B16.1도 참조할 것.(출처: Gregory, W. K., 1951. Evolution Emerging. A Survey of Changing Patterns from Primeval Life to Man. Two Volumes. The Macmillan Company. New York.)

종의 동정과 종의 개념

종의 개념에 대해서 "종이란? 유능한 분류학자가 말하는 것이 종이다."라는 오랜 속담이 있는데, 이는 종을 동정하기 위해서는 전문적인 지식이 필요하며 이런 전문가들을 지속적으로 훈련시켜야할 필요가 있음을 의미한다. 종을 인식해서 표현하는 종족(현대인 포함)들이 형태학적 또는 생태학적 차이로 구별한 종들의 특징은 대부분의 경우 매우 유사하다. 뉴기니 섬의 한 종족은 이 지역에서 발견되는 조류(鳥類)에게 137개의 각각 다른 이름을 붙였다. 그런데 조류학자들은 이곳의 조류를 138종으로 동정하였다. 즉 뉴기니의 종족의 동정과 거의 유사함을 알 수 있다.

그럼에도 불구하고 종을 동정할 수 있는 방법은 매우 많다. 각각의 방법은 그 종의 다른 면을 강조한다. Box 1.2에서 유전자의 정의에 대해서 알아보았듯이 동정에 사용될 수 있는 방법이 상황에 따라 제한되므로, 종의 동정 방법에 어느 정도 차이를 보인다. 화석은 직접 형태적인 정보를 주며, 가끔이지만 행동학적, 생리적, 그리고 대사적인 부분을 추정할 수 있다. 따라서 고생물학자는 **형태적 종(morphological species)**을 동정하기 위하여 형태적 형질을 이용한다. 다른 학자들은 종을 생식적으로 그리고 유전적으로 고립된 존재라고 인식하므로, **생물학적 종(biological species)**의 개념이 발달되었다. 또 다른 학자들은 종을 진화적 계통과 관련시킴으로써 **진화학적 종(evolutionary species)**의 개념이 발달되었다. 이들 종의 개념에 대하여 알아본다.

형태적 종

모든 생물계의 다세포생물에서는 성체와 그 외 각 성장 단계의 형태적 형질이 그 종을 설명하기 위해서 사용되었다. Linnaeus는 형태적 형질을 이용하여 종을 기재하였다. 이런 종을 오늘날 형태적 종(*morphological species*, *morphospecies*)이라고 하며, 다른 생물집단들 보다 더 많은 형질(특징)을 공유하는 개체군을 말한다. 형태적 종의 동정에는 비교해부학과 비교발생학이 중요한 역할을 한다.

비교해부학. 비교해부학은 다른 종들에 속하는 성체들의 해부학적 구조를 비교하여 이들의 연관성을 연구하는 학문이다.

비교해부학자들은 생물체들의 형태가 같으면(상동) 같은 조상에서 유래한다는 논리를 따랐다.(상동성에 대해서는 아래에 설명하였다.) 형태가 같지 않은 개체들은 진화 과정에서 분화한 것으로 생각했다. 진화적 연관성에 대한 연구를 통하여 조직과 기관에 대한 여러 단계에 걸친 변화를 알 수 있게 되었다(7장, 11장 참조). 또한 이러한 연구들을 통해서 각 종이 진화함에 따라 이전에 가지고 있던 구조들이 변화되고 어떤 경우는 완전히 새로운 형태로 된다는 것이 밝혀졌다.

19세기 말의 생물학자들은 모든 생물체가 연관되어 있다는 Darwin의 이론과 후손 세대에서는 형태가 변한다는 증거를 찾는 것에 몰두해 있었으므로, 해부학적인 정밀분석과 비교학적 연구가 진행되었고 그 결과 진화 계통수를 상세하게 구축하는 기준이 마련되었다. 이러한 비교는 집단 내의 형태와(또는) 기능의 변화(예를 들면 고래의 지느러미), 시간의 경과에 따른 기능과(또는) 형태의 상실(예를 들면 뱀 다리의 상실), 흔적기관의 잔존 등으로 인해서 더욱 복잡해졌다(BOX 16.2). Darwin은 그의 진화적 변화 이론을 설명하기 위해서 이 세 가지 형태의 증거를 모두 사용했다.

비교해부학을 연구한 또 다른 학자들은 예전에도 현재도 고생물학자들이다. 왜냐하면 고생물학자들이 종의 분화 여부와 계통을 밝히고 진화적 경향을 해석하기 위해서는 해부학이 유일한 증거이기 때문이다. 흥미롭게도 어떤 아주 오래된 계통은 그다지 변하지 않은 채로 오늘날에 이르고 있다. 이런 것을 살아있는 화석이라고 부른다(BOX 16.3). 이런 예외가 있지만, 거의 대부분의 화석은 현대의 생물과는 다르다.

비교발생학. 비교해부학을 다룬 세 번째 연구자들은 발생학자들이었다. Darwin 이후 수십 년 동안 비교해부학과 특히 **비교**(진화)**발생학**—다른 종들의 배아들에 대한 해부학적 구조의 연관성에 대한 연구—은 진화를 연구하기 위한 가장 인기 있고 성공적인 분야였다.

19세기 초에 Karl von Baer(1792~1876)는 다른 종류에 속하는 척추동물 성체들은 모습이 서로 다르지만 이들의 배아들은 서로 매우 닮아있다는 것을 발견했다. von Baer는 그가 발견한 것을 "법칙"으로 일반화하여, 연관된 종들의 초기 배아들은 더 특수화된 발달 단계

BOX 16.2
흔적기관

비교해부학과 비교발생학은 여러 분야에서 연관되어 있다. 그 한 가지가 **흔적(vestiges)**에 대한 연구이다. 특히 흥미로운 것은 조상이 가졌던 기능들이 부분적으로 상실되었거나 또는 모두 상실된 것처럼 보이는 구조들이다(그림 B16.3).

진화적 관점에서, 생물학자들은 **흔적기관(vestigial organs)**이 존재하는 이유를 새로운 환경에 적응한 생물체에 이전에 진화되어있던 구조가 약간 남아 있기 때문이라고 말한다. 진화가 지속되면서 더 이상 쓸모가 없게 된 구조는 이전의 크기와 기능의 흔적만 남기고 사라져간다. 그 예로 고래와 뱀의 뒷다리와 요대(pelvic girdle)의 흔적들을 들 수 있는데(그림 B16.4), 뒷다리와 요대는 이 동물들이 다리가 있는 조상으로부터 분화하면서 사라졌다.

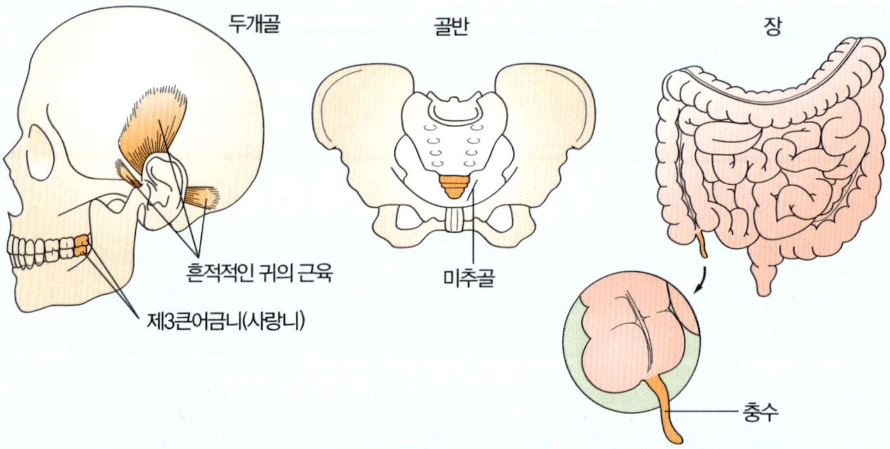

그림 B16.3 사람에서 보이는 흔적적인(기능이 없는) 구조로서, 제3 큰어금니(사랑니), 다른 동물에서는 움직일 수 있는 귀의 근육, 미추골 및 충수가 있다(출처: Romanes, G. J. Darwin, and After Darwin. Open Court, 1910.).

BOX 16.2

흔적기관 (계속)

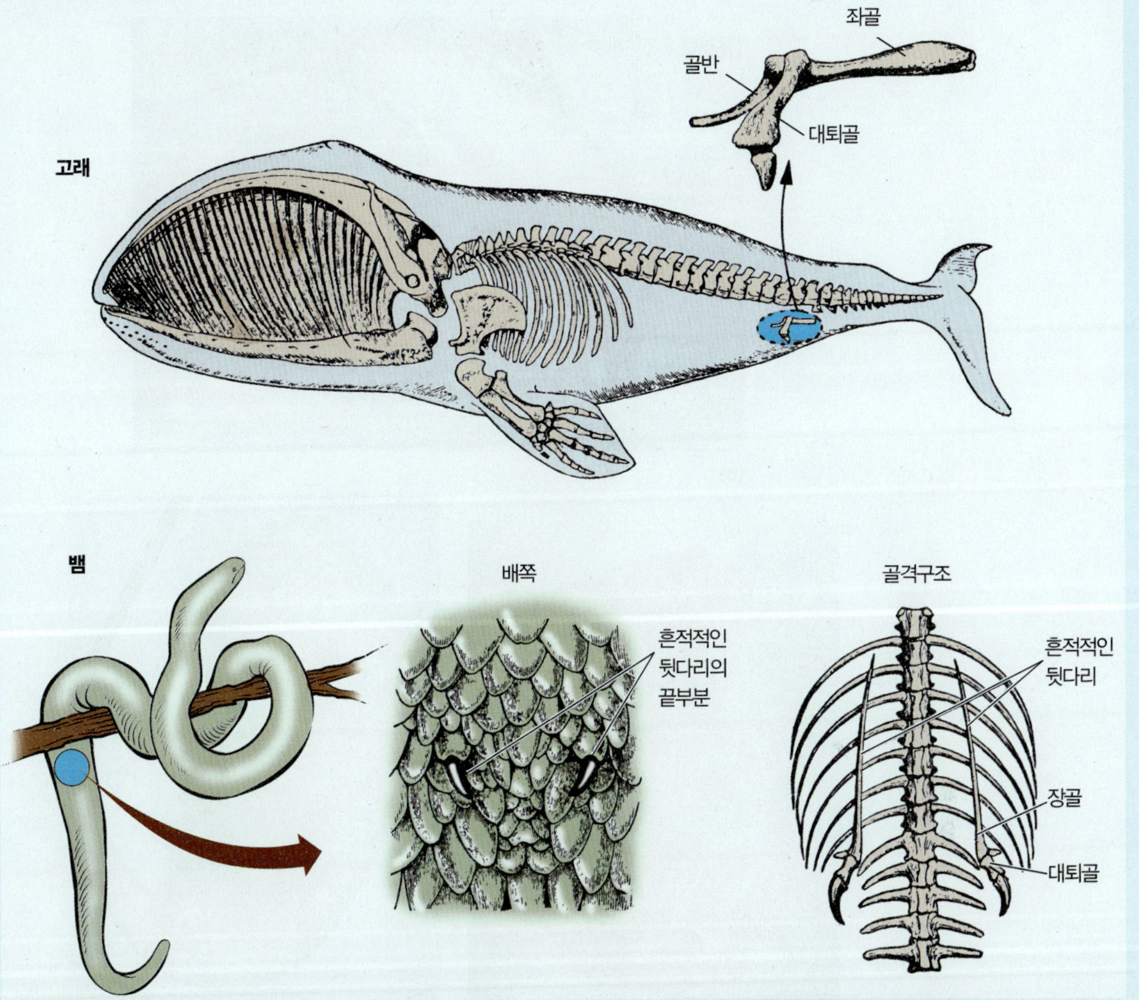

그림 B16.4 그린란드 수염고래(bowhead whale, *Balaena mysticus*)의 흔적적인 뒷다리(대퇴골)와 요대(골반, 좌골), 그리고 비단뱀의 흔적적인 대퇴골과 요대 부분(장골)에 해당하는 뒷다리 끝 부분의 거상돌기.(출처: Romanes, G. J. *Darwin, and after Darwin*. Open Court, 1910.)

뱀의 다리에 대해서 말하면 역설적으로 들리지만, 현대의 뱀들의 직접 조상에게는 다리가 있었다. 다리가 있는 화석 뱀으로 최소한 4속(*Haasiophis*, *Pachyhachis*, *Eupodophis* 및 *Najash*)이 알려져 있다. 뱀의 진화 과정에서 다리가 없어지면서 몸통이 길어진 것이다.

다리뼈의 흔적이 존재한다는 것은 다리가 없는 척추동물에서도 다리 발생의 초기 단계는 반드시 일어난다는 것을 뜻하며, 실제로 고래나 돌고래의 발생 초기에 뒷다리의 싹이 출현하지만, 성체에서는 뒷다리가 없어지고 앞다리는 지느러미로 바뀐다(그림 B16.5). 눈이 없는 동굴성 갑각류에서 작은 눈자루(eye stalk)가 보이는 것도 더 이상 쓸모없게 된 구조가 점차 흔적기관으로 남게 되는 진화적 과정을 말해준다. 눈이 보이지 않는 멕시코의 동굴성 물고기에서는 다른 감각기관이 어두운 동굴 안에서 중요한 역할을 하면서 눈이 작아졌을 것이다(그림 6.6, 13.4 참조).

■ 지금까지 알려진 가장 큰 뱀(길이 13 m, 무게 1,135 kg)은 보아뱀과 근연하며 효신세에 출현했는데, 2009년 J. J. Head와 그의 동료들에 의해서 기재되었다.

BOX 16.2
흔적기관 (계속)

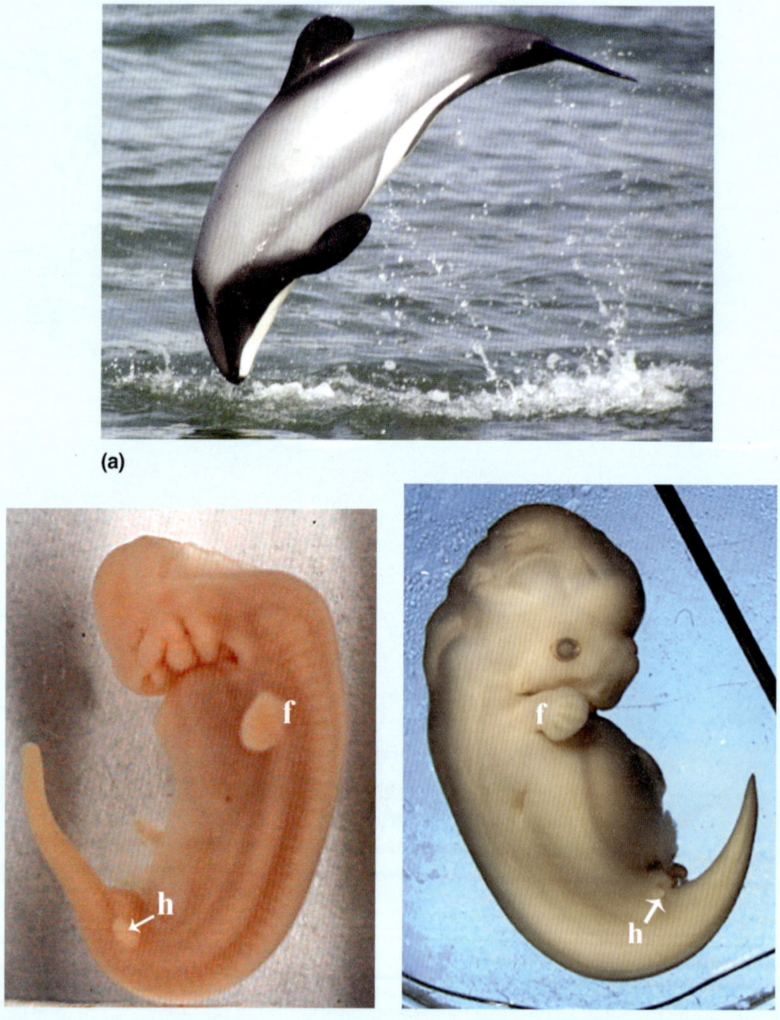

(a) (b) (c)

그림 B16.5 **(a)** 헥토돌고래, *Cephalorhyncus hectori*. 지느러미가 잘 발달되고 뒷다리는 없다. 수정 후 24일째**(b)**와 48일째**(c)**의 점박이 돌고래(*Stenella attenuata*)의 배아에서 잘 발달된 지느러미싹(f)과 흔적적인 뒷다리싹(h)이 보인다. 48일째**(c)**에는 손가락의 원기가 지느러미싹(f) 부분에 나타나지만 뒷다리싹(h)은 거의 사라졌다.

에 있는 후기의 배아들에 비해서 공통점이 더 많다고 했다. von Baer의 견해는 비교해부학과 분류학적 입장이었지만 진화론적 입장은 아니었다. 그는 분류 체계를 세우기 위해서 여러 강(class)의 배아를 비교하였다. 한편 Darwin은 진화학적 변화를 이해하기 위해서 비교발생학의 중요성을 주장했다(7장 참조). 독일의 발생학자, 박물학자, 철학자 및 예술가인

BOX 16.3
살아있는 화석

흥미롭게도, 어떤 생물은 조상형 생물과 형태적으로 거의 차이 나지 않은 채로 현재까지 살고 있다. 이런 생물은 오래전에 멸종했다고 생각되어온 생물과 매우 유사하므로 살아있는 화석이라고 부른다. 살아있는 화석의 예로서 철갑상어, 폐어, 실러캔스, 투구게, 은행나무가 있다. 실러캔스는 총기류(그림 B16.6)로서, 약 2억 년 전 육상척추동물로 진화한 생물과 관련이 있다. 실러캔스의 화석 기록은 약 3억 8,000만 년 전 데본기에서 시작해서 8,000만 년 전부터 1억 년 전의 지층에서 알려져 있었지만, 어부들이 남아프리카 동부 해안의 심해에서 살아있는 실러캔스(*Latimeria chalumnae*)를 발견했다. 유사한 예로, 데본기 이후 멸종된 것으로 알려져 왔던 분절성 연체동물(*Neopilina*)도 코스타리카, 페루 및 캘리포니아 남부의 심해 해구에서 발견되었다.

■ 살아있는 화석은 반드시 잃어버린 고리(missing link)라고 할 수 없지만, 그들 계통군의 마지막 혈통(최상위 분류군, a crown taxon)일 것이다.

이러한 발견은 고생물학적 기록이 완전하지 않음을 말해준다. 특정한 종류의 화석기록이 사라진 것이 반드시 이 종류가 멸종했다는 것을 의미하지는 않으며, "증거가 없다는 것이 존재하지 않는다는 것의 증거로 되지는 않는다."

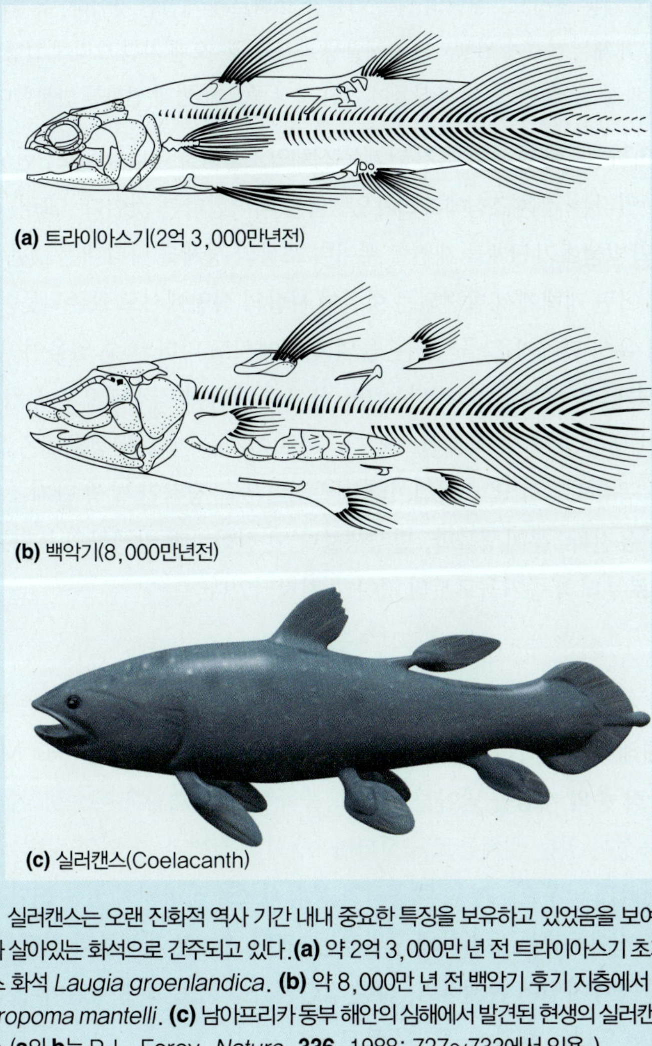

그림 B16.6 실러캔스는 오랜 진화적 역사 기간 내내 중요한 특징을 보유하고 있었음을 보여주며, 현생 종으로 살아남아 살아있는 화석으로 간주되고 있다. **(a)** 약 2억 3,000만 년 전 트라이아스기 초기 지층에서 발굴된 실러캔스 화석 *Laugia groenlandica*. **(b)** 약 8,000만 년 전 백악기 후기 지층에서 발굴된 실러캔스 화석 *Macropoma mantelli*. **(c)** 남아프리카 동부 해안의 심해에서 발견된 현생의 실러캔스 *Latimeria chalumnae*. (**a**와 **b**는 P.L. Forey, *Nature*, **336**, 1988: 727~732에서 인용.)

Ernst Haeckel(1834~1919)은 1861년과 그 이후의 많은 출판물에서, 발생 중인 배아는 그 생물이 속해있는 분류군의 진화적 역사를 반복한다는 가설을 세웠다. 결론적으로 각 발생 단계의 배아들은 진화의 단계를 보여준다고 생각하였다(그림 B16.2). Haeckel은 von Baer의 법칙을 기반으로 하여, 발생 초기 단계의 배아들은 성체 단계보다 더 원시적이거나 또는 진화적인 면에서 더 안정된 형태를 보유한다고 생각하였다(그림 16.2). 결국 이런 생각은 진화적인 해석에 중요한 변화를 가져왔다. Darwin은 다음과 같은 말을 했다.

> 두 동물 집단의 경우, 이들의 형태나 습성이 현재는 매우 다르더라도, 동일하거나 비슷한 배아 단계를 거친다면 이들은 동일하거나 또는 거의 유사한 부모로부터 태어난 서로 연관된 집단이라고 할 수 있다. 따라서 배아구조가 같으면 같은 계통을 나타내는것이다

독일의 대표적 진화론자였던 Haeckel은 1866년에 비교발생학을 진화론에 도입했고, 이것은 **생물발생의 법칙(biogenetic law)**으로 알려지게 되었다.

> 개체의 발생은 계통(조상으로부터의 연속성)을 짧고 빠르게 재연한 것이다. 유전과 적응의 법칙에 의하면, 개체는 빠르게 진행되는 개체발생 과정 중에, 오랜 기간 느리게 진행되어온 고생물학적 진화 과정 중에서 그들의 조상들이 거친 가장 중요한 형태 변화를 반복한다.

Haeckel에 의하면, 배 발생의 초기 단계는 성체의 조상형을 나타내므로, 현생의 개구리 올챙이에 꼬리가 있다는 것은 조상에 꼬리가 있었음을 의미한다는 것이다. 그러나 발생의 초기 단계는 조상형의 발생 초기 단계를 재연할 뿐이며 조상의 성체를 나타내는 것은 아니다. 예를 들어 유인원의 어린 개체에서 발견되는 형질이 사람의 성인에서도 보존되듯이(19장 참조), 조상형 생물의 유생 단계가 그들의 자손들의 성체에서도 나타날 수 있음이 발견됨으로써, 자손이 조상 성체의 형질을 보유한다는 Haeckel의 생각이 직접적으로 부정되었다. 동일한 혈통을 가진 생물은 배 발생 패턴도 같다. 서로 가까운 계통의 생물들은 유전자와 유전자 네트워크를 공유하면서 몇 천만년이나 지속되어온 특징적인 발생 단계를 만들어 낸다. 이러한 견해는 유전학, 분자생물학, 발생생물학 및 진화학과 발생학의 통합된 진화발생학(13장 참조)으로부터의 증거들로부터 강하게 지지되었다.

생물학적 종

형태학적 종의 개념에서는 생물을 동정할 때 개체들이 상호 교배하는지 또는 교배의 가능성이 있는지에 대해서는 언급하지 않는다. 따라서 많은 생물학자들은 Ernest Mayr가 최초로 제안한 **생물학적 종의 개념**을 받아들였다. 생물학적 종의 개념은 유성생식을 하거나 유성생식을 할 가능성이 있는 개체들로 구성되며, 생식적 장벽과 그 외의 장벽에 의하여 유전자 교환이 일어나지 않음으로써 다른 종들과 통상적으로 격리되어 있는 집단을 말한다. 이런 유형의 다른 집단들과는 뚜렷하게 구별되는, 교배 가능한 개체들의 집단이라는 종의 개념은 이런 집단들이 자연에 존재하며, 다른 집단들과는 서로 교배가 일어나지 않는 장벽에 의해서 격리되어 있다는 생각에 근거를 두고 있다.

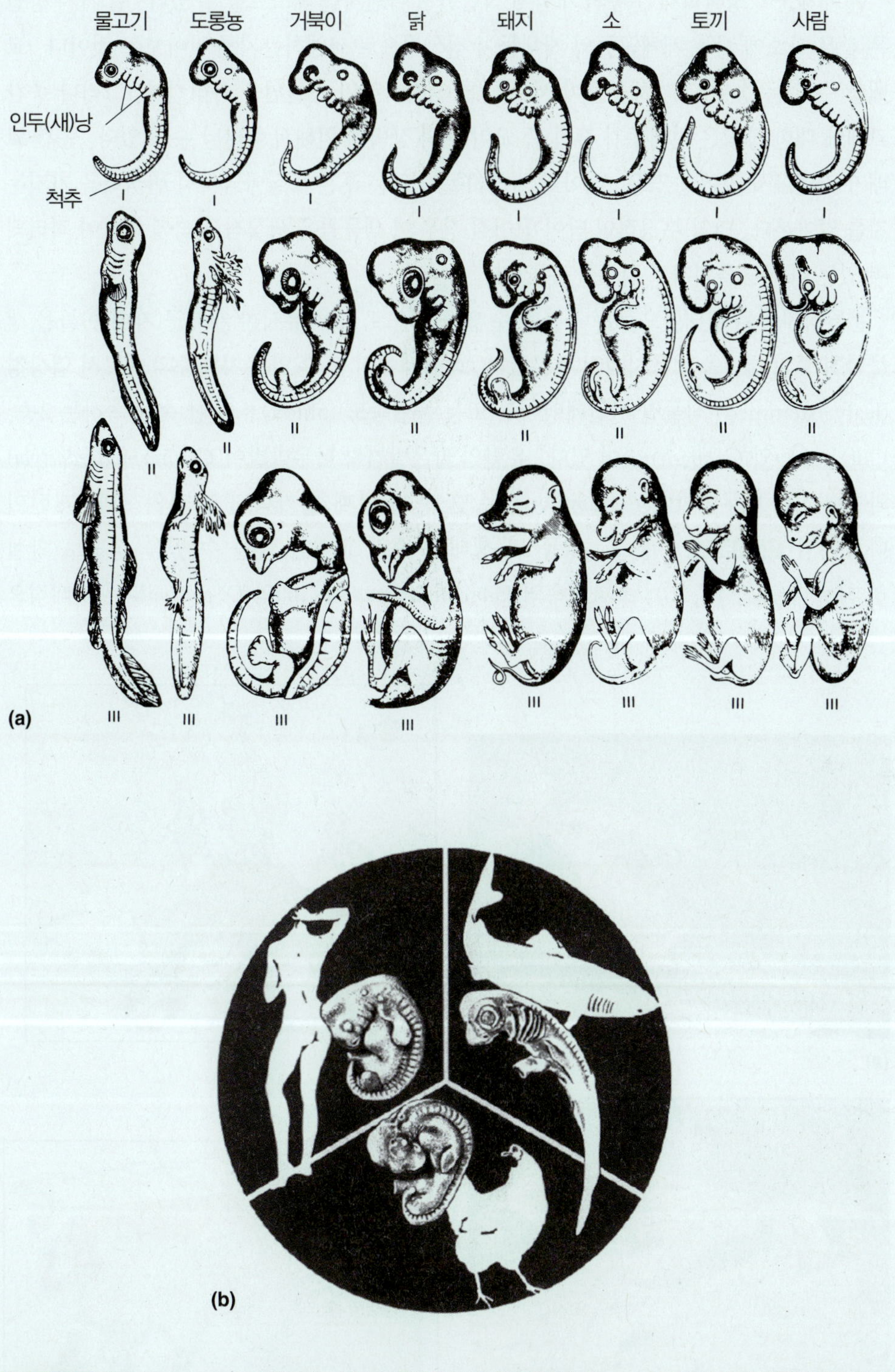

그림 16.2 **(a)** Haeckel이 19세기에 그린 각 발생 단계의 척추동물 배아. 그의 그림이 아주 세밀하지는 않지만 배아의 초기 단계에는 후기 단계보다 서로 닮아 있다. 다른 집단들의 배아들이 비슷한 크기로 그려져 있으므로 서로를 비교 할 수 있다. **(b)** 상어, 닭, 사람의 초기 단계의 배아들은 성체 단계들에 비해서 더 닮아 있다. (출처 **a**: Romanes, G. J. *Darwin, and After Darwin*. Open Court, 1910. b: de Beer, G. R. *Atlas of Embryology*. Nelson, 1964.)

한 개체군이 생물학적인 종의 개념에 적합한지 아닌지를 테스트할 수 있다. 한 가지 방법은 같은 장소에 사는 개체군들의 개체들이 정상적으로 교배하는지를 알아보는 것이다. 교배할 수 없는 경우 그 개체군들이 서로 다른 생물학적인 종들임을 가리킨다. 그러나 종간 교배에 대한 장벽은 번식주기 후기 즉 교미 후의 장벽에 의해서 나타날 수도 있다. 종간 교배가 자연에서 일어날 경우, 배아가 발생하는지 또는 후손이 살아남아서 번식력을 가지는지를 알아본다. 만약 부정적인 답이 얻어질 경우 이 생물들은 생식적 장벽에 의하여 격리되어 있는 다른 종들이라고 간주할 수 있다.

분류학자들은 형태만으로는 구분할 수 없을 정도로 매우 유사한 개체군(**자매종**)들을 생물학적 종의 개념을 적용시켜서 구분했다. 식물계에서 볼 수 있는 자매종의 예로서 엽상경(leafy-stemmed) 식물인 지면패랭이꽃(또는 풀협죽도)(phlox)류의 한 속에 속하는 2종, *Gilia tricolor*와 *G. angelensis*이 있다. 유럽의 짧은발가락 나무발발이(*Certhia brachydactyla*)와 유라시아 나무발발이(*C. familiaris*)는 단지 세 번째 발가락과 날개의 깃털 패턴이 다르지만(그림 16.3a), 분포, 행동 및 생태는 종간 교배를 막을 수 있을 정도로 확실히 다르다(그림 16.3b). 초파리속의 *Drosophila pseudoobscura*와 *D. persimilis*는 형태적으

(a)

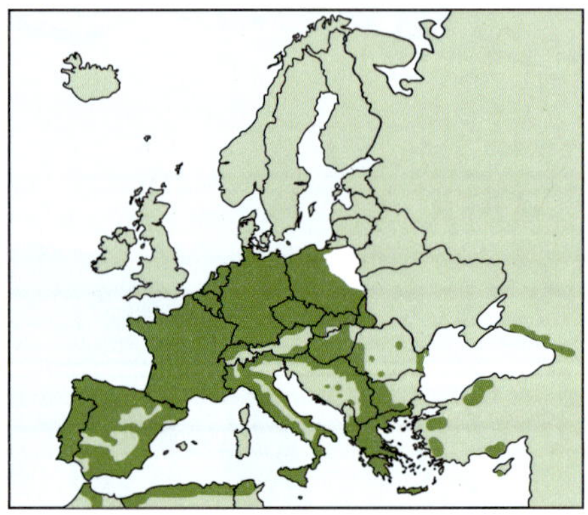
(c)

(b)

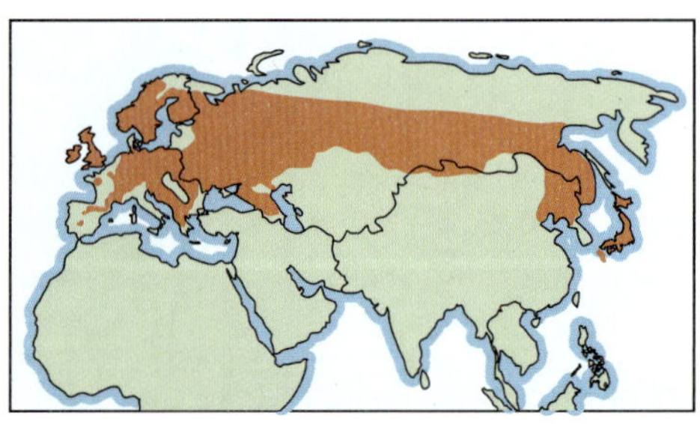
(d)

그림 16.3 자매종, 유럽 짧은발가락 나무발발이와 유라시아 나무발발이. **(a)** *Certhia brachydactyla*와 **(b)** *C. familialis*는 형태적으로는 구별이 거의 불가능하다. 이들은 지리적 분포**(c, d)**와 행동이 확실히 다르므로 교배가 불가능하다.

로 매우 유사하여 형태만으로는 이들을 구별할 수 없다. 이들은 교배를 하지만 암컷 새끼만이 생식능력을 가진다.

분류학자들은 형태나 지리적인 기준에 의해서 다른 종으로 나뉘어 있던 집단들을 한 종으로 합치는데도 생물학적 종의 개념을 적용했다. 그 예로 북미의 참새는 여러 종으로 나뉘어 있었으나, 한 종 *Passarella melodia*으로 합쳐졌는데, 이 종은 **다형**종(**polytypic** species)으로서, 여러 지리적인 아종으로 구성되어 있다. 유사한 예로서, 특정한 환경에서 성장이 저해되는 특별한 생태적 적응을 보이는 서양톱풀 집단(*Achillea* sp.)은 변종으로 동정되었는데, 이들이 서로 만나면 유전자를 교환했기 때문이다.

■ 다형종은 둘 이상의 아종을 포함하는 종을 말하며 이 아종들은 지리적으로 격리되어 있으므로 보통은 교배하지 않는다. 그러나 서로 교배 가능하므로 분포 경계면에서는 좁은 잡종지대를 형성한다.

아래의 세 가지 경우는 생물학적 종의 개념을 적용하기 어렵다.

- 화석 종의 경우 교배 가능의 여부를 알 수 없으므로 형태적 종이라고 할 수 있다.
- 무성생식을 하는 동물에서는 생물학적 종의 개념을 적용할 수 없다. 클론의 각 개체들은 유전적으로 동일하지만 다른 클론들과는 유전적으로 다르다. 각각의 클론을 각각의 종으로 기재하는 생물학자들은 거의 없다.
- 오랫동안 지리적으로 격리되어온 종이라도 동물원이나 보호소처럼 같은 공간에 있으면 교배가 가능하다. 서식환경은 비슷하지만 멀리 떨어진 두 식물 개체군을 그 예로 들 수 있다. 두 개체군 중 하나는 중국의 개오동(*Catalpa ovata*), 또 하나는 북미 동부의 꽃개오동(*Catalpa bigoides*)이다. 이들은 같은 식물원 내에서 서로 교배하여 잡종을 생산하며, 그 잡종은 번식력이 있어 다음 세대로 이어가지만, 이들은 수백만 년 간 떨어져 있었으므로 현재 분리된 종으로 간주되고 있다.

분류군을 분지적 유연관계(6장 참조)에 따라 엄격히 규정하게 됨으로써, 형태학적 종의 개념이나 생물학적 종의 개념 대신 **계통학적 종의 개념**으로 대치하는 분지론자들이 등장했다. 생식적 격리 대신 조상-자손의 연관성이 계통학적 종을 규정한다. 계통학적 종은 단계통군으로서, "분석 가능한 가장 작은 규모의 생물 개체들의 무리이며, 그 무리는 조상과 그 자손들로 구성되어 있다." "분석 가능한 가장 작은 규모의 무리"를 강조하면 여러 변종이나 유전학적으로 구별되는 더 작은 집단을 다른 종으로 밝힐 수 있다. 이러한 종들이 동정됨으로써 어떤 종이 보호되어야 할 멸종위기의 종인지 알게 되었다.

진화학적 종

많은 전문가들이 진화의 개념을 도입하여 **진화학적 종**의 개념을 제안했다. 즉 종을 진화하는 존재로 간주하는 개념이다. 종을 규정하는데 생식적 격리가 아니라 진화적 격리에 기준을 두며, 생식적 격리는 단지 한 가지 조건에 불과하다는 것이다. 20세기의 저명한 척추동물 고생물학자인 George Gaylord Simpson은 1961년의 저서에서 "진화적인 종은 다른 종들과 독립적으로 진화하고 있는 계통(lineage, 한 조상에서 파생된 일련의 후손 집단)으로서, 고유의 진화적 역할과 경향을 가지고 있다."고 기록했다. 여기서 종은 변하지 않는 것

■ Simpson은 말의 진화적 계통(Box 16.1)을 판독한 고생물학자였으므로 그의 첫 이름의 이니셜을 G.G.로 하는 것이 타당하다.

이 아니라 시간에 따라 변화(진화)한다는 개념이 최초로 반영되었고, 이 개념의 바탕에는 종간의 경쟁과 상호작용의 결과 종이 변화한다는 생각이 있다.

물론 다른 모든 종의 개념들과 마찬가지로, 진화학적 종의 개념도 모든 경우에 적용되는 것은 아니다. 내재된 중요한 문제가 한 가지 있다. 분화는 진화적인 과정이므로 생물집단이 완전히 격리에 도달하는(즉 분화하는) 시기를 결정하는 것은 주관적이다. 그리고 현존하는 생물에 대해서 이 개념을 적용하기에는 문제가 많다.

앞으로 분명히 알게 되겠지만 종의 분류에 대한 어려움은 대체적으로 종이 분화하는 과정 자체에 내재되어 있다. 분류하기 어려운 개체군들 간의 차이는 다음과 같은 사실, 즉 진화적 변화가 정도와 기간에 따라서, 시간이 경과함에 따라서, 그리고 환경이 오랜 시간이 경과하는 동안 장소에 따라서 다르기 때문에 발생하는데, 이 점이 충분히 인식되어 있지 않다. 집단들의 표현형과 유전자형은 일률적으로 진화하는 것이 아니므로, 생식적 격리의 정도, 형태적 또는 유전적 특징의 정도가 달라진다. 한 종의 구성원들은 서로 닮았다는 점에서 같은 종으로 동정되는 것이지, 공통조상에서 유래한다는(역사를 공유한다는) 연관성 때문에 같은 종으로 동정되지는 않으며, 한 종에 속하는 모든 개체가 똑같은 일은 거의 없다. 분류와 진화는 부득이 생물체의 다른 면들을 강조하게 된다.

■ **기준표본(type specimen)**은 한 종을 대표하며, 누구라도 이 종을 검토할 수 있게 박물관에 보관된다.

종의 이름은 종의 특징을 나타내지만, 한 종의 각 구성원에는 변이가 보인다(제12장 참조). 그러므로 유사성을 결정하는 기준이 매우 중요하다. 따라서 이 장의 나머지 부분에서는 모든 생물학의 기본이 되는 이 주제에 대하여 논의할 것이다.

유사성: 형질이 같은 것인지 다른 것인지를 구분함

일반적으로, 한 집단에 유사성이 많을수록 그 집단은 공통조상에서 유래했을 가능성이 크다. 한 형질과 그 형질을 가지는 생물계통의 진화 과정이 밝혀진 좋은 예로서 6,000만년에 걸친 말의 진화 과정에서 발가락의 수가 줄어드는 예를 들 수 있다(Box 16.1, 그림 B16.1, B16.2). 우리는 발 끝부분의 뼈가 발가락뼈라는 것을 알기 때문에, 말의 진화과정에 다섯 개에서 한 개로 줄어드는 이 부분도 발가락뼈임을 알고 있다. 이 화석 기록은 구체적이며, 진화적 변화를 재구축할 수 있게 하고, 소멸된 계통을 알게 하며, 현대의 말의 계통을 알 수 있게 한다.

진화 과정에 대한 화석 기록이 말의 경우처럼 완전한 것은 매우 드물다. 다른 계통 간에 유사한 형질이 보일 때는 해석이 매우 어려워진다. 이런 문제는 한 종이 다른 종과 닮은 모습으로 진화했을 때 발생한다. 그 예로서, 같은 환경에서 독이 있는 종의 형태로 의태한, 맛이 좋은 곤충의 경우를 들 수 있다(그림 15.11 참조). 이 종들의 형태는 유사한데, 아마도 이들은 공진화했을 것이다. 그러나 이들의 형태가 유사한 이유가 공통조상에서 유래했기 때문은 아니다. 두번째로, 그리고 많이 알려져 있는 예는, 지구의 멀리 떨어진 곳의 생물들이 서로 접촉한적이 없음에도 불구하고 평행하게 진화한 경우이다. 유태반이면서 유대류인 "호랑이" 혹은 "늑대"(그림 16.4)와 유대, 유태반 단공류인 "개미핥기"(그림 16.5) 그리고 아프리카 등대풀과 아메리카 선인장(그림 10.14 참조) 등의 예가 여기에 포함된다.

이 두 가지 예는 서론에서 언급한 "사과와 오렌지" 문제를 떠올리게 한다. 어떤 경우는 사과는 사과이기 때문에 사과로 보인다. 그러나 오렌지는 정말로 오렌지이지만 사과로 보일지도 모르고, 사과는 정말로 사과이지만 오렌지로 보일지도 모른다. 내 앞에 있는 과일조각이 사과인 것을 어떻게 아는가?

당신은 형질들이 동일한 것인지, 눈에 보이는 유사성들이 공통조상으로부터 유래했음이 반영된 것인지, 아니면 독립적으로 진화한 것인지를 결정해야 할 때 발생하는 문제들에 직면할 수 있다. 유사성은 어떤 경우에 동일함을 의미하고, 어떤 경우에 아주 많이 닮았음을 의미하는가? 표현형은 (i) 공통조상으로부터 최근에 갈라져 나왔기 때문에, (ii) 좀 더 오래된 공통조상을 공유하는 집단에서 유사한 형질이 생겼기 때문에, 또는 (iii) 각기 다른 계통들에서 유사한 진화적 패턴이 독립적으로 생겨났기 때문에 유사할 수 있다.

유사성과 상동성을 평가하는 문제를 다루기 위하여 19세기 중반에 세 가지 개념과 용어가 생겼다. 이 세 가지의 차이를 요약할 수 있지만, 진화학 및 발생학적인 면에서는 논쟁의 여지가 많다. 과학자들은 자신들이 객관적이라고 한다. 그러나 유사성을 평가할 때에도 종을 결정할 때와 같은 문제가 발생한다. 그래서 유의할 필요가 있다(그림 16.6). 그런데도 불구하고, 이것들은 진화 생물학의 중심적 개념이며 용어이며 도전이다. 우선, 이 세 가지 개념과 용어들을 규정하고, 각각에 대하여 조금 더 상세히 알아보자.

1. 유사성이 조상이 같다는 것을 의미할 때: 상동성(Homology)
   생물체들이 공통조상에서 유래했기 때문에 어떤 형질이 유사할 경우, 이 형질은 **상동**이라고 한다. 상동성이란 한 종의 모습이 다른 종에서도 똑같이 보이는 것인데, 이는 이들이 같은 특징을 가지고 있었던 공통 조상에 서 유래했기 때문이다(그림 16.6).
2. 유사성이 평행적인 진화를 의미할 때: 평행진화(Parallelism)
   공통조상은 같지 않지만 가까운 연관성을 보이는 계통에서 형질들의 유사성이 보일 경우, 이 형질들은 **평행**하게 진화했다고 생각한다. **평행진화**는 각기 다른 조상에서 형질들이 평행하게 진화함으로써 다른 계통에서도 유사한 형질이 나타난다는 것이다. 두 계통은 이전 단계의 진화적 역사를 공유하므로, 유전학적 또는 발생학적 경로가 같은 이 두 계통은 유사한 형질을 갖게 될 것이다(그림 16.6).
3. 유사성이 서로 관련이 없는 계통에서 유사하게 진화한 결과임을 의미할 때: 수렴(Convergence)
   서로 관련이 없는 생물들이 같은 선택압에 대하여 유사하게 대응한 결과, 한 형질이 서로 관련이 없는 계통에서 독립적으로 나타날 때, 이를 **수렴**이라고 한다. **수렴**은 유사한 환경과 선택압에 대하여 공통적으로 대응한 결과 서로 관련이 없는 계통에서 유

(**a**) Borhyaenidae과에 속하는 유대류 (미오신, 아르헨티나)

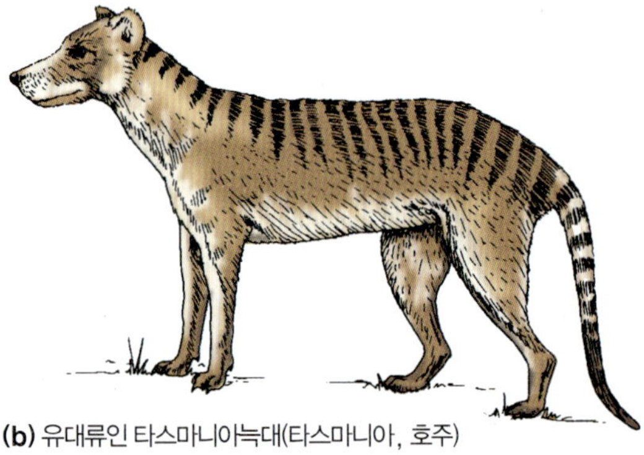

(**b**) 유대류인 타스마니아늑대(타스마니아, 호주)

(**c**) 유태반류 늑대(북미)

그림 16.4 평행진화의 예로서, 세 대륙에서 "늑대" 표현형 동물이 독립적으로 진화했다. (**a**) *Prothylacynus patagonicus*, 아르헨티나 남부의 미오신 초기 지층에서 발굴된 유대류. (**b**) *Thylacinus cynocephalus*, 최근에 멸종된 유대류인 타스마니아늑대. (**c**) *Canis lupus* 유태반류인 북미의 늑대. (출처: Marshall, L. Q. Jacob(ed.), *Aspects of Vertebrate History*. Museum of Northern Arizona Press, 1980.)

■ 마지막 타스마니아늑대는 Hobart 동물원에서 1936년 9월 7일에 사망했다.

원수류(Prototheria, *Echidna*)

후수류(Metatheria, *Myrmecobius*)

진수류(Eutheria, *Myrmecophaga*)

그림 16.5 현존하는 포유류의 주요 세 집단 내에서 각각 독립적으로 진화한 개미핥기들. 서로 닮은 모습 – 긴 주둥이, 긴 혀, 힘센 발톱–을 볼 수 있다. 이들이 공통조상으로부터 얼마나 멀리 떨어져 있는지에 따라서 평행진화(같은 포유류형 조상에서 유래) 또는 수렴(다른 포유류 집단으로부터 유래)으로 생각된다.

(a) 상동성: 두 종이 같은 표현형을 가지는데, 이들은 유전자형이 같은 공통조상에서 유래했다.

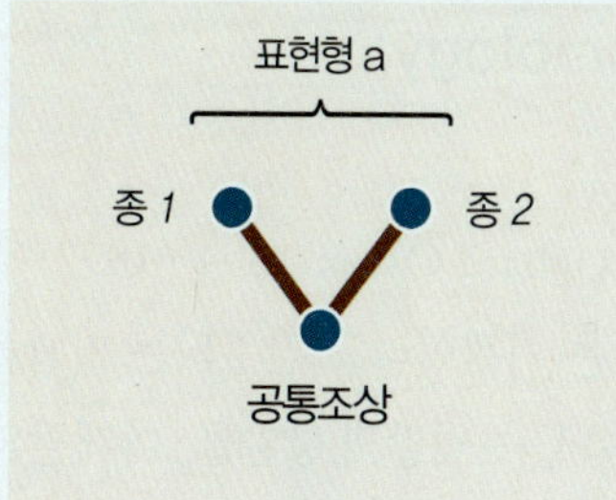

(b) 평행진화: 두 종이 같은 표현형을 가지는데, 이들은 다른 표현형과 유전자형을 가진 공통 조상에서 유래했다.

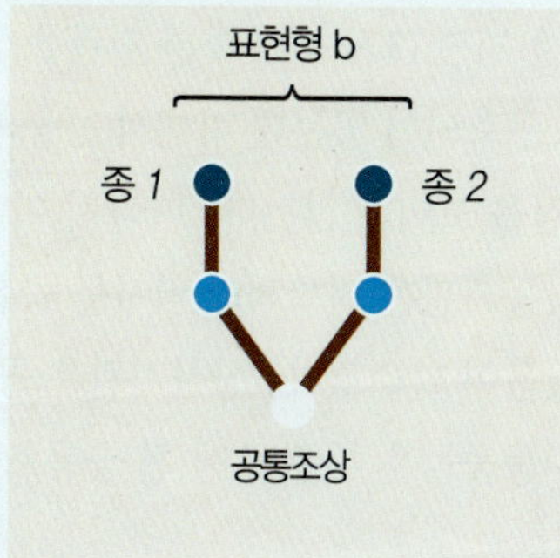

(c) 수렴: 두 종이 같은 표현형을 가지는데, 이들은 아주 오래 전에 같은 조상으로부터 유래했다.

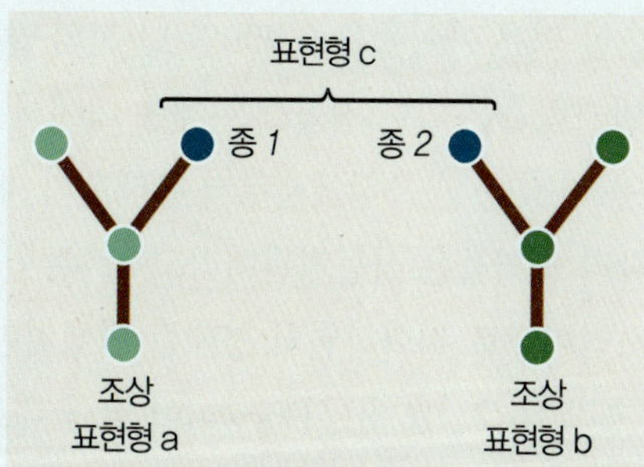

그림 16.6 유사한 표현형적 형질(표현형 a, b, c)을 가진 두 종(*1*, *2*)의 상동성, 평행진화 및 수렴진화에 대한 설명. 평행진화와 수렴과의 구별은 주관적이다. 왜냐하면 평행진화가 진행된 계통들의 조상이 얼마나 오래된 조상을 말하는 것인지에 대한 규칙이 없고, 수렴된 계통들도 거리가 멀기는 하지만 공통조상을 가지기 때문이다.

사한 형질이 나타나는 것을 말한다. 생물들의 계통이 서로 연관되어 있지 않으므로 각 계통에서 나타나는 **다른(비상동적인 nonhomologous)** 형질들은 각기 다른 유전적 또는 발생학적 경로를 이용해서 형성되었을 것이다(그림 16.6).

상동성(Homology)

역사의 개요

비교해부학자인 Richard Owen(1804~1892)에 의해서 1840년대에 소개된 용어로서, 기능은 다르지만 같은 기관이라고 간주되는 기관을 상동(homologous)기관이라고 한다. 유사한 뼈들이나 근육들—윗팔의 상완골, 아래팔의 요골과 척골—에 대한 연구에 의하면, 척추동물에 속하는 다양한 종류의 앞다리는 걷거나 날거나 헤엄을 치는 등, 그 기능이 제각기 다르지만 상동기관이다(그림 16.7, 16.8). 이와 반대로, 서로 다른 집단에 속하는 동물의 기관 중 기능은 유사하지만 그 구조가 다른 기관을 **상사(analogous)**기관이라고 한다. 박쥐와 새의 날개는 뼈로 구축되어 있는데 비해서 곤충의 날개는 그렇지 않으므로, 이들의 날개는 구조적으로 공통점을 보이지 않는다. 따라서 이 경우는 상동기관이 아니라 상사기관이다.

■ **상사성(homoplasy)** 이라는 용어는 한 계통 내에서 진화적 역사를 공유하지 않는 형질들을 말하며, 평행진화에 의한 것인지 수렴진화에 의한 것인지에 대한 설명 없이 문헌에서 자주 쓰인다.

Darwin 이후 상동기관은 진화적인 역사를 공유하는 생물, 특히 공통조상에서 유래된 생물들에서 볼 수 있음이 알려졌다. 상사기관은 공통조상에서 유래되지 않은 생물들에서 보인다(그러나 모든 동물들은 아주 오래 전 공통조상에서 유래했다).

상동성에 대하여

상동성이란 특징이 같다거나 똑같이 보인다 라고 구태여 말할 필요가 없을 정도로 같은 것을 말한다. 열 살 먹은 아이들도 6,000만 년 전의 말의 발가락을 보고 발가락이라고 한다. 그러나 말의 발가락들은 말이 진화해온 계통 내에서 상동성을 보이는데, 이들은 같은 위치에 같은 형질을 가졌던 한 조상에서부터 유래했기 때문이다. 그림 16.7에 제시한 여러 척추동물의 앞다리 골격들은 상동기관이라고 할 수 있다. 즉 앞다리가 새에서는 날개로, 물개에서는 지느러미발로 진화하면서 형태는 변했지만, 한 조상이 가졌던 형질에서 유래했기 때문이다(그림 16.7, 16.8). Darwin이 말한 대로 "물건을 잡기 위한 사람의 손, 굴을 파기 위한 두더지의 손, 말의 앞다리, 돌고래 앞발의 물갈퀴, 박쥐의 날개가 같은 패턴으로 구축되고, 비슷한 뼈들을 포함하며, 같은 위치에 있는 것보다 더 신기한 것이 있겠는가?" 그러나 열 살 먹은 아이가 말 발가락을 발가락이라고 인지할 수는 있지만, 날개나 지느러미발을 다리와 같은 구조라고 알아채기는 어렵다.

상동성에 대해서 논의할 때는, 비교되는 수준이 명시되어야 한다. 앞다리는 앞쪽 다리 또는 한 쌍의 앞쪽 부속지와 상동이며, 상완골은 어깨띠와 팔꿈치 사이에 있는 한 개의 뼈와 상동이다. 만약 상완골의 위치에 두 개의 뼈가 있으면 그 중의 한 개의 뼈는 다른 육상척추동물에서 보이는 한 개의 뼈와는 다른 것이다. 이럴 경우,—이런 경우는 지금까지 발견되지 않았지만—두 개의 뼈를 가지는 생물은 한 개의 뼈를 가지는 생물과는 다른 진화 과정을 거쳤을 것으로 생각할 수 있으며, 이 두 개의 뼈는 한 개의 뼈와 비상동적이며 이 뼈들에게는 다른 이름을 붙여야 할 것이다.

형질은 형태나 구조만을 말하는 것은 아니다. 생리적, 발생적, 행동적 그리고 유전적인 형질도 있다. 행동적 형질의 상동성은 상동적 구조의 형질이 발달했기 때문인지도 모른다. 이와 같은 상동적 행동의 예로서 상어들이 먹이를 기절시킬 때 전기충격을 가할 수 있는 능력을 들 수 있다. 모든 상어에서 전기충격이 발전기관에서 만들어지지만, 발전기관은 분류군에 따라서 근육이나 신경이 각각 다르게 변형된 것이다. 한 가지 측면에서 상동성(발전기관)이 보인다고 해서 다른 측면에서도 상동성(발전기관의 발생기원)이 있다고는 할 수 없다. 더욱이 어떤 구조의 표현형적 형질이 상동성을 보이지 않을 때도 같은 유전자나 유전자 경로를 가질지도 모른다. 상동성은 계층적인 개념으로서, 각기 다른(예를 들면 육상척

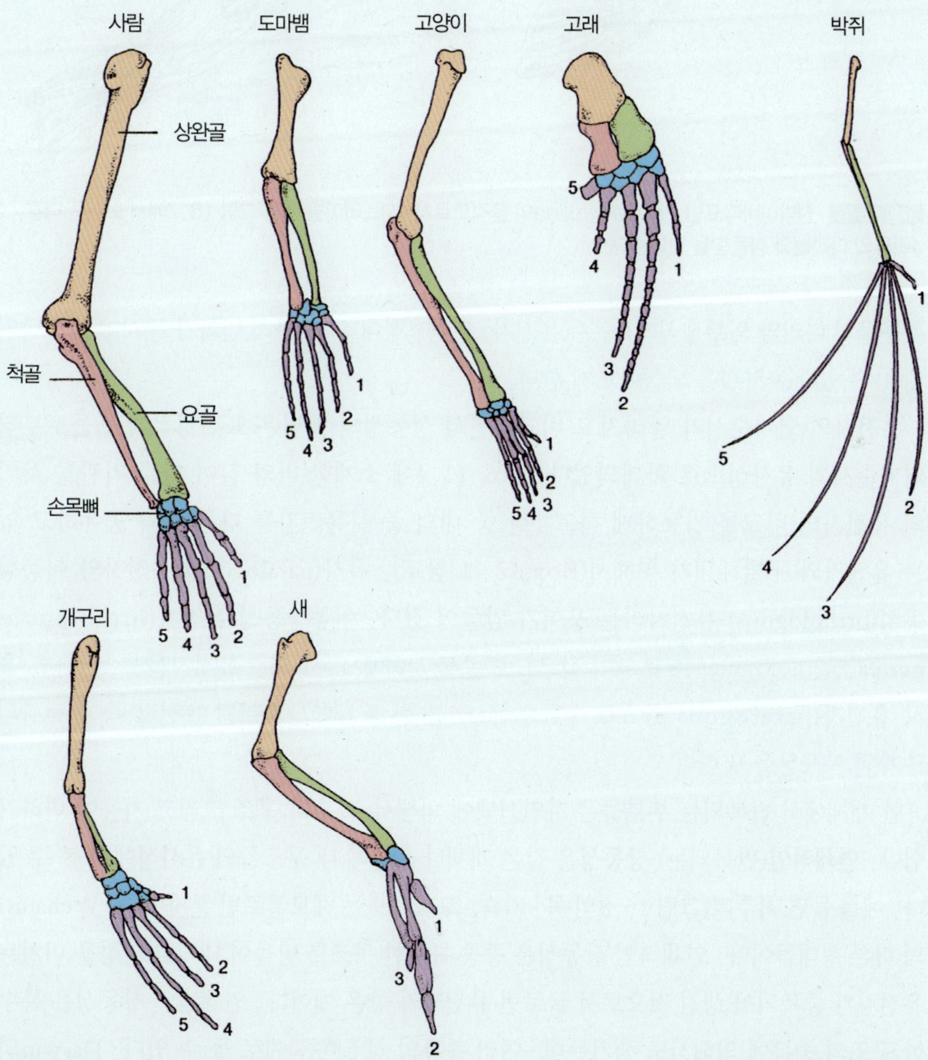

그림 16.7 대표적인 육상척추동물들의 앞다리 골격 구조로서, 각각의 뼈 부분에 대해서 상동성을 보여준다. 앞다리의 크기, 형태 및 기능에 진화적인 변화가 있었음에도 상동성이 보전되고 있음에 주의할 것. 예를 들어 상완골(베이지 색)과 요골(연두색)을 비교해보자. 손(발)가락의 수나 길이는 달라도 상동성은 보전되어 있다. 새에서는 손가락 수가 셋으로 감소했지만 대부분의 동물에서는 다섯이다. 고래에서는 두 번째와 세 번째 손가락이, 박쥐에서는 세 번째 부터 다섯 번째 손가락까지, 새에서는 두 번째 손가락이 길어졌다.

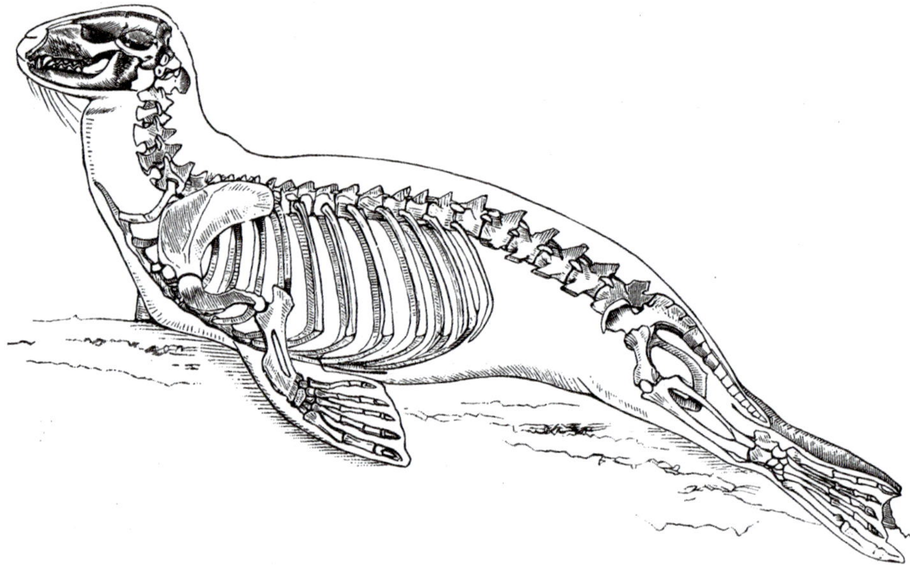

그림 16.8 점박이바다표범 *Phoca vitulina*의 골격으로서, 지느러미발 뼈는 그림 16.7에서 보여준 다른 4족류의 다리뼈와 상동함을 보여준다.

추동물의 다리와 외부생식기) 수준(유전자, 발생, 형태)의 진화적 변화가 동시에 나타나지 않을 수 있다는 사실을 되돌아보게 한다.

유전자의 염기순서가 알려지고 비교되면서 상동성의 개념은 표현형적 형질들로부터 염기순서의 유사성으로 확대되었다. Box 11.4에 소개한 바와 같이 다른 기관들 사이의 유전자의 비교를 가능하게 하고, 한 종 내의 중복 유전자를 다른 종과 공유하고 있는 유전자와 구별해내기 위해서(Box 12. 1 참조), 유사(paralogous) 유전자와 이종상동성(orthologous) 유전자라는 용어가 만들어 졌다. **이종상동성 유전자(orthologous genes**, orthologues)는 조상이 같으므로 종들 사이에서 공유되는 유전자들을 말하며, **유사 유전자(paralogous genes**, paralogues)는 한 종 내에서 중복된 유전자 즉 유전자의 추가된 복사본을 말한다.

한 개체에서 반복되는 부분들은 자연선택에 의해서 그 수나 구조 그리고 기능이 변하기 쉽다. **연쇄적인**(반복되는) **상동성**은 같은 개체나 생물체 내 구조들의 유사성에서 볼 수 있다. 예를 들면 척추뼈(그림 16.8의 목, 가슴, 꼬리), 또는 헤모글로빈 분자(α, β, γ chains)의 다른 형태들이다. 연쇄적인 상동성은 종종 특수한 구조를 만들어 내거나 영향을 미치는 유전자가 중복되어 생긴 것으로서 글로빈 유전자가 좋은 예이다. 연쇄적인 상동성은 특수한 구조의 중복에 의해서도 생기는데, 여러 종류의 척추뼈를 예로 들 수 있다. Darwin의 주장에 의하면, 이런 중복된 구조들은 원래는 유사한 형태였지만 서로 다른 모습으로 진화했다(유전자에는 없는 정보이다).

평행진화

평행진화는 가장 최근의 조상은 같지 않지만, 서로 연관된 계통들의 형질들이 유사하게 진화한 것을 말한다. 예로서, 유대 유태반류인 "호랑이"와 "늑대"가 여기에 속한다(그림 16.4). 또한 포유류 중 여러 계통에 속하는 개미핥기 유형의 동물들이 있는데, 이들은 각각 개미핥기가 아닌 다른 동물들로부터 유래했다(그림 16.5). 아프리카의 등대풀과 아메리카 선인장의 잎의 모습과 생태가 유사한 점도 또 다른 예이다(그림 10.16 참조). 상동성이나 수렴진화와 마찬가지로 평행진화도 분자 수준 또는 표현형의 다른 수준에서도 일어날 수 있다.

더구나, 위에서 그리고 1장에서 서술한대로 생물체들은 하위 단계의 정보를 기반으로 계층구조를 형성한다. 새로운 형질이 각 단계에서 출현하는데, 중요한 것은 하위 단계의 형질로부터는 이를 예견할 수 없다는 것이다(1장 참조). 만약 진화가, 예를 들어 안정화 선택에 의해서 제약을 받게 되면(15장 참조), 평행적 형질들이 형성되는 유전학적 과정 또는 발생학적 과정에서 진화적 변화는 거의 일어나지 않을 것이다.

수렴

그림 16.4에서 제시한 세 대륙의 "늑대" 표현형의 평행진화의 예로부터 수렴진화와 평행진화를 구별해내기 위해서는 진화적 관련성을 알아야 할 필요가 있음을 느끼게 된다. 평행진화는 가까운 계통들에서 유사한 형질들이 진화하는 것을 말한다. 수렴진화는 서로 다른 계통들에서 각기 다른 방식으로 유사한 형질들이 진화하는 것을 말한다. 수렴진화의 존재는 각기 다른 진화적 계통이 유사한 문제점에 부딪혔을 때, 자연선택이 유사한 기능의 해부학적 구조로 변화되도록 유도할 수 있다는, 그리고 종종 유도한다는 증거이다(그림 16.5).

수렴진화는 각기 다른 계통에 유사한 환경적 요인이 주어졌을 때 자연선택이 유사한 형질을 가지도록 작용함으로써 일어난다. 새와 박쥐의 날개는 손가락을 가지고 있는 팔과 상동하다. 왜냐하면 이들은 유사한 조절 경로를 이용해서 팔과 손가락이 만들어지는 조상에서 유래했기 때문이다. 그러나 박쥐나 새의 날개는 곤충의 날개와는 상동하지 않다. 왜냐하면 두 가지 날개형이 모두 유래될 수 있는 공통 조상은 없기 때문이다. 곤충과 척추동물의 날개의 진화는 수렴진화의 예이다—두 가지의 독립된 동물계통이 비상이라는 형질을 선택한 것이다.

추천 문헌

Felsenstein, J., 2004. *Inferring Phylogenies*. Sinauer Associates, Sunderland, MA.

Hall, B. K. (ed.), 1994. *Homology: The Hierarchical Basis of Comparative Biology*. Academic Press, San Diego, CA. [paperback issued 2001]

Hall, B. K., 1999. *Evolutionary Developmental Biology*, 2nd ed. Kluwer Academic Publishers, Dordrecht, Netherlands.

Hall, B. K., and W. M. Olson (eds.), 2003. *Keywords & Concepts in Evolutionary Developmental Biology*. Harvard University Press, Cambridge, MA.

Head, J. J., J. I. Bloch, A. K. Hastings, et al., 2009. Giant boid snake from the Paleocene neotropics reveals hotter past equatorial temperatures. *Nature* **457**, 715–718.

Lee, M. S. Y., 2003. Species concepts and species reality: salvaging a Linnean rank. *J. Evol. Biol.*, 16, 179–188.

Mayr, E., 1982. *The Growth of Biological Thought. Diversity, Evolution, and Inheritance*. Harvard University Press, Cambridge, MA.

Orlando, L., J. L. Metcalf, M. T. Alberdi, et al., 2009, Revising the recent evolutionary history of equids using ancient DNA, *Proc. Natl. Acad. Sci. U.S.A.*, **106**, 21754–21759.

Valentine, J. W., 2004. *On the Origin of Phyla*. The University of Chicago Press, Chicago.

Wilson, R. A. (ed.), 1999. *Species. New Interdisciplinary Essays*. MIT Press, Cambridge, MA.

17 종의 기원

단원요약

- 많은 종들이 오랫동안 존속하지만 유전자형과 표현형은 시간이 흐르면서 변화한다.
- 변화가 일어난다고 해도 상호 교배하는 개체들이 속해있는 집단의 지위는 종으로 유지된다.
- 종분화는 집단이 나뉠 때 또는 소수의 개체들이 원래의 환경과 비슷하거나 다른 환경 내에 분리된 개체군을 만들 때 시작될 수 있다.
- 다른 환경에 분리되어 서식하는 집단이 없다면, 종분화는 늦은 속도로 진행되어, 많은 집단들에서 수백만 년 단위로 일어날 것이다.
- 한 집단에 속하는 집단이 격리되어도 종분화가 일어날 수 있으며, 지리적으로 격리된 집단에서의 종분화보다 훨씬 빨리 일어날 수 있다.
- 격리된 집단의 경우, 이 격리된 집단이 원래의 집단으로부터 분화하기 시작할 때 자연선택이 이들을 새로운 환경에 적응하도록 유도할 것이다.
- 행동적, 계절적 또는 서식지의 차이로 인하여, 고립된 집단이나 한 개체군의 한 집단이 생식적으로 격리될 것이다.
- 추가적인 생식적 격리가 생김으로써 원래의 개체군과의 교배가 장해를 받게 된다.
- 생식적 격리는 완벽하게 되고 그 집단은 생식적으로 격리된 신종으로 된다.

위 그림: 화려한 종의 분화: 물꽈리아재비 (*Mimulus* sp.)

개요

신종이 기존의 종에서 진화한다면, 종의 기원에 대한 문제는 신종이 어떻게 생기는가의 문제라고 할 수 있다. 한 계통 내에 변화(소진화, microevolution)가 일어나면 아종이나 변종이 생기는 것이며 새로운 종이 생기는 것은 아니다. Darwin은 한 생물의 계통이 어떻게 한 종에서부터 시작해서 자연선택에 대응하여 시간이 흐름에 따라 연속적으로 변할 수 있는지를 설명하기 위해서 헌신했다(6장 참조). 이런 유형의 종분화 방식은 적응방산이라고 알려져 있으며 개체군들 중에서의 분화의 원천을 나타낸다. 종 다양성은 조상계열 내의 분지로 인해서 둘 이상의 종들 또는 종들의 무리(단일계통군, clade)가 출현할 때 발생한다.

종분화는 개체군 내 또는 개체군 간의 유전자 교환이 방해를 받을 때 시작될 수 있으며, 각각 **동소적 종분화**(*sympatric speciation*)와 **이소적 종분화**(*allopatric speciation*)라고 한다. 이소적 종분화는 대부분 개체군이 지리적으로 나누어지거나 몇 개체가 격리됨으로써 시작되며, 후자의 경우 창시자 효과(founder effect)라고 알려져 있다. 격리된 개체들이 점유하고 있는 환경이 원래 개체군의 환경과 다를 경우 격리된 개체들은 자연선택에 의해서 다른 환경 조건에 적응하게 된다. 시간이 흐름에 따라 격리된 개체들의 표현형은 원래의 종과 달라지기 시작할 것이다. 이와 동시에 혹은 곧 이어서, 원래의 종, 그리고(또는) 또 다른 환경의 다른 집단과의 유전자교환을 방해하는 생식적 격리 기작이 생겨나게 될 것이다. 교배를 막는 격리 기작으로는 계절적 격리, 행동적 격리, 서식처의 선호성에 의한 격리, 발생학적 변화에 의한 격리가 있는데, 이러한 격리들에 의해서 교배, 수정 또는 배아의 발생이 억제된다. 동소적 종분화 과정에서도 이와 유사한 변화가 일어지만 원래 집단의 지리적 분할은 일어나지 않는다.

분화가 시작되지 않아도 종은 변할 수 있다

대부분의 진화는 최초로 종분화를 일으키게 한 통합적인 형질을 가진 개체군에서 일어난다. 그렇더라도, 한 종 내에서 장기적으로 변화가 일어나는 데에 종분화의 개시가 필요한 것은 아니다. 왜냐하면 대부분의 경우 종이 분화할 때는 표현형적인 변화만 일어나는 것은 아니기 때문이다. 그러나 이런 변화는 종종 종이 변하고 있다는 최초의 신호이기도 하다. 종분화가 일어나기 위해서는 이전에 상호 교배하던 뎀(deme)들의 생식적 격리가 필요하다.

■ 이 장의 종분화에 대한 논의에서는, 종의 개념을 다른 종으로부터의 생식적 격리를 근거로 정의하였다. 즉 생물학적인 종의 개념이 사용되었다(16장 참조).

14장에서 논의했듯이, 대부분의 종들은 둘 이상의 집단으로 구성되어 있고, 많은 종들은 많은 집단들로 구성되어 있다. 또한 집단들은 분산되어 있으므로 각 집단들이 처한 환경들은 각기 다를 것이다. 그 결과 한 종에 속하는 집단 중에서도 각 지역마다 그 환경에 적응하는 집단이 나타날 수 있다. 이런 지역적 변화는 형태적, 생리적, 및(또는) 행동적인 차이로 나타난다. 만약 이런 지역적 적응이 그 집단의 번식에 영향을 미치지 않는다면, 다른 집단들의 개체들과 여전히 서로 교배할 수 있으므로 집단은 다시 합쳐질 것이다. 이 집단은 여전히 한 종으로 보전되지만 아종이나 변종은 생길 수 있다. 한 종 내에서 환경변화에 대하여 적응이 일어나는 것은 소진화의 한 가지이다(6장과 11장 참조).

한 종이 많은 집단으로 구성되어도, 집단들 사이의 유전자 확산(gene flow)이 느리거나 또는 지역적인 특수화가 억제되면 종은 안정적으로 유지될 수 있다. 유전자 유입이 클수록 시간이 흐름에 따라 차이점들은 더 적어지고, 종은 더욱 안정된다. 한편 개체군들 사이의 유전자 교환을 억제하는 기작들이 있으면 특징적인 집단들이 형성된다. 만약 이런 집단들이 여전히 원래 집단의 개체들과 교배할 수 있다면 이 집단들은 변종, 아종 또는 자매종이라고 한다(16장 참조). 한 예로서, 유전자 유입은 철새종의 집단들 사이보다는 수가 많은 텃새종의 집단들 사이에서 더 빈번하여, 철새의 변종 수는 텃새에서 보이는 변종 수의 보통 절반 이하를 나타낸다. 수컷이 새끼를 돌보는 현상도 암컷이 새끼를 돌보는 종에 비해서 더 많은 변종을 포함하는 종에서 더 자주 관찰된다. 여기서 의미하는 것은, 이동 또는 새끼의 돌봄과 같은 행동이나 번식패턴이 유전자 확산에 영향을 미치며 나아가서는 한 종 내의 분화까지도 영향을 미칠 수 있다는 것이다.

이 장에서는 종의 분화가 어떻게 시작되는지를 논의하고 종분화에 대한 실지 예를 소개한다. 종분화에는 두 가지가 있다. 즉 지리적 격리 후 개체군들 사이에서 종분화가 시작되는 **이소적 종분화**와, 한 개체군 내에서 종분화가 시작되는 **동소적 종분화**이다. 이소적 종분화는 보통 격리된 집단 내에서 동소적 종분화가 일어난 후에 일어나지만, 동소적 종분화는 지리적 격리 없이 시작될 수 있다.

◆ 적응과 분화

진화적으로 연관된 생물 집단들은 항상 그렇지는 않지만 지리적으로 연결되어 있는 경우가 많다. 해양이나 산맥과 같은 대규모의 지리적 장벽은 집단들을 고립시켜서, 격리된 집단들이 상당히 변할 수 있는 조건을 만들 수 있다. 지리적 장벽을 뛰어넘어 새로운 환경에 정착한 이주자들은 종종 완전히 새로운 집단의 조상들이 된다. 갈라파고스 제도에 도착한 방울새(finch)에서 파생된 종들이 대규모로 진화 방산한 것이 그 예이다. 아마도 남미 본토의 방울새가 갈라파고스제도에 비어있던 생태적 지위(niche)를 차지하여 신종으로 진화했을 것이다(그림 6.10, Box 14.2 참조). 이 과정을 **적응방산(adaptive radiation)**이라고 하며, 한 가지 또는 몇 가지형(form)이 새로운 지역 내에서 다양한 서식지를 점유하는 많은 다른 종으로 빠르게 진화하는 것을 말한다. 호주의 유대류의 방산(그림 6.11 참조)은 대륙의 고립(이 경우, 호주에 유태반류가 없었던 점)으로 인해서 경쟁에서 살아남은 유대류가 어떻게 폭넓게 다양한 형태와 기능을 가진 종으로, 즉 초식동물에서 식육동물까지 그리고 다른 대륙의 유태반류에 상응하는 종류로 분화하게 되었는지를 보여준다.

지리적 격리에 의한 종의 분화

종분화의 가장 일반적인 형태로 간주되는 과정(이소성 또는 이소적 종분화)은 한 종이 둘 이상의 집단으로 나뉜 후에만 시작된다. 이 장의 뒷부분에서 언급하겠지만 종분화는 집단 내에서도 시작될 수 있다(동소성 또는 동소적 종분화).

지리적인 격리(geographical isolation)가 이소적 종분화의 첫 단계이지만, 종분화는 종의 일부분이 지리적으로 격리됨으로써 자연적으로 생긴 결과가 아니다. 격리된 집단의 환경이 이전의 환경과 같으면 원래 종의 한 개체군 상태로 남는다. 위에서 논의한대로, 환경이 달라지면 그 개체군들은 같은 종에 속하는 다른 집단들과 생식적으로 격리되지 않은 채, 달라진 환경에 적응할 수도 있다. 종분화는 매우 드물며, 특이한 일인 것이다.

■ Box 6.6에서 소개한대로, 지리적 격리의 개념은 19세기에 하와이의 달팽이의 종분화를 설명하기 위하여 John Gulick에 의하여 발전했다.

종분화가 시작되기 위해서는 지리적으로 격리된 집단이 새로운 환경에서 차별된 선택에 직면해야하며 이 선택에 대한 반응으로 형태적 적응이 일어나야 한다. 따라서 **차별적인 선택과 적응**은 이소적 종분화에서 두 번째 단계인 것이다. 그러나 다음 단계인 **생식적 격리**로 이어지지 못하면 고립된 개체군은 형태적으로는 차이가 나더라도 여전히 같은 종의 구성원인 것이다. 이들 세 가지 단계-격리, 지역에 대한 적응, 및 생식적 격리-그리고 그 결과로서 양친 종이나 다른 종과의 교배가 억제되는 것은 이소적 종분화의 기본인 것이다.

지리적 격리의 유형

유전자 교환의 감소와 생식적 격리는 개체군이 나뉘어져서 다른 영역이나 서식지(habitat)를 차지하면서 일어난다(그림 17.1). 지역적 분리는 (a) 새로운 하천이 한 지역을 가로지르듯이 한 개체군을 둘로 나누기도 하고, (b) 원래의 집단으로부터 작은 집단을 격리시키기도 하며, 또는 (c) 소수의 개체가 원래의 집단에서 고립되었을 때 시작되기도 한다(이와 같이 해서 섬에서는 많은 새로운 종들이 탄생한다). 이 세 가지 격리의 유형은 지리적 격리의 정도와 지속적인 유전자 교환의 가능성 면에서 차이를 보인다(그림 17.1). 진화생물학자들은 다음과 같이 설명하고 있다.

- **이소적 종분화(Allopatric speciation)**: 자연적인 장벽이나 중간에 개재하던 지리적 집단들이 사라짐으로써 집단이 나뉘었을 때
- **비주류 종분화(Peripatric speciation)**: 큰 집단으로부터 작고 완전히 격리된 창시자 집락(founder colony)이 갈라져 나옴으로써 집단이 나뉘었을 때
- **근지역 종분화(Parapatric speciation)**: 주변에 있는 한 종의 집단이 다른 환경에 적응했지만 양친 집단들과 근접해 있어 이들 간에 유전자 교환이 가능할 때(그림 17.1)

위에서 소개했고 앞으로도 논의하겠지만, 한 집단 내에서 유전자 확산이 지리적 격리 없이 방해되면 동소적 종분화가 시작될 수 있다.

격리된 집단의 크기는 작을 수도 있다. 이론적으로는 수정된 난자를 보유하는 암컷 한 마

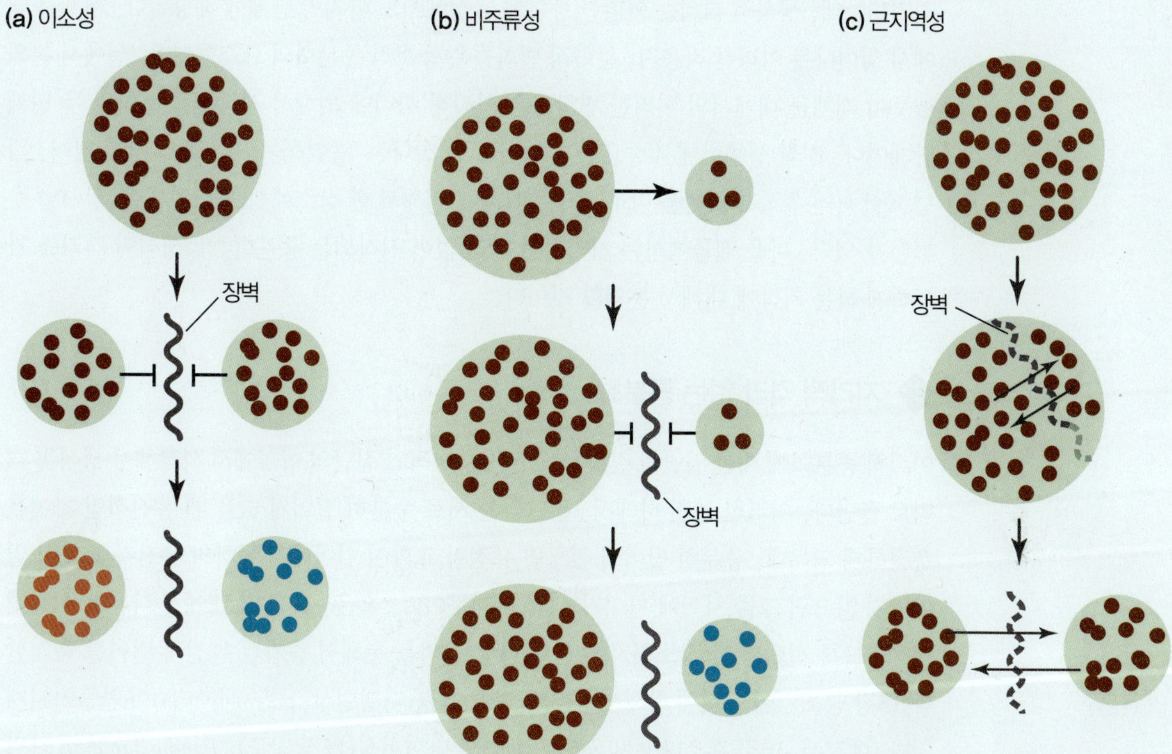

그림 17.1 종분화에 대한 세 가지 패턴의 비교. **(a)** 이소성, 장벽이 집단을 둘로 나누어 유전자 확산을 막는다(⊣); **(b)** 비주류성, 작은 개체군이 격리되어 창시자 개체군을 만들며 개체군들 사이에 유전자 확산이 일어나지 않는다(⊣); **(c)** 근지역성, 장벽이 한 집단을 격리시키지만, 두 집단 사이에 여전히 유전자 확산이 일어난다(⇄).

리 또는 암 · 수 한 쌍이 신종의 기반을 이룰 수 있는 새로운 개체군을 구축할 수 있다. 분화의 이런 단계를 **창시자 효과**라고 하는데, 19세기 중반 John Gulick가 발견한 과정으로서(Box 6.6 참조), 학계에 큰 영향을 미치고 있는 진화생물학자인 Ernest Mayr가 이 용어를 만들어냈다. BOX 17.1에서 소개한, 창시자 효과의 좋은 예로서 하와이섬의 초파리(*Drosophila*) 속의 종분화가 있다. 갈라파고스섬에 서식하는 다윈의 방울새의 방산과 분화도 창시자 효과에 의해서 시작되었다(Box 14.2 참조).

종분화는 주변의 개체군이 이들의 양친개체군과 유전적으로 격리된 환경에 놓여 있을 때 매우 빨리 진행될 수 있다(비주류 종분화; 그림 17.1). 작고 고립된 집단은 유전자 부동의 경향이 있고, 근친교배를 하기 쉽고, 새로운 환경과 강한 선택압에 노출되어 있다(12장 참조). 이런 요인들의 복합적인 효과가 새롭고 상호 적응된 유전자를 구성하게 되어, 행동, 형태 및 생리적인 면에 영향을 미치게 된다. 이는 인접한 개체군 및(또는) 조상 개체군으로부터의 생식적 격리를 위한 필수적인 전조 현상이다.

■ 이론적으로는 한 개체라도 그 개체가 달팽이처럼 자웅동체일 경우에는 새로운 개체군을 형성하기에 충분하다.

지리적으로 일단 격리되면, 이 개체군은 계절적으로, 행동적으로 또는 서식처와 관련된 과정들을 통해서 더욱 격리되고, 더 제한된 유전자 확산 및 생식적 격리에 의해서 한층 더 격리되는데, 생식적 격리는 어떠한 종분화 과정에서도 마지막 단계에 해당된다. 개체군 내에서 일어나는 이러한 적응적, 분화적 변화들은 동소적 종분화의 요소들이다. 위에서 논의했듯이 개체군 내에서의 이러한 변화들은 지리적 격리에 의해서 시작된 종분화의 두 번째 단계이다. 진화 생물학에서 중요한 논쟁거리 중 하나는 "종분화가 **지리적인 격리 없이**, 집단 내에서의 유전자 확산을 감소시키는 기작에 의해서 한 장소에서(동소적으로) 일어날 수 있는가"였다. 다음 절들에서는 지리적인 격리 없이 시작되는 종분화, 및 생식적 격리를 가능하게 하는 기작에 대해서 논의할 것이다.

지리적 격리 없는 종분화

이소적 종분화에 대한 일련의 진화적 사건은 특징적인 집단의 형성에서 시작해서 생식적 격리로 끝난다. 이러한 조건 하에서, 집단들은 서로 충분히 떨어져 있을 때 유전적인 차이를 축적하게 되는데, 충분히 떨어져 있으면 유전자 교환이 일어나지 못하며 유전자 교환이 일어나지 않으면 그들 사이에 차이가 생기기 때문이다. 혹은, 그 지역 내에서 다른 서식지에 적응하도록 선택된 한 장소의 집단은 분단성 선택을 통해서 증가된 유전적 변이를 축적한다(15장 참조). 이 선택에 의해서 종 내에 다른 유형(다형현상, *polymorphism*)이 만들어지게 된다. 예로서, 영국 후추나방 *Biston betularia*의 다형현상(15장 참조), *Papilio dardanus* 나비의 의태, *Helicoinus erato* 나비의 의태를 경유한 변종 또는 특징적 집단의 진화, 및 깡충거미(jumping spider)의 앞다리와 섭식부속지에 있는 황조광대파리(apple maggot) *Rhagoletis pomonella*의 베이츠 의태(Batesian mimicry)가 있다.

한 종 내에 형(morph)이 만들어짐으로써 종분화가 일어나는 것은 아니지만, 지리적인 격리로 인해서 형들이 출현한다면, 생식적 격리가 일어나고 종분화가 시작될 수 있는 조건이 만들어 졌음을 말한다. **표현형 적응성(Phenotypic plasticity**, 다형현상의 기저를 이룸)은 초기 종분화에서 중요한 역할을 하는데, 특히 형태적 변화가 행동의 변화를 동반할 때 두 가지 변화 모두가 개체군 내의 개체들이나 집단을 격리시키는 기작으로 작용한다. 이와 같은 일은 발생과정에서 표현형에 변이가 생기기 쉬운 식물이나 동물이 미소 서식지로 나뉘어 있는 곳에서 서식할 때 일어나기 쉽다. 동물의 경우는 공격적 행동, 세력권 보호 습성 또는 번식지 방어와 같은 행동이 효과적인 생식적 격리를 일으킨다.

키크리과(Cichlidae) 물고기

동소적 종분화는 이와 같은 조건에서 일어날 수 있고, 여러 계통에서 실지로 일어났음이 알려져 있다. 그 중 아프리카 리프트호(African Rift Lake)의 작은 분화구 호수에 사는 키크리과의 물고기가 아마도 가장 잘 연구된 예 일것이다. 약 300만년 내지 400만년 전부터 유래한 키크리과의 물고기들은 척추동물에 대한 폭발적인 방산과 동소적 종분화의 예이다. 이러한 분화의 가장 극적인 사건은 동아프리카 호수 중 가장 최근에 생긴 빅토리아 호수에서

BOX 17.1

하와이 초파리의 종분화

지질구조의 변화(Tectonic event, 2장 참조)로 인해서 하와이제도가 탄생되었고 오랜 기간에 걸쳐 하와이제도가 형성되었다. 현재 하와이 아래에 있는 지구 맨틀의 국지적인 열점은 암석권에 구멍을 내어 화산을 분출시켰는데, 태평양 플레이트가 북서쪽으로 이동함으로써 일련의 섬들이 형성되었다. 다른 하와이제도의 섬들에 비해서 크기가 큰 하와이는 다섯 개의 분화구로 구성되어 있다. 여러 가지 오래된 섬들이 침식되어, 우선 환초로, 그 다음에는 해산(가라앉은 분화구, 심해저(深海底)에서 1,000 m 이상 높이의 바다 속의 산)으로 되었으며, 하와이에서 미드웨이제도를 지나 알류샨열도의 서쪽으로 섬들이 이어졌다.

하와이제도에는 초파리속에 속하는 800종 이상의 토착종이 있는데, 가장 오래된 종은 3,000만 년 전에 나타났다. 이들 중에는 "그림날개" 종군("picture-winged" species group)에 속하는 100종이 있는데, 날개에 큰 무늬가 있어서 이렇게 불리고 있다(그림 B17.1). 침색 염색체의 밴드패턴을 세밀하게 분석하면 이들 100종은 창시자 사건으로부터 유래했고, 각각의 하와이의 섬에 비교적 소수의 개체가 정착하여 이들의 자손들이 다른 종으로 진화했음을 말해준다(그림 B17.2). 종분화에 성공한 각 섬의 창시자는 수정된 알을 가진 암컷이었을 것으로 추측된다.

하와이제도 중 가장 오래된 카우아이섬은 560만년 정도 된 섬이다. 그림날개 초파리속에 속하는 12종 중 10종은 하와이제도 중 가장 오래된 종들이다. 마우이섬군(Maui island complex)에 있는 41종의 고유종(그림 B17.2)은 열둘의 창시자로부터 유래했는데, 열은 오하우섬에서, 둘은 카우아이섬에서 유래했다. 가장 젊은 섬인 하와이에는 오래된 섬들의 창시자들로부터 유래한 26종이 있는데, 이들은 500,000년 미만의 기간 동안에 진화된 것이다.

(a)

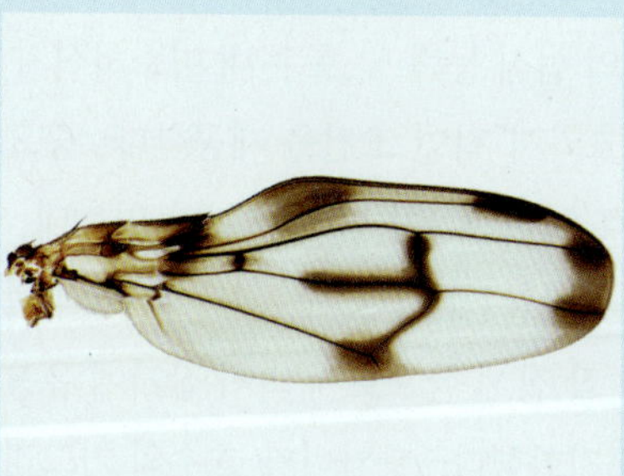

(b)

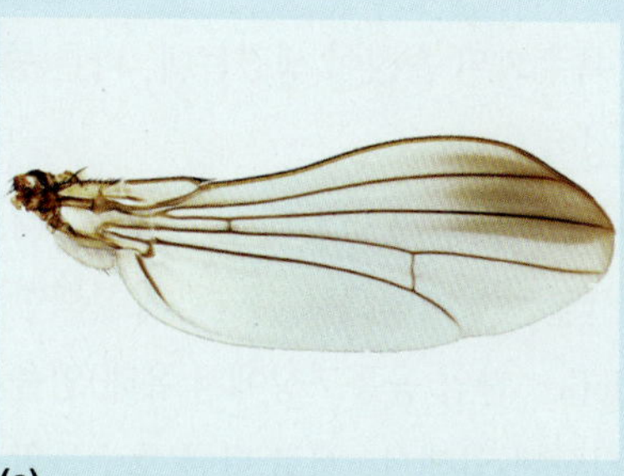

(c)

그림 B17.1 하와이에 사는 그림날개 초파리의 날개 패턴. **(a)** *Adiastola*의 날개. **(b)** *Planitibia*의 날개. **(c)** *Antopocerus*의 날개.

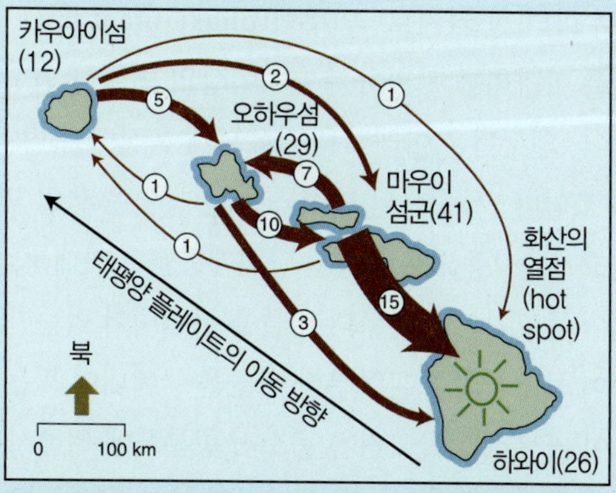

그림 B17.2 하와이제도 초파리속 그림날개 집단의 종분화와 관련된 창시자 사건을 보여주는 집락형성(colonization) 패턴. 화살표의 굵기는 창시자들의 수(동그라미 안 숫자)에 비례해서 표시했다. 1992년에 출현한 각 섬의 초파리속 종수는 괄호 안에 표시했다. (출처: Carson, H. L. *Drosophila Inversion Polymorphism*. CRC Press, 1992.)

일어났다. 빅토리아 호수는 마지막 빙하기인 12,400년 전에 완전히 말라버린 것으로 알려져 있다. 그런데 500종의 새로운 종이 그 시대 이후에 생겨났다.

아프리카의 빅토리아 호수, 말라위 호수 및 탕가니카 호수에는 각각 키크리과에 속하는 300종, 200종 및 125종의 고유종이 살고 있으며, 모든 종들이 동소적 종분화에 의해서 신속하게 생겨난 것으로 보인다. 빅토리아 호수는 750,000년 전 이후에 생겼는데, 다른 곳에서는 전혀 발견되지 않는 300종이 이곳에 살고 있다. 지질학적인 증거가 시사하는 것처럼 빅토리아 호수가 정말로 12,500년과 14,000년 사이에 말라버렸다면, 이 종들은 놀랄 정도로 빠르게 생겨난 것이 된다. 만약 최근에 발견된 남미의 키크리과 *Apistogramma*속의 경우가 아프리카의 키크리과에 적용된다면 이 물고기의 종수는 상당히 과소평가된 것이다. *Apistogramma caetei*와 같은 개체군의 개체들은 오로지 색깔만 다르므로 같은 종으로 취급되어 왔다. 그러나 이 개체들은 암컷의 교미 선택성 때문에 서로 교배를 하지 않으므로, 진정한 생물학적 종들인 셈이다.

슬프게도, 지난 40년간에 걸쳐 빅토리아 호수는 지구상의 어떤 호수보다도 가장 빠르고 심하게 쇠퇴되었다. 과도한 낚시, 외래종의 도입(특히 Nile tilapia, *Oreochromis niloticus*, 및 Nile perch, *Lates niloticus*), 공해 및 주위 내륙의 관리 미숙 등이 호수의 산소농도를 저하시켰고, 조류(藻類)로 인하여 호수가 "질식"했다. 현재는 고유종의 반 이상이 멸종되었다. 키크리과의 물고기만이 위기에 처한 것은 아니다. 삼천만의 인구가 생계를 위해서 빅토리아 호수에 의존하고 있다. 종분화의 분화구가 멸종의 분화구로 되었다.

키크리과 물고기는 생태와 행동 면에서 다양하다. 표현형 적응성(그림 17.2와 14장 참조), 공격적 행동, 세력권 보호 습성, 특수화된 먹이의 섭식 능력 및 호수 내 미소서식지 환경 이용 능력들이 조합해서 동소적 종분화를 위한 "교과서"적인 조건을 제공한다. 중요한 특수화의 한 가지로, **인두턱(pharyngeal jaws)**으로 알려진 2차 턱의 진화가 있는데, 이 턱은 아가미를 지지하는 1개 이상의 연골이 변형되어 발달한다(BOX 17.2). 두 개의 턱이 있어, 인두턱은 아래턱을 자유롭게 움직여서 먹이를 잘 잡게 함으로써 먹이 잡기에 유용하게 쓰인다. 특수화된 먹이를 잡는 능력은 놀랄 만큼 진화했다. 탕가니카 호수의 키크리과 물고기 중 7종으로 구성된 단일계통군은 비대칭적인 턱을 가졌다. 이 비대칭성으로 인해서 먹이 물고기의 왼쪽부터 비늘을 긁어내어 먹는 매우 특수화된 습성이 생겼는데, 다른 종은 먹이 물고기의 오른쪽부터 비늘을 긁어내어 먹는 습성이 있다.

이 키크리과 물고기가 동소적 종분화에 의해서 특수화되었는지 어떻게 알 수 있을까? 한 가지 증거는 mtDNA의 염기서열 분석으로서, 염기서열은 형태적으로 다양하게 분화한 동아프리카의 키크리과 물고기들이 단계통(monophyletic, 단일 공통조상에서 유래)임을 말해준다. 동소적 종분화를 통한 평행진화 또는 수렴진화에 의해서, 서로 다른 호수들의 물고기들이 형태적으로 그리고 행동적으로 유사하게 된 것이다(그림 17.3).

생태적인 이질성은 유전적 다양성을 강화시키고 생식적인 격리를 유도한다. 그 예는 다

그림 17.2 키크리과 물고기의 체형, 색깔 및 무늬의 다양성을 보여주는 예.

른 서식지에서 살도록 실험한 초파리 *Drosophila melanogaster* 개체군에서 볼 수 있다. 곤충에 대한 동소적 종분화의 다른 예로서, 먹이로 이용하기 위하여 다른 숙주식물에 적응하는 것이다. 잘 알려진 연구 예로는 사과를 먹는 광대파리가 있다.

베이츠 의태 부분에서 소개한 황조광대파리 *Rhagoletis pomonella*는 영국에서 유래했으며 그곳에서는 산사나무의 열매를 먹고 산다. 이 곤충은 1800년경에 북미에 도입되었는데, 그 후 50년 이내에 사과를 먹는 새로운 종류가 생겼다. 충분히 분화했으므로 산사나무를 먹는 종류는 사과를 먹지 않을 것이고, 사과를 먹는 종류는 산사나무 열매를 먹지 않을 것이다(그림 17.4). 사과와 산사나무의 열매 숙성기의 차이는 이들 기생곤충 성체의 출현시기의 차이와 관련이 있으며, 이러한 차이는 유전자 교환을 방해하는 생식적 장벽으로 작용한다.

BOX 17.2

키크리과 물고기의 인두턱

생물들이 다양한 환경을 개척할 수 있는 잠재력에 대한 특히 좋은 예로, 경골어류의 많은 계통들에서 **두 번째 턱(second set of jaws)**이 진화한 것을 들 수 있다(그림 B17.3).

이와 같은 **진화적 적응성(evolutionary plasticity)**(12장과 14장 참조)으로 인하여, 동아프리카 호수의 키크리과의 물고기들은 빠르게 종분화를 일으켜서, 이 호수 내에서 미소서식지와 먹이를 개발하게 되었다. 키크리과 물고기들의 발생학적, 형태학적 적응성의 조합, 환경 변화에 빠르게 반응하여 표현형을 조절하는 능력, 짧은 세대, 먹이 종류의 풍부함, 세력권 보호 습성, 그리고 은신처에 대한 공격적 방어 습성 등으로 인해서, 키크리과의 물고기들은 종분화 시의 빠른 진화적 변화와 표현형적 적응성의 역할에 대한 "교과서"적인 예로 되었다.

턱의 형태적 특수화는 다양한 먹이에 적응하는 생태학적 특수화를 반영한다 - 플랑크톤, 유기물 쓰레기, 곤충, 곤충의 유생, 다른 물고기와 물고기의 배아를 먹기도 하고, 조류(藻類)를 뜯어 먹기도 하며, 달팽이를 부수어 먹기도 한다.

이름이 말해 주듯이 인두턱(그림 B17.3)은 원래의 턱 뒤에 있는 인두궁에서 발생한다. 아래턱과 인두턱은 모두 이빨을 받쳐준다. 인두턱과 인두의 이빨은 먹이를 다루는데 쓰이는데, "진짜" 턱이 먹이를 잡기에 좋은 구조로 되도록 한다.

그림 B17.4에서 보여주듯이 인두턱은 큰 파쇄판(crushing plate)으로 구성되어 있고, 잡은 먹이가 부드러운지 딱딱한지에 따라 형태적으로 특수화되어 있다. 이런 소특수화(sub-specialization)와 위에서 설명한 다른 특성들이 함께 작용하여 키크리과 물고기에서 종분화가 일어나게 되었다.

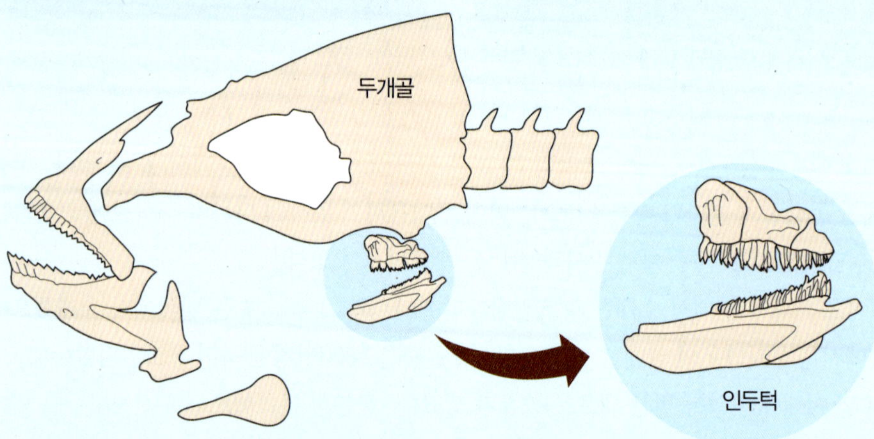

그림 B17.3 키크리과 물고기의 머리. 상 · 하의 인두턱이 아래턱과 두개골 배쪽면 사이에 있음을 알 수 있다. 오른쪽 그림은 인두턱과 인두이빨을 고배율로 보여준다.

(계속)

BOX 17.2

키크리과 물고기의 인두턱 (계속)

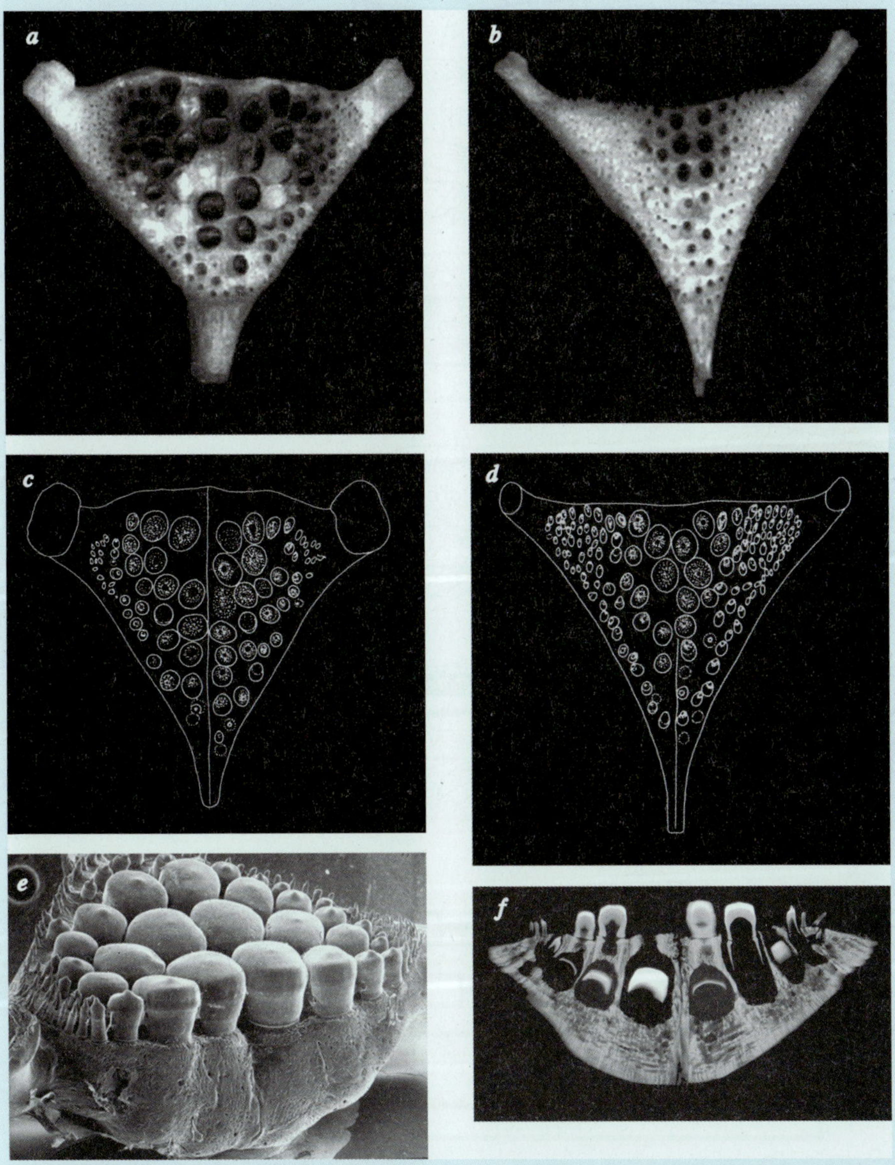

그림 B17.4 키크리과 물고기의 아래쪽 인두턱과 이빨. 키크리과의 한 종(Midas cichlid)인, *Amphilophus citrinellus*는 다형종으로, 어금니형 이빨이 있는 인두턱을 가지는 것과 (a), 유두형 이빨 cichlid을 가지는 것이 있는데(b), 이 두 가지 형은 먹이가 다른 것과 관련이 있다. 동아프리카의 키크리과 물고기인 *Astatoreochromis alluuaudi*에도 두 가지 형, 즉 딱딱한 먹이와 관련된 어금니형(c)과, 부드러운 먹이와 관련된 유두형(d)이 보이는데, 두 가지 형 모두 먹이를 바꾸면 형태가 바뀐다(a-d는 입안에서 본 모습이다). (e) 주사형 전자현미경으로 본 어금니형 이빨. (f) 인두턱 어금니형 이빨 조직절편의 x-ray 상.

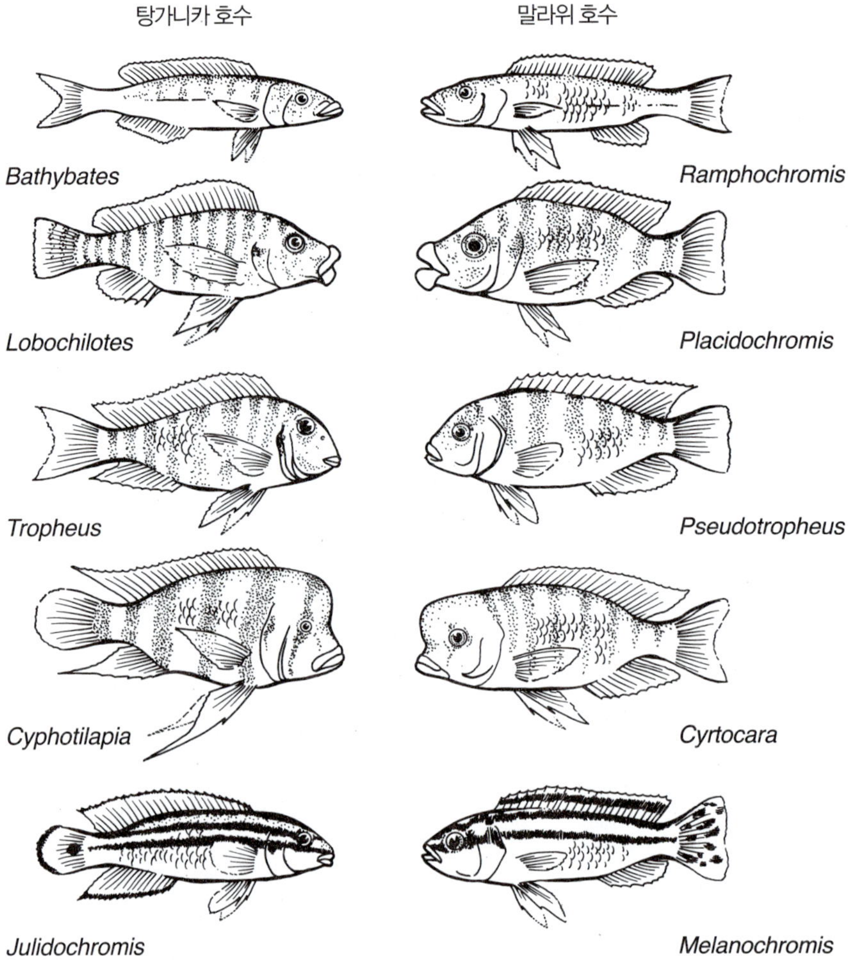

(a)

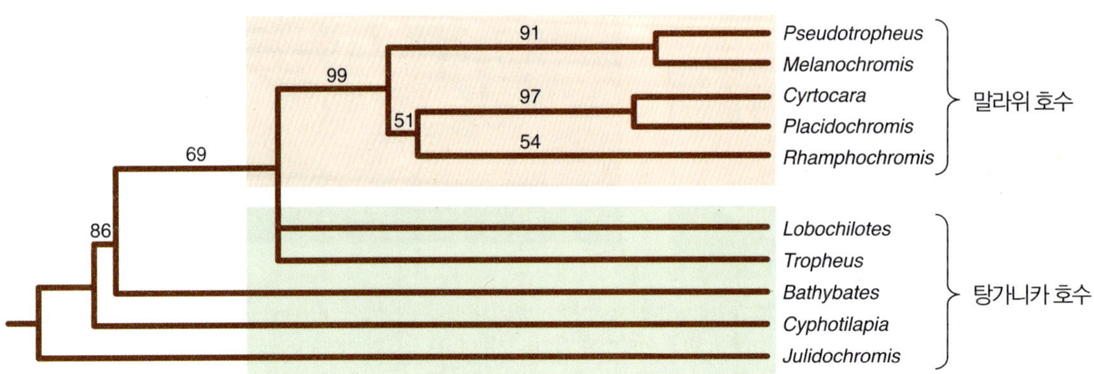

(b)

그림 17.3 **(a)** 탕가니카 호수와 말라위 호수에서 발견된 12속에 속하는 키크리과 물고기 종의 형태 비교. **(b)** 이들 물고기들의 분기점을 보여주는 계통도. 숫자는 50%가 넘는 percent bootstrap(confidence) 값을 나타낸다. 이들은 여러 동아프리카 호수와 강에서 발견된 수천 종의 키크리과 물고기 중 몇 가지 종에 불과하다. (출처: Kocher, T. D., J. A. Conroy, K. R. McKaye, and J. R. Stauffer, *Mol. Phylog. Evol.* **2**, 1993: 158~165.)

◆ 생식적 격리를 일으키는 기작

동소적 종분화에서 논의한대로 생식적 격리는 여러 가지 방법에 의해서 일어난다. 그 중 계절적 격리, 서식지와 관련된 격리, 그리고(또는) 행동적 형질의 변화가 가장 흔하다.

계절적 격리(seasonal isolation) 또는 **서식지 격리(habitat isolation)**가 일어나면, 잠재적인 배우자들은 다른 계절이나 다른 서식지에서 성숙하여 번식을 하므로 서로 만나지 못한다. 예를 들어 자주달개비류인 *Tradescantis canaliculata*와 *T. subaspera*는 같은 지역에 분포하지만 꽃들이 다른 계절에 피기 때문에 서로 격리되어 있다. 더구나 한 종은 햇볕 아래에서 잘 자라지만 다른 종은 아주 그늘진 곳에서 자란다. 이러한 상황이 종이 이소적 종분화에 의해서 분화했는지 동소적 종분화에 의해서 분화했는지를 말해주지는 않지만 이 두 종은 다른 생태적 지위(niche)를 차지하고 있다.

행동적 격리(behavioral isolation)가 일어나면, 같은 장소에 두 종의 암수가 같이 만나더라도 구애의 패턴이 서로 다르므로 교배가 방해된다. 새들의 다양한 노래 소리, 개구리들의 구애 울음소리 그리고 대부분의 동물들에서 볼 수 있는 구애 행동들은 같은 종에 속하는 예비 배우자들에게만 매력적인 것이다. 많은 식물들에서 꽃이 피는데, 곤충과 수분매개 조류가 모이는 꽃이 각각 다르며, 어떤 꽃은 특정한 종류의 수분매개 곤충만을 유인하기도 한다(BOX 10.2 참조). 행동적 격리는 이소적 종분화 또는 동소적 종분화에 의해서 일어난다. 여러 종들이 행동적 격리에 의해서 동소적으로 분화했음이 알려져 있다. 동소적 종분화에 대한 가장 좋은 예는 다윈의 방울새로서, 이 장과 잡종에 대해서 설명한 장(chapter)에서 논의되어 있다.

Rosemary와 Peter Grant는 갈라파고스의 다프네섬에 사는 2종의 다윈의 방울새–*Geospiza fortis*, 중간정도 크기의 땅방울새(ground finch)와 *Geospiza scandens*, 선인장 방울새(cactus finch)(그림 5.9 참조)–에 대한 연구에서, 생육 중에 전달되는 학습된 특성인 종 특이적 노래는 종간의 생식적 장벽으로 작용할 수 있다고 말했다. 다윈의 방울새는 부화 후 10일 내지 40일 사이의 짧고 민감한 기간 중에 아비 새(male parent)로부터 노래를 배운다. 새들은 대부분 매우 정확하게 노래를 기억하며, 노래를 다르게 기억하는 경우는 매우 드물다. 그러나 이와 같은 세대 간의 학습으로 인해서 완전하게 생식적 격리가 일어나지는 않는다. 종간 교배로 인하여 잡종이 생기지만, 잡종은 드물어서 함께 새끼를 기르는 쌍(breeding pair)의 1% 미만에서 일어난다(종분화와 잡종형성지대 참조).

두 종의 형태적 차이가 아주 적더라도, 행동적 차이가 있으면 종간 교배가 일어나지 않는다. 따라서 자매종인 *Drosophila melanogaster*와 *D. simulans*는 서로 닮았지만, 같은 공간에서 길러도 보통은 서로 교배하지 않는다.

그러나 보통 한 가지의 격리 기작만으로는 종을 격리하는 장벽이 되지 않는다. 자매종인 *Drosophila pseudoobscura*와 *D. persimilis*는 다음과 같은 장벽에 의해서 격리되어 있다.

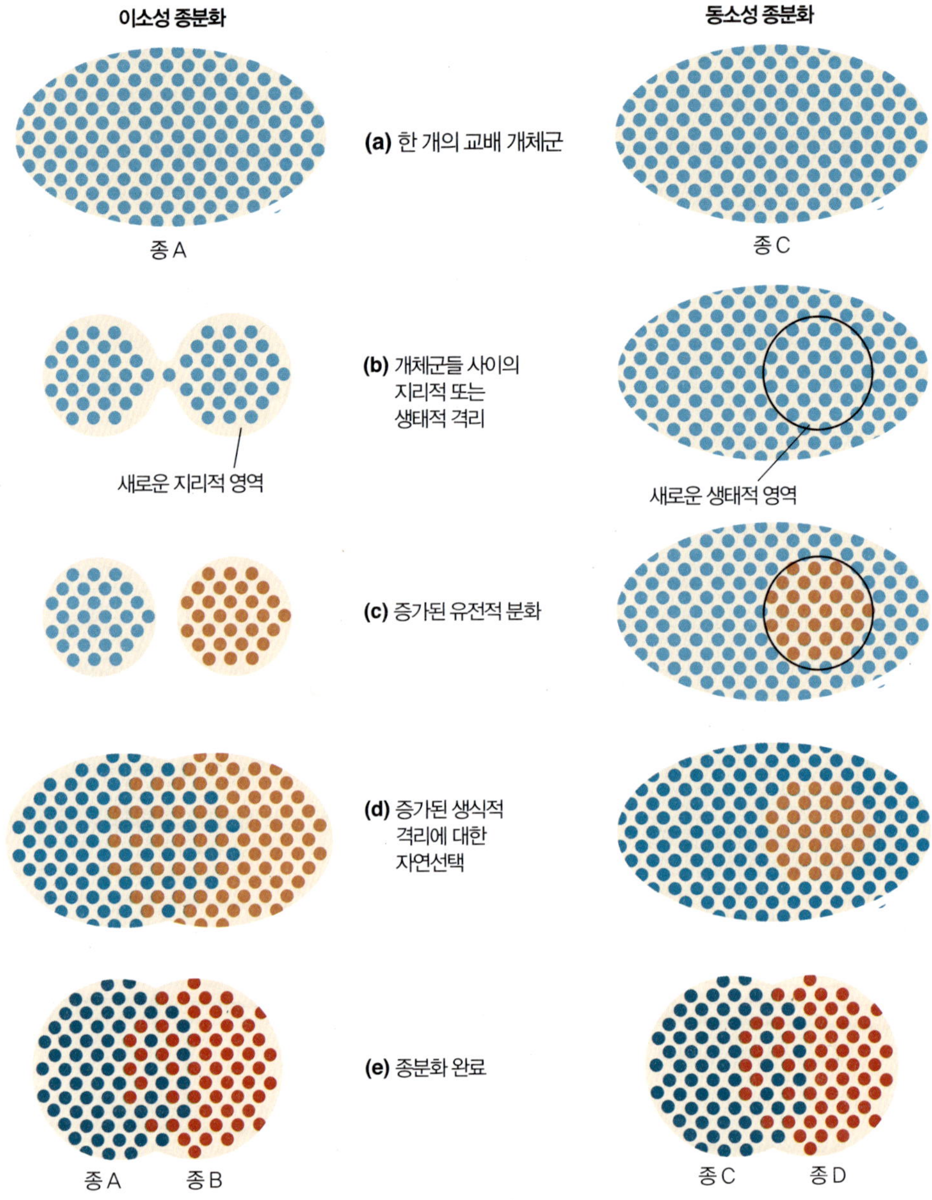

그림 17.4 종분화의 두 가지 형을 단순화한 그림으로서, 이 두 가지 형은 지리적 격리 여부에 따라 구별된다. 이소성 종분화에서는, A종의 한 개체군**(a)**은 한 개 이상의 새로운 지리적 영역으로 나누어져서**(b)** 유전적인 분화가 일어난다**(c)**. 이후, 집단들의 혼합체가 형성되면**(d)** 증가된 생식적 격리 기작에 자연선택이 작용하게 된다. 두 종(A와 B)이 같은 지역에 서식하더라도 집단 간의 유전자 확산이 더 이상 일어나지 않으면 종분화가 완성된다**(e)**. 동소성 종분화에서는 C종의 한 개체군**(a)**이 한 지역 내에서 특수한 서식지나 먹이처럼 다른 생태적 영역을 차지하는 한 개 이상의 집단으로 나누어진다**(b)**. 집단 사이의 유전적 차이가 증가하면**(c)** 자연선택이 생식적 격리 기작에 작용하여**(d)** 결국 완전한 종분화가 유도되며**(e)**, C종과 D종으로 분화된다. (출처: Strickberger, M.W. *Genetics. Third edition*. Macmillan, 1985.)

- **서식처**–*persimilis*는 보통 더 서늘하고 고도가 더 높은 곳에 산다.
- **구애 시기**–*persimilis*는 보통 아침에 더 활발하고, *pseudoobscura*는 저녁에 더 활발하다.
- **교미 행동**–암컷은 같은 종의 수컷을 더 좋아한다.

이 두 종의 분포 범위가 미국 서부지역의 넓은 지역에 걸쳐 중복되지만, 위의 세 가지 격리 기작에 의해서 이들은 독립된 종으로 유지되어 있다. 염색체 역위는 수컷을 불임으로 만들어서 생식적 격리를 강화시키며, 지금까지 조사한 수천의 초파리들 중 자연에서 종간 교배에 의해서 태어난 암컷이 발견된 것은 소수에 지나지 않는다.

◆ 생식적 불화합성

반드시 그런 것은 아니지만, 계절, 서식지 및 행동에 의한 격리가 생식적 불화합성을 일으킬 수 있다. 이전에는 서로 연결되어있던(아니면 잡종을 형성할 수 있던) 개체군이 생식적 불화합성에 의해서 격리되는 가장 흔한 세 가지 기작은

- 배우자, 접합자 또는 초기의 배아의 **죽음**
- **생존 가능성이 낮은 잡종**의 형성, 또는
- **잡종의 불임성**이다.

예를 들어, 식물의 꽃가루는 다른 종의 화주(암술대) 내에서는 꽃가루관으로 자랄 수 없어서 성장할 수 없다. *Rana*속의 개구리 12종을 종간 교배시켰을 때는 생존이 불가능한 경우가 많았다. 어떤 경우는 난할이 일어나지 않았고, 난할과 포배는 정상이었으나 낭배형성에 실패한 경우도 나타났다. 또 다른 경우는 초기 발생은 정상이었으나 이후의 단계에서 발생이 되지 않았다.

초파리(*Drosophila*)를 종간 교배시킨 경우, 정액 주입으로 인해서 암컷의 질 내에 부종이 일어나고, 난자의 성공적인 수정이 방해된 예도 있다. 위에서 서술했듯이, *Drosophila pseudoobscura*와 *D. persimilis*는 사실상 완벽하게 생식적으로 격리되어 있다. 종간 교배가 일어나도 생식적 불화합성으로 인해서 유전자 교환은 일어나기 어렵다. F_1 잡종 수컷은 불임인데, 임성이 있는 F_1 암컷과 양친종의 수컷과 역교배시키면 그 자손들은 양친종의 가계보다 생존 가능성이 현저히 낮아진다(잡종 붕괴로 알려져 있는 과정).

잡종

잡종의 불임은 생식적 격리에 매우 중요하다고 오랫동안 생각되어 왔으며, 많은 주목을 받아왔다. 가장 친숙한 예가 아마도 노새인데, 노새는 수탕나귀(*Equus asinus*)와 암말(*Equus caballus*)의 새끼이다. 반대로 교배하면 버새(hinny)가 태어난다. 불임은 염색체 불화합성에 의해서 일어난다. 말은 64쌍의 염색체를 가지며, 당나귀는 62쌍, 노새는 63쌍을 가진다.

■ 노새는 불임이므로 종명이 붙여지지 못한다. 그리고 가축화된 동물 종으로도 인정되지 않는다.

1889년에 Alfred Wallace는 **잡종이 적응 면에서 열등할 경우(잡종의 열등성, hybrid**

inferiority), 개체군 사이의 교배에 대한 장벽이 자연선택에 의해서 형성되었을 것이라고 제창했다. 그의 가설에 의하면, 대부분의 집단이나 종들이 특수한 환경에 강하게 적응되어 있으므로, 성적 격리에 대한 자연선택이 일어난다고 하였고, 이 가설은 나중에 실험에 의해 입증되었다. 집단들은 종분화를 통해서, 적응하지 못한 집단들로부터의 유전자 확산을 차단하고, 그들이 적응함으로써 얻은 이익을 보전한다. 매우 적응된 집단들 사이의 잡종들에서는 양친의 유전자 복합체가 유전적으로 희석되므로 원래의 환경에 처할 경우 아주 불리해 질 수 있다. 이 경우 잡종의 열등성에 의해서 종의 분리가 강화된다. 진화적 변화에 대한 그럴듯한 순서로는, 한 종에 속하는 다른 지역(allopatric) 집단 사이의 유전적 차이의 진화, 이들 분화된 집단들의 같은 지역(sympatric) 내에서의 중복 서식, 자연선택을 통한 성 격리 기작의 확대, 및 잡종에 대한 자연선택(그림 17.4, 왼쪽)일 것이다. 그러나 종분화와 잡종형성지대에서 논의하는 대로, 잡종의 유전자는 새롭게 구성되었으므로 양친종이 처한 환경보다는 변화된 환경에 더 잘 적응할 수 있을 지도 모르며, 이 경우 잡종은 새로운 종으로 될 수 있다.

동소성 및 이소성 집단에서의 성적 격리

두 종이 **동소성 집단(sympatric population)**일 경우는 지리적으로 너무 가까워서 잡종이 만들어지기 쉬우므로 성적 격리(sexual isolation)가 매우 강할 것이다. **이소성 집단(allopatric population)**의 경우 지리적으로 너무 떨어져 있어서 잡종이 만들어지기 어려우므로 성적 격리는 매우 약할 것이다. 진화생물학자들은 이런 가설에 대한 증거를 찾기 위해서, 야생의 조건과 실험실 조건에서 동소성 및 이소성 집단들 사이의 성적 격리의 정도를 비교했다. 가장 좋은 정보들이 초파리에 대한 연구에서 얻어졌다.

초파리의 두 자매종인 *Drosophila arizonensis*와 *D. mojavensis* 사이의 성적 격리 정도를 실험했는데, 연결된(동지역성) 또는 분리된(이지역성) 집단들로부터 채집하여 종간 교배시켰다. 종간 교배(*arizonensis* × *mojavensis*)는 분리되어 있는 집단에서 채집된 경우 4%에서만 일어났지만, 연결된 집단에서는 25%에서 일어나 대조적이었다. 식물을 이용한 실험에서도 같은 결과가 얻어졌다. 일년생 식물인 *Gilia*속의 9종을 종간 교배시키는데 있어 가장 어려운 것은 이소성 종이었다. 반대로 동소성 종들에서는, F1 잡종은 모두 불임이었지만, 종간 교배의 장벽은 없었다.

위의 연구결과 외에도, 수백 종의 나방에 대한 자료가 있다. 암컷을 유인하는 수컷의 냄새방출기관(scent-emitting organ)은 다른 숙주식물에 모이는 종들에 비해서 같은 숙주식물에 모이는 종들에 현저하게 더 많다. 이런 기관들은 종 특이성 구애 페로몬을 생산하기 때문에, 성적 격리 기작들은 나방이 다른 숙주식물(이소성)을 이용할 때 보다 같은 숙주식물(동소성)을 이용할 때 더 많이 쓰인다.

전접합자 격리(prezygotic isolation) 기작이 동소성 집단에서 작동할 수 있다는 실험에,

보통 때는 격리되어 있는 초파리 자매종인 *D. pseudoobscura*와 *D. persimilis*가 이용되었다. 자연에서, 그리고 실험실 내 정상 온도에서는 이 두 종이 성적으로 격리되어 있지만, 기온이 내려가면 종간 교배가 증가한다. 다른 동형 열성 대립유전자를 이용하여 두 종을 동정하고 낮은 온도조건에서 형성된 잡종을 찾아내어, 잡종들을 종간 교배 개체군에서 제거했다. 이와 같은 일을 매 세대마다 했더니 잡종은 점점 감소되었다. 예를 들어 다섯 세대 후, 두 종이 혼합된 집단에서 잡종의 빈도는 처음에 50%였던 것이 5%로 떨어졌다. 이는 **잡종에 대한 자연선택**으로 인해서 성적 격리에 대한 빠른 선택이 일어나고 잡종 형성이 감소된다는 강력한 증거가 된다. Yellow sweet 계통의 옥수수와 white flint 계통의 옥수수 실험도 유사한 예이다. 많은 이형접합체를 생산한 식물들을 제거함으로써, 다섯 세대 후에는 종간 교배의 비율이 40%에서 5% 미만으로 감소했다.

■ **전접합** 격리 기작은 종간 교배가 일어났을 때 배우자가 형성되지 않는 경우이며, **후접합** 격리 기작은 교미는 일어나지만 배아가 발생하지 못하는 경우이다.

초파리 종들은 이미 생식적으로 격리되어 있었으므로—이들은 다른 종임—심해진 성적 격리는 과거에 발생한 종분화를 강화시켰다. 그렇다고 심해진 성적 격리가 미래의 종분화에 대한 기작의 증거로 사용될 수는 없다. 그럼에도 불구하고, 자연선택이 잡종에 작용함으로써 전접합자 격리가 실험적으로 증가할 수 있다는 사실은, 이 격리 기작은 잡종의 적응도가 낮아질 경우에 작용한다는 것을 시사한다. 야생 집단에서 잡은 *D. pseudoobscura* 암컷

■ 수퍼마켓에서 파는 옥수수인 사탕옥수수는 알맹이에 비타민 A가 많이 포함되어 있으므로 노란색이다. 경립옥수수(인디안 옥수수)는 단단한 알맹이를 가지므로 갈아서 음식으로 이용되며 빵 과자를 만들거나 스튜나 스프를 만드는데 쓰인다.

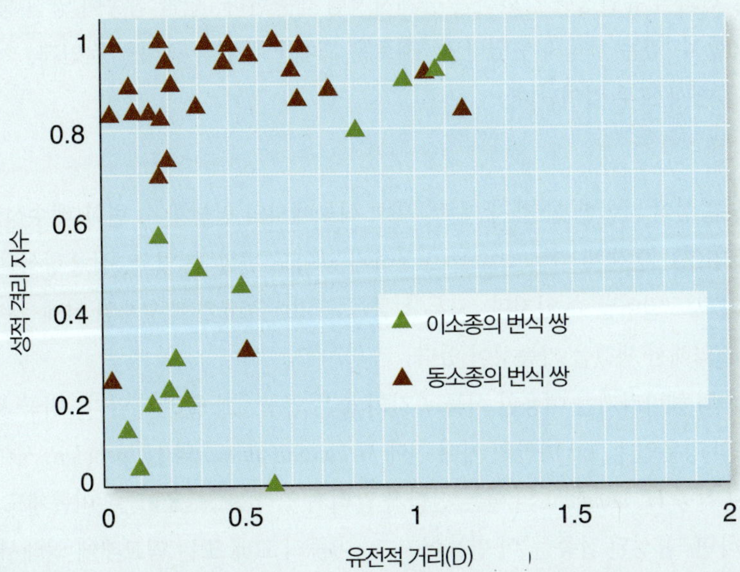

그림 17.5 이소성 및 동소성 초파리 종의 번식 쌍에 대한 성적 격리 정도를 유전적 거리에 대비시켜 표시한 그림. 성적 격리 지수 1 = 완전한 격리 상태, 0 = 격리가 안 된 상태. 그림이 보여 주는 것처럼, 짝을 이룬 종이 밀접하게 관련된 경우 — 이들의 유전적 거리는 짧다(예를 들어 0.5)— 이들은 이소성일 때 보다 동소성일 때 서로 더 격리되어 있다. 이소성 집단은 동소성 집단보다 유전적 거리가 더 멀 때 생식적으로 격리된다(각각 D = 0.54와 0.04). 대략, 초파리속에 속하는 종이 분화하기 위해서는 동소성 집단의 경우 200,000년이 걸리지만, 이소성 집단의 경우 270만년이 걸린다. (출처: Coyne, J. A., N. H. Barton, and M. Turelli, *Evolution*, **51**, 1999: 643~671.)

과 *D. persimilis* 수컷의 교배 실험은 *D. persimilis*가 없는 지역보다 개체군들이 겹쳐진 지역에서 성적 격리가 증가했음을 보여준다.

야생 개체군에 대한 폭 넓은 연구에 의하면, 초파리속에서는 성적 격리가 이소성 종보다 동소성 종에서 더 큰 것이 밝혀졌다(그림 17.5). 이 연구의 분석에는 **유전적 거리**가 이용되었는데, 유전적 거리는 두 종간의 진화적 분화에 대한 척도로서, 보통 대립유전자의 빈도를 근거로 결정된다. 유전적 거리가 적을수록 더 가까운 종들인 것이다. 그림 17.5에서 보여주듯이 두 종이 밀접하게 연관되어 있으면—이들 간의 유전적 거리는 작음(예를 들어 0.5)—이들은 이소성일 때보다 동소성일 때 더 격리되어 있다. 더욱이 이소성 집단이 생식적으로 격리되기 위해서는 동소성 집단보다 더 큰 유전적 격리(큰 유전자 거리)를 필요로 한다. 그림 17.5에서 이소성 집단과 동소성 집단의 종들의 유전적 거리는 각각 0.54와 0.04이다.

종분화와 잡종형성지대

종의 장벽이 무너져서 생존 가능하고 임성이 있는 잡종이 태어난다면, 유전자형과 표현형이 양친 종과 다른, 잡종들이 많이 모여 사는 **잡종형성지대(zones of hybridization)** 또는 **잡종지대(hybrid swarms)**가 형성될 수 있는데, 이런 경우는 식물에서 종종 일어난다. 때로는 임성이 있는 잡종들이 한 종에서 다른 종으로 유전자를 도입시키고, 종의 생태적 범위를 넓히며, 진화적 유연성을 강화하는 중개자처럼 작용한다. 만약 잡종이 양친 종들 보다 더 잘 적응할 수 있는 서식지가 있다면, 새로운 개체군은 결국 격리될 것인데, 이 과정은 식물과 동물에서 모두 일어난다.

식물

종분화에 잡종형성이 기여한 한 가지 예로, 특히 식물에서의 염색체 수 변화(배수성)를 들 수 있다(12장 참조). 염색체 수는 잡종을 형성하지 않아도 변할 수 있고, 잡종형성은 배수체가 생기지 않고도 일어날 수 있지만, 모든 식물 종의 40~70%가 배수체인 점에서 배수체가 잡종형성에 의해서 생겼을 가능성이 있다.

*Helianthus*속의 해바라기를 이용한 식물 종간의 좋은 연구예가 알려져 있다. 미국 서부에 서식하는 3종의 경우인데, 60 미만의 세대 전에 *Helianthus annuus*와 *H. petiolaris* 사이에서 최초로 형성된 잡종 *H. anomalus*의 빠른 진화가 알려져 있다(그림 17.6). 흥미롭게도 두 양친 종을 교배하면 "합성된 잡종들"이 만들어지고, 이들의 교배 또는 역교배에 의해서도 잡종이 만들어졌다. 합성된 잡종들의 게놈은 자연에 있는 *H. anomalus* 잡종과 유사한데, *H. anomalus*의 양친 유전자와 유사한 유전자를 포함하며 다른 유전자는 포함하지 않는다. 일단 최초의 잡종이 만들어지면, 장차 유전자가 축적되어 잡종의 유전자 구조로 발달하는데 있어서 자연선택이 중요한 역할을 한다.

(a) (b) (c)

그림 17.6 위 사진은 서부 미국에서 보이는 3종으로서, 잡종인 *Helianthus anomalus*(**a**)의 빠른 진화를 보여준다. 이 잡종은 60 미만의 세대 전에 *H. annuus*(**b**)와 *H. petiolaris*(**c**)의 종간 교배에 의해서 최초로 만들어졌다.

동물

흔하지는 않지만, 잡종형성은 동물의 종분화와도 관련이 있다.

이 장 앞부분에서 논의했듯이, 두 종의 다윈의 방울새—다프네 섬에 사는 중간 크기의 땅방울새(ground finch)와 선인장 방울새(cactus finch)—의 배우자 선택에 있어서는 노래의 유형이 중요하다. 종간 교차 학습을 시키면 완전한 생식적 격리가 일어나지 않으므로 종간 교배에 의해서 잡종이 형성될 수 있다. 그러나 잡종형성은 매우 드물게 일어나며, 번식 쌍(breeding pair) 중 1% 미만에서 일어난다. 잡종이 가지는 부리의 크기는 양친 종들의 중간 크기이지만, 이 부리의 크기에 맞는 적당한 크기의 씨앗이 있어야 생존할 수 있다. 잡종의 번식과 생존은 환경의 지배를 받는다.

큰 폭우가 있은 지 1년 후, 다프네 섬의 생태적 조건이 변해서 작고 부드러운 씨들이 많이 생겼다. 이런 새로운 환경에서 중간 크기의 부리를 가진 잡종들은 이 씨들을 먹고 살아남아 크게 번성했다. 그러나 잡종들은 자기네들끼리 교잡하지 않았다(이들은 그 수가 매우 적었기 때문에). 대신, 잡종들은 그들에게 **각인된 노래의 유형에 따라서** 양친 종들과 역교배를 했는데, 이로 인하여 유전자가 한 종에서 다른 종으로 유입되었다. 유전자 확산의 비율은 낮았지만 여러 역교배 세대들의 생존율이 높았기 때문에, 선인장 방울새의 30%가 중간 크기의 땅방울새 유전자의 일부를 가지게 되었다. 종간 교배로 인하여 선인장 방울새 개체군의 유전적 변이와 표현형적 변이가 현저하게 증가된 것이다.

자연에서의 잡종형성의 빈도와 영향

다윈의 방울새의 예에서 보았듯이, 우연한 잡종형성으로 인한 진화의 결과로서 유전적 변이가 증가되며, 이후 자연도태가 이 변이에 영향을 미치게 된다. 만약 이후에 환경이 변한다면 빠른 진화적 변화가 뒤따르게 된다(Box 5.1 참조). 서로 밀접하게 연관된 종들 사이에서 우연히 유전자가 교환되는 이와 같은 유형은 자연에서 흔히 볼 수 있다. 이런 예는 곤충, 키크리과 물고기, 큰가시고기, 많은 식물종, 수컷이 새끼를 돌보는 조류와 포유류에서 볼 수 있는데, 적응방산이 빠르게 진행되는데 중요한 역할을 할 것이다.

새로운 잡종이 얼마나 자주 생겨나는지를 말하기는 어렵다. 한 가지 이유로서, 자연상태에서 발생하는 **잡종형성의 빈도**가 다르기 때문인데, 유관속(관다발)식물에서는 과(family)에 따라 이 빈도가 다르다. 어떤 식물의 과에서는 잡종이 생기기 어렵지만, 다른 과에서는 잡종형성에 의해서 50% 이상의 종들이 생겨났다. 이런 예들로부터 식물의 25%와 동물의 10%가 한 종 이상의 다른 종들과 종간 교배할 것으로 추측되어 왔다. 잡종형성 능력은 오래 전에 분화된 계통들 보다는, 서로 밀접하게 관련된 종들 중 방산이 빨리 진행되고 있는 집단에서 많이 알려져 있다.

한편, 진화에 **잡종이 미치는 영향**은 이들의 빈도가 가리키는 정도 보다 더 클지도 모른다. 어떤 잡종 식물들은 많은 종과 많은 서식지를 차지하는 완전한 계통들의 조상들일 수도 있다. 물론, 앞에서 논의한대로 통상적으로 잡종의 불임성은 진화에 대한 장벽이다. 그렇더라도 특히 식물의 경우 영양생식 식물이나 자가 수정 식물에서 배수체가 만들어지면 임성이 있는 배우자를 생산할 수 있다(그림 11.2 참조). 이 배우자들은 반수체가 아니라 이배체이므로 단번에 신종이 탄생하며, 자신과 같은 식물이나 다른 이배체 잡종 식물과는 임성을 유지하지만, 양친 종들과 교배하면 불임이 된다. 실험실에서 사육용 누에 *Bombyx mori*와 야생의 *B. mandarina*를 교배시켜 탄생한 배수체 잡종 계통은 다음 세대로 이어갈 수 있다. 왜냐하면 배우자는 삼배체이므로 반수체인 배우자와 역교배하면 사배체가 만들어지는데, 이들은 서로 교배가 가능하기 때문이다. 잡종형성과 종분화와의 관련성에 대한 분석은 매우 중요한 주제로 남아 있다.

유전자와 종분화

종분화를 일으키는 특정한 유전자들이 있는가?

"종분화 유전자"에 대한 연구는 대부분 성적 특성에 초점을 맞추는데, 이 특성은 때때로 종을 격리시키는 장벽을 세우는 것과 관련된다. 초파리속의 종에 속하는 한 집단의 성적 특성과 비성적(nonsexual trait) 특성들 사이의 변이를 보면, 성적 특성들은 종간에서는 보다 큰 변이를 보이고, 종 내에서는 보다 적은 변이를 보인다. 이는 자연선택이 때에 따라 성적 특성에 다르게 작용함으로써 나타난다. 자연 선택은 종분화 동안에는 성적 특성에 크게 작용하여 개체군들 사이의 차이를 크게 하며, 종분화 후에는 종 내의 균일성에 크게 작용한다. 성적 특성의 변화는 초기의 종분화 사건과 관련되어 있다는 연구도 있다. 또한, 생물은 다양하지만 각 생물의 성적 특성에 관련된 유전자의 역할은 유사하다는 것이, 초파리 종들 사이의 페로몬 차이, *Heliconius*속에 속하는 passion-vine 나비의 교미 선호성, 단세포 녹조류인 *Chlamidomonas*의 교미형 유전자들의 진화, 및 동물의 정자-난자 수정 반응에 대한 연구들에서 밝혀졌다.

분명히, 종분화는 다양한 방법으로 일어나고 발생하는 비율도 다양하다. 그림날개 하와이 초파리와 같은 집단에서는 종분화가 매우 빠른데(Box 17.1), 이와 같은 현상은 많은 종에서의 느린 종분화 사건에 비해서, 표현형의 효과가 큰, 소수의 유전자가 관련될 지도 모른다. 옥수수의 근연종인 테오신테(teosinte, 멕시코 및 중앙 아메리카산의 키가 큰 벼과(科)의 일년초)로부터 재배 옥수수로 빨리 이행하는 것(그림 17.7)과 물꽈리아재비 *Mimulus sp*.의 수분 매체가 벌에서 벌새로 빨리 이행하는 것(그림 17.8)은 비교적 적은 수의 돌연변이와 관련되어 있는 것으로 보인다. 다른 집단에서는 병목효과가 없는 이소성 종분화가 더 일반적이었을 것이다. 그러나 이와같은 이소성 종 분화에서도, 잡종의 붙임성이나 생존 불가능성 때문에 동소성 개체군의 성적 격리에 작용하는 자연선택이 배제되지는 않는다.

그림 17.7 **(a)** 재배된 maize의 야생형 조상인 teosinte(*Zea mays parviglumis*)로서, 다 자란 식물과 알맹이를 가지는 귀(ear)를 보여준다. **(b)** 다 자란 식물(*Zea mays mays*)과 그 자손의 귀인 옥수수 열매. 식물의 모습과 귀의 구조가 매우 다르지만 이 두 가지 형의 유전자의 차이는 비교적 적다.

(a) (b) (c) (d)

그림 17.8 벌-수분**(c)**에서 벌새-수분**(d)**으로의 이행과 관련된 꽃(물꽈리아재비, *Mimulus* sp.) 구조의 적응**(a, b)**.

추천 문헌

Barluenga, M., K. N. Stölting, W. Salzburger, M. Muschick, and A. Meyer, 2006. Sympatric speciation in Nicaraguan Crater Lake cichlid fish. *Nature*, **439**, 719–723.

Coyne, J. A., and H. A. Orr, 2004. *Speciation*. Sinauer, Sunderland, MA.

Grant, P. R., and B. R. Grant, 2008. *How and Why Species Multiply: The Radiation of Darwin's Finches*. Princeton University Press, Princeton, NJ.

Grant, P. R., and B. R. Grant, 2009. The secondary phase of allopatric speciation in Darwin's finches. *Proc. Natl. Acad. Sci. U.S.A.* (doi:10.1073/pnas.0911761106).

Hey, J., W. M. Fitch, and F. J. Ayala (eds.), 2005. *Systematics and the Origin of Species on Ernst Mayr's 100th Anniversary*. The National Academies Press, Washington, DC.

Huber, S. K., L. F. De León, A. P. Hendry, E. Bermingham, and J. Podos, 2007. Reproductive isolation of sympatric morphs in a population of Darwin's finches. *Proc. R. Soc. Lond. (B)*, **27**, 1709–1714.

Ready, J. S., I. Sampaio, H. Schneider, C. Vinson, T. Dos Santos, and G. F. Turner, 2006. Color forms of Amazonian cichlid fish represent reproductively isolated species. *J. Evol. Biol.*, **19**, 1139–1148.

Rieseberg, L. H., B. Sinervo, C. R. Linder, M. C. Ungerer, and D. M. Arias, 1996. Role of gene interactions in hybrid speciation: Evidence from ancient and experimental hybrids. *Science*, **272**, 741–745.

18 대멸종, 기회와 적응방산

단원요약

- 멸종은 작은 규모(단일 개체군)일수도 큰 규모(전체 생물상)일수도 있다.
- 대부분의 공룡과 많은 다른 육상과 해양 그룹들은 백악기말인 6,500만 년 전에 지구 상에서 멸종되었다.
- 백악기 후기의 집단멸종을 일으킨 결정적인 유일한 사건은 소행성 충돌과 연관시킬 수 있다.
- 포유류 계통은 6,500만 년 전 대부분의 공룡이 집단 멸종한 이후 계속 살아남았다.
- 생태계 요인들 — 공룡의 부재에 의한 생태적 지위(niche)의 완화와 대륙이동 결과로 생겨난 새로운 생태계의 발생 — 포유류의 진화와 적응방산을 촉진시켰다.
- 포유류의 진화는 한때의 우세가 지속적인 우세를 위해 필요한 수단이 못된다는 것이며 따라서 장기적인 진화의 성공은 예측할 수 없다는 것을 깨닫게 한다.
- 비록 대부분의 공룡은 백악기 말에 멸종하였으나 그 혈통은 조류를 통해 지속되었다.
- 익룡과 조류(익룡류)는 독립적으로 하늘을 나는 능력을 진화시켰다.
- 깃털은 오직 조류와 조류의 조상인 깃털로 덮인 공룡에서만 발달하였다.
- 조류는 파충류(살아있는 공룡)이기 때문에 현재 조류 파충류(avian Reptiles)와 비조류 파충류(non-avian reptiles)로 구분하여 말한다.

위 그림: 화석, 공룡, 멸종 증거, 과거 생물

- 곤충류는 어떤 동물보다 가장 폭발적인 적응방산을 하였으며, 현존하는 종은 기재된 90만 종과 기재되지는 않았지만 예상치로서 8백만종 이상으로 다양화되었다.

◆ 개요

6,500만 년 백악기말, 대부분의 공룡은 다른 대형 해양 파충류와 다양한 무척추 동물과 함께 절멸하였다.

소행성의 충돌이 멸종에 영향을 주었다는 이론이 가장 널리 지지된다. 희귀한 성분인 이리듐(iridium)은 종종 운석에서 발견되는데, 강한 충격의 결과로 형성되는 석영처럼 전세계적으로 백악기-제3기 경계선인 지층에서 발견된다. 유카탄(Yucatán) 반도의 칙슬루브(Chicxulub) 분화구는 지름 193 km 분화구로 소행성의 충돌 지점으로 추정된다.

포유류 계통은 비조류 공룡(non-avian dinosaurs)이 죽은 대멸종에서 살아남았다. 공룡의 부재에 의한 생태적 지위의 빈자리, 초기 대륙이동의 결과에 의한 새로운 생태계의 생성과 그에 따른 육상 식물과 같은 다른 그룹들의 진화는 포유류의 진화와 적응방산을 촉진시켰다. 포유류는 우리에게 새로운 환경에 대한 적응, 생존, 적응방산 및 다양화와 평행진화에 대해 많은 것을 깨닫게 해준다.

비행에 대한 지속적인 적응은 파충류의 두 가지 계통인 익룡류(pterosaurs/pterodactyls)와 조류에서 독립적으로 나타났다. 익룡은 속이 빈 뼈와 몸통과 날개 사이의 비행막이 발달하였고, 때로는 꼬리가 없어지고 이빨이 없어져 턱만 남아 부리로 발달하였다. 조류는 땅위나 다른 곳(나무 이외)에 서식하며 두발로 걷는 작은 육식성 공룡에서 발달하였다. 고생물학적 수준에서 중국과 다른 곳에서 최근까지 발견된 조류화석도 조류들 사이의 진화적 유연관계에 대해 알려주는 것은 많지 않다.

깃털은 파충류의 비늘에서 유래한 상동기관이며, 단열 기관이고/또는 과시하기 위한 기관으로 진화된 것으로 보인다.

곤충은 캄브리아기 이후로 그들의 헤엄치고, 날고, 기는 능력을 육상식물의 진화에 적응시키고 사회조직을 발달시켜서 다른 어떤 동물들보다 전지구로 광범위한 적응방산을 하였다. 앞서 말한 바와 같이 적은방산은 복잡함이 증가한 것이든 아니든 신중하게 고려된다.

◆ 멸종

멸종은 종이 소멸하는 현상인 반면에 종분화는 종이 새롭게 생겨나는 것이다.

멸종은 본문을 통해 여러 가지 상황에서 나타난다. 2장에서 논의한 바처럼 화석의 실재와 멸종을 일단 받아들인다면 어느 종류가 다른 종류로 대체되는 “천이의 법칙” 즉 진화의 이해가 가능하다.

화석기록에 근거한 진화를 대표하는 전형인 말계통의 진화는 많은 종분화와 멸종의 사건이 관계되었다는 것을 보여준다. 종이 항상 광범위하거나 신속하게 환경의 변화에 적응할 수는 없기 때문에 멸종은 피할 수 없는 경우에 흔히 일어나는 현상이다. 개체군이나 부분 군집이나 모집단은 충돌이나 환경적 재앙에 의한 멸종이 나타날 수 있다. 캄브리아기 절지동물의 주요 그룹이었던 삼엽충처럼 에디아카라기(Ediacaran)의 생물상은 완전히 절멸되었다(11장 참조).

멸종은 편의상 그 가혹함과 영향의 정도에 따라 몇단계로 구분된다.

- 멸종이 지역적이고 특이적이어서 종의 절멸로 이어지지 않는 경우: 종의 한 개체군이 홍수나 눈(산)사태로 전멸하더라도 다른 개체군은 살아남는다. 한 종에서 유전적 변이는 지역적 사건에 의해 감소되었을 수도 있지만 그 종은 생존했을 것이다.
- 종 전체가 사라지는 멸종: 1개 혹은 소수의 지역 개체군으로 구성된 종이라면 환경적인 사건(홍수)이나 특이한 먹이원의 제거나 전체 종에 걸친 질병과 같은 생물학적 사건에 의해 모두 절멸할 수 있다.
- 지역이나 생태계 차원에서 모든 종이 사라지는 멸종: 화산 분화의 결과로 생길수 있다.
- 방대한 규모로 일어나는 멸종은 지구나 대륙에서 종의 대부분이 절멸한다: 11장에서 논했던 눈덩이 지구이론(Snowball Earth)이 첫 번째 사례이고, 8장에서 논했던 이산화탄소 양의 증가가 두 번째 예이고, 지구와 소행성 사이의 충돌은 세 번째 예이다.

과거를 통해서 현재의 메커니즘을 추정하는 우리의 능력은 라이엘(Lyell)이 지구의 모든 현상을 설명하기 위해 기술한 것과 같은 점진적 변화의 흐름을 가로막는 철학을 의미하지는 않는다(1장과 2장 참조). 천문학자들은 우주는 돌연히 생겨났을 정도로 격렬한 장소라는 것을 증명한다. 별과 은하는 격렬한 상호작용 중에 생겨났다. 구성물질은 다수의 격렬한 사건들의 잔해로부터 기원했으며, 격렬한 충돌은 우리의 작은 태양계 같은 곳에서는 아직도 일어나고 있다. 충돌에 의한 것이든 화산활동이나 판구조 변화(2장 참조)에 의한 것이든 아니든 지구역사에서 몇 차례 발생한 대이변은 생물과 진화에 주요한 영향을 주기에 충분했다. 그 영향은 집단멸종과 생태계의 황폐를 포함한다. 대멸종은 생태적 지위(niche)를 비우게하고, 대멸종이라는 사건에서 살아남은 생물의 적응방산을 촉진시키는 중요한 요인을 제공할 수 있다.

지구 밖에서의 영향

아폴로 우주 프로그램의 축적된 결과에 따라 지구 밖의 육중한 연속적 충돌이 약 40억년 전에 달을 강타하였다는 것을 알게 되었다. 우리는 지구의 표면에서도 이와 비슷한 사건이 일어난 것으로 추정한다. 소행성이나 혜성이 더 큰 행성같은 천체에 충돌하면서 발생하는 열은 토양을 불모화시켜 생명이 출현한 이후의 시대별 특징으로 나타났다. 비록 빈번하게 일어나던 것이 크게 줄기는 했지만 아직도 충돌은 지속되고 있다. 지질학자들은 지구에서 분화구 100개 이상을 확인했다. 각각의 직경이 km에 달하는 10개 운석들은 어림잡아 40만 년마다 한번씩 각각 폭이 20 km에 달하는 분화구를 생성하였다. 폭이 50 km인 분화구는 1,250만 년마다, 폭이 150 km인 분화구는 1억년마다 생겼다.

이러한 충돌은 그 크기에 따라 오랜 기간 동안 막대한 환경에 영향을 주었을 것이다. 충돌로 생긴 분화구는 대기중으로 엄청난 양의 입자들을 쏟아내며 광합성을 방해하는 먼지구름을 생성하여 다양한 지역에서 먹이사슬을 무너뜨리는 원인이 되었다. 이런 충돌이 육지에서 발생했는지 바다에서 발생했는지에 따라 먼지를 뿜어내어 "겨울"의 주기를 빨리 오게 하거나 물에서 증기를 방출시켜 "온실효과"에 따른 높은 기온을 수반하는 커다란 기후적 온도변화를 가져올 수 있다. 그 물체가 대기에 들어오면서 발생되는 열과 출동하면서 내부에서 뿜어지는 가열된 물질들은 맹렬한 산불을 발화시키고 산화질소를 발생시켜 식물과 해양생물을 말살하는 산성비를 뿌린다.

이러한 잠재적인 효과를 감안할 때 소행성 충돌이 대멸종을 일으킨 것으로 볼 수 있을까?

◆ 대량절멸

대량절멸은 한번만 일어난 사건은 아니다. 화석기록으로 추정해 보았을 때 캄브리아기 이후에 적어도 5번의 주요한 대량절멸(표 18.1)이 있었고, 각각의 대량절멸은 상대적으로 적어도 해양동물의 75%가 갑자기 소실된 것으로 나타난다. 표 18.1에 표시한 멸종 사건들은 1억 년 마다 평균적으로 일어난 멸종을 추정한 것이다(그림 18.1).

대량절멸은 다른 소규모 멸종과 밀접한 관련이 있으며, 캄브리아기 이후부터 연속적으로 발생한 외계 물체와의 충돌에 의해 일어났을 것이다. 예상했던 대로 작은 규모의 멸종은 더 흔하게 있었지만 앞에서 언급한 중대한 사건들 사이의 평균 기간은 대부분의 해양 무

표 18.2 캄브리아기 이후 5번의 대량절멸 기록

		해양동물의 멸종 예측률(%)	
멸종	시기기간(백만년 전)	속	종
오르도비스 후기	440	61	85
데본기 후기	365	55	82
페름기 후기	245	84	96
삼척기 후기	208	50	76
백악기 후기	65	50	76

* 각각의 대량절멸은 상대적으로 적어도 해양 동물종의 75%이상이 돌연히 사라진 기간에 표시했다(Raup, D.M. and J.J. Sepkoski, Jr., Science 231(1986): 833~835).

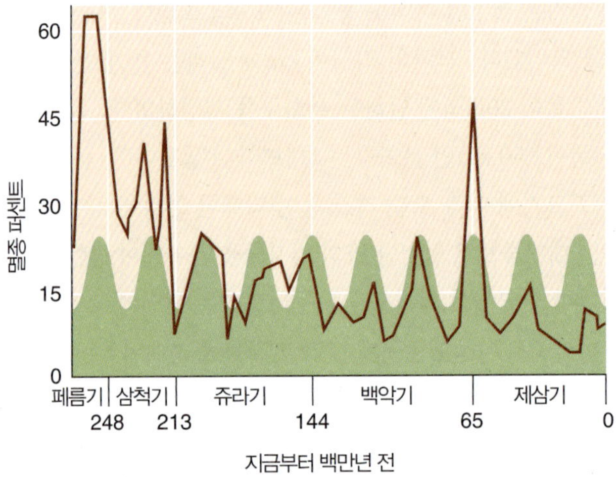

그림 18.1 페름기에서부터 현재까지 2억6천만년 동안의 해양동물의 멸종비율(실선). 녹색 부분은 2600백만 년마다 주기적으로 발생한 멸종사건에 근거한 것임(Fox, W. T., *Paleobiology* 13, 1987: 257–271).

척추동물의 종들이 그 사건에 의해 멸종에 직면하게 하기엔 충분히 길었다. 예를 들어, 종의 5%를 소멸시킨 사건은 평균 10,000년마다 한번씩 일어났다. 만일 해양 무척추동물 종의 짧은 생존기간이 대략 400만 년이라면, 모든 해양 무척추동물 종들은 각 사건에 대한 경험을 축적했을 것이다.

육상식물과 동물은 어떨까? 하나의 중대한 멸종사건은 지구와 소행성이 충돌하며 발생한 결과로 알아낼 수 있다.

페름기에서부터 현재까지 약2억 6천만 년 동안에 해양동물의 멸종비율(직선). 초록색으로 채워진 부분은 2천 6백만 년마다 발생한 멸종사건의 주기성에 바탕을 두었다. 6,500만 년 전 백악기 말기에 많은 식물과 많은 동물(대부분의 공룡을 포함하여)의 멸종을 가져온 사건은 생태적 지위가 비어서 포유류의 광범위한 적응방산을 일으켜 한 그룹의 멸종이 다른 그룹들에겐 기회를 주었다. 대량절멸은 흔히 K-T 멸종으로 불리는데, K는 독일어로 백악기를 지칭하는 *Kreidezeit*이며 T는 제 3기(Tertiary Period)를 뜻한다.

공룡과 백악기 후기의 대량절멸

대부분의 공룡들이 6,500만 년 전 백악기의 종말 이후에 지구상에 생존하지 못했다. 육상 척추동물 중 23 kg보다 큰 무리들은 제 3기까지 살아남지 못했다. 크기와 멸종의 관점으로 래브라도견(맹도견)은 25 kg이며, 말은 500 kg이다. 다른 육상과 해양생물들은 같은 기간에 절멸되었다. 고생물학자들은 모든 파충류종의 절반 이상이 백악기 말이라는 비교적 짧은 지질학적 기간 동안에 절멸되었다고 추정한다. 동물의 많은 그룹들에서 종/속의 다양성은 멸종 뒤 5백만년 내지 천만년 이내에는 멸종전보다 더 높아지지는 않았다. 즉 많은 그룹들이 회복되지 않았고 많은 수가 멸종이라는 사건으로부터 복구되지 않은 것이다.

광범위한 멸종기록에 관해서는 여러 가지 이유가 있다. 한때 유행하였던 한 가설은 공룡의 멸종이 외부원인에 의해서가 아니라 내부원인에 의한 것이라고 주장하였다. 각 개체들이 태어나고 자라고, 죽는 것처럼 이 가설은 종들과 다른 분류학적 범주들이 선택이나 적응과는 관계없는 방향으로 진화가 진행되는 내부의 요인들(정향진화, orthogenesis)에 의해 비슷한 생활사를 가진다고 주장한다. 이전에는 정향진화를 입증하는 증거로써 특이한 외관과 비적응 형질이 나타나는 것을 포함했었다. 일부는 오랫동안 **메갈로케로스**(*Megaloceros*)(그림 15.5 참조)의 겉보기엔 흉하고 3.3 m나 되는 길이의 뿔은 그 종의 쇠퇴와 멸종에 대한 원인으로 여겨왔었다. 그러나 공룡이나 다른 생물들의 멸종과 대체를 설명하는데 환경변화나 경쟁적 도전에 대처할 능력이 없었다는 것 이외에는 어떤 생물학적 메커니즘을 입증하는 증거도 없다.

이런 대멸종을 위해서는 정향진화보다 더 그럴듯한 가설들도 많이 있다. 이런 가설들에는 격렬한 화산활동, 전염병 유행, 식물구성의 변화, 대륙판의 이동, CO_2 농도의 증가(온실효과), 해수면이나 해수염도의 변화, 고농도의 자외선 적응방산, 혜성이나 소행성의 충돌에 의한 먼지구름과 초신성 폭발이나 다른 원인에 의한 이온유발 방사선이 있다.

소행성 충돌

가장 일반적으로 인정되는 백악기 후기 멸종에 대한 이론으로 지구와 소행성의 충돌이 있다. 1980년대에 이 **충돌이론(Collision Theory)**을 입증하는 백악기 – 제 3기(K – T) 경계 표시하는 지층에 이리듐(Iridium) 퇴적물이 발견되어 상당한 지지를 받게 되었다.

이리듐은 지구에서는 희귀한 원소로 종종 소행성과 운석에서 발견된다. 소행성과 이리듐의 관계는 지질학자들이 러시아 외지의 퉁구스카(Tunguska) 지역에서 14.5 km 반경내의 모든 나무가 파괴된 지역과 40 km 반경내의 모든 나무가 쓰러진 것을 살펴보았을 때 처음으로 존재하는 것을 증명했다. 토양에서 이리듐의 높은 농도가 운석이 원인이라고 하는 것은 1908년에 직경 30 m 운석이 지상에 8 km 이상을 폭발시킨 결과로 설명되었다. 세계적으로 백악기–제3기 경계지층에 있는 이리듐의 존재는 큰 충격의 파편 조각들과 함께 — 유리 같은 소구체와 충격에 파손된 석영(2장 참조) — 외계 물체와의 강력한 충돌을 나타낸다. K – T 경계에서만 특이하게 존재하는 풍부한 이리듐 층은 100여곳 이상의 지역에서 확인되어 백악기말기의 거대한 충돌에 신뢰성을 더해 준다. 이런 폭발은 이리듐과 고속력 입자들을 대기의 상층부로 몰고 가서 전 세계로 퍼뜨렸다. 이런 외계 물체와의 충돌과 관련된 증거는 단지 백악기말기 멸종의 경우에만 존재한다.

그럼에도 불구하고, 많은 고생물학자들은 이 충격층이 쌓이기 전에 이미 공룡과 다른 동물들이 수적으로 감소하거나 사라지기 시작했다는 것을 논증하였다. 외계 물체와의 충돌에 의한 즉각적인 영향과는 반대로 공룡멸종은 백만년이나 그 이상의 시간이 걸렸을지 모른다고 하지만 분명한 것은 비조류 공룡뼈는 K – T 멸종 이후에는 알려진 것이 없다는 것이다. 어떤 고생물학자들은 당시의 스트레스가 많은 환경과 외계 물체와의 충돌이라는 두 가지 이유, **즉 점진적이면서 대재해에 의한 것을 제안하기도 하였다.** 작은 포유류를 포함하는 다른 그룹 중 몇몇 종들은 이 주요한 멸종사건에서 살아남았을 뿐만 아니라 번성하기까지 하였다. 작은 크기와 효율적인 체온조절은 아마도 백악기 후기에 있던 육상 척추동물 중에서 생존하기엔 결정적이었을 것이다. 멸종이 진행되는 동안에 장점으로 있던 특징이라도 멸종전에는 가장 유리한 특징은 아니었을지도 모른다.

칙술루브(Chicxulub) 분화구

백악기 후기에 지구 전체에 영향을 줄 수 있을 만한 소행성의 충돌로 기록될 만큼 큰 분화구의 가장 좋은 예는 **칙술루브 분화구**이다. 멕시코 유타칸(Yucatán) 반도 해안에서 1993년에 기록된 칙술루브 분화구는 외부 직경이 약 195 km에 이른다. Virgil Sharpton과 몇몇 기록에 따르면 칙술루브 분화구는 "거의 40억년 전 초기의 대량충돌이 끝난 이후 태양계내에서 가장 큰 충돌중의 하나로 기록될 것이다. 아마도 지구는 약 10억년 전 다세포 생물이 발생한 이후 이런 규모의 다른 충돌은 겪지 않았을 것이다."라고 한다.

■ 비폭발성 화산폭발이라도 세계 기후에 영향을 줄 수 있다. 1873년 아이슬란드에서 화산들의 연쇄적인 폭발은 화산재 구름을 만들었으며 유럽을 통과하여 아시아 일부와 아프리카로 퍼져나가 멀게는 이집트의 나일강 유역 기근의 원인이 되어 인구의 1/6을 죽음에 이르게 하였다. 화산재의 화학성분에서 특히, 이산화황과 염화수소는 산성비를 만들어 농작물을 파괴하고 가축을 죽게 한다.

그렇다고 충돌이 백악기 후기의 멸종을 모두 설명할 수 있나? 반드시 그렇진 않다. 고생물학자들은 가장 격렬한 화산작용에 의한 분출물과 화산재에 의해 대기속 먼지에서 전세계적으로 이리듐이 퇴적되었으며 멸종의 일차적이거나 보조적인 원인이 되었다고 제안한다. 거의 4.1백만 km^3에 달하는 화산용암의 막대한 분출은 —"데칸용암대지"— 백악기 후기 멸종이 진행되는 동안 현재 인도의 1/3을 덮었었다는 가설을 뒷받침한다. 다른 증거로는 맨틀 깊은 곳의 물질이 분출되는 기둥 사이로 유성이 떨어졌다는 것이 있다. 이 두개의 이론 모두 틀리지 않을 것이다.

어떤 확실한 증거들은 백악기 후기의 대량절멸 이외의 멸종들은 유성이나 소행성의 충돌이 일으켰다는 가설을 뒷받침하지 않는다. 다른 멸종과 연관된 지층에서는 이리듐 퇴적이 외계 물질의 충돌을 가정할 만큼 충분하지 않다. 지층에는 2억 5천만년 전인 페름기-삼첩기(P-T)멸종 등 큰 규모의 모든 멸종들이 쌓여있지만 대부분에 이리듐이 포함되어있지 않다. P-T 멸종은 흔히 대멸종(Great Dying)으로 불리는데, 해양 전체 종의 96%, 육상 척추동물의 70%와 육상 곤충의 85%가 165,000년 동안 3번의 멸종주기를 보이며 지구상에서 사라졌다. 바다로부터 방출되는 메탄가스, 오랜 기간 동안의 가뭄 그리고 산소농도의 감소를 포함하는 메카니즘들은 기후변화와 관련되어 있다.

포유류의 적응방산

몇몇 종들이 소행성 충돌에서도 생존했는데, 특히 작은 포유류들이 포함되어 있었다. 비록 우리가 알고 있기엔 작은 크기라는 특징이 멸종이 진행되는 동안에는 이점이었을지라도 거대한 공룡들이 지배하던 때, 멸종 이전에는 가장 유리한 특징은 아니었을 것이다.

포유류는 K-T 경계에서 살아남았을 뿐만 아니라 육상과 수상 모두에서 새로운 적응으로 활용할 수 있는 특수화된 사지를 갖는 등 많은 형태로 번성하며 많은 새로운 서식지에서 다양화하였다. 비조류 공룡의 멸종은 이전에 초식공룡과 육식공룡들이 차지하고 있던 생태적 지위에 포유류가 끼어들 수 있도록 허용하였다(글상자 1.3 참조).

초기에 포유류의 방산을 자극한 중요한 요인에는 2억 2천 5백만년 전 삼첩기에 시작된 거대한 판게아 대륙의 분열이 있다(BOX 18.1). K-T 멸종 이후에도 판게아의 분열과 지질판의 이동은 처음(2억 2천 5백만년 전)에는 아프리카와 남아메리카에 상당하는 신대륙을 만들고 두 번째로는 인도, 남극대륙과 오스트렐리아에 해당하는 하나의 대륙을 만들었다. 남아메리카는 바로 8천만년 전까지도 현재의 그린란드에서부터 아프리카와 북아메리카대륙에서 떨어져 있었다. 서서히 전개된 대륙의 결합과 분리는 주요 포유류 그룹의 분산 혹은 격리를 촉진했다.

■ "북아메리카"(또는 다른 현대의 대륙들)은 백악기 시대엔 현재의 형태로 존재하지 않았다는 것을 인식하기 바란다. 북아메리카나 오스트레일리아 같은 지명들은 지구의 지역을 지칭하기 위해 편의상 사용하였다.

이러한 땅의 움직임은 기후와 환경에 뚜렷한 영향을 끼쳤으며 지리적, 생태적으로 새로운 지역을 만들었고, 아울러

- 백악기 이후에 연속적으로 형성된 록키, 안데스, 알프스, 히말라야와 같은 산맥의 융기
- 얕은 바다의 침몰과 퇴화
- 새로운 해안선의 생성

식생에서는 특히, 고사리와 속씨식물의 다양화 및 적응방산이 있었으며, 10장에서 언급한 식물-곤충의 관계도 이 기간 동안 새로운 초원이나 사바나와 산림이 형성되면서 변화하

BOX 18.1
판게아(Pangaea)의 분열

대륙 이동은 지질판 구조의 활동으로 일어났다(2장 참조).

3억 7천 5백만년 전 데본기의 지형은 대륙의 그룹인 **곤드와나**와 북아메리카-유럽 그룹인 **라우라시아**라고 불리는 두 개의 주요한 대륙으로 나눈다(그림 2.6과 2.7 참조). 약 1억년 후, 고생대 말에 두 주요 대륙은 하나의 대륙인 **판게아**로 합쳐졌다(그림 2.7 참조). 다시 판게아는 약 2억 2천 5백만년 전인 삼첩기동안 분열하기 시작했다.

판게아의 분열은 동쪽의 곤드와나(인도, 남극대륙과 오스트렐리아)로부터 서쪽의 곤드와나(남아메리카와 아프리카)를 분리하기 시작했다. 1억 4천 5백만년 전 쥐라기 후기의 해저 확산은 아프리카로부터 남아메리카를 분리하기 시작했다. 1억 4천 2백만년 전 백악기에 북아메리카대륙이 아프리카로부터 분리된 남아메리카대륙과 그린란드로부터 분리되었다.

약 1억년 전, 서반구에서 남아메리카대륙은 아프리카 대륙으로부터 빠르게 분리되었으며, 대략 4~5백만년 전쯤 결국엔 북아메리카대륙과 재결합되었다. 남반구에서는 백악기 말 전에 뉴질랜드가 오스트레일리아-남극대륙-남아메리카대륙으로부터 빠르게 떨어져갔다. 다른 남부의 대륙들은 약 6천 5백만년 전 신생대 제3기의 초기까지 연결되어 있었다. 그렇지만, 2천만년 뒤인 시신세에 오스트레일리아가 결국 아시아와 결합하여 북쪽으로의 여행을 시작했다.

였다(그림 18.2). 이러한 발생과 변화에 의한 새롭고 다양한 서식지의 형성은 포유류의 적응, 변이 및 분포에 중요한 영향을 가져왔으며, 특히 화석 포유류의 약 4,000속과 현존 포유류의 5,400종이 진화하기에 이르렀다.

남아메리카대륙에서의 적응방산

뉴질랜드는 분명히 백악기 동안 곤드와나 대륙으로부터 분리되었다. 쥐 크기 포유류가 중신세 퇴적층에서 발견되기 전까지는 단지 토착 유대목의 포유류와 박쥐만이 발견되었으며, 이 시대는 태반 포유류에서 유대류가 분기하기 이전의 현존하는 포유류와 밀접하다.

남아메리카대륙의 유대류 집단은 5천만 년 전 시신세 초기 동안 유럽에 도착했다. 다른 짧은 기간만 이어간 계보들은 아마도 북대서양–그린란드–유럽이 연결된 곳을 통과하여 아시아와 아프리카로 갔을 것이다. 유대류의 멸종은 포유류의 진화를 부추기는데 한몫을 했다. 중신세 동안 유대류의 개체군은 두 북부 대륙에서 멸종이 시작되었다. 남아메리카와

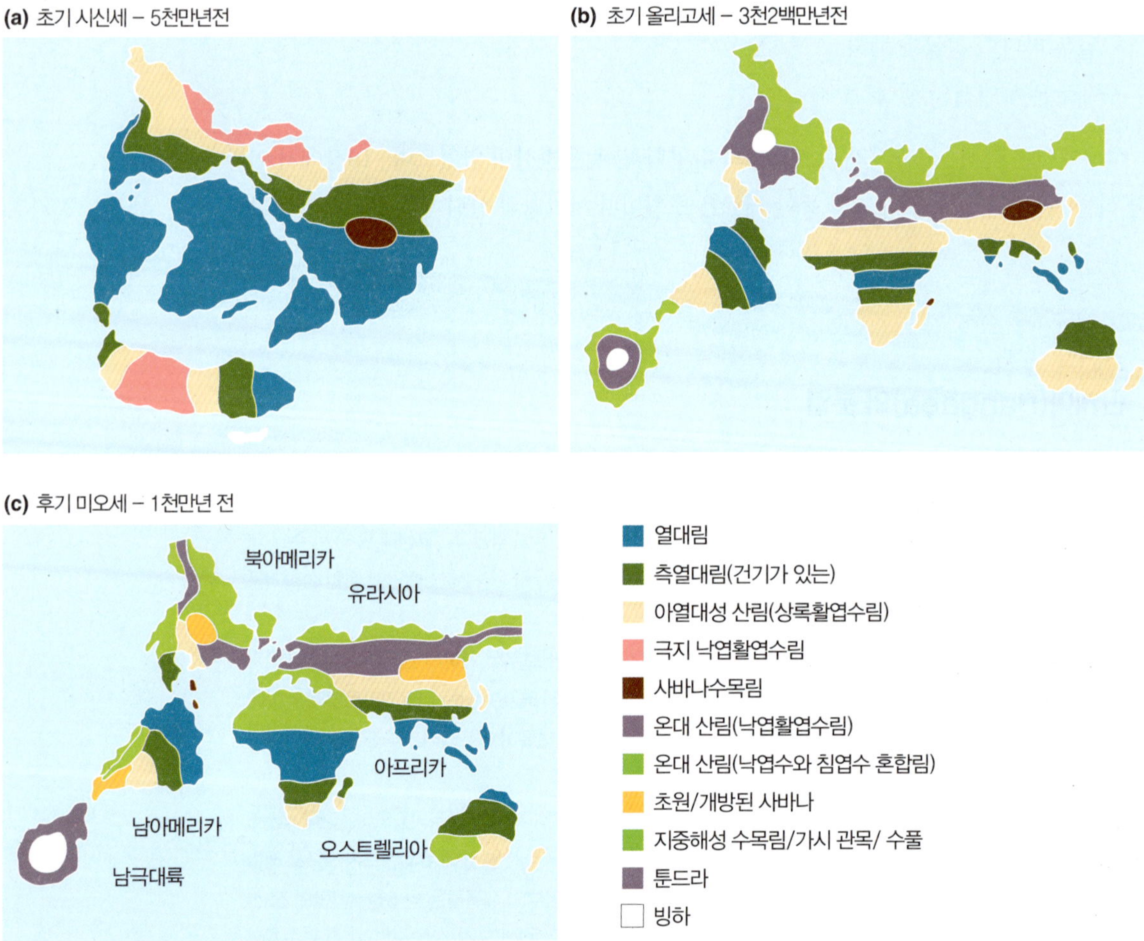

그림 18.2 신생대 5천만 년 동안 세 단계별 대륙의 위치**(a)** 시신세 초기, **(b)** 점신세 초기, **(c)** 중신세 후기와 다른 종류의 식생분포 모식도 (Janis, C. M. *Ann. Rev. Ecol. Syst.*, **24**, 1993: 467–500).

북아메리카는 5백 3십만년 전인 선신세에 결합하여 북아메리카–남아메리카의 육교로 연결되었다. 이 두 대륙의 포유류 사이에는 광범위한 교류가 있었으며 남아메리카에서 북아메리카로 이주한 유대류의 뒤를 이어 태반 포유류도 북아메리카에서 남아메리카로 이주했다. 남아메리카의 유대류는 북아메리카로 이주한 뒤에 절멸하기 시작했으며 태반 포유류는 그들의 장소로 이주하고 급속하게 다양성이 높아졌다. 이런 멸종은 같은 서식지 내에서의 생존경쟁에 의한 결과이다. 다른 경우와 마찬가지로 남아메리카에서의 멸종과 적응방산은 서로 밀접한 것으로 보이며, 이는 진화 과정의 변화가 기본적인 기회주의에서 시작되었다는 것을 입증한다. 중요한 교훈은 어떤 그룹이나 계보의 생존이나 멸종은 아마도 다른 그룹이나 계보의 생존이나 멸종과 밀접하게 연결되어 있을지도 모른다는 것으로 **공진화와 공멸종**이라고 표현된다.

포유류의 적응방산은 제 4기 최신세(180만 년 전)동안 계속되었으며, 많은 포유류가 오늘날과 같은 모습으로 된 시점이다. 기후적으로 최신세는 지구표면의 1/3이 빙하로 뒤덮이는 것이 적어도 **7번 있던 시기**(빙하시대)로 나타난다. 털이 많은 매머드와 코뿔소는 이 기간 동안 거대한 사슴, 거대한 낙타와 큰 동굴곰과 함께 북쪽 대륙에서 진화되었다. 흥미로운 것은 약 11,000년전 이들 큰 포유류에 더하여 말, 낙타, 땅나무늘보와 다양한 그룹들이 북아메리카에서 멸종하였다는 것이다. 45 kg 이상의 무게를 가진 약 79종의 포유류 중에서 57종(72%)이 이때 절멸하였으며, 개의 일종인 알래스카 말라뮤트(*Alaskanmalamute*)의 무게는 약 45 kg으로, 제한적 멸종이 유럽에서 일어났다. 최신세 후기 큰 동물들이 대륙빙하의 열악한 기후조건에서 살아남기는 매우 힘들었다.

다른 설명으로는 인류의 포식자 역할이 있다. 그때의 석기시대 사냥꾼들은 한때 빙하로 덮여있던 북아메리카와 유럽에서 등장했다(19장 참조). 한 가지 가설은 이 시기의 인간들이 식용으로 포유류들을 죽이는 “인위적 멸종”을 처음으로 시작했으며, 이는 오스트레일리아에서도 발생했다고 주장한다. 거대 캥거루의 일종인 왈라비류(*Protemnodon anak*)는 키가 2 m에 무게가 100~150 kg이며, 이들은 41,000에서 43,000년 전 인류가 출현한 이후 불과 몇 천년 내에 타스매니아에서 사라져버렸다. 이런 멸종이 사냥 때문이라는 것은 거의 확실하지만 오스트레일리아 본토에서 거대동물군의 소멸에는 기후 혹은 식생의 변화도 원인이 되었다. 인류에 의한 오스트레일리아의 침략은 최신세 기간과 더 최근까지도 개, 토끼, 양과 설치류를 포함하는 외부의 태반류를 유입시켜서 토착동물상에 영향을 끼쳤다.

하늘로 이동: 비행하는 파충류

멸종위기를 모면한다는 것은 중요한 생물학적 형질과 때로는 절멸할지도 모를 환경으로부터 재빨리 이동할 수 있는 능력에 의해 결정된다. 비행은 육상의 포식자와 위협적인 상황으로부터의 재빠른 도피, 다른 방법으로는 어렵거나 불가능한 먹이와 번식 장소로의 이동, 그리고 지역과 지역 사이에서의 상대적으로 빠른 이동 등 상당한 이점을 제공했다.

BOX 18.2
대륙이동과 남아메리카의 포유류 적응방산

■ 제나트란(Xenarthran)은 치아가 축소되거나 억눌려있어서 빈치류라고도 불린다.

Box 18.1에 명시된 대륙이동의 패턴에서 나타나는 포유류의 진화 그림은 초기 단공류와 유대류가 쥐라기 후기와 백악기 초기에 판게아의 남부로 유입되는 모습이다(그림 B18.1a). 후에 일어난 오스트레일리아의 균열은 나중에 백악기 후기와 제3기 초기 동안 판게아 서부에서 진행되어 더 많이 파생된 진수류(眞獸類) 그룹과의 생존경쟁으로부터 포유류의 생물상을 분리했다(그림 B18.1b). 남아메리카에서 유대류와 초기 태반류는 제3기의 초기와 중기에 단공류와 교체되었지만 그때까지 남아메리카 대륙은 아프리카에서 상당히 이동하여 북아메리카와는 떨어져있었다(그림 B18.1c).

남아메리카의 태반류는 비록 일부 유제류와 빈치류(특이하게 관절화된)에서 시작되었다고 할지라도 격리된 대륙의 유대류들 보다는 훨씬 더 급속하게 퍼져나갔을 것이다. 백악기 후기에 처음 출현한 1천 5백만 년에서 2천만년 이내인 시신세 초기에는 태반류가 약 15과에 75~100개의 새로운 속으로 진화하였다. 빈치류는 아주 특이한 모습의 동물우화집을 연상시키는 아르마딜로, 글립토돈트, 나무늘보와 개미핥기 등으로 분화했다(그림 B18.2a). 또한 발굽이 있는 유제류가 광범위하게 적응방산하였다(그림 B18.2b). 수렴진화나 평행진화는 눈에 띄는 유사성을 만들어냈다(그림 16.6참조). 중신세 초기에 남아메리카의 동물은 풀을 뜯고 빠르게 달리는 종들이 살아남아서 선택되어 2천만년 뒤 북아메리카에서 최초로 발달한 하나의 발굽을 가진 말들과 대단히 유사했다.

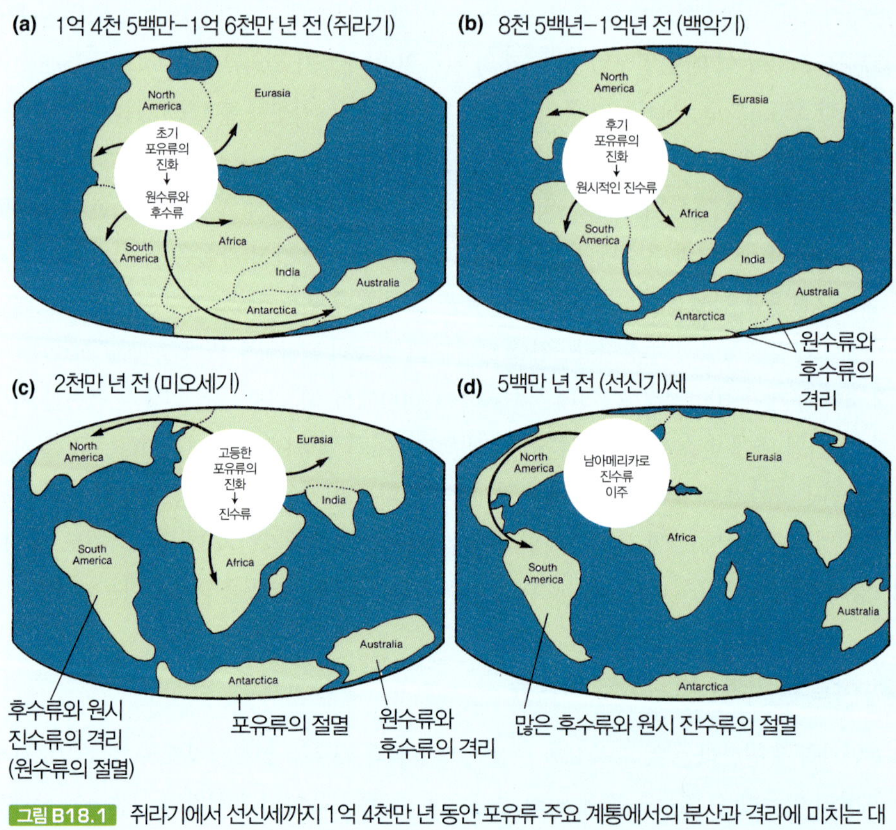

그림 B18.1 쥐라기에서 선신세까지 1억 4천만 년 동안 포유류 주요 계통에서의 분산과 격리에 미치는 대륙이동의 영향

BOX 18.2

대륙이동과 남아메리카의 포유류 적응방산 (계속)

점신세에는 아프리카에서 남아메리카로 도착한 설치류와 영장목에서 이와 유사한 급격한 적응방산이 시작되었으며, 이는 남대서양에서 해저산맥의 융기로 인해 형성된 띠처럼 이어진 섬들을 따라서 이동하는 "섬건너뛰기(island hopping)"에 의한 것으로 보인다.

특이한 턱 근육 부착부로 유명한 설치류는 굉장히 다양한 캐비오몰프(caviomorphs) 설치류를 적응방산하게 했다. 영장목은 대부분이 열대 지역에 한정되는신세계원숭이들의 광범위한 군집들을 만들었다(19장 참조).

남아메리카에서 격리된 섬에서의 포유류는 선신세 동안 남아메리카가 파나마 지협을 지나서 북아메리카와 재결합할 때까지 대부분 독립적으로 진화하였다. 하지만 점신세 동안에는 뗏목처럼 떠다니는 잔해와 같은 섬건너뛰기 현상으로 원숭이와 캐비오몰프 설치류가 아프리카나 북아메리카에서 남아메리카로 이동하였다.

5백만년 전 선신세에도 더 많은 진수류의 형태로 파생되는 상당히 많은 진화가 아프리카와 라우라시아(북아메리카-유라시아)에서 각각 일어났다. 대부분의 남아메리카 포유류 동물군에서 변화가 훨씬 덜 보였다. 최신세가 시작되었을 때, 북부의 설치류가 중앙아메리카의 육교를 건너 서부로 엄청난 침입을 하자 많은 남아메리카의 포유류 무리들이 급속히 절멸한 결과이다. 드물게 주머니쥐들은 초기 남아메리카의 포유류 중 용케 성공적으로 북아메리카에 침입했다. 이러한 판구조와 포유류의 진화를 검증하며 뒷받침하는 것은 선신세와 최신세에 남아메리카에서 멸종된 풍부한 화석 증거이다.

그림 B18.2 남아메리카 초기 태반 포유류의 복원: **(a)** xenarthrans(빈치류)의 3계통과 **(b)**남아메리카에서 태반 포유류의 방산으로 나타난 유제류의 3계통(Steel, R., and A.P. Harvey. *The Encyclopaedia of Prehistoric Life. Mitchell-Beazley*, 1979.)

비록 다양한 척추동물 계통에서 짧은 거리의 활공이 가능한 형태("날치"를 포함; 그림 18.3)는 있었지만 육상의 척추동물 중에서 지속적 비행을 위한 적응으로 알려진 것은 진화한 익룡류, 새 및 박쥐류에서 단 세 번만 나타난다.

파충류 내에서 나타나는 두 가지 형태인 익룡류와 새는 비행하는 구조와 적응력에 대해선 다르다. 익룡류는 몸통과 날개 사이에 발달한 피부의 비행막(비막)이 펼쳐지고, 연장되어 길쭉한 4번째 손가락이 각 손에 존재했다. 새는 비행하는 날개면에 많은 수의 뻣뻣한 날개 깃털로 날개에서부터 후방까지 돌출되어 덮여있다. 익룡류는 K-T멸종의 결과로 절멸하였으며, 대멸종 이전에 생겨난 새는 번성하였다.

익룡과 프테로닥틸스(Pterodactyls)

초기 익룡은 2억 2천만년 전인 삼첩기 후기에 나타났고 새는 1억 3천 5백만년 전인 쥐라기 후기에 나타났다. 이들의 많은 골격의 특징은 분명한 상동관계를 보여준다.

■ 비행하는 능력을 잃어버린 일부 새들 때문에 "비행하는 새"가 있다. 날지 못하는 새들은 이 장의 끝에 서술했다.

쥐라기 후기 익룡류의 특징, 즉 *Rhamphorhynchus*(그림 18.4a)는 체장이 약 0.6 m이고, 꼬리는 길었으며 끝에는 작은 방향타 같은 피부판이 있었다. *Rhamphorhynchus*를 포함한 모든 익룡류의 뼈는 가볍고 속이 비어있었으며, 길게 연장된 턱은 날카로운 이빨로 강하게 무장되어 있었다. 가슴 뼈와 부속 뼈들은 거대한 비행근육을 부착할 수 있도록 충분한 면적으로 넓었으며, 이것은 또한 "비행하는 새들"에서도 찾을 수 있다. 비록 끝은 좁은 날개이지만 몸통 쪽으로는 넓어졌다. 날개가 허리에 더 가깝게 붙어있었는지 발목에 더 가깝게 붙어있었는지는 분명하진 않지만 아마도 그것은 익룡의 다양성 때문일 것이다. 그러나 익룡류의 다리마디는 새와 다른 공룡과 같은 구조였고 한발씩 걸었을 것으로 추정된다.

최근 발견된 종으로 브라질의 백악기보다 더 오래된 지층에서 나온 이가 없는 익룡인 *Lacusovagus magnificens*("화려한 호수의 방랑자")는 어림잡아 날개 길이가 5 m, 서있을 때 어깨까지 키가 1m로 중국에서 0.6 m의 길이로 알려진 유근종보다 훨씬 크다(현존해있는 원더링 알바트로스의 날개길이는 약 3 m이며, 까마귀가 약 0.6 m).

그림 18.3 공기를 통과하여 활공하기 위한 지느러미의 적응을 보여주는 "비행하는" 물고기

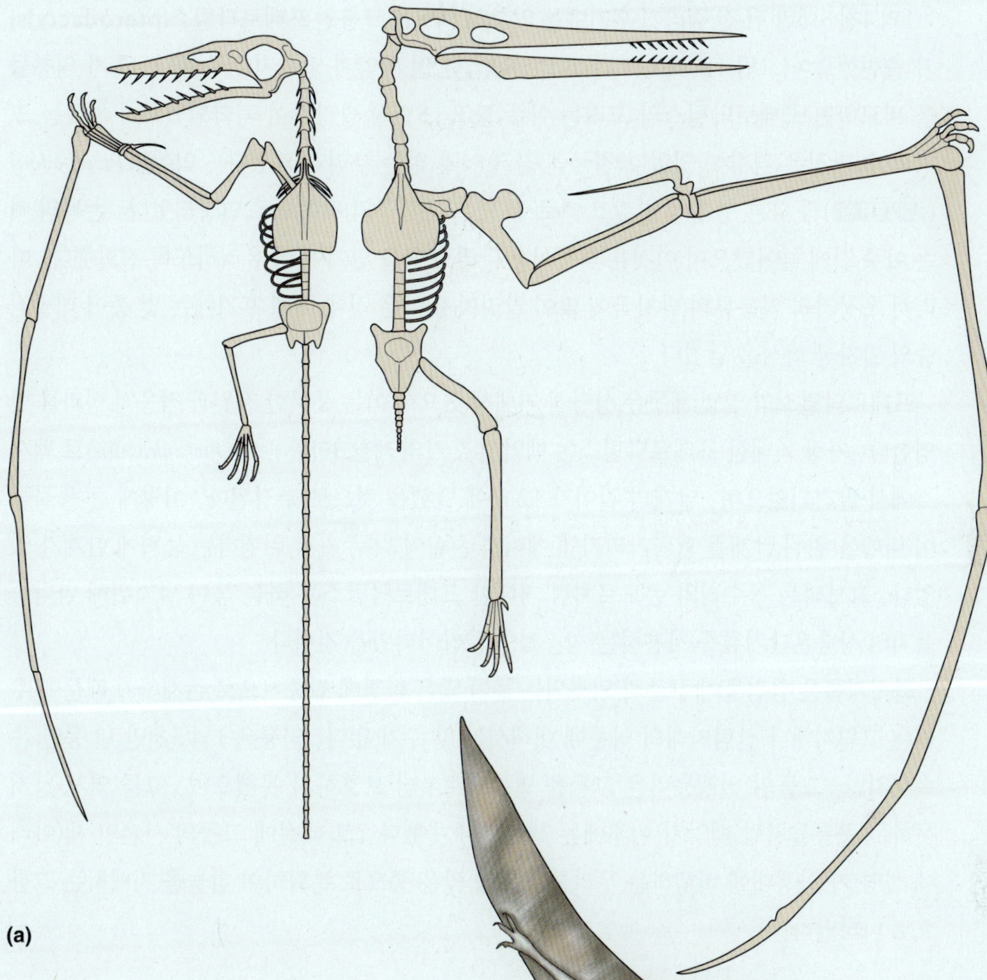

(a)

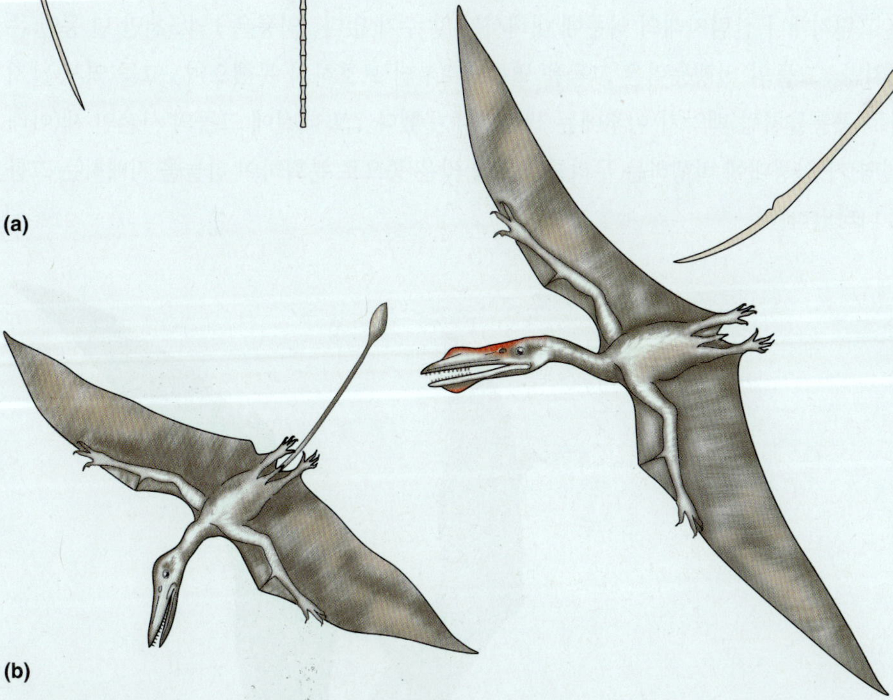

(b)

그림 18.4 익룡(**a**와 **b**의 왼쪽)의 한 계통인 람포린쿠스류와 프테로닥틸스(익룡)의 한 계통(**a**와 **b**의 오른쪽)인 프테로닥틸루스류 사이의 비교. 람포린쿠스류는 꼬리가 있고 길이가 0.3에서 2.1 m정도 되는 날개가 있었다. 프테로닥틸루스류는 매우 짧은 꼬리와 길이가 15 cm에서 12 m정도 되는 날개가 있었다.

1억 4천 5백만 년 전 쥐라기 후기에는 익룡의 새로운 그룹인 **프테로닥틸스(pterodactyls)**가 출현했으며(그림 18.4b), 그후 6천 5백만 년 전 백악기 말까지 존속했다. 초기 익룡들을 비교하면 프테로닥틸스의 꼬리는 아주 짧고, 5번째 발가락이 퇴화되었으며 치아는 크기와 수가 작은 경향이 있었다(결국엔 길고 이빨 없는 부리가 되었다). 익수룡(*Pteranodon*)(그림 18.5)과 다른 형태에서 길고 뼈로 된 볏은 두개골의 뒤쪽으로 연장되었다. 손목의 뼈는 아주 길게 늘어났으며 이것은 익룡이 앞다리로 땅을 딛기에 더 유리하도록 진화했다. 따라서 초창기의 익룡류의 발자국이 많이 알려지지 않은 것에 비해 후기에는 몇 종이 네발짐승의 발자국 화석을 남겼다.

프테로닥틸스의 몇몇 계통은 상당히 거대해 졌으며 이는 풍부한 자원과 적응적 성과를 반영한다. 가장 거대한 프테로닥틸스는 백악기 후기의 케찰코아틀루스(*Quetzalcoatlus*)로 텍사스에서 발견되었으며, 날개의 길이가 12 m에 달했을 것으로 추정된다. 이렇게 큰 동물들이 비행을 위해 날개를 퍼덕거리기엔 에너지 손실이 너무 커서 비행하는 능력에 한계가 있었다. 그보다는 독수리와 콘도르처럼 거대한 프테로닥틸스는 하늘 높이 날기위해 바다나 육지의 상승온난기류를 사용하는 성공적인 글라이더였을 것이다.

화석기록은 침전물이 꾸준히 퇴적되는 물이 많은 환경에 집중적으로 존재하기 때문에 우리는 고원지대나 산림지대의 익룡에 대해서는 알 수가 없다. 익룡은 1억 5천만 년 동안 존속했지만, 그들의 비행능력은 그들을 멸종으로부터 보호하지 못했으며, 그들 역시 날지 못하는 공룡들처럼 백악기 이후에는 생존하지 못했다. 그 대신에 그들의 사촌인 새(아래에 설명)가 신생대에 비행하는 무리중에 가장 많은 종으로 분화하여 하늘을 지배하는 그룹으로 나타났다.

그림 18.5 복원된 익수룡

◆ 조류공룡: 새

분지분류학적으로 모든 새는 공룡(파충류)에 포함된다. 따라서 모든 공룡이 절멸한 것은 아니며, 새는 살아있는 공룡이라 할 수도 있다. 몇몇의 분자학적 연구는 35개 정도의 조류계통 사이의 연관성을 풀기 시작했다. 최근에 발견된 깃털 있는 공룡은 고생물학자들과 공룡에 매혹되어 있는 우리들 모두에게 굉장한 흥분을 야기시켰다.

시조새

아마도 최고로 유명한 새이고 최초의 새 화석으로 발견된 것은 **시조새**(*Archaeopteryx*)일 것이며, 독일 바이에른에서 1억 2천 5백만 년에서 1억 4천 5백만 년 이전의 쥐라기 석회암에서 발견되었다. 10개의 알려진 골격들 중에 7개는 거의 완전했다(그림 18.6). 어떤 것은 날

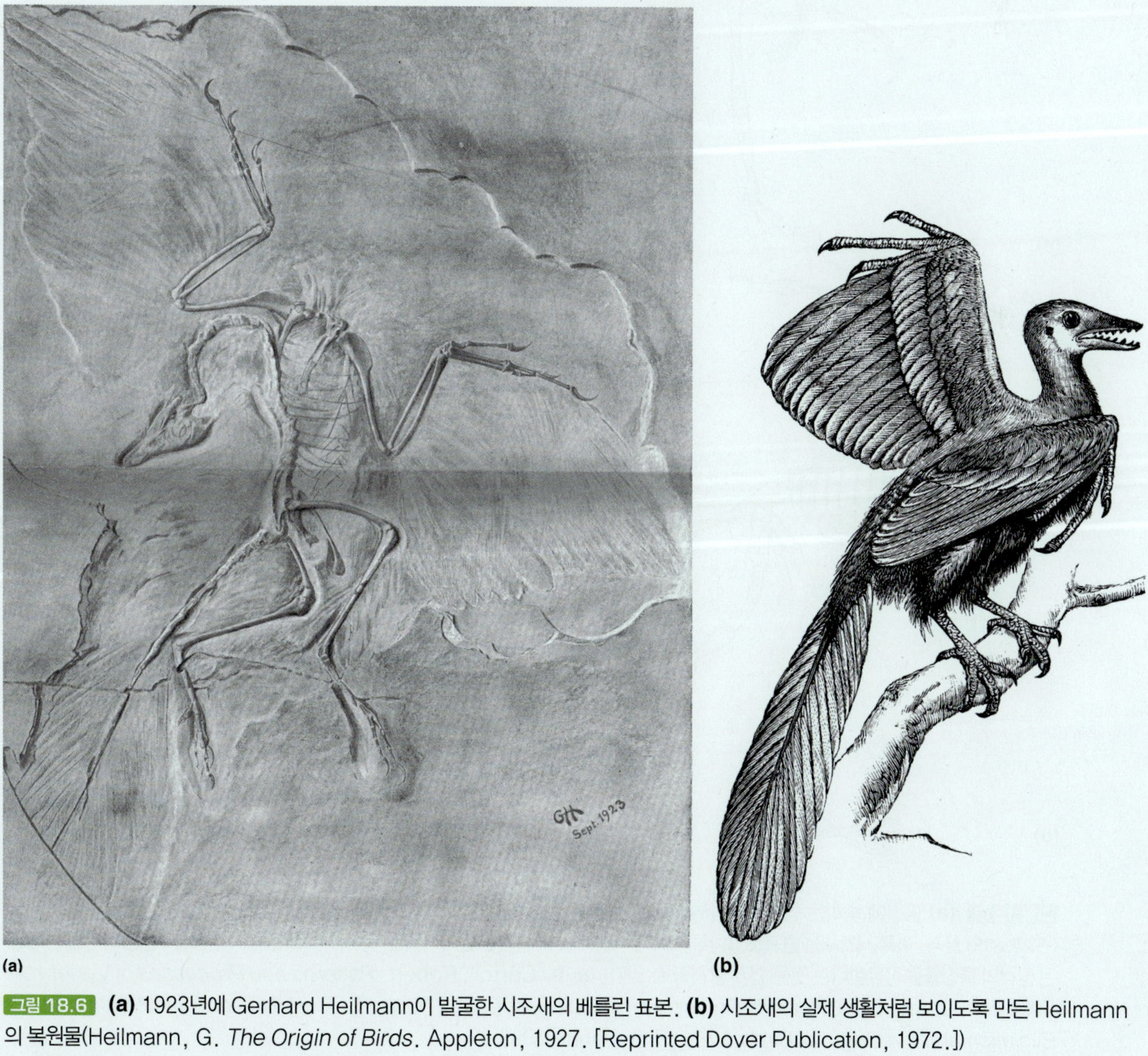

(a) (b)

그림 18.6 **(a)** 1923년에 Gerhard Heilmann이 발굴한 시조새의 베를린 표본. **(b)** 시조새의 실제 생활처럼 보이도록 만든 Heilmann의 복원물(Heilmann, G. *The Origin of Birds*. Appleton, 1927. [Reprinted Dover Publication, 1972.])

개와 꼬리에 비행하는 깃털이 있었으며, 자연스런 자세로 보존되었다(그림 18.7). 시조새의 1차깃털은 날개깃 구조에서 오늘날 비행하는 새의 1차(비행)깃털과 눈에 띄게 유사했으며 이것은 시조새가 날 수 있었다는 것을 의미한다. 시조새와 공룡 사이의 유사점은 깃털이 없어짐으로 더욱 두드러져서 고생물학자들이 시조새를 공룡으로 분류하게 만들었다. 가장

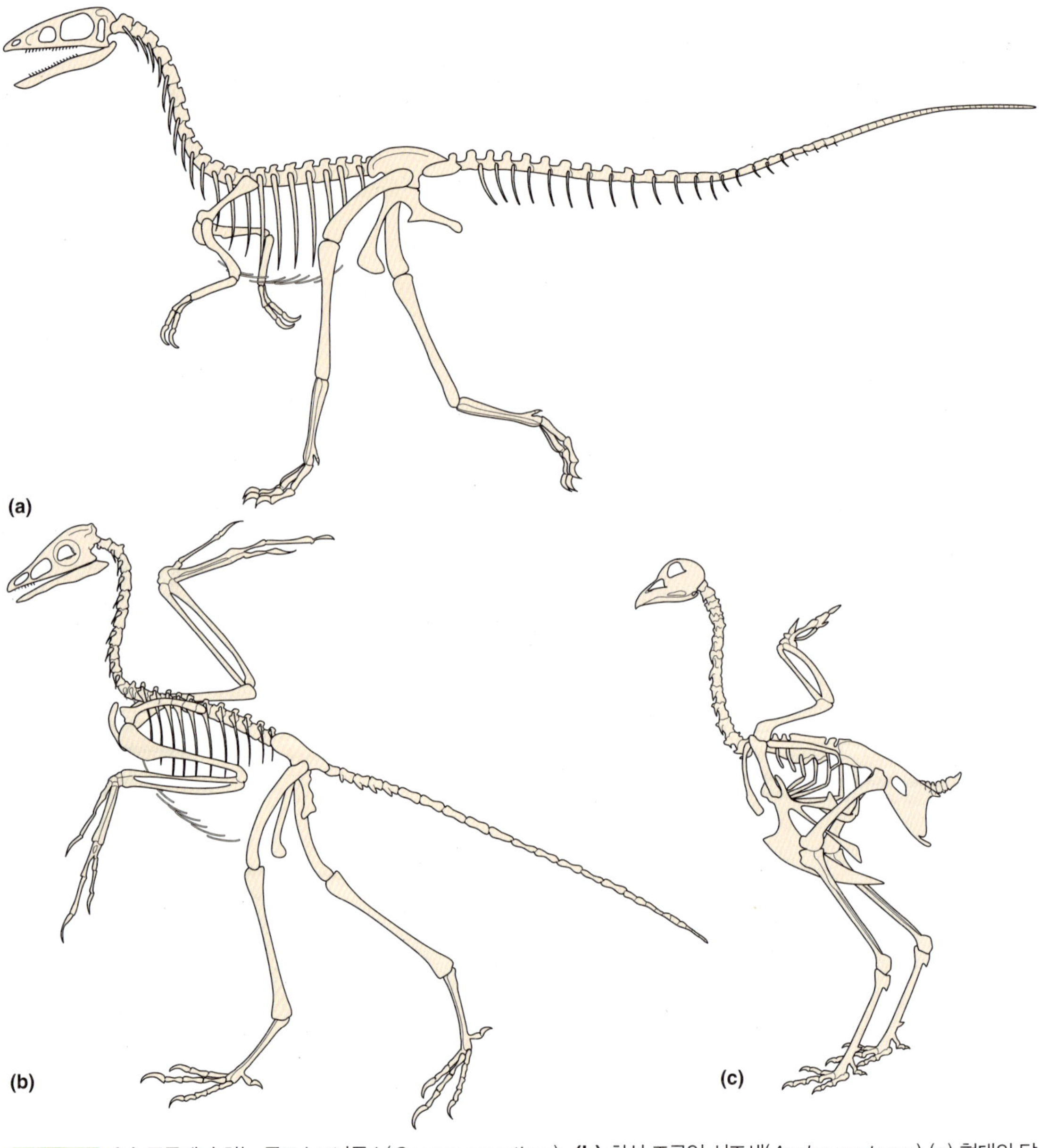

그림 18.7 **(a)** 공룡에 속하는 콤프소그나투스(*Compsognathus*). **(b)** 화석 조류인 시조새(*Archaeopteryx*) **(c)** 현대의 닭(*Gallus*)의 골격. 비록 시조새는 콤프소그나투스보다 비례해서 더 길어진 앞다리와 손가락을 갖고 있었지만, 새와 공룡에서 많은 공통된 골격의 특징들을 공유한다는 것을 쉽게 발견할 수 있다. (**a**, **b**: Carroll, Robert. *Patterns and Processes of Vertebrate Evolution*. Cambridge University Press, 1997. **c**: Dingus, L. and Rowe, T. *The Mistaken Extinction: Dinosaur Evolution and the Origin of Birds*. W.H. Freemanm, 1998).

두드러진 유사성으로는 작다는 것과 육식공룡의 치아, 별도의 발톱이 있는 손가락, 뼈가 있는 긴 꼬리가 있으며, 기타 수십 개의 다른 특징들이 초기 두발 육식공룡과 현존하는 새 사이의 연결고기로써 그들의 위치를 나타냈다.

■ 시조새는 공룡과 새 사이의 "잃어버린 고리"가 아니다. 이것은 화석 순서로는 너무 늦으며 최초의 새로는 너무 파생되었다.

새의 진화

백악기 초기 약 3천만년 이내에 다양한 수상과 육상 새들이 생겨났으며, 급속한 종분화와 서식지의 확장이 뚜렷했다. 이때의 화석들 중의 일부는 플라밍고, 아비, 가마우지와 도요의 일종 같은 그룹들이 나타났다. 다른 종류들은 그때까지는 아직 파충류 기원을 나타내는 치아를 유지하고 있었다. 현재 알려진 대부분의 목으로 분류될 수 있는 새의 혈통은 백악기 후기 직전에서 신생대 제3기 사이인 약 6~9천만 년 전에 기원했다고 볼 수 있다. 비록 새의 화석이 충분하지는 않지만, 몇몇 시신세, 점신세 및 백악기의 화석들이 중국에 퇴적되어 있으며, 이 화석들은 거의 모든 주요한 새의 단계통군(목으로 인정되는 것들)이 언제까지 진화하고 있었고 어떤 계통이 백악기 후기에 생겨났는지를 보여준다.

그림 18.8은 새와 공룡의 계통발생적 관계를 보여주며, **시조새**(*Archaeopteryx*)는 초기 새임을 알 수 있다. **공자새**(*Confuciusornis*)는 중국에서 1억 2천만년 된(백악기보다 더 아래) 지층에서 발견되었다. 이것은 부리에 현대 조류처럼 치아가 없었으며, 따라서 치아가 조류의 진화에서 초기에 상실된 것을 나타낸다. 앞다리에 있는 거대한 갈고리 발톱은 몇몇 **공자새**(*Confuciusornis*)의 종에서 나타나며 이 갈고리 발톱은 **시조새**(*Archaeopteryx*) 에서도 계속 유지되었다. 에난치오르니틴(Enantiornithines)은 표본으로 *Nanantius eos*가 있으며, 이 계통

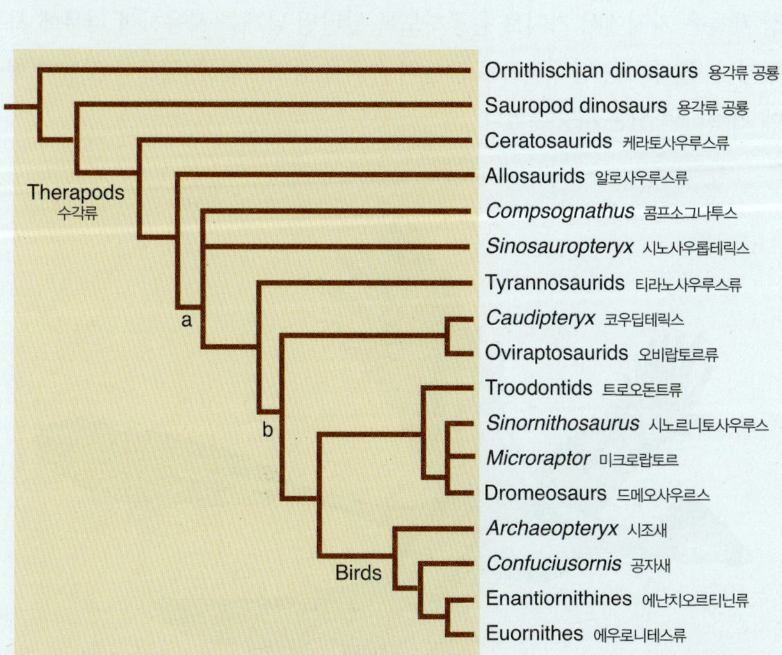

그림 18.8 새와 용각류 공룡과 조반류 공룡 사이의 계통발생적 관계. **a**는 간단한 깃털이 존재함을 나타냄; **b**는 더욱 복잡한(현대의 기본) 깃털이 존재함을 나타냄.

은 횃대에 앉을 수 있는 발이 있었고 잘 발달된 비행 능력을 가지는 등의 현존하는 새의 많은 특징들을 포함하고 있다. 하지만 이들은 6천 5백만년 전 대멸종에서 살아남지 못했다.

현대의 새와 가장 닮았으면서 가장 오래된 새 화석은 아비처럼 바닷가에 사는 새인 *Gansus yumenensis*으로 중국의 백악기 퇴적층에서 발견된 5개 화석표본이 증거가 된다. 뉴질랜드의 6천~6천 2백만 년 전인 효신세 지층에서 발견된 Gansus와 가장 오래된(이미 날 수 없는) 펭귄인 Waimanu의 미토콘드리아 DNA 분석을 통하여 새의 기원과 다양화에 대해 몇 년 전 조차 상상할 수도 없었던 새로운 창이 열렸다.

깃털의 기원

최근까지는 부드러운 조직이 보존되어 현존하는 시조새 조상 화석이 부족하여 언제, 어떻게 깃털이 처음으로 진화하였고 조류가 비행하도록 한 유래의 미스터리는 풀리지 않은 채로 남아있다. 최근 발견된 화석은 깃털이 있는 종들을 새라고 불러야 하는지 아닌지 또는 좀 더 나아가 깃털 또한 공룡에서 유래한 것인지에 대한 질문을 제시한다.

깃털의 기원에 대한 두 개의 주요한 가설이 제시되었는데 상당한 증거들이 일부 작은 공룡들은 그늘로 이동하거나 그들의 몸 외형을 태양 광선에서 떨어져 마주하는 등의 행동에 의지하지 않고 그들의 체온을 조절할 수 있었다는 결론을 지지한다.

- 깃털은 혈액을 따뜻하게 유지하도록 단열하는 기능과 육상에 거주하는 새의 파충류 조상에서 적응한 것으로 추측한다. **깃털 달린 공룡**의 화석이 제안하는—아마도 입증된—단열재/과시의 역할
- 조상 새들은 가지에서 가지로 활공하도록 발달된 날개를 사용하며 나무에 사는 파충류였거나, 활주하는 날개면으로 그들의 속력을 증가시킬 수 있도록 깃털이 형성된 땅 위에 거주하며 뛰는 파충류였다.

그림 18.9 4개의 날개가 있는 공룡인 *Microraptor*의 복원 Avian Dinosaurs: Birds 363

땅 위에 거주하는 깃털이 있는 공룡이 새의 기원이라는 것을 지지하는 증거가 압도적이다. 1970년대 중반에 미국의 고생물학자 오스트롬(John Ostrom 1928~2005)은 깃털이 처음에는 온혈 공룡이 열손실을 조절하기 위한 수단으로서 진화했다고 제안했다. 1998년 보고서에서 초기 육식 두발 공룡인 *Compsognathus*(그림 18.7과 18.8)의 뒤쪽 아래 깃털의 갈기는 직접적인 논란을 일으켰다. 깃털의 갈기는 새의 기원이 깃털로 덮인 공룡이라는 Ostrom의 견해를 강력하게 지지하게 되었다. 날지 못하는 새들도 비조류 육식 공룡에서 발견한 것과 유사한 구조의 깃털을 갖고 있었다. 지난 10년 동안 14개 속에 속하는 "깃털이 있는 공룡"의 종들이 발견되었다. 이들 대부분의 시조가 되는 쥐라기-백악기 경계인 1억 5천만년에서 1억 2천만년 전에 있었던 *Sinosauropteryx*(그림18.8)는 속이 비었고, 온몸에 깃털 같은 구조물이 있었다. 1억 3천 5백~1억 2천 1백만년 전에 있던 *Protarchaeopteryx* 와 *Caudipteryx* 는 새의 비행하는 깃털과 더 밀접하게 닮은 깃털을 갖고 있었다.

믿기 힘든 동물들로서 모두를 놀라게 한 공룡인 *Microraptor*가 양 앞다리와 뒷다리에 깃털이 있는 상태로 발견되어 이 네개의 날개가 달린 육식성 두발 공룡이 백악기의 산림에서 활공했을 것이라는 것을 강하게 시사했다. 이 종은 40 cm의 길이에 25 cm 길이의 꼬리를 갖고 있어 앞에 말한 시조새(*Archaeopteryx*)에 가까운 크기로 분명히 날기에 아주 작고 충분히 가벼웠다.

훨씬 더 놀라운 사건으로 3천 5백만 년이나 오래된 쥐라기 시기의 깃털 달린 공룡인 *Anchiornis huxleyi*가 2009년 9월 Hu와 그의 동료에 의해 발표되었다. *Anchiornis* 또한 양

그림 18.10 일부 멸종된 대형 날지 못하는 새들의 복원으로 이들의 상대적인 크기를 나타낸다. *Diatryma*는 신생대 초기의 새이며 다른 것들은 최신세보다 훨씬 더 후기에 나타났다(Feduccia, A., *The Age of Birds*. Harvard University Press, 1980).

앞다리와 뒷다리에 특징을 갖고 있는데, 새가 다리에서 깃털을 잃는 진화론적인 변화가 수반되도록 하여 "네 개의 날개가 있는"조상으로부터 진화할 수 있는 가능성을 높였다.

비행능력 소실

공룡의 멸종으로 시작된 한 번의 극적인 적응적 기회는 다수의 비워진 육상 영역에 대한 이용 가능성이 다양한 큰 몸집이 큰 날지 못하는 땅 위에 사는 새를 진화시켰다. 거대한 형태로는 키가 2.1 m에 달하는 *Diatryma gigantea*(그림 18.10)와 키가 3 m에서 그보다 더 큰 종들이 있었으며 추후 신생대에 절멸할 때까지 광범위하게 분포하고 있었다. 날지 못하는 새의 한 그룹은 오스트레일리아에서 "천둥새"(Dromornithidae)로 알려져 있으며, 현재까지 가장 거대한 새인 *Dromornis stirtoni*는 몸무게가 약 570 kg에 달한다. 현재는 날지 못하는 새들이 일부 생존하고 있다. 아프리카의 타조, 오스트레일리아의 에뮤(Emu), 남아메리카의 레아(Rhea) 등은 키위(Kiwi)와 섬뜸부기(Island rail) 같이 더 작으면서 날지 못하는 종들과 함께 대부분이 좁은 서식지에 제한적으로 분포한다.

날지 못하는 것의 진화는 포식자의 부재 또는 해양서식지 발달의 결과로 인한 선택압의 부재를 포함하는 것으로 가정하고 있다. 전자의 경우 보호된 지역이나 섬 같이 주요 육식성 동물이 없는 서식지에서는 그 지역의 새가 육상 먹이 사슬에서 우위로 진화할 수 있었다. 한번 이러한 상황을 가정해 본다면, 먼저의 비행 구조물을 축소시킨 선택은 그들의 에너지 소비를 감소시키기 위한 것이다. 후자의 경우 해양 서식지에서 많은 새들이 하는 "수중비행"은 대기에서 비행하는 것과 물에서 비행하는 것 사이의 주요한 차이가 운동각에서 역학적이거나 기계적인 방법 때문이 아니라 매개물의 밀도에 있다. 펭귄과 붕어오리(뉴질랜드 오리) 같은 일부 해양 새들은 대기에서 비행하는데 짧은 시간만 소비하고 물속에서의 추진력을 강화하도록 날개를 개조하는 쪽으로 선택하였지만 대응했지만 비행하는 능력은 감소하였다.

땅과 하늘을 정복한 곤충들

관절화된 부속지, 내측에 근육이 붙어 있는 형태의 단단한 외골격, 머리에 있는 고도로 발달된 감각 기 구조 등은 **절지동물**이 거의 모든 서식환경에서 살아갈 수 있도록 해주는 주요 기능들이다. 왁스층이 있는 단단한 외골격은 수분이 몸 밖으로 빠져나가는 것을 방지해 주고, 흙이나 모래가 침투하는 것을 막아주며, 육지에서 호흡할 수 있도록 진화하여 성공적으로 정착할 수 있도록 해준 주요 기관인 아가미를 보호한다.

절지동물이 지상에 상륙한 것은 육지성 거미, 일부 육지성 갑각류, 곤충류, 노래기류, 지네류와 근연 생물들이 진화하는 결과를 낳았다. 곤충류는 캄브리아기 이후 동물 중에서 가장 폭발적으로 분화한 분류군일 것이다. 현재 900,000종이 기록되어 있고, 기록되지 않은 종까지 포함하면 약 8,000,000종일 것으로 추정하고 있다. 곤충의 한 그룹인 딱정벌레류(딱정벌레목)는 350,000종이 기록되어 있다. 윌리스(Alfred Wallace) 혼자 말레이열도

그림 18.11 월리스(Alfred Russel Wallace)가 말레이군도에서 채집한 딱정벌레류(0.1%).

에서 80,000개체의 딱정벌레들을 채집하였다. 그 중 80개체는 그림 18.11 에 표시하였다.

일부 초기 곤충들의 크기가 비교적 컸을지라도—일부 석탄기의 잠자리는 날개편길이가 60 cm—곤충은 소형화하려는 경향이 있다. 가스교환을 효율적으로 하기 위한 곤충의 호흡기관 조직의 체적은 한계가 있다. 곤충이 커짐으로서 오는 더 큰 제한요인은 곤충의 외골격이 더욱 무거워지고 더 움직이기 힘들어지게 되는 것이다. 바다전갈은 바다속에서 그냥 극복할 수 있었겠지만, 반면에 절지동물들은 땅에서 같은 방법으로 극복할 수는 없었기 때문이다.

곤충의 거대한 종다양성은 몸의 각 기관이 **모듈**로 구성되어 있다는 점이다. **모자이크 진화**라고 알려져 있는(15장 참조), 날개와 다른 더듬이(그림 11.8), 다리와 독특한 입틀 등이다. 곤충의 몸이 여러 체절의 반복적인 요소로 구성되어 있는 특성상 각 체절이 변형되기 쉽다는 것을 곤충에서는 흔하게 나타나는 호메오(homeo) 돌연변이(11장 참조)로 설명할 수 있다. 몸의 독립기관 혹은 발생단계의 배아단위 같은 것들은 **모듈화**로 알려져 있다(BOX 18.3, 제13장 참조). 그리고 유전자 조절과 발달의 속도는 **땜질**로 수정될 수 있다(11장 참조).

글상자 10.3에서 논의된 개화식물과 곤충의 화분매개에 대한 **공진화**는 곤충의 다양성 측면에서 더욱 중요한 요인이었다. 공진화에 의해 **곤충의 생활사가 진화해서**, 성충과는 다르게 서식과 먹이섭식에서 특이화된 유충단계에서 많은 이득을 가져다 주었다. 반수서성 곤충 혹은 날개가 없는 유충과 날개가 있는 성충은 광범위한 서식환경과 섭식환경을 이용할 수 있다. 이러한 고도의 적응 특성이 나타난 후에 절지동물은 지구환경의 거의 모든 지역에 들어가서 번성할수 있었다.

사회성 군집

곤충은 **사회성**, **비사회성** 두가지 형태로 분화되었으며, 무리를 이루는 척추동물에서 보여지는 **사회성 군집**이 유일하게 곤충에서도 나타난다.

사회성 군집은 그룹의 다른 멤버들의 노동 분할을 수반한다. 이주성 메뚜기떼 혹은 몇몇 유충이 협동하여 만드는 보금자리 등 단순한 군체 종류 이상에서 명확하게 이러한 현상이 나타난다(그림 18.12a).

사회성 곤충의 군집은 흰개미(그림18.12a)와 많은 종류의 개미, 말벌 등을 포함한다. 수정된 알과 수정되지 않은 알로부터 각각 다른 성별 또는 다른 생활사를 가지도록 발달시키는 능력과 **동족선택**의 진화는 사회성 곤충의 몇 가지 형태로 특성화되며, 각 군집에는 단 하나의 생식능력이 있는 여왕이 있다(BOX 18.4).

■ 척추동물 중에서 계급형성에 대한 예는 단 한 가지 알려져 있다. 동아프리카에 서식하는 벌거숭이주머니쥐(*Heterocephalusglaber*)가 그러한데, 암컷 한 마리가 전체 새끼를 출산하고, 생식을 위한 암컷과 도우미 암컷 사이에서 형태적으로 완전히 다른 이형현상이 나타난다.

사회성 곤충에서 형태가 다른 유형(계급) 혹은 연령그룹에 따라 다양한 기능들을 수행한다. 예를 들면 각 군집에는 일반적으로 알을 낳을 수 있는 단 하나의 생식능력이 있는 여왕이 있고, 다수의 알을 수정시키기 위해 생식능력이 있는 수컷이 있으며, 오로지 먹이를 얻는 일을 수행하는 한 개 혹은 몇 등급의 불임 일꾼과 알과 유충을 돌보는 계층, 보금자리를 유지보수하는 계층, 군집을 보호하는 계층 등이 있다. 꿀벌의 일꾼들에게서 연령과 관련된 노동분할을 보면 젊은 꿀벌은 알과 유충을 돌보고 보금자리를 유지보수하고, 늙은 꿀벌은 먹이를 구해오고, 적의 침입에서 방어역할을 한다. **양봉꿀벌**(*Apis mellifera*)의 유전체 염기해독이 완성되었을 때, 먹이습득과 관련된 유전자가 계급간에 패턴이 다른 유전자가 발현되는 것을 보여주었다.

호르몬은 표현형의 변화와 유전자 활동의 환경적 변화를 연결하고 통합하는 하나의 메커니즘을 제공한다. 이것은 생활사에서 하나 이상의 단계를 갖는 곤충 같은 개체에서 분명하게 나타난다. 계급간 행동 차이는 유충호르몬(juvenile hormone)과 관련이 있고, 발달과 행동에 대한 화학적 영향 또한 누가 여왕이 되고, 누가 일꾼이 될지를 결정하는 것의 원인이 된다. 꿀벌의 여왕벌은 확산 능력이 있는 호르몬(페로몬)을 생산한다. 그것은 일벌의 생식능력을 억제시키는데, 여왕벌의 이 같은 능력은 로열젤리 같은 특별한 먹이원을 포함하여 다양한 환경적 영향에 의해 발현될 수 있다.

◆복잡성

멸종 및 종과 생물상의 교체는 종종 생물의 진화가 진행되는 동안 복잡성의 증가여부의 문제를 야기한다. 포유류는 파충류보다 더 복잡한가? 여러 개의 모듈로 이루어진 기관계가 단일 단위의 모듈로 이루어진 것 보다 더 복잡한가? 사회적인 곤충은 비사회적인 종보다 더 복잡한 것인가? 복잡성은 1장에서 소개하였으며 4장에서 자연의 삶, 6장(눈; 그림 6.4 참조)에서 복잡한 기관계의 진화, 8장과 9장의 다세포의 기원과 원핵세포에서 진핵세포로의 변화에 대한 측면에서 논의하였다. 복잡성의 개념에 대한 역사적인 배경은 "존재의 대사슬"

BOX 18.3

모듈화(Modularity)

이들의 다중성분의 서브유닛 구조 때문에, 계급체계는 보다 안정적이고, 비계급체계보다 쉽게 구축된다. 비계급체계는 각 부분이 동시에 집결되어야 하고, 단일 구성요소가 결여되면 모든 집합체에 영향을 줄 수 있다. 예를 들어 여러 개의 서브시스템으로 구성되어 있는 세포는 우연한 재난에 덜 취약하고, 유사한 인근 세포보다 쉽게 합성된다. 서브시스템이 없는 세포는 수많은 화학성분 모두가 완벽하게 일치하고 동시에 종합되는 경우에만 기능을 할 수 있다.

모듈화는 세포개체군에서부터 원시기관에 걸쳐있는 유전자 네트워크(제13장 참조)에서 모든 수준의 구성 원리로 부각되고 있다. 모듈화는 발생유전학, 발생생물학, 진화학, 진화발생생물학 등의 분야에서 이용되고 있다. 모듈들은 큰 생물학적 단위가 된 어떤 것이 세분화되어 있고, 선택이 될 수 있기 때문에 모듈화 개념은 어떻게 표현형이 발현하는가를 이해하기 위한 기초가 되며, 모듈들은 유전형이 표현형과 연결되어 있다.

모듈은 특유의 기능과 내부 통합 및 다른 모듈과의 상호작용을 하는 기능을 가지고 있다. 상동성과 생활의 계층적 조직을 반영한 것과 마찬가지로 모듈화는 계층적인 개념이다. 자아체(limb bud)는 닭 배아의 발생모듈이며, 날개 혹은 다리를 형성하고, 둘다 성체의 모듈 구성요소이다. 자아체의 앞쪽과 뒤쪽부분은 어떤 모듈 유전자 네트워크를 공유한다. 예를 들어, 연골이나 근육의 분화 결과일지라도, 다른 네트워크에서는 다르다. – 한 예로 이러한 것들은 날개나 다리가 될 것인가가 명확해진다.

모듈화는 단순히 이론적인 구조가 아니라서 모듈에 대한 검사를 할 수 있다. 발달과정이 잘 알려진 닭 초기배아의 날개 부분 영역이 배아의 다른 영역으로 이식이 된다면, 이식된 조각은 정상 위치가 아닌 장소에서 날개를 형성한다. 즉 비정상 위치에서 날개 형성을 시작하고, 활성화 된 날개의 유전자 네트워크는 모듈 유전자 역할을 하고 있고, 새로운 위치에서 세포 속에 높은 모듈 속성을 부여하고 있다. 예를 들면 발달과정에서 모듈화의 유전자 네트워크는 표피의 감각 모듈 예제와 멕스코의 장님동굴물고기(blind Mexican cavefish)를 가지고 13장에서 논의되었다. 동굴물고기의 예를 보면서, 유전자 네트워크가 몇몇 조직 기관이나 하나에서 변형되지만 다른 기관은 아닌 조직의 어떤 영역에서 작용할지도 모른다.

세포와 유전적 차원에서의 모듈화 예제는 그림 B18.3과 B18.4 에 도해되어 있다. 포유류의 아래턱을 구성하는 치골과 같은 하나의 뼈가 6개의 모듈로 구성되어 있는 것처럼 그것들은 각각 세포의 각각 집단에서부터 발현한다(그림 B18.3). 단일 유전자의 노크 효과에서 보여진 것처럼 각 모듈은 독립적인 유전자 제어의 적용을 받는다. 보통 다른 모듈이 발달하는 동안 하나의 모듈은 크기가 감소하거나 발달을 방해 받을 수 있다. 이러한 모듈 선택의 결과의 한 예로 오스트레일리아 서부의 허니주머니쥐(*Tarsipesrostratus*)인 유대류의 치골이 극히 감소한 사례가 있다(그림 B18.5). 허니주머니쥐는 꽃에서 꿀을 핥아먹는다. 쥐, 들쥐, 일부 설치류 등은 먹이를 씹고 갉아먹는다. 쥐 혹은 들쥐와 주머니쥐의 아래턱을 비교한 도해에서 주머니쥐의 치골이 매우 퇴화된 것을 볼 수 있다(그림 B18.4, 그림 B18.6).

발달과정과 진화에서 모듈화는 배아의 독립적이고, 이미 통합된 발달을 위한 방법을 제공하며, 모듈은 자연선택에 의해 달라질 수 있으므로 생물은 진화한다. 모듈들은 아래와 같은 이름의 유전자와 같은 방식으로 진화한다.

- 중복(*duplication*): 새로운 기능을 획득.
- 분리(*dissociation*): 어느 시간 또는 공간에서는 모듈이 분리되어 새로운 기능을 습득(예: 호메오돌연변이).
- 공동옵션(*co-option*): 모듈이 다른 모듈 속으로 혼합.

BOX 18.3
모듈화(Modularity) (*계속*)

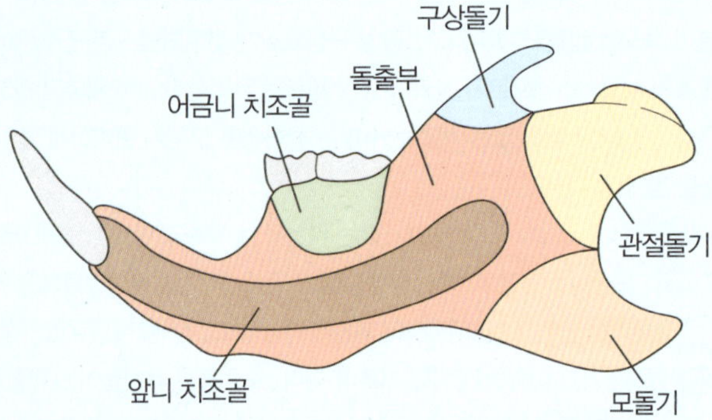

그림 B18.3 그림 18.3 설치류의 아래턱의 단일치골은 하나로 통합된 형태이지만, 6개의 복잡한 모듈로 구성되어 있다. 들쥐의 치골을 도해한 그림 B18.6을 참조. 어금니와 앞니 치골 단위는 각각 어금니와 앞니 치아를 형성하는 세포집단에서 유래하였다. 세포집단에서 분리한 돌출집단은 치골의 몸체 형태인 치아형성과 관련되지 않았다. 구상돌기, 관절돌기, 모돌기는 각각 돌출집단과 각 돌기 끝에 있는 연골형성 세포 집단의 한 부분에서 유래한다.

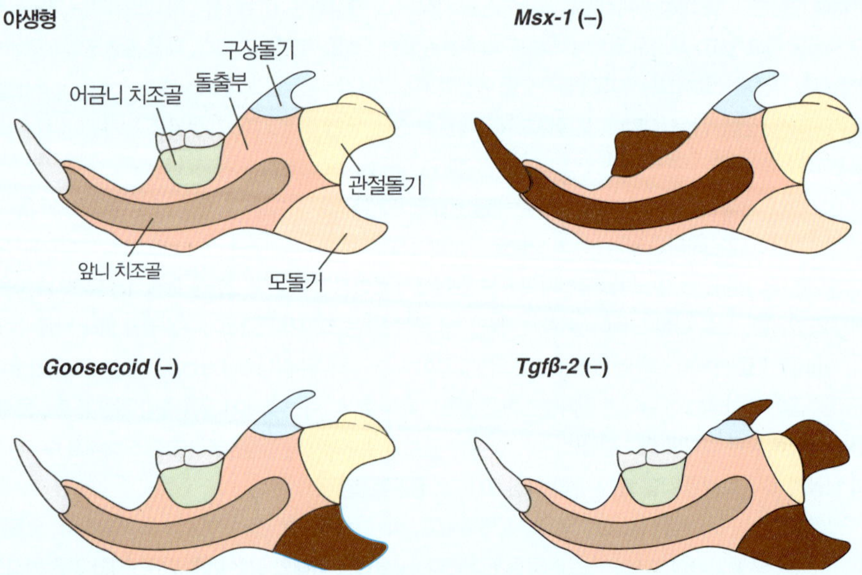

그림 B18.4 설치류 아래턱의 단일치골뼈에서 모듈들은 그림에서 보여지는 것처럼 개별유전자 노크아웃 효과에 의한 독립적인 유전자 조절에 따라서 달라질 수 있다. 야생형은 6개 모듈이 표시된다(그림 B18.3 참조). 발달에 실패하거나 노크아웃된 쥐에서 덜 발달된 모듈들은 진한 갈색이다. *Msx-1* 유전자의 결여 [*Msx-1*(–)]는 발달과정에서 어금니와 앞니의 치골단위의 발달을 방해한다. 다른 모듈들은 보통 다 발달한다. Goosecoid의 결여는 구상돌기와 모돌기단위를 작게하는 결과를 가져오지만 다른 모듈의 성장이나 모양에 영향을 주지 않는다. *TGFβ-2* 유전자의 결여는 뒤쪽의 세 돌기 모두의 발달을 저해한다.

(*계속*)

BOX 18.3
모듈화(Modularity) (계속)

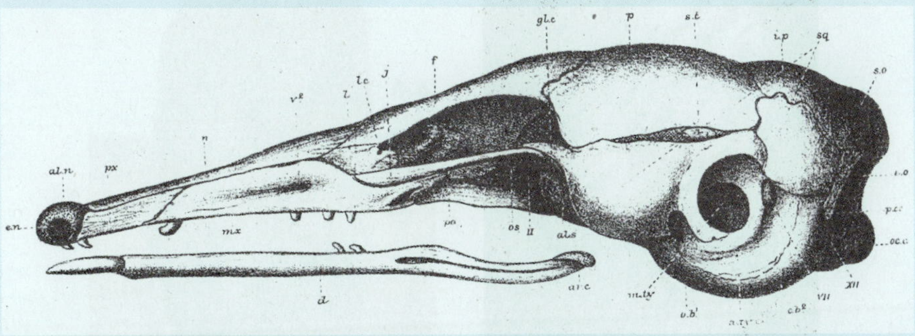

그림 B18.5 오스트레일리아 서부의 허니주머니쥐(Tarsipesrostratus)는 포유류 중에서 아래턱과 이빨이 가장 퇴화했다. 치골뼈를 따라 중간에 위치한 말뚝 모양의 어금니로 구성된 이빨(d)과 훨씬 퇴화되고 가늘게 앞쪽으로 뻗은 앞니. 그림 B18.6의 들쥐와 비교(Parker, W. K. Stud. Mus. Zool. Univ. Coll. Dundee 1890: 79-83).

■ 허니주머니쥐는 출생할 때 몸무게가 5 mg 미만이며, 어떤 포유동물의 정자 중 가장 긴 것은 360 mm이다.

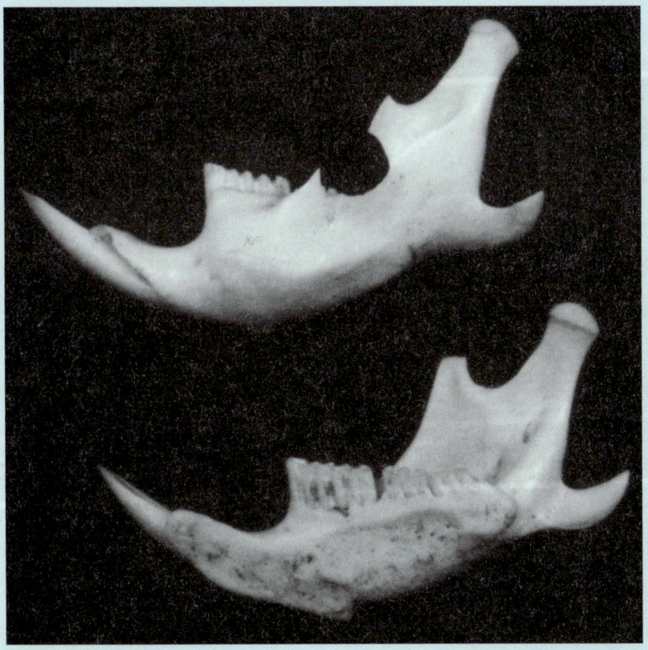

그림 B18.6 마들렌느 섬의 들쥐(*Microtus pennsylvanicus magdalensis*)의 아래턱의 단일치골 측면부(상단)와 중간부(하단). 치골의 뒤쪽 끝에 위치한 세 개의 주요 돌기(오른쪽)에 주목. 그림 B18.3과 B18.5와 비교.

(Box 5.3 참조)에 기인한 완벽을 향한 진보의 개념에 의해서 제공되었다(1장 참조). 기회는 진화증거가 복잡성의 증가와 함께했다는 가설에 대해 지지나 반론을 얻을 수 있든 아니든 현재까지 이어지고 있다. 이러한 가설은 복잡성을 측정할 수 있는 생물에서 알 수 있다.

(a) (b)

그림 18.12 유충군체가 짓고 있는 임시 보금자리**(a)**와 오스트레일리아 북부의 카카두 국립공원에 있는 흰개미 집**(b)**.

BOX 18.4
사회성 곤충의 혈연 선택

흰개미 성별 선택은 수정된 알에서부터 결정된다. 그러나 꿀벌, 말벌, 개미(벌목)의 수컷은 미수정된(단수체) 알에서 발생하고, 암컷은 수정된(배수체) 알에서 발생한다. 성을 결정하는 벌목 곤충 시스템은 특별하게도 사회성으로 진화하는 경향이 있다. 여왕의 배수체 암컷 자손은 그들의 2세(50%)보다 자매들(75%)과 유전자를 더 공유한다. 사회성의 장점은 보금자리를 공동으로 이용하고, 포식자와 기생생물으로부터 공동으로 보호하고, 먹이 습득을 공유하는 것에 있다.

유전적 상관관계는 군집의 성별 비율에 대한 충돌로 이어진다. 자매들과 더 관련이 있는 암컷들을 더 지원하고, 상관관계가 먼 적은 수의 수컷을 덜 지원하는 일꾼들에게 유전적으로 더 이익이다. 대조적으로 여왕은 수컷과 암컷 자손과 동등하게 관련되고, 암수를 같은 숫자로 생산하게 되면 유전적 이득을 얻을 수 있다. 여왕이 한 번 이상 교배를 하면 암컷 일꾼 사이에서 유전적 상관관계는 하락한다. 그러나 일꾼은 암컷 일꾼 자매의 암컷 자손보다 여왕의 암컷 자손과 여전히 더 가깝게 된다. 이것은 다른 일꾼에 의한 알 파괴원인이 된다. 스미스(John Maynard Smith)는 성별결정시스템이 혈연선택(kin selection)이라고 제시하였고, 이것은 영국의 진화생물학자인 헤밀튼(Hamilton W.D)에 의해 발표된 이론으로 Box 15.2에서 논의되었다. 그들의 자매를 양육하는데 투자하는 것은 관계가 먼 암컷 자손을 생산하는 것보다 암컷의 유전적 이득이 되는 것이다. 진화적 관점에서 볼 때 벌목 곤충의 불임 암컷 일꾼의 도움과 같은 이타적 행동은 벌목곤충에서 반복적으로 발생할 것으로 기대되는 그들의 어머니(여왕)를 위한 불임 일꾼자손이 더 발생하는 것을 의미한다. 이타주의의 독립적 진화는 적어도 개미에서 한번, 벌에서 여덟 번, 말벌에서 두 번 나타나고 있다.

복잡성의 측정

다세포 생물(동물, 식물, 균류)은 8장에서 논의된 것처럼 단세포 생물보다 확실히 더 복잡하다. 그러나 다른 것 보다 더 복잡한 일부 다세포 생물은? 인간이 균류보다 더 복잡한가? 파리가 지렁이보다 더 복잡한가?

진화생물학자들은 진화가 복잡성이 증가한 결과라고는 하지 않는다. 서트마리(Eörs Szathmáry)와 후에 스미스에 의해 1995년 발간되어 큰 영향을 준 *The Major Transitions in Evolution*(진화에서의 주요 변천)을 인용하면 다음과 같다: “진화적인 계통 분화가 시간과 함께 복잡해진다고 추측할만한 이론적인 근거나 실험적인 증거도 없다. 그렇지만 진핵세포는 원핵세포보다 더욱 복잡하며, 동물과 식물은 원생생물보다 더 복잡하다.” 복잡성을 정하는 기준은 다음과 같다.

- 생물에서 게놈 크기나 유전자의 총 수
- 유전자 중복으로 생겨난 일정한 유전자군에서 유전자(사본) 개수나 유전자의 복사된 수
- 진화의 과정을 통한 생물의 크기 증가
- 암호화된 단백질 유전자의 수
- 생물에서 기관이나 구별할 수 있는 부분의 수(체절, 기관, 조직과 외부의 기관들)
- 생물이 갖고 있는 세포 종류의 수
- 진화과정 동안 기능의 구획화, 특수화, 또는 세분화의 증가
- 생물의 기관을 형성하는데 요구되는 유전자, 유전자망 또는 세포와 세포 사이의 상호작용의 수
- 진화과정에서 기능적으로 복잡성 또는 융합하여 나타나는 생물의 기관 사이의 상호작용 수

이러한 기준 중 몇몇—특히 게놈 크기, 유전자 수, 유전자망과 구획화—은 다른 장에서 논의했다. 아마도 대부분이 일반적으로 사용되는 기준—세포 유형의 수와 생물의 크기 증가—은 복잡성의 내용에서 생활양식의 진화를 평가하기 전에 후단에서 논의했다.

세포 종류의 증가

복잡성의 증가는 아마도 단일세포 접합자가 수백 개의 다른 세포 종류와 함께 다세포 기관으로 변화하는 동물 배아발달에서 가장 쉽게 볼 수 있을 것이다. 가장 일반적으로 얼마나 서로 다른 종류의 세포가 한 생물을 구성하고 있느냐에 따라 그 복잡성이 측정되는데 이것은 발달과 진화 사이의 아주 유사한 결과일 것이다(4장과 13장 참조).

그림 18.13에서 보여주는 것처럼 세포 종류의 수는 동물 진화의 과정 동안 증가하였다. 대략 해면동물과 자포동물에서 6에서 12개, 편형동물에서 20에서 30개, 연체동물, 절지동물, 환형동물, 극피동물에서 50에서 55개, 인간에서는 200에서 400개까지도 세포의 종류가 분류된다. 배아 발달 동안 발생하는 것과 세포 종류의 수를 계측하여 사용한다면 복잡성

이 지구에서 생명의 진화의 역사 동안에 증가하였다는 결론에서 벗어나기 어렵다.

생물의 크기 증가

배아 발달은 복잡성 증가와 크기 증가를 동반한다. 8장과 9장에서 논의한 생명 진화의 초기 단계는 생물 크기의 증가를 동반했다. 그러나 다수의 계통에서 지속적인 크기 증가가 나타나지는 않은 것으로 보아 계통이 진화하는 동안 생물 크기의 증가는 정해진 순서에 따른 복잡성 기준을 사용하지 않았다. 또한, 진화는 생물에게 유리하게끔 크기가 작아지는 방향으로 전환되었다. 크기가 작아지는 그룹은 섬에 고립되어 몇 세대가 지난 후에 해변의 만조 수위에서 모래알갱이 사이나 코끼리 같은 큰 동물 등 많은 다양한 동물 그룹과 생물들에 기생하는 종에서 확인된다.

생활양식

복잡성이 생물의 크기를 제외한 기준으로 측정될 때, 같은 크기 생물의 다른 그룹은 복잡성의 다른 수준을 표시할 수 있다.

과거에 비교적 큰 잠재적 숙주생물이 진화해왔고, 기생은 많은 무척추동물이 살아가는데

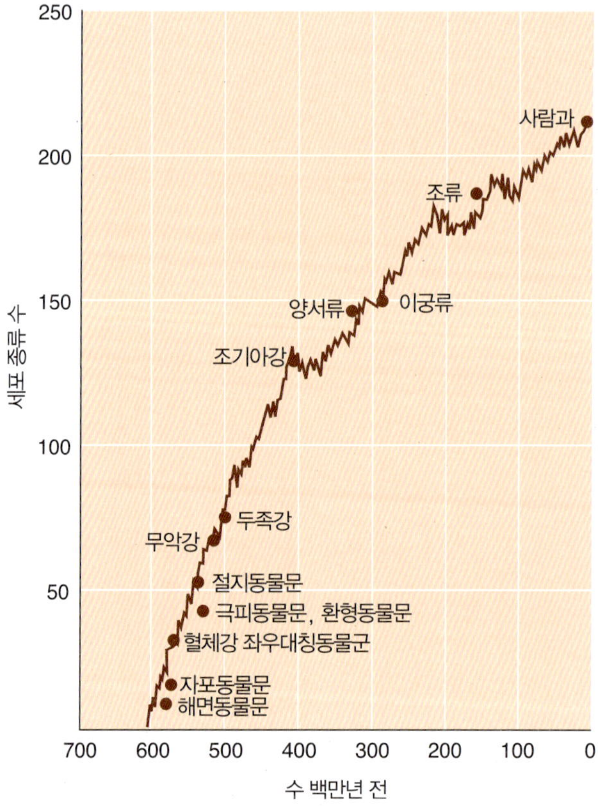

그림 18.13 세포 종류의 수로 예측한 다양한 동물들이 기원한 시기(지금부터 백만년 이전). 많은 진화생물학자들에 의해서 표시된 이 그래프는, 낮은 쪽에서 높은 쪽으로 갈수록 복잡성이 증가함을 반영한다(Valentine, J. W., A. G. Collins, and C. P. Meyer, *Paleobiology* **20**, 1994: 131-142).

성공적인 방법이 되었다. 기생생물은 진화하면서 그들의 많은 기관이 단순화되거나 완전히 사라지게 되었다. 이것은 거대하고 복잡한 기생생활의 유형이 아니고, 여러 종류의 중간 숙주를 포함한 것이다. 예를 들어 일부 촌충은 제 1숙주인 포유류에서 성충단계가 되기 전까지 절지동물에서부터 물고기까지의 많은 중간 숙주를 거친다. 이러한 발달과정과 생활사의 네트워크는 다른 생물이 새로운 환경과 다른 환경을 이용하고, 다른 생활사를 갖는 등으로 진화하면서 생긴 기회를 얻을 수 있는 이익을 가져다준다. 그러한 생활사의 복잡성이 주는 이득으로는 기생생물은 중간숙주에서 개체군을 만들 수 있고, 주 숙주에 감염 기회를 향상시킬수 있다. 또한, 기생생물의 초기단계에 중간숙주에서 확산됨으로 해서 성체가 비교적 긴 시간동안 생산성을 유지함으로써 주 숙주의 자원을 절약한다; *Schistosomatrematodes*의 성체는 인간 숙주에서 30년 동안이나 살 수 있다. **주혈흡충**(*Schistosoma*)은 열대지방에 널리 퍼져있는 **주혈흡충병**(schistosomiasis)의 원인이 되는 매개체이다.

◆ 추천 문헌

Aguinaldo, A. M. A., J. M. Turbeville, L. S. Linford, et al., 1997. Evidence for a clade of nematodes, arthropods and other moulting animals. *Nature*, **387**, 489–493.

Benton, M. J., 2003. *When Life Nearly Died: The Greatest Mass Extinction of All Time*. Thames and Hudson, London, England.

Chiappe, L. M., 2007. *Glorified Dinosaurs: The Origin and Early Evolution of Birds*. University of New South Wales Press/John Wiley.

Erwin, D. H., 2006. *Extinction: How Life on Earth Nearly Ended 250 Million Years Ago*. Princeton University Press, Princeton, NJ.

Grimaldi, D., and M. S. Engel, 2005. *Evolution of the Insects*. Cambridge University Press, Cambridge, England.

Hölldobler, B., and E. O. Wilson, 2009. *The Superorganism: The Beauty, Elegance, and Strangeness of Insect Societies*. W. W. Norton, New York.

Hu, D., L., Hou, L. Zhang, and X. Xu, 2009. A pre-*Archaeopteryx* troodontid the ropod from China with long feathers on the metatarsus. *Nature* **461**, 640–643.

Kemp, T. S., 2005. *The Origin and Evolution of Mammals*. Oxford University Press, Oxford and New York.

Kielan-Jaworowska, Z., R. L. Cifelli, and Z.-X. Luo, 2004. *Mammals from the Age of Dinosaurs. Origins, Evolution, and Structure*. Columbia University Press, New York.

Krogh, T. E., S. L. Kamo, V. L. Sharpton, et al., 1992. U-Pb ages of single shocked zircons linking distal K/T ejecta to the Chicxulub crater. *Nature*, **366**, 731–734.

Maynard Smith, J., and E. Szathmáry, 1955, *The Major Transitions in Evolution*. Freeman, Oxford, England.

Stanley, S. M., 2009. Evidence from ammonoids and conodonts for multiple Early Triassic extinctions. *Proc. Natl. Acad. Sci. U.S.A.* **106**, 15256–15259.

Turney, C. S. M., T. F. Flannery, R. G. Roberts, et al., 2008. Late-surviving megafauna in Tasmania, Australia, implicate human involvement in their extinction. *Proc. Natl. Acad. Sci. USA*, **105**, 12150–12153.

Vickaryous, M., and B. K. Hall, 2006. Human cell type diversity, evolution development classification with special reference to cells derived from the neural crest. *Biol. Rev. Camb. Philos. Soc.*, **81**, 425–455.

VII

인류의 기원과 진화

◆

19 인류의 기원과 진화

단 원 요 약

- 인간은 원숭이, 유인원(ape), 침팬지와 마찬가지로 8,500만 년 전 북미대륙에서 발생한 포유류 혈통의 영장류이다.
- 유인원(ape)은 2,900~3,400만 년 전 원숭이로부터 나뉘었다.
- 인류(유인원과 인간)는 630만 년 전 침팬지로부터 나뉘었다.
- 두발로 보행하는 인류 두 종(어쩌면 세 종)은 아프리카에서부터 발견되었다.
- 가장 오랜된 *Homo*속 화석들은 240만 년 전의 것이며, 아프리카대륙에서는 240~160만 년전에 서식한 *Homo*속 4종이 확인되었다.
- 그 후 약 50만 년 전, 몇몇의 종들이 추가적으로 아프리카에서 발견되었다.
- 해부학적으로 현대 인간인 *호모 사피엔스*(*Homo sapiens*) 중 가장 오래된 흔적은 16만 년 된 에티오피아의 화석이다.
- 호모 사피엔스는 다양한 방법을 통하여 아프리카에서 유럽, 아시아 및 다른 새로운 세계로 이주했다.
- 침팬지, 일부 원숭이 및 인간은 도구를 사용했다.
- *Homo*속이 사용한 첫 번째 도구는 250만 년 전 *호모 하빌리스*(*H. habilis*)부터이다.

개요

영장류(Primate)는 나무 위에서 생활을 하였으며 큰 뇌를 가진 사회적인 포유류로 8,500만 년 전 나타났다. 유인원(ape)은 올리고세(Oligocene, 2,900~3,400만 년 전)에 원숭이로부터 갈라져 나왔고, 호미니드와 침팬지는 630만 년 전 혹은 더 후에 갈라져 나왔다(그림 19.1). 현대 인간의 자매그룹인 침팬지의 경우 인간의 독창적 능력으로 여겨지는 도구의 제작과 사용, 계획하기, 조직적인 공격 및 복잡한 사회 조직 등 많은 행동 특성을 가지고 있다.

■ 영장류는 여우원숭이(lemur), 안경원숭이(tarsier), 원숭이(monkey), 유인원(ape) 및 인간(human)으로 구성되는 포유류의 집단(order, 목)이다. 모든 영장류는 큰 뇌, 물건을 움켜쥘 수 있는 손, 입체적인 시야를 가진다. 몸의 크기는 30 g(lemur, 가장 작은 여우원숭이)부터 227 kg(가장 큰 고릴라)까지 다양하다.

최초로 두발보행(bipedal)을 한 대표적 영장류는(초기의 호미니드) **오로린 튜제넨시스**(*Orrorin tugenensis*)와 **아르디피테쿠스 카다바**(*Ardipithecus kadabba*)이고, 이 두 종은 아프리카에서 진화됐다. 오스트랄로피테쿠스 무리(Australopithecines("southern ape, 남부유인원"))의 마지막 종의 긴 뼈는 뚜렷한 두발보행 운동의 증거이며, 이빨과 턱의 변화는 식성의 변화를 보여준다. 오스트랄로피테쿠스 무리(australopithecine)의 뇌는 최초 인류의 뇌보다 크지 않으며, 이는 두발보행의 시작과 뇌 크기의 증가 사이에 나타나는 연관관계를 보여준다. 이것은 명백한 결론처럼 보이지만, 여전히 논쟁이 되고 있다.

240만 년 전 나타난 초기 *Homos*속의 화석은 오스트랄로피테쿠스 무리(Australopithecine)보다 훨씬 더 큰 뇌를 가지고 있다. 또한 4종이 아프리카에 240~160만 년 전에 존재했다. 당시 지배적이었던 인류종인 **호모 에르가스테르**(*Homo ergaster*)는 70~60만 년 전까지 동남아시아에서 지속되었을 **호모 에렉투스**(*H. erectus*)로부터 발생한 것으로 추측된다. 약 50만 년전부터 여러 새로운 종들이 식별될 수 있을 정도로 진화해서 **호모 하이델베르겐시스**(*Homo heidelbergensis*), **호모 헬메이**(*H. helmei*), **호모 로데시엔시스**(*H. rhodesiensis*)가 알려져 있다. 이들은 16만 년 전 에티오피아에서 화석으로 처음 발견되었는데, 해부학적으로 **현대인류**(*Homo sapiens*)의 시초일 것이다. 해부학적으로 현대 인류는 아프리카에서 유럽, 아시아 및 다른 새로운 세계로의 다양한 이주를 통해 급속하게 증가했고, 이를 아프리카 기원설(out of Africa hypothesis)이라 한다. 이를 통해 **호모 하이델베르겐시스**(*Homo heidelbergensis*)가 약 25만 년 전 유럽으로 이주한 후 **호모 네안데르탈엔시스**(*Homo neanderthalensis*) 즉 **네안데르탈인**(Neanderthals)이 되었을 것으로 예측된다. 네안데르탈인은 **호모 사피엔스**(*Homo sapiens*)와 공존하면서 스페인과 지브롤터(Givraltar)에서 24,000년전까지 서식하였다.

영장류

영장류는 8,500만 년 전 백악기 제 3기에 몸집이 작고, 벌레를 먹으며 나무 위에서 서식한 땃쥐와 유사한 포유류의 혈통으로부터 분화했다(그림 19.1). 다수의 초기 영장류 화석들은 6,000만 년 전 팔레오세(Paleocene) 중기부터 발견되기 시작했다. 귀의 위치, 구조와 이빨의 특징은 이러한 종들을 영장류로서 구별되게 했다.

영장류는 번성한 그룹으로 현존하는 400여 종은 2개 이내의 단계통 혈통으로 구분된다.

- **원시원숭이아목**(Strepsirrhine, 원원류), Strepsirrhini, "wet-nosed primate" 젖은 코영장류)는 작은 몸을 가지고, 야행성(밤에 활동적)인 마다가스카르의 여우원숭이(lemur)와 아프리카와 동남 아시아의 로리스원숭이(loris)가 있다.
- **유인원숭이목**(Haplorhine, 진원류), Haplorhini, "dry-nosed primate" 마른코영장류)는 큰 몸을 가지고, 주행성(낮 동안에 활동적)이며 Strepsirrhine보다 짧은 얼굴, 앞을 바라보는 눈 및 큰 뇌를 가지며 원숭이, 유인원 및 인간이 포함된다(그림 19.2).

분자적 증거는 원시원숭이아목과 유인원숭이아목이 약 7,700만 년 전 백악기 말에 갈라졌음을 보여준다.

유인원숭이아목의 세 혈통(신세계원숭이(New World monkey), 구세계원숭이(Old World monkey) 및 유인원(ape와 인간))에 관해서 정리하면 아래와 같다.

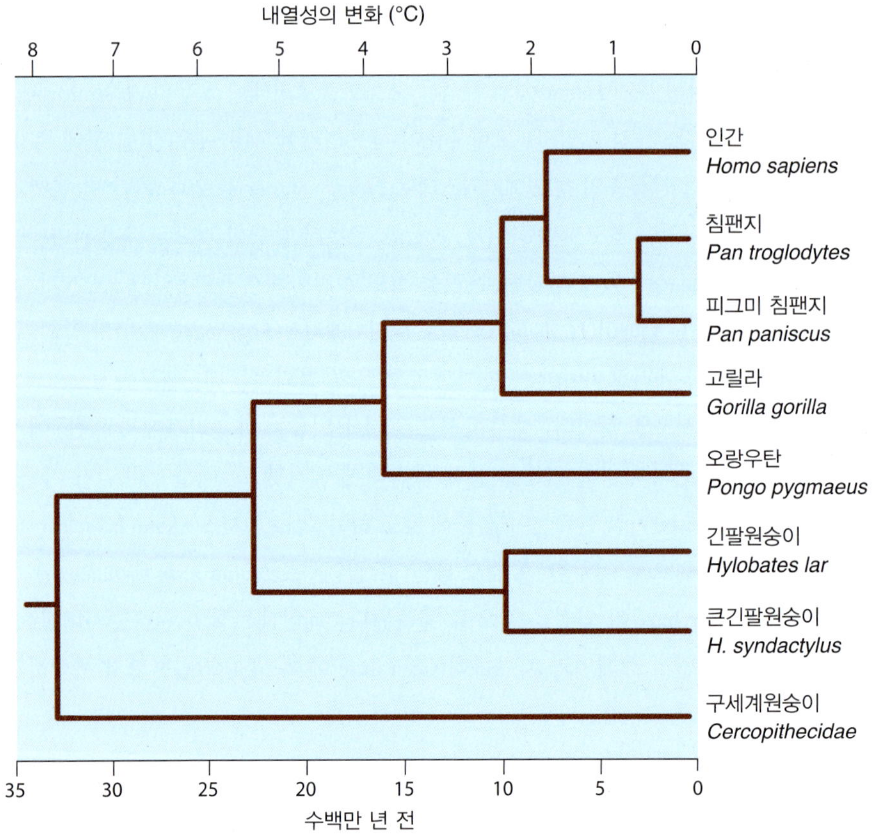

그림 19.1 DNA-DNA 분자 교잡 연구에 기초를 둔 인간, 유인원, 구세계원숭이에 대한 계통수와 분기년도 (Adapted from Sibley, C.G., and J.E. Ahlquist, *J.Mol.Evol.*, **20**, 1984: 2-15).

원숭이

구세계원숭이와 **신세계원숭이**는 3,500~4,000만 년 전 지금의 아프리카에서 분화했다.

남아메리카와 중앙아메리카에서만 발견되는 현존하는 신세계원숭이는 나무에 사는 동물이다. 이들은 넓은 코와 좌우로 비스듬한(옆쪽을 향하는) 넓은 콧구멍 및 물건을 잡을 수

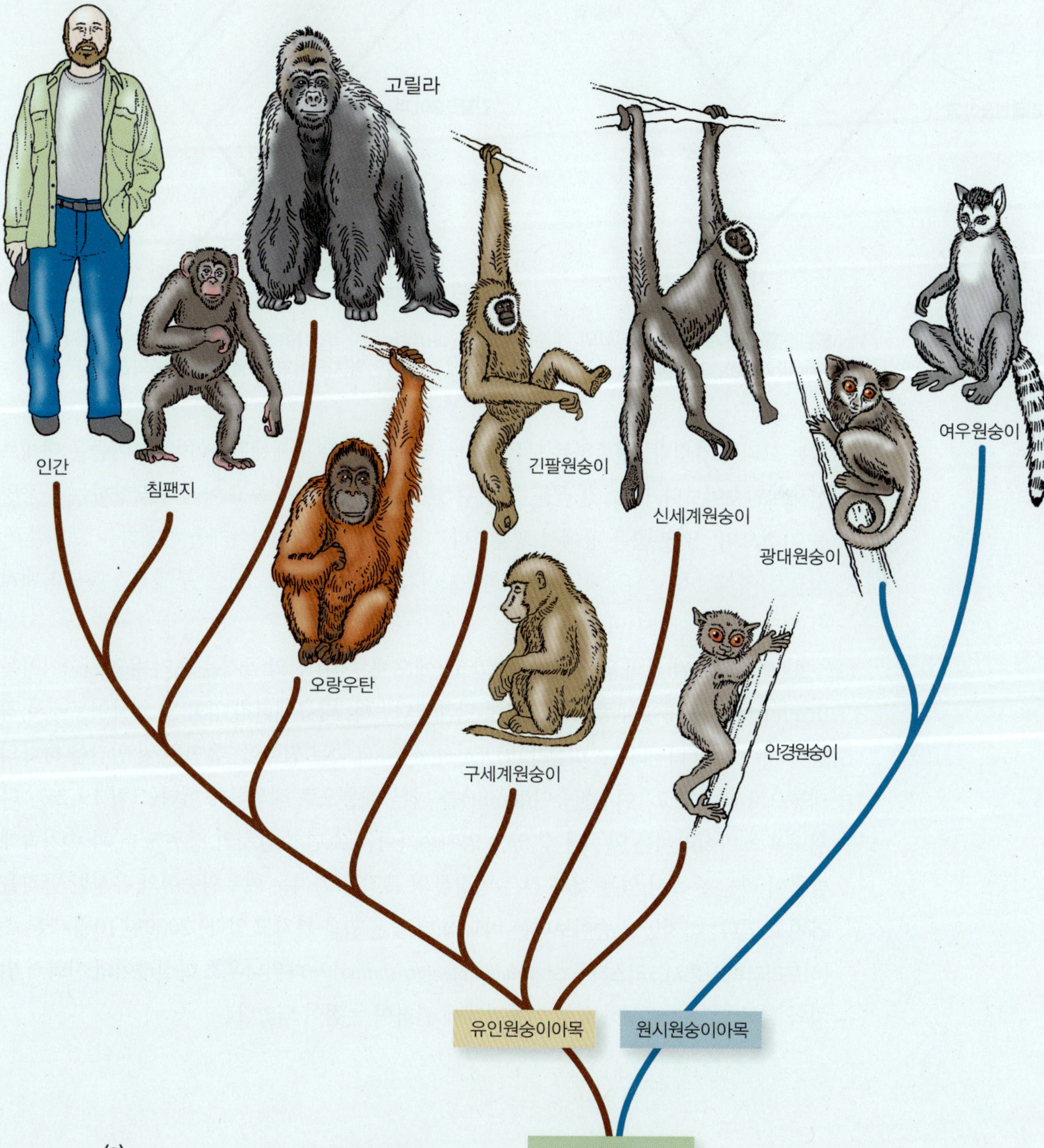

그림 19.2 **(a)** 현존하는 다양한 영장류의 전통적 계통수

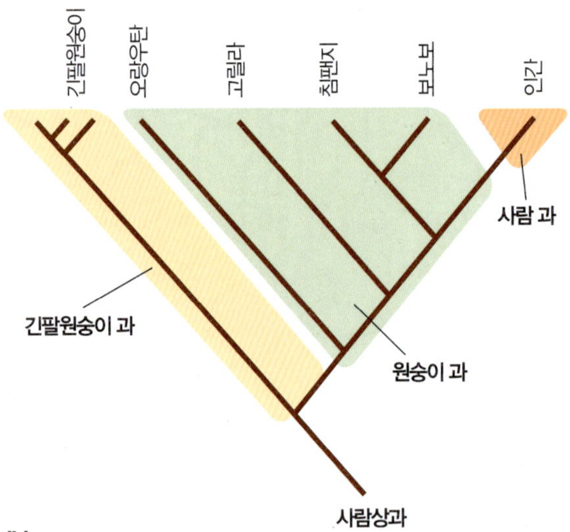

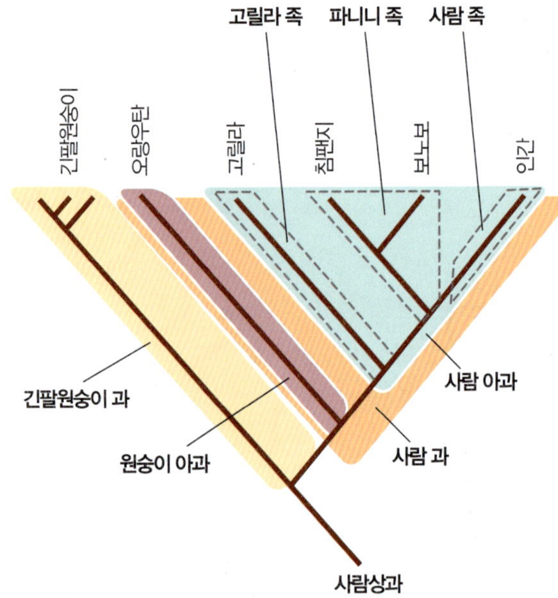

그림 19.2 (계속) **(b)** 진화의 계통분류학(evolutionary systematics)에 따른 유인원(사람상과. Hominoidea)의 분류 **(c)** 분기론(cladistics)에 따른 유인원(사람상과.Hominoidea)의 분류

있는 꼬리를 가졌다. 현존하는 모든 영장류의 세 번째는 구세계원숭이이다. 이들은 대체로 신세계원숭이보다 크고, 물건을 잡을 수 있는 꼬리가 없다. 좁고 아래쪽을 향하는 콧구멍을 가졌으며, 몇몇 종은 땅에서 생활한다. 도구의 사용은 인간에게만 존재하는 고유한 특성으로 여겨졌지만 신세계원숭이, 흰목꼬리감기원숭이(capuchin), 구세계원숭이(침팬지와 개코원숭이)에게서도 발견된다.

2009년 발표된 거의 완전한 4,700만 년(에오세 중기) 전의 골격은 초기 유인원숭이아목(haplorhine) 진화에서 중요한 전환기 단계였다. 책, 다큐멘터리 영화 및 웹사이트에서 굉장히 이슈화 된 다위니우스 마실라이(*Darwinius masillae*)는 원숭이, 유인원 및 인간을 하나의 계통으로 분류하고, 여우원숭이(lemur)를 다른 계통으로 해석하게 했다(그림 19.2a). 다위니우스 마실라이는 마주댈 수 있는 엄지손가락(청소년기 암컷의 경우 5cm)과 손가락에 발톱이 아닌 손톱이 있는 것과 같은 영장류의 특징을 가지는 여우원숭이와 유사한 골격을 가지고 있다. 하지만 원숭이보다는 비교적 더 짧은 팔을 가지고 있다. 2009년 10월 다른 종[아프라다피스 론지크리스타투스(*Afradapis longicristatus*)]와 다위니우스 마실라이의 진화적 위치와 결국 인간이 발생하게 된 계통관계에 관하여 논점이 되었다.

유인원과 인간: 사람상과(Hominoid)

일반적인 분류에서, **유인원과 인간**이 속한 유인원숭이아목(haplorhine)의 세 번째 그룹을 통틀어서 **사람상과(Hominoidea)**라고 말한다(그림 19.3). 초기의 사람상과 화석은 2,000만 년 전 마이오세(중신세 Miocene)초기의 것으로 아프리카의 프로콘술(*Proconsul*)이 있으며, 초기 유인원으로 여겨지는 모로토피테쿠스(*Morotopithecus*)도 알려져 있다. 분자적 분석을 통해 약 1,800만 년 전 몸집이 큰 영장류가 몸집이 작은 영장류로부터 분기된 것을 밝혀냈다(그림 19.1). 유인원(ape)과 인간은 독특한 어금니 끝의 모양으로 원숭이와 구분된다. 많은 유인원들은 나무에 매달려서 나뭇가지 사이를 이동하는 형태로 진화했다. 보르네오와 수마트라의 오랑우탄(그림 19.3)은 동종 이형(같은 종인데 암수의 형태가 다른 것)인 유인원으로써 수컷은 90 kg까지도 있다. 오랑우탄은 아프리카 유인원과 인간으로 이어지는 혈통에서 약 1,300만 년 전 갈라져 나왔다. 인간은 땅 위에서의 두발보행 운동의 적응(다리에 비하여 짧은 팔, 그림.19.3), 커진 뇌 및 마주댈 수 있는 엄지손가락과 짧아진 손가락들에 의하여 다른 사람상과(hominoid)와 구별된다.

유인원은 중신세 초기와 중기동안에 급속하게 다양해졌다. 이 기간 동안 많은 속들이 분화되었다. 원숭이(Monkey)는 마이오세 후기에 다양해졌는데, 이때 대부분의 유인원들이 열대우림에서만 서식하기 시작하였다. 원숭이들은 영장류가 점유하던 수목성 환경을 차지하기 시작했으며 땅에서의 생활에도 적응하게 되었다.

적도아프리카가 발원지인 현존하는 침팬지는 2종, **침팬지**(*Pan troglodytes*)와 좀 더 날씬하

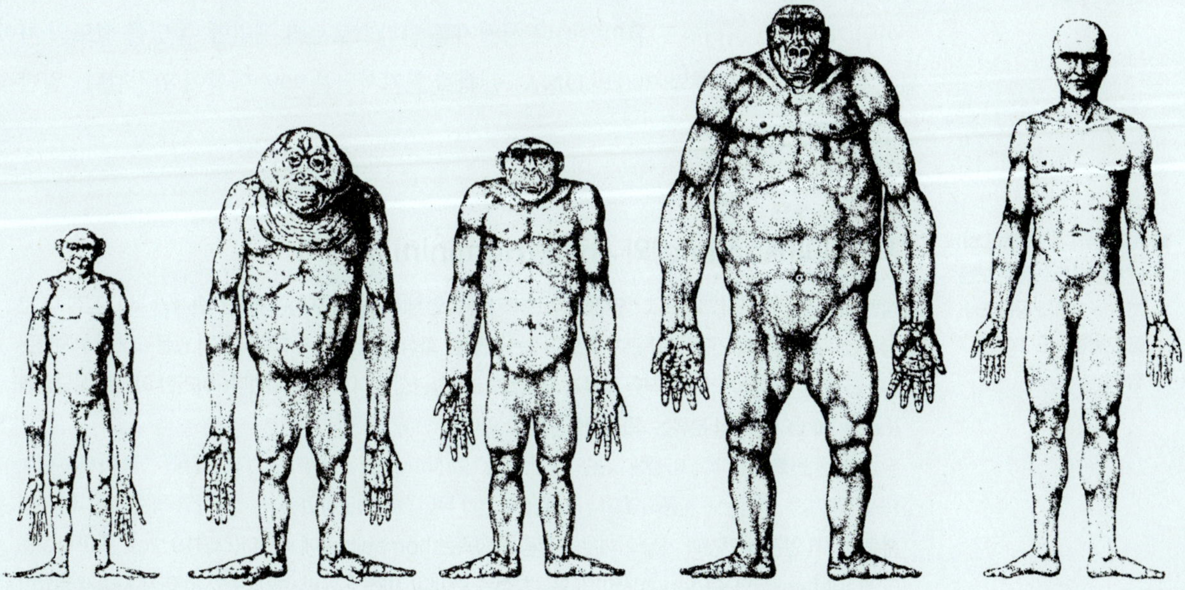

그림 19.3 털이 제거되고 같은 비율로 그려진 성인 수컷 유인원과 인간 체형의 비율(Adapted from Schultz, A. H. *The Life of Primates*. Universe Books, 1969.)

고 가벼운 **보노보**(*Pan paniscus*, 난쟁이침팬지)가 있다. 이들은 종종 잘못된 이름인 피그미침팬지로 불린다(pygmy chimpanzee). 종, 성별에 따른 각 개체의 평균 체중은 32~45 kg이다. 이들 2종은 120마리 정도의 큰 무리사회 생활을 하는 복잡한 사회구조와 계급을 가진다.

제일 큰 유인원(227 kg까지 자람)은 주로 지상생활을 하는 적도아프리카의 로랜드**고릴라**(lowland gorilla)와 마운틴고릴라(mountain gorilla)이다(그림 19.3). 우두머리 수컷이나 실버백(등에 은백색 털이 나 있는 나이 많은 고릴라 수컷)이 대개 5~30마리 무리의 암컷과 어린 수컷을 통솔한다.

아프리카 유인원, 특히 침팬지는 많은 특징을 인간과 공유하며 현재 인간과 자매그룹으로 알려져 있다. 유감스럽게도, 사람상과에 관한 계통유연관계가 지속적으로 재정리 되는 과정에서 지금도 그룹의 정의에는 혼란이 남아있다.

- 큰 유인원(Great ape)과 인간은 현재 **인류**(사람과 Hominidae; 그림 19.2c)로 알려져 있다. 이 용어는 이전에 현존하는 인간과 멸종된 근연류로 제한해서 사용되었다.
- 인간과 그들의 가까운 멸종된 근연 무리는 **hominini족**의 인류이다(그림 19.2c). BOX 19.1에서 더 자세한 내용을 확인할 수 있다.

■ 직립보행(bipedalism)으로의 진화로 인해 포식자로부터의 회피, 식량운반, 도구사용, 무기사용 등 수렵채집 생활에서의 이점들이 설명되어 있다.

사람상과 중 인간으로의 진화적인 변화는 그들이 지상에서 두발로 걷는 양식을 갖게 했다. 그러므로 인간과 유인원 사이의 상당한 유전적 차이를 발견할 수 있을 것으로 기대되었으나 결과는 그렇지 않았다. 인간의 앞다리(팔)와 뒷다리(다리)의 길이 비율(그림 19.3), 큰 뇌, 돌출되지 않은 얼굴, 많은 차이가 있는 성적 동종이형, 송곳니, 드문 체모 등 우리가 유인원과 인간을 구분 짓게 해주는 모든 특징이 유전자에서는 아주 작은 차이에 불과했다.

어린 개체라고 하더라도 유인원이나 침팬지를 인간으로부터 구별할 수 있을 정도의 차이에도 불구하고, 침팬지와 인간의 DNA, 단백질 염기서열은 96% 이상이 일치한다. 일반적

■ 분기분류학(cladistics)에서는 모든 그룹은 모든 자손과 그룹의 공통조상을 포함한다(BOX 6.5 참조).

BOX 19.1

사람상과(Hominid)와 사람족(Hominini)의 차이

침팬지는 인간의 자매 그룹으로, 인간과 아프리카의 유인원(특히 침팬지)은 가까운 관계인 것이 점점 더 분명해졌다. 유인원과 인간 사이 관계를 보여주는 다양한 화석 종들이 계속 발견되면서 많은 고인류학자들은 인간과 근연 무리사이의 전통적인 분류가 부적절하고, 일관성 없다고 보게 되었다. 이러한 이유로 사람상과(hominoid)의 분기적 분류는 최근 관심을 받고 있다.

이러한 변화의 결과는 이전에 사용되었던 용어(Homoniod)가 오로지 인간과 인간의 가장 가까운 관계의 화석종만을 일컫는데 사용되었으나 현재는 인간과 유인원을 총괄하여 hominid라고 하는 것이다. 분기분류학에서 인간과 인간과 가장 가까우나 멸종된 혈족은 homonini족에 속한다(그림19.2c). 족(tribe)은 아과(subfamily)와 족(genus)사이의 분류학적 수준이다. 이는 혼란이 야기되는 시점이자 지혜가 필요한 시점이다. 고인류학자가 최근 문헌에서 “hominin”이라는 용어를 사용할 때 의미는 옛 문헌의 “hominid”와 같다. 이 변화는 계통수 내의 일부 관계변화를 보여준다.

으로 침팬지와 인간은 유전적으로 단지 4%가 다를 뿐이다(100개의 염기쌍 중 4개의 염기쌍). 그에 비해 각각의 인간은 1,000개의 염기쌍 중 1개의 염기쌍 혹은 0.001%(원서 수치 확인요망)만이 다르다. 그러므로 현재 가설은 (a) 침팬지와 인간의 차이점의 대부분은 유전자 조절변화에 의해 시작되었다. (b) 표현형 변화는 주요 유전자 변화를 필요로 하지 않거나 포함하지 않는다. (c) 해당 유전자기능이나 유전자 발현 패턴의 작은 차이는 표현형의 큰 변화를 낳을 수 있다(13장 참조).

침팬지는 우리의 가장 가까운 친척(현대 인간과 자매 그룹)이기 때문에, 두 혈통이 갈라진 시점을 확인하기 위해 침팬지와 인간의 형태학, 유전학 및 행동의 비교에 많은 노력을 기울이고 있다. 분자적 자료는 그림 19.1과 같이 750만 년 전에 두 그룹이 갈라진 것을 보여준다. 화석기록은 700만 년 전에 분화되었음을 보여준다. 유전자의 2천만 염기쌍의 정렬을 포함한 최초의 분석은 5개의 영장류 그룹이 600만 년 전에 분화했음을 나타내고 있다.

◆ 오스트랄로피테쿠스(Australopithecine: 아프리카 남부 유인원)

인류의 기원에 대한 탐구는 우리를 유인원에서 사람으로의 전환과 아프리카의 남부 유인원인 오스트랄로피테쿠스로 알려진 유인원집단에 관심을 가지게 하며 다음 4종이 특히 흥미롭다.

오스트랄로피테쿠스 아프리카누스(*Australopithecus africanus*)

1912년 영국에서 발견된 아래턱뼈와 두개골은 초기의 인류가 어떻게 생겼었는가에 대한 중요 단서가 되었다. 그러나 BOX 19.2 에 명시된 것처럼 **필트다운인**(**Piltdown Man**, *Eoanthropus dawsoni*)은 화석의 일반적인 방식으로 퇴적되어 온 것이 아닌 가짜화석이었다.

초기 인류화석 발견의 처음은 해부학자이자 인류학자인 다트(Raymind Dart 1893~1988)가 남아프리카의 Cape지방에 있는 Taung의 석회채석장에서 초기 인류화석을 보고한 1925년부터 시작된다. 이 화석(이하 **Taung Child**)은 여섯살 정도의 아이 것으로 두개골 앞부분과 아래턱뼈의 대부분이 남아 있었다. 다트는 이 화석을 새로운 종인 오스트랄로피테쿠스 아프리카누스(*Australopithecus africanus*)라고 명명했다. 치아와 뇌의 모습은 유인원보다는 사람과 더 흡사했다. 250~300만 년 전으로 추정되는 성인의 오스트랄로피테쿠스의 두뇌는 1940년대에 Taung에서 그다지 멀지 않은 Sterkfontein에서 발견되었다. 머리 아래 골격의 추가적인 발견은 척추와 요대(골반부)의 형태가 인간과 유사함을 확인시켜주었다.

지난 70년 동안 많은 연구는 오스트랄로피테쿠스의 다른 종들과 더욱 오래된 화석들을 발굴했다. 이러한 화석들은 남부 유인원 4종이 450만 년 전부터 250만 년 전 사이의 기간인 200만 년 동안 다양하게 생활했음을 나타내며, 이들 4종에 대해서는 BOX 19.3 에서 간단하게 소개하였다. 이러한 중요한 발견과 모두가 알고 있는 초기의 오스트랄로피테쿠스가 두발보행 했다는 점은 사람속(*Homo*)이 두발로 걷는 조상을 갖는다는 결론에 이르게 한다. 또 다른 특징은 두발보행 할 수 있는 형태로 진화된 후에 *Homo*속의 특징들이 진화되었다

BOX 19.2
필트다운인(Piltdown Man)

남아프리카의 Taung에서 초기 인류화석을 발견했을 당시에, 대부분의 인류학자들은 초기 인간이 큰 두개골과, 유인원과 유사한 턱뼈 및 큰 송곳니를 사용 가능한 증거로 추정했다. 이러한 추정을 가능하게 한 증거는 1912년 영국의 필트다운에서 발견되었다고 하는 두개골과 아래턱뼈 화석이 다음과 같은 형태(그림 B19.1C)를 나타낸 데서 비롯되었다. 이 화석을 발견한 영국의 아마추어 고고학자인 Charles Dawson(1864~1916)의 이름을 따서 *Eoanthropus dawsoni*(도슨이 발견한 최초의 인간, Dawson's dawn-man)라고 이름 붙인 화석은 유인원과 가장 흡사한 인간 화석으로 간주되었다.

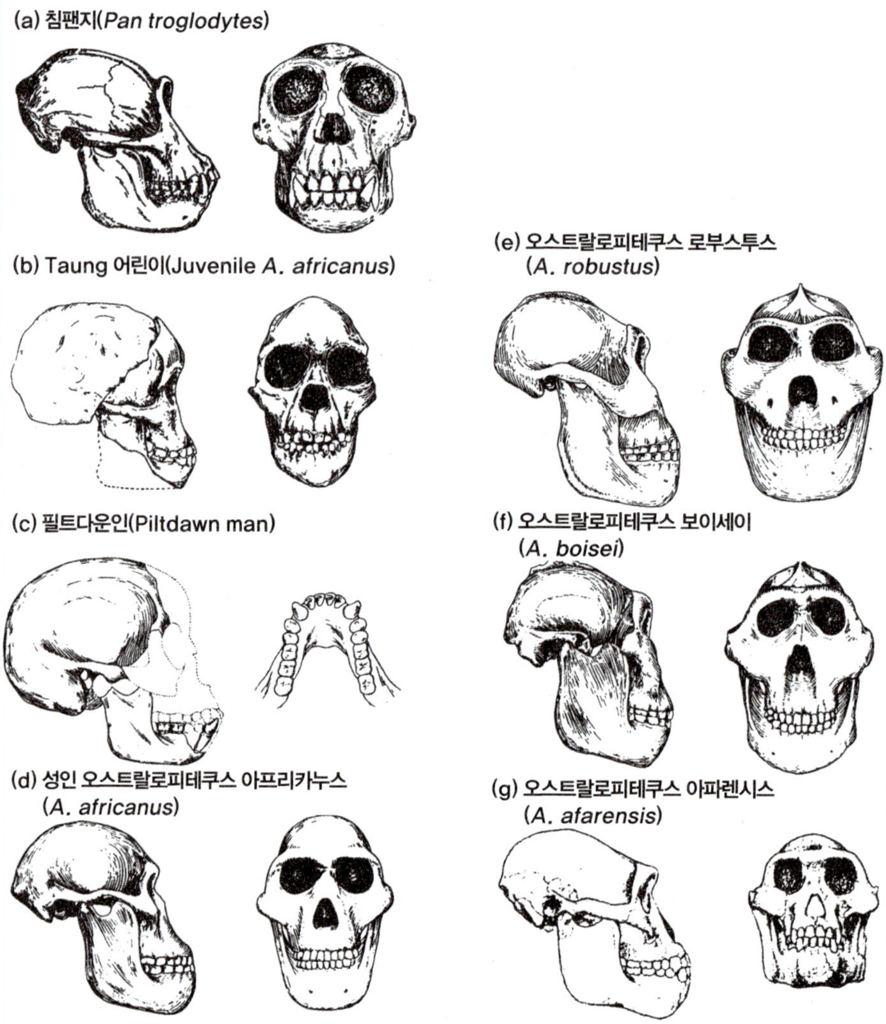

그림 B19.1 침팬지의 두개골 **(a)**와 화석 hominids *오스트랄로 피테쿠스* 속(A. sp.)에 속하는 **(b–g)** 위조된 필트다운 인(Piltdown man)의 두개골과 아래턱뼈**(c)**가 묘사되어 있다. (Adapted from Johanson, D. and M. Edey. Lucy: *The Beginnings of Mankind*. Simon and Schuster, 1981.)

BOX 19.2

필트다운인(Piltdown Man) (계속)

많은 인류학자들은 필트다운 화석이 유효한 것으로 받아들였고 이 상황은 이 두개골이 가짜라고 밝혀지기까지 약 40년간 계속되었다. 이 가짜 화석의 치아는 인위적으로 갈아서 만들었고, 두개골은 턱뼈와 나이가 달랐으며, 인공적으로 뼈에 색을 입힌 것이었고, 유인원처럼 어금니가 긴 뿌리를 가지고 있었다. 게다가 필트다운 지역과 관련된 동물 화석들은 튀니지 지역의 것으로 추정되는 방사성 염분이 많이 축적되어 있었다. 필트다운인은 사람의 두개골과 암컷 오랑우탄의 턱뼈로 구성된 위조된 것임이 드러난 것이다(그래서 사실은 필트다운 암컷이거나 필트다운 사람이었다). 이는 화석의 기원을 조작할 수 있는 지식을 가진 사람이 턱관절을 제거하고 다른 특징들을 조작함으로써 자행된 위조였다.

1990년에 발간된 책에서(Piltdown: A Scientific Forgery) 스펜서(Frank Spencer)는 필트다운 위조는 도슨(Charles Dawson, 트다운 화석의 주요한 "발견자")과 영국의 해부학자이면서 자연인류학자인 케이스(Arthur Keith)가 작당하여 저지른 위조행위라고 언급했다. 다른 과학 역사가는 다른 관점을 제시했다. "이러한 거짓증거를 만든 사람이 누구든지 간에, 허위 사실이 거짓된 학설을 주도했다는 것이다. 이 사건은 잘못 된 사실이 과학에 도전 할 수도 있고, 잘못된 학설로 대체 될 수 있음을 시사한다."

는 것이다. 하지만 두발보행 능력의 진화는 모두가 동의하는 최종결론이 될 수 없는 복잡한 주제이다. 왜일까? 직립보행은 1회 이상에 걸쳐 발달해 왔을 수 있기 때문이다. 오스트랄로피테쿠스는 나무 위나 육상에서 활동적으로 생활하였고 그 이중성은 사람의 직립보행과 기능적으로 다른 그들의 이족보행으로 나타나지만 이들의 기원이 다르다고 할 수는 없다.

◆ 인류의 기원(호미닌)

인간은 인간의 자매군인 침팬지와 유연관계가 가장 가까우며, 오랑우탄보다는 아프리카 유인원(African ape)과 더 가깝다(그림 19.1).

인간과 침팬지의 혈통은 약 630만 년 전에 갈라졌으므로, 인간이 속한 족("Hominini", Box 19.1)의 초기 종들은 위에서 설명한 630만 년 전 후에 발생되었을 것으로 추정되어 왔다. 더욱이, DNA 염기서열 분석은 호미니드(Humanoid)가 570~630만 년 전 사이에 침팬지로부터 갈라져 나왔을 것으로 추정된다. 지상의 주거지를 차지하기 위한 경쟁을 통해서 다양한 형태가 나타났고, 그중 하나로써 직립보행의 기능을 개발하였으며, 이때 두발보행 하는 두 종이 알려져 있다.

- **오로린 투게렌시스(*Orrorin tugenensis*)**의 뒷다리는 땅에 있을 때 두발로 걸었든 흔적이 있고, 앞다리는 수목생활을 한 흔적이 나타난다. 610~580만 년 전에 출현한 것으로 예상되는 침팬지 크기의 오로린은 두 번째로 오래된 호미닌으로 추정된다.
- 580~520만 년 전에 출현한 종인 **아르디피테쿠스 카다바(*Ardipithecus kadabba*)**는 오로린 투게렌시스보다 더 늦게 출현하였다. 화석의 연대확인이 왜 중요한지는 하나의 혈통

BOX 19.3
아프리카 남부 유인원의 다양성

250~450만 년 전에 아프리카 남부 유인원인 오스트랄로피테쿠스(Australopithecine)는 최소한 4개의 혈통으로 나뉘었다. 이 글에서는 오스트랄로피테쿠스 아프리카누스(*Australopithecus africanus*)가 설명되었다.

남아프리카에 큰 몸, 큰 이빨, 큰 턱을 가진 hominin(오스트랄로피테쿠스)는 오스트랄로피테쿠스 로부스투스(*A. robustus*)에서부터 발생되어졌을지도 모르는 오스트랄로피테쿠스 아프리카누스의 것보다 큰 뇌를 가진다.

동아프리카에서 플라이오세(Pliocene)종인 *Australopithecus boisei*은 오스트랄로피테쿠스 중 가장 큰 종이다. 큰 어금니 치아와 강한 턱 근육은 딱딱한 껍데기와 콩꼬투리로 싸인 씨앗이나 과일을 식용으로 했음을 알 수 있다.

동아프리카인 탄자니아의 Laetoli와 에티오피아의 Afar(Hadar) 지역에서의 화석은 300-390만 년정도 된 것으로 예상되고, 굵은 이마의 능선과 낮은 이마를 가진 종인 아파렌시스(*A. afarensis*)로 분류되었다. 유인원과 같은 특징에도 불구하고, 아파렌시스는 중요한 두개골, 치아 및 골격의 많은 차이를 보인다. 예를 들어, 송곳니는 여성보다 남성 아파렌시스의 것이 더 크지만 이러한 성적 동종이형은 유인원이나 중신세 침팬지, 고릴라, 오랑우탄의 화석에서보다 덜 뚜렷하다. 이런 결론은 거의 완전한 근육의 골격근을 지니고 1~1.2 m 키, 두발보행 여성인 "루시"를 포함한 아파렌시스의 잠정적인 기록 때문에 나타난다. 게다가 370만 년 된 화산재의 층 아래 보존된 발자국 화석은 약 21 m의 거리를 두고 두명이 두발보행을 한 기록이 있다.

초기 오스트랄로피테쿠스속의 화석은 주로 치아가 현재 알려져 있고 대부분 유인원과 같은 hominin조상은 라미두스(*Ardipithecus ramidus*)라고 불리는 에티오피아 종(속)으로 430~450만 년 전 유적으로 알려졌다. 라미두스는 아파렌시스와 현존하는 챔팬지와 관계가 있다. 과도기적 양상(missing link라고 불림)의 관점에서 이빨의 단편적인 형태를 바탕으로 라미두스가 인간과 유인원을 연결한다. 이는 후두개골이 없는 라미두스의 화석이 알려져 있다.

■ 인류 진화에 있어 가장 유명한 과도기적 양상과 이전에 발견된 동물의 일부 종에 관해 BOX 19.4에서 언급하였다.

내에서 분류학적 위치를 정할 때 알 수 있으며(2장 참조), 카다바는 두발보행을 하였다.

두개골과 턱, 이의 파편이 알려진 세 번째 종인 **사헬란트로푸스 차덴시스(*Sahelanthropus tchadensis*)**는 340~360 cm^3으로 예상되는 뇌를 가졌다. 이 종은 두개골 아래로의 골격이 발견되지 않아 이동 방법에 대한 정확한 추측이 어렵기 때문에 두발로 걸었는지 명확하지 않다. 그러나 두개골의 하부에 있는 큰 구멍(대후두공)은 두발보행에 대한 간접적인 증거로 받아들여진다. 두발보행을 한다면 650~740만 년 전 존재한 사헬란트로푸스 차덴시스가 최초의 호미닌이었을 것이다.

카다바(*A. kadabba*)는 후기 오스트랄로피테쿠스와 많은 파생형질을 공유한다. 하지만, 큰 송곳니(원시혈통의 특징)의 존재와 이들이 존재한 연대는 아르디피테쿠스(Ardipithecus)의 호미닌 혈통은 찾기 어렵다(BOX 19.4).

BOX 19.4

피테칸트로푸스 에렉투스(*Pithecanthropus erectus*)

라미두스(*Ardipithecus ramidus*)는 유인원과 인간 사이에 가장 주목받는 "잃어버린 고리(missing link)" 일지도 모르지만 가장 유명한 것은 아니다. 잃어버린 고리의 초점은 1868년에 헤켈(Ernst Haeckel)에 의해 발표한 피테칸트로푸스 에렉투스(*Pithecanthropus erectus*)(현재는 호모 에렉투스(*Homo erectus*)) 에게 맞춰져 있다. 심지어 헤켈은 그의 예측과 일치하는 화석이 1891년 그의 학생인 Eugene Dubois 에 의해 자바에서 발견되기 **이전**에 피테칸트로푸스 알알리(*Pithecanthropus alali*)라는 이름을 부여하였다. 이 화석표본은 논쟁, 대결 및 음모의 중심이 되었으며, 그는 사회적 접촉을 모두 끊고 다른 사람이 표본을 보는 것을 20년 동안 거부하여 과학의 발전을 저해하였다. 한편 다른 연구그룹에서는 화석 발굴을 가속화 하였으며 고인류학 분야가 반전하는 계기가 되었다. 이와 같은 내용은 Pat Shipman의 책 〈잃어버린 연결고리를 발견한 사람(The Man Who Found the Missing Link)〉(2002)에 자세히 설명 되어있다.

직립보행과 뇌의 크기: 초기인류 진화가설

초창기 인간 혈통의 변화를 살펴보기 전에 뒷다리를 통한 직립보행 능력의 기원과 뇌의 크기의 증가 사이의 관계에 대한 가설을 살펴본다면 앞으로의 이해를 도울 것이다. 도구를 만들고 사용하는 등의 여러 가지 주요 발달에 관해서는 다음에 논의할 것이다.

■ 두발보행은 다른 특유의 기능 발전에 열쇠가 되는 혁신(key innovation)으로 알려졌다.

찰스 다윈은 사실상 종의 기원에서 인류진화에 대해 아무것도 말하지 않았다. 그러나 1871년에 발간된 그의 두 번째 저서인 〈인류의 유래(*The Descent of Man*)〉에서 인간과 진화의 기원에 대해 명확하게 다루게 된다. 그 이후로 줄곧 두발보행, 뇌 크기의 증가 및 도구와 언어의 사용 등 인류진화의 증거가 되는 변화는 다른 것들과 서로 연관된 일련의 변화로 간주되어왔다. 그러나 화석기록은 우리에게 두발보행이 다른 어느 특성들보다 훨씬 일찍 발생했다는 것을 보여준다. 따라서 두발보행이 뇌 크기의 증가 및 도구 사용의 변화를 촉진한 진화적 혁신인지 아닌지에 대한 주제에 관심이 집중되기 시작했다.

우리는 초기 호미닌들이 계절에 따라 삼림지, 건조한 초원, 숲 등에서 먹을 것을 구할 수 있는 다양한 **환경**에서 어떻게 살았는지 상상할 수 있다. 다양한 자연환경은 긴 거리에 분산된 식량을 찾을 수 있고 잡식을 할 수 있는 호미닌에게 유리하다. 직립과 함께 빠르게 움직일 수 있게 되면서 생존에 유리해졌다는 가설에 대한 증거는 화석기록에서 쉽게 찾을 수 있다. 이들은 나무를 타는 능력을 유지하고 있으면서, 추가로 땅 위에서 곧게 선 자세로 빠르게 움직일 수 있는 능력을 새롭게 얻게 된 이후에는 포식자로부터 쉽게 피할 수 있었을 것이다. 두발보행은 이동할 때도 앞다리가 자유롭게 되어 막대를 휘두르고 돌을 던지는 것과 같은 무기의 사용을 촉진시켰다. 침팬지가 음식을 획득하기 위한 도구로서 막대기를 사용한다는 것과 마찬가지로 호모속과 오스트랄로피테쿠스 또한 다듬어지지 않은 막대기와 돌을 사용하였을 뿐만 아니라 이를 보다 발전시켜서 도구를 직접 만들어 사용하는 능력이 발달하였을 것이다. 이 내용은 BOX 19.5에서 자세히 논의하였다.

■ 초기 오스트랄로피테쿠스와 호모 하빌리스(*H. habilis*)의 손, 발의 해부학적 구조는 나무를 오르는 능력을 동일하게 가지고 있었다.

BOX 19.5
침팬지와 원숭이의 도구 사용

침팬지는 음식을 얻기 위한 도구로써 막대기를 사용한다(그림 B19.2a). 호모속과 오스트랄로피테쿠스는 다듬어지지 않은 막대기와 돌을 도구로 사용하다가, 점차 도구를 다듬고 만드는 방법을 개발하였다.

자연의 서식지에서 학습을 통하여 한 세대에서 다음 세대까지 도구를 만드는 기술과 사용방법을 전달하는 것이 뚜렷하게 관찰된다. 이것은 특히 침팬지가 흰개미를 낚시할 때 나뭇가지와 포도나무를 사용하는 방법에서 나타난다(그림 B19.2b). **흰개미 낚시**는 개미들이 터널 깊숙이 숨어 있는 시기에(10월과 11월, 침팬지는 달보다는 계절로 인식할 것이다) 행해진다. 이들은 도구를 구하기 위해 종종 1 km정도의 먼 곳까지 가기도 한다. 구해온 도구의(나뭇가지) 잎을 제거하거나, 최적의 길이로 만들기 위해 도구의 끝을 물어 뜯는 등 일련의 제작과정을 거친 뒤 흰개미 터널의 곡선부분에 알맞게 도구를 비틀며 삽입한다. 그리고 병정개미가 이 도구를 물도록 도구를 부드럽게 진동시킨 후, 병정개미들이 도구에서 떨어지지 않게 조심스럽게 개미굴에서 도구를 꺼내는 복잡한 과정을 통해 사냥한다. 이러한 일들을 학습하는 것은 수년이 걸린다. 심지어 수개월동안 기술을 연구한 인류학자는 미숙한 침팬지보다 더 잘 하지 못했다.

견과류를 부수는 데 요구되는 기술도 이와 비슷하다. 침팬지들은 망치와 같은 역할을 하기 적합한 돌이나 나무봉을 찾은 뒤 "모루(anvil)"와 같은 모양의 나무 뿌리에 견과류를 놓는데 이때 각 견과류의 종류에 따라 모루 위에 놓는 모양을 달리한다. 그리고 각 견과류의 형태에 따라 적절한 부분을 적절한 힘으로 정확히 가격하여야만 최대한 많은 먹이를 얻을 수 있다. 보통 어린 침팬지들은 엄마를 따라하며 이 기술을 배우지만 자식이 견과류를 부수는데(망치를 사용하고, 견과류를 올려놓고, 적절한 기술을 보여) 실패한다면 엄마 침팬지가 개입하여 가르치기도 한다. 만약 우리가 이러한 것을 인간들 사이에서 본다면 능동적인 교육이라고 부를 것이다.

이전에는 침팬지와 인간만이 도구를 사용한다는 고정관념이 있었지만, 현재는 원숭이도 도구를 사용하는 것이 잘 알려져 있다. 브라질의 사바나 또는 숲에 사는 검은머리 카푸친원숭이(검은머리꼬리감는원숭이, *Cebus apella*)는 매일 음식을 채취하는 과정에서 견과류를 부수기 위해 돌을 사용한다. 이 원숭이들은 또한 덩이줄기를 파고 구멍과 갈라진 틈을 조사하기 위해 도구를 사용한다. 검은줄무늬카푸친원숭이(*Cebus libidinosus*)는 오직 석기만을 사용하는데 야자열매를 열기 위해 가장 효율적인 돌을 선택한다. 심지어는 가벼운 돌보다는 작더라도 더 무거운 돌을 선택한다.

(a)

(b)

그림 B19.2 침팬지의 도구 사용(*Pan troglodytes*). **(a)** 흰개미둥지에서 흰개미 사냥을 위해 다듬어진 막대기 사용 **(b)**. 어린 침팬지는 관찰과 모방을 통해 공구 사용을 배운다.

◆ Homo속의 기원

240만 년 전 동아프리카의 첫 번째 화석기록에 나타나는 호모(Homo)속은 오스트랄로피테쿠스속과 크기가 유사했지만, 큰 두뇌(600~700cm^3)와 작은 어금니를 가졌다. 전체적으로 포유류의 진화에서 호모속의 진화 경향은 동시 발생했거나 거의 동시 발생적인 수평적인 혈통이다. 호모속의 6종은 160~240만 년 사이에 적응방사했을 것으로 추정된다.

호모 루돌펜시스(Homo rudolfensis)와 호모 하빌리스(Homo habilis)

알려진 표본의 숫자는 적지만 호모속의 혈통 내에서 일어난 급속한 골격변화를 보여준다. 많은 전문가들은 비슷한 지역을 점유한 두 종(240~180만 년 빠른 **호모 루돌펜시스(*H. rudolfensis*)**, 200~160만 년 빠른 **호모 하빌리스(*H. habilis*)**)을 초기 동아프리카 호모속 화석으로 지정했다. 190만 년 전 화석기록에 나타난 호모속은 다음 종에서 일어난 혈통의 구성원과 매우 유사하다. 이것은 50만 년 어쩌면 하빌리스와 루돌펜시스 이후 10만 년 이내일 수도 있다. 한 종은 아프리카에서 살고, 다른 종은 아시아에서 살았든 유사한 특징을 가진 두 종이 발견되었다. 그 종은 **호모 에르가스터(*H. ergaster*)**와 **호모 에렉투스(*H. erectus*)**로써, 이들은 조상보다 더 크고(1.7 m) 큰 뇌(750 cm^3 또는 이상)를 가지고 있었다.

호모 에르가스터(Homo ergaster)와 호모 에렉투스(Homo erectus)

아프리카에 서식했든 호모 에르가스터는 750~1,100 cm^{3}의 뇌용적을 가진 크고 마른 종이고, 호모 하빌리스 또는 호모 루돌펜시스보다 더 큰 몸을 가졌다. 호모 에르가스터는 에슐리언(Acheulean, 그림 19.4b)유형의 불과 큰 손도끼를 사용했다. 이러한 특징은 집단생활과 사냥문화를 규정하기는 힘들다는 것을 의미한다. 루시(거의 완전한 오스트랄로피테쿠스 아파렌시스(*A. afarensis*)의 골격)와 같이 160만 년 된 **나리오코토메(Nariokotome)**의 골격은 호모 에르가스터의 젊은 소년의 완전한 화석이다.

또 하나의 종인 호모 엑렉투스는 호모 에르가스터와 같은 시기에 자바에 존재했다. 다른 지리적 분포에 따른 두꺼운 두개골과 무거운 눈썹의 능선은 두 종이 달라지도록 했다. 둘 다 비슷한 뇌의 용적(에렉투스에서 750 cm^3~1,200 cm^{3}이상)을 가지고 에슐리언(Acheulean) 도구 사용과 관련이 있다(그림 19.4b). 나중에 발견된 것은 호모 에렉투스가 아프리카, 중국, 유럽에서 넓은 지리학적 분포를 가졌으며, Java에서 5만 년 전까지 존재하였다.
2004년 인도네시아의 플로르섬에서 발견된 화석(그림 B19.3)은 난쟁이 호모 에렉투스나 **호모 플로레시엔시스(*Homo floresiensis*)**같은 새로운 종이 18,000년 전까지 살았을 것으로 추정된다. 이와 같은 종이 근년대까지 살았음은 놀라운 일이며 굉장히 논쟁의 여지가 있다. 몇몇 전문가들은 잘 보존된 개체는 더 현대적이라고 말하지만 선천적 기형인 난쟁이(호모 사피엔스)는 BOX 19.6에서 주로 다루었다.

호모 사피엔스(Homo sapiens)

호모 에렉투스가 많은 관심을 받고 플로레스 섬의 개체 이상으로 논쟁과 해명을 해야 하는 이유는 현생 인종인 **호모 사피엔스**가 초기 호모 에렉투스를 포함하는 계통에서 유래했기 때문이다. 전문가들은 에렉투스 사이의 변이와, 에렉투스와 사피엔스의 표본의 작은 변화를 보고, 에렉투스(또는 에렉투스 내의 변종)는 사피엔스의 첫 조상이라는 주장을 했다.

호모 하이델베르겐시스(Homo heidelbergensis)

호모 에렉투스의 변이의 일부는 지리학적 차이가 반영되었다. 이러한 차이는 잠재적으로

BOX 19.6

플로레스(Flores) 섬의 난쟁이 호미니드

인도네시아 플로레스(Flores) 섬에서 난쟁이족(키는 1m) 혹은 호모에렉투스의 피그미족으로 불리는 집단이 최근인 2004년에 발견되었다. 이러한 발견은 너무나 획기적이어서 발 빠르게 해석하고 분석하였다. 특히 이 발견의 논란은 새로운 종의 출현(*Homo floresiensis*)인지 에렉투스의 일종인지 난쟁이족이나 호모 사피엔스(*H. sapiens*)의 일종인지이다(그림 B19.3). 결과적으로, 이들을 호모 에렉투스로 보는데 이것은 이 종들이 18,000년 전에도 존재하였음을 나타낸다. 즉 오래된 표본들은 95.000년 전부터 서식하였음을 나타내고 있다. 그러나 호모 에렉투스가 사용했던 장비들보다 더 진보된 장비들을 사용한 증거는 없다.

최근 140개의 두개골 분석으로 호모 사피엔스 종의 특징들이 나타난다고 결론지었으며, 호모 사피엔스 종은 현대 인간에게 발생하는 선천적 장애와 비슷한 하나의 완전한 두개골(LB1, 성인여성)을 가진다. 이러한 돌연변이는 작은 뇌와 작은 두개골을 가지는 **소두증(microcephaly)**이다. 400 cc^2의 뇌를 감싼 하나의 완전한 두개골은 침팬지 뇌의 부피와 비교되어지며 소두증인 사람의 두개골과도 다양한 면에서 비교된다.

이러한 작은 크기를 설명하기 위해, 한 연구는 소두증 유전자의 돌연변이(*MCPH1*)를 가지고 왔다. 이러한 유전자는 돌연변이 6개 유전자 중 하나였다. *MCPH1*의 돌연변이는 *열성형질의 microcephaly-1*을 초래했다. 영장류의 뇌 크기 확대는 *MCPH* 유전자의 기능이 강화되어졌고, 이러한 것들은 대뇌 피질에서 신경세포의 발달은 통제했다.

또 다른 연구에서는 성장 호르몬 수용체 유전자 돌연변이가 성장 호르몬을 무효화하게 만들었다고 한다. 성장 호르몬의 붕괴는 성장조절을 위해 필요한 1축 성장 요인과 같은 성장 호르몬을 붕괴시켰다. 이 가설들과 일치하게도, **Laron증후군(Laron-type dwarfism)** 사람들은 성장 호르몬에 대해 무감각하게 하는 성장 호르몬 수용체 돌연변이를 가졌고 그 결과 키가 작았다.

크레틴병(Cretinism)은 뇌의 적은 용적과 플로레스(flores) 두개골의 특징들을 설명하기 위해 인용되어왔다. 갑상선의 적은 활동성 지속으로 크레틴병을 가지는 현생 인류들은 뇌와 두개골의 크기가 감소했다. 고지대에서 크레틴병은 요오드 결핍으로 인해 발생되었다. 그리고 이것은 오늘날 플로레스(Floes) 사람들의 문제이다.

소두증(microcephaly)환자의 특징은 신체와 같이 작은 두개골이다. 7명의 뼈를 분석한 결과, 두개골의 크기는 뒤쪽 골격 크기와 비례하는데, 발견된 것은 소두증과 상반되었다. "어쩌면 선천적인 기형을 갖는 *호모 사피엔스*에게 적합한 섬[작은 크기]"이라고 해석한 것이 2008년 3월 Western Caroline 섬에서 작은 키(1.2 m)의 인종의 발견에 의해 확립된 것이다. 이들은 1,400~3,000년 전 미크로네시아의 서부 카롤린 섬에 있는 동굴에 살았었다. 한편, 발에 대한 분석에서 두발동물은 200~300만 년 전 인간 조상들과 비슷하다는 결론을 지었다.

BOX 19.6

플로레스(Flores) 섬의 난쟁이 호미니드 (*계속*)

(a)

(b)

그림 B19.3 **(a)** 18,000년 전 가장 완전한 호미니드의 두개골(왼쪽)과 비교한 인간의 두개골(오른쪽). **(b)** 1 m의 작은 키에 비해 긴 팔과 특이한 어깨, 약한 아래턱을 갖고 있는 사람.

개체군간의 생식적 격리로 이어졌다. 영국의 Swanscombe와 독일의 Steinheim에 의하면, 약 200,000년 전 화석에서, 이들의 변이는 또 다른 종인 호**모 하이델베르겐시스** 종을 확인함으로써 부분적으로 해결할 수 있다고 결론짓는다. 이러한 표본들은 더 큰 뇌의 부피를 가지며, 호모 에렉투스와 호모 사피엔스의 중간의 다른 특징을 가진다. 또한 호모 하이델베르겐시스는 출현 이후 역사적으로 오랜 기간 동안 살았으며, 지리적으로 더 넓게 분포한 호모 에텍렉투스가 아닌 호모 에르가스테르 개체군으로부터 진화하였을 것이다.

인류진화 계통수는 단일계통이 아니고, 더 많은 가지가 있는 덤불이나 관목과 같다. 왜 더욱 복잡해진 것인가? 이는 다음과 같은 2가지 이유 때문이다. (a) **호모 네안데르탈렌시스**가 1856년 독일의 Neander계곡에서 발견되었으며, 이 종은 유럽의 호모 하이델베르겐시스로부터 진화했다. (b) 많은 고인류 학자들은 호모 사피엔스가 약 200,000년 전 아프리카에서 발생한 두 계열에서 분리된 호모 하이델베르겐시스로부터 진화되었다고 결론지었다.

네안데르탈인: Homo속의 또 다른 종

네안데르탈인(*Homo neanderthalensis*)은 300,000~30,000년 전 유럽과 서아시아 지역에 넓게 퍼져 있었다. 현대 인간보다 더 작고, 10% 큰 뇌용적을 가진 네안데르탈인은 특이한 안와상 융기, 큰 아래턱과 작은 뺨, 강한 골격과 다른 인간들에게는 볼 수 없는 해부학적 특징을 가졌다.

인간과 같이 네안데르탈인은 대부분의 디오라마에서 볼 수 있는 곰과 맘모스와 같은 큰 동물을 사냥하는데 석기를 사용하였다. 죽은 사람들의 무덤위에 꽃을 놓아둔 것으로부터 네안데르탈인은 의식을 행했다고 결론지어진다. 100,000년 전의 다른 증거에서 네안데르탈인은 동족끼리 잡아먹었음을 보여준다. 무스티에(Mousterian) 문화(그림 19.4c)는 네안데르탈인과 호모 사피엔스에 의해 형성되었다. 일부 학자들은 이들 두 종 사이에 문화적 공통점이 있었을 것으로 추정한다.

호모 에렉투스와 플로레스 종의 구별이 논쟁이 되었고, 이와 유사한 네안데르탈인에 관한 어려움은 글상자 19.6에 자세하게 설명하였다. 몇몇의 물리인류학자들은 골격의 증거-두꺼운 두개골과 골반대의 차이-와 비록 네안데르탈인의 얼굴과 그들의 크고 깊게 뿌리박힌 치아가 다른 인간 종처럼 정렬되지 않았더라도, 네안데르탈인의 제한된 언어 능력(20장 참조)은 네안데르탈인이 호모 사피엔스의 아종인 **호모 사피엔스 네안데르탈인**(*Homo sapiens neanderthalensis*)이라는 것을 뒷받침 한다고 주장한다.

호모 사피엔스는 약 4만 년 전 다양한 지역에서 네안데르탈인을 대체하기 시작했다. 그 결과 네안데르탈인은 28,000~24,000년 전 멸종한 것으로 추정되었다. 어째서 네안데르탈인은 호모 사피엔스와 통합되지 않고 멸종된 것으로 추정되었을까? 호모 사피엔스와 네안데르탈인은 확실히 500,000년~24,000년 전 사이에 공존하였고, **호모 에렉투스**(*H. erectus*)와도 공존했다.

인종이 통합되지 않았다는 강력한 분자적 증거는 네안데르탈인의 미토콘드리아 DNA(mtDNA) 서열의 재조합과 분석결과는 인간의 mtDNA에게 어떠한 기여도 하지 않았기 때문이다(참조 글상자 9.2 DNA검출법). 38,000년 전 네안데르탈인의 골격으로부터 분리된 mtDNA는 예상보다 인간들의 mtDNA와 현저하게 달랐다. 정보에 따르면 네안데르탈인과 인간의 mtDNA는 초기 660,000±140,000년 전에 갈라졌다. 그리고 "그들은 현대인간에게 mtDNA의 어떠한 기여도 없이 멸종되었다"(14장 참고). 심지어 최근 2006년에 연구에서는 잃어버린 DNA를 추정하기 위해 네안데르탈인의 DNA를 정교한 방법으로 분리시켰고 재조합하였다. 그것은 네안데르탈인 게놈(genome)이 구성된 첫 논리적 접근이었다. 또 다른 연구는 네안데르탈인의 1,000,000 DNA 염기쌍을 사용했으며,

다른 연구는 65,000 염기쌍을 사용했다(인간은 32억쌍의 DNA 염기쌍을 가진다). 이러한 연구들은 "어쩌면 150년 전 네안데르탈인의 분기 이래 가장 중요한 기여..."로 풀이된다. 1,000,000 염기쌍의 연구는 516,000년 전 네안데르탈인으로부터 인간의 분기를 추정할 수 있게 했다. 65,000 염기쌍의 연구는 370,000년 전 그들로부터의 인간 분기를 추정해 냈다. 증거의 중요성은 네안데르탈인과 인간을 분리된 종으로 지지하지만 우리는 더 자세한 연구들을 기다리고 있다.

◆ Homo 종의 도구 사용

*Homo*속 개체들은 석기를 만들고 사용하는 능력이 발전되었으며, 가장 오래된 석기는 350만 년 전 것이다(그림 19.4a).

도구의 제작과 사용은 네 단계로 분류되어 왔으며(글상자 19.4), 각각은 특정 *Homo*속의 종과 관계있다. 250만 년 전 호모 하빌리스를 시작으로 200,000년 전 호모 사피엔스에게 이어졌다. 이러한 도구들은 식물재료를 다루고, 사냥하고, 파충류나 설치류, 동물과 돼지, 영양들을 잘라서 나누어 주는데 사용되었다. 그리고 이러한 도구들은 더 큰 포유동물들의 잔여물을 뒤지기 위해서도 사용되었다. 인간종과 가장 오래전에 나타난 관련된 도구의 출현 단계들에 대한 정보는 BOX 19.7에 더 자세하게 설명되어 있다.

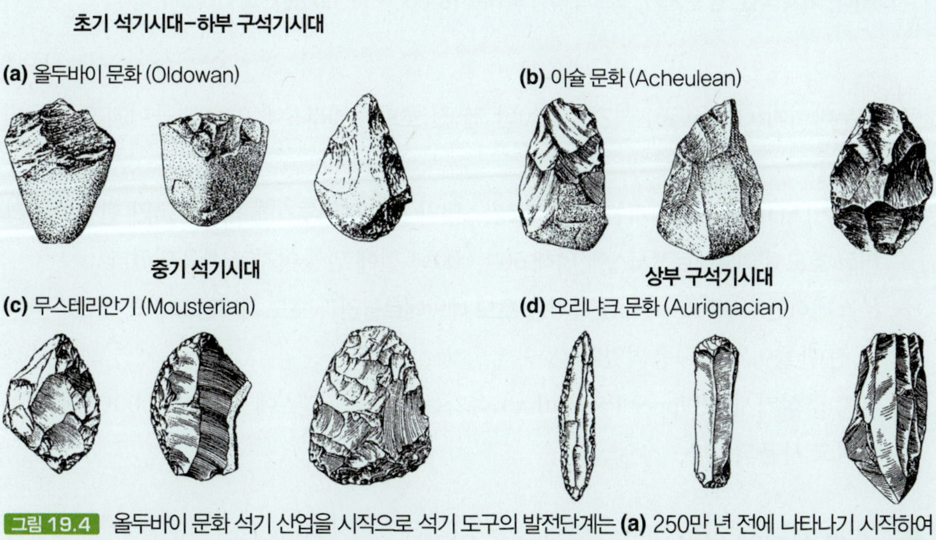

그림 19.4 올두바이 문화 석기 산업을 시작으로 석기 도구의 발전단계는 **(a)** 250만 년 전에 나타나기 시작하여 백만 년 이상 지속되었다. 일부 고인류 학자들은 올두바이 석기는 전통적으로 호모 하빌리스(*Homo habailis*)의 것으로 보지만 보다 더 이른 호미니드족에게도 사용되었다. 아슐리안(Acheulean) 석기의 큰 칼(클리버)과 손도끼는 **(b)** 150만 년 전 호모 에렉투스에게서 나타난다. 이후 단계들은 다른 집단에 의해 형성되었다. **(c)** 무스테리안기(Mousterian. *H. sapiens neanderthalensis*). **(d)** 오리냐크 문화(Aurignacian)와 상위 구석기(*H. sapiens sapiens*). 이러한 유물과 문화는 **구석기 시대**라고 칭하였다. 이 시기 다음에 중석기 시대와 신석기 시대가 오고, 신석기 시대는 약 1만 년 전에 시작 되었다. 또한 신석기 시대는 광택이 나는 석기 유물과 토기, 가축의 사육, 농경, 실로 짠 옷 등의 특징으로 구분된다.

BOX 19.7

Homo속에 의한 도구의 제작 및 사용의 단계

본문에서 보았듯이 장비 제작과 장비 사용은 4가지 단계로 나누고, 각 장비의 유형은 사용하는 Homo속의 종과 연관되어 있다. 즉 호모 하빌리스가 250만 년 전에 시작하여 호모 사피엔스에게로 이어진다.

올두바이기 도구(Oldowan)(그림 19.4a)는 날카로운 모서리의 돌로 되어있다. 이러한 돌은 바위에 부딪혀서 단일 타격으로 만들 수 있었다. 이러한 장비는 식물들의 단단한 섬유를 벗기거나 동물의 사체를 파헤치거나 긴 뼈에 뼛구멍을 내기에 용이했다.

아슐기 도구(Acheulean)(그림 19.4b)는 여러 번의 타격으로 끝을 깎아 절단할 수 있는 모서리를 만들었다. 그것들은 150만 년 전에 형성된 호모 에르가스터와 호모 에렉투스와 관련해서 많이 발견 되었다. 손도끼와 같이 보이는 도구들은 50만 년 전 이후에 발견 되었다. 호모 하이델베르겐시스가 유럽을 통해 퍼져가면서 아슐기의 도구들은 500,000년 전부터 알려져 200,000년까지 사용 되었다고 한다.

무스테리안기 도구(Mousterian)(그림 19.4c)는 다른 도구에 비해 더 복잡한 작업과 제작을 필요로 한다. 무스테리안기 도구들은 최초로 200,000년 전에 나타났고 40,000년 된 퇴적물에서도 발견되었다. 유럽에서 네안데르탈인과, 그 밖의 지역의 네안데르탈인과 호모 사피엔스가 이 도구들과 연관된다. 창끝은 긴 막대기와 연결하여 사냥을 위한 도구로 사용했음을 보여준다. 긁는 기구의 존재는 음식과 옷을 만들기 위한 가죽을 위해 동물의 사체를 긁어 냈다는 것을 보여준다.

후기 구석기시대 도구(Upper Paleolithic)에는 물고기를 사냥하는데 쓴 갈고리와 꿰매기 위한 바늘이 있으며, 90,000~1,2000년 전 아시아와 아프리카에서 많이 쓰였다. 전문가들은 후기 구석기시대 석기의 기간을 시간적 및 종특이적 특징으로 나눈다. 이 시대는 정교하고 다양한 도구를 사용했음을 알 수 있다. 상아 구슬과 조각된 여성 비너스 상은 지리적 위치를 고려하여 28,000년~22,000년 전 사이에 처음으로 발견되었다. 가시 작살, 창 던지기, 최초의 바위 벽화는 18,000~12,000년 전에 나타났다.

- 올두바이기(Oldowan) 석기는 250만 년 전 호모 하빌리스에 의해 만들어지고 사용되었다.
- 아슐기(Acheulean) 석기는 호모 에르가스터와 호모 에렉투스에 의해 150만 년 전에, 그리고 호모 하이델베르겐시스에 의해 500,000년 전에 만들어지고 사용되었다.
- 무스테리안기(Mousterian) 석기는 호모 네안데르탈인과 호모 사피엔스에 의해 200,000년 전 만들어지고 사용되었다.
- 후기 구석기시대(Upper Paleolithic) 석기는 호모 사피엔스에 의해 90,000년 전 만들어지고 사용되었다.

호모 사피엔스(Homo sapiens, 인간)

"원시적" 또는 "진화된", "고등한" 또는 "하등한"과 같은 용어는 하나의 계통 내에 더 일찍이거나 더 늦은 계통을 언급할 때 많은 오래된 원문에서 사용했다. 이러한 용어는 적합하다고 간주되지 않고, 일부 주관적인 관점에서의 진화적 비교개념으로 사용되었다. **해부학적 현생인류**라는 용어는 현존하는 호모 사피엔스(*H. sapiens*) 개체와 화석을 대상으로 현재 사용되고 있다. 아프리카에 살았던 초기 호모 사피엔스의 화석 증거가 있고, 이것은 다음에 언급하는 세계의 인간 분포에 대한 "아프리카 기원설(Out of Africa)" 가설에 적용된다.

에디오피아 헤르토(Herto)에서 160,000년전 퇴적물 속에서 발견된 3개체가 해부학적 현생 인류의 가장 오래된 개체이다. 더 최근의 화석은 이스라엘에 있는 카르멜산의 90,000년전 것이다. 무스테리안 석기는 두 지역과 연관되어 있는데, 최근 35,000년전 유럽의 상부 구석기시대에 인간 화석의 형태와 도구가 변화되었음을 보여준다. 작아진 안와상 돌기와 두개골 두개는 더 높고(뇌의 크기와 형태 변화를 반영), 얼굴은 더 작아지고 덜 돌출되었고, 오리냐크 시대(Aurignacian Era)의 얇은 부싯돌 도구들이 존재했다(그림 19.4d). 인간들은 관련있는 동물들을 동굴 벽화나 뼈를 조각함으로써 표현하였다.

미토콘드리아 DNA와 인류의 이주

호모 사피엔스의 미토콘드리아 DNA는 현존하는 수많은 인간의 개체군과 집단의 직계조상을 알아내는 데 도움이 되는 중요한 단서가 된다. 분석의 주된 결론은 모든 현대인류의 mtDNA 서열이 290,000~140,000년 전 사이에 아프리카에서 9개의 주요 자손 중 단일 조상의 mtDNA 서열에서 기원했다는 것이다(그림 19.5a). 이는 9개의 주요 자손 서열이(그림 19.5b–j) 이주를 통해 다른 지역으로 이동했으며, 게다가 이 지역 개체군의 mtDNA 염기서열을 바꾸었다.

아프리카 외의 각각 지리적인 분류군들은 하나 이상의 기원을 가지는, 하나 이상의 mtDNA 가지를 포함한다. 뉴기니의 고지방 사람들은 7개의 다른 모계의 기원을 가지고 있다. 이것은 하나 이상 지리적 영역이 집단화 되었다는 것을 의미한다. 이는 분기한 mtDNA의 염기서열의 비율로 어림잡을 수 있다(분지율은 영장류에서는 느리지만, 척추동물에서 백만 년당 2~4%의 핵산(nucleotide)의 변화가 있었다). 군집 형성시기의 흐름 또한 추측할 수 있다(그림19.5). 이 추측은 화석을 계통발생학적으로 정리한 방법에 의해 영향 받았지만, 호모 사피엔스의 아프리카 단일 기원론은 가장 적합한 설명이 된다.

◆ 아프리카 기원설(Out of Africa)

그림 19.6의 도표에 따르면 호모 에렉투스(*H. erectus*)의 조상으로부터 현생 인류의 기원과 분포분산에 관해서는 두 가지 견해가 있다.

- **단일기원가설**: 단일기원가설은 '**아프리카 기원설**' 또는 '**노아의 방주 모델(Noah`s Ark model)**' 이고 불리운다. 호모 사피엔스의 기원이 아프리카 단일지역에서 시작됐을 것이고, 그 뒤에 다양한 대륙으로 퍼졌다는 가설이다(그림 19.6 a).
- **다기원가설**: 다기원가설은 '**촛대모델(Candelabra model)**'로 불리며, 별개의 다른 지역에서 각각 독립적으로 기원했다는 것이다(그림 19.6 b).

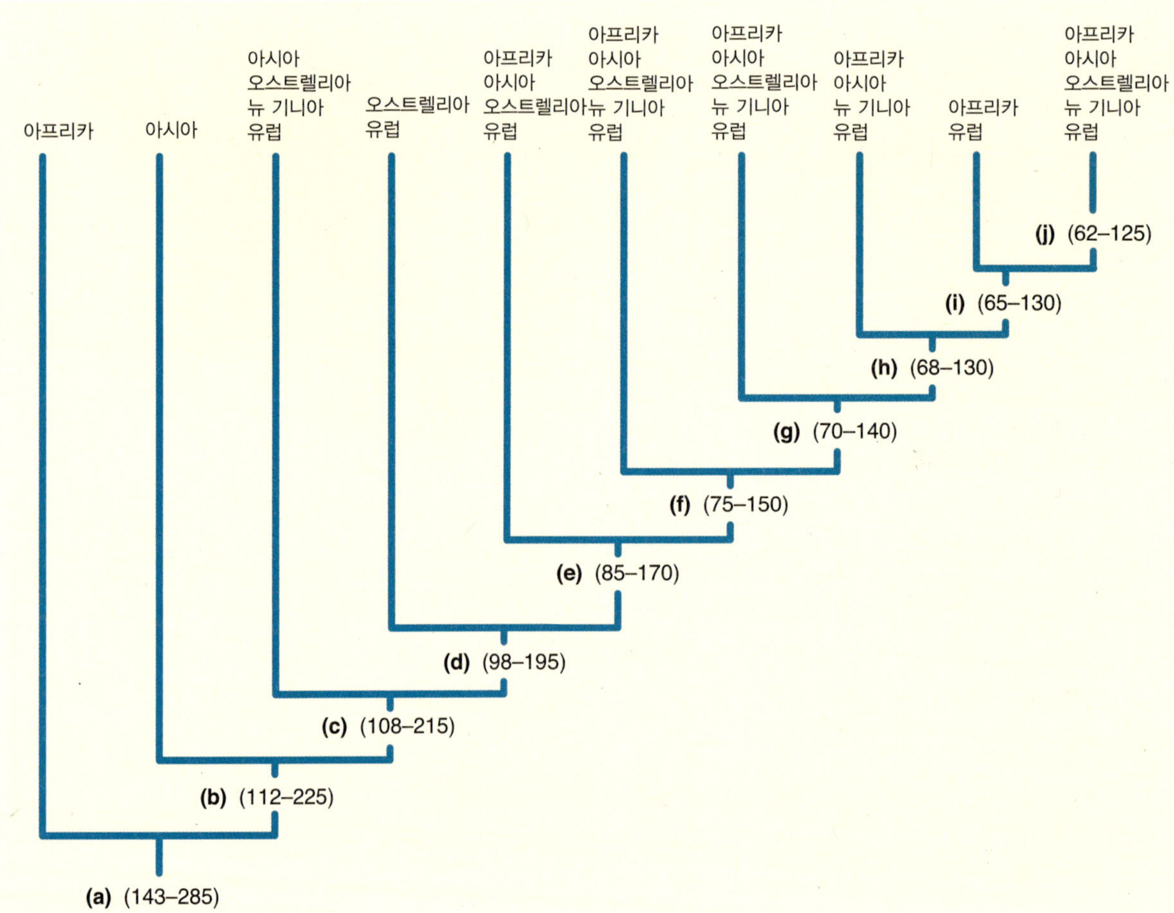

그림 19.5 5개 지리적 지역에서 147명의 미토콘드리아 DNA의 계통분류. 계통분류에서 조상의 서열은 기부의 **(a)**로 나타내었으며, 각각의 마디**(b-j)**는 주요 자손의 서열을 나타낸다. 각 마디(수천 년 전)의 추정 자료는 괄호로 표기하였다. 각 서열에 의해 군집화 된 지역은 그림의 맨 위에 나타나있다(Cann et al(1987)의 자료를 중심으로 미토콘드리아 유전자 1,500개의 염기쌍을 가진 개체를 대상으로 했다. 한 개체 당 370개씩 제한효소를 조사함으로써 성립됐다).

현생 인류의 마지막 공통조상 시점의 정확한 결정은 두 가설 중에서 하나를 결정짓는 중대한 단서이다. 백만 년 전이나 그 이전에 마지막 공통조상의 존재는 아프리카에서 **호모 에렉투스**의 분산 중 한 줄기와 일치한다. 그것은 현생 인류가 다른 대륙에서 발견 될 것이며, 진화계통 각 줄기의 시작은 지리학적으로 분화된 위치에 있는 **호모 에렉투스**이기 때문에 다기원 가설을 지지한다. 만약 마지막 **호모 사피엔스**의 공통조상이 더 최근(10만 년~50만 년 전)이라면, **호모 사피엔스**의 분산은 **호모 에렉투스**가 우점하고 있는 지역에 **에렉투스**가 분산한 지 100만~200만 년 정도 후에 발생한 것이며, 이것은 단일기원가설을 지지한다.

미토콘드리아 이브(Mitochondrial Eve)

1987년에는 지리적으로 다양한 인간 mtDNA 핵산 서열 분석을 기초로, 칸(Rebecca Cann)과 그의 동료들은 20만 년 된 현생인류의 **공통 미토콘드리아 DNA 조상(Mitochondrial**

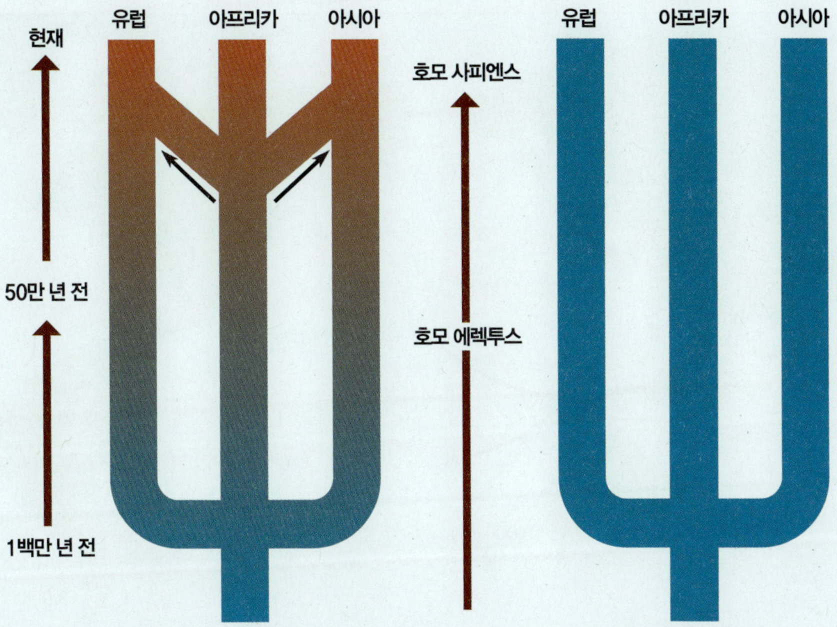

(a) '아프리카로부터(Out of Africa)' 모형

아프리카에서 호모사피엔스
(Homo sapiens)의 단일 기원이고,
이들이 유럽, 아프리카, 아시아에서
호모 에렉투스(Homo erectus)로 대체됨

(b)'노아의 방주(Candelabra)' 모형

유럽, 아프리카, 아시아에서
호모 에렉투스 집단으로부터
호모 사피엔스로 다기원

그림 19.6 *호모 사피엔스*(*Homo sapiens*)의 기원에 관한 두 모델의 도표. **(a)** 인류(파랑)는 한 지역(아프리카)에서 기원했고, *호모 에렉투스*(갈색)가 100만 년 또는 그 이전에 살았던 다른 대륙들로 이주 했다. **(b)** 인류는 다른 장소에 있던 *호모 에렉투스*(*Homo erectus*)로부터 기원했다.

Eve)을 연구할 것을 제안했고, 연구를 통해 단일기원가설과 일치한다는 것을 찾아내고자 했다. 인류세대의 기원측정에 대한 연구는 유사한 mtDNA 서열자료에 기초하였을 때 단일기원가설을 뒷받침하고 있다(글상자 11.2에 언급했지만 분자시계는 측정하기 어려움). (a) 아프리카 사람이 아닌 모든 사람들은 아프리카 사람들의 mtDNA 염기서열로부터 변형된 것이다. (b) 대부분 아프리카 인구집단 사이의 mtDNA 염기서열에서 다양성이 발생된다. 이 발견은 아프리카 개체군에서 가장 오래된 mtDNA 서열이 시작되었음을 말한다. 평행적으로 다양한 인구집단의 진화는 유사한 양의 염기서열 다양성이 기대될 것이다. 최근의 추측으로는 20만 년 전이 아닌 14만 년 전에 미토콘드리아 이브가 있을 것이라 추정하고 있다.

Y염색체 아담(Y-Chromosome Adam)

부계와 모계의 유전자 재결합에 의한 mtDNA 염기서열은 복잡하지 않으며, mtDNA 염기서열은 모계의 게놈을 시간을 거슬러 추적할 수 있다. 놀랍게도 인간의 Y염색체는 단지 남성을 통해서만 유전되며 계통발생학적 정보를 가지고 있지만, 모계 유전되는 mtDNA와는 다르다.

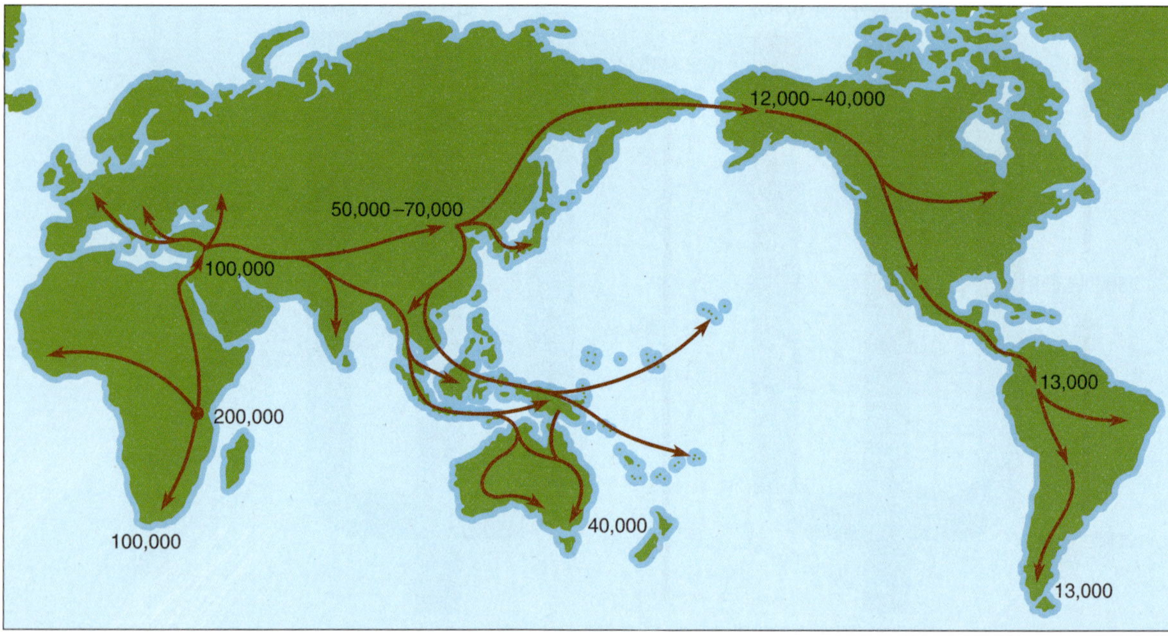

그림 19.7 아프리카 기원의 *호모 사피엔스*의 지리학적 이주경로 예상 그림. 숫자는 26개의 인간집단에서의 유전적 거리를 계산한 것이며, 다양한 지역에 이들 집단이 이동한 시기를 나타낸다. 이와 같은 이주는 주요 언어의 진화양상과 아주 일치한다. 놀랍게도 일부 본토 미국인 유전자는 그들의 기원을 유럽이나 아시아의 소수민족과 공유하며, 이것은 유럽에서 중앙아시아와 동아시아를 거쳐 북아메리카로 가는 긴 이주를 시사한다(Nei, M. & A.K. Roychoudhury, *Mol. Biol. Evol.*, **10**. 1993: 927–943)

보통 유전자 핵의 서열변화는 재결합의 결과(잠재적으로 최근)와 구별하기 힘들며, 이는 꽤 오래전 일이다. 우연히 인간 대다수의 Y염색체는 재조합에 관여하지 않는다. 결과적으로 돌연변이는 오랜 시간동안 이 부분에 집결했다. 모든 대륙에서 1,500명 이상의 개개인을 계통발생학적으로 분석한 결과, 약 15만 년 전에 살던 아프리카 공통조상의 Y염색체를 밝혀냈다. 그래서 '미토콘드리아 이브'와 **'Y염색체 아담'**이 인간의 아프리카 기원을 확증했다. 이러한 추측은 15만~14만 년 사이의 오차를 가진다.

상염색체의 인간

29개 상염색체(핵유전자는 성염색체에 없음)의 계통분석 결과, 약 20만 년 전 26개의 인류집단은 단일 아프리카 기원을 지지한다. 자료에 따르면 5만~7만 년 전 동유럽까지, 4만 년 전 호주까지, 12,000~4만 년 전 북아메리카까지, 그리고 13,000년 전 남아메리카까지 도달했다(그림 19.7).

이러한 인간의 대거 이주는 그들의 환경, 사회구조의 발달 및 의사소통 능력의 향상없이는 할 수 없었다. 이 3가지의 발달 중 하나는 이 장에서 다뤘고, 다음 장에서는 사회적, 문화적 진화에 대해 논의할 것이다.

◆ 수렵-채취하는 인간

무리지어 사냥하는 것은 인간의 진화에 도움이 되지 않았다. 자칼과 하이에나는 먹이포획의 주요 수단으로써 무리지어 사냥을 한다. 침팬지와 개코원숭이는 때때로 작은 동물들을 사냥을 하기위해 무리를 짓기도 한다. 2~5마리의 수컷 침팬지들은 원숭이 몰이를 할 때 전략적 위치에서 예상되는 도주로를 차단하는 것을 볼 수 있다.

■ 제인 구달(Jane goodle)은 Gombe 침팬지가 탕가니카호수 근처에 있는 콜로부스원숭이를 잡거나 먹는 것을 200건 이상 보고하였다. Gombe에서 침팬지들은 1년에 225~300마리의 포유류를 사냥한다.

초기의 **호모 사피엔스**의 무리들은 숲에서 다른 거대한 지역인 사바나로 이동을 하였으며, 공간적 · 계절적으로 그들은 음식과 먹이를 찾으러 더 넓은 곳으로 이주하였다. 이주하는 동안 다른 환경과 음식을 접하게 되면서 구조적 · 행동적 변화와 적응을 촉진시켰으며, 이는 해부학적이나 생리학적인 증거를 이끌어 내는데 적합한 논쟁거리가 되었다. 장거리 이동에 대한 능력이 **호모 에렉투스**로부터 **호모 사피엔스**로 분화를 가져오게 하였다.

동아프리카의 화석 유적지에는 썩은 고기를 먹는 문화가 200만 년 전에 만들어 졌음이 발견되었다. 아마도 사람이 다른 큰 포식자에 의해 죽임을 당한 먹이를 먹었음을 가리킨다. 주요 진화적 변화는 고립된 개인이나 작은 그룹 내에 일어나는 사냥능력의 진화이다. 약 55,000년 전 증거는 수렵과 채집이 썩은 고기를 먹는 것보다 더 최근에 일어난 것을 보여준다. 만약 썩은 고기를 먹는 포유류를 피한다면, 큰 포유류 한 마리의 죽음은 하나 이상의 개체에게 하루 이상의 먹이를 제공한다. 그러한 기술은 사냥술과 먹이의 계절에 따른 위치를 적극적으로 교육하면서 다음 세대에 전달되어졌고, 이후에 사회생활은 더 확립되었다. 이렇게 **수렵-채집 사회**가 시작되었다.

◆ 농업의 번영

문화적 변화가 10,000년 넘게 지속되면서 발생한 인간 사회의 변화는 농업의 기원과 진화에서 보는 것처럼 매우 극적이었고, 이는 밀의 품종 선택에 관하여 설명되어 있는 12장에 소개되어 있다. 당신은 아마도 인간 사회에 한정되지 않은 농업의 진화를 인식하지 못할 수도 있다. 농업은 4개의 동물 집단 즉 인간, 흰개미, 나무좀 및 개미에서 각각 독립적으로 발전을 했다. 개미 농업은 5억 년 전에 개미의 혈통이 진균류를 배양하는 것에서 시작했으며, 진균류의 종 분해 배양을 포함하는 농업의 새로운 3가지 체계는 지난 3억 년 동안 발전했다. 더 나아가 절엽개미(leaf-cutter ant)에 의한 진균류의 단일종 배양 체계는 800만~1200만 년 전에 발전했고 지금은 아메리카 열대지방(신열대구)에서 우세한 개미농업의 대표적인 예이다.

신석기 시대(Neolithic Age, 그림 19.4)에는 보편적인 사냥-수렵-낚시의 호미닌(hominin) 생활양식이 식물을 재배하고 가축을 길러 음식을 얻는 방식으로 바뀌었다. 이전에 음식을 찾는 데 사용하던 힘을 농업에 사용하였다. 최초에 중동, 중국, 중미에서 발달 했지만 그러한 변화는 급속히 퍼져 나갔다. 약 1,000년 뒤에 많은 인접한 지역에서 농업이 시작되

표 19.1 신석기 시대부터의 인간의 주요 농업의 확장

기원지	지역 확장	시간(연 단위)	개체	작물 혹은 생산품
중동	유럽, 서아프리카, 서남아시아	5,000~10,000	농업/가축화	밀, 보리, 염소, 양, 소
북중국	북중국	2,000~9,000	농업/가축화	기장, 돼지
남중국	남중국	3,000~8,000	농업/가축화	쌀, 돼지, 물소
중앙아메리카, 북안데스 산맥	아메리카	2,000~9,000	농업	옥수수, 호박, 콩
서아프리카	사하라 사막 이남의 아프리카	300~4,000	농업	기장, 수수, 박
유라시아 대초원	유라시아	300~5,000	농업	말

어, 5,000년 이후에는 농업과 그 기술이 광범위하게 확산되었다(표 19.1).

어쩌면 가장 즉각적이고 가장 멀리 도달한 농업의 영향으로 식량공급이 몇 배나 많이 증가하여, 농업 사회에서 인구수와 밀도가 매우 증가한 것이다. 무엇보다 사람의 삶의 양식이 달라졌다. 비록 평화로운 정착 사회가 농업을 이끌었는지 농업을 따랐는지는 불확실하지만, 농업은 기후 변화나 증가한 신석기 시대의 사회 복잡성에 의한 영향을 받는다. 그것은 영속적으로 경작 가능한 지역에 정착하는 많은 인간 세대를 받아들이지 못했다.

유전 공학자로서의 인간

인간은 오랜 시간동안 유기체의 유전적 구조가 변화되어 왔다. 동식물의 **사육**은 일부 특징은 촉진하고 다른 특징들은 제거하기 위한 선택이었으며, 일부 종에서 아주 성공적이었다. 12장과 14장에서 밀은 좋은 예임을 언급하고 있다. 동식물의 사육이 시작되고 수천 년 후에 유전자와 게놈의 조작과 선택을 통해 농업, 원예학 및 조림의 세계를 만들어냈다.

1970년대 초반에는 새로운 시대, 즉 **유전공학** 시대가 열렸다. 제한 효소가 DNA의 특정 염기 서열을 자르기 위해 사용될 수 있다는 것을 발견함에 따라(12장 참고), 분자생물학자들은 그들이 완전히 새로운 **재조합 DNA(recombinant DNA)**를 형성하기 위해 다른 출처로 부터 DNA 조각을 접합 할 수도 있다는 것을 깨달았다. 재조합 DNA는 생물체에 대한 새로운 특성을 발현하기 위해 사용될 수 있다.

■ 8장에서 언급했듯이, 자연에서 유전자들은 플라스미드에 편승하여 수평적으로 이송된다.

유전 공학의 기본 기술은 새롭거나 수정된 핵산 서열을 바이러스나 플라스미드에 삽입하는 것이다. 바이러스나 플라스미드는 새로운 서열들을 숙주 세포로 운반하며 그때부터는 숙주 게놈(genome)은 몇 번이고 병합, 증폭될 수 있다(그림 19.8). 이 기술은 어떤 생물의 유전적 원료에 활발한 개입을 하게 한다. 많은 생물의 게놈은 단백질 생산, 전염성 균에

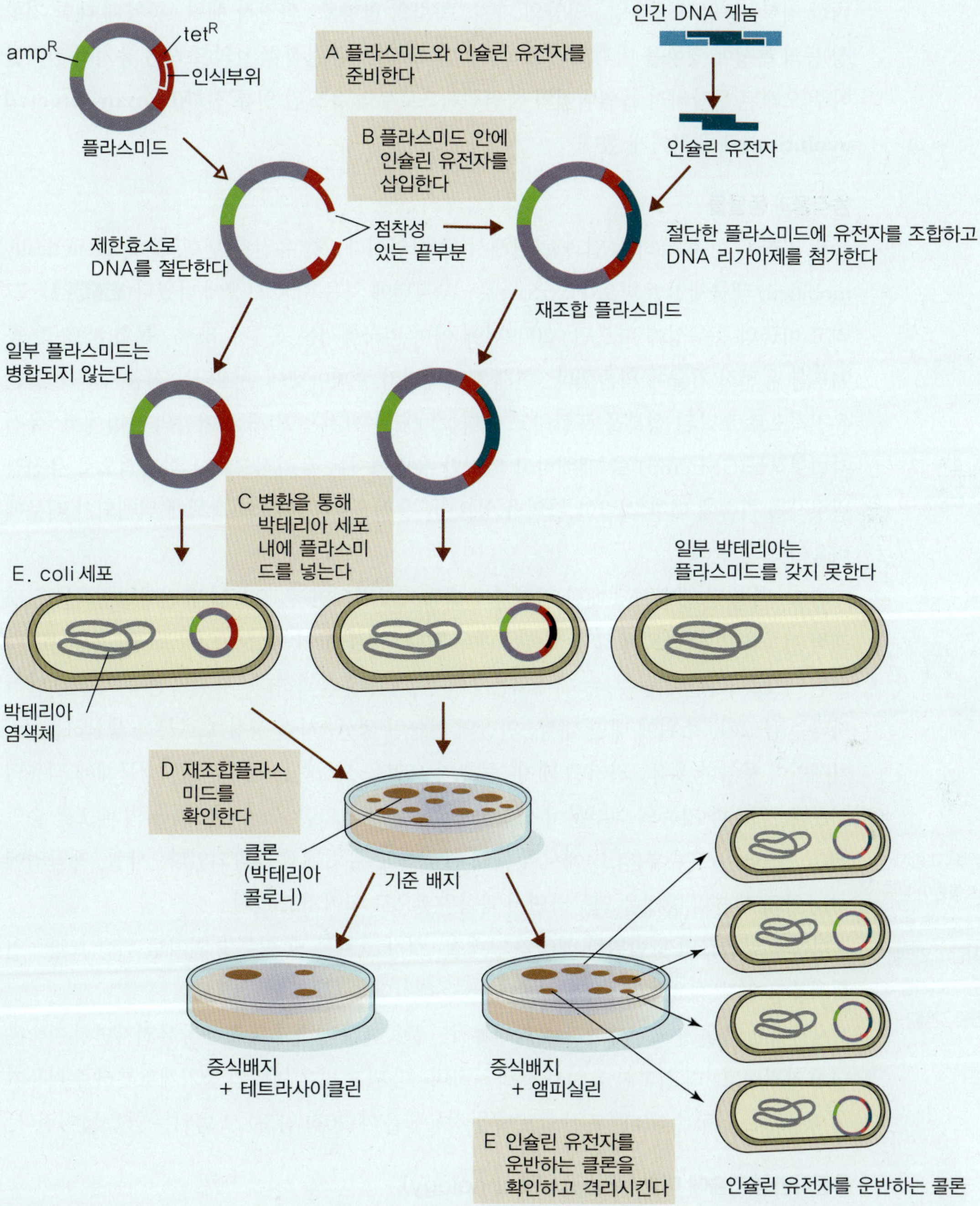

그림 19.8 플라스미드와 제한 엔도뉴클레아제 효소를 사용한 재조합 DNA 분자 클론을 구성하는 일반적인 도안. **(a)** 이질적인 DNA분자(여기서는 인간의 인슐린)와 플라스미드 운반체는 선택되었으며, 둘은 제한 효소에 의해 절단될 수 있는 인식 부위를 가진다. **(b)** 절단 부위는 하나 또는 그 이상의 이질적 DNA 파편을 만들어내고, 플라스미드 운반체가 열려 DNA가 삽입되도록 한다. **(c)** 이질적 DNA를 운반하는 플라스미드는 숙주 세포 내부로 삽입되고, 여기서 숙주의 예는 *E. coli* 박테리아이다. **(d)** 일부 박테리아는 플라스미드를 갖지 않을 수도 있기 때문에 세포는 재조합 플라스미드가 있는지 확인한다(테트라사이클린과 앰피실린 같은 특정 분자에 직면하여 세포를 키우는 과정).(E) 재조합된 유전자를 가지는 클론은 유전자의 양을 늘리기 위해 복제된다(Strickberger, M. W., *Genetics*, *Third edition*. Macmillan, 1985).

대한 저항, 농업적 산출량, 영양의 가치, 독소의 영향도, 환경적 체력, 종양에 대한 저항성 등의 특성에 영향을 미치도록 조작되었다. 그러한 유전적 특성의 조작은 유기적 진화를 아주 오래된 무작위적 돌연변이와 자연선택으로부터 **유도된 인류 진화(human-directed evolution)**로 움직이게 했다.

농작물과 동물들

유전 공학은 현재 특히 농업과 관련해서 큰 산업이다. 첫 유전자 변형(GM, Genetically modified) 생물체인 토마토(FlavrSavr)는 1994년에 처음 미국 시장에 나왔다(표 19.2). 그리고 미국의 농무성에 따르면, 2009년에 이미 미국에서는 옥수수 85%, 목화 88% 및 콩 91%를 유전적 기술에 의존했다. 현재 북아메리카 슈퍼마켓에 판매되는 식품의 큰 비율은 유전적으로 조작된 성분을 포함하고 있다. 2005년 까지는 20개국 이상의 나라에서 "유전자변형작물(GM crop)"을 재배하고 있지만 유럽에서는 윤리적으로나 환경적으로 유전자변형작물 기술에 대한 격렬한 항의가 있으며, 음식으로는 정부의 정책에 위배되기 때문에 비율이 매우 낮다.

해충, 질병 및 제초제에 대한 저항성에 대해서 부각되면서, 오늘날 유전자변형작물은 경제적 이득을 얻게 했으며 그 잠재력은 매우 크다. 예를 들어 향상된 영양소(황금쌀은 β-카로틴, 프로비타민이 풍부)는 기대되는 이득중 하나에 불과하다. 유전자변형 기술은 빨리 자라는 물고기, 추위에 대한 내성, 인간의 인슐린 생산; 사람 성장 호르몬을 생산하는 소, 카세인이 풍부한 우유; 저지방 돼지, 물고기 오일을 생산하는 쥐 등 많은 생물체에 적용되어왔다. 이러한 것들의 대부분이 상업적으로 이용되었지만, 2006년 Atryn의 배포를 승인했다. Atryn은 포유류(염소)에서 추출해 낸 약으로 유럽에서 개발되었다. 사실, 제약업에서는 약의 생산의 방법을 연구하면서 과학발전으로 이어지고 있다.

■ Atryn은 혈액응고 방지원으로, 안티트롬빈이 부족한 사람을 대상으로 한 수술 동안에 사람의 안티트롬빈 같은 형태로 사용되도록 재조합된 것이다.

미생물은 인간의 광범위한 배열과 단백질, 성장 호르몬 및 혈우병 환자를 위한 효과적인 혈액응고 인자(제 8인자)를 생산하는데 사용해왔다.

시간이 많이 들거나 정확하지 않은 전통적인 품종개량 기술과 비교하여 유전자변형 기술은 더 효과적이고, 더 정확한 유전자 선택을 하며, 더 멀고 넓은 범위의 유기체로부터 수취유기체 게놈에 도입될 수 있다. 또한 클로닝을 적용했을 때(20장 참고) 그 범위는 더욱 넓어진다.

유전자변형 기술에 대한 우려(GM Technology)

어쩌면 유전 공학에 반하는 가장 근본적인 문제는 인간이 자연에 간섭하는 것이다. 그러나 물리적/생물학적 환경이 고려된 "자연 그대로"는 변하지 않는것이 아니다. 인간은 대부분의 장소에서 자연의 형태, 기능, 물질을 변화시키는 등 자연에 오랜 시간 개입하는 동안에도 생물들은 어김없이 환경에 영향을 주며 변화시켜 왔다.

유전자변형 기술의 중요한 특징은 사용된 유전자가 수용체와는 다른 종에서 오는 것이다. 많은 경우에 이것은 잠재적으로 윤리적 문제를 갖는다. 그러나 8장에서 논의하였듯이,

표 19.2 1970년대 제한 효소의 추출을 시작으로 한 40년 동안의 주요 발견과 유전 공학으로의 선두

연도	업적, 진보
1970s	DNA의 특정 부위를 절단하는 제한 효소의 추출 재결합 DNA 기술을 개시하면서, 파편을 재결합하기 위한 방법의 발달(유전적 공학)
1972	최초 재결합 DNA 분자 생산
1973	클론을 위한 박테리아 내부에 재결합 플라스미드 운반체의 도입
1975	DNA 염기 서열 기술의 발명
1976	α-탈라세미아의 태아 질병을 위해 재조합 DNA의 최초 의학적 사용
1977	DNA 서열의 위한 연구 기술 발명
1978	재조합 DNA를 사용하는 프로인슐린 펩티드이 합성
1983	중합효소 연쇄 반응 발견(PCR: 그림 9.9 참고)
1985	중합효소 연쇄 반응(PCR)은 뉴클레오티드 서열을 증폭시키기 위해 사용
1987	백신(B형 간염에 대항하는)의 생산은 재조합 DNA 기술을 기본으로 함
1988	레트로 바이러스를 사용하여 쥐 세포 내부에 삽입하는 유전자의 조합과 발현
1989	최초의 인간 유전자를 서열화하고, 낭포성 섬유증의 '원인'에 대해 보여주는 유전적 성과에서 벗어남
1990	불완전 효소(탈아미노 효소)에 대한 유전자는 인간에서 핵산 합성을 요구
1994	미국 시장에서 FlavrSavr 토마토는 더 긴 유효기간을 가지도록 유전적으로 만들어졌다
1996	돌리라고 불리는 양의 생일로 돌리는 성체 체세포를 클로닝한 결과로 얻은 최초의 동물
1999	인간 염색체의 서열화와 오나벽한 *과일 초파리(Drosophila melanogaster)* 게놈 완성
2001	인간 게놈 프로젝트와 셀레라 제노믹스(Celera Genimics)에 의해 독립적으로 완성된 인간 게놈 첫번째 기초 서열화
2002	서열화된 쥐의 게놈 : 유전적으로 변형된 최초의 고양이 탄생
2003	인간 게놈의 99%를 서열화한 것은 99.9% 정확하다 : 애완 물고기인 글로피시(Glofish)에 형광 유전자를 더함
2006	인간 게놈 서열의 완성

생물체간의 수평적 유전자 흐름은 계통수 전체에서 엇갈리게 일어난다. 종의 장벽은 플라스미드 한 종에서 다른 종으로 유전자를 옮기는 바이러스, 전이인자(transposon) 및 플라스미드에 의해 끊임없이 엇갈려 나타난다. 인간은 바이러스와 박테리아에 의해 급속하게 혼합된 유전자가 도입되었다.

농업에서, 다른 종들 사이에 교배를 통해 새로운 종을 발달시키는 것은 먼 훗날을 위한 표준관례이다(12장 참고). 먼저 관심의 대상이 되는 종들은 서로 가까이 관련되어 있는 것들이다. 그러나 20세기 중반에 관계가 먼 종들 사이에서 교배하도록 하는 방법이 발달되었다. 예를 들어 다자란 곡물인 트리티케일(triticale)은 밀(*Triticum*)과 호밀(*Secale*; 12장 참고)의 잡종이다. 이러한 품종개량의 성취인 녹색혁명(green revolution)에 반하는 항의는 종들 간의 유전자 전이의 윤리적 및 안전문제보다는 환경적, 사회적 우려를 기반으로 한다.

그러나 유전공학으로 인해 이전에는 실행되지 않았던 다른 문(Phylum) 또는 계(Kingdom)로부터의 유전자 도입도 실행되고 있다.

유전자변형작물에 대한 환경적인 문제는 지역적 생물다양성과 생태계를 파괴하는 것에 대부분 초점이 맞추어져 있는데 특히 유전자변형작물로부터 꽃가루가 유전적으로 가까운 잡초(만약 작물이 해충이나 제초제에 저항을 갖도록 수정된다면 문제가 있음), 유전적으로 가까운 토착생물(그 생물의 존재가 위협이 될 수도 있는) 또는 유전자변형작물은 아니지만 같은 종을 수정시킬 가능성 등이 그것이다. 물론, 교차와 같은 장기적인 효과는 문제되는 유전자의 상대적인 적합함에 의존한다. 다시 말해, 이것은 새로운 것이 아니라, 유전자변형이 아닌 방법으로 대체된 작물의 유전자 흐름 역시 수십 년 동안 일어나고 있다. 여전히 우려는 계속되고 있고, 새로운 유전자변형작물이 도입되기 전에 충분히 주의를 기울여야한다. 무엇보다도 기술과 관련된 우리의 경험은 많지 않으므로 장기간에 걸친 영향은 예상하기 어렵기 때문이다.

추천 문헌

Brown, P., T. Sutikna, M. K. Morwood, et al., 2004. A new small-bodied hominin from the Late Pleistocene of Flores, Indonesia. *Nature*, **431**, 1055–1061.

Cann, R. L., M. Stoneking, and A. C. Wilson, 1987. Mitochondrial DNA and human evolution. *Nature*, **325**, 31– 36.

Crosby, A., 1986. *Ecological Imperialism: The Biological Expansion of Europe, 900–1900.* Cambridge University Press, Cambridge, England.

Diamond, J. M., 1997. *Guns, Germs, and Steel: The Fates of Human Societies.* Norton, New York.

Diamond, J. M., 2005. *Collapse: How Societies Choose to Fail or Succeed.* Viking Books, New York.

Fleagle, J. G., 1988. *Primate Adaptation and Evolution.* Academic Press, San Diego, CA.

Franzen, J. L., P. D. Gingerich, J. Habersetzer, J. H. Hurum, et al., 2009. Complete Primate Skeleton from the Middle Eocene of Messel in Germany: Morphology and Paleobiology. *PLoS ONE* 4(5): e5723. doi:10.1371/journal.pone.0005723.

Green, R. E., A. W. Briggs, J. Krause, et al., 2009. The Neanderthal genome and ancient DNA authenticity. *EMBO J.* **28**, 2494–2502.

Groves, C. P., 2001. *Primate Taxonomy.* Smithsonian Institution Press, Washington, DC.

Hammer, M. F., T. Karafet, A. Rasanayagam, E. T. Wood, et al., 1998. Out of Africa and back again: Nested cladistic analysis of human Y chromosome variation. *Mol. Biol. Evol.*, **15**, 427–441.

Harvati, K., and T. Harrison(eds.), 2006. *Neanderthals Revisited. New Approaches and Perspectives.* Springer, Netherlands.

Jungers, W. L., W. E. H. Harcourt-Smith, R. E. Wunderlich, et al., 2009. The foot of *Homo floresiensis*. *Nature* **459**, 81–84.

Kingdon, J., 2004. *Lowly Origin: Where, When, and Why Our Ancestors First Stood Up*. Princeton University Press, Princeton, NJ.

Schulz, T. R., and S. G. Brady, 2008. Major evolutionary transitions in ant agriculture. *Proc. Natl. Acad. Sci. U.S.A.* **195**, 5435–5449.

Seiffert, E. R., J. M. G. Perry, E. L. Simons, and D. M. Boyer, 2009. Convergent evolution of anthropoid-like adaptations in Eocene adapiform primates. *Nature*, **461**, 1118–1122.

Shipman, P., 2002. *The Man Who Found the Missing Link: Eugene Dubois and His Lifelong Quest to Prove Darwin Right. Harvard University Press*, Cambridge, MA.

Spencer, F., 1990. *Piltdown: A Scientific Forgery*. Oxford University Press, Oxford, UK.

Wood, B., 2005. *Human Evolution. A Very Short Introduction*. Oxford University Press, Oxford, England.

20 사회적 문화 진화

단원요약

- 대부분의 생물과는 달리 현대인은 두 가지 유전 양식을 가진다.
- 하나는 DNA를 통한 생물학적 유전 양식이다.
- 둘째는 경험과 학습을 통한 문화-사회적 유전이다.
- 이 두 유전양식의 상호작용 연구는 사회생물학으로, 선천적 및 학습적 행동의 분석에서 발전하였다.
- 소리로 교신하는 동물은 많지만, 현대인류(및 네안데르탈인)만이 언어를 발달시켰다.
- 인류는 언어를 사용한 사회적 교신을 통하여 문화를 획득하고 전달한다.
- 인류사에서 문화적 진화는 생물학적 진화를 상당히 초월하고 있다.
- 사회적 진화는 다윈이즘을 사회에 적용하는 사회적 다윈니즘(Social Darwinism)에서 처음으로 인지되었다.
- 인간의 진화 조절에서는 특정 그룹 또는 종 전체에서 유해 대립인자들을 억제하는 것이 포함된다.
- 선택적 교배(우생학 eugenics)를 통하여 진화를 조절하려는 운동은 사회적 다원주의와 동시에 일어났다.

위 그림: 생존은 가족집단의 일상사이다.

- 우생학은 번식의 방법을 개별적으로 실행하는 것으로 이루어진다.
- 인류는 농업을 시작한 이래 다른 생물의 유전자 급원을 조작해 왔다.
- 유전 공학은 인간 유전자가 설계될 수 있는 단계에 도달하게 한다.

◆ 개요

다른 대부분의 동물과 달리 인류는 정보를 후세대로 유전자와 문화를 통하여 전달한다. 인간의 문화적 진화 속도는 생물학적 진화보다 훨씬 빠르게 가속화 되어왔기 때문에 우리는 선조들보다 몇 배나 빠른 속도로 변화를 경험하고 있다.

19세기에 사회적 다윈이즘의 지지자들은 일차적으로 적자생존의 개념을 내포하는 자연선택에 의해서 문화적 차이가 진화한다는 입장을 견지하였다. 이러한 신념은 많은 사회 불평등을 정당화하는 것이었는데, 사회(이것은 흔히 비생물학적 목표와 가치 체제를 포함하는데)가 생물학적 진화에서와 같은 법칙으로 지배된다는 철학에 기반을 두었다. 과연 그것이 옳은지는 아직도 활발한 탐구가 필요한 영역이다.

어떤 종이 유전체를 통하여 전달된다는 면만으로 **생물학적 진화**를 정의하는 것은 충분하지 못하다. 문화적 진화(문화 사회적 진화 또는 사회-문화적 진화)는 두 팔과 다리의 유전, 뜨거운 난로 열로부터 재빨리 손을 움츠리는 반응 능력, 어떤 종류의 개구리의 올챙이가 과밀하거나 먹이가 부족한 환경에서 동족포식을 일으키는 능력에서의 경우에 비하여 생물학적이 아니라고는 할 수 없다. 생물학적 진화와 문화적 진화는 몇 가지 면에서 상호 작용한다. 사회생물학에서의 지난 4반세기의 발전은 많은 인간 문화에서 생물학적 기초가 존재한다는 것과 문화가 발달되는 쪽으로 지향하게 하는 유전형이 자연 선택을 통하여 축적된다는 것을 밝혀냈다. 대부분의 인간 문화에 생물학적 요인들이 포함되어 있음에도 그것들은 흔히 문화적 문맥에서 해석된다.

인간이 진화를 조절하려는 열망은 문화적 및 생물학적 적응성 사이에 잠재하는 상호 불화합성에 의해 제한을 받는다. 수명의 연장은 바람직한 목표이나 생식가능기 이후의 개인의 특징에는 자연 선택이 거의 영향을 주지 않는다. 사회적으로는 수정을 낮추고자 하여도 생물학적으로는 높은 수정율이 선택의 가치를 가진다. 인간 집단은 유전적 다양성을 유지하거나 현대 의료 개선으로 유전적 결함을 가진 개인을 장기간 살려 생식하도록 하는 경향 때문에 열성 대립인자 존재하거나 유지하게 될 것이다. 인간의 진화를 조절하는 3가지 접근법 — 우생학, 유전자 공학, 복제 — 이 논의될 것이다. 이러한 것들은 다른 종의 유전체를 조절하려는 인간의 노력과 마찬가지로 모두 윤리적인 문제에 부딪힌다.

본능(instinct)

본능은 비교적 복잡한 생득적 행동으로 대부분의 동물에서 볼 수 있는 구애행동, 꿀벌이 다른 동료에게 먹이의 방향과 거리를 교신해 주는 춤 양식 같은 것에서 볼 수 있는 바와 같이 많은 행동 구성요소를 포함하기도 한다. 단순하거나 복잡하거나 본능 행동은 종 내에서는 보통 동일하며, 따라서 전적으로 또는 거의 전적으로 내재된 유전적 조절인 것처럼 보인다. 그 예로서 초파리에서 유전자와 그와 연관된 구애행동에 관한 신경해부학적 구조가 확인되었는데 그것은 성 염색체 방위의 유전적 역전의 결과임이 증명되었다.

동물에 따라서는 한 개체가 다른 환경이나 사회 조건에 맞추어 그들의 행동을 변화시킬 수 있다. 이러한 **학습 행동**은 **선천적 행동**보다 더 유연하고 복잡하다. 학습행동은 변화하는 그리고 흔히 예측 불가능한 환경에 대한 적응으로서 유전적으로 프로그램 할 수 없거나 어려운 것이다. 그래서 학습 행동은 연습을 통하여 이루어지며, 개체 자신과 동료들의 과거 경험을 기반으로 하여 행동을 변화시킬 수 있다. BOX 19.5에는 침팬지와 원숭이가 도구를 만들고 사용하는 것을 학습하는 내용이 실려 있다.

뉴칼레도니아 섬의 칼레도니아 까마귀(*Corvus moneduloides*)의 도구 제조는 포유류 이외의 동물도 학습행동을 한다는 흥미로운 예이다(그림 20.1).

어미 새는 판다너스 야자 잎을 곁가지와 갈고리를 가진 도구로 가다듬어낸다. 섬의 다른

그림 20.1 칼레도니아까마귀(*Corvus moneduloides*)는 나뭇잎을 가다듬은 도구를 사용하여 나무줄기 속의 곤충을 탐색한다.

지역 개체는 다른 도구를 만든다. 도구 제조 능력은 일종의 사회 학습 과정을 통하여 어린 새에게 전수되는 것으로 여겨진다. 이들의 도구 제조 솜씨는 지극히 효과적으로 얼굴 표정과 몸짓과 소리로 교신하는 침팬지보다 못하지 않다. 두 동물은 그들 자신이 스스로, 그리고 통제된 조건하에서 인간 조련사와 함께 학습한다.

조류(鳥類)에서 마찬가지로 학습의 흥미로운 면은 먹이 획득에서의 협동인데, 다른 조류들에 대해 좀 더 관용적인 조류 사이에서 가장 협동적이었다. 실험적으로 까마귀(*Corvus frugilogus*)의 쌍들에서 협동이 발견되었는데, 그들은 먹이를 얻기 위해서 대를 들어올리기 위해서는 끈의 양 끝을 동시에 당겨야 하였다. 조류는 공격적인 부딪침 없이 같은 접시에서 먹는 양상으로 보았을 때 다른 새에 관용적인 것들과 다른 새를 받아들이지 못하는 것들로 나누어졌다. 관용적인 새들은 비관용적인 새들보다 협조하기를 더 빨리 학습하고 먹이를 좀 더 자주 얻었는데, 각각 63% 시도의 63%와 20%였다.

연습과 학습의 배경이 되는 유전적 요인들이 광범위하게 조사되었다. 예를 들면, 다른 배(胚)의 개들에서 유전자는 지구력, 활동성, 공격성에 영향을 준다. *dishcycled*라고 명명된 돌연변이를 가진 쥐에서는 사회 활동의 감소와 둥지 만들기 결핍을 일으키는 사회적 행동 이외의 다른 효과는 관찰되지 않았다. 인간 신경계 교란에 관여하는 유전자가 인간 행동을 변화시킬 수 있다는 증거들이 있다. 분열증과 우울증은 잘 연구된 두 가지 예이다. 다른 적응과 마찬가지로 대부분의 행동적 능력은 진화적 선택의 힘의 결과이다. 놀랍게도 행동은 화석기록으로부터도 추론될 수 있다. 화석 기록으로부터 "생존 시"의 자세나 위치를 추론할 수 있는데, 예를 들어 알 둥지위의 공룡 같은 경우에서 공룡의 번식 행동에 관해 많은 것을 알 수 있다.

◆ 학습, 사회와 문화

아마도, 인간의 가장 뚜렷한 특징은 정신능력—지능과 그리고 그에 따른 스스로 또는 다른 사람의 경험으로부터 배울 수 있는 능력일 것이다. 지능은 다른 동물에서 관찰된 것보다 훨씬 더 복잡하고 융통성 있는 적응행동을 인간이 할 수 있도록 한다. 인간은 다음과 같은 능력을 가진다.

- 환경에 대한 경험을 분석한다.
- 학습된 교훈을 행동에 결합한다.
- 조절이 이루어지는 새로운 환경을 창조한다.

인간 학습은 대부분 특수 상황의 요구에 부응하는 행동 반응의 의식적 획득과 전달의 패턴을 따른다. 학습능력을 가진 생물들은 대부분 일차적으로 생존을 위하여 신경계에 유전적으로 저장된 자동적인 반응에 의존한다. 그러나 인간은 언어, 교육, 모방과 같은 사회적 교류를 통하여 연습과 행동—**문화**—를 습득하고 개별적으로나 세대 간에 전수할 수 있

BOX 20.1

말과 언어

척추동물의 **발성** 기원은 어류가 부레를 이용하여 소리를 내는 데까지 거슬러 올라간다. 어류에서 진화된 산경 조절계는 육상 척추동물(사지류)로 진화하는 동안 보존되었고 사지류는 후두에 의하여 소리를 조절한다.

가장 상징적인 동물의 발성은 인간의 **말**과 **언어**이다. 현대인 및 인간과 가장 근연인 자매군인 침팬지의 발성계를 조사해서 왜 인간은 말과 언어를 가지나 침팬지는 그렇지 않은가가 밝혀졌다. 침팬지는 얼굴 표정, 몸동작, 소리로 그들 상호간이나 조건에 따라서는 조련자인 인간과 매우 효과적으로 교신을 할 수 있다. 그러나 그들의 발성기관의 구조는 말로 이루어진 언어에 적합하지 않다.

인간의 발성기관인 후두(그림 B20.1a)는 목관악기의 떨림판과 같이 작용하여 목소리, 음악과 같은 특수한 소리를 생성하는 인간의 발음도구이다. 후두를 신속히 열고 닫음으로서 폐로부터 나가는 공기를 차단하여 음절을 형성한다. 음절의 빈도가 클수록 음정은 올라가고 빈도가 낮을수록 음정은 내려간다.

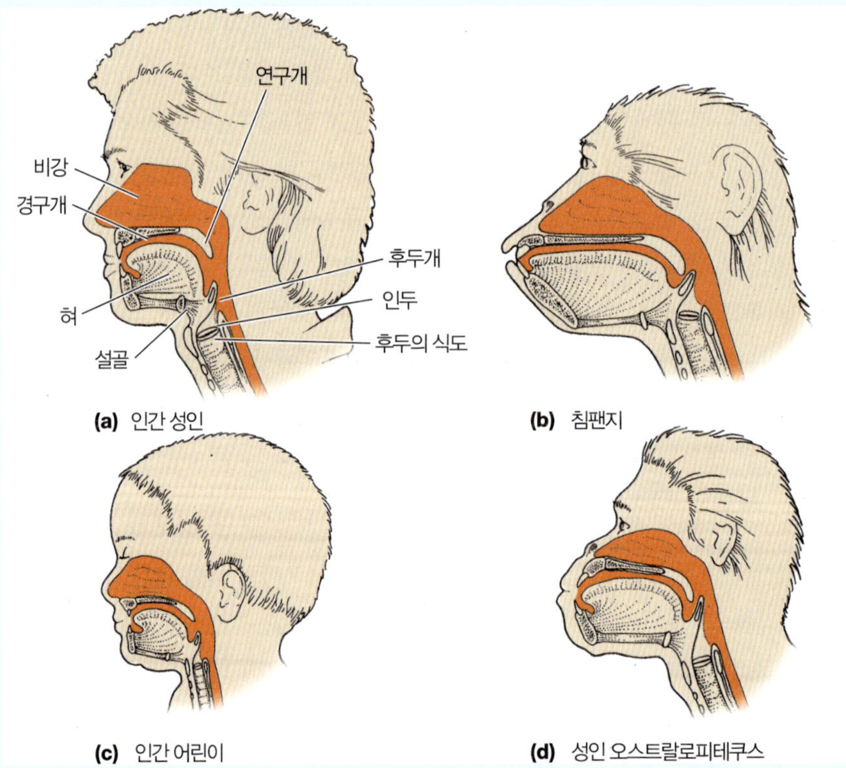

그림 B20.1 인간, 침팬지, 오스트랄로피테쿠스의 빌성과 연관된 구조를 보여주는 상부 호흡계. 인두는 성인 **(a)**에서 침팬지보다 훨씬 길다. 결과적으로 인간은 모음과 음절들을 구강과 인두 내에서 혀의 위치를 움직여 좀 더 명확하게 발음할 수 있다. 신생아 **(c)**는 후두개와 연구개 사이의 중첩이 유인원 **(b)**과 비슷함을 보여준다. 그러나 인두는 영아기로부터 소년기에 상당히 길어진다. **(d)** 오스트랄로피테쿠스 성인의 상기도부를 추정하여 재구성한 그림. 유인원에서처럼 후두개는 연구개와 중첩되고, 혀의 뒤끝은 인두에 이르지 않는다. 그리고 후두는 발성기관에서 비교적 높이 위치한다. (Conroy, G. C., G. B. Weber, H. Seidler, P. V. Tobias, 등., *Science* 280 (1998); 1730–1731; 그리고 Liebermn, P. *언어의 생물학과 진화*. 하바드대 출판, 1984; 및 Lieberman, *P. Uniquely Human*; *언어, 생각, 이타행동의 진화*, 하버드대 출판, 1991.)

(계속)

BOX 20.1
말과 언어 (*계속*)

소리는 말의 기본 단위인 모음으로 인두에서 전환되며 인두의 길이와 모양이 발성되는 소리의 빈도 패턴을 결정하여 모음의 소리를 조율 한다(그림 B20.2). 인간의 진화 중에 아래 턱의 크기가 감소하였고, 후두는 인두의 아래 위치 이동하였으며 혀의 위치가 인두의 앞 벽을 형성하였다(그림 B20.1a). 침팬지의 혀는 인두와 분리되어 있어서 (그림 B20.1b) 공기가 입보다는 비강을 통해서 내보내진다. 침팬지가 혀를 인두 내에서 조절하는 능력의 결여로 침팬지의 언어에 대한 해부학적 제한이 있음은 분명해진다.

오스트랄로피테쿠스의 인두 길이에 대한 후두의 위치와 혀의 크기를 조사해 보면 비인간 영장류에서 보이는 것과 유사한 관계를 보여주는데(그림 B20.1d, 이것은 언어가 보다 후기의 계열에서 생겼다는 가설을 지지해 준다. 네안데르탈인이 침팬지와 같은 발성 도관을 가졌으므로, 네안데르탈인은 말이 발생한 진화계열에 있지 않았다는 결론이 내려졌다. 그러나 네안데르탈인으로부터 DNA 염기서열 확인으로 (19장을 보라) 다른 해석이 가능해졌다.

유전자 *Forkhead Box P2(FOXP2)*는 인간에서 말과 연계되는데, *FOXP2*는 대부분의 포유류에서 발견되나 (a) 인간의 유전자는 다른 포유류에서 발견되지 않는 두 돌연변이를 포함하며, (b) 유전자의 단일 카피가 언어 장애를 가지며, 단일 카피를 가진 생쥐는 발성이 크게 감소한다. 네안데르탈인의 DNA는 인간에서 발견되는 것과 같은 두 돌연변이를 가지고, 침팬지는 돌연변이가 없다. 이들 두 돌연변이를 말/발성의 획득과 연계하거나, 또는 말의 한 가지 이상의 중요한 면과 연계하거나, (c) 네안데르탈인이 어떤 형의 말을 가졌다는 것과 (d) 침팬지는 이들 돌연변이가 없으므로 말이 결여된다는 것과 연계시키고 있다.

■ 돌연변이는 FOXP2의 엑손 7의 911 위치(트레오닌이 아스팔트산을 대치)와 977 위치 (알기닌이 세린을 대치)에서 뉴클레오티드의 치환이 있다.

말과 언어의 다양한 면에 대해서 뇌의 특정 영역이 추적되었다. 대뇌의 좌반구의 측두엽에 **베르니케 영역(Wernicke's area)**이 있는데, 이것은 지적인 언어를 형성하고 종합하는 곳이다. 이 부위가 손상된 사람은 의미를 전달하지 않는 중얼거림을 한다. 좌전두엽의 **브로카 영역(Broca's area)**이 손상된 사람은 언어 장애를 가진다. 이 영역은 발성 근육 운동을 조절한다. 문법 구조와 어휘 같은 언어의 면은 브로카 영역보다 다소 전방의 전전두엽 대뇌피질의 신경회로와 연관된 것 같다. 전전두엽 피질의 비대칭적 팽대는 *인간*(*Homo sapiens*)의 현저한 특징이다.

도구 사용과 언어는 공통적인 신경 진화적 기반을 가진다는 가설이 있다. 언어와 손 도구 조작은 모두 손서적인 과정이다. 인류에서 브로카 영역과 동시에 돌 도구의 출현은 기능적 연결과 양립된다. 그 두 기능 사이의 연결은 오른손잡이 인간의 좌반구에 같은 기능을 가진 위치에 있다는 것과 모순되지 않는다. 손 운동 조절중추가 오른쪽 반구에 위치하는 왼손잡이 사람들은 언어 중추도 흔히 역시 그러하다는 것이 발견되었다.

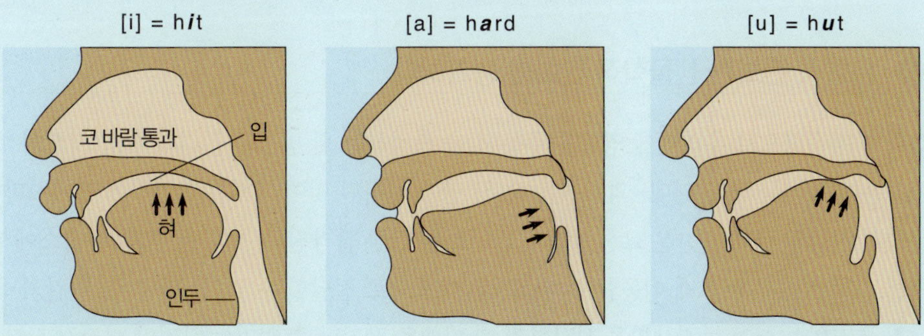

그림 B20.2 성인의 구강 기도에서 혀의 위치 (화살표)를 바꿈으로서 세 가지 모음을 발음하는 모식도. 예리한 굴절부분 (입 위의 경구개와 인두 뒤 벽면에 의해 형성되는) 이 기도를 직각의 구앙과 인두 부위로 나눔으로써 이들 모음을 형성함에 유의할 것. (Aiello, L., C. Dean, *인류 진화 해부학 개론*, 아카데미 서적, 1990에서 인용)

다. BOX 20.1 에 발음과 언어의 진화를 논의하였다. 학습된 행동의 문화적 전수는 환경 변이에 대처하기 위해서 시행착오에 의지해야 하는 개인적 학습에서의 부담을 제거해준다.

문화적 전수는 적응적 행동의 모방 학습을 사회와 문화유산에 좀 더 성공적으로 도입시키며 흔히 단일 세대를 뛰어 넘어 발전시킬 수 있다.

혹자는 문화라는 말을 사회적으로 전수(그 전수가 모방만으로 이루어진다 해도) 된 학습 행동의 형을 포함하도록 확장시킨다. 이 광의의 정의는 문화를 언어가 없는 동물에게까지 적용된다(BOX 20.1).

예를 들여 침팬지는 모방을 통하여 학습 행동의 변화를 집단에 받아들일 수 있으며, 집단과 집단에 따라서 그룹에 따라서 서로 다른 다양한 사회적 역사(전통)를 이룰 수 있다. (19장 참조). 도구 사용, 털 고르기, 구애행동 등, 39가지 행동패턴이 침팬지 집단에 존재하는데, 같은 집단들 사이의 유전적 차이는 작다. 최근의 분지 계통 분석은 침팬지 *Pan troglodytes*의 단일 아종의 집단 사이에서 문화적 차이가 3 아종 사이의 차이보다 더 크다는 것을 발견하였는데, 그것은 유전적이 아니고 학습된 문화적 행동이었다.

문화적 방식에 의한 전달은 유전적 방식과는 달리, 문화적 변화는 한 세대로부터 다른 세대로 수직적으로 전달되지 않는데, 관련되거나 관련 없는 개체들 사이의 상호작용을 통해서 발전될 수 있다. 문화적 부모는 그들의 생물학적 부모일 필요는 없다. 문화적 부모는 그들의 문화적 자손과 동일 지역 출신일 필요는 없다. 결과적으로, 생물 종간의 유전적 교환을 가로막는 격리 장벽은 현대인의 집단 사이의 문화적 전파를 막지 않는다. 그러므로 인류는 두 가지 유전 시스템을 가진다.

- **유전자 시스템**, 생물학적 부모로부터 자식에게 생물학적 정보를 전달한다.
- **문화적 시스템**, 말하는 자로부터 듣는 자에게, 저자로부터 독자에게, 실행자로부터 구경꾼에게 문화적 정보를 전달한다.

매우 중요하게도 두 시스템은 정보적이며 유전적인 시스템인데, DNA 암호 시스템과 사회 적용을 통하여 언어와 관습에 암호화 되어 기록과 전통에 합쳐진 문화적 시스템이다.

문화적 진화가 생물학적 진화를 능가하다

변화가 지속적으로 우리에게 영향을 주는 것을 측정하는 한 방법은 우리의 수집 지식이 배가하는데 걸리는 시간인데, 과거에는 수 천 년에 걸리던 것이 이제는 단기간에 불과하다. 문화적 진화의 세대 기간은 교신 방법이 발전하는 만큼 빨라진다. 인류는 이제 한 장소에서 다른 장소로 매우 빠르게 이동할 수 있고, 전자 속도로 전달할 수 있다. 반면에, 인간의 육체적 특징의 변화는 농경생활을 시작하던 때 이래로 감지할 수 있기는 하지만 비교적 작다. 물론, *Homo spiens*의 가장 특징적인 구조, 인간의 뇌마저도 최소한 10만년 동안 그 크기에 변화가 없었다(BOX 20.2). 왜 문화적 진화와 생물학적 진화 사이의 이러한 차이가 있을까?

BOX 20.2

인간 뇌의 진화

인간의 평균 뇌는 침팬지에 비하여 용적이 340%, 몸무게 대비치로는 290%가 더 크다. 인간의 뇌는 고릴라와도 유의적으로 다르다. 인간의 평균 뇌는 고릴라 평균 뇌보다 용적이 267%, 체중 대비치가 341% 크다. 이러한 차이는 각자 진화 계열에 따라서 변한 인간과 고릴라의 진화를 말해준다.

인간의 뇌는 다른 포유동물이나 다른 영장류의 뇌와는 다른 진화 패턴을 따라왔기 때문에 몸의 크기에 비해 상대적으로 크다. 영장류를 포함하여 대부분의 포유류는 뇌의 성장이 태아시기에는 몸의 성장에 비하여 신속하나 출생 후에는 감소한다. 인간에서는 출생 전 뇌의 성장이 몸 성장에 비하여 역시 매우 신속하며, 아이가 일 년이 지날 때까지도 이 성장 속도는 유의적으로 감소하지 않는다. 이러한 출생 후 뇌의 초기 성장이 신속함은 인간의 임신기간을 9~21개월까지 연장하는 효과가 있다.

몸 크기에 비하여 상대적으로 큰 뇌는 대사적으로 비용이 많이 든다. 성인의 뇌는 몸무게의 2%에 불과하지만, 총에너지의 20%를 소비한다. 이러한 이유로 몸 크기에 비하여 뇌의 크기를 증가하는 데에는 강력한 자연 선택이 요구된다. 큰 뇌가 왜 좋은지를 결정하기 위하여 수세기 동안 인류 진화 학자들은 열중하였다. 지난 4백만 년 동안 인간 뇌의 변화는 지적 능력에서 어떤 결정적인 변화가 있었을 것이라는 가설이 있다. 과거를 추측해 보면 인간은 다른 동물보다 좀 더 복잡했고 그래서 더 많은 뇌 세포와 큰 뇌가 필요했으며 또한 기능의 분화능력 때문에 약으로 인간 뇌에서 세포내 소기관의 진화가 촉진되었다는 것이다.

근연 동물군 사이의 뇌 부위를 비교하면 각 동물군에 특별히 공헌한 특수 부위의 증가와 연관을 알 수 있다. 인간과 대형 유인원을 비교하였을 때 인간 뇌 용적의 증가의 대부분은 대뇌 피질의 면적과 두께 증가이었다는 것이 발견되었다. 특히 신피질의 막대한 증가가 있으며, 소뇌와 피질 사이의 연결이 증가되었다. 유인원에서는 이러한 증가의 대부분이 소뇌에서 일어나며 소뇌의 부위는 대부분 인지, 협동과 운동 조절을 담당한다.

또 다른 비교로는 뇌의 피질 부위가 쥐의 뇌에서 우표 크기, 원숭이에서 엽서 크기, 침팬지에서 한 페이지 넓이라면 인간에서 네 페이지의 넓이라 것인데 이런 비교는 모두 주관적인 측정이지만 독자들의 이해를 도울 것이다. 표면 구조 외에 유전적 차이와 분자적 연구로 유전체의 49 부위가 확인되었는데 그것은 신경 발생(그 일부는 신피질을 나타내는데)을 조절하는 것으로 대부분의 포유류에서 보전되었으나 침팬지로부터 인간의 분리 이후에는 신속히 분지하였다.

■ 신생아의 두개용량이 큰 것은 – *자궁내* 뇌 성장에 따름 – 출산시 인간 여성이 직면하는 어려움을 설명하도록 한다.

약간 단순화시키면, 이 대조는 두 가지 다른 진화 타입(문화적 진화와 관련된 학습적 특징의 유전 모드와 생물학적 진화에 내포된 자연 선택을 통한 유전 모드) 사이의 차이의 탓이라고 할 수 있을 것이다: 경험을 통한 진화는 인간이 학습하는 방법의 연장이다. 그것은 보다 더 큰 적응성이나 유용성을 가지는 방향으로 문화적 정보를 변모시킬 수 있는 의식 적인 요인—뇌를 가진 인간—에 달려있다. 전달은 DNA를 통해서가 아니라 마음과 마음을 통해서 일어난다. 선조나 동시대인으로부터 받은 정보는 우리 자신이나 자손이나 타인에게 유용성이 크도록 적절히 개선될 수 있다.

이 책의 앞부분에서 설명된 것과 같은 이유로서, 문화적 진화의 빠른 속도는 자연 선택에 의한 진화 속도와 크게 비교된다. 생물학적 진화는 표현형에서 선택 과정을 통하여 일어난다. DNA 염기서열의 우발적인 변화가 일어나고, 그것이 기존의 유전체에 조직화되고, 그 결과 만들어지는 표현형이 선택되어야 비로소 작용하므로 대부분의 유전적 진화는 느리다. 각각의 변화는 수 세대가 지나야 집단 내에 편입된 수가 있다. 그럼에도 앞에서 언급했던 진핵생물 내에서 수평적 유전저의 전파과정(8장을 보라) 진핵생물에서 표현형의 유연성(13장을 보라), 모든 생명체에서의 유전자 조절의 진화(13장을 보라), 생물학적 진화의 빠른 속도 등 다양한 과정들이 존재한다.

생물학적 진화 과정은 인간이 행동의 종류로부터 선택하는데 사용하는 의식적이고 신속한 선택과정과 매우 다르다. 그럼에도 문화적 정보를 전달하고 사용하는 데 필요한 생물학적 도구들은 양자를 연결해 준다. 인간 정신은 그들의 결과로서 대체물들 중에서 의식적으로 선택함으로서 새로운 선택 메커니즘의 요소가 되어 왔다. 인간의 정신은 개인의 마음이 아니다. 왜냐하면 문화적 진화는 개인 간의, 집단 상호관계에서의 교신에 의존하기 때문이다. 문화적 진화는 부분의 합 이상의 것이다. 개인들이 사회적으로 협력하는 집단의 산물—도시, 매일의 신문, 자동차 공장, 성당, 영화—은 질적으로나 양적으로 그러한 개인들 만에 의해서 창조되는 것을 뛰어 넘는다.

사회 다위니즘

인류 문화에는 생물학적 기초가 있으며, 문화와 생물학은 모두 시간을 두고 진화하는 정보 시스템에 기초한다. 이들 두 사실은 19세기말 20세기 초의 여러 저자들에 의해서 인지되었으며 그들은 생물학적 개념이 사회에 확장될 수 있으며 자연과 문화는 동일한 진화 메커니즘, 특히 자연 선택을 공유한다고 생각하였다. 이러한 생각은 나중에 **사회적 다윈이즘**(제1장을 보라) 라고 불리게 된 사상으로 발전하였는데 그 주된 개념은 다음과 같이 두 가지이다.

- 개인과 집단에서의 차이들은 자연 선택을 통해 형성된다.
- 자연 선택은 사회 계급, 경제적, 군사적, 사회적 권력의 면에서의 국가적 차이로 이끄는 메커니즘이다.

특히, 이 주제에 대한 초기 저자들은 생물학과 사회적 권역에서 경쟁의 역할이 동일하다고 보았다. 생존경쟁이라든가 적자생존 같은 어휘들을(제15장을 보라) 사회적 현상에 적용하여 영국 사회적 다윈이즘자들, 특히 허버트 스펜서는, 문화적 진화가 명백히 사회적 도덕적 완전성을 향해 진행된다고 주장하였다(그러한 주장은 영국에서 빅토리아시대에 그 절정에 달했다!).

■ 토머스 헉슬리의 진화론적 윤리의 발달을 평가하는 훌륭한 기회가 유용하다. 헉슬리의 1894년 저서 *진화와 윤리 및 다른 수필들*은 그가 1893년 옥스퍼드 대학에서 행한 로메인 강좌(*진화와 유전학*)의 교재를 포함한다. 50년 후 그의 손자 줄리언 헉슬리가 *진화론적 윤리학*에 관하여 로메인 강좌를 했고 두 번의 강좌를 확장된 서론과 논평과 함께 출간하였다 (T. S. 헉슬리, J. S. 헉슬리, 1947). 할아버지와 손자 모두 진화를 인간의 도덕적 진보를 돕는 수단으로 믿었다.

스펜서의 저술들은 생물학, 경제학, 철학, 사회학을 광범위하게 넘나드는 것인데 그 영향을 20세기까지 지속되기에 이르렀다. 흥미롭게도 스펜서는 자연 선택을 의미하는 적자생존이라는 말을 만들었지만 그 자신은 진화에 대해서 라마르크적 생각을 말년에 이르도록 가지고 있었다(5장 참조). 스펜서는 메커니즘이야 어떻든 진화는 모든 존재를 지배하는 강력한 힘이라고 생각하고 따라서 가장 도덕적으로 적절한 자들을 지지하는 사회적 경제적 정책을 정당화했다. 대부분의 신교 지식인들에게는 진화의 우주적 힘이라는 스펜서의 믿이 과학을 그들의 종교와 화해시키는데 도움이 되었으므로 그의 저작이 지극히 대중화되었다.

더 엄격하게 경제적이며 사회적인 형으로서 스펜서의 접근법은 미국에서 다양한 서클에서 보편화되어갔다 (미국에서 그의 책 50만권 이상이 팔렸다). 특히 윌리엄 그래함 섬너(1840~1910)의 가르침을 통해서인데 그는 가장 알려진 미국 사회적 다윈니즘자였다. 1883년에 섬너는 쓰기를: "우리는 이것 외에 달리 나갈 수 없다. 자유, 불평등, 적자 생존과 비자유, 평등, 부적자의 생존을 비교해 보라. 전자는 사회를 전진시키고 최선의 구성원들을 선호 한다; 후자는 사회를 후퇴시키고 가장 열등한 자들을 선호한다." 당연히 대부분의 부유한 자본주의자들은 그러한 견해를 환영하였다. 예를 들어 존 D. 록펠러 이세(1874~1960)는 그의 아버지가 많은 소규모의 기업들을 파괴하고 거대한 스탠다드 석유 회사를 만들었는데 그러한 행동을 관찰하고 "한 거대한 기업의 성장이 단지 적자생존이며 자연 법칙으로 작용하는 것..."이라 정당화하였다.

다른 반대자들과 함께 토머스 헉슬리는 그의 책 진화와 윤리에서 사회적 다윈이즘의 주요 문제는 사회(경제학, 정치학, 정부)가 생물학에서와 같은 법칙과 같은 목적으로 작용한다는 가정임을 지적하였다. 그러나 사회에서의 부와 권력의 유전의 법칙은 전적으로 인간이 만든 것이다. 생물학적 유전 법칙이 아니다. 의식적으로 선택되는 사회적 목표는 예를 들면권력, 부, 사회주의나 자본주의 같은 어떤 목적을 지향하고 있다.

불행히도, 사회적으로 다른 개인이나 그룹보다 우월한 지위를 차지하고자 하는 개인이나 그룹을 유혹하는 사회적 목표를 실현하는 가능성이 민족주의, 특정민족 집단 학살, 사회적 및 국가적 억압을 정당화하거나 강화하는 데 사용되었다. 극단적인 한 예가 1930년대와 1940년대 초의 아돌프 히틀러에 의한 종족 순혈 운동으로 열등한 그룹이라고 그들이 생각하는 수백만 명의 사람들을 의도적의 살해하였다. 좀 더 민주적 시회 유산을 가진 미국에서조차 1920년대에 동부나 남부 유럽인의 이민을 제한하였다. 그들의 열등하거나 바람직하지 못한 종족 이민이나 모든 아시아인들이 미국으로 이민하는 것은 1882년 중국인 방지 조례에 의해서 정지되었으며 그것은 1943년에야 폐지되었다. 한편 추가해야 할 것은 경제적이며 정치적인 고려가 이민 제한을 위한 압력으로 크게 작용하였으며 인종의 구별은 법이 공표된 사회 체제의 일부분을 형성하였다. 미국만이 아니었다. 오스트랠리아는 1901년에 식민지동맹 후에 통과된 속칭 백호 정책(White Austrakia Policy)이라고 하는 제2차 법안을 가결하였다.

◆ 사회생물학

생물학은 사람들 사이의 사회적 상호작용에 관한 영향을 발휘한다. 긴밀한 모자간의 관계는 모든 인류 집단에 공통적인 많은 행동의 하나이다. 그러나 어느 정도나 그러한 사회적 행동이 유전적으로 결정되는가? 얼마나 자연적이고 어느 정도나 교육적인지 하는 문제가 흔히 제기되어 왔다.

■ 그 행동들은 그 자신과 근연 친족의 유전자를 다음 세대에 살아남도록 도움을 준다.

1975년에 발간된 E. O. 윌슨의 저서, '사회생물학: 새로운 종합'은 과학의 새 분야를 열었으며 또한 격렬한 반발을 불러 일으켰다. **사회생물학**을 모든 사회적 행동의 생물학적 기초의 체계적 연구라고 하는 그의 정의로 볼 때 그는 형태와 마찬가지로 동물의 행동이 자연도태에 의해서 형성된다는 것을 확고히 주장하였다: 개체적 생식 성공을 극대화하는 행동적 형질들은 그렇지 않은 것들보다 다음 세대에 좀 더 많이 전해진다. **이타주의** 같은 사회행동—선을 행하여 자신을 희생하는 생물은 자손을 남기지 못할 수 있으므로 진화 생물학자들에게는 어려운 문제(BOX 15.1을 보라)—조차도 유전적 메카니즘을 기초로 설명할 수 있다. 이타주의에서는 도태가 작용한 행동적 유전자를 가진 한 개체의 적합성에만 작용하는 것이 아니라 그러한 개체들의 유전적 친척들에게도 작용한다(혈족 선택 또는 적자: BOX 15.1을 보라).

집단유전학, 행동학, 생태학, 가타 분야의 방법에서 도출하여 사회생물학은 사회행동을 일으키는 생물학적 원인의 접근 방법(또는 범위)을 위한 논리를 마련하였다. 윌슨의 저서 이래로 다양한 동물들의 사회 행동에 관해서 연구가 수행되었다. 예컨대, 사자 집단의 새로운 강자 수컷이 라이벌의 새끼를 살해하는 이유, 암컷 사자가 자신의 새끼(이 장의 첫 페이지 사진) 뿐만 아니라 근연의 친척 새끼까지 양육하는 이유 같은 것이다.

사회생물학을 인간 행동에 적용하는 것은 덜 성공적이었다. 윌슨 책의 주 논쟁 원인은 후편인 인간의 본성에 관하여(*On Human Nature*, 1978)와 함께 인간에 대한 논의를 확대한 마지막 부분이었다. 윌슨은 유전자와 환경의 상호작용 때문에 "대부분의 인간 사회행동은 질적으로 생리적이며 비사회적 심리 형질과 다르게 간주할 이유가 없다."고 하였다. 이 관점에 의하면, 인간 본성은 문화에 의해서 뿐만 아니라 유전에 의해서 결정되고, 따라서 인간이 자신의 행동을 변화 시킬 수 있는 데에 한계가 있다.

사회생물학은 궁극적인 진화적 기능보다는 한 특정 인간 행동의 즉시적인 원인을 적게 다룬다. 그러한 비판에도 불구하고 대부분 관찰된 인간 사회행동이 생물학적으로 기인하며 (확실히 증명할 수는 없지만 사회적 불공정을 포함하는 현상유지를 정당화 시킬 가능성이 있다는 추론과 함께), 사회적 다윈이즘자들이 지지하는 관점과 근접한 개념이다. 그러나 **결정주의**—인간은 생물학적 운명의 노예라는 의미—의 도전에 대하여 윌슨은 반대한다.

> 사회생물학에는 지속적인 경계를 통해서만 피할 수 있는 함정이 있다는 것을 강조할 시점이 되었다.함정은 윤리의 자연적인 오류로서 판단의 여지없이 무엇이 되어야 하는가에 대해 결론을 내리는 것이다. 인간의 본성 안에 있는 "그것"은 대체로 홍적세 사냥군 -채취자 시절의 유산이다. 그 유전적 비틀림이 조금이라도 밝혀지면, 현재와 미래 사회의 지속되는 노력을 정당화시키는데 이용될 수 없을 것이다. ("인간의 조상은 동물이다" *New York Times Magazine*, 11975년 0월. 12일)

사회생물학에 대한 도전은 생물학적 및 문화적 진화의 결합을 분해시키는 지극히 어렵고 그러나 중요한 일이다.

◆ 인류 문화의 조절

인류 진화의 조절을 생각할 때 생물학보다 문화적인 면을 당연히 더 고려하게 된다. 인간이나 다른 생물들의 진화가 어느 방향으로 이루어 져야 할까? 어떤 목표가 설정되어야 할까? 이러한 질문은 기초가 되는 생물학적 법칙에 의해서가 아니라 우리가 살고 있는 세계와 문화적 현실 및 인간 자신을 개선시키고자 하는 목표를 성취하기 위한 기술적 활용성으로부터 생긴다. 그러나 이러한 인간 개선에 대한 요구는 흔히 인간의 생물학적 한계와 부딛치게 되는 그중 몇 가지를 여기에서 생각해 본다.

기술적 발달의 결과로서 인간의 생활이 측정할 수 없을 만큼 변화했지만 인간의 유전적 조성은 그렇지 않다. 예컨대, 많은 사람들이 이차 산업에 속하는 직업을 가지나 인간의 육체는 아직 더 가다듬어져야 한다. 일반 사회인들은 흔히 빈약하게 먹거나, 과다 체중을 가지고, 그에 수반되는 심장병이나 당뇨병 같은 질병을 앓고 있다. 현대 생활의 여러 면에서 오는 스트레스는 질환의 경향을 증가시킨다. 게다가 공장, 자동차, 살충제 및 담배에 의한 다양한 오염들은 암을 유발하거나 폐기종과 규폐증에 이르는 다양한 질병으로 이끈다.

우리가 무엇이고 우리가 무엇이 되고 싶어 하는가의 사이의 가장 중요한 대목의 하나는 아마도 **생물학적 효율과 문화적 효율** 간의 차이에 있을 것이다. 생물학적으로 인간의 효율성은 20, 30대의 생식 시기나 생식 직후기부터 서서히 감소하기 시작한다. 그러나 문화적 효율성은 다양한 직업과 그리고 수명의 증가의 탓으로 그보다 수십 년 뒤에 절정에 이른다. 인간의 생물학적 유산은 초기 생식 성공을 강조하며 그 후에 곧 신체적 퇴보가 이루어진다. 인간 문화적 발달은 지속적인 유연성, 적응성 및 장수를 요구한다. 인간 문화 발달은 인간 생물학적 쇠퇴에 의해 제약을 받는다.

출생 후 비교적 일찍 성적 성숙을 이루는 대부분의 생물에서 번식 후 생존은 짧거나 없는 경향이 있다. 현대 사회의 개개인은 **생식 후 생존**의 시기가 길다. 진화의 초기에는 인간 집단의 절반만이 20세를 넘겼고 40세 이상을 산 것은 열 명 중 하나에 불과했다. 이러한 낮은 생존율은 초기 그리스의 어떤 집단에서는 매우 오랫동안 계속되었다. 중세에도 기대 수명은 20, 30세 사이에 머물렀고 그 다음에 다소 올랐다. 기대 수명은 유럽인, 미국인, 일본인 및 다른 몇몇 인종에서 지난 세기 반에 급격히 상승했다; 1850년대의 40세 정도로부터 현대의 70대 또는 80대 초까지이다. 저개발국가 역시 극적인 증가를 보여주고 있는데 AIDS가 창궐하는 아프리카의 국가들은 예외이며 이미 30대 초반으로 기대 수명이 감소되었다.

이들 통계는 중요하다. 그것은 지난 세기 반에 걸쳐서 위생의 개선, 식사 및 의료 혜택이 이루어낸 결과로서 이제 인간의 적응에 자연 선택의 영향이 비교적 적게 미친다는 것을 말해준다. 즉, 출산된 자손의 수는 점점 더 개인이 선택하는 문제가 되어갔다. 게다가, 우리의 변화된 생활로부터 생기는 대부분의 질병—당뇨병, 심장 질환, 암—은 생식 시기 이후에 대부분 나타나기 때문에, 이러한 질환에 걸리지 않도록 하는 것에 대한 자연 선택의 기

■ 미국 생물학 연구소와 미국 생물학 강좌 연구에서 제작한 DVD "진화-어렵지 않다" (http://www.aibs.org/bookstore에서 이용가능)는 농업, 보건, 신약 개발, 기타 기술적 응용의 과제들에 대한 진화론의 영향의 현대적 평가를 포함하고 있다. 국가별 기대 수명치의 표는 CIA의 출판물 The world factbook을 보라. 온라인으로는 https://wwwcia.gov/library/publications/the-world-factbook/index.html에서 이용가능하다. 스와질랜드는 2007년 평가 기대수명이 32.23세로 가장 낮은 국가이다.

BOX 20.3
인구 폭발

대부분의 국가에서 유아사망률은 지난 세기 동안에 현저히 감소하였다(그림 B20.3). 1900년의 출생자중 15% 이상이었던 유아사망율이 70개국 이상에서 1% 이하로 떨어졌는데 그것은 위생의 개선, 영양, 감염병의 예방 등 의료 혜택의 결과이다. 하지만 유아사망율의 저하에는 대가가 따른다. 조기 출산과 연관된 대뇌 무능증과 같은 결함은 유아사망율만큼 저하되지 않고 때로는 증가하였다.

한편 출산율은 대부분의 국가에서는 수년 또는 수십 년 동안 높게 유지되었거나 되고 있다. 수명의 증가와 결합하여 그 결과 인구는 기하급수적으로 증가해 왔으며 인구 폭발은 1960년대에 정점으로 2배로 증가하는데 35년이 걸렸는데 그것은 구석기시대에 비하여 수천 배 빠른 것이다.

1900년 이래 인구는 1억~6억 8천만 명이 증가하였다(2009년 12월 30일 기준). 총 증가율은 감소했지만 (현재는 두 배로 증가하는 데 61년), 실제 인구는 증가를 계속하고 있다. 현재 세계 인구는 매일 약 21만 명이 증가하고 있으며 주로 저개발국가에서 증가한다. 미국 인구조사국에서는 2050년이면 세계 인구가 93억 명에 달할 것으로 예상하고 있다.

■ *2006년 CIA Word factbook*에서 추정한 유아 사망율이다. 최근의 분석으로는 지역 간의 출생아 체중에서의 유의한 변이가 지역 선택압, 특히 기생충감염에 대한 적응을 반영하는 것을 보여준다. 생태 흔적은 소비되는 자원의 생산에 필요한, 그리고 개인적, 집단이나 생활양식의 노폐물을 흡수하는 토지와 물의 양으로 정의되는 측정이다.

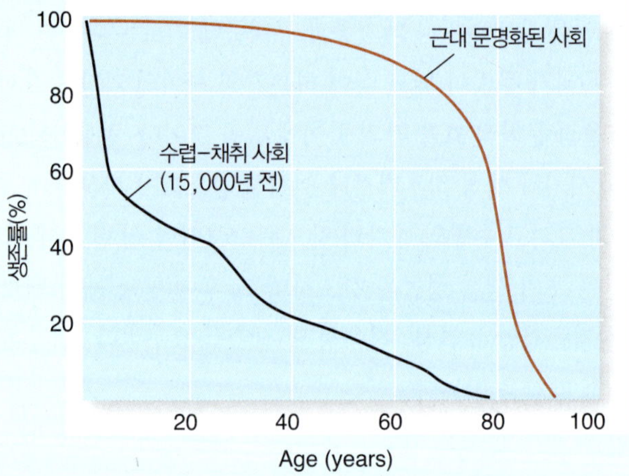

그림 B20.3 지중해 연안에 살던 15,000년 전의 수렵채취 집단의 생존 곡선 (골격 유해를 근거로 함)과 공업화 사회에서 사는 현대 집단과의 비교. (May, R. M. *Nature*, **327**, 1987, ; 15–17에서 인용.)

인구 폭발은 인류에게 뿐만 아니라 지구와 그 위에 사는 다른 생명체에게도 재앙이다. 인간이 많을수록 식량, 물, 공간, 에너지 및 다른 자원들이 더 많이 필요하다. 자원이 더 소비되면 쓰레기가 더 많이 생성된다. 그러나 환경 개선의 총 부담은 인간이 생존하는 데 사용되는 자원의 양에 좌우되며, 생성해 내는 쓰레기의 양에 좌우 되는데, 1인당 **생태 흔적(ecologucal footprint)**은 국가마다 매우 다르다. 예를 들어, 네팔의 주민보다 현재 미국의 주민은 1인당 훨씬 많은 자원을 소비하고 쓰레기, 탄산가스, 기타 오염물질을 생성한다. 더욱이 이미 지속가능 수준을 넘어선 산업국가에서 1인당 사용하는 자원은 계속 상승하고 있다. 동시에 개발도상국은 부유국가들의 자원 사용 패턴을 채택하여 경제 조건을 개선시키려 하고 있다.

여기서 우리는 인구 성장과 관련된 한 가지 문제점인 식량 확보의 복잡성을 논의하고자 한다: 증가하고는 있지만 현재의 **식량생산**은 현재의 요구량을 겨우 감당하는 정도이다. 그러면 미래는 어떨까? 이것은 그 중에는 정치적인 것을 포함한 다양한 면을 가진, 주제가 된다. 그 일부를 아래에 목록으로 제시한다.

(*계속*)

- 대부분의 국가에서 경적지의 면적은 한정되고, 농작물의 양은 허용 한계에 달하거나 근접되어 있다.
- 세계적인 1인당 경작지 평균 면적은 인구가 증가함에 따라 계속 줄어들고, 환경 문제와 도시 확장의 결과로서 땅의 생산량이 감소한다(1950년 인구당 0.23 헥타르이었는데, 2000년 0.11 헥타르로 50% 이상 감소하였다).
- 축산용 사료 생산에 대한 토지의 이용이 증가되면 토지 단위면적당 인간을 위한 식량 칼로리의 생산은 훨씬 줄어든다.
- 배분과 저장의 잘못된 체계와 해충과 질병으로 인하여 식량의 상당량이 유실된다.
- 세계 생산의 상당한 양이 극빈자에게는 식량으로 제공되지 못하고. 반면에 대량의 잉여물이 부유국에 존재한다.
- 현명치 못한 보상금과 정책이 다국적 기업에 의한 농업의 세계화와 독점화와 함께 거의 어느 곳이든 생산과 유통을 왜곡시키고 있다.

식량 확보에 대한 국지적이거나 세계적인 다른 위협으로 토양 침식, 비료와 살충제 오염, 물 공급부족, 지구 기후 변화, 극단적 기후 사건 등이 포함된다.

몇몇 국가에는 미래의 식량 확보를 위한 상당한 양의 경작지가 남아 있고, 곡물의 생산량과 영양을 증가시킬 잠재력이 있다. 위의 목록에서 알 수 있듯이, 농업을 저해하는 정치적, 환경적 및 기타 문제들이 극복될 수 없는 한, 다가올 시대에 세계 인구에 편입될 수억 명을 먹여 살릴 수 없을 것이다.

한편, 어떤 개발도상국, 특히 사하라 남부 아프리카에서는 기근이 되풀이 되는 문제가 있다. 2009년 10월, 미국 통계청은 10.2억 명이 영양부족을 겪고 있다고 하였다. 증가되는 인구에 대한 생활의 질을 개선하여 극빈자가 없도록 는 것이 인구 문제가 직면하는 가장 중요한 과제이다.

회가 거의 또는 전혀 없다. 세 자녀를 둔, 유전적 요인으로 생기는 암 등의 질환을 일으키는 50세인 사람이, 세 자녀를 둔, 같은 나이의 그러한 질환을 일으키지 않는 사람과 번식적 효과 면에서는 동일하다.

인간의 수명 증가는 더욱 극적인 효과를 가져왔으며, 이 효과는 인간성뿐만 아니라 전체 세계에 대해서도 파멸적인 영향을 가지고 있다. 이것은 인구 폭발(BOX 20.3)과 관련해서 논의 한다.

◆ 유해 대립유전자들

의료 기술의 발전에도 불구하고 유해 효과를 가진 대립유전자들 아직도 인간 집단에 영향을 주고 있다. 그러한 대립유전자들의 빈도의 변화에 대해서 논의한다.

현저한 육체적 정신적 비정상성을 가지고 태어나는 아이의 수는 미국에서 1000회 출산당 20~25로 대체로 추산된다. 선천성 기형에 의한 사망률은 총 유아사망의 15%이다. 사망에 이르지 않는 많은 다른 질환이 유아기에 나타나게 되고 알려진 것보다 더 흔하다. 다양한 연구 결과에서 30% 이상의 입원 어린이 환자와 총 어린이 사망자의 50%가 선천성 질환이 원인이거나 또는 그로부터 야기되는 증상으로 나타내었다. 모든 출생시 결함이 유전

■ 카르디프 대학 카르디프 의학 유전학 연구소의 2007년 인간 돌연변이 데이터베이스. http://www.hgmd.cf.ac.uk에서 이용가능하다. 허만 뮬러는 X-선 조사에 의한 돌연변이 생성의 발견으로 1946년 노벨 생리의학상을 받았다.

적인 것은 아니지만 그 비율은 높다.

개인적 유전 결함율은 낮다. 낭포성섬유종은 신생아의 0.05%이다. Tay-Sachs병(가족성 흑내장성 백치)는 0.001%이다(표 12.1을 보라). 삼염색체성 21은 0.13%, 선천성 심장결함은 0.4%이다. 인간의 총 유전적 결함율은 상염색체든 X-연관 염색체든 간에 신생아의 약 2.6%의 빈도이다. 인생의 후년에 발현하는 근육발육이상증 같은 유전 결함을 포함하면 그 빈도는 거의 두배로 늘어 6%에 근접할 것이다. 덧붙이자면, 덜 분명한 유전적 요인들—스트레스와 감염 및 다른 육체적 정신적 허약성에 대한 저항력 감소—을 포함시킬 수 있는데 이러한 유해 유전자의 효과는 인간 집단에서 유의한 비율을 차지한다. 2010년 1월 5일, 인간 유전자 돌연변이 자료는 3,611 유전자 중 96,631 돌연변이를 제시하였지만 이들 돌연변이의 대부분은 지극히 드물다.

치사 효과를 가진 유해 대립인자의 만연은 사촌 간의 결혼 시에 태어나는 아이들에 대한 연구에서 극적으로 들어났다. 이들 연구는 외관상으로 정상적인 사람들이 약 1~8개의 유해 치사 대립인자들에 필적하는 유전적 부담을 지니고 있다는 것을 보여주는데 그것들은 상동일 경우에는 조기 사망을 야기 시킬 수 있다. 여기서 두 가지 중요한 의문이 생긴다.

- 이러한 유해 대립유전자의 빈도는 얼마인가?
- 인류로부터 그것들을 제거할 수 있을까?

유해 대립유전자의 높은 빈도에 대한 이유는 완전히 의견 일치를 보여주지는 않지만 그것들이 돌연변이를 통하여 생성된다는 데에는 이견이 없다. 한 가지 가설은 고 테오도시어스 도브잔스키 등이 제안한 것으로 그러한 대립유전자들이 어떤 형의 잡종 강세를 형성함으로써 이질 염색체를 가진 사람들에게 상당한 잇점을 제공할 수 있다는 것이다(15장을 보라). 이 가설에 의하면 그러한 유전자는 상동일 경우에 비교적 적합도가 낮다고 하더라도 집단 내에서 유지될 것이다.

미국 유전학자 고 허만 뮬러(1890~1967)가 이끌었던 일부 학파는 그러한 유전자가 어떤 종류이든 아무런 잇점을 가지지 않는다는 가설을 기초로 하여; 자연 선택의 효과가 인위적으로 감소됨으로써 그것들의 빈도가 높다고 주장한다. 뮬러에 의하면 이전에는 제거되었을 유해한 유전형들이 의학의 발전으로 자손에 전달될 수 있게 되어 현재도 보존 된다고 한다. 선택에 의해서 제거되지 않는다면, 유해 대립유전자들은 돌연변이율에 의해서 빈도가 점점 증가할 것이다. 돌연변이율이 보통은 낮기 때문에 어떤 특정한 대립유전자의 빈도는 다소 서서히 증가할 것이나, 가능한 유해 대립유전자들이 많으므로 대립유전자 부담은 유의적으로 증가할 것이다. 인간의 근시는 그러한 빈도가 최근에 가장 크게 증가하는 형질이지만 안과 의사에 의해서 아주 간단하게 교정될 수 있다.

많은 유전형을 제거하는 데에 자연 선택이 더 이상 작동하지 않는다는 것은 현대 생활에서 전적으로 바람직하지 못한 면이라고 할 수는 없다. 털이 없는 인간이 추운 계절에도 생존하게 함으로써 자연 선택을 능가하는 인위적 도구이기 때문에 인간이 오늘날 사용하는 불이나 옷 따위를 버려야 한다고 주장할 사람은 없다. 또 천연두, 디프테리아. 티푸스, 콜레라, 페스트 등에 대한 백신이나 위생 수단이 없던 옛날 시절로 돌아가기를 원하는 사람도 없다. 다만, 현대인이 직면하는 것은 의료 혜택이 발전됨에도 불구하고 아주 많은 유해 대립유전자들이 아직도 그 효과를 발휘하고 있다는 점이다. 20세기 초에 시작하여, 아래에 논의한 바와 같이, 인간 유전적인 질을 개선시키려는 다양한 시도가 있었다. **우생학**은 이런 시도의 가장 초기의 것으로 개별적 대립인자보다 훨씬 더 광범위한 관점을 가졌는데, 그것이 아마도 당시의 유전학적 이해 수준이었을 것이다.

◆ 우생학

플라톤은 저서 "공화국(*The Public*)"에서 인간은 선택적 결혼에 의해서 개선될 수 있다고 하였다. 그의 이상 국가에서는 가장 육체적이나 정신적으로 적합한 인간만이 번식할 것이었다. 그들의 자손은 국가에 의해서 양육되고 지배 계급은 가장 우월한 자들로부터만 선택될 것이라고 하였다.

현대에서는 인간 유전자 급원의 개량에 관한 우생학이 있는데 이 말은 프랜시스 갈톤이 1883년 그리스 말 eu(good)와 gen(birth)으로부터 만든 어휘이다. 다윈의 첫 사촌인 갈톤은 다윈의 저서들을 읽은 후 양적인 특징들, 특히 지성에서의 유전을 숙고하기 시작하였다. 1865년부터 그는 인간 형질의 자연 선택에 의한 진화는 선택적 교배를 통한 진화로 개선될 수 있다는 생각을 진전시켰다. "자연이 맹목적으로, 서서히, 서두르지 않고 행한 것을 인간은 신중하게, 신속하고 자상하게 할 수 있다. 인간의 능력이 허용하는 한, 그러한 방향으로 행할 의무가 있다." 명망 있는 가계 출신이었던 갈톤은 지적이고 인격적인 품성은 가계를 통하여 계승된다는 사실에 영향을 받았다. 그러한 형질이 유전된다는 확신과 동물 번식의 지식으로부터 그는 "여러 세대의 사려 깊은 결혼"이 "매우 재능 있는 인간 집단을 생성할 수 있다"고 결론을 도출하였다. 그리고 그는 우수하지 않은 자들에 의한 결혼의 결과로 위협적인 사회가 된다고 믿었다. 그러나 지능은 많은 유전적 요소가 많지만 부분이 유동적인 면이 많고, 출생 후의 영양, 모체의 자궁 환경, 문화 및 사회 경제적 조건의 영향을 받는다.

갈톤의 아이디어는 여러 유명 사상가들에 의해서 받아들여지고 발전되었다. 그러나 사회적 다윈이즘자와 마찬가지로 초기의 우생학자들은 바람직하지 못한 형질을 정하는 데에 있어서 자신의 개인적 문화적 편견에 의존하였다. 처음부터 강한 민족주의와 계급적 편견이 부분적으로 작용하였다. 찰스 B. 데이븐포트 (1866~1944)는 미국의 20세기 초 우생학 운동의 지도자인데 그는 도래한 고국에 관계없이 뉴잉글랜드인을 모든 미국 시회 집단에 대한 비교의 기준으로 삼았다. 데이븐포트와 우생학 기록국의 직원들에 따르면 – 그 부서는 1910년부터 1944년 사이에 미국 가계의 막대한 정보를 문서화 했는데 – 특정 집단을 인지할 수 있는 유전적 요인을 가진 사회적 특징으로 규정하였다: "이태리인은 폭력적이고, 유태인은 중상주의적이고, 아일랜드인은 빈민들이다."

현재 알려진 것처럼, 어떤 특정 집단이 사회적 특성이나 지적인 면에서 생물학적 우수성을 가진다는 것을 지지할 만한 증거는 없다. 바람직하다고 여겨지는 많은 특징들—높은 지능, 미적 감수성, 수명, 육체적 건강—이 쉽게 알 수 있는 단일 유전자에 기인하는 것이 아니라, 동시에 작용하는 그리고 환경에 따라 달리 반응하는 많은 유전자의 복합체에 의한다. 가축으로부터 알 수 있듯이(제14장 참조), 유용한 유전자를 발현시키는 선택적 교배에는 어려움이 내포된다. 그러한 방법은 양친을 선택하여 통제된 환경조건 하에서 자손을 검사해야 하는 복잡한 계획이 필요하다. 선택 교배는 선택된 특징을 증가시키지만 다른 특징들의 왜곡이라는 댓가를 치룰 수도 있다.

우생 정책(Eugenics Policies)

사회적 다윈이즘자들과는 달리, 우생학자들은 교잡이라는 능동적 조작 방법을 신뢰하였다. 초기 옹호자들의 꿈이었던 이 운동은, 민족주의와 지방적 편견을 제거하기만 했다면, 인간의 고통을 줄이고 인간 유전자 급원을 개선하려는 진지한 시도로 발전할 수 있었을 가능성이 있었다. 이러한 활동은 두 방향이 추진되었으며 그것은 다음과 같다.

- 긍정적 우생학은 유익한 유전자의 빈도를 증가하려고 하였다.
- 부정적 우생학은 유해 유전자의 빈도를 감소시키려고 하였다.

특정 집단의 결혼을 촉진하려는 프랜시스 갈톤의 접근은 긍정적 우생학의 한 예이다. 1990년대에 싱가포르에서는 젊은 대학 졸업자들에게 아이를 낳으라는 권유를 하는 사회적 운동을 벌였는데 그것도 한 예이다. 그러나 불행히도 그동안 조직된 정부 계획의 대부분은 부정적 우생학 정책이었다. 한편 우생학은 1890년대부터 1949년대까지 지배적이었다. 그 운동의 영향은 강해서 거의 모든 비가톨릭 서방 국가들이 영향을 받았다. 남아메리카의 라틴아메리카 국가 그리고 1990년대 이후에는 중국이 여기에 포함된다.

인권의 시각에서 본 현재, 우리는 우생학의 이름으로 제정되고 집행되는 모종의 가혹한 법규에 전율하고 있다. 그중의 몇 가지는 다음과 같다.

- 이민과 결혼의 제한(우생학은 이민, 결혼, 격리 논쟁에서의 많은 목록 중의 한 가지일 뿐이지만)
- 종족 분리, 미국에서 백인과 아프리카계 미국인의 결혼 금지를 포함하는데 이것은 1967년에 대법원에서 번복되었다.
- 정신박약자, 어떤 범죄자, 기타 부적응자의 강제 불임화.
- 인공 낙태
- 나치 독일에서는 열등한 민족으로 간주되거나, 그래서 아리안 종족의 순수성에 위협이 되는 종족 말살(특히 유태인.)

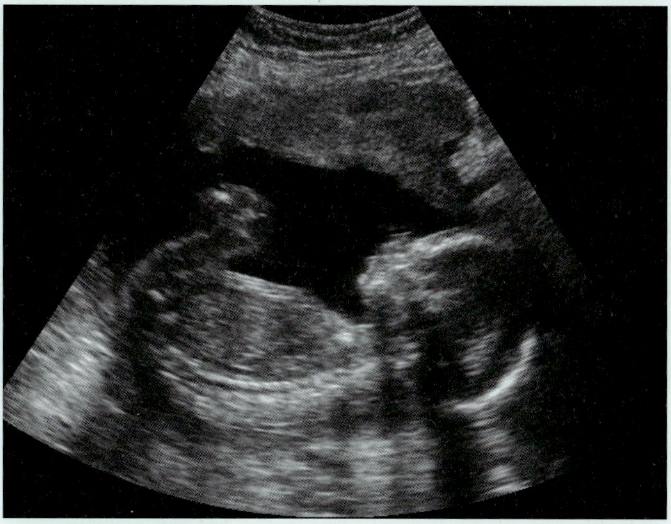

그림 20.2 인간 태아의 초음파 사진

미국에서는 독일 다음으로 제2의 강력한 우생학 운동의 본거지로서, 20세기 초 수십 년에 걸쳐서 많은 주에서 결혼 금지령이 법제화되었으며, 천 명 중 10명은 불임 처리되었는데 1960년대 초에 가서야 중지되었다.

우생학 운동을 뒷받침하는 다량의 연구가 있다. 그러나 초기 년도부터도 일부 유전학자들과 일반 대중은 사용된 방법이나 발견으로부터 유도된 결론에 신랄하게 비판적이었다. 그러나 인간의 개량에 대한 기대는 아주 새로운 가면을 쓰고, 생식 기술을 통하여 계속되고 있다.

생식 기술과 우생학

건강한 아이를 낳으려는 오늘날의 부모들의 소망은 많은 우생학적 의미를 담고 있다. 임신하기 전 유전적 상담, 인공 수정, 유전 이상에 대한 태아 검사, 유해한 것처럼 여겨지는 태아의 선택적 유산, 초음파검사, 시험관 수정, 태아의 착상 전 검사 등은 모두, 자의적이고 개인적이기는 하지만, 결국은 효과적인 우생학적 시술에 속한다. 그러한 기술이 널리 사용되는 나라에서는 최근에 선천적 질환의 비율이 급격히 줄어들었다. 예를 들어, 타이완에서는 신생아중 지중해 빈혈(thalassemia) 비율이 8년 동안 10만 명 당 5.6에서 1.21로 떨어졌다. 출산후 검사는 비싸고 흔히 감염성이어서 초음파만이 일상적으로 수행된다. (그림 20.2);

다르 검사는 보통 가족력(또는 산모의 나이, 다운 증후군의 경우)으로 보아 특정 돌연변이나 염색체 이상이 존재할지 모르는 명백한 위험이 있을 때만 사용된다. 그러한 검사 체계의 결과로 신생아 집단의 모든 유해 대립유전자의 부담이 의미 있게 감소하지 않을 것 같으므로 어떤 유전학자들은 모든 태아가 유해 돌연변이을 위한 검사를 받아야 할지도 모른다는 의문을 제기한다. 인간 유전체의 서열화로부터 얻어진 지식을 가지고(아래를 보라), 모든 알려진 질병 유발 돌연변이를 검사하도록 스크리닝 도구가 고안될 수 있기까지는 그

■ 13장에서 보았듯이 지중해성 빈혈에서는 헤모글로빈의 α 또는 β 사슬이 전혀 형성되지 않거나 적은 수로 형성된다. 인간 유전체 웹 사이트의 윤리적 주제에서 더 긴 목록을 볼 수 있다. http://www.ornl.gov/sci/techresources/Human-Genome/elsi/elsi.sh

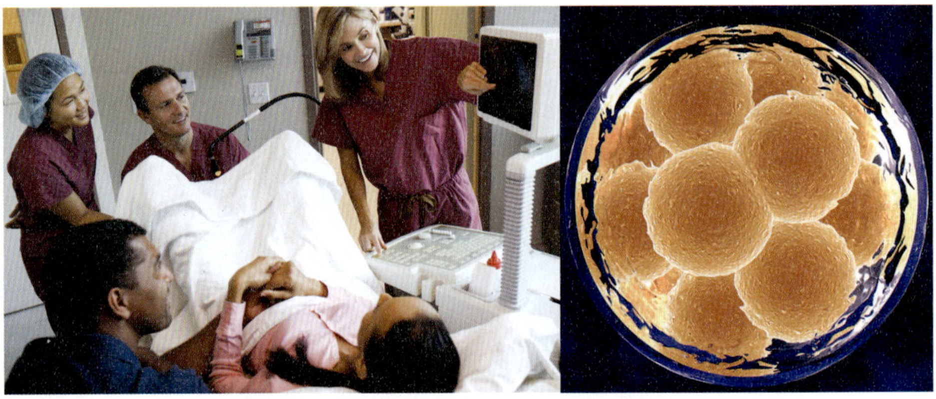

(a) (b)

그림 20.3 *시험관* 수정. **(a)** 의사가 초음파 장치를 사용하여 한 여성의 난자를 체외 수정을 위하여 수집한다. **(b)** 자궁에 착상하도록 준비된 12 세포기의 배아.

다지 오래 걸리지 않을 것이다. 출생 전 검사의 태아에 대한 위험도와 경제적인 비용이 해결되면, 그러한 도구가 시험관 수정으로 임신된 태아의 착상 전 테스트에 흔히이용될 것이다(그림 20.3).

약 1%의 미국인과 4%의 덴마크인이 현재 시험관 수정에 의해서 태어난다.

유전자 검사를 포함한 생식 기술에 관한 윤리적, 사회적 고려의 대상으로 떠오르는 몇 가지는 아래에 열거한다.

- 무엇을 질병이라고 하는가? 만일 생애의 후기에 감수성이 증가하는 유전자를 가진 사람은 질병을 가지고 있는가? 그렇다면 인간 유전자의 서열화가 정상적이라고 생각되는 사람의 수를 보다 훨씬 더 줄일 수 있을 것이다.
- 부모가 될 사람들이 제보된 선택 항목 중에서 무엇을 어떻게 선택 할 수 있을까?
- 만일 그렇게 특정 조건을 유전시킨다면 한 사람이 생을 완전히 살 수 있을까? 만일 그렇다면, 그 사람은 그 권리가 거부될 수 있는가?
- 나의 유전적 조성을 알 권리는 누구에게 있는가-학교? 고용주? 보험회사? 정부? 사실, 누가 이 정보의 소유권자인가?

많은 윤리적 고려에도 불구하고, 현대 생식 방법의 사용은 계속 증가할 것이며, 시간이 흐를수록 그것들은 최소한 부유한 국가와 다른 국가의 유복한 집단에서는 우리의 유전자급원에 점점 더 큰 영향을 가질 것이다.

그러나 현재와 아마도 미래에는 일반적으로 현대 의학이 훨씬 더 큰 영향력을 가질 것 같다. 최근의 연구는 퀘백(캐나다)의 성인에서 심한 선천성 심장 질환의 빈도가 1985년과 2000년 사이에 급격히 상승하였다고 보고하였다. 심장 절개수술을 하기 전에는 이들 환자는 유년기에 거의 생존할 수 없다. 불행히도 그 시술을 막는 법에도 불구하고 인도와 중국에서 초음파를 광범위하게 사용하여 남자 출산을 위한 유산은 이들 사회에서 남녀 비율의 의미 있는 불균형을 일으키고 있다.

그래서, 거의 모든 현대인이 생존하여 아이를 갖고 그 아이가 자연 선택을 받지 않는다면, 나중에 그들은 인간에 작용하는 자연 선택을 받을 아이들을 가지게 될 것인가? 건강 관리 체계가 잘 갖추어진 나라에서 단지 소수의 어린이들이 전염성 질환으로 죽으므로 평균 면역 체계가 약해진 집단이 생기지 않을까? 라는 주장이 가능할 것이다. 그런데 다시 그것이 문제인가? 예상했던 대로, 조절되지 않는 전염병이 나타난다면, 그 대답은 충분히 그렇다가 될 것이다.

■ 2006년 12월 벤터(Venter)는 그 자신의 유전체 해독을 공표하였고, 그것은 개인적인 것으로는 그리고 46개 염색체 모두에 대해서 최초이며 두 인간 유전체 계획이 준비되어 각 쌍의 오직 하나만이 해독되었다. 같은 해 10월에 천만 달러가 상금으로 10일 내에 100 인의 유전체를 해독하는 첫 그룹에 수여되었다.

유전 공학

19장에서 논의한 바와 같이, 인간은 오랫동안 생물의 유전적 조성을 조작해 왔다. 유전자와 유전체를 다루는 "조작(engineering)"은 매우 흔히 선택을 통하여 식물, 동물의 사육으로 시작하여 농업, 원예, 식목 삼림으로 확장되었다. 인간 유전체의 서열조사가 수년간의 몇 가지 초벌 작업이 발표된 후에 2006년에 완결되었다(표 19.2를 보라). 그로써 인간 유전학의 놀라운 발전이 마련되었고 언젠가는 유전적 질병을 치료할 수 있다는 희망을 가지게 되었다.

이 업적에는 두 가지 공존하는 노력이 포함되어 있었는데 하나는 인간유전체사업의 계획하에 전 세계의 실험실에서 수행되었고, 다른 하나는 셀레라 유전체 회사의 크레이그 벤터에 의해서 지휘되었다. 인간유전체사업의 목표 중에는 약 23,000 단백질 암호 유전자 본체를 밝히는 것, 포함된 3억 개의 화학적 염기쌍의 서열을 결정하는 것, 그리고 이 계획으로부터 파생되는 윤리적, 법적, 사회적 문제들의 분석이 있었다. 인간 노력의 많은 분야와 관련된 광범위한 응용이 이 작업으로부터 그리고 일반적인 유전체학으로부터 나올 것으로 기대된다.

유전자 치료

큰 흥미를 일으키는 한 연구 분야가 **유전자 치료**인데, 이것은 질병이나 의학적 이상 상태를 치료하거나 대처하기 위한 유전물질의 도입으로 정의된다. 1990년에 시작된 인간 실험은 다양한 방법과 운반체를 사용하여 몇 가지 질병을 표적으로 하였다. 수백 건의 시도 중에서 예를 들어, 진행된 흑색세포종의 치료와 같은 몇 개의 희망적인 결과가 있었지만 매우 많은 문제가 잔재한다.

1999년에 한 미국인이 유전자 치료 중에 사망하였는데 아마도 살아있는 운반체에 대한 심한 면역반응의 결과이었을 것이다. 더 중한 실패는 프랑스에서 심한 X-연관 면역결핍증("bubble boy" 증후군)을 가진 어린이의 시술에서 일어났다. 이 시술을 받은 10명 어린이 중 9명이 성공적으로 치료되었지만, 세 명은 후에 암이 발생했다. 2006년에 행한 연구에서 후자의 시술에서 사용된 것과 같은 유전자를 주입한 생쥐의 1/3에서 나중에 림프종이 발생하였다. 2009년에는 아무런 유전자 치료제도 미국에서 허가받지 못했다. 2007년 5월 Epeius Biotechnologies Corporation's Rexin-G™이 미국연방의약국에 의해서 췌장암 치료용 희귀 질환 약품으로 1기 임상 치료용으로 이전하도록 승인되었다.

■ 고아용 약제가 미국 식약청에 의해서 한 제약 회사에 독점적으로 판매하도록 7년 동안의 권리가 주어졌는데, 그 약제는 20만 명당 1인의 비율의 발병하는 질병 치료를 위하여 개발된 것이다.

BOX 20.4

위험과 안전의 조절

유전자 변형기술은 처음부터 많은 사람이 재조합 DNA 적용의 위험에 관하여 견해를 나타내었다. 그것은 정당한 우려이다. 어느 형의 유전자 조작이—또는, 어느 형의 실험—이 예측할 수 없는 해로운 결과를 일으키지 않는다고 어떻게 확신할 수 있는가? 모든 위험에 대비하여 안전을 기하기는 어려우며, 잠재적 어려움은 평가할 수 있어야 하고 주의가 기울여져야 한다.

거의 모든 실험과정에서 위험이 있다는 것을 아는 것이 중요하다. 예를 들어, 보통 감기의 효과를 감소시키는 약제는 잠재적인 발암물질임이 밝혀졌다. 또는 한 실험용 밀은 무제한적으로 펴져서 다른 곡물을 황폐화시키는 잠재력을 가질 수 있다. 동시에, 자연 재해는 실험적 과정에 의해서 야기되는 것들보다 훨씬 크다는 것을 염두에 두어야 한다.

실험 과정에서 위험의 부재를 증명할 방법이 없다. 아무리 하찮아도 어떤 활동의 궁극적 효과는 예측불가능하다; 모든 미래의 상호작용을 예상할 방법은 없다. 그러면 우리는 잠재적인 오용이나 미래에 예측할 수 없는 유해 효과의 가능성 때문에 모든 유익한 기술들을 중단해야 할 것인가? 실험화가 중단된다면, 암, AIDS, 기타 심한 질환들의 치료에서 우리에게 유익한 성공은 얻을 수 없을 것이다. 더욱이, 특히 그것의 유전자 조작을 포함하고 있는 농업적 개량의 유익함을 제한하는 것은 지나친 것 같다.

위험을 평가할 때, 이들 위험이 좀 더 즉각적이고 예측할 수 있는 결과에 반영되도록 하는 것이 논리적이라고 여겨진다. 또한, 의학/농업 모델은 타당하다. 조직배양의 제한된 실험, 동물 모델, 임상 시도, 그리고 또는 내포된 농업 계획. 그러한 방법들은 대중에게 실험적 치료의 사용으로 확대되기 전에 그 주효과와 부작용을 자세히 관찰해야 한다. 장기간의 부작용이 명확해지도록 충분한 시간을 두고 시행되어야 하는 중요성은 아무리 강조해도 충분하지 않다.

대부분의 경우에, 위험 평가는 성공적인 효과를 가진다. 예를 들어, 시중의 의약품의 대부분은 고안된 목적에 대해서 효과적이며, 그들의 부작용은 치료 중에 보고된다. 정치적으로 독립된 국가 기관에 의해서 엄격한 규제는 의약 재난을 피하는 일차적인 보호장치가 되어 왔다는 것을 염두에 두라. 새로운 유전적 기술은 누구에게나 영향을 주는 문제임을 고려하여 결정은 공적이어야 한다.

주장을 확대하면, 대부분은 자연에의 간섭은 무엇보다도 해가 없도록 하라는 기본원리에 따른다면 정당화될 수 있다는 것에 동의할 것이다. 우리의 행동이 유익하거나 최소한 온건하다는 것을 확인하라. 유익한 목표를 위한 간섭은 언제나 온건하거나 위험 없는 것은 아니므로, 언제든 교환하는 것이 필요하다. 예를 들면, 의료에서 어떤 감시가 수술, 방사선, 화학요법, 그리고 기타 위험 잠재 과정들에 포함된다. 그러나 의학적 감시가 손상의 위험과 생활의 질 면에서 들어가야 한다는 것이 일반적으로 우세하다. 환언하면, 최종 목표 뿐만 아니라 수단의 평가가 필요하다는 것이 여러가지 가면을 쓴 유전자 변형에 대해서도 동일하게 진실이다.

유전자 치료가 유전자 풀에 주는 영향과 그것이 진화 경로를 바꿀 가능성은, 그렇지 않았으면 사망할 사람들이 이제 유해 유전자를 가진 자손을 계속 산출한다는 사실에 의해서 제한된다. 그러나 그러한 위험이 아주 특별하므로 과학자들과 일반 대중 사이에 인간 생식질을 변화시켜서는 안 된다는 강한 공감대가 있다. 또한 개인의 외모나 키 같은 비병원성 특징들을 변화시키거나 증가시키는 유전자를 변화시키는 것은 비윤리적이라고 여겨진다. 그러한 기술에 위험이 어떻게 연관되느냐에 관하여 알아야 할 개요는 BOX 20.4 에 소개한다.

클론과 복제기술

클론은 다른 생명체부터 그리고 유전적으로 동일하게 유래된 생명체이다. 이 정의에 의하면 박테리아, 많은 진핵생물 특히 식물에 의해서 이용되는 번식 방법인 무성 생식에 의한 모든 자손은 클론이다. 클론은 대를 이어가면서 유전적으로 동일성을 제공하며, 생물체가 장기간 같은 환경에 직면할 때 유리하나, 클론은 유전적 다양성을 가지지 않는다. 한편, 유성 생식은 생물체가 변화할 수 있고 불확실한 조건에 직면하는 생물체에 유리하며, 그러나 비교적 경비가 많이 드는 유전적 도박이다. 무성생식과 유성생식의 유리와 불리는 제7장에서 논의되었다.

인위적 수단에 의한 클론의 생성으로서 여기에서 정의된 **클론화**는 농업, 원예, 삼림학에서 긴 역사를 가진다. 식물의 삽목, 접붙이기와 포기나누기 등의 방법은 수천 년이 아니라면 오랜 세기 동안 사용되어왔다; 이러한 방법으로 번식시키는 친숙한 식물로는 토마토, 파인애플, 많은 원예 및 수림 종, 그리고 대부분의 과일이나 견과 나무들이 포함된다.

동물들은 초기 배아에서 나누어져서 각 부분이 잠재력을 가진 어미(s)에 착상됨으로서 클론화할 수 있다. 다른 방법인 체세포 핵이식은 근년에 방대한 논쟁과 언론의 관심의 대상이 되어 있는데 클로닝의 논의에서 흔히 언급된다. 이 방법은 핵이 체세포에서 제거되어 이미 핵이 제거된 난자에 삽입된다. 1990년대에 다양한 포유류 종에서 성공하였으나 언제나 매우 초기 배아로부터의 핵을 사용하였다 (그림 20.4)

후기 배아로부터의 핵, 그리고 때로는 성체의 핵은 확실히 비효과적인 것으로 밝혀졌다. 이언 윌넛과 그 동료들이 6살 암양의 유방 세포핵을 그의 난자에 이식하여 양의 복제 (Dolly라는 이름)에 성공했다는 1997년의 뉴스는 천둥소리처럼 전 세계에 퍼졌다. 양에게서 할 수 있는 일이라면 인간이 안 될 것 없지 않느냐? 물론 윌넛은 영국 의회 청문회에서 그는 같은 기술이 2년 후에 클론 인간에 사용될 수 있다고 하였다.

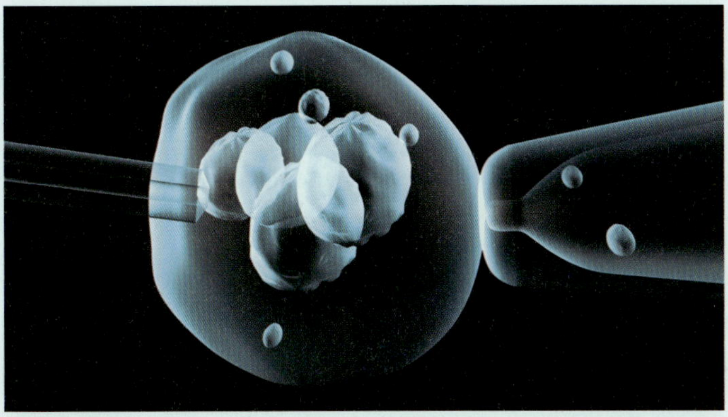

그림 20.4 복제 시술 과정에서 피펫 속의 체세포 핵 (좌)이 오른쪽의 유리막대에 고정된 초기 배아 내로 삽입되는 장면

포유류의 성공적인 클로닝은 재활성화에 달렸는데, 성체의 핵을 접합자의 핵의 기능을 지니며 그래서 새 개체의 발생을 지시하도록 한다. 이 과정은 비용이 들고 매우 비효과적이다—핵을 이식한 매우 소수의 세포만이 생존하는 자손이 된다—그리고 살아서 태어난 자손들에서 기형이 흔하다. 그래도, 그 의미는 비할 길이 없다. 당신은 애완개나 고양이를 복제할 수 있다. 인간 복제의 가치는 얼마나 될까?

인간 복제의 가능성은, 대체로는 부정적이지만, 즉각적이었다. 의학, 종교, 기타 단체, 그리고 일반 대중의 대변자인 언론은 이 기술의 윤리에 관한 논의를 펼쳤다. 정치가들은 다분히 권력적으로 신속히 활동하였다. 미국에서는 클린턴 대통령이 공적으로 지원받는 인간 복제 연구를 금지하였고, 비공적인 지원 받는 연구에 일시적 정지를 요청하였으며, 국가 생명윤리 자문회에 청문을 명령하였다. 더욱이, 몇몇 사람은 그 분야의 연구에 끌어들였다.

진전이 거의 없던 2004년, 한국의 생물학자들이 클로닝에 의해서 인간 배아를 만들었다고 발표하였다. 그의 연구실에서 다른 진전이 신속히 이어 발표되었다. 이 연구의 목표는 인간의 정확한 복제 생산이 아니고 어느 세포 타입으로도 발생이 가능한 **줄기세포**의 근원을 생산하는 것이었고, 그래서 어느 범위의 질병을 치료할 수 있는 잠재력을 열고자 하였다. 그러나 2005년 말과 2006년 초에 그의 연구의 대부분은 허위였다는 것이 밝혀졌다. 과학사에서 최악의 사기의 하나로 간주되는 이 경우는 줄기세포 연구에 타격을 주었다. 이제, 인간 복제에 의하여 꾸며진 많은 윤리적 실험적 도전이 의문의 여지가 있다. 유전자 치료와 마찬가지로, 잇점에 대한 희망이 크나 이 분야의 연구가 성과를 얻고 있는지는 명확하지 않으며, 광범위한 조건을 치유하는 도구를 우리에게 마련해 주도록 놓아주자.

다른 종의 진화와 환경에 관한 인간의 영향

여기까지 이 장은 인간 진화의 힘으로서의 문화 역할과 인간과 다른 종의 진화를 이끄는 노력을 다루었다. 다음은 인간의 역사를 통하여 유전체를 직접적으로 변화시키고자 했던 것 외에 인간이 다른 생물의 분포와 유전자 급원에 대한 각별한 영향을 논의한다.

구석기 시대 이래로, 인간의 사냥과 같은 활동이나 불의 광범위한 사용이 오스트렐리아, 미국 기타 세계의 여러 지역의 대형 동물상의 멸종으로 이끌어 왔으며(19장 참조), 인간은 종의 조성과 거의 지구 전체의 환경을 변화시켜왔다. 오늘날의 기록할 만한 예는 바다 어류의 과다 어획으로 위험에 처해있다. 캐나다 누펀들랜드와 라브라도에 사는 북대서양의 대구 집단은 1990년 경에 급격한 쇠퇴로부터 전혀 회복되지 못하고 있다.

특히 농경 시대 이후에 인간이 이동한 곳은 어디나 인간은 가축(소, 염소 등)이건 위해적인 동물 (쥐, 족제비, 질병을 일으키는 미생물) 들을 가져갔다. 지역 환경에 미치는 변화는 유럽인이 바다를 건너 탐험을 시작하였을 때 크게 증가하였다. 새로 발견된 지역의 원주민에 대한 영향은 비참했다고 제르드 다이아먼드는 "총, **전염병과 강철**(1997)"에서 이야기를 하고 있다.

유럽인들이 미주와 태평양에 도달한 몇 십 년 후, 천연두, 홍역, 결핵 등의 감염성 질환이 원주민 집단에 창궐하였고 그들은 격리되었다. 비슷한 운명이 다양한 동물, 식물 특히 수목(예컨대 미국 호두나무)에서 일어났다. 그 영향중에는 특히 섬(하와이가 주된 예)에서는 대 멸종이 있었으며, 자생종이 잡초성의 식물로 치환되었다(그 목록은 길다). 세계화의 부추김으로 그러한 영향은 현재 계속되고 있다. 파괴의 원인은 어느 때에도 일어난다(예를 들면, 선박의 부력조절용 물에 의해서도, 목재의 해충으로서도 침입한다). 생태계 전체는 위협 받고 어떤 경우는 사라지고 있다.

다른 저서 붕괴: 사회가 실패와 성공을 선택하는 법에서 다이아몬드(Jared Diamond)는 인간의 자원 지출의 과다의 결과를 설명한다. 많은 선례를 이용하여(중앙아메리카의 마야, 그린랜드의 노르웨이인 정착 등 다수), 그는 인간 사회가 별개의 시대와 장소에서 그들의 환경 변화의 결과로서 붕괴되어왔는가를 보여준다. 그 변화의 대부분은 잘못된 농경, 삼림파괴, 물 고갈, 등과 같은 인간의 활동이었다. 오늘날 우리의 자원 기반은 범세계적이며 우리의 영향은 세계적이며 기후 변화까지 이른다. 우리의 앞에는 전혀 다른 세계가 놓여있다: 계속 증가하는 인구, 과도한 자연 낭비, 빈부 격파의 증대 등이 우리 자신의 생존을 위협하는 세상과 의료와 유전학에서의 눈부신 새로운 발견이 언젠가 우리의 유전의 경로를 바꿀 수 있는 가능성을 여는 세계이다. 그러나 주된 유전적 변환은 아직 먼 미래의 것이다.

우리는 다음과 마지막 장에서 인간 문화의 다양한 면을 논의할 것이다. 인간이 믿음의 체계, 종교 및 진화의 경험과 관련되어 왔고 계속 관련되는 방식이다. 21장에서는 5, 7장에서 소개된 역사적 개관으로 돌아간다. 사회와 생물계에 대한 전통적인 종교 근본주의는 신혹은 신들에 의해서 설계되고 확립된 우주라는 것이다. 방정식에서 신을 제거하여 진화론은 그 오래된 세계관을 도전하였다. 종교와 진화론 사이의 긴장은 남아 있으며, 특히 현재 우리는 다른 여러 생물형을 조작하고, 무수한 다른 종들의 환경을 변화시키며 지구 전체에 영향을 주는 변화를 만든다.

◆ 추천 문헌

Alcock, J., 2005. *Animal Behavior: An Evolutionaty Approach*. Sinauer Associates, Sunderland, MA.

Diamond, J.M., 1997, *Guns, Germs, and Steel: The Fates of Human Societies*. Norton, New York.

Diamond, J.M., 2005. *Collapse: How Societies Choose to Fail or Succeed*. Wiking Books, New York.

Huxley, T.H., 1894. *Evolution and Ethics, and Other Essays*. Mcmillan, London.

Huxley, T.H., and J.S. Huxley. 1947. *Touchstone for Ethics 1894-1943*. Harper & Vrothers, New Yorl and LOndon.

Kevles, D.J., 1995. *In the Name of Eugenics: Genetics and the Uses of Human Heredity*. Harvard University Press, Cambridge, MA.

Maienschein, J., 2003. *Whose View of Life? Embryos, Cloning, and Stem Cells*. Harvard University Press, Cambridge, MA.

Mindell, D.P., 2006. *The Evolving World: Evolution in Everyday Life*. Harvard University Press, Cambridge, MA.

Wilson, E.O., 1975. *Sociobiology: THe New Synthsis*. Harvard University Press, Cambridge, MA.

Wilson, E.O., 1978. *On Human Nature*. Harvard University Press, Cambridge, MA.

문화, 종교와 진화 21

단 원 요 약

- 문화의 중요한 부분의 하나는 개인의 생활 질서에 부여하는 믿음의 체계이다.
- 모든 문화는 우주가 이지적인 신에 의해서 계획된 질서를 따른다는 믿음의 체계를 발전시켰다.
- 지구가 우주의 중심이 아니라는 발견으로 신이나 신성의 신앙의 필요성에 의문이 제기되었다.
- 우주를 지배하는 물리적 메커니즘의 발견으로 창조자의 필요성에 대한 의문이 제기되었다.
- 다윈의 진화론은 생명의 기원, 유연관계, 변화에 대한 자연적 설명과 관찰 가능한 메커니즘을 제시하였다.
- 전 체계와 변화하는 환경에 대하여 반응하는 능력으로 생명체가 환경에 적응하는 형태와 기능이 창조자에 의하여 고정된 디자인을 대신하게 되었다.
- 신을 기회와 필요성의 일종으로 치환하는 것은 개인, 기성 종교, 사회 내에 대단한 거부감을 가져왔다.
- 창조의 기록을 글자 그대로 진실로서 받아들이는 사람들은 예외이지만, 대부분의 사람들과 사회의 많은 분야에서는 종교적인 믿음과 과학적인 합리성이 공존하고 있다.

위 그림: 유기물과 무기물의 경이로움은 늘 우리 곁에 있으며, 한 방울 물속에도 존재한다.

개요

■ 과학과 종교 간의 상호 작용은 종교/문화 전통에 따라서 많은 차이가 난다. 예컨대, 이용 가능한 공간을 이유로 진화론과 종교 간의 토론은 유대-기독교를 사용하여 일차적으로 묘사된다.

이 장에서는 문화에 관련된 과학과, 진화론이 어떻게 매우 특수한 인간 문화 — **믿음의 체계** — 특히 기성 유대-그리스도교에 영향을 주었는가를 살펴봄으로서 제20장에서 시작된 문화적 사회적 진화의 논의를 계속한다. 이 장에서는 역사적인 맥락에서 종교의 뿌리를 살피고 진화론이 어떻게 종교에 영향을 주었고, 창조주의자들의 진화 관점이 어떤가를 살펴본다.

과학, 사회, 문화는 긴밀하게 결부되어 있다(제1장을 보라). 사회적으로 볼 때 19세기 말의 진화론의 대두는 그 당시의 사회 행동에서의 활발한 정치적 및 경제적 혁명과 일치하였다. 유럽의 자본주의와 신흥 부유층이 주도한 경제적 도전들로 구사회 질서를 유지했던 우세한 종교적 및 철학적 체계에 대한 사상적 도전이 허용, 또는 격려되어 유럽 과학의 융성이 가능하였다. 이들 도전의 두 가지의 영향인-사회적 다윈이즘과 우생학은 제20장에서 논의되었다.

제 6, 7장에서 논의되었던 것처럼 빅토리아 시대와 그 이후 사회의 모든 면에 미치는 다윈의 진화설의 영향은 지대했다. 살아있는 생물의 형태와 기능이 창조자에 의해서 만들어진 것이 아니고 자연 과정에 의해서라고 제안하는 다윈의 설은 종은 고정 불변의 것이 아니라는 것을 밝혔다 (제16장을 보라). 이러한 근본적인 사상은 생물학을 혁신시키고, 사회학, 인류학, 경제학, 정치학, 여성 권익, 소설, 시, 언어학, 철학, 심리학에 영향을 주었다.

어떤 인간 활동도 마찬가지이지만, 과학은 그것이 수행된 사회와 독립적이지 않다. 물론, 과학적인 업적이 과연 언제 수행되었는지는 과거의 사회와 국가마다 다르다. 예로서 화약, 나침반, 인쇄술과 많은 기술들이 유럽보다는 중국에서 아주 일찍 발견 또는 고안되었다.

사회적, 문화적, 생물학적 체계가, 전통적인 서구 종교 근본주의에서는 수세기동안, 우주는 지적인 신성에 의하여 설계된 질서에 따른다는 것이었다, 우주를 창조하고 다스리는 신에 대한 믿음에 입각하여 종교는 사회 체계의 기초 윤리적 도덕적 가치관을 마련하였다.

코페르니쿠스와 갈릴레오가 활동한 16세기까지, 아무도 물리적 우주를 다스리는 강력한 신성이라는 아이디어에 심각하게 도전하지 않았다. 코페르니쿠스, 갈릴레오 등의 발견 이후에 몇몇 사람에 의해서 받아들여진 새로운 세계관은 우주가 움직이는 자연 법칙을 확립한 최초의 창조자는 신이라는 것이었다. 다윈니즘의 대두는 인간이 우주에서 특별한 위치를 가진 것은 아니고, 인간의 기원, 형태, 대형 유인원과의 관계가 신의 섭리가 아닌 자연 선택으로 설명될 수 있다고 주장함으로써 서구의 종교에 위협이 되었다. 진화론은 현존하는 생물들이 저절로 창조된 것이 아니고, 생물체가 변화하는 환경에 적응하는 과거의 사건들의 연속으로 형성된 역사적 과정이며, 지적인 창조자에 의해서 고안되었다는 일반적인 종교의 관점을 반박하였다. 지구의 연령이 오래되고 자연 선택의 힘이 크다고 하면, 단숨에 저절로 이루어질 것 같지 않은 복잡성의 출현도 진화적으로 가능한 사건이 된다. 결과적으로 진화의 사실성은 신 또는 신들에 대한 믿음에 도전이 되었다.

■ 철학자들(허버트 스펜서), 혁명가들(칼 맑스), 심리학자들(지그문트 프로이드) 및 작가들, 극작가들과 시인들(조셉 콘라드, 토머스 하디, 알프레드 테니슨, 조지 엘리어트, 조지 버나드 쇼)은 그들의 연구, 작품, 정치, 세계관에 진화론을 포함시킨 소수의 인사들이다.

◆ 찰스 다윈과 사회

다윈의 진화설은 생물학, 종교 및 실제적으로 모든 분야의 인간 사회와 문화에 영향을 주었다. 유럽에서 용이하게 진화론이 받아들여진 것은 사회적, 경제적, 기술적 발달의 시기, 구 사회 질서의 전복, 자본주의의 대두가 일어난 시대에 많은 영향을 받았기 때문이다. 종교적 설명이 쇠퇴되고, 지구와 생물의 기원과 변형에 대한 과학적 설명이 점점 강화되고, 다양한 인간 사회의 윤리와 도덕을 다룰 수 있고, 그러한 가치의 변화가 종교적 신념을 요구할 필요는 없다는 것을 인지하게 되었다.

한편, 일부 유대-그리스도 집단은 생물학적 사건에 대한 진화적 설명을 거부한다. 특히 미국에서, 그리고 유럽에서도 증가하고 있는데, 진화론에 반대하는 근본적 종교 단체들이 진화론의 교육을 막고, 생물학 교과서에서 진화 주제를 줄이거나 제거하려는 시도를 해 왔다. 최근의 창조과학운동 (이것은 그 이름에도 불구하고 과학적 방법을 사용하지 않는다) 그리고 좀 더 최근에는 지성적 디자인 운동이 진화 생물학을 거부하는 시도이다.

◆ 과학과 문화

과학과 과학적 방법은 흔히 과학이 수행된 문화에 무관하거나 연결이 안 된 것처럼 말하곤 한다. 그러나 조셉 니드햄의 **중국의 과학과 문명화**에 대한 여러 권의 저서는 어느 것에서도 그러한 견해를 부정한다. 서구에서 독자적으로 제작하기 수세기 전에 중국에서는 많은 발견과 발명이 이루어졌다; 혈액 순환(기원전 2세기: 서구에서는 1616), 인쇄술과 출판된 책, 놋쇠 송풍 화덕(기원전 3세기: 서구에서는 1850년대) 등 수 백 개는 아니더라도 수 십 개의 예가 있다(표 21.1).

표 21.1 중국의 발명과 발견

a. 발명	연대
주판	기원후 180
구형 베어링	기원전 3세기
풍구	기원전 4세기
주철	기원전 6세기
탈곡기	기원전3세기
침전 바위의 제거와 침	기원후 1070
화약	기원전 9세기
자철 나침반	기원후 1098
종이	기원전 200
도자기	기원전 3세기
인쇄 서적 (금강경)	기원후 868
측우기	기원후 1247

표 21.1 (계속) 중국의 발명과 발견

지진계	기원후 132
비단 방직	기원전 2850

b. 발견	연대
혈액 순환	기원전 6세기
파이의 계산	기원후 3세기
천연두의 접종	기원후 10세기
자기 유도	기원후 1044
별의 운행	기원후 726
음수	기원전 1세기
극과 적도의 인지	기원후 1세기

c. 중국	서구	발명과 발견
기원전 14세기	기원 900	십진법
기원전 9세기	기원 900	화약
기원전 4세기	기원 1100	나침반
기원전 4세기	기원 1300	주철
기원전 4세기	기원 900	운동 제1법칙*
기원전 3세기	기원 1200	풍구
기원전 3세기	기원 900	파이의 계산
기원전 3세기	기원 1400	도자기
기원전 200	기원 1200	종이
기원전 14세기	기원 900	십진법
기원전 9세기	기원 900	화약
기원전 4세기	기원 1100	나침반
기원전 4세기	기원 1300	주철
기원전 4세기	기원 900	운동 제1법칙*
기원전 3세기	기원 1200	풍구
기원전 3세기	기원 900	파이의 계산
기원전 3세기	기원 1400	도자기
기원전 200	기원 1200	종이
기원전 2세기	기원 1200	혈액 순환
기원 1세기	기원 1500	음수 (마이너스 수)
기원 1세기	기원 1900	현수교
기원 132	기원 1300	지진계
기원 190		수판
기원 725		별의 운행
기원 868	기원 1500	인쇄 최고본
기원 10세기	기원 1800	천연두 접종
기원 1044	기원 1700	자기 유도
기원 1070		침전 바위의 파쇄와 침식
기원 1088	기원 1700	자철 나침반
기원 1247		측우기

중국은 자체의 종교적 믿음과 자연 숭배를 통하여 진보된 사회 발전 체계를 형성하였고, 자연계의 발견과 이해의 갈망, 그리고 그러한 지식의 응용 즉, 기술을 통하여 중국 국민에게 혜택을 줄 수 있는 가능성을 탐색하였다.

과학의 사회적 맥락은 유럽에서 900~1500년 사이에 화약, 나침반, 인쇄술의 발명이 17세기에 와서야 바르게 인정되어서 유럽을 변모시키기 시작한 것을 보면 잘 알 수 있을 것이다. 철학자, 정치가, 저술가인 프란시스 베이컨 (1561~1626)—아는 것이 힘이다 라는 말은 그의 저서에서 유래됨—의 과학적 방법의 추진이 17세기 유럽에서 과학 혁명 시기를 촉발 시켰는데 그러한 혁명은 다음과 같은 것에 기초한다고 보았다.

> 인쇄술, 화약, 나침반: 이 세 가지는 전 세계의 얼굴과 상태를 바꾸었다: 첫째는 문학에서, 둘째는 전쟁에서, 셋째는 항해에서; 어디에서도 무수한 변화가 뒤따른다; 왕국도, 종파도, 별의 어느 것도 이들 기계적 발견보다 더 강력하고 인간에 영향을 발휘한 것 같지 않다(새 기계 [*Novum Organum*], 1620).

■ 인간 지식에 관한 니드햄 연구 계획의 막대한 업적은 저명한 전기작가 시몬 윈체스터의 중국을 사랑한 사람(2008)이라는 일대기에 잘 묘사되었다.

■ 중국의 과학에 영향을 준 과학적 사상, 수학, 물리학, 공학, 화학과 화공학, 생물학과 생물 공학 그리고 사회적 배경을 다룬 25권에 달하는 저서.

그러나, 이미 기원전 400~600년에 중국에서 인쇄, 화약, 나침반이 발명되었으며, 1~2천년이 지나서 유럽에서 발명되었다(표 21.1; BOX 21.1). 과학과 문화적 발달은 손을 잡고 간다. 5세기에 중국은 주철 과정을 발명하였다. 91미터 1,300톤의 궁전 탑이 거대한 철제 봉황을 머리에 이고 금 조각으로 덮여서 7세기경에 만들어졌다. 이것과 6미터, 40톤의 주철 사자가 기원전 10세기에 만들어져 현재까지 남아 있다. 이것은 과학이 기술에 접목되어 중국인의 생활과 역사에 사용되었다는 것을 증명한다. 중국에서 발명되지 않은 유일한 주요 건설 보조 도구는 스크류와 스크류드라이버이다.

◆ 과학과 종교

중국에서 일어난 초기 과학의 논의애서 보았듯이 과학의 발달은 문화에 의존적이며, 우리의 세계관도 우리가 살고 있는 문화에 의해서 강하게 영향을 받는다. 서로 다른 문화는 개인이 여러 가지 사건을 이해하는 방식과 설명의 강조점에서 다르다. 무엇을 과학으로 생각하느냐 하는 것도 문화적으로 다르다; 과학적인 개념을 사건이나 경험에 적용하는 여부나 방식에 있어서 문화 사이에 큰 차이가 존재한다. 우리의 대부분이 과학적—알려진 과학적 원리나 법칙의 적용를 바탕으로 한 분석—으로 받아들이는 설명을 다른 사람들은 받아들이지 않거나 또는 수정해서 받아들일 수 있다.

서구 문화에서는 일반적으로 생명 그 자체, 특히 인간 생활에 관련된 것보다 무생물적 현상이 과학적 분석에 좀 더 적합한 것으로 간주해왔다. 물리학과 화학은 19세기 유럽에서 과학으로 잘 확립되었으며(중국에서는 더 일찍; BOX 21.1), 많은 물리 법칙이 발견되었다. 그러나 생물학, 특히 발생학과 진화론은 모든 생물에 생기가 있다는 해석을 따르는 주제였다. (생기론에 대해서는 제5장을 보라). 그러한 구속으로부터 벗어나기가 생물학 (특히 진

BOX 21.1
중국에서의 인쇄, 화약, 나침반

종이와 인쇄술

중국에서 기원전 300년경에 최초의 종이를 비단으로 만들었다. 그것은 비용이 많이 들고 이용에 제한이 있었다. 다양한 자연산물—낡은 천, 나무껍질, 탈곡한 밀대—이 기원전 2세기경에 사용되었다. 그러한 재료는 비교적 저렴하고, 가볍고, 지구적이고 붓으로 글을 쓰기에 비단보다 좀 더 적합했다.

나무 판에 글자나 그림을 새겨서 잉크를 묻혀 한 번에 한 장씩 종이에 찍어내는 판목 인쇄는 기원전 600년경에 중국에서 이루어졌다. 1041~1048년에 비 쉥(Bi Sheng)은 점토판에 형상을 새겨 서서히 구은 다음에 움직일 수 있는 활자로 사용하였다; 즉, 그것은 배열할 수 있고 인쇄에 여러 번 재사용할 수 있었다. 현재 서구에서 보통 쓰이는 활판 금속 활자 인쇄는 훨씬 후에 나타났다.

화약

기원전 9세기에 초석 (질산 칼륨), 황, 숯을 혼합하여 화약이 발명되었으며 가열하면 폭발하였다. 처음에는 중국인들이 화약을 불꽃놀이로 중요한 행사나 축제에 사용하였다(그림 B21.1).

나침반

최초의 자석 나침반은 중국에서 점술가들에 의해서 땅의 방위를 알아보는 데 쓰였는데 기원전 2세기경에 발명되었다. 숟가락 모양의 천연자석 조각 (자철광, 철의 무기 산화물)을 별과 성좌가 새겨진 청동판 위에 균형이 잡히도록 올려놓아서 제작하였다(그림 B21.2).

바늘 끝을 자철광에 문지르면 철가루를 남-북 극에 맞추어 배열하도록 끌어들인다는 것을 발견함으로써, 항해에 사용될 수 있도록 자석화 된 바늘을 가진 나침반의 발명 되었다. 그러한 나침반의 최초의 발명은 8세기까지 올라간다. 9세기에는 자석 나침반이 배에 장치되어 항해를 도왔다.

그림 B21.1 중국의 신년 축하시 궁전 위의 불꽃놀이

(계속)

BOX 21.1

중국에서의 인쇄, 화약, 나침반 (계속)

그림 B21.2 고대 중국의 자석 나침반.

화론)에서는 물리나 화학보다 더 어려웠다.

◆ 종교적 믿음의 기초

여러 문화에서 종교의 발달 비교로 종교 자체의 진화에 대한 단서를 찾을 수 있다.

처음 어떤 문화에서 통제할 수도 없고 이해되지도 않는 경험에 대해서, 자연의 힘 대신에 동물의 정령이나 또는 초자연적인 힘의 탓으로 해석하고자 할 때 종교가 발생 한다. 그것이 효율적이 되도록 예식이 반복될 때 종교 행사가 발달한다. 의례화 된 행동은 수렵사회에서 농경사회로 전환 하면서 특히 중요하게 되었던 것으로 보인다. 곡물은 매년 계절에 맞추어 심고 추수하여야 한다. 사람의 노력은 가뭄, 홍수, 화산 폭발 또는 곤충의 피해 같은 신비로운 외부의 조절할 수 없는 힘에 의해서 보상되거나 망쳐질 수 있다(그림 21.1).

종교가 자연의 힘을 의인화하여 인간이 이해할 수 있는 봉헌물들—선물, 희생, 복종 및 충성심—을 바치면 자연의 심판과 처벌을 면할 수 있을 것이라는 희망을 사회에 주고 격려하였다. 종교는 믿음 체계를 제공하고 유지하며, 사회와 주변 환경과의 관계를 설명하고 인도하였으며, 우리와 우리의 사회가 어디에서 왜 왔는가? 하는 등의 의문에 해답을 제

BOX 21.2

10가지 다른 문화로부터의 세계 기원설

에집트	신은 바다로부터 일어나서 건조한 대지를 창조하고 우주의 중심에 있는 엘 리오포울로스의 언덕 위에 모든 생물을 창조하였다.
메소포타미아	신은 악의 힘을 반으로 나누어서 하늘과 땅을 만들고 경배를 목적으로 인 간을 창조하였다.
그리스	신은 여성으로, 바다로부터 하늘을 나누고 뱀을 만들어 교접하였다. 그다음 거대한 알을 낳고 그로부터 대지, 생물, 그리고 모든 천체와 이들 다양 한 존재들을 지배하는 부수적인 힘들이 나왔다.
인도	신은 황금 알에서 스스로를 창조하였고, 그이 몸의 다양한 부분에서 모든 것이 태어났다. 세월이 지나면 생명이 파괴되고 순환은 다시 시작된다.
이스라엘	창세기 1장에 따르면 신은 6일 동안 우주를 장조하고 마지막으로 인간을 창조하였다; 또는 창세기 2장에 의하면 신은 처음에 에덴동산에 아담을 만들고 그 다음에 동물과, 새와 결국 이브를 창조하였다.
아프리카	베닌 신은 여성으로, 쌍둥이를 낳았는데 해와 달이다. 여러 번의 일식 동안 쌍둥이는 함께 다양한 신과 대지와 인간을 지배하는 하늘을 창조하였다.
유카탄 (멕시코)	신은 홍수로 구분되는 네 기간 동안에 세계를 창조하였다.
크로 인디안 (미국)	신은 원시 바다에서 유영하는 오리의 물갈퀴 달린 발에 모인 진흙 으로부터 대지와 생명을 창조하였다.
중국	우주는 원래 달걀 모양이었으며 그로부터 신이 나오고 그의 육체적 모습이 새겨졌다. 18,000년 후에 신은 죽고 세계의 나머지 것들은 그의 몸으로부터 나왔다: 하늘은 그의 두개골, 바위는 그의 뼈, 토양은 그의 살, 피는 그의 땀, 식물은 그의 털, 인간은 그의 살로부터 유래 되었다.

■ 19장에서 보았듯이 네안데르탈인은 의식의 일부분으로 죽은 사람의 무덤에 꽃을 놓았다고 추정된다.

공하였다. 이 의문에 대해서 각 문화의 믿음 체계는 흔히 어떻게 무슨 목적을 위하여 세계가 창조되었는가에 관해서 포괄적인 해답을 제시하였다. 10가지 다른 문화로부터의 해답은 BOX 21.2 에 소개하였다. 자연 선택에 의한 진화설은 기원과 설계에 대해서 믿음보다 훨씬 혼란스러웠다.

그것은 세계관과 존재 체계를 전반적으로 혼란시켰다.

초자연적인 관점을 견지함에 있어서, 종교는 아마도 역사의 초창기에 생겼을 영혼과 신이라는 두 가지 기본 개념에 의존했다. 심리학자들과 인류학자들에 의해서 제기된 가설에 따르면, 정신이 육체와 분리되었다는 아이디어는 아마도 꿈을 꾸는 동안 마음이 현실과 분리된다는 데에서 유래된 것 같다. 지적인 과정이 물질적 기원일 수 없다는 입장에서 정신 또는 인성의 비물질적 성질에 대한 과학적 주장을 신학자들은 흔히 생각해왔다. 오늘날 그러한 생각은 **의식(意識)(conciusness)**을 목표로 하는 연구에서 반영되는데 그것은 자아의 각성하고 세계를 감지하여 그에 반응한다. 뇌의 세포와 회로 연결과 그것이 만들어내는 생각과

그림 21.1 수 세기동안 농작물에 피해를 주는 메뚜기등의 곤충 피해. 모리타니아 말레그의 사막메뚜기 떼.

감각 사이에는 정확한 관계는 모르지만, 어떤 관계가 존재하고, 제19장에서 논의한 바와 같이, 생각과 감각의 복잡성도 어느 다른 형질과 마찬가지로 진화했다는 것은 합리적이다.

■ 이들 주제에 대한 생물 철학자와 심리학자의 접근은 리처드 루스(2005)의 *진화–창조 논쟁*과 다니엘 데넷(2006)의 *철자의 파괴: 자연 현상으로서의 종교를 보라.*

◆ 다윈니즘과 종교

다윈니즘은 종교에 각별히 극적인 영향을 주었다. 다윈의 종의 기원과 인간의 유래라는 저서는 같은 시대의 많은 종교인들에게 기념비적 중요성을 가진 문제를 제기하였다. 일반 대중들에게 다윈니즘은 과학적인 것만큼 종교적인 주제였다. 진화와 종교 사이의 대립 관계는 종교가 취약성을 가진 것만큼 진화 개념이 난공불락이 아니라는 인식으로부터 생겨났다. 다윈은 이것을 통감하고 있었고 진화설을 논박할 가능성 있는 최소한 두 가지 발견을 지적하였다.

- 고생대와 중생대에 인간의 증거의 발견: 이것은 진화적 순서가 역전 예가 된다.
- 생물의 존재가 지역들 사이의 이동에 의해서 일어나지 않을 때, 두 격리된 지리적 장소에서 같은 종의 발견.

다윈의 설이 1859년에 출판된 이래 한 세기 반 동안 그러한 증거의 어느 것도 발견되지 않았다.

진화가 현대 생명에서 작용한다는 것을 이해함에 있어서 종교와 진화설이 어떻게 상호 반응했는지를 알아둘 필요가 있다. **종의 기원** 출간 직후 두 관점 사이의 대결이 1860년 11월 5일에 있었던 옥스퍼드 대학 논쟁이었다. 다윈설이 출간 된지 일 년도 안 된 때였다. 책에 의해서 벌어진 공개 토론에서 영국 성당의 사무엘 윌버포스(1805~1873) 주교는 다윈의 설을 성서와 배치되는 것으로 공격하였다. 종교적인 비교해부학자 리쳐드 오웬의 조언을 받아 주교는 다윈의 설을 과학적 주장을 통하여 분쇄하려고 하였다. 윌버포스는 그의 최종 발언에서 토머스 헉슬리를 직접 겨냥하여, 헉슬리가 원숭이의 자손이라고 주장하는 것이 그의 할아버지와 할머니 어느 쪽을 통하여 그러한지 물었다. 몇 개월 후에 친구 프레데릭 디스터에게 보낸 헉슬리의 편지에서의 기지가 있는 반응은 흔히 인용되어 왔지만 여기에서 다시 인용한다.

■ 종교와 과학의 논의에 대하여 하워드 휴즈 의학 연구소가 개설하고 있는 웹 사이트 http://www.hhmi.org/biointe-ractive/evolution/lectures.html#evodiscussion 를 보라.

> 만일 그렇다면, 내가 말했지요. 내가 할아버지로 불쌍한 유인원을 택할 것인가 아니면 자연에 의해서 풍성하게 재능을 받았고 막대한 수단과 영향력을 가진, 그럼에도 이러한 재능과 영향력을 엄숙한 과학적 토론에 단지 조롱거리를 도입할 목적으로 사용하는 사람을 선택할 것이냐라고 묻는다면, 나는 주저 없이 유인원을 선택한다고.

그러한 종교적 공격은 세계적으로 널리, 자주, 가혹하게 일어났고, 거의 언제나 동일한 점을 겨냥하였다; 종교적인 반대자들은 다윈주의자들이 "신의 모든 아이디어를 추방하기"를 추구하고 있다고 비난하였다.

무엇보다도 가장 과학적인 분야—생명 그 자체—에서 다윈 진화론은 왜 생명의 주요한 사건이 일어나는가에 대하여 종교적 주장과 다른 답을 내놓았다. 다윈의 업적은 사회가 더 이상 초자연적 창조자의 활동만이 생물학적 관계를 설명할 수 있다는 믿음을 필요로 하지 않는다는 것을 밝혔다. 다윈은 생물들 사이에서의 아무런 안내도 없이 지속적인 변화, 예측 불가능한 기회 사건들과 가차 없는 자원 경쟁의 자연을 제시하였다. 종교적 신봉자들에게 자연 선택은 계속적인 소모적 상품으로 생물을 다룸으로서 경제에 대한 폐기물 정도로 치환하게 하였다. 다윈의 설은 인간과 유사한 신의 창조성을 무작위성과 불확실성으로 바꾸었다. 다윈니즘이 창조의 지구에서 신을 추방하려고 한다는 두려움이 매우 정당화되었다. 결과적으로 많은 사람들에게 진화는 심각하고 변함없는 위협을 제공하였다.

이해할 수 있는 인간의 편에서 작용하는 자연관으로부터 경쟁과 생식 성공으로 설명 되는 기회주의의 편에서 작동하는 진화론으로의 전환은 어려웠다. 철학자 에마뉴엘 칸트(1724~1804)는 우주론과 태양계의 기원에 대하여 진화론적 접근을 했는데, "아주 기괴한 아이디어로서 그들 앞에서는 이성이 위축 된다"고 주를 달아서 종은 진화할 수 있다는 것을 인정하기는 때로는 혐오스럽다고 하였다. 다윈은 종의 진화를 제안하는 그의 역할에 관해 아주 불편함을 느꼈다고 쓴 바 있다. 1884년 요셉 후커에게 보낸 편지에서 그는 "그것은 마치 살인을 고백하는 것과 같다"고 썼다. 이러한 양가성의 한 근원은 인간이 신의 이미지로 창조되었고 다른 생물과 사회 집단을 지배하도록 되어있다는 확고한 믿음이었다.

미천한 자들에 대한 인척관계는 그것이 유인원이든 하인이든 간에, 불쾌한 아이디어이었다. 이러한 불쾌함을 토로한 흔히 보도된 예로는 헉슬리가 인간이 유인원에서 유래되었다고 말한 것을 듣고 워세스터의 신부의 아내의 반응이었다. "유인원에서 유래되었다니!

어마나, 그것이 사실이 아니기를 바랍시다. 설혹 그렇다 하더라도 그것이 널리 알려지지 않도록 기도합시다."

진화론의 공세의 와중에 종교를 지켜내는 기초는 사회의 윤리와 도덕의 주 근원으로서 봉사하는 것 (무엇이 옳고 그른가), 그리고 사회 질서의 신뢰성을 유지하며 애국심과 애향심으로 뭉치게 하는 것 ("신은 우리 편이다") 이었다. 30년 전에 사회생물학을 개관하면서 E. O. 윌슨은 종교가 중요한 역할을 하고 있다; 종교는 개인들의 집단에 일반 사회적 정체성을 제공해 주며, 집단의 힘을 증가시킴으로서 "생물학적 이점"을 부여한다고 주장하였다. (제 20장을 보라).

진화론은 종교에서 관심을 가지고 있는 생명에 관한 많은 기본적 의문을 다루었으며 그러나 과학으로서 그것은 정서적 요구들에 대해서는 별로 추구하지 않았다. 서로 다른 필요에 봉사하였기 때문에 사회는 진화론과 종교 둘다 포용하였다. 어떤 근본주의자들을 제외하고, 그들의 관점은 다음 절에서 논의될 것인데, 종교는 종과 인간의 기원 모두 전화론적 생물학자들과 인류학자들에게 남겨두고, 기본적으로 생물 진화의 영역으로부터 철수하였다.

로만 가톨릭교회의 입장은 최근의 몇몇 교황들의 성명에서 밝혔듯이 종교와 진화 사이의 조화의 한 형, 말하자면 증거가 명백한 경우에는 과학적 발견의 수용이다. 진화를 지지하는 것은 아니지만, 교황 피우스 12세 (1876~1958)는 우주가 수백만 년의 연령을 가진다는 것을 받아들였다. 1993년에 갈릴레오의 태양계가 태양의 주위를 돈다는 제안은 이단이 아니라고 선포하여, 교황 요한 바오로 2세 (1920~2006)은 갈릴레오의 업적을 교회가 어떻게 과학적 지식으로 성서의 기록을 재해석할 수 있는가의 예로서 들었다. 3년 후에 그는 과학의 발견이 진화가 가설 이상의 것으로서 "그것은 효과적으로 입증된 사실"임을, 선언하였다. 교황 요한 바오로의 수용은 이성적이었으며, "진리는 진리를 반박할 수 없다"는 기반 위에서의 선언이었다.

■ 제 19장에서 인간이 오랑우탄과 연관이 있었다는 제안이 나왔었다. 골격이 처음으로 아프리카로부터 선적된 1854년 이후에 고릴라만이 알려졌고, 1960년대 초에 박제된 고릴라 가족이 아프리카 탐험에 의하여 영국 전역에서 수행된 강의 여행의 지지물로서 채용되었다. "빅토리아시대인들은 이들 난폭한 동물 – 크기와 모양에서 일그러진 사람, 인간성의 야만적이고 어두운 면을 나타내는 – 조상일 수 있다는 생각에 질겁을 하였다." (자넷 브라운, 2006).

◆ 디자인의 문제

계속적인 자연에 대한 신의 섭리라는 신학적 갑옷이 최초로 붕괴된 것은 태양계의 운동을 조절하는 자연 법칙에 관한 코페르니쿠스, 갈릴레오, 케플러(그림 21.2) 의 발견을 통해서이었다.

이 세 사람의 천재는 모두 우주의 물리적인 활동에 관해서 전보다 좀 더 단순하고 일반적으로 설명했다 (제1장을 보라). 그들의 탁월한 설명으로 과학과 과학적 방법의 발생이 필연적으로 형성되었다. 그래서

> 과학자들이 했던 일이, 그것을 거의 또는 전혀 이해하지 못하는 사람들에게 까지도 인정받게 되었을 때 어떤 중대한 변화가 일어났다. 현대적 정신을 형성함에 있어서의 결정적인 변화는, 놀랄만하고 복잡한 세계를 합리적으로 설명할 수 있다는 생각을 널리 수용하게 된 것이었다(J. M. 로버트, 서구의 승리(*The Triumph of the West*, 1985), p. 242).

■ 지구와 그 생명체는 신에 의해서 창조되고, 고안되고, 유지된다는 팔리의 철학은 자연적 신학, 또는 신성의 존재와 섭리의 증거 (1902)에 포함되어 있는데, 그것은 옥스퍼드와 켐브리지 대학의 자연 신학 강의에 수십년간 기본을 형성했고, 2006년에 옥스퍼드 대학 출판국에서 최근 재발행 되었다.

이러한 개방은 아이작 뉴턴(1642~1727)이 중력을 통한 태양계의 운동의 기계론적 설명을 제시함으로서, 그리고 우리의 세계가 그에 비하면 모래알보다 더 작은 무한한 우주의 가설에 의해서 상당히 넓혀졌다. 후에, 찰스 라이엘 같은 지질학자들은 (제5장을 보라) 이 기계론적 접근법을 어떻게 자연의 힘이 자구 표면을 새길 수 있는가를 제사함으로서 확장시켰다(제2장을 보라).

이들 학자들이 무신론자는 아니었지만, 역학, 광학, 화학과 같은 과학을 통하여 자연 현상을 발견하였으며, 신을 계속적으로 활동하는 섭리자 대신에 어떤 근원적인 힘—논리적, 자동 기계를 디자인한 최고의 장인—으로 여기도록 만들었고 그래서 신의 본질을 정밀 조사하도록 이끌었다. 신이 우주의 일차 창조자로서 역할만을 한다면, 세계의 기원 뒤에는 자동적으로 움직이는 세계에 신에 대한 (그리고 종교에 대한) 필요성이 무엇인가? 더욱이, 우주가 논리적이라면 그것을 창조한 논리적 목적은 무엇인가? 완벽함을 창조하는 것이 동기였었나? 세계가 완벽하게 창조되지 않았다면 무슨 도덕적인 선이 그 창조 안에 존재할 수 있겠는가? 각 디자인이 창조적 목적을 가졌다는 믿음이 얼마나 기본적인가 하는 한 예는 영국의 신학자, 철학자, 기독교 윤리학의 옹호자 윌리엄 팔리(1743~1805)에 의해서 진술된 원칙에서 반영되었다.

> 설계자 없는 디자인은 있을 수 없다; 고안자 없는 발명품; 선택 없는 질서; 배열자 없는 배열은 있을 수 없다. 배열, 부분들의 성질, 목적을 위한 순종, 용도와 도구의 관계, 등은 지성과

(a)

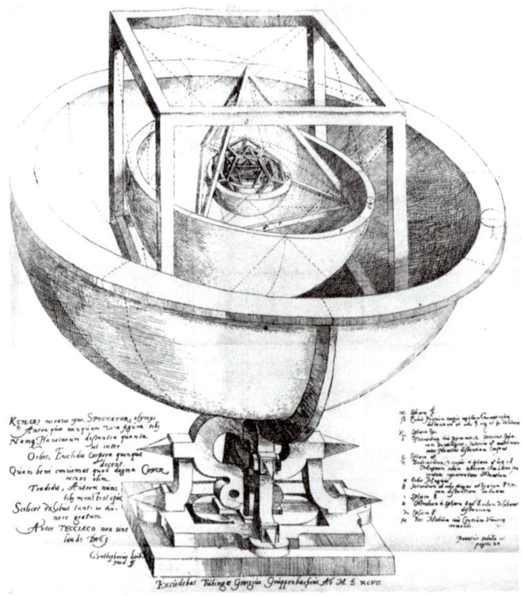

(b)

그림 21.2 요하네스 케플러 **(a)** (1571~1630), 독일의 천문학자이며 수학자로서 반사망원경을 개조하였으며 *Astronomia nova*(1600) 등의 저서에서 혹성이 태양을 돈다는 설명을 출판하였다. 역사적인 요하네스 케플러의 천체계 모델 그림 **(b)**.

마음의 존재를 의미한다.

단순한 상식으로는 초자연적인 디자인이 옳은 것처럼 보였다. 생물의 디자인은 설계자를 전제로 하며 그는 정의에 의하면 (그러나 아무런 과학적 증거에 기초하지 않지만), 지적인 초자연적 존재이고, 이성적으로 거슬러 올라가면 창조와 창조자에 이른다. 시계 제작자 없이 시계가 있을 수 있을까, 확대하자면 개인을 만든 자 없이 개인이, 법률 제정자 없이 법률이 있을까? 그렇다면 모든 문화/사회가 그 자신의 역사 속에 창조사를 가진다는 것을 발견하는 것은 놀라운 일이 아니다(BOX 21.2).

진화론에는 종교가 취하는 반격이 언제나 존재해 왔다; "어떻게 자연은 지적인 섭리 없이 무작위적 다양성 속에서 훌륭히 적응할 수 있는가?" 다윈의 기본적인 공헌은 이 질문에 전에는 아무도 철저하게 탐색하지 않았던 메커니즘 즉 자연 선택으로 대답한 것이었다. 이 이론을 준비하면서 다윈은 디자인에 관한 팔리의 주장의 오류를 명백히 하였다, "이제 자연 선택이 발견되었다." 다윈에게는 "생명체의 변이성에서, 그리고 바람 부는 방향에서처럼 자연 선택의 작용에서 디자인은 더 이상 없었다." 그가 자서전에서 기술한 바와 같이

> 팔리에 의해서 주장된 것과 같은 자연에서의 디자인의 낡은 주장은, 전에는 나에게 결정적인 것처럼 보였던 그것이 실패하고, 이제 자연 선택이 발견되었다. 이제 우리는 더 이상 예컨대 이매패 조개의 아름다운 교합을 인간이 만든 교합과 같이 어떤 지적인 존재가 만들었어야 한다고 주장할 수 없다.

■ 존 토머스 스콥스(1900~1970)는 테네시주 데이튼의 정규적으로 훈련된 교사였다. 윌리엄 제닝스 브리언(1860~1925)는 네브라스카의 정치인으로 연방 선거에서 3회 (1896, 1900, 1908)에 걸쳐 민주당 대통령 후보 지명자이었으며, 스콥스 사건에 대하여 기소하였다. 클라렌스 시워드 다로우(1857~1938)는 변호사로서 미국 시민 도서관의 지도적 회원이었는데, 스콥스를 변론하였다. 7월 21일의 재판에서 스콥스는 유죄로 벌금 100불을 판정 받았다. 브리언은 5일 후에 뇌졸중으로 사망하였다.

디자인의 문제는 다윈의 생각과 다르지 않았다. 만일 동물과 식물이 디자인되었다면, 디자인된 대부분의 종은 멸종했고 자연의 법칙으로부터 오는 고통을 받았을 것이다. 1870년에 다윈은 "나의 신학은 단순한 뒤범벅이다. 나는 우주를 맹목적 기회의 결과로 볼 수 없으나, 그럼에도 세부적으로 나는 아직 유익한 다자인이나 어떤 종류의 디자인에 관한 증거를 볼 수 없다."

디자인과 설계자의 이러한 철학적 의문이 얼마나 많든지 간에 시계와 시계 제작자는 종교에 도전하였고, 그것들은 다윈과 그의 설만큼 위험한 형세는 아니었다. 무엇보다 가장 민감한 영역—생명 그 자체—에서 다윈 진화론은 생명의 주요 사건이 왜 일어나는가에 대한 종교적 주장과 다른 대답을 제공하였다. 신에 의해 미리 계획된 신성화된 목표보다 다소 계속해서 소모될 수 있는 상품과 같은 생명관을 제시함으로써 다윈은 많은 사람들의 자연의 이해 가능한 자연관 -인간을 닮은 신의 창조- 을 무작위성과 불확정성과 아무도 더 이상 자연적 현상이나 디자인의 근원과 목적을 이해할 수 없다는 두려움으로 치환하였다.

◆ 창조론과 지성적 설계

종교적 근본주의자들은 서구 사회에서 존재하는 진화와 종교적 기관 사이의 불편한 협정을 일반적으로 수용하지 않는다. 미국의 많은 사람과 집단은 유대기독교 창세기의 창조를 믿

■ Kitzmiller 대 Dover의 완전한 판결이 포함된 웹 사이트는 http://추.wikipedia.org/wki/Litzmiller.v.Dover-Area-School-Districr. Accessed October 8, 2990

고 있는데 그들은 정치적 압력단체를 만들어 공교육에서 과학적 진화론의 대안으로 그들의 믿음을 가르치기를 주장한다. 1982년의 갤럽 조사에 의하면 44%의 미국인은 "신이 인간을 약 1만 년 전에 현재의 모습으로 창조했다"는 말에 찬성했고 그 수는 1999년에는 47%로 상승하였고, 2004년 11월의 **뉴욕타임즈**가 조사한 통계로는 55%였다.

그러한 사회 집단의 기원은 적어도 19세기 초로 거슬러 올라가고 특히 미국의 남부와 남서부에서 경제적으로 위협받았던 농부와 토지주들 사이에 강한 뿌리를 가지고 있다. 사회학자들은 성서에 기록된 사실에 대한 믿음, 재생, 기타 종교근본주의자들의 행동은 좀 더 지적이지만 좀 더 착취적인 북부와 동부 사회의 경제적 성취에 의한 지배와 조절에 대항하는 시골 집단들이 그들의 생활 방식을 방어는 데 도움이 되었다고 평가한다.

■ John Thomas Scopes(1900-1970)은 정식으로 교육을 받은 미국 테네시주의 데이톤이라는 도시의 교사였다. William Jennings Bryan은 미국 네브스라카 주의 하원으로 1896년, 1900년, 1908년도 3번 연거푸 당선된 정치가로서 민주당의 대통령 후보까지 한 인물로서 Scopes의 불리한 판결을 집행한 인물이다. Clarence Seward Darrow(1857-1938)은 변호서로서 미국 시민자유 연합(American Civil Liberty Union)을 이끌었으며 Scopes의 변론을 맡았다. 이 판결은 1925년 7월 21에 결판이 났는데 판결은 100달러 벌금이었다. Bryans은 5일 후 뇌졸증으로 사망하였다.

그들의 처음 동기가 무엇이든, 근본주의자 집단은 20세기 초반에 남부와 남서부에서 진화론 반대의 목표를 성공적으로 추구하였다. 1920년대 말에 근본주의자들은 대부분의 미국 입법기관에 반진화론 의안을 제출하였고 많은 남부 주에서 통과시켰다. 아마도 그 시기에 가장 유명한 진화론과 성서적 창조론 사이의 충돌은 1925년 학교 교사인 존 스콥스의 재판이었는데 그는 테네시 학교에서 진화학의 교육에 반대하는 운동을 전개하였다(그림 21.3).

많은 생물학자들이 스코프 재판이 근본적으로 창조론자들의 입장의 지적인 타당성을 패퇴시켰다고 느끼지만, 창조론자들은 이 지역에서 거의 지지를 잃지 않았으며 공교육을 남부와 남서부보다 멀리 전파시켰다.

미국의 여러 지역과 주의 학교에서 영향력 있는 교과서의 채택과정을 통하여 창조론자들은 오랫동안 성공적으로 중학교 교과서에서 진화적 설명을 최소화했으며 미국의 50% 이상의 고동학교 생물교사들이 수업에 진화적 논의를 배제하였다.

그림 21.3 윌리엄 제닝스 부라이언(나비넥타이 착용)이 1925년 7월 20일에 테네시 주에서 존 토머스 스코프 건의 재판 중 법률가 클라렌스 슈워드 다로우에 의해서 질문 받고 있다.

미국 중학교에서 진화교육의 증가는 1950년대 말과 1960년대 초의 과학 교과과정의 개선운동의 결과이었는데 그 당시 과학 교육이 다른 나라, 특히 소련에 뒤졌고 소련은 1957년 최초의 우주선 스푸트니크를 진입시켰던 시기이다.

이들 개혁 중에는 고등학교 생물학과 사회과학 교과서(생물학 고교과정연구, 연구 대상으로서의 인간) 에서 진화를 논의하였고 인간 시회적 관계에서의 변화를 분석한 것이었다.

1960년대 말에 와서야 반진화론법이 제고되거나 폐지 선언되었다. 더욱이, 오늘날 단지 90분 만이 매 학년마다 미국 평균 고등학교에서 진화에 사용된다. 지난 10년간 많은 사회집단과 근본주의자들에 의해서 창조 과학/지성적 디자인을 선전하고자 설립된 기관들이 창조론을 과학교과과정에 포함시키고자 하였다.

그 이름에도 불구하고 창조과학에는 과학으로 인정할만한 것이 거의 없다. 물론 많은 문헌에서 창조론자가 진화론을 공격하지만, 근본주의적 창조주의자들이 과학적인 증거를 받아들이기를 거부하는 것이 해결될 기미는 없다. 대조적으로 진화론의 관점은, 찬성하거나 반대하거나 간에, 모든 과학에서처럼 증거로서 평가되며, 믿음이나 입증되지 않은 가정에 의하지 않는다.

자연 현상으로서의 진화에 관한 압도적인 과학적인 증거에도 불구하고 창조론에 집착하여 몇몇 종교집단은 진화론을 대체할 만한 것으로 소위 지성적 디자인을 발전시켰다.

"지성적 디자인론"은 다음 세대의 창조론이다. 물론 지표로서 2005년 12월, 미 연방지역 법정공방에서의 판결(*Kutzmiller IV, Dover ib* 도버, 펜실바니아)에서 지성적 디자인은 과학이 아니고 종교적인 것으로 판결되었고 "미국 공교육의 과학 과목에서 진화론과 비견할 수는 없다"고 하였다.

지성적 디자인은 자연적 요인보다는 초자연적 설명에 의존하므로 과학이 아니다. 종교적 주장은 신앙 체계의 면에서 탁월한 힘을 가지나 그것들은 과학적 설명이 아니며 과학적 설명과 혼동되거나 잔주되어서는 안 된다. 앞장에서 논의된 주제들과 관련된 것으로서 가장 흔한 창조론적 주장에 나타내는 증거는 BOX 21.3에 요약하였다.

◆ 맺는 말

많은 지적인 단서들이 현대적 진화설로 이끌었는데, 지구가 오래되었다는 것을 인정하는 설, 일반적인 유전과 공통적인 생물 계통수가 있다는 설, 자연적인 사건은 발견 가능한 자연 법칙으로 설명된다는 것 들이다. 진화에 대한 우리의 이해는 아래와 같다.

- 생물군들은 공통 조상에 의하여 함께 묶어진다.
- 과거는 유전적 변화가 축적되기에 충분이 길며, 무엇보다도 가장 근본적인 것은
- 발견 가능한 생물학적 과정과 생물 간의 자연적인 관계가 진화의 실제성에 대한 증거를 제공한다.

이러한 단서들을 활용하여 진화론을 완성하는 데에 오랜 기간이 걸렸다. 진화에 대한 증거와 사실들을 제공하여 독자들이 진화론의 풍부함과 훌륭함을 좀 더 명확하게 인식하기를 바란다.

■ 광범위한 인터넷 자료는 the Talk Origins Archive ar http://www.talkorigins.org.

■ 그 외에 2개의 사이트 http://www.nap.edu/catalog/6024.html#toc(*Science and Creatuinism; A View from the National Academy of Sciences*, 2nd ed. The National Academies Press, Washington, DC).

■ http://www.hhmi.org/biounteractive/evolution/lectures.html/#evodiscussion, Biointeractive, 하워드 휴즈 의학 연구소에 의해서 유지되는 웹 사이트로서 종교와 과학의 논의를 다루고 있음.

BOX 21.3
창조론에서 제시하는 보편적인 주장을 반박하는 증거

창조론자들이 흔히 주장하는 증거들을 아래에 제시하였으며 그 증거가 논의된 장에 대한 상호 참조를 병기하였다.

1. 실험적인 타당성을 제공할 가능성 없어도 역사적 사건들의 분석과 설명이 수용될 수 있다(제 1, 2장을 보라).
2. 유기 분자의 기원에 관해서, 아미노산과 기타 기본적 생물 분자의 무생물적 합성의 존재는 화학적 반응들로 그러한 분자를 조성된다는 것을 말해주며, 자연 선택이 그들의 복잡성과 체계화를 증가시키도록 작용한다(제 3, 4장을 보라).
3. 유기적 생물학의 기본 요소들—생물 사이의 차이, 생물 상호간의 유연관계, 그리고 이들 차이와 관계의 유래 방법—은 진화에 의해서 이해되고 설명될 수 있다(제 5~9장을 보라).
4. 440만년 전 *아르디피테쿠스 라미두스*로부터 *호모 사피엔스*에 이르기까지 다수의 여러 가지 인간 화석이 알려졌다. 인간은 독특한 동물이 아니다(제19장을 보라).
5. 진화설(오랜 세월의 유전적 변화)은 돌연변이, 선택, 유전자 부동, 이동과 같은 자연적 현상으로 생물의 역사적 경로를 설명하며, 연대에 대한 관찰과 일치하는 설명을 제공하며, 진화의 사실을 보여준다(제15장을 보라).
6. 돌연변이는 당장 적응적이 아닌 것까지도 다양한 메커니즘을 통하여 집단 내에 존속하며, 환경적 조건이 변할 때 집단이 변화하도록 유전적 변이를 제공한다(제 17장을 보라).

창조론자들이 흔히 상반되게 제기하는 특이한 예들

1. 지질층은 다층—어떤 것은 수 킬로미터 두께—이며 매우 긴 시간동안 퇴적된 침전물과 화석을 가진다(그림 5.3을 보라). 성서에서의 일년 간 세계적 홍수로는 지리적이나 고생물학적 지지가 안 된다.
2. 화석은 어느 특정 지질층에 집중되지 않고 전캠브리아기 퇴적에서조차 발견 된다(그림 8.5~8.6을 보라).
3. 오래된 지층이 새로운 지층 위에 융기되었을 때에도(특히 산맥 조성과 연관되어서 나타남) 지층들은 그에 포함된 화석의 종류에 의해서 오래된 층을 구분해 낼 수 있으며, 층의 양상은 어디에서도 퇴적물의 역전이 없는 계속성을 보여준다.
4. 곤충에서의 살충제 저항성의 선택에서(그림 13.2를 보아), 그리고 아프리카 호수의 미소생태계에 대한 시클리드 어류의 신속한 적응에서의 예는 진화의 직접적인 증거를 보여준다.
5. 시각(그림 6.5와 13.4를 보라), 청각, 척추 지지에 대한 선택은 그것이 적응적인 단계(그림 6.5–6.5을 보라)를 포함한다. 즉, "중간적인 단계"는 적응적이다.
6. 재배 옥수수는 중앙아메리카 인디언에 의해서 식용으로 계속으로 선택되어 약 7000년 동안 초본 식물에서 진화되었다.
7. 새로운 종의 출현이 흔히 관찰되지 않는 이유에 대한 대답 역시 단순하다: 종 분화 과정은 시간을 요

BOX 21.3

창조론에서 제시하는 보편적인 주장을 반박하는 증거 (*계속*)

한다. 많은 집단에서, 두 집단 간에 생식적 격리가 일어나서 각각이 고유의 진화적 경로를 유지할 때 (제17장을 보라) 종 형성이 일반적으로 인지된다. 그들이 많은 유전적 및 선택적(적응적) 변화를 겪으므로, 그러한 사건은 수천 년이 걸릴 수 있다. 강한 선택적 차이가 집단 간의 신속한 유전적 차이의 원인이 되어 왔다(앞의 지적사항을 보라). 실험실과 자연 모두에서 관찰된 다른 선택 효과는 기후의 변화, 먹이 근원, 서식처, 환경 독성 등이 포함된다. 집단 유전학자들에 의해서 조사된 그러한 사건 중에 살충제에 내성이 된 파리 집단, 새로운 특징을 가진 식물들, 특이한 성 행동을 발달시킨 초파리, 아프리카 호수에서 다른 조건 등이 있다.

◆ 추천 문헌

Appleman, P. (ed.) 2001. *A Norton Critical Edition*. Darwins: Texts, Commentary. 3rd ed. W. W. Norton, New York.

Avala, F.J., 2007. Darwin's greatest discovery: Design without designer. *Proc. Natl. Acad. Sci. U.S.A.* **104**, 8567-8573.

Brockman, J., 2006. *Intelligent Thought: Science Versus the Intelligent Design movent*. Vintage Books, New York.

Cracraft, J., and R.W. Bybee (eds.). 2005. *Evolutionary Science and Society: Educating a New Generation*. Biological Sciences Curriculum Study. Washington, D.C.

Culotta, E., 2009. On the origin of religion. *Science*. **326**, 784-787.

Denner, D. C., 2006. *Breacking the Spell: Religion as a Natural Phenomenon*. Allen Lane, London, England.

Reiss, J.O., 2009. *Not by Design: Retiring Darwin's Watchmaker*. University of California Press, Berkeley, CA.

Ruse, M., 2001. *The Evolution Wars: A Guide to the Debates*. Rutgers University Press. New Jersey and London.

Ruse, M., 2005. *The Evolution-Creation Struggle*. Harvard University Press, Cambridge, MA.

Scott, E.C., 2005. *Evolution vs Creationism: An Introduction*. University of California Press. Berkeley, CA.

용어 설명

A

Abiotic(무생물학적) | 기원이 생물에 있지 않음; 생물체가 존재하지 않는 환경

Acheulean tools(아슐기 도구) | 약 150만년 전의 *Homo ergaster*인과 *Homo erectus*인 및 50만년 전의 *Homo heidelbergensis*인들이 사용하던 커다란 돌로 만든 손 돌도끼

Adaptation(적응) | 주어진 환경에 적합하도록 구조와 기능을 만드는 생물체의 구조 및 기능간의 관계

Adaptive landscape(적응 지형도) | 고도의 적응력을 가진 생물 집단들의 정점과 저급 적응력을 가진 집단들의 최하점을 지리학의 봉우리와 계곡으로 표현한 Sewall Right의 모델

Adaptive peak(적응 정점) | Adaptive landscape(적응 지형도)을 참조

Adaptive radiation(적응 방사) | 한 종이나 이와 가까운 종들로 이루어진 그룹이 새로운 생태적 또는 지리학적 지역에서 많은 종들로 퍼져나가 다양성을 이루는 것

Adaptive valley(적응 계곡) | Adaptive landscape(적응 지형도)을 참조할 것

Algae(조류, 藻類) | 여러 생명계로 분류된 생명계에서 광합성을 하는 다세포 생물

Allele(대립유전자) | 단일 유전자의 대체적 여러 형태

Alelle frequency(대립유전자 빈도) | 집단에서 다른 대립유전자들의 빈도

Allopatric(이소성) | 별개의 지리적 위치에 있는 종이나 집단

Allopatric speciation(이소적 종분화) | 지리적 격리 또는 지리적으로 중간에 위치한 종의 멸종에 의한 집단들의 진화적 변화

Alternation of generation(세대 교번) | 다세포 반수체 세대와 다세포 이배체 세대가 번갈아 교호하는 식물의 생활환

Altruism(이타주의) | 자신의 실제적 또는 잠재적 희생으로 다른 개체의 생식적 이득을 주는 행위

Amino acids(아미노산) | 펩티드나 단백질을 이루는 유기 분자

Amoebozoans(아메바조안) 단편모생물 군에 속하는 여러 형태의 아메바와 점균류들이 속한 생물체들

Analogy(유사성) | 두 개 이상의 종들이 공통적 유전 조상에서 유래하지 않는 다른 이유들로 인해 갖는 비슷한 형질

Ancestral state(조상의 상태) | 연관된 생물체들을 야기하는 한 종의 특징(형질)

Ancient DNA(고대 DNA) | 죽어서 화석이 된 생물체로부터 유래한 DNA

Angiosperms(피자식물, 속씨식물, 현화식물) | 꽃 생식구조와 종자가 조직으로 쌓여진 구조를 갖는 현화식물

Antennapedia complex(안테나피디어 복합체) | 초파리에서 처음으로 발견된 6개의 연관된 Antennapedia 유전자 군으로 몸통의 전방부위 구조를 후방부위 구조로 바꾸게 함

A-P axis(A-P축) | 몸통 구조가 좌우 대칭 동물에서 몸통구조의 전방 구조(anterior, A)와 후방구조(posterior, P)의 축

Apomorphic character(파생적 형질) | 조상적(plesiomorphic, 조상적 형질) 형질과 대조적으로 진화에서 최근에 파생된 형질

Archaebacteria(고세균) | 세포벽과 단일 염색체를 가진 황-의존적, 메탄-생성 생물체들; 생명 역사의 초기에 나타남

Archaeopteryx(시조새) | 약 1억5천만년에서 1억5천5백만년 전 사이에 살았던 화석으로만 발견되는 새

Archaeplastida(Plantae)(원시색소체생물) | 홍조류, 녹조류, 육상식물, 그리고 차축조 식물 등을 포함하는 진핵 생물의 초군

Archean Era(시생대) | 약 38억년에서 25억년 사이의 선캠브리아 지질학적 이언(eon)

Archetype(전형) | 문(phyla)에 속하는 생물군의 형태적 특성을 나타내지만 문(phyla)보다 낮은 분류 형태에 속하는 생물군들의 특징을 나타내기도 함

Arms race(군비 경쟁) | 생물학에서는 두 생물체 간의 상황을 설명하는데 이용됨. 예를 들면, 기생생물과 숙주생물, 동물과 박테리아 등이 다른 서로 다른 생물체의 변화에 대응하기 위해 진화 하는 현상.

Arthropods(절지동물) | 곤충, 거미, 게 등과 같이 딱딱한 껍질을 가지거나, 몸통이 분절로 되어 있거나 부속지들이 붙어 있는 동물의 한 문(phylum)

Artificial selection(인위 선택) | 인간에 의해 하나 또는 그 이상의 형질들이 변형되어 선택되는 과정

Asexual reproduction(무성 생식) | 성적인 수정이나 배우체 형성 과정이 없이 한쪽 부모로부터 자손을 생산하는 것

Atmosphere(대기) | 지구의 상공을 둘러싼 가스층

Autosomes(상염색체) | 성염색체를 제외한 염색체들

Axes of symmetry(대칭 축) | 동물의 몸통이나 식물의 줄기 등의 주요한 배열 축. 축에는 전방부-후방부, 좌-우, 뿌리-줄기 등이 있다.

B

Balanced polymorphism(평형 다형성) | 선택을 통하여 두 가지 이상의 유전 형태가 영속적으로 존재하는 것

Baryonic matter(바이론적 물질) | 우리가 매일 경험하는 원자를 포함하여 거의 모든 물질들을 포함하는 바이론으로 이루어진 물질

Basalt(현무암) | 주로 대양 지각과 용암류에서 발견되는 고운-입자들로 된 화성암

Base(chemistry)(염기) | 핵산의 유클레오티드에서 질소를 함유하고 있는 단위체

Base pairs(염기쌍) | Base(염기), base substitution(염기치환), complementary base pair(상보적 염기쌍), DNA (Deoxynucleotide, 디옥시뉴클레오티드), homeobax(호미오박스), homeotic genes(호미오틱 유전자), nucleic acid(핵산), RNA(ribonucleotide, 리보뉴클레오티드) 참조

Base substitution(염기 치환) | 뉴클레오티드의 한 개 염기의 치환, 가장 간단한 형태의 돌연변이

Batesian mimicry(베이트스 의태) | 어떤 종에 대해 무해한 종(mimic)이 포식자에게 유해하거나 고약한 맛을 가지는 종(model)의 모습으로 자신의 외양을 바꾸는 것으로 상대적으로 희귀한 mimic에 대한 선택적 이익이 있으므로 유지됨

Bauplan(복수형, Baupläne) | 문(phylum)과 같은 일 군의 종을 특징 지우는 구조적인 몸통 플랜

Behaviour | Altruism(이타주의), Dominance(social, 사회적 우성), homology(상동성), imprinting(각인), instinct(본능), learning(학습), phenotype(표현형), reciprocal altruism(상호 이타주의), sociology(사회학) 참조

Big Bang Theory(대폭발설) | 137억년전 경 매우 고온이며 밀도가 높은 하나의 우주(시간과 공간)이 급격히 팽창 한 후 냉각과 고온이 계속적으로 일어나며 팽창하고 있다는 설

Bilateral theory(양측 대칭) | 한 생물체의 좌측 절반과 우측 절반이 동등한 조건으로 생물체를 한 면을 중심으로 양분할 수 있음

Binomial nomenclature(이분 명명법) | Carl Linnaeus가 확립한 생물 분류체계로서 각 종의 이름은 속명과 함께 그 종의 특이한 종 명으로 나타내는 법. 예로 인간은 Homo sapiens로 나타냄

Biogenetic law(생물 발생 법칙) | Ernst Haeckel이 주장한 발생설로서 개체의 배발생의 단계(ontogeny)는 그 생물체가 속한 분기군에 진화역사(phylogeny)를 반복한다는 설

Biogeography(생물지리학) | 생물의 지리적(공간적) 분포를 연구하는 분야

Biological species concept(생물학적 종 개념) | 생식적고립이 한 종과 다른 종을 구별하는 일차적 기준이라는 설

Biosphere(생물권) | 살아있는 모든 생물체를 함유하고 있는 지구의 부분

Biota(생물군) | 주어진 공간과 시기에 있는 모든 동식물

Biotic(생물학적) | 생물학적인 유기체에 의해 생산되거나 관련된

Bithorax complex(바이쏘락스 복합체) | 초파리 몸통의 후방부의 발달을 조절하는 3개의 유전자 군

Blending inheritance(융합유전) | 자손의 형질이 부모의 형질을 관장하는 입자(유전자)의 유전에 의한 것이 아니고 부모의 두 형질의 융합에 의해 결정된다는 현재는 받아들여지지 않는 설

Body plan Bauplan 참조

Bottleneck effect(병목 효과) | 집단의 크기가 작아진 후 다시 개체 수가 늘어났을 때 일어나는 유전적 부동의 한 현상

Box(Boxes)(박스) | 분자 유전학에서 전사인자들이 결합하여 유전자 발현을 조장하거나 다른 유전자 발현을 조절하는 전사인자가 결합하는 염기서열. 이러한 동일한 전사인자 군은 동일한 박스를 갖는다.

Bricolage(브리콜라주) | Tinkering을 볼 것

Burgess shale fossils(이판암 화석) | 캐나다 British Columbia에서 발견된 화석으로 동물 몸통 형태를 잘 간직하여 5억4천5백년전의 캠브리아기에 일어난 종 폭발의 흔적을 보여주는 화석

C

Cambrian explosion(캠브리아기 대폭발) | 캠브리아기의 화석에서 발견되는 형태의 화석은 이 시기에 동물의 몸통 구조의 급격한 다양화가 나타났다고 해석됨

Cambrian period(캠브리아기) | 약 5억4천5백만년 전에서 4억9천5백만년 전의 시기로 다양한 화석 생물체가 발견됨(캠브리아 대폭발). 현생대의 시작이라고 여겨지며 고생대의 첫 번째 period이다.

Canalization(발생세분화) | 내재적인 유전적 또는 발생학적인 메커니즘에 의한 표현형 변이의 제한

Canalizing selection(운하화 선택) | 표현형적인 형질의 변이를 감소시키는 인위적 또는 자연적 선택

Carbonaceous(탄소질) | 탄소를 함유하고 있는 또는 탄소로 되어 있는

Carbonaceous meteorites(탄소질 유성) | 탄소 화합물을 함유하고 있는 외계 물질; 구립운석(chondrite)라고도 알려져 있음

Carnivores(육식) | 살코기를 먹는 생물체. 동물을 먹는 대부분은 동물이지만 식물도 있음

Carrying capacity(K) | 주어진 환경에서 살아갈 수 있는 집단에서의 개체의 수

Catastrophism(Earth science)(천변지이설) (지구과학) |

18세기와 19세기 주장된 이론으로 화석화된 생물체와 지질학적 단층의 변화는 일정한 시간을 두고 정기적인 지질활동 보다는 매우 격렬한 주기적이고 지질활동에 의해 생성되었다는 설

Cell wall(세포벽) | 원형질막 바깥의 견고하거나 준 견고한 세포외벽으로 식물세포, 조류 세포, 균류 세포, 세균류 세포의 형태를 이루게 함

Celsius scale(°C)(**섭씨**) | 1 기압에서 얼음이 녹기 시작하는 온도를 0도로 하고 물이 끓는 온도를 100도로 하는 온도 단위.

Cenozoic(Caenozoic) Era(신생대) | 6천5백만년 전부터 현재까지의 기간으로 공룡 다양성이 감소하고 포유동물의 종류가 방사적으로 많아진 시기. 현생대 이언의 세 번째 그리고 가장 최근의 era이며, Tertiary와 Quaternary Periods로 나뉜다.

Central dogma(molecular biology)(중심이론) | 유전학적 정보의 흐름이 DNA→RNA→단백질이라는 이론

Character(형질) | 생물체나 집단이 가진 특징, 성질

Character displacement(형질 대치) | 표현형적인 차이가 공존하는 그룹들을 분리시키는 원인으로 경쟁에 대한 진화적인 반응. 다윈의 핀치새 부리 길이의 차이는 크기가 다른 종자들을 먹기 위하여 적응된 것이라는 설명

Character state(형질 상태) | 계통유전학적인 분석에서 형질을 나타내기 위하여 이분법의 기호로 나타내는 것

Chengjiang fauna(청지앙 동물군) | 중국 청지앙 지방에서 발견된 아주 훌륭하게 보존된 5억5천5백만 전 동물 화석들로 캠브리아기의 동물 몸통 형태의 폭발적 진화에 대해 많은 정보를 줌

Chlorophyll(엽록소) | 광합성 시 빛 에너지를 받는 식물의 엽록체에 있는 녹색 색소

Chloroplast(엽록체) | 식물과 일부 원생생물 세포에 있는 엽록소를 가진 세포 소기관으로 광합성이 이곳에서 일어남

Choanoflagellates(깃편모충류) | 단-세포의 단편모생물, 동물들의 조상으로 여겨지는 초기 생물

Chondrites(구립 운석) | Carbonaceous meteorite를 볼 것

Chromalveolata(크로말비오라타) | 여러 형태의 조류(藻類)(다시마, 쌍편모조류, 규조류), 비-광합성 섬모충, 말라리아를 일으키는 원충인 *Plasmodium faliparum* 등을 포함하는 초군

Chromosome(염색체) | 진핵생물의 핵 내에서 유전물질을 함유하고 있는 길고 실 모양의 구조체

Cis-regulation(cis-조절) | 전사 촉진자 또는 억제자들의 결합을 조절하기 위하여 유전자에 인접한 DNA 인자가 유전자의 프로모터와 작용하는 과정

Clade(분기군) | 단일 조상으로부터 분류군들의 그룹

Cladistics(분기학) | 분류군들이 유사한 형질(특징)들을 공유하는 것을 기초로 하여 분류하는 것으로 이러한 특징들은 조상종의 조건과는 다른 것임

Cladogenesis(분기진화) | 한 혈통이 두 개 이상의 혈통으로 분기 또는 분화하는데 포함된 분기 진화

Cladogram(분기도) | 분류군들 간의 계통유전학적인 관계를 나타내는 계통도

Class(강) | 계통분류학적으로 문(phylum)과 목(order) 사이의 분류군. 문은 하나 또는 여러 개의 강으로 이루어져 있으며 한 개의 강은 하나 또는 여러 개의 목을 가진다.

Classification(분류) | 종을 분류하는데 있어서 종(species)으로부터 속(genus), 과(family), 목(order), 강(class), 문(phylum), 계(kingdom) 등의 순차적으로 분류하는 것을 말하며 각 범주의 분류는 하나 또는 그 이상의 중요한 형질들을 반영한다.

Cleavage(분리) | 단일 세포로 된 접합자가 다세포 동물이 되는 분리 과정

Clone(클론) | 단일 개체로부터 무성생식에 의해 생긴 여러 개체; 단일세포로부터 유래하여 동일한 유전적 구성을 가진 일군의 세포

Cloning(genetics)(클로닝) | 박테리아와 같은 생물체에 DNA 단편을 삽입시켜 박테리아 복제 시 동일한 유전자 단편을 대량 생산하는 기술

Cnidaria(자포동물) | 산호, 해파리, 히드로충 등의 후생동물

Coacervate(코아세르베이트) | 현탁 막방울로 일정기간 존재하는 액상 콜로이드 입자의 집합

Codon(코돈, 유전암호) | 특정한 운반RNA(tRNA)에 의해 전달되는 아미노산을 암호화하거나 번역 중지(정지 코돈)을 암호화하는 전령RNA(mRNA)에 존재하는 3염기

Coelom(Coelome)(체강) | 중배엽 내에 형성되는 진정체강 동물의 신체 내부 구멍

Coevolution(공진화) | 하나 또는 이상의 유전자들, 발달과정들, 유전자 변화에 반응하는 기관 또는 종들, 기관, 종 등에서 일어나는 진화적인 변화

Coextinction(공멸종) | 두 종 이상, 또는 두 개 이상의 혈통이 동시에 멸종되는 현상

Cohort(코호트) | 같은 시대에 있는 집단의 개체들

Colinearity(공직선성) | Hox 유전자에 적용하는 용어로서 염색체 유전자 위치와 몸통의 전방-후방 부위 발달이 이를 조절하는 Hox 유전자 위치와 일치한다는 것을 나타냄

Collision theory(충돌 이론) | 1749년에 George Louis Leclerc, Comte de Buffon 등이 주장한 설로서 유성(또는 별)이 태양에 충돌하여 부서지면서 행성이 만들어졌다는 설

Commensalism(편리공생) | 두 개의 다른 종들 사이에서 한 종은 이득을 보지만 다른 종은 이득이나 해를 입지 않는 공생 관계

Competition(경쟁) | 생물 단위(예, 개체, 집단, 종) 간에 한정된 자원을 이용하기 관계, 각 단위는 다양한 방법으로 다른 단위의 생존이나 생식을 포식하는 행위 이외의 방법으로 제한시킴

Competition exclusion(경쟁 배타) | 두 종이 같은 환경(niche)를 공유하고 이것을 같은 방법으로 이용한다면 두 종은 같이 공존 할 수 없는 설

Complementary base pair(상보적 염기 쌍) | 핵산의 한 가닥에 있는 염기가 다른 가닥의 염기와 수소결합을 하는데 퓨린 염기는 다른 가닥의 피리미딘 염기와 특정한 수소결합을 함.

Complexity(복잡성) | 다른 구성분 또는 과정들의 상호작용이나 배열에 의해 야기되는 복잡한 구성 상태; 상호작용하는 수가 많을수록 복잡성은 높아짐

Condensation theory(응축설) | 미행성들의 충돌과 집적으로 행성들이 생겼다는 설

Consciousness(자각) | 생물체가 자신을 인지하고 자신을 둘러싼 주위를 인식하며 이에 반응할 수 있는 능력

Constraint(제약, 제한) | 생물학에서 제약은 형질 변이와 진화적 방향을 제한하는 인자를 지칭함

Continents(대륙) | 바다에 둘러 쌓인 7개의 커다란 육지(북아메리카, 남아메리카, 아시아, 유럽, 남극, 호주)

Continental drift(대륙 이동설) | 1912년에 Alfred Wegener가 주장한 설로 지구표면에 있는 커다란 땅덩어리들이 상대적으로 이동을 한다는 설

Continuous variation(연속변이) | 사람의 신장과 같은 유전형질으로서 형질의 변이가 작은 변이들에 의해 점진적이고 연속적 변이

Convergence(convergent evolution, 수렴진화)(수렴) | 유전학적으로 별개인 종들이나 또는 유연관계가 먼 종들이 가지는 유사한 형질(유전자 또는 형태)들의 진화

Core(Earth science)(핵, 지구과학) | 지구의 가장 내부 층, 대부분이 니켈을 함유한 금속이며 고체 내부 핵과 액체 외부 핵이 있음

Cosmic microwave background(CMB)(우주 미세파 배경) | 전기자기장 방사의 한 형태로서 우주 전체를 차지하고 있으며 대폭발의 잔존물. CMB의 작은 온도 차이는(화씨 2.7도) 우주 물질의 작은 파동을 반영하며 초기 우주에 대한 작은 단서를 제공함

Cosmological constant(우주 상수) 아인슈타인의 내재된 우주-공간 시간의 확장을 나타내는 상대성 이론에서 소개된 진공의 잔잔한 에너지 밀도; 우주가 비운동적인 것을 설명하는데 필요한 상수

Cosmological redshift(우주론적 적색이동) | 먼 은하로부터 온 빛(광자)는 관찰자와의 거리에 비례하며 파장이 늘어져 있어서 적색파장 방향으로 이동하였으므로 적색 이동이라 함

Cosmology(우주론) | 우주의 구조와 진화에 대하여 연구하는 학문

Creationism(창조론) | 각 생물종들이 초자연적인 힘에 의해 창조되었다는 설

Critical density(cosmology, 우주학)(임계 밀도) | 우주의 기하학적 구조가 평평함을 결정하는 원자 밀도(10^{-29}g/cm^3 또는 수소 원자 6개/m3). 원자들과 우주의 높은 밀도는 자가 붕괴하며; 우주의 낮은 밀도는 영원히 팽창함

Crown group(수관 그룹) | 어떤 분기군의 생존하는 마지막 공동 조상과 이로부터 유래한 모든 종들을 포함 그룹

Crust(Earth science, 지구과학) | 지각 맨틀(mantle)위에 표류하는 땅덩어리의 바깥 층으로 대륙 지각(오래됨)과 해양 지각(오래되지 않음)이 있고, 화성암, 퇴적암, 변성암 등으로 구성되어 있음

Ctenophora(유즐 동물문) | 빗해파리으로 알려진 후생동물

Culture(문화) | 한 사회그룹이 공통적으로 가지는 학습된 행동과 관습

Cyanobacteria(남조류) | 엽록소a를 가지지만 엽록소b가 결핍된 광합성을 하는 생물체. 이들이 나타내는 색깔이 푸른색소가 엽록소를 덮고 있어서 이전에는 적-록 조류라 불림

Cytology(세포학) | 세포의 구조, 기능, 구성분, 생명사 등을 연구하는 학문

Cytoplasm(세포질) | 핵과 핵막을 제외한 원형질 막 내의 모든 세포 물질

Cytoplasm inheritance(세포질 유전) | Extranuclear inheritance, Inheritance, Maternal inheritance, Uniparental inheritance 등 참조

D

Dark age(cosmology)(암흑 시대)(우주론) | 별들의 진화 이전의 우주에서의 초기 생명기의 기간, 우주의 정상적인 물질들이 리튬은 별로 없는 상태에서 중성 수소와 헬리움 등으로 이루어져 있으며, 우주는 극도로 높은 온도와, 밀도, 그리고 암흑으로 이루어진 시기

Dark energy(암흑 에너지) | 빛과는 반응을 하지 않지만 중력 효과 등을 통하여 감지할 수 있으며 우주 밀도의 74% 정도를 차지하고 우주 확장을 촉진한다고 알려져 있음.

Dark matter(암흑 물질) | 빛을 방사하지도 않고 흡수하지도 않는 우주의 약 22% 정도를 차지하는 물질, 자신과 중립자들에 대한 중력 효과에 의해 감지되며 이 물질의 구성에 대해서는 아

직 알려져 있지 않음

Darwinism(다윈주의) | 생물학적인 진화는 자연선택이 집단에서 유전적인 변이에 작용하여 변형을 동반한 계승을 통하여 많고 다양하게 고도로 적응된 종들을 탄생 시켰다는 다윈의 학설

Degenerate(redundant) code(유전 암호의 퇴화) | 한 아미노산을 지정하는 유전 암호는 하나 이상이지만 특정한 유전암호가 여러 개의 아미노산을 지정할 수 없는 현상

Deleterious allele(유해 대립유전자) | 동형접합형이나(열성 대립유전자) 이형접합으로 존재 시(우성 대립유전자) 적응도를 떨어뜨리는 대립유전자

Deletion(결실) | DNA 단편 일부 또는 염색체 일부가 소실되는 유전적 변화

Deme(딤) | 한 종의 지역적인 집단; 유성생식을 하는 종에서는 지역적인 상호잡종 집단

Descent with modification(변형을 동반한 계승) | 변화가 세대를 거듭하며 이어진다는 다윈의 생물학적 진화 이론

Design(디자인) | 생명체의 복잡성을 설명하기 위해서 초자연적인 능력자(designer)가 생명의 다양성을 만들었다는 설

Development(발달) | 다세포 생물이 난자로부터 성체로 발달하는 과정

Developmental control gene(발달 조절 유전자) | 다른 유전자를(종종 많은 유전자를) 조절하는 유전자 네트워크를 조절하는 유전자

Dicotyledons(쌍자엽식물) | 종자로부터 두 장의 종자잎(자엽)이 나오는 현화식물

Dinosaurs(공룡) | 중생대 시대에 번성하였던 멸종된 육식 또는 초식 파충류; 용반목(Saurischia) 와 조반목(Ornithischia)의 구성원

Diploblastic(이배엽성) | 배(胚)가 오직 두 개의 배엽으로만 된 동물: 외배엽과 내배엽(예, Cnidaria, 자포동물)

Diploid(이배체) | 체세포 핵에 두 세트의 염색체(2n)을 가진 생물체, 대개는 염색체 한 세트는 모친으로부터 한 세트는 부친으로부터 받아서 각 유전자의 대립유전자들이 같거나(동형접합형) 다른(이형접합형) 형태로 존재함

Directional selection(지향성 선택) | 한 형질의 표현형이 한 방향으로만 선택되어 그 형질의 변화를 초래하는 선택

Discontinuous variation(비연속성 변이) | 개체들간의 표현형 차이가 서로 중첩되지 않을 정도로 큰 유전 변이

Disruptive selection(분단성 선택) | 집단에서 개체 선택이 특정형질의 양극단 형질을 가진 개체들이 우호적으로 선택되고 중간성 형질을 보이는 개체들은 도태되는 선택

Division of labor(노동의 분담) | Social Organization을 참조

DNA(deoxyribonucleic acid) 모든 세포와 대부분의 바이러스의 유전 물질인 핵산; 뉴클레오티드들이 중합되어 긴 두가닥 사슬로 존재, 각 뉴클레오티드는 deoxyribose 당을 가짐

DNA virus(DNA 바이러스) | 단백질 껍질 내에 존재하는 DNA로 된 아주 작은 세포 내 감염 agent

DNA world(DNA 세계) | 처음 생명물질이 DNA부터 진화되었다는 가설

Domestication(순화) | 야생의 식물과 동물이 인간의 목적에 맞도록 변형된 것, 종종 인위적인 선발에 의해 이루어짐

Dominance(social)(우성)(사회적) | 하나 또는 여러 개체들이 공격적이거나 또는 다른 행동에 의해 그룹 내의 다른 개체들보다 상위에 존재하여 그 그룹의 개체들을 조절하는 집단 간의 행동적인 상호작용

Dominant allele(우성 대립유전자) | 이형접합으로 존재시 표현형을 결정하는 대립유전자

Dorsal(등부) | 동물의 상부나 등 방향으로서 배부(ventral)의 반대에 존재함.(척추동물에서는 표면이 척추에 의해 결정됨)

Dosage compensation(유전자 양 보정) | 암컷과 수컷 사이의 X(또는 Z) 염색체의 수적인 차이를 보정하는 기작으로 X-연관된 유전자의 효과가 암컷과 수컷이 같게 됨

Double fertilization(중복 수정) | 웅성 화분관에 있는 두 개의 핵이 자성 배우체의 난자와 한 개는 수정하여 배(胚)가 되고 다른 한 개는 중심핵(2n)과 결합하여 3배체의 배유(胚乳)가 되는 현화식물에만 있는 특이한 수정현상

Downstream gene(하위 유전자) 다른 유전자(보통 조절 유전자)에 의해 조절되는 유전자

Drift(부동) | Genetic drift 참조

Duplication(중복) | 특정 DNA 단편, 염색체 단편, 염색체 또는 전체 유전체가 배가 되는 현상

Dwarf planets(왜소 행성) | 2006년도에 행성을 크기에 의해 분류한 행성들로 명왕성, 세레스 소행성, 소행성 UB313 등이 있음. 다른 행성들과는 달리 왜소 행성들은 인접한 행성들에 영향을 주지 않음

E

Ecdysoza(탈피동물문) | 선구동물의 두 그룹 중 하나(다른 하나는 촉수담륜동물문), 생활환 중 탈피를 하는 절지동물이나 선충류와 같은 동물

Ecological footprint(생태 발자국) | 개체, 집단, 또는 생활스타일 등의 폐기물을 흡수하거나 소모된 자원을 생산하는데 필요한 토지와 물의 총량

Ecology(생태학) | 생물과 환경 간의 관계를 생물의 수, 분포,

생활사 등에 관하여 공부하는 학문

Ectoderm(외배엽) | 동물의 초기 배의 맨 바깥부분을 이루는 세포층으로 후에 신경 조직과 피부가 됨

Ediacaran fauna/biota(에디아카란 화석군) | 호주 남부와 다른 곳에서 발견되는 연한-몸통을 가진 화석으로 선캠브리아기의 약 6천만년 정도에 된 것으로 보이며 다른 생물체와 관계는 알려진 바 없음

Embryology(태생학) | 생물체의 수정부터 탄생/부화기까지 연구하며 종종 후에 유충까지 포함하는 발달 시기별로 연구하는 학문

Enation hypothesis(엽상돌기설) | 초기 잎의 진화; 가는 소엽(microphyll)들이 줄기를 따라 확장되어 가지가 되지 않고 잎이 됨

Endemic(풍토) | 특정한 지역에 국한되어 있는 종이나 집단

Endocytosis(내포 작용) | 외부 물질의 세포 내 함입, 막으로 둘러싸인 세포 내부로 이동을 수반함

Endoderm(내배엽) | 동물의 초기 배발생 동안 배의 원장(archenteron)을 경계하는 세포층, 후에 내장기관의 상피세포 경계와 간, 폐, 방광 등으로 발달됨

Endosymbiosis(내부공생) | 두 다른 생물체 간의 관계로 한 생물체가 다른 생물체의 조직이나 세포 내에 존재하며 서로에게 이득을 줌. 진핵생물 세포의 미토콘드리아나 클로로플라스트 등과 같은 세포 내 소기관들은 내부공생 원핵생물로부터 유래함

Endothermic(흡열성) | 몸의 온도가 외부 환경의 온도에 상관없이 내부의 생리적 메커니즘에 의해 유지됨

Enhancer(증폭자, 인핸서) | 인접한 유전자 전사를 촉진시키는 유전자의 조절영역. 유전자들은 하나 이상의 인핸서를 가질 수 있음

Environment(환경) | 생물체나 집단등과 상호 작용을 하여 영향을 주는 생물학적 또는 무생물학적 외부 조건의 복합, 생물체에게 유전적 자료(유전자형)이 형질(표현형)을 내도록 하는 자원과 기구들을 제공함

Enzyme(효소) | 화학 반응을 촉매하는 단백질

Eon(이언) | 지질학적으로 시간을 나누는 큰 단위, 종종 지구의 기원 년도인 46억년전부터 두 개의 이언으로 나눔: 선캠브리아 이언 또는 음생대 이언(cryotozoic)(생명체가 많지 않음)와 현생기 이언(많은 생명 형태가 나타남)

Epigenesis(후성유전성) | 조직과 기관들이 접합자에서 미리 형성되는 것이 아니고 발달하는 동안세포와 이를 둘러싸고 있는 물질들과의 상호작용에 의해 결정된다는 설

Epigenetics(후성유전학) | 유전자 활성에 영향을 주는 유전적 및 비유전적 인자들의 합

Epistasis(유전자 상위작용) | 비-대립유전자들간의 상호작용

Epithelium(복수형, epithelia)(상피세포) | 동물 세포구성의 두 가지 기본형 중의 하나로서 측면적으로 연결된 세포층으로 구성되어 있으며 세포외 기질과 상호작용함

Epoch(이포크, 世) | 지질학적으로 시간을 나누는 한 단위. Periods는 보통 세 개의 epoch로 나뉜다: 초기, 중기, 후기; 예로 초기 켐브리아기

Equilibrium(Genetics, 유전학)(평형) | 같은 대립유전자 빈도가 여러 세대 동안 유지되는 것

Era(이어러, 代) | 지질학적인 시대 구분에서 이언(Eon)과 피리어드(Period)의 중간. 현생이언은 고생대(Paleozoic), 중생대(Mesozoic), 신생대(Cenozoic) Era등으로 구분됨

Eubacteria(진정박테리아) | 고세균과는 다른 원핵생물

Eugenics(우생학) | 인간을 선발 육종에 의해 개량할 수 있다는 설

Eukaryotic cells(진핵생물 세포) | 핵막, 미토콘드리아, 클로로플하스트 등 세포 소기관을 갖는 세포로 원핵생물세포 등과 구분됨

Evo-Devo(이보-디보) | Evolutionary developmental biology(진화발생생물학) 참조

Evolution(진화) | 시간을 두고 변이가 발생하여 한종 내에서 종의 분화가 이루어짐

Evolutionary developmental biology(진화 발생생물학) | 발생학적 과정이 진화적인 관점에서 고찰되며 연구하는 학문

Evolutionary stable strategies(진화적으로 안정적 전략) | 사회적인 그룹 내에서 개체들간의 상호작용 중에 협업과 개인 행동간의 균형의 결과

Evolutionary tree(진화적 계통도) | 나무 가지 패턴으로 생물체 그룹들을 진화적인 역사에 따라 배열하는 것

Evolutionary universe(cosmology) 진화적 우주(우주론) | 우주의 기원과 진화를 설명하는 대폭발을 좀더 정형화하여 일컫는 용어

Evolvability(진화력) 한 생물체의 어떤 유전자형은 다른 생물체가 가진 유전자형보다 더욱 빠르고 효율적으로 진화한다는 생각

Exaptation(굴절적응) | 최초 적응을 생물체의 어떤 표현형이 후에 다른 환경하에서 적응할 수 있도록 성질이 변하는 것

Excavata(엑스카바타) | 이전에는 원생동물이었던 생물체로 편모충증(giardiasis)을 유발하는 Giardia를 포함하는 동물의 한 대과(supergroup). *Trypanosome brucei*는 수면병을 유발하여, Trichomonas는 트리코모나스 감염증을 유발한다.

Exon(엑손) | 유전자에서 mRNA로 전사된 후 스플라이싱 과정을 거쳐 서로 연결되어 단백질로 번역되는 부위. 엑손들 사이에는 비-번역 염기서열인 인트론들이 존재함.

Exon shuffling(엑손 뒤섞기) | 엑손들을 제외시키거나 재조합

하여 뒤섞인 엑손들이 유전정보를 가질 수 있도록 함

Expanding universe(우주 팽창) | 은하들 사이의 우주-시간은 팽창하여 우주가 계속 팽창함

Extinction(멸종) 한 종이나 종보다 위 단계 분류 체계 종들의 사라짐

Extranuclear inheritance(핵외 유전) 핵의 유전자에 의하지 않는 유전으로 예를 들면 미토콘드리아 유전 등이 있음

F

F(inbreeding coefficient)(근교계수) inbreeding coefficient 참조

Family(과) | 생물 분류학에서 목(order)과 속(genus) 사이의 분류 단위; 목은 관련 있는 과(family)들로 이루어져 있으며, 각 과에는 여러 속(genera)이 있다.

Fecundity(생산력) | 개인이 자손을 생산할 수 있는 잠재적으로 능력 수치

Ferns(Pterophyta)(양치류) | 엽상체에 포자를 가진 포자-형성 식물

Fertility(임성) | 살아있는 자손을 생산하는 수에 의해 측정되는 형질

Fertilization(수정) | 다세포 생물에서 난자와 정자의 접합으로 정자와 난자의 핵이 융합하여 하나의 접합자를 형성하여 발생이 개시됨

Fitness(적응도) | 유전자형과 집단을 측정하는 진화 이론의 중심, 적응도는 성장률부터 장기간 생존율까지 여러 가지로 정의됨. 집단유전학에서 일반적으로 사용되는 기본적인 적응도의 개념은 특정한 환경에서 선택에 의해 조절되는 상대적인 재생식적 성공을 나타냄

Fixity of species(종의 고정) | 린네와 그의 추종 과학자들이 주장한 설로서 종을 구성하는 멤버들은 자신과 닮은 자손들을 생산하므로 각 종은 처음 창조되었을 때부터 현재의 특정한 형태로 고정되어서 태어났다는 설

Flora(식물군) | 특정한 장소와 시간에 있는 모든 식물들

Flower(botany)(꽃) | 종자-생산 식물들의 생식기관; 종종 밝고 화려한 모양을 보임

Fossils(화석) | 과거에 생존하였던 생물체들의 지질학적인 유체, 압착, 또는 흔적

Founder effect(창시자 효과) | 큰 집단에서 유래한 소수의 개체(창시자, founders)들이 새로운 군락군 형성할 때 나타나는 현상. 이들 창시자들은 어래 집단이 가지고 있던 유전적 다양성 중에서 일부만을 가지고 있으므로 원래의 집단이 가지고 있던 유전적 다양성과는 다른 유전자 빈도를 갖게 된다.

Frequency-dependent selection(빈도-의존 선택) | 표현형이나 유전자형의 선발 효과가 빈도에 따라서 달라지는 경우(예를 들면, 빈도가 낮은 유전자형은 이것이 보편화되면 높은 적응가를 갖게 된다.)

Frozen accident(사건의 동결) | 먼 과거의 우연한 사건이 현재 생존하는 생물체들을 정의하는 특징의 존재에 관여한다는 설. 예로 현재의 유전 암호는 병목현상을 겪은 어떤 집단에서 사용하던 사건을 포함하므로 이러한 특정한 유전암호는 후에 나타나는 생물체에게도 보인다는 설.

Fungi(균) | 식물보다 동물에 더욱 가까운 균류(곰팡이류)는 엽록소를 가지고 있지 않는 다세포 생물체 계통으로 영양분을 죽은 사체의 유기물질이나 기주에 기생하며 얻는다.

G

Galaxy(은하계) | 별들이 서로 상호 중력 효과에 의해 유지하며 종종 나선상이나 타원형의 형태로 존재하는 수많은 별들을 가진 시스템

Gamete(배우자) | 생식세포(수컷은 정자, 암컷은 난자)로서 보통 반수체이며 서로 상반되는 성으로부터 유래한 생식세포들이 수정시 융합하여 이배체의 접합자(zygote)를 만듦

Gametophyte(배우체) | 반수체로 있는 식물의 생활환

Gastrula(낭배) | 동물 배(胚) 발생 단계에서 포배기에서 이어지는 컵 모양의 단계. 빈 공간의 할강(archenteron)이 내배엽이 줄을 이루고 원구를 통하여 밖으로 열려져 있다.

Gene(유전자) | DNA 단편으로 이루어진 유전물질을 가진 단위, 보통 특정한 기능을 가지고 단백질을 암호화 하거나 또는 RNA를 암호화 하고 있다.

Genealogy(계보) | 한 그룹의 멤버들의 가족들의 관계와 조상의 연결

Gene duplication(유전자 중복) | Duplication을 참조

Gene family(유전자 군) | 한 종 내에서 염기서열이 비슷한 두 개 이상의 유전자들로서 공통 조상 유전자로부터 중복에 의해 유래함

Gene flow(유전자 이동) | 한 집단의 유전자가 교배에 의해 다른 집단으로 이동하는 것

Gene frequency(유전자 빈도) | 한 유전자 좌에 잇는 모든 대립유전자들 중 특정한 대립유전자 비율

Gene locus(유전자 좌) | 특정한 유전자가 위치한 염색체의 위치

Gene pool(유전자 풀) | 유성생식을 하는 집단에서 개체들의 배우체에 있는 모든 유전자

Gene regulation(유전자 조절) | 한 유전자의 발현이 꺼지거나 켜지는 과정 또는 유전자 활성 정도가 조절되는 과정

Gene therapy(유전자 치료) | 유전질환을 야기하는 유전자의 인위적 대체나 수선. 성세포 보다 체세포에 국한된 질환은 후손에게 전달되지 않는다.

Genetic assimilation(유전적 동화) | 환경적 자극에 의해 야기된 형질이 유전적으로 삽입되거나 그러한 환경적 자극이 결핍된 상태에서도 후대에서 나타나는 과정

Genetic code(유전 암호) | 번역 과정에서 폴리펩디드의 아미노산들이 특정한 순서로 존재하도록지정하는 mRNA에 있는 삼염기 세트

Genetic distance(유전적 거리) | 대립유전자의 빈도 차이에 의해 집단내의 분화를 측정하는 정도

Genetic drift(유전적 부동) | 한 집단 내에서 대립유전자의 임의적인 변동

Genetic engineering(유전공학) | 다양한 출처에서 유래한 유전 물질을 조작하여 새로운 조합의 유전 물질을 만들어 이러한 유전물질을 가지지 못한 새로운 종에 인위적으로 삽입하는 기술

Genetic load(유전 하중) | 어떤 집단이 해로운 대립유전자나 유전자형을 가지게 되어 그 집단에 속한 개체들의 평균 적응력이 저하 되는 것

Genetic polymorphism(유전적 다형성) | 여러 세대에 걸쳐서 한 유전자좌에 두 개 이상의 대립유전자가 존재하는 경우(다른 대립유전자들의 존재가 돌연변이에 의해서 설명되지 않을 때 이를 평형 다형성이라함)

Genome(유전체) 세포나 개체의 전체적인 유전적 구성

Genotype(유전자형) 한 개체의 유전적 구성

Genus(복수형, **genera**)**(속)** | 과(科)나 종(種)의 중간에 위치한 분류. 분류학적인 이분법 명명에서 속은 종을 나타낼 때 앞에 쓴다; 예로 Homo(속명) sapiens(종명).

Geographic isolation(지리적 고립) | 집단들이 지역적인 거리나 장애물들에 의해 분리되는 것

Geological dating(지질학적 시기 측정) 다양한 방법으로 바위나 지층의 연대를 측정하는 법

Geological strata(지층) | 용암, 침니(siltation), 습지의 매립 등과 같은 자연적인 힘에 의해 바위들이 상층부로부터 차곡차곡 쌓여 개별적인 층을 이루는 것

Geological time scale(지질학적인 시간 스케일) | 바위(또는 바위에 있는 화석들)와 과거 시간대와의 관계

Germ layers(배엽) | 다세포 배가 발달될 때 형성되는 주요한 막

Germ line(생식 라인) | germ plasm을 참조

Germ plasm(생식질) 체세포와는 대조적으로 오직 유전적 정보를 자손에게 전달하는데 이용되는 동물 세포

Germ plasm theory(생식질 설) 어떤 동물에서는 배우체가 난자의 특별한 부분(생식질, germ plasm) 으로부터 생성되어 체세포에 영향을 주는 환경적인 영향에 의해 만들어 지지 않는다는 설

Gondwana(곤드와나 대륙) 약 1억8천만년 전 커다란 팬게아 초대륙의 분열로 만들어진 지구 남반부의 초대륙. 곤드와나 대륙은 현재의 남아메리카, 아프리카, 남극, 호주, 인디아 등이 되었다.

Granite(화강암) 지구 지각에 박혀있는 조악한 알갱이들로 이루어진 화성암

Gravitation(중력) 이삭 뉴튼이 발견한 보편 법칙으로 행성들이 어떻게 궤도를 유지하는지를 설명하는 힘(중력)

Great Chain of Being(존재의 거대한 고리) 18세기에 주장된 설로 우주가 정적으로 고정되어 있기보다는 연속적으로 단계가 진전되어 초자연적인 존재가 된다는 설; "자연 계단(Ladder of Nature)"이 이동하는 플랫폼의 연속으로 전환한다는 설

Greenhouse gas(온실 가스) | 적외선 방사를 흡수하는 이산화탄소(CO_2)와 메탄가스(CH_4) 등으로 지구 표면으로부터 나오는 열의 손실을 방지하여 지구 온난화를 야기시키는 가스

Group(군) | 지리적 또는 생태적을 동정 가능한 기원을 공유하는 한 종 내의 집단, 다른 군들과는 유전자 빈도나 표현형적인 특징들에 의해 분류됨.

Group selection(집단 선택) | 다른 개체들과 비교 경쟁에서 개체의 특징에 의해 선택하기 보다는 다른 집단들과 비교하여 관련된 집단의 특징들에 대하여 선택을 하는 선발법

Gymnosperms(나자식물) | 자방이 노출된 종자를 갖는 관속식물 군; 주로 구과(毬果)를 맺는 식물들임

H

Habitat(서식지) | 한 생물체가 정상적으로 살아가는 장소와 조건

Haekel's Gastraea Theory(해켈의 창조동물기원설) | 동물들이 편모를 가진 원생동물의 수영을 하는 속이 빈 군락으로부터 유래하였다는 설

Haldane's rule(홀데인의 법칙) | 하나의 성이 결핍하였다면 성을 결정하는 염색체를 가진 두 종간의 교배에서 희귀하거나 불임인 법칙

Half-life(radioactivity)(방사성 반감기) | 방사성 동위원소가 원래 가지고 있던 방사선량의 절반이 되는데 까지 걸리는 시간.

Haplodiploidy(반수 이배체성) | 꿀벌이나 말벌과 동물의 경우 비수정란에서 부화한 것은 반수체로서 수컷이 되고 수정란에서 부화한 것은 이배체의 암컷이 되는 생식 시스템

Haploid(반수체) | 염색체 세트를 오직 한 개(n)만 가지는 세포나 생물체

Haplorhines(하플로린) | 신세계 원숭이, 구세계 원숭이, 유인원, 사람 등 "젖은-코를 가지 영장류, wet-nosed primates"

Hardy-Weinberg equilibrium(principle)(하디-외인버그 평형) | 많은 개체로 이루어진 큰 집단에서 선발, 이주, 유전적 부동 등 유전자 빈도에 영향을 주는 진화적 요소가 없는 상태에서 교배가 완전히 임의적이라면 유전자(대립유전자) 빈도가 세대가 진행되어도 일정하다는 법칙

Heat shock proteins(열충격 단백질) | 다른 단백질의 3차원 구조를 돕는 단백질로 이들 단백질의 분해를 방지하고 표현형에 영향을 미치는 변이적인 변화를 덮는다. 환경적인 충격은 유전자 산물(단백질)을 노출시켜 새로운 패턴과 발현되는 단백질들의 새로운 조합을 야기한다.

Hemoglobin(헤모글로빈) | 산소가 글로빈 단백질 폴리펩티드에 가역적을 결합을 하는 포르피린(heme)을 함유한 철분을 기본 단위로 하는 단백질

Herbivores(초식동물) | 주로 식물을 섭식하는 동물

Heritability(유전력) | 표현형적인 변이 중 유전적인 차이에 의한 변이의 정도. 높은 유전력을 가진 형질들은 낮은 유전력 형질들에 비해 선택에 위해 쉽다. 선발에 반응하는 생물체의 가능성을 측정한다.

Hermaphrodite(자웅동체) | 웅성과 자성의 생식기관을 한 개체에 가지고 있는 생물체

Heterochrony(이시성, 異時性) | 한 생물체가 진화하는 동안 발달의 시기의 변화를 나타내기 위해 Haeckel이 주장한 용어. 현재에는 한 기관이 다른 기관으로 변화 또는 한 기관이 동일한 조상종의 기관에 비교하여 발생·발달한 시기의 계통유전학적 변화를 나타내는데 사용됨.

Heterosis(Hybrid vigor)(잡종강세) | 두 개의 별개의 종간 교잡에 의한 잡종들이 종내 교잡에 의한 것 들 보다 활력이나 기타 성취도 등이 우월한 현상

Heterotroph(종속영양생물) | 생육 또는 성장에 필요한 유기물을 무기물로부터 자체 생산하지 못하여 다른 생물체를 섭식하거나 분해하며 취하는 생물체들로 육식동물, 포식동물, 기생생물, 청소생물, 또는 부생생물 등이 있음

Heterozygote(이형접합) | 한 유전자의 두 대립유전자가 다른 유전자형이나 개체; 상동염색체의 특정한 자리에 위치한 유전자좌에 다른 대립유전자를 가지는 경우(예, Aa 이배체)

Hierarchy(계급, 체계) | 한 시스템 내에서 구성원들을 질서 있게 그룹핑에 이용되는 용어로서 종종 복잡성이나 구성의 수준이 증가하는 순서로 그룹핑함

Histones(히스톤) | 진핵생물의 핵 DNA와 단단하게 결합하여 DNA를 염색체 구조로 이루게 하는 소형의 산-분해 염기성 단백질

Hitchhiking(편승) | 한 유전자가 유지되는 것이 선택에 않고 선택에 유리한 유전자와 유전적으로 가깝게 연관되어 집단에서 유지되는 것

Homeobox(호미오박스) | homeotic, homeobox 또는 Hox 유전자라고 알려진 유전자들과 결합하는 180 bp의 전사인자. 전캠브리아기까지 거슬러 간 수억 년 전에 분기된 생물체들간의 호미오 박스 유전자의 염기서열 보존성과 인접한 지역의 유전자 배열 보존성은 발생 발달 과정은 다른 문(phyla)에 속하는 종들 간에도 보존적이라는 보여줌

Homeodomain(호미오 도메인) | 호미오박스라고 알려진 보존적인 서열을 가진 유전자로부터 전사된 전사인자 단백질 군들 간에 서열이 보존적인 특정한 단백질 도메인

Homeosis(호미오시스) | Homeotic mutations을 참조할 것

Homeotic mutations(homeosis)(호미오 돌연변이) | Homeosis는 "어떤 기관이 비슷한 다른 기관으로 변화"라고 Wiiliam Bateson이 정의함. 현재 유전학적인 개념으로 호미오 돌연변이는 어떤 발생 기관이 정위치가 아닌 다른 위치에서 발달 되는 경우로서 예를 들면 초파리에서 bithorax 돌연변이는 날개를 한 쌍 더 만든다.

Hominid(인류) | 사람과(Hominidae)의 한 구성원으로서 인간을 포함함. 가장 초기 화석은 약 4백만년의 *Australopithcus*임. 이전에는 오직 인간과 인간과 가장 가까운 화석으로 발견되는 종들만을 지칭하였음

Homogametic sex(동형배우자적 성) | 자손의 성 결정에 배우체가 오직 한가지 배우체에 의해 성이 결정되는 시스템. 그러므로 자손들의 성의 차이는 이형배우자적 성을 가진 배우자가 생산하는 배우체에 달려 있음. 동형배우자적 성은 포유동물에서는 암컷이 되고 조류는 수컷이다.

Homologous(상동성) | Homology를 참조할 것

Homologous chromosomes(상동염색체) | 동일한 유전자 배열을 가진 염색체 쌍으로 감수분열 시 대합을 함

Homology(상동성) | 별개의 종 또는 생물군들이 가지는 형질(유전자, 구조, 행동 등)의 유사성으로 이러한 유사성이 공통조상으로부터 유래한 것에 국한 함

Homoplasy(상사성) | 공통 조상으로부터 유래하지 않은 종들이나 생물군들이 평형적 진화나 수렴적 진화를 통하여 갖게 되는 비슷한 형질

Homozygote(동형접합형) | 한 유전자의 두 대립유전자가 동일한 대립유전자로 된 유전자형이나 개체

Horizontal(lateral) gene transfer(유전자 수평 이동) | 생식적이지 않은 방법으로 한 생물체에서 다른 생물체로의 유전자 이동

Host-plant specificity(기주-식물 특이성) | 수분매개자(보통 곤충)와 식물 종간의 종-특이적 상호작용을 나타내는 용어

Hox gene(Hox 유전자) | 척추 동물의 호미오 유전자로서 초파리의 상동유전자의 처음 두 철자에 x를 붙여서 만들어진 용어

Hunt-gatherer societies(수렵-채취 사회) | 고기를 얻기 위해 동물을 사냥을 하고 기타 다른 식량은 식물, 곤충, 죽은 동물 시체 등을 채취하였던 고대 인간 사회

Hybrid breakdown(inviability, sterility)(잡종 붕괴) | 적응도의 상실이나 생식의 실패 등을 가진 잡종

Hybridization(genetics, **유전학)(교배)** | 두 종간의 교배에 의해 생식이 가능한 자손(잡종)을 생산하는 것

Hybridization(molecular biology, **분자생물학)(분자 교잡)** | 외가닥 DNA 또는 RNA가 상보적 염기들로 이루어진 핵산 가작과 염기쌍을 만들어 두 가닥 핵산이 되는 것

Hybrids(genetics, 유전학)(잡종) | 유전적으로 다른 두 종 또는 그룹간의 교배에 의해 생산된 자손

Hybrid vigor(잡종 강세) Heterosis를 참조

Hydrothermal vents(열수공) | 깊은 심연 바닥의 구멍으로 기온이 섭씨 350도 이상 되는 물이 뿜어져 나오는 곳으로 호열성 세균들이 서식함.

I

Idealism(이상주의) | 우주를 포함한 모든 물체들은 이들을 받아들이는 마음으로부터 떨어져서 독자적으로 존재하지 않는다는 철학; 이상주의적인 형태로 물체를 받아들임

Igneous rock(화성암) | 고운-모래로 된 현무암이나 거친-모래도 된 화강암과 같이 지구의 내부로부터 분출된 것이 식으면서 형성된 암석

Imaginal disks(성충아) | 초파리와 같은 곤충의 유충에서 성충의 구조가 형성되는 세포들이 별개로 떨어져서 형성되는 세포군

Imprinting(behavior)(각인)(행동학) | 새롭게 태어난 생물체가 어떤 물체(보통 부모나 같은 종의 성체, 또는 환경)와의 관계와 이들 물체를 따라가는 행동. 물고기의 태어난 고향 강에 대한 각인으로 회귀성과 새로 태어난 병아리들의 어미에게 대한 각인 등은 잘 알려져 있다.

Imprinting(genetics)(각인)(유전학) | 메칠화 DNA에 의해 정 세포의 유전자가 침묵화 되는 것. 이러한 각인은 보통 성-특이적이며 각인된 배우체로부터 생성된 개체가 발달된 후에는 각인이 지워진다.

Inbreeding(동계교배, 근친교배) | 유전적으로 근연관계에 있는 개체들간의 교배로 보통 자손들에게 동형접합 유전자 비율을 높인다.

Inbreeding depression(근교약세, 자식약세) | 동계교배로 인해 태어난 자손들의 성장, 활력, 임성 등의 평균적 저하

Inclusive fitness(포괄적 적응도) | 어떤 대립유전자나 유전자형의 적응도를 개체에 대해서 측정한 것 뿐 아니라 이것을 가지고 있는 관련이 있는 개체들의 효과를 포함하여 측정하는 것

Independent assortment(독립 분리) | 멘델 유전의 기본 법칙으로서 유전적으로 연관이 되지 않은 유전자들이나 다른 염색체에 있는 유전자들은 감수분열에서 서로 독립적으로 분리를 하므로 생성되는 배우체에는 임의적인 유전자 조합을 갖게 된다는 법칙

Individual(개체) | 시작부터 마지막을 가지는 식물이나 동물 또는 인간의 하나의 존재

Industrial melanism(산업적 멜라니즘) | 짙은-색깔의 오염원으로 오염된 산업화 된 지역에서 짙은 색깔을 가진 피식자들이 밝은 색깔을 가진 피식자들보다 증가하는데 이것은 포식자에 대한 피식자의 선택에 의함

Inheritance of acquired characters(획득형질 유전) | 라마르크가 주장한 설로 어떤 개체가 환경과의 상호작용에 의해 획득한 형질이 다음대의 자손에게 전달되어 진화가 된다는 설

Innate behavior(선천적 행동, 내재적 행동) | instinct를 참조 할 것

Instinct(본능) | 하나 혹은 여러 가지의 환경 인자에 활성화되는 비교적 융통성이 없이 유전되는 행동

Insular dwarfism(고립 왜소 발육) | 고립된 섬에 서식하는 개체들의 몸통 크기가 작아지는 현상

Intrinsic rate of natural increase(r)(자연증가의 내재적인 비율) | 한 집단이 환경적 제한 요인 없이 증가하는 잠재적 비율

Intron(인트론) | mRNA로 전사는 되지만 단백질로 번역이 되지 않는 유전자 부위

Inversion(역위) | DNA 단편이나 염색체 단편이 180도로 회전되는 염색체 이상으로서 역위된 부위 내의 유전자 배열이나 염기 배열은 정상적인 부위의 배열에 비해 반대로 되어 있는 변이

Isolating mechanisms(고립 메커니즘) | 집단들간의 유저자 교환이나 교배 등을 저해하는 방벽으로 작동하는 생물학적 메커니즘

Isotope(동위원소) | 원자핵의 중성자 수에 기초한 기본 원소 원자량과 다른 원소. 동위원소들의 방사성 붕괴는 각 동위원소 별로 일정하여 이들이 붕괴되는 시간 측정을 가능하게 함

J

"Junk" DNA Selfish DNA 참조

K

Kelvin scale(K)(켈빈 눈금) | 절대 온도(분자가 가장 낮은 빈

도로 진동하는 온도, −273℃)를 0℉로 하고 물이 끓는 온도를 373℉ 한 온도 스케일

Kingdom(계) | 생물 분류체계에서 가장 높은 분류 체계. 각 계(界)에는 문(phyla, 門)과 아계(亞界)(subkingdoms) 등이 있다.

Kin selection(혈연선택, 친족선택) | 유전적으로 관련이 있는 개체(친족, 혈연)들의 생존이나 생식에 영향을 주는 과정. 오직 한 개체나 자신의 자손들에 국한 된 선택과 상반된다.

K-T extinction(K-T 멸종) | 석탄기(Cretaceous, 독일어로 Kreidezeit)에서 제삼기(Tertiary)(K−T boundary) 기간 동안 비행을 못하는 공룡들과 익룡류(pterosaurs)등을 포함한 많은 종들이 멸종한 사건

L

Ladder of Nature(자연 계단) | 자연은 무생물체로부터 식물, 하등 동물, 고등동물, 그리고 최종적으로 인간 수준으로 계급적으로 연속적인 것이라는 아리스토텔레스의 자연계의 규모(the Scale of Nature)에 기초한 개념

Larmarckian inheritance(라마르크식 유전) | 한 개체의 표현형이 유전된다는 개념; 일생 동안 획득하거나 소실된 형질들과 환경적 필요에 의해 획득한 형질들이 자손 세대로 유전이 된다는 설

Language(언어) | 목소리, 시각, 촉각 사인 등을 이용하여 생각, 감정, 개념, 또는 관찰 등을 개체들간에 소통하는 구조적 시스템

Larva(복수, larvae) | 여러 가지 동물군에서 성적으로 미성숙된 발달 단계, 종종 성체가 보이는 모습이나 먹이 등과 상이함

Lateral transmission(수평 전달) | horizontal transmission 참조

Laurasia(로라시아 대륙) | 약 1억8천만년 전 판게아 대륙의 분열로 형성된 초대륙으로 현재의 북아메리카, 그린랜드, 유럽, 아시아 일부를 포함한 거대 대륙 북반구의 초대륙

Law of superposition(중첩의 법칙) | 퇴적암의 층들 중에서 가장 오래된 층이 바닥에 있으며 연대순으로 가장 최근의 퇴적암이 가장 위에 있다는 설

Learning(학습) | 경험을 통한 행동의 습득

Life(생명) | 대사작용, 성장, 유전물질의 생식 등의 생물체 기능을 수행할 수 있는 능력

Life cycle(생활주기, 생활환) | 한 세대의 접합자 형성으로부터 다음 세대의 접합자 형성까지의 단계별 생활 주기

Life history(생활 역사) | 한 생명체가 태어나서 죽을 때까지의 모든 단계

Life-history trait(생활 역사 형질) | 생산되는 자손 수, 생식기의 나이, 성장율과 같은 개인의 생존과 생식에 관련된 형질들

Light-year(광년) | 초당 186,000마일로 이동하는 빛이 일년간 이동하는 거리; 대략 6×10^{12}마일 또는 9.5×10^{12} km

Lineage(혈통) | 조상종(기조종)으로부터 유래된 후손종(크라운종)들 또는 후손종들으로부터 조상종

Linkage(genetics)(연관) | 한 염색체 내에 위치한 50센티 몰간 이내의 두 개 이상의 유전자

Linkage disequilibrium(연관 균형) | 두 개 혹은 그 이상의 유전자들 간의 조환율이 이들 유전자의 대립유전자들이 임의적인 유전자 조환에 의한 조합에 이르는 집단 내에서의 유전자형의 빈도

Linkage map(연관지도) | 조환가에 의해 배열된 염색체내의 유전자들의 순서 배열

Lithosphere(Earth science)(암석권)(지구과학) | 지각과 지구의 맨틀의 상층부를 통틀어 이르는 용어

Living(생명) | Life 참조

Living fossil(살아있는 화석) | 화석으로 남아있는 생물종과 유사한 현존하는 생물종으로 오랜 진화적 기간 동안 형태적인 변형이 별로 일어나지 않는 생물 종

Locus(복수, loci)(유전자 좌) | 염색체상의 특정한 유전자의 위치. 학자에 따라 유전자와 동의어로 사용하는 경우도 있음

Logistic growth curve(로지시틱 성장곡선) | 집단의 성장 속도가 초기에는 느리다가 갑자기 빨라지고 다시 집단의 크기가 최대가 될 때 또는 특정한 환경에서 서식 가능한 최대한 크기에 도달하면 느려져 S−형태를 보이는 성장 곡선

Longevity(수명, 장수) | 집단을 이루는 개체들의 평균 수명

Lophotrochozoa(촉수담륜동물문) | 선구동물을 이루는 두 동물군 들 중 하나로서(다른 하나는 탈피동물문), 연체동물, 환형동물, 촉수를 가지는 완족류 동물 등이 여기에 속함

M

Macroevolution(거대 진화) | 종 수준을 넘은 진화 양상. 거대 진화의 증거는 화석들에서 볼 수 있음

Macromutation(거대 돌연변이) | 여러 개의 작은 돌연변이들에 의한 선택이 아니고 아주 커다란 한번의 돌연변이에 의해 새로운 종이나 종 수준을 넘어선 새로운 생물군이 탄생하는 돌연변이

Mammals(포유동물) | 온혈 척추동물으로서 유선에서 분비되는 모유로 자손을 먹이고, 털을 가지며, 세 개의 중이(中耳) 뼈를 가지며, 뇌에 신피질을 가짐

Mammary glands(유선) | 한 개 또는 그 이상의 배쪽으로 형성된 어린 자손을 수유하는데 이용되는 분비선(腺)

Mantle(Earth science)(맨틀)(지구과학) | 녹았다가 다시 클리스탈화를 반복하는 약 2900 km 정도의 유연성을 가진 암석층으로 지구 전체 부피의 4/5를 차지함

Marsupials(유대류) | 후수아강(Metatheria)에 속하는 포유동물로서 아주 어린 태아를 낳아서 어미의 배 앞에 있는 주머니에서 키우는 생식과정을 가진 동물

Maternal inheritance(모계 유전) | 암컷으로부터 유래되는 유전으로서 유전자 산물을 암컷 난자의 세포질에 쌓이게 함으로써 어미로부터 유전을 받는 현상

Meiosis(감수분열) | 이배체 생물의 생식세포에서 일어나는 두 번의 연속적인 세포분열로 반수체의 배우체(동물)나 포자(식물)을 생산하는 분열. 첫 번째 분열은 이배체 모세포에 있는 한 쌍의 염색체 세트들이 분리되는 감수분열이며 두 번째 분열은 동형분열으로서 배우체에서는 염색체 한 세트 만을 가지게 함.

Mendelian population(멘델식 집단) | 유성생식을 통하여 유전자 교환을 하는 이배체 개체들로 이루어진 서로 교배하는 집단

Mendel's law(멘델의 법칙) | Independent assortment, Segregation 참조

Mesenchyme(간엽조직) | 동물의 두 가지 기본적인 세포 타입 중의 하나로서 뼈에 있는 단단한 매트릭스나 혈액의 용액상 메트릭스 등 세포 외 매트릭스에 느슨하게 연결된 세포들로 이루어짐

Mesozoic Era(중생대) | 고생대(약 2억4천8백년전에 끝남)과 신생대(약 6천5백년전에 시작됨) 사이의 약 2억2천년 정도의 기간. 중생대 초기(삼엽기)에 포유동물이 나타났으며, 이후 쥬라기와 석탄기 동안에는 공룡들이 나타나고 현화식물이 나타남.

Messenger RNA(mRNA, 전령 RNA) | DNA 주형으로부터 전사에 의해 만들어지는 RNA 분자로서 삼여기로 된 유전암호들을 가지고 있어서 폴리펩티드의 아마노산 서열을 지정한다.

Metabolic pathway(대사 과정) | 전구 물질을 하나 혹은 그 이상의 마지막 결과물로 전환시키는 효소-촉매 반응의 순서

Metabolism(대사) | 살아있는 생물체가 자신을 유지하기 위하여 효소-촉매 작용의 네트 워크

Metamorphosis(zoology)(탈바꿈, 변태)(동물학) | 생물의 생활환 중 형태를 바꾸는 것, 예로 곤충은 유충으로부터 변태하여 성충이 됨

Metaphyta(식물계) | 녹색식물들을 포함하는 계(界)로 유배식물계(embryophyta) 또는 식물계(Plantae)라고도 알려짐

Methanogens(메탄생성미생물 | 산소가 결핍된 환경에서 질소를 생성하는 단세포 생물로 적어도 38년전부터 존재하였던 것으로 보임

Microevolution(미세진화) | 한 종 내의 집단 내에서 일어나는 진화

Micro RNA(miRNA)(마이크로 RNA) | 염기 길이가 18-25개 정도의 짧은 비-코딩, 외가닥 RNA로서 표적 mRNA에 결합하여 표적을 절단 시킴으로서 단백질 번역을 조절하는 RNA

Microsatellite(미세부수체) | 염기 길이가 2-, 3-, 또는 4-개 정도의 아주 짧은 단위가 연속적으로 병열식으로 반복하여 존재하는 염기들. 이러한 미세부tncp 유전자좌들은 진핵생물 유전체에 매우 흔하고 반복단위의 변이가 자주 일어남

Microsphere(마이크로스피어, 미소 구체) | 프로티노이드들이 녹아 있는 물을 끓이고 나서 식혔을때 형성되는 막으로 둘러쌓인 현미경으로만 관찰 가능한 작은 구체. 어떤 것들은 삼투압, 크기의 성장, 화합물의 선태걱 흡수 등과 같이 세포가 가지는 습성을 가지는 것들도 있음

Migration(ecology)(이주)(생태학) | 한 집단이 한 지역에서 다른 지역으로 이동하거나 시기적 이동

Migration(genetics)(이동) | 유전자가 한 집단에서 다른 집단으로 교배에 의해 이동하는 것

Milky Way(cosmology)(은하수)(우주학) | 2천억개 이상의 별들과 이들의 행성으로 이루어진 매우 커다란 나선상의 은하로 태양계와 태양계를 둘러싼 12개의 작은 은하계들이 여기에 포함됨

Mimicry(의태) | 한 생물종(mimic)의 개체들이 다른 종(models)의 형태와 유사하여 선택되는 것

Missing link(단절고리) | 두 분기 군 사이에 존재하였던 것으로 여겨지는 이미 멸종된 생물이나 표본으로 두 분기군을 연결시켜서 해석하는데 도움을 줌

Mitochondria(미토콘드리아) | 에너지를 전달하는 산소-요구 전자전달 시스템을 이용하는 진핵세포에 있는 세포 소기관. 미토콘드리아는 자신의 유전물질을 가지고 있으며 자신의 단백질-생성 기구를 이용하여 일부 미토콘드리아 단백질 생성

Mitochondrial DNA(mtDNA) | 미토콘드리아라고 알려진 세포 소기관이 가지고 있는 DNA

Mitochondrial Eve(미토콘드리아 이브) | 약 140,000년전에 존재하였던 인간 공통 조상의 mtDNA 염기로부터 추정되는 미토콘드리아 DNA를 지칭하는 용어

Mitosis(유사분열) | 진핵생물의 세포분열 모드 중의 하나로 하나의 모세포가 자신과 유전적으로 동일한 두 개의 딸 세포를 만드는 분열

Modern synthesis(evolutionary theory)(현대합성설)(진화생물학) | 집단유전학을 이용하여 자연선택에 의한 다윈의 진화설의 연합

Modularity(모듈성, 단원성) | 유전자 네트워크, 세포의 집합, 원기 기관 등과 같은 생명의 단위들이 서로 작용하여 단위체로 발전되고 진화한다는 개념

Molecular clock(분자 시계) | 뉴클레오티드 치환을 진화적인 시간과 연계하여 계산하는 것

Monocotyledons(단자엽식물) | 배가 종자 잎을 한 개 가지

는 현화식물

Monophyletic(단계통진화) | 하나의 조상 종으로부터 유래한 계통 생물학적 분류군

Monotremes(단공류) | 알을 낳는 포유류로서 현재에는 호주에만 국한되어 서식함. 바늘두더지(Tachyglossus, Zaglossus), 오리너구리(Ornithorrhynchus) 등이 여기에 속함

Morphogenesis(형태발생) | 한 생물의 기관이나 한 생물종의 형태의 발달

Morphological species(morphospecies)(형태적 종) | 생물종을 정의하는 용어 중의 하나로 종을 공통적인 형질을 공유하여 이를 가지지 않는 다른 개체군들과 구별된다는 것

Morphology(형태학) | 종들의 해부학적인 특징이나 구조를 연구하는 학문

Morphospace(형태공간) | 종들이 얼마나 넓은 범위의 형태를 보이는지를 보여주기 위해 생물종이나 생물종의 집단들이 나타내는 형태의 삼차원적인 구조 분석

Mosaic evolution(모자이크 진화) | 한 생물체의 각 분이 각각 독립적으로 진화하였다는 설

Mousterian tools(무스테리아 도구) | 초기 *Homo sapiens*와 *Homo neanderthalnsis*가 사용하였던 돌로 만든 창날이나 무두질한 도구 등의 돌 도구들

Mullerian mimicry(뮬레리안 의태) | 포식자에게 경고색이나 독 등을 끼칠 수 있는 형질들을 여러 생물종들이 공유하는 것; 공통적인 선택 효과로 인해 유사성이 유지됨

Muller's ratchet(멀러의 라켓) | 무성생식을 하는 집단에서 해로운 돌연변이들이 비가역적으로 축척되는 과정으로 성의 진화를 설명하는 설

Multicellularity(다세포성) | 단세포성에 대립되는 설로 많은 세포를 가지는 조건

Multigene family(다유전자 군) | Gene family 참조

Mutagenesis(돌연변이 유발) | 화학적 처리나 방사선 처리 등으로 돌연변이를 유발하는 것

Mutation(돌연변이) | 유전자 구조 변형 또는 유전자 기능의 변화; 염기 치환, 중복, 삽입, 결실, 역위 등으로 유전물질을 구성하는 염기서열의 변화

Mutational load(돌연변이 하중) | 반복적인 돌연변이를 통해 해로운 유전자들의 생성으로 인한 유전적 하중의 정도(자연 도태의 강도)

Mutualism(상리공생) | 종들간의 상호작용에서 참여하는 생물종들 모두가 이득을 받는 관계

N

Natural scientist(natural historian)(박물학자) | 생물학자, 식물학자, 동물학자, 물리학자 등을 지칭하던 20세기 이전에 사용되던 용어

Natural selection(자연선택, 자연선발) | 인간 이외의 에이전트들에 의해 야기되는 복제 생명체들의 차별적 생식 또는 차별적 생존. 이러한 차별적 선택효과가 매우 만연하고 종종 이러한 선택이 유전적 변이에 작용하므로 자연 선택은 집단의 유전자 빈도에 변화를 주고 이것은 종국에는 유전적으로 새로운 조성을 가지는 집단이 된다.

Nebular hypothesis(성운설) | Emanuel Kant와 Pierre-Simon Laplace가 우주의 기원에 대하여 18세기에 주장한 설; 가스의 압력을 이기기 위해 만유인력으로 인해 가스와 먼지(성운)으로 된 구름이 붕괴하여 생성되었다는 설

Negative eugenics(부정적 우생학) | 해로운 유전자를 가지고 있는 사람들을 찾아내어 이들의 결혼을 좌절시킴으로서 해로운 유전자를 인간 집단에서 제거하고 하는 것

Neo-Darwinism(신-다윈주의) | 비록 자연 선택이 가장 중요하지만 이러한 돌연 변이를 야기 하지 않았으며 돌연변이에 의해 도입된 유전자의 빈도 변화에 의해 진화가 되었다는 이론

Neoteny(유형성숙) | 성적으로 미성숙한 어린 시기의 형질을 성적으로 성숙한 개체들이 가지고 있는 현상

Neural crest(신경능) | 척추동물의 네 번째 배엽으로 이것으로부터 뼈 조직, 이빨이 생성되는 세포, 색소세포, 말초신경, 신경절, 호르몬-생성 세포, 심장 막과 밸브 등이 생성된다.

Neutral mutation(중립 돌연변이) | 특정한 환경에서 생물의 적응도에 영향을 주지 않는 돌연변이

Neutral theory of molecular evolution(분자 진화의 중립설) | 유전적 변이를 일으키는 대부분의 돌연변이들은(분자 수준의 유전적 다형화) 그 생물종의 적응도에 관련하여 중립적인 대립유전자들로 구성되어 있으며 이들의 빈도는 돌연변이 율과 유전적 부동에 의해 설명된다는 설

Neutron stars(pulsars)(중성자성) | 폭발 중인 별이나 Type II 초신성의 붕괴되는 중심핵

Niche(니치) | 집단이나 종의 환경적 서식지로 이들이 상용 가능한 자원과 다른 종들과의 상호 작용 등이 포함됨

Normalizing selection(정상화 선택) | Stabilizing selection 참조

Notochord(척삭) | 모든 척삭동물의 개체 발생시 몸의 등쪽 축에 발생되는 지지 축

Nucleic acid(핵산) | DNA 나 RNA 등의 유기산 중합체로서 뉴클레오티드 염기들로 구성됨

Nucleotide(뉴클레오티드) | 염기(퓨린 또는 피리미딘), 당(RNA; 리보스, DNA; 디옥시리보스), 그리고 하나 혹은 여러 개의 인산기 등으로 된 분자 단위

Nucleus(핵) | 세포내의 히스톤-결합 DNA들이(즉, 실제적으로 거의 모든 유전물질) 존재하는 막으로 둘러 싸인 진핵생물 세포내의 세포 소기관

Numerical taxonomy(수량분류학) | 측정 가능한 표현형적인 특징들에 동일한 가중치를 주어 비교하여 생물체를 분류하는 통계학적인 방법. 개체들 간이나 그룹들 간의 전체적인 유사도의 정도가 계산되어 이들의 분류를 하는데 이용된다.

O

Oldowan tools(올도완 도구) | 약 2백5십년에서 1백년전에 살던 Homo habilis에 의해 사용되던 돌 도구들로 한번 깨뜨려서 날카로운 면을 칼로 사용

Ontogeny(개체 발생론) | 접합자로부터 성숙한 개체까지 한 개체의 발생발달 과정

Operon(오페론) | 비슷한 유전자들이 조직화되어 동시에 조절되는 유전자 군

Opisthokonts(후편모생물) | 기생성 원생동물, 깃모편충, 곰팡이, 동물 등을 포함하는 단편모생물의 아군

Order(목) | 종분류체계에서 강(class)와 과(family) 사이에 있는 분류단위. 강(class)는 여러 개의 목으로 구성되며, 각 목(order)에는 여러 개의 과(family)로 구성된다.

Organelles(세포소기관) | 핵, 미토콘드리아, 클로로플라스트와 같이 세포 내에서 막으로 둘러 쌓인 기능을 가진 진핵생물 세포 내에 있는 작은 구조체

Organic(유기물) | 탄소-함유 화합물들. 또한 생물체나 생명의 특징적인 형질이나 산물을 지칭 하는데에도 사용됨

Origination(유래) | 진화에서 처음으로 나타나는 특징이나 원래의 형질, 특징, 또는 생물체

Orthogenesis(정향진화, 계통발생설) | 내부적 또는 활력적인 이유로 인해 진화가 특정한 방향으로 진행된다는 개념

Orthologous genes(직렬 상동유전자) | 이들이 공통의 조상 유전자로부터 유래하였다고 믿을 정도로 다른 종에 있는 유전자들끼리 뉴클레오티드 순서가(또는 유전자 산물인 단백질의 아미노산 서열) 충분히 비슷한 유전자들

Outgroup(외집단) | 내부그룹의 멤버들이 서로 분지하기 이전의 내부그룹 멤버로부터 분지된 분류군

Ozone(O_3)(오존) | 산소 원자가 세 개 모여서 이루어진 분자로서 대기 상층부에 오존층을 이루는 분자

P

Paedomorphosis(유형진화) | 성체의 성적인 특징들이 미성숙한 발달 단계로 포함되는 경우

Paleobiology(순고생물학) | 멸종된 생명체와 그들의 생태학적인 시스템을 연구하는 생물학

Paleomagnetism(고지자기) | 오래된 암석의 철을 함유한 물질의 자기장

Paeontology(고생물학, 화석학) | 멸종된 생물의 화석이나 생물체들의 흔적을 연구하는 학문

Paleozoic(Palaeozoic) Era(고생대) | 현생 이언(Phanerozoic eon)의 첫 번째 era로 5억4천5백년에서 2억4천8백만년전 사이

Pangaea(판게아 대륙) | 약 2억5천만년에 형성되었던 현재 존재하는 모든 대륙들이 뭉쳐있는 매우 커다란 초대륙

Pangenesis(판게네시스) | 다윈과 그의 추종자들이 주장하였던 유전설로 "gemmule"또는 "pangenes"라능 자주 작은 입자들이 생물체의 조직마다 형성되어 이들이 생식샘으로 보내져서 배우체로 들어간다는 설

Parallel evolution(평행진화) | 최근의 공통 조상을 공유하지 않는 관련이 있는 혈통군에서의 유사한 형질의 진화

Paralogous genes(직렬 상동유전자) | 한 개체내의 두 개 이상의 유전자들의 염기서열이 충분히 비슷하여 이들이 한 유전자의 중복에 의하여 생성되어다는 것을 보여주는 유전자들

Parapatric(접소성) | 종이나 집단들의 서식지가 인접하지만 중첩되지 않는 것으로 서로 상호 교배가 일어나지 않는 것

Parapatric speciation(접소성 종분화) | 다른 환경에 적응된 한 종의 주변에 있는 집단이 이들의 조상 종과 서로 접하여 있어서 서로 유전자 교환이 가능한 집단

Paraphyletic(측계통군) | 하나의 공통조상으로부터 유래한 자손들의 일부를 포함하는 분류 계통군

Parasitism(기생) | 종간의 관계로서 한 종은 다른 종의 조직이나 이들의 희생으로 영양분이나 이득을 얻게 되는 관계로 종종 기주에게 해로운 효과를 준다.

Parental investment(부모 투자) | 부모가 자손에게 자원을 투자하여 자손의 생식적 성공을 높이는 것

Parsimony method(최절약 방법) | 계통유전학적 계통도를 선택함에 있어 종의 분지를 설명하는데 최소한의 진화적 변화에 의한 계통도를 선택하는 것

Parthenogenesis(처녀발생, 단성발생) | 수정 없이 배가 발생되는 것

P-D axis(P-D 축) | 좌우 대칭동물의 주요한 축으로서 중앙으로부터 먼 부위가 말단부위(distal, D)이고 가까운 부위가 기부(proximal, P)이다.

Peptide(polypeptide)(펩티드) | 아미노산들이 펩디드 결합(한 아미노산의 아미노잔기와 다른 아미노산의 카르복시잔기 끼리의 탈수반응으로 이루어지는 결합)으로 구성되는 유기 분자

Period(geological)(기) | 특정한 바위 시스템이나 이와 연계된 화석 등으로 구별되는 지질학적 시기의 era를 이루는 기간

Peripatric speciation(근소적 종분화) | 한 집단이 분리되어 유전적으로 격리된 집단이 되어 일어나는 종 분화로 큰 집단으로부터 완전히 고립된 작은 창시자 콜로니가 모집단으로부터 유전적으로 고립되어 일어나는 분화

Phagocytic(식세포) | 외부 물질을 먹어치우는 세포

Phanerozoic eon(현생 이언) | 약 5억4천5백년 전부터 현재까지의 기간으로 화석화 된 다세포 생물종들이 상대적으로 많이 발견되는 지질학적 스케일의 주요 분류 시기

Pharyngeal jaws(인두턱) | 일부의 경골어류에서 전방부의 인두궁으로부터 발달된 첨가적인 턱

Phenetics(표현학적 분류) | Cladistics 참조

Phenotype(표현형) | 구조적, 기능적, 행동적인 특징; 한 생물체의 특징

Phenotype plasticity(표현형 유연성) | 환경적인 변화와 반응하여 보이는 표현형의 변이

Photosynthesis(광합성) | 클로로필에 의해 빛 에너지를 포획하여 이산화탄소와 물을 이용하여 유기화합물을 합성하는 것

Phyletic evolution(계통진화) | 단일 혈통적 계통군내에서 진화적인 변화. 새로운 종이 계통 내에서 시간을 두고 창성되지만, 어떤 특정한 시기에 종의 수적인 증가는 없이 일정하다.

Phylogenetic branching(계통 유전학적인 분기) | Cladogenesis, Phylogenetic evolution 등을 참조할 것

Phylogenetic evolution(계통유전학적 진화) | 하나의 단일 조상으로부터 유래한 계통군으로부터 분기되어 두 개 이상의 계통군이 생성되는 진화적인 변화

Phylogenetic systematics(계통유전 분류학) | Cladistics를 참조할 것

Phylogeny(계통발생) | 한 종이나 생물종 군들의 근원이나 연관 등에 관련된 진화적 역사. 계통유전학적인 계통도는 이러한 진화를 유전적인 관계를 조명하여 이상적으로 표현한 그림임

Phylogeography(계통생물지리학) | 개별적 유전자들, 유전자군 또는 집단들의 계통적 관계를 재 구성하여 계통이나 생물군들의 지리적 분포를 조절하는 진화적인 과정을 연구하는 학문

Phylum(복수 phyla)(문, 門) | 생물분류체계에서 계(界) 밑의 분류체계. 표현형적으로 상당히 다르지만 일반적인 형질이나 몸통 구조 등을 공유하는 생물종들로 이루어진 강(綱)이 여러 개 문(phylum) 내에 있다.

Piltdown man(필트다운 인간) | 1910년에 영국 Piltdown에서 발견된 초기 인류의 것으로 추정되는 화석. 후에 인간의 두개골과 아래 턱 등을 인위적 조작한 것으로 들어난 위작.

Placentals(태반동물) | 태반류(Eutheria) 아강에 속하는 포유동물, 태반을 이용하여 태아가 발생학적으로 상당히 발달될 때까지 오랜 기간 동안(단공류나 유대류에 비해 상대적으로 오랜 기간) 태아에게 영양분을 공급하는 동물들

Planetesimals(cosmology)(미행성체)(우주학) | 자신들의 중력에 영향을 미칠 정도로 일단 뭉치면 직경이 수 킬로미터에 달하는 먼지와 가스 덩어리. 이들이 팽창하여 원시행성이 되고 종국에는 행성이 됨

Plasmid(플라스미드) | 박테리아의 염색체 외에 별개로 존재하는 자가 복제하는 원형의 DNA 인자. 여러 종류가 있는데, 어떤 것들은 세포당 한 개 이상의 카피로 존재하는 것들도 있음

Plasticity(유연성) | Phenotypic plasticity를 참조할 것

Plate tectonics(판구조론) | 지구의 지각에 있는 대륙판이 이동한다는 지질학적 메커니즘

Pleiotropy(다면발현) | 단일 유전자가 여러 가지의 표현형에 관여하는 효과

Plesiomorphy(근거리형질) | 한 종의 특징이 조상종이 가진고 있던 형질과 유산한 경우

Pollen(botany)(화분)(식물학) | 종자식물의 웅성 기관 약(約)에 의해 생성되는 단백질로 구성된 작은 입자로 웅성 배우체 DNA를 함유하고 있음

Polymerase chain reaction(PCR)(연쇄중합반응) | 짧은 시간 내에 DNA 단편을 수 백만 카피로 증폭시킬 수 있는 실험 기법

Polymorphism(다형성) | 집단 내에 유전자형이나 표현형이 한 가지 이상 존재하는 경우

Polypeptide(폴리펩티드) | Peptide 참조

Polyphyletic(다계통) | 단일 계통군이 수렴진화나 평행진화에 의해 두 개 또는 그 이상의 조상 계통군으로부터 유래되는 현상

Polyploidy(배수성) | 염색체 세트가 두 세트(2n)이상을 갖는 생물체

Polytene chromosome(다사 염색체) | 염색체 복제 후 염색분체의 분리가 동반되지 않아서 많은 수의 염색분체로 이루어진 커다란 염색체로서 염색시 특이한 밴드를 가지는 염색체. 특히 초파리와 관련종들의 타선 염색체 염색체가 있다.

Polytypic species(다형종) | 한 생물종이 여러 개의 품종, 계통, 아종 등으로 구성되어 있는 것

Population(집단) | 한정된 지역에 거주하며 생식을 통하여 세대가 유지되는 한 생물종의 개체군

Population genetics(집단유전학) | 돌연변이, 선발과 유전

적 부동 등으로 이하여 생기는 유전자(대립유전자) 빈도 변화를 이용하여 진화를 연구 하는 분야로서 신-다윈 학설로 알려진 진화학의 한 분야

Population explosion(인구 폭발) | 통상 인간의 개체 수 증가가 매우 급격하게 일어나는 현상을 일컫는 용어로서 증가율이 지속 불가능한 속도 증가를 함축적으로 의미

Positive eugenetics(정 우생학) | 인간 집단에서 우수한 유전자를 가진 사람들을 선발하여 이들간의 결혼을 격려/조장하여 우량 유전자 빈도를 높이고자 하는 제안

Postzygotic mating barrier(isolating mechanism)(접합자 후 교잡 장벽) | 두 개체간에 교잡은 일어났으나 배발생 실패 또는 그 이후의 단계에서 성장 실패 등의 이유로 잡종이 성공적으로 만들어지지 않는 현상

Preadaptation(전적응) | 어떤 형질이 이전의 어떤 조건하에서는 적응적이었지만 다른 환경 조건에서는 새로운 적응으로 진화를 위한 초기 단계를 제공하는 형질

Precambrian Eon(전캠브리아 이언) | 지구의 생성 초기인 45억년전부터 약 5억4천5백년전의 현생이언기까지의 기간을 칭하는 지질학적인 시대 구분. 전캠브리아 이언(음생대, Cryptozoic 라고도 알려짐) 기간 중에 일어난 사건들로는 약 35년전에 원핵생물의 출현과 현생대 이전 약 5천만년에서 6천만년 전인 Edicarian 기에 생겨난 작고 뼈대 구조를 가지지 않은 다세포 생물의 출현 등을 들 수가 있음

Predation(포식) 포식자가 살아있는 생물(피식자)을 죽이고 섭식하는 행위

Preformationism(전성설) 한 생물체는 임신시 아주 작은 성체 미리 형성되어 있으며 배발달 동안 미리 형성된 생명체의 크기가 커지는 것이라는 설

Prezygotic mating barrier(isolating mechanism)(접합자 전 교잡 장벽) 두 다른 종 들간의 수정이실패하여 접합자 형성이 실패하여 잡종이 생성되지 않는 현상

Primary atmosphere(일차 대기) | 약 46억년에서 45억년전에 형성된 지구를 둘러싼 첫 번째 가스층으로 수소와 헬리움 등으로 구성되어 있으나 산소는 없음

Primary endosymbiosis(일차 내부공생) | 단세포의 호기성 박테리아의 흡입을 통한 미토콘드리아와 클로로플라스트의 형성

Principle of divergence(분기의 법칙) | 찰스 다윈에 의해 제기된 설로서 소집단 간의 경쟁은 세분화를 야기하여 종의 분화까지 집단의 분리가 일어난다는 설

Prion disease(프리온 질병) | 프리온 단백질의 3차원 구조의 변화로 일어나는 상태

Prions(프리온) | 소수성 단백질로 구성된 가장 작은 감염 에이전트로서 DNA와 RNA는 아님

Progenote(고세포) | 고세균, 진정세균, 진핵생물 등으로 진화된 가상적인 조상 세포 형태

Progress(evolution)(진보) | 변화가 수반되어 일어나는 진화는 복잡성의 증가로 이어진다는 논란이 많은 개념

Prokaryotic cells(원핵 세포) | 히스톤과 결합하지 않은 DNA를 가지고 있으며 세포 내 소기관들이 결핍된 단세포

Promoter(프로모터, 촉진자) | RNA 중합효소 결합부위를 가진 DNA 뉴클레오티드 단편으로 전사 개시점부터 전사 개시를 가능케 하는 부위

Protein(단백질) | 아미노산의 폴리펩티드 사슬이 하나 혹은 여러 개로 구성된 거대 분자로 아미노산 조성에 따라 특정한 모습으로 꼬이고 접힘

Protein world(단백질 세계) | 첫 번째 생명체가 단백질로 이루어져 있으며 이로부터 생명이 진화하였다는 설

Proteinoids(프로티노이드) | 아미노산들 혼합체에 열을 가하여 생성되는 합성 폴리머. 경우에 따라서는 효소 활성, 색깔 테스트, 호르몬 활성 등 비슷한 성질을 가지는 단백질과 비슷한 분자 형성

Protista(원생생물) | 네 가지의 진핵생물계의 한 계; 원생동물, 조류, 점균류와 기타 그룹 등이 포함됨(생물학자들에 따라서는 Protoctista라고도 함)

Protocells(원세포) | 세포의 기원에서 초기 과정이라고 분자들을 함유하고 있는 막으로 둘러 쌓인 시스템

Protogalaxy(cosmology)(원시 은하)(우주학) | 형성 중에 있는 은하

Protoplanet(cosmology)(원시 행성) | 원시행성 디스크에서 미행성의 축합으로 생기는 행성

Protoplasm(원형질) | 원형질 막 내에 있지만 핵을 포함하지 않는 세포물질

Prototheria(원수류) | Monotremes를 참조

Pulsars(펄서) | Neutron stars를 참조

Punctuated equilibrium(단속평형, 중단평형) | 한 계통군의 진화는 한동안 별로 변화가 일어나지 않는 기간을 거치다가(평형) 짧은 기간 동안 갑자기 많은 종들이 분화되면서 새로운 종들이 생성되었다는 설

Q

Quantitative character(양적 형질) | 표현형이 숫자상으로 측정 또는 평가되는 형질; 연속적인 변이를 보이는 형질

Quantitative trait loci(양적 형질 유전자) | 신장이나 체중과 같은 양적형질에 관여 유전자(대립유전자)들이 위치하는 염색체의 자리

Quantum evolution(급속진화) | 상대적으로 짧은 시간에 진화 속도의 급속한 증가

R

Radiation(phylogenetic) 방산(계통유전) | Adaptive radiation(적응방산)참조

Radioactivity(방사능) | 불안정한 원소의 원자핵이 붕괴되며 방출하는 방사선

Radiometric dating(Earth science)(방사능연대측정)(지구과학) | 방사성 동위원소와 방사성 동위원소의 붕괴로 안정화된 원소의 비율에 의해 바위의 연대를 측정하는 법

Random genetic drift(임의적 유전적 부동) | Genetic drift 참조

Random mating(임의적 교배) | 한 집단에서 상대방의 표현형이나 유전자형 관계없는 교배(교미)로 인한 유성생식

Range(범위) | 한 개체 이동하며 거주하는 지역적 범위나 집단 혹은 한 생물종이 거주하고 있는 지역적 범위

Rangeomorphs(레인지오모프) | 약 5억7천만년에서 5억7천5백만년 전 에디오카라 생물군 내에서 복잡한 생태학적 공동체를 이루며 살았던 엽상체와 비슷한 잎을 가진 생물체. Charnia wardi 와 같은 종은 크기가 2미터 정도에 달하였다.

Reaction norm(반응 기준) | 환경적 인자, 온도 또는 포식자의 밀도 등과 같은 인자들의 정도에 따른 표현형 형질의 반응성 측정. 반응 기준은 환경적 변수(온도, 포식자 밀도 등)에 대한 표현형 반응(크기, 형태, 인자들의 숫자 등)으로 측정한다.

Receptor(수용체) | 리간드가 결합하는 세포막에 있는 단백질로 유전자 활성이 있도록 함

Recessive allele(열성 대립유전자) | 이형접합 상태에서 표현형으로 나타나지 않는 대립유전자

Recessive lethal(열성 치사) | 동형접합으로 존재 시 치사(致死)로 이르는 대립유전자

Reciprocal altruism(상호 이타주의) | 개체들간의 서로 이타적인 행동의 교환으로 상호 이득이 되는 것

Recombinant DNA(재조합 DNA) | 근원이 다른 염기 단편으로 구성된 DNA

Recombination(genetics)(조환)(유전학) | 염색체의 교환에 의한 양친과 다른 염색체 조합을 가진 자손을 생산하게 하는 것(유전학자에 따라서는 독립유전의 결과를 묘사하기 위해 이용하기도 함)

Red giant(cosmology)(적색 거성)(천문학) | 중심 수소 연료가 소진되어 중심부의 온도 만이 연소되기에 충분할 정도로 높으며 중심부 주위에서는 수소 융합이 계속되고 있는 별

Red Queen hypothesis(붉은 여왕 설) | 공동체에서 한 종의 적응적인 진화가 다른 종의 환경을 악화시킨다는 설. 결과적으로 두 종 모두 경쟁에서 '같은 위치에 있기 위해서는'(생존하기 위해서는) 최대한 빠른 속도로 진화하여야 함.

Reductionism(환원주의) | 복잡성의 어떤 수준에서의 일어나는 사건들을 설명하기 위해서는 더욱 기본적인 수준에서의 설명으로 낮추어져야 한다는 설. 예를 들면 모든 생물학적인 사건들은 화학 반응의 형태로 설명되어져야 한다는 설

Regulation(developmental biology)(조절)(발생 생물학) | 배(胚) 또는 발생중인 배의 일부분의 부분적 소실을 보상하는 능력

Regulator gene(조절 유전자) | 다른 유전자를 활성화 또는 불활성화 시키거나 이들 유전자 활성 정도를 조절하는 유전자

Relative fitness(상대적 적응도) | 다른 유전자형 또는 대립유전자에 대하여 어떤 유전자 또는 대립유전자의 상대적 생식 성공 정도

Repetitive DNA(반복 DNA) | 유전체 내에서 여러 번 반복하여 존재하는 염기서열

Replication(복제) | DNA가 복제되는 것

Repressor(억제자) | 특정한 염기 서열에 결합하여 유전자 전사를 억제시키는 억제자(대부분 단백질임) 생산하는 조절 유전자

Reproductive barrier(생식적 장애) | 두 집단 또는 두 종 간에 잡종 생산을 방해하는 모든 메커니즘

Reproductive incompatibility(생식적 불화합성) | 계절적 고립, 서식처나 행동적 고립 등으로 두 개체 또는 집단들 간에 교배(교미)가 억제되는 현상; 배우체, 배, 또는 초기 배 발생의 사멸 등을 들 수 있음; 잡종의 낮은 생존율; 또는 잡종의 불임성 등이 있음

Reproductive isolation(생식적 고립) | 두 집단 간의 유전자 교환의 부재

Reproductive success(생식적 성공) | 한 유전자형이 다른 유전자형에 비해 임성을 가진 자손을 성공적으로 생산하는 비율

Reproductive technology(생식 기술) | 유전적 검사나 in vitro 기술 등을 이용한 의학적 기술을 이용하여 인간의 생식능력을 향상시키는 기술

Resource partitioning(자원 분배) | 서로 경쟁관계에 있는 종들이 그들이 공유하는 환경을 다른 관점에서 이용하므로 직접적 경쟁에 의한 해로운 효과를 최소화하는 것

Restriction enzyme(제한효소) | 특정한 염기서열을 인식하여 그 염기서열이나 또는 그 염기서열 인근의 서열을 절단 시키는 효소

Restriction fragment length polymorphism(RFLP)

(**제한효소 단편 다형화**) | 특정한 제한효소에 의해 절단된 단편의 길이가 개체 간에 차이가 있는 것. 이러한 다형화 단편들은 멘델식 유전을 하며 유전적 변이를 측정하는데 이용된다. 또한 이러한 다형화 단편들은 집단들 간의 돌연변이를 추적하는 연관 마커로도 이용된다.

Rhizaria(리자리아) | 유공충류(foraminiferans)와 방사충(radiolarians)등을 포함하는 약 4000여 종으로 구성된 초군(supergroup)

Ribosomal RNA(rRNA)(리보솜 RNA) | 리보솜을 구성하는 RNA

Ribosomes(리보솜) | 리보솜 RNA와 단백질 등으로 구성된 소포 내 소기관으로 mRNA에 결합하여 mRNA의 유전정보를 번역시킴

Ribozymes(리보자임) | 촉매 기능을 수행하는 RNA 단편

RNA(ribonucleic acid) | 각 뉴클레오티드에 리보스가 존재하는 통상 단일 가닥으로 존재하는 핵산; 전령 RNA, 리보솜 RNA, 운반 RNA 등이 있으며 일부 바이러스는 유전물질로 RNA를 가진 것들도 있음. DNA를 구성하는 염기와 다른 것으로 티민 대신 RNA는 유라실을 가짐

RNA editing(RNA 편집) | 삽입이나 결실 등에 의한 RNA 분자들의 정보를 변화시키거나 DNA로부터 전사된 RNA의 리보뉴클레오티드를 변화 시키는 것

RNA interference(RNAi)(간섭 RNA) | 작은 간섭 RNA(small interference RNA, siRNA)를 이용하여 유전자 전사를 조절하는 것. 표적 mRNA에 결합하여 분해시키므로 단백질 번역을 저해하는 길이가 18에서 23개 정도의 염기로 이루진 짧은 비-암호 RNA(non-coding RNA)

RNA splicing(RNA 스플라이싱) | 인트론이 제거시킨 후 엑손을 결합시키는 과정

RNA virus(RNA 바이러스) | 유전물질을 RNA로 가진 바이러스

RNA world(RNA 월드) | 처음 생명 물질이 RNA이었다는 설

S

Saltation(도약진화) | 새로운 종이나 분류군이 갑자기 생겼다는 설

Saprophyte(부생식물) | 유기물질을 분해시켜서 양분을 얻는 생물체

Scientific method(과학적 방법) | 어떤 가설을 증명하기 위하여 실험을 설계하고 자료를 수집하는 등의 일반적인 방법들로 과거의 지식으로 자료를 분석하고 가설을 받아들이거나 거부하는 방법

Sea-floor spreading(해저확산) | 해령(oceanic ridge)를 따라 맨틀이 붕괴되며 해양의 지각이 확산하는 것

Seasonal isolation(계절적 고립) | reproductive incompatibility를 볼 것

Seasonal polymorphism(계절적 다형화) | 한종의 형태적 모습이 계절에 따라 다르게 나타나는 것

Secondary atmosphere(부 대기) | 지구를 둘러싸고 있는 가스로 구성된 이차적 막으로 42억년에서 43억년전에 생겨났으며 수증기와 이산화탄소 등으로 되어 있으며 산소는 없음

Secondary endosymbiosis(이차적 내부공생) | 진핵생물 조류(algae)가 다른 진핵생물을 삼키므로서 클로로플라스트를 획득한 것

Sedimentary rock(퇴적암) | 바람이나 물 등에 의해 이동된 모래, 진흙 등의 침전물이 굳어져서 형성된 바위. 퇴적암은 화석의 주요 원천이다.

Seed(botany) 종자(식물학) | 양친의 이배체 조직과 반수체 조직을 따라 배(胚)를 가진 식물의 복잡한 구조체

Segmentation(분절) | 동물의 전방부(anterior)-후방부(posterior) 축을 따라있는 반복되는 몸통 구조. 주로 환형동물, 절지동물, 척색동물 등에서 나타남

Segregation(분리) | 이형접합으로 있는 유전자의 대립유전자가 감수분열시 서로 분리되어 두 종류의 배우체를 생성하는 멘델식 법칙

Selection(선택, 선발) | 유전적으로 다른 개체들에서 차별적 생존과 생식을 야기하는 모든 메카니즘들의 혼합. 선발 요인이 인간에 의하는 경우는 인위적 선택이라 하며 인간에 의한 선택이 아닌 경우들은 자연 선택이라 함.

Selection coefficient(선택계수) | 선택 효과의 상대적 측정, 통상 완전한 적응력을 선택 계수 1으로 하고 한 유전자형 유지의 적응력 감소를 나타냄

Self-assembly(자가 집합) | 거대분자들이 자발적으로 집합하여 기능을 가진 생물학적 구조체를 이루는 것

Self-incompatibility(자가 불화합성) | 식물의 동계교배를 억제하는 메카니즘으로 통상 자신의 화분은 배주에 도달하는 것을 억제함

Selfish DNA(이기적 DNA) | 어떤 뚜렷한 세포 기능을 가지지 않은 DNA 서열들의 지속은 일단 유전체에 존재하면 이러한 DNA 들은 기주 생물체가 죽을 때까지 지속적으로 존재한다는 설 (예로 다양한 반복서열 DNA). 이들은 '이기적(selfish)' 또는 '쓰레기(junk)' DNA라 불리기도 하는데 세포는 기능을 가진 DNA들의 복제와 함께 다른 선택의 여지도 없이 이들 이기적 DNA들도 복제시킨다는 설

Serial("iterative") homology(연속상동) | 동일한 생물체의 부분들간의 유사성으로 척추동물의 척추뼈 또는 포유동물이 생산하는 여러 종류의 헤모글로빈 분자들을 들 수 있음. 이러한 상동성의 유전적 기초는 중복된 유전자들이 오랜 기간 동안 분화되었으나 아직 비슷한 기능을 가지고 있는 경우이다.

Sex chromosomes(성 염색체) | 성의 차이를 결정하는 염색체. 이들 성염색체들은 동형배우자적 성에서는 같으며(예로 XX), 이형 배우자적 성에서는 다르다(예, XY).

Sex determination(성 결정) | 성 염색체에 있는 유전자나 또는 환경 등에 의해 한 개체의 성이 결정되는 과정

Sex linkage(성 연관) | 성 염색체에 있는 유전자

Sex ratio(성 비) 집단내의 암·수의 비율

Sexual dimorphism(성적 이형성) | 한 종의 암컷과 수컷의 표현형이 다른 경우

Sexual reproduction(유성 생식) | 암·수 간의 수정에 의해 배우체의 유전물질이 합쳐진 접합자를 통한 생식

Sexual selection(성 선택) 한 종 내에서 한 쪽 성의 개체들간의 교배를 위한 경쟁에 의한 선택(성내 선택, intrasexual selection), 또는 상대편 성을 가진 개체들에 의해 반대 성을 가진 개체들의 선택(이성간 선택, epigamic selection), 또는 위 두 모드의 합. 어떠한 경우이던 성 선택은 선택이 행하여지는 표현형의 과정된 모습으로 나타남(예, 사슴의 큰 뿔, 현란한 색 등)

Sibling species(자매 종) 서로 다른 생물종들이 형태적으로 너무 비슷하여 구별하기가 힘들지만 생식적으로 서로 격리된 생물종들

Sickle cell anemia(겸형빈혈) 상염색체에 있는 겸형 세포 유전자(Hs)를 동형접합형으로 가진 인간들의 적혈구 세포의 파괴; 임상적으로 용혈성 빈혈의 치명적 형태로 존재함

Signal transduction(신호 전달) 세포내의 수용체가 활성되어 유전자 활성을 조절하는 과정

Sister group(sister taxon)(자매 분류군) 한 분류군과 가장 가까운 다른 분류군. 중요한 진화적인 과정 각각은 두 개의 자매 분류군으로 서로서 계통학적으로 같은 위치에 존재하도록 하는 이분법적인 분지에 의해서 생긴다는 개념에서 발달됨

Small interference RNA(siRNA)(작은 간섭 RNA) | 상보적인 RNA 염기에 결합을 유도하여 상보적 mRNA를 절단시키는 RNA-induced silencing complex(RISC, RNA-유도 침묵 복합체)를 구성하는 20에서 25개의 뉴클레오티드로 된 RNA 염기 서열

Snowball Earth(눈덩이 지구이론) | 지구 평균 기온이 영하 40도 정도이었던 약 6억년전쯤 1천만년 동안 지구는 약 1킬로미터의 높이의 얼음으로 덮여 있었으며, 이러한 에피소드가 7억5천만년에서 6억년 사이에 4번 있었다는 설

Social Darwinism(사회학적 다윈주의) | 인간 사회의 사회적 문화적 차이는(정치적, 경제적, 구사적, 종교적 등) 집단과 생물종들의 차이를 설명하는데 이용되는 자연 선택에 의해 일어난다는 설

Social organization(사회 조직) | 한 종의 다른 구성원들이 노동의 분업을 하는 현상으로 개미, 꿀벌, 흰개미, 말벌 등에서 볼 수 있음

Sociobiology(사회생물학) | 사회의 행동의 생물학적 기초에 대해서 연구하는 학문

Solvent(용매) | 분자들이나 화합물 등을 녹아서 용액 형태로 만드는 액체

Somatic cells(or tissues)(체세포, 체조직) | 정자나 난자를 생산하는 세포 이외의 모든 세포(soma, 세포체라고도 함)

Space-time(공간 시간)(cosmology, 우주학) | 천체의 모든 구성원(별, 행성, 은하, 블랙홀 등) 들을 포함시키는 사차원 세계. 공간-시간은 계속 부풀려 지므로 공간-시간은 현재 진행되고 있는 우주 팽창을 설명한다.

Speciation(종분화) | 한 생물종이 여러 개의 생물종으로 분지하거나 한 생물종이 다른 종으로 전환되는 것

Species(종) | 생물 분류 체계에서 마지막 분류로서 여러 가지로 정의를 내릴 수 있다. 다른 생물종과 생식적으로 고립된 집단에서 개체들간의 상호 교배에 의해 자손을 생성할 수 있는 생물(생물학적인 종의 개념). 또는 자기 자신의 독자적인 진화적 역할과 경향을 가지고 다른 종과는 독자적으로 진화하여온 혈통(진화적 종의 개념)

Split gene(분할 유전자) | 유전자의 염기서열이 엑손과 인트론 등으로 나누어져 있는 유전자

Spontaneous generation(자연발생설) | 복잡한 생물체가 생물적인 혈통이 없이 비활성 물질들로부터 자연적으로 생겨났다는 설

Sporophyte(포자체) | 식물의 포자-생산하는 이배체의 세대

Stabilizing selection(안정화선택) | 집단에서 개체들의 생존이 특정한 표현형 변이에서 중간형 변이들이 이점을 가지고 양극단의 표현형을 가지는 개체들은 도태되는 선발론

Stasis(정체) | 명확한 진화적인 변화가 없는 일정한 기간(일반적으로 지질학에서 사용되는 용어)

Stem cells(줄기세포) | 다세포 생물에서 여러 형태의 세포 형태로 분화 가능한 세포

Stem group(기간 군) | 한 계통 분기군의 가장 기본적인 그룹들보다 더욱 기본적이거나 이에 가장 가까운 것을 간주되는 멸종된 생물들로 이루어진 그룹

Stone tools(석재 도구) | 음식물 사냥/준비 또는 방어 등의 목적

으로 인간에 의해 변형된 돌

Stop codon(정지 유전암호, 정지 코돈) | mRNA에서 폴리펩디드로 번역을 중단시키는 세 가지의 유전 암호(UAA, UAG, UGA).(사슬-정지 코돈 또는 넌센스 코돈이라고도 불림)

Strata Geological strata를 참조 할 것

Strepsirrhines(스트렙시린) | 여우원숭이와 로시스 등과 같이 "축축한-코(wet-nosed')"를 가진 영장류

Stromatolites(스트로마톨라이트) | 모래가 쌓인 해저 미생물(주로 섬유상 녹조류)의 집적층을 여러 개 집적된 바위

Structural genes(구조 유전자) | RNA나 단백질을 암호화하고 있는 DNA 단편. 경우에 따라서는 단백질-코딩 유전자만으로 한정할 수도 있음

Subduction(Earth science) (섭입대)(지구과학) | 지구 판(tectonic plate)이 다른 지구판의 끝 부분에서 맨틀로 가라 앉는 과정, 종종 지진이나 화산 분출 등을 유발한다.

Subspecies(아종) | 특별한 표현형적인 형질과 기원 또는 특정한 지역의 분포 등으로 구별되는 분류학적인 한종의 분류군. 다른 종의 아종과 같이 하나의 아종은 그 종의 다른 아종들과 상호교배가 가능하다.

Supergroups(초군, 초그룹) | 분류체계 중 하나로서 계(界)를 대신하는 수준의 진핵생물의 주요 그룹

Supernova(초신성) | Type Ia supernova, Type IIa supernova 참조

Survival of the fittest(적자 생존) | 자연 선택의 결과를 기술하기 위해 Herbert Spencer가 주창한 용어

Survivorship(생존자권) | 주어진 나이에서 어떤 주어진 시간에 태어난 개체들의 비율

Symbiont(공생자) | 두 개체 또는 두 생물종간의 반응적 연계(공생)에서 참여자. 이 용어는 상호 호혜 공생에서 국한적으로 사용되기도 함

Sympatric(동소적) | 집단이나 생물종들의 지역적 분포가 일치하거나 중첩되는 것

Sympatric speciation(동소적 종분화) | 지역적 분포가 같은 집단들간에 일어나는 종 분화

Symplesiomorphy(원시적 유사성) | 두 개 또는 그 이상의 분류군들이 공유하는 형질(특징, 성격).두개 이상의 다른 분류군과 마지막 공동 조상과 공유하는 형질; 조상종의 형질과 공유하는 형질

Synapomorphy(공동파생형질) | 조상 혈통군에서 유래하여 다르지만 상동성 형질으로부터 유래한 같은 표현형을 보이는 두 개 이상의 관련이 있는 혈통군들이 가지는 형질

Synthetic theory of evolution(진화의 합성론) | Modern theory 참조

Systematics(계통분류학) | G. G. Simpson에 의해 생물의 다양성과 그들이 가지는 모든 비교적이고 진화적인 관계를 연구하기 위하여 제안된 학문이지만, 이 용어는 종종 분류 또는 분류학과 상호 교환적으로 불린다.

T

Taxon(복수 Taxa) | 분류에서 모든 레벨의 분류학적인 단위

Taxonomy(분류학) | 생물체를 분류하는 이용되는 원칙과 과정

Tectonic plates(텍토닉 플레이트, 지구의 지판) | 지구의 지각을 구성하는 매우 견고한 판으로 지판의 경계는 지진 벨트와 화산 체인 등에 의해 경계된다. 대륙적 대중이 이들 지판들이 융기하며 생기고 대륙 이동과 지판들의 충돌시 산맥들이 형성된다.

Teleology(목적론) | 발생 발달이나 진화 등은 그들의 초기 상태(telos)와 특별한 목적에 의해 유도됨. 예로 "식물이 광합성을 하는 이유와 동물이 음식을 찾는 이유는 생존을 위한 것이며 이것은 최종적으로 생식적 성공을 위한 생존 목적이다".

Telome hypothesis(텔롬설) | 가는 가지(telomes)가 더욱 복잡성과 유관석화로 되어 양치식물과 관속식물의 잎과 줄기가 생성되었거나 또는 가지가 없는 하나의 줄기로 퇴행하여 선태식물이 되었다는 설

Tetrapods(사족류) | 어원적으로 '네발을 가진'이라는 뜻임. 일반적으로 육상에서 진화한 척추동물, 양서류, 파충류, 포유동물 등을 지칭함

Thermophilic organisms(thermophiles)(호열성 생물체, 호열성) | 열수공과 같이 섭씨 350도와 같은 고온 서식 가능한 생물체들

Tinkering(bricolage) | 뜯어 맞추기(브리콜라지) 진화적인 변화는 현존하는 유전자들, 경로들과 과정들의 작은 변형이 집합되어 일어난다는 개념

Tissue(조직) | 다세포 생물체에서 비슷한 기능을 수행하는 세포군

"Tit for tat"(보복) | 한 개체가 상호작용에서 처음에는 상호협조적으로 행동하고 후에는 반대적으로 행동하는 진화적으로 안정된 전략

Tools(도구) | Stone tools를 참조

Trait(형질) | Character 참조

Transcription(전사) | RNA 중합효소에 의해 주형 가닥 DNA에 상보적인 mRNA 합성을 개시하고 종료하는 과정

Transcription factor(전사인자) | 다른 유전자의 조절 부위에 결합하여 그 유전자의 활성을 조절하는 유전자 산물

Transfer RNA(tRNA)(운반RNA) | 염기 수가 약 80개 정도되는 상대적으로 작은 RNA 분자로서 폴리펩티드 합성 시 리보솜에 아미노산을 운반하는 RNA. 각 종류의 tRNA는 mRNA

에 있는 코돈에 상보작인 anticodon을 가지고 있어서 폴리펩티드 합성 시 특정한 아미노산을 폴리펩티드에 위치 시킨다.

Transgene(형질전환체) | 다른 생물체의(또는 세포) 유전자를 자신의 유전체 내에 삽입하여 가지는 생물체(또는 세포)

Translation(번역) | 리보솜에서 일어나는 단백질 합성과정으로 전령 RNA에 있는 코돈의 순서에 따라 번역하여 특정한 아미노산 서열을 연결시켜 폴리펩티드를 형성함

Transposable elements(전이인자) | Transposon 참조

Transposons(transposable elements)(전이인자) | 염색체에서 자신의 위치를 한 곳에서 다른 곳으로 이동할 수 있는 DNA 단편

Tree of life(생명의 계통 나무) | 지구상에 있는 모든 생물체들의 계통유전학적인 계통도. 생물체들간의 유사성이나 차이성은 하나의 가지를 가진 계급 체계를 반영한다는 찰스 다윈의 주장에 기초함

Triploblastic(3배엽성) | 배 발생시 외배엽, 중배엽, 내배엽 등의 세 세포 층을 가지는 동물

Type specimen(종의 기준 표본) 한종을 정의하는 그 종의 대표 개체로서 이 종을 조사한 박물관에 존재함

Typology(유형분류체계) | 분류 군의 모든 개체들은 기본적인 플랜을 따르며, 이들의 변이는 별로 또는 전혀 중요하지 않다는 원칙에 기초한 유기체의 다양성 연구 분야

U

Ultra violet(UV) radiation(자외선 조사) | 파장이 4에서 400 나노미터로서 가시광선보다는 짧고 X-선보다는 긴 전자기적 방사선. UV 방사선은 퓨린과 피리미딘 환 구조체에 이해 흡수되므로 핵산 유전물질에 상당한 손상을 준다.

Unequal crossing over(불균형 교차) | 염색분체들 간의 비적절한 대합에 의한 교차로 교차 후 염색분체들은 유전물질의 양이 다르게 되는 결과를 초래함

Uniformitarianism(동일과정설) | Charles Lyell이 선호한 지구과학의 한설로 과거 지구 역사에서 활성적인 힘의 어느 것도 현재 활성을 갖는 것들과 다르다는 이론

Unikonta(단편모생물) | 점균류, 마은 종류의 아메바, 병원성 원생동물의 일부, 깃편모충, 곰팡이, 동물 등을 포함하는 거대한 초군

Uniparental inheritance(편친 유전) | 양친 중 한쪽 친으로부터만 유전형질을 받는 것. 에로, 미토콘드리아와 클로로플라스트는 모친으로부터만 유전된다.

Universal genetic code(공통적 유전 암호) | 모든 생물체들이 갖는 동일한 유전 암호

Universal tree of life(UToL)(생명의 공통적 계통유전도) | 모든 생물체들이 하나의 계통유전도에서 큰 가지와 세부 가지 등으로 나타낼 수 있다는 제안

Upper Paleolithic tools(상부 구석기 시대 도구) | Homo sapiens가 9만년 전에 사용한 갈고리, 가시 작살, 바늘, 상아구슬, 조각상등

Upstream gene(상류 유전자) | 다른 유전자 또는 유전자들을 조절하는 조절 유전자

Use and disuse(용불용설) | 라마르크가 진화를 설명하는데 이용한 설로서 개체가 살아가는 동안 어떤 형질을 사용하거나 비사용함으로 향상되거나 퇴보하며 이러한 성질은 다음세대로 전달이 되어 진화가 이루어 졌다는 설

V

Variability(변이성) | 유전자형이나 표현형이 변하고자 하는 경향

Variation(변이) | 집단의 개체들 간의 양적 또는 질적 형질의 차이를 나타내는데 사용되는 일반적인 용어

Vascular plants(관속식물) | 물관과 체관을 갖는 육상 식물

Vertical transmission(수직 유전) | 유전형질이 부모로부터 자손에게 전달되는 현상

Vestiges(흔적) | Vestigial organs 참조

Vestigial organs(흔적 기관) | 아주 작고 기능을 가지지 않는 어떤 기관이나 구조가 조상종의 크고 기능이 있는 기관과 구조와 상동성을 보이는 기관 또는 구조체

Virus(바이러스) | 매우 작은 세포내 감염 에이전트로서 종종 병원성이며 DNA 혹은 RNA와 단백질로 구성되어 있고 기주 세포의 복제에 따라 자신의 DNA를 복제하고 단백질을 합성함

Vitalism(생기론) | 살아 있는 생물체의 활성은 밑바탕에 있는 물리적 또는 화학적 원칙에 위해 설명되지 않으나 알려지지 않는 내부적 또는 초자연적인 원인에 의해 생성된다는 설

W

White dwarf(cosmology)(백색 왜성)(우주학) | 하나의 행성이 마지막 죽어가는 과정의 명명으로서 하늘에서 희미한 물체로 관찰됨

Wild type(야생형) | 특정한 형질에 대해 가장 흔하게 관찰되는 유전자형 또는 표현형. 야생형으로부터의 변이는 통상 돌연변이로 간주됨

X

X chromosome(x 염색체) | 동형배우자적 성(XX)에서는 두 개로 존재하지만 이형배우자적 성(XY 또는 XO)에서는 한 개

만 존재하는 성염색체를 지칭하는 염색체

X-linked genes(X-연관 유전자들) | X 염색체에 존재하는 유전자들

Xylem(물관부, 목질부) | 물을 식물의 모든 조직으로 운반하는 육상 녹색 식물의 조직

Y

Y chromosome(Y 염색체) | 이형배우자적 성(XY)에서 한 개만 존재하는 성염색체

Y-chromosome Adam(Y-염색체 아담) | 1십5만년전부터 존재하였던 Y-염색체 염기서열로 추정되는 공통적인 Y-염색체 인간 조상에게 붙여진 이름

Z

Zoogeography(동물지리학) | 특정한 지역의 동물 분포를 연구하는 학문

Zygote(접합자) | 웅성 배우체와 자성 베우체가 합쳐져서 형성된 세포 선택과 산업화 멜라닌

주요 용어, 개념, 원칙, 과정, 그리고 생물군 등의 어휘-체크 교차 체크리스트

A

Abiotic(무생물학적) | biotic(생물학적), life(생명)

Adaptation(적응) | environment(환경), exaptation(굴절적응), inheritance of acquired charecters(획득형질 유전), preadaptation(전적응)

Adaptive landscape(적응 지형도) | fitness(적응도), genetic load(유전적 하중) heterozygote advantage(이형접합 이득), hybrid breakdown(잡종 붕괴),inclusive fitness(포괄적 적응도), natural selection(자연선택, 자연선발), relative fitness(상대적 적응도), selection(선택, 선발), selection coefficient(선발 계수)

Adaptive radiation(적응 방사) | biogeography(생물지라학), speciation(종분화), zoogeography(동물지리학)

Algae(조류) | archaeplastidida(원시색소체생물), chromaveolata(원생생물), cyanobacteria(남조류, 시안화박테리아), photosynthesis(광합성), Protista(원생생물)

Allele(대립유전자) | Allele frequency(대립유전자 빈도), Dominant allele(우성 대립유전자), Gene(유전자), Gene pool(유전자 풀), Genetic polymorphism(유전적 다형성), Heterozygote(이형접합), Homozygote(동형접합), Independent assortment(독립분리), Linkage(연관), Linkage equilibrium(연관균형), Neutral theory of molecular evolution(분자진화의 중립설), Population genetics(집단유전학), Recessive allele(열성 대립전자), Recessive lethal(열성치사), Relative fitness(상대적 적응도), Segregation(분리)

Allopatric speciation(이소적 종분화) | Parapatric speciation(접소성종분화), Peripatric speciation(근소적 종분화), Speciation(종분화), Sympatric speciation(동소적 종분화)

Alternation of generation(세대교번) | Alternation of generation(세대교번), Diploid(이배체), Haploid(반수체), Meiosis(감수분열)

Altruism(이타주의) |Evolutionary stable strategies(진화적 안정화 전략), Mutualism(상리공생), Reciprocal altruism(상호 이타주의), Tit for tat(보복)

Analogy(유사성) Convergence(수렴), Homology(상동성)

Anatomically modern humans(해부학적 근대 인류) | fossils(화석), Hominid(인류), Mousterian tools(무스테리 도구들), Upper Paleolithic tools(구석기시대 도구들)

Angiosperms(현화식물, 피자식물) | Biota(생물군), Dicotyledons(쌍자엽식물), Double fertilization(중복수정), Flora(식물군), Flower(꽃), Gymnopserm(나자식물), Mesozoic Era(중생대), Monocotyledons(단자엽식물), Pollen(화분), Seeds(종자), Telome hypothesis(텔롬설), Vascular plants(관속식물)

Antennapedia complex(안테나피디어 복합체) Bithorax complex(바이쏘락스 복합체), Homeotic mutations(호미오틱 돌연변이)

A-P axis(A-P 축) | Axes of symmetry(대칭축), P-D axis(P-D 축)

Apomorphic character(파생적 형질) | Character(형질), Character state(형질상태), Convergence(술렴), Homology(상동성), Homoplasy(상사성), Plesiomorphy(근거리형질), Symplesiomorphy(원시적 유사성), Synapomorphy(공동파생형질)

Archaebacteria(고세균) | Greenhouse gas(온실 가스), Methanogens(메탄생성 세균)

Arms race(군비 경쟁): Parasitism(기생)

Artificial selection(인위적 선택, 인위적 선발) | Canalizing selection(운하화 선택, 세분화 선택), Constraint(제약), Darwinism(다윈주의), Directional selection(방향성 선택), Disruptive selection(분단성 선택), Frequency-dependent selection(빈도-의존 선발), Group selection(집단선발), Kin selection(혈연선택, 친족선택), Natural selection(자연선택, 자연선발), Selection(선택, 선발), Selection coefficient(선택 상수), Sexual selection(성선택), Stabilizing selection(안정화 선택)

Asexual reproduction(무성생식) | Clone(클론), Sexual selection(성선택)

Axes of symmetry(대칭 축) | A-P axis(A-P 축), Bilateral symmetry(좌우 대칭), P-D axis(P-D 축)

B

Balanced polymorphism(평형 다형성) | Genetic polymorphism(유전적 다형성)

Baryonic matter(바이론적 물질) | Cosmic microwave background(우주미세파 배경), Dark ages(cosmology)(암흑시대), Dark matter(암흑물질)

Base(Chemistry)(염기) | Base pairs(염기쌍), Base substitutions(염기치환), Complementary base pairs(상보적 염기), DNA(deoxyribonucleic acid)(DNA), Nucleic acid(핵산),

Nucleotide(뉴클레오티드), RNA(ribonucleic acid)(RNA)

Base substitutions(염기치환) | Base(염기), Base pairs(염기쌍), Complementary base pairs(상보적 염기쌍)

Batesian mimicry(베이트스 의태) | Mimicry(의태), Mullarian mimicry(뮬라리안 의태)

Bauplan(바우플란) | Archetype(전형), Phylum(문, 門)

Behavior(행동) | Altruism(이타주의), Dominance(social)(우성), Homology(상동성), Imprinting(각인), Instinct(본능), Learning(학습), Phenotype(표현형), Reciprocal altruism(상호이타주의), Sociology(사회학)

Big Bang theory(대폭발설) | Evolutionary universe(진화적 우주)

Binomial nomenclature(이분 명명법) | Classification(분류), Genus(속, 屬), Species(종, 種)

Biogenetic law(생물발생법칙) | Development(발달), Evolutionary developmental biology(진화적 발달생물학), Heterochrony(異時性), Ontogeny(개체발생학), Paedomorphosis(유형진화), Parthenogenesis(단위생식), Phylogeny(계통발생)

Biogeography(생물지리학) | Endemic(풍토), Phylogenetic evolution(계통유전적 진화), Phylogeography(계통 생물지리학), Zoogeography(동물지리학)

Biological species concept(생물학적 종개념) | Evolutionary species(진화적인 종), Fixity of species(종의 고정), Morphological species(형태학적 종), Polytypic species(다형종), Species(종)

Biota(생물군) | Abiotic(무생물학적), Angiosperm(피자식물), Biotic(생물학적), Life(생명), Burgess shale fossils(이판암 화석), Chengjiang fauna(청지앙 동물군), Ediacaran fauna/biota(에디아카란 동물군), Fauna(동물군, 동물상), Organism(생명체), Rangiomorphs(레인지오모프)

Biotic(생물학적) | Abiotic(무생물학적), Biotic(생물학적), Life(생명), Organism(생명체)

Bithorax complex(바이쏘락스 복합체) | Antennapedia complex(안테나피디어 복합체), Homeotic mutations(호미오틱 돌연변이)

Blending inheritance(융합유전) | Extranuclear inheritance(핵외유전), Inheritance(유전), Inheritance of acquired characters(획득형질 유전), Lamarckian inheritance(라마르크식 유전), Uniparental inheritance(편친유전)

Bottleneck effect(병목효과) | Founder effect(창시자효과), Population(집단), Peripatric speciation(근소적 종분화), Population genetics(집단유전학)

Box(Boxes)(박스) | Homeobox(호미오박스), Homeodomain(호미오도메인), Homeotic Genes(호미오 유전자), Hox gene(혹스 유전자)

Burgess shale fossils(이판암화석) | Biota(생물군), Cambrian explosion(캠브리아기 대폭발), Cambrian period(켐브리아기), Chengjiang fauna, Ediacaran fauna/biota(청지앙 동물군), Fauna(동물군, 동물상), Fossils(화석), Macroevolution(대규모 진화), Paleontology(고생물학, 화석학)

C

Cambrian explosion(켐브리아기 대폭발) | Burgess shale fossils(이판암 화석), Cambrian Period(켐브리아기), Chengjiang fauna(청지안 동물군)

Cambrian Period(켐브리아기) | Burgess shale fossils(이판암 화석), Cambrian explosion(켐브리아기 대폭발) Chengjiang fauna(청지안 동물군), Geological strata(지층), Geological time scale(지질학적 시간 스케일), Period(geological)(기)

Canalization(발생세분화) | Canalizing selection(운하화 선택, 세분화선택), Constraint(제약), Variation(변이)

Canalizing selection(발생세분화 선택) | Artificial selection(인위적 선택), Canalization(발생세분화), Constraint(제약), Disruptive selection(분단성 선택), Fitness(적응), Frequency-dependent selection(빈도-의존 선택), Group selection(집단선발), Inclusive fitness(포괄적 적응), Kin selection(친족 선택), Natural selection(자연선택, 자연선발), Neo-Darwinism(신-다윈주의), Population genetics(집단유전학),Relative fitness(상대적 적응도),Selection(선발, 선택), Selection coefficient(선발계수), Sexual selection(성선발, 성선택), Stabilizing selection(안정화 선택), Survival of the fittest(적자 생존)

Carrying capacity(k)(환경용량) | Ecological footprint(생태적 발자국), Environment(환경), Intrinsic rate of natural increase(자연적 증가 내재율), Logistic growth curve(로지스틱 성장곡선), Niches(니치), Population(집단), Population explosion(집단 폭발)

Catastrophism(Earth science)(천변이변설) | Geological dating(지질학적 연대), Geological strata(지질), Law of superposition(중첩의 법칙), Paleontology(고생물학, 화석학), Sedimentary rock(퇴적암), Snawball(스코우볼, 눈덩이), Earth(지구), Uniformitarianism(동일과정설)

Cenozoic(Caenozoic) Era(신생대) | Dinosaurs(공룡), Era(이어러, 代), Mammals(포유동물), Mesozoic(Era)(중생대),

Paleozoic Era(고생대), Phanerozoic Era(현생대)

Character(형질) | Analogy(유사성), Apomorphic character(파생적형질), Character(형질), Character state(형질 상태), Convergence(수렴), Homology(상동성), Homoplasy(상사성), Inheritance of acquired characters(획득형질 유전), Morphology(형태학), Parallel evolution(평행 유전), Phenotype(표현형), Pleiotropy(다면발현), Plesiomorphy(근거리형질), Quantitative character(양적형질, Symplesiomorphy(원시적 유사성), Synapomorphy(공동파생형질)

Character displacement(형질 대체) | Character state(형질 상태), Competition(경쟁), Niche(니치)

Character state(형질상태) | Analogy(유사성), Apomorphic character(파생적형질), Character(형질), Convergence(수렴), Homology(상동성), Homoplasy(상사성), Parallel evolution(평행진화), Phenotype(표혀형), Pleiotropy(다면발현), Plesiomorphy(근거리형질), Quantitative character(양적형질), Symplesiomorphy(워시적 유사성), Synapomorphy(공동파생형질)

Chengjiang fauna(청지앙 동물군) | Biota(생물군, 생물상), Burgess shale fossils(이판암 화석), Cambrian explosion(캠브리아기 대폭발), Cambrian period(캠브리아기), Ediacaran fauna/biota(에디아카란 동물군), Fauna(동물군), Fossils(화석), Paleontology(고생물학, 화석학), Rangiomorphs(레인지오모프)

Chlorophyll(클로로필, 엽록소) | Chloroplast(엽록체, 클로로플라스트), Cyanobacteria(남조류, 시안화박테리아), Endosymbiosis(내부공생), Photosynthesis(광합성), Protista(원생생물)

Choanoflagellates(깃편모충류) | Ophisthokonts(후편모생물), Unikonts(단편모생물)

Chordates(척색동물) | Notochord(척삭), Phylum(門), Vertebrate(척추동물)

Chromosomes(염색체) | Autosomes(상염색체), Deletion(결실), Gene locus (유전자 좌), Heterozygote(이형접합), Homozygote(동협접합), Independent assortment(독립유전), Locus(유전자 좌), Quantitative trait loci(QTL)(양적유전자좌), Polytene chromosome(다사염색체)

Cis-regulation(cis-조절) | Developmental control gene(발달 조절 유전자), Enhancer(인핸서, 증폭자), Messenger RNA(전령RNA), Promoter(프로모터, 촉진자), Repressor(억제자), Transcription(전사)

Clade(분기군) | Crown group(수관그룹), Missing link(단절고리)

Cladistics(분기학) | Cladogram(분기도), Classification(분류), Phylogenetic method(계통유전학적 방법)

Cladogenesis(분기진화) | Lineages(혈통, 계통), Monophyletic(단계통진화), Paraphyletic(측계통진화), Phyletic evolution(계통학적 진화), Phylogenetic evolution(계통유전학적 진화), Principle of divergence(분기의 법칙)

Cladogram(분기도) | Cladogenesis(분기진화), Phyletic evolution(계통학적 진화), Phylogenetic evolution(계통유전학적 진화), Principle of divergence(분기의 법칙)

Class(강, 綱) | Classification(분류), Family(과), Order(목), Phylum(문), Systematics(계통분류학), Taxon(분류군), Taxonomy(분류학)

Clone(클론) | Asexual reproduction(무성생식), Cloning(클로닝)

Cloning(genetics)(클로닝) | Clone(클론)

Coacervate(코아세르베이트) | Microshperes(마이크로스피어, 미소구체), Protocells(원세포)

Codon(코돈, 유전암호) | Degenerate(redundant) code(유전암호의 퇴화), Genetic code(유전 암호), Messenger RNA(mRNA)(전령RNA), Peptide(polypeptide)(펩티드), Stop codon(정지코돈), Translation(번역), Universal genetic code(공통적 유전암호)

Coextinction(공멸종) | Extinction(멸종), Lineages(혈통, 계통)

Collision theory(충돌이론) | Condensation theory(응축설), Cosmology(우주학), Dwarf planets(왜소행성), Gravitation(중력), Nebular hypothesis(성운설), Planetesimals(미행성체), Protoplanet(원시행성), White dwarf(백색왜성)

Commensalism(편리공생) | Parasitism(기생), RNA virus, Virus

Competition(경쟁) | Competitive exclusion(경쟁 배타), Environment(환경), Group selection(집단선택, 집단선발), Niche(니치), Principle of divergence(분기의 법칙), Resource partitioning(자원 분배), Sexual selection(성 선택)

Competitive exclusion(경쟁적 배타) | Competition(경쟁), Environment(환경), Group selection(지반선발, 집단선택), Niche(니치), Principle of divergence(분기의 법칙), Resource partitioning(자원 분배), Sexual selection(성 선택)

Complementary base pairs(상보적 염기쌍) | Base(염기) Base pairs(염기쌍), DNA(deoxyribonucleic acid), Homeobox(호미오 박스), Homeotic genes(호미오 유전자), RNA(ribonucleic acid)

Complexity(복잡성) | Design(디자인), Hierarchy(계급, 체계), Progress(진보), reductionism(화원주의)

Condensation theory(응축설) | Collision theory(충돌설), Cosmology(우주학), Dwarf planets(왜소행성), Gravitation(중력), Nebular hypothesis(성운설), Planetesimals(미행성체), Protoplanet(원시행성), White Dwarf(백색왜성)

Constraint(제약, 제한) | Canalization(발생세분화), Canalizing selection(세분화 선발), Variation(변이)

Continental drift(대륙 이동) | Continents(대륙), Crust(지각), Gondwana(곤드와나), Laurasia(러라시아 대륙), Paleomagnetism(거지자기), Pangaea(팬게아 대륙), Plate tectonics(판구조론), Sea-floor spreading(해저 확산), Tectonic plates(텍토닉 플레이트, 지구지판)

Continuous variation(연속적 변이) | Canalization(발생세분화), Character(형질), Character state(형질 상태), Darwinism(다윈주의), Quantitative character(양적형질), Variation(변이)

Convergence(Convergent evolution)(수렴, 수렴진화) | Analogy(유사성), Apomorphic character(파생적 형질), Character(형질), Character state(형질 상태), Homoplasy(상사성), Homology(상동성), Parallel evolution(평행진화),Phenotype(표현형), Pleiotropy(다면발현), Plesiomorphy(근거리형질), Sympleiomorphy(원시적 유사성), Synapomorphy(공동파생형질)

Core(Earth science)(핵) | Crust(지각), Earth(지구), Lithosphere(암석군), Mantle(멘틀)

Cosmic microwave background(CMB)(우주 미세파 배경) | Baryonic matter(바이론적 물질), Dark ages(cosmology)(암흑시대), Dark matter(암흑물질)

Cosmology(우주학) | Collision theory(충돌이론), Condensation theory(응축설), Cosmological constant(우주 상수), Cosmological redshift(우주론적 적색이동), Critical density(임계밀도), Dwarf planets(왜소 행성), Expanding universe(우주 팽창), Galaxy(은하), Gravitation(중력), Nebular hypothesis(성운설), Planetesimals(미행성체), Protoplanet(원시행성), Redshift(적색이동), Space-time(우주시간, White dwarf(백색왜성)

Crown group(수관 그룹) | Classification(분류), Stem group(기간 군), Taxonomy(분류학)

Crust(Earth science)(지각) | Continental drift(대륙 이동), Continent(대륙), Core(핵), Earth(지구), Igneous rock(화성암), Lithosphere(암석군), Mantle(Earth science)(맨틀), Metamorphic rock(변성암), Sedimentary rock(퇴적암)

Culture(문화, 문명) | Altruism(이타주의), Dominance(social)(우성), Homology(상동성), Imprinting(behavior)(각인), Instinct(본능), Learning(학습), Phenotype(표현형), Reciprocal altruism(성호이타주의), Sociobiology(사회학)

Cyanobacteria(남조류, 시안화박테리아) | algae(조류, 알지), Chlorophyll(클로로필, 엽록소), Chloroplast(엽록체, 클로로플라스트), Photosynthesis(광합성)

Cytoplasm(세포질) | Eukaryotic cells(진핵세포), Extranuclear inheritance(핵외 유전), Fertilization(수정), Histones(히스톤), Maternal inheritance(모계 유전), Nucleus(핵), Organelles(세포소기관), Prokaryotic cells(원핵세포), Protoplasm(원형질), Uniparental inheritance(편친 유전)

D

Dark ages(cosmology)(암흑시대) | Baryonic matter(바이론적 물질), Collision theory(충동설), Cosmic microwave background(CMB)(우주 미세파 배경), Dark matter(암흑물질), Galaxy(은하계), Milky Way(은하수), Neutron stars(pulsars)(중성자 별), Red giant(적색 거성)

Dark energy(암흑 에너지) | Baryonic matter(바이론적 물질), Dark matter(암흑 물질)

Dark matter(암흑 물질) | Cosmic microwave background(우주 미세파 배경), Dark ages(cosmology)(암흑 시대), Dark energy(암흑 에너지)

Darwinism(다윈주의) | Continuous variation(연속 변이), Discontinuous variations(불연속 변이), Domestication(순화), Homology(상동성), Natural selection(지연선발, 자연선택), Neo-Darwinism(신-다윈주의), Population genetics(집단유전학), Selection(선발, 선택), Sexual selection(성선발, 성선택), Social Darwinism(사회적 다윈주의), Survival of the fittest(적자생존), Tinkering(뜯어 맞추기), Variation(변이)

Degenerate(redundant) code(유전암호의 퇴화) | Codon(코돈, 유전암호), Genetic code(유전암호), Messenger RNA(mRNA)(전령RNA), Peptide(polypeptide)(펩티드), Stop codon(정지 코돈), Translation(번역), Universal genetic code(공통적 유전암호)

Deleterious allele(유해 대립유전자) | Allele(대립유전자), Allele frequency(대립유전자 빈도), Heterozygote(이형접합형), Homozygote(동형접합형), Recessive(열성), Recessive lethal (열성 치사), Relative fitness(상대적 적응도), Segregation (분리)

Deletion(결실) | Chromosome(염색체), Mutation(돌연변이), RNA editing(RNA 편집)

Deme(딤) | Gene flow(유전자 이동), Group(그룹, 군), Isolating mechanism(고립 메카니즘), Mendelian population(멘델식 유전), Migration(genetics)(이동, 이주), Parapatric(접소성), Population(집단), Species(종), Subspecies(아종)

Descent with modification(변형을 동반한 계승) | Darwinism (다윈주의), Domestication(순화), Homology(상동성), Tinkering(뜯어 마추기)

Design(디자인) | Complexity(복잡성), fixity of species(조의 고정), Hierarchy(계급, 체계), Great chain of being(존재의 거대한 고리), Ladder of Nature(자연 계단), Progress(진보), Reductionism(환원)

Development(발달) | Biogenetic law(생물발생 법칙), Developmental control gene(발달 조절 유전자), Embryology (발생학), Fertilization(수정), Epigenetics(후성유전학), Evolutionary developmental biology(진화 발생 생물학), Heterochrony(이시성), Homeotic mutations(homeosis) (호미오 돌연변이), Morphogenesis(형태발생), Ontogeny(개체발생학), Paedomorphosis(유형진화), Parthenogenesis(단위발생, 단위생식), Preformationism(전성설), Regulation(조절)

Developmental control gene(발달 조절 유전자) | Cis-regulation(cis-조절), Downstream gene(하위 유전자), Enhancer(인핸서. 증폭자), Gene regulation(유전자 조절), Genetic assimilation(유전적 동화), Heat shock proteins(열충격 단백질), Hierarchy(계급, 체계), Homeotic mutations(homeosis)(호미오 돌연변이), Modularity(모듈성), Promoter(프로모터, 촉진자), Regulatory gene(조절 유전자), Repressor(리프레서, 억제자), Signal transduction(신호전달), Transcription(전사), upstream gene(상위유전자)

Dicotyledons(쌍자엽식물) | Angiosperms(현화식물, 피자식물),Double fertilization(중복수정), Flower(꽃), Mesozoic Era(중생대), Monocotyledons(단자엽식물), Pollen(꽃가루, 화분), Seeds(종자)

Dinosaurs(공룡) | K-T extinction(K-T 멸종), Mammals(포유류), Mesozoic Era(중생대), Phanerozoic Eon(현생대, 현생이언)

Diploblastic(이배엽성) | Ectoderm(외배엽), Endoderm (내배엽), Germ layers(배엽), Triploblastic(삼배엽성)

Diploid(이배체) | Alternation of generations(세대 교번), Double fertilization(중복수정), Gamete(배우체), Haploid (반수체), Haplodiploidy(반수 이배체성), Meiosis(감수분열), Polyploidy(배수성), Seed(종자), Sporophyte(포자체)

Directional selection(방향 선택) | Artificial selection(인위선발, 인위선택), Canalizing selection(세분화 선택), Constraint (제약, 제한), Darwinism(다윈주의), Disruptive selection (분단성 선택), Fitness(적응도), Frequency-dependent selection(빈도-의존 선택), Group selection(집단 선발), Inclusive fitness(포괄적 적응도), Kin selection(혈족 선발, 친족 선발), Natural selection(자연선발, 자연선택), Neo-Darwinism(신-다윈주의), Population genetics(집단유전학), Relative fitness (상대적 적응도), Selection(선택, 선발), selection coefficient(s) (선택 계수), Sexual selection(성 선발), Stabilizing selection (안정화 선발), Survival of the fittest(적자 생존)

Discontinuous variation(불연속 변이) | Canalization(발생세분화), Constraint(제한, 제약), continuous variation(연속변이), Quantitative character(양적 형질), Variation(변이)

Disruptive selection(분단성 선택) | Artificial selection (인위적 선발, 인위적 선택), Canalizing selection(세분화 선택), constraint(제한, 제약), Darwinism(다윈주의), Directional selection(방향 선택), Fitness(적응), Frequency-dependent selection(빈도-의존 선발), Group selection(집단 선발), Inclusive fitness(포괄적 적응도), Kin selection(친족 선택, 친족 선발), Natural selection(자연 선발, 자연 선택), Neo-Darwinism(신-다윈주의), Population genetics(집단 유전학), Relative fitness(상대적 적응도), Selection(선택, 선발), Selection coefficient(s)(선택 계수), Sexual selection (성 선발), Stabilizing selection(안정화 선발), Survival of the Fittest(적자 생존)

E

Ecdysoza(탈피동물문) | Arthropods(절지동물), Lophotrochoza (촉수담륜동물문)

Ecological Footprint(생태 발자국) | Carrying Capacity (환경 능력), Environment(환경), Intrinsic rate of natural increase(자연 증가의 내재율), Logistic growth curve(로지스틱 성장 곡선), Niche(니치), Population(집단), Population explosion(인구 폭발), Range(범위)

Ecology(생태학) | Carrying Capacity(환경 능력), Ecological footprint(생태 발자국), Environment(환경), Group(그룹, 군),

Intrinsic rate of natural increase(자연증가의 내재율), Logistic growth curve(로지스틱 성정 곡선), Migration(ecology)(이주), Niche(니치), Population(집단), Population explosion (인구 폭발), Range(범위)

Ectoderm(외배엽) | diploblastic(이배엽성), Endoderm(내배엽), Germ layers(배엽), Mesoderm(중배엽) Triploblastic (삼배엽성)

Ediacaran fauna/biota(에스카리아 동물군/생물상) | Biota(생물상), Burgess shale fossils(이판암 화석), Chengjiang fauna (청지앙 동물군), Fauna(동물군), Fossils(화석), Macroevolution (대규모 진화), Paleontology(고생물학), Precambrian Eon(전캠브리아 이언), Rangiomorphs(레인지오모프)

Embryology(발생학) | Biogenetic law(생물발생 법칙), Development(발달), Developmental control gene(발달조절 유전자), Fertilization(수정), Epigenetics(후성유전학), Evolutionary developmental biology(진화적 발달 생물학), Heterochrony(이시성), Homeotic mutations(homeosis)(호미오 돌연변이), Larva(유충), Life history(생활사), Morphogeneis (형태발생), Ontogeny(개체발생학), Paedomorphosis(유형진화), Parthenogenesis(단위 발생, 단위생식), Preformationsm (전성설), Regulation(조절)

Endemic(토착, 풍토) | Biogeography(생물지리학), Phylogenetic evolution(계통유전학적 진화), Phylogeography(계통학적 지리학), Zoogeography(동물지리학)

Endocytosis(내포작용) | Endosymbiosis(내부공생), Primary endocytosis(일차 내포작용), Secondary endocytosis(이차 내포작용)

Endoderm(내배엽) | Archenteron(원장), Diploblastic(이배엽성), Ectoderm(외배엽), Germ layers(배엽), Mesoderm (중배엽), Neural crest(신경능), Triploblastic(삼배엽성)

Endosymbiosis(내부공생) | Chloroplasts(클로로플라스트, 엽록체), Endocytosis(내포작용), Mitochondria(미토콘드리아), Primary endosymbiosis(일차 내부공생), secondary endosymbiosis(이차 내부공생)

Enhancer(인핸서, 증폭자) | Cis-regulation(cis-조절), Gene regulation(유전자 조절), Messenger RNA(전령 RNA.,mRNA), Promoter(프로모터, 촉진자), Regulator gene(조절유전자), Repressor(리프레서, 억제자), Signal transduction(신호전달), Transcription(전사)

Environment(환경) | Adaptation(적응), Competitive exclusion(경쟁적 배타), Genetic assimilation(유전적 동화), Group selection(집단 선발), Niche(니치), Preadaptation (전적응), Principle of divergence(분기의 법칙), Resource partitioning(자원 배분), Sexual selection(성선택, 성선발)

Enzyme(효소) | Metabolic pathway(대사과정), Metabolism (대사), Proteinoids(프로티노이드), Restriction enzymes(제한효소), Ribozymes(리보자임), Transposons(transposable elements)(전이인자, 트랜스포손)

Eon(이언) | Archean Eon(시생대), Eon(이언), Era(代), Geological time scale(지질학적 연대 스케일, Precambrian Eon(전캠브리아 이언), Phanerozoic Eon(현생 이언), Precambrian Eon(전캠브리아 이언)

Epigenetic Biogenetic law(후성유전학적 발생 법칙) | Development(발달), Developmental control gene(발달 조절 유전자), Embryology(발생학), Fertilization(수정), Evolutionary developmental biology(진화적 발생 생물학), Heterochrony(이시성), Homeotic mutations(homeosis)(호미오 돌연변이), Morphogenesis(형태발생학), Ontogeny(개체발생학), paedomorphosis(유형진화), Parthenogenesis(단위 발생, 단위 생식), Preformationism(전성설), Regulation(조절)

Epoch(이포크, 世) | Geological time scale(지질학적 연대 스케일), Period(geological)(期)

Era(이어러, 代) | Cenonoic(Caenozoic) Era(중생대), Geological time scale(지질학적 연대 스케일), Paleozoic(Palaeozoic) Era (고생대), Period(geological)(期), Phanerozoic Eon(현생 이언)

Eugenics(우생학) | Gene therapy(유전자 치료), Genetic engineering(유전 공학), negative eugenics(부정적 우생학), Positive eugenics(정 우생학), Reproductive technology(생식 테크닉)

Eukaryotic cells(진핵세포) | Chloroplasts(엽록체, 클로로플라스트), Cytoplasm(세포질), Histones(히스톤), Mitochondria (미토콘드리아), Nucleus(핵), Organelles(세포소기관), Prokaryotic cells(원핵세포), Protoplasm(원형질)

Evolutionary developmental biology(진화적 발달 생물학) | Biogenetic law(생물발생 법칙), Development(발달), Developmental control gene(발달조절 유전자), Embryology (발생학), Epigenesis(후성유전학), Heterochrony(이시성), Homeotic mutations(homeosis)(호미오 돌연변이), Morphogenesis(형태발생학), Ontogeny(개체발생학), Paedomorphosis(유형진화), Parthenogeneisis(단위 생식, 단위 발생)

Evolutionarily stable strategies(진화적 안정화 전략) | Altruism(이타주의), Mutualism(상리공생), Reciprocal altruism(상호 이타주의), "Tit for tat"(복수)

Evolutionary species(진화적 종) | Biological species

concept(생물학적 종 개념), Fixity of species(종의 고정), Morphological species(형태학적 종), Polytypic species(다형종), Species(종)

Evolutionary trees(진화 계통도) | Cladogenesis(분기진화), Phylogenetic tree(계통유전학적 계통도), Tree of life(생명 계통도), universal Tree of life(생명의 공통 계통도)

Exaptation(굴절적응) | Adaptation(적응), Environment(환경), Inheritance of acquired characters(획득 형질 유전), Preadaptation(전 적응)

Exon(엑손) | Exon shuffling(엑손 뒤섞기), Independent assortment(독립 유전), Intron(인트론), Nucleotide(뉴클레오티드), RNA splicing(RNA 스플라이싱), Split gene(분할 유전자), Transcription(전사), Translation(번역)

Expanding universe(우주 팽창) | Co-extincition(공멸종), Lineages(혈통, 계통), Origination(기원)

Extranuclear(핵외) | Inheritance(유전), Maternal inheritance(모계유전), Pangenesis(판게네시스), Uniparental inheritance(편친형 유전)

F

Family(科) | Class(綱), Classification(분류), Genus(屬), Order(目), systematics(계통분류학), Taxon(분류학 단위), Taxonomy(분류학)

Fauna(동물군) | Biota(생물상), Burgess shale fossils(이판암 화석), Chengjiang fauna(청지안 동물군), Ediacaran fauna/biota(에디카리아 동물군/생물상), Rangiomorphs(레인지오모프)

Fecundity(생산력) | Reproductive success(생식적 성공), Sexual reproduction(유성 번식)

Ferns(양치류) | Sporophyte(포자체), Telome hypothesis(텔롬 설)

Fertility(임성) | Asexual reproduction(무성번식), Hybridization (genetics)(교잡, 교배), Inbreeding(동계교배, 근친교배), Inbreeding depression(동계 약세, 근친 약세), Parthenogenesis(단위 생식, 단위 발생), Reproductive success(생식적 성공), Sexual reproduction(유성 번식)

Fertilization(수정) | Development(발달), Fertility(임성), Gamete(배우체), life cycle(생활환), Nucleus(핵), Ontogeny(개체발생학), Reproductive Incompatibility(생식적 불화합성), Sexual reproduction(유성번식), Zygote(접합자)

Fitness(적응도) | Adaptive landscape(적응적 지형도), Genetic load(유전적 하중), Heterozygote advantage(superiority)(이형접합 이득), Hybrid breakdown(inviability)(잡종 붕괴), Inclusive fitness(포괄적 적응도), Natural selection(자연 선택, 자연선발), Neutral mutation(중립 돌연변이), Neutral theory of molecular evolution(분자 진화의 중립설), Recessive allele(열성 대립유전자), Recessive lethal(열성 치사), relative fitness(상대적 적응도), Reproductive success(생식적 성공), segregation(분리), selection(선발, 선택), Selection co efficient(s)(선택 계수)

Fixity of species(종의 고정) | Biological species concept(생물학적 종 개념), Design(디자인), Great chain of being(존재의 거대한 고리), Ladder of nature(자연 계단), Species(종)

Fossils(화석) | Ancient DNA(고대 DNA), Archaeopteryx(시조새), Burgess shale fossils(이판암 화석) Chengjiang fauna(청지앙 동물군), Ediacaran fauna/biota(에스카리아 동물군/생물상), Hominid(인류), Living fossil(살아있는 화석), macroevolution(대규모 진화), Paleontology(고생물학), Period(geological)(期), Phanerozoic Eon(현생 이언), Piltdown man(필트다운 인간) Rangeomorphs(레인지오모프), Sedimentary rocks(퇴적암), Stromatolites(스트로마토라이트)

Founder effect(창시장 효과) | Bottleneck effect(병목 효과), Peripatric effect(근소적 효과), Population genetics(집단유전학)

Frequency-dependent selection(빈도-의존 선발) | Artificial selection(인위적 선발, 인위적 선택), Canalizing selection(세분화 선발), Constraint(제한, 제약), Darwinism(다윈주의), Directional selection(방향 선택, 방향선발), Disruptive selection(분단 선발), Fitness(적응), Group selection(집단 선발), Inclusive fitness(포괄적 적응도), Kin selection(친족 선발), Natural selection(자연 선발, 자연 선택), Neo-Darwinism(신-다윈주의), Population genetics(집단유전학), Relative fitness(상대적 적응도), Selection(선발, 선택), Selection coefficient(s)(선발 계수), Sexual selection(성 선택), Stabilizing selection(안정화 선택), Survival of the fittest(적자 생존)

Frozen accident(사건의 동결) | Codon(코돈, 유전암호), Genetic code(유전 암호), Universal genetic code(공통적 유전 암호)

Fungi(곰팡이, 균) | Cell wall(세포벽), Heterotroph(종속영양체), Metabolism(대사), Opisthokonts(후편모생물), Organic(유기물), Saprophyte(부생식물), Parasitism(기생), Unikonta(단편모생물)

G

Galaxy(은하계) | Milky way(은하수), Protogalaxy(전은하계), Neutron stars(pulsars)(중성자 별), Red giant(cosmology)(적색거성)

Gamete(배우자) | Diploid(이배체), Fertilization(수정), Gametophyte(배우체), Haploid(반수체), Life cycle(생활환), Meiosis(감수분열), Ontology(개체발생학), Reproductive Incompatibility(생식적 불화합성), Seed(종자), Sexual reproduction(유성생식, 유성 번식), Zygote(접합자)

Gametophyte(베우체) | Alternation of generation(세대 교번), Gamete(배우자), Haploid(반수체), Meiosis(감수분열), Polyploidy(배수체), Seed(종자), Saprophyte(부생식물)

Gastrula(낭배) | Archentron(원장), Development(발달), Embryology(발생학), Haeckel's gastraea hypothesis(해켈의 창조동물 기원설), Morphogenesis(형태발생학)

Gene(유전자) | Allele(대립유전자), Allele frequency(대립유전자 빈도), Dominant Allele(우성 대립유전자), Gene Pool(유전자 풀), Genetic polymorphism(유전적 다형화현상), Heterozygote assortment(독립 유전), Linkage(연관), Linkage equilibrium(연관 균형), Nucleotide(뉴클레오티드), Neutral theory of molecular evolution(분자진화의 중립설), Population genetics(집단 유전학), Recessive allele(열성 대립유전자), Recessive lethal(열성 치사), Relative fitness(상대적 적응도), Segregation(분리)

Gene family(유전자 군) | Duplication(중복), Mutation(돌연변이), Paralogous genes(직렬 상동유전자, 유사유전자), Serial("iterative") homology(연속 상동성),

Gene flow(유전자 이동) | Deme(딤), Group(그룹, 군), Isolating mechanisms(고립 메카니즘), Mendelian population(멘델리안 집단), Migration(ecology)(이주), Migration(genetics)(이동), Parapatric(접소성), Population(집단), Species(종), Subspecies(아종)

Gene frequency(유전자 빈도) | Allele(데립유전자), allele frequency(대립유전자 빈도), Chromosomes(염색체), Dominant Allele(우성 대립유전자), Gene(유전자), Gene locus(유전자 좌), Genetic polymorphism(유전적 다형화현상), Heterozygotic(이형접합), Heterozygote advantage(superiority)(이형접합 이득), Homozygote(동형접합), Independent assortment(독립유전), Linkage(연관), Linkage equilibrium(연과 균형), Linkage Map(연관지도), Locus(유전자 좌), Microsatellites(마이크로새털라이트, 미세부수체), Quantitative trait loci(QTLs)(양적 유전자좌), Population genetics(집단유전학), Relative Fitness(상대적 적응도), Segregation(분리)

Gene locus(유전자 좌) | Chromosome(염색체), Gene frequency(유전자 빈도), Genetic polymorphism(유전적 다형화 현상), Heterozygote(이형접합), Homozygote(동형접합), Independent assortment(독립 유전), Linkage(연관), Linkage equilibrium(연관 불균형), Linkage Map(연관 지도), Locus(유전자 좌), Microsatellites(마이크로새털라이트, 미세부수체), Quantitative traits loci(QTLs)(양적 형질 유전자좌)

Gene pool(유전자 풀) | Allele(대립유전자), Allele frequency(대립유전자 빈도), Gene (유전자), Genetic polymorphism(유전적 다형화 현상), Heterozygote(이형접합), Homozygote(동형접합), Independent assortment(독립 유전), Linkage(연관), Linkage equilibrium(연관 균형), Neutral theory of molecular evolution(분자진화의 중립설), Population genetics(집단유전학), Recessive allele(열성대립유전자), Recessive lethal(열성 치사), Relative fitness(상대적 적응도), Segregation(분리)

Gene regulation(유전자 조절) | Cis- regulation(cis-조절), Developmental control gene(발달조절 유전자), Downstream gene(하위 유전자), Enhancer(인핸서, 증폭자), Genetic assimilation(유전적 동화), Heat shock protein(열 충격 단밸질), Hierarchy(계층, 단계), Homeotic mutation(homeosis)(호미오 돌연변이), Modularity(모듈성), Promoter(프로모터, 촉진자), Regulatory gene(조절 유전자), Repressor(리프레서, 억제자), signal transduction(신호전달), Transcription(전사), Upstream gene(상위유전자)

Gene therapy(유전자 치료) | Eugenics(우생학), Genetic engineering(유전공학), reproductive technology(생식 테크닉), Transgenics(형질전환 생물체),

Genetic assimilation(유전적 동화) | Developmental control gene(발달조절 유전자), Environment(환경), Gene regulation(유전자 조절), Genetic assimilation(유전적 동화), Heat shock proteins(열 충격 단백질)

Genetic code(유전 암호) | Amino acids(아미노산), Codon(코돈, 유전 암호), Degenerate(redundant) code(유전암호의 퇴화), Frozen accident(사건 동결), Messenger RNA(mRNA)(전령 RNA, mRNA), Peptide(polypeptide)(펩티드), Stop codon(정지 코돈), Universal genetic code(공통적 유전 암호)

Genetic Distance(유전적 거리) | Allele(대립유전자), Allele frequency(대립유전자 빈도), Genetic polymorphism(유전적 다형화 현상), Linkage(연관), Linkage equilibrium(연관 균형), Linkage map(연관 지도), Population genetics(집단유전학), Relative fitness(상대적 적응도), Segregation(분리)

Genetic drift(유전적 부동) | Allele(대립유전자), Allele frequency(대립유전자 빈도), Gene(유전자), Genetic polymorphism(유전적 다형화현상), Independent assortment(독립 유전), Linkage(연관), Linkage equilibrium(연관 균형), Neutral theory of molecular evolution(분자 진화의 중립설), Population genetics(집단유전학), Recessive allele(열성유전자), Relative fitness(상대적 적응도), Segregation(분리)

Genetic engineering(유전 공학) | Eugenics(우생학), Gene therapy(유전자 치료), Reproductive technology(생식 기술), Transgenics(형질전환 생물체),

Genetic Load(유전적 하중) | Allele(대립유전자), Allele frequency(대립유전자 빈도), Balanced Genetic load(유전적 하중), Fitness(적응도), Genetic polymorphism(유전적 다형화), Independent assortment(독립유전), Linkage(연관), Linkage equilibrium(연관 균형), Muller's ratchet(멀러의 라켓), Mutation(돌연변이), Mutational Load(돌연변이 하중) Population genetics(집단 유전학), Recessive allele(열성 대립유전자), Recessive lethal(열성 치사), Relative fitness (상대적 적응도), Segregation(분리)

Genetic polymorphism(유전적 다형화) | Allele(대립유전자), Allele frequency(대립유전자 빈도), Balanced polymorphism (돌연변이 평형), Gene(유전자), Gene frequency(유전자 빈도), Gene locus(유전자 좌), Heterozygote(이형접합), Homozygote(동형접합), Independent assortment(독립 유전), Linkage(연관), Linkage equilibrium(연관 균형), Linkage map(연관 지도) Locus(유전자 좌), Neutral theory of molecular evolution(분자 진화의 중립설), Population genetics(집단유전학), Quantitative trait Loci(QTLs)(양적 유전자좌), Recessive allele(대립유전자), Recessive lethal (열성 치사), Relative fitness(상대적 적응도), Segregation (분리)

Genome(게놈, 유전체) | Duplication(중복), genome(유전체), Genotype(유전자형), Repetitive DNA(반복 DNA), Selfish DNA(이기적 DNA)

Genotype(유전자형) | Environment(환경), Evolvability(진화 능력), Fitness(적응도), genetic load(유전적 하중), Genome (게놈, 유전체), Hardy-Weinberg equilibrium(Principle) (하디-외안버그 평형), Heterozygote(이형접합), Homozygote (동형접합), Inclusive Fitness(포괄적 적응도),Phenotype(표현형), Random Mating(임의적 교배), Relative fitness(상대적 적응도), Reproductive success(생식적 성공), Selection coefficient(s)(선발 계수), Variability(변이성), wild type(야생형)

Genus(屬) | Binomial nomenclature(이분법 명명법), Species (種)

Geographic Isolation(지리적 고립) | Isolating mechanism (고립 메카니즘), Post-zygotic mating barrier(접합자 형성 후 장벽), Pre-zygotic mating barrier(접합자 형성 전 장벽), Reproductive barrier(생식 장벽), Reproductive Isolation (생식적 고립)

Geological dating(지질학적 연대 측정) | Geological strata (지층), Half-life(radioactivity)(반감기), Isotope(동위원소), Radiometric dating(Earth Science)(방사성 연대측정)

Geological Strata(지층) | Catastrophism(Earth Science) (천변지이설), Geological dating(지질학적 연대 측정), Igneous Rock(화성암), Law of superposition(중첩의 법칙), Metamorphic rock(변성암), Paleontology(고생물학), Sedimentary rock(퇴적암)

Geological time scale(지질학적 연대 스케일) | Archeon Eon(시생대), Cambrian Period(캠브리아기), Catastrophism(Earth Science)(천변지이설), Eon(이언), Epoch(이포크, 世), Era(이어러, 代), Geological Strata(지층), Molecular clock(분자 시계), Period(geological)(期), Phanerozoic Eon(현생대), Phyletic evolution(계통학적 진화), Precambrian Eon(전캠브리아 이언), Speciation(종 분화), Stasis(정체)

Germ Layer(배엽) | Diploblastic(이배엽성), Ectoderm(외배엽), Endoderm(내배엽), Mesoderm(중배엽), Neural cyst(신경능), Triploblastic(삼배엽성)

Germplasm(생식질) | Gamete(배우자), Germplasm Theory (생식질 설), Imprinting(genetics)(각인), Somatic cells(or tissues)(체세포)

Germplasm theory(생식질 설) | Gamete(배우자), germplasm(생식질), Environment(환경), Somatic cells(or tissues)(체세포)

Gondwana(곤드와나 대륙) | Continental drift(대륙 이동), Continents(대륙), Laurasia(러라시아), Pangaea(판게아 대륙), Tectonic plates(지구 지판),

Gravitation(중력) | Collision Theory(충동설), Condensation theory(응축설), Cosmology(우주학), Dwarf planets(왜성 항성), Galaxy(은하계), Milky way(은하수), Nebular hypothesis (성운설), Planetesimals(미행성체), Protogalaxy(원시 은하계), Protoplanet(원시 행성), White dwarf(백색 왜성),

Great chain of being(존재의 거대한 고리) | Biological species concept(생물학적 종), Design(디자인), Fixity of species(종의 고정), Ladder of nature(자연 계단)

Greenhouse gas(온실 가스) | Archaebacteria(고세균), Methanogens(메탄생성세균), Snowball Earth(눈덩이 지구 이론),

Group(군, 그룹) | Deme(딤), Gene flow(유전자 이동), Isolating mechanisms(고립 메카니즘), Mendelian population(멘델식 집단), Migration(ecology)(이주) Migration(genetics)(이동), Parapatric(접소성), Population(집단), Species(種), Subspecies(亞種)

Group selection(집단선발) | Competition(경합, 경쟁), Competitive exclusion(경쟁적 배타), Environment(환경), Niche(니치), Principle of divergence(분기의 법칙), Resource partitioning(자원 배분), Sexual selection(성 선택)

Gymnosperms(나자식물) | Angiosperms(현화식물, 피자식물), Mesozoic Era(중생대), Seed(종자), Telome hypothesis(텔롬 설), Seed(종자), Vascular plants(관속식물)

H

Habitat(서식지) | Environment(환경), Niche(니치), Reproductive Incompatibility(생식적 불화합성), Resource partitioning(자원 배분)

Haldane's rule(홀데인의 법칙) | Dosage compensation(유전자 양 보정), Homogametic sex(동형배우자적 성), Sex chromosomes(성염색체), Sex determination(성 결정), Sex linked genes(성-연과 염색체), X-chromosome(X-염색체), Y chromosome(Y-염색체),

Half-life(radioactivity) Geological dating(반감기 지질 연대 측정) | Isotope(동위원소), radiometric dating(Earth science)(방사성 연대측정)

Haploid Alternation of generations(세대 교번) | Diploid(이배체), Double fertilization(중복수정), Gamete(배우자), Haplodiplody(반수 이배체성),

Haplorhines(하플로린) | Hominoids(인류), Strepsirrhines(스트렙시린),

Hardy-Weinberg equilibrium(principle)(하디-와인버그 평형) | Environment(환경), Evolvability(진화능력), Fitness(적응도), Genetic drift(유전적 부동), genetic load(유전적 하중), Genotype(유전자형), Heterozygote(이형접합), Homozygote(동형접합), Inclusive fitness(포괄적 적응도), Migration(이주), Phenotype(표현형), Random mating(임의적 교배), Relative fitness(상대적 적응도), Reproductive success(생식적 성공), Selection(선발, 선택), Selection coefficient(s)(선발 계수), Variability(변이성), Wild type(야생형)

Heat shock proteins(열 충격 단백질) | Cis-regulation(cis-조절), Developmental control gene(발달조절 유전자), Downstream gene(하위 유전자), Gene regulation(유전자 조절), Genetic assimilation(유전적 동화), Hierarchy(단계, 계층), Homeotic mutations(homeosis)(호미오 돌연변이), Modularity(모듈성), Upstream gene(상위유전자)

Heritability(유전력) | Inheritance(유전), Lamarckian inheritance(라마르크식 유전)

Heterochrony(이시성) | Biogenetic law(생물 발생 법칙), Development(발달), Developmental control gene(발달 조절 유전자), Evolutionary developmental biology(진화적 발생 생물학), Heterotopy(이소성), Morphogenesis(형태발생학), Ontogeny(개체발생학), Paedomorphosis(유형진화), Preformationism(전성설)

Heterosis(hybrid vigor)(잡종강세) | Heterozygote advantage (superiority)(이형접합 이득), Hybrids(잡종), Hybridization (genetics)(교잡), Inbreeding(동계교배, 근친교배), Inbreeding depression(근친 약세), Reproductive Incompatibility(생식적 불화합성)

Heterotopy(이소성) | Evolutionary developmental biology (진화적 발생 생물학), Heterochrony(이시성), Ontogeny(개체발생학)

Heterotroph(종속영양생물) | Fungi(곰팡이), Metabolism(대사), Organic(유기물), Saprophyte(부생식물)

Heterozygote(이형접합) | Allele(대립유전자), Allele frequency (대립유전자 빈도), Chromosomes(염색체), Gene(유전자), Gene frequency(유전자 빈도), Genetic polymorphism(유전적 다형화), Homozygote(동형접합형), Independent assortment(독립유전), Linkage(연관), Linkage equilibrium (연관균형), Linkage map(연관 지도), Locus(유전자 좌), Neutral theory of molecular evolution(분자 진화의 중립설), Population genetics(집단유전학), Recessive allele(열성 대립유전자), Recessive lethal(열성 치사), Relative fitness(상대적 적응도), Segregation(분리)

Heterozygote advantage(superiority)(이형접합 이득) | Adaptive landscape(적응적 지형도), Fitness(적응), Genetic load(유전적 하중), Heterosis(잡종강세), hybrid breakdown(inviabiliyty)(잡종 붕괴), sterility(불임), Inclusive fitness(포괄적 적응도), population genetics(집단유전학), Relative fitness(상대적 적응도), Reproductive success(생식적 성공), Selection(선발, 선택), Selection coefficient(s)

(선발 계수)

Hierarchy(계급, 체계) | Complexity(복잡성), Design(디자인), Developmental control gene(발달조절 유전자), Homeotic mutations(homeosis)(호미오 돌연변이), Progress(진보), Reductionism(환원주의)

Histones(히스톤) | Eukaryotic cells(진핵세포), Mitochondria (미토콘드리아), Nucleus(핵), Prokaryotic cells(원핵세포)

Hitchhiking(편승) | Gene frequency(유전자 빈도), Gene locus(유전자 좌), Genetic polymorphism(유전적 다형성), Independent assortment(독립 유전), Linkage(연관), Linkage equilibrium(연관 균형), Linkage map(연관지도), Locus(유전자 좌), Quantitative trait loci(QTLs)(양적 유전자 좌)

Homeobox(호미오 박스) | Base pairs(염기쌍), Box(Boxes) (박스), Development(발달), Developmental control gene (발달 조절 유전자), Homeobox(호미오박스), Homeodomain (호미오 도매인), Homeotic genes(호미오 유전자), Homeotic mutations(호미오 돌연변이)

Homeodomain(호미오도메인) | Box(Boxes)(박스), Homobox (호미오박스), Homeotic Genes(호미오 유전자), Homeotic mutations(호미오 돌연변이), Hox genes(Hox 유전자)

Homeotic genes(호미오 유전자) | Base pairs(염기쌍), Box (Boxes)(박스), Homeobox(호미오 박스), Homeodomain (호미오 도메인), Hox gene(Hox 유전자)

Homeotic mutations(homeosis)(호미오 돌연변이) | Development(발달), Developmental control gene(발달조절 유전자), Evolutionary developmental biology(진화적 발생 생물학), Gene regulation(유전자 조절), Heterochrony (이시성), Hierarchy(계급, 체계), Homeotic genes(호미오 유전자), Morphogenesis(형태발생학), Ontogeny(개체발생학), Paedomorphosis(유형진화), Regulation(조절)

Hominid(인류) | Anatomically modern humans(해부학적으로 근대 인간), Fossils(화석), Hominin(호미닌, 인류), Hominoids (인류), Macroevolution(대규모 진화), Paleontology(고생물학), Piltdown man(필트다운 인간)

Hominin(인류) | Anatomically modern humans(해부학적으로 근대 인간), Fossils(화석), Hominoids(인류), Macroevolution (대규모 진화), Paleontology(고생물학), Piltdown man(필트다운 인간)

Hominoids(인류) | Anatomically modern humans(해부학적으로 근대 인간), Fossils(화석), Haplorhines(하플로린), Hominid(인류), Hominin(인류), Hominoids(인류), Macroevolution(대규모 진화), Paleontology(고생물학), Piltdown man(필트다운 인간), Strepsirrhines(스트레피라인)

Homogametic sex(동형배우자적 성) | Dosage compensation (유전자양보정), Haldane's rule(홀데인 법칙), Sex chromosomes (성 염색체), Sex-linked genes(성-연과유전자), X-chromosome (X-염색체), Y-chromosome(Y-염색체)

Homologous chromosomes(상동 염색체) | Chromosomes (염색체), Homozygote(동형접합), Independent assortment (독립 유전), Meiosis(감수분열), Segregation(분리), Unequal crossing over(불균형 교차)

Homology(상동성) | Analogy(유사성), Apomorphic character (파생적 형질), Character(형질), Character state(형질 상태), Convergence(수렴 진화), Homoplasy(상사성), Orthologous genes(이종 상동유전자), Parallel evolution(평행 진화), Plesiomorphy(근거리형질), Symplesiomorphy(원시적 유사성), Synapomorphy(공동파생형질)

Homoplasy(상사성) | Analogy(유사성), Character(형질), Character state(형질상태), Convergence(수렴), Homology (상동성), Parallel evolution(평행진화), Phenotype(표현형), Plesiomorphy(근거리 형질), Symplesiomorphy(원시적 유사성), Synapomorphy(공동파생형질)

Homozygote(동형접합형) | Allele(대립유전자), Allele frequency(대립유전자 빈도), Chromosomes(염색체), Gene(유전자), Gene frequency(유전자 빈도), Gene locus(유전자 좌), Genetic polymorphism(유전적 다형화현상), Heterozygote (이형접합형), Independent assortment(독립유전), Linkage (연관), Linkage equilibrium(연관 균형), Linkage map(연관지도), Locus(유전자 좌), Neutral theory of molecular evolution(분자진화의 중립설), Population genetics(집단 유전학), Recessive allele(열성 대립유전자), Recessive lethal(열성 치사), Relative fitness(상대적 적응도), Segregation(분리)

Horizontal(Lateral) gene transfer(유전자 수평 이동) | Gene therapy(유전자 치료), Genetic engineering(유전 공학), Transgenic(형질전환 생물체), Transposons(transposable elements)(트래스포손, 전이인자)

Hox gene(Hox 유전자) | Box(Boxes)(박스), Colinearity(공직선성), Homeobox(호미오 박스), Homeodomain(호미오 도메인), Homeotic Genes(호미오 유전자), Orthologous genes (이종 상동유전자)

Hybrid breakdown(잡종 붕괴) | inviability(생존불능), sterility (불임), Fitness(적응), Genetic load(유전적하중), Heterozygote advantage(이형접합 우세)(superiority(우월), Inclusive fitness(포괄적 적응도), Natural selection(자연선발, 자연선택),

Relative fitness(상대적 적응도), Reproductive success 생식적 성공), Selection(선발, 선택), Selection coefficient(s)(선발상수)

Hybridization(genetics)(교배) | Asexual reproduction(무성생식), Fertility(임성), Inbreeding(동계교배, 근친교배), Inbreeding depression(근교약세, 자식약세), Parthenogenesis Reproductive success(단위 생식 성공), Sexual reproduction(유성생식)

Hybrids(genetics)(접종) | Heterosis(접종강세), Hybridization(교재)(genetics 유전학), Inbreeding(동계교배, 근친교배), Reproductive Incompatibility(생식적 부화합성)

I

Imaginal disks(성충아) | Embryology(발생학, 태생학), Larva(유충), Life history(생활사), Metamorphosis(탈바꿈, 변태)(zoology(동물학)

Imprinting(behavior)(각인) | Culture(문화, 문명), Dominance(social)(우성), Instinct(본능), Learning(학습), Sociobiology(사회학), Altruism(이타주의)

Imprinting(genetics)(각인) | Gamete(배우체), Germ plasm(생식질), Germ plasm theory(생식질 설)

Inbreeding(동계교배, 근친교배) | Inbreeding depression(자식약세), Reproductive success(생식적 성공), Self-incompatibility(자가-불화합성), Sexual reproduction(유성번식)

Inbreeding depression(자식약세, 근교약세) | Fertility(임성), Hybridization(genetics)(교배), Inbreeding(동계교배, 근친교배), Reproductive success(생식적 성공), Sexual reproduction(유성생식)

Inclusive fitness(포괄적 적응도) | Adaptive landscape(적응지형도), Allele(대립유전자), Allele frequency(대립유전자 빈도), Fitness(적응도), Gene(유전자), Genetic polymorphism(유전적 다형성), Genotype(유전자형), Inclusive fitness(포괄적 적응도), Independent assortment(독립유전), Linkage(연관), Linkage equilibrium(연관균형), Population genetics(집단유전학), Relative fitness(상대적 적응도), Recessive allele(열성 대립유전자), Recessive lethal(열성치사), Relative fitness(상대적 적응도), Segregation(분리), Selection(선발, 선택), Selection coefficient(s)(선발상수)

Independent assortment(독립유전) | Allele(대립유전자), Allele frequency(대립유전자 빈도), Chromosomes(염색체), Gene(유전자), Gene frequency(유전자 빈도), Gene locus(유전자 좌), Genetic polymorphism(유전족 다형성), Hitchhiking(편승), Heterozygote(이형접합), Homologous chromosomes(상동염색체), Homozygote(동형접합), Independent assortment(독립유전), Linkage(연관), Linkage equilibrium(연관균형), Linkage map(연관지도), Locus(유전자 좌), Meiosis(감수분열), Neutral theory of molecular evolution(분자진화의 중립설), Population genetics(집단유전학), Quantitative trait loci(QTLs)(양적유전자좌), Recessive allele(열성 대립유전자), Recessive lethal(열성 치사), Recombination(재조합, 조환), Relative fitness(상대적 적응도), Segregation(분리)

Inheritance(유전) | Blending inheritance(융합유전), Extranuclear inheritance(핵외 유전), Heritability(유전력), Inheritance(유전), Inheritance of acquired characters(획득형질 유전), Lamarckian inheritance(라마르크식 유전), Maternal inheritance(모계 유전), Pangenesis(판게네시스), Uniparental inheritance(편친형 유전), Vertical transmission(수직 유전)

Inheritance of acquired characters(획득형질 유전) | Blending inheritance(융합유전), Inheritance(유전), Inheritance of acquired characters(획득형질 유전), Lamarckian inheritance(라마르크식 유전), Maternal inheritance(모계 유전), Preadaptation(전적응)

Instinct(본능) | Altruism(이타주의), Culture(문명, 문화), Dominance(social)(우성), Homology(상동성), Imprinting(behavior)(각인), Learning(학습), Phenotype(표현형), Sociobiology(사회생물학)

Intrinsic rate of natural increase(r)(자연증가의 내재적 비율) | Carrying Capacity(환경수용력), Environment(환경), Logistic growth curve(로지스틱 성장곡선), Niche(니치), Population(집단), Population explosion(집단 폭발), Range(범위)

Intron(인트론) | Exon(엑손), Nucleotide(뉴클레오티드), RNA splicing Split gene(RNA 스플라이싱 분할 유전자), Transcription(전사), Translation(번역)

Isolating mechanism(고립 메카니즘) | Gene flow(유전자 이동), Geographical isolation(지역적 고립), Mendelian population(멘델식 유전), Migration(genetics)(이동, 이주), Postzygotic mating barrier(접합자 후 교배 장벽), Parapatric(접소성), Prezygotic mating barrier(접합자 전 교배 장벽), Reproductive barrier(생식적 장벽), Reproductive isolation(생식적 고립), Speciation(종분화)

Isotope(동위원소) | Geological dating(지질학적 연대 측정), Half-life(반감기)(radioactivity)(방사성), Radiometric dating

(방사성 연대측정)

K

Kingdom(界) | Binomial nomenclature(이분법 명명법), classification(분류), Domain(도메인), Numerical Taxonomy(수량적 분류학), Supergroups(초군), Systematics(계통분류학), Taxon(분류군), Taxonomy(분류학)

Kin selection(혈연선택, 친족선택) | Altruism(이타주의), Evolutionary stable strategies(진화적 안정화 전략), Inclusive fitness(포괄적 적응도)

K-T extinction(K-T 멸종) | Extinction(멸종), Coextinction(공멸종)

L

Ladder of Nature(자연 계단) | Biological species concept(생물학적 종 개념), Design(디지인), Fixity of species(종의 고정), Great chain of being(거대한 존재 고리)

Lamarckian inheritance(라마르크식 유전) | Inheritance of acquired characters(획득형질 유전), Inheritance(유전), Use and disuse(용불용설)

Larva(유충) | Embryology(발생학), Imaginable disks(성충아), Life history(생활사), Metamorphosis(zoology)(변태)

Law of superposition(중첩의 법칙) | Catastrophism(Earth sciences)(천변지이설), Geological dating(지질학적 연대측정), Geological strata(지층), Paleontology(고미생물학), Sedimentary rock(퇴적암), Uniformationarism(동이과정설)

Learning(학습) | Culture(문화, 문명), Dominance(social)(우성), Homology(상동성), Imprinting(behavior)(각인), Instinct(본능, Language(언어), Learning(학습), Phenotype(표현형), Reciprocal altruism(상호 이타주의), Sociobiology(사회학)

Life(생명) | Abiotic(무생물학적), Biotic(생물학적), Metabolism(대사), Organic(유기물), Organism(생명체), Saprophyte(부생식물), Vitalism(생기론)

Life cycle(생활환) | Fertilization(수정), Gamete(배우체), Ontogeny(개체발생), Reproductive Incompatibility(생식적 불화합성), Sexual reproduction(유성생식), Zygote(접합자)

Life history(생활사) | Embryology(발생학), Larva(유충), Life cycle(생활한), Life-history traits(형질의 생활사), Metamorphosis(zoology)(형태학)

Life-history trait(생활-역사 형질) | Character(형질), Life history(생활역사), Life-history trait(생활역사 형질)

Lineage(혈통) | Cladogenesis(분기 진화), Coextinction(공전멸), Monophyletic(단계통진화), Parallel evolution(평행진화), Phyletic evolution(계통학적 진화), Phylogenetic evolution(계통유전학적 진화), Phylogenetic tree(계통유전학적 계통도), Phytogeography(식물지리학), Polyphyletic(다계통 진화), Punctuated equilibrium(단속평형), Species(종), Synapomorphy(공통파생형질)

Linkage(연관) | Chromosomes(염색체), Gene frequency(유전자 빈도), Gene locus(유전자 좌), Hitchhiking(편승), Independent assortment(독립 유전), Linkage equilibrium(연관 균형), Linkage map(연과 지도), Locus(유전자 좌)

Linkage equilibrium(연관 균형) | Allele(대립유전자), Allele frequency(대립유전자 빈도), Gene(유전자), Genetic polymorphism(유전적 다형성), Hitchhiking(편승), Heterozygote(이형접합), Homozygote(동형접합), Independent assortment(독립유전), Linkage(연관), Linkage map(연관지도), Neutral theory of molecular evolution(분자진화의 중립설), Population genetics(집단유전학), Recombination(조환, 재조합), Relative fitness(상대적 적응도), Segregation(분리)

Linkage map(연관지도) | Chromosomes(염색체), Gene frequency(유전자 빈도), Gene locus(유전자 좌), Independent assortment(독립유전), Linkage(연관), Linkage equilibrium(연관 균형), Population genetics(독립유전), Segregation(분리)

Lithosphere(암석군) | Core(핵), Crust(지각), Earth(지구), Lithosphere(암석군), Mantle(Earth sciences)(맨틀)

Living fossil(살아있는 화석) | Fossils(화석), Paleontology(고생물학)

Locus(유전자 좌) | Allele(대립유전자), Chromosomes(염색체), Gene(유전자), Gene frequency(유전자 빈도), Gene locus(유전자 좌), Independent assortment(독립 유전), Linkage(연관), Linkage equilibrium(연관 균형), Population genetics(집단유전학), Segregation(분리)

Logistic growth curve(로지스틱 성장곡선) | Carrying Capacity(환경 능력), Environment(환경), Intrinsic rate of natural increase(자연성장의 내재율), Niche(니치), Population(집단), Population explosion(집단 유전학), Range(범위)

Lophotrochozoa(촉수담륜동물문) | Ecdysoze(탈피동물문)

M

Macroevolution(거대 진화) | Fossils(화석), Microevolution(미세진화), Paleontology(고생물학), punctuated equilibrium(단속평형)

Mammals(포유동물) | Lactation(수유), Mammary glands(유선), Marsupials(유대류), Mesozoic Era(중생대), Monotremes(단공류), Placentals(태반동물), Tetrapods(사족류), Cenozoic(Caenozoic) Era(신생대)

Mantle(맨틀) | Core(핵), Crust(지각), Earth(지구), Lithosphere(암석권)

Marsupials(유대류) | Lactation(수유), Mammals(포유동물), Mammary glands(유선), Mesozoic Era(중생대), Monotremes(단공류), Placentals(태반동물), Tetrapods(사족류), Cenozoic(Caenozoic) Era(중생대)

Maternal inheritance(모계유전) | Blending inheritance(융합유전), Extranuclear inheritance(핵외유전), Inheritance(유전), Pangenesis(판게네시스), Protoplasm(원형질), Uniparental inheritance(편친형 유전)

Meiosis(감수분열) | Chromosomes(염색체), Diploid(이배체), Gamete(배우자), Gametophyte(배우체), Haploid(반수체), Homologous chromosomes(상동염색체), Homozygote(동형접합), Independent assortment(독립유전), Segregation(분리)

Mendelian population(멘델리안 집단) | Deme(딤), Gene flow(유전자 이동), Group(그룹, 군), Isolating mechanisms(고립 메카니즘), Migration(genetics)(이동), Parapatric(접소성), Population(집단), Species(종), Subspecies(아종)

Mesoderm(중배엽) | Coelom(Coelome)(체강), Diploblastic(이배엽성), Ectoderm(외배엽), Endoderm(내배엽), Germ layers(배엽), Neural crest(신경능), Triploblastic(삼배엽)

Mesozoic Era(중생대) | Angiosperms(피자식물, 현화식물), Cenozoic(Caenozoic) era(중생대), Dicotyledons(쌍자엽식물), Dinosaurs(공룡), Double fertilization(중복수정), Era(代), Flower(꽃), Gymnosperms(나자식물), Mammals(포유동물), Monocotyledons(단자엽식물), Paleozoic(Palaeozoic) Era(고생대), Phanerozoic Eon(현생대), Pollen(꽃가루), Seeds(종자), Vascular plants(관속식물)

Messenger RNA(mRNA)(전령RNA) | Promoter(프로모터, 촉진자), Repressor(억제자), Transcription(전사), Cis-regulation(cis-조절), Codon(코돈, 유전암호), Enhancer(인핸서, 증폭자), Micro RNA(miRNA)(마이크로RNA), Nucleotide(뉴클레오티드), Peptide(polypeptide)(펩티드), Ribosomal RNA(rRNA)(리보솜RNA), RNA(ribonucleic acid)(리보핵산), RNA interference(RNAi)(RNA 간섭), Small interference RNA(siRNA)(작은 간섭 RNA), Transfer RNA(tRNA)(운반RNA)

Metabolic pathway(대사과정) | Enzyme(효소), Metabolism(대사), Proteinoids(프로티노이드), Restriction enzymes(제한효소), Transposons(transposable elements)(트랜스포손, 전이인자)

Metabolism(대사) | Enzyme(효소), Life(생명), Metabolic pathway(대사과정), Organic(유기물), Organism(생명체), Proteinoids(프로티노이드), Restriction enzymes(제한효소), Saprophyte(부생식물), Transposons(transposable elements)(트랜스포손, 전이인자), Vitalism(생기론)

Metamorphosis(zoology)(변태) | Imaginable disks(성충아), Larva(유충), Life history(생활사)

Methanogens(메탄 생성 미생물) | Archaebacteria(고세균), Greenhouse gas(온실가스)

Microevolution(미세진화) | Macroevolution(대규모 진화)

Micro RNA(miRNA)(마이크로 RNA) | Messenger RNA(mRNA)(전령RNA), Nucleotide(뉴클레오티드), Ribosomal RNA(rRNA)(리보솜RNA), RNA(ribonucleic acid)(리보핵산), RNA interference(RNAi)(RNA 간섭), Small interference RNA(siRNA)(작은 간섭 RNA), Transfer RNA(tRNA)(운반RNA)

Microsatellites(미세부수체, 마이크로새털라이트) | Chromosomes(염색체), Gene frequency(유전자 빈도), Gene locus(유전자좌), Locus(유전자 좌)

Microspheres(마이크로스피어, 미소구체) | Coacervates(코아세르베이트), Enzyme(효소), Metabolic pathway(대사과정), Metabolism(대사), Microsphere(마이크로스피어), Proteinoids(프로티노이드), Protocells(원세포),

Migration(ecology)(이주) | Ecology(생태학), Gene flow(유전자 이동), Group(그룹, 군), Population(집단)

Migration(genetics)(이동) | Deme(딤), Gene flow(유전자 이동), Group(그룹, 군), Isolating mechanisms(고립 메카니즘), Mendelian population(멘델리안 유전), Parapatric(접소성), Population(집단), Species(종), Subspecies(아종),

Mitochondria(미토콘드리아) | Chloroplasts(엽록체, 클로로플라스트), Endosymbiosis(내부공생), Eukaryotic cells(진핵세포), Histones(히스톤),

Mitochondrial DNA(mtDNA)(미토콘드리아 DNA) | Mitochondria(미토콘드리아), Mitochondrial Eve(미토콘드리아 이브),

Mitosis(유사분열) | Chromosomes(염색체), Homologous chromosomes(상동염색체), Independent assortment(독립유전), Meiosis(감수분열), Segregation(분리),

Modularity(모듈성, 단원성) | Developmental control gene(발

생학적 조절 유전자), Gene regulation(유전자 조절), Mosaic evolution(모자이크 진화),

Molecular clock(분자시계) | Geological time Scale(지질학적 연대측정), Speciation(종분화), Stasis(정체),

Monocotyledons(단자엽식물) | Angiosperms(피자식물, 현화식물), Dicotyledonds(쌍자엽식물), Double fertilization(중복수정), Flower(꽃), Mesozoic Era(중생대), Pollen(화분), Seeds(종자),

Monophyletic(단계통진화) | Cladogenesis(분기진화), Coextintion(공멸종), Lineage(혈통, 계통), Parallel evolution(평행진화), Phylogenetic evolution(계통유전학적 진화), Phylogenetic tree(계통유전학적 계통도), Phylogeography(계통생물지리학), Polyphyletic(다계통), Punctuated equilibrium(단속평형), Species(종), Synapomorphy(공통파생형질),

Monotremes(단공류) | Lactation(수유), Mammals(포유동물), Mammary glands(유선), Mesozoic Era(중생대), Monotremes(단공류), Placentals(태반동물), Tetrapods(사족류), Cenozoic(caenozoic) Era(중생대),

Morphogenesis(형태발생) | Development(발생, 발달), Embryology(발생학), Epigenesis(후성유전학), Evolutionary development biology(진화적 발생생물학), Homeotic mutations(homeiosis)(호미오 돌연변이), Morphology(형태학), Ontogeny(개체발생학), Regulation(조절)

Morphological species(형태학적 종) | Biological species concept(생물학적 종 개념), Evolutionary species(진화적 종), Fixity of species(종의 고정), Morphology(형태학), Polytypic species(다형종), Species(종),

Morphology(형태학) | Character(형질), Morphogenesis(형태발생), Morphological species(형태적 시리즈), Morphospace(형태공간), Neoteny(유형성숙), Paedomorphosis(유형진화), Seasonal polymorphism(계절적 다형화), Sibling species(자매종)

Morphospace(형태공간) | Character(형질), Morphogenesis(형태발생), Morphology(형태학),

Mosaic evolution(모자이크 진화) | Modularity(모듈성, 단원성)

Mousterian tools(무스테리안 도구들) | Acheulean tools(아슈리안 도구들), Anatomically modern humans(해부학적 근대 인류), Oldowan tools(올도반 도구들), Stone tools(석기), Upper Paleolithic tools(구석기 도두들),

Mullerian mimicry(물라리안 의태) | Batesian mimicry(베이시안 의태), Mimicry(의태),

Muller's ratchet(멀러의 라켓) | Genetic load(유전적 하중), Mutation(돌연변이), Mutational load(돌연변이 하중), population(집단)

Mutagenesis(돌연변이유발) | Mutation(돌연변이), Radioactivity(방사성)

Mutation(돌연변이) | Chromosome(염색체), Deletion(결실), Duplication(중복), Inversion(역위), Mutagenesis(돌연변이유발), RNA editing(RNA 편집),

Mutational load(돌연변이 하중) | Genetic load(유전적 하중), Muller's ratchet(멀러의 라켓), Mutation(돌연변이), population(집단)

Mutualism(상리공생) | Altruism(이타주의), Evolutionary stable strategies(진화적 안정화 전략), Reciprocal altruism(상호 이타주의), "Tit for Tat"(보복),

N

Natural selection(자연선택, 자연선발) | Adaptation(적응), adaptive landscape(적응 지형도), Artificial selection(인위적 선택, 인위적 선발), Canalizing selection(세부선택), Continuous variation(연속변이), Darwinism(다윈주의), Fitness(적응도), Frequency-dependent selection(빈도-의존 선발), Group selection(집단선발), Inclusive fitness(포괄적 적응도), Reproductive success(생식적 성공), selection(선발, 선택), Selection coefficient(s)(선발상수), Sexual selection(성선택), Stabilizing selection(안정화 선발, 선택), Survival of the fittest(적자생존), Variation(변이),

Nebular hypothesis(성운) | Collision theory(충동설), Condensation theory(응축설), cosmology(우주학), Gravitation(중력), Planetesimals(미행성체),

Neo Darwinism(신다윈주의) | Fitness(적응도), Natural selection(자연선택, 자연선발), Population Genetics(집단유전학)

Neoteny(유형성숙) | Heterochrony(이시성), Morphology(형태학), Paedomorphosis(유형진화),

Neural crest(신경능) | Ectoderm(외배엽), Germ layers(배엽), Typoblastic(삼배엽),

Neutral mutation(중립돌연변이) | Fitness(적응도), Inclusive fitness(포괄적 적응도), Natural selection(자연선발, 자연선택), Neutral theory of molecular evolution(분자진화의 중립설), Population genetics(집단유전학), Relative fitness(상대적 적응도), Selection(선발, 선택), Selection coefficient(s)(선발계수),

Natural theory of molecular evolution(분자진화의 중립설) | Allele(대립유전자), Allele frequency(대립유전자 빈도),

Fitness(적응도), Gene(유전자), Gene polymorphism(유전적 다형화), Heterozygote(이형접합), Homozygote(동형접합), Independent assortment(독립유전), Linkage equilibrium (연관균형), Neutral mutation(중립 돌연변이), Population genetics(집단 유전학), Recessive allele(열성 대립유전자), Recessive lethal(열성 치사), Relative fitness(상대적 적응도), Segregation(분리),

Neuron stars(Pulsars)(중성자 별) | Collision theory(충돌설), Dark ages(cosmology)(암흑 시대), Galaxy(은하계), Milky Way(은하수), Red Giant(cosmology)(적색거성),

Niche(니치) | Carrying Capacity(환경 용량), Character displacement(대체 형질), Competition(경쟁), Competitive exclusion(경쟁적 제외), Environment(환경), Habitat(서식지), Intrinsic rate of natural increase(자연증가의 내재율), Logistic growth curve(로지스틱 성장 곡선), Population(집단), Population explosion(집단 폭발), Range(범위), Resource partitioning(자원 할당)

Notochord(척삭) | Chordates(척색동물)

Nucleic acid(핵산) | Base(염기), Base pairs(염기쌍), Base substitutions(염기치환), Complementary base pairs(상보적 염기쌍), DNA(deoxynucleic acid)(DNA), Nucleotide(뉴클레오티드), RNA(ribonucleic acid)(리보핵산)

Nucleotide(뉴클레오티드) | Base(염기), Exon(엑손), Gene(유전자), Intron(인트론), RNA splicing(RNA 스플라이싱), Split gene(분할 유전자), Transcription(전사), Translation(번역)

Nucleus(핵) | Cytoplasm(세포질), Double fertilization(중복수정), Eukaryotic cells(진핵세포), Fertilization(수정), Histones(히스톤), Organelles(세포소기관), Prokaryotic cells (원핵세포), Protoplasm(원형질)

Numerical taxonomy(수량적 분류학) | Binomial nomenclature(이분법 명명법), Cladistics(분기학), Classification(분류), Kingdom(계), Phylum(문), Supergroups(초군), Systematics (계통분류학), Taxon(분류군), Taxonomy(분류학)

O

Oldowan tools(올도완 도구) | Acheulean tools(아슐리안 도구), Mousterian tools(무스테리안 도구), Stone tools(석기), Upper Paleolithic tools(구석기)

Ontogeny(개체발생) | Biogenetic law(생물발생법칙), Development(발달), Development control gene(발달조절유전자), Embryology(발생학), Fertilization(수정), Epigenesis (유전자상위작용), Evolutionary developmental biology (진화적 발생 생물학), Heterochrony(이시성), Homeotic mutations(homeosis)(호미오 돌연변이), Life cycle(생활환), Morphogenesis(형태발생), Paedomorphosis(유형진화), Phylogeny(계통유전학), Preformationism(전성설), Zygote (접합자)

Operon(오페론) | Gene regulation(유전자조절), Structural gene(구조유전자), Transcription(전사)

Opisthokonts(후편모생물) | Fungi(곰팡이), Protista(원생생물), Unikonta(단편모생물)

Order(目) | Class(綱), Classification(분류), Family(科), Systematics(계통분류학), Taxon(분류군), Taxonomy(분류학)

Organelles(세포소기관) | Chloroplasts(클로로플라스트, 엽록체), Cytoplasm(세포질), Eukaryotic cells(진핵세포), Mitochondria(미토콘드리아), Nucleus(핵), Prokaryotic cells(원핵세포), Protoplasm(원형질), Ribosomes(리보솜, 仁)

Organic(유기물) | Amino acids(아미노산), Life(생명), Metabolism(대사), Peptide(polypeptide)(펩티드), Photosynthesis(광합성), Saprophyte(기생식물)

Orthogenesis(정향진화, 계통발생설) | Progress(진보), Vitalism (생기론)

Orthologous genes(이종 상동유전자) | Homology(상동성), Hox gene(Hox 유전자), Paralogous genes(유사유전자, 직렬 상동유전자)

Outgroup(외집단) | Ingroup(내집단), Taxon(분류군)

P

Paedomorphosis(유형진화) | Development(발달), Embryology(발생학), Evolutionary developmental biology (진화적발생학), Heterochrony(이시성), Heterotopy(전위), Ontogeny(개체발생), Preformationism(전성설)

Paleomagnetism(고지자기) | Continental drift(대륙이동설)

Paleontology(고생물학) | Ancient DNA(고대 DNA), Archaeopteryx(시조새), Burgess shale fossils(이판암 화석), Chengjiang fauna(청지앙 동물군), Ediacaran fauna/biota (에디카리아 동물군/생물상), Fossils(화석), Hominid(인류), Living fossil(살아있는 화석), Macroevolution(대규모 진화), Period(geological)(期), Phanerozioc Eon(현생 이언), Piltdown man(필트다운 인간, Rangeomorphs(레인지오모프), Sedimentary rock(퇴적암)

Paleozoic(Palaeozoic) Era(고생대) | Cenozoic(Caenozoic) Era(신생대), Dinosaurs(공룡), Era(代), Mesozoic Era(중생대), Phanerozoic Eon(현생 이언)

Pangaea(판게아) | Continental drift(대륙이동설), Continents(대륙), Gondwana(곤드와나), Laurasia(러라시아 대륙), Tectonic plates(텍토닉 플레이트, 지구 지판)

Pangenesis(판게네시스) | Extranuclear inheritance(핵외 유전), Inheritance(유전), Maternal inheritance(모계유전), Uniparental inheritance(편친형 유전), Vertical transmission(수직 전달, 수직 유전)

Parallel evolution(평행진화) | Analogy(유사성), Character(형질), Character state(형질상태), Convergence(수렴), Homology(상동성), Homoplasy(상사성), Lineage(혈통), Phenotype(표현형), Plesiomorphy(근거리형질), Symplesiomorphy(원시적 유사성), Synapomorphy(공동파생형질)

Paralogous genes(유사유전자, 직렬 상동유전자) | Duplication(중복), Gene family(유전자 군), Mutation(돌연변이), Orthologous genes(이종 상동유전자), Serial("iterative") homology(연속 상동)

Parapatric(접소성) | Deme(딤), Gene flow(유전자 이동), Group(군, 그룹), Isolating mechanisms(고립 메커니즘), Mendelian population(멘델식 유전), Migration(genetics)(이동), Population(집단), Species(종), Subspecies(아종)

Parapatric speciation(접소성 종분화) | Allopatric speciation(이소성 종분화), Peripatric speciation(근소적 종분화), Sympatric speciation(동소적 종분화)

Paraphyletic(측계통군) | Cladogenesis(분기진화), Lineage(계통, 혈통), Monophyletic(단계통진화), Phyletic evolution(계통 진화), Polyphyletic(다계통진화)

Parasitism(기생) | Arms race(군비 경쟁), Commensalism(상리공생)

Parsimony method(최절약 방법) | Cladistics(분기학), Phylogenetic tree(계통유전학적 계통도)

Parthenogenesis(단위생식) | Asexual reproduction(무성생식), Development(발달), Embryology(발생학), Fertility(임성), Fertilization(수정), Epigenesis(후성유전학), Evolutionary developmental biology(진화적 발달생물학), Ontogeny(개체발생학), Preformationism(전형성설), Sexual reproduction(유성생식)

P-D axis(P-D 축) | Axes of Symmetry(대칭 축), A-P axis(A-P 축)

Peptide(polypeptide)(펩디드) | Amino acids(아미노산), Organic(유기물)

Period(geological)(代) | Fossils(화석), Geological strata(지층), Geological time scale(지질학적 연대 스케일), Macroevolution(대규모 진화), Paleontology(고생물학)

Peripatric speciation(근소적 종분화) | Allopatric speciation(이소적 종분화), Bottleneck effect(병목효과), Founder effect(창시자 효과), Parapatric speciation(접소성 종분화), Population genetics(집단유전학), Sympatric speciation(동소적 종분화)

Phanerozoic eon(현생대, 현생이언) | Archean eon(시생대, 시생이언), Cenozoic(Caenozoic)(신생대), Era(代), Dinasours(공룡), Eon(이언), Geological time scale(지질학적 연대 스케일), Mammals(포유동물), Mesozoic Era(중생대), Paleozoic(palaeozoic) Era(고생대), Paleontology(고생물학), Precambrian Eon(전켐브리아 이언),

Phenotype(표현형) | Analogy(유사성), Character(형질), Character state(형질 상태), Convergence(수렴), Genotype(유전자형), Homology(상동성), Homoplasmy(상사성), Parallel evolution(평행진화), Plesiomorphy(근거리형질), Quantitative character(양적형질), Symplesiomorphy(원시적 유사성), Synapomorphy(공동파생형질),

Phenotypic plasticity(표현형적 유연성) | Canalization(발생세분화), Constraint(제약, 제한), Discontinuous variation(불연속적 변이), Genetic assimilation(유전적 동화), natural selection(자연선택, 자연선발), Reaction norm(반응기준), Variation(변이)

Photosynthesis(광합성) | Algae(藻類, 알지), Chlorophyll(엽록소, 클로로필), Chloroplast(엽록체, 클로로플라스트), Cyanobacteria(남조류, 시안화박테리아), Metabolism(대사), Organic(유기물)

Phyletic(계통진화) | Cladogenesis(분기진화), Geological time scale(지질학적 연대 스케일), Lineage(혈통), Monophyletic(단계통 진화), Parallel evolution(평행 진화), Paraphyletic(측계통군), Phylogenetic evolution(계통유전학적 진화), Phylogenetic tree(계통유전학적 계통도), Phylogeography(계통생물지리학), Polyphyletic(다계통유전군), Principle of divergence(분기의 법칙), Punctuated equilibrium(단속평형)

Phylogenetic evolution(계통유전학적 진화) | Cladogenesis(분기진화학), Lineage(혈통, 계통), Monophyletic(단계통군), Phyletic evolution(계통 진화), Principle of divergence(분기의 법칙)

Phylogenetic tree(계통유전학적 계통도) | Evolutionary tree(진화적 계통도), Lineages(혈통, 계통도), Parsimony(최절약), Phylogeny(계통발생), Tree of life(생명의 계통 나무, 생명계통

도), Universal tree of life(생명의 공통 계통유전도),

Phylogeny(계통발생) | Biogenetic law(생물발생 법칙), Endemic(토착, 풍토), Lineage(혈통, 계통), Phylogenetic evolution(계통유저학적 진화), Zoogeography(동물지리학)

Phylum(門) | Arthropods(사족류), Bauplan(바우플랜), Chordates(척색동물), Class(綱), Classification(분류), Kingdom(界), Numeral Taxonomy(수량 분류학), Systematics(계통분류학), taxon(분류군), taxonomy(분류학),

Piltdown man(필트다운 인간) | Fossils(화석), Hominid(인류), Paleontology(고생물학)

Placentals(태반동물) | Lactation(수유), Mammals(포유동물), Mammary glands(유선), Marsupials(유대류), Mesozoic Era(중생대), Monotremes(단공류), Tetrapods(사족류), Cenozoic(caenozoic) era(신생대),

Plate tectonics(판 구조론) | Continental drifts(대륙이동설), Crust(지각), earth(지구), Sea-floor spreading(해저확산), Subduction(Earth science)(섭입대), Tectonic Plates(지구지판)

Pleiotropy(다면발현) | Character(형질), Convergence(수렴), Gene(유전자)

Plesiomorphy(근거리 형질) | Apomorphic character(파생적형질), Character(형질), Character state(형질상태), Convergence(수렴), Homoplasy(상사성), Parallel evolution(평행진화), Symplesiomorphy(원시적 유사성), Synapomorphy(공통파생형질)

Pollen(botany)(꽃가루, 화분) | Angiosperms(피자식물, 현화식물), Dicotyledons(쌍자엽식물), Double fertilization(중복수정), Flower(꽃), Gamete(배우자), Mesozoic Era(중생대), Monocotyledons(단자엽식물), Seeds(종자)

Polymorphism(다형화) | Balanced polymorphism(다형화 평형), Genetic polymorphism(유전적 다형화), Seasonal polymorphism(계절적 다형화),

Polyphyletic(다계통군) | Cladogenesis(분기진화), Convergence(수렴), Lineage(혈통), Monophyletic(단계통군), Parallel evolution(평행진화), Paraphyletic(측계통군), Phyletic evolution(계통학적 진화), Phylogenetic evolution(계통유전학적 진화)

Polyploidy(배수성) | Diploid(이배체), Haploid(반수체), Meiosis(감수분열)

Polytene chromosome(다사염색체) | Autosomes(상염색체), Chromosomes(염색체)

Polytypic species(다형종) | Biological species concept(생물학적 종 개념), Evolutionary species(진화적 종), Fixity of species(종의 고정), Morphological species(형태학적 종), Polytypic species(다형종), Species(종)

Population(집단) | Bottleneck(병목), Founder effect(창시자 효과), Carrying capacity(환경 능력), Deme(딤), Environment(환경), Gene flow(유전자 이동), Group(그룹, 군), Intrinsic rate of natural increase(자연 증가의 내재율), Isolating mechanisms(고립 메카니즘), Logistic growth curve(로지스틱 성장 곡선), Mendelian population(멘델식 집단), Migration(ecology)(이주), Migration(genetics)(이동), Niche(니치), Population(집단), explosion(폭발), Range(범위)

Population genetics(집단유전학) | Adaptive landscape(적응적 지형도), Allele(대립유전자), allele frequency(대립유전자 빈도), Bottleneck effect(병목효과), Fitness(적응도), Founder effect(창시자 효과), Gene(유전자), genetic load(유전적 하중), Genetic polymorphism(유전적 다형화), Heterozygotic(이형접합), Heterozygote advantage(superiority)(이형접합 이득), Homozygote(동형접합), Inclusive Fitness(포괄적 적응), Independent assortment(독립유전), Linkage(연관), Linkage equilibrium(연관 균형), Mutation(돌연변이), Mutational load(돌연변이 하중), Natural selection(자연선발, 자연선택), Neo-Darwinism(신-다윈주의), Natural selection(자연선택, 자연선발), Neutral mutation(중립 돌연변이), Neutral theory of molecular evolution(분자진화의 중립설), Recessive allele(열성 대리유전자), Recessive lethal(열성 치사), relative fitness(상대적 적응도), Reproductive success(생식적 성공), segregation(분리), selection(선발, 선택), Selection co-efficient(선발계수),

Population explosion(인구 폭발) | Carrying capacity(환경 능력), Environmental(환경), Intrinsic rate of natural increase(자연증가의 내재율), Logistic growth curve(로지스틱 성장곡선), Population range(집단 범위),

Post-zygotic matting barrier(Isolating mechanism)(접합자 형성후 교잡 장벽) | Geographical isolation(지리적 고립), Isolating mechanisms(고립 메카니즘), Pre-zygotic mating barrier(접합자 형성전 교잡 장벽), Reproductive barriers(생식적 장벽), reproductive isolation(생식적 고립),

Preadaptation(전적응) | Adaptation(적응), Environment(환경), Exaptation(굴절적응),

Precambrian Eon(전캠브리아 이언) | Archeon eon(시생대, 시생대 이언), Ediacaran fauna/biota(에디카리아 동물군/생물상), Eon(이언), Geological time scale(지질학적 연대 스

케일), Phanerozoic Eon(현생대 이언), Rangiomorphs(레인지오모프)

Preformationism(전성설) | Development(발달), Embryology(발생학), Fertilization(수정), Epigenetics(후성유전학), Evolutionary(진화), developmental biology(발생생물학), Morphogenesis(형태발생학), Ontogeny(개체발생학), Paedomorphosis(유형진화),

Prezygotic mating barrier(isolating mechanism)(접합자 형성 이전 교잡 장벽) | Geographical isolation(지리학적 고립), Isolating mechanisms (고립 메카니즘), Postzygotic mating barrier(접합자 형성 후 장벽), Reproductive barriers(생식 장벽), Reproductive isolation(생식적 고립)

Primary atmosphere(일차 대기) | Atmosphere(대기), Secondary atmosphere(이차 대기)

Primary Endosymbiosis(일차 내부공생) | Chloroplast(엽록체, 클로로플라스트), Endocytosis(내포 작용), Endosymbiosis(내부 공생), Mitochondria(미토콘드리아), Secondary endosymbiosis(이차 내부공생)

Principle of divergence(분기의 법칙) | Cladogenesis(분기진화), Competition(경쟁), Phyletic evolution(계통학적 진화), Principle of divergence(분기 법칙),

Prions(프리온) | Prion disease(프리온 질병)

Progress(evolution)(진보) | Complexity(복잡성), Design(디자인), Hierarchy(계급, 체계), Orthogenesis(정향진화, 계통발생설), Reductionism(환원주의), Vitalism(생기론)

Prokaryotic cells(원핵세포) | Cytoplasm(세포질), Eukaryotic cells(진핵세포), Histones(히스톤), Mitochondria(미토콘드리아), Nucleus(핵), protoplasm(원형질)

Promoter(프로모터, 촉진자) | Cis-regulation(cis-조절), Enhancer(인핸서), Gene regulation(유전자 조절), Messenger RNA(전령 RNA, mRNA), Repressor(억제자, 리프레서), Signal transduction(신호전달), Transcription(전사)

Protein world(단백질 세계) | DNA world(DNA 세계), RNA world(RNA 세계)

Proteinoids(프로티노이드) | Enzyme(효소), Metabolic pathway(대사과정), Metabolism(대사), Microspheres(미소구체, 마이크로스피어),

Protista(원생생물) | Chloroplast(클로로플라스트, 엽록체), Excavata(엑스카바타), Opisthokonts(후편모생물), Unikonta(단편모생물)

Protocells(원세포) | Coacervates(코아세르베이트), Microspheres(미세구체, 마이크로스피어),

Protogalaxy(원시 은하) | Galaxy(은하계), Gravitation(중력), Milky Way(은하수),

Protoplanet(원시 행성) | Condensation theory(응축설), Cosmology(우주학), Dwarf planets(왜소 행성), Gravitation(중력), Planetesimals(미행성체), White dwarf(백색 왜성),

Protoplasm(원형질) | Cytoplasm(세포질), Eukaryotic cells(진핵세포), Nucleus(핵), Organelles(세포소기관), Prokaryotic cells(원핵세포),

Punctuated equilibrium(단속 평형) | Lineage(혈통, 계통), Phyletic evolution(계통학적 진화), Phylogenetic evolution(계통유전학적 진화), Phylogenetic tree(계통유전학적 계통도), Species(종),

Q

Quantitative character(양적 형질) | Character(형질), Character state(형질 상태), Variation(변이),

Quantitative trait loci(QTLs)(양적 유전좌 좌) | Allele(대립유전자), Chromosomes(염색체), Gene(유전자), Gene frequency(유전자 빈도), Gene locus(유전자 좌), Independent assortment(고립유전), Linkage(연관), Linkage equilibrium(연관 평형), Locus(유전자 좌), Population genetics(집단유전학), Segregation(분리),

R

Radiometric dating(방사성 동위원소 연대 측정법) | Geological dating(지질학적 연대측정), Half-life(radioactivity)(반감기), Isotope(동위원소),

Random mating(임의적 교배) | Genotype(유전자형), Hardy-Weinberg equilibrium(principle)(하디-와인버그 평형), Inclusive fitness(포괄적 적응도), Phenotype(표현형)

Relative fitness(상대적 적응도) | Reproductive success(생식적 성공), Selection coefficient(s)(선발 계수), Variability(변이)

Range(범위) | Carrying Capacity(환경능력), Environment(환경), Intrinsic rate of natural increase(자연증가 내재율), Logistic growth curve(로지스틱스 성장곡선), Population explosion(인구 폭발),

Rangeomorphs(레인지오모프) | Biota(생물군, 생물상), Burgess shale fossils(이판암), Chengjiang fauna(청지앙 동물군), Ediacaran fauna/biota(에디카리아 동물군/생물군), Fauna(동물군), Fossils(화석), Macroevolution(대규모 진화), paleontology(고생물학), Precambiran Eon(전캠브리아 이언),

Reaction norm(반응 기준) | Genetic assimilation(유전학적 동

화), Phenotypic plasticity(표현형적 유연성), Variation(변이),

Recessive allele(열성 대립유전자) | Allele(대립유전자), Allele frequency(대립유전자 빈도), Gene(유전자), Genetic polymorphism(유전적 다형성), Heterozygote(이형접합), Homozygote(동형접합), Independent assortment(독립유전), Linkage(연관), Linkage equilibrium(연관 균형), Neutral theory of molecular evolution(분자진화의 중립설), Population genetic(집단유전학), Relative fitness(상대적 적응도), Segregation(분리)

Recessive Lethal(열성 치사) | Allele(대립유전자), Allele frequency(대립유전자 빈도), Dominant allele(우성 대립유전자), Gene(유전자), Genetic polymorphism(유전적 다형성), Homozygote(동형접합), Independent assortment(독립유전), Lethal allele(열성 치사), Recessive allele(열성 대립유전자), Relative fitness(상대적 적응도), Segregation(분리)

Reciprocal altruism(상호 이타주의) | Altruism(이타주의), Evolutionary stable strategies(진화적 안정화 전략), "Tit for Tat"(보복)

Recombination(genetics)(조환) | Exon shuffling(엑손 뒤섞기), Linkage equilibrium(연관 균형), Independent assortment(독립유전)

Red giant(cosmology)(적색 거성) | Collision theory(충돌설), Dark ages(cosmology)(암흑시대), Galaxy(은하계), Milky Way(은하수), Neutron stars(pulsars)(중성자별),

Reductionism(환원주의) | Complexity(복잡성), Design(디자인), Hierarchy(계급, 체계), Progress(진보)

Regulation(developmental biology)(조절) | Development(발달), Developmental control gene(발달 조절 유전자), Embryology(발생학), Epigenetics(후성유전학), Evolutionary developmental biology(진화적 발달생물학), Morphogenesis(형태발생학), Ontogeny(계통발생학), Preformationism(전성설)

Regulatory gene(조절 유전자) | Developmental control gene(발달 조절 유전자), Enhancer(인핸서), Gene regulation(유전자 조절), Promoter(프로모터), Repressor(리프레서), Signal transduction(신호전달), Transcription(전사), Upstream gene(상위 유전자)

Relative fitness(상대적 적응도) | Adaptive landscape(적응적 지형도), Allele(대립유전자), Allele frequency(대립유전자 빈도), Fitness(적응도), Gene(유전자), Genetic load(유전적 하중), Genetic polymorphism(유전적 다형화), Genotype(유전자형), Heterozygote(이형접합), Heterozygote advantage (superiority)(이형접합 이득), Homozygote(동형접합), Hybrid breakdown(inviability ,sterility)(잡종 붕괴), Inclusive fitness(포괄적 적응도), Independent assortment(독립 유전), Linkage(연관), Linkage equilibrium(연관 평형), Natural selection(자연선발, 자연 선택), Neutral theory of molecular evolution(분자 진화의 중립설), Population genetics(집단 유전학), Recessive allele(열성 대립유전자), Recessive lethal(열성 치사), Reproductive success(생식적 성공), Segregation(분리), Selection(선발, 선택), Selection coefficient(s)(선발계수)

Repetitive DNA(반복 DNA) | Duplication(중복), Genome(게놈, 유전체), Selfish DNA(이기적 DNA, 이기적 유전자)

Repressor(억제자, 리프레서) | Enhancer(인핸서, 증폭자), Promoter(프로모터, 촉진자), Regulatory gene(조절 유전자), Signal transduction(신호 전달), Transcription(전사)

Reproductive barriers(생식적 장벽) | Geographical isolation(지리적고립), Isolatingmechanisms(고립 메카니즘), Postzygotic mating barrier(접합자 형성 후 교잡 장벽), Reproductive isolation(생식적 고립),

Reproductive Incompatibility(생식적불화합성) | Geographical isolation(지리적 고립), Habitat(서시기, 해비타트), Isolating mechanisms(고립 메카니즘), Niche(니치), Post-zygotic mating barrier(접합자 형성 후 교잡 장벽), Pre-zygotic mating barrier(접합자 형성 전 교잡 장벽), Reproductive barriers(생식적 장벽), Reproductive isolation(생식적 고립)

Reproductive isolation(생식적 고립) | Geographical isolation(지리적 고립), Isolating mechanisms(고립 메커니즘), Post-zygotic mating barrier(접합자 생성 후 교잡 장벽), Prezygotic mating barrier(접합자 형성 전 교잡 장벽), Reproductive barrier(생식적 장벽), Speciation(종분화)

Reproductive success(생식적 성공) | Fecundity(생산력), Fertility(임성), Fitness(적응), Heterozygote advantage (superiority)(이형접합 이득), Genotype(유전자형), Hybrid breakdown(inviability, sterility)(잡종 붕괴), Hybridization (genetics)(교잡), Inbreeding(근친교배, 동계교배), Inbreeding depression(근친약세, 동계약세), Population genetics(집단 유전학), Random mating(임의적 교배), Relative fitness(상대적 적응도), Selection(선발, 선택), Selection coefficient(s)(선발 계수), Sexual reproduction(성 선택)

Reproductive technology(생식 기술) | Eugenics(우생학), Gene therapy(유전자 치료), Genetic engineering(유전 공학), Transgenic(형질전환 생물체)

Resource partitioning(자원 분배) | Competition(경쟁),

Competitive exclusion(경쟁적 배타), Environment(환경), Group selection(집단 선발), Niche(니치), Principle of divergence(분기의 법칙), Sexual selection(성선택)

Restriction enzymes(제한효소) | Enzyme(효소), Restriction fragment length polymorphisms(RFLPs)(제한효소 단편 다형화)

Restriction fragment length polymorphisms(RFLPs)(제한효소 단편 다형화) | Gene locus(유전자좌), Genetic polymorphism(유전적 다형화), Linkage(연관), Linkage equilibrium(연관 균형), Linkage map(연관 지도), Locus(유전자 좌), Microsatellites(미세부수체, 마이크로새털라이트), Quantitative trait loci(QTLs)

Ribosomal RNA(rRNA)(rRNA) | Messenger RNA(mRNA)(전령RNA, mRNA), Micro RNA(miRNA)(마이크로RNA), Nucleotide(뉴클레오티드), ribosomes(리보솜, 인), RNA(ribonucleic acid)(RNA), RNA interference (RNAi)(간섭 RNA), Small interference RNA(siRNA)(작은 간섭 RNA), Transfer RNA(tRNA)(운반 RNA, tRNA),

Ribosomes(리보솜, 仁) | Messenger RNA(mRNA)(전령 RNA, mRNA), Organelles(세포 소기관), Peptide (polypeptide)(펩티드), Ribosomal RNA(rRNA)(리보솜 RNA, rRNA), Transfer RNA(tRNA)(운반 RNA, tRNA), Translation(번역)

RNA(ribonucleic acid)(리보핵산, RNA) | Base(염기), Base Pairs(염기쌍), Base substitutions(염기 치환), Complementary base pairs(상보적 염기쌍), DNA(deoxyribonucleic acid) (DNA), Nucleic acid(핵산), Nucleotide(뉴클레오티드)

RNA editing(RNA 편집) | Chromosome(염색체), Deletion (결실), Mutation(돌연변이)

RNA interference(RNAi)(간섭 RNA) | Messenger RNA (mRNA)(전령 RNA, mRNA), Micro RNA(miRNA) (마이크로 RNA), Nucleotide(뉴클레오티드), Ribosomal RNA(rRNA)(리보솜 RNA, rRNA), RNA(ribonucleic acid)(RNA), Small interference RNA(siRNA)(작은 간섭 RNA, siRNA), Transcription(전사), Transfer RNA (tRNA)(운반 RNA, tRNA),

RNA splicing(RNA 스플라이싱) | Exon(엑손), Exon splicing (엑손 스플리이싱), Intron(인트론), Nucleotide(뉴클레오티드), Split gene(분할 유전자), Transcription(전사), Translation (번역),

RNA world(RNA 세계) | Protein world(단백질 세계), RNA world(RNA 세계)

S

Saprophyte(부생식물) | Fungi(곰팡이), Heterotroph(종속영양생물), Inorganic(무기물), Life(생명), Metabolism(대사), Organic(유기물)

Sea-floor spreading(해저 확산) | Continental drift(대륙 이동), Continents(대륙), Crust(지각), Subduction(Earth sciences) (섭입대), Plate tectonics(판 구조론), Tectonic plates(지구의 지판),

Seasonal polymorphism(계절적 다형화) | Morphology(형태학), Polymorphism(다형화),

Secondary atmosphere(이차 대기) | Atmosphere(대기), Primary atmosphere(일차 대기),

Secondary endosymbiosis(이차 내부공생) | Endocytosis(내포작용), Endosymbiosis(내부공생), Primary endosymbiosis (일차 내부공생),

Sedimentary rock(퇴적암) | Catastrophism(Earth sciences) (천변지이설), Crust(Earth sciences)(지각), Geological dating (지질학적 연대측정), Geological strata(지층), Igneous rock (화성암), Law of superposition(중첩의 법칙), Paleontology (고생물학), Metamorphic rock(변성암), Uniformationarism (전형설)

Seed(botany)(종자) | Angiosperms(현화식물, 피자식물), Dicotyledons(쌍자엽식물), Diploid(이배체), Double fertilization (중복수정), Flower(꽃), Gamete(배우자), Gametophyte(배우체), Haploid(반수체), Meiosis(감수분열), Mesozoic era (중생대), Monocotyledons(단자엽식물), Pollen(화분, 꽃가루), Seeds(종자),

Segregation(분리) | Allele(대립유전자), Allele frequency(대립유전자 빈도), Chromosomes(염색체), Gene(유전자), Genetic polymorphism(유전적 다형화), Heterozygote(이형접합), Homologous chromosomes(상동염색체), Homozygote (동형접합), Independent assortment(독립유전), Linkage (연과), Linkage equilibrium(연관 균형), Meiosis(감수분열), Neutral theory of molecular evolution(분자 진화의 중립설), Population genetics(집단유전학), Recessive allele(열성대립유전자), Recessive lethal(열성 치사), Relative fitness (상대적 적응도),

Selection(선택, 선발) | Adaptive landscape(적응적 지형도), Artificial selection(인위선택, 인위선발), Canalizing selection(운하화 선택, 세분화 선택), Constraint(제약, 제한), Darwinism(다윈주의), Directional selection(방향선택, 방향선발), Disruptive selection(분단성 선택, 분단성 선발),

Fitness(적응도), Frequency -dependent selection(빈도-의존 선택), Genetic load(유전적 하중), Group selection(집단선택, 집단선발), Heterozygote advantage(superiority)(이형접합 이득), Hybrid breakdown(inviability, sterility)(잡종 붕괴), Inclusive fitness(포괄적 적응도), Kin selection(친족 선택, 친족 선발), Natural selection(자연선택, 자연선발), Neo -Darwinism(신-다윈주의), Neutral mutation(중립 돌연변이), Neutral theory of molecular evolution(분자진화의 중립설), Population genetics(집단유전학), Relative fitness(상대적 적응도), Reproductive success(생식적 성공), Selection coefficient(s)(선발계수), Sexual selection(성선발), Stabilizing selection(안정화 선택), Survival of the fittest(적자 생존),

Selection coefficients(s)(선발 계수) | Adaptive landscape(적응적 지형도), Fitness(적응도), Genetic load(유전적 하중), Genotype(유전자형), Heterozygote advantage(superiority)(이형접합 이득), Hybrid breakdown(inviability, sterility)(잡종 붕괴), Inclusive fitness(포괄적 적응도), Natural selection(자연선택, 자연선발), Population genetics(집단유전학), Relative fitness(상대적 적응도), Reproductive success(생식적 성공), Selection(선발, 선택),

Selfish DNA(이기적 DNA) | Duplication(중복), Genome(게놈, 유전체), Repetitive DNA(반복 DNA),

Serial("iterative") homology(연속 상동성) | Duplication(중복), Gene family(유전자군), Mutation(돌연변이), Paralogous genes(직열 상동유전자, 유사유전자),

Sex chromosomes(성 염색체) | Autosomes(상염색체), Dosage compensation(유전자 양 보정), Haldane's rule(홀데인 법칙), Homogametic sex(동형배우자적 성), Sex-linked gene(성-연관 염색체), X -chromosome(X-염색체), Y -chromosome(Y-염색체)

Sex linkage(성 연관) | Chromosomes(염색체), Gene locus(유전자좌), Independent assortment(독립유전), Linkage(연관), Linkage equilibrium(연관 균형), Linkage map(연관지도), Locus(유전자좌),

Sexual reproduction(유성생식, 유성번식) | Fertilization(수정), Gamete(배우체), Hermaphrodite(자웅동체), Life cycle(생활환), Ontogeny(개체발생학), Reproductive Incompatibility(생식적 불화합성), Zygote(접합자),

Sexual selection(성 선택) | Competition(경쟁, 경합), Environment(환경), Principle of divergence(분기의 법칙), Resource partitioning(자원 분배),

Sibling species(자매종) | Morphology(형태학), Reproductive isolation(생식적 고립), Speciation(종분화),

Signal transduction(신호 전달) | Developmental control gene(발달 조절유전자), Enhancer(인핸서, 증폭자), Gene regulation(유전자 조절), Promoter(프로모터, 촉진자), Regulatory gene(조절유전자), Repressor(리프레서, 억제자), Transcription(전사), Upstream gene(상위유전자),

Small interference RNA(siRNA)(작은간섭DNA) | Codon(코돈, 유전암호), Messenger RNA(mRNA)(mRNA), Micro RNA(miRNA)(마이크로 RNA), Nucleotide(뉴클레오티드), Ribosomal RNA(rRNA)(rRNA), RNA(ribonucleic acid)(RNA, 리보핵산), RNA interference(RNAi)(간섭 RNA), Transfer RNA(tRNA)(전달 RNA, tRNA), Translation(번역),

Social Darwinism(사회적 다윈주의) | Neo -Darwinism(신-다윈주의), Population genetics(집단유전학),

Sociobiology(사회생물학) | Altruism(이타주의), Culture(문호, 문명), Dominance(social)(우세, 우성), Homology(상동성), Imprinting(behavior)(각인), Instinct(본능), Learning(학습), Phenotype(표현형), Reciprocal altruism(상호 이타주의),

Somatic cells(or tissues)(체세포) | Gamete(배우자), Germ plasm(생식질), Germ plasm theory(생식질 설), Imprinting (genetics)(각인),

Space-time(cosmology)(시공) | Cosmological constant(우주 상수), Cosmology(우주학), Expanding universe(팽창 우주), Galaxy(은하), Gravitation(중력),

Speciation(종분화) | Adaptive radiation(적응적 방사), Anagenesis(아나게네시스, 종 진화 향상), Allopatric speciation(이소적 종분화), Principle of divergence(분기의 법칙), Parapatric speciation(접소성 종분화), Peripatric speciation(근소적 종분화), Reproductive isolation(생식적 종분호), Phyletic evolution(계통학적 진화), Sibling species(자매종), Stasis(정체), Sympatric speciation(동소적 종분화),

Species(種) | Binomial nomenclature(이분법적 명명), Deme(딤), Gene flow(유전자 이동), Genus(屬), Group(그룹, 군), Isolating mechanisms(고립 메카니즘), Lineage(혈통, 계통), Mendelian population(멘델식 유전), Migration(genetics)(이동, 이주), Parapatric(접소성), Polytypic species(다형종), Population(집단), Sibling species(자매종), Species(종), Subspecies(아종),

Split gene(분할 유전자) | Exon(엑손), Intron(인트론), Nucleotide(뉴클레오티드), RNA splicing(RNA 스플라이

싱), Transcription(전사), Translation(번역),

Sporophyte(포자체) | Alternation of generations(세대 교번), Diploid(이배체), Meiosis(감수분열), Seed(종자),

Stabilizing selection(안정화 선택, 안정화 선발) | artificial selection(인위적 선택, 인위적 선발), Canalizing selection(운하화 선발), Directional selection(방향 선발), Disruptive selection(분단성 선택), Fitness(적응도), Frequency-dependent selection(빈도-의존 선발), Group selection(그룹 선발), Natural selection(자연선발, 자연선택), Neo-Darwinism(신-다윈주의), Population genetics(집단유전학), Relative fitness(상대적 적응도), Selection(선택, 선발), Selection coefficient(s)(선발 계수), Sexual selection(성선발), Survival of the fittest(적자생존),

Stasis(정체) | Geological time scale(지질학적 연대 스케일), Molecular clock(분자시계), Stabilizing selection(안정화 선발)

Stem group(기간 군) | Clade(분기군), Crown group(수관 그룹)

Stone tools(석기) | Acheulean tools(아슈리안 도구), Mousterian tools(무스테리안 도구), Oldowan tools(올도완 도구), Stone tools(석기), Upper Paleolithic tools(구석기),

Stop codon(정지 코돈) | Codon(코돈), Degenerate(redundant) code(유전암호 퇴화), Genetic code(유전 암호), messenger RNA(mRNA)(mRNA, 전령 RNA), Peptide(polypeptide)(펩티드), Translation(번역), Universal genetic code(공통 유전 암호),

Subduction(Earth sciences)(섭입대) | Continental drift(대륙 이동), Plate tectonics(판구조론), Sea -floor spreading(해저 확장), Tectonic plates(지구 지판)

Subspecies(아종) | Deme(딤), Gene flow(유전자 이동), Group(그룹, 군), Isolating mechanisms(고립 메카니즘), Mendelian population(멘델리안 집단), Migration(genetics)(이동), Parapatric(접소성), Population(집단), Species(종), Subspecies(아종),

Supergroups(초군) | Binomial nomenclature(2분법적 명명명), Cladistics(분기학), Classification(분류), Kingdom(계), Numerical Taxonomy(수량적 분류학), Systematics(계통분류학), Taxon(분류군), Taxonomy(분류학),

Survival of the fittest(적자생존) | Artificial selection(인위적 선택, 인위적 선발), Canalizing selection(세분화 선택), Constraint(제한, 제약), Darwinism(다윈주의), Directional selection(방향 선택), Disruptive selection(분단성 선발), Fitness(적응도), Frequency-dependent selection(빈도-의존 선발), Group selection(집단 선발), Inclusive fitness(포괄적 적응도), Kin selection(친족 선발), Natural selection(자연선발, 자연선택), Neo-Darwinism(신-다윈주의), Population genetics(집단유전학), Relative fitness(상대적 적응도), Selection(선택, 선발), Selection coefficient(s)(선발 계수), Sexual selection(성선발), Stabilizing selection(안정화 선발),

Symbiont(공생자) | Altruism(이타주의), Evolutionary stable strategies(진화적 안정화 전략), Mutualism(이타주의), Reciprocal altruism(상호 이타주의), "Tit for tat"(보복),

Sympatric(동소적) | Allopatric speciation(이소적 종분화), Parapatric speciation(접소성 종분화), Peripatric speciation(근소적 종분화), Speciation(종분화), Sympatric speciation(동소적 종분화),

Sympatric speciation(동소적 종분화) | Allopatric speciation(이소적 종분화), parapatric speciation(접소적 종분화), Peripetric speciation(근소적 종분화), Speciation(종분화), Sympatric(동소적)

Symplesiomorphy(원시적 유사성) | Apomorphic character(파생적 형질), Character(형질), Character state(형질 상태), Homology(상동성), Plesiomorphy(근거리형질), Synapomorphy(공동파생형질), Plesiomorphy(근거리형질),

Synapomorphy(공동파생형질) | Apomorphic character(파생적 형질), Character(형질), Character state(형질 상태), Homology(상동성), Lineages(계통, 혈통), Plesiomorphy(근거리 형질), Symplesiomorphy(원시적 유사성),

Systematics(계통 분류학) | Binomial nomenclature(이분법적 명명법), Cladistics(분기학), Class(綱), Classification(분류), Family(科), kingdom(界), Numerical Taxonomy(수량적 분류학), Order(目), Phylum(門), Supergroups(초군), Taxon(분류학 단위), Taxonomy(분류학),

T

Taxon(분류학 단위) | Binomial nomenclature(이분법 명명법), Cladistics(분기학), Class(綱), Classification(분류), Family(科), Kingdom(界), Numerical Taxonomy(수량적 분류학), Order(目), Phylum(門), Sister group(sister taxon)(자매 그룹), Supergroups(초군), systematics(계통분류학), Taxonomy(분류학)

Taxonomy(분류학) | Binomial nomenclature(이분법 명명법), Cladistics(분기학), Class(綱), Classification(분류), Family(科), Kingdom(界), Numerical Taxonomy(수량적 분류학), Order(目), Phylum(門), Supergroups(초군), Systematics

(계통분류학), Taxon(분류학 단위), Type specimen(종의 기본 표준)

Tectonic plates(텍토닉 플레이트, 지구지판) | Continents(대륙), Continental drift(대륙 이동), Crust(지각), Gondwana(곤드와나 대륙), Laurasia(러라시아 대륙), Pangaea(판게아), Plate tectonics(판구조론), Subduction(섭입대),

Telome hypothesis(텔롬 설) | Angiosperms(현화식물, 피자식물), Dicotyledons(쌍자엽식물), Enation hypothesis(엽상돌기설), Ferns(양치류), Gymnosperms(나자식물), Mesozoic Era(중생대), Monocotyledons(단자엽식물), Vascular plants(관속식물),

Thermophilic organisms(thermophiles)(호열세균) | hydrothermal vents(열수공)

Tinkering(bricolage)(뜯어 맞추기) | Darwinism(다윈주의), Descent with modification(변형을 동반한 계승), Domestication(순화), Homology(상동성),

"Tit for tat"(보복) | Altruism(이타주의), Evolutionary stable(진화적 안정성), strategies(전략), Mutualism(이타주의), Reciprocal altruism(상호이타주의),

Transcription(전사) | Cis-regulation(cis-조절), Enhancer(인핸서, 증폭자), Exon(엑손), Intron(인트론), Messenger RNA(mRNA)(전령 RNA), Promoter(프로모터, 촉진자), RNA interference(RNAi)(간섭 RNA), RNA splicing(RNA 스플라이싱), Repressor(리프레서, 억제자),

Transcription factors(전사인자) | Cis-regulation(cis-조절), Enhancer(인핸서, 증폭자), Promoter(포로모터, 촉진자), RNA interference(RNAi)(간섭 RNA), RNA splicing(RNA 스플라이싱), Repressor(리프레서, 억제자), Transcription(전사),

Transfer RNA(tRNA)(운반RNA, tRNA) | Amino acids(아미노산), Codon(코돈, 유전암호), Messenger RNA(mRNA)(mRNA, 전령 RNA), Micro RNA(miRNA)(마이크로 RNA), Nucleotide(뉴클레로오티드), Peptide(polypeptide)(펩티드), Ribosomal RNA(rRNA)(tRNA, 운반 RNA), RNA(ribonucleic acid)(리보핵산), RNA interference(RNAi)(간섭 RNA), Small interference RNA(siRNA)(작은 간섭 RNA), Translation(번역)

Transgenic(형질전환 생물체) | Gene therapy(유전자 치료), Genetic engineering(유전 공학), Horizontal(Lateral) gene transfer(유전자 수평이동), Reproductive technology(생식 기술), Transposons(transposable elements)(전이인자, 트랜스포손),

Translation(번역) | Amino acid(아미노산), Codon(코돈, 유전암호), Degenerate(redundant) code(유전암호의 퇴화), Genetic code(유전 암호), Messenger RNA(mRNA)(전령 RNA, mRNA), Peptide(polypeptide)(펩티드), Ribosomes(리보솜, 仁), Stop codon(정지 코돈), Universal genetic code(공통 유전암호),

Transposons(transposable elements)(트렌스포손, 전이인자) | Enzyme(효소), Horizontal(Lateral) gene transfer(유전자 수평 이동), Transgenic(형질전환 생물체),

Tree of Life(생명 계통도) | Evolutionary tree(진화 계통도), phylogenetic tree(계통유전학적 계통도), Universal Tree of Life(생명의 공통적 계통유전도),

Triploblastic(삼배엽) | Diploblastic(이배엽), Ectoderm(외배엽), Endoderm(내배엽), Germ layers(배엽), Mesoderm(중배엽), Neural crest(신경능)

U

Unequal crossing over(불균형 교차) | Chromosomes(염색체), Homologous chromosomes(상동염색체), Independent assortment(독립유전), Meiosis(감수분열), Mitosis(유사분열), Segregation(분리)

Uniformitarianism(동일과정설) | Catastrophism(Earth sciences)(천변지이설), Law of superposition(중첩설),

Unikonta(단편모생물) | Amoebozoans(아메바), Fungi(곰팡이), Opisthokonts(후편모생물), protists(원생생물)

Uniparental inheritance(편친형 유전) | Extranuclear inheritance(핵외 유전), Inheritance(유전), Maternal inheritance(모계 유전)

Universal genetic code(공통적 유전암호) | Codon(코돈, 유전암호), Degenerate(redundant) code(유전암호의 퇴화), Frozen accident(사건의 동결), Genetic code(유전 암호), Messenger RNA(mRNA)(전령 RNA, mRNA), Peptide(polypeptide)(펩티드), Stop codon(정지 코돈), Translation(번역)

Universal Tree of Life(UToL)(생명의 공통적 계통유전도) | Evolutionary tress(진화적 계통도), Phylogenetic tree(계통유전학적 계통도), Tree of Life(생명계통도)

Upper Paleolithic tools(구석기 도구) | Acheulean tools(아슐리안 도구), Anatomically modern humans(해부학적 근대 인류), Mousterian tools(무스테리아 도구), Oldowan tools(올도반 도구), Stone tools(석기)

Upstream gene(상위 유전자) | Downstream gene(하위 유전자), Enhancer(인해서, 증폭자), Gene regulation(유전자

조절), Homeotic mutations(Homeosis)(호미오 돌연변이), Regulatory gene(조절유전자), Repressor(억제자, 리프레서), Signal transduction(신호전달), Transcription(전사)

Use and disuse(용불용설) | Lamarckian inheritance(라마르크 유전),

V

Variability(변이) | Environment(환경), Evolvability(진화력)

Variation(변이) | Canalization(세부 진화), Constraint(제약, 제한), Continuous variation(연속적 변이), Darwinism(다윈주의), Discontinuous variation(연속변이), Natural selection (자연선택, 자연선발), Phenotypic plasticity(표현형적 유연성), Quantitative character(양적 형질), Reaction norm(반응 기준), Variability(변이성),

Vascular plants(관속 식물) | Angiosperms(현화식물, 피자식물), Gymnosperms(나자식물), Mesozoic Era(중생대), Phloem(체관부), Seed(종자), Telome hypothesis(텔롬 설), Xylem(물관),

Vertical transmission(수직이동) | Extranuclear inheritance (핵외 유전), Inheritance(유전), Maternal inheritance(모계 유전), Pangenesis(파네네시스), Uniparental inheritance(편친형 유전)

Virus(바이러스) | DNA virus, RNA virus,

Vitalism(생기론) | Life(생명), Metabolism(대사), Organism (생물종), Orthogenesis(기관발생), Progress(진보),

W

White dwarf(cosmology)(백색 왜성) | Condensation theory(응축 이론), Cosmology(우주학), Dwarf planets (왜성 행성), Gravitation(중력), Planetesimals(미행성체), Protoplanet(원시행성),

Wild type(야생형) | Genetic load(유전적 하중), Genotype (유전자형), Hardy-Weinberg equilibrium(principle)(하디-와인버그 평형), Mutation(돌연변이), Phenotype(표현형), Relative fitness(상대적 적응도), Selection Variability(선택 변이성), Variation(변이),

X

X-chromosome(X-염색체) | Dosage compensation(유전자 양 보정), Haldane's rule(홀데인의 법칙), Homogametic sex (동형배우체적 성), Sex chromosomes(성 염색체), Sex-linked genes(성-연관 유전자), Y-chromosome(Y-염색체),

Y

Y-chromosome(Y-염색체) | Dosage compensation(유전자 양 보정), Haldane's rule(홀데인의 법칙), Homogametic sex (동형배우체적 성), Sex chromosomes(성 염색체), Sex-linked genes(성-연관 유전자), X-chromosome(X-염색체)

Y-chromosome Adam(Y-염색체 아담) | Mitochondrial DNA(미토콘드리아 DNA), Mitochondrial Eve(미토콘드리아 이브)

Z

Zoogeography(동물 지리학) | Biogeography(생물지리학), Endemic(토착, 풍토), Phylogenetic evolution(계통 유전학적 진화), Phylogeography(계통유전학적 지도),

Zygote(배우체) | Fertilization(수정), Gamete(배우자), Life cycle(생활환), Ontogeny(계통 발생학), Reproductive(생식), Incompatibility(불화합성), Sexual reproduction(성적 재생산),

찾아보기

정가 33,000원

진화학 : 원리 그리고 과정

2015년 8월 1일 초판 인쇄
2015년 8월 10일 초판 발행
저　자: BRIAN K. HALL
역　자: 김경호·김남수·박희천·배양섭
변우현·윤명희·윤환수·이원구
이장훈·이종은·최태진
발행자: 우명찬·송　준
발행처: 홍릉과학출판사
주　소: 서울시 강북구 인수봉로 50길 10
01093
등　록: 1976년 10월 21일 제5-66호
전　화: (02) 999-2274~5, 903-7037
팩　스: (02) 905-6729
e-mail: hongpub@hongpub.co.kr
http://www.hongpub.co.kr
ISBN: 979-11-5600-382-3

역자와의
협의하에
인지생략